现代农业科技专著大系

总论卷

刘 旭　董玉琛　郑殿升　主编

中国作物及其野生近缘植物

董玉琛　刘　旭　总主编

中国农业出版社
北　京

Vol. General Discuss

Chief editors: Liu Xu Dong Yuchen Zheng Diansheng

CROPS AND THEIR WILD RELATIVES IN CHINA

Editors in chief: Dong Yuchen Liu Xu

China Agriculture Press

Beijing

《中国作物及其野生近缘植物》
编辑委员会

总主编 董玉琛　刘　旭

副主编 朱德蔚　郑殿升　方嘉禾　顾万春

编　委（以姓氏笔画为序）

万建民　王述民　王德槟　方嘉禾　任庆棉　朱德蔚
刘　旭　刘　红　刘青林　李　玉　李长田　李文英
李先恩　李锡香　杨庆文　陈英歌　武保国　郑勇奇
郑殿升　赵永昌　费砚良　贾定贤　贾敬贤　顾万春
常汝镇　葛　红　蒋尤泉　董玉琛　黎　裕

总论卷编著者

主　　编 刘　旭　董玉琛　郑殿升

副 主 编 王宝卿　黎　裕　杨庆文　王秀东

终　　审 郑殿升

Crops and Their Wild Relatives in China

Editorial Commission

Vol. General Discuss

总论卷各篇主要编著者

上篇　中国作物栽培史

刘　旭　王宝卿　王秀东

（以下按姓氏笔画排序）

包艳杰　吕永庆　孙宁波　李欣章　宋丽萍　胡丽丽
蒋慕东　谭光万

中篇　中国作物起源与进化

董玉琛　黎　裕

（以下按姓氏笔画排序）

王德槟　方嘉禾　朱德蔚　刘青林　李先恩　郑勇奇
费砚良　贾敬贤　常汝镇　葛　红　蒋尤泉

下篇　中国作物及其野生近缘植物多样性

郑殿升　杨庆文

（以下按姓氏笔画排序）

方嘉禾　刘青林　李先恩　李锡香　郑勇奇　费砚良
贾敬贤　常汝镇　葛　红　蒋尤泉

The Major Authors for Each Section of Vol. General Discuss

PART Ⅰ Crop Cultivation History in China

Liu Xu　Wang Baoqing　Wang Xiudong

(The following are in the order as Chinese text)

Bao Yanjie　Lü Yongqing　Sun Ningbo　Li Xinzhang　Song Liping

Hu Lili　Jiang Mudong　Tan Guangwan

PART Ⅱ Origin and Evolution of Crops in China

Dong Yuchen　Li Yu

(The following are in the order as Chinese text)

Wang Debin　Fang Jiahe　Zhu Dewei　Liu Qinglin　Li Xianen

Zheng Yongqi　Fei Yanliang　Jia Jingxian　Chang Ruzhen

Ge Hong　Jiang Youquan

PART Ⅲ Diversity of Crop Germplasm Resource in China

Zheng Diansheng　Yang Qingwen

(The following are in the order as Chinese text)

Fang Jiahe　Liu Qinglin　Li Xianen　Li Xixiang　Zheng Yongqi

Fei Yanliang　Jia Jingxian　Chang Ruzhen　Ge Hong

Jiang Youquan

前 言

作物即栽培植物。众所周知，中国作物种类极多。瓦维洛夫在他的《主要栽培植物的世界起源中心》中指出，中国起源的作物有136种（包括一些类型）。卜慕华在《我国栽培作物来源的探讨》一文中列举了我国的350种作物，其中史前或土生栽培植物237种，张骞在公元前100年前由中亚、印度一带引入的主要作物有15种，公元以后自亚、非、欧各洲陆续引入的主要作物有71种，自美洲引入的主要作物27种。中国农学会遗传资源学会编著的《中国作物遗传资源》一书中，列出了粮食作物32种，经济作物69种，蔬菜作物119种，果树作物140种，花卉（观赏植物）139种，牧草和绿肥83种，药用植物61种，共计643种（作物间有重复）。中国的作物究竟有多少种？众说纷纭。多年以来我们就想写一部详细介绍中国作物多样性的专著。本书的主要目的是对中国作物种类进行阐述，并对作物及其野生近缘植物的遗传多样性进行论述。

中国不仅作物种类繁多，而且品种数量大，种质资源丰富。目前，我国在作物长期种质库中保存的种质资源达34万余份，国家种质圃中保存的无性繁殖作物种质资源共4万余份（不包括林木、观赏植物和药用植物），其中80%为国内材料。我们日益深切地感到，对于数目如此庞大的种质资源，在妥善保存的同时，如何科学地研究、评价和管理，是作物种质资源工作者面临的艰巨任务。本书着重阐述了各种作物特征特性的多样性。

在种类繁多的种质资源面前，科学地分类极为重要。掌握作物分类，便可了解所研究作物的植物学地位及其与其他作物的内在关系。掌握作物内品种的分类，可以了解该作物在形态上、生态上、生理上、生化上及其他方面的多样性情况，以便有效地加以研究和利用。作物的起源和进化对于种质资源研究同样重要。因为一切作物都是由野生近缘植物经人类长期栽培驯化而来的。了解所研究的作物是在何时、何地、由何种野生植物驯化而来，又是如何演化的，对于收集种质资源，制定品种改良策略具有重要意义。因此，本书对每种作物的起源、演化和分类都进行了详细阐述。

在过去63年中，我国作物育种取得了巨大成绩。以粮食作物为例，1949年我国粮食作物单产1 029kg/hm^2，至2012年提高到5 302kg/hm^2，63年间增长了约4倍。大宗作物大都经历了6～8次品种更换，每次都使产量显著提高。各个时期起重要作用的品种也常常是品种改良的优异种质资源。为了记录这些重要品种的历史功绩，本书对每种作物的品种演变历史都做了简要叙述。

我国农业上举世公认的辉煌成绩是，以世界不足9%的耕地养活了世界近20%的人口。今后，我国耕地面积难以再增加，但人口还要不断增长。为了选育出更加高产、优质、高抗的品种，有必要拓宽作物的遗传基础，开拓更加广阔的基因资源。为此，本书详细介绍了各个作物的野生近缘植物，以供育种家根据各种作物的不同情况，选育遗传基础更加广泛的品种。

本书分为总论、粮食作物、经济作物、果树、蔬菜、牧草和绿肥、观赏植物、药用植物、林木、食用菌、名录共11卷，每卷独立成册，出版时间略有不同。各作物卷首为共同的“导论”，阐述了作物分类、起源和遗传多样性的基本理论和主要观点。

全书设编辑委员会，总主编和副主编；各卷均另设主编。全书是由全国100多人执笔，历经多年努力，数易其稿完成的。著者大都是长期工作在作物种质资源学科领域的优秀科学家，具有丰富工作经验，掌握大量科学资料，为本书的编著付出了大量心血。在此我们向所有编著人员致以诚挚的谢意！向所有关心和支持本书出版的专家和领导表示衷心的感谢！

本书集科学性、知识性、实用性于一体，是作物种质资源学专著。希望本书的出版对中国作物种质资源学科的发展起到促进作用。由于我们的学术水平和写作能力有限，书中错误和缺点在所难免，希望广大读者提出宝贵意见。

编辑委员会

2019年6月于北京

总论卷

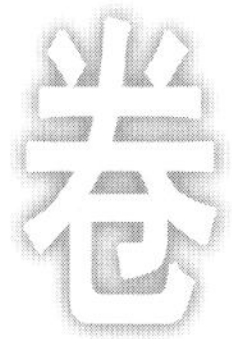

目录

中篇 中国作物起源与进化

下篇 中国作物及其野生近缘植物多样性

Part Ⅱ Origin and Evolution of Crops in China

总论卷

导论

作物是经人类长期驯化及人工合成而形成的具有经济价值的栽培植物；亦可认为作物是指对人类有价值并为人类有目的地种植和收获利用的一切植物，从这个意义上说，作物就是栽培植物。一般来讲，作物都有其野生近缘植物，这些野生近缘植物往往是作物的祖先或近亲，它们可能含有作物已丧失的有益基因，对作物遗传改良具有重要的利用价值。因此，对作物研究的同时往往也对其野生近缘植物进行研究，它们都是作物种质资源的重要组成部分。狭义的作物（农艺作物、大田作物）是指粮食作物、经济作物，广义的作物概念是指粮食、经济、园艺、饲草、绿肥、林木、药材、花草等一切人类栽培的植物，而本研究所指的作物包括粮食作物、经济作物、果树、蔬菜、饲草与绿肥、花卉、林木、药用等八大类。在农林生产中，作物生产是根本，作物生产为人类生命活动提供能量和其他物质基础，也为以植物为食的动物和微生物的生命活动提供能量，所以说作物生产是第一性生产，畜牧生产是第二性生产。作物能为人类提供多种生物必需品，例如蛋白质、淀粉、糖、油、纤维、燃料、调味品、兴奋剂、维生素、药物、木材等，还可以保护和美化环境。从数千年的历史看，粮食是保障人类生存、社会稳定、经济发展的基础，粮食生产是其他任何生产所不能替代的，所有这些需求均有赖于多种多样的栽培植物提供。

亲代传给子代的遗传物质及其载体称为种质，对人类有利用价值或有利用潜力的种质称为种质资源，又称遗传资源或基因资源，俗称品种资源。作物种质资源不仅包括任何地区、任何时间所栽培的植物种及其所有品种的全部基因，还包括它们的半驯化种、野生种和亲缘、近缘种，同时还应包括人们利用采、伐、摘、挖、放牧等手段为人类所利用的各种植物的各种类型，以及与生产密切相关的田间杂草和有毒植物。作物种质资源有狭义与广义之分，狭义作物种质资源是研究栽培植物及其野生近缘植物多样性的；广义的作物种质资源不仅研究栽培植物及其野生近缘植物的多样性，还研究采集与放牧植物的多样性，同时还应研究田间杂草与有毒植物的多样性，因此又称粮食与农业植物种质资源。

粮食与农业植物种质资源及作物种质资源都可以从与生物多样性的关系和重要性、研究层面与利用类型分成层次结构。从与生物多样性的关系角度来分析，生物多样性中受人类与农业影响形成了农业生物多样性，而农业生物多样性中的栽培植物多样性与生物多样性中的生物种质资源研究在范畴上都属于种质资源的研究层次。因此构成了生物多样性、农业生物多样性、种质资源三者既有递进的关系，又有交叉互为补充的层次结构。从重要性的角度分析，栽培植物及其野生近缘植物多样性是种质资源组成的第一层次，即最重要的核心部分；采集与放牧植物多样性是种质资源组成的第二层次，即应该认真研究的部分；而田间杂草与有毒植物多样性是种质资源组成的第三层次，即不可忽视的部分。从研究层面的角度分析，种质资源研究主要分物种多样性、遗传（品种）多样性、基因（性状）多样性 3 个层面；粮食与农业植物种质资源和作物种质资源均可以分为粮食作物类、经济作物类、饲草绿肥类、果树类、蔬菜类、花卉类、林木类、药用类、食用菌类等九大类种质资源。

第一节　中国作物的栽培历史

根据考古资料证明，距今大约 1.2 万年前，人类进入地质史上的第四纪全新世，地球上最后一次冰期结束。随着气候逐渐转暖，原始人类习惯捕杀且赖以为生的许多大中型食草动物突然减少，迫使他们转为平原谋生。在漫长的采集实践中，原始人类逐渐认识和熟悉了可食用植物的种类及其生长习性，于是便开始尝试种植，这就是原始农业的萌芽。农业出现的另外一种可能是，在这次自然环境的巨变中，原先以渔猎为生的原始人，不得不改进和提高捕猎技术，长矛、掷器、标枪和弓箭的发明，就是例证。捕猎技术的提高加速了捕猎物种的减少甚至灭绝，迫使人类从以渔猎为主转向以采食野生植物为主，并在实践中逐渐懂得了如何栽培、储藏可食用植物，以及如何驯养动物。距今大约 1 万年，人类发明了种植作物和饲养动物的生存方式，于是我们今天称为“农业”的生产方式就应运而生。

中国是 3 个最重要的农业起源地之一，亦是作物主要的起源地之一。中国农业的历史进程大致经历了漫长的约 8 000 年的原始农业，4 000 年左右的古代（传统）农业，100 年左右的现代农业 3 个阶段。其中古代（传统）农业阶段又经历了萌芽期、北方旱作农业形成期、南方稻作农业形成期、以多熟制为主的传统农业成熟期 4 个时期，而作物栽培在其中发挥了至关重要的作用。

一、原始农业时期（前约 10000—前 2070）

原始农业时期又称为史前植物（作物）采集栽培驯化期。我国作为世界四大文明发源地之一，作物栽培历史非常悠久，从最先开始驯化野生植物发展到现代农业生产已有万余年。在新石器时代，人们根据漫长的植物采集活动中积累的经验，开始把一些可供食用的植物驯化成栽培植物。例如，8 000 多年前，谷子（粟）就已经在黄河流域得到广泛种植，黍、稷也同样被北方居民所驯化。以关中、晋南和豫西为中心的仰韶文化和以山东为中心的北辛—大汶口文化均以种植粟、黍为特征，北部辽燕地区的红山文化也属粟作农业区。在南方，稻最早被驯化，在浙江余姚河姆渡发现了距今近 7 000 年的稻作遗存，在湖南彭头山还发现了距今 9 000 年的稻作遗存。

在原始农业阶段，最早被驯化的作物有黍、粟、稻、菽、麦（可能是传入的）、麻及果蔬类作物，桑蚕业也开始起步。原始农业的萌芽，是远古文明的一次巨大飞跃，不过那时作物种植还只是一种附属性生产活动，人类的生活物质很大程度上还依靠原始采集狩猎来获得。由石头、骨头、木头等材质形成的农具（即非金属工具），是这一时期生产力的标志。

史前的原始农业发展历程大致经历了萌芽时期、发展时期和成熟时期3个时期，大致与新石器早期、中期和晚期相对应。从土地利用角度，又可以将原始农业分为：刀耕农业、锄耕（或耒耜）农业、发达锄耕（或犁耕）农业3个时期，并由年年易地的生荒耕作制过渡到种植若干年后撂荒若干年的熟荒耕作制。

原始农业作物栽培的基本特点是：以种植业为主，北方多种黍、粟，南方多种稻；由较早迁徙的刀耕农业，演变为定居的锄耕农业；原始农业晚期出现了石器农具和耒耜农具并用的局面。原始农业的发展，为原始社会向阶级社会过渡创造了物质基础。

这一时期处于没有文字记载的远古时代，原始人类的劳动与创造、成功与挫折，是通过口耳相传的方式历代传递着，经过长期加工与浓缩形成神话与传说，而且这些神话与传说在后人记载中又有所附议，因此我们今日所知除考古证明了的以外，均属于细心剔除其附议的成分和神话的外衣，找到的近似真实的历史内核。

二、传统农业的萌芽期（前2070—前475）

传统农业的萌芽期又称作传统农业粗放经营时期，历经我国夏商西周及春秋时代。大约公元前2070年，夏王朝的建立标志着我国历史正式进入文明社会。金属农具的出现与使用，是原始农业向传统（古代）农业转变的关键。人类进入文明社会后，夏代—春秋时期（至公元前475年）经历了大约1 600年，相继建立了夏、商、周3个奴隶制王朝。公元前770年周平王迁都洛邑，在这之前的周朝史称西周；在这之后的周朝史称东周，约相当于春秋战国时期。

夏商西周及春秋时期是我国传统农业的萌芽期，青铜时代逐步取代了石器时代。青铜农具的出现，是我国农具材质上的一个重大突破，开始了金属农具代替石质农具的漫长过程。夏商西周及春秋时期的农具种类与原始农业时期相比，最大区别是出现了中耕农具——钱和镈，说明人们已经初步掌握了中耕除草技术。《诗经·臣工》记载："命我众人，庤乃钱镈。"钱即是后来的铲，而镈则是锄。从传说中的大禹治水开始，以防洪排涝为目的的沟洫体系逐步建立，与此相关联的垄作、条播、中耕除草和耦耕等技术相继出现并得到发展，轮荒（菑、新、畬）耕作制代替了撂荒耕作制，人们除了继续广泛利用物候知识外，又创立了天文历法。

从典籍中可以比较清晰地看到，新石器时代之后我国古代作物生产发展演变的脉络。例如，在《诗经》（前11世纪—前5世纪）中频繁地出现黍的诗，说明当时黍已经成为我国最主要的粮食作物，其他粮食作物如谷子、稻、大豆、大麦等也被提及。同时，《诗经》还提到韭菜、冬葵、菜瓜、蔓菁、萝卜、葫芦、莼菜、竹笋等蔬菜作物，榛、栗、桃、李、梅、杏、枣等果树作物，桑、花椒、纤维（大麻）、燃料、药材、林木等作物。此外，《诗经》中还有对黍稷和大麦品种分类的记载。《诗经》和另一本同时期的著作《夏小正》还对植物的生长发育如开花结实等的生理生态特点有比较详细的记载，并且这些知识被广泛用于指导当时的农事活动。夏商西周及春秋时期是我国传统农业的萌芽期，此时的农业技术虽然还比较粗放，但是已经基本摆脱了原始农业的耕作方式，精耕细作技术已经在某些栽培环节中应用。

这一传统农业的粗放经营时期的作物与栽培技术被后人汇集成中国传统农学的奠基作——《吕氏春秋·上农》等四篇（成书于秦王政八年，公元前 239 年），它是先秦时代农业生产和农业科技长期发展的总结，而且相当程度地主要反映了战国以前的作物栽培的情况。

三、传统农业的形成期（前 475—公元 317）

传统农业的形成期又称作北方旱作农业形成发展时期，历经我国战国秦汉魏西晋各朝代。春秋战国时期，特别是战国时期，是奴隶社会向封建社会转变时期，也是传统农业由粗放经营向精细经营转变的时期。主要体现在冶铁业的产生和发展、牛耕的出现，为农业生产的进步起了巨大的推动作用。在我国的农业耕作技术逐渐由粗放过渡到精细时期，我国的经济中心一直在北方地区，先进的农耕技术的出现、发展也在北方。虽然这一时期时常受到北部游牧民族的侵蹂，但是并没有影响北方精耕细作旱作技术的形成与发展。

这一时期黄河中下游地区的大田作物变化特点是：菽（大豆）地位迅速上升，至春秋末年和战国时代，菽已经和粟并列为主要粮食作物。这在中国农业发展史上是一“空前绝后”的现象。这一时期的大豆上升为主粮，是由多种因素所促成的。从大豆本身看，它比较耐旱，具有一定的救荒作用，西汉时期的《氾胜之书》记载：“大豆保岁易为，宜古之所以备凶年也。”而且大豆营养丰富，既能当粮食又能作蔬菜。《战国策·韩策》记载：“韩地……五谷所生，非麦而豆，民之所食，大抵豆饭藿羹。”藿，就是豆叶。这些大概是大豆在当时迅速发展的重要原因。从耕作制度的发展看，春秋战国时期正是由休闲制向连种制转变时期，面临着在新的土地利用方式下，如何保养地力的问题。大豆的根瘤有肥地作用，与禾谷类轮作，有利于在连种条件下用地与养地相结合。人们在实践中获得了这种经验，这是大豆在当时迅速发展的又一原因。

这一时期，除了本土驯化的作物以外，由于对外交流增多，使得许多域外作物得到交流和引进。例如，从公元前 138 年开始，张骞先后两次出使西域，开辟了西汉王朝同西域的往来通道——著名的“丝绸之路”，出现了珍稀物种或农牧业物产互通有无，“殊方异物，四面而至”的场面。根据《汉书》《史记》以来的史书、方志、本草类文献记载，从西域诸地传入的各种作物主要有：苜蓿、葡萄、石榴、胡麻（芝麻）、大蒜、葱、胡桃（核桃）、胡豆（蚕豆、豌豆等）、胡荽（芫荽）、胡瓜（黄瓜）、蓖麻、胡椒等。另外，一种重要的作物高粱（非洲高粱）也大约于 4 世纪前后从非洲经印度传入我国。

西汉末年的《氾胜之书》是继《吕氏春秋·上农》等四篇以后最重要的农学著作。它是对铁犁牛耕条件下我国农业科学技术的一个具有划时代意义的新总结，是中国传统农学的经典之一。而贾思勰成书于 6 世纪的《齐民要术》，也是对我国从秦汉到西晋这一时期农业科技知识的集成，它把各种生产项目和各种生长环节的科学技术知识熔于一炉，把农业生产和科技资料融为一体。这一百科全书式的农学著作，在中国农学史上的确是空前的。

中国传统农业延续的时间十分长久，大约在战国秦汉之际已逐渐形成一套以精耕细作为特点的北方旱作传统农业技术体系。农作制表现为由轮荒耕作制向土地连种制过渡，在其发展过程中，生产工具和生产技术尽管有很大的改进和提高，但就其主要特征而言，没有根本性质的变化。中国传统农业技术的精华在这期间基本形成，对世界农业的发展有着积极的影响。重视、继承和发展传统农业精耕细作技术，使之与现代农业技术有机地融合，对保障农业可持续发展具有十分重要的意义。

四、传统农业的发展期（317—1127）

传统农业的发展期又称作南方稻作农业形成发展时期，历经我国东晋隋唐及北宋各朝代。根据司马迁《史记·货殖列传》的记载，汉代的江南地区仍是“地广人稀，饭稻羹鱼，或火耕而水耨”。可见那时的江南地区虽有广袤的土地，却因人口稀少和生产力的不发达而得不到较好的开发。东晋南朝时期，由于中原丧乱，北方人口大规模南下的迁徙浪潮接连不断，南下的人口大都聚集在江南及随后的运河区域。这些南下人口中，大多是北方的农民，他们有的成为侨置郡县的自耕农，有的沦为士族地主的依附人口，也有许多文人学士。北人南下不但给南方带来了先进的工具和技术，而且在南迁的人员中，有许多都是文化素质较高的人士，即所谓“士君子多以家渡江东”[①]，“平江、常、润、湖、杭、明、越号为士大夫薮，天下贤俊多避地于此。”[②]

由于政治经济中心南移，使得我国南方水田耕作技术发展迅速，一套以耕、耙、耖为主要内容的水田耕作技术逐步发展成熟。江东曲辕犁是唐代最先进的耕犁，同时为水田灌溉服务的龙骨车、筒车等提水农具得到广泛应用推广。中唐后期水利建设的重点转移到南方，尤其是五代时期吴越一带、太湖流域逐步形成了塘浦圩田系统。在南方经济的发展中，水稻的大幅度增产起着主导作用。因而在宋代就有了“苏常足，天下熟”和“苏湖足，天下熟”的谚语。

这一时期大田作物构成最大的变化是稻麦地位的上升，并逐步取代了粟稻的传统地位，从而打破了我国自新石器以来北粟南稻的局面。在《齐民要术》中，谷列于首位，而大小麦和水稻地位稍稍靠后。但是在《四时纂要》中，通过研究其全年各个月份的农事安排，已经看不出上述的差别，有关大小麦的农事活动出现的频率反而居多。另外，隋唐以前的经济区，由于受地理条件复杂性的制约，造成局部地理条件的独立性，使经济的发展出现了不平衡。在古代交通不便的情况下，这种特点就更加显著。隋代的大运河，是适应政治、经济发展的需要而开凿的，大运河的开通，将黄河中下游的经济区与长江中下游的经济区沟通起来，打破了原来经济区的封闭性，沿运河一线逐渐形成了一个大的经济带，形成了运河区域的经济区。

在隋唐北宋时期，人们对栽培植物（尤其是园林植物和药用植物）的兴趣日益增长，不仅引种驯化的水平不断提高，生物学认识也日趋深入。约成书于 7 世纪或 8 世纪初的《食疗本草》记述了 160 多种粮油果蔬作物，从这本书中可以发现这个时期的一些作物的变化特点，如一些原属粮食的作物已向蔬菜转化，还在不断驯化新的作物（如牛蒡、苋菜等）。同时，在盛唐之时，包括唐玄奘在内的一批传经人士、经商人士再次加强了中国与

① 引自《旧唐书·权德舆传》卷一四八。

② 引自《建吴以来系年要录》卷二十。

中亚、南亚的联系，从而又形成一次引种高潮，新引进的作物种类有菠菜、小茴香、龙胆香、安息香、波斯枣、巴旦杏、油橄榄、水仙花、金钱花等。在这个时期，园林植物包括花卉的驯化与栽培得到空前的发展，人们对花木的引种、栽培和嫁接进行了大量研究和实践。

成书于五代十国韩谔编撰的《四时纂要》，有人认为其内容主要反映的是渭水与黄河下游一带农业生产情况，也有人认为主要反映的是唐末长江流域地区农业生产的技术状况。但不管如何，此书却是同时描述了南北方的农事情况，与此前农书主要记述北方农事情况不大相同，反映了南方稻作技术的形成与发展，并表明了其在整个作物生产中的不可替代作用。而随后于南宋绍兴十九年（1149）由陈旉完成的《陈旉农书》，也是记述这一时期农事活动和科学技术的著名农书，且是以南方稻作农业为主要记述对象，从而进一步说明了我国此时南方稻作农业的地位及其科学技术的成熟。

五、传统农业的成熟期（1127—1911）

传统农业的成熟期又称作多熟制农业形成发展时期，历经我国南宋元与明清各朝代。1127 年金人攻破汴京（今开封），宋王室南迁，建都临安（今杭州），史称南宋。南北宋时期，契丹、党项、女真等游牧民族，在我国北方建立了辽、西夏和金等政权，他们与宋王朝长期对峙和战争，使得北方农业生产受到破坏，但是民族的融合又使得农耕技术向北方拓展。同时国家财政愈加依赖南方，人口大量南迁，更加促进南方的发展。南宋时期我国经济中心南移的过程最终得以完成。随着作物栽培技术的不断提高，加上外来作物的不断引进，特别是明清时期美洲作物的引进推广，以及人口不断增长对粮食需求的大量增加，使得传统农业精耕细作技术到清代达到了顶峰——作物栽培多熟种植达到成熟，传统农业逐步形成了以多熟制为主的农业种植体系。

宋代引进的“占城稻”是这一时期的重要作物。占城稻原产占城国（今越南中南部），传入中国的时间史无记载，但北宋时期福建已有大量种植。占城稻“耐水旱而成实早”，又有“不择地而生”的优点，是一种耐旱的早熟籼稻品种，其生育期约为 110 d，为推广双季稻、稻麦轮作提供了可能。特别是南宋以后，由于政治经济重心南移，北方的小麦在南方得到普及和推广，这两方面的原因，使得宋代稻麦轮作得到推广普及。于是稻首次上升为全国首要的粮食作物，麦作也发展迅速，地位仅次于稻。另外，由于油菜籽出油率高，是禾谷类作物的优良前作，而且“易种收多”，在南方经冬不死，因此油菜在南宋时期成为南方重要的冬作物，与稻搭配，形成稻—油菜一年两熟耕作制。宋代中棉的引进推广，改变了人们几千年来衣被面料以麻（丝）为主的现象；稻、麦地位的上升，也从根本上改变了人们以粟、黍（特别是北方）为主食的饮食结构。明清时期，由于哥伦布于 1492 年发现了美洲大陆，加上世界航运的兴起，美洲的一些农作物开始引入我国，形成我国作物引进史上第三次高潮期，如玉米、花生、甘薯、马铃薯、烟草、辣椒等 20 余种美洲作物相继传入我国，在改变传统种植结构，大幅度提高粮食产量，改善人们生活水平、饮食结构等方面起了巨大作用。

18 世纪中叶以后，我国北方除了一年一熟的寒冷地区外，山东、河北及陕西关中地区已经较普遍实行两年三熟制，这种农作制经过几十年的逐步完善，到 19 世纪前期已经定型。典型两年三熟制的轮作方式是：谷子（或玉米、高粱）—麦—豆类（或玉米、谷类、薯类）。南方地区多熟制也有较大发展，据文献记载，当时比较流行的间作套种方式有：粮豆间作、粮菜间作，早晚稻套种、稻豆套种、麦棉套种、稻薯套种、稻蔗套种等。

明清时期突出表现为双季稻和三熟制在南方许多地区有较大发展。双季稻早稻一般采用生长期短、收获早的品种，遇到灾害有较大回旋余地。清代康熙年间，长江流域曾经广泛推广双季稻。随着双季稻的发展，在自然条件适宜地区，加上麦和油菜在南方的普及推广，逐步发展为麦稻稻或油菜稻稻等形式的三熟制。

这一时期综合性农书的代表作为《王祯农书》、《农政全书》与《授时通考》。《王祯农书》的撰著者为元代的王祯（1271—1330），成书的年代应在1300年左右；《农政全书》编纂者为徐光启（1562—1633），编纂于天启五年（1625）至崇祯元年（1628）；《授时通考》是依据乾隆旨令由内廷阁臣集体汇编的一部大型农书，从编纂到刊印前后5年。这3部农书既是对中国长达4 000年传统农业的凝练结晶，又是对南宋至清近800年来多熟制为主要特征的中国传统农业的全面总结，可以说它既能体现传统农业的特点与精髓，又同现代农业生产有一脉相通之处，承上启下，有如“一个典型的里程碑”①。因此就其文献学上的地位，也自有得以传世并供人参阅的因由。

六、现代农业的出现及发展（1911—　）

1840年鸦片战争以后，帝国主义的坚船利炮打开了中国的国门，同时西方的科学技术也开始迅速在国内传播。1865年（清同治四年）英国商人曾将一些美棉种子带到上海试种，这可能是国人第一次领略到西方农业科技成果；1879年前后，福人陈筱东渡日本学蚕桑，这应该是我国留学生出国学农之始。随后，一些受西方影响较深的中国知识分子，在看到西方现代农业超过中国传统农业后，纷纷开始学习西方的农业技术。中国最早建立的农业科研机构是1898年在上海成立的育蚕试验场和1899年在淮安成立的饲蚕试验场；最早的农业学校是1897年5月由浙江太守林启（迪臣）创办的浙江蚕学馆和孙诒让等人在温州创办的永嘉蚕学馆；1902年11月在保定设立直隶农务学堂，1904年改为直隶高等农业学堂，这大概是我国第一所高等农业学校。在此之后，农务学堂在全国多有兴建，据1910年5月统计，全国农务学堂已有95所，学生6 068人，其中既包括高、中、初等不同层次，也包括农、林、牧、渔不同类别。

现代农业是在现代农业科学理论指导下的、以实验科学为基础形成的一种农业形态。尽管有关现代农业的思想在清末已开始孕育，但真正从事规范的科学实验以推动现代农业发展，始于辛亥革命以后，因此可以说辛亥革命打开了古老的中国通向现代农业的大门。最先开展小麦现代育种研究的是金陵大学，1914年该校美籍教授芮斯安（Jhon Reisner）在南京附近的农田采取小麦单穗选择育种的方法，经7～8年试验育成小麦品种“金大26”。1919年南京高等师范农科进行品种比较试验，率先采用现代育种技术开展稻作育种，培育出了“改良江宁洋籼”和“改良东莞白”两个水稻品种。在北方，1924年沈寿铨等人开始进行小麦、粟、高粱、玉米的改良试验，寻求提高单位面积产量。自1931年

① 游修龄：《从大型农书的体系比较试论〈农政全书〉的特点与成立》，载《中国农史》1983年第2期。

起，中央农业实验所、全国稻作改进所、中央棉产改进所、稻米试验处及小麦试验处等先后建立，这些全国性的农业科学技术部门的创建与运行是现代农业科学与技术体系形成的标志，对推进现代作物栽培和耕作技术的普及发挥了巨大的作用。

1911—1949 年的 38 年间尽管农业科技人员进行了艰苦的努力工作，但由于在此期间战争连年，加上政府部门重视不足，现代农业科技在作物及农业生产上的进展缓慢。直到 1949 年 10 月 1 日中华人民共和国成立，特别是 1978 年的改革开放，中国农业科技方迎来真正的春天，加快了从传统农业向现代农业的转变与过渡。1949—2011 年 62 年间，在党和政府的领导与高度重视下，建成了全国性农业科技、教育、推广体系，聚集了 10 余万农业科技、教育人员和近百万农业技术推广人员，收集保存各类农作物种质资源 40 余万份，培育和创新各类农作物新品种 15 000 余个，农业生产中主要作物良种普及率达到 95%以上，粮食产量由 1949 年的 1 132 亿 kg 提高到 2013 年的 6 019 亿 kg，经济作物、园艺作物的产量也取得了巨大的飞跃，农作物生产不仅满足了国内 13.6 亿人的主要需求，部分还可以出口到国外。近 100 年来，农作物的种类变化不大，引种也从注重新作物的引进转变为新品种、新类型、新种质的引进，为我国作物遗传育种打下了坚实基础。目前农作物的产品结构发生了巨大变化，1949 年水稻、小麦、玉米三者总产量占粮食总产量的 64%，而 2011 年这个比例则提高到 90%；另外，玉米产量已从中国粮食产量的第三位提升到第一位。进入 21 世纪以来，中国粮食供应出现了新的特点，就是从隋唐以来一直是南粮北运，目前则形成了北粮南调的格局。

百年现代农业实践，为加强自主创新、发展现代农业奠定了良好的基础。目前，中国农业科学与技术水平已位于世界农业科技的先进行列，而先进的农业科技，保障了中国农业和农村经济的快速平稳发展，保障了中国 14 亿人口对农产品的需求，实现了基本平衡、丰年有余。辛亥革命百年的 2011 年，中国的农村人口历史上第一次少于城市人口，标志着中国的现代农业建设拉开了序幕。中国农业科技要跨入世界前列，推动现代农业建设，是保障中国现代农业全面实现及向更高层次发展的需要。

第二节　作物的起源与进化

一切作物都是由野生植物经栽培、驯化而来。作物的起源与进化就是研究某种作物是在何时、何地、由什么野生植物驯化而来的，怎样演化成现在这样的作物的。研究作物的起源与进化对收集作物种质资源、改良作物品种具有重要意义。

大约在中石器时代晚期或新石器时代早期，人类开始驯化植物，距今约 10 000 年。被栽培驯化的野生植物物种是何时形成的也很重要。一般说来，最早的有花植物出现在距今 1 亿多年前的中生代白垩纪，并逐渐在陆地上占有了优势。到距今 6 500 万年的新生代第三纪草本植物的种数大量增加。到距今 200 万年的第四纪植物的种继续增加。以至到现在仍有些新的植物种出现，同时有些植物种在消亡。

一、作物起源的几种学说

作物的起源地是指这一作物最早由野生变成栽培的地方。一般说来，在作物的起源地，该作物的基因较丰富，并且那里有它的野生祖先。所以了解作物的起源地对收集种质资源有重要意义。因而，100 多年来不少学者研究作物的起源地，形成了不少理论和学说。各个学说的共同点是植物驯化发生于世界上不同地方，这一点是科学界的普遍认识。

（一）康德尔作物起源学说的要点

瑞士植物学家康德尔（Alphonse de Candolle，1806—1893）在 19 世纪 50 年代之前还一直是一个物种的神创论者，但后来他逐渐改变了观点。他是最早的作物起源研究奠基人，他研究了很多作物的野生近缘种、历史、名称、语言、考古证据、变异类型等资料，认为判断作物起源的主要标准是看栽培植物分布地区是否有形成这种作物的野生种存在。他的名著《栽培植物的起源》（1882）涉及 247 种栽培植物，给后人研究作物起源提供了典范，尽管从现今看来，书中引用的资料不全，甚至有些资料是错误的，但他在作物起源研究上的贡献是不可磨灭的。康德尔的另一大贡献是 1867 年首次起草了国际植物学命名规则。这个规则一直沿用至今。

（二）达尔文进化论的要点

英国博物学家达尔文（Charles Darwin，1809—1882）在对世界各地进行考察后，于 1859 年出版了名著《物种起源》。在这本书中，他提出了以下几方面与起源和进化有关的理论：①进化肯定存在；②进化是渐进的，需要几千年到上百万年；③进化的主要机制是自然选择；④现存的物种来自同一个原始的生命体。他还提出在物种内的变异是随机发生的，每种生物的生存与消亡是由它适应环境的能力来决定的，适者生存。

（三）瓦维洛夫作物起源学说的要点

俄国（苏联）遗传学家和植物育种学家瓦维洛夫（Николай Иванович Вавилов，1887—1943）不仅是研究作物起源的著名学者，同时也是植物种质资源学科的奠基人。在 20 世纪 20～30 年代，他组织了若干次遍及四大洲的考察活动，对各地的农作系统、作物的利用情况、民族植物学甚至环境情况进行了仔细的分析研究，收集了多种作物的种质资源 15 万份，包括一部分野生近缘种，对它们进行了表型多样性研究。最后，瓦维洛夫提出了一整套关于作物起源的理论。

在瓦维洛夫的作物起源理论中，最重要的学说是作物起源中心理论。在他于 1926 年撰写的《栽培植物的起源中心》一文中，提出研究变异类型就可以确定作物的起源中心，具有最大遗传多样性的地区就是该作物的起源地。进入 20 世纪 30 年代以后，瓦维洛夫对自己的学说不断修正，又提出确定作物起源中心，不仅要根据该作物的遗传多样性的情况，而且还要考虑该作物野生近缘种的遗传多样性，并且还要参考考古学、人文学等资料。瓦维洛夫经过多年增订，于 1935 年分析了 600 多个物种（包括一部分野生近缘种）的表型遗传多样性的地理分布，发表了《主要栽培植物的世界起源中心》[Мировые очаги (центры происхождения) важнейших культурных растений]。在这篇著名的论文中指出，主要作物有 8 个起源中心，外加 3 个亚中心（图 0-1）。这些中心在地理上往往被沙漠或高山所隔离。它们被称为“原生起源中心”（primary centers of origin）。作物野生近缘种和显性基因常常存在于这类中心之内。瓦维洛夫又发现在远离这类原生起源中心的地方，有时也会产生很丰富的遗传多样性，并且那里还可能产生一些变异是在其原生起源中心没有的。瓦维洛夫把这样的地区称为“次生起源中心”(secondary centers of origin)。在次生起源中心内常有许多隐性基因。瓦维洛夫认为，次生起源中心的遗传多样性是由于作物自其原生起源中心引到这里后，在长期地理隔离的条件下，经自然选择和人工选择而形成的。

瓦维洛夫把非洲北部地中海沿岸和环绕地中海地区划作地中海中心；把非洲的阿比西尼亚（今埃塞俄比亚）作为世界作物起源中心之一；把中亚作为独立于前亚（近东）之外的另一个起源中心；中美和南美各自是一个独立的起源中心；再加上中国和印度（印度—马来亚）两个中心，就是瓦维洛夫主张的世界八大主要作物起源中心。

“变异的同源系列法则”(the Law of Homologous Series in Variation) 也是瓦维洛夫的作物起源理论体系中的重要组成部分。该理论认为，在同一个地理区域，在不同的作物中可以发现相似的变异。也就是说，在某一地区，如果在一种作物中发现存在某一特定性状或表型，那么也就可以在该地区的另一种作物中发现同一种性状或表型。Hawkes (1983) 认为这种现象应更准确地描述为“类似 (analogous) 系列法则”，因为可能不同的基因位点与此有关。Kupzov (1959) 则把这种现象看作是在不同种中可能在同一位点发生了相似的突变，或是不同的适应性基因体系经过进化产生了相似的表型。基因组学的研究成果也支持了该理论。

图 0-1 瓦维洛夫的栽培植物起源中心

1. 中国 2. 印度 2a. 印度—马来亚 3. 中亚 4. 近东

5. 地中海地区 6. 埃塞俄比亚 7. 墨西哥南部和中美

8. 南美（秘鲁、厄瓜多尔、玻利维亚） 8a. 智利 8b. 巴西和巴拉圭

（来自 Harlan，1971）

此外，瓦维洛夫还提出了“原生作物”和“次生作物”的概念。“原生作物”是指那些很早就进行了栽培的古老作物，如小麦、大麦、水稻、大豆、亚麻和棉花等；“次生作物”指那些开始是田间的杂草，然后较晚才慢慢被拿来栽培的作物，如黑麦、燕麦、番茄等。瓦维洛夫对于地方品种的意义、外国和外地材料的意义、引种的理论等方面都有重要论断。

瓦维洛夫的“作物八大起源中心”提出之后，其他研究人员对该理论又进行了修订。在这些研究人员中，最有影响的是瓦维洛夫的学生茹科夫斯基（Zhukovsky），他在1975年提出了“栽培植物基因大中心（megacenter）理论”，认为有12个大中心，这些大中心几乎覆盖了整个世界，仅仅不包括巴西、阿根廷南部，加拿大、西伯利亚北部和一些地处边缘的国家。茹科夫斯基还提出了与栽培种在遗传上相近的野生种的小中心（microcenter）概念。他指出野生种和栽培种在分布上有差别，野生种的分布很窄，而栽培种分布广泛且变异丰富。他还提出了“原生基因大中心”的概念，认为瓦维洛夫的原生起源中心地区狭窄，而把栽培种传播到的地区称为“次生基因大中心”。

（四）哈兰作物起源理论的要点

美国遗传学家哈兰（Harlan）指出，瓦维洛夫所说的作物起源中心就是农业发展史很长且存在本地文明的地域，其基础是认为作物变异的地理区域与人类历史的地理区域密切相关。但是，后来研究人员在对不同作物逐个进行分析时，却发现很多作物并没有起源于瓦维洛夫所指的起源中心之内，甚至有的作物还没有多样性中心存在。

以近东为例，在那里确实有一个小的区域曾有大量动植物被驯化，可以认为是作物起源中心之一；但在非洲情况却不一样，撒哈拉以南地区和赤道以北地区到处都存在植物驯化活动，这样大的区域难以称为“中心”，因此哈兰把这种地区称为“泛区”（noncenter）。他认为在其他地区也有类似情形，如中国北部肯定是一个中心，而东南亚和南太平洋地区可称为“泛区”；中美洲肯定是一个中心，而南美洲可称为“泛区”。基于以上考虑，哈兰（1971）提出了他的“作物起源的中心与泛区理论”。然而，后来的一些研究对该理论又提出了挑战。例如，研究发现近东中心的侧翼地区包括高加索地区、巴尔干地区和埃塞俄比亚也存在植物驯化活动；在中国，由于新石器时代的不同文化在全国不同地方形成，哈兰所说的中国北部中心实际上应该大得多；中美洲中心以外的一些地区（包括密西西比河流域、亚利桑那和墨西哥东北部）也有植物的独立驯化。因此，哈兰（1992）最后又抛弃了以前他本人提出的理论，并且认为已没有必要谈起源中心问题了。

哈兰（Harlan，1992）根据作物进化的时空因素，把作物的进化类型分为以下几类：

1. 土著（endemic）**作物** 指那些在一个地区被驯化栽培，并且以后也很少传播的作物。例如，起源于几内亚的臂形草属植物（*Brachiaria deflexa*）、埃塞俄比亚的树头芭蕉（*Ensete ventricosa*）、西非的黑马唐（*Digitaria iburua*）、墨西哥古代的莠狗尾草（*Setaria geniculata*）、墨西哥的美洲稷（*Panicum sonorum*）等。

2. 半土著（semiendemic）**作物** 指那些起源于一个地区但有适度传播的作物。例如，起源于埃塞俄比亚的苔麸（*Eragrostistef*）和小葵子（*Guizotia abyssinica*）（它们还在印度的某些地区种植）、尼日尔中部的非洲稻（*Oryza glaberrima*）等。

3. 单中心（monocentric）**作物** 指那些起源于一个地区但传播广泛且无次生多样性中心的作物。例如，咖啡、橡胶等。这类作物往往是新工业原料作物。

4. 寡中心（oligocentric）**作物** 指那些起源于一个地区但传播广泛且有一个或多个次生多样性中心的作物。例如，所有近东起源的作物（包括大麦、小麦、燕麦、亚麻、豌豆、小扁豆、鹰嘴豆等）。

5. 泛区（noncentric）**作物** 指那些在广阔地域均有驯化的作物，至少其中心不明显或不规则。例如，高粱、普通菜豆、油菜（*Brassica campestris*）等。

1992年，哈兰在他的名著《作物和人类》（第二版）一书中继续坚持他多年前就提出的“作物扩散起源理论”（diffuse origins）。其意思是说，作物起源在时间和空间上可以是扩散的，即使一种作物在一个有限的区域被驯化，在它从起源中心向外传播的过程中，这种作物会发生变化，而且不同地区的人们可能会给这种作物迥然不同的选择压力，这样到达某一特定地区后形成的作物与其原先的野生祖先在生态上和形态上会完全不同。他举了一个玉米的例子，玉米最先在墨西哥南部被驯化，然后从起源中心向各个方向传播。欧洲人到达美洲时，玉米已经在从加拿大南部至阿根廷南部的广泛地区种植，并且在每个栽培地区都形成了具有各自特点的玉米种族。有意思的是，在一些比较大的地区，如北美，只有少数种族，并且类型相对单一；而在一些小得多的地区，包括墨西哥南部、危地马拉、哥伦比亚部分地区和秘鲁，却有很多种族，有些种族的变异非常丰富，在秘鲁还发现很多与其起源中心截然不同的种族。

（五）郝克斯作物起源理论的要点

郝克斯（Hawkes，1983）认为作物起源中心应该与农业的起源地区别开来，从而提出了一套新的作物起源中心理论。在该理论中把农业起源的地方称为核心中心，而把作物从核心中心传播出来，又形成类型丰富的地区称为多样性地区（表0-1）。同时，郝克斯用“小中心”（minor centers）来描述那些只有少数几种作物起源的地方。

表0-1 栽培植物的核心中心和多样性地区

（Hawkes，1983）

核心中心	多样性地区	外围小中心
A. 中国北部（黄河以北的黄土高原地区）	Ⅰ. 中国	1. 日本
	Ⅱ. 印度	2. 新几内亚
	Ⅲ. 东南亚	3. 所罗门群岛、斐济、南太平洋
B. 近东（新月沃地）	Ⅳ. 中亚	4. 欧洲西北部
	Ⅴ. 近东	
	Ⅵ. 地中海地区	

（续）

核心中心	多样性地区	外围小中心
	Ⅶ．埃塞俄比亚	
	Ⅷ．西非	
C. 墨西哥南部（Tehuacan 以南）	Ⅸ．中美洲	5. 美国、加拿大
		6. 加勒比海地区
D. 秘鲁中部至南部（安第斯地区、安第斯坡地东部、海岸带）	Ⅹ．安第斯地区北部（委内瑞拉至玻利维亚）	7. 智利南部 8. 巴西

（六）确定作物起源中心的基本方法

如何确定某一种特定栽培植物的起源地，是作物起源研究的中心课题。康德尔最先提出只要找到这种栽培植物的野生祖先的生长地，就可以认为这里是它最初被驯化的地方。但问题是：①往往难以确定在某一特定地区的植物是否真的是野生类型，因为可能是从栽培类型逃逸出去的类型；②有些作物（如蚕豆）在自然界没有发现存在其野生祖先；③野生类型生长地也并非就一定是栽培植物的起源地，如秘鲁存在多个番茄野生种，但其他证据表明栽培番茄可能起源于墨西哥；④随着科学技术的发展，发现以前认定的野生祖先其实与栽培植物并没有关系。例如，在历史上曾认为生长在智利、乌拉圭和墨西哥的野生马铃薯是栽培马铃薯的野生祖先，但后来发现它们与栽培马铃薯亲缘并不近。因此在研究过程中必须谨慎。

此外，在研究作物起源时，还需要谨慎对待历史记录的证据和语言学证据。由于绝大多数作物的驯化出现在文字出现之前，后来的历史记录往往源于民间传说或神话，并且在很多情况下以讹传讹地流传下来。例如，罗马人认为桃来自波斯，因为他们在波斯发现了桃，故而把桃的拉丁文学名定为 *Prunus persica*，而事实上桃最先在中国驯化，然后在罗马时代传到波斯。谷子的拉丁文定名为 *Setaria italica* 也有类似情况。

因此，在研究作物起源时，应该把植物学、遗传学和考古学证据作为主要的依据，即要特别重视作物本身的多样性，其野生祖先的多样性，以及考古学的证据。历史学和语言学证据只是一个补充和辅助性依据。

二、几个重要的世界作物起源中心

（一）中国作物起源中心

在瓦维洛夫的《主要栽培植物的世界起源中心》中涉及 666 种栽培植物，他认为其中有 136 种起源于中国，占 20.4%，因此中国成了世界栽培植物八大起源中心的第一起源中心。以后作物起源学说不断得到补充和发展，但中国作为世界作物起源中心的地位始终为科学界所公认。卜慕华（1981）列举了我国史前或土生栽培植物 237 种。据估计，我国的栽培植物中，有近 300 种起源于本国，占主要栽培植物的 50%左右（郑殿升，2000）。

由于新石器时代发展起来的文化在全国各地均有发现，作物没有一个比较集中的起源地。因此，把整个中国作为一个作物起源中心。有趣的是，在 19 世纪以前中国本土起源的作物向外传播得非常慢，而引进栽培植物却很早，且传播得快。例如，在 3 000 多年前引进的作物就有大麦、小麦、高粱、冬瓜、茄子等，而蚕豆、豌豆、绿豆、苜蓿、葡萄、石榴、核桃、黄瓜、胡萝卜、葱、蒜、红花和芝麻等引进我国至少也有 2 000 多年了（卜慕华，1981）。

1. 中国北方起源的作物 中国出现人类的历史已有 150 万～170 万年。在我国北方尤其是黄河流域，新石器时代早期出现的磁山—裴李岗文化大约在距今 7 000 年到 8 500 年之间，在这段时间里人们驯化了猪、狗和鸡等动物，同时开始种植谷子、黍稷、胡桃、榛、橡树、枣等作物，其驯化中心在河南、河北和山西一带（黄其煦，1983）。总的来看，北方的古代农业以谷子和黍稷为根本。

在中国北方起源的作物主要是谷子、黍稷、大豆、小豆等；果树和蔬菜主要有萝卜、芜菁、荸荠、韭菜、土种甜瓜等，驯化的温带果树主要有中国苹果（沙果）、梨、李、栗、樱桃、桃、杏、山楂、柿、枣、黑枣（君迁子）等；还有纤维作物大麻、青麻等；油料作物紫苏；药用作物人参、杜仲、当归、甘草等，还有银杏、山核桃、榛子等。

2. 中国南方起源的作物 在我国南方，新石器时代的文化得到独立发展。在长江流域尤其是下游地区，人们很早就驯化植物，其中最重要的就是水稻（*Oryza sativa*），其开始驯化的时间至少在 7 000 年以前（严文明，1982）。竹的种类极为丰富。在中国南方被驯化的木本植物还有茶树、桑树、油桐、漆树（*Rhus vernicifera*）、蜡树（*Rhus succedanea*）、樟树（*Cinnamomum camphora*）、榧等；蔬菜作物主要有芸薹属的一些种、莲藕、百合、茭白（菰）、水菱、慈姑、芋类、甘露子、莴笋、丝瓜、茼蒿等，白菜和芥菜可能也起源于南方；果树中主要有柑橘类的多个物种，如枸橼类、檬类、柚类、柑类、橘类、金橘类、枳类等，还有枇杷、梅、杨梅、海棠等；粮食作物有食用稗、芡实、菜豆、玉米的蜡质种等；纤维作物有苎麻、葛等；绿肥作物有紫云英等。华南及沿海地区最早驯化栽培的作物可能是荔枝、龙眼等果树，以及一些块茎类作物和辛香作物，如花椒、桂（*Cinnamomum cassia*）、八角等，还有甘蔗的本地种竹蔗（*Saccharum sinense*）及一些水生植物和竹类等。

（二）近东作物起源中心

近东包括亚洲西南部的阿拉伯半岛、土耳其、伊拉克、叙利亚、约旦、黎巴嫩、巴勒斯坦地区及非洲东北部的埃及和苏丹。这里的现代人大约在 2 万多年前产生，而农业开始于 12 000 年至 11 000 年前。众所周知，在美索不达米亚和埃及等地区，高度发达的古代文明出现很早，这些文明成了农业发达的基石。研究表明，在古代近东地区，人们的主要食物是小麦、大麦、绵羊和山羊。小麦和大麦种植的历史均超过万年。以色列、约旦地区可能是大麦的起源地（Badr et al.，2000）。在美索不达米亚流域大麦一度是古代的主要作物，尤其是在南方。4 300 年前大麦几乎一度完全代替了小麦，其原因主要是因为灌溉水盐化程度越来越高，小麦的耐盐性不如大麦。在埃及，二粒小麦曾经种植较多。

近东是一个非常重要的作物起源中心，瓦维洛夫把这里称为前亚起源中心，指的主要是小亚细亚全部，还包括外高加索和伊朗。瓦维洛夫在他的《主要栽培植物的世界起源中心》中提出 84 个种起源于近东。在该地区，广泛分布着野生大麦、野生一粒小麦、野生二粒小麦、硬粒小麦、圆锥小麦、东方小麦、波斯小麦（亚美尼亚和格鲁吉亚）、提莫菲维小麦，还有普通小麦的本地无芒类群，以及小麦的祖先山羊草属的许多物种。已经公认小麦和大麦这两种重要的粮食作物起源于近东地区。黑麦、燕麦、鹰嘴豆、小扁豆、羽扇豆、蚕豆、豌豆、箭筈豌豆、甜菜也起源在这里。果树中有无花果、石榴、葡萄、欧洲甜樱桃、巴旦杏，以及苹果和梨的一些物种。起源于这里的蔬菜有胡萝卜、甘蓝、莴苣等。还有重要的牧草苜蓿和波斯三叶草，重要的油料作物胡麻、芝麻（本地特殊类型），以及甜瓜、南瓜、罂粟、芫荽等也起源在这里。

（三）中南美起源中心

美洲早在 1 万年以前就开始了作物的驯化。但无论其早晚，每个地区均是先驯化豆类、瓜类和椒类（*Capsicum* spp.）。从地域上讲，自美国中西部至少到阿根廷北部都有驯化活动；从时间上讲，作物的驯化和进化至少跨了几千年。在瓦维洛夫的《主要栽培植物的世界起源中心》中把中美和南美作为两个独立的起源中心对待，他提出起源于墨西哥南部和中美的作物有 45 种，起源于南美的作物有 62 种。

玉米是起源于美洲的最重要的作物。尽管目前对玉米的起源还存在争论，但已经比较肯定的是玉米驯化于墨西哥西南部，其栽培历史至少超过 7 000 年（Benz，2001）。最重要的块根作物之一甘薯的起源地可能在南美北部，驯化历史已超过 10 000 年。另外，包括 25 种块根块茎作物也起源于美洲，其中包括世界性作物马铃薯和木薯，马铃薯的种类十分丰富。一年生食用豆类的驯化比玉米还早，这些豆类包括普通菜豆、利马豆、红花菜豆和花生等。普通菜豆的祖先分布很广（从墨西哥到阿根廷均有分布），它和利马豆一样可能断断续续驯化了多次。世界上最重要的纤维作物陆地棉（*Gossypium hirsutum*）和海岛棉（*G. barbadense*）均起源于美洲厄瓜多尔和秘鲁、巴西东北部的西海岸地区，驯化历史至少有 5 500 年。烟草有 10 个左右的种被驯化栽培过，这些种都起源于美洲，其中最重要的普通烟草（*Nicotiana tabaccum*）起源于南美和中美。美洲还驯化了一些高价值水果，包括菠萝、番木瓜、鳄梨、番石榴、草莓等。许多重要蔬菜起源在这个中心，如番茄、辣椒等。番茄的野生种分布在厄瓜多尔和秘鲁海岸沿线，类型丰富。南瓜类型也很多，如西葫芦（*Cucurbita pepo*）是起源于美洲最早的作物之一，至少有 10 000 年的种植历史（Smith，1997）。重要工业原料作物橡胶（*Hevea brasiliensis*）起源于亚马孙地区南部。可可是巧克力的重要原料，它也起源于美洲中心。另外，美洲还是许多优良牧草的起源地。

在北美洲起源的作物为数不多，向日葵是其中之一，它大约是 3 000 年前在密西西比河到俄亥俄河流域被驯化的。

（四）南亚起源中心

南亚起源中心包括印度的阿萨姆和缅甸的主中心和印度—马来亚地区，在瓦维洛夫的《主要栽培植物的世界起源中心》中提出起源于主中心的有 117 种作物，起源于印度—马来亚地区的有 55 种作物。其中的主要作物包括水稻、绿豆、饭豆、豇豆、黄瓜、苦瓜、茄子、木豆、甘蔗、芝麻、中棉、山药、圆果黄麻、红麻、印度麻（*Crotalaria juncea*）等。薯蓣（*Dioscorea* L.）、薏苡起源于马来半岛，芒果起源于马来半岛和印度，柠檬、柑橘类起源于印度东北部至缅甸西部再至中国南部，椰子起源于南太平洋岛屿，香蕉起源于马来半岛和一些太平洋岛屿，甘蔗起源于新几内亚，等等。

（五）非洲起源中心

地球上最古老的人类出现在约 200 万年前的非洲。当地农业出现至少在 6 000 多年以前（Harlan，1992）。但长期以来，人们对非洲的作物起源情况了解很少。事实上，非洲与其他地方一样也是相当重要的作物起源中心。大量的作物在非洲被首先驯化，其中最重要的世界性作物包括咖啡、高粱、珍珠粟、油棕、西瓜、豇豆和龙爪稷等，另外还有许多主要对非洲人相当重要的作物，包括非洲稻、薯蓣、葫芦等。但与近东地区不同的是，起源于非洲的绝大多数作物的分布范围比较窄（其原因主要来自部落和文化的分布而不是生态适应性），植物驯化没有明显的中心，驯化活动从南到北、从东至西广泛存在。

不过，从古至今，生活在撒哈拉及其周边地区的非洲人一直把采集收获野生植物种子作为一项重要生活内容，甚至把这些种子商业化。在撒哈拉地区北部主要收获三芒草属的一个种（*Aristida pungens* Desf.），在中部主要收获圆锥黍（*Panicum turgidum* Forssk.），在南部主要收获蒺藜草属的 *Cenchrus biflorus* Roxb.。他们收获的野生植物还包括埃塞俄比亚最重要的禾谷类作物苔麸（*Eragrostis tef*）的祖先种画眉草（*E. pilosa*）和一年生巴蒂野生稻（*Oryza glaberrima* spp. *barthii*）等。

三、与作物进化相关的基本理论

作物的进化就是一个作物的基因源（gene pool，或译为基因库）在时间上的变化，一个作物的基因源是该作物中的全部基因。随着时间的推移，作物基因源内含有的基因会发生变化，由此带来作物的进化。自然界中作物的进化不是在短时间内形成的，而是在漫长的历史时期进行的。作物进化的机制是突变、自然选择、人工选择、重组、遗传漂移（genetic drift）和基因流动（gene flow）。一般说来，突变、重组和基因流动可以使基因源中的基因增加，遗传漂移、人工选择和自然选择常常使基因源中的基因减少。自然界，在这些机制的共同作用下，植物群体中遗传变异的总量是保持平衡的。

（一）突变在作物进化中的作用

突变是生命过程中 DNA 复制时核苷酸序列发生错误造成的。突变产生新基因，为选择创造材料，是生物进化的重要源泉。自然界生物中突变是经常发生的。自花授粉作物很少发生突变，杂种或杂合植物发生突变的概率相对较高。自然界发生的突变多数是有害的，中性突变和有益突变的比例各占多少不得而知，可能与环境及性状的详情有关。绝大多数新基因常常在刚出现时便被自然选择所淘汰，到下一代便丢失。但是，由于突变有重复性，有些基因会多次出现，每个新基因的结局因环境和基因本身的性质而不同。对生物本身有害的基因，通常一出现就被自然选择所淘汰，难以进入下一代。但有时它不是致命的害处，又与某个有益基因紧密连锁，或因突变与选择之间保持着平衡，有害基因也可能低频率地被保留下来。中性基因，大多数在它们出现后很早便丢失。其保留的情况与群体大小和出现频率有关。有利基因，大多数出现以后也会丢失，但它会重复出现，经过若干世代，丢失几次后，在群体中的比例逐渐增加，以至保留下来。基因源中基因的变化带来物种进化。

（二）自然选择在作物进化中的作用

达尔文是第一个提出自然选择是物种起源主要动力的科学家。他提出，“适者生存”就是自然选择的过程。自然选择在作物进化中的作用是消除突变中产生的不利性状，保留适应性状，从而导致物种的进化。环境的变化是生物进化的外因，遗传和变异是生物进化的内因。定向的自然选择决定了生物进化的方向，即在内因和外因的共同作用下，后代中一些基因型的频率逐代增高，另一些基因型的频率逐代降低，从而导致性状变化。例如，稻种的自然演化，就是稻种在不同环境条件下，受自然界不同的选择压力，而导致了各种类型的水稻产生。

（三）人工选择在作物进化中的作用

人工选择是指在人为的干预下，按人类的要求对作物加以选择的过程，结果是把合乎人类要求的性状保留下来，使控制这些性状的基因频率逐代增大，从而使作物的基因源（gene pool）朝着一定方向改变。人工选择自古以来就是推动作物生产发展的重要因素。古代，人们对作物（主要指禾谷类作物）的选择主要在以下两方面：第一是与收获有关的性状，结果是种子落粒性减弱、强化了有限生长、穗变大或穗变多、花的育性增加等，总的趋势是提高种子生产能力；第二是与幼苗竞争有关的性状，结果是通过种子变大、种子中蛋白质含量变低且碳水化合物含量变高，使幼苗活力提高，另外通过去除休眠、减少颖片和其他种子附属物使发芽更快。现代，人们还对产品的颜色、风味、质地及储藏品质等进行选择，这样就形成了不同用途或不同类型的品种。由于在传统农业时期人们偏爱种植混合了多个穗的种子，所以形成的“农家品种”（地方品种）具有较高的遗传多样性。近代育种着重选择纯系，所以近代育成品种的遗传多样性较低。

（四）人类迁移和栽培方式在作物进化中的作用

农民的定居使他们种植的作物品种产生对其居住地区的适应性。但农民有时也有迁移活动，他们往往把种植的品种或其他材料带到一个新地区。这些品种或材料在新区直接种植，并常与当地品种天然杂交，产生新的变异类型。这样，就使原先有地理隔离和生态分化的两个群体融合在一起了（重组）。例如，美国玉米带的玉米就是北方硬粒类型和南方马齿类型由人们不经意间带到一起演化而来的。

栽培方式也对作物的驯化和进化有影响。例如，在西非一些地区，高粱是育苗移栽的，这和亚洲的水稻栽培相似，其结果是形成了高粱的移栽种族；另外，当地人们还在雨季种植成熟期要比移栽品种长近 1 倍的雨养种族。这两个种族也有相互杂交的情况，这样又产生了新的高粱类型。

(五) 重组在进化中的作用

重组可以把父母本的基因重新组合到一个后代中。它可以把不同时间、不同地点出现的基因聚到一起。重组是遵循一定遗传规律发生的，它基于同源染色体间的交换。基因在染色体上作线性排列，同源染色体间交换便带来基因重组。重组不仅能发生在基因之间，而且还能发生在基因之内。一个基因内的重组可以形成一个新的等位基因。重组在进化中有重要意义。在作物育种工作中，杂交育种就是利用重组和选择的机制促进作物进化，达到人类要求的目的。

(六) 基因流动与杂草型植物在作物进化中的作用

当一个新群体（物种）迁入另一个群体中时，它们之间发生交配，新群体能给原有群体带来新基因，这就是基因流动。当野生种侵入栽培作物的生境后，经过长期的进化，形成了作物的杂草类型。杂草类型的形态学特征和适应性介于栽培类型和野生类型之间，它们适应了那种经常受干扰的环境，但又保留了野生类型的易落粒习性、休眠性和种子往往有附属物存留的特点。已有大量证据表明杂草类型在作物驯化和进化中起着重要作用。尽管杂草类型和栽培类型之间存在相当强的基因流动屏障，这样彼此之间不可能发生大规模的杂交，但研究发现，当杂草类型和栽培类型生活在一起时，确实偶尔也会发生杂交事件，杂交的结果就是使下代群体有了更大的变异。正如 Harlan（1992）所说，该系统在进化上是相当完美的，因为如果杂草类型和栽培类型之间发生了太多的基因流动，就会损害作物，甚至两者可能会融为一个群体，从而导致作物被抛弃；但是，如果基因流动太少，在进化上也就起不到多大作用。这就意味着基因流动屏障要相当强但又不能滴水不漏，这样才能使该系统起到作用。

四、与作物进化有关的性状演化

与作物进化有关的性状是指那些在作物和它的野生祖先之间存在显著差异的性状。总的来说，与野生祖先比较，作物有以下特点：①与其他种的竞争力降低；②收获器官及相关部分变大；③收获器官有丰富的形态变异；④往往有广泛的生理和环境适应性；⑤落粒性降低或丧失；⑥自我保护机制削弱或丧失；⑦营养繁殖作物的不育性提高；⑧生长习性改变，如多年生变成一年生；⑨发芽迅速且均匀，休眠期缩短或消失；⑩在很多作物中产生了耐近交机制。

(一) 种子繁殖作物

1. 落粒性 落粒性的进化主要是与收获有关的选择有关。研究表明，落粒性一般是由 1 对或 2 对基因控制。在自然界可以发现半落粒性的情况，但这种类型并不常见。不过在有的情况下，半落粒性也有其优势，如半落粒的埃塞俄比亚杂草燕麦和杂草黑麦就一直保留下来。落粒性和穗的易折断程度往往还与收获的方法有关。例如，北美的印第安人在收获草本植物种子时是用木棒把种子打到篮子中，这样易折断的穗反而变成了一种优势。这可能也是为什么在美洲有多种草本植物被收获或种植，但驯化的禾谷类作物却很少的原因之一。

2. 生长习性 生长习性的总进化方向是有限生长更加明显。禾谷类作物中生长习性可以分为两大类：一类是以玉米、高粱、珍珠粟和薏苡等为代表，其野生类型有多个侧分枝，驯化和进化的结果是因侧分枝减少而穗更少了、穗更大了、种子更大了、对光照的敏感性更强了、成熟期更整齐了；另一类以小麦、大麦、水稻等为代表，主茎没有分枝，驯化和进化的结果是各个分蘖的成熟期变得更整齐，这样有利于全株收获。对前者来说，从很多小穗到少数大穗的演化常常伴随着种子变大的过程，产量的提高主要来自穗变大和粒变大两个因素。这些演化过程的结果造成了栽培类型的形态学与野生类型的形态学有极大的差异。而对小粒作物来说，它们主茎没有分枝，成熟整齐度的提高主要靠在较短时间内进行分蘖，过了某一阶段则停止分蘖。小粒禾谷类作物的产量提高主要来自分蘖增加，大穗和大粒对产量提高也有贡献，但与玉米、高粱等作物相比就不那么突出了。

3. 休眠性 大多数野生草本植物的种子都具有休眠性，这种特性对野生植物的适应性是很有利的。野生燕麦、野生一粒小麦和野生二粒小麦对近东地区的异常降雨有很好的适应性，其原因就是每个穗上都有两种种子，一种没有休眠性，另一种有休眠性，前者的数量约是后者的 2 倍。无论降雨的情况如何，野生植物均能保证后代的繁衍。然而对栽培类型来说，种子的休眠一般来说没有好处。因此，栽培类型的种子往往休眠期很短或没有休眠期。

（二）无性繁殖作物

营养繁殖作物的驯化过程和种子作物有较大差别。总的来看，营养繁殖作物的驯化比较容易，而且野生群体中蕴藏着较大的遗传多样性。以木薯（*Manihot* spp.）为例，由于可以用插条来繁殖，只需要剪断枝条，在雨季插入地中，然后就会结薯。营养繁殖作物对选择的效应是直接的，并且可以马上体现出来。如果发现有一个克隆的风味更好或有其他期望性状，就可以立即繁殖它，并培育出品种。在诸如薯蓣和木薯等的大量营养繁殖作物中，很多克隆已失去有性繁殖能力（不开花和花不育），它们被完全驯化，其生存完全依赖于人类。有性繁殖能力的丧失对其他无性繁殖作物如香蕉等是一个期望性状，因为二倍体的香蕉种子多，对食用不利，因此不育的二倍体香蕉突变体被营养繁殖，育成的三倍体和四倍体香蕉（无种子）已被广泛推广。

第三节　中国作物种质资源的多样性

作物种质资源包括作物的品种、品系、遗传材料和作物的野生近缘植物的变种、变型，从广义上讲还应包括人们采集与放牧所利用的植物种类，以及与生产密切相关的田间杂草与有毒植物种类。从这个意义上讲，又称为粮食与农业植物种质资源。中国作物种质资源的多样性是指中国地域内（包括引进种植利用的）用于粮食与农业生产的作物及其野生近缘植物、采集与放牧植物、田间杂草与有毒植物的总和，主要包括物种多样性和遗传多样性两个层次。中国作物种质资源多样性是有人类劳动以来，特别是人类定居以来，经过漫长的自然选择和人工选择而形成的。

作物种质资源的多样性具有非常重要的作用，对作物本身而言，可在其生存环境改变（生物胁迫和非生物胁迫）时，起抵抗和缓冲作用，从而适应改变了的环境；而对人类来说，可选择适应新环境的作物种类与品种，以及选择为培育适应新环境品种的亲本材料。因此，作物种质资源多样性是粮食与农业生产可持续发展的物质保障。

中国地域辽阔、地形复杂、土壤多样、气候多种，加上农业历史悠久、耕作制度繁多、栽培方式多样，再经长期的自然和人工选择以及不断地培育新物种和新品种，从而形成了丰富多样的作物种质资源，其物种多样性和遗传多样性均十分丰富，研究与利用前景无限。

一、中国作物种质资源的物种多样性

物种多样性是指在某一特定区域内，生长的不同物种的数量，亦可指地球上生长的物种的丰富度。中国作物种质资源的物种多样性，指的是中国粮食与农业生产及民众生活利用的各种作物及其野生近缘植物、采集与放牧植物、田间杂草与有毒植物所有物种数量，即物种的丰富度。

（一）作物及其野生近缘植物的物种多样性

中国是世界上农业大国，亦是作物种质资源大国，作物种类相当繁多。按农艺学和用途可分为八大类：粮食作物（谷类、豆类、薯类）、经济作物（纤维类、油料类、糖料类、饮料类、染料类、香料类、调料类）、蔬菜作物（根菜类、白菜类、甘蓝类、芥菜类、绿叶菜类、葱蒜类、茄果类、瓜类、豆类、薯芋类、水生菜类、多年生与杂菜类、芽苗类、食用蕈菌类）、果树作物（仁果类、核果类、浆果类、坚果类、柑果类、聚合果类和聚花果类）、花卉作物（一二年生类、多年生类、球根类、水生类、蕨类、多浆类、兰科类、木本类）、饲用及绿肥作物（饲草类即栽培牧草、饲料类即饲用型食用作物、绿肥作物）、药用作物（根及根茎类、全草类、果实和种子类、花类、茎和皮类、其他类）、林木作物（阔叶类、针叶类即常绿类、落叶类）。

众所周知，中国是世界作物的重要起源中心之一。因此，中国不仅作物种类多，而且很多作物都有其野生近缘植物，它们也是作物种质资源重要的组成部分。卜慕华报道，中国有 350 种作物，《中国作物遗传资源》介绍了 600 多种作物。然而，随着中国农业的迅速发展，物种创新和国外引种及研究的深入，中国的作物数量和物种在逐渐增多，作物的野生近缘植物亦更加明了。目前，按上述八大类作物统计，将中国作物的数量、物种（栽培和野生）的数量列入表 0-2。由表 0-2 可以看出，中国现有 840 种作物，栽培物种 1 251 个，野生近缘植物物种 3 308 个，隶属 176 科、619 属。

表 0-2 中国作物种质资源的物种多样性

作物类别	作物数量（种）	栽培种数量（个）	野生近缘种数量（个）
粮食	38（40）	64（67）	372（381）
经济	62（71）	99（111）	541（554）
蔬菜	226（263）	206（243）	209（250）

（续）

作物类别	作物数量（种）	栽培种数量（个）	野生近缘种数量（个）
果树	86（87）	142（143）	501（501）
饲用和绿肥	80（96）	180（211）	196（207）
花卉	128（136）	203（223）	595（659）
药用	137（155）	191（210）	308（329）
林木	83（116）	166（221）	587（788）
合计	840（964）	1 251（1 431）	3 308（3 669）

注：括号内的数字为未剔除作物大类间重复的数量。

（二）采集与放牧植物的物种多样性

中国是世界上生物多样性最为丰富的12个国家之一，而植物资源是其中种类最多、数量最大的，且在任何生态系统中，植物特别是高等植物总是起主导作用。植物是可再生资源，是人类生存的物质基础，人类在漫长的利用植物资源历史的过程中，通过采摘、割伐、挖收、放牧等收获（放养）手段，在不断满足自身需要的同时，也不断创造和发展了人类文化。广阔的植物界已成为人类不断探求新的食用和各种工业用与医药用原料的巨大宝库。

1. 植物种类众多，资源植物丰富 中国的植物种类众多，仅维管束植物就有30 000余种，仅次于巴西和哥伦比亚，居世界第三位。共有353科、3 184属植物，其中包括了极其丰富的可供开发利用的资源植物。根据《中国植物志》（126卷本）统计，我国重要的纤维植物有20余科、55属、480余种；淀粉植物有39科、70余属、137种；油脂植物含油分在10%以上的种类有379种，其中属饱和脂肪酸类的有88种，分属16科、36属，属不饱和脂肪酸类的有291种，分属86科、190属；蛋白质（氨基酸）植物有35科、200余属、260余种；维生素类含量较高的植物有18科、25属、80余种；非糖甜味剂植物有19科、25属、35种；色素植物经初步研究的有33科、45属、近70种；芳香植物中含精油的芳香被子植物有260科、近800属、1 000余种；鞣质植物有35科、近80属、700余种；树脂类植物有12科、20属、40种；橡胶和硬橡胶植物有8科、17属、近30种；蜜源植物有143科、597属、1 400种。另外，植物胶与果胶植物、环保植物、农药植物等也十分丰富。

2. 森林类型繁多，木本植物丰富 中国现有森林覆盖率虽不高，但类型繁多，是世界上木本植物资源最丰富的国家之一。包括乔木和灌木共有115科、302属、8 000余种，其中乔木树种有2 000余种，灌木树种有6 000余种。全球近95%（特别是温带）的木本植物属，在中国几乎都有代表种分布。组成我国森林的重要经济树种有1 000余种，其中不少为珍贵优良材用树种。中国灌木种类分布更广，其中有很多为观赏植物或为工业原料等资源植物。我国竹类狭义而言有70余属、1 000多种，许多是有价值的材用、食用或观赏用植物。

3. 草地面积大、类型多，饲用植物丰富 中国草地面积大，约占国土面积的41.7%，居世界第二位。中国草地分布广、面积大、类型多，是世界上牧草资源最丰富的国家之一。中国有饲用植物 8 000 余种，其中草地饲用植物有 246 科、1 545 属、6 700 余种。在草地饲用植物中，有描述与记载的为 100 余科、650 属、近 4 000 种，而其中研究较多、利用较好的只有 1 000 余种。世界上栽培的各种牧草有近 80 属、400 余种，在我国几乎均有相应的野生种分布，因此开发潜力很大。

4. “世界园林之母”，观赏植物丰富 中国是世界上园林花卉植物资源最丰富的国家，拥有的种类约占世界的 60%～70%，许多世界名花或出自中国原产，或以我国为富集中心，特产种类很多，栽培历史悠久，因此中国有“世界园林之母”的美誉。我国园林花卉植物资源丰富，可供观赏的有 10 000 余种，目前已作为观赏用的种类还不足 4 000 种，其中纳入栽培的仅有 1 000 种左右。

5. 中医药发达，药用植物丰富 中国药用植物资源蕴藏十分丰富，民间应用历史悠久。根据普查统计，我国有药用植物 10 000 余种，而收载于药典中的，包括少数低等植物在内有 6 000 余种，其中裸子植物近 100 种，被子植物 4 300 余种。中国重要的药用植物分属毛茛科、小檗科、罂粟科、蔷薇科、芸香科、唇形科、茄科、茜草科、豆科、菊科、十字花科、伞形科、马钱科、薯蓣科、百合科、石蒜科等。

（三）田间杂草与有毒植物的物种多样性

一般来说，田间杂草及有毒植物不是人们利用的植物，而是为了更好进行粮食与农业生产需要铲除或避免的植物。但事情有时也有另一面，即可以利用的一面。因此，不管是铲除还是利用，都需要进行认真对待和研究其多样性，这是不可忽略的。从这个意义上讲，它们也是广义上需要研究的作物种质资源。

1. 田间杂草 在我国 1.2 亿 hm^2 耕地中，每年有严重杂草发生的达 2 000 万 hm^2 以上。我国每年因发生草害而平均减产粮食达 750 万 t，损失巨大。据联合国统计，全世界杂草总数有 8 000 种（我国 1 500 种），直接危害作物或传播病虫害、作为病虫害宿主的杂草近 1 200 种（我国有 800 余种）。我国有记载的杂草 106 科、591 属、1 380 种（含少量传入杂草）。杂草有其危害的一面，也有其可利用的一面。许多杂草是重要的药草，有的杂草可以作为纤维、淀粉、油脂和香料的原料，有的还可以引种驯化为有用的牧草，有的本身就是一种野生近缘植物，是一种种质资源。因此，合理清除杂草，避其危害，科学开发利用是资源研究的目的。

2. 有毒植物 我国幅员辽阔，资源植物十分丰富，其中有毒植物类型之多为世界罕见。有毒植物是植物界中一类具有特殊含义的植物，一般指含有毒化学成分、能引起人类或其他生物中毒的植物。这些有毒植物与农业、牧业以及医学关系密切，对它们的研究也是令人感兴趣的领域之一。据统计，我国共有有毒植物 100 余科、1 000 余种。一般人认为有毒植物是有害的，实际上许多有毒植物是重要的经济作物，或具有潜在的重要经济价值；有些植物既是有毒植物，又是可食用植物和药用植物。而且人类早就认识到“毒性”也有其积极有益的一面，许多有毒植物正是由于其强烈的生物活性，才把它们作为药物、杀虫剂、杀菌剂等使用，成为有特殊价值的重要的经济植物。从广义讲，有人把恶性杂草（如草原的毒草、外来入侵植物）也归入这一类，这是从影响粮食与农业生产的角度来划入的，与传统的有毒植物并不是一个概念。

二、中国作物种质资源的遗传多样性

遗传多样性是某物种内总的遗传组成及其变异，亦指物种内基因频率与基因型频率变化导致基因和基因型的多样性。遗传多样性是生物多样性的基础，是生物遗传改良的源泉。

作物种质资源遗传多样性指作物及其野生近缘植物物种内品种（系）或变种（变型）之间的差异丰富度。因此，作物种质资源遗传多样性一般体现于品种（系）或变种（变型）的多样性，每一品种（系）或变种（变型）都是一个基因型，基因型是由一个品种（系）或变种（变型）的所有基因组成。但对多年生作物，特别是对木本作物而言，一个品种的不同植株甚至也可构成一个基因型，表现为群与群不同、株与株有异。

中国作物种质资源遗传多样性十分丰富，这已被许多研究所证明。遗传多样性的研究方法主要有表型观测法、生物化学法和分子生物学法。本书采用表型观测法，主要从类型或变种多、品种（系）多和性状变异幅度大三个方面，对中国有代表性的作物物种的遗传多样性加以概述。

（一）作物类型或变种多

中国作物遗传多样性很重要的一个方面是表现在物种的类型或变种多。如粮食作物中的稻地方种有 50 个变种和 962 个变型，普通小麦含 127 个变种，大麦有 422 个变种；经济作物的大豆分为 480 个类型，亚洲棉有 41 个形态类型，茶树分为 30 个类型；蔬菜作物的芥菜分为 16 个变种，辣椒有 10 个变种，莴苣有 12 个变型；花卉作物的梅花有 18 个类型，菊花分为 44 个花型，荷花共有 40 个类型；饲用作物的紫花苜蓿分为 7 个生态类型，箭筈豌豆有 11 个类型；果树作物的苹果分为 3 个系统、21 个品种群，山楂共有 3 个系统、7 个品种群；药用作物的乌拉尔甘草有 7 个变异类型，地黄可划分出 5 个形态类型；林木作物的毛白杨有 9 个自然变异类型，白榆有 10 个自然变异类型等。

（二）作物的品种多

我国不仅作物的种类、类型或变种多，而且还有众多品种（品系）。在这一点上粮食作物更加突出，如水稻我国地方品种就有 50 000 多个，这些品种从属籼、粳两个亚种，并且每个亚种都有水稻、陆稻，品质分糯和非糯，栽种期分早、中、晚，又各有早、中、晚熟品种；在谷粒形态和大小、颖毛和颖色、穗颈长短、植株高度等方面又呈现了多种多样。20 世纪 40 年代，我国种植的水稻品种有 46 000 余个，小麦品种有 13 000 余个，玉米品种有 10 300 余个。根据我国目前收录到的各类作物的品种（系）数量及文献记载和研究发现，我国各类作物都有相当数量的品种（系）存在，表 0－3 列出了我国部分作物物种大约所拥有的品种数量，这从另一方面反映了我国作物的遗传多样性非常丰富。

表 0-3 中国部分作物物种大约拥有的品种（系）数量

物种	拉丁学名	品种数（个）
亚洲栽培稻	*Oryza sativa* L.	52 358
普通小麦	*Triticum aestivum* L.	25 349
大麦	*Hordeum vulgare* L.	9 823
玉米	*Zea mays* L.	15 687
高粱	*Sorghum bicolor* Pers.	12 726
谷子	*Setaria italica*（L.）Beauv.	26 316
黍稷	*Panicum miliaceum* L.	7 818
大豆	*Glycine max*（L.）Merr.	23 587
陆地棉	*Gossypium hirsutum* L.	3 661
落花生	*Arachis hypogaea* L.	4 373
芝麻	*Sesamum indicum* L.	4 273
向日葵	*Helianthus annuus* L.	2 485
紫花苜蓿	*Medicago sativa* L.	700
冰草	*Agropyron cristatum*（L.）Gaertn.	259
紫云英	*Astragalus sinicus* L.	111
满江红	*Azolla imbricata*（Roxb.）Nakai	136
大白菜	*Brassica pekinensis*（Lour.）Rupr.	1 583
萝卜	*Raphanus sativus* L.	1 958
黄瓜	*Cucumis sativus* L.	1 391
普通菜豆	*Phaseolus vulgaris* L.	3 051
苹果	*Malus pumila* Mill.	232
桃	*Amygdalus persica* L.	510
柿	*Diospyros kaki* L. f.	290
杏	*Armeniaca vulgaris* Lam.	258
菊花	*Dendranthema morifolium*（Ramat.）Tzvel.	3 000
月季	*Rosa chinensis* Jacq.	2 000
牡丹	*Paeonia suffruticosa* Andr.	800
荷花	*Nelumbo nucifera* Gaertn.	600
毛白杨	*Populus tomentosa* Carr.	750
白榆	*Ulmus pumila* L.	640
国槐	*Sophora japonica* L.	350
地黄	*Rehmannia glutinosa*（Gaertn.）Libosch.	50

注：不含国外引进的品种和该物种的野生类型。

（三）性状变异幅度大

中国作物种质资源的遗传多样性的另一个特点是品种性状变异的幅度大。如植株高度差异：稻为 39～210 cm，相差 171 cm；普通小麦为 20～198 cm，相差 178 cm；玉米为 61～444 cm，相差 383 cm；大麦为 19～166 cm，相差 147 cm；大豆为 7.6～333 cm，相差 325.4 cm。粒重差异：稻千粒重为 2.4～86.9 g，相差 84.5 g；小麦千粒重为 8.1～81.0 g，相差 72.9 g；玉米千粒重为 16～569 g，相差 553 g；大麦千粒重为 5.5～86.1 g，相差 80.6 g；大豆百粒重为 1.8～46.0 g，相差 44.2 g。单果（叶球、肉质根）重差异：茄子单果重 0.9～1 750 g，相差 1 749.1 g；梨单果重 23.7～606.5 g，相差 582.8 g；苹果单果重25～262.9 g，相差 237.9 g；大白菜单球重 130～7 000 g，相差 6 870 g。另外，种子、果实、叶、茎的性状和颜色更是丰富多样。现将部分作物的主要性状变异程度列于表 0－4。

表 0－4　中国部分作物主要性状变异状况

作物	性状	变异状况
稻	株高	39～210 cm
	千粒重	2.4～86.9 g
	叶片色	浅黄、黄色斑点、绿白相间、浅绿、绿、深绿、紫边、紫色斑点、紫
小麦	株高	20～198 cm
	千粒重	8.1～81.0 g
	粒色	白色、琥珀色、红色、紫黑色、青黑色
	芒型	无芒、短芒、长芒、钩曲芒、短曲芒、长曲芒
玉米	株高	61～444 cm
	千粒重	16～569 g
	粒色	白色、黄色、红色、紫色、黑色、杂色等 22 种颜色
大麦	株高	19～166 cm
	千粒重	5.5～86.1 g
	芒型	无芒、微芒、等穗芒、短芒、长芒、无颈钩芒、短钩芒、长钩芒等 14 种
大豆	株高	7.6～333 cm
	百粒重	1.8～46.0 g
油菜	全株角果	5.4～3 324.8 个
	每角粒数	1～85 粒
	千粒重	0.5～18.7 g
棉花	花色	白色、乳白色、黄色、红色、红白色、粉红色、浅粉色
	叶色	浅黄色、绿色、深绿色、黄色、黄红色、黄白色、斑驳色
	铃重	0.7～9.8 g
	纤维长度	0～39 cm

（续）

作物	性状	变异状况
茶树	叶片长度	3.3～26.1 cm
	叶片形状	近圆形、椭圆形、卵圆形、长椭圆形、披针形
	叶片色	浅黄、黄色斑点、绿白相间、浅绿、绿、深绿、紫边、紫色斑点、紫
	株高	20～198 cm
	树型	灌木型、小乔木型、乔木型
	果实形状	椭圆形、长椭圆形、圆锥形、卵圆形、心形、长心形、歪心形、纺锤形
紫花苜蓿	株高	30～160 cm
	叶长	5～40 cm
	叶宽	3～12 cm
	千粒重	1.4～3.5 g
黄花草木樨	株高	20～300 cm
	叶长	10～30 cm
	叶宽	4～17 cm
	千粒重	1.7～2.8 g
梅花	花香味	淡香、清香、甜香、浓香
	花外瓣形状	长圆形、圆形、扁圆形、阔卵圆形、阔倒卵形、倒卵形、匙性、扁形
	花瓣颜色（背面）	白色、乳黄色、浅黄色、浅粉色、粉红色、红色、肉红色、紫红色、酒金色
大白菜	叶球净重	130～7 000 g
	叶球形状	卵形、长筒形、短筒形、倒卵形、倒圆锥形、近圆形、扁圆形、炮弹形、橄榄形
	叶球抱合方式	散叶、叠抱、合抱、拧抱、褶抱
茄子	单果重	0.9～1 750.0 g
	果皮色	紫色、黑紫色、紫红色、绿色、白色
	果实形状	圆形、扁圆形、卵圆形、长卵形、短棒形、长棒形、长条形
普通韭菜	叶宽	0.3～1.8 cm
	叶长	15～50 cm
	分蘖力	弱、中、强
苹果	单果重	25.0～262.9 g
	果实形状	近圆形、扁圆形、椭圆形、长圆形、卵圆形、圆锥形、圆柱形、短锥形
	果肉颜色	白色、乳白色、黄白色、淡黄色、黄色、橙黄色、绿白色、黄绿色、浅红色、血红色、暗红色
梨	单果重	23.7～606.5 g
	果色	绿色、黄绿色、绿黄色、黄色、褐色、紫红色、鲜红色
	果实形状	扁圆形、圆形、长圆形、卵圆形、倒卵形、圆锥形、圆柱形、纺锤形、细颈葫芦形、粗颈葫芦形

（续）

作物	性状	变异状况
乌拉尔甘草	每序花朵数	10～49 朵
	每序结荚数	1～37 荚
	每荚结籽数	1～9 粒
毛白杨	树高	5.7～21.2 m
	胸径	5.9～30.4 cm
	叶长	4.6～14.1 cm
	叶宽	3.9～14.2 cm
菊花	子叶形状	正叶、深刻正叶、长叶、深刻长叶、圆叶、葵叶、蓬叶、扣船叶（反转叶）、托叶（柄附叶）
	花瓣形状	平瓣形、匙瓣形、管瓣形、柱瓣状、畸瓣形
	花色	黄色系：浅黄、深黄、金黄、橙黄、棕黄、泥黄、绿黄 白色系：乳白、粉白、银白、绿白、灰白 绿色系：豆绿、黄绿、草绿 紫色系：雪青、浅紫、红紫、墨紫、青紫 红色系：大红、朱红、墨红、橙红、棕红、肉红 粉红色系：浅红、深粉、双色系和间色系
	花型	单瓣型、荷花型、菊花型、蔷薇型、托桂型、皇冠型、绣球型
白榆	分枝类型	立枝型、垂枝型、稀生型、曲枝型、密枝型、扫帚型、鸡爪型
	树皮类型	光皮型、薄皮型、细皮型、粗皮型、栓皮型
	主干类型	高大型、通直型、微弯型、弯曲型
地黄	株高	5.5～23.1 cm
	叶片鲜重	3.82～12.9 g
	块根形状	薯状、细长条状、纺锤状、疙瘩状

三、中国农作物种质资源多样性的研究与利用

目前，我国已收集保存农作物种质资源 40 余万份，并对其全部进行了农艺性状鉴定，部分进行了品质性状、抗病虫性状、抗逆性状的鉴定，积累了大量数据和信息。同时，通过对其梳理、分析，并对其地理分布、多样性富集中心进行研究，初步揭示了我国是禾谷类作物某些特有基因的起源地之一，探明了主要农作物品种演变规律，明确了主要农作物野生近缘植物的优异性状及利用价值，部分反映了多样性在研究和利用方面的意义与价值。

（一）禾谷类作物某些特有基因的起源探讨

通过研究，揭示了中国既是禾谷类作物籽粒的糯性基因、裸粒基因的起源地，还是矮秆基因、育性基因的重要起源地之一。

1. 糯性基因 中国糯质玉米是玉米引入我国后突变产生的，起源于西南地区，该地

区是糯玉米种质资源的多样性中心。糯性谷子为中国特有，主要分布于从东北到西南的狭长地带，多样性中心在山东、山西和河北一带。黍为糯性，在北方广泛种植，主要分布在山西、陕西、甘肃等地。糯高粱主要分布在西南地区。

2. 矮秆基因 水稻的矮秆基因起源于中国，代表品种是矮脚南特、矮仔占、低脚乌尖，它们具有同样的矮秆基因 *sdl*，该基因在世界水稻矮化育种中起到非常关键的作用。南充一支腊含有半矮秆基因 *sd*－*g*，雪禾矮早含有 *sd*－*s*（t）矮秆基因。小麦品种大拇指矮携带矮秆基因 *Rht3*，矮变 1 号携带 *Rht10* 基因。大麦品种尺八大麦、萧山立夏黄、沧州裸大麦具有同样的矮秆基因 *uz*，该基因主要为亚洲国家大麦矮秆育种所利用。

3. 育性基因 在普通野生稻中发现的细胞质雄性不育基因，已被利用育成野败型不育系、红莲型不育系等，这些不育系均广泛用于杂交稻选育，显著提高了粮食产量；利用地方品种马尾粘培育的马协型不育系，以及利用云南水稻品种培育的滇型不育系也已用于杂交水稻选育。小麦广亲和基因 *Kr* 原产于中国，世界著名的品种中国春含有 *Kr1*、*Kr2* 和 *Kr3*，其具有较强广交配性，早已用于小麦远缘杂交中，取得了显著成就；在广亲和性鉴定中，又筛选出品种 J－11，其广交配性比中国春更强。显性雄性不育基因有小麦的太谷核不育显性基因 *Ta1*，已应用于小麦轮回选择，育成一批优异种质和优良品种。谷子品种矮宁黄中含雄性不育基因，并育成雄性不育系 1066A。

4. 裸粒基因 大粒裸燕麦（莜麦）为我国特有的基因类型，是在我国山西与内蒙古交界地带，由普通栽培燕麦（皮燕麦）发生基因突变产生的，而后传入世界各地。中国已用皮燕麦与裸燕麦杂交，培育出一批优良品种应用于生产。裸大麦又称元麦、淮麦，在青藏高原又称青稞，是大麦的一个特殊类型。青稞在距今 3 500 年前的新石器时代晚期，在西藏就有栽培，也是我国青藏高原大部地区几乎唯一的谷类作物，是藏族人民的主食，同时又是宗教节日中藏族人民以示祝福的祭祀物，有着不可替代的属性。

（二）主要农作物品种演变状况

研究分析了各作物品种的演变，主要是 20 世纪 50 年代至 21 世纪第一个 10 年，逐年代生产上使用品种的更换和主要性状的改良和发展趋势。主要作物在生产上使用的品种分别经过 3～7 次更替，品种主要性状改良的总趋势是种子或果实变大，植株变矮，抗病性增强，品质优化，加之农业生产条件的不断改善，从而使单产逐年代提高。现以水稻、小麦、大豆、油菜和棉花为例，水稻品种经历 4 次大规模更新换代，即筛（评）选的地方（系选）品种代替众多老地方品种，单产从 1949—1951 年的 2 081 kg/hm^2 提高到 1957—1959 年的 2 542 kg/hm^2；矮秆（半矮秆）育成品种代替了高秆品种，单产提高到 1976—1980 年的3 889 kg/hm^2；杂交稻的突破与推广，又使单产提升到 1996—2000 年的 6 303 kg/hm^2；超级稻的培育与应用，再次使水稻单产上升到 2007—2011 年的 6 564 kg/hm^2。小麦不同麦区品种更换了 5～7 次，主要性状的变化趋势是：植株由高变矮，籽粒由小到大，籽粒蛋白质含量由高到低又到高，冬性向偏春性发展，成熟期趋向早熟，抗病性不断提高，单产由 50 年代的 800 kg/hm^2，提升到目前的 4 739 kg/hm^2。大豆在 70 年代以前主要种植地方品种，单产较低，如 1957 年为 788 kg/hm^2。70 年代以后育成品种逐渐代替地方品种，产量随之提高，如 1976 年单产为 994 kg/hm^2，1981—1985 年平均为 1 238 kg/hm^2，目前提升为 1 681 kg/hm^2，与此同时，品种的蛋白质或油的含量亦随之提高。油菜品种的更换主要是 80 年代以来，甘蓝型油菜和杂交油菜代替了白菜型和芥菜型油菜，甘蓝型油菜和杂交油菜产量高，得以大面积推广。80 年代以前每公顷油菜产量最高仅 700 kg，而 1991—1995 年达到了 1 303 kg/hm^2，2007—2011 年又提升为 1 837 kg/hm^2，加之品质选育，含油量不断提高，而芥酸和硫苷含量大大降低。棉花品种的更换主要是陆地棉和海岛棉代替了亚洲棉和草棉，陆地棉广泛种植，海岛棉种植地区狭窄，近年仅新疆南部栽培。陆地棉品种已经历了 5～7 次更替，如 1961—1979 年以系选品种代替了其原始品种，产量增加 15%；1980—1987 年丰产、抗病育成品种代替感染病品种；1988—1994 年抗病品种或纤维品质较好品种，全部代替感病品种和纤维品质差的品种，因此品种的抗病性明显提高，纤维品质明显改善；1995 年以来，着重推广杂交品种和抗虫棉品种，使产量、抗病虫性和品质都得到进一步的提高，全国棉花单产逐年代上升，每公顷产量 1965 年以前为 300 kg/hm^2，1966—1980 年为 460 kg/hm^2，1996—2000 年为 992 kg/hm^2，2007—2011 年达到 1 283 kg/hm^2。

（三）主要农作物野生近缘植物的优异性状及利用

通过对主要农作物重要野生近缘植物特征特性、分布地区、生长环境条件的研究，基本明确了它们的优异性状及利用价值。例如，普通野生稻具有雄性不育基因，我国早已利用野生稻育成多种细胞质雄性不育系，并实现三系配套，大批三系杂交稻投入生产，取得显著的增产效果，这对中国乃至世界的粮食生产做出了巨大的贡献。另外，野生稻还具有抗病性（白叶枯病、稻瘟病）和抗虫性（褐飞虱、白背飞虱等害虫），以及品质优良、分蘖力强、丰产等优异性状，这些优异性状在水稻常规育种中，有的已获得利用，并取得显著成效。小麦的野生种有野生一粒小麦、野生二粒小麦和阿拉拉特小麦，它们的籽粒蛋白质含量均超过 20%，抗小麦的多种病害（3 种锈病、白粉病、黑穗病等），且阿拉拉特小麦还具有细胞质雄性不育基因和恢复花粉育性基因，并表现抗旱性较好。另外，小麦近缘属野生植物与小麦杂交成功的有 11 个属的数十个种，其中获得成效最显著的是用偃麦草与小麦杂交育成了我国著名小麦品种小偃号系列和遗传材料，它们在小麦生产和育种中起到非常重要的作用。还有山羊草属、冰草属和簇毛麦属等的一些种具有抗小麦 3 种锈病、白粉病、黄矮病的基因，高度抗旱、抗寒和较好的抗盐性，这些有益基因非常有利用价值。野生大豆广布于我国，蛋白质含量高，最高可达 55%以上；对土壤的酸碱度适应性较强，在 pH 4.5～9.2 的范围内均有可正常生长发育的野生大豆；有的野生大豆可与栽培品种杂交获得质-核互作胞质雄性不育系，并在世界上率先实现三系配套。油菜的野生近缘植物较多，分别具有的优异性状包括：抗裂果、线虫、小菜蛾、菜青虫、跳甲、甘蓝蚜、甘蓝白蝇、甘蓝根蝇、白粉病、黑叶斑病、黑胫病、霜霉病、根肿病、菌核病、芜菁花叶病毒，以及抗（耐）旱害、盐碱、杂草和除草剂等；品质方面，有的亚油酸和亚麻酸含量高，有的物种光合效率高。棉花的野生近缘物种分别具有栽培棉种所需提高的优异性状，如高的铃重和结铃性，优质纤维，抗黄萎病、枯萎病、角斑病，抗棉铃虫、蚜虫、红铃虫、棉叶螨等，抗干旱、低温和盐害，苞叶早落性，种子无酚等。马铃薯野生近缘种的优异性状有抗病性，如抗晚疫病、癌肿病、青枯病、软腐病、黑胫病、轻花叶病毒病、重花叶病毒病、卷叶病毒病、纺锤块茎病毒病；抗虫性，如抗蚜虫、胞囊线虫、根结线虫；抗逆性，如抗霜冻、热害、干旱；优质特性，如抗块茎生理性变黑，还原糖含量低，耐低温糖化，干物质含量高，块茎抗氧化能力高等。

（刘　旭　郑殿升　黎　裕　董玉琛）

参考文献

白鹤文，杜富全，闵宗殿，1995. 中国近代农业科技史稿 [M]. 北京：中国农业科学技术出版社.

卜慕华，1981. 我国栽培作物来源的探讨 [J]. 中国农业科学（4）：86－96.

陈冀胜，郑硕，1987. 中国有毒植物 [M]. 北京：科学出版社.

董玉琛，郑殿升，2000. 中国小麦遗传资源 [M]. 北京：中国农业出版社.

董恺忱，范楚玉，2000. 中国科学技术史·农学卷 [M]. 北京：科学出版社.

顾万春，王棋，游应天，等，1998. 森林遗传资源学概论 [M]. 北京：中国科学技术出版社.

黄其煦，1983. 黄河流域新石器时代农耕文化中的作物——关于农业起源问题探索三 [J]. 农业考古（2）：4－6.

李先恩，祁建军，周丽莉，等，2007. 地黄种质资源形态及生物学性状的观察与比较 [J]. 植物遗传资源学报，8（1）：95－98.

梁家勉，1989. 中国农业科学技术史稿 [M]. 北京：农业出版社.

刘旭，2003. 中国生物种质资源科学报告 [M]. 北京：科学出版社.

刘旭，曹永生，张宗文，2008. 农作物种质资源基本描述规范和术语 [M]. 北京：中国农业出版社.

刘旭，黎裕，曹永生，等，2009. 中国禾谷类作物种质资源地理分布及其富集中心研究 [J]. 植物遗传资源学报，10（1）：1－8.

刘旭，郑殿升，董玉琛，等，2008. 中国农作物及其野生近缘植物多样性研究进展 [J]. 植物遗传资源学报，9（4）：1－5.

马春英，王文全，张学静，等，2009. 乌拉尔甘草花部特征和开花结荚特性的研究 [J]. 植物遗传资源学报，10（2）：295－299.

王宝卿，2007. 明清以来山东种植结构变迁及其影响研究 [M]. 北京：中国农业出版社.

王述民，李立会，黎裕，等，2011. 中国粮食和农业植物遗传资源状况报告（I）[J]. 植物遗传资源学报，12（1）：1－12.

王述民，李立会，黎裕，等，2011. 中国粮食和农业植物遗传资源状况报告（II）[J]. 植物遗传资源学报，12（2）：167－177.

吴存浩，1996. 中国农业史 [M]. 北京：警官教育出版社.

吴征镒，陈心启，2004. 中国植物志：第一卷 [M]. 北京：科学出版社.

严文明，1982. 中国稻作农业的起源 [J]. 农业考古（1）：1－3.

杨全，王文全，魏胜利，2007. 甘草不同类型间总黄酮、多糖含量比较研究 [J]. 中国药学杂志，32（5）：445－447.

游修龄，2008. 中国农业通史·原始农业卷 [M]. 北京：中国农业出版社.

俞履圻，钱咏文，蒋荷，等，1996. 中国栽培稻种分类 [M]. 北京：中国农业出版社.

曾雄生，2008. 中国农学史［M］. 福州：福建人民出版社.
张芳，王思明，2001. 中国农业科技史［M］. 北京：中国农业科技出版社.
郑殿升，2000. 中国作物遗传资源的多样性［J］. 中国农业科技导报，2（2）：45－49.
郑殿升，杨庆文，刘旭，2011. 中国作物种质资源多样性［J］. 植物遗传资源学报，12（4）：447－500.
郑殿升，张宗文，2011. 大粒裸燕麦（莜麦）（*Avena nuda* L.）起源级分类问题的探讨［J］. 植物遗传学报，12（5）：667－670.
中国农学会遗传资源分会，1994. 中国作物遗传资源［M］. 北京：中国农业出版社.
中国森林编辑委员会，1998. 中国森林：阔叶林［M］. 北京：中国林业出版社.
中国树木志编辑委员会，1982. 中国树木志［M］. 北京：中国林业出版社.
Badr A K Muller，R Schafer－Pregl，H E Rabey，et al，2000. On the origin and domestication history of barley（*Hordeum vulgare*）［J］. Mol. Biol. &Evol.，17：499－510.
Benz B F，2001. Archaeological evidence of teosinte domestication from Guila Naqutiz，Oaxaca［M］. Proc. Ntal. Acad. Sci. USA 98.
Harlan J R，1971. Agricultural origins：centers and noncenters［J］. Science，174：468－474.
Harlan J R，1992. Crops & Man（2nd edition）［M］. ASA，CSS A，Madison，Wisconsin，USA.
Hawkes J W，1983. The diversity of crop plants［M］. Cambridge，London：Harvard University Press.
Smith B D，1997. The initial domestication of *Cucurbita pepo* in the Americas 10 000 years ago［J］. Sceince，276：5314.
Zeven A C，P M Zhukovsky，1975. Dictionary of cultivated plants and their centers of diversity［M］. PUDOC，Wageningen，the Netherelands.

上 篇

中国作物栽培史

总论卷·上篇

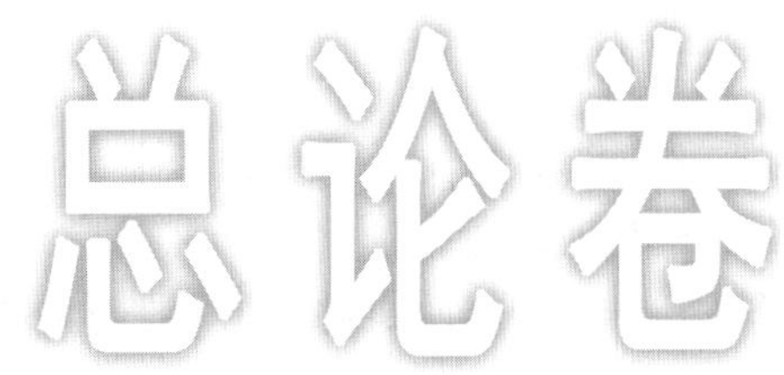

第一章

概　　述

根据目前世界考古证明，人类已有500万～700万年的历史，作物的起源据考证只有1万年左右，充其量只占人类历史的0.2%。但是大约1万年前起源的作物及其农业的形成，却是人类发展史上的一个极其重要转折的新里程碑，也可以说是人类文明的起点。在这约万年的作物栽培历史进程中，人类从事的农业走过了原始农业、传统农业，到现代农业几个阶段，促进了人类社会的发展，提升了人类文明与进步的水平。

中国是世界上农业三大主要发祥地之一，也是世界上作物八大主要起源地之一，在上万年的作物栽培实践中，经历了多个不同的发展阶段，每一阶段都有极其独特的增长方式和极其丰富的内涵，由此形成了我国作物栽培史的基本特点和发展脉络，而且极大促进和丰富了中国传统农业的形成与发展，乃至我国社会经济文化的文明进程。

第一节　作物栽培史的研究方法与意义

作物栽培史是研究作物起源与发展以及时空变化规律的科学。中国作物栽培史是研究在中国特定的范围和条件下，作物的起源与发展的历史、时空变化规律及其对农业、经济、社会、文化影响的科学。

一、作物栽培史的研究内涵

作物栽培史的研究内涵有两个层次，从广义的内涵来讲，作物栽培史研究的范畴由三大部分组成：①作物的起源与发展。作物是由植物的野生类型经人工驯化成栽培类型的，从这个意义上讲作物即栽培植物。植物的驯化、传播和分化，是密切相关、难以绝对分开的，但也可以分成相对独立的几个阶段。植物最初在一个起源驯化中心，然后传到别处，在一个新的地区发生分化（进一步驯化），从科学上通常把最初驯化地称为初生起源中心或原生起源中心，而进一步驯化的新的地区称为次生起源中心。植物从野生类型到栽培类型的整个驯化、传播、分化过程统称为作物的起源与发展。②作物的时空变化与其形成相应的农作制度，在长达4 000年的中国传统农业社会中，作物的空间布局和演替进程在一定程度上起了相当大的主导作用；在传统农业社会中可分为粗放经营和精细经营两个时期，精细经营期又分为北方旱作农业、南方稻作农业，以及多熟制农业等区域和阶段，且每个时期或阶段，种植的作物数量、种类和布局均有很大不同，但又有继承与发展。③以作物生产为中心的农耕文化。中国农业在 5 000 年文明史中，前 3 000 年主要是黄河流域开创的灿烂的古代农耕文明，即“粟作文明”；从东晋开始隋唐兴起，长江流域后来居上，继承发扬并开辟了崭新的农耕文明，即“稻作文明”。中华农耕文化的核心价值即“天人合一”与农业“三才”观，其理论最初是从农业实践经验中孕育出来的，后来逐渐形成一种理论框架，推广应用到经济、政治、思想、文化、社会等各个领域，其实质是维持生态平衡与人类可持续发展的关系。

从狭义的内涵来讲，作物栽培史的范畴只限于广义内涵的第二个部分，即研究不同历史阶段、不同社会形态中的作物数量、种类、布局，以及时空变化和其形成的农作制度对经济、社会、文化的影响等内容。本部分内容主要是狭义内涵的研究结果。

由于作物生产的根本特点是，在自然环境下作物再生产过程与经济再生产过程的紧密结合。因此对作物起源与发展、时空变化规律的研究就应该包括自然规律、生命规律、经济规律 3 个研究方面。从这个意义上讲，作物栽培史既是自然科学（农业科学、生命科学等）的一个分支，又涉及大量社会科学（经济科学、历史科学）的问题，是两者相互交叉、相互渗透的一门边缘、交叉学科。作物栽培史学作为自然科学、农业科学、历史科学的一个交汇复合学科，主要研究人们对自然规律之认知的发展过程，探讨作物对自然和历史条件的适用性、科学性以及它的局限性。因此，作物栽培史的研究特点主要体现在两个方面：①采用自然科学、社会科学、生命科学相互交叉，作物科学、环境科学、历史科学相互结合的方法，探讨不同历史时期、不同社会形态中的作物时空发展的变化规律；②用现代作物科学、社会科学知识探讨历史上作物与环境、作物与人类、作物与社会的适用性、科学性、局限性，明确其应该继承、扬弃和创新的内容。

二、作物栽培史的研究方法

历史上，农业种植结构、作物栽培方式的改变通常是跨朝代的。农业生产力的发展受自然因素和社会因素双重影响，其发展过程更是一个漫长的、曲折的过程。因此应选择典型的区域作纵向比较考察研究，从个别到一般，从典型区域到更大范围，寻找地区的个性与各区域间个性与共性的对立统一，同时注重整体性和最优化原则，以期在更大范围内寻求我国农业发展变化的普遍规律。

作物栽培史研究的基本原则是，以辩证唯物主义和历史唯物主义为指导，以历史学的实证考察为基本工作方法，理论与实证相结合，运用“系统结构理论”中的“结构—功能分析”法，以及比较、计量、归纳等研究方法，从农业科技史的角度，探讨自原始农业发生，到现代农业出现，由于农业种植结构、栽培方式等方面发生的巨变，给我国农业生产以及农村经济、社会带来的影响。

本研究涉及的史学研究方法，基本可归结为三大类。

1. 考据法　即对具体的史料（考古史料、农学古书、作物种质资源史料）进行广泛的收集、整理、考订，使史料能够贴近真相、客观反映历史事实。这种方法在我国史学研究中有着悠久的传统和深厚的根基，发展至今，虽然不能说尽善尽美，但是很为史学界接受和称道。

2. 归纳研究法 著名教育家、翻译家严复认为，归纳法是一种重要的科学研究方法，西方自然科学和社会科学的很多重要研究成果，都离不开这一研究方法。本书在研究作物栽培史的过程中经常用到归纳法。严复先生还指出，历史归纳法不同于自然科学的归纳法，自然现象和规律没有人为因素，具有较强的重复性，可以在实验条件下重现并进行准确的验证，但是历史以人为主体，存在着很多不确定的因素。不过在作物栽培史的研究过程中，既有人为因素的干预（政治因素、制度因素），又有自然因素存在（所有作物栽培过程在自然条件下重复性很强）。因此，本书在作物栽培史研究中，同时运用了史学归纳法和自然科学归纳法。

3. 中西比较研究法 作为一种重要的学术研究方法，在研究我国农业发展的历史过程中，中西比较研究是不可或缺的。历史各个时期的外来物种多次引进，西方先进的栽培耕作方法及新品种、化肥、农药等的引用，给我们传统农业带来了巨大的冲击，引起了深刻变革。

三、作物栽培史的研究意义

中国以作物栽培为核心的传统农业，为世人称道。18 世纪瑞典的植物分类学家林奈（C. V. Linne）曾赞扬过中国的农业；19 世纪进化论的创立者达尔文（C. R. Darwin）认为中国最早提出了选择原理；德国农业化学家李比希（J. V. Liebig）认为中国古代对有机肥的利用是无与伦比的创造。

在世界古代文明中，中国的传统农业曾长期领先于世界各国，而且在古代，世界各地的多种文明皆因农业消亡而消亡，唯有中国传统农业历经 5 000 年文明史而长盛不衰。究其原因，主要是古代的天、地、人“三才”理论在实践中指导和运用。“三才”在中国农业上的运用，并主要表现为中国农业特色的是二十四节气、地力常新壮和精耕细作，这三者便是对应于天、地、人“三才”思想的产物。成书于战国时期的《吕氏春秋·上农》等四篇，是融通天、地、人“三才”的相互关系而展开论述的，后世农书从《氾胜之书》（西汉）到《农政全书》（明末）都贯穿这一思想，并进一步具体与深化。从现代社会生态文明的角度去分析，中国传统农业之所以能够实现几千年的持续发展，是由于古人在生产实践中正确处理了三大关系：即人与自然的关系、经济与生态的关系及发挥主观能动性与尊重自然规律的关系。当今，在中国建设现代农业，推动生态文明，实现可持续发展的时代，中国古代“天人合一”与农业“三才”的思想仍具有重要的指导作用和现实意义。

必须指出：要一分为二地看待中国传统农业，尤其是它的局限性与落后性。历史表明，我国的传统农业的主要形式为封建地主土地占有、小农佃户分散经营，生产规模小、生产条件差、利用资源能力弱，是在手工劳动条件下形成的自给自足的经济；而且农业科学技术以经验农业为主，没有科学实验数据支持，总体上处于知其然不知其所以然的阶段。

当 19 世纪世界农业进入以实验科学为支撑并充分利用机械、化肥、品种等技术的现代农业时代，我国农业科学技术仍停留在“坐而论道”，长时间未迈出“始于足下”的一步。加之1840年以后中国处于半殖民地半封建社会，中国传统农业停滞不前，极大地落后于发源西方的现代农业。只是到了辛亥革命后，中国农业方开始接受西方现代农业科技。这就是说，对于中国传统农业局限性和落后性必须要有正确的认识，这也是我们总结传统农业利弊，发扬其优良传统，剔除其糟粕，为中国的农业现代化服务作出贡献的应有之义。

因此，对以作物种植为基本内容的中国传统农业必须进行实事求是的分析，正确认识它的生产力低下、发展缓慢及其局限性。既不要把发扬传统和复古混为一谈，全盘否定；也不要人为拔高，以至于陷入僵化的墨守成规的境地。研究中国作物栽培史的目的，一方面是从理论上总结过去、以史为鉴、展望未来；另一方面也要根据实际情况、现实问题，研究分析传统农业的成就和问题，而且研究的视野，不能就作物而作物、就农业而农业、就中国而中国，而应放在世界范围和现代的视野上，进行广泛研究和深刻反思。

第二节 作物栽培史的基本脉络与阶段划分

自从1万余年前伴随着农业的形成与发展，植物的野生类型通过不断地驯化、传播、分化，最终形成了植物的栽培类型——作物。在这里驯化是通过不断地选择，获取人们需要的基因型与品种，这也是分化。作物的栽培历史也随着工具的不断更新而不断发展，从而形成了不同的农作制度；由此又促进了社会经济发展，提升人类文明与进步的水平。

一、作物栽培史的基本脉络

在史前植物采集驯化时代，全世界人类大约利用（包括间接利用）了1万～8万食用的植物种，人类在不同时期先后驯化了许多可以用作食物（包括间接食用）的植物，形成大约3 000种作物，目前仍在种植和栽培的约有60%。然而，只有150种作物是大面积栽培的，其中29种占了我们目前食物生产的90%，7种谷物（水稻、小麦、玉米、高粱、大麦、谷子、小黑麦）提供了总热量的52%，其他为3种薯类（木薯、马铃薯、甘薯），8种豆类（花生、豌豆、鹰嘴豆、大豆、蚕豆、菜豆、豇豆、木豆），7种油料（油棕、油菜、油葵、芝麻、胡麻、棉籽、蓖麻），2种糖料（甘蔗、甜菜），2种果树（香蕉、可可）。这是对全世界总体情况的分析结果，不排除在某些区域、某个时代的某种作物是当地人们赖以为生的主食，例如：埃塞俄比亚从古至今，人们一直把一种名叫“苔麸”[*Eragrostis tef*（Zucc.）Trotter]的作物作为主要的主食；位于南美洲安第斯山的印加土著居民，特别是在玉米传播至此之前，人们一直把藜麦（*Chenopodium quinoa* Willd）作为最主要的主食，以满足生存发展的需要。

中国总体情况与世界差不多，关于在作物栽培历史长河中到底有多少种作物被驯化、被种植并没有准确统计，据估计，约占世界总数的50%。目前，我国各类有利用价值的植物有1万余种，现在尚在种植的作物种类包括粮、经、饲、果、菜、花、林、药、菌等总共 840 余种。其中大面积种植栽培的作物只有 39 种，计有粮食作物 7 种（水稻、小麦、玉米、谷子、高粱、马铃薯、甘薯），油料作物 6 种（大豆、油菜、花生、芝麻、胡麻、向日葵），糖料作物 2 种（甘蔗、甜菜），蔬菜 7 种（白菜、辣椒、萝卜、黄瓜、番茄、甘蓝、南瓜），果树 9 种（柑橘、苹果、梨、桃、葡萄、西瓜、甜瓜、核桃、枣），食用菌 6 种（平菇、香菇、黑木耳、双孢蘑菇、金针菇、毛木耳，需说明的是食用菌为微生物，不是植物），以及牧草 2 种（苜蓿、黑麦草）。这里特别要指出的是，在超过 50%农田播种面积上仅播种了 3 种谷物，即玉米、水稻和小麦。

作物栽培史的基本脉络是以作物数量、种类、布局和时空动态消长为主线，以工具的换代为阶段划分的根本依据，以由此形成的农作制度为主要内容。从总体看，各国农业历史学者基本公认以下阶段划分依据：①以非金属工具（石器、木器、骨器等）时代为原始农业。②以非动力金属工具（青铜器、铁器等）时代为传统（又称古代）农业。而我国农学史界又把以非动力青铜器为工具的时期称为传统农业的粗放经营期；把以非动力铁器为工具的时期称为传统农业的精细经营期。其中，传统农业的精细经营期又根据农作制度的类型分为旱作农业、稻作农业、多熟制农业 3 个阶段。③以动力机械为工具（拖拉机、电动机等）时代为现代农业。本书作者基本上是按农业史学界的专家学者多数共识原则的脉络对作物栽培史进行阶段划分的，但是在详细研究分析考古资料、古书文献以及种质资源状况后，对部分具体时期，阶段的起、止点进行了较大调整，基本上是以中国历代王朝交替的乱世中间进行划分的，这一点是在其他学者阶段划分的基础上的继承与创新。

二、作物栽培史的阶段划分

纵观中国作物栽培发展的历史，大致经历了漫长的约 8 000 年的原始农业，4 000 年左右的传统（古代）农业，100 年左右的现代农业 3 个阶段。根据不同时期作物品种、生产工具使用、栽培技术特点、不同的农学思想和社会变革对农业生产的影响等，将作物栽培历史划分为：史前植物采集驯化期（原始农业）、传统农业萌芽期、北方旱作农业形成发展阶段、南方稻作农业形成发展阶段、多熟制农业形成发展阶段、现代农业出现 6 个具体的时期或阶段。

（一）原始农业时期（约前 10000—前 2070）

从大约 10 000 万年前的植物采集驯化开始，到公元前 2070 年夏朝的建立，大约经历了 8 000 年，我们称其为植物采集驯化期，也就是原始农业时期。旧石器时代向新石器时代的转变，导致了原始农业的萌发。在原始农业时期，最早被驯化的作物有黍、粟、稻、菽、麦（据考证是从域外传入的）、麻及果蔬类作物，桑蚕业也开始起步。原始农业的萌芽，是远古文明的一次巨大飞跃，不过那时作物种植还只是一种附属性生产活动，人类的生活物质很大程度上还依靠原始采集和狩猎来获得。由石头、骨头、木头等材质形成的农具（即非金属工具），是这一时期生产力的标志。

（二）古代（传统）农业（前 2070—公元 1911）

古代农业又称为传统农业。我国的传统农业从形成发展到成熟完善经历了公元前

2070 年至公元前 475 年的大约 1 600 年的粗放经营和公元前 475 年至公元 1911 年的大约 2 400年的精耕细作两个时期，而后一个时期又可以分成北方旱作农业、南方稻作农业、多熟制为主的农作制度等 3 个阶段，每个阶段大约都经历了 800 年的形成发展与成熟完善过程。

1. 传统农业萌芽阶段（前 2070—前 475） 公元前大约 2070 年，人类进入文明社会后，夏代—春秋时期经历了大约 1 600 年。由于青铜时代逐步取代了石器时代，青铜农具的出现，是我国农具材料上的一个重大突破，开始了金属农具代替石质农具的漫长过程。金属农具逐步替代了石质、木质农具，萌动了传统农业的栽培耕作技术。夏商西周及春秋时期是我国传统农业粗放经营时期，又称作我国传统农业萌芽时期。

2. 北方旱作农业形成发展阶段（前 475—公元 317） 战国—西晋时期，随着周王室统治的衰落，诸侯称霸，新兴的地主阶级登上历史舞台，新的生产关系的建立促进了生产力的发展，这一时期，由于政治经济中心主要在北方地区，北方的旱作技术获得了长足发展。主要体现在：冶铁业的产生和发展，出现了大量的耕地、中耕、除草、播种、收获等铁制农具，牛耕也同时出现，为北方旱作农业的精耕细作起了巨大的推动作用。战国到西晋约 800 年的时间，由于铁制农具、牛耕等技术的出现，促成北方旱作栽培技术的发展成熟，是我国传统农业精耕细作时期的旱作农业形成发展阶段。

3. 南方稻作农业形成发展阶段（317—1127） 东晋—北宋时期，因为北方战乱，人口大量南移，政治经济重心偏向南方，我国历史上首次大规模开发南方地区是在东晋时期。此时人口的南移，将北方先进的耕作技术带到了南方，使得整个农业经济结构发生了根本性变化，促进了南方稻作农业的形成与发展。特别是唐代，逐步形成了粮食生产以南方为主的格局。隋唐之后由于南北大运河的开通，开始了我国南粮北运的历史。东晋至北宋约 800 年的时间，由于政治经济中心的南移，导致了我国南方地区的首次大开发，南方水田稻作技术逐渐成熟，是我国传统农业精耕细作时期的稻作农业形成发展阶段。

4. 多熟制农业形成发展阶段（1127—1911） 南宋—清末时期，由于人口再次大规模南迁，需求加剧，促进了"占城稻"引进后的成功利用，使我国南方稻麦轮作复种跨入新的阶段。后来，由于域外作物的传入，特别是明清时期美洲高产作物的传入及广泛推广，本土作物与外来作物之间进行合理轮作复种，大大提高了粮食单位面积产量和总产量，传统农业逐步形成以多熟制为中心的农业耕作制度。南宋到清末近 800 年的时间，是我国传统农业精耕细作时期的多熟制农业加速发展阶段。

（三）现代农业出现（1911— ）

现代农业是在现代农业科学理论指导下的、以实验科学为基础而形成的一种农业形态，尽管有关现代农业的思想已在清末开始孕育，但真正从事规范的科学实验以推动现代农业发展，是创始于辛亥革命以后。因此，可以说辛亥革命打开了古老的中国通向现代农业的大门。中国的现代农业已出现 100 余年，尽管取得了举世瞩目的辉煌成就，但是还是处于发展的初级阶段，还有很长的路要走。

中国作物栽培史，记录了中国农业发展的过程。自人类开始最原始的农业活动那天起，作物栽培的历史就开始了。作物栽培比人类的文明要早，也可以说通过长期的作物栽培孕育了人类的文明，这与“劳动创造了文明”是一致的。而另一方面作物栽培技术的每一次进步，都会带动劳动生产力的快速提高，生产力的进步更是推动了社会进步和人类文明程度的提高。所以，我们可以这样认为：我国作物栽培史的过程，就是人类从愚钝到开化、从野蛮到文明的过程，就是人类社会从低级到高级不断进步的过程。

三、中国作物的引种与传播的主要特点

据研究，我国现有作物 840 余种，约占世界现有作物种类的一半。中国现有的作物中，大约 50%是中国起源的本土作物或在中国已种植 2 000 年以上的域外引进作物。但也有相当一部分种植已 2 000 年以上的作物不是中国起源的，其中最著名的作物小麦则起源于中东地区。据考证，中国大约 4 000 年以前就有小麦种植。小麦由中东传到中国，由于地理生态条件不同，特别是由于中国劳动人民长期选择，使其发生了较大的分化，由此中国则成为了小麦的次生起源中心。至于在史前生产力如此低下的情况下是如何传播到中国的，一个比较可信的学说是随着游牧民族来回逐草而居、逐水而住传来的，因为在那个时代人吃的食物与牲畜吃的是没什么区别的，牲畜吃后有些未消化的种子，则随粪便遗留在行走的路上，然后生长出来，被人们发现并得以利用。最新的考古研究发现“粪石”，这是一种粪便的化石，在其中发现了一些作物种子。其实中国史前本土作物还有一些也是史前传入的，只是不像小麦已有明确起源地，尚未研究清楚而已。

中国栽培作物的域外引种，大体有 3 次。

第一次是在汉代。汉武帝建元元年（前 140），武帝欲联合大月氏共击匈奴，张骞应募任使者，于建元二年出陇西、经匈奴、去西域，由于各种原因，历时 14 年于元朔三年（前 126）才得以返回长安。因张骞在西域有威信，后来汉所遣使者多称张骞之使以取信于诸侯。由于匈奴被汉武帝所驱逐，从此中国通往西域的丝绸之路正式开通。借助中国与西域的各方交往，中国在此阶段大量引进一些作物及其种质资源，如苜蓿、葡萄、石榴、胡麻、大蒜、胡葱、核桃，都是这一时期传入的。另外，高粱很可能也是随后一个时期传入的。

第二次是在唐宋时期。唐贞观三年（公元 629），唐玄奘离开长安西去，越边界前去天竺（印度）游学求法，途经中亚、阿富汗等地，饱经风霜、历尽艰险，最后到达巴基斯坦和印度。由于学识出众，获得佛教“三藏法师”崇高地位，并促使中印两国互派使节。贞观十九年（645）回到长安，他除带回了大量经律、佛像、舍利子外，还带回了众多的奇花异果的作物种子。由此中国与西方的丝绸之路又从中亚延伸到南亚，并加强交往，这一时期及随后一段时期中国从那些地方引进了许多作物及其种质资源，如：木豆、菠菜、扁桃，以及宋代非常重要的水稻——“占城稻”这个早熟品种等。

第三次是在明清时期。受明成祖朱棣之命，郑和于明永乐三年（1405）率领 240 多艘海船、27 400 余名海员的庞大船队，先后拜访了 30 多个西太平洋和印度洋的国家和地区，涉及东南亚、南亚、西南亚和东非等。每次都由苏州浏家港出发，一直到明宣德八年（1433），一共远航 7 次之多，最后一次于宣德八年四月回程时，郑和在船上因病过世。郑

和七次下西洋，彻底开拓了中国与南亚、东非的海上丝绸之路，开始了除商贸之外的作物及其种质资源引进。这一时期及随后清朝前期，随着哥伦布发现新大陆，一些美洲作物也经海路引到中国，如玉米、甘薯、马铃薯、花生、烟草、辣椒等。

中国作物栽培历史上，张骞、唐玄奘、郑和 3 人开创丝绸之路的目的虽不相同，然而都不是为了引进作物品种是一致的。但是开辟道路，随着商贸、政治、文化的交流加大，作物及其种质资源也就随之引入。正是这 3 次域外引种，奠定了中国域外引种的基础。如果说，上面讲的 3 次域外引种相对是太平盛世时期，而不同作物在国内传播则正好相反，是在乱世之时。春秋战国 550 余年的战乱，使中华民族的作物布局趋向合理；魏晋南北朝时期的纷争以及唐朝安史之乱，开始了中国北方作物南下，同时开拓了粟作文明向稻作文明的转变；五代十国以及后来的南宋乱世，使中国的经济与人口由北方转移到南方，同时棉花（亚洲棉）开始在中原大面积种植，油菜作为油料作物也越来越重要；明末清初再次是中国作物布局与生态区域趋向一致。而在这几个大的乱世之际，与国外交往明显减弱，甚至于停滞，但国内由于人民避乱逃荒，甚至随朝廷迁都而行，带来了国内作物及其种质资源的交流与传播，使之越来越与环境和农作制度相适应。

第三节　作物栽培的历史遗产

我国原始农业的开始就是作物栽培的起始。在这漫长的作物栽培发展历史过程中，作物种类与品种发生了巨大变化，栽培方法、耕作制度、生产工具随着科技水平的不断提高也相应发生了变化。耕作制度从粗放经营到精耕细作；农学思想从被动敬畏迷信大自然到主动与大自然和谐相处并利用自然，做到天、地、人之间的统一，在长期的实践中不断总结出对农业生产具有较强指导意义的农学思想。我们可以发现，作物耕作栽培方式与技术的不断进步丰富了农学思想；农学思想不断丰富与提高，对农业发展又起到较好的指导作用。我国作物的栽培历史既是一部农业发展史，也是世界人类社会与农业发展史的一个重要组成部分。因此，富饶辽阔的土地、丰富的种质资源、宝贵的农学思想是我们几千年农耕文明的基础。先民们为我们留下的农业遗产，养育了伟大的中华民族，也为世界文明做出了巨大贡献。

一、珍贵的历史遗迹

农业起源与文明起源关系密切，离开农业起源也就没有文明起源可言，农业起源的多元论与一元论争论，实质也是文明起源的多元论与一元论问题。笔者认为，不仅世界作物与农业起源是多元的，而且中国作物与农业起源也是多元的。历年来的考古挖掘和遗址研究充分证明了这一点，这些珍贵的历史遗迹也为中国乃至世界文明进程研究做出了应有的贡献。

（一）黄河流域的珍贵遗迹

黄河流域是中国原始农业最发达的地区之一。当时的农业是在适于粟类种植的黄土沃野上发展起来的，表现出典型的旱地农业特点。

这一地区已发现的最早农业文化是距今 8 000 年前的河南裴李岗文化和河北磁山文化，主要分布在黄土高原与黄河下游大平原交接的山麓地带。河南新郑裴李岗遗址出土农具有磨制石斧、石磨盘、石磨棒等多种工具。河北武安磁山遗址出土的农具与裴李岗类似，且在 80 多座窖穴中发现粮食堆积，出土时部分粮食颗粒清晰可见，不久即风化成灰，发现有粟的痕迹。此外，尚有家猪、家犬及家鸡等骨骸出土。这么多的粮食和家畜的遗骨集中在一处，表明当时原始农业已相当发达。同时，这些遗址还有半地穴式房址、窖穴，以及公共墓地、制陶遗迹等，已粗具村落规模，反映当时人们已经过着较长期的定居生活。

梁家勉先生指出：在 8 000 年前，谷子就已经在黄河流域得到广泛种植，黍稷也同样被北方居民所驯化。以关中、晋南和豫西为中心的仰韶文化和以山东为中心的北辛—大汶口文化均以种植粟、黍为特征，北部辽燕地区的红山文化也属粟作农业区。

1954 年在西安半坡村新石器时代遗址发现的陶罐中有大量的炭化谷子遗存，证明我国在 6 000～7 000 年前的新石器时代就开始栽培谷子。同时也表明，我国黄河流域是粟的起源驯化地。4 000～5 000 年前的甲骨文里已经有谷子的记载。

（二）长江流域的珍贵遗迹

据考古发现，长江流域的原始农业文化重要遗址，早期的有：江苏溧水神仙洞、江西万年仙人洞及浙江余姚河姆渡、桐乡罗家角等；中晚期有：太湖流域和杭州湾地区的马家浜文化（在江苏亦称青莲岗文化）、良渚文化、长江中游和汉水流域的大溪文化、屈家岭文化；鄱阳湖和赣江地区有清江营盘里和修水山背的新石器时代晚期遗址等。从现有的考古资料可以看出，长江流域以稻作为主的原始农业，明显地可分为下游和中上游地区两个不同的系统，并且不管下游和中上游，与黄河流域及南方的原始农业文化都有密切的关系。

长江流域最早驯化的作物是水稻。中国是亚洲水稻的原产地之一，我国所有考古发现的农作物中，以水稻为最多。考古发现，已有 130 多处新石器时代遗址中有稻谷遗存，绝大部分分布于长江流域及其以南的广大地区。在长江流域中下游地区，早在 6 000～7 000 年前已经普遍种植水稻，这是当时的生态条件和气候条件决定的。据研究，距今 1 万年以前，长江流域及其周边地区的气候较现在温暖、湿润，大致相当于现在的珠江流域的气候，十分适合野生水稻的生长。中国南方属于热带、亚热带地区，雨量充沛，年平均温度 17 ℃以上，为先民们驯育栽培水稻提供了适合的种质资源和理想的气候条件。

在南方，水稻最早被驯化，浙江余姚的河姆渡发现了距今近 7 000 年的稻作遗存，而在湖南彭头山也发现了距今 9 000 年的稻作遗存。

（三）南方地区的珍贵遗迹

本地区主要包括云贵高原、广东、广西、福建、台湾及湖南、湖北、江西的南部，历史上曾属于百越活动范围的一部分。这一地区新石器时代晚期最重要的遗址是广东曲江的石峡遗址，属岗地遗址类型，距今 4 700 年左右。并发现中国南方栽培稻遗存，其中部分属于随葬品，说明水稻栽培已有悠久的历史。南方的原始农业与长江、黄河流域原始农业的一个不同之处是，南方出土实物中，谷物收割工具和加工工具较少，其出现时期也晚。据考证，较早的谷物加工工具是桂林甑皮岩遗址的短柱形石扞。[①] 从目前的资料分析，华南地区的农业可能是另一个独立源点，追溯到距今 1 万年甚至 1 万年以上，不少地方已出现了农业因素，如适于垦辟耕地的磨光石斧，点种棒上的“重石”，与定居相联系的制陶等。从当地的生态环境和有关民族志的材料看，这些农业可能是从种植薯芋等根茎类作物开始的，这也与东南亚早期原始农业种植的作物相吻合。

（四）北部与西部地区的珍贵遗迹

这一地区包括东北、华北的长城以北、西北的贺兰山以西、青藏地区。长期研究我国边疆问题的台湾学者王明珂，在《华夏边缘》一书中提出，新石器时代气候的干冷化，使中国北部与西部农业边缘人群逐渐走向游牧化。例如青海河湟地区的原始居民从马家窑文化、半山文化、马厂文化到齐家文化，都过着定居生活；但在齐家文化西部的某些遗址（如互助县总寨遗址），养羊已多于养猪，等到了辛店文化养羊风气大盛，说明移动化、牧业化已开始。

在东北，属于新石器时代早期的吉林西部一直到长春附近的大片地区，是细石器文化的一个重要分布区，但采集的大部分石器与山西怀仁鹅毛口新石器遗址相似。吉林西南的红山文化，虽然出土了较多的细石器，但从彩陶的器型风格看，与中原彩陶息息相关，可以视为“中原仰韶文化中的草原一支”[②]。类似情况也见于内蒙古科尔沁草原、乌拉草原的原始文化中。这说明：①这一区域在原始时期是农业，游牧是后来形成的；②北方的原始农业未见牧转农痕迹，均明显受中原文化影响。

二、宝贵的农学思想

中国传统农学思想的载体——古农书，是中国传统农学的重要组成部分，是宝贵农学思想的主要载体之一。在没有文字记载的远古时代，原始农业生产知识靠人们世代口传身教而流传，到春秋战国时期才出现了最早的农学著作。何为古代农书，农史学家王毓瑚和石声汉曾这样定义：讲述广义的农业生产技术以及与农业生产直接有关的知识著作。即以生产谷物、蔬菜、油料、纤维、某些物种作物（如茶叶、染料、药材）、果树、蚕桑、畜牧兽医、林木、花卉等为主题的书和篇章。这已是农学史工作者的共识。依此定义，王毓瑚（1957）在《中国农学书录》中著录了 542 种，其中包括佚书 200 余种；1959 年北京图书馆主编的《中国古农书联合目录》著录现存和已佚的农书 643 种；1975 年日本学者天野元之助撰著的《中国古书考》共评考了 243 种农书，而附录所列农书和有关书籍名目有 600 余种。中国农耕文明悠久，古籍浩如烟海，各地及私人藏书不胜统计，未被收录的农书肯定还有许多。近年来有学者对明清两代的农书进行较深入调查，认为明清农书就有 830 余种（其中多为清代后期），未被王毓瑚、天野元之助所著书录列入的有 500 余种，

---

① 广西文物工作队：《广西桂林甑皮岩洞穴遗址试掘》，载《考古》1976 年第 3 期。

② 许明纲：《旅大市的三处新石器时代遗址》，载《考古》1979 年第 11 期。

其中包括现存的约 390 种，存亡未卜的 100 余种。当然，最初的、最重要的、最全面的古农书代表作并不太多。

（一）原始农业农学思想的萌芽

洪荒农业时期没有出现文字，但是远古时期的农业实践经验——古朴的农学思想，仍然通过几千年来的口口相传、代代流传至今，形成了民间传说、远古神话。而这些神话与传说多经过长期加工与演绎。史学界具有代表性的有："伏羲氏"从渔猎过程中驯化野生动物为家养动物，"神农氏"从采集过程中驯化野生植物为栽培植物等。还有这些神话与传说在后人记载中又有所附议，因此除经考古证明了的以外，需要剔除其附议的成分和神话的外衣，才能找到接近真实的历史内核。

（二）传统农学思想逐渐形成与奠基

夏商西周及春秋时期，是刚刚从原始农业转向传统农业的时期，又称传统农业的粗放经营时期。先秦时期的农书多已失传，但从有文字记载的史料中，如从甲骨文中对有关农业零散的记述，到后来的《诗经》等文献对当时农业生产状况逐渐较为系统的描述，可以发现传统农业形成发展的轨迹。在安阳殷墟发掘出来的甲骨卜辞中，有关农业的竟达 4 000～5 000 片之多，而且直接与种植业有关，内容涉及农田垦殖、作物栽培、田间管理、收获储藏等各方面，反映出商代对农业十分重视。《诗经》是我国最早的一部诗歌总集，其中描述农事的诗有 21 首之多，涉及当时农业的各个方面；《禹贡》则是我国最早的土壤学著作，对全国的土壤进行了分类，为后来农业种植必须辨别土壤、因地制宜提供了依据；最早的农业历书《夏小正》指出，农业生产必须不违农时，适应和利用自然气候条件，是获取丰收的基本条件。这些农学思想的积累为后来天、地、人"三才"理论的提出奠定了思想基础。

从典籍中可以比较清晰地看到在新石器时代之后，我国作物生产与农作制度发展演变的脉络，例如在《诗经》中还对黍稷和大麦有品种分类的记载。《诗经》和另一本同时期著作《夏小正》还对植物的生长发育如开花结实等的生理生态特点有比较详细的记载，并且这些知识被广泛用于指导当时的农事活动。这一传统农业的粗放经营时期的作物与栽培技术被后人汇集成中国传统农学的奠基作——《吕氏春秋·上农》等四篇（成书于秦王政八年，公元前 239 年），它是对先秦时代农业生产和农业科技长期发展的总结，而且相当程度上反映了战国以前的作物种植的情况。

（三）传统农学思想的集大成之著

《汜胜之书》是西汉晚期出现的一部重要农学著作，一般认为是我国最早的一部农书。该书是作者对西汉黄河流域的农业生产经验和操作技术的总结，主要内容包括耕作的基本原则、播种日期的选择、种子处理，以及个别作物的栽培、收获、留种和储藏技术等。就现存文字来看，对个别作物的栽培技术的记载较为详细。

《齐民要术》是一部重要综合性农学巨著，虽然成书于北魏时期，书中内容却是我国北方地区公元 6 世纪之前农学思想的一个总结。也是世界农学史上最早的专著之一，是中国现存的最完整的农书，该书对我国后来的农学思想影响极为深远。

我国大约在战国、秦汉之际北方地区就已逐步形成一套以精耕细作为特点的传统旱作农业技术，并逐渐丰富和发展。目前来讲，重视、继承和发扬传统农业精耕细作思想，使之与现代农业技术合理地结合，保障农业可持续发展，具有十分重要的意义。

(四) 传统农学思想的系统提升之作

成书于五代十国由韩谔编撰而成的《四时纂要》，兼述了南北两方的农事情况，这与此前农书仅描述北方农事情况不大相同，反映了南方稻作农业的形成与发展，并表明了其在作物生产中的不可替代作用。而随后在南宋绍兴十九年（1149）由陈旉完成的《陈旉农书》，也是记述这一时期农事活动和科学技术的著名农书。书中提出了与水稻栽培技术有关的“十二宜”和著名的“地力常新壮说”。这一农书是以南方水稻农业为主要对象的著作，从而进一步说明了我国此时南方稻作农业的地位及其科学技术的成熟。

元代的《王祯农书》（1313）在我国古代农学遗产中占有重要地位，它是兼论北方农业技术和南方农业技术的综合性农书；《农政全书》的撰著者为徐光启（1562—1633），成书于天启五年（1625）至崇祯元年（1628）。此书除了总结前人，补充当时的第一手资料外，还吸取了传教士带来的西方农业科学与技术知识；《授时通考》是一部大型农书，从编纂到刊印前后历时 5 年，它是中国传统农业最后一部整体性农书。这三部农书既是对中国长达 4 000 年传统农业的凝练结晶，又是对南宋至清近 800 年来多熟制为主要特征的中国传统农业的全面总结。

三、丰富的种质资源

大约 1 万年前作物的起源与农业的出现，开启了人们利用种质资源的长河。作物种质资源指在任何地区、任何时间所栽培的植物种、所有品种及其所携带的全部基因，以及它们的半驯化种、野生种和亲缘、近缘种。从广义的范畴上讲，还应包括人们通过采、伐、摘、挖、放牧等方式所利用的各种植物以及田间杂草和有毒植物。

中国是世界上生物多样性最丰富的 12 个国家之一。植物资源是其中种类最多、数量最大，而且在任何生态系统中，植物特别是高等植物总是起主导作用。同时，中国地域辽阔、地形复杂、土壤多样、气候多种，加上农耕历史悠久、耕作制度繁多、栽培方式多样，再经过长期的自然和人工选择，从而不断地培育出新作物和新品种。

(一) 繁多的植物资源

植物是人类生活的支柱，人类在漫长的利用植物资源历史过程中，通过采摘、割伐、挖收、放牧等收获、放养手段，在不断地满足自身需要的同时，也不断地创造和发展了人类文明。在史前采集渔猎时代，利用生物资源是人类生存与发展的主要手段。中国的古代神话中，“神农尝百草”的情景，一方面说明在选择可栽培的植物，另一方面也说明人类在探讨哪些植物资源是可以直接利用的。

中国的植物资源众多，仅维管束植物就有 3 万余种，在世界上仅次于巴西与哥伦比亚。据不完全统计，我国经济植物超过 1 万种以上，可以分为 4 个大类群 22 个类群（其中许多植物具有多种用途，因此在统计上会有较多重复）。

1. 食用植物 食用植物可分为直接食用和间接食用两种类型。在直接食用植物中包括了粮食类植物 100 余种，油料类植物 100 余种，糖料类植物 50 余种，蔬菜类植物 700 余种，果树类植物 300 余种，饮料类植物 50 余种。间接食用植物包括了饲料类植物 500 余种，牧草类植物 2 500 余种。

2. 工业用植物 工业用植物包括木材植物 2 000 余种，纤维植物 1 200 余种，橡胶植物 50 余种，树胶植物 100 余种，芳香油植物 350 余种，工业油植物 500 余种，鞣质植物 300 余种，色素植物 60 余种，寄主植物 300 余种，纺织植物 150 余种，还有昆虫胶植物等。

3. 药用植物 药用植物包括人用药用植物 5 000 余种，兽用药用植物 500 余种，农用药用植物 200 余种。

4. 环保植物 环保植物有观赏植物 500 余种，指示植物 160 余种，此外还有固沙防污、固氮植物等。

（二）众多的作物种类

人类文明起源于作物与农业的出现。中国作为世界栽培植物的起源中心之一，不论从何种角度着眼，其作物与农业地位的重要性始终是举世公认的。“后稷教民稼穑”是关于后稷在晋南汾河流域教人们种植作物的传说，因此《诗经》中有关于后稷此人的记载，他被尊称为中国的农业始祖。《诗经》中有“百谷”的说法，而到了《论语》则出现了“五谷”之说，这是我国关于作物种类的最早记载。诚然，关于中国起源和拥有多少作物种类，不同时期则有不同估计。瓦维洛夫曾认为中国起源的作物有 136 种，占世界的 20.4%；俞德浚（1979）认为中国起源作物在 170 种以上；卜慕华认为应该有 236 种。至于中国目前拥有多少作物种类同样有一个不断认识的过程，卜慕华（1981）报道中国有 350 种作物，《中国作物遗传资源》（1984）报道有 600 余种。然而随着中国农业的迅速发展，作物创新和国外引种及科研的深入，中国拥有的作物数量和物种在逐步增加，作物的野生近缘植物亦更加明了。据笔者近年统计，中国现有 840 余种作物（类），其中栽培物种 1 251 个，野生近缘植物 3 308 个，隶属 176 科、619 属。

（三）丰富的遗产变异

中国生态环境复杂，农耕文明悠久，经过 5 000 年乃至上万年的自然选择和人工选择，使我国不仅农作物种类多，并且每种作物的品种和类型也多。因此中国的作物都含有丰富的遗传变异，形成了丰富多样的品种及类型。早在先秦时代，《诗经》就有了对黍稷和大麦的品种分类的记载，中国的历代古农书均对作物品种及类型有所论述。据统计，稻的我国地方品种就有近 50 000 个。这些品种不仅包括籼和粳两个亚种，并且每个亚种都有水稻、陆稻，品质有非糯和糯，米色有白和紫，栽种期有早、中、晚，又各有早、中、晚熟品种。在谷粒形态和大小、颖毛以及颖色、穗颈长短、植株高度等形态特征上也是多种多样。

中国的各种作物都有抗病、抗逆、早熟、丰产或优质的品种。中国是禾谷类作物籽粒糯性基因的起源中心：不仅稻、粟、黍、高粱等古老作物都有糯性品种，而且引入中国仅500年的玉米也产生了糯性类型——蜡质种（糯玉米），它起源于中国西南地区。中国还是禾谷类作物矮秆基因的起源地之一：小麦的矮秆基因 *Rht3*（大拇指矮）和 *Rht10*（矮变1号）起源于中国；水稻的矮仔占、矮脚南特、低脚乌尖（三者均含有 *Sd1* 半矮秆基因）均起源于中国，其中台湾原产的低脚乌尖在国际稻（IR 系统）选育中起了重要的关键性作用。中国也是作物重要育性基因的起源地之一：海南岛普通野生稻（*Oryza rafipogon*）的细胞质雄性不育基因被成功地应用于杂交稻的选育；小麦的核不育基因 *Tal*，应用于轮回选择，育成了一批小麦优异种质。原产于中国的带有 *kr1*、*kr2* 广交配基因的小麦品种"中国春"，早已成为世界各国小麦远缘杂交中不可缺少的亲本。总之，中国栽培植物遗传资源变异十分丰富，其中很多有待深入研究和进一步发掘。

我国作物种质资源种类多、数量大，以其丰富性和独特性在国际上占有重要地位，同时在我国农业和现代种业发展中作用巨大。目前，我国已完成了拥有200余种作物（隶属78个科、256个属、810个种或亚种）、共40余万份作物种质资源的编目与入库（圃）保存及数据共享平台的建设，这些宝贵的种质资源财富以及繁多的植物资源，是中国5 000年乃至上万年农耕文明史的最重要的也是最有生命力的农业文化遗产，它不仅是中国也是世界人类生存和发展的宝贵财富和基础性资源，是作物育种、生物科学研究和农业生产发展的物质基础，也是农业可持续发展的重要战略性保障。

（刘旭　王宝卿　王秀东）

参考文献

阿尔贝，1991. 生物技术与发展［M］. 邵斌斌，赵彤，等，译. 北京：科学技术文献出版社.
北京图书馆，1959. 中国古农书联合目录［M］. 北京：北图全国图书馆联合目录组.
卜慕华，1981. 我国栽培作物来源问题［J］. 中国农业科学（4）：10-12.
董恺忱，范楚玉，2000. 中国科学技术史：农学卷［M］. 北京：科学出版社.
郭文韬，1988. 中国农业科技发展史略［M］. 北京：中国农业科技出版社.
梁家勉，1989. 中国农业科学技术史稿［M］. 北京：农业出版社.
李根蟠，1993. 中国农业史上的"多元交汇"——关于中国传统农业特点的再思考［J］. 中国经济史研究（1）：26-27.
刘旭，2001. 作物和林木种质资源研究进展［M］. 北京：中国农业科技出版社.
天野元之助，1992. 中国古农书考［M］. 彭世奖，林广信，译. 北京：农业出版社.
王宝卿，2007. 明清以来山东种植结构变迁及其影响研究［M］. 北京：中国农业出版社.
王达，1989. 试论明清农书及其特点与成就［M］. 北京：农业出版社.
王明珂，1997. 华夏边缘［M］. 台湾：允晨文化公司.
王思明，陈少华，2005. 万国鼎文集［M］. 北京：中国农业科技出版社.
王毓瑚，1957. 中国农学书录［M］. 北京：中华书局.

王毓瑚，1964. 中国农学书录［M］. 修订版 . 北京：农业出版社 .
王毓瑚，1981. 我国自古以来的重要农作物［J］. 农业考古（1，2）：25.
《文物》月刊编辑委员会，1979. 文物考古工作三十年［M］. 北京：文物出版社 .
吴存浩，1996. 中国农业史［M］. 北京：警官教育出版社 .
游修龄，2008. 中国农业通史·原始农业卷［M］. 北京：中国农业出版社 .
游修龄，2014. 中华农耕文化漫谈［M］. 杭州：浙江大学出版社 .
俞德俊，1979. 中国果树分类学［M］. 北京：农业出版社 .
曾雄生，2008. 中国农学史［M］. 福州：福建人民出版社 .
张芳，王思明，2001. 中国农业科技史［M］. 北京：中国农业科技出版社 .

第 二 章

原始农业时期
——史前植物（作物）采集栽培驯化期

人类在为期二三百万年的采集和渔猎生活中，积累了相当丰富的有关植物和动物方面的知识。原始农业的萌生是从驯化野生动、植物开始的，中国是世界上原始农业萌发最早的国家之一，其历史可追溯到距今 1 万年左右。

世界其他国家由于农作物的栽培历史各有不同，因此农业发生的时期也不尽相同。近东和欧洲开始于公元前 6500—前 3500 年；东南亚开始于公元前 6800—前 4000 年；中美洲和秘鲁，大约开始于公元前 2500 年。大多数最先进行作物栽培的地区是半干旱气候的江河流域。世界各地最初的栽培方式各显差异。在欧亚大陆，作物栽培的方法是：先耙地，然后犁地播种；而在中美洲，因为没有役使牛、马等役畜来犁耕土地，所以他们的主栽作物——玉米在播种时是用木棍在地上捅个小洞再点播种子。

第一节　作物栽培的产生

史前的原始农业发展大致经历了萌芽时期、发展时期和进一步发展时期 3 个阶段，大致和新石器早期、中期和晚期相对应。从土地利用角度，又可以将原始农业分为：刀耕农业、锄耕（或耒耜）农业、发达锄耕（或犁耕）农业 3 个时期，并由年年易地的生荒耕作制过渡到种植多年、撂荒多年的熟荒耕作制。

原始农业作物栽培的基本特点是：以种植业为主，南方多种稻，北方多种黍、粟；由较早迁徙的刀耕农业，演变为定居的锄耕农业；原始农业晚期出现了石器农具和耒耜农具并用的局面。原始农业的发展，为原始社会向阶级社会过渡创造了物质基础。

我国历史上有关农业起源的资料，大致可以归为两大类：一类是有史以前，即没有文字以前的神话传说；另一类是有史以后的文字记载。它们在世代相传过程中，都不可避免地会增添或附会后世的内容。

一、神话传说与原始农业

原始农业时期没有出现文字，但是远古时期的农业实践经验——古朴的农学思想，仍然通过几千年来的口口相传流传至今，形成了民间传说、远古神话。史学界具有代表性的神话传说有：大约1万多年前，原始社会给人类作出巨大贡献的人——三皇，即“燧人氏”“伏羲氏”“神农氏”。先是“燧人氏”的“燧人取火”开启了人类控制掌握用火技术、食用熟食的历史，使得人类智力水平大大提高，人类由此加快了进入“智人时代”的步伐；后来“伏羲式”从渔猎过程中驯化野生动物为家养畜禽；“神农氏”从采集过程中驯化野生植物等。另外还有“有巢氏”的传说，“有巢氏”观察模仿动物筑巢，而发明建巢筑屋，人类逐步进入穴居到定居时期等。其实这些传说未必完全真实，但也不可不信。应该理解为，这些神话在一定程度上记录了某特定历史时期内，所发生的具有里程碑式的重要事件。

当原始社会从旧石器时代进入新石器时代，发生了人类历史上最伟大的革命，即萌生了原始农业。我国原始农业的历史一般是从新石器时代算起的，原始农业与新石器时代相始终，有关原始农业的起源有很多的传说和记载。

二、关于农业起源的记载

《周易·系辞下》说：“包牺氏没，神农氏作。斫木为耜，揉木为耒；耒耜之利，以教天下。”这是古代关于神农发明农业的最早记载。从“神农”这个称呼看，农业是由创造农业的“神”教授给人们的，所以人们尊之为“神农”。在早期的农业社会里，人们相信只有神农才知道因天之时，分地之利，“教民农作，神而化之”。

最早宣传神农的是战国时期的鲁国人尸佼（约前390—前330），商鞅为秦相时曾师事尸佼，后来商鞅受刑，尸佼逃入蜀，著书二十篇，被《汉书·艺文志》列为杂家，后世称《尸子》（此书至宋时已全佚，现存者为辑录本）。《尸子·君治》对农业起源有一段记述：“燧人之世，天下多水，故教民以渔；宓羲氏之世，天下多兽，故教民以猎；神农理天下，欲雨则雨，五日为行雨，旬为谷雨，旬五日为时雨，正四时之制，万物咸利，故谓之神。”

需要注意的是，后世有些学者把古代关于神农传说当作历史真人真事的信史，这是不对的。众所周知，农业的起源经历了一个相当长的历史时期，不可能是一蹴而就的，其中必定出现过多次的反复和失败，自然不可能是某一个天才人物所能独立发明的。传说中的“神农氏”，应该当作一个时代的神话化身来看待。农业的出现，归根到底是人类生存压力所迫，绝不是由于出现了天才人物。实际上，在漫长的史前农业时代，并不是由于缺少天才人物，而是由于大自然的丰盛恩赐，使人们能够轻易获得生活所需食物的缘故。

历代对神农的描述很多，如：

《淮南子·修务训》记载：“古者，民茹草饮水，采树木之实，食蠃蛖之肉，时多疾病毒伤之害，于是神农乃教民播种五谷。”

《白虎通·德论》记载：“古之人民，皆食禽兽肉，至于神农，人民众多，禽兽不足，于是神农因天之时，分地之利，制耒耜，教民农作……。”

《新语·道基》记载：“民人食肉饮血，衣皮毛。至于神农，以为行虫走兽难以养民，乃求可食之物，尝百草之实，察酸苦之味，教民食五谷。”

近年来，有关史前农业考古的收获甚丰，不仅揭示了中国悠久的农业发展史和史前农业成就，而且证实了中国是世界上农业起源最早的国家之一。

从世界范围看，农业起源中心主要有3个：西亚、中南美洲和东亚，东亚起源中心就在中国。

中国距今七八千年前已经有了较发达的原始农业。黄河流域的裴李岗文化、磁山文化，长江流域的彭头山文化、城背溪文化等。而原始农业的起源更早，如在湖南道县玉蟾岩遗址发现了稻属植硅石和极少量的稻谷壳实物，据测定其年代距今1万多年前，是迄今为止中国发现的最早的古代栽培稻实物，也是目前世界上最早的稻谷遗存。再如河北徐水南庄头遗址，其中发现了石锤、石磨盘、石棒，以及大量的动、植物遗存，有的可能是家畜，其年代距今10 000～12 000年，是迄今华北地区发现最早的新石器遗址。从这些遗存看，有农作物、农具，也有出土陶器，说明原始农业无疑已经发生了。

第二节　我国最早驯化的作物

原始先民们最早驯化的作物一般认为是一个生长季节就能收获的种类。南、北方驯化的作物各有不同。

一、黄河流域最早驯化的作物主要有粟和黍

粟又叫谷子，是我国最古老的作物之一，有着悠久的栽培历史。据文字记载，我国在四五千年前最原始的甲骨文字里就有谷子的记载。又据1954年在西安半坡村新石器时代遗址中发现的用陶罐装的大量谷子，证明我国在六七千年前的新石器时代就已经栽培谷子。大量考古资料证明，我国黄河流域是粟的起源驯化地。河南临汝大张遗址仰韶文化层中出土的谷物遗存，“从标本的外形观察，可以肯定是粟”；① 山东胶县三里河遗址的一个大窖穴中，“出土了一立方米多的粮食，经鉴定是粟。”② 此外，在河北、甘肃、山西、青海等地的考古遗址都发现了粟的遗存。说明粟与黄河流域人们的生活已经密不可分。

追本溯源，粟（谷子）的祖先就是狗尾草，它的植株形态和谷子十分类似 。

远古时期，男子从事追猎，妇女进行采集。她们从各种野生植物中采集种子、果实和块茎，作为人们的食品和家畜饲料。这样世代相传，长期有目的地采集，使人们认识到野生狗尾草是一种良好的食用植物。后来，人们偶尔无意地把采集的种子掉落地上，春天发芽生长，秋天又抽穗结实，就这样，经过长期的实践、认识、再实践、再认识的过程，人们懂得了种植作物，也就随之开始了原始农业。

狗尾草在亚洲地区有广泛的分布，我国黄河流域尤多。我们的祖先最早把野生的狗尾草作为饲料种植，以后逐步驯化为今天栽培粟（谷子）的最早类型。我国古代诗歌集《诗经·大田》里把狗尾草叫作莠，或叫绿毛莠、狐尾草。“不稂不莠”，是说谷子地里不长狼尾草和狗尾草。《吕氏春秋》记载：“莠，乱苗粟之草，一本或数茎。多至五六穗，俗称狗尾草，实小于粟而形长，初生时苗全似禾。”有人做过试验，把野生狗尾草和谷子杂交，获得了近似双亲的结实的杂交种，证明它们之间的亲缘关系是很近的。杂交第一代的穗子

---

① 黄其煦：《黄河流域新石器时代农耕文化中的作物》，载《农业考古》1982年第2期。

② 吴汝祚：《山东胶县三里河遗址发掘报告》，载《考古》1977年第4期。

是中间类型，很像偶尔在田间见到的谷莠子，结实率50%。凡是种植谷子的地方，都可以见到一种类似狗尾草的谷莠子，这是谷子和狗尾草天然传粉杂交产生的一种中间类型的后代。

20世纪20年代，在亚洲西南部偏僻地区，农民还种植狗尾草作为粮食。谷子在人类的长期栽培和选择下发生变异，产生了很多变种。明代李时珍《本草纲目》里记载，谷子“种类几数十，有青、赤、黄、白、黑诸色”。而且，谷子在形态上也是多种多样的，有圆筒形穗、纺锤形穗、棒形穗、长条形穗、分枝形穗，以及其他各种穗形。食用的谷子叫狐尾粟，有籼、有粳。还有一种糯粟叫作秫，也叫赤粟，是普通谷子的变异类型，穗子和籽粒全是红色，在山东等地有大面积种植。明代陈嘉谟在《木草蒙筌》里记有：糯粟“煮粥炊饭最黏，捣饧造酒极妙”。表明在人类的积极干预下，谷子的类型丰富多样，绚丽多彩。

黍也是我国最早驯化的作物之一。黍就是北方地区特别是西北地区种植的黍子，粒比谷子大，脱粒后称为大黄米。黍分为黏与不黏两种：黏者称为黍，不黏者称为糜，也叫作穄。《仓颉篇》记载：“穄，大黍也，似黍而不黏，关西谓之糜”。《说文》记载：“糜，穄也。”有学者认为穄就是稷（也有学者认为稷就是粟），可能是由于地域不同，发音不同。我国第一位农艺师，周族的祖先弃被奉为稷神，称为“后稷”。“后稷教民稼穑”，说的就是黍稷不但被最早驯化而且是主要的粮食作物。后来以“社稷”象征国家。《尔雅·稷》记载：“稷为五谷之长，故陶唐之世，名农官为后稷。其祀五谷之神，与社相配，亦以稷为名，以为五谷不过遍祭，祭其长以该之。”可见黍稷在当时人们心中的地位十分重要。

黍稷与粟比较，其生长期更短一些、更耐旱、更耐杂草，被称为先锋作物。黍稷的地位被粟取代，主要原因是其产量较低、品质较差。

黄河流域最早驯化的是粟和黍，而不是别的作物，这同黄土高原的地理生态环境以及粟、黍的适应性广、耐干旱、耐瘠薄、抗逆性强等特点是分不开的。

黄土高原的东南部包括陕西中部、山西南部和河南西部，是典型的黄土地带。这一地带的黄土沉积后颗粒细、结构均匀一致，这充分表明是长时间的风力搬运而非其他自然力搬运所致。

这一带的气候，冬季严寒，夏季炎热，春季多风沙，雨量不多，年平均降水量在250～650 mm，且大部分集中在夏季，而夏季气温高，蒸发量大，所以，在这种条件下，只有抗旱性强、生长期短的作物如粟和黍才能适应良好，其他作物就很难适应。

另外，谷子耐储藏，我国历来就有“五谷尽藏，以粟为主”的说法。谷子具有坚实的外壳，在通风、干燥、低温的情况下，保存十年、几十年不易变坏。诸多原因使得粟和黍被认为是我国北方最早被驯化的作物，也是我国古代最为重要的粮食作物。

二、长江流域最早驯化的作物主要是稻

水稻是我国古代最为重要的粮食作物之一，中国是亚洲栽培稻的原产地之一。所以，在我国所有考古发现的农作物中，以稻为最多。

考古发掘发现的130多处新石器时代稻谷遗存，绝大部分分布于长江流域及其以南的广大华南地区。

据研究，距今 1 万年以前，长江流域及其附近地区的气候较现在更为温暖、湿润，大致相当于现在的珠江流域的气候，十分适合野生稻的生长。中国南方属于亚热带地区，雨量充沛，年平均温度 17 ℃以上，为先民们驯育栽培稻提供了必需的种质资源和理想的气候条件。

长江流域、太湖地区和浙北一带，早在六七千年前已经普遍种植水稻，这要从当时的生态条件和气候条件来分析。像河姆渡遗址第四文化层的沉积时期，正处于冰期后的最适宜期（大西洋期），气候温暖湿润，森林茂密。遗址南面的四明山生长着亚热带常绿、落叶阔叶林，如枫香、栎、栲、青冈、山毛榉等，林下地面的蕨类植物如石松、卷柏、水龙骨等生长繁盛，树木上缠绕生长着狭叶海金沙和柳叶海金沙，而现在仅分布于中国的广东、台湾，以及马来西亚、泰国、印度、缅甸等国。这说明当时的气候比现在更为温暖湿润。花粉谱中的水生草本植物则说明遗址附近存在湖泊和沼泽。遗址北面的 3～5 cm 耕土层下，有厚度不同的大片泥炭层，就是当年湖泊、沼泽水浅后淤积而成。随着湖泊、沼泽的消退，可以利用种植稻的范围也日益增大。

栽培稻来源于野生稻。我国的野生稻有普通野生稻、疣粒野生稻和药用野生稻 3 种，其中，普通野生稻与栽培稻的亲缘关系最密切。迄今，科学工作者发现，我国野生稻主要分布在北纬 25°以南的热带和亚热带，最北处的野生稻分布在北纬 28°13′12.45″（江西东乡），这也是世界上位置最北的野生稻。①

我国古籍中有不少关于野生稻的记述。如战国时期的《山海经》指出："西南黑水之间，有都广之野，后稷葬焉，爰有膏菽膏稻膏黍膏稷，百谷自生，冬夏播琴。"《三国志·吴书》黄龙三年记载："由拳野稻自生。"近年来的考察表明，分布在华南各地的野生稻，生长在淹水比较深的沼泽地，有横卧水中的匍匐茎和多年生宿根，容易落粒，跟籼稻杂交可以结实，被认为是现代籼稻的野生祖先；分布于安徽巢湖一带的野生稻，可以漂浮在深浅不同的水面上生长，穗有芒，籽粒短圆易落，颖片灰褐色，米色微红，古籍中称之为穞稻。《淮南子·泰族训》中记载："离先稻熟而农夫耨之。""离"就是"穞"，意思是说野生稻比栽培稻成熟早，因此农民把稻田里杂生的野生稻拔掉。穞稻，被认为是现代粳稻的野生祖先。

目前广东、广西等地还发现有大面积连片的野生稻，当地管它叫"鬼禾"。我国广大地区有野生稻存在的事实，不仅是野生稻驯化为栽培稻的有力证据，而且也证明我国是栽培稻的重要发源地。

关于稻起源问题，目前国内学者仍持有不同见解，大致有起源于云贵高原、起源于华南、起源于长江中下游和黄河下游地区等说法，也有主张多处起源说，这一问题仍有待于进一步研究。

三、其他作物的驯化

除了粟、黍和稻以外，还有许多植物原始农业时期已经驯化栽培。

---

① 广东农林学院农学系：《我国野生稻的种类及其分布》，载《遗传学报》1975 年第 2 卷第 1 期。

（一）菽

菽即大豆，原产于中国，现今世界各国的大豆都是直接或间接从中国传去的，他们对大豆的称呼，几乎都保留了中国大豆古名——菽的语音（大豆拉丁语 soja；英语 soy；法语 soya；德语 soja）。全世界的大豆属共有 24 个种，分布于亚洲、大洋洲及非洲。其中中国的野生大豆公认是栽培大豆的祖先种。因为野生大豆和栽培大豆的染色体数相同 $2n=40$，而且两者的染色体形状、植物形态、地理分布和种子蛋白质的电泳分带模式等也都很类似，彼此间没有基因交流的障碍，可以自由杂交。其杂种第一代介于中间类型偏野生种，类似交错分布于栽培大豆田间和野生大豆地之间的半野生大豆（也称半栽培大豆）。

野生大豆在我国黄河流域、长江流域以及东北和西南地区有广泛的分布。据报道，除海南和新疆以外，各省（自治区、直辖市）均有分布。生长得繁茂的地方，如河南黄河两岸，至今还分布有供食用和饲料用的野生大豆。特别是黄河流域和东北地区，有很多类型的野生和半野生大豆，如山黄豆、山黑豆、野大豆、蔓豆等。由于大豆不易保存，因此考古发现较少。目前几处较早发现地都是在东北，黑龙江宁安市大牡丹屯遗址、牛场遗址，吉林永吉县乌拉街遗址都出土过大豆，距今 3 000 年左右。

野生大豆经过不断的人工选择，逐渐驯化为栽培种。

据《史记·周本纪》记载，后稷少年时"好种树麻菽，麻菽美"。《诗·大雅·生民》所谓"艺之荏菽，荏菽旆旆"，就是指驯化大豆这件事。相传后稷做过帝尧的农师，由此可见，中国对大豆的驯化很可能完成于新石器时代，只是文字记载较晚而已。

我国许多古农书里都有关于野生大豆的记载。公元 6 世纪，陶弘景著《名医别录》里说："大豆始于泰山平泽。"明代朱橚在《救荒本草》中说："山黑豆生于密县山野中，苗似家黑豆……采角煮食，或打取豆食皆可云。"

栽培大豆与野生大豆相比，种子变大，种子中的脂肪增多（蛋白质减少），植株从蔓生变为直立，株型变大，落粒性减弱，在生育期的变异上尤为突出，可以划分为极早熟、早熟、中早熟、中熟、中迟熟、迟熟和极迟熟等 7 类。

很多野生大豆都生长在沼泽低湿的地方，茎枝缠绕在芦苇等植物上，因此，凡生长有芦苇这一类植物的地方，往往都能找到野生大豆的家族。推测在远古时期，野生大豆源于沼泽低湿地区，芦苇是野生大豆的重要伴生植物。

野生大豆到现在仍保留着它的原始形态，植株蔓生，长达 3～5 m，茎秆细弱，尖端弯曲缠绕，主茎和分枝很难区分；叶窄花小，每荚有 2～3 粒种子，千粒重只有 20～30 g；成熟时豆荚爆裂而籽粒自落。因为野生大豆对不良环境条件的适应能力特别强，所以在沼泽低湿地带仍能繁茂生长。人们采集野生大豆作为饲料或牧草种植，这个过程还有保持水土的作用。我国科学家做过这样的试验，把栽培大豆和野生大豆杂交，有 25％的杂交后代开花结实，由此可以证明，它们的亲缘关系是十分相近的。

大豆在营养上的特点是含有丰富的蛋白质（30％以上）和油脂（15％以上），氨基酸的组合优良，我国人民特别是在古代，主要以大豆作为蛋白质和油脂的补充来源，所以大豆在中华民族的健康发展和崛起中发挥了难以估量的作用。

（二）麻

麻类作物主要包括苎麻、大麻、黄麻、亚麻、苘（青）麻等。这些麻类各地还有其他名称，国外称苎麻为“中国草”，称大麻为“汉麻”。

苎麻是我国的古老栽培作物之一，它的纤维韧性强，质地轻，有光泽，不皱缩，是一种优良的纺织原料。我国的苎麻产品品质优良、种类繁多，在世界上享有盛誉。

古籍上的麻系指大麻，是新石器时代极为重要的纤维作物兼食用作物。麻子在古代列为“五谷”之一（春秋时期定义），说明它的食用、油用价值之重要。仰韶文化陶器底部常发现布纹，安特生认为最有可能是大麻布（1923）。瓦维洛夫则主张，华北可能是大麻原产地之一。近年来的研究也认为仰韶时期的纤维作物只能是大麻。山西襄汾陶寺龙山文化遗址，发现用府织物敛尸。[①] 各地新石器遗址出土的纺织工具都以麻、丝为其对象，所以对于麻纤维的利用应有足够的估计。

最近，又有甘肃东乡林家马家窑文化遗址出土大麻的报道，并经扫描电子显微镜鉴定。这里出土的大麻已与现代栽培的相似，是迄今已发现的最早的大麻标本。证明中国栽培大麻已有近 5 000 年历史，并为瓦维洛夫的论点提供了物证。

苎麻原产我国，有悠久的栽培历史。在浙江钱山漾新石器时代遗址中，曾经发掘出几块纤维细致、经纬分明的苎麻布。这表明在距今 4 700 年前，我们祖先已经开始种苎麻，织布缝衣了。

殷墟出土的甲骨文中，已经有丝麻的象形文字。关于苎麻的最早文字记载，见于公元前 6 世纪的《诗经 • 陈风》，“东门之池，可以沤紵”。《礼记》中也有“紵麻之有虋”的记述。秦以前称“紵”，以后改称“苎”。《诗经》中记载“苎麻”就有 20 多处。“沤麻”这样一个古老简单的操作工序被古人赋诗讴歌，可见苎麻一定是人们极其熟悉的一种农作物。

（三）麦（大、小麦）

关于麦类是否我国本土作物直到现今学术界尚无共识论点，但主流观点认为是外来作物。

一种观点认为麦是外来作物，至少不是中原作物。古籍中记载的麦，往往包括小麦和大麦。《诗经 • 大雅 • 生民》追述周始祖后稷儿时所种庄稼中有麦，说明黄河流域在原始社会末期可能已经种麦。但考古发掘迄今没有发现黄河流域原始社会时期的麦作遗存。可以推断，麦类在黄河流域中下游的种植比粟、黍晚，也比稻晚，很可能是后来引进的。中国早期禾谷类作物在汉字中都从禾旁，如黍、稷、稻等，唯“麦”字从來。“來”字在甲骨文中写作：[illegible]、[illegible]，是小麦植株的形象，有下垂的叶子，穗直挺，似强调其芒，这正是代表小麦的原字义。《诗经 • 周颂 • 思文》“贻我來牟，帝命率育”。毛传：“來，小麦；

---

① 高天麟，张岱海：《山西襄汾陶寺遗址发掘简报》，载《考古》1980 年第 1 期。

牟，大麦也。”这里的“來”是小麦，“牟”是大麦。《说文》中“來，周所受瑞麦來麰。一來二缝（缝即夆，指麦芒），象芒束之形。天所來也，故为行來之來。”撇开这一传说的神秘外衣，它只是说明小麦和大麦并非黄河流域的原产，而是外地传入的作物。

中国迄今发现最早的麦作遗存在新疆。在距今 3 800 年左右的孔雀河畔古墓沟墓地中，墓主人头侧的草编小篓中往往有小麦随葬，10 多粒至 100 多粒不等，初步鉴定为普通小麦和圆锥小麦。[①]

古代文献记载，麦类确实很早为中国西北地区少数民族所栽培。如成书于战国时期的《穆天子传》记述，周穆王西游时，新疆、青海一带部落所馈赠的食品，往往是牛、羊、马与穄、麦并提。《汉书·赵充国传》和《后汉书·西羌传》都谈到羌族种麦的事实。西亚是国际上公认的小麦原产地，小麦很可能是通过新疆、河湟这一途径传进中原地区的。也有人认为新疆是小麦的原产地之一。[②]

还有一种观点认为，我国是世界上小麦的起源中心之一。1955 年，在我国安徽省亳县发掘的距今 4 000 年前新石器时代遗存中，有大量的小麦炭化籽粒。鉴定证明是我国最古老、最完整的普通小麦化石标本，称为中国古小麦。它比当地种植的现代小麦的籽粒略小。在殷墟出土的甲骨文中就有“麦”字和“來”字，以及卜辞“告麦”的记载。公元前 6 世纪我国著名诗歌《诗经》里有“爰采麦矣”“禾麻菽麦”等诗句。这说明我国在公元前 6 世纪以前，黄河和淮河流域广大地区就已经种植小麦了。

笔者认为在中原地带尚没有发现野生小麦的存在，仅凭春秋时期的文字记载和一点孤证不能说明问题，小麦由外界传入的可靠性更大一些，最大可能为我国是小麦的次生起源中心。

关于大麦的原产地，以往国际上也认为是西亚。近年来中国科学工作者在青藏高原发现野生二棱大麦、野生六棱大麦和中间型野生大麦，并通过实验证明野生二棱大麦是栽培大麦的野生祖先。1974 年，我国科研人员跋山涉水，历尽艰辛，踏遍了青藏高原的平原和河谷，在四川西部甘孜藏族自治州金沙江流域、雅砻江流域，以及西藏的昌都、山南、拉萨和日喀则等地区的澜沧江流域、怒江流域、雅鲁藏布江两岸和它的主要支流年楚河、拉萨河、隆子河流域，都发现了野生大麦。科研人员采集到了世界上现有的 3 个野生种，即野生六棱大麦、野生二棱大麦、野生瓶形大麦，以及分属于这 3 个野生种的 20 多个类型的植株标本。

科研人员为了查明野生大麦和栽培大麦之间的亲缘关系，把采集到的 3 种野生大麦分别与现代栽培大麦杂交。杂交后代经过细胞遗传学鉴定，表明野生二棱大麦是纯合体，瓶形大麦是杂合体，六棱大麦既有纯合的，也有杂合的。这一试验表明，只有野生二棱大麦是真正的野生种，其他两种类型是从野生种进化到栽培种过程中的中间类型。因此，中国西南地区很可能是大麦起源地或起源地之一。

中原文化有关西藏的《旧唐书·吐蕃传》记载，古代藏族“其四时以麦熟为岁首”。这与中原地区华夏族以当地原产的禾（粟）熟为一年（甲骨文中的“年”字作

① 王炳华：《对新疆古代文明的新认识》，载《百科知识》1984 年第 1 期。

② 颜济教授认为新疆可能是小麦的原产地之一。——作者附注

为人负禾的形象）有类似的意思。

这种纪年法的出现当在天文历形成以前，而用以纪年的作物的栽培又应在这种纪年法形成以前。这表明大麦很可能是藏族先民最早种植的作物之一。《诗经》所谓“贻我來牟”，说明大麦（牟）和小麦（來）一样是从少数民族地区引入中原地区的。

除了以上介绍的几种作物外，我国最早驯化的植物还有薏苡、瓠（葫芦）、芥菜、菱角、甜瓜等，这里不一一介绍了。

第三节　史前作物栽培方式及特点

原始农业时期使用的生产工具，主要是由木、石、骨、蚌等材料制作的简陋工具，依靠人力耕作，栽培技术处于萌芽状态。我国原始农业时期实行的是撂荒耕作制，这一阶段可分为刀耕农业（刀耕火种）、锄耕（耜耕）农业和犁耕农业 3 个时期。

对原始农业时期土地的利用和耕作方式，学术界历来划分为锄耕和犁耕两个阶段，而把原始的刀耕火种同锄耕视为一回事。近来民族学和考古学的资料研究中，提出在锄耕农业之前还有一个刀耕农业的阶段，主张刀耕和锄耕不能混为一谈。[①][②]

刀耕农业又称砍倒烧光农业，俗称“刀耕火种”。刀耕农业的最大特点是“焚而不耕”，不需要翻土耕种。这是由于刀耕农业阶段因没有翻土锄草的工具，草荒与肥力比较，草荒是第一位的矛盾，所以刀耕之地一般都选择树木覆盖而草较少的环境，砍伐焚烧以后，乘杂草未侵入，抢种一季。中国南方新石器时代早期洞穴遗址，多数尚处于刀耕农业阶段。中国古代有关于“烈山氏”的传说。《国语・鲁语上》记载：“昔烈山氏之有天下也，其子曰柱，能植五谷百蔬。”从其以“烈山”为氏，再联系古籍中记载：“舜使益掌火，益烈山泽而焚之，禽兽逃匿。”可以推断“烈山氏”与刀耕火种有关系。

从有关“烈山氏”的传说看，黄河流域的原始农业也应经历过刀耕农业阶段。但由于这一地区覆盖着疏松肥沃的黄土，森林不多，不利于刀耕农业，使得这里的锄耕农业较早地发展起来。具有代表性的西安半坡遗址，面积约 50 000 m^2，居住区位于西南，北面为一片公共墓地，居住区周围有保护安全的宽、深各 5～6 m 的大深沟，正是长期定居的见证。南方少数民族大多处于亚热带的深山老林中，这使得他们的刀耕农业得以相对地保持较久。

根据考古发掘和民俗学材料可以认为，人类在 2 万～1.5 万年以前就开始定向采集一定的植物食品，也就是说，在采猎时代末期，随着人类用火程度的加强，刀耕火种便作为最早的农业耕作形态逐渐产生。

---

① 李根蟠，黄崇岳，卢勋：《试论我国原始农业的产生和发展》，见《中国古代社会经济史论丛》：第 1 辑．山西人民出版社，1981。

② 李根蟠，卢勋：《我国南方少数民族原始农业形态》，农业出版社，1987。

应看到农业生产发展的地区差异和不平衡性，即刀耕农业和锄耕农业在空间分布上并存于不同地区和不同种族间，特别是处于隔离状态的地区和民族，其农业形态还一直停留在刀耕阶段。

云南怒江的独龙族，中华人民共和国成立前一直处于刀耕火种的阶段："江尾虽有俅牛，并不用之耕田，农器亦无犁锄。所种之地，唯以刀伐木，纵火焚烧，用竹锥地成眼，点种苞谷。若种荞麦、稗、黍之类，则只撒种于地，用竹帚扫匀，听其自生自实，名为刀耕火种，无不成熟。今年种此，明年种彼，将住房之左右前后土地分年种完，则将房屋弃之，另结庐居，另砍地种。其所种之地，须荒十年、八年，必须草木畅茂，方行复砍复种。"[①]

刀耕农业阶段的主要标志是使用刀斧，对林木"砍伐烧光"，不翻土，实行砍种一年后撂荒的"生荒耕作制"。

刀耕农业阶段的原始人类迁徙无定，一般是砍种一年后撂荒易地，实行年年易地的粗放性经营。这一时期土地利用率极低，人工养地的能力也很差，在地力消耗殆尽以后，只得放弃，利用自然力自发恢复地力。因此，当时实行撂荒制其撂荒期较长，一般在十几年，甚至几十年。

锄耕农业阶段的主要标志是使用翻土工具（锄、耜、铲等），操作重点由林木砍伐转到土地加工，实行砍种后连种若干年再撂荒的"熟荒耕作"。"生荒耕作"和"熟荒耕作"都属撂荒耕作制范畴。锄耕农业阶段的人们已开始有村落，过着相对定居的生活。由于中国锄耕农业阶段使用的主要耕具为耒耜，故也可以把锄耕农业阶段称之为耜耕农业阶段。目前已发现的黄河流域和长江流域最早的新石器时代遗址，如河南裴李岗和浙江河姆渡，均分别出土有石铲和骨耜，表明它们都已由刀耕农业跨进了耜（锄）耕农业阶段，成为中国新石器时代农业的主要代表。

耒耜农业阶段，土地使用率提高，播种面积加大，谷物生产量增多，也为饲养家畜、禽提供了保障。在我国，距今 8 000 年左右就由刀耕农业过渡到锄耕农业。目前发现的较早期的农业遗址，大多数已经进入锄耕农业时期，如裴李岗、磁山、大地湾、彭头山、兴隆洼等遗址都有石锄或石铲之类的农具出土，并有大规模的定居遗址。

在犁耕农业时期，生产工具进一步发展，器型磨制精致，向小型化发展，穿孔技术比较发达，同期出现了一批新型的生产工具，主要是石犁的产生。这一时期土地利用率提高，已经采用连种几年撂荒几年的办法，在养地恢复地力上，采用半靠自然力半靠人力的措施。发达锄耕农业时期，史前人类聚落进一步发展，出现了城址、祭坛和青铜礼器等。这些文明因素的出现，是农业与手工业即将要分离的标志，是农业发展到一定阶段，阶级和国家出现的标志，是文明时代即将要到来的象征。

史前作物栽培的历史就是我国原始农业发生、发展的历史，虽然没有明确的文字记载，但是这些神话传说及许多考古发现足以证明：这些就是后来我华夏文明产生的滥觞。

（王宝卿　李欣章）

---

① 夏瑚：《怒俅边隘详情》，见李根源《永昌府文征》。

参考文献

陈文华，2007. 中国农业通史：夏商西周春秋卷［M］. 北京：中国农业出版社.

黄其煦，1982. 黄河流域新石器时代农耕文化中的作物［J］. 农业考古（2）：13-15.

李根蟠，黄崇岳，卢勋，1981. 试论我国原始农业的产生和发展［M］//中国古代社会经济史论丛：第一辑. 山西：山西人民出版社.

李根蟠，卢勋，1987. 我国南方少数民族原始农业形态［M］. 北京：农业出版社.

吴汝祚，1977. 山东胶县三里河遗址发掘简报［J］. 考古（4）：2-3.

夏瑚，怒俅边隘详情［M］//李根源. 永昌府文征.

张芳，王思明，2001. 中国农业科技史［M］. 北京：中国农业科学技术出版社.

第三章

传统农业的萌芽期——传统农业粗放经营时期

大约公元前 2070 年，人类进入文明社会后，夏、商、西周、春秋约经历了 1 600 年。中国由原始社会进入奴隶社会，相继建立了夏、商、周三个奴隶制王朝。公元前 770 年，周平王迁都洛邑，在这之前的周朝史称西周；之后的周朝史称东周，约相当于春秋战国时期。夏王朝的建立标志着我国历史正式进入文明社会。金属农具的出现与使用是原始农业向传统（古代）农业转变的关键因素。

夏商西周时期是我国传统农业的萌芽期，青铜时代逐步取代了石器时代，青铜农具的出现，是我国农具材料史上的一个重大突破，自此开始了金属农具代替石质农具的漫长过程。夏商西周时期的农具种类与原始农业时期相比较，最大区别是此时出现了中耕农具——钱和镈，这说明人们已经初步掌握了中耕除草技术。《诗经·臣工》记载："命我众人，庤乃钱镈。"钱即是后来的铲，而镈则是锄。从传说中的大禹治水开始，以防洪排涝为目的的沟洫体系逐步建立起来，与此相联系的垄作、条播、中耕除草和耦耕等技术相继出现并得到发展，轮荒（菑、新、畬）耕作制代替了撂荒耕作制，人们除了继续广泛利用物候知识外，又创立了天文历。

从典籍中可以比较清晰地看到新石器时代之后我国古代作物生产发展演变的脉络。例如，在《诗经》（前 11 世纪—前 5 世纪）中频繁地出现关于黍的诗，说明当时黍已经成为我国最主要的粮食作物，其他粮食作物如谷子、稻、大豆、大麦等也被提及。同时，《诗经》中还提到韭菜、冬葵、菜瓜、蔓菁、萝卜、葫芦、莼菜、竹笋等蔬菜作物，榛、栗、桃、李、梅、杏、枣等果树作物，桑、花椒、大麻等纤维、染料、药材、林木等作物。此外，《诗经》中对黍稷和大麦还有品种分类的记载。《诗经》和另一本同时期著作《夏小正》对部分植物的生长发育如开花结实等的生理生态特点有比较详细的记载，并且这些知识被广泛用于指导当时的农事活动。夏商西周春秋时期是我国传统农业的萌芽期，此时的农业技术虽然还比较粗放，但是已经基本摆脱了原始农业的耕作方式，精耕细作技术已经在某些栽培环节中应用。

这一传统农业粗放经营时期的作物与栽培技术被后人汇集成中国传统农学的奠基作——《吕氏春秋·上农》等四篇（成书于秦王政八年，前 239），它是先秦时代农业生产和农业科技长期发展的总结，而且一定程度地反映了战国以前的作物栽培的情况。

公元前2070年，中国进入第一个阶级社会——奴隶社会。由于青铜器的出现，我国农具材料实现了重大突破，开始了金属农具替代石质、骨质农具的漫长过程。青铜农具比木、石、骨、蚌类农具，具有锋利轻巧、硬度高等特点，可以大大提高劳动效率，对推进农业生产和农业科技的发展起了巨大的作用。但是从考古发掘的情况来看，青铜器农具在这一时期所占数量还是比较少，木质、石质农具占主流。这一时期的农作物，经过长期的人工选择驯化也相对固定下来，人们开始用“五谷”“九谷”“百谷”等名词形容自己的栽培植物。作物种类是反映一定历史时期农业生产水平的一个重要方面。种类繁多，说明人类驯化植物为人工栽培的能力强，也是农业发达进步的重要表现。

第一节　栽培植物种类及农学思想

商周时期种植的主要作物有黍、稷（粟）、稻、來（小麦）、牟（大麦）、菽（大豆）、麻等，基本为粮食作物。

一、传统“五谷”的含义

“五谷”一词最早见于春秋时期《论语·微子》，篇中讲到，孔子带弟子出门远行，子路掉队了，碰到一位用木杖挑草筐的老农，便向前请问“夫子”的去向，老农讥讽地说：“四体不勤，五谷不分，孰为夫子。”《周礼》中则是“九谷”“六谷”“五谷”杂称。

战国时期，“五谷”的概念便普遍起来，如《礼记·月令》：“阳气复还，五谷无实”；《荀子·王制》：“五谷不绝而百姓有余粮也”；《管子·立政》：“五谷宜其地，国之富也”；《孟子·滕文公上》：“五谷熟而人民育”……都提到“五谷”。由于地域、时间、认识的角度不同，史家对“五谷”的解释不一而足。如郑玄释“五谷”为“麻、黍、稷、麦、豆”，又释为“黍、稷、菽、麦、稻”；王逸释为“稻、稷、麦、豆、麻”；韦昭释为“麦、黍、稷、粟、菽”。综合各家之言，“五谷”中必有稷、菽、麦，这与3种作物在粮食中的地位是分不开的。至于“五谷”中麻、黍、稻之有无应该与地区作物构成的差异有关。还可以看出，“五谷”一词把“百谷”中粮食作物与其他作物区别开来。

古农书里有关“五谷”及其他作物品种的记载也很多，如：《吕氏春秋·上农》等四篇中的“审时”篇介绍了麦、粟、菽的耕种与收获时机；《氾胜之书》记载了麦、黍、稻、豆、麻、枲（大麻雄株）、瓠、芋、稗、桑等作物的种植收获时期及方法；《齐民要术》中记载的农作物主要有：黍、穄、粱秫、豆、麻、麻子（黑芝麻）、大小麦、稻、胡麻、瓜类、瓠、芋、葵、蔓菁等。《王祯农书》中的“农桑通诀”和“百谷谱”则详细记载了当时黄河流域的种桑及农业种植情况，其中提到的主要农作物有粟、稻、麦、黍、穄、粱秫、豆、荞麦、胡麻、麻子、瓜（若干种）、瓠、芋、蔓菁、萝卜等。

现代农学统称之大田作物，即农艺作物，包括谷类作物、豆类作物、薯类作物、纤维作物、油料作物、糖料作物、绿肥作物、嗜好作物、染料作物、饲料作物等。大体上，前3类属于粮食作物，其他各类属于经济作物。据现今考察研究，大田作物主要是粮食作物（其中又以谷物和豆类为主，薯类应已有栽培，但未见明确记载，粮食作物往往以“谷”

泛称之），经济作物中只有纤维作物（麻类）和与此有关的染料作物（蓝[①]）见于记载。即使是纤维作物，有的也没有和粮食作物分家，如大麻，不仅利用其纤维，而且大麻籽也供食用。油料、糖料等作物则付之阙如。“民以食为天”，我们的祖先首先是解决粮食问题，其次是解决穿衣问题，至于其他需要，是随着经济发展而逐步多样化，而大田作物的种类也因而日渐丰富。本时期大田作物构成的这一特点，正是当时社会经济发展水平比较低下的反映。

粮食作物的种类，原始社会时期可能相当多，直到夏、商、西周时期仍用“百谷”来形容。[②] 但这时被记录下来的农作物种类则不到 10 种，这表明广泛种植的农作物种类在人为的淘选下已渐趋集中。

二、主要栽培植物

夏代的作物构成因为无文字，已经无可考证。但是农业生产的重要特点之一就是连续性，所以可从商代的作物构成中，窥见夏代及以前的作物构成的大致情况。

人类历史发展到商代，文字的祖先——甲骨文出现，这为记录人类光辉灿烂的历史提供了极大地的便利。

甲骨文中表示农作物的字有：

：即禾字，表现了粟穗攒聚下垂的特点，是粟的原始象形字，但在卜辞中一般已作为谷类的共名。

、：《甲骨文编》释粟，谓从禾从米；于省吾释为，谓从禾从齐（），亦即稷[③]。哪种解释更为确切，尚可研究，但它在甲骨文中作为粟的专名使用是无疑义的。

、：即黍字[④]，上部穗形披散，正是黍的特点。

：即來字[⑤]，是表示小麦的原始象形字，但在卜辞中已多用作行來之來。又有异体字作。

麥：从來从足，即麥字[⑥]，在甲骨文中用作小麦的专名。也有人认为卜辞中的麦字指大麦。

[⑦]：这是卜辞中表示作物的一个字。唐兰、胡厚宣释为稻[⑧]，但也有释作酋、穛、秬、菽等的[⑨]，但至今未有一致看法。

---

① 《夏小正》中有人工栽培“蓝”的记载。

② “百谷”，在早期的古书中，如《诗经》的《豳风·七月》、《小雅·信南山》、《小雅·大田》、《周颂·噫嘻》、《周颂·载芟》、《周颂·良耜》及《尚书》中的《尧典》、《洪范》和《周易·离象传》、《左传》（襄公十九年）等均有提及，以后才出现“九谷”“八谷”“六谷”“五谷”等名称。

③ 《甲骨文字释林》释“粟、黍、來”，中华书局，1979。

④ 《甲骨文编》312－314 页。

⑤ 《甲骨文编》251 页。

⑥ 《甲骨文编》252 页。

⑦ 《甲骨文编》314 页。

⑧ 参见《甲骨文商史论丛》第二集上册。

⑨ 郭沫若释酋，杨树达释穛，均见《卜辞求义》27 页；陈梦家释秬，见《殷墟卜辞综述》527 页；于省吾释菽，见《商代的谷类作物》。

：从禾从余，当是稌字。[①] 稌是稻的别种，即糯稻。[②]

：于省吾释作秜，认为是野生稻[③]。

《诗经》中记载的农作物名称相当多，据统计共 21 个，按其在诗中出现的先后为序：蕡、麦、黍、稷、麻、禾、稻、粱、荏菽、苴、穀、芑、藿、粟、秬、秠、穈、稌、來、牟。其中“穀”在《诗经》中是作为谷物通称或作“善”解[④]，不是专指某种具体的谷物。余下 20 个名称，多数是同物异名，如稷、禾是粟的别称，粱、穈、芑是粟的品种，秬、秠是黍的两个品种，稌是稻的一个类型，麦和來通常同指小麦；荏菽和藿都是指大豆，藿是豆叶，苴、蕡指大麻籽。

稷是什么作物，学术界长期争论不一。有的学者训稷为黍属之不黏者，即穄。这是因为隋唐以后稷、穄音近而被误认为一物的缘故。其实稷与穄的古音并不相同[⑤]，隋唐以前学者释稷为粟，明确无误[⑥]。异说是隋唐以后才发生的[⑦]。从新石器时代以迄隋唐，粟一直是我国主要粮食作物，稷被尊为五谷之长，这与禾由粟的专名转变为谷类共名一样，是粟在粮食作物中地位较高的反映。用“社稷”一词代表江山、国家，可见稷在当时经济社会中的地位。而古人言“五谷”者，多有“稷”而无“粟”，《周礼·职方氏》《礼记·月令》所载主要粮食作物中亦有“稷”无“禾”，《吕氏春秋·审时》《睡虎地秦简·仓律》中则有“禾”而无“稷”，而其余作物各书所载大略相同。显然，古书中的“稷”就是禾、就是粟，否则，于文献记载、于考古发现，都是讲不通的。[⑧] 至于有人把稷解释为高粱，更是难以成立的。

据考证，《夏小正》中只有黍而没有稷，殷商时期甲骨文中“黍”字出现过 300 多次，“稷”字仅出现过 40 多次。

归纳起来，商周时代的主要粮食作物，也是当时主要的大田作物，不外乎黍（黄米）、稷（谷子）、稻、來（小麦）、牟（大麦）、菽（大豆）、麻（大麻）等 7 种。明代以前，中国的粮食作物种类，大致也是如此，只不过品种增加了不少。这说明中国粮食作物的种类至此基本奠定了基础。

但商周时期这 7 种农作物，在农作物的结构中所处的地位是不同的。和新石器时代一样，这时在粮食作物中黍、稷仍占主要地位。据于省吾统计，殷墟卜辞中卜黍之辞有 106 条，卜稷之辞有 36 条，其在卜辞中出现的次数大大超过其他粮食作物。在《诗经》中，

---

① 卜辞中有：“丁酉卜：在［ ］（地）……稌蔑弗悔?”（《甲骨文合集》三七五一七），意思是稌中长了稗草是否有害？参见王贵民：《商代农业概述》，《农业考古》1985 年第 2 期。

② 《集韵》：“稌……稬稻也。”因为稌是糯稻，《诗经》中的“稌”多用于酿酒。参见游修龄：《稻作文字考（二）》，《浙江农业大学学报》1983 年第 1 期。

③ 《甲骨文字释林》：“释秜”，中华书局，1979。

④ 《诗经·大雅·桑柔》：“朋友已语，不胥以哉。”毛亨训：“敖”，为“善也”。

⑤ 穄字段氏表列于十五部（脂部），而稷字列于一部（之部），无通转可言。

⑥ 《尔雅》郭舍人注，《汉书》服虔注，《尔雅》孙炎注，《国语》韦昭注，《穆天子传》郭璞注以至贾思勰《齐民要术》，都认为稷就是粟。毛亨、郑玄等实际上也是这样主张的。

⑦ 苏恭等《唐本草》载：“本草有稷不载穄，稷即穄也。”这是以稷为穄的开始。

⑧ 关于这个问题，可参考高润生：《尔雅谷名考》；齐思和：《毛诗谷名考》《中国史探研》；邹树文：《诗经黍稷辨》，见《农史研究集刊》第 2 册，科学出版社，1960；游修龄：《论黍和稷》，《农业考古》1984 年第 2 期。

有19篇讲到黍，有18篇讲到稷，其余作物出现的次数都较黍、稷为少[①]；《尚书》中提到的粮食作物，主要也是黍、稷，例如《盘庚》篇说："惰农自安……不服田亩，越其罔有黍、稷。"《酒诰》篇说："其艺黍、稷，奔走事厥考厥长。"所有这些，都说明黍、稷在夏商西周时期仍是主要的粮食作物。

把黍和稷相比较，稷的地位更重要。卜辞中卜黍次数虽比卜粟（稷）次数多，这是由于黍为贵族常用以酿酒，又能耐旱抗逆，是新垦农田的先锋作物，因而受到统治者重视的缘故。稷在《诗经》中出现次数稍少于黍，如加上其别称禾、苗、粟以及粱、秬、芑等与粟的同物或不同品种的别称，则其出现次数超过黍，大体与粟在粮食作物中的地位相当。稷产量比黍高，平民常食，种植也更为普遍，自新石器时代中期以来就是黄河中下游地区最主要的粮食作物。"稷"成为农神的尊号，"社稷"成为国家的代称，粟的原始象形字"禾"则成为谷物的共名，这都是稷的特殊地位的反映。

稻原是热带和亚热带的作物，新石器时代，主要分布于长江流域以南的广大地区，零星见于黄河流域。夏商西周时期进一步被引向北方。据《史记·夏本纪》记载，夏禹治水后，曾"令益予众庶稻，可种卑湿"，即在低湿地区发展稻生产。这可以说是我国历史上第一次在黄河流域有组织地推广稻。商代稻在黄河南北均有种植，郑州白家庄商代遗址、安阳殷墟遗址中都有稻谷遗存发现。西周以后，北方的稻又有进一步的发展，《诗经》中有六篇记载稻的诗歌：

《豳风·七月》："十月获稻，为此春酒。"

《小雅·甫田》："黍稷稻粱，农夫之庆。"

《周颂·丰年》："丰年多黍、多稌。"

《鲁颂·閟宫》："有稷有黍，有稻有秬。"

《小雅·白华》："滮池北流，浸彼稻田。"

《唐风·鸨羽》："王事靡盬，不能艺稻粱。"

其中《小雅》和《周颂》所反映的地区是周的京畿附近，即今西安一带。豳，在今陕西彬县、旬邑一带；鲁，在今山东曲阜；唐，在今山西太原。也就是说，在西周时代，稻已北移至今山东、山西、陕西一带。但是，稻在商周时代的黄河流域，并不是主要的粮食作物，可能仅是"十月获稻，为此春酒"的一种酿酒原料，所以直到春秋时代稻还被视为珍贵食品："食夫稻，衣夫锦，于汝安乎？"[②]

麻在新石器时代已被利用或栽培，到夏商西周时期成为一种相当重要的作物。古代所说的麻，即今日桑科的大麻，它结的籽实，古代称为苴，是当时的粮食之一；茎部的韧皮是古代重要的纺织原料。所以麻在古代既是粮食作物又是纤维作物。《诗经·豳风·七月》："九月叔苴……食我农夫。"苴，就是当粮食用的大麻籽。《诗经·陈风》中提到"沤麻"和"绩麻"[③]，说的就是沤制大麻纤维和利用其纤维绩成纱或线以备织布。这种由大

---

① 据齐思和《毛诗谷名考》统计，《诗经》中所见的谷物名称次数是：黍19，稷18，麦9，禾7，麻7，菽6，稻5，秬4，粱3，芑2，秠2，來2，牟2，稌1。

② 《论语·阳货》。

③ 见《东门之池》和《东门之枌》。

麻纤维织成的布，现已在河北藁城台西商代遗址、陕西泾阳高家堡早周遗址、河南浚县辛村西周遗址中发现。[①] 其中在泾阳高家堡早周遗址发现的麻布，系平纹组合，其组织密度为“每平方厘米经 13 根、纬 12 根”，组织比较紧密。这不但反映了大麻纤维在夏商西周时期的广泛利用，同时也说明远在 3 000 年前，我国的麻纺技术已达到了一定的水平。

《诗经 • 陈风 • 东门之池》中还有“东门之池，可以沤纻”句，《禹贡》豫州贡品中也有“纻”。徐光启认为这里的“纻”是指大麻中的一种，非南方出产的苎麻[②]。据报道，近年在陕西扶风杨家堡西周墓中出土了苎麻布，究竟是南方传入的还是本地所产，尚待研究。不过直到元代仍然是“南人不解刈麻，北人不知治苎”（王祯：《农书》）。

属于豆科的葛，是当时被广泛利用的植物纤维，《诗经》中多次提到。如“葛之覃兮，施于中谷”“南有樛木，葛藟累之”“葛藟荒之”“葛藟萦之”“绵绵葛藟，在河之浒”“葛生蒙楚”“莫莫葛藟，施于条枚”等句[③]，反映出葛在当时是常见的，可能是野生或半野生的植物。另《诗经》对葛还有“维叶莫莫，是刈是濩，为絺为绤，服之无斁”[④] “葛屦五两”“纠纠葛屦”[⑤] “蒙彼绉絺是绁袢也”[⑥] 等记载，是指利用葛来制衣和作屦。用葛织成的布，当时有 3 种：絺、绤、绉。毛传释为“精曰絺，粗曰绤”“絺之靡者为绉”。可知絺是细葛布，绤是粗葛布，绉是精葛布，这也反映了当时纺织技术之一斑。

《诗经 • 卫风 • 硕人》：“硕人其颀，衣锦理衣。”《说文》引裴注《诗经》作苘，即苘麻，俗名青麻。是当时人民的衣着原料之一。《硕人》虽是春秋时诗，但苘麻的利用当在其时以前。

來、牟是小麦、大麦的古称。《广雅 • 释草》：“小麦，麳也，大麦，麰也。”甲骨文中有“來”字，但不见“牟”字。有人认为甲骨文中的麦字指大麦。《诗经》中有“贻我来牟，帝命率育”[⑦] 的明确记载。西周时期的小麦遗存，在安徽亳县钓鱼台已有发现[⑧]，云南剑川海门口遗址（约 3 000 多年）也有麦穗出土。不过，当时有关麦的记载不多，反映了当时麦类播种面积还不大，在粮食作物中所占的地位还不是十分重要。

学术界一般认为小麦起源于外高加索及其邻近地区，史前时期即传入我国。也有的学者认为我国是小麦的起源地[⑨]。笔者认为史前传入的可能性较大，原因是欧亚大陆一体，

---

① 河北省博物馆、文管处台西考古队、河北省藁城县台西大队理论小组：《藁城台西商代遗址》，文物出版社，1977；葛今：《泾阳高家堡早周墓葬发掘记》，《文物》1972 年第 7 期；郭宝均：《浚县辛村》，科学出版社，1976。

② 徐光启的主要根据是苎麻是南方特产。贾思勰的《齐民要术》也没栽种苎麻的方法等。石声汉同意这种看法，认为《诗经》中的“苎”是大麻中的纤维洁白者。参见《农政全书校注》卷 36。

③ 见《诗经》的《周南 • 葛覃》《周南 • 樛木》《王风 • 葛藟》《唐风 • 葛生》《大雅 • 旱麓》等篇。

④ 《诗经 • 周南 • 葛藟》。

⑤ 前句见《诗经 • 齐风 • 南山》，后句见《诗经 • 魏风 • 葛屦》。

⑥ 《诗经 • 鄘风 • 君子偕老》。

⑦ 《诗经 • 周颂 • 思文》。

⑧ 杨建芳：《安徽钓鱼台出土小麦年代商榷》，载《考古》1963 年第 11 期。但据考古所实验室《放射性碳素测定年代报告（三）》，其年代为（2440±90）年前，（2370±90）年前。

⑨ 曾雄生先生认为：麦子不是中国土生土长的农作物，而是在漫长的历史发展过程中逐渐成为国人的主食。它经历了一个由北向南的延伸过程，逐渐本土化的过程，适应中国风土人情的过程。在麦子进入中国的最初阶段，被认为是有毒的，吃了麦子，容易得上“风壅”之证，还要煮小米粥喝来解毒，而南方人习惯吃米，也认为吃麦子吃不饱。所以，麦子最初在五谷中的排列并不靠前，但是它对环境气候的适应性强，产量稳定，所以在长时期的农业生产发展中，最终和稻子并列，成为国人的主食之一。

没有太多障碍，不像美洲大陆的作物传入我国那么遥远、艰难。

麦子的本土化起先遇到了一系列的障碍，但它在漫长的历史过程中，逐渐淘汰了中国原有的一些农作物，比如大麻，就是在这个过程中最终退出了主食作物的行列，而麦子则成为数一数二的粮食作物。在中国的农业历史中，麦子是本土化最早、也是最为成功的外来农作物。

菽是大豆的古称，亦称“荏菽”，在新石器时代可能已有栽培。但是，直到这一历史阶段才见于记载。《诗经·大雅·生民》：“厥初生民，时维姜嫄……载生载育，时维后稷……艺之荏菽，荏菽斾斾。”说的就是周族的祖先后稷种大豆的故事，这个故事也见于《史记·周本纪》：“弃为儿时，屹如巨人之志，其游戏，好种树麻菽，麻菽美，及为成人，遂好耕农，相地之宜，宜谷者稼穑焉。民皆法则之，帝尧闻之，举弃为农师，天下得其利。”文中所说的弃，即《诗经》中的后稷。如果这个传说可信的话，则在帝尧时代（原始社会末期）我国已经栽培大豆。目前我国最早的大豆实物，是山西侯马出土的春秋时期的大豆。

由此可见，夏商西周时期，黍、稷在粮食生产中仍占主要地位；麻虽也作粮食，但主要还是利用它的纤维作为衣被原料；稻主要在长江流域栽培，虽然已传到黄河流域，但在北方仍被视为粮食中的珍品，栽培并未普遍；麦、豆都是这时初见记载的作物，栽培面积也应该不是很大。这便是夏商周时期先民们栽培主要农作物的一个大体轮廓。

三、主要农学思想

夏商西周时期，是由原始农业向传统农业过渡时期，虽然先秦时期的农书多已失传，但从有文字记载的史料中，还是可以发现传统农业形成发展的轨迹。从甲骨文中对有关农业零散的记叙，逐步形成涓涓细流，到后来的《诗经》等文献对当时农业生产状况逐渐有较为系统的描述。《诗经》是我国最早的一部诗歌总集，其中描述农事的诗有 21 首之多，涉及当时农业的各个方面；《禹贡》则是我国最早的土壤学著作，对全国的土壤进行了分类，为后来农业种植必须辨别土壤、因地制宜提供了依据；最早的农业历书《夏小正》，强调农业生产必须不违农时，适应和利用自然气候条件是获取丰收的基本条件。这些思想的积累为后来天、地、人“三才”理论的提出提供了思想基础。

第二节　栽培方式及特点

我国夏商西周时期的耕作制，是由撂荒耕作制向轮荒耕作制过渡的时期。大约在商代和西周前期通行了以“菑、新、畬”为代表的轮荒耕作制；及至西周中后期和春秋战国时期则发生了由“菑、新、畬”耕作制向田莱制和易田制的转变。莱田，就是开垦后轮休耕种的……这些轮休田，统称莱田。古时实行易田制（即轮耕制），一般是不易之地家百亩，一易之地家二百亩，再易之地家三百亩。以上所说井田之制，当为在不易之地所实行者，是比较典型的。

一、休闲耕作制

原始社会实行撂荒耕作制，这一历史时期逐步由撂荒耕作制过渡到休闲耕作制。发展到西周，出现了菑、新、畬的土地利用方式。

《诗经·小雅·采芑》："薄言采芑，于彼新田，呈此菑亩。"

《诗经·周颂·臣工》："嗟嗟保介，维莫（暮）之春，亦又（有）何求，如何新畬。"

《周易·无妄·六二爻辞》："不耕获，不菑畬，则利有攸往。"说明殷末周初在农业生产中有两种基本农活：一类是在撂荒地上从事垦田和治地，即所谓"菑畬"；"耕获"是为了取得当年的好收成，而"菑畬"则是为了给下一年的"耕获"准备好耕地。

关于菑、新、畬，《尔雅·释地》解释说："田，一岁曰菑，二岁曰新田，三岁曰畬。"所谓"田"，是指已经开垦利用的土地。[①] 所以这里说的是一块农田在 3 年中所经历的 3 个不同利用阶段。

第一年，将丛生于田中的草木灾杀之，故称菑，亦称"反草"[②]。但"反草"并非对生荒地的垦治，因为《诗经》中"菑亩"与"新田"对举，菑与亩相连，表明它是经过整治的耕地，而非生荒。菑是反草而不播种，故《说文》训"菑"为"不耕田"。上古"耕"和"种"密切不可分，"不耕"犹言"不种"。陈奂《诗毛氏传疏》说："不耕为菑，犹休不耕为莱。"由此可见，菑为一种休闲田。

第二年，休闲田重新种后，称"新田"。即《诗正义》引孙炎说："新田，新成柔田也。"亦简称"新"。

第三年，耕地经一年耕种后，土力舒缓柔和，故称"畬"。《周易·无妄》释文引董遇说："悉耨曰畬。"

总之，"菑、新、畬"这种轮荒耕作制就是撂荒复壮和垦田治地的过程，是以三年为一个周期的一年休闲两年耕种的休闲耕作制度。

这种耕作制是较粗放的土地利用方式。当时人工施肥尚未实行（起码是尚未广泛实行），石、木、骨、蚌等粗制农具仍然被大量使用，难以达到深耕细作，耕地要想连续种植而又长期保持肥力是不可能的，所以耕地连续种植两年后，土地肥力渐竭或已竭时，就需休闲。但这种休闲耕作制比原始社会的撂荒耕作制已有明显的进步：第一，耕地闲置的期限大大缩短，实行耕播和休闲有计划的轮换，提高了土地利用率；第二，休闲地不像撂荒地那样抛弃不管，不仅有计划地利用自然力恢复地力，而且采取诸如"反草"等措施，用人工的干预促进地力的恢复（参阅本章第三节）。不论是何种耕作制度，处理用地和养地的关系都是其重要的核心问题之一，休闲耕作制的出现，是人们在处理用地和养地关系方面的重大进步。

夏、商、西周时期休闲耕作制逐步代替撂荒耕作制，这是由于社会上产生了提高土地利用率的要求和农业生产技术的进步，也是农田沟洫制度形成的必然结果。因为人们费了

---

① 《说文》："树谷曰田"；《释名》："已耕者曰田。"

② 《诗经·小雅·采芑》正义引孙炎《尔雅》注："菑，始灾杀草木也。"《诗经·大雅·皇矣》释文《韩诗》说："反草曰菑。"《尔雅·释地》郭璞注："今江东呼初耕地反草为菑。"

很多劳动修建起了沟洫垄亩，自然不肯轻易撂荒；同时，被纵横交错的沟洫划分成条条块块的农田，不适宜实行与刀耕火种相关联的撂荒耕作制，这也是显而易见的。[①]

二、垄作和条播的出现

垄作是夏、商、西周时期农业生产技术的突出特点，它的出现是与沟洫制度密切相关的。

作为农田形式的垄，古称“亩”。“亩”字原写作畮，亦写作畝，形异义同，基本上表达了两种概念：一是作为耕地面积单位，偏于农业经济言；二是表示农田结构形式，偏于农业技术言。在亩所表达的这两种意义中，表示农田结构形式似乎更古老些。

《庄子·让王篇》陆德明释文引司马（彪）注：“垄上曰亩，垄中曰甽。”《国语·周语》韦昭注曰：“下曰甽，高曰亩。亩、垄也。”《周礼·考工记》郑玄注：“垄中曰甽。”据此可知，亩就是一种高出地面的畦畴，也就是后世所说的垄。

从先秦古籍看，亩总是和甽联系在一起的。清代程瑶田认为，亩是在修筑农田沟洫时产生的。他说：“有甽然后有垄，有垄斯有亩，故垄上曰亩。”这种说法是颇有道理的，因为甽（田间小水沟）的修筑，必然会使田内形成许多长短不等、宽狭不同、高于原来田面的畦畴。这种畦畴，古人称之为亩，即所谓“下曰甽，高曰亩”。因此，亩实是古代兴修农田沟洫时的一种产物。

我国农田沟洫起源很早，亩的出现也应是很早的。《孟子·告子下》说：“舜发于甽亩之中”，尧舜时代可能已有甽亩。史称禹“尽力乎沟洫”，甽亩应有所发展。不过初期的“亩”，是自然形成的，没有固定的形状和明确的规格，带有原始性质。到了西周时期，关于亩的记载更多，修亩也有了一定的规格和技术要求，作为农田结构形式的亩发展到了一个新的阶段，形成了具有比较完整意义的垄作。

如上所述，有关西周的典籍有大量疆田的记载，反映了当时普遍修沟作垄。《诗经》中屡有“俶载南亩”之类的记载[②]，所谓“南亩”，是大田的代称，“俶载南亩”就是在田垄上进行耕作。

当时作亩，已有一定的行向要求，如“南亩”“南东其亩”[③] 等。所谓“南亩”，就是将垄修成南北向；所谓“南东其亩”，就是将垄修成南北向和东西向。这种行向，是根据“土宜”来决定的，也就是根据地势的高低、水流的方向和是否向阳等来决定的。关于这个问题，《左传》记载得甚为明白：成公二年（前 605）晋伐齐，齐战败，晋要挟齐国，欲使“齐之封内，尽东其亩”，齐国派去和谈的代表宾媚人说：“先王疆理天下，物土之

---

① 对“菑、新、畬”学术界有不同的解释。已故农史学家石声汉先生认为菑、新、畬是“利用着的土地”撂荒复壮的三个阶段：收获后撂荒，旧茬还在地里，称为菑（茬的古写法）；旧茬被卷土重来的天然植被所吞没，地力正在复壮，称畬；已长出小灌木，可作重新垦辟对象的称“新田”。（马宗申：《略论“菑、新、畬”和它所代表的农作制》，《中国农史》1981 年第 1 期）。此外，还有：一是认为“菑、新、畬”是开垦荒地的不同阶段的名称（杨宽：《古史探秘》，中华书局，1965；张政烺：《卜辞裒田及其相关诸问题》）；二是认为“菑、新、畬”是一种撂荒耕作制度（《中国农学史》上册）；三是认为“菑、新、畬”是“三田制”（徐中舒：《西周田制和社会性质》，《四川大学学报》1956 年第 2 期）。

② 《周颂·载芟》《周颂·良耜》《小雅·大田》。

③ 《小雅·信南山》：“我疆我理，南东其亩。”

宜，而布其利，故《诗》曰‘我疆我理，南东其亩’。今吾子疆理诸侯，而曰尽东其亩而已，唯吾子戎车是利，无顾土宜，其无乃非先王之命也乎?”宾媚人所说的先王，是指西周的天子；所说“我疆我理，南东其亩”，是引用《小雅・信南山》中诗句，这就表明，西周时期我国已根据“土宜”来起垄。

西周以后，垄作日渐普及，亩逐渐趋向于规格化，出现了以宽六尺，长六百尺为一标准亩的趋向。《司马法》：“六尺为步，步百为亩。”[①]《韩诗外传》：“广一步，长百步为亩。”反映的就是这一情况。由于亩的大小逐渐固定，以亩为单位来计算土地面积也比较方便，这样，亩就由原来的耕作方式，逐渐演变成了一种土地面积单位。中国土地面积上所使用的基本计量单位——亩，就是这样发展而来的。

与垄作相联系，出现了条播。《诗经・大雅・生民》：“艺之荏菽，荏菽旆旆，禾役穟穟，麻麦幪幪，瓜瓞唪唪。”这是有关作物播种和疏密的记载。毛传：“役，列也。”“禾役”指禾苗的行列。“穟”当通“遂”，是通达的意思。禾行通达，当然是为了通风和容易接受阳光。这反映了至迟于西周时期已实行了条播。

三、耦耕

夏、商、西周时期，在大田耕作中广泛采取协作劳动的方式。

商代有所谓劦田。劦，甲骨文中作劦，为三耒同耕之形。“三”在古代代表多数，故劦田当是三人或三人以上的一种协作劳动。在商代，奴隶主驱使奴隶劳动就是使用这种方式。殷墟卜辞“王大令众人曰劦田”，便是这一情况的实录。

西周时期则流行耦耕。《诗经》中有所谓“十千维耦”[②]“千耦其耘”[③]的记载。《周礼・地官・里宰》记有：当时“以岁时合耦于耡，以治稼穑，趋其耕耨。”《逸周书・大聚》也谈到了“兴弹相庸，耦耕俱耘。”[④]等。

二物相配对、相比并谓之耦。在农业生产上的耦耕则是以两人为一组的协作劳动方式。从有关资料看，它与使用耒耜和修建沟洫有关。《周礼・考工记》：“匠人为沟洫，二耜为耦，一耦之伐，广尺深尺谓之畎。”[⑤]郑玄注：“古者耜一金，两人并发之，其垄中曰畎，畎上曰伐，伐之言发也。”他在《周礼・地官・里宰》注中又说：“考工记曰：耜广五寸，二耜为耦。此言二人相助，耦而耕也。”由此可见，当时修建农田沟洫，是采用两人为一组、各执一耜、相并挖土的方式进行的。这大概是耦耕的原始方式。

采取这种劳动协作方式，与耒耜的使用有关[⑥]。耒是一种尖锥式农具，耜虽改成扁平刃，但刃部较窄（一般不及现代铁锹宽度的一半），由于手推足跖，入土比较容易，但是要挖出较大土块则有困难，实行多人并耕可以解决这个问题。甲骨文中的劦田也就是使用耒耜并耕的反映。但在修建沟洫的劳动中，最合适的是实行二人二耜的并排，人多了反相

① 引自《周礼・地官・小司徒》，郑玄注。
② 《周颂・噫嘻》。
③ 《周颂・载芟》。
④ 在先秦古籍中，耦通偶，有合、谐、匹、阳、媲、对、并、两等诸义。
⑤ 《说文》：“耦，耒广五寸为伐，二伐为耦。”
⑥ 《礼记・月令》季冬之月，“命农耦耕事，修耒耜，具田器。”也反映了耦耕与使用耒耜的关系。

互妨碍。正如清代程瑶田所说，“必二人并二耜而耕之，合力同奋，刺土得势，土乃迸发。”[①] 因此，耦耕又是以农田沟洫制度的存在为前提的。中国农田沟洫出现得很早，耦耕的出现也不晚。例如《荀子·大略》：“禹见耕者耦，立而式。”《汉书·食货志》：“后稷始甽田，二耜为耦。”耦耕的开始很可能要溯源到夏禹时代或其前。[②] 不过，它的广泛流行当在西周农田沟洫系统大发展的时期，并延续到春秋时代。[③]

耦耕不限于挖掘农田沟洫，也推行于垦耕、除草、播种等各种农事中。《周颂·载芟》：“载芟载柞，其耕泽泽，千耦其耘，徂隰徂畛。”毛传：“除草曰芟，除木曰柞。”郑笺：“隰谓新发田也，畛谓旧田有径路者。”所以这里的“千耦其耘”实际上包括了新垦地和休闲复耕地的芟除草木和修治赋亩等工作。《左传》昭公十六年载郑子产说：“昔我先君桓公与商人皆出自周，庸次比耦以艾杀此地，斩之蓬蒿藜藋而共处之。”《国语·吴语》：“譬如农夫作耦，以艾杀四方之蓬蒿。”这些记载表明，在垦荒中也是实行“比耦”（“作耦”）的。又《论语·微子》载“长沮桀溺耦而耕”，桀溺在回答子路问话后，“耰而不辍”。这是在耕播覆种中实行耦耕，而当时播种包括了播前松土（耕）和播后覆种（耰）这两个不可分割的工序。而《周礼·地官·里宰》说“合耦”是为了“以治稼穑，趋其耕耨”，则包括了一切农事活动在内。

在农事活动中广泛协作，是这一时期农业的又一显著特点。这显然与农具简陋，单个农民力量不足有关。当时还大量使用石、木、骨、蚌制作的农具，即使有了部分的青铜农具，单个农民也难以独自完成全部农田作业，因此就必须实行这种在低生产力水平下的劳动协作。至于这种协作之所以采取耦耕的方式，仍然与沟洫制度的存在有关。当修建农田沟洫的劳动使耦耕成为习惯后，自然就推广到各种农活中去。以后，随着铁农具的普及和牛耕的逐步推广，单个农民生产能力大大增强，而农田沟洫制度又发生了根本变化，耦耕也就在我国历史上消失。[④]

四、耘耔

“耘”指中耕，“耔”指培土，这两个农作环节往往同时进行。夏、商、西周时期，作物的田间管理中耕、除草受到普遍的重视。

刀耕农业阶段，这一工作主要在播种以前即造田和整地这一阶段进行。进入锄耕农业阶段后，开始注意清除播种后的田间杂草。耘耔技术于是萌芽。

在播种以前清除田内的杂草，一般还比较容易，或是放火烧荒，或是用耜翻压便可解决。播种以后，清除田间杂草就不那么容易，因为田内禾、草杂生，既不能放火烧，又不

---

① 《沟洫疆理小记·耦耕义述》。

② 《世说新语》载：“昔伯成耦耕，不慕诸侯之荣馥。”伯成是尧舜禹时代人物，这时可能已有耦耕。

③ 《国语·吴语》《论语·微子》《说苑·正谏》诸篇。

④ 关于耦耕，学术界有不同解释。除二人二耜并耕说外，影响比较大的还有以下几种：一种认为是二人相向同用一耜，一人推耜入土，另一人拉绳发土（孙常叙：《耒耜的起源和发展》，《东北师大科学集刊》1956 年第 2 期）；一种认为是一人耕地，另一人碎土（耰）（万国鼎：《耦耕考》，《农史研究集刊》第 1 册，1959）；一种认为是在许多农活中实行的以两人为一组的简单协作，没有固定的方式（《中国农学史》上册，1984）。此外，还有认为“耦”是二耜相连的一种工具名称的等，不一。

能用耜翻，而且有些伴生杂草在苗期形态长得几乎和作物一模一样，要将它和作物区别开来，使莠不乱苗亦非易事。夏商时期，人们能将这些似苗实草的杂草明确地区分开来，说明当时对稂、莠等一类杂草形态的识别，已有较高的水平。

当时，田间的杂草主要有荼、蓼、莠、稂等。《诗经》中“其镈斯赵，以薅荼、蓼；荼、蓼朽止，黍稷茂止”“不稂不莠”等诗句[①]，具体地反映了当时人们与杂草斗争的情况。莠和稂是谷田或黍田内重要的伴生杂草。

耘耔技术在商周时代有了较大的发展，并出现了专门的金属中耕农具——钱和镈，在商代遗址中已发现了这类工具的遗物。商代卜辞中有：“在囧荷耒告蔑，王弗稷?”（《甲骨文合集》33225。辞意是：在囧地有名荷的人来报告田中长了稗草，商王是否还去种稷?）中耕除草活动亦已出现，如卜辞中有：“其弗蓐?”（《甲骨文合集》9492）、“辛未贞：今日蓈（p63）田?”（《甲骨文合集》28087）、“臣燊”（《甲骨文合集》9498 反）等。蓐、蓈、燊都代表“耨”字，表示田间除草活动，这是已知最早的有关中耕的明确文字记载。

关于西周时期中耕活动的记载更多。例如《诗经 • 小雅 • 甫田》：“今适南亩，或耘或耔，黍稷薿薿。”毛传：“耘，除草也；耔，雝（壅）本也。”反映了人们早已明确认识到耘耔对作物生长所起的良好作用。《周颂 • 载芟》：“厌厌其苗，绵绵其藨。”毛传：“藨，耘也。”《说文》：“穮，耕禾间也。”穮与藨通，也就是今天所说的中耕。《国语 • 周语上》载虢文公对周宣王说，春播后农夫就要抓紧中耕，“日服其镈，不懈于时”。当时周天子不但在春耕时要举行籍礼，在中耕时也要举行籍礼[②]。反映了中耕在西周时期的农事活动中的重要性。

西周时期人们对中耕除草十分重视，并且在实践中普及应用这项十分重要的措施。在春旱多风的黄河中下游地区，中耕作用不但能除草护苗，而且可以防旱保墒，使收获有所保证，这是中耕备受重视的原因。同时，耘耔技术的产生，又和一定的播种方式有关。在撒播的情况下，田里长满作物，是难以进行锄草和培土的。而在条播和点播的田里，行间有一定的间距，才便于操作。所以条播和点播的存在，应是耘耔技术得以产生和发展的重要前提条件。西周时期，我国垄作获得了发展，它不但便于排水，也适合于实行条播，从而也便于田间除草培土。耘耔技术之所以会在西周时期发展起来，这也是重要原因之一。耘耔（中耕）技术的产生，是我国栽培技术史中的一大进步。

第三节　栽培种植区域

一、夏代种植区

夏王朝自公元前 21 世纪开始，至公元前 18 世纪而亡。夏的控制区主要是黄土地带，土壤疏松肥沃，适宜于原始农耕。夏王朝的势力范围大致是西起今河南西部、山西南部，东至今河南、河北、山东三省交界处。

---

① 《诗经 • 周颂 • 良耜》《诗经 • 小雅 • 大田》。

② 《国语 • 周语上》：“王治农于籍，蒐于农隙，耨获亦于籍。”孙作云认为《诗经 • 小雅 • 甫田》就是周王行耨礼时的乐歌（《诗经与周代社会研究》，中华书局，1966）。

在先秦诸子心目中，夏代之前有个“虞”代，即尧舜时代。《左传》《国语》《周礼》及先秦诸子多将虞、夏、商、周四代并提。由于夏代的统治中心在豫西和晋西南地区，因此其农业开发自然也应该在这一区域内。这一地区相当于《禹贡》所划分的“冀州”和“豫州”，这两个州的土质并不是最好的（冀州是“厥田惟中中”，豫州是“厥田惟中上”），但是其贡赋却是最高的（冀州是“厥赋惟上上”，豫州是“厥赋惟上中”），可见这两个州在当时农业生产比较发达，才能提供更多的赋税。不过由于文献资料太少，难以详尽了解其农业生产的具体情况。只是从《夏小正》中寻觅的一点零星材料，知道当时种植的粮食作物有黍和麦，使用的农具是耒耜，饲养的家禽家畜有鸡、羊、马，此外还从事采集和捕捞以及养蚕桑等。不过考古工作者在这一地区发现了近百处夏文化遗址，从而对夏代农业区的面貌有进一步的了解。

目前考古界确认的夏文化遗址是分布在豫西（主要是豫西的北部）和晋西南地区的“二里头文化”；经过发掘的有河南郏县七里铺，洛阳东干沟、矬李、东马沟，偃师二里头、灰嘴、高崖，渑池鹿寺，汝州煤山，郑州洛达庙、上街，淅川下王岗；山西夏县东下冯，翼城感军等遗址。根据考古界得出的研究结果，“二里头文化”分为两个类型：豫西地区以二里头遗址为代表，晋西南地区以东下冯为代表。晋西南地区属于汾河下游，豫西地区属于伊、洛、颍、汝诸水流域。既然这两个地区的文化属于不同类型，其居民的生活方式自然会有差异，那么其农业生产也就各有特色。所以，夏代的农业区或许可以划分为晋西南和豫西两个区。

夏代虽然已经进入青铜时代，考古学家也在二里头文化遗址中发现了许多青铜兵器、工具、礼器和乐器，但没有发现青铜农具（这是由于当时青铜数量少、贵重）。主要还是使用石器、骨器、角器和蚌器，如整地农具有石铲、骨铲、蚌铲，收割农具有石刀、石镰、蚌镰。木质的耒耜等工具也在使用。虽未出土粮食作物，但是根据文献记载以及这一地区新石器时代的考古资料判断，应该种植有粟、黍稷、麻、麦、豆以及稻等。饲养的家畜家禽有猪、狗、鸡、羊、牛、马等。总的来说，是以种植业为主，畜牧业为副，渔猎为辅的生产结构。从考古发掘的实物分析，晋西南地区和豫西地区的农业发展水平基本一致。

若从自然条件方面观察，这两个农业区还是有差异的。豫西自孟津县以东为巨大的黄河冲积扇地区，地势较平坦，土壤肥沃，地下水丰富，至今仍然是河南省的主要农业区。晋西南则位于黄土高原之上，地势较高，气候较冷，降水量较少，无霜期也较短。虽然因处汾河下游的黄河边上，灌溉便利，土质肥沃，但从总体上看，该地区的自然条件要逊于豫西地区。《禹贡》中最为精彩的部分是有关于“冀州”和“豫州”的记载。豫州的描述是：“厥田惟中上，厥赋惟上中”，这就是说，豫州的土地列为中上等，但是其贡赋却是上中等，处于第二位。关于冀州的描述是：“厥田惟中中，厥土惟白壤，厥赋惟上上”，这说明冀州的贡赋当时处于第一位。从《禹贡》中描述的贡赋情况可以断定，晋西南、豫西应该是夏王朝的两个农业繁荣区域。夏族先在晋西南一带虞舜版图内建立政权，到后来却迁都东移至豫西一带，并在那里发展壮大，可能是因为豫西的自然环境条件比晋西南更优越，更有利于农业生产的发展和人类居住的缘故。

二、商代种植区

商王朝的势力范围在今山西西南、河南、河北南部、山东、安徽西北、湖北北部一带，商王朝统治的势力范围比夏朝有所扩大，主要是东面向黄河下游的华北平原发展，南面则扩展到长江中游的江汉平原，这个范围大体上就是《禹贡》书上所说的豫州、冀州、青州、兖州以及徐州、荆州一部分。邹衡先生曾根据考古发掘的材料，将早商文化划分为4个类型：一为二里岗型，以郑州二里岗遗址为典型代表，其分布范围大体上包括了今天的河南全省、山东大部、山西南部、陕西中偏东部、河北西南部和安徽西北部；二为台西型，以河北省藁城县台西遗址为典型代表，其分布地域主要在河北省境内，其北已抵河北中部的拒马河一带，南约与邢台地区相邻；三为盘龙城型，以湖北省黄陂区盘龙城遗址为典型代表，主要分布在湖北省中部和东部长江以北地区；四为京当型，以陕西省扶风县壹家堡遗址和岐山县京当铜器墓为典型代表，分布地域大抵在陕西省中偏西部。由于二里岗型的商文化分布最广，所反映的生产水平最高，因而它在这4个类型中明显起着主导作用，也对早商王朝直接控制区的文化具有一定的代表作用，其他3个类型的分布区则可能只是早商王朝控制的边远据点。而晚商遗址的分布地域大体同早商文化相似。

据此，陈文华先生将商王朝的重点农业区划分为：河南省、山西南部、河北西南部、山东省、安徽西北部、陕西中偏东部。

（一）河南省

又可分为两个主要农业区，一是以黄河为轴心的北部农业区，一是以淮河为轴心的东南部农业区。这两个农业区地处黄淮平原，属于华北平原的西南部，海拔在100 m以下，土壤肥沃，地下水源丰富，自古至今一直是重要的农业区。河南是商代的统治中心，自然也是农业最发达的地区。由于所处纬度不同，北部的黄河处于北纬35°附近，降水量较少；南部的淮河位于北纬32°～33°之间，南部的气候较北部温暖，无霜期较长，降水量也较大，因而北部以旱作为主，南部（特别是淮河以南）则主产水稻。

（二）山西南部

山西省的商代遗址，无论是早期还是晚期都是以南部和西南部为多，而且其文化面貌都与河南相接近，说明这里是商代统治的中心地区之一，也是商代的主要农业区。晋西南的自然条件前面已经提到，晋东南地区则因太行山、太岳山间有断层陷落而形成长治盆地，是山西省的六大盆地之一，适宜从事农业。由于东南部的经度处在东经113°左右，比西部偏东2°，因而其降水量比西部要多些，依次向西北部递减，所以其自然条件要略优于西南部地区。无疑，晋东南的农业开发可以提供更多的粮食，对商王朝政权的巩固会产生积极的作用。

（三）河北西南部

这一带属于华北平原，其商文化面貌与河南安阳的商文化无异，显然是商王朝直接统治的地区。因地处太行山东麓，分布着大小河流，如漳河、清漳河、滏阳河、沙河等，地势平坦，土质肥沃，海拔低（50～200 m），经度处在东经 114°～116°之间，所以气温较高，降水量也较大，也是适合发展农业的地区。因紧邻商王朝的都城安阳殷墟，且同为华北平原一部分，所以必然为商王朝所开拓而成为重要的农业区。

（四）山东省

商文化主要分部于鲁西、鲁北和鲁南地区，对山东半岛地区的影响很微弱。因此商代的农业区主要是在山东的内陆地区。这里是华北平原的一部分，鲁西、鲁北地区是由黄河冲积而成的平原，绝大部分海拔在 50 m 以下。因经度偏东，处于东经 116°左右，又靠近黄海和渤海，受海洋性气候影响较大，属于半暖温带季风气候，较华北平原其他地区温和湿润，降水量也较大，鲁西平原年降水量为 600～700 mm，因而也是适合发展农业的地区。

（五）安徽西北部

安徽省的商代遗址有近百处之多，主要分布在淮北和江淮地区，江淮地区较为集中。淮北平原是华北大平原的一部分，一般海拔 20～40 m，大部地表由淮河及其支流冲积物覆盖。淮河以北为暖温带半湿润季风气候，淮河以南为亚热带湿润季风气候，全年无霜期要比山东多 1 个月，淮北的年降水量 700～800 mm 以上，江淮地区则可多达 1 000 mm 以上。淮北地区毗连中原，属于旱作农业区，江淮地区则可稻麦兼种。

（六）陕西中偏东部

陕西发现的商代遗址，多集中在关中东部，分布范围已达西安、铜川一带。这里是关中平原，也称渭河平原，由河流冲积而成，海拔 300～600 m，土壤肥沃，为古称“八百里秦川”的主要部分，属于暖温带半干旱—半湿润季风气候，是黄土高原中部最适合发展农业的地区，主要种植黍稷、粟、麦等旱地粮食作物。

总的来说，商代的农业生产水平应较夏代为高，除了继续使用石制农具外，已经出现了一些青铜农具，特别是青铜钁、锸之类的掘土工具的发明，无疑会使开垦农田的效率大大提高。大规模组织奴隶或农民集体劳动，有利于劳动经验的积累和生产技术的提高，再加上版图的扩张，几个重点农业区的开发，既为商王朝提供了大量的农业产品，有利于政权的巩固，也为高度发达的青铜文明奠定了雄厚的物质基础。

三、西周时期种植区

西周统治的范围比商代更为广阔，从考古资料判断，它几乎遍布黄河与长江两大流域的中下游地区以及部分上游地区。邹衡先生曾根据各地西周文化的不同特点，将它们分为西方、东方和南方三大类型。西方类型主要分布在陕西省的泾渭地区和甘肃省东部的部分地区，还有山西省的霍州以南和河南省的洛阳以西地区，这里是西周王朝的腹地。东方类型包括 3 个地区：一是洛阳以东黄河两岸的河南省中部地区，这里是周王朝的畿内之地；二是燕山以南、太行山东麓的河北省西半部和河南省北部、东部以及山东省西南部地区，这里是燕、卫、宋、曹等封国领地；三是山东半岛及其以南地区，这里主要是齐、鲁两国的封地。南方类型是西周文化向南方发展并在长江流域居于统治地位，包括顺汉水而下直至湖北省境内，这里在商末周初曾经是所谓荆蛮之地。再者是顺淮水而下从河南省中部直达安徽省的江淮之间，这里在商末周初是所谓的淮夷之地。

据此，陈文华先生将西周的农业区分为下面几个区域：陕西省泾渭地区、甘肃省东部部分地区、山西省南部地区、河南省洛阳以西的中部地区、河南省洛阳以东中部地区、河北省中南部地区、河南省北部地区、河南省东部地区、山东省西南部地区、山东半岛及其以南地区、湖北省江汉地区、安徽省的江淮地区。

总的来看，西周时期的农业区不但从黄河中游扩展到下游，而且还扩展到长江中下游的北部地区，也使西周的农业生产结构发生变化，即在以旱作为主的情况下增加了水稻种植的比重。

四、春秋时期的农业区

春秋时期，周王朝已失去对全国的控制力，许多地处边陲的较大诸侯国都将封地内的大片土地垦为良田，农业生产得到进一步发展，各诸侯国经济迅速发展，形成具有明显地方特色的列国文化。邹衡先生从考古学的角度将其分为七种文化：①秦文化，主要分布在陕西和甘肃的泾渭流域；②晋文化，主要分布在山西、陕西东部、河南西部和北部以及河北西南部；③燕文化，主要分部在北京市及以易县为中心的河北中部；④齐鲁文化，主要分布在山东境内；⑤楚文化，主要分布在以湖北为中心的长江中游及部分下游地区；⑥吴越文化，主要分布在长江下游的江浙地区；⑦巴蜀文化，主要分布在四川境内。

陈文华先生在此基础上加上周王朝本身拥有的小地盘将春秋时期的农业区概括为：①周王畿农业区；②秦农业区；③晋农业区；④燕农业区；⑤齐鲁农业区；⑥楚农业区；⑦吴越农业区；⑧巴蜀农业区。

综观春秋时期农业区的开发，最主要的成就是黄河下游旱作农业的发展和长江中下游稻作农业的兴盛，前者的结果是齐鲁等强国的出现，后者的结果是楚、吴、越等国的强大，这对当时的农业生产、社会发展和历史进程都产生了深远的影响。

（王宝卿　孙宁波　宋丽萍）

参考文献

白寿彝，1994. 中国通史：第三卷　上古时代 [M]. 上海：上海人民出版社 .

陈文华，2007. 中国农业通史：夏商西周春秋卷 [M]. 北京：中国农业出版社 .

程瑶田，清（乾隆）. 九谷考 [M].

程瑶田，清（乾隆）. 畎浍异同考 [M] //皇清经解 .

李济，1929. 安阳发掘报告：第 4 册 [R].

罗振玉，1933. 殷墟书契续编：二、二八、五 [R].

闵宗殿，1983. 垄作探源 [J]. 中国农史 (1)：40 - 45.

王贵民，1985. 商代农业概述 [J]. 农业考古 (2)：25 - 36.

许顺湛，1957. 灿烂的郑州商代文化 [M]. 郑州：河南人民出版社.

夏纬瑛，1981.《诗经》中有关农事章句的解释 [M]. 北京：农业出版社.

于省吾，1957. 商代的谷类作物 [J]. 东北人民大学人文科学学报 (1)：81 - 107.

于省吾，1979. 甲骨文字释林 [M]. 北京：中华书局.

邹衡，1980. 夏商文化研究 [M] //夏商周考古学论文集：第二部分. 北京：文物出版社.

胡厚宣，1954. 甲骨文商史论丛：第二集（上册）[M]. 石家庄：河北教育出版社.

咸阳市文管会，咸阳市博物馆，咸阳地区文管会，1980. 秦都咸阳第三号宫殿建筑遗址发掘简报 [J]. 考古与文物 (2)：25.

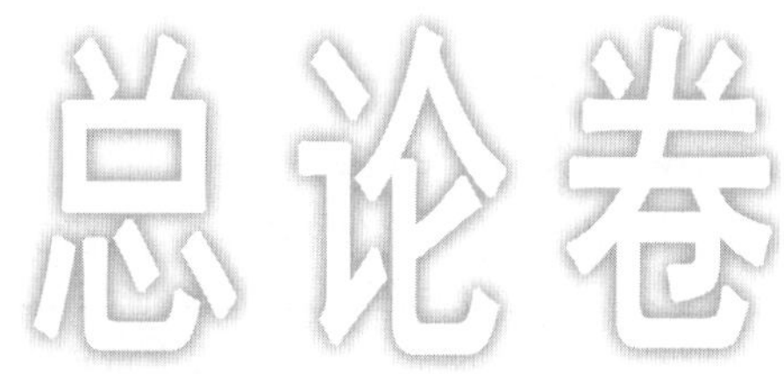

第四章

传统农业精细经营的形成期
——北方旱作农业形成发展时期

春秋战国时期，特别是战国时期，是奴隶社会向封建社会转变时期，也是传统农业由粗放经营向精细经营转变的时期。这一时期的主要特点体现在：冶铁业的产生和发展以及牛耕的出现，为农业生产的进步起到了巨大的推动作用，也使我国的农业耕作技术逐渐由粗放过渡到精细。一直到西晋灭亡之前，我国的经济中心都是在北方地区，先进的农耕技术也出现和发展在北方。虽然时常受到北部游牧民族的侵蹂，但是并没有影响北方精耕细作旱作技术的形成与发展。

第一节　北方旱作技术形成发展的基础

一、铁农具的出现是传统农业精耕细作技术的前提

秦汉时期，我国冶铁技术在战国时期基础上获得巨大发展，铁农具进一步普及。汉代《盐铁论·水旱篇》记载："农，天下之大业也。铁器，民之大用也。"《盐铁论·农耕篇》记载："铁器者，农夫之生死也。"可见，农业生产与铁制农具已经密不可分。铁农具为后来的畜力——牛耕及精耕细作技术的提高提供了技术保障。

西汉中期，搜粟都尉赵过推行耦犁，是中国牛耕史上划时代的大事。同时还发明了耧车等重要农业生产工具。

中国传统农业的基本特征是：金属农具和木制农具代替了原始的石器农具，铁犁、铁锄、铁耙、耧车、风车、水车、石磨等得到广泛使用；畜力成为生产的主要动力，极大提高了劳动生产率；一整套农业技术措施逐步形成，如选育良种、积肥施肥、兴修水利、防治病虫害、改良土壤、改革农具、利用能源、实行轮作制等。

耕作制度在春秋战国时期发生了很大变化，从西周时期的休闲制度逐步向连种制过渡，大抵春秋时期尚是休闲制与连种制并存，到了战国时期连种制已经占主导地位。《氾胜之书》记载，到汉代北方地区已经出现"禾—麦—豆"两年三熟制。这与铁农具的发明推广和使用是分不开的。

二、基本农学思想的形成

西汉末年（公元前 1 世纪）著名古代农学家——氾胜之所编撰的《氾胜之书》问世。此书是继《吕氏春秋·任地》等四篇之后最重要的农学著作，一般认为是我国最早的一部农书。作者氾胜之，氾水（今山东曹县北）人，汉成帝时，曾为议郎，在今陕西关中平原地区教民耕种，获得丰收。该书是他对西汉黄河流域的农业生产经验和操作技术的总结，主要内容包括耕作的基本原则、播种日期的选择、种子处理，以及个别作物的栽培、收获、留种和贮藏技术、区种法等。就现存文字来看，对个别作物的栽培技术的记载较为详细，它是在铁犁牛耕基本条件下，对我国农业科学技术的一个具有划时代意义的新总结，是中国传统农学的经典之一。《四民月令》是东汉后期叙述一年例行农事活动的专书，是东汉大尚书崔寔模仿古时月令所著的农业著作，成书于 2 世纪中期，叙述田庄从正月直到十二月中的农事活动，对古时谷类、瓜菜的种植时令和栽种方法有所详述，亦有篇章介绍当时的纺织、织染和酿造、制药等手工业。另一部重要农学巨著是中国杰出农学家贾思勰所著的一部综合性农书《齐民要术》，成书于 6 世纪。《齐民要求》把各种生产项目和各个生产环节的科学技术知识熔为一炉，把古今农业生产和农业科技资料汇为一体，并且完整地保存下来的百科全书式著作，这对我国乃至世界后来的农学思想有极为深远的影响。

中国传统农业延续的时间十分长久，大约在战国、秦汉之际已逐渐形成一套以精耕细作为特点的北方旱作传统农业技术体系。农作制表现在，轮荒耕作制向土地连种制过渡，在其发展过程中，尽管生产工具和生产技术有很大的改进和提高，但就其主要特征而言，没有根本性的变化。中国传统农业技术的精华在这期间基本形成，对世界农业的发展有着积极的影响。重视、继承和发扬传统农业精耕细作技术，使之与现代农业技术合理地结合，对保障农业可持续发展具有十分重要的现实意义。

第二节　主要传统作物

这一时期黄河中下游地区的大田作物变化特点是：菽（大豆）地位迅速上升，至春秋末年和战国时期，菽已经和粟并列为主要粮食作物。这在中国农业发展史上是空前的。大豆这时上升为主粮，是由多种因素所促成。从大豆本身看，它比较耐旱，具有一定的救荒作用。西汉时期的《氾胜之书》记载："大豆保岁易为，宜古之所以备凶年也。"而且它营养丰富，既能当粮食又能作蔬菜。《战国策·韩策》："韩地……五谷所生，非麦而豆，民之所食，大抵豆饭藿羹。""藿"就是豆叶。这些大概是大豆在当时迅速发展的重要原因。从耕作制度的发展看，春秋战国正是从休闲制向连种制转变时期，面临着在新的土地利用方式下，如何保养地力的问题。大豆的根瘤有肥地作用，它参加与禾谷类轮作，有利于在连种条件下用地与养地相结合。人们在实践中获得的这种经验，是大豆在当时迅速发展的又一原因。

这一时期，除了本土驯化的作物以外，由于对外交流增多，使得许多域外作物得到交流和引进。例如，从公元前 138 年开始，张骞先后两次出使西域，开辟了著名的"丝绸之路”——西汉王朝同西域的往来通道，双方出现了珍稀物种或农牧业物产互通有无，“殊方异物，四面而至”的场面。根据《汉书》《史记》以来的史书、方志本草类文献记载，从西域诸地传入的各种作物主要有：苜蓿、葡萄、石榴、胡麻（芝麻或脂麻）、大蒜、葱、胡桃（核桃）、胡豆（蚕豆）、胡荽（芫荽）、莴苣[①]、金桃（猕猴桃）、胡瓜（黄瓜）、蓖麻、胡椒等。另一种重要的作物高粱（非洲高粱）大约也是4世纪前后从非洲经印度传入我国。

一、主要作物的品种分布及地位

春秋战国时期黄河中下游地区的大田作物，和夏、商、西周时期一样，粮食作物占绝对支配地位，除粮食作物外，只有纤维作物见于大田栽培。但粮食作物的种类，虽然基本如故，但其构成却发生了颇大的变化。变化特点是：菽（大豆）地位迅速上升，至春秋末年和战国时期，菽已经和粟并列为主要粮食作物。这在中国农业发展史上是一“空前绝后”的现象。

以菽、粟并提代表民食，屡见于这一时期的有关典籍中。例如《墨子・尚贤中》：“耕稼树艺聚菽粟，是以菽粟多而民足乎食。”《孟子・尽心上》：“圣人治天下，使有菽粟如水火。菽粟如水火，而民焉有不仁者乎?”《荀子・王制》：“工贾不耕田而足菽粟。”《战国策・齐策》：“无不被绣衣而食菽粟者”。如此种种，都说明菽在战国时期已是一种极重要的粮食作物。

大豆这时上升为主粮，是由多种因素所促成。从大豆本身看，它比较耐旱，具有一定的救荒作用。从耕作制度的发展看，大豆的根瘤有肥地作用，它与禾谷类轮作，有利于在连种条件下用地与养地相结合。

大豆在中原地区的迅速发展，还与其另一新品种“戎菽”的传入有关。《逸周书・王会解》记载，“山戎”曾向周成王贡献特产“戎菽”。“山戎”是与东胡族有密切关系的少数民族，春秋时居燕国之北。《管子・戒》：“（齐桓公）北伐山戎，出冬葱与戎菽，布之天下。”这大概是产于山戎地区的一个新品种，因其品质较优，适应性较强，受中原人民喜爱，又符合当时从休闲制向连种制过渡的需要，从而得到迅速推广。

麦也是这一时期发展较快的一种作物。据《诗经》《周礼・职方氏》等文献记载，麦在黄河下游平原地区种植已经不少。如《诗经》中《鄘风・桑中》：“爰采麦矣，沬之北矣。”又《鄘风・载驰》：“我行其野，芃芃其麦。”又《王风・丘中有麻》：“丘中有麦……将其来食。”这些都是反映春秋初年，河南鄘（卫）、王（洛邑）等地情况的诗歌，看来麦田的面积相当可观。《礼记・月令》：“仲秋之月……乃劝种麦，毋或失时，其有失时，行罪无疑。”反映了当时人们对发展种麦的重视。

推广冬麦（时称宿麦），既能利用晚秋和早春的生长季节，避免与别的作物争地，同时又能“续绝继乏”[②]，解决青黄不接缺粮的困难。由于冬麦在栽培中具有这些优点因而受到人们的重视。冬麦，我国在西周以前已经存在，但由于它所要求的栽培条件比较高，

---

① 本文根据多方资料印证认为莴苣是汉代引进的，但是梁家勉先生认为莴苣是隋代引进的。

② 《礼记・月令》，郑玄注。

所以一直未能得到发展。到春秋战国时期，由于铁农具的广泛应用，牛耕的初步推行，水利的兴修，肥料的施用，才使麦类栽培有较大的发展。

在菽、麦发展的同时，黍的地位似乎相对下降，"黍稷"的首粮地位已被"菽粟"所代替。当时人们以黍配鸡餉客，说明黍是较为珍贵的。[①] 但在北方，黍仍然保持其主粮地位。《孟子·告子下》："夫貉，五谷不生，唯黍生之。"《穆天子传》记载，周穆王西征时沿途部落多以穄麦相餉。穄也是黍类，黏者为黍，不黏者为穄。

在当时粮食作物的构成中，居于最主要地位的仍然是粟。《礼记·月令》载，季春行冬令"首种不入"，郑玄注："旧说首种谓稷。"《论语》中粟作为民食、作为俸禄[②]，《周礼·地官·仓人》："仓人掌粟之入藏"，郑玄注："九谷尽藏焉，以粟为主。"凡此种种，都表明粟是当时粮食作物中的主要作物。

西周以前，中国粮食作物以黍稷为主，但其他粮食作物种类可能相当多。商周时代粮食作物种类经过长期的人工选择和"天择"，虽有逐渐集中趋势，但仍然沿袭着"百谷"之称。到了春秋战国时期，开始出现"五谷"的概念，这表明当时主要粮食作物的种类初步有了定型。

秦汉时期，这一时期的大田作物仍然以粮食作物占支配地位，主要粮食作物的种类与先秦时期基本一致，但是各种作物所占的比例有所变化。有些粮食作物虽然种植时间相当久远，但是有关人工栽培的明确记载，秦汉时期才出现。粮食作物之外，经济作物的种类比先秦时期多，而且出现了一些大面积栽培的记录。

《氾胜之书》以禾、秫、稻、黍、小麦、大麦、大豆、小豆、麻为"九谷"，其中，秫是禾的别类，大、小麦属于麦类，大、小豆属于豆类，归并起来仍然是《吕氏春秋·审时》中提到的禾、稻、黍、麦、菽、麻六种作物。这与《四民月令》《淮南子·坠形训》《急就篇》的记载是一致的。从考古发掘情况看，不少地区出土的汉代遗址发现了当时的农作物遗存，有些遗址的陶仓或简册上还书写着农作物的名称，概括起来，主要有粟、稻、小麦、大麦、黍、豆等几种，出土的物证和文献的记载是相互吻合的。

在这些粮食作物中，粟（禾、稷、秫）是黄河中下游地区的主要粮食作物，当时人们称"稷"为"五谷之长"[③]，考古发现的有关遗物遗迹也多。陕西米脂东汉画像石牛耕田的上方，刻画着成熟的粟，说明粟是该地区最主要的谷物。在陕西咸阳、河南洛阳、湖北江陵、湖南长沙、江苏徐州、广东等地都有粟的发现，可见，粟的种植在当时是相当普遍的。

稻是长江流域及其以南地区的主要粮食作物，这一地区以"饭稻羹鱼"[④] 著称。从长沙马王堆汉墓的谷物遗存和谷物名称看，这里确以种稻为主，有籼稻、粳稻，其中还有粳型糯稻。在华北地区，随着农田水利的发展，稻田有扩大的趋势。洛阳等地发现稻谷的遗存，陕西、河南、河北、山东等省均有种稻的记载。东汉时张堪，引潮白河水灌溉，在

---

① 《论语·微子》："杀鸡为黍而食之。"

② 《论语》卷三《雍也》："子华使于齐，冉子为其母请粟。"

③ 《风俗通义》第八引《孝经》（按指《孝经援神契》）语，许慎《五经异义》亦引此语。稷即粟。

④ 《史记·货殖列传》。

“狐奴（今顺义牛栏山一带）开稻田八千余顷”，这是北京地区种稻最早的确切记载。[①]

菽（大豆）在秦汉时期也是重要粮食作物。秦二世皇帝元年（前 209）下令“下调郡县，转输菽粟、刍稿”[②]，可见，直到秦汉之际，菽仍与粟并列为主粮。汉代大豆种植仍然很普遍，但地位已逐渐下降。《氾胜之书》曰：“大豆保岁易为，宜古之所以备凶年也。计家口数，种大豆，率人五亩，此田之本也。”氾胜之呼吁发展大豆生产，但按他设想，以五口之家种百亩田算，大豆也只占耕地面积 25%。豆饭粗粝，是贫民或荒年粮食。另外，大豆的利用也逐渐向副食品加工的方向发展，从而慢慢退出主粮地位。

麦类，尤其是冬麦这一时期获得进一步推广。原因是农田水利和旱地防旱保墒耕作技术有了较大发展，人们也进一步认识到冬麦的“接绝续乏”、防灾救灾的作用。粮食加工工具——石转磨的推广，使麦食加工更为精细化，也是麦类种植发展的重要原因。黄河下游地区在春秋战国时期种麦已颇为广泛。《淮南子·坠形训》等提到“东方”“其地宜麦”，表明汉代黄河下游麦作继续发展。汉武帝元狩三年（前 120）“劝（关东）有水灾郡种宿麦”，也是关东种植麦类一例。关中地区冬麦发展较黄河下游地区迟。董仲舒（公元前 179—前 104）曾上书汉武帝，“今关中俗不好种麦，是岁失《春秋》之所重，而损生民之具也。”并建议武帝令大司农“使关中民益种宿麦，令毋后时”[③]，于是在关中地区大力推广冬麦种植。西汉末年氾胜之“教田三辅”，把推广冬麦的先进栽培技术作为工作重点之一[④]。所以后来《晋书·食货志》中有赞扬氾胜之“督三辅种麦，而关中遂穰”的话。新中国成立以来，黄河流域汉代麦作遗存发现较多。在南方，如长沙马王堆汉墓出土了大、小麦遗存，说明麦类在汉代确实获得相当普遍的推广。冬麦是秋种夏熟作物，在利用晚秋和早春的生长季节，提高复种指数方面有重要意义。冬麦的推广，为轮作复种的发展创造了条件。

大麻，除利用雄麻（枲）茎的表皮作纺织原料外，也种植雌麻（苴麻），以麻籽作粮食，这在汉代文献和考古中都获得了证明。不过它在粮食作物中已处于次要地位。

除上述粮食作物外，汉代还有一些用以备荒的作物，《氾胜之书》中提到的稗即其中之一。稗原是与野生稻共生的一种禾本科植物，在人类驯化栽培稻以后，稗成为稻田中的一种伴生杂草而存在[⑤]；同时，人们也有把它作为一种谷物来栽培。[⑥] 由于稗的籽实小，去壳难，成熟先后不齐，容易落粒，一直不能成为重要粮食作物。但它生存竞争能力强，能耐水旱，所以可作重要的备荒作物。《孟子·告子上》：“五谷者，种之美者也；苟为不熟，不如荑稗。”汉代及后来相当一段时间内，人们仍然种稗备荒，丰年亦可作牲畜饲料。

---

① 《后汉书·张堪传》。

② 《史记·秦始皇本纪》。

③ 《汉书·食货志上》。

④ 《晋书·食货志》。

⑤ 《齐民要术·水稻》引《淮南子》说：“蓠先稻熟，而农夫薅之者，不以小利害大获。”高诱注：“蓠，水稗。”

⑥ 现代一些保留原始农业成分的民族，如我国云南的独龙族，仍然种稗作粮食，据说稗是他们最早种植的粮食作物之一。

芋，也是一种十分古老的作物。但人工栽培芋的明确记载首见于《氾胜之书》[①]，书中有专节述种芋法。芋别称“蹲鸱”，据《史记·货殖列传》载：秦破赵时（前222），拟令赵人卓氏他迁。卓氏曰：“吾闻汶山之下沃野，下有蹲鸱，（饵之）至死不饥。”张守节《史记正义》云：“蹲鸱，芋也。”又引《华阳国志》云：“汝山郡安上县有大芋如蹲鸱也。”由此可见，先秦时，芋在临邛、汶山等地早已供人食用，虽不能确证其为栽培植物，但其产地既以肥沃平野见称，其物又为当地人的食粮。因此，成为当时的人工栽培物产，自然是意料之中的事。可见，人工栽培芋，很可能远在氾胜之之前。

芋原产于热带、亚热带的沼泽和多雨森林地，非常耐水、耐阴，经过人工选择，又培育出如同陆稻一样的山芋，可以种于旱地。国外文献笼统地说芋原产于东南亚，向中国、日本传播，但野芋仅见于我国南方各地。文献上说日本是芋的多样性次中心，但日本没有野芋。我国西南边疆的一些少数民族地区至今仍有野生芋分布，并传说芋是他们最早栽培的作物之一。有如上述，先秦时四川地区早已盛产芋。在湖南长沙和广西贵港汉墓中也发现了芋。芋大概是中国南方民族最古老的粮食作物之一。在黄河流域，周代山东有莒国，《说文》：“齐人谓芋为莒。”以芋为国名，说明芋的重要性，同时亦可见其栽培历史的悠久。不过，汉代及其后，芋在中原地区已逐步转为副食或蔬菜。

菰，是我国古代“六谷”之一，又名苽、蒋，其籽实名雕胡。《周礼·天官·食医》：“凡会膳食之宜，鱼宜苽。”《玉篇·艸部》中苽、菰、蒋三字并列，“菰”下注云“同上（苽字）”；“蒋”下注云“其实雕胡也”。可见中国古代很早（至少商周时期）就食用菰了。但最早记载菰的人工栽培却出现于《氾胜之书》。又《西京杂记》载：“会稽人顾翺，少失父，事母至孝。母好食雕胡饭，常帅子女躬身采撷，还家导水凿川自种，供养每有赢储。”张衡《七辩》把“会稽之菰”与“华芗重秬、滍皋香秔”“冀野之粱”等同列为“滋味之丽者”[②]。可见长江下游地区是当时菰的重要产区。《淮南子·原道训》：“浸潭苽蒋”，高诱注：“浸潭之润，以生苽蒋。”上古薮泽沮洳很多，大概是菰成为重要粮食作物原因之一。

大田作物构成的变化，反映在经济作物方面主要是原有的纤维作物和染料作物生产的发展。如大麻，齐鲁地区栽桑麻者有达千亩之多的[③]。大麻既在黄河流域普遍栽植，同时也推广到了南方一些地区，如长沙马王堆一号汉墓就有大麻子和麻布出土。《氾胜之书》和《四民月令》把利用韧皮纤维或利用籽实的麻分开叙述，又都谈到麻田施基肥[④]，可见对纤维用麻生产的重视。汉代的大麻不但用以织布，而且已成为造纸原料。汉代栽培的染料有蓝、卮、茜和地黄。蓝和地黄的种植见于《四民月令》。蓝是古老的染料作物，汉代某些地方，如陈留，种蓝已成为大规模的专业化生产。[⑤] 卮即栀子，是一种常绿灌木或小乔木，果实可作黄色染料。茜古称茹藘，可作红色染料。据《史记·货殖列传》记载，当

① 《管子·轻重甲》有“次日薄芋”句，或谓芋古本作芋，薄芋即播种。但芋而言薄，意义未明，故暂不作种芋的最早记载。

② 《全上古三代秦汉三国六朝文》。

③ 《史记·货殖列传》。

④ 《齐民要术·种麻》引崔寔《四民月令》：“正月粪畴，畴，麻田也。”

⑤ 赵岐：《蓝赋序》，见《全上古三代秦汉三国六朝文》。

时大城市郊区也有种植卮茜达千亩之多的。这也反映出秦汉时期，人们的衣服颜色开始丰富多彩起来。

二、其他作物

汉代，经济作物中又增加了新的种类，作为油料作物的芝麻和作为饲料作物的苜蓿已从西域地区引进中原[①]。《四民月令》中已载有种植胡麻（芝麻）。另一种油料作物（苏子）的栽培亦见于记载，不过当时似乎还是充当调料的蔬菜。苜蓿的种植在汉代已有相当规模。从《四民月令》看，药用植物多系采集野生植物，但也有人工栽培的，如葶苈、莨菪子，它们与芜菁、芥、冬葵等并列，大概还属于园圃种植的范围。[②]

原产于中国南方的糖料作物甘蔗和特种作物茶树，种植的范围亦有扩展。中国是甘蔗的原产地之一，最早种植甘蔗的应是南方百越民族。至迟战国时期已从岭南地区向北扩展到湖北，并见于文献记载，当时人们称之为“柘”[③]。到了汉代，甘蔗的栽培地区似乎更广。张衡的《南都赋》中所列举的园圃作物中就有“藷蔗”（薯蔗），薯蔗就是甘蔗。[④]《说文》中“藷”字和“蔗”字均指“藷蔗”。可见东汉时期河南的南阳地区已种甘蔗，虽然只是局限在园圃内的小规模生产。所以东汉杨孚《异物志》云：“甘蔗远近皆有，交趾所产甘蔗特醇好。”[⑤] 茶也是起源于中国，原产地当在巴蜀。汉代湖南亦产茶，而且四川的茶叶生产已向商品化发展。

第三节　域外作物的引进

公元前 138 年始，张骞先后两次出使西域，开辟了西汉王朝同西域的往来通道——著名的“丝绸之路”，东西方出现了珍稀物种或者农牧业物产互通有无，“殊方异物，四面而至”的场面。这一时期，除了本土驯化的作物以外，由于对外交流增多，使得许多域外作物得到交流和引进。根据《汉书》《史记》以来的史书、方志、本草类文献记录，从西域诸地传入的各种作物主要有：苜蓿、葡萄、石榴、胡麻（芝麻）、大蒜、胡葱、胡桃（核桃）、胡豆（蚕豆）、胡荽（芫荽）、莴苣、金桃（猕猴桃）、胡瓜（黄瓜）、蓖麻、胡椒等。另一种重要的作物高粱（非洲高粱）也是 4 世纪前后从非洲经印度传入我国的。陈祖椝《作物源流考》中对域外作物的引进与传播做了详细考证，现摘录几种如下。

一、苜蓿

《史记・大宛列传》：“宛左右以蒲陶为酒，富人藏酒至万余石，久者数十岁不败。俗嗜酒，马嗜苜蓿。汉使取其实来，于是天子始种苜蓿、蒲陶肥饶地。及天马多，外国使来

---

① 据《梦溪笔谈》说，胡麻即芝麻，是张骞通西域后传入中原的。

② 《四民月令》：“四月……收芜菁、收芥、亭历、冬葵、莨菪子。”

③ 《楚辞・招魂》。

④ 《全上古三代秦汉三国六朝文》。

⑤ 《齐民要术》卷十。这里所说的交趾，似指交趾刺史部，包括中国岭南地区和越南北部。

众，则离宫别观旁尽种葡萄、苜蓿极望。”

《汉书·西域传》：“罽宾地平，温和，有目宿，杂草奇木，檀、櫰、梓、竹、漆。”“宛王蝉封与汉约，岁献天马二匹。汉使采蒲陶、目宿种归。天子以天马多，又外国使来众，益种蒲陶、目宿离宫馆旁，极望焉。”

《齐民要术·种苜蓿》引《汉书·西域传》：“罽宾有目宿。”“大宛马，武帝时得其马，汉使采苜蓿种归，天子益种离宫别馆旁。”引陆机《与弟书》：“张骞使外国十八年，得苜蓿归。”引《西京杂记》：“乐游苑自生玫瑰树，下多苜蓿。苜蓿，一名‘怀风’，时人或谓‘光风’；光风在其间，常肃然自照其花，有光彩，故名苜蓿为‘怀风’。茂陵人谓之‘连枝草’。”

1. 释名　苜蓿，《汉书》作目宿，《尔雅》作牧宿，《尔雅翼》作木粟，其名译自大宛语音。故名家著述，随意改作，不求定字，初译当为目宿，后以其为草本之植物，从草作苜蓿。郭璞改作牧宿，谓其宿根自生，可饲放牛马。罗原改作木粟，称其米可炊饭，乃附会之词。《西京杂记》曰：“一名怀风，又名光风，谓风在其间亦萧萧然，日照其花有光采，茂陵人谓之连枝草。”此皆后起之名，因其性状而称之。

2. 传入　汉以前，中国不知有苜蓿，武帝通西域始传其种入中国。《汉书》《大宛列传》载，马嗜苜蓿，汉使取其实来，天子益种苜蓿肥地，离宫馆旁极望焉，使者为谁，史书未明言。晋张华、陆机任日方始言使者为张骞；《博物志》云：“张骞使西域得蒲陶、胡葱、苜蓿。”陆机与帝书曰：“张骞使外国十八年，得苜蓿种归。”《述异记》（缺失），骞使于西域，皆归功于张骞。劳费更定传入之年为武帝元朔三年（前 126），即骞还汉之年（见劳费著《中国与波斯文化考》），然骞通西域，自离大宛归汉相隔三年，去时百余人，回时仅有二人，中途且为匈奴扣留一岁余，还时不得不出于逃亡，在此种情形之下，骞实不能携归，后骞虽至西域，仅至乌孙而止，未尝再履大宛。骞卒后，大宛马始至中国，因马而及苜蓿。《汉书》泛称汉使，当另有所指，然至迟应在李广利伐大宛以前，武帝元鼎、元封中，公元前 2 世纪之末（见《万国鼎农史随笔——苜蓿正误条》，《金陵学报》，第 2 卷第 3 期，1932 年 11 月出版）。

3. 分布　苜蓿为官方传入之植物，最初由政府试种于陕西长安禁地，《大宛列传》所谓天子始种苜蓿、葡萄，离宫别馆，苜蓿极望是也。其后推行于北方诸省，南方栽培不广。《西京杂记》：“乐游苑自生玫瑰树，其下有苜蓿，茂陵人谓之连枝草。”乐游苑在陕西长安，茂陵今陕西兴平市。《述异记》称张骞苜蓿园在洛阳。《别录》载长安有苜蓿园，北人甚重之。颜师古《汉书》注曰：“今北道煮州旧安定北地之境，往往有苜蓿，皆汉时所种也。”清程瑶田《释草小记》：“三晋为盛，秦齐鲁次之，燕赵又次之，江南人不识也。”

《中国农业科学技术史稿》第 214 页：“苜蓿也是从西域引进中原，在《四民月令》中亦作蔬菜栽培。”

二、葡萄

据《酉阳杂俎》前集卷十八记载：“蒲萄，俗言蒲萄蔓好引于西南。”庾信谓魏使尉瑾曰：“我在邺，遂大得蒲萄，奇有滋味。”陈昭曰：“作何形状？”徐君房曰：“有类软枣。”信曰：“君殊不体物，可得言似生荔枝。”魏肇师曰：“魏武有言，末夏涉秋，尚有余暑。酒醉宿醒，掩露而食。甘而不饴，酸而不酢。道之固以流味称奇，况亲食之者。”瑾曰：“此物实出于大宛，张骞所至。有黄、白、黑三种，成熟之时，子实逼侧，星编珠聚，西域多酿以为酒，每来岁贡。在汉西京，似亦不少。杜陵田五十亩，中有蒲萄百树。今在京兆，非直止禁林也。”信曰：“乃园种户植，接荫连架。”昭曰：“其味何如橘柚?”信曰：“津液奇胜，芬芳减之。”瑾曰：“金衣素裹，见苞作贡。向齿自消，良应不及。”

贝丘之南有蒲萄谷，谷中蒲萄，可就其所食之，或有取归者即失道，世言王母蒲萄也。天宝中，沙门昙霄因游诸岳，至此谷，得蒲萄食之。又见枯蔓堪为杖，大如指，五尺余，持还本寺植之遂活。长高数仞，荫地幅员十丈，仰观若帷盖焉。其房实磊落，紫莹如坠，时人号为草龙珠帐。

《本草纲目》卷三十三“葡萄”：“《汉书》言张骞使西域还，始得此种，而《神农本草》已有葡萄，则汉前陇西旧有，但未入关耳。”

三、胡椒

《酉阳杂俎》前集卷十八记载：“胡椒，出摩伽陀国，呼为昧履支。其苗蔓生，极柔弱。叶长寸半，有细条与叶齐，条上结子，两两相对。其叶晨开暮合，合则裹其子于叶中。形似汉椒，至辛辣。六月采，今人作胡盘肉食皆用之。”

又《广志》：“胡椒出西域。”(注：《齐民要术 • 种椒》引用，但《艺文类聚》和《太平御览》未引用。)

四、胡麻

《齐民要术 • 胡麻》引《汉书》：“张骞外国得胡麻。今俗人呼为‘乌麻’者，非也。”

1. 释名 中国古只有大麻，称脂麻曰胡，相传来自大宛，故名，以别于原有之大麻。宋时名为油麻，苏颂《图经本草》始著录，沈括《梦溪笔谈》亦以此释胡麻。又名脂麻，宋寇宗奭《本草衍义》、郑樵《通志》皆有记载。脂麻，油麻以其多脂油故名。脂芝音相谐，世俗传写，误作芝麻。杜宝《拾遗记》隋大业四年改胡麻曰交麻。《翻译名义集》名为“阿提目多伽”。

2. 传入 《梦溪笔谈》卷二十六《药议》之“胡麻”：“胡麻直是今油麻，更无他说。予已于《灵苑方》论之。……张骞始自大宛得麻油种麻，故以胡麻别之，谓汉麻为大麻也。”

郑樵《通志》亦谓本出大宛，张骞传入。《太平御览》引不知撰人之《本草经》亦称张骞携胡麻、胡豆归中国。此皆宋人之记载。惟苏恭《唐本草》不载来源，更无张骞带归之说。《本草纲目》引陶弘景《别录》，只云生西域大宛，是知张骞带回之说。宋后始成熟，前此不盖不信。

《大宛列传》载胡麻，陶弘景所云本生大宛一语，不知有无所本。疑弘景知苜蓿、葡萄由大宛传入，胡麻同为西域作物，遂亦谓其生大宛。宋苏颂《图经本草》，但称生胡中。古者“胡”多指波斯，脂麻在波斯栽培甚久，中国脂麻由波斯传入，自无问题。

胡麻之名，见于《史记》《汉书》，后魏贾思勰《齐民要术》始详其种植方法，并引汉桓帝时人崔寔之言曰："胡麻二月三月四月五月时雨降可种之"，盖通西域以后在汉代随苜蓿、葡萄传入中国者。

古人不只称脂麻为胡麻，亚麻亦有胡名，此外原生于中国之植物，亦有名为胡麻者。脂麻、亚麻生于干燥壤土，脂麻尤适于沙土。《别录》曰："胡麻一名巨胜，生上党（山西东南部）川泽，秋采之，青蘘，巨胜苗也，生中原（河南）川谷。"其所言为湿地植物，当作今脂麻或亚麻。故西方学者如斯图亚特等疑此为楚生于水地植物。又《太平御览》卷九八九引《淮南子》："汾水濛浊，而宜胡麻。"骞还汉在元朔三年（前126），相距只四年，其时西域方通植物犹未传入，此所谓胡麻，当另有所指，亦作脂麻。经多方考证一般北宋之前见诸记载"胡麻"应为"脂麻"或称"芝麻"，之后所称一般指"亚麻"。

《中国农业百科全书·农作物卷》第811页："据考证，中国的芝麻最初可能是由印度和巴基斯坦等地引入，其栽培历史至少有2 000余年。"

五、胡蒜

《本草纲目》卷二十六"葫"："时珍曰：按孙愐唐韵云：张骞使西域，始得大蒜、胡荽。则小蒜乃中土旧有，而大蒜出胡地，故有胡名。"

《本草纲目》卷二十六"蒜"："家蒜有二种：根茎俱小而瓣少辣甚者，蒜也，小蒜也；根茎俱大而瓣多，辛而带甘者，葫也，大蒜也。……又孙愐唐韵云：张骞使西域，始得大蒜种归。据此小蒜之种，自蒚移栽，自古已有。……大蒜之种，自胡地移来，至汉始有，故《别录》以葫为大蒜，所以见中国之蒜小也。"

又见《齐民要术》引《博物志》："张骞使西域，得大蒜、胡荽。"

六、胡葱

《本草纲目》卷二十六"胡葱"："按孙真人《食忌》作胡葱，因其根似胡蒜故也，俗称'蒜葱'，正合此意。元人《饮食膳要》作回回葱，似言其来自胡地，故曰胡葱耳。"

1. 释名 胡葱系孙思邈《千金食治》作葫葱。元和斯辉《饮膳正要》谓之回回葱。明李时珍《本草纲目》名为蒜葱，以其根似蒜，其叶似葱。清屈大均《广东新语》名为丝葱。俗称大葱，此外又有小葱、麦葱、浅葱、龙须葱、岛葱等名。

2. 传入 胡葱原产地不详。传亦归功于张骞。《太平御览》卷九九六引《博物志》曰："张骞使西域所得葡萄、胡葱、苜蓿。"此为外来植物，当无可疑。唐时四川有栽培，见孟说《食疗本草》，今处处有之，南方尤多。

七、胡荽

《本草纲目》卷二十六"胡荽"："张骞使西域始得种归，故名胡荽。今俗呼为蒝荽，蒝乃茎叶布散之貌。俗作芫花之芫，非矣。"

1. 释名 《说文》："葰"，姜属，可以香口，当是今之蒝荽。一名胡荽，最初见于《齐民要术》。此物由西域传入，故名。石勒讳胡，胡名香荽（唐成藏器《本草拾遗》）。

《外台秘要》作胡菜，《湘山野录》作圆荽，《农政全书》《群芳谱》作蓢荽，李时珍曰："蓢乃茎叶布散之貌"，取其形状而名之。或作芫花之芫，系音之讹。

2. 传入 中国古无蓢荽，相传由张骞自西域带回，其说见于晋张华《博物志》。北魏贾思勰《齐民要术》卷三《种蒜第十九注》引《博物志》曰："张骞使西域得大蒜、胡荽"，唐贞观年间释玄应《一切经音义》卷二十四，宋释文莹《湘山埜录》卷中，陈彭年《广韵》卷四十八，高承《事物纪原》卷十，明罗颀《物原》《食原第十》，清汪汲《事物原会》卷三十，皆载有征引。而今本《博物志》不载，明李时珍亦信为骞所传入，西人布勒士奈得据《本草纲目》著《中国植物学》亦具此结论。惟各家除引《博物志》外，别无可孜佐证。张骞传入云云，只可认为一种传说，不可认为信史。

蓢荽不载于汉《史记》《汉书》，东汉张仲景《金匮要略》卷三记载，是否仲景原文，未能断定；而许氏《说文》有"葰"字，则汉时已传入。劳费根据言语学上理由，断为由波斯传入。

八、胡豆

《本草经》："张骞使外国，得胡豆。"

《广雅•释草》："胡豆，豆夆豆雙（音绛双）也。"

缪启愉给《四民月令》辑释认为："胡豆，大概是指豆夆豆雙（音绛双），即豇豆。"

九、核桃

中国核桃相传由张骞自西域带归，惟此说不载于《史记》《汉书》，晋张华（魏明帝太和六年至晋惠帝永康元年，232—300）《博物志》始言之。《博物志》写于张骞死后几百年，其记张骞携归之植物，除核桃外尚有葫、大蒜、安石榴等不载于《汉书》之植物，其说殆不可信。

宋《图经本草》亦载张骞携归，苏颂曰："此果本出羌胡，汉张骞遣西域还，始得其种，植之秦中，后渐生中土。"苏颂之言，盖据嘉祐（1056—1064）《补注本草》，后者未有肯定语，只谓"云张骞从西域将来"，后人见《汉书》载汉使采苜蓿、葡萄之事，张骞为通西域之第一人，凡来自西域之作物遂一一归功于张骞，不知张骞藉逃亡得归。根据前说，苜蓿、葡萄尚难带归，遑论载于《汉书》之核桃乎？然此果虽非张骞携归，乃亦来自西域，可谓受张骞通西域后之影响西传入之。

《博物志》卷六："张骞使西域还乃得胡桃种。"

《本草纲目》卷三十"胡桃"："颂曰：此果本出羌胡，汉时张骞使西域始得种还，植之秦中，渐及东土，故名之。"

"颂曰：胡桃生北土，今陕、洛间甚多。……出陈仓者薄皮多肌，出阴平者大而皮脆……汴州虽有而食不佳。江表亦时有之，南方则无。"

《中国农业百科全书•农业历史卷》第141页记载："近年结合考古发掘进一步研究后，确认中国栽培的核桃起源于中国的西部、北部及云南。历史上核桃主要分布在北方，优良的核桃品种也大都产于北方。"

十、安石榴

《齐民要术·安石榴》引《博物志》:“张骞使西域得自安石国。”(注:在今《博物志》中没有找到此条。)

又见《齐民要术·安石榴》引陆机《与云弟书》:“张骞为汉使外国 18 年,得塗林。塗林,安石榴也。”

佟屏亚《果树史话》第 114 页:“石榴沿着新疆、甘肃、陕西这条路线进入内地。”

十一、胡瓜(黄瓜)

《本草纲目》卷二十八“胡瓜”:“张骞使西域得种,故名胡瓜。”

1. 释名　黄瓜原名胡瓜。陈藏器《本草拾遗》曰:“北人避石勒讳,故呼黄瓜。”杜宝《拾遗记》称,“隋大业四年避炀帝讳,改名黄瓜。”二说互异,未知孰是。至今相沿,多称黄瓜。宋苏轼诗有“紫李黄瓜村路香”,陆游诗有“白苣黄瓜上市稀”等句。俗以黄王音相近,讹作王瓜,而《固安县志》反以黄瓜为王瓜之俗名,可谓以讹传讹。又俗以《礼记月令》之王瓜即此,误矣。《月令》之王瓜为另一种植物。

2. 传入　《齐民要术》首载黄瓜栽培法。其传入之历史,明以前书皆不载。李时珍《本草纲目》始称张骞携回,《续通志》(卷昆虫草木略),据《纲目》亦归功于张骞,李时珍盖从“胡”字立说,张骞传入之不可信,无待辩证,但为外来植物亦可无疑。此瓜亦有传自波斯可能,但无文献上之证据耳。

十二、高粱

高粱的起源是个复杂的问题。一种观点认为是起源于非洲,大约在汉唐时期从印度及西亚地区传入我国;另一种观点认为高粱是中国起源。以第一种说法更为普遍。

康德尔(A. De. Condolle,1886)认为,高粱起源于非洲,以后传入印度,通过印度传到中国。他说,第一次提到高粱的中国著作出现在公元 4 世纪。这与《博物志》提到的晋代首先在四川种植蜀黍即高粱是相吻合的。

Burkill(1953)提出,高粱是经古也门通路,由非洲传入中国。Doggett(1965)认为,大约在公元前 2000 年或至少前 1 000 年,高粱栽培种从非洲传到印度,从印度再传到中东,公元前 700 年已传到叙利亚,仅在 1000 年前传到中国。de Wet 和 Huckabay(1967)则认为,高粱最迟于 1 世纪传到中亚。双色高粱是从印度传入中国的,从印度随着亚洲海岸线的海上贸易传到中国。在明朝有从中国到东非的航海记录(15 世纪),但是也有更早提到在唐朝到达东非的说法。8 世纪的中国硬币已在东非的 Kilwa 发现(Coupland,1938),而大批在东非发掘的中国陶器也有记载。由此路线传播的一个高粱族是琥珀色茎的一些甜高粱。这些高粱高秆,有倾向一边相当松散的穗,籽粒几乎没有什么用途,可用于饲草和制糖浆。它们与在东非海岸发现的甜高粱有关,有 16 份这种品种大约于 1857 年由 Peter Wray 从产地带到美国(Snowden,1936)。

J. H. Martin(1970)认为,高粱由非洲传入印度后横跨南亚而传播,于 13 世纪传到中国,然后逐步形成了中国和日本的特殊高粱类型。Zeven 和 Zhukousky(1975)指出,高粱起源的基本中心是非洲，次级中心是印度，而中国沿海一带的甜高粱多半由海上贸易而传入。

Ball（1913）提出，印度、缅甸、中国和朝鲜沿海的高粱与中国内陆的高粱是很不同的。这些中国高粱是由印度经陆路传到中国的品种发展而来的，这大约发生于 10～15 世纪之前。高粱沿着丝绸之路传播也是可能的，J. Hutchinson 指出，棉花（*Gossypium herbaceum*）就是沿着这一线路传播的，而高粱通常也种在适于棉花生长的自然生态条件下。

对于中国高粱由非洲经印度传入的说法，中国学者也提出了类似的看法。齐思和（1953）指出，现在在华北和东北种植很广泛的高粱是外来的植物，大约在晋朝以后中原始有，而到了宋朝以后种植才逐渐普遍。他认为高粱大概是西南少数民族先行种植，以后普及于全国。胡锡文（1959）在其主编的《中国农学遗产选集·粮食作物》一书中，肯定高粱和玉米都是外国传来，不是中国原产。他认为在先秦和两汉的文献中，既无蜀黍的记载也无高粱的叙述，最早见于张华的《博物志》（3 世纪），其次是陆德明的《尔雅释文》（7 世纪）。

关于认为高粱（指中国高粱）起源于中国的学者，当首推俄国驻华使馆医官、植物学家 E. Bretechneider。他根据中国高粱的独特性状和广泛用途，指出“高大之蜀黍为中国之原产”。

瓦维洛夫（N. I. Vavilov，1935）认为，中国是栽培植物最古老和最独立起源中心之一，并用高粱的汉语谐音 kaoliang 代表起源于中国的栽培高粱。

关于中国起源说主要是由于 20 世纪 50 年代以来，中国陆续出土了一些重要的关于高粱的文物，促使人们重新思考高粱起源的问题。

1955 年，东北博物馆在辽宁省辽阳市三道壕西汉村落遗址中发现了一小堆灰化高粱。同年，山西省文物局在石家庄市市庄村发掘的战国时期赵国遗址里，也发现了两堆灰化高粱粒。1957 年，中国科学院考古研究所在陕西省西安市西郊的西汉建筑遗址中发现土墙上印有高粱秆扎成的排架状痕迹。1959 年，南京博物院在江苏省新沂市三里墩的西周文化层遗存中发现一段炭化高粱秆，还有大量高粱叶的痕迹。根据这些出土文物，万国鼎（1961）先生指出，高粱在西周至西汉这一时期内已经分布很广，辽宁、河北、陕西和江苏等地都有栽培。1972 年，河南省郑州市博物馆在郑州东北郊的大河村仰韶文化遗址中，发现了陶罐装的炭化高粱籽粒。应用^{14}C 同位素测定后，表明这些籽粒距今 5 000 多年。李璠根据他的研究结果证实这些出土炭化籽粒是高粱。同时他还认为，中国华北北部和河南一带有半野生型“风落高粱”的存在，华南、西南又有拟高粱（*S. prupinquum*）的分布，故可以认定中国也是栽培高粱的原产地之一。

笔者认为，尽管目前中国境内仍有野生高粱存在，中国古代有野生高粱的生长，但并没有直接被驯化成栽培高粱，而是当非洲的栽培高粱经印度传入中国后与当地的野生高粱杂交，其后代逐渐被栽培驯化成现代多样性的中国高粱。

中国高粱有许多特性与非洲、印度高粱不同。中国粒用高粱茎秆髓质成熟时水分少，为干燥型，且糖分含量少或基本不含糖；叶片主脉大多为白色；气生根发达，分蘖力较弱。中国高粱的颖壳质地多属软壳型，下颖有明显条状脉纹，质地多为纸质，上颖多为革质；无柄小穗椭圆形，籽粒多呈龟背状，裸露程度较大，易脱粒。中国高粱的分布也不同于非洲高粱，前者主要在温带，在日照长 12～14 h 多数可正常成熟，后者则多在热带和亚热带，在同样日照条件下则成熟期明显推迟或不能成熟。

从中国高粱杂种优势利用的实践也证明中国高粱与非洲、印度高粱明显有别。中国高粱与南非（Kafir）、西非（Milo）、赫格瑞（Hegari）高粱杂交所得杂种一代的杂种优势最为显著，表明这些高粱与中国高粱在遗传上差异很大。事实上，从中国高粱与非洲高粱植株形态，如花序和株型等就能很容易地把它们区分开来。

上述研究结果，一方面说明中国高粱不同于非洲、印度高粱，尽管这些差异尚不能作为代替区别中外高粱不同起源的遗传学证据，但可作为研究它们起源异同的重要线索。另一方面，也说明中国高粱类型丰富，进化程度高。在中国若没有长期栽培高粱的历史，只在短短的几百年间就形成如此进化，如此不同于非洲高粱的众多类型，是完全不可能的。

我国北魏时期著名农学家贾思勰在《齐民要术》中将高粱也列于“非中国（中原地区）物产者”。唐启宇先生也认为，高粱是从非洲传入的。

笔者根据多方面观察更倾向于现在栽培的高粱是从非洲传入的观点。高粱自 4 世纪传入一直到 13 世纪时，其用途广泛，籽实可以充粮食和饲料，秸秆用以织箔、夹篱，其梢莛可作帚[①]。到 17 世纪高粱谷粒用来酿酒，梢作帚，茎编席[②]。高粱的抗旱力在黍之上，在华北、东北栽培较多，有“作物骆驼”“先锋作物”之美誉。

第四节 作物栽培的主要方式及特点

春秋战国后期，是奴隶社会向封建社会转变时期。这一时期，农业生产方式由粗放农业向精细农业发展。由于冶铁业的出现，铁制农具的推广普及，推动了农业生产迅速发展。生产力的进步，导致了生产关系的变革，井田制的土崩瓦解和土地私有制的产生，为我国精耕细作农业技术体系的产生，提供了物质保证和制度保证。大田作物的精耕细作技术开始发生。

一、北方轮作复种和间套作的萌芽

轮作和复种是两件事，但是二者有着内在的技术联系和经济发展阶段的外部推动。社会人口增加使人均土地资源减少，客观上需要提高单位面积的生产率，而轮作和复种即是实现途径之一。民族学材料表明，某种形式的轮作的出现比复种要早。《吕氏春秋·任地》：“今兹美禾，来兹美麦。”就是一种轮作的方式。复种是在连种制的基础上发展起来的。战国时期已从休闲制过渡到连种制，当时冬麦在黄河流域某些地区已有一定程度的推广，不同播期和熟期的作物品种亦已出现，黄河流域已经具备了某些实行复种制的条件。《荀子·富国》所云：“分是土之生五谷也，人善治之，则亩数盆，一岁而再获之。”指的可能就是复种。但从总体来看，当时黄河流域不是人多地少而是人少地多，还没有提高复种指数的迫切要求，复种制即使出现，也未必普遍推行，可能只是个别的现象。

---

① 《务本新书》《王祯农书》。

② 《食物本草会纂》《致富全书》。

到了秦汉时期，黄河中下游地区连种制已经定型，轮作复种也有明确记载，间作混作亦已出现。

从《氾胜之书》的记载看，当时黄河流域主要实行一年一熟的连种制。书中也谈到“田二岁不起稼，则一岁休之。”[①] 即因耕作管理不善，地力衰退而连续两年长不好庄稼的田，让它休闲一年，自行恢复地力。这应是比较特殊的情况下采取的措施，一般情况下则是连年种植的。某些采取精耕细作措施的耕地可实行两年三熟制。书中谈到区种麦时说“禾收、区种”，即谷子收获后接着用区种法种冬麦。如果第二年麦子收获后再种一茬禾，这就是两年三熟制。不过这是在人工深翻灌溉的区田中实行的。据《氾胜之书》记载，一般麦田是要实行夏耕的，“凡麦田，常以五月耕，六月再耕，七月勿耕！谨摩平以待种时。”[②]这与《四民月令》的有关记载一致。当时冬麦的主要作用仍是“接绝续乏”，而不是增加复种。不过两年三熟制确已出现。郑玄注《周礼・地官・稻人》引郑众说：“今时谓禾下麦为荑下麦，言芟刈其禾于下种麦也。”郑玄在《周礼・薙氏》注中又说：“又今俗谓麦下为夷下，言芟夷其麦以种禾、豆也。”[③] 郑玄是东汉末年人，郑众是东汉初年人。上述材料也说明东汉时期“禾—麦—豆”两年三熟制是可能存在的[④]。

这一时期，间作、套种和混作也已经萌芽。《氾胜之书》中就有瓜、薤、小豆之间的间作套种和桑、黍之间的混作。氾胜之在区种瓜条中说：“区种瓜，二亩为二十四科（坎），区方圆三尺……以三斗瓦瓮埋著科中央……种瓜，瓮四面各一子……又种薤十根，令周迴瓮，居瓜子外。至五月瓜熟，薤可拔卖之，与瓜相避。又可种小豆于瓜中，亩四五升，其藿可卖。”这是瓜、薤、小豆之间的间作套种。氾胜之在种桑法中又说：“每亩以黍、椹子各三升合种之。黍、桑当俱生，锄之，桑令稀疏调适。黍熟获之。”

二、北方防旱保墒耕作技术的发展

秦汉时期黄河流域土壤耕作的理论和技术较集中地反映在《氾胜之书》中。该书首先提出：“凡耕之本，在于趣时，和土。”这是土壤耕作的总原则。所谓“趣时”，就是要求抓紧土壤耕作的适宜时机进行耕作；所谓“和土”，就是要求人们通过土壤耕作的手段，改善土壤结构，使其既不过松、又不过紧，达到疏松柔和的状态，这样才能为农作物生长发育创造一个良好的土壤环境。《氾胜之书》又说：“得时之和，适地之宜，田虽薄恶，收可亩十石。”这也包括了因时耕作和因土耕作的要求在内。至于这些原则的具体运用，则有以下要点。

（一）适时耕作的经验

《氾胜之书》总结了春耕、夏耕、秋耕适期耕作的经验。所谓“春冻解，地气始通，

①② 《氾胜之书今释》。

③ 孙诒让《周礼正义》引，此注未见于十三经注疏本《周礼》。

④ 张衡《南都赋》中描述南阳地区物产时有“冬稌夏穱，随时代熟”句，有人据《集韵》中“稌，稉稻也、穱，稻下种麦也”的解释，认为“冬稌夏穱，随时代熟”就是稻麦复种一年两熟。但上引诗句是泛指南阳地区情况，非指同一田亩中冬夏两熟。而且在当时南阳地区的自然条件和社会经济条件下，夏收的麦是无法与冬天收获的稻复种的。故尔这一解释恐难成立。游修龄认为穱即《齐民要术》中的“瞿麦”，是指燕麦（详见所著《释穱》，《农史研究》：第 5 辑，农业出版社，1985）。

土一和解。”说的是，土壤在春初解冻以后，空气和水分开始通达，土壤呈疏松柔和状态。这正是春耕的适宜时期。但是，这适耕期比较短促，稍纵即逝，因此必须准确掌握。其方法就是将一个一尺二寸长（汉尺）的木桩，埋一尺在地里，留二寸在地面，等到立春以后，土块散碎，向上堆起，把地面上的木桩盖没，同时上年留在地里的陈根，也可以用手拔出来，这就是春耕的适宜时期。否则，立春以后 20 d，“和气”消失，土块就坚硬起来。如在适期春耕，“一而当四，和气去（才）耕，四不当一。”

“夏至，天气始暑，阴气始盛，土复解。”是说夏至时天气开始热起来，土壤水分比较充足，土壤又呈现出和解的状态，这是夏耕的适宜时期。这一时期恰好是耕麦田的时候。“凡麦田，常以五月耕，六月再耕，七月勿耕……五月耕，一当三，六月耕，一当再；若七月耕，五不当一。”

“夏至后九十日，昼夜分，天地气和。”是说夏至后 90 d，也就是秋分的时候，白天和黑夜的时间长短相当，气候和土壤都处于最良好的状态，这正是秋耕的适期。

《氾胜之书》在分别阐述了春耕、夏耕、秋耕的适期后，总结说：“以此时耕田，一而当五，名曰膏泽，皆得时功。”这就是说，凡是在适期内耕地，耕一次能抵得上耕五次，这时候耕的地又肥沃又湿润，这都是赶上时令的功效。

《氾胜之书》还总结了耕作不适时的教训：“春气未通，则土历适不保泽，终岁不宜稼……秋无雨而耕，绝土气，土坚垎，名曰腊田；及盛冬耕，泄阴气，土枯燥，名曰脯田。脯田与腊田，皆伤田。”这是说，在春初尚未解冻，地气尚未通达的时候，不适于耕地，如果在这个时候耕地，就会耕起许多大块，悬空透风跑墒，导致干旱，这样一年也长不好庄稼。在秋天已经无雨的时候耕地，就会使土壤水分散失殆尽，耕起的土块就会坚硬干燥，这种田叫作腊田；在深冬时耕的地，会使土壤水分损失掉，这样土壤就会很枯燥，这种田叫作脯田。脯田和腊田都是耕坏了的田。

（二）因时耕作和因土耕作

《氾胜之书》继承和发展了战国时期《吕氏春秋》的“上农、任地、辩土、审时”等篇中总结的因时耕作和因土耕作的经验，进一步将其具体化。氾胜之曰：“春地气通，可耕坚硬强地黑垆土，辄平摩其块以生草，草生复耕之，天有小雨，复耕。和之，勿令有块，以待时。所谓强土而弱之也。”“杏始华荣，辄耕轻土、弱土，望杏花落，复耕，耕辄蔺之，草生，有雨泽，耕重蔺之，土甚轻者，以牛羊践之，如此则土强，此谓弱土而强之也。”氾胜之总结的因时耕作和因土耕作的经验有丰富的内容。

（1）土壤有强土和弱土的不同，耕作要分别土壤性质的不同，确定其耕作目标，要使强土变弱，弱土变强，以改善土壤结构状况。

（2）为了实现强土变弱和弱土变强的耕作目标，要根据土壤性质的不同，确定适宜的耕作时期。坚硬强地黑垆土，适耕期比较短促，必须抓紧在春天地气通达以后及时耕作，否则这种土壤在水分散失以后，土块就会变得很坚硬，难以耱碎耱平，耕作质量没有保证；轻土、弱土可以适当晚耕，在杏花盛开的时候耕地，杏花落时再耕。

（3）为了实现强土变弱和弱土变强的耕作目标，还必须因土壤性质的不同，采取相应的耕作方法。强土，要在耕后及时耱碎耱平，不使地面留有大土块；弱土，要在耕后注意镇压。

(4) 不论是强土还是弱土，也不管是初耕、再耕或是三耕，都要在草生和有雨的时候进行，这样才有利于灭草肥田和保墒抗旱。

(三) 及时耱压以保墒防旱

为了在关中地区气候干旱的条件下，夺取农业的丰收，氾胜之总结了及时耱压以保墒防旱的耕作经验。

(1) 坚硬强地黑垆土，容易耕起大土块，如不及时耱碎耱平，就会造成大量跑墒，引起干旱。因此，对这类土壤，必须及时耱之使碎使平。氾胜之在谈到春耕“坚硬强地黑垆土”时，就强调“平耱其块”“勿令有块”，在谈到夏耕时，又强调“谨耱平以待种麦时”，在谈到大麻地的耕作时，再强调“平耱之”。

(2) 轻土、弱土，土性松散，缺乏良好的水分传导，所以供水能力较差。这种土壤在耕松以后，如不加强镇压，就不能使耕层土壤有足够的水分，以保证种子发芽和禾苗生育的需要。因此，氾胜之在谈到轻土、弱土的耕作时，就一再强调“耕辄蔺之”“耕重蔺之”“土甚轻者，以牛羊践之”。其目的就在于提墒保苗。

(四) 积雪保墒得到重视

秦汉时期，积雪保墒已得到了人们的重视。当时，不论是冬闲田还是冬麦田，都已实行积雪保墒。氾胜之在谈到冬闲田的积雪保墒时说：“冬雨雪止，较以〔物〕蔺之，掩地雪，勿使从风飞去。后雪，复蔺之，则立春保泽，虫冻死，来年宜稼。”在说到冬麦田积雪保墒时，又说：“冬雨雪止，以物辄蔺麦上，掩其雪，勿令从风飞去。后雪，复如此，则麦耐旱，多实。”可见，我国在汉代不仅重视积雪保墒，而且已经认识到它不仅有抗旱作用，还有防虫、保护越冬作物的效果。

综合上述可知，我国在秦汉时期，已经初步奠定了北方旱地保墒防旱耕作技术体系的基础。适时耕作以蓄墒，耕后耱平以保墒，加强镇压以提墒，积雪蔺雪以补墒，是这一耕作体系不可缺少的4个环节。在这4个环节中，蓄墒占有重要的地位，因为只有蓄住天上水，才能增加地下水，所以蓄墒是保墒的基础，在多蓄墒的基础上，又必须保好墒，否则蓄墒也常丧失它的意义；保好墒的目的在于用墒，而提墒则是用墒的前提。因此，在多蓄墒、保好墒的基础上，还必须注意提墒和用墒。此外，在干旱地区蓄墒不足的条件下，还必须注意积雪以补墒。只有保证蓄墒、保墒、提墒、补墒，综合运用，配套成龙，才能使保墒防旱的耕作技术发挥其最大的作用。

《氾胜之书》记载的土壤耕作技术在中国北方旱地防旱保墒耕作技术体系的形成过程中占有重要地位。春秋战国时期已提出“深耕疾耰”和“深耕熟耰”的土壤耕作要求，但由于当时牛耕尚未推广，耕和耰都仍然与播联系在一起，没有成为独立于播种之外的作业。《吕氏春秋》“任土”虽有“五耕五耰”的话，但不够具体明确。而《氾胜之书》所反映的土壤耕作作业已不再依附于播种。无论禾田的春耕或麦田的夏耕，都是在播种之前多次进行的。这显然是牛耕推广和耕作技术进步的结果。同时，碎土平土也不光是覆种工作的一部分。每次耕完都要求及时“耱”或“蔺”一遍，汉代不但有人工碎土覆种的耰，而且有牛拉的碎土平土和碎土镇压的工具。《氾胜之书》中“糖”的作业是从先秦的櫌发展而来的，到魏晋南北朝被称为“耢”。可见《氾胜之书》中的旱田防旱保墒耕作技术比先秦时代进了一大步。但该书没有耙田的记载，大概当时牛拉的耙尚未出现。因此，秋耕蓄墒的作用未能充分发挥。书中虽然谈到秋耕，但相比之下对春耕要重视得多。因为秋耕后不经过耙，表层以下的土块不破碎，不但难以蓄墒，而且还易跑墒，往往形成“绝土气、土坚垎”的“腊田”。可见，《氾胜之书》中的土壤耕作技术仍有一定局限性，古代以耕、耙、耢为特点的旱地防旱保墒的耕作技术体系在汉代尚未最终形成。

三、南方的“火耕水耨”和再熟稻的出现

汉代文献中有不少关于南方实行“火耕水耨”的记载，如“楚越之地，地广人稀，饭稻羹鱼，或火耕而水耨”[①]，“荆、扬……伐木而树谷，燔莱而播粟，火耕而水耨”[②]，“江南之地，火耕水耨”[③] 等。直到魏晋南北朝时期仍然如此。可见在很长时期内，“火耕水耨”是南方常见的一种耕作方式。

什么是“火耕水耨”呢？东汉人应劭曰：“烧草，下水种稻，草与稻并生，高七、八寸，因悉芟去（其草），复下水灌之，草死，稻独长，所谓火耕水耨也。”[④] 唐人张守节曰：“言风（按，《玉篇》：‘飓，非风切，音风，焚也。’）草下种，苗生大而草生小，以水灌之，则草死而苗无损矣。”[⑤] 清沈钦韩曰：“火耕者，刈稻了，烧其稿以肥土，然后耜之。《稻人》职‘夏以水珍草而芟夷之’。《齐民要术》：‘二月冰解地干，烧而耕之，仍即下水，十日，块既散液，持木砍平之，纳种，稻苗长七、八寸，陈草复起，以镰浸水芟之，草悉脓死，稻苗渐长，复须薅。’”[⑥] 根据以上介绍和有关记述，不妨对“火耕水耨”作出以下解释。

第一，有别于黄河中下游地区已经形成的精耕细作的旱地耕作技术，是比较粗放的耕作方式，是适合当时南方地广人稀、气候温暖、水源丰富等社会经济与自然条件的耕作方式。所谓“火耕水耨，为功差易”[⑦]“火耕水种，不烦人力”[⑧]“往者东南草创人稀，故得火田之利”[⑨]，都说明了这种情况。

第二，不同于原始用于旱地的刀耕火种，它主要是应用于水田；同时它也不是最原始的水田耕作方式，已经带有若干进步的元素。从民族学材料看，原始的水田耕作是利用天然低洼积水地，用人或牛把草踩到水中，把土踩松软，撒上稻种，不施肥，亦不除草，草长起来则用水淹之，水随草长。而火耕水耨已利用草莱的灰烬为天然肥料，并进行中耕除草，它是以粗具农田排灌设施为前提。因为水稻收获后，如不及时把水放干，草莱就长不

---

① 《史记·货殖列传》。
② 《盐铁论·通有》。
③ 《汉书·武帝纪》。
④ 《史记·平准书》集解引。
⑤ 《史记·货殖列传》正义。
⑥ 《前汉书疏证》卷二：武帝元鼎二年“火耕水耨”条。
⑦ 《文献通考》卷二：记晋后将军应詹表语。
⑧ 《全上古三代秦汉三国六朝文》陆云《答车茂安书》。
⑨ 《晋书·食货志》载杜预疏。

起来，不能收火田之利；水稻播种后，如不及时灌水，则不能满足水稻生长需要，也不能奏水耨之功。因此，火耕水耨往往与破塘蓄水灌溉工程相结合。

第三，不能把“火耕水耨”看成是一种僵死的模式。因为它只涉及当时水田生产中的两个环节，而并未言及全部生产过程。在保持火耕水耨基本特点的水田农业中，可以容纳不相同的实际内容。如火耕，既可指实行休闲制的农田耕前的烧荒，烧后灌水直接播种，也可以指实行连年种植制的农田在耕前把禾稿烧掉，烧后再行耕作整治。又如水耨，可以是水随草高的淹灌法（见张守节《史记正义》），也可以是刈草或拔草后用水把草淹死。后一种方法近代还在实行。农田排灌系统也可以在这过程中获得发展。在“火耕水耨”的范围内，水稻耕作技术也是在发展的。

汉代中原人已习见集约化的旱作农艺，他们观察南方农业时首先注意到“火耕”“水耨”等不同于北方旱作农业的特点，并以此概括南方农业，这是不足为奇的。但实际上南方农业发展是不平衡的，实行比较粗放的“火耕水耨”耕作方式的只是一部分农田。考古发掘表明，长江中下游地区早在原始时期即有相当发达的稻作农业，犁耕和铁农具的使用也相当早，这一地区出土的秦汉时期文物十分丰富，部分地区的农业生产技术已达到相当水平。

秦汉时期南方地区还出现了水稻的一年两熟制，也就是再熟稻。杨孚《异物志》中就有“交趾稻夏冬二熟，农者一岁再种”[①] 的记载。这里的交趾应指交趾刺史部，包括今广东、广西和越南北部。汉代广东、广西地区种双季稻已经有了地下的物证。在广东佛山澜石东汉墓发现的一个陶俑田模型中，有若干在田间从事劳动的陶俑，有的在收割，有的在脱粒，有的在扶犁耕田，有的在插秧，收割、脱粒、犁地、插秧在不同田址中同时进行[②]，生动地展示了双季稻抢种抢收的场面。这说明汉代广东、广西的某些地区农业生产技术已达到相当高的水平。广东、广西如此，长江流域的农业技术水平自然也不会很低。

第五节　外来作物对当时社会的影响

这一时期引进的作物主要是蔬菜、瓜果类，对主体耕作制度影响不大，但是，对人们的饮食结构影响较大。

一、对农牧业的影响

汉代引种的苜蓿主要作为饲料，对当时的畜牧业，特别是对于当时及后来的军马养殖业，产生了深远的影响。

---

① 见前引沈钦韩《前汉书疏证》。《水经注》卷三十六“温水”引“俞益期与韩康伯书”：“九真太守任延，始教耕犁，俗化交土，风行象林。知耕以来，六百（杨守敬认为‘六百’应作‘四百’）余年，火耨耕艺，法与华同。名白田，种白谷，七月火作，十月登熟；名赤田，种赤谷，十二月作，四月登熟，所谓两熟之稻也。”这实际上也是一种火耕水耨法。可见火耕水耨并非与两熟制绝对相排斥的。

② 《太平御览》卷八百三十九“稻”引《异物志》；《初学记》卷二十七所引，标明为杨孚《异物志》；《隋书·经籍志》著录有东汉杨孚《异物志》。

汉时因马而求苜蓿，其后亦采其嫩者充盘飧。北魏贾思勰《齐民要术》曰：“为羹甚香。”宋寇宗奭《本草衍义》曰：“用饲牛马，嫩时人兼食之。”唐薛令之诗：“朝日上团团，昭见先生盘，盘中何所有，苜蓿长阑干。”唐时凡驿马给地四顷，莳以苜蓿。[①] 宋陆游诗：“苜蓿堆盘莫笑贫”；宋唐庚诗：“绛纱谅无有，苜蓿聊可嚼。”元初更广种苜蓿以防饥馑。《元史·食货志》：“至元七年颁农桑之制，令各社布种苜蓿，以防饥年。”

苜蓿为豆科作物，有肥田之功，其见知于中国人，不知始于何时。《齐民要术》最初详其栽培法，《群芳谱》始言其肥田效用。

梁家勉先生也认为：“苜蓿也是从西域引进中原，在《四民月令》中亦作蔬菜栽培。”

二、对医药的影响

许多引进的作物具有药用价值。例如苜蓿、波斯枣、无花果、胡桃等。

《本草纲目》卷二十七《菜部》记载：

苜蓿（别录上品）

［释名］木粟《纲目》。光风草。时珍曰：苜蓿，郭璞作牧宿。谓其宿根自生，可饲牧牛马也。又罗愿《尔雅翼》作木粟，言其米可炊饭也。葛洪《西京杂记》云：乐游苑多苜蓿。风在其间，常萧萧然。日照其花有光采。故名怀风，又名光风。茂陵人谓之连枝草。《金光明经》谓之塞鼻力迦。

［集解］弘景曰：长安中乃有苜蓿园。北人甚重之。江南不甚食之，以无味故也。外国复有苜蓿草，以疗目，非此类也。诜曰：彼处人采其根作土黄芪也。宗奭曰：陕西甚多，用饲牛马，嫩时人兼食之。有宿根，刈讫复生。时珍曰：杂记言苜蓿原出大宛，汉使张骞带归中国。然今处处田野有之（陕、陇人亦有种者），年年自生。刈苗作蔬，一年可三刈。二月生苗，一棵数十茎，茎颇似灰藋。一枝三叶，叶似决明叶，而小如指顶，绿色碧艳。入夏及秋，开细黄花。结小荚圆扁，旋转有刺，数荚累累，老则黑色。内有米如穄米，可为饭，亦可酿酒。罗愿以此为鹤顶草，误矣。鹤顶，乃红心灰藋也。

［气味］苦，平，涩，无毒。宗奭曰：微甘、淡。诜曰：凉。少食好。多食令冷气入筋中，即瘦人。李鹏飞曰：同蜜食，令人下利。

［主治］安中利人，可久食。别录：利五脏，轻身健人，洗去脾胃间邪热气，通小肠诸恶热毒，煮和酱食，亦可作羹。孟诜：利大小肠。宗奭：干食益人。苏颂：根气味寒，无毒。

主治：热病烦满，目黄赤，小便黄，酒疸，捣取汁服一升，令人吐痢即愈。苏恭：捣汁煎饮，治沙石淋痛。

《本草纲目》卷三十一《果部》记载：

无漏子（拾遗）

［释名］千年枣（开宝）。万年枣《一统志》。海枣《草木状》。波斯枣《拾遗》。番枣《岭表录异》。金果《辍耕录》。木名海棕《岭表录异》。凤尾蕉。时珍

① 《唐书·百官志》。

曰：无漏名义未详。千年、万岁，言其树性耐久也。曰海，曰波斯，曰番，言其种自外国来也。金果，贵之也。曰棕、曰蕉，象其干、叶之形也。番人名其木曰窟莽，名其实曰苦鲁麻枣。苦麻、窟莽，皆番音相近也。

[集解] 藏器曰：无漏子即波斯枣，生波斯国，状如枣。珣曰：树若栗木。其实若橡子，有三角。颂曰：按刘恂《岭表录异》云：广州有一种波斯枣，木无旁枝，直耸三四丈，至颠四向，共生十余枝，叶如棕榈，彼土人呼为海棕木。三五年一着子，每朵约三二十颗，都类北方青枣，但小尔。舶商亦有携本国者至中国，色类沙糖，皮肉软烂，味极甘，似北地天蒸枣，而其核全别，两头不尖，双卷而圆，如小块紫矿，种之不生，盖蒸熟者也。时珍曰：千年枣虽有枣名，别是一物，南番诸国皆有之，即杜甫所赋海棕也。按段成式《酉阳杂俎》云：波斯枣生波斯国，彼人呼为窟莽。树长三四丈，围五六尺。叶似土藤，不凋。二月生花，状如蕉花。有两甲，渐渐开罅，中有十余房。子长二寸，黄白色，状如楝子，有核。六七月熟则紫黑，状类干枣，食之味甘如饴也。又陶九成《辍耕录》云：四川成都有金果树六株，相传汉时物也。高五六十丈，围三四寻，挺直如矢，木无枝柯。顶上有叶如棕榈，皮如龙鳞，叶如凤尾，实如枣而大。每岁仲冬，有司具祭收采，令医工以刀剥去青皮，石灰汤沦过，入冷热蜜浸换四次，瓶封进献。不如此法，则生涩不可食。番人名为苦鲁麻枣，盖凤尾蕉也。一名万岁枣，泉州有万年枣，即此物也。又嵇含《南方草木状》云：海枣大如杯碗，以比安斯海上如瓜之枣，似未得其详也。巴丹杏亦名忽鹿麻，另是一物也。

[气味]（实）甘，温，无毒。

[主治] 补中益气，除痰嗽，补虚损，好颜色，令人肥健（藏器）。消食止咳，治虚羸，悦人。久服无损（李时珍）。

无花果（食物）

[释名] 映日果《便民图纂》。优昙钵《广州志》。阿驵（音楚）。时珍曰：无花果凡数种，此乃映日果也。即广中所谓优昙钵，及波斯所谓阿驵也。

[集解] 时珍曰：无花果出扬州及云南，今吴、楚、闽、越人家，亦或折枝插成。枝柯如枇杷树，三月发叶如花构叶。五月内不花而实，实处枝间，状如木馒头，其内虚软。采以盐渍，压实令扁，日干充果实。熟则紫色，软烂甘味如柿而无核也。按《方舆志》云：广西优昙钵不花而实，状如枇杷。又段成式《酉阳杂俎》云：阿驵出波斯，拂林人呼为底珍树。长丈余，枝叶繁茂，叶有五丫如蓖麻，无花而实，色赤类椑柿，一月而熟，味亦如柿。二书所说，皆即此果也。又有文光果、天仙果、古度子，皆无花之果，并附于左。

[附录] 文光果出景州。形如无花果，果肉如栗，五月成熟。天仙果出四川。树高八九尺，叶似荔枝而小，无花而实，子如樱桃，累累缀枝间，六七月熟，其味至甘。宋祁《方物》赞云：有子孙枝，不花而实。薄言采之，味埒蜂蜜。古度子出交广诸州。树叶如栗，不花而实，枝柯间生子，大如石榴及楂子而色赤，味醋，煮以为粽食之。若数日不煮，则化作飞蚁，穿皮飞去也。

实：气味甘，平，无毒。主治开胃，止泻痢（汪颖）。治五痔，咽喉痛（时珍）。

叶：气味甘、微辛，平，有小毒。主治五痔肿痛，煎汤频熏洗之，取效（震亨）。

另外还有许多从域外引进具有药用价值的栽培物种：西瓜、葡萄、胡葱、胡蒜等，对我国医学事业的发展，改善人民健康状况也起到了很大的推动作用。

《开宝本草》[①]：胡桃味甘平无毒，食之令人肥健，润肌黑发。取瓤烧令黑未断烟，和松脂研，傅瘰疬疮。又和胡粉为泥，拔白须发。以内孔中，其毛皆黑，多食利小便，能脱人眉，动风故也，去五痔。外青皮染髭及帛皆黑。其树皮止水痢，可染褐。仙方取青皮压油和詹糖香涂毛发，色如漆。生北土。云张骞从西域将来。其木舂研皮中出水，承取沐头，至黑。

《图经本草》[②]：胡桃生北土。今陕、洛间多有之。大株厚叶多阴。实亦有房。秋冬熟时采之。性热不可多食。补下方亦用之。取肉合破故纸捣筛，蜜丸，朝服梧桐子大三十丸。又疗压扑损伤。捣肉和酒温顿服便差。崔元亮《海上方》疗石淋，便中有石子者。胡桃肉一升，细米煮浆粥一升，相和顿服即差。实上青皮染发及帛皆黑。其木皮中水，春所取，沐头至黑。此果本出羌胡。汉张骞使西域还，始得其种，植之秦中，后渐生东土。故曰陈仓胡桃，薄皮多肌。阴平胡桃，大而皮脆，急捉则碎。江表亦尝有之。梁《沈约集》有《谢赐乐游园胡桃启》乃其事也。今京东亦有其种，而实不佳。南方则无。

三、对饮食结构的影响

引进作物中，除了少部分作为饲料作物，绝大部分是可直接食用的，这就大大改善了人们的饮食结构。古代文献中对此有颇多记载，《元史·食货志》记载关于苜蓿的饲料："至元七年颁农桑之制，令各社布种苜蓿，以防饥年。"

《救荒本草》卷下[③]：果部，实可食。

胡桃树：一名核桃。生北土。旧云张骞从西域将来，陕洛间多有之。今钧郑间亦有。其树大株，叶厚而多阴。开花成穗，花色苍黄。结实外有青皮包之，状似梨。大熟时，沤去青皮，取其核是胡桃。味甘性平。一云性热无毒。

采核桃沤去青皮，取瓤食之，令人肥健。

《竹屿山房杂部》卷一[④]：胡桃烧酒。暖腰膝，治枕寒痼冷，补损益虚。烧酒：四十斤；胡桃仁：汤退皮一百枚；红枣子：二百枚；炼熟蜜；四斤。

上三件入酒，瘗倚厉切土中七日。去火毒。

《竹山与山房杂部》卷九：胡桃，实有肉，核有仁，仁有皮。去肉（编者按：肉疑当为皮）用仁，甘香。十月种之，宜大石重压其根使实。生子不脱落。

---

① 北宋·李昉撰（974）。原书佚。下文资料据《植物名实图考长编》卷十七引。

② 北宋·苏颂等撰（1061）。原书佚。下文资料据《重修政和证类本草》卷二十三引。

③ 明·朱橚撰（1406）。

④ 明·宋诩撰（15 世纪）。

《格物总论》：原书未见，撰人及成书年代不详。《留青日札》《树艺篇》《山堂肆考》《广群芳谱》《格致镜原》《渊鉴类函》等均引有此书，书名作《格物论》或《格物总论》。可见成书最晚当在《留青日札》（1572）以前。下列资料据《渊鉴类函》卷四〇三引。

胡桃生北土，陕洛间多有之。大株厚叶多阴，实青瓤白，味甘壳薄者为佳。食之令人肥健。秋冬熟时采之。

《大唐西域记》中关于果树、蔬菜的记载如下。

由于气候和土质的因素，西域的园圃业较为发达，不仅盛产各种水果，而且也生产和种植一些蔬菜、花卉等。这一点在玄奘的记述中也有明确的反映。

1. 果树 玄奘在书中共谈到了 22 种水果，如葡萄、柰、梨、胡桃、庵没罗果、般茂遮果、般梭娑果、香枣、屈石榴、桃、杏、乌淡跋罗果、那罗鸡罗果等，其中种植葡萄、柰的国家最多。这些水果绝大多数都是本地物产。

葡萄：主要出产于阿奢尼国、屈支国、素叶水城、笯赤建国、乌仗那国、钵铎创那国、商弥国、斫句迦国等地。

柰：即绵苹果。它和梨一样，主要出产于阿耆尼国、屈支国、钵铎创那国、淫薄健国、斫句迦国。

胡桃：形状像桃子的其他果子。它主要出产于钵铎创那国和淫薄健国。

庵没罗果：据叶静渊考证，即现今的芒果。它主要出产于半笯嵯国和秣菟罗国。秣菟罗国不但家家栽种庵没罗果，而且形成了两个品种。一个品种果实比较小，它“生青熟黄”；另一个品种果实较大，无论生熟“始终青色”。

般茂遮果：主要出产于半笯嵯国和吠舍厘国。

般梭娑果：“大如冬瓜，熟则黄赤，剖之中有数十小果，大如鹅卵，又更破之，其汁黄赤，其味甘美。或在树枝，如众果之结实；或在树根，如茯苓之在土”，较贵重。主要出产于奔那伐弹拿国和迦摩缕波国。

屈石榴 屈支国和古印度。即现今我国的新疆库车、印度和巴基斯坦、孟加拉国北部，都有所种植。

桃、杏 主要产于屈支国。香枣、乌淡跋罗果、那罗鸡罗果，分别产于阿耆尼国、半笯嵯国、迦摩缕波国。

柑橘 古印度都种植。庵饵罗果、末杜迦果、跋达罗果、劫比他果、阿末罗果、镇杜迦果、乌昙跋罗果、那利蓟罗果等也有所出产。

2. 蔬菜 关于蔬菜，文中提到了 7 种蔬菜，但对于种植这些蔬菜的具体国家和地区却很少记述，仅模糊地说古印度，即现今印度、巴基斯坦和孟加拉国所属的一些地区，出产姜、芥、瓜、葫芦、荤陀菜等蔬菜，同时也稍产葱和蒜。

总之，秦汉时期的外来作物，虽然没有从根本上改变我国的种植结构，但是在一定程度上推动了我国当时的种植业、畜牧业的发展，改善了当时的医药状况，提高了人们的生活水平。

（王宝卿 包艳杰 孙宁波 胡丽丽）

参考文献

李根蟠，卢勋，1983. 怒族解放前农业生产中的几个问题［J］. 农业考古（1）：160－171.
卢勋，1983. 黎族合亩地区的农业生产方式［M］//农史研究. 北京：农业出版社.
轻工业部甘蔗糖业科学研究所，广东省农业科学院，1963. 中国甘蔗栽培学［M］. 北京：农业出版社.
陕西省博物馆，陕西省文管会写作小组，1972. 米脂东汉画像石墓发掘简报［J］. 文物（3）：69－73.
唐启宇，1986. 中国作物栽培史稿［M］. 北京：农业出版社.
万国鼎，1980. 氾胜之书辑释［M］. 北京：农业出版社.
王仲殊，1984. 汉代考古学概说［M］. 北京：中华书局.
周可涌，1957. 甘蔗栽培学［M］. 北京：科学出版社.

第五章

传统农业精细经营的发展期——南方稻作农业形成发展时期

根据司马迁《史记·货殖列传》的记载，汉朝的江南地区仍是“地广人稀，饭稻羹鱼，或火耕而水耨”，可见那时的江南地区虽有广袤的土地，却因人口稀少和生产力的不发达而得不到很好的开发。至魏晋南北朝时期，北方由于受到游牧民族的侵蹂和统治，长期处于动乱之中，南方则相对和平稳定。北人大批南下，不仅给南方带来了大批的劳动力，也带来了许多先进的工具与生产技术，使江南地区的土地开发形成了一个高潮。所谓“地广野丰，民勤本业，一岁或稔，则数郡忘饥。会土带湖傍海，良畴亦数十万顷，膏腴上地，亩值一金，鄠、杜之间，不能比也。”[①] 描述的就是南朝刘宋时期江南土地得到初步开发的景象。但是，魏晋南北朝时期江南土地的开发大多数还局限于“带湖傍海”的条件优越地区，许多丘陵山地及湖沼地带还没有得到普遍的开发和利用。唐宋时期，特别是安史之乱和靖康之乱以后，北方人口陆续不断地大量南迁，对土地的需求量急剧增加，其垦殖的范围自然就要扩大到条件较为艰难的山陵及湖沼地区。

这一历史时期由于南北方战乱不断出现，政治经济中心不断转移，出现了南北方数次大融合，给作物品种交流、农业生产技术推广带来了机遇。唐玄奘出使印度，给东西方文化交流和作物相互引种带来了方便。南方水田稻作技术的快速发展，得益于东晋及南北朝时期人口大量南移，北方先进的栽培技术和农耕文化随着政治经济中心南移，促进了南方稻作技术的发展。尤其是小麦种植及其技术南扩，推进了稻麦轮作制的形成，大大提高了南方的粮食产量。而这段时间北方主要在游牧民族的控制之下，农作技术发展相对放缓。

第一节　南方稻作技术形成的基础

一、经济重心南移

这段时期我国出现了两次较大规模的人口南移，使得整个农业经济结构发生了根本性变化。

第一次是东晋及南北朝时期，农作制度又有所发展。因为北方战乱，人口大量南移，

① 《宋书孔季恭传附论》卷五四。

北方荒芜土地较多，复种制进展不大，轮作制有了较大发展，特别是南方轮作跨入了新的阶段。

第二次唐宋时期，由于中原战乱，北方人口大规模南下的迁徙浪潮接连不断，南迁的人口大都聚集在江南运河区域。这些南迁人口中，大多是北方的农民，他们有的成为侨置郡县的自耕农，有的沦为士族地主的依附人口，也有许多知识分子。北人南下不但给南方带来了先进的工具和技术，而且在南迁的人口中，有许多都是文化素质较高的人士，即所谓“士君子多以家渡江东”[①]“平江、常、润、湖、杭、明、越号为士大夫薮，天下贤俊多避地于此。”[②]

二、大运河推动南方农业发展

大运河的逐步开通和利用，加快了南方农业和经济的发展。北方人口大批南移，极大地增加了江南运河区域的劳动力，也大大提高了江南人口的整体素质，这是促进江南运河区域农业发展的最重要的条件。同时，北方人口的不断南迁，使江南运河区域人口激增，原有耕地无法支撑陡然增加的人口需求，于是，耕地骤然间宝贵起来，越江而来的北方士族地主和南方士族地主，为了获得大片耕地，开始了大规模的土地兼并活动。他们凭借着朝廷的优容，纷纷“占夺田土”“封略山湖”，把一些无主荒原和山林沼泽，尽行囊括，占为己有，造成“山湖川泽，皆为豪强所专”的局面[③]。通过这种方式被占夺的田土和山湖川泽，常常是跨川连县，幅员数十里及至二三百里。这股抢占山泽之风，开始主要集中在都城——建康附近和太湖地区，后来逐步向南发展，直至会稽郡。这一带，恰恰是江南运河及水利工程分布密集之地，山林易于开垦，土地浇灌便利。所以，不久之后这一带就成了新兴南方经济区的核心部分。

东晋及南北朝时期，运河区域的农作物产量比两汉时有明显提高。东汉时中原一带的亩产量通常在三石左右。[④] 到东晋及南北朝时，中原良田亩产已可达十余石[⑤]；南方水稻亩产也在六斛以上。[⑥] 南朝时，南方运河区域粮食产量又有了大幅度提升，旱地亩产通常在数石至十石之间，水田亩产则可达六石至二三十石不等。[⑦] 三吴一带成了全国粮食的主要产区，以至于“一岁或稔，则数郡忘饥”[⑧]。其农业生产水平已经超过北方，这正是古代中国经济重心南移的一个标志性转变。

隋唐以前，我国已形成了一些不同的农业经济区域，从大的方面讲，可以划分为黄河中下游经济区和长江中下游经济区。秦汉时期，我国的经济重心在黄河流域的中下游地区，而长江中下游地区的经济则比较落后。汉魏之际由于长期的战乱，黄河流域中下游富

---

① 《旧唐书·权德舆传》卷一四八。
② 《建炎以来系年要录》卷二十。
③ 《宋书·武帝纪》。
④ 《后汉书·仲长统传》。
⑤ 《齐民要术·收种》。
⑥ 《三国志·吴书·钟离牧传》。
⑦ 郑学檬：《简明中国经济通史》（第三章第一节），黑龙江人民出版社，1984。
⑧ 《宋书·孔季恭传》。

庶地区的经济受到严重摧残，特别是“永嘉之乱”（公元311年即永嘉五年，随后晋室南迁并于公元317年东晋在南京建都）以后至十六国时期，这一地区的经济被破坏得更加严重。从北魏开始，黄河流域的经济又逐步得到恢复，农业生产有了较大的发展，出现了“府藏盈积”的状况[①]，这就为隋朝的强盛和统一奠定了物质基础。

隋、唐都以关中地区为王业之本，在北魏以来经济基础之上，竭力经营，大力发展关中的经济，使这个古老的农业区又重新得到了开发，关中地区以及关东地区又成了隋朝和唐朝前期的经济重心。但自“安史之乱”以后，北方地区的经济逐渐凋敝，而江淮地区的经济则得到了长足的发展，南方经济开始逐步赶上和超越北方，我国的经济重心又开始南移。

隋唐以前的经济区，由于受地理条件复杂性的制约，造成局部地理条件的独立性，使经济的发展出现了不平衡。在古代交通不便的情况下，这种特点就更加显著。隋代的大运河，是适应政治、经济发展的需要而产生的，而大运河的开通，将黄河中下游的经济区与长江中下游的经济区沟通起来，打破了原来经济区的封闭性，在运河一线逐渐形成了一个大的经济带，运河区域的经济区也就随之产生。

三、主要农学思想

成书于唐末的《四时纂要》，分四季十二个月，是列举农家应做事项的月令式农家杂录。书中资料大量来自《齐民要术》，少数则来自《氾胜之书》《四民月令》，是一部对农业生产技术和社会经济发展研究，都起着承上启下作用的重要农书。宋代陈旉编撰的《农书》，是第一部系统讨论南方稻作技术的农学著作，是我国南方水田精耕细作技术体系成熟的标志。

第二节　主要传统作物

这一时期，虽然北方战乱，政治经济中心开始南移，但在早期，特别是南北朝时期大田作物基本是延续汉代种类，然而也有一定的发展。这主要表现在：①作物构成和分布发生了某些变化；②有些作物前代虽已存在，但具体的栽培记载则出现在本时期，特别是一些原产于少数民族地区的作物。作物结构出现重大变化是发生在南方地区稻作技术迅速提高的唐代（在本章第四节介绍）。

一、粮食作物

这一时期见于文献记载的粮食作物种类颇多。《齐民要术》设专篇论述的有谷（稷、粟、附稗）、黍、穄、粱、秫、大豆、小豆、大麻、大麦、小麦（附瞿麦）、水稻、旱稻等。这是当时北方地区的主要粮食作物种类，与两汉时代大体一致。上述排列的顺序应是各种作物在粮食生产中不同地位的反映。

从中可以看出，粟仍然是最主要的粮食作物。《齐民要术·种谷》：“谷，稷也，名粟。

① 《魏书·食货志》。

谷者，五谷之总名，非止谓粟也。然今人专以稷为谷，望俗名之耳。”“谷”由粮食作物的共名（先秦汉代均如此）演变为粟的专名，这本身就说明粟在粮食生产中的重要地位。所以《齐民要术》对粟的品种及其栽培方法都记载得特别详细。

黍、穄和豆类的地位比汉代似有所回升。究其原因，大约是由于北方战乱，荒地较多，北魏在恢复农业生产中，将黍、穄用作开垦荒地的先锋作物。豆类这时种类增多，用途也更广，且广泛用于与禾谷类作物轮作。大豆可充粮食，可作豆制品，还可作饲料，即《齐民要术》所谓“茭”。小豆除食用和用于轮作外，还常用作绿肥。因此，豆类的地位也相应提高。

曹魏时代，由于大量兴建陂塘和实行火耕水耨，北方的水稻种植有所扩展，但这种发展趋势因西晋时废除部分质量低劣的陂塘，改水田为旱地而受到抑制。北魏时黄河流域一般只在河流限曲便于浸灌的地方开辟小块稻田。水稻在北方粮食作物中只占次要地位，生产技术亦远逊于旱作。黄河流域何时开始种植陆稻（旱稻），还不清楚[①]，但从《齐民要术》已列专篇讲述旱稻种植技术看，旱稻在粮食作物中占有一定地位，其栽培历史亦不会太短。近年认为，张衡《南都赋》中“冬稌夏穱”中的“穱”，是指燕麦。燕麦适应能力较强，对不良土壤和不利的气候条件都能适应，可以春播，籽粒好吃，除食用外，籽粒和茎秆都是好饲料，在荒地较多的古代，曾有比较广泛的分布和栽培。但总的来看，这一时期北方的麦作未见显著发展。

在南方，水稻始终是最主要的粮食作物，而且随着南方农田水利的兴建而继续发展。除水稻外，南方也有旱地作物。如谢灵运《山居赋》提到的“蔚蔚丰秋，苾苾香秔……兼有陵陆、麻、麦、粟、菽，候时觇节，递艺递熟”[②]。值得注意的是，这一时期麦类在淮南和江南初步推广。东晋元帝大兴元年（公元318）诏称：“徐扬二州，土宜三麦（小麦、大麦、元麦），可督令熯地投秋下种……勿令后晚。”[③] 南朝宋文帝元嘉二十一年（公元444）诏令也要求“南徐、克、豫及扬州、浙江西属郡，自今悉督种麦，以助阙乏。”[④] 南齐徐孝嗣上表提到淮南地区，“菽麦二种，盖是北土所宜。彼人便之，不减粳稻。”[⑤] 这些记载表明，麦类在南方某些地区确实获得了推广。

值得一提的还有高粱。以往有学者根据某些文献记载，认为高粱是元以后才从西方逐渐传入中国的，近年来由于考古发掘中不断有发现高粱遗存的报道，又有人提出黄河流域也是高粱的原产地之一。[⑥] 但中国古代文献中缺乏中原地区早期种植高粱的明确记载，先秦两汉时期的“高粱”遗存也需要做进一步的鉴定。根据现有材料，黄河流域原产高粱的

---

① 《管子·地员篇》：“五臭其种陵稻。”尹知章（旧题“房元龄”）注：“陵稻谓陆生稻。”历来被认为是旱稻的最早记载。但据游修龄考证，“陵”是水稻的一个品种（《我国水稻品种资源的历史考证》，《农业考古》1981年第2期）。

② 《宋书·谢灵运传》。

③ 《晋书·食货志》。

④ 《宋书·文帝纪》。

⑤ 《南齐书·徐孝嗣传》。

⑥ 何炳棣认为中国是高粱原产地之一（《黄土与中国农业的起源》，香港中文大学出版社，1969年）。胡锡文认为，“古之粱秫即今之高粱”（《中国农史》1981年第1期）。不同意高粱起源于中国并对若干考古报告中提到的“高粱”遗存表示怀疑。

可能性不大，但有关高粱的记载在本时期确实出现了。如曹魏时张揖的《广雅》载："藋粱，木稷也。"晋郭义恭《广志》亦有"杨禾似藋，粒细也，折右炊，停则牙（芽）生。此中国巴禾、木稷也"[①]的记载。晋张华《博物志》也提到"蜀黍"[②]。这些都是中国对高粱的早期称呼[③]，其特点是以中原习见的作物如黍、稷、粱、禾等，并加上说明其产地或特征的限制词，故《齐民要术》将它列入"非中国（指中原地区）物产者"。尤其是"巴禾""蜀黍"之称，反映它可能是由中国巴蜀地区少数民族开始种植的。[④]

二、经济作物

《齐民要术》所载大田作物中的经济作物有纤维（枲麻）、染料（红蓝花、梔子、蓝、紫草）、油料（胡麻、荏等）、饲料（苜蓿等），虽多数已见于前代文献，但较系统地论述其生产技术还是从这一书开始，也有第一次见于记载的。现以《齐民要术》材料为主，并参照其他记载，将这一时期的重要经济作物介绍如下。

中国对植物油脂的食用晚于动物油脂。种子含油量较高的大麻和芜菁，虽然种植较早，但很长时期内并不专门利用其油脂，油脂仅是其综合利用中的一个次要方面，还不能算油料作物。后来驯化了"荏"（白苏子），中原又先后引入了胡麻和红蓝花，大麻和芜菁籽也间或用于榨油，这才有了真正的油料作物。

"荏"始见于西汉或稍前一些人的记述。《礼记·内则》："雉，芗无蓼。"郑玄注："芗，苏、荏之属。"《氾胜之书》中提到区种"荏"，《四民月令》中有种"苏"记载，可见其时确有荏和苏的种植[⑤]。在黑龙江宁安牛场、大牡丹、东康等地相当于汉代挹娄遗址出土的炭化谷物中发现了"荏"[⑥]，这大概是迄今最早的"荏"的实物遗存。不过，这时的"荏""苏"是否用以榨油尚不得而知。胡麻和红蓝花，据晋张华《博物志》所载，均是张骞出使西域后传入中原的。《氾胜之书》和《四民月令》中谈到了种胡麻，《史记·货殖列传》中有大面积种红蓝花（茜）的记载。《齐民要术》中胡麻和红蓝花都列了专篇，胡麻篇紧接粮食作物之后，对选地、农时、播种、中耕、收获等方面均作了论述，反映了胡麻在当时已是重要的大田作物。《齐民要术》反映出南北朝时出现了规模可观的红蓝花商品性生产："负郭良田种一顷者，岁收绢三百匹。一顷收籽二百斛，与麻子同价，既任车脂，亦堪为烛，即是直头成米（原注：二百石米，已当谷田，三百匹绢，超然在

---

① 《齐民要术》卷十引，又见《太平御览》卷八三九引。

② 《博物志》载："地三年种蜀黍，其后七年多蛇。"康熙版《广群芳谱》、王念孙《广雅疏证》所引并同。李时珍引作"地种蜀黍，年久多蛇"，文异而意亦同，今有些辑本文字和内容引述不一。

③ 王祯：《农书·百谷谱集之二》"蜀黍"作"薥黍"，述其形态颇详。

④ 王祯：《农书·薥黍》题下附注云："薥黍一名高粱，一名蜀秫，以种来自蜀，形类黍，故有诸名。"后来一些本草书往往因之认为"种始自蜀"。但清代程瑶田《九谷考》、王念孙《广雅疏证》、刘宝楠《释谷》等都提出不同意见，谓为非是。

⑤ 《说文》释"苏"为"桂荏"。徐楷：《系传》曰："按荏，白苏也，桂荏，紫苏也。"视苏、荏为二物。但《方言》却说："苏……关之东西，或谓之苏，或谓之荏，苏亦荏也。"郭璞注："（苏）荏属也"。是荏与苏盖同属的植物。《齐民要术·荏蓼》讲荏子"研为羹臛，美于麻子远矣。"卷八《羹臛法》没有提到荏或荏油，但卷九《素食》则多次提到苏油或苏，这里的苏可能即荏。也是苏、荏的称谓可能互通的一证。

⑥ 于志秋、孙秀仁：《黑龙江古代民族史纲》，黑龙江人民出版社，1982年，第105页。

外）”。[①] 又提到“近市良田一顷芜菁收子二百石，卖与压油家，可以得三倍的米”[②]。可见，当时蔓菁也已作油料作物种植。又把《种麻子》与《种麻》分列为两篇，原注引崔寔曰：“苴麻子黑，又实而重，捣治作烛，不作麻。”又说：“凡五谷地畔近道者，多为六畜所犯，宜种胡麻、麻子以遮之。”不但可防六畜侵犯，并注云：“此二实，足供养烛之费也。”[③] 这样看来，当时种麻子主要已不是作粮食，而是作油料。

植物油起源于何时？晋张华《博物志》谈到“煎麻油”事，又谈及“积油满万石，则自然生火。（晋）武帝泰始中（公元265—274）武库火，积油所致。”[④] 这里谈的油应是植物油或包括植物油。如果这一记载可靠，则三国末年，中原地区榨取和应用植物油已相当普遍。这种榨取植物油的技术可能是与胡麻一同引进中原，不过《史记》和《汉书》的“货殖列传”谈到当时的商品经营时，只有酤、醯、酱、浆、糵、麹、盐、豉，没提到油和榨油。推想汉代植物油生产量应该不大，很少进入市场。它的初步发展当在魏晋南北朝时期。西晋初年王濬水军攻吴，用大量植物油烧毁吴设置在长江中的铁索[⑤]，表明其时油的生产量已很可观。《齐民要术·荏蓼》提到“收子压取油，可以煮饼”。又把荏油和胡麻油、大麻油作比较，说：“荏油色绿可爱，其气香美，煮饼亚胡麻油而胜麻子脂膏。”这大概是我国植物油用作食用油的最初的明确记载[⑥]，而植物油作食用油的事实当发生在这以前。据《齐民要术》记载，这时的植物油脂还用作润滑油（“车脂”）、润发油（“泽”），并用来涂帛和调漆等。这些都说明油料作物的生产在当时农业生产中已走向重要地位。

油菜（芸薹）和大豆这时虽有种植，但用它们的种子来榨油是比较晚的事情。

纤维作物，北方主要仍为大麻，《齐民要术》有《种麻》专篇，讲述以利用韧皮纤维为目的的牡麻（枲）的种植法。麻布是当时赋税内容之一。北魏实行均田制，规定凡交纳麻布为“调”的地区，在露田、桑田之外，分配一定数量的“麻田”[⑦]，表明大麻（枲）生产在当时农业生产中占据重要地位。在南方，则主要利用苎麻和葛的纤维。苎麻人工栽培的明确记载，始见于本时期。陆玑《毛诗草木鸟兽虫鱼疏》云：“苎，一棵数十茎，宿根在地，至春自生，不须别种。荆、扬间，岁三刈。官令诸园种之，剥取其皮，以竹刮其皮，厚处自脱，得里如筋者，煮之用缉。”南朝宋元嘉二十一年（公元444）曾下诏，“凡诸州郡，皆令尽勤地利劝导播殖，蚕桑麻纻，各尽其方，不得但奉行公文而已”。[⑧] 这里的“纻”也是指苎麻。

在染料作物方面，《齐民要术》有专篇谈《种蓝》和《种紫草》。蓝是一种很古老的染

---

① 《齐民要术》之《种红蓝花栀子》。

② 《齐民要术》之《（种）蔓菁》，蔓菁即芜菁。

③ 《齐民要术》之《种麻子》。

④ 《博物志》卷四《物性》。

⑤ 《晋书·王濬传》。

⑥ 参阅该书有关油料作物各章节，特别是卷，述“素食”中各节引及的“油”，基本都是以植物油作食用。

⑦ 《魏书·食货志》载太和九年诏。

⑧ 《宋书·文帝纪》。苎麻种植实际上应更早，例如《汉书·地理志》载，汉武帝置儋耳珠崖郡前，海南岛黎族人民已会种植苎麻了。

料作物，早在《夏小正》中就有五月“启灌蓝蓼”[①] 的记载，蓝蓼即蓼蓝，是蓝的一种。所谓“启灌蓝蓼”即将丛生的蓼蓝，别而栽之。可见当时栽培蓝的技术已相当进步。先秦时代已有“青，取之于蓝而青于蓝”(《荀子・劝学》) 的成语。《四民月令》也有“榆荚落时可种蓝，五月可刈蓝，六月，可种冬蓝（注：冬蓝，木蓝也，八月用染也)”的记载。[②] 从赵岐的《蓝赋序》可以看出，当时陈留一带，“人皆以种蓝染绀为业，蓝田弥望，黍稷不植。”[③] 种蓝在某些地区已形成大规模的专业化生产。《齐民要术》对长期积累的种蓝的精耕细作技术和制蓝靛的方法作了总结。紫草是多年生草本植物，含紫草红色素，可作紫色染料。《尔雅》中已有“藐，茈草也”的记载，但栽培紫草用作染料始见于《齐民要术》。《齐民要术》对其栽培技术记述颇详，并指出“其利胜蓝”。可见紫草的种植也应有久远的历史和较大的规模。此外，红蓝花除了用种子榨油外，它的花也可以制胭脂或染料。

东晋及南北朝时期作为糖料作物的甘蔗，其产区比前朝扩大了。陶弘景《名医别录》说，甘蔗“今出江东为胜，庐陵亦有好者，广州一种数年生，皆如大竹，长丈余，取汁以为沙糖，甚益人。又有荻蔗，节疏而细，亦可啖也。”《齐民要术》卷十甘蔗条载：“雩都县，土壤肥沃，偏宜甘蔗，味及采色，余县所无，一节数寸长，郡以献御。”庐陵郡治在今江西吉安附近，雩都县即今江西于都县。江东泛指江苏、安徽长江以南一带，广州应包括珠江流域涉及今广西境内部分地区。可见南北朝时期今江西、安徽、江苏等地皆是甘蔗的产地，其中有些还未见于前朝记载。

三、少数民族地区的早期棉作

中国黄河流域和长江流域古代人民的衣被原料，宋元以前只有麻类、葛类、蚕丝和皮毛，宋元以后才有棉花。中国对棉花的利用和栽培，开始于新疆、云南、福建、广东（闽方）等少数民族地区，以后才逐步传入中原。这是少数民族地区对我国农业发展的重要贡献之一。这些地区的植棉历史，虽然可以追溯得更早，但明确有文字记载则出现在本时期。

新疆地区的棉作最早记载见于《梁书・西北诸戎传》：“高昌国（今新疆吐鲁番）……多草木，草实如茧，茧中丝如细纑，名为白叠子，国人多取织以为布，布甚软白，交市用焉。”慧琳《一切经音义》：“氎者，西国木棉草，花如柳絮，彼国土俗，皆抽丝以纺成缕，织以为布，名曰白氎。”可见白叠（氎）是西域诸国对棉花的称谓，亦指用棉花织成的布。据研究，梵语称原产非洲的野生草棉为 Bhardvdji，“白叠”就是它的音译。

考古发现的棉织物遗存比文献记载还早些。1959 年在新疆民丰县以北大沙漠中发现的东汉墓中，有两块盖在盛着羊骨、铁刀的木碗上的蓝白印花棉布。南北朝时期吐鲁番阿斯塔那墓中，除发现棉织品外，还有高昌和平元年（公元 551）借贷棉布的契约，借贷量

---

① 我国曾经种植的蓝有菘蓝、蓼蓝、马蓝及槐蓝等数种。参见夏纬英《夏小正经文校释》。

② 《齐民要术》之《种蓝》附注引及一些古书中，提到可用以染的蓝类不一，有马蓝、木蓝、菱赭蓝等，是这一时代及其前所认识到且见于著录的蓝类植物。

③ 见《全上古三代秦汉三国六朝文》中《全后汉文》卷六二。

一次达60匹之多，可能是充当货币用的。这一发现给《梁书》的有关记载提供了确凿的物证，表明南北朝时期高昌等地植棉和棉布生产已有一定规模。根据对巴楚出土的唐代棉籽的鉴定和有关文献记载，新疆古代棉花是非洲草棉[①]。

云南地区的棉作，常璩《华阳国志》记载，哀牢夷地区——永昌郡（今云南保山一带）的物产："有梧桐木，其花柔如丝，民绩以为布，幅广五尺以还，洁白不受污，俗名桐华布，以覆亡人，然后服之，及卖与人。"《东观汉记》《后汉书·西南夷列传》也有相似记载。晋左思《蜀都赋》："布有橦华，面有桄榔。"李善注引刘渊林，"橦华者，树名橦，其毛柔，毳可织为布，出永昌。"梧桐木或橦树，应即多年生木棉。以上材料表明，以永昌郡为中心的西南夷地区，至迟汉代就已利用木棉织布了。

闽广地区的棉作和对棉花的利用始于何时，学术界有不同意见。比较可靠而较早的记载是《南州异物志》："五色斑布，以（似）丝布，古贝木所作。此木熟时，状如鹅毳，中有核如珠玽，细过丝棉。"[②] 又《梁书》述海南诸国物产，谓林邑国出吉贝等，"吉贝者树名也。其华（花）成时如鹅毳，抽其绪纺之以作布，洁白与纻布不殊，亦染成五色，织为斑布也。"[③] 吉贝（因"吉"与"古"字形近，故时有讹刻"古贝"）又译称"劫波育"或"劫贝"。见《翻译名义集》，盖译自梵音，指木棉科植物。其物有草本、木本两种，传入中原地区，历史相当悠久。因其性状似丝棉，故又称之为木棉，此名称大约在南北朝时期或以前就开始使用了。[④] 如《梁书》载梁武帝用"木绵皁帐"[⑤]。从这些记载看，福建、广东地区在魏晋以前即已利用棉花织布是可信的。[⑥]

第三节　重要外来作物传入及其栽培

一、棉花传入中原及其栽培

宋代之前，棉花主要在华南及西部地区种植，大约在宋代逐渐传入中原地区。棉花（指中棉，也叫亚洲棉）传入我国相对改变了我国居民的衣被原料。

以地处北方地区的山东为例，棉花（*G. arboreum*）分两路在不同时期先后传入山东。一路是沿着京杭大运河由南方传入黄河中下游地区。宋代以前，我国的棉花主要种植于华南、西南及西部的边疆地区。几千年来，黄河和长江流域的衣被原料一直以丝、麻、葛和

---

① 沙比提：《从考古发掘资料看新疆古代的棉花种植和纺织》，载《文物》1973年第10期。在文献中还可以找到西域草棉布生产的更早的线索。如《史记·货殖列传》所载汉代中原地区流通的商品中有"榻布"一项（《汉书·货殖列传》作"荅布"）；裴骃《集解》引孟康的《汉书音义》，认为"榻布"就是"白叠"。榻、荅、叠均为新疆少数民族语言的今译。据此，早在汉代新疆少数民族生产的棉布可能已引入到中原。

② 《太平御览》卷八百二十"布"引。

③ 《梁书》中《海南诸国·林邑国传》。

④ 闽广地区的棉作史可能还要提前。近年在福建崇安白岩发现距今3 500年左右的两具船棺，内有丝、棉、麻织品，其中有几块青灰色棉布，其原料系多年生灌木棉。据鉴定，与现今海南岛还能找到的多年生灌木棉相似。

⑤ 《梁书·武帝纪下》。

⑥ 《尚书·禹贡》所载扬州贡品中有"岛夷卉服，厥篚织贝"句。南宋蔡沈《书经集传》认为"南夷木绵之精好者，亦谓之吉贝"。"织贝"就是"吉贝"，即棉花。此说如能成立，则我国百越族早在先秦时代就已经利用棉花了。但对上述《禹贡》文句尚有不同解释。

动物皮毛为主。棉花向中原地区的传入，推动了中原地区纤维作物的结构和衣被原料的重大改变。宋代以前岭南地区多种多年生木棉。庞元英《文昌杂录》记载："闽岭以南多木棉，土人竞植之。"方勺《泊宅编》记载："闽广多种木棉，树高七八尺，叶如柞。"多年生木棉在长江流域和黄河流域的冬季，由于气温低寒，不能越冬，是其不能向长江、黄河流域传播的直接原因。

宋代有了一年生的草棉（草棉是经国外传入的，还是多年生木棉经过长期的人工培育和选择而来的，还有待考究），使得棉花（中棉）在气温较低的长江、黄河流域推广成为可能。草棉首先是在长江流域得到推广，而后在黄河中下游地区种植。这期间著名的棉纺织家——黄道婆（约 1245—？松江乌泥泾，今闵行区华泾镇人）于元贞年间（1295—1297），从崖州返回家乡，传播了从海南黎族人民那里学到的纺织技术，并帮助当地的乡亲们改进了纺织机械，使纺织技术得到了很大的改进和提高，极大地推动了长江流域的纺织业发展，从而也带动了长江流域植棉业的长足发展。

元末山东东平籍的大农学家王祯曾在江苏、安徽一带做过官，当时棉花在长江流域的迅速发展，难免要引起这位大农学家的密切关注。他在 1313 年写成的《农书》中，较详细地介绍了植棉技术并提倡棉花的异地引种。《农书》中写道："木棉一名'吉贝'……其种本南海诸国所产，后福建诸县皆有，近江东陕右亦多种，滋茂繁盛，与本土无异。种之则深荷其利。悠悠之论，率以风土不宜为说。"可见，王祯极力赞成异地推广棉花种植，他所叙述的植棉技术，有一部分很可能是他在东平县时的亲身经历。王祯的家乡在东平湖的西岸、京杭大运河的边上，因此可以大胆地推测：山东在元初较早栽培棉花的地区可能就是沿长江下游经大运河，由南向北传入鲁西北平原的沿河一带。

棉花传入山东的另一路可能是由河西走廊，沿着黄河流域，来到黄河中下游地区。宋代以前，在今新疆吐鲁番一带已有棉花的种植，可能是非洲棉经过欧亚大陆传入西亚，然后进入新疆。非洲棉植株矮、产量低、纤维短，但早熟，生长期短，正好符合新疆的气候特点。《农桑辑要》记载："苎麻本南方之物，木棉亦西域所产，近岁以来，苎麻艺于河南，木棉种于陕右，滋茂繁盛，与本土无异，二方之民，深荷其利。"《大学衍义补》也记载："宋元之间，始传其种（指棉花）入中国，关、陕、闽、广首得其利。"到了明代，棉花又进一步发展到黄河中下游地区。

可以认为，由于京杭大运河是我国历史上南北水上运输大动脉，棉花由南路传入山东的时间可能会比由西路传入更早一些。到了明代，棉花在全国已经是"遍布于天下，地无南北皆宜之，人无贫富皆赖之"[①]，成为我国重要的纤维作物。

二、占城稻传入及其栽培

占城稻原产占城国（今越南中南部），传入中国的时间史无记载，但北宋时期，福建已经大量种植，占城稻"耐水旱而成实早"，又有"不择地而生"的优点，是一种耐旱的早熟籼稻品种，其生育期约为 110 d，为推广双季稻、稻麦轮作提供了可能。

---

① 丘濬：《大学衍义补·贡赋之常》。

关于占城稻的传入，有很多佐证。

《宋史·食货志》："大中祥符……帝以江、淮、两浙稍旱即水田不登，遣使就福建取占城稻三万斛，分给三路为种，择民田高仰者莳之，盖旱稻也。内出种法，命转运使揭榜示民……稻比中国者穗长而无芒，粒差小，不择地而生。"

《宋会要辑稿·食货》："（大中祥符）五年五月，遣使福建州取占成（城）稻三万斛，分给江淮两浙三路转运使，并出种法。令择民田之高仰者分给种之，其法曰：南方地暖，二月中下旬至三月上旬，用好竹笼，周以稻秆，置此稻于中，外及五斗以上，又以稻秆覆之，入池浸三日，出置宇下，伺其微热如甲坼状，则布于净地，俟其萌与谷等，即用宽竹器贮之。于耕了平细田停水深二寸许布之。经三日，决其水，至五日，视苗长二寸许，即复引水浸之，一日乃可种莳。如淮南地稍寒，则酌其节候下种。至八月熟，是稻即旱稻也。"

《本草纲目》卷二十二"籼"："籼亦粳属之先熟而鲜明之者，故谓之籼。种自占城国，故谓之占。俗作粘者，非矣。""籼似粳而粒小，始自闽人，得种于占城国。宋真宗遣使就闽取三万斛，分给诸道为种，故今各处皆有之。高仰处俱可种，其熟最早，六七月可收。品类亦多，有赤、白二色，与粳大同小异。"

中国农业遗产研究室《作物源流考》之："稻考"关于占城稻的记载如下。

中国稻种起源于中国，已如前述。为求适合某种条件，曾从国外传入稻种，最著者如占城稻之传入。占城稻之传入，宋释文莹明言为宋真宗以珍货交换得之，《湘山野录》曰："真宗深念稼穑，闻占城稻耐旱，西天菉豆子多而粒大，各遣使以珍货求其种。占城得种二十石，至今在处播之。"但《宋会要》及《宋史·食货志》所载，辞意含混，故有解为先已有人传入闽省，真宗乃福建推广于江淮两浙，亦有解为从福建出发往占城求得者。《宋会要》载："（大中祥符）五年五月，遣使福建州取占成稻。"《食货志》上《农田》载："帝以江、淮、两浙稍旱，即水田不登，遣使就福建取占城稻三万斛，分给三路为种，择民田高仰者莳之，盖旱稻也。"不论为真宗传入，或真宗以前已传入之，我国曾从占城传入早稻种无疑。及后宋江翱（为汝州鲁山令）又从其故乡建安推广于河南之鲁山县。

占城属安南，所产以水稻著名，后人以《食货志》有"择民田高仰者莳之"之句，以为传入者乃陆稻。按占城稻之特质为耐旱早熟，窃以为早熟，故能耐旱，故可种之高仰田，其立意所在，乃与中国原有水稻种相对而言，故占城稻当属水稻。又《食货志》载"其穗比中国种长，无芒，粒差小"，然则当为无芒籼稻之一种。徐炬谓即尖头黄籼米，《康熙几暇格物》谓即今南方之黑谷米。

佟屏亚《农作物史话》记载："南宋范成大著有盛赞水稻品种的《劳畲耕》：'吴田黑壤腴，吴米玉粒鲜。长腰匏犀瘦，齐头珠颗圆。红莲胜雕胡，香子馥秋兰。或收虞舜余，或自占城传。早籼与晚罷，滥吹甑甗间。'"

梁家勉先生认为，占城稻原产占城（今越南中南部），何时引入我国，现已不详。只知大中祥符四年（1011）前，我国福建已经种植。由于当时江浙一带发生旱灾，水稻失收，因此真宗"遣使就福建取占城稻三万斛，分给三路（江、淮、两浙）为种，择民田高仰者莳之。"从此，占城稻从福建传入了长江流域。

占城稻具有“耐水旱而成实早”，又“不择地而生”的优点，因此，在长江流域发展很快。到南宋时，一些地方志如《嘉泰会稽志》、《宝庆四明志》、《嘉定赤城志》、绍兴《澉水志》、嘉泰《吴兴志》、乾道《临安志》、淳熙《新安志》《三山志》、淳祐《玉峰志》等，都有关于占城稻的记载，说明占城稻的分布地域已相当广。有的地区占城稻的产量还高于粳稻，舒璘《与陈仓论常平义仓》曰：新安“大禾谷今谓之粳稻，粒大而有芒，非膏腴之田不可种。小禾谷今谓之占稻，亦曰山禾稻，粒小而谷无芒，不问肥瘠皆可种。所谓粳谷者，得米少，其价高，输官之外，非上户不得而食。所谓小谷，得米多，价廉，自中产以下皆食之。”由于占城稻有以上许多优良特性，所以有的地区如江西，在水稻品种布局上，占城稻占了绝对优势；江南西路安抚制置使李纲曰：“本司管下乡民所种稻田，十分内七分并是占米。”知荆门军陆九渊曰：“江东西田分早晚，早田者种占早禾，晚田种晚大禾。……若在江东西，十八九为早田矣。”这表明，占城稻自传入长江流域以来，对当地的水稻生产，特别是早稻生产产生了很大的影响。

占城稻在长江流域的传播过程中，又分化出许多适合各地特点的变异类型，经过人工选择，又育成了许多新的品种，如《嘉泰会稽志》记载有早占城（一名六十日）、红占城（中熟品种）、寒占城（晚熟种），《隆兴府劝农文》记载有八十占、百占、百二十占等。这些品种和原来当地的早、中、晚稻相搭配，为当地品种布局的进一步合理化和多熟种植的发展创造了条件。

三、其他作物的传入

其他外来作物主要是蔬菜、果树类。

（一）莴苣

莴苣原产于西亚，中国始见于唐代有关文献，如杜甫《种莴苣》诗就曾提到它。北宋初年成书的《清异录》载：“呙国使者来汉，隋人求得菜种，酬之甚厚，故名千金菜，今莴苣也。”说明莴苣是隋朝才引入的外来蔬菜。但是，关于它的具体引入过程史书无记载，隋唐五代三百余年间的文献中也未提及。

《本草纲目》卷二十七“菜部”记载：莴苣（食疗）。

释名：莴菜、千金菜。时珍曰：按彭乘《墨客挥犀》云：莴菜自呙国来，故名。

（二）西瓜

西瓜原产非洲，在埃及栽培已有五六千年的历史。宋代欧阳修《新五代史·四夷附录》记述有：五代同州郃阳县令胡峤入契丹“始食西瓜”。于是，西瓜从五代时由西域传入中国的说法，几成定论。但是，李时珍《本草纲目》中指出：西瓜又名寒瓜。“盖五代之先，瓜种已入浙东，但无西瓜之名，未遍中国尔。”1976 年，广西贵县（今贵港）西汉墓椁室淤泥中曾发现西瓜籽；1980 年，江苏省扬州西郊邗江县（今扬州邗江区）汉墓随葬漆笥中出有西瓜籽，墓主卒于汉宣帝本始三年（前 71）。据此，西瓜可能在五代之前已经传入中国，只是初时并不称西瓜而已。

佟屏亚《果树史话》：“大致说来，我国大江南北种植西瓜系南宋时洪皓引自北方金国；金国种的西瓜则引种于契丹；契丹是在西征回纥时得到西瓜种子的；而回纥种的西瓜则是经中亚引种来的。……推断可能在秦汉以来，西瓜已引进我国边疆地区，或在西北省份有少量种植；宋代以后，通过商业交往、人民迁徙和频繁战争，西瓜才在大江南北广大地区迅速传播开来。”

（三）阿月浑子

阿月浑子原产伊朗。中国农业遗产研究室《作物源流考》对阿月浑子的解析是：

阿月浑子简称阿月，一名胡榛子，又作无名子，今人俗称“开心果”。段成式《酉阳杂俎》：“胡榛子，阿月生西国，蕃人言与胡榛子同树，一年榛子，二年阿月。”陈藏器《本草拾遗》：“阿月浑子生西国诸番，与胡榛子同树，一岁榛子，二岁阿月浑子也。”阿月犹言坚果，阿月浑犹言阿月浑子之坚果。波斯今又称阿月浑子为“Piatan”，故中译又为必答，见忽思慧《饮膳正要》及赵学敏《本草纲目拾遗》，或作罽必思檀，见明慎懋官《华夷花木鸟兽珍玩考》《大明一统志》及清蔡方炳《增订广舆记》。“罽”为古代中亚的一个国家或地区名，亦音译为“罽宾”，必思檀乃“Pistan”之音译。必思答之名起自元代，盖随波斯文之演进而来，中国学者不知阿月浑子、必答与必思答三者为一物，故著录家无述及之。《本草纲目拾遗》亦以“阿月浑子”为二物，“胡榛子”言其果实似榛子，俱误。

此植物皆言生西国，《酉阳杂俎》及《本草拾遗》载“阿月浑子生西番”，《饮膳正要》及《本草纲目拾遗》载“必思答出回回地”，《华夷花木鸟兽珍玩考》《大明一统志》《增订广舆记》载“罽必思檀生撒马尔罕”。撒马尔罕今俄领中亚细亚之一州，古称西番。惟《南州记》谓生广南山谷。《齐民要术》曾引之，故其传入中国，当在南北朝以前。

（四）扁桃（巴旦杏）

《酉阳杂俎》前集卷十八：“偏桃，出波斯国，波斯呼为婆淡。树长五六丈，围四五尺，叶似桃而阔大，三月开花，白色。花落结实，状如桃子而形偏，故谓之偏桃。其肉苦涩不可啖，核中仁甘甜，西域诸国并珍之。”

《本草纲目》卷二十九“果部”：

巴旦杏（纲目）。

释名：八担杏、忽鹿麻。

集解：时珍曰：巴旦杏，出回回旧地，今关西诸土亦有。树如杏而叶差小，实亦尖小而肉薄。其核如梅核，壳薄而仁甘美。点茶食之，味如榛子。西人以充方物。

气味：甘，平、温，无毒。

梁家勉先生认为：“扁桃（巴旦杏）产于中亚细亚，中国文献中最早见于《酉阳杂俎》，称为‘偏桃’。‘偏桃，出波斯国……’引入后主要种于新疆、甘肃、陕西等地温暖而较干燥的地区。”

《中国农业百科全书·果树卷》记载：“中国在唐代已由伊朗引入扁桃到北方地区，栽培历史至少有 1 000 多年。”

第四节 作物构成的变化和农耕制度的发展

一、稻地位的上升

唐代大田作物构成最大的变化是稻地位的上升，进而逐步取代了粟的传统地位。在《齐民要术》中，谷列于首位，而大、小麦和水稻地位稍靠后。但是在《四时纂要》中，通过考察其全年各个月份的农事安排，已经看不出上述的差别，有关于大、小麦的农事活动出现的频率反而居多。为了能够对唐代大田作物种类及其构成大致了解，在这里先把《四时纂要》所载大田农事活动逐月罗列如下。[①]

正月：耕地，准备农具种子，粪田，锄麦，种春麦、豍豆、苜蓿、藕等，开荒。

二月：耕地，种谷子（粟）、大豆、早稻、胡麻、芋、薯蓣、百合、枸杞、红花、地黄、桑、茶等。

三月：种谷子、麻子、大豆、黍穄、水稻、胡麻、柴草、蓝、薏苡、荏等。[②]

四月：锄禾，种谷子、黍、稻、胡麻等，收蔓菁子压油。

五月：翻晒麦地，种小豆、苴麻、胡麻，种绿肥作物（绿豆、小豆、胡麻等），收红花子，种晚红花，栽蓝，栽旱稻，种桑椹，储麦种[③]，收豌豆。

六月：翻晒大、小麦（杀虫防蛀），种小豆、宿根蔓菁。

七月：耕开荒田，为明年春谷地翻压绿肥，种苜蓿、荞麦[④]、芸薹。

八月：为明年春谷地翻压绿肥，种大麦、小麦、苜蓿（苜蓿可与大、小麦混播）、芸薹。收薏苡、油麻、秫、豇豆，压油。

九月：收五谷种。

十月：种豌豆、麻，收诸谷种、大小豆种。[⑤]

十一月：试谷种。

十二月：造农器，粪田。

从上述记载看，唐代大田作物种类与《齐民要术》所记述的相比，大体相同而有所增加，作物结构则有较大变化。

在《齐民要术》所载的各种粮食作物的排位中，谷（粟）列于首位，而大、小麦和水、旱稻却排得稍后。《四时纂要》则看不到这种差别，有关大、小麦的农事活动出现的次数反而最多，粟和稻出现次数也不少，粟、麦、稻显然是当时三大作物。大豆和杂豆出现次数不算多，黍穄出现次数更少。唐颜师古就说过："秋者谓秋时所收谷（粟）稼也。今俗犹谓麦豆之属为杂稼。"[⑥] 至于种麻子，《四时纂要》虽也提及，但书中又提到了大麻

① 所列农事活动不包括园艺、桑蚕、林业、渔业、畜牧和副业。

② 该月尚有"种木棉"一项，疑为后人编入，故不录。

③ "储麦种"原列于四月，今按编者自注移于五月。

④ 种荞麦在立秋前后，原列于六月，今移于七月。

⑤ 此月列有种豌豆、种麻，似为南方农事。《四时纂要》以北方农事为主，但也记有南方的一些农事活动，如植茶等。

⑥ 见《汉书·元帝纪》永光元年三月条，颜注。

油，麻子似乎主要作为油料而不是作粮食。

上述情况，在唐代租税的征纳物中也有反映。唐初租庸调中的租和义仓的税都规定纳粟，稻、麦之乡虽然也可以用稻、麦代粟，但只算是变通办法，粟仍在粮食中占据最高地位。[①] 1971 年对洛阳隋唐含嘉仓城进行了钻探和发掘，已探出 259 个排列整齐的地下粮窖。其中，160 号窖保存了大半窖已经变质炭化的谷子。据推算，这堆炭化谷子原体积应与窖的容积大体一致，重约 25 万 kg。这一空前发现证明了粟产量之大。[②] 不过南方经六朝开发，已经相当富庶，稻生产相当发达。这种情况在唐代继续发展。

唐代吟咏南方水稻生产的诗歌不少。如“东屯大江北，百顷平若案。六月青稻多，千畦碧泉乱。插秧适云已，引溜加溉灌。”[③] 描绘了具有良好排灌系统的大面积江南稻田的图景。在洛阳含嘉仓 3 个窖穴发现的三块铭文砖中，记载有武则天时代（天授、长寿、圣历年间）若干江南租米和华北租粟的入窖数目，其中就有苏州的大米一万多石[②]。说明江南的稻米已开始北运。不过唐初稻米北运岁不过二十万石，中唐以后便增至三百万石了。[④] 当时的人说：“赋出于天下，江南居十九”，[⑤] “今天下以江淮为国命”。[⑥] 这种情况反映了唐中叶以后全国经济重心的南移，也说明了以南方为主要产区的稻在粮食生产中的地位已逐步超过了粟。

可见唐代初期已经出现了南粮北运。

这一时期，北方的水稻生产也有发展，尤其是唐初。北方农田水利的复兴，促进了关中、伊洛、河内、河套、幽蓟等地水稻生产的发展[⑦]，稻产区的北界也随之扩展。唐代敦煌文书和吐鲁番文书就有不少稻作的记载[⑧]，唐玄宗时，伊州（即今哈密）已每年给中央政府贡献稻米。[⑨] 在以黑水靺鞨为主体建立的渤海国中，“庐城之稻”已成为当地的名产。[⑩] 这说明唐代新疆与东北都有稻谷生产。

麦类生产的发展也很突出。前面谈到唐代麦钐的出现和硙碾的发展，表明了北方麦类生产的规模已相当大，这与《四时纂要》所反映的情况一致。唐代的南方，在东晋、南朝推广种麦的基础上，麦作又有了进一步的发展。许多州郡都有种麦的记载。由于麦作的发展，唐代诗文中也出现了不少关于种麦的描述。例如：

岳州：年年四五月，茧实麦小秋。积水堰堤坏，拔秧蒲稗稠。[⑪]

苏州：去年到郡时，麦穗黄离离。今年去郡日，稻花白霏霏。[⑫]

---

① 如《唐六典》卷三“仓部郎中”条谈到义仓谷要纳粟，“乡土无粟，听纳杂种充”。

② 《洛阳隋唐含嘉仓的发掘》，见《文物》1972 年第 3 期。

③ 杜甫：《行官张望补稻畦水归》，见《杜少陵集》卷十九。

④ 《新唐书》卷五十三：《食货三》；《旧唐书》卷四十九：《食货志下》。

⑤ 韩愈：《送陆歙州诗序》，见《韩昌黎集》卷十九。

⑥ 杜牧：《上宰相求杭州启》，见《樊川文集》卷十六。

⑦ 张泽咸：《试论汉唐间的水稻生产》，见《文史》第 18 辑。

⑧ 《敦煌资料》第 1 集（261～274 页），中华书局，1961。

⑨ 《册府元龟》卷一六八：《却贡献》，载唐玄宗开元七年二月敕“伊州岁贡年支米一万石宜停”。

⑩ 《新唐书》卷二一九：《渤海传》。

⑪ 《元氏长庆集》卷三：《竞舟》。

⑫ 《白居易集》卷二十一：《答刘禹锡白太守行》。

越州：偶斟药酒欺梅雨，却著寒衣过麦秋。①

润州：簟凉初熟麦，枕腻乍经梅。②

江州：四月未全热，麦凉江气秋。③

台州：铜瓶净贮桃花雨，金策闲摇麦穗风。④

宣州：丰岁多麦，傍有滞穗。⑤

荆州：荆州麦熟茧成蛾。⑥

池州：分开野色收新麦，惊断莺声摘嫩桑。⑦

饶州：韦丹、窦从直，……奏江饶等四州旱损，……并劝课种莳粟麦等事宜。⑧

容州：韦丹……为容州刺史，……屯田二十四所，教种茶、麦。⑨

楚州：川光净麦陇。⑩

鄂州：冬来三度雪，农者欢岁稔。我麦根已濡，各得在仓廪。⑪

湘州：卖马市耕牛，却归湘浦山。麦收蚕上簇，衣食应丰足。⑫

夔州：巴莺纷未稀，徼麦早向熟。⑬

峡州：白屋花开里，孤城麦秀边。⑭

此外，据《蛮书》载，唐时云南亦多种麦，麦就越来越成为一种重要的征纳物。永泰元年（公元 765）“五月，京畿麦大稔，京兆尹第五琦奏请每十亩官税一亩，效古十一之义”⑮。这是针对当时“税亩苦多”所采取的措施，税麦的出现应在此之前。大历五年（公元 770）三月，规定“京兆府夏麦，上等每亩税六升，下等每亩税四升，……秋税上等每亩税五升，下等每亩税三升……”⑯，从上述税率看，在关中地区夏麦的亩产已赶上了秋粟的亩产。到了建中元年（公元 780）终于正式颁布了两税法，规定“居人之税，秋夏两征之，……夏税无过六月，秋税无过十一月”⑰。两税中的地税是征收麦、粟、稻等谷物，夏税截止期在 6 月，因为这时麦子已收完；秋税截止期在 11 月，因为这时粟和稻都已收完。两税法的实行，显然是以稻、麦生产的扩大为重要前提的。

总之，我国北粟南稻的格局自新石器时代以来即已形成。由于经济重心在黄河流域，

---

① 方干：《鉴湖西岛言事》，见《全唐诗》卷六五。

② 许浑：《闲居孟夏即事》，该诗当作于许氏润州别业，见《全唐诗》卷五二九。

③ 《白香山集》卷七：《游湓水》。

④ 陆龟蒙：《和袭美腊后送内大德从勖游天台》，见《唐甫里先生文集》卷十。

⑤ 《因话录》卷四。

⑥ 《李太白集》卷四：《荆州歌》。

⑦ 《唐风集》卷中：《献池州牧》，引自《全唐诗补》。

⑧ 《白香山集》卷四：《与韦丹诏》。

⑨ 《新唐书·循吏传》。

⑩ 《李太白集》卷九：《赠徐安宜》。王琦注：唐时淮南道楚州有安宜县。

⑪ 《元次山文集》卷三：《雪中怀孟武昌》。

⑫ 《王建诗集》卷四：《荆南赠别李肇著作转韵诗》。

⑬ 《杜少陵集》卷十五：《客堂》，作于云安县。

⑭ 《杜少陵集》卷二一：《行次古城店泛江作，不揆鄙拙，奉呈江陵幕府诸公》。

⑮ 《册府元龟》卷四八七：《赋税》。

⑯ 《文苑英华》卷四三四：《京北府减税制》。

⑰ 《旧唐书·杨炎传》。

粟在全国粮食生产中亦占首要地位。从新石器时代到唐初，作物构成虽局部有所变化，但上述北粟南稻的格局基本延续下来。直到这一时期，原有格局开始被打破。中唐以后，稻逐渐代替了粟在全国粮食生产中的首要地位，麦也紧紧跟上，而粟处于两者之后。

二、复种耕作制开始出现

麦类在南方的种植虽然起源很早，但稻麦复种一年两熟制的明确记载，却首见于唐代。唐代樊绰的《蛮书・云南管内物产第七》记载："从曲靖州已南，滇池已西，土俗唯业水田，种麻、豆、黍、稷不过町疃。水田每年一熟，从八月获稻，至十一月十二月之交，便于稻田种大麦，三月四月即熟。收大麦后，还种粳稻。小麦即于冈陵种之，十二月下旬已抽节如三月，小麦与大麦同时收刈。"这是关于中国南方实行稻麦两熟制的最早记载。

从上述记载看，稻麦复种已是云南滇池一带（当时云南在以白族为主体的政权统治下）主要的耕作制度，与水稻复种的作物是大麦，从 11 月、12 月之交到次年 3～4 月，生长期约 4 个月，而当时长江流域 8 月种麦，次年 4～5 月收麦，是早熟的品种。这也与云南气候比较温暖有关。云南早在铜石并用时代即已种麦[①]，麦作有悠久的历史，首先出现稻麦复种制，并非偶然。长江中下游地区在唐代是否有稻麦两熟，目前尚无足以确证的资料[②]。这一地区稻麦两熟制的条件虽已逐步成熟，但它的初步发展，应在南宋时代。岭南的双季稻已有悠久历史，在唐代，也有岭南"收稻再度"的记载。[③] 到北宋时双季稻已发展到福州、昆明、贵阳一线。地处吐鲁番盆地的高昌，也继续实行谷麦两熟制，如《新唐书・西域传》载，"高昌……土沃，麦、禾皆再熟"。

在黄河流域，耕作制度也有所发展。北魏均田令曾规定不少田地要定期休耕，隋唐时期这类现象减少了。从《四时纂要》农事活动安排看，当时已广泛实行绿肥作物与禾谷类作物的复种，5 月麦收后，又可以安排小豆、枲麻、胡麻等作物的种植。《齐民要术》卷首《杂说》："禾秋收了，先耕荞麦地，次耕余地。"显然是荞麦与早秋作物复种。"其所粪种黍地，亦刈黍子，即耕两遍，熟盖，下糠（穬）麦[④]，至春，锄三遍止。"这是禾麦复种的另一种方式。唐初，关中地区"禾下始拟种麦"[⑤]，说明冬麦与粟复种在唐代确实有所发展。若与豆类、荞麦等晚秋作物相结合，则某些地区便可能实行以冬麦为中心的两年三熟制。唐初内外官职田有陆田（种禾黍）、水田（种水稻）和麦田，麦田与陆田和水田是分开的。到德宗时出现了所谓"二稔职田"的名目[⑥]，所谓"二稔"应指麦禾二熟或麦稻二熟，所以它应是包括两年三熟制的耕地在内的。唐中叶以后，夏秋两税成为定制，夏

---

① 云南剑川海门口铜石并用遗址曾发现麦穗，该遗址距今约 3 100 年，相当于中原的商代。

② 有人主张唐代长江下游已普遍实行稻麦两熟制。见李伯重：《我国稻麦复种制产生于唐代长江流域考》，《农业考古》1982 年第 2 期。但论据尚嫌不足。

③ 真人元开：《唐大和上东征传》。

④ 原文作"穬麦"，石声汉、缪启愉并疑为"糠麦"之误，参见《齐民要术今释》第 19 页及《齐民要术校释》第 17 页。

⑤ 《旧唐书》卷八十四：《刘仁轨传》。

⑥ 《唐会要》卷九十二"内外官职田"。

收麦子中，可信有一部分是实行复种的。不过，唐代北方实行两年三熟制的范围估计不会大，普及程度也不会高。

传统的种植结构变迁与传统的作物品种传播与当时的农业生产技术水平、农业生产工具等诸多因素是分不开的。例如，960 年小麦开始在长江流域大发展，形成“极目不减淮北”的局面。1012 年宋真宗遣使福建，取占城稻三万斛，分给江、淮、两浙三路种植，是我国历史上水稻的一次大规模引种。1061 年油菜已成为江南地区的油料作物。1100 年左右我国最早的水稻品种志《禾谱》问世。这些都是推动复种指数增加的关键因素。

三、作物结构的重大变化

秦汉时期，我国大田作物的结构大致是：粮食作物以粟、菽、麦为主；纤维作物以麻为主；油料作物以芝麻为主。从隋唐开始稻麦地位急剧上升，中唐以后粮食作物转为以稻、麦为主，纤维作物转向以棉花为主，油料作物以油菜为主。

水稻，在唐代之前虽然是五谷之一，但是在全国不占主要地位。直到隋唐时期，南方地区开发，水稻在粮食中地位才随之提高，唐代始出现了最早的南粮北运局面。水稻地位提高主要是由于西晋南北朝以来政治、经济重心南移，南方加速开发，人地矛盾突出，开始对土地进行改造，修筑大量围田、梯田、涂田，提高土地利用率，稻田面积大为增加，同时稻作技术的提升使得水稻产量又有很大提高。据研究，唐代南方水稻亩产量约为 1.5 石（138 kg）米；宋代（太湖地区）水稻亩产量约为 2.5 石（225 kg）米，比唐代增长 63%。因此，当时的太湖地区有“天下粮仓”之美誉，水稻也被称为“安民镇国之至宝”[①]。

唐代以后，北方麦作由于水利、耕作、加工等技术的进步，发展很快。北宋时，小麦成为北方人的常食。两宋之际，北人南迁，麦价飞涨，促使南方麦作快速发展。不但“有山皆种麦”，而且实行了稻麦轮作，使得麦作区大大增加，麦的地位在历史上很快超过了传统作物——粟。从全国范围看，原来粟、麦为主的粮食作物结构，被稻、麦为主的粮食作物结构所取代。

宋代以前，我国衣被原料主要以麻、葛、丝和动物皮毛为主。宋以后，棉花传入内地，其许多优点为人们所认识，“比之桑蚕，无采养之劳，有必收之效。埒之枲苎，免绩缉之工，得御寒之益，可谓不麻而布，不茧而絮”，[②] 棉花很快成为遍布天下“地无南北皆宜之，人无贫富皆赖之”的大众化衣被原料。遂棉花代替了传统的麻类作物，成了最主要的纤维作物，极大地改善了当时人们的物质生活水平。

油菜，在我国古代是作为一种白菜型的蔬菜，分为南方油白菜和北方油白菜两种。汉代作为叶类蔬菜食用，南北朝时期油白菜已经是“最为常食”的品质优良的大众化蔬菜，并且首次出现了“籽可作油”的记录。北方古时候称其为芸薹，唐代陈藏器的《本草拾遗》中有取芸薹“子压取油”的说法。但是由于油菜在大田中种植不广，当时并未成为主要的油料作物。

---

① 赵希鹄：《调燮类编 • 粒食》。

② 《王祯农书 • 纩絮门》。

唐宋期间作物结构的重大变化，基本奠定了我国以后作物结构的大体格局。虽然明清时期引进并大面积推广了玉米、甘薯等高产、稳产作物，但是从全国范围来看，稻、麦仍然是最为重要的粮食作物。

第五节　南方稻作形成对当时社会的影响

一、对传统精细经营的影响

在唐朝之前，人们对江南水田耕作技术的认识主要来自《史记》《汉书》。例如"火耕水耨，饭稻羹鱼"，描述的是比较原始的、落后的农作方式。后来的《隋书·地理志》也没有江南耕作技术的描述。学术界多认为唐之前南方水田耕作技术相对北方来说是落后和粗放的，这种状况于中唐之后逐渐改变。陆龟蒙《耒耜经》提到："耕而后耙，渠疏之义也，散坺去芟者焉。""和土去草"是南方耙地的重要作用。唐代针对南方水田土壤较黏重和阻力大的特点，又制作出木质外带列齿的礰礋或磟碡，不仅能破碎土块，还能混合泥浆，且负荷又轻，从而大大提高了水田农作的效率和质量。

另据《唐六典》卷七描述，当时种稻一顷需用工 948 日，而种禾一顷需用工 283 日，说明南方水田生产耕作已经达到很高的劳动集约程度，精耕细作技术水平也相当高。

宋代陈旉编撰的《农书》，是第一部系统论述南方稻作技术的农学著作，书中提到的与水稻栽培技术有关的"十二宜"，首次提出作物栽培生长期，不但要使用底肥、种肥，还要使用追肥技术，且提出了著名的"地力常新壮说"。史学界普遍认为，《陈旉农书》的出现，是我国南方水田精耕细作技术体系成熟的标志。

二、对南方粮食生产中心形成的影响

由于政治经济中心南移，使得我国南方水田耕作技术发展迅速，一套以耕、耙、耖为主要内容的水田耕作技术逐步发展成熟。江东曲辕犁是唐代最先进的耕犁，与此同时，为水田灌溉服务的龙骨车、筒车等提水农具也得到广泛推广应用。中唐后期，水利建设的重点转移到南方，尤其是五代时期吴越太湖流域逐步形成了塘浦圩田系统，奠定了其后来发展成为全国著名粮仓的基础。

南北朝时期长江流域已很繁荣，因而使唐朝的国力又超过秦汉。中唐以后，全国经济重心已有再向南方推移的迹象。在南方经济的发展中，水稻的大量增产起着主导作用。虽然现在没有唐宋时期的粮食统计，但是可以肯定地说，至迟到北宋时，稻的总产量已经上升到全国粮食作物的第一位。江南的水稻生产在唐初和中后期发生了较大变化，《洛阳隋唐含嘉仓的发掘》(《文物》，1972 年第 3 期）一文对此有所描述，存有武则天时期江南租米和北方租粟的入窑账目，其中有苏州大米 1 万石。《新唐书》卷 53《食货三》、《旧唐书》卷 49《食货志下》描述，唐初江南稻米北运不过 20 万石，中唐以后便增至 300 万石。由此可见，南粮北运至晚始于中唐。

三、对当时社会的影响

唐朝统治者虽然建都在北方，但是已经意识到南方经济地位的重要性。东晋以后南方

的开发、大运河的开通，把南北经济紧密联合起来，为后来大唐帝国的繁荣昌盛打下了坚实的基础。

（王宝卿　王秀东　吕永庆）

参考文献

缪启愉，1988. 元刻农桑辑要校释［M］. 北京：农业出版社.

梁家勉，1989. 中国农业科学技术史稿［M］. 北京：农业出版社.

王毓瑚，1981. 王祯农书［M］. 北京：农业出版社.

吴震，1962. 介绍八件高昌契约［J］. 文物（7-8）：77，79，82.

游修龄，1985. 释穲［M］//农史研究：第5辑. 北京：农业出版社.

广东省农业科学院，轻工业部甘蔗糖业科学研究所，1963. 中国甘蔗栽培学［M］. 北京：农业出版社.

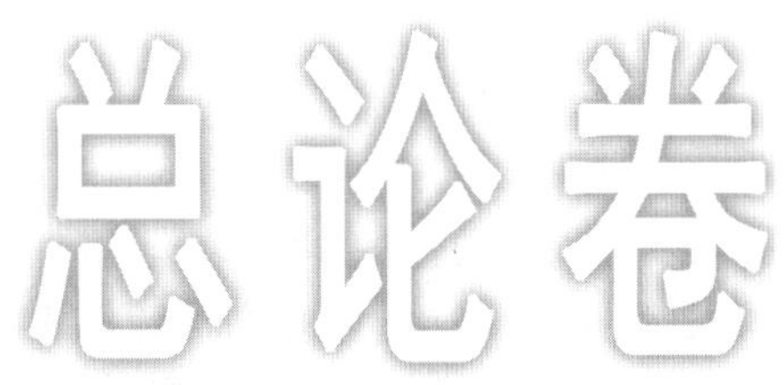

第六章

传统农业精细经营的成熟期
——多熟制农业形成发展时期

多熟制自南宋到明清经历了从开始到成熟的发展过程。究其成因，既有社会因素，也有栽培技术提高、外来作物引进等原因。

首先是南宋政治经济中心南移，宋代中棉和占城稻的引进推广开启了多熟制的发展，到明清时期，随着对外交流的增多，我国引进了许多美洲作物，其中既有玉米、甘薯、马铃薯这样重要的粮食作物，也有花生、向日葵一类油料作物；既有番茄、辣椒、菜豆、番石榴等蔬菜、果树，也有烟草、陆地棉（美洲棉）这样的嗜好作物和衣被原料作物，种数超过了 20 种。

外来作物的引种推广，引起了种植结构的重大变化，复种指数增加，粮食单产剧增，也带动了人口数量的剧增，对农业生产、社会经济产生了重大影响。

第一节　多熟制发展成熟的原因

一、长江流域及南方多熟制成因

（一）人口南移

1127 年金人攻破汴京（今开封），宋王室南迁，建都临安（今杭州），史称南宋。南北宋时期，契丹、党项、女真等游牧民族，在我国北方建立了辽、西夏、金等政权，与宋王朝的长期对峙和战争，致使北方农业生产受到破坏，但是民族的大融合客观上又推进了农耕技术向北方拓展。由于人口大量南移，更加促进南方的开发，使得南宋时期我国经济中心南移的过程最终得以完成。随着作物栽培技术的不断提高，加上外来作物的不断引进，特别是明清时期美洲作物的引进推广，以及明清时期人口迅速膨胀，加大了对粮食需求量，使得传统农业精耕细作技术到清代达到了顶峰——作物栽培多熟种植技术达到成熟。传统农业逐步形成了以多熟制为主的农业种植体系。

宋代以后南北方人口之比出现显著变化，促使农业生产形成南北新格局。“靖康之变”之后，随着宋王室定都临安，北人纷纷南迁，“中原士民，扶携南渡，不知其几千万”，南方人口迅速超过北方。《新唐书·地理志》统计，唐代天宝元年（742），全国人口为

5 097.5万人，其中黄河流域为3 042.4 万人，占人口总数的59.68%；长江流域为1 939.0万人，占人口总数的38.03%。宋代元丰三年（1080），据《文献通考·户口》统计，全国人口3 330万人，其中黄河流域1 159万人，占人口总数的34.8%；长江流域1 945万人，占人口总数的58.4%。之后长江流域人口继续增长。元代全国3/4人口分布在长江以南地区。可以看出，到宋代南方人口已经绝对超过北方，这为南方地区农业发展提供了人才和技术保障。

许多社会因素也是宋代发展多熟种植的推动力。

（1）政府倡导。由于自然灾害频繁，杂种五谷备荒。《宋史·食货志上一》记载，北宋太宗“召江南、两浙、荆湖、岭南、福建诸州长史，劝民宜种诸谷。民乏粟、麦、豆种者，于淮北州郡给之。”

（2）麦子需求量增加。从12世纪起，北方居民再次大量南徙，“四方之民，云集两浙，百倍常时。”庄季裕《鸡肋篇》：“建炎（1127—1130）之后，江、浙、湖、湘、闽、广，西北流寓之人遍满。绍兴（1131—1162）初，麦一斛至万二千钱，获利倍于种稻。”北人南迁后，喜食面食的习惯没有改变，善于种麦的技术也不会忘记，市场需求加大，价格上升，大大刺激了麦子的种植。

（3）稻田种麦不收田租。当时南方“佃户输租，只有秋课，而种麦之利，独归客户。”佃户利用冬闲之田种麦，收获归己，“于是竞种春稼，极目不减淮北”。[①] 诸多因素促使麦子种植区由原来高亢丘陵向低平水稻区扩展，稻麦轮作制在江南逐渐发展起来。

（二）占城稻利用与推广

小麦具有较强的耐寒性，能在秋冬的低温条件下生长发育。小麦原先在北方种植，虽然在南方地区较早就有栽培，但是种植面积较少。东晋南北朝到唐代，小麦在南方种植逐渐增多，但主要在丘陵地带种植。直到宋代，小麦在我国南方才有了较大的发展。小麦在南方的大面积推广为南方地区多熟制的发展提供了条件。同时，水稻品种的增加也为提高复种指数和多熟种植创造了条件。宋代水稻已经有了早、中、晚及籼、粳、糯类型之分，耐旱的早熟品种占城稻（生育期110 d左右）在南宋时期也得到大力推广。

占城稻原产占城国（今越南中南部），传入中国的时间史无记载，但北宋时期，福建已经大量种植。占城稻“耐水旱而成实早”又有“不择地而生”的优点，是一种耐旱的早熟籼稻品种，其生育期约为110 d，为推广双季稻、稻麦轮作提供了可能。特别是南宋以后，由于政治经济重心南移，北方的小麦在南方得到普及和推广，这两方面的原因，使得宋代稻麦轮作得到推广普及。于是水稻首次上升为全国首要的粮食作物，麦作也发展迅速，地位仅次于水稻。稻麦两熟制的推行具有重大意义。首先在经济方面，冬小麦秋季播种，夏初收获，其生长季节与喜高温的春播作物——水稻不冲突，充分利用了自然资源，增加了复种指数，使江南的水田由一年一熟，变成了一年两熟，土地利用率提高了1倍，粮食单产、总产大为增加。其次在社会功能方面，春夏之交收获麦子可以起到“续绝继乏”之功用，“其收获又足以助岁计也”。麦子的收获是在农民青黄不接的时候，特别是灾

① 庄季裕：《鸡肋篇》。

荒年份，能起到救荒的作用，可以说对社会的稳定具有不可估量的作用。再次在农业技术方面，稻麦两熟制实行水旱轮作，改善了土壤物理状况，增加了通气性，起到熟化土壤的作用，有助于保持和提高地力。宋代农学家陈旉认为：这种耕作制度，具有“熟土壤而肥沃之，以省来岁功役”的良好作用。因此，稻麦两熟制的形成，是我国耕作制度的一项重大进步。

占城稻引进后，旱田改成水田，双季稻地域大大增加，政府也提倡在北方开辟稻田，此时水稻在粮食生产中的主要地位也完全确立。因而宋代就有“苏常熟，天下足”和“苏湖熟，天下足”的谚语；明代又有“湖广（今湖南、湖北两省）熟，天下足”的说法。在南方地区特别是长江流域，迅速发展起来的稻麦两熟制代替了原来的南方的单一稻作的种植结构。史学界对宋代的这一变化给予了极高的评价。而北方地区，由于气候的原因，无霜期短、干旱少雨，在当时发展多熟制受到许多因素的限制。

明清时期耕作制度的发展突出表现为双季稻和三熟制在南方许多地区有较大发展。双季稻早稻一般采用生长期短、收获早的品种，遇到灾害有较大回旋余地。清代康熙时期，长江流域曾广泛推广双季稻。随着双季稻的发展，加上麦和油菜在南方的普及推广，在自然条件适宜地区，逐步发展为麦—稻—稻，或者油—稻—稻等形式的三熟制。

（三）油菜的引进及南方多熟制的形成

油菜籽出油率高，是禾谷类作物的优良前作，而且“易种收多”，在南方经冬不死。油菜在南宋时期就成为南方重要的冬作物，与水稻搭配，形成水稻、油菜一年两熟（甚至三熟制）的耕作制。南宋诗人项安世在《送董煟归鄱阳》中写道：“自过汉水，菜花弥望不绝，土人以其子为油。”[①] 油菜在中国的栽培历史悠久，作为油料作物大约在唐宋时期。在花生传入我国之前的南宋时期，成为继芝麻之后又一重要的油料作物，而且油菜的地位迅速超过芝麻，成为重要的大田作物。油菜具有许多优点：①油菜比较耐寒，经冬不死，适宜稻田中冬作。②油菜生长期间的落花、落叶有肥地之功效，是禾谷类作物的优良前作。③油菜既可以作为蔬菜又可以作为油料作物。油菜籽榨油率很高，仅次于芝麻，但比芝麻“易种收多”。鉴于以上诸多优点，油菜种植很快在南方发展起来。

《务本新书》记载：“十一月种油菜。稻收毕，锄田如麦田法，即下菜种，和水粪之，芟去其草，再粪之，雪压亦易长。明年初夏间，收子取油，甚香美。”可见，宋人已把油菜当成南方稻田重要的冬作物，与水稻形成稻油一年两熟的耕作制度。油菜在大田作物中的地位迅速上升，超过芝麻，成为我国继芝麻之后又一重要的油料作物。油菜的推广，为宋代解决人地矛盾，提高复种指数和土地利用率，南方多熟种植大为发展起了推动作用。

到了明清时期，南方地区多熟制又有进一步发展，据文献记载，当时比较流行的间作套种形式有：粮豆间作、粮菜间作、早晚稻套种、稻豆套种、麦棉套种、稻薯套种、稻蔗套种以及麦稻连作等。

---

① 项安世：《平庵悔稿》卷六。

二、黄河中下游及北方多熟制的成因

（一）人口激增，粮食需求量加大

明朝至清前中期（1368—1840），中国普遍出现人多地少的矛盾，农业生产进一步向精耕细作化发展。美洲新大陆的许多作物被引进中国，对中国的农作物结构产生了重大影响，精细经营和多熟种植成为农业生产的主要方式，也是清代粮食单产和总产大幅度提高的主要原因。著名农业史专家万国鼎先生认为："清初人口 1 亿多，乾隆初年超过 2 亿，乾隆末已近 3 亿，清末达 4 亿左右。如果粮食生产不能大量增加，人口绝不可能增加得这样多而快。粮食增产的因素很多，清初以来的粮食增产当然不是单靠新的高产作物的引种，稻、麦等原有作物的增产所占比重可能还比较大些，但是玉米、甘薯等新作物的额外大量增加，必然也起了不可忽视的重大作用。"

（二）域外作物的引进与利用

宋代中棉的引进推广，改变了人们几千年来衣被面料以麻（丝）为主的现象，稻、麦地位的上升，也从根本上改变了人们以粟、黍（特别是北方）为主食的饮食结构，也是禾谷类作物的优良前作。

明清时期由于哥伦布于1492年发现了美洲大陆，加上世界航运的兴起，美洲的一些农作物开始引入我国，形成我国作物引进史上第 3 次高潮期，如玉米、花生、甘薯、马铃薯、烟草、辣椒等 20 余种美洲作物相继引入我国，在改变传统种植结构，大幅度提高粮食产量，改善人们生活水平、饮食结构等方面起了巨大作用。

18 世纪中叶以后，我国北方除了一年一熟的寒冷地区外，山东、河北及陕西关中地区已经较普遍实行两年三熟制，这种农作制经过几十年的逐步完善，到 19 世纪前期已经定型。典型两年三熟制的轮作方式是：谷子（或玉米、高粱）—麦—豆类（或玉米、谷类、薯类）。

三、重要农学思想

这一时期综合性农书的代表为《王祯农书》、《农政全书》与《授时通考》，元代的《王祯农书》（1313）在我国古代农学遗产中占有重要地位，它兼论北方农业技术和南方农业技术。《农政全书》的撰著者为徐光启（1562—1633），编写于天启五年（1625）至崇祯元年（1628）；而《授时通考》是依据乾隆皇帝旨令由内廷阁臣集体汇编的一部大型农书，从编纂到刊印前后历时 5 年。这后两部农书既是对中国长达 4 000 年传统农业的凝练结晶，又是对南宋至清近 800 年以多熟制为主要特征的传统农业的全面总结。可以说，它既能体现出传统农业的特点与精髓，也同现代农业生产有一脉相通之处，承上启下有如"一个典型的里程碑"[①]，因此就其文献学上的地位，也自有得以传世并供人参阅的因由。另外，明末科学家宋应星（1587—1661）撰写的《天工开物》，对中国古代的各项技术进行

① 游修龄：《从大型农书的体系比较试论〈农政全书〉的特点与成立》，载《中国农史》1983 年第 2 期。

了系统的总结，构成了一个完整的科学技术体系。

第二节　作物结构的重大变化①

据明代《天工开物》对当时主要粮食消费状况概括性记载："今天下育民者，稻居什七，二來、牟、黍、稷居什三。麻、菽二者，功用已全入蔬饵膏馔之中。……四海之内，燕、秦、晋、豫、齐、鲁诸道，烝民粒食，小麦居半，而黍稷、稻、粱仅居半。西极川、云，东至闽、浙、吴、楚腹焉，方长六千里中，种小麦者，二十分而一。"《天工开物》的记述反映了明代全国范围水稻种植已占 7/10，但在北方地区仍然以小麦为主（约占一半），而水稻连同黍子、谷子合起来为另一半。作为当时人们衣食之源的作物种植情况系统记载的文献很少，《天工开物》的记述基本反映了当时水稻、小麦粮食作物的主导地位，即使后来引进的玉米、甘薯等美洲作物，很长时期也没有撼动二者的主导地位。

作物结构的变化和发展取决于自然环境条件、社会经济条件、技术条件及农民传统习惯等诸多因素。明清时期虽然自然环境条件变化不大，但是社会经济条件、科学技术水平却发生了显著变化。具体表现在，明清时期有玉米、花生、甘薯、马铃薯、烟草、辣椒等粮食作物、油料作物、蔬菜作物、纤维作物、嗜好作物 20 多种美洲作物相继传入我国，对我国后来的种植结构变化产生了巨大影响。下面主要介绍几种重点作物。

一、粮食作物

（一）玉米

玉米（*Zea mays* L.）属禾本科玉蜀黍属，又名苞谷、苞米、苞粟、苞芦等，山东一带称其为玉蜀秫或苞儿米。原产于美洲的墨西哥、秘鲁、智利安第斯山脉的狭长地带，1492 年哥伦布发现美洲新大陆后始传入欧洲，辗转传入中国。

据考证，玉米经多途径传入我国。玉米传入我国的时间和途径由于缺乏明确记载，一直众说纷纭。从我国最早载有玉米记录的方志和史料中可以发现，玉米经多种途径多次传入我国的可能性极大。

较早记载种植玉米的文献主要见于 16 世纪的一些古籍和地方志（表 6－1）。

嘉靖三十年（1551），河南《襄城县志·玉麦》，是现有文字资料最早记录玉米的文献。

嘉靖四十二年（1563），云南《大理府志》；万历二年（1574），《云南通志》；嘉靖三十九年（1560），甘肃《平凉府志》②；嘉靖十四年（1535），陕西巩昌府《秦安志》；万历二年（1574），安徽《太和县志》；万历二十五年（1597），陕西《安定县志》；万历元年（1573），田艺衡著《留青日札》；万历六年（1578），李时珍著《本草纲目》；万历九年（1581），慎懋官著《华夷花木鸟兽珍玩考》等文献都有关于玉米的记载。在这些古籍或者

① 玉米、马铃薯、甘薯部分主要参考王秀东博士学位论文《可持续发展框架下我国农业科技革命研究》。

② 所载内容与嘉靖三十九年（1560）《华亭县志》相同，可以相互印证。

地方志中称其为“玉麦”“御麦”“玉蜀黍”“番麦”等。

古籍和地方志中记载的种植玉米的年代，并不一定说明当地是最早引种玉米的，由于不同地区经济文化发展的不平衡，玉米在当地粮食作物中所占的地位，以及文人、学者对它的评价，都会影响到玉米是否能在史籍中及时地被反映出来。农史学界普遍认为玉米传入中国有三条途径[①]：

第一路：先从北欧传入印度、缅甸等地，再由印度、缅甸传入我国的西南地区。

第二路：由西班牙传至麦加，再由麦加传入中亚、西亚到我国西部，沿着古代丝绸之路传入我国。

第三路：从欧洲传入菲律宾，之后由葡萄牙人或者在当地经商之人，经海路引种到我国的东南沿海。

表 6-1 明代玉米最早在各地记载一览表[②]

地　　区		明代最早有玉米记载的资料
西北地区	甘肃	嘉靖三十九年（1560）《平凉府志》卷四
	陕西	万历二十五年（1597）《安定县志》卷一
西南地区	云南	嘉靖四十二年（1563）《大理府志》卷二[③]
	贵州	明（1644 年前）绥阳知县毋扬祖“利民条例”[④]
东南地区	江苏	嘉靖三十七年（1558）《兴化县志》
	浙江	隆庆六年（1572）田艺蘅《留青日札》卷二十六《御麦》
	安徽	万历二年（1574）《太和县志》卷二
	福建	万历三年（1575）“Herrada 追忆录”[⑤]
中原地区	河南	嘉靖三十年（1551）《襄城县志》卷一
	山东	万历三十一年（1603）《诸城县志》卷七
	河北	天启二年（1622）《高阳县志》卷四

资料来源：咸金山：《从方志记载看玉米在我国的引进和传播》，见《古今农业》1988 年第 1 期。

唐启宇先生认为，根据史料记载，从中国西北最早传入的可能性较大。1962 年捷克科学院出版的《玉蜀黍专著》，推断玉米传入中国的时间应该在 1525—1530 年，只是没有

① 佟屏亚：《中国玉米科技史》，中国农业科技出版社，2000 年。

② 明代《御制本草品汇精要》记载，玉米最早是 1505 年传入我国，现文献存于意大利。我国国内文献最早的记载见于明正德《颍州志》（1511），但是笔者均未见原刊，有待于进一步确认。

③ 明成化年间《滇南本草》记载有“玉米须”，据此，游修龄先生认为，玉米传入我国应在 1492 年哥伦布发现新大陆之前，具体说是在 1476 年以前（游修龄：《玉米传入中国和亚洲的时间途径及其起源问题》，载《古今农业》1989 年第 2 期）。但是，游修龄在《读〈中国人发现美洲〉》一文中基本又否定了这种说法。而向安强则推断《滇南本草》记载的“玉米”可能是当地土产玉米，而非国外引入品种（向安强：《中国玉米的早期栽培与引种》，载《自然科学史研究》1995 年第 3 期）。一方面，因《滇南本草》的这段记载仍存疑，可能经后人增补，不作为信史资料；另一方面，根据现在技术对玉米的酶带进行的检验，现今我国种植的玉米和美洲引进种基本上都有第四酶带，而糯玉米则有第五酶带，故本文认为《滇南本草》记载的“玉米”极可能是糯玉米。

④ 道光二十一年《遵义府志》卷十六，追叙“明绥阳知县毋扬祖《利民条例》”（1644 年前）：“县中平地居民只知种稻，山间民只种秋禾、玉米、粱、稗、菽豆、大麦等物。”

⑤ 转引自蒋彦士译：《中国几种农作物之来历》，载《农报》1937 年第 4 卷第 12 期。

更多的资料佐证。不过从最早的嘉靖十四年（1535）陕西巩昌府《秦安志》对玉米的记录来看，以当时的交通和文化背景，10 年之前传入中国，到 1535 年才见于文献也是有可能的。

通过以上分析，在没有更多佐证的情况下，可以认为玉米传入我国是多路线的，即由海路、西北古丝绸之路及西南云南等地分别引进，而且存在反复引种的可能。

（二）甘薯

甘薯（*Ipomoea batatas* L.）属于旋花科，牵牛属，块茎栽培植物。又名番薯、白薯、红薯、山芋、红山药、番薯蓣、土瓜等，山东俗称地瓜，随地异名。我国原先就有甘薯这一名称，但在明代以前，不是指甘薯，当时也没有甘薯。[①] 以甘薯作为番薯，是在甘薯传入我国以后，属讹传之误。其后相沿成习，甘薯反而成了番薯的俗名。正式写下甘薯作为番薯大名的，是《群芳谱》《农政全书》等明代古农书。本文采用番薯、甘薯通用，都是指甘薯。

甘薯由多个途径传入我国，较早记录甘薯的文献有：

明万历二十二年（1594）《福宁府志》记载："番薯，有红白二色，郡本无此种，明万历甲午岁荒，巡抚金学曾从外番购种归，教民种之，以当谷食。"

万历二十二年（1594）福建《闽侯县志》记载："番薯，福建呼金薯者，以万历甲午福州岁荒后，巡抚金学曾莅任，始教民种番薯，故称金薯。"

清初周亮工撰《闽小记》记载："番薯，万历中闽人得之国外，脊土砂砾之地皆可种之。初种于漳郡，渐及泉州，渐及莆，近则长乐、福清皆种之。盖度闽海而南有吕宋国，国度海而西为西洋，多产金银，行银如中国行钱，西洋诸国金银皆转载于此以过商，故闽人多贾吕宋焉。其国有朱薯被野连山……中国人截取其蔓咫尺许，挟小盖中以来，于是入闽十余年矣。其蔓虽萎剪插种之，下地数日即荣，故可挟而来。起初入闽时，值闽饥，得是而人足一岁其种也。不如五谷争地，凡脊卤沙岗皆可以长，粪治之则加大。天雨，根益奋满。即大旱、不粪治，亦不失径寸围。泉人鬻之，斤不值亦一钱，二斤可饱矣。于是耄羞童孺行道鬻乞之人皆可以食饥焉。"

《东莞凤岗陈氏族谱·素讷公小传》记载，陈益从越南引种甘薯至东莞；道光《电白县志》载医生林怀兰将其引种入电白，有传说佐证。清乾隆年间，广东吴川县医生林怀兰，曾为安南（即越南）北部守关的一位将领治好了病，这位将领将他推荐给国王，替公主治好了顽疾。一天，国王赐宴，请林怀兰吃熟甘薯，林觉其味美可口，便请求尝一尝生甘薯。后来，他将没有吃完的半截生甘薯带回国内。这块种薯在广东很快繁殖起来。后

---

① 我国古籍中提到的"甘薯"，东汉杨孚《异物志》（约公元 1 世纪后期）："甘薯似芋，亦有巨魁，剥去皮，肌肉正白如脂肪，南人专食以当米谷。"西晋嵇含《南方草木状》（公元 304）："甘薯，盖薯蓣之类，或曰芋之类，茎叶亦如芋，实如拳，有大如瓯者，皮紫而肉白，蒸鬻食之，味如薯蓣。性不甚冷，旧珠崖之地，海中之人，皆不业稼穑，惟掘种甘薯，秋熟收之，蒸晒切如米粒。仓囤贮之，以充粮糗，是名薯粮。"北魏贾思勰《齐民要术》（公元 5 世纪）引《南方草木状》："甘薯二月种，至十月乃成，根大如鹅卵，小者如鸭卵，掘实蒸食，其味甘甜，经久得风乃淡泊。"据农学家丁颖教授的考证，我国古书上所记载的甘薯是薯蓣科植物，就是现在粤南和琼州一带所种的甜薯，也因薯有毛而称为毛薯或因茎有刺而称为簕薯（丁颖：《甜薯》，载《农声》第 123 期）。

来，人们建了林公祠，并以守关将领配祀，以示纪念。

引入最早的记录是，明嘉靖四十一年（1563）《大理府志》就有“紫蒳、白蒳和红蒳”的记载。1979 年，当代著名史学家何炳棣先生根据 3 500 多种地方志考证，认为此即甘薯。

影响最大的是万历二十一年（1593），陈振龙从吕宋将甘薯引入福州长乐县，由于福建官员的大力推广，甘薯不仅遍布福建，更逐渐发展到长江流域和黄河流域。当然也不能排除从台湾多次再传入大陆的可能。

另外，郭沫若先生在《甘薯赞歌》中也提到过，明代末期，华人陈振龙在吕宋经商，于 1593 年初回国时，把薯藤秘密缠绕在航船的缆绳上，表面涂上污泥，巧妙地躲过了殖民者的检查，顺利通过关卡，航行 7 天顺利到达福建。当年 6 月陈振龙叫他的儿子陈经纶向福建巡抚贡献薯藤，并说明甘薯的用途和种植方法。[①]

上面的记录告诉人们，甘薯最早于 16 世纪中后期传入我国，据《大理府志》记载，最早可能于明嘉靖四十一年（1563）。

《闽小记》中则详细地记录了传入闽地的过程、原因和背景。

以上的记录、传说，归纳起来可以看出由两条途径传入我国南方。

一是，16 世纪末从吕宋传入福建，从漳州、泉州而北渐及莆田、福清、长乐，由此向北，17 世纪初到达江南淞沪等地，并向南传播到广东。17～18 世纪传入河南、山东、河北、陕西等地。这与知识分子和官方倡导、客民灌输引种是分不开的。

二是，18 世纪从越南传入广东电白，在其传入广东南路时，已经在广东普遍栽培了，然而得到种薯的补充来源，也是很可贵，只是其传播范围较狭窄。[②]

（三）马铃薯

马铃薯（*Solanum tuberosum* L.）属于茄科茄属。又名洋（阳、羊）芋、山芋。马铃薯是一种高产作物，世界各地都有种植。我国北方一带多叫土豆、山药蛋，山东又称其为地蛋、地豆子。考古学家认为，南美洲的秘鲁安第斯山区、智利沿岸和玻利维亚等地都是马铃薯的故乡。马铃薯的块茎作为食品出现在人类的历史上，可以称为一件划时代的大事。恩格斯把马铃薯的出现和使用铁器并重，说：“下一步把我们引向野蛮时代的高级阶段……铁已在为人类服务，它是在历史上起过革命作用的各种原料中最后和最重要的一种。所谓最后的，是指马铃薯出现为止。”[③] 马铃薯的作用可谓很不一般。

马铃薯和其他美洲作物一样，也是通过多渠道、多方面引种到中国，具体时间的先后、具体路线的多寡仍是目前农史学界争论的热点，尚未形成统一定论，本节就目前存在的几种观点予以分析评论。

19 世纪中叶（1848），吴其濬所著的《植物名实图考》是较早、较详细描述马铃薯

① 佟屏亚：《农作物史话》，中国青年出版社，1979 年，第 76 页。
② 唐启宇：《中国作物栽培史稿》，农业出版社，1988 年，第 241 页。
③ 恩格斯：《家庭、私有制和国家的起源》，外国文书籍出版局，1955 年，第 309、310 页。

形状特征的文献资料，文中写道："阳芋黔滇有之，绿茎青叶，叶大小疏密长圆形状不一。根多白须，下结圆实。压其茎则根实，繁如番薯。茎则柔弱如蔓，盖即黄独也。疗饥救荒，贫民之储，秋时根肥连缀，味似芋而甘，似薯而淡，羹臛煨灼，无不益之。叶味似豌豆苗，按酒侑食，清滑隽永。开花紫箭五角，间有青纹，中擎红的绿蕊一缕，亦复楚楚。山西种之为田，俗呼山药蛋，尤硕大，花白色。闻终南山之民种植尤繁，富者岁收数百石云。"据此，唐启宇先生认为，马铃薯在中国的栽培历史没有逾过200年[①]。

Laufer（1938）指出，早在1650年，葡萄牙人把马铃薯引入到中国台湾（当时被葡萄牙殖民者叫作Formosa）。1650年荷兰人斯特勒伊斯（Henry Struys）访问台湾，曾见到栽培的马铃薯，称之为"荷兰豆"（何炳棣，1985）。乾隆二十五年（1760）《台湾府志》卷17记有"荷兰豆"；西方人还曾于康熙年间（1700年或1701年）去过舟山岛的定海县，也亲见马铃薯的栽种。[②] 从以上史实可以推断出我国台湾地区最早栽培马铃薯，明末清初传到东南沿海地区。

Wittwer Sylver等（1987）曾考证，马铃薯在17世纪就已经从欧洲引入到中国的陕西，在最初的几年内，种植的马铃薯主要供给外国人食用（Hughes M. S. etc.，1988）。

我国古文献中最早有马铃薯记载的是1700年编著的福建省《松溪县志》。东南沿海地区交通便利，与海外交流频繁，明清时期多种外来作物如甘薯、玉米等都是首先传入此地，因此马铃薯由此传入的可能性较大。

也有学者认为，在18世纪末至19世纪初，马铃薯由晋商从俄国或哈萨克汗国（今哈萨克斯坦）引进。[③] 首先通过对《马首农言》（1793—1866）中"回回山药"的名实考订，分析其名称沿革，得出"回回山药"即为马铃薯的结论。而其来自"回国"，加之道光二十六年（1846）《哈密志》中载有"洋芋"，推断山西的马铃薯由西北陆路传入，极有可能是由当时从事与俄国等地商贸往来的山西商人带回的。即乾隆末嘉庆初，山西已有马铃薯种植，发展到道光中期，已是"山西种之为田"[④]。

还有学者认为，中国引种马铃薯的最早时间应在18世纪，在欧洲人普遍认识到马铃薯优异的食用价值后，由传教士们带到中国[⑤]。这一观点立足于栽培马铃薯进化史，从马铃薯栽培学角度考虑，马铃薯约在16世纪中期从南美洲引入欧洲，是安第斯亚种，由于不适应欧洲的生态环境，长期得不到重视。直到18世纪初进化为普通栽培种后，才开始发展并作为大田作物栽培。马铃薯普通栽培种是在欧洲长日照条件下经过100多年的自然加人工选择才形成的。

翟乾祥先生则认为，在明万历年间（16世纪晚期），马铃薯已经传入中原地区，他认为"京津一带可能是亚洲最早见到马铃薯的地方之一"。其主要依据是成书于明万历之际

---

① 唐启宇：《中国作物栽培史稿》，农业出版社，1988年，第277页。

② 何炳棣：《美洲作物的引进、传播及其对中国粮食生产的影响》，见《历史论丛》第5辑，齐鲁书社，1985年。

③ 尹二苟：《〈马首农言〉中"回回山药"的名实考订——兼及山西马铃薯引种史的研究》，《中国农史》1995年第3期。

④ 吴其濬：《植物名实图考》，中华书局，2018年。

⑤ 谷茂、信乃铨：《中国引种马铃薯最早时间之辨析》，载《中国农史》1999年第3期。

蒋一葵的《长安客话》中有关于土豆的记载。该书原文为："土豆绝似吴中落花生及芋，亦似芋，而此差松甘"。需要明白的是，明清时期叫土豆的还有落花生和土芋两种作物。明代李时珍《本草纲目》(1578) 卷二十七："土芋，释名土卵、黄独、土豆。土芋蔓生，叶如豆，鵽鸠（杜鹃）食后弥吐，人不可食"；明徐光启《农政全书》(1628) 记载："土芋：一名土豆，一名黄独。蔓生叶如豆，根圆如鸡卵，肉白皮黄，可灰汁煮食。又煮芋汁，洗腻衣，洁白如玉"；而乾隆《台湾府志》卷十七："土豆，即落花生。……北方名长生果。"台湾的名字有地域差异，不足为怪，李时珍和徐光启所描述的也不是马铃薯。所以，明朝时期在北方所说的土豆不能确定即为今天的马铃薯，16 世纪在中原地区已经有马铃薯一说，还有待商榷。

所以马铃薯传入中国的确切时间，确实难以定论，但是传入的途径基本认为有南、北两路。

南路：可能从印度尼西亚（荷属爪哇）一带传入广东、广西，然后向西发展，以至贵州、云南，所以在广东称马铃薯为"荷兰薯""爪哇薯"。

北路：可能由法国传教士从欧洲传入山陕地带栽培，以供其食用。由于北方寒冷颇适宜马铃薯生长，并由山陕一带，逐渐向华北推广。[①]

二、经济作物

(一) 花生

花生 (*Arachis hypogaea* L.) 属于豆科落花生属一年生草本植物。花生，因它开花受精后，子房柄迅速延伸，钻入土中，发育成茧状荚果，亦名落花生。花生还有地果、地豆、番豆等别名，民间又称其为长生果。花生从原产地——南美洲传入世界各地是一个复杂的问题。美洲大陆与世界的交流是从 1492 年哥伦布发现新大陆开始的，原产于美洲大陆的作物应该是通过哥伦布及其以后的商船向外传播的。据考证，原产于南美的花生，15 世纪末传入南洋群岛。[②]

1. 传入中国的时间、路径分析 在明朝，我国与南洋各国的商贸联系很频繁，花生就从南洋传入我国东南沿海。传入我国的花生有小花生和大花生两种，传入的时间不同，传入的途径也有多条。

学术界普遍认为，福建首先引种（福建人侨居南洋的很多）花生，而浙江的可能传自福建。万历《仙居县志》记载："落花生原出福建，近得其种植之。"世德堂遗书《星余笔记》(1672) 记载："落花生……干者骨肉相离，撼之有声，云种自闽中来，今广南处处有之。"可见福建是最早传入地之一。但是，我国有关花生最早的记录是明朝弘治十六年 (1503)，《常熟县志》载："落花生，三月栽，引蔓不甚长。俗云花落在地，而子生土中，故名。霜后煮熟可食，味甚香美。"1504 年的《上海县志》和 1506 年的《姑苏县志》也都有花生的记录。

---

① 唐启宇：《中国作物栽培史稿》，农业出版社，1988 年，第 278 页。

② 万国鼎：《花生史话》，载《中国农报》1962 年第 6 期第 17 页。

明朝徐光启撰《农政全书》记载：“开花花落即生名之曰落花生皆嘉定有之。”明朝王世懋撰《学圃杂疏》中记载：“香芋落花生产嘉定，落花生尤甘，皆易生之物可种也。”因此，不能否认江浙沿海一带也是花生传入地。这与前面讲的花生首先传入福建并不矛盾，西方传教士就曾多次向中国内陆引进过不同的马铃薯种。

明朝中后期，我国的航海技术已较发达，明永乐三年至宣德八年（1405—1433），中国杰出航海家郑和受成祖朱棣之命，在南京龙江造船厂建造“大者长四十四丈四尺，阔一十八丈；中者长三十七丈，阔一十五丈”的巨大龙船，率船队七次下西洋，加强了与海外经济、文化交流。[①] 常熟、嘉定一带地处重要的水路要塞——长江入海口，花生被频繁的海外归来的商船带到江浙一带是很有可能的。事实上，新作物的引进往往不只一次，可能被不同的人在不同的时间引入到不同的地点。[②] 著名农学家唐启宇先生认为，花生是16世纪初，由江浙闽粤侨商从东印度洋葡属摩鹿加引进的。西方殖民者的入侵也可能把花生传入中国，当时被中国人称为佛朗机的葡萄牙人，于明正德六年（1511）以武力占领我国的藩国满剌加（今马来西亚），不久又侵入我东南沿海，进行走私贸易、抢劫商船活动。

《明史》卷三百二十三，“佛朗机”：“佛朗机，近满剌加。正德中据满剌加地，逐其王。十三年（1518）遣使臣加必丹末等贡方物，请封，始知其名。诏给方物之直，遣还。”另外，明中期（16世纪），西班牙人天主教教士 Francis Xavier 来到广东台山县上川岛进行传教活动；1553年葡萄牙人租居澳门，大批传教士来澳门建教堂、传教。明朝时期西方传教士也可能是花生的传入者之一。[③]

19世纪中后期，大花生传入我国。首先引种大花生的是山东省。据原金陵大学农林学院农业实验记录：“山东蓬莱县之有大粒种，始于光绪年间，是年大美国圣公会副主席汤卜逊（Archdeacon Thomson）自美国输入十瓜得（quarter）大粒种至沪，分一半于长老会牧师密尔司（Bharle Mills），经其传种于蓬莱，该县至今成为大粒花生之著名产地。邑人思其德，立碑以纪念之，今犹耸立于县府前。”对大花生最早的记录是《平度州乡土志》：“同治十三年（1874），州人袁克仁从美教士梅里士乞种数枚，十年始试种，今则连阡陌矣。”梅里士和密尔司应该是同一个人——Mills，只是译音不同而已。因小花生引入早，人们习惯称其为本地花生，称大花生为洋花生。据说袁克仁曾在蓬莱教会学校读过书，于1870年从美国带回大花生在平度试种传开。[④] 另据《山东文史资料》（第一辑）中“德国人在青岛办教育的片断回忆”一文记载：“美国人狄考文一八六三，来蓬莱办文会馆，曾先后两次传入大花生。第一次送给栾宝德的父亲，因煮而食之没有种植，第二次送给邹立文，他种上，在山东才开始了大花生的种植。”

---

① 邱树森、陈振江：《新编中国通史》（第2册），福建人民出版社，2001年，第739页。

② 日本的花生是从中国引进的，但是较后时期沿海华商又从日本引回到中国大陆。康熙（1747）《福清县志》载：“落花生，康熙初年，僧应元自扶桑，携归。”北美的花生不是从南美引进的，而先是由欧洲的商船带到非洲，再由后来的殖民者贩卖黑奴时传入北美。

③ 何炳棣：《美洲作物的引进、传播及其对中国粮食生产的影响》，见《历史论丛》第5辑，齐鲁书社，1985年，第178页。

④ 毛兴文：《山东花生栽培历史及大花生传入考》，载《农业考古》1990年第2期第318页。

综上所述，大花生可能是在同治末年到光绪初年，经多人、多路、多次传入山东半岛一带。最早在蓬莱、平度一带试种，光绪年间向山东西部传播开来。

2. 花生的传播 我国花生引进以后的传播趋势大致有两个，一是16世纪早期，花生以东南沿海为中心向北方传播；二是19世纪后期，大花生以山东半岛为中心呈扇形向西方、南方、北方传播。

早期花生传入东南沿海后，迅速由近及远地向全国传播开来。《中外经济周刊》“中国之落花生”一文中描述：“中国花生之种植，约始于1600年，其初仅限于南方闽粤诸省，后渐移于长江一带，其在北方则自1800年后栽培始盛。”继最早的《常熟县志》等方志记录花生以后，至18世纪时，安徽（叶梦珠《阅世编》）、江西、云南（《滇海虞衡志》）颇有种植，19世纪时花生栽培向北推广至山东（刘贵阳《说经残稿》）、山西（张之洞《陈明禁种罂粟情形折》）、河南（韩国均辑《永城土产表》、杜韶《武陟土产表》）、河北（《寿富京师土产表略》）[①]。另山东《宁阳县志》（光绪十三年本）载：“落花生，土名长生果，本南产。嘉庆初，齐家庄人齐镇清试种之，其生颇蕃，近年则连阡接陌……”1885年梁起在《花生赋》中赞云：“仙子黄裳绉春縠，白锦单中笼红玉；别有煎忧一寸心，照入劳民千万屋。”可见花生栽培在全国已经很普遍。

至近代，全国除了西藏、青海等地外，各省、自治区、直辖市都有栽培，山东省的花生总产量最高，占全国花生总产量的1/4～1/3；河北、河南次之；江苏、安徽、广东、辽宁、四川、湖北、广西、福建、江西又次之。[②]

大花生在山东东部试种成功之后，逐渐向山东中西部扩种。后来的《重修莒志》（清光绪年间至民国二十五年前后）载：“落花生，俗曰长生果，旧惟有小者，清光绪间始输入大者，曰洋花生，领地沙土皆艺之，易生多获，近为出口大宗。”[③]《重修泰安县志》（清光绪年间至民国十八年）载：“花生，一名长生果，向惟有短小之一种，种者尚少。自清光绪十许年后，西洋种输入，体肥硕，山陬水澨播植五谷，不能丰获，以艺花生，收入顿增，以故种者日多。今年且为出口大宗，民间经济力遂因之而涨。此新兴之利，古无有也。”[④]。陕西《南郑县志》（光绪二十年至宣统年间）载：“落花生，在光绪二十年前，所种者纯为小花生，后大花生种输入，以收获量富。至宣统间，小花生竟绝种。”河北《新河县志》（民国十八年前后）载：“自美国花生传入后，虽所收较少，而便于收拔，故种者日多。”河南《通许县新志》（民国二十三年前后）载：“今十余年来，县西北一带之沙地多种洋花生，产量颇丰，为新增农产……为出口之大宗。”四川《重修彭山县志》（光绪年间至民国十四年）载：“落花生，有大小二种，大者来之外，仅十余年。”广西《迁江县志》（民国二十四年前后）载：“落花生有大小颗二种……迁江所种极多。”从大量的地方志中所记载的大花生的栽培时间上看，山东沿海最早，依次向外传播时间渐晚。当然，不排除内地从海外或山东直接引种的可能。清末至民国全国各地的志书大量记载了美国种花

① 唐启宇：《中国作物栽培史稿》，农业出版社，1986年，第354页。

② 万国鼎：《花生史话》，载《中国农报》1962年第6期第17页。

③ 卢少泉等修，庄陔兰《重修莒志》卷二十三：《舆地志・物产》，民国二十五年。

④ 葛延瑛修，孟昭章、卢衍庆《重修泰安县志》卷一：《舆地志・疆域・物产》，民国十八年。

生与原种花生的比较：大者虽含油量稍逊，但颗粒巨大，产量高，后来美种独盛，发展成为驰名中外的山东大花生。[①] 大花生目前是我国花生生产的主导品种。

（二）烟草

烟草（*Nicotiana tabacum* L.）在植物分类学上属于双子叶植物纲、管花目、茄科、烟属。目前已经发现的烟属植物有 66 个种，与其他茄科食用植物全然不同，烟草的利用价值仅仅是被人们燃其叶而吸其烟，竟然在世界范围内广泛传播，成为许多人不可或缺的嗜好物。

烟草在明清时期传入中国，作为一种嗜好作物。400 多年来，烟草对中国的经济、文化及科技都产生了深刻而持久的影响。

考古学家认为，烟草的原产地在美洲大陆中部及南美洲的厄瓜多尔的火山腹地，在那里到处都有野生的烟草。生物学家康德尔推测，北起墨西哥南至玻利维亚一带是烟草的起源地。

古代的美洲人用玉蜀黍叶包住烟草叶，将烟草的卷叶插入 Y 形管的一端，用鼻孔对准两管口来吸食烟味。这种吸烟管当地人称之为淡巴古（Tabaco）。美洲地方民族称烟草植物为古合巴（Cohobba）或口药（Guioya）。在墨西哥的 Azteco 族古墓中经常发现吸烟管[②]。由此可见，烟草在美洲的栽培和利用历史悠久。

烟草传入中国的时间、路径有多种说法。

明朝著作中，张介宾的《景岳全书》记载："烟草自古未闻。近自我万历（公元 1573—1620）时，出于闽广之间，自后吴、楚地土皆种之，总不若闽中者色微黄质细，名为金丝烟者，力强气胜为优。求其服食之始，则闻以征滇之役，师旅深入瘴地，无不染病，独一营安然无恙，问其故，则众人皆服烟。由是偏传，今到西南一方，无分老幼，朝夕不能间矣。"

姚旅《露书》中记载："吕宋有草名淡芭菰，一名金丝烟，烟气从管中入喉能令人醉，亦避瘴气，可治头虱。"

《台湾府志》记载："淡芭菰……明季漳人取种回栽，今名为烟，达天下矣。"

光绪二十六年（1900），《续修莆城县志》记载："烟叶，产自吕宋国，至明季移植中土，一名淡芭菰。邑中种于田者曰田烟，种于山者曰山烟。山烟以产自黄龙茅洋者为上，田烟以产自莲塘及党溪者为上，远近皆著名。"

光绪元年（1875），福建《宁洋县志》记载："烟，俗名芬，崇祯初年始种之，今颇大盛。"

据以上的古籍、地方志等记载，烟草传入中国的第一条路径应该是从菲律宾到台湾，然后到福建的漳州、泉州，由此南到广东，西到云南、贵州，北到九边。[③]

第二条路径有专家认为，可能是在明代万历年间（1573—1619），土耳其的烟草由意

---

① 陈凤良、李令福：《清代花生在山东省的引种与发展》，载《中国农史》1994 年第 2 期第 58 页。

② 李璠：《中国栽培植物发展史》，科学出版社，1984 年，第 156 页。

③ 唐启宇：《中国作物栽培史稿》，农业出版社，1986 年，第 606 页。

大利威尼斯商人带来，同时传到印度、中国和日本，以后又传到波斯湾（今伊朗）[①]。

另外，还有第三条路径，即从朝鲜传入辽东的说法。主要依据是：

民国十四年（1925）《崇宁县志》记载："烟，一名烟草，一名淡芭菰，由高丽国传其种，今各处皆有……"

朝鲜称烟草为南蛮草，又名南草。1616—1617 年（万历年间）由日本输入朝鲜。天启壬戌（1622）年后，由商人输入沈阳。清太宗因其非土产，下令禁止。

朝鲜《李朝仁祖实录》记载了烟草传入中国境内的详细过程。公元 1637 年（清崇德二年），朝鲜政府以南草作礼物，赠予建州官员云："丁丑七月辛巳，户曹启曰，世子蒙尘于异域，彼人来往馆所者不绝，而行中无可赠之物，请送南草三百余斤。从之。"

《仁祖实录》记载："戊寅（1638）八月甲午，我国人潜以南灵草入送沈阳，为清将所觉，大肆诘责。南灵草，日本国所产之草也，其叶大者可七八寸许，细截之而盛之竹筒，或以银锡作筒，火以吸之，味辛烈，谓之治痰消食，而久服往往伤肝气，令人目翳。此草自丙辰、丁巳间（1616—1617）越海来，人有服之者而不至于盛行。辛酉、壬戌（1621—1622）以来，无人不服，对客辄代茶饮，或谓之烟茶，或谓之烟酒。至种采相交易。久服者知其有害无利，欲罢而终不能焉。也称妖草。输入沈阳，沈人亦甚嗜之。而虏汗（指清太宗）以为非土产，耗财货，下令大禁云。"

次年，朝鲜派往沈阳的使节即因夹带南草，被凤凰城人所发觉，为宪司所劾罢职。同书又记："庚辰（1640）四月庚午，宾客李行远驰启曰：清国南草之禁，近来尤重，朝廷事目，亦极严峻。而见利忘生，百计潜藏，以致辱国。请今后犯禁者一斤以上先斩后奏，未满一斤者，囚禁义州，从轻重科罪。从之。"两国都用重刑禁止输入和走私，甚至以死刑处置走私者，可是，吸烟已成建州贵族的迫切需要，无论如何也禁止不了。

可见，当年烟草传入中国的北方经过了一番曲折的过程，清政府意识到烟草的害处，但是左右不了人们的嗜好，特别是贵族阶层。

烟草与其他美洲作物不一样的是，在其传播过程中受到政府的抵制，这与粮食作物在中国的传播受到朝廷劝种、推广，形成强烈的反差。也反映出，嗜好对人们行为的影响力更为巨大。烟草在中国的传播地点、时间见表 6-2。

表 6-2 烟草在中国传播地点、时间

地 区	时 间	引种、传播情况	资料来源
福建、广东	16 世纪中后期（1575）	明万历时，出自闽、广之间	《景岳全书》
恩平	崇祯间（17 世纪前期）	今所在有之	《恩平县志》
台湾	明末	原产湾地，明季漳人取种回栽	《台湾府志》
西南	17 世纪前期	今则西南一方，无分老幼，朝夕不能间矣	《景岳全书》
云南	17 世纪前期	……向以征滇之役……由是遍传	《景岳全书》

① 李璠：《中国栽培植物发展史》，科学出版社，1984 年，第 157 页。

（续）

地　区	时　间	引种、传播情况	资料来源
四川	1751 年	上通蛮部、下通楚豫，氓以期利胜于谷也	《郫县志书》
楚豫	1751 年	上通蛮部、下通楚豫，氓以期利胜于谷也	《郫县志书》
吴楚一带	万历（16 世纪后期）以后	自后吴楚地土皆植之	《景岳全书》
苏州府	明末	向无此种，明末始种植	《苏州府治》
上海	崇祯间	种之于本地	《阅世编》
浙江嘉兴	崇祯末	遍处栽种	《引庵琐语》
江西赣州	天启至崇祯间	赣与闽错壤效尤遂多	《赣州府志》
湖南	1757 年	烟叶各处多种，产信县及平江者佳	《湖南通志》
安徽含山	1684 年	近日种者甚多	《含山县志》
河南杞县	1693 年	烟草一名相思草	《杞县志》
山东	1729 年	采其叶干切成丝	《山东通志》
九边（辽东、蓟州、大同、太原、绥德、甘肃、固原、宁夏、宣府）	万历末天启至崇祯间（17 世纪前期）	万历末……渐传至九边	《物理小识》
边上、关外	明末（1643）	边上人寒疾，非此不治，关外人至以匹马易烟一斤	《引庵琐语》
辽东 北方	天启中（17 世纪 20 年代）	辽左有事，乃渐有之。自天启中始也，20 年来，北土亦多种之	《玉堂荟记》
热河	1781 年	垄旁隙地多种之	《热河志》
东北三省	18 世纪	三省俱产，而吉林产者极佳	《盛京通志》
山西曲沃	明末	自闽中带来，明季……赖此颇有起色	《山西通志》
陕西延绥	1775 年前	烟草……阴干用酒洗，各省有名者，崇德烟	《延绥镇志》
甘肃玉泉	16 世纪中期	水烟出兰州玉泉地种者佳	《本草纲目拾遗》

资料来源：王达：《我国烟草的引进、传播和发展》，《农史研究》第 4 辑，农业出版社。

（三）美洲棉

美棉也叫陆地棉（*Gosypium hirsutum* L.），原产南美洲，大约在 19 世纪中后期引进中国。早在 19 世纪中叶，英国的机器纺织业蓬勃发展，需要大量的纺织原料，而 1861 年美国内战爆发，连续数年无法供给英国原棉，于是英国商人不得不远来中国搜罗棉花以供国内之需求。

据 1866 年的《天津海关报》记载："当时的英国人 Thomds Dick 的叙述，英国商人嫌中国棉花与印度棉花一样的绒短，不适于机器纺织，因而说到‘尽管中国的棉花品种来源于印度，但中国的气候条件与印度差异较大，而和美国更为相似，在中国的棉花播种季节也和美国一致，因而我们十分关注去年（即 1865 年，同治四年）将美棉种子引来上海种植的结果’。”这是迄今为止，有据可查的我国引入美棉的最早的文字记录。可见，最早引入美棉的时间为 1865 年，首先在上海种植[①]。需要说明的是，美棉的引种比其他种美洲作物的目的性要强得多。可以认为，西方的国内危机和商人的利益驱动，成为美棉传入中国的直接原因。

自 1865 年，上海首次引种美棉后的 20 余年间未见另有引种的记录。直到 1892 年，清朝洋务派湖广总督张之洞为创办湖北机器织布局提供原料做准备，电请出使美国的大臣崔国因在美国选购适宜于湖北气候特点的两种陆地棉种（名称不详）1 700 kg，在湖北省产棉较多的武昌、孝感、沔阳、天门等 15 个州县试种。但是由于棉种运到稍迟，发到农民手中已经错过播种适期，加之农民没有掌握陆地棉的栽培方法，栽培时密度过大，造成徒长脱落，从而导致这次引种失败。第二年，张之洞又从美国购运陆地棉种超过 5 000 kg。[②] 1896 年，主张“棉铁救国”的张謇在江苏南通办大生纱厂，并从美国引种陆地棉在江苏滨海地区种植。后来，清政府农工商部从美国引进乔治斯、皮打琼、奥斯亚等几个陆地棉品种，在黄河、长江流域主要产棉省广为试种。

三、蔬菜作物

（一）番茄

番茄（*Lycopersicon esculentum* Mill.）属茄科、番茄属，一年生稍近蔓性草本植物。番茄原产美洲，16 世纪中叶，始入欧洲。17 世纪传至菲律宾，后传入其他亚洲国家。如今，番茄作为一种世界性的主要经济作物，在世界各主产国广为分布。我国大约在明末传入，但传播与推广的速度相当缓慢，直到清末至民国初期才开始作为蔬菜栽培食用。1949 年后发展成全国性的蔬菜。

1. 番茄传入我国的时间和路径

（1）传入的时间　番茄大约在明万历年间（1573—1620）传入我国，最初作为观赏植物，称为西番柿、蕃柿。

明代《群芳谱·果谱》中柿篇附录记：“蕃柿，一名六月柿，茎似蒿，高四五尺，叶似艾，花似榴，一枝结五实，或三、四实，一树二三十实，缚作架，最堪观。火伞火珠未足为喻。草本也。来自西蕃，故名。”这是目前已知的关于番茄性状最早详细的描述。

明万历四十一年（1613）山西《猗氏县志》有西番柿的记载，但没有性状描写。

清雍正十三年（1735）的《泽州志》记载有：“西番柿，似柿而小草本蔓生味涩。”从性状描述来看，西番柿就是今天的番茄。

从以上史料记载可以断定，番茄传入我国的时间大约在明代后期。同时，根据中国植

① 汪若海：《我国美棉引种史略》，载《中国农业科学》1983 年第 3 期。

② 《张文襄公公牍稿》卷十一。

物学会编的《中国植物史》记载，明代赵崡于1617年写成的《植品》一书中也有万历年间（1573—1620）西方传教士传入西番柿（番茄、西红柿）的记载。这是番茄明末传入我国的旁证之一。另外，据1948年《贵州通志》记，“郭青螺《黔草》有六月柿。诗小序云：黔中有六月柿，茎高四五尺，一枝结五实或三、四实，一树不下二三十实，火伞赦卯未足为喻，第条似蒿，叶似艾，未若慈恩柿，叶可堪，郑广文书也。传种来自西番，故又名番柿。诗云：累累朱实蔓阶除，烧树然云六月初，况是茸茸青草叶，郑公堪画不堪书，汉将将兵度龙堆，葡萄首楷一齐来，太平天子戎亭撤，番柿缘何著处栽?”大家都知道，郭青螺（1542—1618）是明代史学家。这是番茄于明末传入我国的旁证之二。

（2）传入途径 关于番茄传入中国的途径，前人研究不多，中国农业科学院蔬菜花卉研究所编《中国蔬菜栽培学》中指出：“大约在17～18世纪由西方的传教士、商人或由华侨从东南亚引入我国南方沿海城市，称为番茄。其后由南方传到北方，称为西红柿。”王思明教授在《美洲原产作物的引种栽培及其对中国农业生产结构的影响》中指出：“中国栽培的番茄是在明万历年间从欧洲或东南亚传入”。王海廷在《中国番茄》一书中也指出了番茄传入中国的3个渠道：第一，外国传教士来中国传教，把番茄种子带入中国。第二，外国客商、海员及归国华侨从通商口岸把种子带入境内。第三，俄国修筑中东铁路，作为食品把番茄种子带入中国。也有学者认为番茄是经蒙古传入中国的。此外，园艺书籍大多记载番茄由西欧的传教士传入。笔者查阅了大量的方志和相关的书刊，据此认为，番茄可能是经多次、多途径传入，并且由海路传入的可能性最大。结合日本星川清亲氏《栽培植物的起源与传播》一书中番茄传播的线路图，笔者认为，番茄应该主要由以下途径传入中国。

① 番茄最初从海路传入中国南方沿海城市，其途径可能有两条：一条是从欧洲沿印度洋经马来西亚、爪哇等地传入中国南方沿海城市；另一条是经“太平洋丝绸之路”，先从美洲传到菲律宾，然后进一步传入中国沿海。因为，17世纪番茄已经传到菲律宾，所以极有可能经东南亚传入中国。另外，西属美洲作物的玉米、马铃薯、向日葵等也是通过这条“太平洋丝绸之路”传入的，这是佐证。虽然目前还不能确定番茄传入中国的最早地点，但结合相关的史料可以推断，广东应该是最早传入的地点之一。明天启五年（1625），《滇志》中的永昌府记有：“近年兵备副使潮阳黄公文炳自粤传来，今所在有海石榴……六月柿”。此论据恰好证明云南的番茄应该从沿海的广东传入。另外，明代史学家郭青螺在《黔草》中记有“六月柿”。郭青螺曾任明万历十年的广东潮州知府。由此可见，贵州的“六月柿”与广东也有很大的联系，可能也是从广东传入的。所以，广东应该是中国境内番茄最早传入的地点之一。

② 从荷兰传到台湾也可能是途径之一。1622年荷兰占据台湾后，很可能带入番茄。在荷兰垦殖农业中，曾移植了不少新式蔬果，例如荷兰豆（豌豆）、番僵（辣椒）、番芥蓝、番茄（台南称柑仔蜜）等。康熙、乾隆年间的《台湾府志》《台湾县志》《凤山县志》等地方志中有多处柑仔蜜的记载，“形似柿，细如橘，可和糖煮茶品”“形如弹子而差大，和糖可充茶品”。由此推知康熙年间番茄传入台湾的可能性较大。另外，福建泉州在乾隆二十八年（1763）也出现了“甘子蜜”的记载，“甘子蜜，实如橘，味甘，乾者合槟榔食之”。乾隆三十二年和嘉庆三年的《同安县志》也有记载。由此可以推断，福建的番茄很

可能是由台湾传入。

③ 20 世纪初期，从俄罗斯传入也是另一途径。民国四年（1915）、民国十九年（1930）《呼兰县志》记载："洋柿：草本俄种也。实硕大逾于晋产，枚重五六两，生青熟红，味微甜。"此外，民国二十一年（1932）《黑龙江志编》也载有"洋柿，俄罗斯种也。"可见，民国初期从俄罗斯引种至黑龙江属于番茄的再次传入，也是传入途径之最后。因此，笔者认为"陆上丝绸之路"的可能性不大。地方志中最早出现记载的是山西（1613），此后，河北（1673）、山东（1673）、陕西（1783）、甘肃（1830）也都出现记载。仅从地方志资料来看，好像并不支持"从陆上丝绸之路传入中国"这一观点。首先，最早的记载出现在稍东部的山西，河北、山东的地方志在康熙年间也有记载，但西部的陕西却在乾隆四十八年《府谷县志》才有"西梵柿"记载，比东部迟了一个多世纪；甘肃在道光十年《敦煌县志》有记载，又迟于陕西半个世纪。新疆更无从谈起，到清末也未见记载。所以，若经丝绸之路"甘肃—陕西—山西—河北—山东"传入，从记载较迟的甘肃向记载较早的陕西，然后向更早的山西、河北、山东传播，似乎不太合乎常理，何况当时陆上丝绸之路严重受阻，海上丝绸之路兴起。但是，为何最早在山西出现记载呢？不妨初步猜想一下，可能是晋商携带番茄种子传入山西，或是传教士在山西传教时带入。当然，不排除经西北陆上"丝绸之路"从欧洲传入中国的可能性。

在这里需特别指出的是，中国明代及以前的文献中虽早已有番茄的记载，但并不是本文所讲的番茄（*Lycopersicon esculentum* Mill.）。如元代《王祯农书》（1313）茄子篇中就著录有番茄："茄：茄子一名落苏，隋炀帝改……紫茄；又一种白花青色，稍扁，一种白而扁者皆谓之番茄，甘脆不涩；又一水茄……"此处番茄不是番茄属的番茄，而只是茄子的一个品种。另外，明代《本草纲目》（果部第 28 卷）转录《王祯农书》记有"茄：王祯农书曰：一种渤海茄，白色而坚实；一种番茄，白而扁，甘脆不涩，生熟可食；一种紫茄，色紫，蒂长味甘。"此外，《群芳谱》的茄篇也记有"一种白而扁谓之番茄，此物宜水勤浇多粪，则味鲜嫩……"由此可见，一定要注意辨析同名异物，地方志中也有不少类似的记载，均不是番茄属的番茄。这可能是从国外传入茄子的新品种，为区别于本国的茄子，故名番茄。

总之，结合相关史料，基本可以确定，番茄最早在 16 世纪末或 17 世纪初明万历年间传入中国，最初由海路传入的可能性最大。此后，番茄又被多次引进，而且途径可能是多样的。

2. 番茄在我国的传播和分布情况 番茄传入中国后，最初将其与本土植物相似者归类，多数地方将其归在柿类，因其引自国外，故称之为西番柿或蕃柿。地方志中最早称"西番柿"的是山西，此后陕西、山东、河北等地方志也有多处记载。而史料中多记之为蕃柿或六月柿，如明代《群芳谱》和清初的《广群芳谱》。随着番茄在国内的传播，还出现了一些别名。如台湾南部称柑仔蜜，北部称臭柿子；湖南称喜报三元（1816 年《宁乡县志》）、小金瓜（《植物名实图考》）；浙江称洋柿（1848 年《海宁州志》）；番茄和番柿并举则在江苏（1870 年《上海县志》）；西红柿最早在河北（1884 年《玉田县志》）。民国时别称更多，如洋柿子、洋辣子、状元红、红茄、红柿、西红柿等。

番茄明末传入中国，但引种之初长期仅作为观赏植物，传播速度很慢，清末至民初也只是在大城市郊区有零星的栽培，后来进入菜园。直到 20 世纪 30 年代在中国东北、华北、华中地区才开始种植，大规模发展则在 1949 年后。

（1）明清时期番茄引种与缓慢传播　明末，山西、贵州、云南各有一处记载。清康熙至乾隆年间，福建、台湾及华北地区（主要是山西、山东、河北、陕西）才逐渐有记载。

台湾北部番茄俗称臭柿，南部则称之为柑仔蜜、红耳仔蜜等。康熙二十三年（1684）台湾府："果有……甘仔蜜有番柿"（《福建通志》）。乾隆二年（1737）《台湾府志》："柑仔蜜：形似柿，细如橘，可和糖煮茶品"。此后在乾隆七年（1742）、乾隆十二年（1747）、乾隆二十五年（1760）、道光十五年（1835）均再次出现记载。康熙五十九年（1720）《台湾县志》记载，"柑子蜜：形圆如弹，初生色绿，熟则红，蜜糖以充茶品"。乾隆十七年（1752）"柑子蜜：似柿而细"。《凤山县志》在康熙五十八年（1719）、乾隆二十九年（1764）记载有："柑子蜜：形如弹子而差大，和糖可充茶品。"《泉州府志》则在乾隆二十八年（1763）、乾隆三十三年（1768）、道光十五年（1835）记载有："甘子蜜：实如橘，味甘，乾者合槟榔食之。"《同安县志》在乾隆三十二年（1767）、嘉庆三年（1798）也有同样的记载。到民国十七年（1928）记有："甘子蜜：实如橘，味甘，乾者合槟榔食之，可治瘴气口舌等疮，磨水擦甚效。"

可见，地方志中关于柑仔蜜的记载大多集中在康熙、乾隆年间，其他时期则很少出现。从地方志的记载情况来看，柑仔蜜应当就是所说的番茄，并且由台湾传入福建。华北地区称番茄为西番柿，山西地方志最早出现记载。明万历四十一年（1613）《猗氏县志》有西番柿的记载，列在《物产·果类》，但只有名称而无性状描述。随后，在清康熙四十九年（1710）《保德州志》也出现"西番柿"的记载，归在《物产·花类》。直到清雍正十三年（1735）《泽州志》才出现这样的表述，"西番柿：似柿而小，草本、蔓生、味涩。"从性状表述来看，可以断定西番柿即番茄。光绪七年（1881）《靖源乡志》记有"花：西番柿"。同样，周边地区也有西番柿记载。康熙十二年（1673）《莱阳县志》和乾隆七年（1742）《海阳县续志》的花属有"西番柿"记载。河北在康熙十二年（1673）、康熙十八年（1679）、乾隆二十二年（1757）《迁安县志》和乾隆十二年（1747）、同治八年（1869）《曲阳县志》之《物产·花属》中出现西番柿。光绪十年（1884）《玉田县志》花属有西红柿记载。陕西则稍晚，在乾隆四十八年（1783）《府谷县志》记有"果属：西梵柿"（此"梵"疑为"番"）。此后，在道光二十年（1840）《神木县志》花类中又出现西番柿。西北甘肃在道光十年（1830）《敦煌县志》有番柿子记载，并列在花属。19 世纪清朝中后期，除山西《靖源乡志》、河北《玉田县志》、陕西《神木县志》及甘肃《敦煌县志》外，主要集中到了云南、湖南及江苏、浙江，而且番茄的名称也悄悄地发生变化，逐渐形成番柿、喜报三元、洋柿、小金瓜、西红柿等名称。

云南，道光三十年（1850）《普洱府志》载："西番柿：五子登科。"到光绪二十三年（1897）又载有："西番柿（芦志）一名五子登科，味香甘可食，四属皆产。"

湖南，番茄称"小金瓜""喜报三元"。吴其濬在《植物名实图考》（1846 年或稍前）中记有小金瓜："长沙圃中多植之，蔓生。叶似苦瓜而小，亦少花杈。秋结实，如金瓜，累累成簇，如鸡心柿而更小，亦不正圆，《宁乡县志》作喜报三元，从俗也或云番椒属，其清脆时以盐醋捣之可食。大多以供几案，赏其红润。然不过三、五日即腐。"同时，书中还附有“小金瓜”的插图。笔者通过查阅湖南地方志发现，《宁乡县志》在嘉庆二十一年（1816）已有记载，且归在花属：“喜报三元：椒属，形如金瓜，红鲜圆润，累累可爱。”同治六年（1867）的花属再次出现：“喜报三元：椒属，形如金瓜，红鲜圆润，累累可爱，一蒂三颗，故名。”乾隆十二年（1747）《长沙府志》和乾隆二十一年（1756）、乾隆四十六年（1781）的《湘潭县志》也都有“小金瓜”记载，虽没有性状特征描写，但将“小金瓜”与“金瓜”“南瓜”并列，结合《植物名实图考》中“小金瓜，长沙圃中多植之”，基本可以推断出湖南在乾隆年间已有番茄传入。

浙江，称番茄为“洋柿”。道光二十八年（1545）《海宁州志》记：“洋柿：实小面红”，列在草花属中。同期浙江人徐时栋（1514—1573）在《烟屿楼笔记》中也记载有番茄，徐氏题其名作“洋柿”，说“西夷”食之，“华人但以供玩好，不食之也。”

江苏，嘉庆二十三年（1818）《海曲拾遗》的柿篇有蕃柿记载：“柿：朱果小而圆者名树头红，长而圆者名牛奶柿，……书又草本蕃柿，一名六月柿，茎似蒿，叶似艾，花似榴，一枝结四五实，借高树作架，如垂火珠，可摘以充饥，种自西蕃传也。”此后，在道光十年（1830）的《崇川咫闻录》再次出现相同记载。同治九年（1870）的《上海县志》将番茄和蕃柿并列，“茄子：……一种色白而小又有如柿者谓之番茄。”“柿：邑产最佳，……一种草本实似柿，瓤子如茄，名蕃柿。”随后，《川沙厅志》（光绪五年）和《松江府续志》（光绪九年）再次把番茄和蕃柿并提。但《松江府续志》仅仅是转录《上海县志》，“茄：……上海志一种如柿者谓之番茄。”“柿：……上海志……一种草本，实似柿，瓤子如茄名蕃柿。”由此可知，早期的人们把番茄作为茄子的一个品种记载于茄子条内，番柿作为柿的一种归在柿类，加上对传入新物种的了解不深，认为番茄有毒不可食用。如《崇明县志》（清光绪七年）记载：“柿：……别有番柿非柿也，实不可食，红艳可玩。”

综上所述，明末云南、贵州、山西各一处记载，到清初康熙、乾隆年间，主要分布在福建台湾以及华北的山西、河北、山东、陕西等地区。且从早期贵州、云南以及台湾的记载来看，都支持从海路传入一说。所以，番茄应是先引种到沿海一带，广东的可能性极大，然后再传到贵州、云南。山西则很可能是由当时著名的晋商作为罕见之物带回的，然后以山西为次级中心，再分别向山东、陕西、河北等地区传播。值得一提的是，华北地区都称之为西蕃柿，除《猗氏县志》《府谷县志》两处列在果类，其他均在花属类。尤其是康熙十二年（1673），山东的《莱阳县志》和河北的《迁安县志》同时在花属里出现“西番柿”的记载，这与史料记载是吻合的，即番茄传入早期主要是作为观赏植物。到清中后期，除了华北新增几处外，已经扩展到内地的湖南及沿海的江苏、浙江等地。

（2）民国时期番茄的传播进一步扩展　民国时期，番茄的传播范围不断扩大，各地方志关于番茄的记载较多，性状描述也比较详尽，番茄的称谓在北方基本一致，洋柿子或番茄，而南方则比较复杂，如红柿、红茄、洋辣子、状元红等。

下面简单看一下民国时期各地方志的记载情况：

① 东北地区的黑龙江省。民国初期，黑龙江才有番茄栽培，且是从俄罗斯引种，与19世纪中期浙江的称谓一致，称为“洋柿”。民国四年（1915）《呼兰县志》果类有“洋

柿”记载，“草本俄种也，实硕大逾于晋产，枚重五六两，生青熟红、味微甜。”此后，民国十九年、民国二十一年又出现同样记载。民国十年（1921）《依兰县志》记载有：“番茄：俗名草柿子，味甚美，我国人用作看物。”民国十三年（1924）《宁安县志》记载有：“茄……又一种番茄俗呼为柿子。”民国十八年（1929）《珠河县志》有番茄记载。

可见，民国时期黑龙江的呼兰、依兰、宁安、珠河已有栽培，味虽美，但用作看物，供观赏之用。

② 华北地区的陕西、山东、河北、河南等省。民国时期，华北新增几处记载，或称番茄或俗称洋柿子。陕西《霞县志》《宜川县志》《洛川县志》，山东《黄县志》《平度续志》，河北《邢台县志》，河南《方城县志》均有记载，且各地仅有零星的种植，从陕西“产于城关及党家湾等地”，山东“黄人喜食者少故栽培不广”可以看出。

③ 沿海地区的江苏、福建、广东及广西。江苏，这时番茄名称已悄悄地发生变化，除原来的番柿外，则称番茄、红茄、西红柿。随着对番茄的深入了解，逐渐将番柿从柿类或柿注分离开来。如民国七年（1918）《上海县续志》：“番柿：已见前志果之属，柿注但实非柿类，故难列之。”民国二十四年（1935）《上海县志》果之属载有：“番柿：又名西红柿，以上详见前志及续志。”民国十年（1921）《宝山县续志》载有：“番茄：色红形圆而小不能食。”民国十九年（1930）《嘉定县续志》载有：“番茄：一年草本……而餐中常食之，东南乡偶有植者，则售诸沪上邑人鲜有以之充蔬者。”民国二十一年（1932）《阜宁县新志》：“红茄：即番茄，原产实小供观赏。近年输入食用种，但植者不多。”可见，清代后期，在交通发达的上海，番茄基本也只作为观赏植物，很少食用，直到民国才作为蔬菜偶有种植。

福建，称番茄为红柿。民国九年（1920）《龙岩州志》、民国二十九年（1940）《崇安县新志》及民国三十六年（1947）《云霄县志》均有记载。其中《龙岩州志》对其性状描写最为详尽：“红柿：一名六月柿，一年生草本，高至四五尺，叶为不整之羽状复叶，小叶亦分裂而为羽状，花黄色，果实为浆果，红色，可食。”

广东，民国二十三年（1934）《恩平县志》载有：“番茄：一种来自外洋，为制番菜必要品。”此外，民国三十八年《连县志》在蔬菜类也记有番茄。相对而言，番茄的食用及栽培在广东则较为普遍，据民国二十四年（1935）《广东通志稿》记，“番茄：外来种也，传入广东为人嗜食，不过数十年，今则已成为普遍之种植矣。……今广东普遍所产为二者：甲）苹果形种，乙）梨形种。……烹调法外国人多腌而生食，广东人皆与肉类煮熟作菜。”另外，民国《潮州志》对番茄的栽培方法与技术已有详细记载。

广西，民国三十八年（1949）《广西通志稿》载有：“番茄：一名红茄，又名六月柿。……近年传入西洋种，番茄种类繁多，原产有茅秀菜，亦属此种，各县均有出产。”

④ 西南地区的云南、贵州、四川等省。云南番茄的别称很多，如洋辣子、寿星果、小金瓜、状元红等。辣子在云南指的是辣椒、秦椒，而洋辣子则是指番茄。民国十年（1921）《宜良县志》记有“洋辣子”。

民国十三年（1924）《昭通县志稿》记有：“寿星果：形圆色红，俗谓洋辣子”。随后，在民国三十八年（1949）《安宁县志》有很详细的描述，“洋辣子：又名番茄，春种，高尺许。枝柔如蔓生，叶绿带白、伞状多缺，枝上结实如柿，稍扁，初碧绿，已熟后朱红色，肉縠状多浆，中有子累累，去皮佐食，饶营养。”可以断定洋辣子即番茄。民国二十五年（1936）《石屏县志》在茄科记有状元红，“状元红：即番茄，五十年前屏人云有毒，不可食，近年则成为食品佳者。”此外，民国二十二年（1933）《车里》和《腾衡县志》也有番茄的记载。

贵州，称西红柿、毛辣茄（角）、番茄。民国二十七年（1938）《麻江县志》记有：“腊茄：……羽状对生，四五月开黄花，结实有大如柿实者，皮较厚、熟则黄，小者如橘嫩皮裹养浆反多数毛细子生味酸辛热，则可口调馔最佳，采实和盐、蒜、番椒、醴酒腌罐中，藏久取食亦佳品也。”民国二十九年（1940）《三合县志略》和民国三十六年（1947）《镇宁县志》都载有番茄。民国三十七年（1948）《贵州通志》载，“番茄：俗名毛辣角，其种来自外国，全省以贵阳出产为多。”

四川，民国二十四年（1935）《古宋县志初稿》记载：“番茄：形圆色红俗呼为洋茄子，可充素馔之用。”民国三十一年（1942）《绪云山志》记载：“食物蔬菜类，……近年种番茄除虫菊等亦堪资食用。”

湖南，民国三十七年（1948）《醴陵县志》载：“番茄：原产美洲秘鲁，……肉软多汁，味甘酸，除制酱外，生食炒熟调汤腌渍咸宜，邑中稍有种者。”

此外，民国时期，园艺所及实业部、垦务所也纷纷引进番茄进行栽培。“民国时期，内蒙古呼伦贝尔境内园艺之发达，推扎赉诺尔站及海拉尔站，额尔古纳河一带，亦有种植者。但仅供本地之用而已。园艺所种者为马铃薯、白菜、黄瓜、西红柿、葱、蒜等，均于五月中旬栽种之”，“自崇安垦务所成立后，而外菜随之输入如洋葱、甘蓝、花椰菜、番茄、马铃薯、瓢儿菜、甜菜、细叶雪里蕻、槟榔等之类是也”。

从以上方志记载不难看出，民国时期番茄的食用性受到人们重视，番茄开始由观赏向食用过渡，但食者不多，植者更少，主要集中在大城市的郊区。此后，由于我国很多学校、研究单位以及园艺所、垦务所等纷纷引进番茄品种，番茄栽培才逐渐兴旺起来。

（二）辣椒

1. 辣椒的传入 我国最早关于辣椒的记载见于明高濂的《遵生八笺》（1591），称之为“番椒”，这可能因为辣椒是从海外传来，又与胡椒一样有辣味而适作调料。1621年刻版《群芳谱·蔬谱》载有：“椒……。附录：番椒，亦名秦椒，白花，实如秃笔头，色红鲜可观，味甚辣，子种。”这两者是目前公认的有关中国辣椒的最早记载。关于辣椒传入中国的路径，前人研究不多，中国农业科学院蔬菜花卉研究所编《中国蔬菜栽培学》中提出有两条：“一经‘丝绸之路’，在甘肃、陕西等地栽培，故有‘秦椒’之称；一经东南亚海道，在广东、广西、云南栽培，现西双版纳原始森林里尚有半野生型的小米椒。”蓝勇认为，辣椒在明清之际传入中国，沿岭南、贵州传入四川和湖南地区，进而形成长江中上游辛辣重区。中国现代园艺学奠基人之一吴耕民先生考证了很多蔬菜的起源，却没有辣椒传入中国路径记述。

笔者根据大量的方志资料及相关的书刊认为，上面所述的辣椒由“（陆上）丝绸之路传入”和“经东南亚海道，在广东、广西、云南栽培”的可能性非常小。辣椒的传入路径应该另有其道，可能性最大的有三条：一是从浙江及其附近沿海传入；二是由日本传到朝鲜再传入中国东北；三是从荷兰传到中国台湾。

我国现存8 000多部地方志，根据这些方志，笔者整理出：全国各省份方志中辣椒最早记载一览表（表6-3），从中可以看出，明代方志中没有辣椒记载，辣椒记载时间最早的是浙江的《山阴县志》（1671）。康熙年间，东北辽宁（1682）、中南地区的湖南（1684）和贵州（1722）、华北地区的河北（1697）也有记载。西部地区的陕西要迟一些，在雍正年间（1735）才有记载，其他地区均在此之后。

（1）华东沿海是辣椒传入中国的主要渠道之一　需要指出的是，虽然方志记载有一定的偶然性，但同一信息两地记载相差半个世纪以上，还是可以认定先后次序的。辣椒传入中国无非两条路径——陆路和海路，从海路看，浙江辣椒种植比福建、台湾、广东、广西都要早70年以上，由此可以认定，浙江是辣椒从海路传入中国的最早的落地生根点，这是辣椒传入中国的第一条路径。

表6-3　全国各省份方志中辣椒最早记载一览表

省份	最早年代	所查方志时段	方志
浙江	康熙十年（1671）	明嘉靖至民国	《山阴县志》
安徽	乾隆十七年（1752）	明嘉靖至民国	《颍州府志》
江西	乾隆二十年（1755）	明嘉靖至民国	《建昌府志》
福建	乾隆二十八年（1763）	明嘉靖至民国	《长乐县志》
江苏	嘉庆七年（1802）	明万历至民国	《太仓州志》
台湾	乾隆七年（1742）	清康熙至民国	《台湾府志》
湖南	康熙二十三年（1684）	明嘉靖至清光绪	《邵阳县志》
贵州	康熙六十一年（1722）	清康熙至同治	《思州府志》
四川	乾隆十四年（1749）	明万历至清嘉庆	《大邑县志》
湖北	乾隆五十三年（1788）	明正德至民国	《房县志抄》
广西	乾隆六年（1741）	清康熙至民国	《武缘县志》
广东	乾隆十一年（1746）	明嘉靖至民国	《丰顺县志》
云南	光绪二十年（1894）	清康熙至民国	《鹤庆州志》
河北	康熙三十六年（1697）	明万历至清光绪	《深州志》
山东	雍正七年（1729）	清康熙至民国	《山东通志》
河南	道光十九年（1839）	清康熙至民国	《修武县志》
山西	道光六年（1826）	明嘉靖至民国	《大同县志》
内蒙古	咸丰十一年（1861）	清咸丰至光绪	大部分方志中有
陕西	雍正十三年（1735）	明弘治至民国	《陕西通志》
甘肃	乾隆二年（1737）	明嘉靖至清光绪	《肃州新志》
宁夏	不详	明弘治至清光绪	均无“辣椒”记载
青海	民国八年（1919）	清顺治至民国	《大通县志》
新疆	不详	清乾隆至宣统	均无“辣椒”记载

（续）

省份	最早年代	所查方志时段	方志
西藏	民国二十一年（1932）	清雍正至民国	《康藏》
辽宁	康熙二十一年（1682）	清康熙至咸丰	《盖平县志》
吉林	光绪十七年（1891）	清道光至民国	《伯都纳乡土志》
黑龙江	民国元年（1912）	清嘉庆至民国	《瑷珲县志》

说明：河北省包含北京和天津两市；广东省包含海南省；四川省包含重庆市；江苏省包含上海市。

（2）由朝鲜传入中国东北可能是辣椒传入中国的另一海路渠道　东北地区，康熙年间《盖平县志》《辽载前集》《盛京通志》均有辣椒记载，由于没有明中后期辽宁方志，明代该地种植情况不详。辽宁辣椒可能从关内传入，更有可能从一江之隔的著名食辣国度朝鲜传入。《朝鲜民俗》《林园16志》（1614）记载，朝鲜17世纪初开始种植和食用辣椒。韩国国史编纂委员会编辑的《韩国史》记有，辣椒从日本传入朝鲜是在"壬辰倭乱"（1592—1601）期间，此期与高濂《遵生八笺》（1591）记载完全相同，早于《群芳谱》（1621），比辽宁方志记载时间早近90年，更由于当时朝鲜是后金的属国，交往很多（而此时后金正与明朝政府交战，两地交通、贸易严重受阻）。因此，辣椒从朝鲜传入中国东北很容易。同为美洲作物的烟草就是同期从朝鲜传入东北的，这可以作为旁证。与关内同称"秦椒""番椒"，可能是满人入关后，方志记载由满文变为汉语所致。

（3）第三条路是从荷兰传到台湾　辣椒在台湾被称作"番姜"，与大陆不同，是木本。乾隆七年（1742）《台湾府志》："番姜，木本，种自荷兰，花白瓣绿实尖长，熟时朱红夺目，中有子，辛辣，番人带壳啖之，内地名番椒……"《台湾府志》和《凤山县志》记载相同。乾隆年间出版的《本草纲目拾遗》也有同样记载。但康熙年间《使琉球杂录》《台湾县志》《凤山县志》，雍正《台海使槎录》均无辣椒记载，因此，辣椒传入台湾的时间在康熙至乾隆年间的可能性很大。

（4）辣椒从陆上丝绸之路传入中国内地可能性不大　一是方志资料并不能提供足够的证据。陕西雍正末年才有少量辣椒记载，比东部迟半个世纪多；新疆到清末还未见记载，甘肃的记载是在乾隆年间，都迟于陕西本身，更迟于其东部的浙江、河北，由记载较迟的陕西向记载较早的浙江、河北传播，不合常理。二是"经'丝绸之路'，在甘肃、陕西等地栽培，故有'秦椒'之称"是望文生义，不符合历史事实。明王象晋《群芳谱》记有："椒……一名秦椒，以产秦地故名，今北方秦椒另有一种。……附录：番椒，亦名秦椒……"作者是山东济南人，这个记述明白无误地表明，明天启元年（1621）华北地区已有番椒种植，最早将"番椒"称为"秦椒"的地点也是在华北而不是其他地方。陕西辣椒记载最早的名称也叫番椒。三是中唐以后，吐蕃崛起，控制了河西和陇右，陆上丝绸之路严重阻塞，而海上丝绸之路迅速兴旺发达，辣椒从已近乎荒废的陆上丝绸之路传入中国内地，再向东部扩展，可能性很小。

（5）广东、广西辣椒不是直接传自海外而是从北方传入　广东、广西的辣椒记载都在乾隆年间突然增多，是我国最早将番椒称为"辣椒"的地方，比其北邻湖南迟半个多世纪，比浙江就迟更多，从北边的浙江或湖南传来的可能性极大。乾隆年间《恩平县志》

说："辣椒……江左之人称辣茄，……皆避水瘴祛风湿……［补入］。"名称、用途都有，与浙江辣椒称"辣茄，冬月用以代胡椒"相同，有明显的渊源。特别是恩平地处南海之边，崇祯年间《恩平县志》就非常详细地记录了大多数植物的名称、性状等，"烟叶出自交趾"是目前所见方志中关于烟草传入中国路径的最早记载，其中并没有辣椒。康熙年间方志也没有辣椒记载；乾隆年间方志强调"补入"，却没有按惯例注明引自何地，显然是因为没有必要，即是由国内传播过去的。康熙年间《岭南杂记》中记载了很多从国外引进的动植物品种，如西洋鸡、火鸡、洋葱、番荔枝等，但也没有"辣椒"的记载，这些也可作为广东辣椒不是从海外直接引入的旁证。所以，辣椒"经东南亚海道，在广东、广西、云南栽培"同样缺少证据支持。

2. 辣椒的分布及种植演变情况　明清时期，辣椒在各地称呼差别很大。华北、东北和西北地区叫番椒、秦椒；浙江、安徽叫辣茄；湖南、贵州、四川叫海椒、辣子；广东、广西叫辣椒，湖北叫赛胡椒；还有些地方叫辣角、辣火、辣虎。下面结合其他资料和前人研究成果对明清时期主要省份的辣椒种植演变情况及相关问题进行分析。

（1）浙江及其周边地区　前已说过，康熙十年（1671）《山阴县志》："辣茄，红色，状如菱，可以代椒"是国内最早的辣椒记载。浙江也是国内最早将辣椒称为"辣茄"的地方。嘉庆《山阴县志》记载同。康熙《杭州府志》、乾隆《湖州府志》也称"辣茄"。早期浙江种植辣椒用途主要是替代南方热带所产的胡椒。后续记载不多，说明浙江食辣并不普及。

安徽方志有辣椒记载的较迟。乾隆十七年（1752）《颍州府志》有"辣茄"记载。乾隆、道光《阜阳县志》，嘉庆《南陵县志》，道光《繁昌县志》及《桐城续修县志》，同治《宣城县志》，光绪《五河县志》，民国《天长县志稿》亦有记载。明清时期安徽的辣椒记载很少，食辣也不普及。江西方志有辣椒记载时间与安徽差不多。乾隆二十年（1755）《建昌府志》记有："椒茄，垂实枝间，有圆有锐如茄故称椒茄，土人称圆者为鸡心椒，锐者为羊角椒，以和食，汗与泪俱，故用之者甚少。"乾隆二十三年（1758）《建昌府志》亦有记载，"茄椒……味辣治痰湿。"明确了辣椒的药用价值。嘉庆十三年（1808）《丰城县志》记有："辣椒……味辛宜酱，即北方之所谓秦椒酱也。"这是较早关于辣椒制酱的记载。同治《南康府志》《南昌县志》等六部方志，光绪《建昌县乡土志》、民国《弋阳县志》也有辣椒记载。说明19世纪江西食辣开始普及。

福建方志有辣椒记载时间与安徽、江西差不多，有趣的是，福建辣椒的别名最多，用途也有代胡椒之说。

乾隆二十八年（1763）《长乐县志》记有"番椒"。嘉庆《浦城县志》记有："椒，邑有番椒、天椒、佛手椒、龙眼椒数种。"嘉庆《连江县志》："番茄，俗呼辣椒，……味辛可代胡椒。"嘉庆《南平县志》亦有记载。道光《沙县志》："蔬属：辣椒，俗名麻椒，又一种曰朝天笔。"道光《永安县续志》："蔬：辣椒，俗名胡椒鼻。"道光《福建通志》《永定县志》，道光、咸丰《邵武县志》，道光、光绪《光泽县志》，同治、民国《长乐县志》中均有记载。

江苏（含上海）方志有辣椒记载比周边的省份都迟，并且特少。嘉庆七年（1802）《太仓州志》记有："辣椒，有红黄二色，形类不一，可和食品。"同治《邳志补》，光绪

《松江府续志》《海门厅图志》，民国《太仓州志》《青浦县续志》《泗阳县志》也有记载，说明江苏大部分地区种植辣椒时间当在民国以后。

（2）湖南及其周边地区 从时间和交通上看，长江以南地区的辣椒传播路径很可能是从浙江到湖南，以湖南为次级中心，再分别向贵州、云南、广东、广西以及四川东南部地区传播，湖北及四川其他地区可能是由浙江溯长江而上直接传播的，广东的辣椒也可能是从浙江沿海岸线传入的。湖南方志最早的辣椒记载时间与辽宁相同，仅次于浙江，比周边地区都早得多。康熙二十三年（1684）《宝庆府志》和《邵阳县志》记有“海椒”，这是目前所知国内最早将“番椒”称为“海椒”的记载。“海椒”的称呼表明，湖南的辣椒可能传自海边的浙江，明代从浙江杭州沿运河到长江，再由长江经湘江进入湖南是很方便的。湖南关于番椒的称呼较多，有辣椒、斑椒、秦椒、艽、茄椒、地胡椒，最有特色也最多见的别称是辣子。乾隆《楚南苗志》：“辣子，即海椒。”乾隆《辰州府志》：“茄椒，一名海椒……辰人呼为辣子。”乾隆《泸溪县志》：“海椒……俗名辣子。”辣椒在湖南的传播是非常迅速的，嘉庆年间辣椒记载方志又增加了慈利、善化、长沙、湘潭、湘阴、宁乡、攸县、通道 8 个县，是当时记载时间最早、范围最广的一个省。湖南是我国最先形成的食辣省份，嘉庆年间可能已经食辣成性。

贵州也是较早食用辣椒的省份，通呼海椒，另有辣火、辣有、辣角别称，以辣角居多。康熙六十一年（1722）《思州府志》：“药品：海椒，俗名辣火，土苗用以代盐。”辣椒代盐，这是贵州人的发明。乾隆《贵州通志》《黔南识略》《平远州志》，嘉庆《正安州志》，道光《松桃厅志》《思南府绪志》《遵义府志》等，同治《毕节县志》，都有海椒记载。大约到道光年间，贵州的辣椒种植就已基本普及。

四川方志辣椒记载比湖南迟半个世纪以上，却与湖南几乎同时迅速普及，食辣成性。乾隆十四年（1749）《大邑县志》：“秦椒，又名海椒”，是四川辣椒最早记载。在四川称番椒为海椒的最多，辣椒和辣子次之，偶有称秦椒。嘉庆年间，金堂、华阳、温江、崇宁、射洪、洪雅、成都、江安、南溪、郫县、夹江、犍为等县志及汉州、资州直隶州志中均有辣椒记载。光绪以后，除在民间广泛食用外，经典川菜菜谱中也有了大量食用辣椒的记载。清朝末年傅崇矩《成都通览》记载，当时成都各种菜肴达 1 328 种之多，辣椒已经成为川菜中主要作料之一，有热油海椒、海椒面等。清末徐心余《蜀游闻见录》亦记载，“惟川人食椒，须择其极辣者，且每饭每菜，非辣不可。”

早期湖北辣椒的名称很特别，叫“赛胡椒”。乾隆五十三年（1788）《房县志抄》：“蔬：赛胡椒，红黄金瓜佛手数种。”同治《房县志》：“秦椒，俗名赛胡椒、辣子，有黄红青三色。”道光《鹤峰州志》：“番椒，俗呼海椒，一呼辣椒，一呼广椒。”嘉庆到咸丰年间记载很少，同治以后特别是光绪年间增多，《咸宁县志》《兴国州志》《长乐县志》《武昌县志》等亦有记载。道光年间吴其濬《植物名实图考》提到了湖北周边的“湖南、四川、江西（辣椒）种之为蔬”，却未点明湖北，这也间接说明清末湖北辣椒种植非常少。

广西是最早将番椒称为“辣椒”的地方。广西方志辣椒记载很有特点，一是乾隆年间突然大量出现，有 7 个记载；二是名称完全统一，全叫辣椒；三是用途一致，“消水气，解瘴毒”。乾隆六年（1741）《武缘县志》记有“辣椒”；乾隆《南宁府志》：“辣椒，味辛辣，消水气，解瘴毒。”乾隆《横州志》《柳州府志》《马平县志（柳州县志）》记载同；乾隆《庆远府志》和《梧州府志》也记有“辣椒”。将“番椒”称为“辣椒”的原因不得知晓，不妨作一推测。前述，广西的辣椒很可能是从其北部的湖南传入，湖南俗称番椒为辣子，广西俗称茱萸为茶辣子，为了区分这两者，广西取番椒的味道“辣”和同为香辛类的花椒和胡椒的“椒”来命名，番椒就叫成了辣椒。

广东方志有关辣椒的记载时间、名称、用途均与广西相同。乾隆十一年（1746）《丰顺县志》记有“辣椒”，是广东方志最早的辣椒记载，同治、光绪、民国《丰顺县志》记载相同。乾隆年间《恩平县志》和《归善县志》也有记载。道光、咸丰、光绪及民国时期也有少量方志记载。直到民国时期，广东辣椒种植也并不普遍。据冯松林调查，1931 年广东各县中只有紫金、平远两县的蔬菜中有辣椒，可以作为旁证。

关于云南食辣开始的时间，争议较大，焦点是乾隆年间云南方志中的“辣子”是不是辣椒，特别是记述为“秦椒，俗名辣子”的“辣子”是不是辣椒。乾隆元年（1736）《云南通志》和乾隆四年（1739）《景东直隶厅志》是最早记载“秦椒，俗名辣子”的两部方志。其后对此记载，云南方志中有两种不同注解：一是认为记述有误。道光《云南通志》载：“秦椒，《旧云南通志》俗呼辣子，谨按，秦椒即花椒，辣子乃食茱萸，李时珍分析极明，旧志盖误。”明李时珍《本草纲目》确有“食茱萸，［释名］辣子”记载，道光《昆明县志》和《普洱府志》亦有“食茱萸，俗名辣子”的记载，因此误记的可能性是存在的。二是认为“秦椒，俗名辣子”记述的是一种多年生植物。道光《定远县志》和《威远厅志》：“蔬属：秦椒，俗名辣子，初种可长至六七年者。”因没有性状描写，无法判断“秦椒，俗名辣子”这种植物到底是什么，但肯定不是当时其他地区所种的一年生草本植物番椒。综上，“秦椒，俗名辣子”不能作为番椒记录采用。至于云南方志单独记载的“辣子”，既没有性状描写也没有其他可信注释，也不能作为番椒的记载而采用。因此，仅根据邻近贵州的乾隆《镇雄州志》记载的“辣子”而认定云南在乾隆时期即食、种辣椒，证据并不充分。

云南的辣椒种植时间，光绪年间才有可信的记载。光绪二十年（1894）《鹤庆州志》记有“辣椒”。光绪《永北直隶厅志》《宣威州志补》，民国《宣威县志》《昭通县志稿》也有记载。结合清末徐心余《蜀游闻见录》：“昔先君在雅安厘次，见辣椒一项，每年运入滇省者，价值数十万，似滇人食椒之量，不弱于川人也。”云南人食辣时间当早于光绪时期，早期主要是从外省运入而不是自己种植。

（3）华北地区　河北（含天津、北京）也是国内最早有辣椒记载的地区之一。康熙三十六年（1697）《深州志》：“蔬类：秦椒，色赤味辛；花椒，树生，色赤味辛。”雍正《深州志》记载相同，这里的秦椒与花椒对应，花椒多注“树生”两字以示区别，表明秦椒不是树生，即草本，应是番椒。乾隆年间有《饶阳县志》和《柏乡县志》两个记载，嘉庆年间也只有《束鹿县志》和《庆云县志》两个记载，光绪年间开始有较多记载。可以断定，河北大面积种植辣椒较迟。

至于河北的辣椒从何处传来的问题，乾隆年间《柏乡县志》记有“秦椒，色赤而小，亦名辣茄。”显示了与浙江的某种渊源。明末清初的有关书籍和大量的方志中均未记述大陆的辣椒是从何处由何人引入的，这说明辣椒的传播完全是在自然状态下进行的。主要交通线路周边因人流量大，所以新植物传到的概率也大。明代的京杭大运河是贯穿南北的交通大动脉，浙江、河北分别是起点和终点，河北的辣椒从浙江传入是合理路径之一，也是可能性最大的路径之一。

需要特别指出的是，明清方志中单独“辣角”的记载不能直接作为番椒的记载使用，清康熙以前的“辣角”更是如此。嘉靖三十八年（1559）《南宫县志》：“蔬，野生有马齿苋……辣角。”康熙年间方志记载同。康熙《新河县志》：“蔬类：……辣角，以上俱系野生。”康熙《南皮县志》：“蔬：……野生落藜……辣角……”这里“辣角”是一种“野生”植物，应该不是番椒。

山东方志辣椒记载时间并不算早，却是乾隆年间有记载的各省中最多的。雍正《山东通志》：“秦椒，色红有子与花椒味俱辛。”乾隆《泰安县志》和《沂州府志》记载同。“色红有子”符合辣椒的特征，这应当是辣椒的记载。乾隆《东平州志》：“秦获黎，俗呼秦椒，南人呼辣茄子……”乾隆年间《乐陵县志》《德州志》亦有明确记载。道光以后记载进一步增多。

河南方志最早的辣椒记载在道光年间。道光十九年（1839）《修武县志》：“秦椒，丛生，白花，结角似秃笔头，味辣，老则色红。”康熙、乾隆年间方志中无记录。道光《尉氏县志》、同治《宜阳县志》、光绪《南乐县志》和《永城县志》、民国《河南方舆人文志略》中也有辣椒记载。总体而言，河南方志有辣椒记载很迟并且很少，直到民国时期仍然如此，是典型的味淡区。

山西最早的辣椒记载与河南同期。道光十年（1830）《大同县志》：“蔬之属：青椒。”同治《河曲县志》：“海椒，俗名辣角。”光绪《定襄补志》：“红辣角，有回洋二种，黄绿二色。”康熙、雍正年间方志中无此记载。光绪年间《崞县志》《清源乡志》等方志中亦有记载。总体而言，山西的辣椒种植时间迟、分布也不广，与河南类似。

所查的内蒙古方志是清咸丰及其以后的，咸丰十一年（1861）《归绥识略》：“辣角，长者皮薄，圆者皮厚，有翘如解结锥者，有皱如橘柚实者。味辛而香，油煎食之，精粗肴皆宜，其鲜者曰青角，晒干可以制油。”光绪、民国时期也都有记载。内蒙古种植辣椒的时间当在咸丰以前，在南部农区种植。

（4）陕西及西部地区　陕西辣椒种植记载最早在清雍正年间，此后记载持续增多。雍正《陕西通志》：“番椒，俗呼番椒为秦椒，结角似牛角，生青熟红子白味极辣。”嘉庆、道光以后记载数量增加较多。

甘肃方志中辣椒记载在西部地区较早，光绪《皋兰县志》等亦有记载。但明嘉靖至清光绪间渭源、伏羌、岷州、武威、镇番、兰州、固原、海城、平凉 77 部方志中均无辣椒记载，说明到清末甘肃辣椒种植并不普遍。宁夏、青海、西藏方志有辣椒记载均在民国时期，新疆大面积种植辣椒是在改革开放以后，主要种植红辣椒，以出口为主。

（5）东北地区　辽宁方志辣椒记载早且多，与浙江几乎同时，后续记载也多。康熙二十九年（1690）《辽载前集》：“秦椒，一名番椒。椒之类不一，而土产止此种，所如马乳，色似珊瑚，非本草中秦地所产之花椒。”据此，康熙《盖平县志》中“秦椒”也是辣椒的记载。康熙、乾隆、咸丰《盛京通志》，光绪《奉化县志》《伯都纳乡土志》《吉林通志》，宣统《吉林记事诗》，民国《镇东县志》等都有辣椒记载。

吉林方志都在道光以后。光绪十七年（1891）《伯都纳乡土志》：“秦椒，生青熟红，又一种结椒向上者天椒。”光绪《吉林通志》《奉化县志》，宣统《吉林记事诗》，民国《镇东县志》《扶余县志》《长春县志》《怀德县志》中有辣椒记载。所查到黑龙江方志全在清末和民国时期，几乎都有辣椒记载。

综上，辣椒最先引入华东的浙江、东北辽宁，然后由浙江传到中西南地区的湖南和贵州及华北地区的河北；雍正年间增加了西部地区的陕西，华北地区扩大到了山东；乾隆年间华东地区扩大到安徽、福建、台湾，湖南周边地区扩展到广西、广东、四川、江西、湖北，西部扩展到甘肃；嘉庆年间华东区又扩大到江苏；道光年间华北地区扩大到山西、河南、内蒙古南部。此时，华东、华中、华南、西南（除云南）、华北、西北辣椒栽培区域都已连成一片，《植物名实图考》中记载“辣椒处处有之”是准确的。考虑到从辣椒种植到方志记载有较长的时间间隔，因此，辣椒种植的实际时间应该要更早一些。

（三）南瓜

南瓜（*Cucurbita moschata* Duch.）属葫芦科南瓜属，在我国早已经是一种大众化的瓜蔬。南瓜是一种比较容易引起变异的栽培植物，瓜形各式各样。现今我国栽培的种类有：南瓜，通称中国南瓜，结瓜正圆，大如西瓜，广泛栽培在我国南部以及印度、马来西亚和日本；笋瓜（*Cucurbita maxima*），通称印度南瓜，印度栽培最多，瓜最大，可以贮存过冬，故又叫冬南瓜；西葫芦（*C. pepo*），即茭瓜，原产北美洲，瓜最小。

史学界一般认为南瓜的原产地在美洲。美洲印第安人在很古的时候就种植南瓜。据说在墨西哥和美国西南部有南瓜的野生种，也有人认为南瓜的原产地应该在阿根廷平原。墨西哥和中南美洲是美洲南瓜（西葫芦）、中国南瓜、灰籽南瓜以及黑籽南瓜的初生起源中心；秘鲁的南部、玻利维亚、智利和阿根廷北部是印度南瓜（笋瓜）的初生起源中心，中国的笋瓜可能由印度传入。据考证，南瓜属大部分的野生种分布于墨西哥和危地马拉的南部地区。

考古学证实，南瓜在公元前3000年传入哥伦比亚、秘鲁，在古代居民的遗迹中发现有南瓜的种子和果柄。7世纪传入北美洲，16世纪传入欧洲和亚洲。笋瓜在哥伦布发现新大陆之前，赤道线以北地区均没有分布。由于欧洲气候凉爽，适宜南瓜生长，所以引种后迅速普及。19世纪中叶，南瓜由美国引入日本。西葫芦的出现比中国南瓜、印度南瓜都早，它在公元前8500年前就伴随人类生活而存在，人类开始将其栽培则是在公元前4050年（《南瓜植物的起源和分类》，2000；《中国农业百科全书·蔬菜卷》，1990）。南瓜属是一个大族群，种质资源十分丰富多样，就其所含物种的数量而言，超过了蔬菜中的芸薹属（*Brassica*）和番茄属（*Lycopersicon*），堪称瓜菜植物中多样性之最。研究发现南瓜属种间的形态学差异是由于基因的突变，而不是染色体数目或多倍性的差异所引起。就目前所知，染色体的易位、缺失和倒位对南瓜属的种间分化不起重要作用。

我国先后从海外引进过南瓜品种，以上所列各类南瓜在我国都广行栽培。

我国有没有原产南瓜？有人认为上述“中国南瓜”就是原产亚洲南部的[①]，但这个问题还有待进一步考察和研究。根据《农桑通诀》的记载，“浙中一种阴瓜，宜阴地种之，

① 胡先骕：《植物分类简编》，科学技术出版社，1958。

秋熟色黄如金，皮肤稍厚，可藏至春，食之如新，疑此即南瓜也。”此书为元代（14世纪以前）王祯所撰，此时新大陆尚未发现，如果上述阴瓜就是南瓜，则我国可能有原产南瓜。现今所知我国西南地区种植南瓜历史悠久。另外，据大约成书于元代（1360），贾铭著《饮食须知》记载，南瓜引种南方地区。在云南的栽培南瓜中有一种面条瓜，南瓜肉呈丝条状，煮熟后很像“米线条”，所以又叫丝瓜，它分布在大理和剑川一带，是当地的一种特产。在云南昆明附近还有一种特产南瓜，就是它的带壳瓜子全都可食，所以又叫无壳瓜子南瓜。这些都进一步说明我国西南地区兄弟民族长期栽培南瓜，并选育出了一些具有特色的农家品种，只因缺少文字记载，有的甚至失传，使我们并不完全了解我国南瓜的发展史。对此值得关注和进一步调查研究。

据《本草纲目》记载（南瓜集解）：“南瓜，种出南番，转入闽浙，今燕京诸处亦有之矣。二月下种，宜沙沃地，四月生苗，引蔓甚繁，一蔓可延十余丈，节节有根，近地即著。其茎中空。其叶状如蜀葵而大如荷叶。八、九月开黄花如西瓜花。结瓜正圆大如西瓜，皮上有棱如甜瓜，一本可结数十颗，其色或绿，或黄，或红，经霜，收置暖处，可留至春。其子如瓜子。其肉厚、色黄、不可生食，唯去皮镶渝（意煮食）食，味如山药，同猪肉煮食更良，亦可蜜饯。”李时珍所描述的这种南瓜与印度南瓜类型的笋瓜、金瓜不言而喻，甚至还包括从日本传入的圆形、扁圆形的“倭瓜”在内。说明这两种南瓜引进较晚，如果连同元代《王祯农书》中所说的“秋熟色黄如金”“疑此即南瓜也”，说明印度南瓜和日本南瓜传入中国的时间当在元代以前，故到明代才在“燕京诸处”进行种植。至于《本草纲目》没有谈及西葫芦、搅瓜、棱角瓜，则因为它是美洲南瓜，我国许多美洲蔬菜传入中国多数在哥伦布发现新大陆之后，而哥伦布与李时珍为同时代人，故《本草纲目》不见详列，是很自然的道理。由此可见，美洲南瓜引入中国当在明末清初，或更晚些，然后在国内传播栽培，也是合乎逻辑的。

另据《中国农业百科全书·蔬菜卷》（1990）记载，明、清两代，由于中国与亚洲邻国及西方国家频繁交流，南瓜大约是在这个时期从海路和陆路引入中国，所以南瓜又常被称为番瓜、倭瓜、番南瓜等。由此可知，中国、印度和美国都不是南瓜种植的原始起源地，都不是南瓜属作物的初生起源中心。中国南瓜在中美洲有很长的栽培历史，现在世界各地都有栽培，亚洲栽培面积最大，其次为欧洲和南美洲。印度南瓜在中国、日本、印度等亚洲国家及欧美国家普遍栽培和食用。中国的印度南瓜可能由印度引入。由于南瓜适应性强，对环境条件的要求不甚严格，引入中国后几乎在全国各地都有种植，分布范围十分广泛。①

综上所述，我国南瓜既有本国所产，也有印度品种及美洲品种引入。因此，产地和起源也是多源性的，各种类型的南瓜也都各有其源。中国南瓜形状独具一格，如果说中国也是南瓜的原产地之一，也是值得商榷的。

（四）甘蓝

甘蓝类（*Brassica oleracea* L.）是由十字花科芸薹属植物之一发展成为栽培作物的另

① 董玉琛、刘旭：《中国作物及其野生近缘植物·蔬菜卷》，中国农业出版社，2008。

一个蔬菜系统。据考证，甘蓝类的原产地在欧洲。甘蓝在欧洲的栽培历史悠久，在欧洲新石器时期的湖上住宅遗址发现过据说是甘蓝的种子。早在4 000多年以前，野生甘蓝的一些品种类型就被古罗马和希腊人所利用。后来逐渐传至欧洲各国，并经长期人工栽培和选择，逐渐演化出甘蓝类蔬菜的各个变种，包括结球甘蓝、花椰菜、青花菜、球茎甘蓝、羽衣甘蓝、抱子甘蓝等。据记载，古希腊（公元4世纪）栽培有叶面光滑和叶片卷缩的两种叶用甘蓝。甘蓝的变异是从叶片开始的，甘蓝的不同卷叶品种是由原始的芸薹属植物不断卷缩叶片的变化而来，就是说最早叶片的生长是开放的，后来由于叶片的增大和叶数的增多导致叶用饲料甘蓝和不结球甘蓝的形成。后者，在只有顶叶芽迅速生长时，叶片相互紧抱呈叶球状，可能还要经过叶片合抱呈柱状的过程，才形成像今天的结球甘蓝（*B. oleracea* var. *capitata*），又名椰菜。甘蓝种类主要有：叶片光滑，心叶全是白的，这就是一般的结球甘蓝；叶片紫红的赤叶甘蓝（*B. oleracea* var. *rubra*），德国栽培很多；叶片皱缩凹凸不平和心叶黄色的皱叶甘蓝（*B. oleracea* var. *bullata*）；还有一种可供观赏的羽衣甘蓝（*B. oleracea* var. *acephala*），叶大、柄长，在它的叶面上有美丽的条纹和斑纹，颜色可分为白黄、黄绿、粉红、紫红各种。古意大利曾有过叶片卷缩的甘蓝，它应当是现今皱叶甘蓝的先驱。大约在17世纪初，皱叶甘蓝起源于法国东南的萨伏依公国（Savoy）地区。[①]

13世纪欧洲开始出现结球甘蓝类型，16世纪传入加拿大，17世纪传入美国，18世纪传入日本。

甘蓝的种类也很多，它的原始类型现在还可以在大西洋和地中海沿岸找到，是一种单叶性植物。这种原始类型与大白菜亲缘关系密切的芸薹（即野油菜）非常相似。因此也有人提出最早也可能是由雅利安人克勒特族自亚洲带到欧洲的。[②]

结球甘蓝起源于地中海至北海沿岸，是由不结球的野生甘蓝演化而来。结球甘蓝是于12世纪首次在德国莱茵河的丙恩（Bingen）地区培育成功的。

在不同的栽培条件下，不仅甘蓝叶片有很大变化，茎部的变异也是很可观的。球茎甘蓝（*B. caulorapa*）一名擘蓝（明《农政全书》）、芥蓝头（广州）、苤蓝，是由羽衣甘蓝茎部的加粗和缩短而形成的。古意大利潘沛依（Pompeiian）甘蓝是甘蓝向球茎甘蓝演化的第一步。在德国有一种甘蓝，由于茎部膨大和肉质化而广泛用于饲料。另外，如果让甘蓝的所有叶芽都加快生长，叶腋间的叶芽发展成为“小叶球”，由此导致抱子甘蓝（*B. oleracea* var. *gemmifera*）的形成。在甘蓝的演化过程中，甘蓝花簇的味美引起了人们的注意，从而加强了对花簇变异的积累和选择。当花簇仍然松散时，花部原始花蕾及花茎变成肉质化；当许多茎的花簇挤得很紧时，花簇就变成了今天的花椰菜（*B. oleracea* var. *botrytis*），就是通称的菜花。有人认为花椰菜可能是由木立花椰菜即花茎甘蓝（*B. oleracea* var. *italica*）演化而来的（李曙轩，1975）。所谓木立花椰菜，又叫茎花菜，正如抱子甘蓝的小叶球生长在叶腋间一样，它是甘蓝叶腋间花簇肉质化的结果。这种木立花椰菜可能是由古罗马人培育而成。综上可知，甘蓝的变异是多种多样的。对于它在一定

---

① Franz Schwanitz：《The Origin of Cultivated Plants》，Harvard University Press Cambridge，Massachusetts，1966.

② A. de. 康德尔著，俞德浚、蔡希陶编译：《农艺植物考源》，商务印书馆，1940。

气候和栽培条件下的易变性，达尔文有过这样一段有趣的记载："在提尔塞岛上由于气候和栽培的特殊，白菜的茎高达十六呎，喜鹊巢就搭在它的春季新梢上，有人把甘蓝的茎用作椽子和手杖。"

据考察，甘蓝在长江流域，7～8 月播种，11～12 月形成叶球，过冬经过低温，至次年清明后抽薹开花。如果 10 月以后播种，幼苗越冬，次年 5～6 月结成叶球，再经越冬春化，即播种后第三年才能开花。由于甘蓝形成叶球与抽薹开花，需要不同的外界环境条件，所以在以采收叶球为目的时，就要给结叶球期一个比较长的温和气候。若要采收种子，则又要在结叶球后，给一个低温时期，然后才抽薹开花。不论是结叶球以前或结叶球以后抽薹，都要使甘蓝在其个体发育过程中完成一定阶段发育。甘蓝对低温的感应，要在植株生长到一定的大小以后，才有可能。甘蓝是一种长日照植物，它的开花需要较长的光照，但如果没有经过春化阶段，虽在长日照下也不开花。这正是植物阶段发育的顺序性，没有经过低温春化阶段，是不能通过光照阶段的，而且这种阶段性的变化，局限在甘蓝的生长点上即幼芽上。①

甘蓝是在什么时期引进中国还不太清楚，很可能是在元代即公元 13 世纪从欧洲引入的。相传甘蓝传入新疆再到甘州，故名甘蓝。自从甘蓝引入中国之后，经过人民的培育和选择，得到良好的发展，许多有用变异被保存下来，那些被利用部分，从开始的某些生态变化的局部或某些性状演化成为今天各种栽培品种的特征。经过改良的品种，虽然甜味比不上我国的大白菜，但可以生食和熟食，也是营养丰富的蔬菜。

结球甘蓝何时传入中国，存在着一些不同的看法。蒋名川、叶静渊等根据中国古籍和地方志的记载，认为结球甘蓝是从 16 世纪开始通过几个途径逐渐传入中国。第一条途径是由东南亚传入云南。明代，中国云南与缅甸之间存在着十分频繁的商业往来，明嘉靖四十二年（1563），云南《大理府志》中就有关于"莲花菜"的记载。第二条途径是由俄罗斯传入黑龙江和新疆。清康熙二十九年（1690）《小方壶斋舆地丛钞》一书"北徼方物考"一章记载："……老枪菜，即俄罗斯菘也，抽薹如莴苣，高二尺余，叶出层层……割球烹之，似安肃东菘……。"同时期的《钦定皇朝通考》也有记载，"俄罗斯菘，一名老枪菜，抽薹如莴苣，高二尺许，略似安菘……。"1804 年《回疆通志》也有记载："莲花白菜……种出克什米尔，回部移来种之……。"第三条途径是通过海路传入中国东南沿海地区。1690 年的《台湾府志》就有关于"番甘蓝"的记载。②

总而言之，甘蓝类可能是从明代开始经过不同时期、不同途径、多次传入中国不同地区，进而形成种类繁多的品种，也极大地丰富了中国人民的食物品种，提高了生活质量。

第三节 作物栽培的主要方式及特点

一、传统耕作方式

美洲作物传入以前，北方的农业种植从耕作制度上来讲，基本上是一年一作，或局部

① 李曙轩：《甘蓝的抽薹与结球的关系》，载《植物学报》1954 年第 3 卷第 2 期，第 133 - 142 页。

② 董玉琛、刘旭：《中国作物及其野生近缘植物 • 蔬菜卷》，中国农业出版社，2008。

旱作区为两年三熟制的轮作方式，即以“谷（或高粱）—麦—豆类（或谷）”为主要模式的两年三熟轮作方式。尽管两年三熟制在局部早就出现，但是由于受各地发展水平的差异、作物品种和土壤、气候、水利等因素的限制，在明清之前北方地区很不普遍。

北方旱作区局部早就出现了两年三熟制，主要依据的是《氾胜之书》里有“禾（粟）下麦”的说法，说明西汉时期已经实行了谷子和冬麦之间轮作复种的两年三熟制。注释《周礼》的经学大师郑玄也提到，东汉时期已经流行“禾下麦”（粟后种麦）和“其（麦）下种禾、豆”的制度。可见，及至东汉时期，在加入了大豆的情况下，我国北方开始实行谷子、冬麦、大豆之间的轮作复种的两年三熟制。还有的学者认为，唐宋时期我国华北形成了两年三熟制[①]。这些观点虽然为许多大家所认可，但是其中到底怎样轮作才能实现两年三熟制，还是值得研究的。

《齐民要术》总结了复种绿豆绿肥种春谷的经验之后，这种美田之法被沿用了很长时间，到了元代，这种方法不仅被用于北方地区冬小麦的种植，而且还普及到长江和淮河流域。

元代鲁明善撰《农桑衣食撮要》记载：“六月……耕麦地，此月初旬五更，乘露水未干，阳气在下，宜耕之，牛得其凉。耕过地内，稀种绿豆，候七月间，犁翻豆秧入地，胜于用粪，则麦苗宜茂。”

元代的桑间种植技术也得到丰富和发展。畅师文、苗好谦等撰（成书于1273年）《农桑辑要》中说：“桑间可种禾，与桑有益与不宜。如种谷，必揭得地脉亢干，至秋梢叶先黄，到明年桑叶涩薄，十减二、三，又致天水牛，生蠹根吮皮等虫；若种蜀黍，其枝叶与桑等，如此丛杂，桑亦不茂。如种绿豆、黑豆、芝麻、瓜芋，其桑郁茂，明年叶增二、三分。种黍亦可，农家有云，桑发黍，黍发桑，此大概也。”

这里介绍了桑与谷子、蜀黍、豆类等作物间作的利弊，说明当时对各种作物的特性有了相当高的认识，能够合理搭配桑与作物间的合理间作、合理利用豆类肥地（根瘤菌）以及高矮作物之间合理利用阳光进行光合作用，在实践上已经达到了很高的水平。

明代王象晋撰《群芳谱》中，描述了北方稻麦和棉麦轮作复种的情形：“凡田，来年拟种稻者，可种麦；拟种棉者，勿种。……若人稠地狭，万不得已，可种大麦、裸麦，仍以粪壅力补之，决不可种小麦。”

《天工开物》中说：“凡荞麦……北方必刈菽、稷后种。”这里描述的是菽、稷和荞麦之间的轮作复种，荞麦有可能作肥料或饲料。

总之，美洲作物传入之前，虽然北方旱作区也有许多多熟制的耕作制度出现，但不是主流。原因是人口压力不大，作物品种不够丰富。出现的多熟制主要是以肥地或者用作饲料为主，与后面将分析的以增加粮食产量为目的的——美洲作物改变耕作制度有本质的区别。

二、耕作制度的变化及多熟制的发展

由于美洲作物适播期长，可以与许多作物形成年内复种，使原来的一年一作制变成两

① 西屿定生：《中国古代农业发展历程》，载《农业考古》1981年第2期。唐启宇的《中国作物栽培史稿》和漆侠的《宋代经济史》也坚持这一观点。

年三作制，美洲作物引进并推广以后则形成了多模式、多品种的复种轮作方式。随着两年三熟制的种植制度逐渐普及，甚至出现向一年两熟制的多熟制过渡。当然，这个过程需要很长的时间。实际上，许多时期都是多种种植制度并存的。例如：

花生传播扩种以后轮作方式主要变成如下两种（以北方大花生区为例）：麦—花生—谷子（玉米、甘薯等），春花生—麦—夏甘薯（其他夏作物）。

南方地区原来典型的一年两熟制是稻—麦连作，形成水旱轮作制。花生栽培普及推广以后，轮作方式发生较大变化，其中有代表性的轮作方式有（以广东、广西、福建等地一年轮作二熟或三熟，或两年轮作四熟至六熟为例）[①]：花生—晚稻—冬甘薯（或麦类、蔬菜、冬闲），或早稻—晚稻—麦类（或冬甘薯、豌豆、冬闲）；早稻—秋花生—冬黄豆（或蔬菜、麦类、冬甘薯、冬闲）—早稻—晚稻—冬甘薯（或麦类）。

美洲作物经过几个世纪的传播、推广，到 20 世纪上半叶特别是民国时期，华北地区的农业种植结构基本呈现了以冬小麦为基础，以美洲作物为骨干的两年三熟制的耕作制度。

一个地区的耕作方式的确定，需要经过长期的生产实践。农民根据当地的自然条件、作物的生态适应性与社会经济条件，确定作物的种植结构、布局及种植方式。由于受光、热、水、土、肥等自然因素的影响，华北主要实行两年三熟制，这种耕作制度已经有了很长的历史，到 20 世纪上半叶，它仍然是华北平原旱地轮作复种最主要的形式，这无疑是由于这种耕作制度对华北平原大部分地区的自然条件和社会经济条件有着高度的适应性，因此，这种制度推行的地区很广。“冀、鲁、豫三省，究以二年三熟为多”[②]，部分灌溉条件好的地方实行一年两熟制，有些比较贫瘠的地段实行一年一熟制。许多地方（甚至在一个村庄）常常出现一年一熟、一年两熟和两年三熟 3 种种植制度并存的情况。现以二年三熟制为例，来考察 20 世纪上半叶华北的种植制度及其作物组合方式。

二年三熟制基本都是以小麦为越冬作物，与之相搭配的前后接茬作物有高粱、粟、花生、甘薯、玉米、棉、烟草、豆类、黍、蔬菜等。由于农民的需求、爱好以及当时的气候、土壤等环境因素不同，轮作模式也呈现出复杂性和多样性（表 6－4）。

表 6－4　20 世纪上半叶华北二年三熟轮作形式

	第一年			第二年			地　　名
	春作	夏作	冬作	春作	夏作	冬作	
1	高粱		小麦		大豆		胶、惠民、潍、莱阳、济南、临清、德、泰安、深泽、通、徐水、乐亭、盐山、沧、丰润、兖州、禹城
2	高粱		小麦		粟		胶、临清、泰安、深泽、通、丰润
3	高粱		小麦		玉米		惠民、济南、临清、德、泰安、深泽、通、徐水、盐山、沧、密云、禹城
4	高粱		小麦		蔬菜		惠民、济南、临清、德、泰安、深泽、通、徐水、盐山、沧、密云、禹城

① 中国农业科学院花生研究所：《花生栽培》，上海科学技术出版社，1963 年。

② 陈伯庄：《平汉沿线农村经济调查》，交通大学研究所，1936 年（调查时间为 1934 年），第 18 页。

（续）

	第一年			第二年			地　　名
	春作	夏作	冬作	春作	夏作	冬作	
5	高粱		小麦		烟草		潍
6	高粱		小麦		黑豆		禹城、沧
7	高粱		小麦		花生		即墨
8	高粱		小麦		甘薯		胶、惠民、济南、堂邑、禹城、潍
9	高粱		小麦		绿豆		泰安、通
10	粟		小麦		大豆		胶、惠民、临清、德、泰安、大城、深泽、通、潍水、沧
11	粟		小麦		甘薯		胶、惠民、堂邑、望都、徐水、禹城、潍
12	粟		小麦		玉米		惠民、大清河地方、德、泰安、大城、禹城、深泽、沧、盐山、徐水、密云、乐亭
13	粟		小麦		绿豆		惠民、大清河地方、德、泰安、大城、禹城、深泽、沧、盐山、徐水、密云、乐亭
14	粟		小麦		高粱		大城
15	粟		小麦		花生		大城
16	粟		小麦		蔬菜		彰德
17	粟		小麦		黑豆		彰德
18	粟		小麦		烟草		彰德
19	粟		小麦		粟		胶、深泽、泰安、通、徐水、望都
20	花生		小麦		大豆		泰安、胶
21	花生		小麦		甘薯		胶
22	花生		小麦		花生		胶
23	甘薯		小麦		花生		胶
24	甘薯		小麦		大豆		胶、惠民、德州
25	甘薯		小麦		玉米		惠民
26	棉花		小麦		绿豆		临清
27	棉花		小麦		粟		东光
28	棉花		小麦		甘薯		东光
29	棉花		小麦		花生		东光
30	玉米		小麦		大豆		山东中部、临清、大城、深泽、通、丰润
31	玉米		小麦		甘薯		山东中部
32	玉米		小麦		花生		山东中部
33	玉米		小麦		高粱		山东中部
34	玉米		小麦		玉米		大城、深泽、通、昌平
35	玉米		小麦		粟		深泽、通、丰润
36	玉米		小麦		绿豆		通

（续）

	第一年			第二年			地　名
	春作	夏作	冬作	春作	夏作	冬作	
37	玉米		小麦		蔬菜		通
38	大豆		小麦		大豆		望都、徐水
39	大豆		小麦		粟		望都、徐水
40	大豆		小麦		甘薯		望都、徐水

资料来源："南满洲'铁道株式会社'"调查部编，《北支那的农业与经济》（上卷），日本评论社，1942 年，第 167－169 页。

由表 6－4 可以看出，华北地区的作物组合类型十分复杂多样，其中美洲作物玉米、甘薯、花生、棉花、烟草等出现的频率相当高，大致有如下几类。

与高粱接茬的第二年的夏作作物有：大豆、粟、玉米、蔬菜、烟草、黑豆、花生、甘薯和绿豆等。

与粟接茬的第二年的夏作作物有：大豆、甘薯、玉米、绿豆、高粱、花生、蔬菜、黑豆、烟草和粟。

与玉米接茬的第二年的夏作作物有：大豆、甘薯、花生、高粱、玉米、粟、绿豆和蔬菜。

与花生接茬的第二年的夏作作物有：大豆、甘薯、花生。

与甘薯接茬的第二年的夏作作物有：花生、大豆、玉米。

与棉花接茬的第二年的夏作作物有：绿豆、粟、甘薯、花生。

与大豆接茬的第二年的夏作作物有：大豆、粟、甘薯。

从以上接茬组合中可以看出：第一，粟、玉米、花生和大豆这 4 种作物有连茬栽培。第二，高粱、粟和玉米这 3 种粮食作物是华北地区栽培最普遍的作物，与它们接茬的作物组合也比较多，在不同地区、不同经济布局和不同生态类型的地区都把这 3 种作物列为主要作物。第三，与工商业发展密切联系的经济作物如烟草和棉花，只在一些特定的地区栽培，形成了相对集中的经济作物布局，体现出近代农业的显著特点。

当然，表 6－4 所列只是一个年度的调查，自有它的局限性，它所反映的也只是一般的趋势。至于一个农户具体种植什么作物、如何安排，这要由当时、当地的气候、土壤及灌溉等条件决定，因此尽管是同一地方，地段不同，其农作制也会不同，而且农户的经济决策的不同，也会导致农作制度的不同。

第四节　美洲作物对我国农业生产及社会经济的重大影响

一、对农业生产种植结构的影响

美洲作物中具有优良品质的花生和甘薯，特别适合北方干旱少水的沙性丘陵地区，有利于加速连作制、多熟制的推广，从根本上改变传统的种植结构，进而大幅度增加复种指数和粮食总产。

(一) 美洲作物种植面积的扩大及对原有作物的排挤

以花生为例，分析美洲作物对种植结构的影响。

花生作为一种移民作物从遥远的南半球——南美洲来到北半球的中国安家落户，在我国经过了约500年的繁衍，已经发展成为作物大家庭中的大族，对华北乃至全国的农业生产结构产生了很大的影响。

我国最早引进栽培的花生，属于龙生型品种①，明末方以智的《物理小识》中记载："番豆名落花生，土露枝，二、三月种之，一畦不过数子，行枝如蕹菜虎耳藤，横枝取土压之，藤上开花丝落土成实，冬后掘土取之，壳有纹，豆黄白色，炒食甘香似松子味。"1777年李调元的《南越笔记》中记载："落花生草本，蔓生……长寸许，皱纹，中有实三四……"100年后我国开始种植大粒种花生，清光绪十三年（1887），浙江《慈溪县志》载："落花生，按县境种植最广，近有一种自东洋至，粒较大，尤坚脆。"由于我国地域广阔，自然条件和栽培制度十分复杂，加上我国人民长期的创造性劳动，选出了极为丰富的品种类型以及适应不同地区自然条件和不同栽培制度需要的地方品种①。丰富的品种资源使花生大面积推广种植成为可能。从全国16处（1900—1925）花生种植面积的统计数据可以看出花生大面积种植趋势（表6-5）。

表6-5 全国16处历年花生种植面积占耕地面积的百分比②（%）（1900—1925）

地 区	1900年	1915年	1920年	1924年	1925年
平均	4.0	10	21	31	25
直隶河间	10.0	20	20	20	12
山东章丘	0.1	35	45	50	39
山东济阳	0.2	15	25	40	35
山东益都	—	—	10	10	19
河南开封（甲）	—	—	—	—	31
河南开封（乙）	—	—	—	40	35
河南陈留	—	10	20	50	33
河南许通	10.0	15	40	40	26
河南睢县	—	—	—	—	—
江苏睢宁（甲）	—	—	32	40	22
江苏睢宁（乙）	—	—	34	52	22
湖北黄陂（甲）	10.0	15	20	25	17
湖北黄陂（乙）	15.0	15	25	30	17
湖北黄陂（丙）	10.0	20	25	30	17
湖南临湘（甲）	—	—	10	18	28
湖南临湘（乙）	—	5	10	20	28

资料来源：《中国经济杂志》1929年第5卷第3期第787页（1925年根据548个田场的农家记录）。

① 根据中国农业科学院花生研究所的调查，并结合花生的生物学特性及经济性状，把我国现有的花生品种可以分为普通型、珍珠豆型、多粒型和龙生型四大类型；为了栽培和经济上的需要上述4个品种类型可按生育期长短和种子大小分为晚熟种、中熟种、早熟种和大粒种、中粒种、小粒种。

② 章有义：《中国近代农业史资料》，三联书店，1957年，第205页。

我国的花生产区根据地理、气候、品种类型等可以划分为7个自然区域：北方大花生区、长江流域春夏花生交作区、南方春秋两熟花生区、云贵高原花生区、黄土高原花生区、东北早熟花生区、西北内陆花生区。[①]

花生在我国从引进到现在如此大规模的种植，自明清以来对我国的农业生产结构产生了巨大的影响。花生本身的耕作制度是：宜连作，尤其在土地瘠薄地区常行若干年连作；在轮作制度中，谷类作物可以作为花生的良好后作，唯高粱不宜，因高粱也是深根作物，会从同一土层中吸收养分以致生长不良。[②] 清咸丰年间直隶顺德府《唐山县志》记载："民间每竭终岁力，不足以偿地赋。自咸丰年间，有相地之宜、倡种落花生者，较种五谷得利加倍。十数年来，无论城乡凡有沙地者，均以种植花生为上策。"花生获利如此丰厚，使原来的作物受到排挤。被花生排挤的作物，山东为小麦；直隶、河南为高粱及小麦；湖南、湖北为水稻、棉花和甘薯。根据河南一个地区的报告，编篓子的柳条也被花生所替代[③]（表6-6）。

表6-6 全国16个调查地区被花生排挤的作物及种花生比较有利的情况

（根据16个地区的调查答案，1925）

地　区	被花生排挤的作物	种花生比种其他作物有利之点
直隶河间	小米	收入较大，数量丰富
山东章丘	小麦、大豆	较其他作物得利倍增
山东济阳	小麦、大豆	利润高得多，土壤只宜种花生
山东益都	小麦、大豆	比较有利
河南开封（甲）	柳木	比较有利
河南开封（乙）	高粱、大豆和青豆	最适宜
河南陈留	高粱、小麦、大豆	利润较高，有较强的抗风和抗涝能力
河南通许	小麦、豆类、高粱、粟	比较有利
河南睢县	豆类、粟、高粱	即使成本很高，收益仍较大
江苏睢宁（甲）	各种作物	收入为其他谷物的4倍
江苏睢宁（乙）	各种作物	比较有利
湖北黄陂（甲）	水稻（低地）、棉花（高地）	比水稻利大，施肥少
湖北黄陂（乙）	水稻（低地）、棉花（高地）	更合理地分配人工
湖北黄陂（丙）	水稻（低地）、棉花（高地）	利用高地，轮种产量多
湖南临湘（甲）	棉花、高粱、甘薯	适于高地
湖南临湘（乙）	棉花、甘薯	使沙土有较高收益

资料来源：《中国经济杂志》1929年第5卷第3期第788页。

花生扩种的直接后果是，华北地区传统的五谷类作物甚至原来的经济作物棉花（木棉）的种植面积大幅减少。例如，据纪彬20世纪20年代对濮阳一个村庄的调查显示，"五谷类的种植，因花生栽培之故，减小二分之一。例如麦子，1920年以前所占耕地面积

① 中国农业科学院花生研究所：《花生栽培》，上海科学技术出版社，1963年，第13页。

② 唐启宇：《中国作物栽培史稿》，农业出版社，1986年，第357页。

③ 章有义：《中国近代农业史资料》，三联书店，1957年，第213页。

约有二分之一以上，今则退为四分之一不足；其他谷类，亦由二分之一，降为四分之一。因我村地多沙质，上好耕地种谷类每年所得不过五、六元，种花生则获利九元以上。中等沙地种谷类年获一、二元，种花生则有三元余。至下等地，因谷类不生，久成无主荒田，今稍加人工，种花生即可得利二元以上。故十五年来，我村粮食已由有余变为不足。棉花也因花生栽培盛行渐减，距今三、四年前已完全消灭。至蕃薯则因与花生收获期冲突，亦废弃不种。……"[①] 可见，花生不仅排挤了其他作物，改变了作物种植结构，打破了原来的作物布局，而且充分利用了原来的荒芜之地。

（二）美洲作物引起的种植结构变化

花生替代原来的作物，主要原因是经济利益的驱动，但是，花生与原来作物也能够进行较好的合作。花生可与禾本科作物、薯类作物轮作，由于这两类作物的生长期、生育特点和栽培管理条件与花生不同，需要养分的种类和数量也与花生有差别，通过轮作换茬可以充分利用土壤中的养分，调节地力，改良土壤环境，因而有利于作物生长。花生属豆科作物，其根瘤菌的固氮作用，增加了氮素来源，因而需氮肥较少，需要磷、钾肥相对较多。花生与需肥不同的作物进行轮作，可以调节土壤中氮、磷、钾的含量，这对花生和其他各类作物的生产都是十分有利的。[②] 另外一个原因是种植花生风险小。花生的适应性强，抗干旱、耐瘠薄且产量高。

从较长时段探讨这个问题，更能看出各种作物的种植面积消长情况。

明清时期定量的数据不够全面，只能通过有关地方志定性分析美洲作物的种植情况，一般都是零星种植，特别是玉米、花生一般种植于山丘薄地。民国以后，美洲作物的种植面积有了突破性的增加，统计数据也相对完整。表 6－7 所示为民国时期山东主要作物种植面积增减变化情况。

表 6－7　民国时期山东主要作物种植面积变化情况[③]

单位：hm^2

年份	水稻	小麦	高粱	谷子	大豆	玉米	甘薯	花生	棉花
1914	553	38 913	28 353		16 366	3 055		1 629	1 592
1915	463	31 617	20 829		12 750	2 230		2 891	1 354
1916	1 342	43 865	20 159		16 557	2 897		2 790	2 188
1918	1 012	33 345	18 869	7 195	16 841	285		2 158	11 189
1924—1929	156	45 812	20 504	19 506	27 577	5 516	1 897	3 758	4 261
1931	173	51 677	21 335	16 355	17 761	9 549	3 124		5 551
1932	182	54 185	18 568	16 249	17 963	10 982	2 853		5 496

① 纪彬：《农村破产声中冀南一个繁荣的村庄》，《天津益世报》（农村周刊）第 76 期，1935 年 8 月 17 日。

② 中国农业科学院花生研究所：《花生栽培》，上海科学技术出版社，1963 年，第 90 页。

③ 章之凡、王俊强：《20 世纪中国主要作物生产统计资料汇编》，2005 年（引自许道夫《中国近代农业生产贸易统计资料》）。

（续）

年份	水稻	小麦	高粱	谷子	大豆	玉米	甘薯	花生	棉花
1933	194	50 172	17 854	17 662	20 183	7 958	3 396	4 241	5 442
1934	183	52 856	17 631	17 211	21 071	7 546	3 393	4 700	5 373
1935	173	54 842	16 018	15 197	20 609	9 519	3 563	4 293	4 336
1936	194	51 730	16 701	15 992	20 072	8 205	3 795	4 407	6 239
1937	190	43 391	17 600	15 761	18 248	7 537	3 746	4 336	6 887
1946	1 135	52 727	16 318	19 638		8 567	3 570		
1947	1 004	37 367	13 218	20 470	18 542	8 567	3 392	2 869	
1949	230	54 287						4 937	

很容易看出，原来的传统作物，高粱、水稻甚至谷子、大豆的种植面积都在下降，而美洲作物玉米、花生、甘薯、棉花的种植面积在成倍地增加。美洲作物的传入使得山东以及华北地区原来的种植结构发生了较大变化，导致耕作制度出现重大变革。这些变化的结果毋庸置疑的是，粮食总产的大幅度增加，促进了人口的增加，从而有力地推动了农村经济的发展和社会的进步。

二、对饮食结构的影响

汉代以前，我国主要粮食作物是粟和黍，汉以后南方以水稻为主，北方以麦、粟和高粱为主，这种状况一直延续到明清时期。南宋末年，吴自牧创造了一句著名的格言："开门七件事，柴米油盐酱醋茶。"这七样必需品，今天尽人皆知，就是这样一句简单的话道出了 800 年前，我们祖先的饮食情况。其中的米是主要的食物（南方大米、北方小米），其中的油主要由芝麻等榨成。[①]

明清之际玉米、甘薯、马铃薯等美洲粮食作物引进与推广，改变了我国主要粮食作物种类的构成。明清时期正是我国人口高速增长时期，全国人口增加了 6 倍，而同期耕地只增加了 4 倍。[②] 人多地少，耕地不足，给粮食供给造成了极大的压力。玉米、甘薯、马铃薯等美洲高产作物的引进，不仅使原来不适于耕种的边际土地得到了利用，也使得人力资源得到了充分的利用。

近代以后，虽然粮食生产南稻北麦的总格局未变，但比重略有下降。相比之下，玉米、甘薯等美洲作物的生产，无论是播种面积还是总产量都有相当快速的增长。例如，玉米 1914—1918 年间年产量为 365 950 万 kg，但到 1938—1947 年间猛升到了 898 050 万 kg，增长了 1.45 倍；甘薯 1924—1929 年在粮食总产量中所占的比重为 11.2%，到 1938—1947 年上升到 16.2%。[③]

美洲作物传入以前，北方以小麦、谷子为主食，以高粱、大豆等为辅。美洲作物传入

① 安德森：《中国食物》，江苏人民出版社，2003 年，第 63 页。

② 珀金斯著，宋海文译：《中国农业的发展》（1368—1968），上海译文出版社，1984 年，第 288、325 页。

③ 王思明：《美洲作物的传播及其对中国饮食原料生产的影响》，载《中国经济史论坛》2014 年第 2 期第 32 页。

以后，由于作物种植结构的变化，北方的饮食结构发生了很大的变化。

民国二十四年（1935）《莒县志》记载："蕃薯，俗名地瓜，乾隆年间来自吕宋，今则蕃衍与五谷等分，红白二种，红者普遍，春夏皆可种，高卜沙地咸宜，今为重要民食。"

民国《莱阳县志》记载："落花生，俗名长生果。清康熙初，闽僧应元得其种于扶桑，渐传北方。光绪末，又有自外洋来者，颗粒较大，种植尤多，占全境农田约十分之一，为出口大宗。马铃薯，俗名地蛋，其种来自智利国。番薯，粤吴川人林怀蓝得其种于交趾，归而遍种，不患凶旱。百年前始传入北方，名为红薯。其本色也间有白者，本县种植约占农田十分之二，为重要粮食，俗称地瓜。"

汉代以前，我国主要是利用动物油脂。芝麻传入中国后，因其含油量高，适合用来榨油，从而开始了我国植物油生产的历史。到了宋代，油菜和大豆作为油料的价值得到重视，油料作物的生产有了进一步的发展。明清时期美洲作物花生和向日葵的传入，为我国油料生产又增添了新的原料，进一步丰富了我国的食用油品种，成为我国重要油料作物中的两种。

花生的油用价值在传入后不久就为人们所认识，如《三农记》记载，花生"可榨油，油色黄浊"。

另据檀萃《滇海虞衡志》（1799）记载："……市上也朝夜有供应，或用纸包加上红笺送礼，或配搭果菜登上宴席，寻常下酒也用花生。花生是南果中第一，对于人民生活上的用途最广。"民国广东《石城县志》记载："花生，俗名番豆……可生啖，熟食味更香美。邑西南农人多植之，春种秋收，碾米榨油，出息最巨。"

民国时期河南《通许县新志》记载："花生为新增农产，除本地制油或熟食外，向能运销各地，为出产之大宗。"花生种子含有大量的油分（脂肪）和蛋白质，并含有丰富的维生素 B_1、维生素 B_6 及少量的维生素 D、维生素 E。花生仁由于营养丰富，除了榨油或直接食用外，还可以加工制成各种蛋糕、糖果、花生酱等食品。民国二十二年十一月三十日《申报》刊登林滢的《花生米》一文中描述道："花生米有四种制造方法：一、焙制，如干制的椒盐花生；二、油炸花生米，老百姓喝酒时名其曰'怪酒不怪菜'；三、糖熬花生米，如牛奶花生糖、花生软糖等；四、炼制花生米，如花生酥、花生糕、鱼皮花生等。上至老人，下至小孩，在书场、茶馆里，甚至于在路上处处可见津津有味地嚼花生米的人们。中国，是崇拜花生和瓜子的国家，在婚宴喜事中，把花生染红了做'喜果'，是取其为一种'吉利'的象征，其余如待客及作祭神用的供品，更是寻常的事情。"由此可见，社会生活中花生的重要性是不言而喻的。

花生油富含对人体健康有益的不饱和脂肪酸，品质良好，营养丰富，气味清香，是我国广大人民所喜爱的食用油，也是食品加工工业和其他工业上所需要的重要油类。花生饼是花生米榨油后的副产品，其中蛋白质含量高达50%左右，营养价值相当高，其蛋白质中含有人体所必需的各种氨基酸。所以，花生饼不仅是优质的精饲料，也是食品加工工业和其他工业的好原料。花生饼经过加工，可以制成糖果、饼干、酱油等食品，也可以制成塑料或人工合成纤维，用来生产各种工业用品及日常生活用品。[①] 花生饼、花生秸、花生

① 中国农业科学院花生研究所：《花生栽培》，上海科学技术出版社，1963年第3页。

壳还是营养丰富的牲畜饲料。花生饼中富含氮、磷、钾，也是一种很好的有机肥。花生从各个方面影响着人们的生活，也让人们的生活越来越离不开花生。

总之，美洲作物的引进使得我国的饮食结构发生了很大的变化，让原本因人口增长带来的食物短缺的巨大压力得到了缓解。

三、对传统社会经济的影响

美洲作物对经济社会产生影响的主要是经济作物花生、烟草和棉花。

花生传入我国之后，经过几百年的发展，我国已经成为花生生产大国。花生对我国经济及社会生活所产生的影响是非常大的，具体表现在如下几个方面。

（一）美洲作物商品化对我国自然经济的冲击

中国农产品在 19～20 世纪，成为世界商品市场的一部分，国际需求大大刺激了主要经济作物的种植。[①] 花生作为一种油料经济作物，由于社会需求量比较大，与市场联系非常紧密。特别是国际需求量的加大，价格上升，使人们的生产目的发生了改变，由原来的自我消费性生产，变成了以市场为导向，以获得最大利益为目的的商品化生产。这就对原来的自给自足的自然经济带来了极大的冲击，从某种意义上可以说，打破了原来封闭式的自然经济的平静，启蒙了我国农民的商品经济的思想。

据吴汝纶著的《深州风土记》（光绪二十六年）记载："光绪十年许后，花生之利始兴。其物远行闽粤，外国购之，用机器榨油，转售中国取利……亦颇自榨为油，以便民用，其岁入过于种谷。此近年新获之田利，前无古有。"1908 年，我国花生直接进入欧洲市场，而且出口量直线上升，3 年之间"以马赛为主要目的地的花生输出已经从九万五千担上升到 1911 年的七十九万七千担"。1919 年《农商公报》（65 期）转载《申报》文章——河南之花生生产报道："……数年前商人之营运此业（花生）者，获利既丰，随亦设局征收税捐，每年收入亦不下四万余元。"据山东烟台海关十年报告（1922—1931）报道，"农民从花生得到的收益，据说比任何其他作物更为有利。用于花生生产的土地占耕地的三分之一。"

20 世纪初，花生生产的商品率如表 6-8 所示。

表 6-8 1900—1929 年花生生产的商品率（%）

	河北	山东	河南	江苏	湖北	湖南
本地消费	20	3～10	3～30	15～23	40～70	24～30
邻地消费	60	5～10	5～50	15～19	15～60	10～40
出　口	20	80～90	25～80	62～66	15～40	30～60

资料来源：许道夫：《中国近代农业生产及贸易统计资料》（转引自 J. L. Buck：Cost of growing and marketing peanuts in China Economic Journal，1929，Vol. 5，No. 3：9）。

从表 6-8 可以看出，花生用于外地消费的比率相当高，沿海地区的出口率比内地高

① 黄宗智：《华北的小农经济与生活变迁》，中华书局，1986 年，第 124 页。

得多。从以上花生的生产、加工、销售几个环节来看，花生业开辟了一条商品经济的大道，给我国固有的自然（小农）经济注入了新的经济成分，使农村经济出现了新的增长点。

花生是重要的出口农产品。据民国时期烟台海关的进出口记录，烟台港农产物输出入数量如表 6－9 至表 6－12 所示。

表 6－9　海关进口数量

单位：万 kg

年　份	大豆豌豆	玉蜀黍	小米高粱	米	小麦	芝麻	烟叶
1919（民国八年）	554.77	465.15	97.31	1 333.49	35.57	5.40	3.04
1920（民国九年）	1 081.17	393.37	299.71	2 091.29	25.64	—	3.16
1921（民国十年）	1 419.43	79.93	270.18	1 121.27	32.95	1.12	1.87

表 6－10　又海关进口数量

单位：万 kg

年　份	丰天豆饼	豆	玉蜀黍	粟	小麦	棉花
1919（民国八年）	47.64	3 200.32	1 444.18	257.74	229.44	22.55
1920（民国九年）	10.28	2 848.25	1 558.67	240.16	173.20	17.50
1921（民国十年）	1.02	2 592.19	880.98	138.39	423.47	11.13

表 6－11　海关出口数量

单位：万 kg

年　份	豆饼	大豆豌豆	花生	花生仁
1919（民国八年）	1 066.03	12.67	150.58	294.19
1920（民国九年）	447.47	13.92	188.44	328.43
1921（民国十年）	793.25	13.71	516.01	397.70

表 6－12　又海关出口及复出口数量

单位：万 kg

年　份	豆饼	大豆豌豆	棉花
1919（民国八年）	327.13	67.94	21.09
1920（民国九年）	245.19	31.34	4.13
1921（民国十年）	206.30	68.93	8.47

从烟台海关的记录数据看出，民国时期烟台港的粮食作物，像小麦、玉米等出现进口趋势，而花生、棉花等美洲作物总量呈出口趋势，特别是花生和花生仁为出口之大宗。可见经济作物花生在商品经济中有举足轻重的作用。

（二）美洲作物的引进推广对生产力与生产关系的影响

珀金斯认为，造成单产提高的主要动力是人口增长。[①] 笔者认为这个观点不完全正确，因为在中国历史上，人口在社会相对稳定的汉唐虽然有较大增加，但是粮食单产的增加幅度并不是很大，假如美洲作物在汉唐时期就传入中国的话，可能中国在唐代作物的单产就达到清末民国初期的水平了，人口可能也达到清末的人口数量。所以，还是认为推动粮食单产提高的真正动力仍然是科学技术——作物新品种的普及推广。根据马克思的政治经济学理论，生产力是生产关系变革的决定性因素，而影响生产力发展的诸多因素，即劳动力、生产工具、土地以及生产技术等，在明清时期最为活跃的当数生产技术了。

马克思对生产要素的分析认为，第一个层次，不论生产的社会形式如何，劳动者和生产资料始终是生产要素；第二个层次是科学力量，科学作为生产过程的因素，变成直接生产力，它的作用是通过改善第一层次两个基本要素的质量并提高其效率实现的；第三个层次是生产的社会条件。劳动生产力由多种情况决定，其中包括生产过程的社会结合即生产关系（结合、组织程度）。

在其他因素相对稳定的情况下，随着科学的进步及其在生产中的应用，劳动力和生产资料会变得更加有效率，同样的劳动力和生产资料会提供更多更好的产品来满足社会的需求，各种自然资源和自然力也会以更大的规模和更高的效能参加到生产过程中来，成为提高经济效益、改善社会环境的重要条件。因此，科学和科学技术（工艺及方法手段等）的应用程度就成为决定社会生产力发展水平的重要因素。[②] 而生产力水平的提高，必然要有一个适宜的生产关系、社会环境为前提。

科学技术在不同历史时期、不同地区，其表现形式有很大差别。明清时期主要表现为新种子的引进和应用的推广，以达到提高粮食产量的目的，满足人口增长的需求。

我们知道，明清以来，生产工具的变革似乎不大（《王祯农书》中的农器谱，记录的农具和《齐民要术》中的农具在明清时期变化不是很大），明清时期农具的发展只是局限于锄、镈、钁、镰等小农具的改造上，比起前两次铁农具的发展，作用明显小得多。珀金斯也认为“在15世纪至20世纪间，随着人口的增加，农具的数量和价值也大致以同等的速度上升。不过，有一点是很清楚的，即：工具数量的增加并不伴随着它们的质量或品质的任何重大的改变。农具技术一般都处于停滞状态。”劳动力密集和土地的紧缺是问题的关键，这就让问题集中到了提高土地利用率上，而提高土地利用率的唯一办法，就是提高单位面积的产量。提高单位面积产量的有效途径在当时只能是选用新的作物品种，而当时的耐旱、耐瘠薄的美洲作物玉米、甘薯、花生等正好能担当此任。从这里可以肯定，美洲作物的引进是明清时期生产力中最为关键的要素，也是最为重要的科学技术，是第一生产力。

美洲作物作为第一生产力要素反映在两个方面：一是粮食单产得到提高；二是开垦了山地、废地，使得耕地总面积增加，粮食总产增加。

---

① 珀金斯：《中国农业的发展》，上海译文出版社，1984年，第25页。

② 中国生产力经济学研究会：《论生产力经济学》，吉林人民出版社，1983年，第118页。

1. 粮食单产增加　美洲作物与其他作物的单产情况在许多地方志中都有记载，民国二十五（1936）年《清平县志》收录的农业生产统计数据如表 6－13 和表 6－14 所示。

表 6－13　民国二十五年《清平县志》记载农产品收成量表

作物	中棉	美棉	小麦	谷子	玉米	高粱	花生	甘薯	黑黄豆
产量	50 kg	50 kg	100 kg	100 kg	125 kg	125 kg	150 kg 以上	500 kg 以上	75 kg
获余	烧柴	烧柴	秸饲牛或作烧柴	收黄草 150 kg 饲牛马	秸可作烧柴或饲料	秫秸收量颇丰，可铺屋编箔	其秧专饲牛羊	其秧专饲牛羊	其秧专饲牛羊

注：表中数据为每 667 m^2 农产品的产出量。

表 6－14　民国二十五年《清平县志》记载农田地质及作物类别

土壤	沙质土壤	埴质土壤	沙田	碱地
面积	占全部土地百分之五十五	百分之三十五	百分之七	百分之三
土宜	中美棉花生皆宜	宜美棉及小麦	麦及花生	种树栽荆

不难看出，其中甘薯和花生的单产在常规作物中产量是最高的，特别是甘薯。在适应性方面，花生的适应性是最强的，几乎所有的土壤都可以栽培。

民国时期各地有较为系统的统计数据，从中可以更清楚地比较美洲作物与传统作物之间的产量差别（表 6－15）。

表 6－15　主要作物产量一览表（1914—1949）[①]

单位：kg

年份	水稻	小麦	高粱	谷子	大豆	玉米	甘薯	花生
1914	63.5	92.0	119.5		69.5	70.5		0.7
1915	30.5	67.0	112.5		42.5	40.5		2.9
1916	34.0	25.5	51.0		31.5	52.5		2.4
1918	29.5	26.5	63.5	98.0	32.5	77.5		0.3
1924—1929	168.5	79.5	106.0	115.0	75.7	85.0	643.0	199.0
1931		74.5	104.5	115.0	87.0	97.0	689.5	
1932		73.5	112.0	113.0	80.5	99.0	717.0	
1933	41.0	70.5	103.0	105.5	99.0	85.5	745.0	165.0
1934	48.5	69.5	98.5	113.0	88.5	92.5	681.5	154.0
1935	41.0	62.0	109.0	117.5	51.0	100.0	632.0	121.0
1936	54.5	68.5	127.5	123.5	88.0	90.5	655.5	150.0

① 章之凡、王俊强：《20 世纪中国主要作物生产统计资料汇编》，2005 年（取自许道夫编《中国近代农业生产贸易统计资料》有关山东的资料整理而成）。

（续）

年份	水稻	小麦	高粱	谷子	大豆	玉米	甘薯	花生
1937	47.0	66.5	100.5	101.5	73.5	79.0	558.0	123.5
1946	46.0	53.0	104.5	100.5		84.5	616.0	
1947	52.5	68.5	88.0	86.0	71.5	80.0	505.5	121.0
1949	75.0	38.5			32.5			64.5

注：表中数据指每 667 m^2 作物的产量。

从表 6－15 可以看出，民国时期美洲作物中的甘薯每 667 m^2 产量平均达到 644.5 kg，是其他作物的 5～6 倍，油料作物花生每 667 m^2 产量平均达到 137.3 kg，而同期大豆的平均每 667 m^2 产量只有 65.9 kg。

美洲作物的高产是清末民初粮食单产、总产提高的首要原因。

2. 开垦增加耕地，拓展自耕农户的生存空间 美洲作物引起的生产力的巨大进步，对生产关系的变革起到了决定性的作用，使得明清后期人口的增加和土地的分散成为近现代中国的大趋势。

民国十八年（1929）《单县志》记载："自明以来，仍以耕桑为业，而赋税易完。近（民国一十八年前后）生齿日繁，人满地少，凡宅边隙地与斥卤弃田，无不垦种。"

从表 6－16 可以看出，中国总体人均占有耕地数量从汉代至今呈现直线下降趋势。特别是明清之际，出现了从明代人均 0.77 hm^2 急剧下降到清代人均 0.15 hm^2 的局面，这是在中国历史上从未有过的。人均土地占有量的下降对生产力的进步不但没有促进作用，相反还会制约生产力的进步。

表 6－16 我国历代平均每人占有耕地的情况

	汉朝	隋朝	唐朝	明朝	清朝	民国	目前（2008）*
人口（万人）	5 959	4 601.9	5 291.9	6 069	33 370	54 877	132 802
总耕地（万 hm^2）	5 513.5	12 962.8	9 535.9	4 675.9	5 276.8	9 788.1	12 171.6
人均耕地（hm^2）	0.92	2.81	1.80	0.77	0.15	0.17	0.09

* 2008 年的资料为中国大陆的数据，其中人口数据引自国家统计局，耕地数据引自国土资源部。

资料来源：《经济史》，1980 年第 5 期第 2 页（人大复印资料）[《四川日报》，1980.03.04（4）]。

在这种人口激增，耕地不能继续增加，人地矛盾越来越突出的时候，在其他途径都不能有效地解决粮食问题的情况下（如改进农业生产工具、水利、肥料等），通过引进新品种，提高单位面积的粮食产量，从而达到提高粮食总产的目的无疑是最好的办法。在这种情况下，引进美洲新作物、推广新作物是当时最为重要的科学技术手段。可以毫不夸张地说，美洲作物的引进、普及推广是明清之际农业生产中最高水平的科学技术，是第一生产力，对后来的生产关系也产生了深远的影响。

民国二十五年的《馆陶县志・实业》记录了当时的农民类别：

"佃农者，代耕农也：即贫无田产者代耕种他人之田，俟秋稔时分其收成，是曰佃农。佃农亩数少者十亩上下，多者四十亩以上，秋获后分收地之果实时，地主得十分之七，佃户分其三。其有折半均分者，名为大种地，即丁漕附捐，由地主担任外，至如牲口，种子，肥料所需则由佃户担之。

“租农：即认租之农人与出租之地主按田之沃瘠协定，以每亩适中价额按期缴付依限租种之约。此约书立后，承租者即如期付金照约定亩数施以工作，届时径行收获至岁收多寡与地主无涉。普通价额每亩一元至二元不等，每年按两季缴付，荒则免缴，年限普通为三年。倘价有涨落，期满时另订，其有招租地亩过多独力难胜者，则组合数家通力合作或分租于其他农户，是为包租。

“佣农：俗曰佣工。佣农者即贫农受雇于人而为之工作，有长工短工二种。长工即以年为度佣农终岁，生活所需均取给于地主其工作于力田外，或服其他劳役（于采薪饲畜等事），较佃农尤为勤劳；短工则以日计或月计不等，每届农忙时期邑民业此者颇多，故城镇乡村多有临时工市，由主佣两方协订佣金额数按日给付收受。

“自耕农：即自耕自田，不假手他人也，此皆薄有田产全家生活与土田相依为命，故对于工作尤勤，而所获岁收较厚。

“半自耕农：此项农民可分为两类：一者所有田地较多而人工较少自治一部土田余一部则分招佃租或出资雇工以勤乃穑事，亦克有秋；二者所有田产不足自给另租种他人之田以资补助，凡此皆半自耕农也，邑中此类农人颇占多数。”

馆陶县地户、田产额数见表6-17。

表6-17　馆陶县地户、田产额数一览表

单位：户

5亩以下	10亩以下	15亩以下	20亩以下	25亩以下	30亩以下	40亩以下	50亩以下	70亩以下
6 284	6 001	5 435	4 755	4 408	4 101	3 790	2 841	2 239
100亩以下	150亩以下	200亩以下	300亩以下	400亩以下	500亩以下	1 000亩以下	1 500亩以下	0亩
1 794	406	185	81	31	13	7	4	1 701

数据来源：笔者据《馆陶县志》算得。

新作物的推广普及使得粮食产量提高成为一个不可争议的事实。民国二十四年的《陵县续志》记录的各种重要物品生产量之统计：

“全县面积约为二千五百方里，合官亩一百三十五万亩，除碱潦沙滩河流村落宅基地公共场所庙宇道路所占的地段外，可供生产之熟地约有三十万零七千五百余亩。每年种植各物所占地亩按百分比：谷（黍稷在内）约占百分之三十，合地九万二千二百五十亩，年景丰歉，地质肥瘠平均每亩产量以市斗二石计算，可共得十八万四千五百石。高粱约占地百分之二十，合地六万一千五百亩，每亩产量以市斗一石六斗计算，共可得九万八千四百石。小麦约占地百分之三十，合地九万二千二百五十亩，每亩产量以市斗一石计算，共可得九万二千二百五十石。花生约占地百分之十，合地三万零七百五十亩，每亩产量以市秤六百斤计算，共可得一千八百四十五万斤。棉花约占地百分之五，合地五千三百七十五亩，每亩产量以市秤一百斤计算，共可得一百五十三万七千五百斤。红薯（有种于春地者有种于麦地者，此处指种于春地者）约占地百分之一。芝麻约占地百分之一点五，苜蓿约占地百分之一点五，此数项共合地一万五千三百七十五亩，收麦之后就麦地所种者大概为玉蜀黍、绿豆、黄黑青茶各豆及红薯、杂菜等，故所占亦与麦同计。玉蜀黍约占地百分之十，合地三万零七百五十亩，每亩以市斗一石二斗计算，共可得三万六千八百石。绿豆约占地百分之三，合地九千二百二十五亩，每亩产量以市斗一石计算，共可得九千二百二十五石。大豆约占地百分之十，合地三万零七百五十亩，每亩以市斗一石计算，共可得三万零七百五十石。红薯（此指种于麦地者）约占地百分之五，合地一万三百七十五亩，每亩产量以市秤二千斤计算，共可得三千零七十五万斤。杂菜（水萝卜红萝卜蔓菁芥菜等）约占地百分之二，合地六千一百五十亩，产量不齐。”

光绪三十四年（1904）《肥城县乡土志》记载：“输出品番薯，长生果每届冬春以牛车肩挑贩运于济南东昌等处，岁约进银万余两。”

虽然鸦片战争以前的粮食单产存在许多争议，但是综合自春秋至现代的各位学者的研究分析，对我国历代的粮食单产，可以得出大体的走势图（图 6-1）[①]。

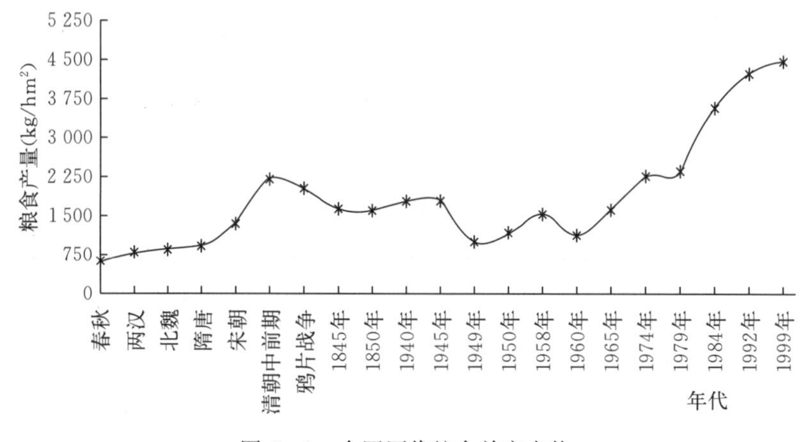

图 6-1 全国历代粮食单产走势

罗伯特 D. 史蒂文斯说，在传统农业中，耕种面积的扩大几乎完全取决于劳动力的增加。随着人口的增加，劳动力也有所增加，使得开垦新地的现象经久不衰。传统农业中，农业技术变化甚微，但农业产量却增加了，究其原因：一是土地面积的扩大；二是因复种指数的提高而导致种植面积增加。[②] 如史蒂文斯所说，人口增加，耕地面积扩大，符合我国明清时期的特点。他讲的农业技术主要是指生产工具、肥料等，并没有考虑到种子在开垦土地种植中的作用。

在以前，许多丘陵山地种植传统作物是没有收成的，所以许多山地被撂荒，成为废地。引进推广新的优良作物品种，像美洲作物中的花生、甘薯等后，被撂荒的废地才被利用起来，这是单纯依靠劳动力难以解决的问题。从图 6-1 中可以看出，清中后期的粮食单产有所下降，但从山东资料可以看出，虽然清代中后期人口急剧增加，耕地数量也在不

① 王宝卿：《我国历代粮食亩产量的变化及其原因分析》，载《莱阳农学院学报》2005 年第 1 期，第 9 页。

② 罗伯特 D. 史蒂文斯等：《农业发展原理——经济理论与实证》，东南大学出版社，1992 年，第 47 页。

断增加，但新增加的土地不是原来很容易耕种的土地，许多是被撂荒的山地。这些山地干旱、土层浅、瘠薄，其粮食产出量不如平原肥沃的水浇地，而美洲作物与传统作物种植在相同土壤条件的情况下，其高产的特性就会显现出来。

所以明清时期美洲作物的传入，提升了劳动力开垦的作用，增加土地数量，虽然综合平均粮食单产可能有所下降，但是由于耕地面积的扩大，粮食总产绝对增加，足以养活迅速增加的人口。

小农经济具有强大的生命力，美洲作物的传入，使得中国的小农生存变得较以前更容易了。

民国二十五年，《德平县续志》中记载了该县清朝进士孔昭珩作的一首“农家乐”诗，形象地描述了当时、当地农民安居乐业的农作、生活的景象，道出了小农经济的和谐美满。

欲识农家乐，听余细细传。著意勤稼穑，关心在陌阡。出入各相友，起居各欣然。春日上原野，雨后快耕田。黄犊解人意，驯驰不用鞭。既耕亦已种，长歌三月天。鸡犬声满耳，桑麻绿拂烟。转瞬夏令至，清和景最鲜。熏风自南起，邱中麦回旋。劝农呼布谷，依树听吟蝉。行看苗渐发，荷锄憩陇边。向午时炎热，树下聊小眠。日暮归路晚，当头一月圆。几家祝乐岁，各处祈丰年。百事好，妇子共安全。果腹有黍稻，探囊有金钱。愿邀宾客也，知祀祖先会。当时闲暇聚，语意缠绵欢饮一杯酒。谈笑七月篇，虽是老农夫，无异陆地仙。说来愁顿解，时时耸吟肩。

3. 提高抗灾能力、民众生存能力增强 美洲作物具有优良的生物学特性和良好经济价值，正是这些优良的特性决定了其广泛的适应性和普及性。明清以来，农民由于逐渐地接受、认可了这些外来作物，所以能够开辟原来无人问津的荒山废地，而不必非得去租种地主的地或到地主家做工，这就使得大地主的经营变得越来越艰难了。

清代土地买卖更加自由，城居地主增多，佃农经济独立性进一步增强。

民国二十五年《东平县志·实业》记载：“本邑农业所有耕耨播种耘耔肥田诸法以及各种农用器具，率多恪守数千年相沿之旧习，间有改革亦多本老农之所得，或异地传习之采取，非科学新发明也，然虽株守旧法，近年来，以地价之昂贵，生齿之繁衍，浸浸乎有人多地少之虞。一般农民为环境所迫，颇知奋励。对于垦殖、耕作不惜劳资，务尽地力。故现在农产之收获较之三十年前，无形中已增加不少。是亦农业中之少许进步也（农业的进步主要是种子，美洲作物的引进，其他东西几千年变化不大也）。就农业范围言，综计全县七万多户，十分之九九皆恃田地为生活。即十分之九九不能脱离农业，就中可分为大农、中农、小农、佃农四等。有田地五顷以上至十顷或数十顷者为大农（即大地主俗称大户），此等农田地每散布各村不在一处。本邑地主大率不自耕作，招佃分种其田。按亩平分粮粒，坐享地利。亦有自种少许，多数归佃分种者。有田地五十亩以上至三四顷者，为中农。此等农，多自种自田，亦有自力不能全种，招佃分种若干者。有田地数亩或二三十亩者为小农，此等农，田地概归自种。亦有人多地少不能自给，佃种他人之田数亩或数十亩者，是为半佃户。自己绝无田地完全佃种他人之田者为佃农，此等农，又有大佃小佃之分，人丁多佃种顷余亩，或七八十亩者为大佃，大佃需车牛坚肥，农具完备，人力资本均能充足，虽系佃户颇有中农气象。佃种数亩或一二十亩者，为小佃。则资本薄弱，全恃人力为生活矣。本邑佃田习惯有三种。种粮由地主发给，一切耕种锄割及肥田收获之事，地主完全不问，静候禾稼登场，粮粒轧净晒干，除种平分后，由佃户运送归仓。此种佃田习惯邑内最普遍，间有租佃者言定每亩租粮或租钱若干，预立租约，秋收后不问丰歉，照数交纳。又有一种小锄佃田法，凡耕种粪肥车牛运力，皆归地主自营，只锄割收获等应用人之事，归众佃通力合作，其分粮粒法各种粮食不等，视用人力之多寡而定，大约麦一九（佃户一成地主九成盖种麦人工最省也）；豆二八；高粱谷子三七；等分法。以上二种佃田法，邑内仅有。尚未盛行。近年生活程度日高，各种粮价渐低落，全县人民之生产力，恃此农业产品为大宗。乃输出之。农产品价值日减，输入之诸多日用品价格日昂，以此易彼相差甚巨。农民已不胜大痛，况加以无量数之田亩负担，无休息之建设工作，邑中大农因之破产者，已指不胜屈（山东省大地主不多，并日趋破产之原因之一），又何怪中农以下之生计，日迫驱，而远徙异域谋食他乡。”详细记录了民国时期，地主与自耕农的生产经营以及相互租佃情况。

清代（1888）山东大地主户数及所占土地面积调查情况①：

莱州：占田 100 000 亩者 1～2 户；占田 10 000 亩者，占总户数 10%以上。其中，佃农占农户总数的 40%，自耕农占农户总数的 60%。

益都县：占田 1 000 亩以上者 1～2 户；占田 500～600 亩者 8～10 户。其中自耕地占全部耕地的 90%，出租地占 10%。

临淄县、临朐县：最大地主占田 700 亩，户数不详。

寿光县：最大地主占田 2 000 余亩，户数不详；其次占田 100～200 亩，户数很多。

淄川县：有田 100～200 亩者，占总户数 8%。

以上是英国皇家的调查数据，虽然不是很完整、全面，但是仍然可以清楚地说明，清代相对于后来的民国时期，土地占有情况还是比较集中的，大地主所有者较多，见表6－18。

表 6－18 1934 年农户经营面积分组统计表

分组耕地数	10 亩以下	10.01～20 亩	20.01～30 亩	30.01～40 亩	40.01～50 亩	50.01～100 亩	100.01 亩以上
各组耕地百分比（%）	39.3	23.4	14.9	10.0	6.4	4.5	1.6

资料来源：《农情报告》1935 年第 3 卷第 4 期第 85 页。

从 1934 年的调查表可以明显看出，大土地所有者比例下降了许多（我们不做定量的计算）。现再以民国时期青岛李村为例，看看当时的农业生产和土地占有情况。

《民国最近之青岛》（1919）记载，青岛附近无大地主，故贫富无大悬殊，一人之耕地

① 见《英国皇家亚洲学会中国分会会报》（*Journal of the China Branch of the Royal Asiatic Society*），1889 年第 23 卷第 79－117 页。

不过 553 m^2（0.829 亩）。

据民国十七年《胶澳志》记载，主要耕作及农民生活："耕作以甘薯为主占李村区农产总价之过半数，小麦粟大豆落花生及梨次之（李村之地瘠薄之故 所以地瓜适应之），合之其他果实蔬菜 20 余种，每年所产总值八九万元，以人口比例之，每人仅得八元四五角，加以其他副业收入稍资补助然为数亦微矣。农民之收支及其生活至为艰苦，李村区内有地三十亩者即称富室。民国四年调查，李村全区户数二万零七百五十五户，有地三十亩者仅得三十余户。李村附近被称为沃壤，试就有地二十亩之上流农家一考，究其全年之收支。计上地二十亩价银一千六百六十五元，耕作收入四百五十二元，有零支出三百三十九元，有零支出相抵余银一百十三元。有零即对于耕地投资之纯利可得年息六厘八毫（即千分之六十八）。通常上流农家家族，妇孺恒在十名以上比例。收入全额每人每年得四十五元，每月不足四元。沃壤富室如此，下地贫户可知又就支出言之每人日费不足一角，亦可谓天下之至俭至廉者。"相关调查情况见表 6-19、表 6-20 和表 6-21（说明：由于引用的是民国时期的调查表，不宜对表中数据和单位作规范换算处理）。

表 6-19　农民资本一览表

类别	耕地	牛	骡	豚	农具	合计
数量	20 亩	一头	一头	一头	一副	
单价（元）	78.751	42.856	29.286	4.286	17.286	
小计（元）	1 571.420	42.856	29.286	4.286	17.286	1 665.234
摘要	以李村附近较为肥沃中等地为准	以四齿之牛价为准，可供使役十二年	以五齿之骡价为准，可供使役十五年	有生殖能力之牝豕	独轮车及耕犁等项农具，二十五件	

表 6-20　农民收入一览表

品名	小麦	小麦秆	芽生甘薯	甘薯蔓	大麦	大麦秆	稗
收获量	60 升	1 000 斤	8 200 斤	1 200 斤	13 升	180 斤	6 升
价格（元）	57.000	8.930	82.00	10.716	5.577	0.956	1.926
品名	稗秆	粟	粟秆	高粱	高粱秆	芋	落花生
收获量	80 斤	64 升	1 300 斤	8 升	240 斤	200 斤	175 升
价格（元）	0.570	36.829	11.609	4.856	1.714	5.000	34.750
品名	落花生蔓	玉蜀黍	黍秆	小黍	蔓生甘薯	薯蔓	萝卜
收获量	880 斤	5 升	100 斤	3 升	1 600 斤	200 斤	1 260 斤
价格（元）	6.283	3.570	0.714	2.250	16.00	1.786	8.996
品名	秋生玉蜀黍	蜀黍秆	大豆	豆秆	小豚	自制肥料	合计
收获量	16 升	350 斤	15 升	400 斤	20 头	200 车	
价格（元）	11.424	2.499	13.395	3.571	39.280	71.400	452.611

表 6-21 农民支出一览表（全年共计支出 339.342 元）

类别	长工佣人工资	长工伙食费	临时短工佣资及伙食费	牛使用费	饲牛之料	骡使用费	饲骡之料
数量	3 人	240 天	50 工	一年	一年	一年	一年
价格（元）	48.213	77.040	12.500	1.786	25.716	1.664	34.284

类别	农具补充并折价	籽种代价	母猪饲料	肥料豆饼	应完粮赋	杂费	小猪饲料	自制肥料
数量	一年	一年	一年	500 公斤	一年	一年	60 天	200 车
价格（元）	5.186	16.071	2.568	32.140	5.000	1.514	4.260	71.400

从上面的数据看出，花生、甘薯、玉米等在农民生活和生产中占有至关重要的地位，是小农经济的重要组成部分，也反映出传统农业时代，农民（小农经济）生产、生活之概况。

表 6-22 1912—1937 年山东自耕农变化表[①]

年份	1912	1917	1918	1919	1920	1930	1931	1933	1934	1935	1936	1937
比率(%)	69	70	71	71	73	72	67	70	72	74	75	75

从表 6-22 中可以看出，25 年间自耕农的比率增加了 6 个百分点。这反映了一个重要信息，就是农民手中的土地正在分化。

表 6-23 1917—1935 年全国按耕地分组农户之百分比变化表

单位：%

耕地分组	1917 年	1918 年	1919 年	1920 年	1931 年	1934 年	1935 年
10 亩以下	32.7	33.2	32.7	32.5	51.4	26.4	40.0
10～50 亩	47.5	47.0	47.4	47.6	41.4	64.4	52.0
50～100 亩	13.7	13.6	13.6	13.6	5.8	6.6	6.1
100 亩以上	6.2	6.3	6.3	6.3	1.7	3.0	1.7

资料来源：卜凯著，张履鸾译：《中国农家经济》（上册），商务印书馆，1936 年，第 196 页。

毫无疑问，从表 6-23 可以发现，全国的情况与山东相吻合：大土地所有者的比率在下降，小土地所有者的比率在上升。

另外，大土地所有者，由于农业经营风险大、利润低，有的已经逐渐在脱离农村，使经营权和所有权分开。民国二十年（1931）《增修胶志》记载："州之田多归于仕宦与士商之家，散在四乡，不能自种，佃于人。"

变化的原因是多方面的，就像德国农业经济学家威廉·瓦格纳在 1926 年出版的《中国农书》中所讲的一样，世代子孙分家——诸子均分制的继承习惯，造成的土地分散[②]；

① 苑书义、董丛林著：《近代中国小农经济的变迁》，人民出版社，2001 年，第 27 页。

② 马若孟：《中国农民经济——河北和山东的农业发展》，江苏人民出版社，1999 年，第 23 页。转引自威廉·瓦格纳：《中国农书》第 1 卷，1942 年版，第 212-213 页。

也有美洲作物品种的引入造成的原因。但是从明清耕地数量一直在增加的趋势可以推测，美洲作物使原来不能开垦或者不愿意开垦的土地，在明清时期几乎全部开垦殆尽。这就说明一个问题，美洲作物使得原来必须依赖于地主生存的佃农们，依靠美洲作物耐旱、耐瘠薄、高产、稳产、经济效益高的特性，完全可以脱离原来的东家——地主，自己到山上开辟一块无人耕种的废地或者荒地，自己种植养活自己甚至全家。

在中国历史上，物质资料的生产水平决定了或是限制着人口的增殖水平，这既符合马克思主义的基本原理，也符合"总是尽生活资料允许的范围繁殖后代"的中国特色的生育文化。因此，新作物的引进对人口增长的影响是所有因素中最为关键的因素。其结果是：清代，人口规模从 1 亿上升至 4 亿。

新作物的生物学特性决定了其优良的品种特性和超常的适应性，使得粮食单产提高成为可能，使得开垦丘陵山地扩大耕地面积成为可能，使得技能不高的农民生存变得更容易，也使得土地更加分散（许多山地是流民们开垦出来的）。所以，新作物特别是美洲作物是影响粮食单产提高最关键的因素，同时也决定了中国晚清至民国时期的生活和生产方式，进而影响了当时的生产关系——建立了几千年来生存能力最强、生命力最旺盛的小农经济。

美洲作物作为先进的生产力直接影响生产关系，明清之际农业产量的提高主要原因是粮食品种资源的丰富——美洲作物的传入。也许开始时，美洲作物的传入并没有什么经济目的，与后期的西方工业技术设备传入的目的不一样，种子的传入带有偶然性，但是它的扩种却带有很强的目的性，作物种质资源的变化可以作为当时最大的科技进步，也可以作为农业领域的最先进的科学技术，是当时农业领域的先进生产力的代表，是推动生产关系变革的重要因素，其直接作用是让大量增加的人口能够活下来。然而对大地主的经营受益帮助不是很大，如种植甘薯不会给地主带来比以前的五谷带来的效益更多，相反，地主开始不断破产。由于美洲作物适于荒地废地，农民对原来好地的依赖性降低，荒地废地被利用起来，很容易形成 0.33 hm^2 地就能吃饱饭、有衣服穿的局面——新的小农经济的经营方式。作物直接影响了农村的社会经济结构，决定了新一轮的小农经济的经营、生活方式，也是我国小农经济有强大生命力的直接原因之一。

（王宝卿　王秀东　蒋慕东）

参考文献

陈伯庄，1936. 平汉沿线农村经济调查（调查时间为 1934 年）[M]. 交通大学研究所：18.

陈凤良，李令福，1994. 清代花生在山东省的引种与发展 [J]. 中国农史（2）：58.

德·希·珀金斯，1984. 中国农业的发展（1368—1968）[M]. 宋海文，等，译．上海：上海译文出版社．

恩格斯，1955. 家庭、私有制和国家的起源 [M]. 莫斯科：外国文书籍出版局.
谷茂，信乃铨，1999. 中国引种马铃薯最早时间之辨析 [J]. 中国农史 (3)：80-85.
郭文韬，1981. 中国古代的农作制和耕作法 [M]. 北京：农业出版社.
郭文韬，1998. 中国农业科技发展史略 [M]. 北京：中国农业科学技术出版社.
何炳棣，1985. 美洲作物的引进、传播及其对中国粮食生产的影响 [M]//王仲荦. 历史论丛：第五辑. 济南：齐鲁书社.
黄宗智，1986. 华北的小农经济与生活变迁 [M]. 北京：中华书局.
纪彬，1935. 农村破产声中冀南一个繁荣的村庄 [J]. 农村周刊 (76).
李璠，1984. 中国栽培植物发展史 [M]. 北京：科学出版社.
马若孟，1999. 中国农民经济——河北和山东的农业发展 [M]. 南京：江苏人民出版社.
毛兴文，1990. 山东花生栽培历史及大花生传入考 [J]. 农业考古 (2)：318.
邱树森，陈振江，2001. 新编中国通史（第二册）[M]. 福建：福建人民出版社.
唐启宇，1988. 中国作物栽培史稿 [M]. 北京：农业出版社.
佟屏亚，1979. 农作物史话 [M]. 北京：中国青年出版社.
佟屏亚，2000. 中国玉米科技史 [M]. 北京：中国农业科学技术出版社.
万国鼎，1962. 花生史话 [J]. 中国农报 (6)：17-18.
王宝卿，2004. 铁农具的产生、发展及其影响分析 [J]. 南京农业大学学报 (3)：85.
王达，1984. 我国烟草的引进、传播和发展 [M]//农史研究：第四辑. 北京：农业出版社.
王思明，2014. 美洲作物的传播及其对中国饮食原料生产的影响 [J]. 中国经济史论坛 (2)：32.
王秀东，2005. 可持续发展框架下我国农业科技革命研究 [D]. 北京：中国农业科学院.
尹二苟. 1995. 马首农言中"回回山药"的名实考订——兼及山西马铃薯引种史的研究 [J]. 中国农史 (3)：105-109.
尤金·N·安德森，2003. 中国食物 [M]. 马缨，刘东，译. 南京：江苏人民出版社.
苑书义，董丛林，2001. 近代中国小农经济的变迁 [M]. 北京：人民出版社.
翟乾祥，2001. 马铃薯引种我国年代的初步探索 [J]. 中国农史 (2)：47-49
张芳，王思明，2001. 中国农业科技史 [M]. 北京：中国农业科学技术出版社.
章有义，1957. 中国近代农业史资料 [M]. 北京：三联书店.
章之凡，王俊强，2005. 20世纪中国主要作物生产统计资料汇编 [M]//许道夫. 中国近代农业生产及贸易统计资料. 上海：上海人民出版社.
中国农业科学院花生研究所，1963. 花生栽培 [M]. 上海：上海科学技术出版社.
中国生产力经济学研究会，1983. 论生产力经济学 [M]. 吉林：吉林人民出版社.
Peter Hoang，1889. A Practical Treatise on Legal Ownership [J]. Journal of the China Branch of the Royal Asiatic Society. New Series. Vol. XXIII：126-127.

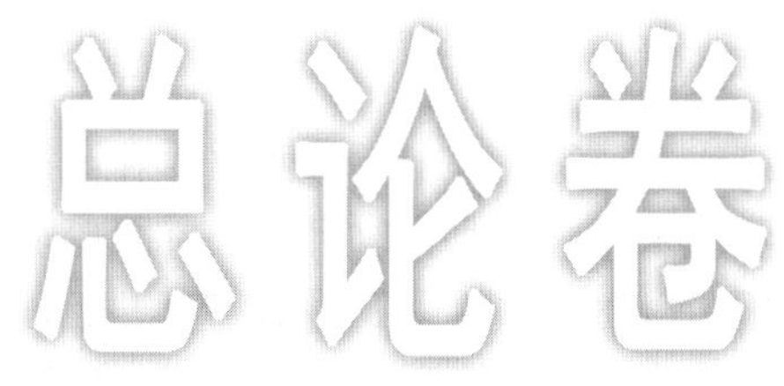

第七章

现代农业萌芽发展期——现代科技推动农业发展阶段

中国有着悠久的传统科学和技术。英国中国科学史专家李约瑟博士甚至指出，在15世纪以前中国的科学和技术遥遥领先于欧洲，但是发生在17～18世纪欧洲的科学革命，不仅促成了现代科学的诞生，也使中国传统的科学和技术相形见绌，特别是随之而来的工业革命拉大了中国与西方国家的差距。中国这个历史悠久的文明古国，100多年前在西方人眼里，不仅没有现代科学，还是一个封建、落后、贫穷、愚昧的国度。大约从15世纪起，在一些国家，工场手工业发展，商业繁荣，城市人口剧增，使农业有利可图，农业被加速纳入经济发展的进程，农业科学技术接连发生重大变化。18～19世纪，西方在产业革命推动下，机器动力农具逐步推广应用，不断用工业产品来装备农业；向农业投入较多物质和能量并科学合理地加以应用，按动植物生长发育需要补给各种营养；对病虫害使用药剂防治；物理、化学、生物学科等领域的研究成果不断转引用于农业，实行技术转移。直到19世纪末20世纪初中国才开始逐渐认识到现代科学技术对农业发展的巨大推动作用。

第一节　现代科技传入及对中国现代农业的影响

一、现代科技传入，催生现代农业萌芽

从19世纪60年代开始，清朝统治阶级中的某些有识之士，如奕䜣、曾国藩、李鸿章、左宗棠、张之洞等人，改变了“夜郎自大”的态度，他们试图向西方学习先进的科学技术，以维护清朝统治。洋务派以“自强”“求富”为口号，“师夷长技”，开矿山、筑铁路、设邮电、办学校、派遣留学生出国，掀起了一股办洋务的热潮。他们引进了西方先进的科学技术，使中国出现了第一批近代企业。洋务运动为中国近代企业积累了生产经验，培养了技术力量，冲破了窒息生产力发展的社会风气，在客观上为中国民族资本主义的产生和发展起到了促进作用，为中国的现代化开辟了道路。洋务派创办了新式学堂，又选送留学生出国深造，培养了一批翻译、军事和科技人才，现代化开始由经济领域逐渐向科技文化和人才教育领域渗透。

1840年以后，一些受西学影响较深的中国知识分子已看到西方近代农业胜过中国传

统农业，纷纷提出学习西洋的农业技术。19 世纪 50 年代，魏源说，（西方）“农器便利，不用耒耜，灌水皆以机关，有如骤雨。”[①] 60 年代，王韬建议政府购买西洋机器，“以兴织维，以便工作，以利耕播。”[②] 此后，郑观应提议“参仿西法”，派人到“泰西各国讲求树艺、农桑、养蚕、牧畜、机器、耕种、化瘠为肥，一切善法”[③]，编为专书，传播给农民。一些开明的绅士及民族企业家亦开始引进西方的农业技术，用新法从事农业生产。但在甲午战争前，这些主张和举措，并未引起清政府的重视。当时清政府虽然也学习西方，但主要精力用于兴办“洋务”，企图通过训练新军，兴办工业来“自强”和“求富”，以维持摇摇欲坠的封建统治。正如孙中山所指出：“我国家自欲引西法以来，惟农政一事，未闻仿效，派往外洋肄业学生，亦未闻有入农政学堂者，而所聘西儒，亦未见有一农学之师。”[④] 1894 年中日甲午战争，清政府失败，清政府训练新军实现国家“自强”企图成了泡影。随着洋务运动的破产，人们便把目光转移到农业上，认识到农业是发展工业和商业的基础，是使中国强盛起来的前提。在这样的形势下，学习西方先进的现代农学被提上议事日程。

1865 年（清同治四年）英国商人曾将一些美棉种子带到上海试种，这可能是国人第一次看见西方农业科技成果。随后，一些受西方影响较深的中国知识分子，纷纷学习西洋的农业技术。中国最早建立的农业科研机构是 1898 年在上海成立的育蚕实验场和 1899 年在淮安成立的饲蚕试验场。最早的农业学校是 1897 年 5 月由浙江太守林启（迪臣）创办的浙江蚕学馆和孙诒让等人在温州创办的永嘉蚕学馆。1902 年 11 月清政府在保定设立的直隶农务学堂，1904 年改为直隶高等农业学堂，大概是我国第一所高等农业学校。在此之后，农务学堂在全国多有兴建，据 1910 年 5 月统计，全国农业学堂已有 95 所，学生 6 068 人，其中既包括高、中、低等不同层次，也包括农、林、牧、渔不同类别。这一时期（1890—1910），主要是引进和搬用西方近代科学技术、翻译西方近代农业书刊和创建近代农业学校，这是中国近代农业科学技术的萌芽时期。

从 19 世纪 70 年代起，清朝重臣曾国藩、李鸿章、左宗棠等人倡导发起了“师夷长技以制夷”的洋务运动，希望利用西方的科学文化知识挽救垂死的清王朝。从 1872 年到 1875 年，清政府先后选派了 120 名 10～16 岁的幼童赴美留学。这是近代中国历史上的第一批官派留学生[⑤]。甲午海战失败后，清政府被迫签订了不平等的《辛丑条约》。为了改变落后挨打的局面，慈禧太后不得不改革教育制度，鼓励留学日本。1905 年 9 月 2 日，光绪皇帝诏准袁世凯、张之洞奏请停止科举，兴办学堂的折子，下令“立停科举以广学校”，使在中国历史上延续了 1 300 多年的科举制度被最终废除，科举取士与学校教育实现了彻底的脱钩。12 月 6 日，清政府下谕设立学部，为专管全国学堂事务的机构。清政府在推行“新政”过程中，把“奖游学”与“改学堂，停科举”并提，要求各省筹集经费选派学生出洋学习，讲求专门学业。对毕业留学生，分别赏进士、举人等出身。对自备旅

① 《海国图志》（卷十）。

② 《韬园文录》（外编）（卷十二）。

③ 《盛世危言》（初编）（卷四）。

④ 孙中山：《孙中山选集》（上李鸿章书），人民出版社，1986。

⑤ 第一批官派留学生：《中国幼童留美前后》，载《环球时报》2002 年 12 月 30 日第 19 版。

费出洋留学的，与派出学生同等对待。[①] 1910 年詹天佑、严复、辜鸿铭等成为庚子赔款第一批留学生进士。此后，清政府实施《游学毕业章程》，官费、公费、自费留日形成高潮，每年留学人数达万人，20 世纪初 10 年中，留日学生总数至少达 5 万人。[②] 1879 年前后，福建陈筱东渡日本学蚕桑，这应该是我国留学生出国学农之始。

二、现代科技转引用于农业，推进现代农业发展

现代农业是在现代农业科学理论指导下的、以实验科学为基础来建设的一种农业形态，尽管有关现代农业的思想已在清末开始孕育，但我国真正从事规范的科学实验以推动现代农业发展，创始于辛亥革命以后。由于政府创办农业学堂采用了西方的实验农学的教育体系，因而当时的农业教育机构就成为提倡和推广近代农业科技的综合性机构。运用近代科学改进农业，首先要培养农业科技人才，从事良种选育和对新的耕作、饲养等方法进行试验研究，然后择优向农民推广。因此，清末在仿照欧美及日本开办农业学校的同时，也在农业学堂普遍设立了农事试验和推广机构。当时很多地区农业学堂都附设农事试验机构，也有些地区把创办的农业学堂附设在农事试验场内，利用试验场聘请的本国或外国的农业“专门技师”兼任农业学堂专业课程的教师，场内栽培的作物、饲养的家畜家禽又可供学生实习。奉天农事试验场及广东农事试验场都附设农业学堂或农林讲习所。其他如江西最早的农业学堂，即江西实业学堂，亦设在江西农事试验场内。湖南则于 1909 年将原来的农务试验场改办成农业学堂，将试验场分为二圃四科，即花圃、菜圃和园艺科、普通科、工艺科、蚕桑科，“俾学生于听讲余暇，率同园丁分类讲习”，并在长沙南关外将岳麓山官荒辟为森林试验场，以为林科学生实习之预备。[③] 当时这些省的办学方法充分体现了农业教育和农事试验场相辅相成的关系。

清末农业学堂还兼有农技推广的职能。当时高等农业学堂一般都设有农场，供学生实习。农场也附带培养农场工人，可以在农场学习到先进的农业生产技术，从而推广农业新技术，尤其是一些蚕业学堂将其所制改良蚕种直接向蚕农推广，从而全面地推动了我国的农业现代化进程。最先开展小麦现代育种研究的是金陵大学，1914 年该校美籍教授芮斯安（Jhon Reisner）在南京附近的农田采收小麦单穗，经七八年试验育成“金大 26”小麦品种。1919 年南京高等师范农科进行品种比较试验，率先采用现代育种技术开展稻作育种，培育出了“改良江宁洋籼”和“改良东莞白”两个水稻品种。在北方，1924 年沈寿铨等开始进行小麦、粟、高粱、玉米的改良试验，寻求单位面积产量。

1911—1927 年，中国农学开始同近代实验科学相结合，开始了作物育种试验并取得了初步成果，这是中国近代农业科学技术初步发展时期。1928—1936 年，现代农业科学技术体系初步形成，中央农业实验所、全国稻作改进所、中央棉产改进所、稻米试验处及小麦试验处等全国性农业科学研究机构等先后建立。这些全国性农业科学技术部门的创建与运行是现代农业科学技术体系形成的标志，对现代作物栽培和耕作技术的推动作用是显

---

① 张连起：《清末新政史》，黑龙江人民出版社，1994。

② 石霓：《观念与悲剧——晚清留美幼童命运剖析》，上海人民出版社，2000。

③ 《清朝续文献通考》（卷一百一十二）。

著的。具体表现在：引进了西方近代农业科学技术，建立了一批农业研究机构和农业院校，培养了一批农业中高级人才，翻译、编著了一批农业科学著作，育成了一批新的作物品种，仿制和研制了一批化肥、农药、农业机械等，为中国现代农业科技的发展奠定了一定的基础。1937—1949 年，现代农业发展停滞期。连年战火使得农业科技处于极其困难的发展阶段，直到 1949 年中华人民共和国成立后，中国的农业科技方迎来真正的春天，才真正开始了从传统农业向现代农业的转变与过渡。虽其中也有一段时期发展比较艰难，但是 1949—2015 年的 66 年间，在党和政府的领导与高度重视下，形成了全国性农业科技、教育、推广体系，聚集了 10 余万农业科技、教育人员和近百万农业、教育推广人员，搜集保存各类农作物种质资源 40 余万份，培育和创新各类农作物新品种 15 000 余个，农业生产中主要作物良种普及率达到 90%以上，粮食产量由 1949 年的 1 132 亿 kg 提高到 2015 年的 6 214 亿 kg，经济作物、园艺作物的产量也取得了巨大的飞跃。农作物生产不仅满足了国内 13 亿多人的绝大部分主要需求，有些还可以出口满足国际市场需求。

三、主要农学著作及思想

在古文献保存与研究方面，罗振玉（1866—1940）是一个有贡献之人，而在引进和传播西方近代农业科技方面，他更是功不可没。罗振玉于 1896 年在上海与蒋廷黼一起创立农学社。次年，二人主持办起了《农学报》。《农学报》创刊于 1897 年，停刊于 1905 年 12 月。初为月刊，后改为旬刊，共刊行了 315 期。报纸的内容包括与农业政策和农事有关的诏令、奏折、消息、国外的与农业有关的文章等。[①] 其中国外的与农业有关的文章都是从当时比较先进、权威的农业科技期刊中选择、翻译而来的，内容涉及农、林、牧、渔、水利、农机、蚕桑、园艺、病虫害防治、土壤与肥料、制茶与农产品加工等，有的技术较为实用且易于推广。另有一些技术虽然介绍进来之后一时难以用于中国的农业生产实践，但是，这些代表当时世界农业科技前沿的新技术，足以让读者开阔眼界、增长见识、认识差距，进而改变发展农业的理念。《农学报》的创办，不论对后来的西方现代化农业科技的推广，还是对中外农业交流来说，都是很有意义的。并且将《农学报》中所附的西方近代农书的内容单独抽出，编成《农学丛书》。就《农学丛书》的内容而言，由于它是新旧思想交替时期的产物，所以收入的农书也是新旧兼有。《农学丛书》所收的农业著作，从内容上大体可分为如下几类：第一，西方现代农业科学理论。由近代的物理学、化学、动物学、植物学、地质学、气象学、土壤学、林学、昆虫学、微生物学、蚕体解剖学、蚕体病理学等基础科学和应用科学支撑起来的学科。西方近代农业科技专著中，上述学科的内容占据很大比重，如《植物学教科书》《农业工学教科书》《寄生虫学》《森林学》《土壤学》《气候论》《农务化学答问》《农用动物学》《农业微菌论》《蚕体解剖学》《蚕体病理》等。这类著作是农业科学的基础，深入、系统地阐明这些纯理论的内容，就是为现代农业科学奠定基础。将这些纯理论的内容编辑到《农学丛书》中，不仅有利于现代农业科技传入中国，而且在思想方法上引导当时的中国读者，让他们开阔眼界、耳濡目染地接受西方的现代科技、接受和重视基础理论。第二，西方近代农业技术。西方近代农业技术专著在

---

① 陈少华：《近代农业科技出版物的初步研究》，《中国农史》1999 年第 4 期，第 102 - 105 页。

《农学丛书》中所占比重最大，技术门类齐全，主要包括耕作技术、种植技术及畜牧、兽医、蚕桑、园艺、病虫害防治、农机具等。门类齐全，应有尽有，如《农学津梁》《耕作篇》《肥料保护篇》《喝茫蚕书》《接木法》《美国养鸡法》《家菌长养法》《农具图说》等，这些看起来纯技术内容的农书，仍要拿出颇大的篇幅介绍相关的基础理论知识。与以上所述的丰富、系统的基础知识相比，《农学丛书》中所介绍的西方农业技术则是另有特色。其中，有中国急需且在中国当时的条件下可行的技术，也有在当时的中国非常急需，但因客观条件限制，无法引进和推广的技术。这些新型的农业技术被介绍到中国，能否被中国农民接受，能否较快推广，均取决于中国农民对它的需要和当时中国的基础工业和基础设施等。虽然如此，《农学丛书》将西方近代农业技术介绍到中国，仍能起到开阔视野的作用。农会、农务学堂和农事试验场等机构纷纷建立，将《农学报》和《农学丛书》当作教学、研究和向附近农民传授近代农业知识的工具。

1917 年 1 月中华农学会成立，1918 年《中华农学会会报》创刊，曾用《中华农学会丛刊》《中华农林会报》《中华农学会报》等刊名。《中华农学会会报》自创刊至 1948 年共出版 190 期，刊发学术论文近 2 000 万字，是民国时期历史最为悠久、影响最为广泛的综合性农学刊物。著名林学家梁希在民国时期发表学术论文 30 余篇，其中 20 多篇就发表在《中华农学会会报》，金善宝院士民国时期发表论文 20 篇，其中 12 篇刊载于《中华农学会会报》。陈嵘《中国树木志》、卜凯《农村调查表》（1923）、沈宗瀚《改良品种以增进中国之粮食》（1931）、冯和法《中国农村的人口问题》（1931）、丁颖《广东野生稻及由野生稻育成的新种》（1933）、胡昌炽《中国柑桔栽培之历史与分布》、金善宝《中国小麦区域》（1940）等许多有重要影响的学术论文都是在《中华农学会会报》上发表的，是当时中国最权威的农业学术期刊，对推动中国近现代农业科学的发展发挥了积极作用。中华农学会于 1933 年开始设立丛书编辑委员会，至 1947 年出版丛书 20 余种，包括农业经济、农业化学、农业生物、作物园艺、畜牧兽医和森林 6 大门类，不少成为中国现代农学的经典之作，是民国时期农科专业主要教材，如陈嵘所作《中国树木分类学》及《造林学概论》、《造林学各论》；唐启宇《农业经济学》；唐志才《高等农作物学》；陈植《造园学概论》；许璇《粮食问题》；李积新《垦殖学》；邹钟琳《普通昆虫学》等。中华农学会也出版了一些学术专册，如邹秉文的《中国农业改进方案》《三十年农业改进史》等。这些著作的出版对中国农学的起步和发展起到了积极的推进作用。

中华人民共和国成立后，随着农业科学事业的发展，农业部成立了农业出版社，有关农作物科学技术著作在品种和数量方面都有较大的增长。1959 年，农业部和中国农业科学院组织编写的一套以农作物栽培学为主的农业科学理论著作，到 1966 年共出版了中国水稻、小麦、玉米、棉花、油菜、花生、甜菜、果树等栽培学 11 种。这 11 种著作的出版，在当时不仅对推进国内农业科研、教学和生产的发展起了一定的作用，而且在国外也受到重视。然而经过 20 多年的时间，我国的农业生产和科学技术又有了很大的发展，积累了很多增产技术经验和科学研究成果，原书显然已不能适应新形势的需要。因此，自 20 世纪 80 年代以来，中国农业科学院协同农业出版社和上海科学技术出版社组织院部分直属所及有关省级科研单位和部分高校的科研、教学人员编写出版了“中国主要农作物栽培学”丛书，该套丛书共 22 种，它的出版发行，对中国农业科技发展和生产实践起到了重要的指导作用。《中国小麦品种及其系谱》《中国水稻品种及其系谱》《中国植物保护科学》《分子生物学》《中国作物遗传资源》《中国肥料概论》《中国蔬菜栽培学》《中国作物及其野生近缘植物》等一大批反映中国农业科学重大成果的专著得到了学术界较高的评价。

第二节 现代农业发展中主要作物品种变化

一、农作物种类变化不大，引种以优良作物品种为主

1911 年以来，我国引进的主要农作物新品种类型大多集中在蔬菜、牧草和热带作物上，对我国的农业生产布局和结构总体影响不是很大，但是对原有农作物品种类型优良品种的引进，以及对我国农业生产发展起到了较大的推动作用。我国近代选种育种新法的引进，是从光绪十八年（1892）引进美国陆地棉开始的。鸦片战争后，由于纱厂对原棉的需要激增，刺激了植棉业的发展，但是我国原先栽培的亚洲棉（中棉）退化严重，产量很低，品质很差，纤维粗短，不堪供作纺细纱之用，因此，每年要进口大量美棉或印棉，以补其缺。为了杜绝损失，能够多盈利，一些热心的实业家和有识之士，始提倡引种陆地棉。张之洞是最早提倡引种陆地棉的要人；其后，张謇创办"大生纱厂"，也提倡引进陆地棉。光绪三十年（1904）清政府工商部曾从美国引入大量陆地棉种子，分发给江苏、浙江、湖北、湖南、四川、山东、山西、直隶、河南及陕西等省。1914 年张謇任农商部总长时，开办 4 个棉业试验场，以试验引进陆地棉为其主要任务。

20 世纪 30～40 年代，中央农业实验所从美国引入 100 余份牧草。1934—1935 年新疆从苏联引进猫尾草、红三叶等牧草在伊犁地区和乌鲁木齐牧场试种。1944 年和 1946 年甘肃天水水土保持实验站从美国农部和美国保土局引入禾本科及豆科牧草 150 余份。日本侵华期间吉林公主岭引入了几十种牧草，其中部分引自美国，如格林苜蓿即是。20 世纪 80～90年代，大约有 220 个种是首次引入我国的牧草饲料作物，其中有一批为珍贵的牧草品种资源。例如，从美国犹他州立大学先后引入的 1 200 余份小麦族材料，以及包括从苏联、伊朗、阿富汗、德国、法国、意大利、埃及、巴基斯坦、阿根廷、澳大利亚、美国和加拿大等 30 个国家引入的冰草属、偃麦属、披碱草属、新麦草属、赖草属、芒麦草属和大麦属等。这批材料的引入不仅对我国牧草育种有重要意义，对小麦等作物的远缘杂交育种也有重要意义。从美国引入的苜蓿品种中，有一些抗细菌性枯萎病、炭疽病，抗苜蓿斑点蚜、蓝绿蚜和豌豆蚜的材料。① 同时，我国海南还在这一时期引进橡胶、椰子、腰果、胡椒、咖啡、可可、龙舌兰麻（剑麻）、油棕等几个主要类型的热带经济作物。

总体来说，这一时期，我国的主要种植作物种类没有发生重大变化。但是通过引进一大批优良品种，直接或间接用于农业生产，提高了我国农业生产水平。同时也是引进了植物优异种质资源，通过种质创新，培育了大量适合我国不同类型生态区的农作物新品种，提升了我国农业的综合生产能力。目前，直接推广面积达 6.67 万 hm^2 以上的国外水稻品种有 19 个，推广面积达 66.67 万 hm^2 以上的国外小麦品种有 6 个，从日本、巴西、美国

① 苏加楷：《近十年来牧草品种资源国外引种概况》，载《作物品种资源》1990 年第 2 期，第 39－41 页。

和埃及引进的红富士苹果、旱稻、玉米、棉花都已在农业生产上大面积应用，效果非常显著。

二、农作物种植结构变化突出，主要粮食作物种植比例加大

种植作物长期以粮食作物为主，经济作物及其他作物为辅。目前农作物的产品结构发生了巨大变化，水稻、小麦、玉米三大粮食作物种植比例加大。我国最重要的粮食作物曾是水稻、小麦、玉米、谷子、高粱和甘薯，现今谷子和高粱的生产已明显减少。高粱在中华人民共和国成立前是我国东北地区的主要粮食作物，也是华北地区的重要粮食作物之一，现今面积已大大缩减。谷子（粟）虽然在其他国家种植很少，但在我国一直是北方的重要粮食作物之一。1949 年前，粟在我国北方粮食作物中的地位十分重要，现今面积虽有所减少，但仍不失为北方比较重要的粮食作物。玉米兼作饲料作物，近年来发展很快，已成为我国粮饲兼用的重要作物，其总产量在我国已超过水稻和小麦而跃居第一位。中华人民共和国成立以来，我国粮食生产呈现两大特征：第一，各粮食品种增产均衡发展，玉米增长后来居上，主要粮食作物比重发生变化。我国粮食产量在跨越 1 500 亿～3 500 亿 kg 的台阶时，水稻增产贡献最大；在跨越 3 500 亿～4 000 亿 kg 台阶时，小麦贡献最大；在跨越 4 000 亿～5 000 亿 kg 台阶时，玉米贡献最大。玉米播种面积于 2002 年超过小麦，2007 年超过水稻，2012 年玉米总产超过水稻，成为第一大作物。2012 年玉米、水稻和小麦三大粮食作物的种植结构为 39∶34∶27，也体现出消费需求结构的变动趋势。2012 年三大谷物播种面积占粮食总播种面积的 80%，占总产量的 90%，为历史新高。具体情况可见表 7-1、表 7-2。

表 7-1　中国 1914—2011 年主要农作物种植面积情况

单位：亿亩

年份	农作物播种面积	粮作播种面积	谷物播种面积	稻、麦、玉米播种面积	豆类播种面积	薯类播种面积	油料播种面积	棉花播种面积
1914—1918	9.99	8.89	8.89	5.33	—	—	0.89	0.27
1924—1929	14.15	11.78	10.74	6.16	0.78	0.26	1.79	0.58
1931—1937	14.74	11.84	10.53	6.06	0.97	0.34	2.35	0.56
1938—1947	14.22	11.62	10.28	5.74	0.91	0.43	2.24	0.36
1950	19.32	17.16	14.08	7.57	1.92	1.15	0.65	0.57
1958	22.8	19.14	14.93	8.65	1.91	2.31	0.95	0.83
1978	22.52	18.09	14.89	10.32	1.43	1.77	0.93	0.73
1998	23.36	17.07	13.82	10.47	1.75	1.51	1.94	0.67
2007	23.02	15.84	12.84	9.97	1.77	1.23	1.7	0.89
2011	24.34	16.59	13.65	13.18	1.6	1.34	2.08	0.76

注：1. 1914—1918 年“粮食”不包括甘薯及豆类。

2. 1914—1918 年“油料作物”不包括芝麻及油菜籽。

3. 1914—1947 年数据是根据许道夫 1983 年出版的《中国近代农业生产及贸易统计资料》第 338～341 页数据计算所得。

表 7-2　中国 1914—2011 年主要农作物种植结构变化情况

单位：%

年份	农作物播种面积	粮作播种面积	谷物播种面积	稻、麦、玉米播种面积	豆类播种面积	薯类播种面积	油料播种面积	棉花播种面积
1914—1918	100	88.99	88.99	53.35	—	—	8.91	2.7
1924—1929	100	83.25	75.9	43.53	5.51	1.84	12.65	4.1
1931—1937	100	80.33	71.44	41.11	6.58	2.31	15.94	3.8
1938—1947	100	81.72	72.29	40.37	6.4	3.02	15.75	2.53
1950	100	88.82	72.88	39.18	9.94	5.95	3.36	2.95
1958	100	83.95	65.48	37.94	8.38	10.13	4.17	3.64
1978	100	80.33	66.12	45.83	6.35	7.86	4.13	3.24
1998	100	73.07	59.16	44.82	7.49	6.46	8.3	2.87
2007	100	68.81	55.78	43.31	7.69	5.34	7.38	3.87
2011	100	68.16	56.08	54.15	6.57	5.51	8.55	3.12

注：1. 1914—1918 年"粮食"不包括甘薯及豆类。
2. 1914—1918 年"油料作物"不包括芝麻及油菜籽。
3. 1914—1947 年数据是根据许道夫 1983 年出版的《中国近代农业生产及贸易统计资料》第 338～341 页数据计算所得。

三、区域布局发生新变化，"南粮北运"变为"北粮南调"

这一时期，从南北布局来看，南方的粮食地位逐渐下降，北方在逐渐上升，南余北缺的粮食生产格局已经发生变化。我国历史上最晚自隋唐开始都是南粮北调，但是随着珠江三角洲、长江三角洲、四川盆地等粮食生产比例日趋减少，南方粮食产量所占比重逐渐在下降。1949 年南方粮食产量所占比重高达 60.1%，1984 年降为 58.9%，1996 年降为 51.7%，北方则由 1949 年的 39.9%上升到 1996 年的 48.3%，上涨了 8.4 个百分点，尤其是 20 世纪 90 年代以来，南降北升的趋势非常明显。近 20 年来，主产区增产贡献突出，粮食增产中心北移更加明显。我国粮食主产省有 13 个，包括北方 7 省份（河北、河南、黑龙江、内蒙古、辽宁、吉林和山东）和南方 6 省（安徽、四川、湖北、江苏、江西和湖南）。1996—2000 年，粮食主产省份的粮食总产占全国粮食总产的 71.63%；2006—2010 年，粮食主产省份的粮食产量上升到占全国粮食产量的 74.96%。1996—2000 年，我国北方粮食产量占全国粮食产量的比例仅为 47.14%；2006—2010 年，我国北方粮食产量占到了全国粮食产量的 52.92%，粮食增产中心明显发生北移。据统计，我国近 10 年间新增粮食的全部贡献都来自北方粮食主产区。发生这种重大变化的主要原因包括以下几个方面。①

（一）经济社会发展不均衡是导致发生变化的现实基础

改革开放以来，东南沿海地区率先对外开放，在区位优势、人文优势和政策优势作用

① 黄爱军：《我国粮食生产区域格局的变化趋势探讨》，载《农业经济问题》1995 年第 2 期。

下，非农产业快速增长，促使生产要素向非农产业转移，非农产业占用的耕地增加，农业劳动力向非农产业转移增加，使包括粮食生产在内的农业发展受到影响。同时，北部和西部地区由于工业化的速度远低于沿海地区，耕地资源被占用较少，局部地区虽然出现粮食耕种面积减少，也主要是在农业内部结构调整中被经济作物挤占，而其耕地总资源并未下降很多，恢复种粮的难度较小。沿海等经济发达地区耕地面积的减少，主要是被工业、交通和城镇建设所征用，已很难或不可能再用于粮食等农业生产。

（二）技术发展引发的耕作制度改革是导致变化的直接诱因

我国北方地区过去粮食生产主要是一年一熟，随着新科技的推广，特别是塑料薄膜的普遍运用，不少地区已形成了一年两熟的新型耕作制度，复种指数明显提高。如山东省复种指数 1978 年为 147.2，1985 年为 154.3，1992 年为 158.3；河南省 1980 年为 151.0，1985 年为 166.0，1993 年为 175.0。新的耕作制度的形成带来了复种指数的提高，加大了我国北方地区粮食生产的时间跨度，成为北方地区扩大粮食面积的重要原因。近年来虽然有一定的降低，但是仍然保持比较高的水平。反观南方地区，由于多种原因，“双改单”“水改旱”时有发生，直接减少了南方粮食的实际种植面积。

（三）作物种植品种结构改变加剧了变化

我国南方地区以种植水稻为主，所以在南方地区占据全国粮食主导地位的较长时期内，全国粮食的增产主要依靠稻谷，但是进入 20 世纪 80 年代以后，水稻在粮食中所占比重逐年下降，小麦和玉米在粮食中的比重逐年上升。北方地区小麦、玉米比重提高的主要原因，是单产水平大幅度提高。如黄淮地区 1993 年粮食单产已达每 667 m^2 263 kg，比 1978 年提高了 80.1%，而同期南方地区单产仅提高了 40%左右。北方地区单产水平的提高，主要是品种的更新换代，特别是玉米育种取得了突破性进展，使北方大部分地区的玉米单产从 20 世纪 80 年代初期的每 667 m^2 150 kg 左右提高到 350 kg 以上。另外，从作物品种内部变化来看，“籼改粳”技术的应用，促进了北方地区尤其是东北地区水稻的发展。由于粳稻全生育期较籼稻明显延长，灌浆后期粳稻更能适应温凉天气，增加水稻对温光资源的利用，使得粳稻能够安全成熟；粳稻后期具有较高的光合生产能力，能够增加群体光合产物的积累量，提高群体库容总充实量；同时，粳稻后期能够适应低温天气而不早衰，维持强壮根系和较高的茎鞘强度，增强群体抗倒伏能力，保证较大库容的安全充实与支撑。①

第三节　作物育种栽培技术发展对现代农业的影响

一、作物遗传育种学发展对现代农业发展的贡献

作物品种是农业生产最重要的生产资料，作物遗传育种学科在农业科学中占有核心地位。在科技人员的不懈努力下，50 多年来中国作物遗传育种取得了举世瞩目的成就。中

① 张洪程等：《“籼改粳”的生产优势及其形成机理》，载《中国农业科学》2013 年第 4 期。

国的作物遗传育种学家创造和发明了杂交水稻，成功地利用植物矮秆基因自主地进行了绿色革命，完成世界上第一张水稻基因图谱，创新了一大批新的植物种质资源，中国主要农作物品种已进行了 5～6 次更新换代，和其他农业科学技术一起使中国粮食总产达到 1949 年的 5.2 倍。用世界上 9％的土地养活了 21％的人口，为中国乃至世界的经济发展和粮食安全做出了巨大的贡献。

（一）作物种质资源收集整理为现代农业发展提供坚实的遗传基础

中国是世界作物起源中心之一，存在着相当丰富的作物种质资源，并具有其独特性。1949 年后，国家制定政策，建立专门的研究机构，设立重点、重大研究项目，使中国作物种质资源研究取得了辉煌的成就。目前，中国整理编目的作物种质资源约为 1 000 种作物共 42 万余份，国家作物种质长期保存库已保存 36 万余份，拥有作物种质资源数量居世界第二位。

中国作物种质资源的研究从地方品种的搜集和征集开始。20 世纪 50 年代中期，为了避免地方品种（农家品种）因推广优良品种而丢失，中国曾进行过两次全国性的作物种质资源征集工作，共搜集到 43 种大田作物国内品种 20 万份（含重复），国外品种 1.2 万份。从 1979 年开始中国进行了第三次全国范围的作物种质资源征集和资源考察活动。经过 5 年努力，又搜集到 60 多种作物的种质资源 11 万份，从而使中国种质资源数量达到 30 余万份，其中小麦、水稻、玉米等种质达 13 万份。中国在种质资源整理编目和鉴定等方面也做出了卓有成效的工作，已先后编写了 19 类作物的种质资源目录 54 册，达 1 800 万字。目前已对粮、油、棉、麻、烟、糖、菜、果、茶、桑、热作、牧草等多种作物约 20 万份种质资源进行了初步的抗病虫、抗逆和品质鉴定，对 30 余万份资源进行了农艺性状鉴定，共获得 115 万数据项。对有些资源还进行了多点种植综合评价或细胞学鉴定，筛选出一批综合性状优良或单一性状突出的材料，供育种利用。

（二）自主开展了绿色革命，推动农作物品种合理更新

作物育种是应用作物遗传变异的规律，进行作物产量、品质、抗性和适应性等方面的遗传改良，使之更高产、更优质、更抗病虫害、有更广泛的环境适应性。据推测，在提高作物生产力的诸多因素中，遗传改进占 30％～40％的比重。目前中国人口在不断地增加，土地面积却在不断地减少，要增加粮食总产，保证食物安全，靠增加种植面积是不可能的，唯一的途径是提高作物的单产水平。

在全世界开展以利用矮秆基因为主的绿色革命的同时，中国自主地进行了绿色革命。自 20 世纪 50 年代起，首先开展水稻矮化育种，随着矮仔占、低脚乌尖、矮脚南特等矮秆资源的利用，育成的推广品种由高秆向矮秆转变。矮秆水稻的育成，不仅标志着中国开始了水稻育种的新纪元，而且也引导了世界水稻育种方向的转变。中国其他主要农作物及蔬菜等的育种也取得长足进展。自中华人民共和国成立以来，作物遗传育种研究一直是国家对农业科研投入的重点领域。通过作物遗传育种及相关领域科研人员的共同努力，共育成 40 多种作物超过 15 000 个新品种，使中国主要农作物先后都实现了 5～6 次品种更新换代，每一次品种的更新换代，都使作物产量水平有较大幅度的提高。

（三）作物杂种优势利用世界领先

利用杂种优势是提高作物产量和抗性，改进品质的一条重要的育种途径。中国是世界上作物杂种优势利用最广泛，也是最有成效的国家之一。以水稻为例，水稻是自花授粉作物，尽管在 20 世纪初就有人报道过水稻的杂种优势现象，但由于各种原因，水稻的杂交种未能大面积应用于生产。中国杂交水稻育种，始于 1970 年发现水稻的“野败”雄性不育，1973 年实现三系配套，1975 年杂交水稻开始生产应用，很快大面积推广。

水稻光温敏雄性不育的发现及两系杂交稻的育成，是中国水稻育种学家对世界水稻育种的又一创造性的贡献。中国两系杂交稻的研究始于 1973 年发现光敏核不育水稻，从而开辟了杂交水稻研究的新领域，目前已取得重大进展。首先是培育成功一批光温敏不育系，如培矮 64S、香 125S、7001S、5088S、蜀光 612S、GD2S 等，在此基础上育成一批强优势组合，如培矮 64S/特青，比三系组合增产 10%；香两优 68，不仅比常规稻增产 15%，而且为优质稻。到 2002 年底，全国已有 20 余个两系杂交稻组合通过品种审定，年推广面积已达 250 万 hm^2 以上，大面积单产达到 7 500 kg/hm^2，并且创下 17 100 kg/hm^2 的高产记录。两系杂交稻的育成推广，使中国水稻产量又创新高。现今，超级水稻品种和杂交种已开始进入生产，且超级稻产量水平已达 10 500 kg/hm^2。

中国杂交水稻的推广，取得了巨大的经济效益和社会效益，在育种的理论和实践上也产生了深远的影响。首先，杂交稻的育成和推广，实现了粮食的大幅度增产。杂交稻的推广，促进了稻田种植制度的变革，出现多种间种复种模式，改变了中低产田的面貌，实现了低产变中产、中产变高产。杂交稻的推广，也带来了水稻栽培技术的革命，提出了适应不同生态地区、不同生产水平的高产配套综合栽培技术体系。

（四）作物远缘杂交取得重大成就

远缘杂交是作物育种和种质创新的重要途径之一。中国育种家历来重视远缘杂交的研究和应用。1926 年中国育种家就利用野生稻与栽培稻杂交育成了中山 1 号品种，进而又利用中山 1 号育成了中山占、中山红、中山白、包选 2 号、包胎矮等优良水稻品种。之后中国育种家在水稻、小麦、棉花等作物中广泛应用远缘杂交技术，创造出一大批新种质和新品种。

在水稻的远缘杂交中，中国育种家利用普通野生稻和药用野生稻杂交育成一批水稻新品种；用普通野生稻和栽培稻杂交，获得一批种质资源，利用这批种质资源育成了粤野占系列、桂野占系列、野清占系列品种；用药用野生稻和栽培品种杂交，育成了鉴 8，鉴 8 携带有来自药用野生稻的抗褐飞虱基因，表现出高产和抗褐飞虱。

小麦的远缘杂交在中国作物远缘杂交中是研究最多的。小麦远缘杂交不仅利用小麦属内的种间杂交，而且广泛利用了小麦族内的近缘属植物种，包括黑麦属、偃麦草属、冰草属、山羊草属、赖草属、鹅观草属、簇毛麦属、新麦草属、旱麦草属等。

利用小麦和偃麦草属的中间偃麦草杂交，育成龙麦 1 号、龙麦 2 号、新曙光 6 号等。用普通小麦和中间偃麦草杂交合成了表现抗病优质的八倍体小偃麦，用八倍体小偃麦育成了小冰33、龙麦8号、龙麦9号、龙麦10号、陕麦150、陕麦897、陕麦611、早优504等小麦新品种。中国育种家曾率先将偃麦草属的长穗偃麦草与普通小麦杂交成功，育成小偃6号等一系列小偃号小麦新品种。小偃6号表现为适应性好、丰产、抗病、优质，成为20世纪80年代中国小麦主产区黄淮麦区的主栽品种，年种植面积曾达70万 hm^2 以上，为远缘杂交育成品种的典范。对小偃6号进行系统选育又育成一批高产优质的新品种，其中小偃54，表现广适优质，同时表现高光效和氮（N）、磷（P）高效，成为河南等地主要优质品种之一。利用小偃麦后代，中国育种家还育成高优503优质面包小麦，育成创小麦高产记录的高原506（11 430 kg/hm^2）。

中国育种家已将小麦族11个属32个种与普通小麦杂交成功，成功选育出异源双二倍体、异附加系、异代换系与易位系等。其中有代表性的是利用合成的圆锥小麦/簇毛麦双二倍体育成具有 *Pm21* 基因的6 AU6 VS易恢系，这是世界上首次将簇毛麦的抗病基因转入小麦。另一个远缘杂交成功的实例是利用中间偃麦草异附加系育成7DL/7XL易位系YW243等，它兼抗黄矮病、白粉病和3种锈病。中国育种家还利用普通小麦与赖草属的多枝赖草、大赖草、羊草等杂交，获得异附加系和异代换系。此外，中国育种家成功地将普通小麦与新麦草、冰草、旱麦草、鹅观草杂交，获得抗旱、抗黄矮病、抗赤霉病、优质等异附加系和新种质。

（五）生物技术育种与品种分子设计

21世纪是生命科学的世纪，生物技术的发展将为人类健康水平的提高和保证食物安全发挥重要的作用。中国政府和科技人员非常重视生物技术在作物遗传育种领域的研究与应用，设立国家高科技专项和转基因重大专项支持生物技术的研究。在国家支持和科技人员的不懈努力下，中国生物技术育种取得了长足的进展。

中华人民共和国成立60多年来，中国在作物遗传育种的研究途径和技术方法上的进步有了革命性的变化。20世纪50年代主要为系统选育，60年代杂交育种开始上升为主要育种方法，到80～90年代，除常规杂交育种外，杂种优势利用、诱变育种、细胞与染色体工程技术和基因工程技术开始为育种技术带来新的突破。中国作物育种的长足进展，有力地促进了中国农业生产的稳定发展，带来了显著的经济效益、社会效益以及生态效益，使农产品在数量和质量上不断地满足人口增加和生活水平提高的要求，同时有效地提高了农业劳动生产率，增强了中国在国际竞争中的地位。目前，新发展起来的分子育种、分子设计育种、全基因组选择育种等高新生物技术，正赋予作物遗传育种新的内涵，相信通过科技人员的不断努力，中国作物遗传育种在新的世纪会取得更新更大的成就，保障21世纪中国人的食物安全。

二、作物栽培技术发展对现代农业发展的贡献

（一）作物栽培技术的发展推动现代农业生产发展

中华人民共和国成立以来，中国作物栽培技术取得了一系列重大进展。如中国广大农业科技工作者响应党和政府的号召，深入生产第一线，总结农民经验，例如陈永康的单季

晚稻“三黄三黑”[①]，刘应祥的小麦“马耳朵、驴耳朵、猪耳朵”[②]，曲耀离的棉花“三看一蹲”等以叶色、长相、长势等形态指标为看苗诊断作物丰产栽培的经验；“选用良种”“合理密植”“增施肥料”“培育壮秧”“合理灌溉”“防治病虫害”等增产栽培技术。1958年，毛泽东主席总结的“土、肥、水、种、密、保、管、工”八字方针，并围绕作物生产上的重大问题开展的科学实验研究，使中国的栽培事业在理论和技术方面都有了巨大发展。

20世纪60年代，围绕作物种植制度研究了作物高产及多熟配套栽培技术，明确了各种作物在不同地区、不同肥力下，不同品种的合理密植范围及相应的水肥管理技术。还针对生产上水稻的烂秧、倒伏，棉花蕾铃脱落及自然灾害进行研究并提出相应的栽培技术措施。在栽培理论方面，根据作物特点研究器官建成与产量形成的关系、生长发育规律、作物与环境的关系以及田间诊断原理等，提出了大面积丰产栽培技术。

20世纪70年代，中国作物栽培技术有了新的发展，出现了以南方的多熟制、北方的间套作和杂交稻为主体的相应栽培技术。这一阶段作物栽培也由单项技术研究向综合技术研究发展。在对多种作物生育规律及措施效应研究基础上，形成了作物器官生育规律及其促控技术、叶龄模式栽培技术，并根据地区特点，提出作物抗逆高产综合栽培技术。

20世纪80年代，随着现代化技术如机械、地膜、计算机、生长调节剂等在农业生产中的应用，发展了区域范围内的规范化、模式化高产栽培技术，地膜覆盖高产栽培技术，作物化控栽培技术，秸秆覆盖免耕栽培技术。在高产条件下，研究了作物群体、个体关系，不同作物周年生产技术，形成了水稻旱育稀植栽培技术，小麦精量、半精量播种高产栽培技术，吨粮田技术，作物立体栽培技术等高产栽培技术，为解决中国粮食问题做出了重要贡献。

进入20世纪90年代以来，作物栽培开始向高产、优质、高效、简化综合技术发展。针对中国生态和资源的特点，重点研究了高产超高产、提高有限资源利用效率等问题，并根据作物产量形成中的源库关系、作物对环境胁迫的适应性和农艺措施的替代补偿作用，形成了小麦节水高产栽培技术、水稻抛秧栽培技术、机械化育苗移栽技术等综合配套技术。

（二）作物栽培科学及理论体系的形成与发展推进现代农业发展

20世纪上半叶，中国虽然已开始了栽培科学实验和引进国外先进科学技术，但作物栽培科学作为完整独立的学科还是近50年的事。1949年中华人民共和国成立后，中国农业科技工作者在总结推广农民经验的同时，开展了栽培技术重大问题的理论研究，并在20世纪60年代初出版了《作物栽培学》《中国水稻栽培学》《中国小麦栽培学》《中国玉

① 1958年，全国水稻丰产模范陈永康在全国水稻科学技术工作会议上第一次提出了晚稻“三黄三黑”的稳产高产经验，以后在专家们的帮助下，经过科学分析研究，发展成为系统的水稻栽培理论。该栽培理论在1964年8月召开的、有44个国家和地区的科学家参加的北京科学讨论会上发表，受到高度评价。

② 20世纪50年代到60年代初期，河南省岳滩大队刘应祥，根据拔节期小麦叶形的变化，总结出“三只耳朵（马耳朵、驴耳朵、猪耳朵）”的小麦看苗管理经验，经研究、推广，收到了显著的经济和社会效益。

米栽培学》《中国棉花栽培学》等科学著作，形成了中国独特的作物栽培科学及栽培理论体系，标志着中国作物栽培由“看天、看地、看庄稼”的经验式栽培方式，发展到运用系统理论和先进的技术对作物进行科学调控的栽培方式阶段。随着对作物栽培科学研究的不断深入，作物栽培技术及理论体系也逐渐完善和发展。

中国作物栽培科学及理论体系发展与不同阶段的作物生产水平同步，每一阶段都是针对生产上的重大科学技术问题进行研究，其研究成果直接用于指导生产。

20 世纪 50～60 年代，围绕如耕作制度改革、提高光能利用、合理密植等问题提出合理动态群体结构概念，通过对作物生长发育、长势长相与产量形成的关系，器官建成与功能、器官生长发育与环境的关系等研究，明确作物栽培体系是一个整体，在作物生产及各器官生育过程中，要协调好作物与环境、个体与群体、器官与器官、器官与产量之间的关系，建立合理群体、提高光能利用率、发挥个体作物的作用，是获得高产的关键。

20 世纪 70～80 年代，围绕作物对水分、养分需求与吸收利用规律，器官建成规律与措施效应，作物干物质生产与分配，源库平衡关系，提出了作物器官生育规律及促控理论、源库平衡理论，并将系统理论引入栽培体系中，把环境因素、作物、各项栽培措施及其效应整体考虑，完善了作物栽培系统，提高了栽培管理科学性和预见性，形成了规范化、周年高产的理论与相应栽培技术，为作物进一步高产开辟了不同途径。此阶段新技术成果如地膜、除草剂、植物生长调节剂、计算机在作物生产系统中的应用，给作物高产栽培带来了新的理论与技术支撑。

20 世纪 80 年代后期至今，围绕作物高产、优质、高效、简化栽培技术体系，从生态生理学角度，将栽培措施与作物的内在生理机制、外界环境生态条件联系起来，形成了作物抗逆高产、节水高产、简化高产的理论与栽培技术体系；明确了作物对环境胁迫的适应机制和补偿能力，首次提出农艺措施对紧缺资源部分替代补偿理论，为进一步提高有限资源的利用效率，实现不同生态环境下的作物高产优质提供了理论依据。

从辛亥革命时期的萌芽起步，到中华人民共和国成立之后的逐渐发展，再到 21 世纪战略性发展，中国现代农业历经了百年的不懈努力，逐渐缩小了与发达国家和农业现代化国家的差距。中国农业，经过几千年的自然选择、人工选育和引进，形成了我国发展现代农业的重要物质基础——极为丰富的种质资源；经过百年的不断科学探索和实践，逐渐形成了较为坚实的理论基础——现代农业及作物的较为完整学科和理论体系；经过百年的努力，特别是 1949 年以来的产业迅速发展，构建了较为完备的技术和装备基础——能支撑现代农业发展的现代工业体系。2011 年中国城镇人口历史上首次过半，达到 51.3%，农业科技贡献率达到 53.5%，农作物耕种收综合机械化率达 54%。目前中国现代农业发展正由先前高投入、高产出、高效益、高污染的模式逐渐转变为推进生产效益、资源节约、环境友好、产品安全、协同发展的现代农业新模式，随着中国经济社会不断发展，中国已经进入全面推进现代农业发展的新阶段。

（王秀东　刘　旭）

参考文献

陈少华，1999. 近代农业科技出版物的初步研究［J］. 中国农史（4）：102－105.
刘锦藻，1912. 清朝续文献通考：卷一百一十二［M］.
石霓，2000. 观念与悲剧——晚清留美幼童命运剖析［M］. 上海：上海人民出版社.
苏加楷，1990. 近十年来牧草品种资源国外引种概况［J］. 作物品种资源（2）：39－41.
孙中山，1986. 上李鸿章书：孙中山选集［M］. 北京：人民出版社.
王韬，1959. 韬园文录（外编）［M］. 上海：中华书局.
魏源，1852（清咸丰二年）. 海国图志：卷十［M］.
许道夫，1983. 中国近代农业生产及贸易统计资料［M］. 上海：上海人民出版社.
张洪程，张军，龚金龙，等，2013. “籼改粳”的生产优势及其形成机理［J］. 中国农业科学（4）：686－704.
张连起，1994. 清末新政史［M］. 哈尔滨：黑龙江人民出版社.
郑观应，1894（清光绪二十年）. 盛世危言（初编）：卷四［M］.

附录 1　中国作物栽培年表

历史时段	作物	栽培时间	地域分布	参　考　文　献
原始农业时期 又称史前植物（作物） 采集栽培驯化期 （史前—前 2070）	粟	约前 5400 年	黄河流域种植	黄河流域新石器时代农耕文化中的作物．农业考古．1982 年第 2 期 山东胶县三里河遗址发掘报告．考古．1977 年第 4 期
	核桃	约前 5400 年	黄河流域利用	河北武安磁山遗址．考古学报．1981 年第 3 期
	榛子	约前 5400 年	黄河流域利用	河北武安磁山遗址．考古学报．1981 年第 3 期
	薏苡	约前 5000 年	长江流域利用	梁永勉：中国农业科学技术史稿．北京：农业出版社，1989
	稻	约前 5000 年	长江流域种植	河姆渡发现原始社会重要遗址．文物．1976 年第 8 期
	葫芦 （瓠瓜）	约前 5000 年	长江流域利用	河姆渡发现原始社会重要遗址．文物．1976 年第 8 期
	菱	约前 5000 年	长江流域利用	河姆渡遗址动植物遗存的鉴定研究．考古学报．1978 年第 1 期
	枣	约前 5000 年	长江流域利用	河姆渡发现原始社会重要遗址．文物．1976 年第 8 期
	栗	约前 5000 年	长江流域利用	河姆渡发现原始社会重要遗址．文物．1976 年第 8 期
	葛	约前 4000 年	长江流域用作 纺织原料	文物编辑委员会：吴县草鞋山遗址//文物资料丛刊：3．北京：文物出版社，1980
	黍稷	约前 4000 年	黄河流域利用	1980 年秦安大地湾一期文化遗存发掘简报．考古与文物．1982 年第 2 期 张光直：中国青铜时代．台北：联经出版事业股份有限公司，1983
	莲藕	约前 3000 年	黄河流域利用	郑州大河村遗址发掘报告．考古学报．1979 年第 3 期
	芝麻	约前 2750 年	长江流域出现	吴兴钱山漾遗址第一、二次发掘报告．考古学报．1960 年第 2 期
	苎麻	约前 2750 年	长江流域出现	山西襄汾陶寺遗址发掘简报．考古．1980 年第 1 期 略论三十年来我国的新石器时代考古．考古．1979 年第 5 期
	桑	约前 2750 年	丝织品出现	吴兴钱山漾遗址第一、二次发掘报告．考古学报．1960 年第 2 期
	甜瓜	约前 2750 年	长江流域利用	吴兴钱山漾遗址第一、二次发掘报告．考古学报．1960 年第 2 期
	桃	约前 2750 年	长江流域利用	吴兴钱山漾遗址第一、二次发掘报告．考古学报．1960 年第 2 期

（续）

历史时段	作物	栽培时间	地域分布	参考文献
传统农业粗放经营期又称传统农业的萌芽期（夏商西周及春秋：前2070—前475）	大豆（菽）	约前2000年	北方地区栽培	诗经·大雅·生民；史记·周本纪
	麦类	约前1800年	新疆地区栽培	对新疆古代文明的新认识．百科知识．1984年第1期 诗经·周颂·思文
	芍药	约前2100—前1600年（夏朝）	南北都有栽培	古琴疏
	荞麦	约前1600—前1100年（商朝）	北方和西南地区栽培	我国栽培作物来源的探讨．中国农业科学．1981年第4期
	郁李	约前1300年	北方地区栽培	藁城台西商代遗址
	大白菜（菘菜）	约前1100—前771年（西周时期）	北方地区栽培	诗经·邶风·谷风
	瓜	约前1100—前771年（西周时期）	北方地区栽培	诗经·大雅·生民
	韭	约前1100—前771年（西周时期）	北方地区栽培	夏小正
	茭白（菰）	约前1100—前771年（西周时期）	北方地区栽培	诗经·豳风·七月
	梨	约前1100—前771年（西周时期）	南北都有栽培	尔雅；诗经·晨风篇
	杏	约前1100—前771年（西周时期）	北方地区栽培	夏小正
	樱桃	约前1100—前771年（西周时期）	南北都有栽培	礼记·月令篇；本草衍义
	梅	约前1100—前771年（西周时期）	南北都有栽培	夏小正
	菊花	约前1100—前771年（西周时期）	南北都有栽培	埤雅

（续）

历史时段	作物	栽培时间	地域分布	参考文献
传统农业粗放经营期 又称传统农业的萌芽期 （夏商西周及春秋： 前 2070—前 475）	冬葵	约前 1100—前 771 年 （西周时期）	南北都有栽培	诗经·豳风·七月
	山药 （薯蓣）	前 1000 年	南北都有栽培	神农本草经；山海经
	芹菜	前 1000 年	南北都有栽培	神农本草经
	甘蔗	约前 800 年	长江以南栽培	唐启宇：中国作物栽培史稿．北京：农业出版社，1986
	银杏	约前 770—前 476 年 （春秋时期）	南北都有栽培	春秋左传正义
	柑橘	约前 770—前 476 年 （春秋时期）	南方地区栽培	周礼·考工记
	萝卜 （莱菔）	约前 600 年	南北都有栽培	诗经·谷风
	芥菜	约前 500 年	南方地区栽培	左传
传统农业精细经营的 形成期 又称北方旱作 农业形成发展期 （战国秦汉魏西晋： 前 475—317）	燕麦	约前 475—前 221 年 （战国时期）	华北北部长城 内外和青藏高原	尔雅·释草
	兰花	约前 475—前 221 年 （战国时期）	南北都有栽培	楚辞
	月季	约前 475—前 221 年 （战国时期）	南北都有栽培	楚辞·九歌·涉江
	桂花	约前 475—前 221 年 （战国时期）	南方地区栽培	九歌
	玉兰	约前 475—前 221 年 （战国时期）	南方地区栽培	离骚

（续）

历史时段	作物	栽培时间	地域分布	参　考　文　献
传统农业精细经营的形成期 又称北方旱作农业形成发展期 （战国秦汉魏西晋：前 475—317）	野豌豆	约前 475—前 221 年（战国时期）	南北都有栽培	肖文一等：饲用植物栽培与利用．北京：农业出版社，1991
	茶	约前 300 年	四川栽培	日知录；尔雅·释木篇
	芜菁（蔓菁、葑、大头菜）	约前 300 年	黄河流域栽培	周礼·天官
	茄子	约前 200 年	南北都有栽培	山海经；水经注
	油菜（芸薹）	约前 200 年	黄河流域栽培	太平御览·通俗文
	小白菜（青菜、鸡毛菜、油白菜）	约前 200 年	南北都有栽培	尔雅
	芋（蹲鸱）	约前 200 年	南北都有栽培	管子·轻重甲
	牡丹	约前 200 年	南北都有栽培	神农本草经
	蚕豆（胡豆）	约前 100 年	传入中原地区	本草经；本草纲目
	豌豆	约前 100 年	传入中原地区	广雅
	胡麻（芝麻）	约前 100 年	传入北方地区栽培	氾胜之书；中国农业百科全书农作物卷编辑委员会：中国农业百科全书·农作物卷．北京：农业出版社，1991
	胡椒	约前 100 年	传入中原地区	酉阳杂俎；广志
	椰子	约前 100 年	传入南方海岸	交州记；南方草木状
	苜蓿	约前 100 年	传入北方地区栽培	史记·大宛列传；齐民要术
	芫荽（胡荽）	约前 100 年	传入中原地区	作物源流考；齐民要术
	黄瓜（胡瓜）	约前 100 年	北方地区栽培	齐民要术；本草拾遗
	蒜（胡蒜）	约前 100 年	传入中原地区	本草纲目；齐民要术
	胡葱	约前 100 年	传入中原地区	本草纲目；作物源流考
	葡萄	约前 100 年	传入北方地区栽培	史记·大宛列传；酉阳杂俎

（续）

历史时段	作物	栽培时间	地域分布	参考文献
传统农业精细经营的形成期 又称北方旱作农业形成发展期 （战国秦汉魏西晋：前 475—317）	柿	约前 100 年	长江流域栽培	尔雅
	枇杷	约前 100 年	南方地区栽培	西京杂记
	荔枝	约前 100 年	南方地区栽培	西京杂记
	香蕉	约前 100 年	南方地区栽培	名医别录
	杨梅	约前 100 年	南方地区栽培	西京杂记
	无花果	约前 100 年	传入北方地区栽培	酉阳杂俎
	石榴（安石榴）	约前 100 年	南方地区栽培	齐民要术・安石榴
	波斯枣（海枣）	约前 100 年	传入南方地区栽培	酉阳杂俎
	杉木	约前 100 年	南方地区栽培	西京杂记
	茉莉	约前 100 年	南方地区栽培	南越行记
	紫花苜蓿	约前 100 年	北方地区栽培	肖文一等：饲用植物栽培与利用．北京：农业出版社，1991
	椰子	约公元元年	海南栽培	吴都赋；本草图经；南越笔记
	冬瓜	约 200 年	南方地区栽培	广雅・释草
	茶花	约 250 年	南北都有栽培	花经
	蕹菜（壅菜、空心菜）	约 25—220 年（东汉时期）	南方地区栽培	博物志
	高粱（蜀黍）	约 300 年	传入四川	博物志
传统农业精细经营的发展期 又称南方稻作农业形成发展时期 （东晋隋唐及北宋：317—1127）	杜鹃花	约 420—589 年（南北朝时期）	南北都有栽培	本草经集注
	石蒜	约 420—589 年（南北朝时期）	南方地区栽培	金灯赋
	木豆	约 500 年	传入我国	高卫东：中国种植业大观．北京：中国农业科技出版社，2001
	扁豆	约 500 年	传入南方地区	名医别录

（续）

历史时段	作物	栽培时间	地域分布	参考文献
传统农业精细经营的发展期 又称南方稻作农业形成发展时期 （东晋隋唐及北宋：317—1127）	甜菜（莙菜）	约500年	传入南方地区	名医别录
	丁香	约500年	西南、北方栽培	齐民要术
	蓖麻	约550年	传入中原	玉篇
	豇豆	约581—618年（隋朝）	南北都有栽培	唐韵
	莴苣	约581—618年（隋朝）	传入中原	清异录
	香榧	约600年	南方地区栽培	唐本草
	山楂	约618—907年（唐朝）	北方地区栽培	中国树木志编辑委员会：中国树木志．北京：中国林业出版社，1983—1985
	百合	约618—907年（唐朝）	南北都有栽培	百合花赋
	紫薇	约618—907年（唐朝）	华东、华中、华南、西南地区栽培	唐书·百官志
	报春花	约618—907年（唐朝）	南方地区栽培	长乐花赋
	鸡冠花	约618—907年（唐朝）	南北都有栽培	鸡冠花
	凤仙花	约618—907年（唐朝）	南北都有栽培	凤仙花；古代花卉
	菠菜	约647年	从尼泊尔传入	唐会要·杂录
	芥蓝	约700年	华南地区栽培	中国农业百科全书蔬菜卷编辑委员会：中国农业百科全书·蔬菜卷．北京：农业出版社，1990
	猕猴桃	约700年	南方地区栽培	太白东溪张老舍即事，寄舍弟侄等（引自《全唐诗》卷一九八）
	油橄榄（齐墩果）	约860年	南方地区栽培	西阳杂组

（续）

历史时段	作物	栽培时间	地域分布	参考文献
传统农业精细经营的发展期 又称南方稻作农业形成发展时期 （东晋隋唐及北宋：317—1127）	木菠萝（树菠萝）	约 860 年	南方地区栽培	酉阳杂俎
	阿月浑子	约 860 年	南方地区栽培	酉阳杂俎
	巴旦杏	约 860 年	北方地区栽培	酉阳杂俎
	西瓜	约 900 年	北方地区栽培	陷虏记；新五代史·四夷附录
	油亚麻（胡麻）	约 960—1127 年（北宋时期）	南方地区栽培	图经本草
	乌塌菜	约 960—1279 年（宋朝）	南方地区栽培	高卫东：中国种植业大观．北京：中国农业科技出版社，2001
	丝瓜	约 960—1279 年（宋朝）	引种中南部地区	咏丝瓜；分门琐碎录
	占城稻	约 1000 年	长江流域栽培	宋会要稿
	凉薯	约 1200 年	传入福建	三山志·物产
	胡萝卜	约 1200 年	南方地区栽培	镇江志
	苦瓜	约 1127—1279 年（南宋时期）	引种南方地区	中国科学院中国植物志编辑委员会：中国植物志．北京：科学出版社，1999
	棉花	约 1250 年	由边疆分南北两路传入内地	农桑辑要；农书；大学衍义补
传统农业精细经营的成熟期 又称多熟制农业形成发展时期 （南宋元朝与明清：1127—1911）	南瓜	约 1360 年	引种南方地区	饮食须知
	菜豆	约 1400 年	引种南北都有栽培	范双喜：中国种植业大观·蔬菜卷．北京：中国农业科技出版社，2001
	花生（落花生）	约 1500 年	传入东南沿海地区	滇海虞衡志；常熟县志
	结球甘蓝	约 1500 年	引种云南	大理府志
	球茎甘蓝	约 1500 年	南北都有栽培	中国农业科学院蔬菜花卉研究所：中国蔬菜栽培学．北京：中国农业出版社，2009
	草莓	约 1500 年	苏皖地区栽培	邓明琴，雷家军：中国果树志．北京：中国林业出版社，2005
	烟草	约 1550 年	福建、广东之间	物理小识；景岳全书

（续）

历史时段	作物	栽培时间	地域分布	参考文献
传统农业精细经营的成熟期 又称多熟制 农业形成发展时期 （南宋元朝与明清：1127—1911）	玉米（番麦）	约1600年	传入西北地区栽培	平凉府志
	甘薯（番薯）	约1600年	传入南方地区栽培	大理府志
	向日葵（西番菊）	约1600年	传入中原	群芳谱·花谱
	番茄（番柿）	约1600年	传入南方地区栽培	群芳谱·果谱
	辣椒（番椒）	约1600年	东部地区栽培	群芳谱·蔬谱；山阴县志
	苹果	约1600年	北方地区栽培	群芳谱·果谱
	菠萝	约1600年	传入南方地区栽培	浙江农业大学：果树栽培学．杭州：浙江人民出版社，1961
	榆叶梅	约1600年	南方地区栽培	帝京景物略
	马铃薯	约1700年	由南北两路传入	台湾府志；马首农言；松溪县志
	菜豆（时季豆）	约1760年	传入中原	三农记·蔬属·时季豆
	木薯	约1820年	引种广东	新会县志
	花椰菜	约1850年	引种福建	闽产录异；上海县续志·物产
	西葫芦（美洲南瓜）	约1850年	引种华北地区	高卫东：中国种植业大观．北京：中国农业科技出版社，2001
	陆地棉（美洲棉）	约1865年	传入上海	我国美棉引种史略．中国农业科学．1983年第4期
	大粒花生（洋落花生）	约1870年	传入山东栽培	平度州乡土志
	咖啡	约1884年	引种台湾	中国热带农业科学院，华南热带农业大学：中国热带作物栽培学．北京：中国农业出版社，1998
	青花菜	约1900年	引种香港、广东和台湾	中国农业百科全书蔬菜卷编辑委员会：中国农业百科全书·蔬菜卷．北京：农业出版社，1990
	四棱豆	约1900年	传入我国华南地区	方智远，张武男：中国蔬菜作物图鉴．南京：江苏科学技术出版社，2011

（续）

历史时段	作物	栽培时间	地域分布	参 考 文 献
传统农业精细经营的成熟期 又称多熟制 农业形成发展时期 （南宋元朝与明清：1127—1911）	郁金香	约 1900 年	引种上海	中国科学院中国植物志编辑委员会：中国植物志．北京：科学出版社，1999
	刺槐	约 1900 年	引种我国南北地区	肖文一等：饲用植物栽培与利用．北京：农业出版社，1991
	芦笋	约 1900 年	由欧洲传入中国福建、河南、陕西、安徽、四川、台湾、江西等地种植	方智远，张武男：中国蔬菜作物图鉴．南京：江苏科学技术出版社，2011
	莱蓟	约 1900 年	由德国传入中国上海、云南、浙江、湖南等地栽培	方智远，张武男：中国蔬菜作物图鉴．南京：江苏科学技术出版社，2011
	剑麻	1901 年	引种台湾台北农事试验场，1928 年传入海南临高	方智远，张武男：中国蔬菜作物图鉴．南京：江苏科学技术出版社，2011
	橡胶	约 1904 年	引种云南、海南、广东	中国科学院中国植物志编辑委员会：中国植物志．北京：科学出版社，1999
	香石竹（康乃馨）	约 1905 年	引种上海	中国科学院中国植物志编辑委员会：中国植物志．北京：科学出版社，1999
	海岛棉（木棉）	约 1907 年	引种华南、西南	黄骏麒：中国棉作学．北京：中国农业科技出版社，1998
	红麻	约 1908 年	引种台湾	高卫东：中国种植业大观．北京：中国农业科技出版社，2001
现代农业萌芽发展期 （民国时期及中华人民共和国成立后：1912—　）	红三叶、白三叶	约 1920 年	引种我国南北地区	肖文一等：饲用植物栽培与利用．北京：农业出版社，1991
	木薯	约 1920 年	由东南亚转入我国华南地区	董玉琛，刘旭：中国作物及其野生近缘植物·粮食作物卷．北京：中国农业出版社，2006
	番杏	约 1920 年	传入中国大城市郊区	方智远，张武男：中国蔬菜作物图鉴．南京：江苏科学技术出版社，2011

（续）

历史时段	作物	栽培时间	地域分布	参　考　文　献
现代农业萌芽发展期（民国时期及中华人民共和国成立后：1912—　）	可可	约 1922 年	引种台湾	中国热带农业科学院，华南热带农业大学：中国热带作物栽培学．北京：中国农业出版社，1998
	油棕	1926 年	引入海南	董玉琛，刘旭：中国作物及其野生近缘植物・经济作物卷．北京：中国农业出版社，2007
	金鱼草	约 1930 年	引种我国	中国科学院中国植物志编辑委员会：中国植物志．北京：科学出版社，1999
	苏丹草	约 1930 年	引种我国	肖文一等：饲用植物栽培与利用．北京：农业出版社，1991
	羊草	约 1930 年	引种广东、广西、福建	肖文一等：饲用植物栽培与利用．北京：农业出版社，1991
	象草	约 1930 年	引种广东、四川	肖文一等：饲用植物栽培与利用．北京：农业出版社，1991
	紫穗槐	约 1930 年	引种华北和东北	肖文一等：饲用植物栽培与利用．北京：农业出版社，1991
	胡椒	1947 年，1951 年	1947 年小叶种从柬埔寨引入华南；1951 年大叶种从马来西亚引入海南	董玉琛，刘旭：中国作物及其野生近缘植物・经济作物卷．北京：中国农业出版社，2007
	大头蒜	1948 年	传入我国南方地区	方智远，张武男：中国蔬菜作物图鉴．南京：江苏科学技术出版社，2011
	红豆草	约 1950 年	引种北方地区	肖文一等：饲用植物栽培与利用．北京：农业出版社，1991
	老芒草（披碱草）	约 1958 年	北方地区开始驯化	肖文一等：饲用植物栽培与利用．北京：农业出版社，1991
	沙生冰草	约 1970 年	引种东北、西北、华北地区	徐柱：中国牧草手册．北京：化学工业出版社，2004
	中间偃麦草	约 1970 年	引种青海、内蒙古及东北地区	徐柱：中国牧草手册．北京：化学工业出版社，2004
	多年生黑麦草	约 1972 年	引种四川、云南、贵州等高海拔地区	肖文一等：饲用植物栽培与利用．北京：农业出版社，1991

（续）

历史时段	作物	栽培时间	地域分布	参考文献
现代农业萌芽发展期（民国时期及中华人民共和国成立后：1912— ）	多变小冠花	约 1973 年	引种北方地区	徐柱：中国牧草手册．北京：化学工业出版社，2004
	宽叶雀稗	约 1974 年	引种广西	肖文一等：饲用植物栽培与利用．北京：农业出版社，1991
	甜叶菊	1977 年	由巴拉圭传入中国，东北、华北、西北、华东、华中等地均有栽培	甘肃河西绿洲灌区甜叶菊育苗栽培技术．农业科技与信息．2013 年第 9 期
	菊苣芽菜	约 1980 年	由欧洲传入中国大城市周边	方智远，张武男：中国蔬菜作物图鉴．南京：江苏科学技术出版社，2011
	多年生柱花草	约 1981—1983 年	引种广东、广西、福建	肖文一等：饲用植物栽培与利用．北京：农业出版社，1991
	伏生臂形草	约 1983 年	引种云南	徐柱：中国牧草手册．北京：化学工业出版社，2004
	距瓣豆	约 1983 年	引种云南	徐柱：中国牧草手册．北京：化学工业出版社，2004
	菊薯	21 世纪初	传入华南地区	方智远，张武男：中国蔬菜作物图鉴．南京：江苏科学技术出版社，2011

中　篇

中国作物起源与进化

总论卷·中篇

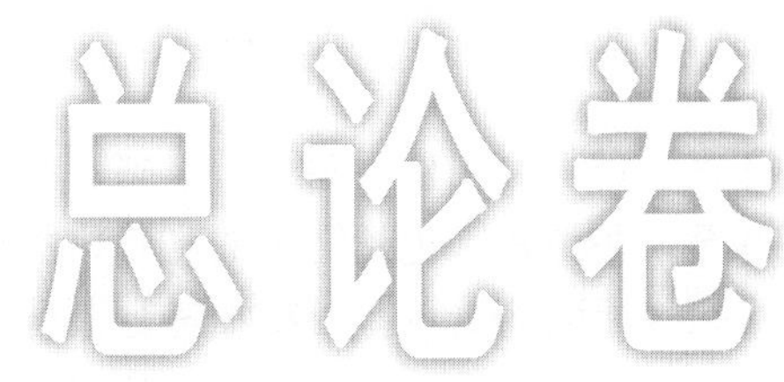

第八章

作物起源与进化的基础理论

第一节　作物起源的基本概念

作物是指人类为自己需要而栽培的植物。因此，作物的起源与农业的起源密切相关。

一、农业的起源

大量证据表明，农业开始于约10 000年前。目前已广为接受的理论是农业几乎同时在世界的不同地区开始。Hawkes（1983）指出最早开始农业的核心地区主要有四个：近东、中国、中美和南美安第斯山脉地区。

在真正的农业出现以前，人类生活以采集植物和猎取动物为基本特征。大量的人类学、考古学和民族地理学研究已经表明，先前那些不进行耕作的原始部落（可称为采集人）其实与当时进行耕作的人们（可称为农人）几乎在做同样的事情，并且还有证据表明他们劳动强度低、食物营养比农人好、没有饥荒、身体健康、慢性病发病率低等（Lee and De Vore，1968）。那么为什么还要发展到以耕作为特征的农业社会呢?

二、关于农业起源的假说

关于农业的起源问题已经争论上百年，迄今为止也没有一个定论。下面对一些观点或假说简要加以介绍。

（一）神赐说

在世界所有文明的神话中，无一不是把农业说成是神或上帝的恩赐。例如，在我国的神话中，就有"神农皇帝制五谷"的传说，意思是说神农教会了中国古代人种植"五谷"。尽管这是神话，但在21世纪的今天，有时还在民间流传。

（二）宗教说

20世纪初，Eduard Hahn用野牛为例子，提出"一些动物的驯化是因为宗教的原因"的思想，后来又有学者把它扩展到其他动植物上（Anderson，1954）。的确，已有大量的考古学资料说明牛、鸡、羊、猪、鸽子等动物在世界不同地区均被用作宗教仪式的祭品，甚至一些植物（包括野生的和栽培的植物）也被用于各种仪式。从现在看来，不能排除因为宗教原因而对一些动植物进行驯化的可能性。

（三）绿洲说

绿洲说又称为“邻近理论”（propinquity theory）。其证据是，在数千年前，北非和近东部分地区长期干旱，迫使动物和人类都迁移到一些江河沿岸和一些全年都可找到水源的绿洲地带，这样人类和动物的关系变得很亲密，一些动物和植物逐渐被驯化（Childe，1952）。在希腊—罗马时代，很多人就认为人类经历了从猎人到牧人再到种植植物的农人3个阶段。在当代甚至还存在这种观点。

（四）发明说

发明说（认为农业是人类的发明）的始作俑者是达尔文，但其基本思想被Sauer（1952）和Anderson（1954）发扬光大。在这个学说中，先提出了一些假定，包括：①农业不会起源于食物短缺的地方；②驯化地域有显著的动植物多样性，一般要求有地理和气候的多样性；③原始的农人不会最先在大的江河流域进行耕作，因为这些地方需要抵抗洪灾；④农业开始于有森林的地方；⑤发明者需要其他方面的特殊技术；⑥发明者是定居人群。根据这些假定，他们认为农业起源地是在存在可利用淡水资源生活并有温暖气候的东南亚和南美的西北部。Carter（1976）甚至认为只有东南亚是世界上的农业起源中心。该学说曾得到广泛认同，但有些观点与证据存在冲突，如定居人群和水资源并非农业起源的前提条件。

（五）压力说

认为农业是人口增长和牧场资源被剥夺所产生的结果。这一学说的著名学者是M. N. Cohen（1977）。主要证据是早期的农人没有农业起源前的人们健康。

（六）采集延伸说

Binford-Flannery模型（Binford，1968；Flannery，1968）认为，采集者知道他们有什么材料，知道如何种植材料，如果他们认为应该种植植物了，他们就会去种植。Binford（1968）强调更新世后的人们对水产资源已完全可以开发利用，但一场食物危机使上古渔民迁移到原来狩猎者-采集者占有的地盘，人们也愿意去从事栽培活动。根据该模型，植物驯化活动可能是独立发生的，也可能在全世界是同时发生的。Harlan从1956年就开始用“扩散起源理论”（diffuse origins）来描述作物和农业系统的起源。他认为，不能说农业起源于某一个地点或某一个时间，因为农业是长期适应性共进化的终极产物，这个过程有时会跨越千年，常常跨越数千千米的地域。

（七）知觉说（或称神话说）

古人认为世间存在鬼神，只有种植作物、驯养动物才能在精神上是安全的、信仰上是舒心的（Chase，1989）。

（八）垃圾堆假说

Engelbrecht 于 1916 年提出垃圾堆假说（rubbish - heap hypothesis），认为早期的人类采集营养丰富的块根和种子作为食物，其中一些被抛弃在他们居住地的周围，然后这些被扔弃的垃圾植物主动地占领了人类居住地周围的荒地。因此，他认为农业的起源并不是人类计划之中的，而仅仅是与“居住地杂草”有关而已。

（九）无模型的模型（no - model model）理论

该假说由 Harlan（1992）提出，认为没有任何一个模型具有广适性，人类种植植物和驯化动物的动机、具体做法、进化过程各种各样。这个理论也意味着植物的驯化开始于不同地区、源于多种原因。

关于中国农业的起源，吴存浩（1996）提出的观点接近上面提到的“压力说”，即天然食物的不足是农业起源的契机，而在当时又具备了农业起源的某些条件，这包括：①植物采集经验的积累和丰富；②生产工具、居住条件、贮藏条件和氏族组织等方面均已具备；③我国古人生活地区的气候条件和地理条件适合农业发展。这样就有了中国农业的发端。但是，我国农业是多中心起源的，至少可以分为 3 个起源中心，即黄河流域、长江流域及华南沿海地区。

三、作物起源与农业起源

作物来自驯化的植物，作物的起源与农业的起源一脉相承。大约在中石器时代晚期或新石器时代早期，人类开始驯化植物，距今约 10 000 年。上面提出的解释农业起源的若干假说也可以用来解释作物的起源，其中“采集延伸说”和“无模型的模型理论”较为明确地指出了植物驯化起源于世界上不同地方，这一点已为科学界所接受。但追溯其研究历史，研究作物起源的奠基人当数瑞士植物学家康德尔（Alphonse de Candolle）和俄国植物学家瓦维洛夫（Николай Иванович Вавилов）。康德尔研究了很多作物的野生近缘种、历史、名称、语言、考古证据、变异类型等资料，第一次提出作物起源于存在野生祖先地区的论断，他的名著《栽培植物的起源》（1882）为后人研究作物起源树立了典范，尽管从现在看来，书中引用的资料不全，甚至有些资料是错误的。瓦维洛夫则系统地建立了作物起源研究的理论体系，尽管其中也存在不少疑问。

第二节　作物起源的研究方法

如何确定某一种特定栽培植物的起源地，是作物起源研究的中心课题。康德尔最先提出只要找到这种栽培植物的野生祖先的生长地，就可以认为这里是它最初被驯化的地方。但这种观点存在以下问题：①往往难以确定某一地区的植物是否真的野生类型，因为可能是从栽培类型逃逸出去的类型；②有些作物（如蚕豆）在自然界至今未发现存在其野生祖先；③野生类型生长地也并非就一定是栽培植物的起源地，例如在秘鲁存在多个番茄野生种，但有证据表明栽培番茄可能起源于墨西哥；④随着科学技术的发展，发现以前认定的野生祖先其实与栽培植物并没有关系。例如在历史上曾认为生长在智利、乌拉圭和墨西哥的野生马铃薯是栽培马铃薯的野生祖先，但后来研究发现它们与栽培马铃薯亲缘关系并不近。因此在研究过程中必须谨慎。

此外，在研究作物起源时，还需要谨慎对待历史记录的证据和语言学证据。由于绝大多数作物的驯化出现在文字出现之前，后来的历史记录往往源于民间传说或神话，并且在很多情况下以讹传讹地流传下来。例如，罗马人认为桃来自波斯，因为他们在波斯发现了桃，故而把桃的拉丁文学名定为 *Prunus persica*，而事实上桃最先在中国驯化，于罗马时代传到波斯。谷子的拉丁文学名定为 *Setaria italica*，也存在类似情况。

因此，在研究作物起源时，应该把植物学、遗传学和考古学证据作为主要的依据，还要特别重视作物本身及其野生祖先的多样性。历史学和语言学证据只是一个补充和辅助性依据。

第三节　作物野生祖先种的确定

要确定一种作物的野生祖先种，需要进行广泛的植物学和遗传学研究才能得到肯定的结论。因此，不仅需要对作物及其假定的野生祖先进行形态学、细胞学、生理生化比较研究，还有必要通过杂交试验对其杂种 F_1 进行细胞遗传学分析。

一、形态相似性

形态学比较分析是鉴别野生祖先最直接的方法。但是，在应用这种方法时，需要注意以下问题：①有时分类学家把同种作物划为不同种，其中可能有一些是在栽培过程中逃逸出去的，却可能被认为是野生祖先；②在进行形态学比较时所选择的性状可能在栽培种中已被人工选择过，由于作物特别是种子作物在传播机制上与其野生祖先大不相同，传统的分类学家可能基于这些性状把栽培类型与其野生祖先划在不同种中。

以大麦为例，野生大麦（*Hordeum spontaneum*）和栽培二棱大麦（*H. distichon*）在形态学上相似，两者在每个穗节上的 3 个小穗中只有中间小穗可育，主要差别是野生大麦的穗在成熟时易断。野生大麦遍布中东，一般认为是栽培二棱大麦的野生祖先。另外一种栽培大麦是六棱大麦（*H. hexastichon*），它的 3 个小穗均是可育的，由于没有发现其他野生大麦有这个特点，六棱大麦的起源一直存在争议。后来在西藏发现了一种也有相同特征的大麦类型（定名为 *H. agriocrithon*），研究者们就认为这个种是六棱大麦的祖先。直到最近，人们才认识到它是野生大麦和六棱大麦的杂交后代。同时要注意到，形态学上相似并不意味着两者就有起源关系。例如，蚕豆属中 *Vicia narbonensis* 种在形态学上与蚕豆相似，因此曾认为是蚕豆的野生祖先种，但后来通过染色体分析和杂交试验证明该结论有误。

二、细胞学相似性

细胞学相似性是鉴别野生祖先的重要前提。一般来说，两者必须有相同的染色体数目，甚至是相同的核型。但是，即使具备了这些特征，也不一定就可以得到肯定的结论。其典型例子是小扁豆的野生祖先确定问题。

三、生化物质相似性

当形态学鉴定难以确定野生祖先时，可以考虑利用对栽培种特异的并且变异小的生化物质来辅助确定。种子蛋白、生物碱和类黄酮是其中应用最广泛的生化物质。例如，鹰嘴豆种子蛋白中的清蛋白是相当保守的，只有在土耳其收集到的一种野生种中发现有相同的种子蛋白类型，后来经证实它确实是鹰嘴豆的野生祖先。

四、叶绿体基因组相似性

叶绿体基因组大小约在 71～217 kb，其 DNA 序列相当保守。通过限制性内切酶酶切，可以检测到 DNA 片段长度多态性。在大多数植物种中，叶绿体基因组是母性遗传的，但也有一些种如鹰嘴豆和小扁豆的叶绿体基因组是双亲遗传的。在鉴定野生祖先时，叶绿体基因组变异可以用来证实栽培种与野生祖先的遗传相似性，在多倍体物种中可以用来鉴定其他方法难以确定的母本。

五、遗传相似性

由于形态学和细胞学证据只考虑到性状和基因组中很小一部分，因此同工酶和等位酶分析成为多年前广泛应用于鉴定栽培作物野生祖先的方法。近年来，基于 DNA 的分子标记弥补了蛋白标记多态性较低的弱点，成为更广泛应用的分子技术。

一般而言，栽培作物中的多样性低于其野生祖先中的多样性，但要注意的是它们也往往出现很大程度的相似性。由于遗传一致性在居群内和居群间的变化范围很大，甚至在相关的种之间还有重叠，因此它只能作为鉴定野生祖先的支持性证据。

六、杂交试验

判断一个野生种是否栽培作物的野生祖先，最重要的一个标准是它们之间是否在杂交后营养生长是正常的、种子是可育的，因为目前尚未发现驯化会导致彼此之间的生殖隔离，尽管它们在形态学上尚可能有较大的分化。从遗传学观点来看，一个有性繁殖栽培作物与它的野生祖先如杂交可育，它们应该属于同一个种。

当然，把以上六种方法结合起来，就可以提供更多的证据来确定栽培作物的野生祖先，至少可以排除相当一部分候选的野生祖先。

第四节　作物驯化的概念和研究方法

一、作物驯化的概念

全球有花植物在 27 万种以上，但不到 20 万种被驯化为栽培植物。作物驯化是一个使被驯化群体更好地适应栽培环境、同时使其难以适应原野生环境的过程。要注意的是，对很多园艺作物来说，移植到新环境或应用无性繁殖也称为驯化。

作物驯化其实是一个进化的过程，因为人们不断从驯化群体中进行选择获得一些新类型，同时，随着栽培和选择历史延长，作物在形态、生理和遗传等方面与其野生祖先差异越来越大。随着研究手段的进步，目前可以基本阐明作物从野生近缘种到现今种的整个进化过程，也可以弄清驯化开始的时间和地点。时至今日，确定作物驯化时间与地点的手段主要来自考古学方法，其研究对象包括炭化种子、印在陶器和泥砖等上的籽粒和其他植物器官、在极端干旱条件或无氧条件下保存下来的未炭化种子和果实等。

二、作物进化的主要研究方法

(一) 数量性状位点（QTL）分析

利用栽培作物与其野生祖先配制的组合，对驯化相关性状进行 QTL 分析，可以对这些性状的遗传学基础进行初步了解。应用这种方法，研究人员发现植物驯化只涉及少量基因的遗传变化。但是，QTL 分析的分辨率不太高，只能把目标 QTL 定位在一个区段内（一般 5～10cM 或更大），这个区段往往有数百个基因。通过进一步的精细定位，应用图位克隆技术可以把一系列相关基因克隆出来，找到那些与驯化性状相关的基因。

(二) 关联分析

这种方法又称为连锁不平衡（LD）作图，即把一个遗传多样性广泛的、群体的分子变异与表型变异联系起来的分析方法。由于这种群体往往存在多代的重组史，关联分析方法比 QTL 分析方法有更高的分辨率，有时甚至可以允许在一个或几个基因的水平上对功能变异进行作图。但要注意到，LD 低则更难检测到基因型与表型的关联关系。因此，往往有必要先有候选基因的信息。

另外一种关联分析方法是基于全基因组的方法，即用密集的分子标记特别是 SNP 标记对来源广泛的自然群体进行基因型鉴定和单倍型（hyplotype，又称单元型）分析，与表型性状进行关联分析，可检测出那些重要的基因组区域。这种方法的优势在于没必要预先知道基因的功能，并可以同时对多个性状进行检测。如果对野生祖先和作物不同时期的品种进行同时分析，就可以找到具有称为“选择印迹”（signature of selection）的位点，因为在驯化过程中，作物一般都存在居群瓶颈（population bottleneck），导致遗传多样性的降低，而选择的作用对象往往是位点特异性的，在被选择的位点附近的遗传多样性会急剧降低，通过比较这两种情况，就可以判断是哪些位点受到了选择。但这种方法的有效性取决于 LD 结构。

第五节 作物驯化相关性状

与作物驯化有关的性状是指那些在作物和其野生祖先之间存在显著差异的性状。要注意的是，果树和块根块茎作物的驯化与粮食作物（包括禾谷类作物和食用豆类作物）的情况是不同的，因为前者往往是无性繁殖，人类对它们的选择主要是选择有利的突变体。根据古植物学研究，在绝大多数禾谷类作物的驯化过程中，籽粒大小和形状的变化先于穗的不落粒性驯化（个别禾本科作物如珍珠粟与此不同）（Fuller，2007）。

一、种子繁殖作物的驯化

（一）种子自然传播能力

栽培植物与野生植物的重要区别之一是植物种子的自然传播能力丧失或大幅度降低。不落粒或不落荚使得植物只能依靠人类才能生存。这种特性的重要性在于能使作物高产，因为生产者可以等到全部或绝大部分籽粒成熟了才收获，收获的种子整齐，播种又使得成熟期基本一致。落粒性和穗的易折断程度往往还与收获的方法有关。例如，北美的印第安人在收获草本植物种子时是用木棒把种子打到篮子中，这样易折断的穗反而变成了一种优势。这可能也是为什么在美洲有多种草本植物被收获或种植，但驯化的禾谷类作物却很少的原因之一。

研究表明，落粒性一般是由 1 对或 2 对基因控制。在自然界可以发现半落粒性的情况，但这种类型并不常见。不过在有些情况下，半落粒性也有其优势，如半落粒的埃塞俄比亚杂草燕麦和杂草黑麦就一直保留下来。

导致不落粒的原因主要是离层的丢失，但也有其他原因，例如普通菜豆不裂荚是因为荚的缝和壁上纤维丢失导致的。

（二）种子传播辅助性状

这些性状与上面提到的种子自然传播能力有关，例如毛、芒，甚至小穗形状等。一般来说，栽培植物的小穗毛少或无毛，芒短或无芒，而野生植物刚刚相反。

1. 种子和果实大小　在耕作和栽培条件下，较大的、强壮的幼苗往往有更强的竞争力，而较大的种子与较大的幼苗有显著的相关关系，因此大粒种子比小粒种子的竞争力更强。对玉米和高粱等作物来说，大粒往往产量更高。

植株大型化不仅仅是种子和果实变大，其他器官也随之变大。这种植株大型化效应与多倍体相似，但在二倍体中，即使染色体数目或 DNA 含量并没有增多的情况下也会发生，其主要原因在于细胞数目增加或细胞变大，尤其是分生组织的细胞数目变多会导致多种器官数目增加。

2. 种子的休眠性　大多数野生草本植物的种子都具有休眠性，这种特性对野生植物的适应性是很有利的。野生燕麦、野生一粒小麦和野生二粒小麦对近东地区的异常降水有很好的适应性，其原因就是每个穗上都有两种种子，一种没有休眠性，另一种有休眠性，前者的数量约是后者的两倍。无论降水的情况如何，野生植物均能保证后代的繁衍。然而对栽培类型来说，种子的休眠一般没有益处。因此，栽培类型的种子往往休眠期很短或没有休眠期，在适宜条件下能迅速发芽。当然，在湿润条件下的迅速发芽能力也与种子性状如种皮薄等有关。

种子休眠性与种皮中的发芽抑制剂和种子透水性差有关。如在藜属（*Chenopodium*）野生种中，有的种皮外层黑色，但在栽培植物中种皮基本呈白色。很多野生豆科植物的种皮厚，难以透水，但这在栽培豆科作物中则不是一个好性状，因为不仅发芽慢，而且在煮食时需要预先长时间的浸泡。

3. 生长习性 生长习性的总进化方向是有限生长更加明显，这有助于提高收获指数。向日葵是个极端例子。禾谷类作物中生长习性可以分为两大类：一类是以玉米、高粱、珍珠粟和薏苡等为代表，其野生类型有多个侧分枝，驯化和进化的结果是因侧枝减少而穗更少、更大、更紧，种子更大，对光照的敏感性更强，成熟期更整齐；另一类以小麦、大麦、水稻等为代表，主茎没有分枝，驯化和进化的结果是各个分蘖的成熟期变得更一致，这样有利于全株收获。对前者来说，从很多小穗到少数大穗的演化常常伴随着种子变大的过程，产量的提高主要来自穗变大和粒变大两个因素。这些演化过程的结果造成了栽培类型的形态学与野生类型的形态学有极大的差异。而对小粒作物来说，它们的主茎没有分枝，成熟整齐度的提高主要靠在较短时间内进行分蘖，过了某一阶段则停止分蘖。小粒禾谷类作物产量的提高主要是因整齐的分蘖增加，大穗和大粒对产量提高也有贡献，但与玉米、高粱等作物相比就不那么突出了。

此外，从野生植物到栽培植物的生长习性变化还包括从攀缘习性变成了自行直立习性，这在食用豆类中更为常见。栽培木薯是地上发芽的，因为其子叶可进行光合作用促进幼苗快速生长，而其野生祖先则是地下发芽，其原因是野生群落常常遇到周期性的大火，地下发芽有助于其生存。

二、无性繁殖作物的驯化

无性繁殖作物的驯化过程和种子作物有较大差别。总的来看，无性繁殖作物的驯化时间长，因为在一个固定的时间段里它们的有性世代要比种子繁殖作物少得多。同时，无性繁殖作物的驯化比较容易。以木薯（*Manihot* spp.）为例，由于可以用插条来繁殖，只需要剪断枝条，在雨季插入地中，然后就会结薯。无性繁殖作物对选择的效应是直接的，并且可以马上体现出来。如果发现有一个无性繁殖系的风味更好或有其他期望性状，就可以立即繁殖它，并培育出品种。在诸如薯蓣和木薯等许多无性繁殖作物中，很多无性繁殖系已失去有性繁殖能力（不开花和花不育），它们被完全驯化，其生存完全依赖于人类。有性繁殖能力的丧失对有些无性繁殖作物如香蕉等是一个期望性状，因为二倍体的香蕉种子多，对食用不利，因此不育的二倍体香蕉突变体只能营养繁殖，育成的三倍体和四倍体香蕉（无种子）已被广泛推广。

尽管一些无性繁殖作物与其野生植物在形态学上难以区分，但在统计学上两者的很多性状都有差异。栽培群体与野生群体的鉴别性状在遗传上没有被固定，但人类所选择性状的等位基因频率往往有差异。

此外，一些以地下器官繁殖的作物传播能力比其野生祖先弱。例如，栽培马铃薯的生殖根比野生祖先的短，因此薯块和母株很近，便于收获。这种情况与花生等作物很类似。

除以上提到的性状外，无性繁殖作物还有一些性状在作物和其野生祖先之间有显著的差异。例如：

1. 化学或物理保护机制的丧失 很多栽培作物全部或部分去除了其野生祖先才具有的抗虫次生代谢物。在野生马铃薯块茎中含有苦味的配糖生物碱，这对人类有毒性，在栽培马铃薯中去除了这种代谢物；苦味木薯的块根中含有一种必须在收获后加工过程中去除的生氰糖苷，而甜味木薯中仅限于块根外层，去皮即可；野生葫芦（*Cucurbita*）果实中含有葫芦素，但栽培葫芦中没有；栽培烟草中含有尼古丁，但其野生祖先中尼古丁被去甲基化成为降烟碱。此外，有些栽培植物把其野生祖先的刺去除了，如在无梗茄（*Solanum sessiliflorum*）、刺棒棕（*Bactris gasipaes*）等。

2. 光周期性减弱 由于作物往往要适应不同环境，尤其是不同日照的环境，如果选择压力很强，日长反应可能会进化快一些。例如，马铃薯最先引入欧洲时只能在短日照条件下结薯，但 20 年后马铃薯就适应了长日照条件。

第六节 作物驯化的方式和类型

一、原生作物的驯化

原生作物（primary crops）指其野生祖先被人类栽培并在新环境中发生了遗传变化的作物。原生作物的驯化可分两种情况，即栽培前驯化和栽培后驯化。

（一）栽培前驯化

Gepts（2004）认为栽培是作物驯化的必要条件，但不是充分条件。因此，对禾谷类作物来说，可能难以接受“驯化类型从野生居群中进化后再被人类栽培”的观点。但玉米可能是一个例外，有可能在大刍草居群中出现玉米原始类型后再被驯化。野生西瓜有苦味，人类不大可能对栽培苦味西瓜感兴趣，因此非常有可能的是，人类在野生西瓜中发现了甜的类型后再行栽培。这样的例子在果树杏中、食用豆类作物小扁豆中均存在。

通过在野生居群中选择性地去除非期望表型和增多期望表型从而改变其表型频率，在栽培前进行驯化是可能发生的（Pickersgill，2007）。在开放授粉的异交物种中，对期望表型的选择性保留可以促进这些植株间的交配频率，具有这些表型的后代会越来越多，这些性状就会被固定。在中美洲，这种被称为原位驯化（in situ domestication）的情况非常普遍。

（二）栽培后驯化

一般认为，人类播种从野外采集来的野生禾谷类植物后，通过田间管理、收获和脱粒等过程，不断对其进行选择，使野生植物中人类认为好的等位基因富集频率越来越高，性状也朝人类期望的方向发生变化。然而，这个驯化过程目前还不是特别清楚。

在原生种子作物的进化过程中，种子传播机制的改变是第一位的。遗传学研究表明，种子传播特性由单个基因或少数基因控制，因此这些作物的进化首先是在栽培过程中对驯化突变的无意识选择，然后通过有意识的选择使其等位基因富集，驯化群体得以快速建立。从开始栽培到驯化群体建立的时间长短取决于很多因素，例如相关基因的个数、突变频率、栽培面积等。但需要注意的是，这种驯化方式也有例外。如在小扁豆中不裂荚性也是由单基因控制的，但这种特性并非小扁豆驯化的第一步，因为在传统栽培地区人们收获时是拔出整个植株回家晒干后脱粒，因此不裂荚性就没有选择优势，这导致了目前的小扁豆地方品种中还存在裂荚类型。

要注意的是，在园艺作物和其他多种作物中很少遇到基于单基因突变的驯化类型，常常难以确定是栽培前还是栽培后驯化的方式。

二、次生作物的驯化

次生作物（secondary crops）指那些从栽培田中的杂草进化而来的作物。作物在其起源中心与杂草竞争，但传到一个气候恶劣地区后，杂草可能更占优势，从而人类驯化这些杂草使之成为新的作物，燕麦和黑麦是典型的例子。在西南亚，小麦和大麦田中的杂草黑麦相当普遍，但在阿富汗和小亚细亚地区却逐渐变成了栽培类型，海拔 2 000～2 500 m 的地区几乎全是栽培黑麦，因为黑麦比小麦抗逆性更强。燕麦的情况也很相似，考古学证据表明普通燕麦在中北欧被驯化，与其野生祖先野红燕麦（*Avena sterilis*）的自然分布区相距很远。杂草燕麦随小麦传播到中北欧后，杂草燕麦有更好的适应性，然后才被人类驯化。目前的尼泊尔喜马拉雅山地区还种植与野红燕麦很相似的燕麦类型。

三、渐进驯化

与种子作物不同，园艺作物与其野生祖先不能用一个简单的性状来区分，有利性状的选择往往很慢（这与种子作物驯化群体建立后的选择相似）。因此，它们的驯化可称为渐进驯化（gradual domestication）。

营养繁殖是很多园艺作物和果树保持期望类型的重要手段，在栽培条件下的进化主要来源于体细胞突变，但这种突变与种子作物相比慢得多，并且带来的表型变化必须要肉眼可见。另一方面；很多果树是通过种子繁殖的，但它们的期望类型在遗传上是高度杂合的，因此其驯化过程不仅缓慢而且难以预测。此外，在研究营养繁殖作物的驯化时，还要注意嫁接和芽接的作用。

四、预知驯化

预知驯化（deliberate domestication）指建立在科学知识上的驯化过程。瓦维洛夫的“变异的同源系列法则”就是指导预知驯化的理论基础之一，因为该法则认为相关种属在很多性状上的变异相似。例如，由单基因控制的不裂荚性是栽培食用豆类的共同特点，那么在其他野生食用豆种中就可以选择出不裂荚类型。一些羽扇豆野生种有重要的经济价值，但其种子在成熟时落粒。经过广泛考察研究，在其黄羽扁豆（*Lupinus luteus*）、狭叶羽扁豆（*L. angustifolius*）和数羽扁豆（*L. digitatus*）种中发现了不落粒类型，后经驯化成为了栽培植物。

五、多元驯化

多元驯化（multiple domestication）有两种情况：一是从同一个野生种；二是从不同野生种，但为同一个目。例如，通过对栽培大麦和野生大麦的酯酶同工酶多样性进行分析，发现均存在很大的变异，两者的等位基因基本相同，多元驯化可能是其重要原因之一。普通菜豆野生居群在中美洲和南美安第斯地区都广泛分布，每个地区的野生种和栽培种在种子蛋白、同工酶和限制性片段长度多态性（RFLP）上均相同，说明在这两个地区的普通菜豆是独立驯化的。除了普通菜豆驯化的这两个中心外，菜豆属（*Phaseolus*）的其他种也在墨西哥—中美地区被驯化，其目的与普通菜豆一样，这些作物包括宽叶菜豆（*P. acutifolius*）、多花菜豆（*P. coccineus*）和利马豆（*P. lunatus*）。与此相似，在中东驯化了小麦的不同种，包括栽培一粒小麦（*Triticum nomococcum*）、圆锥小麦（*T. turgidum*）和提莫菲维小麦（*T. timopheevii*）。

第七节　作物驯化和进化的影响因素

作物的进化就是一个作物的基因源（gene pool，或称基因库，包括该作物中的全部基因）在时间上的变化。随着时间的推移，作物基因源内含有的基因会发生变化，由此带来作物的进化。自然界中作物的进化不是在短时间内形成的，而是在漫长的历史时期中发生的。作物进化的机制包括突变、重组、迁移（immigration）和渐渗（introgression）、遗传漂移（genetic drift）、自然选择、人工选择等。一般说来，突变、重组、迁移和渐渗可以使基因源中的遗传多样性增加，遗传漂移、人工选择和自然选择常常使基因源中的遗传多样性减少。自然界中，在这些机制的共同作用下，植物群体中遗传变异的总量是保持平衡的。

一、突变在作物进化中的作用

突变是新等位基因形成的唯一途径，是进化的基本因素。突变是生命过程中DNA复制时核苷酸序列发生错误造成的。基因突变的一种情况是编码区核苷酸的替换或核苷酸顺序颠倒，导致产生不同的氨基酸；另一种情况是编码区核苷酸的插入和缺失，导致阅读框的改变和蛋白质的改变。染色体突变则包括小片段的缺失和重复、因重排引起的易位和倒位、二倍体的染色体加倍导致多倍体的产生。突变的重要作用可以大麦为例加以说明。野生大麦每节上的穗有3个小穗，只有中间的小穗是可育的，这种二棱野生大麦是二棱栽培大麦的祖先。通过驯化，利用单一突变使3个小穗都变成可育，由此产生了六棱栽培大麦。

自然界生物中突变是经常发生的，但其频率随物种和基因变化较大，其幅度为每代每个配子1×10^{-6}到1×10^{-4}。自花授粉作物突变发生率相对较低，杂种或杂合植物发生突变的概率相对较高。自然界发生的突变多数是有害的，中性突变和有益突变的比例各占多少不得而知，可能与环境及性状有关。绝大多数新基因常常在出现时便被自然选择所淘汰，到下一代便丢失。但是，由于突变有重复性，有些突变会多次出现，新产生的每个等位基因的结局因环境和基因本身的性质而不同。对生物本身有害的等位基因，通常一出现就被自然选择所淘汰，难以进入下一代，但有时它又与某个有益等位基因紧密连锁，或因突变与选择之间保持着平衡，有害等位基因也可能低频率地被保留下来。大多数中性基因在它们出现后很快便丢失，其保留的情况与群体大小和出现频率有关。大多数有利等位基因出现以后也会丢失，但它会重复出现，经过若干世代，在群体中的比例逐渐增加，以至保留下来。

绝大多数驯化下选择的突变都对人类有益，但有时这些性状的优势并不能直接观察到。例如，菜豆种皮颜色多种多样，但在栽培菜豆中只有白色类型，因为在黑色和红色菜豆中的单宁含量远远比白色菜豆高，而单宁会与蛋白酶互作而降低消化率，这可能是其选择优势。在不少情况下，驯化性状都是由单一隐性基因控制的。但更多的情况是，作物进化相关性状是由多基因控制的，如植物生长习性、种子大小和适应性等。

二、重组和多倍体化在作物进化中的作用

重组可以把父本、母本的基因重新组合到一个后代中，它可以把不同时间、不同地点出现的基因聚到一起。重组是遵循一定遗传规律发生的，它基于同源染色体间的交换。基因在染色体上作线性排列，同源染色体间交换便带来基因重组。重组不仅能发生在基因之间，而且还能发生在基因之内，一个基因内的重组可以形成一个新的等位基因。

以小麦为例，籽粒硬度位点 Ha 编码一种由三种蛋白质构成的物质（friabilin），这三种蛋白分别由 Ha 位点的 *Pina*、*Pinb* 和 *Gsp-1* 编码。在 A 和 B 基因组经历多倍体化过程变成四倍体的圆锥小麦（*T. turgidum*）后，来自 A 和 B 基因组的 *Pina* 和 *Pinb* 基因消失。在六倍体小麦中，这两个基因又出现了，但来自 D 基因组供体山羊草。比较二倍体、四倍体和六倍体小麦种及山羊草种的同一个基因组的 Ha 位点，可以发现存在大量的基因组重排，如转座子插入、基因组缺失、重复和颠换等。该基因的基因组重排主要是重组导致的，使得原先没有在一起的 DNA 序列连在一起，这种重组被认为是小麦种的主要进化机制。

迄今，还不清楚重组是否把选择的作用限制到一个非常小的基因组区段，也不清楚一个大的基因组区段是否会随被选择的基因通过连锁而被牵连（选择牵连效应，hitchhiking）。在玉米上，Clark 等（2004）检测了玉米 *tb1* 基因上游核苷酸多态性，发现该基因 5’-UTR 上游 60～90 kb 的多样性非常低，再之前又恢复了正常；选择牵连的区域仅包括基因间 DNA，很明显对 *tb1* 基因的强烈选择没有影响到其他基因。而对另一个针对控制黄色籽粒的基因 *y1* 的研究发现，该基因的选择牵连效应影响到上游 200 kb 左右和下游 600 kb 左右，涉及大量基因，说明对 *y1* 基因的选择改变了其他基因的多态性。在水稻上对 *waxy* 基因的选择，也影响到 250 kb 范围内的其他 6 个基因的多样性。

基因重复是植物种常见的一种进化现象。据估计，在玉米中有 1/3 的基因由于重组或转座子事件而呈串联重复。在重复基因中有一种称为“近等旁系同源基因”（nearly identical paralog，NIP），相似度在 98%以上。很多 NIP 的表达是不同的，因此在驯化和改良过程中它们可能有选择优势。

多倍体中有异源多倍体和同源多倍体两种，前者会增加等位基因多样性，后者会增加等位基因拷贝数，两者都能导致新表型的产生。多倍体的选择优势包括可固定杂种优势、产生使基因功能进化的重复、调控基因表达。例如，棉花是异源多倍体，它的一些同源基因有不同功能，可能在不同组织类型中表达，或基因表达水平不同，因而在棉花的不同基因组之间，同源基因的表达受发育的调控，这对适应逆境可能有更大的选择优势。

三、自然选择在作物进化中的作用

达尔文是第一个提出自然选择是物种起源主要动力的科学家。他提出，“适者生存”就是自然选择的过程。自然选择通过各种基因型不同的育性和存活能力来改变群体的基因频率。在一些情况下，自然选择可消除突变中产生的不利性状，保留适应性状，从而导致

物种的进化。但在大多数情况下，自然选择会以不同基因型对下一代的贡献表现出来，因此是一个统计学问题。

环境的变化是生物进化的外因，遗传和变异是生物进化的内因。在内因和外因的共同作用下，后代中一些基因型的频率逐代增高，另一些基因型的频率逐代降低，从而导致性状变化。定向的自然选择决定了生物进化的方向。作物与野生植物一样，受到各种生物胁迫和非生物胁迫的影响，自然选择的结果是出现新的变异类型。把作物传播到其他地区，则又会使其面临新的选择压力，从而出现地理变异。例如稻种的自然演化，就是稻种在不同环境条件下，受自然界不同的选择压力，而导致了各种类型的水稻产生。另一个典型例子是埃塞俄比亚高原大麦对大麦黄矮病毒病（BYDV）抗性的产生，这种抗性在其他地区的野生和栽培大麦种质资源中均未发现，但在80%的埃塞俄比亚高原栽培大麦中均可检测到。玉米、大豆和其他作物品种对光周期反应的变异也是自然选择的结果，它们是这些作物传播到起源地之外后进化的产物。

四、人工选择对作物进化的影响

人工选择是指在人为的干预下，按人类的要求对作物加以选择的过程，结果是把合乎人类要求的性状保留下来，使控制这些性状的基因频率逐代增大，从而使作物的基因源朝着一定方向改变。

人工选择自古以来就是推动作物生产发展的重要因素。在古代，人们对作物（主要指禾谷类作物）的选择主要在以下两个方面：第一是与收获有关的性状，结果是种子落粒性减弱、强化了有限生长、穗变大或穗变多、花的育性增加等，总的趋势是提高种子生产能力；第二是与幼苗竞争有关的性状，结果是通过种子变大、种子中蛋白质含量变低且碳水化合物含量变高，使幼苗活力提高，另外通过去除休眠、减少颖片和其他种子附属物使发芽更快。在现代，人们还对产品的颜色、风味、质地及储藏品质等进行选择，这样就形成了不同用途的或不同类型的品种。如在玉米上，人们选择用作爆花的玉米就形成爆裂玉米，选择鲜吃的玉米就形成鲜食玉米，另外还有糯玉米、饲用玉米、笋玉米、宗教用玉米等。大约在四五千年以前，我国就培育出栽培稻的不同类型，在浙江钱山漾和广东曲江石峡新石器时代遗址发现的稻米中就包含有粳稻和籼稻。

在原始农业阶段，农人对他们种植的作物往往进行单株选择，只有那些符合要求的穗上的种子能在下一年再次种植。由于在传统农业时期农人偏爱种植混合了多个穗的种子(形成“农家品种”或称为“地方品种”)，这样就维持了较高的遗传多样性。另外，在传统农业中，高产并不是选择的首要目标，稳产才是第一需要。同时，农人对营养价值的高低有一种直觉和经验，知道哪些品种适合孕妇、哪些品种适合产妇。但在当今的现代农业阶段，这种情况有了巨大变化，近代育种着重选择纯系，反复利用一些优良品种作为亲本，所以近代育成品种的遗传多样性较低，这已成了各种主要作物的普遍问题。

（一）无意识选择

在栽培开始时的选择（驯化）往往属于无意识选择（unintentional selection)，涉及的性状主要是落粒性和快速发芽特性，也包括大粒、幼苗的快速生长、直立生长、高植株、成熟期一致性等。

在作物起源地，作物成熟期往往与其野生祖先相近。把作物传播到不同海拔或不同纬度的地区，则可能要求有不同光周期反应的类型，这也是无意识选择的结果。如果把作物传播到授粉不合适或没有传粉者的地区，选择则有可能导致授粉系统的改变。例如，野生葡萄是雌雄异株的，而栽培葡萄是雌雄同株。无意识选择还可能导致其他性状的改变，如棉花从多年生变成了一年生。

（二）有意识选择

有意识选择（intentional selection）是一种定向选择（directional selection），主要针对有经济价值的植物器官。有意识选择一般发生于无意识选择之后，在栽培初期主要针对落粒性、无芒、无毛和裸粒性状等，同时改良种子和花序性状如大小、形状和颜色等，去除毒性物质和苦味物质也是有意识选择的结果。在现代育种中，有意识选择成为人工选择的主导力量。

保持作物群体的遗传变异也是有意识选择的一种。不像现代品种的高度同质性，在不同生态环境下进化多年形成的地方品种仍蕴含有广泛的形态和生理类型。例如，在埃塞俄比亚，同一块田里就可以发现几种类型的小麦和大麦。

（三）分裂性选择

分裂性选择（disruptive selection）是把一个群体中的极端变异个体按不同方向保留下来，减少中间常态的选择。如原先较为一致的生态环境分隔成若干次一级的环境，或群体向不同的地区扩展，都会出现分裂性选择。分裂性选择一方面是向栽培基因库基因流动的主要障碍，另一方面则通过对不同植物器官进行选择在作物中创造不同类型。例如，作物对生态环境的适应性往往与野生祖先不同，作物一般不能在野外生存，两者之间尽管杂交可育，但生态上已出现隔离现象。野生植物和栽培植物之间的杂交后代在田地中往往被人类当作杂草去除，这种情况在籽粒苋、高粱和玉米地里常常见到。

分裂性选择也是某种作物内多样化的重要途径，因为不同植物器官作为不同目的被利用。这些多用途作物很多，例如，大麻是起源于亚洲温带地区的古老作物，在中国古代就用大麻作纤维原料，其历史已有七八千年。出于用途的不同，人类对大麻不同器官（茎秆纤维、麻醉树脂和种子）进行了选择，这样其他性状也随之变化，最后形成了 3 个在形态学、生理学和物候学上都有显著差异的类型，甚至导致分类学家把麻醉类型和非麻醉类型定名为不同亚种。这种情况在芸薹属作物及亚麻、甜菜等作物中均有出现。

了解在作物驯化和改良过程中人工选择导致的遗传变化有两种途径：①从表型到基因的传统遗传学方法（用 QTL 克隆方法）；②从基因开始的群体遗传学方法。后者的基本原理是：如果一个基因因为影响到驯化或作物改良性状而被人工选择，那么其核苷酸多样性将降低，连锁不平衡（LD）程度提高，在基因及其连锁区段的多态性核苷酸频率将会改变。控制驯化相关性状的基因会面临一个极端瓶颈，使得目标基因的绝大多数甚至所有遗传变异丢失，这称为“选择清除”（selective sweep）。如果这些基因的核苷酸多样性比中性基因的多样性还低，就可以发现“选择印迹”（signature of selection）。在作物上，由于选择程度往往比较强烈，并且选择发生的时间较近，选择留下来的印迹明显。通过比较栽培植物及其野生祖先的多样性，就可看出遭遇瓶颈前后的对比结果。目前，主要在玉米和水稻上，应用这种技术来分析选择在进化中的作用，如控制玉米植株和穗结构（*tb1*、*tga1*、*ba1*、*ra1*）、籽粒组分（*bt2*、*ae1*、*su1*）和植株及籽粒颜色（*c1*、*y1*）的基因。

对选择的检验往往针对那些已知的可能在驯化或改良中起一定作用的基因。例如在玉米上的 *tb1* 基因，研究发现在驯化后，该基因编码区的遗传多样性比大刍草低，前者只有后者的 40%左右；其 5’-非翻译区（UTR）的多样性降低更多，只有大刍草的 2%；同时发现这种多样性变化发生在一个只有 100bp 左右的狭小区段内。因此，研究者认为，在驯化期间的选择针对的是该基因的 5’- UTR，并且重组起着重要作用（Wang et al.，1999）。

但需要注意的是，群体遗传分析技术对有些基因（如玉米上控制籽粒赖氨酸含量的 *opaque2* 基因和控制穗结构的 *zfl2* 基因）的选择检验难以奏效，尽管在功能验证或 QTL 分析中发现它们对重要农艺性状有重要贡献。其原因包括：①该基因可能不是选择目标，该基因只在特定的 QTL 研究中或在驯化期间的遗传背景下对性状有贡献；②研究多态性的基因区段对象存在问题，例如像 *tb1* 基因，如果仅仅对编码区进行多态性检测，就不能发现其实对附近的启动子进行了选择；③检验选择的统计学功效取决于取样设计和多样性水平，如果多样性水平太低，就难以把中性基因从被选择基因中区分开来；④检验选择的能力还取决于有益等位基因的历史，如果有益变异在驯化前就已作为一个中性变异普遍存在，选择就难以检测到。在这种情况下，该变异有机会在选择前就重组到一系列单倍型中，选择开始后，选择会偏好这个变异和牵连到多个连锁的单倍型。由于不同的单倍型又有不同的遗传多样性，因此选择不能真正降低被选择位点附近的遗传多样性，核苷酸多态性数据就不能提供检验选择所需要的信息。但这个假说需要进一步证实。

候选基因途径有其自身的缺点。例如，有大量的候选基因，如果选错候选基因则可能浪费大量物力财力。近年来，又出现了一种称为“选择筛选”（selection screen）的新方法，通过对大量材料进行大量基因的多态性检测，就可以判断是哪些基因受到了选择。这种方法目前在作物中研究还较少。Vigouroux 等（2002）用 501 个在美国玉米中没有多态性的 EST - SSR 标记检测了来源广泛的玉米和大刍草材料，经过各种统计学分析，结果发现 15 个基因的 SSR 表现出被选择的迹象，再对其中 1 个 MADS - box 转录因子的序列多态性进行分析，结果支持了基于 SSR 的结论。Wright 等（2005）应用新的统计方法分析玉米和大刍草 774 个基因的核苷酸多态性数据，发现有 2%～4%的基因存在选择印迹。玉米基因组有约 59 000 个基因，如果按这个比例，则可能有约 1 200 个基因被选择。其中，4%的被选择基因（约 50 个）其功能覆盖广泛，包括转录调控、植物生长、氨基酸合成等，并且这些基因均靠近已知的玉米驯化性状 QTL。Yamasaki 等（2005）获得了 1 200 个玉米基因的核苷酸多态性数据，在 14 个遗传背景广泛的自交系中找到 35 个没有多态性的基因，认为其中可能存在被选择基因。再对大刍草的多样性进行检测，发现 17 个基因存在选择印迹，其中 8 个基因更明显，包括生长素反应因子、转录因子、氨基酸合成相关基因、周期节律基因等。他们还研究了这些基因被选择的时间早晚。Zhao 等（2008）接着分析了 72 个在玉米自交系中多样性很低的候选调控基因的序列数据，发现

17 个被人工选择，21 个在大刍草中被自然选择。另外，研究还发现目标基因更有可能在那些形态学上差异更大的组织中表达，在玉米中主要在繁殖器官包括籽粒中表达。

目前在玉米中已找到 50 个以上的基因与选择有关，其功能涉及广泛。但需要注意的是，其中一些基因是假阳性的，它们有可能是与真正的被选择基因连锁而被检测到。因此，还需要进一步开展基因功能鉴定。

现代人工选择对作物进化有更大影响，甚至会产生“超级驯化物”（super - domesticate）（Vaughan et al.，2007）。例如，在自然界不存在糯性小麦，但在 3 个不同基因组（A、B 和 D）中存在 *waxy* 位点，该位点来自不同基因组的基因。*sgp - A1*、*sgp - B1* 和 *sgp - D1* 分别编码淀粉颗粒蛋白 1（SGP - 1）的不同形式。通过广泛的资源筛选，发现来自韩国的 2 个品种缺少 *sgp - A1*，来自日本的 1 个品种缺少 *sgp - B1*，来自土耳其的 1 个品种缺少 *sgp - D1*，通过杂交，把这 3 个基因聚合在一个植株中，从而人工获得了第一个糯性小麦材料（Yamamori et al.，2 000）。中国小麦地方品种中带有 *sgp* 基因（又称 *wx* 基因）的较多，在 1 739 个有代表性的中国小麦地方品种中，检测到 31 个品种带有 *wx* 基因。其中带有 *wx - B1* 的 25 个，带有 *wx - A1* 和 *wx - D1* 的品种各 3 个。研究发现，河南西部小麦古老地方品种中分别携带着这 3 个糯性基因（杜小燕等，2007）。里下河地区农业科学研究所已经将这 3 个基因整合到一个品种中。通过转基因技术把 C4 作物光合作用酶基因转入到 C3 作物中，也是超级驯化物的一个典型例子。

五、人类迁移和栽培方式在作物进化中的作用

人类的定居使其种植的作物品种产生对其居住地区的适应性。但人类有时也有迁移活动，他们往往把种植的品种或其他材料带到一个新地区。这些品种或材料在新区直接种植，并常与当地品种天然杂交，产生新的变异类型。这样，就使原先有地理隔离和生态分化的两个群体融合在一起。例如，美国玉米带的玉米就是北方硬粒类型和南方马齿类型因人们不经意间带到一起演化而来的。

栽培方式也对作物的驯化和进化有影响。例如，在西非一些地区，高粱是育苗移栽的，这和亚洲的水稻栽培相似，其结果是形成了高粱的移栽种族。另外，当地还在雨季种植成熟期要比移栽品种长近一倍的雨养种族。这两个种族也有相互杂交的情况，就又产生了新的高粱类型。

六、杂交在作物进化中的作用

（一）杂交在作物的起源中占有重要地位

例如，六倍体的普通小麦就是四倍体的栽培二粒小麦（*Triticum turgidum* ssp. *dicoccum*）和二倍体的粗山羊草（*Aegilops tauschii*，为早期麦田里的一种杂草）杂交起源的。当二倍体的栽培香蕉（基因组 AA）与野生种 *Musa balbisiana*（基因组 BB）的生境重叠而发生杂交后，产生了新的三倍体香蕉和大蕉（AAB 和 ABB）。对草莓而言，北美栽培弗吉尼亚草莓（*Fragaria virginiana*），南美栽培智利草莓（*Fragaria chiloensis*），当这两个种在欧洲庭院中靠近种植而发生杂交后，产生了现代草莓（*Fragaria*×*ananassa*）。

栽培植物与其野生近缘种之间的杂交可能会带来新的适应性，但过高的基因流动和杂交也会导致物种灭绝。也就是说，如果杂种是可育的，它们会代替原来纯的亲本群体，这称为“遗传同化”（genetic assimilation），如在Galapagos岛上发生的本地种达尔文氏棉（*Gossypium darwinii*）和栽培种陆地棉（*G. hirsutum*），以及在加利福尼亚栽培萝卜（*Raphanus sativus*）和野生萝卜（*R. raphanistrum*）的完全合并。同时，还会使数量上处于劣势的亲本群体扩张受到抑制，并使之达到被代替水平，这称为“数量淹没”（demographic swamping）。台湾普通野生稻*Oryza rufipogon* spp. *formosana*与栽培水稻的杂交导致了其灭绝。事实上，亚洲本土的普通野生稻均因为与水稻的杂交而处于濒危状态（Ellstrand et al.，1999）。

（二）杂草在作物进化中的作用

杂草是在受人类干扰的生境中繁茂生长的非期望植物，其形态学特征和适应性介于栽培类型和野生类型之间。它们适应了那种经常受干扰的环境，但又保留了野生类型的易落粒习性、休眠性和种子往往有附属物存留的特点。杂草的来源有3个：本地植物、从其他地区引进的植物、作物的直接衍生物。

1. 本地植物　本地植物有的仅限生于受人类干扰的生境中，但有的则可在原生境中生长，如四倍体野生燕麦（*Avena barbata*）和六倍体野红燕麦（*A. sterilis*）在地中海地区是一年生植物，居群大小不一，但从来没有形成大而纯的居群。这两种野生燕麦也是这个地区普通的杂草，可以在田中、田边和路边形成大的较纯的居群。

2. 从其他地区引进的植物　从其他地区引进的杂草也很普遍。有些杂草的迁移与作物的传播是一致的，如埃塞俄比亚高原的大部分作物都来自地中海地区，其杂草的情况与此类似；又如一年生杂草*Parthinium hysterophorus*是美国援助印度谷物时货船偶然带进的，很快就在印度南部传播开来。

3. 杂草型野生种　杂草型野生种起源于作物有以下两种方式。

（1）作物恢复突变重新获得了野生祖先的性状　有些作物的关键驯化性状通过恢复突变，如再次改变种子传播机制，到野外就可能成为杂草。

（2）通过作物与其野生祖先的杂交　有些作物的野生祖先为杂草类型可能是来自作物的基因流动的产物，例如当野生种侵入栽培作物的生境后，通过基因流动的作用，作物广泛的适应性可能使杂草居群快速扩张，并且适应了作物栽培的生境成为作物的杂草型野生种。

已有大量证据表明，杂草型野生种在作物驯化和进化中起着重要作用，尽管杂草类型和栽培类型之间存在相当强的基因流动屏障，导致彼此之间不可能发生大规模的杂交，但研究发现，当杂草类型和栽培类型种植在一起时，偶尔也会发生杂交事件。杂交的结果就是使下代群体有了更大的变异，因为当一个新群体（物种）迁入另一个群体中时，它们之间发生交配，新群体能给原有群体带来新基因，这就产生了基因流动，或称渐渗。正如Harlan（1992）所说，该系统在进化上是相当完美的，因为如果杂草类型和栽培类型之间发生了太多的杂交，就会损害作物，甚至两者可能会融为一个群体，从而导致作物被抛弃；当然，如果杂交太少，在进化上也就起不到多大作用。这就意味着基因流动屏障要相当强但又不能滴水不漏，这样才能使该系统起到作用。

七、遗传漂移在作物进化中的作用

遗传漂移（genetic drift）也是影响作物遗传多样性的重要因素，但其发生有随机性，结果往往难以预测。最常见的两种情况是：①占据相似生境的相邻群体等位基因频率存在差异，这由繁殖时间的不同所导致；②由于奠基者效应（founder effect，即新群体的奠基者只有原群体部分遗传变异迁入）或遗传瓶颈所致。

尽管遗传漂移在进化中的作用存在争议，但众多的研究表明奠基者效应在驯化初期和后来的传播过程中的作用不可否认。由于大多数驯化性状是由单个或少数基因所控制，当这些基因突变在自花授粉作物中发生时，驯化类型与母株基本一样，但仅仅携带有野生祖先多样性的一小部分；在异花授粉作物中发生时，尽管存在基因流动，但由于分裂性选择的结果，这种基因流动不会太大。因此，栽培植物的遗传多样性往往低于其野生祖先，很多栽培植物中缺失野生祖先的等位基因就是典型的证据。

在驯化过程中，选择会导致群体遗传多样性的降低。驯化相关基因比中性基因面临更为严重的遗传瓶颈。通过比较栽培植物和其野生祖先的遗传多样性，可以估计驯化所导致的遗传瓶颈严重程度。例如，在玉米中达到80%左右，向日葵中40%～50%，水稻中10%～20%。而普通小麦则面临过两次遗传瓶颈，一次是从野生小麦到栽培小麦的过程，另一次是多倍体化。因此，普通小麦的核苷酸多样性只有其野生种D基因组的7%，A/B基因组的30%。

第八节　驯化下的物种分化

一、物种的基本概念

物种（species）其实是科学家为了方便对自然界巨大的形态多样性进行分类而发明的术语。在林奈发明这个词之后，物种成为分类的基本单位，但其内涵在不断变化，其中最主要的类型有以下3种，并且还存在不少争议。

（一）形态学物种（morphological species）

形态学物种也称分类学物种，其一个种包括拥有相同形态学特征的个体。要注意的是，物种之间的划分一般只用了一些鉴别性状，尤其是一些非连续变异的性状。这种人为物种划分的主要问题是，非连续变异可能只由单个基因控制，但两种类型却杂交可育并且在相同生境下生长，如 *Avena clauda* 和 *A. eriantha*。还有一种情况是，形态学上相同或相似，但它们却可能在繁殖上是隔离的，如 *Avena prostrata* 和 *A. strigosa*。刚从西班牙南部收集到 *A. prostrata* 时，因为两者形态学相似把它看作后者的一种生态型，后来发现两者杂交并不可育。

（二）生物学物种（biological species）

生物学物种指物种内部个体间杂交可育，并形成一个基因库，与其他种是生殖隔离的。这种物种概念反映了动态进化，并且划分简单明了，比形态学物种概念与自然界更接近。然而，这种概念也有缺点，如适合于有性繁殖生物，对单亲生物（如无融合生殖生物）的物种划分就无能为力。杂交可育是生物学物种划分的标准，但存在亲缘关系较远的物种间仍可产生部分可育的杂交后代的例子，也存在物种内居群之间杂交导致部分不育的例子。

（三）进化物种（evolutionary species）

为了克服生物学物种概念的缺点，提出了进化物种的概念。进化物种指分别从不同单位进化而来并且有其共同的进化作用和趋势的物种，其作用通过生态位（ecological niches）和适应相关的形态学特异性来界定。然而，进化物种概念的操作性不强是其缺点，"共同的进化作用"难以描述。

在作物上，由于其形态学的巨大变异，物种划分更加困难。在以前的研究中，基于形态学物种的概念对绝大多数作物都做了物种划分，数目相当庞大，甚至一种作物的不同形态类型都被划为不同物种，其野生祖先的情况也类似。

近年来，利用遗传学标准来划分作物物种的观点越来越流行，物种数目减少很多。这在小麦、辣椒、柑橘、马铃薯、燕麦等作物上均有体现，但出于方便，也有继续沿用原形态学物种划分系统的例子。为了避免过多的分类学物种和更好地反映遗传关系，Harlan和de Wet在1971年又提出基因源或称为基因库（gene pool）的概念，并把基因源分为三级：①一级基因源（GP-Ⅰ），包括作物及其野生祖先，其成员杂交可育，可作为一个物种对待；②二级基因源（GP-Ⅱ），包括亲缘关系更远的物种，但仍可与作物杂交，其杂交后代可育程度足以使基因流动；③三级基因源（GP-Ⅲ），包括所有在植物学意义上与作物相关的物种，在自然界不存在彼此之间的基因流动，但通过实验方法如染色体加倍和胚拯救等技术可以克服这种杂交障碍。

二、物种的分化过程

（一）新物种的产生

新物种的产生方式与物种的定义有关。通过积累足够的形态学变异就可导致形态学物种的分化，而生物学物种的分化则需要存在生殖隔离。生殖隔离可能是与形态学、适应性或繁殖时间有关的遗传变化的副产品，出现生殖隔离有渐进式和突然式两种途径。

生殖隔离的渐进式进化主要原因包括：

（1）地理隔离 又称为异地或地理物种分化（allopatric or geographic speciation），但要注意的是，地理隔离并不一定会导致生殖隔离。

（2）同地居群隔离 又称为同地物种分化（sympatric speciation），指发生在同一地理区域的隔离现象，其机制可能包括自花授粉、开花时间差异、生态变异（或称为生态位分化，这是分裂选择的重要因素）。

生殖隔离的突然式进化的主要原因是染色体异常，包括染色体重排、染色体数目变化（形成非整倍体、同源多倍体和异源多倍体）等。

（二）驯化下的作物物种分化

在理论上，植物驯化和农业实践都包含了物种分化所需的要素。通过驯化会产生大量的形态和生理多样性，作物传播到起源中心之外的地区会导致地理隔离，严峻的气候条件和流行病害可能导致突变的积累和新物种形成。例如，在辣椒属（*Capsicum*）和棉属（*Gossypium*）中就存在好几个栽培种；在大麦、燕麦和小麦属中，以前曾因为丰富的形态多样性而划分出多个物种。

在大多数作物中，栽培植物和其野生祖先被认为属于同一个种，但这并不是说在驯化下就没有生殖隔离存在。事实上，在很多作物中还存在品种间杂交能力降低的现象，例如水稻种族之间和种族内品种间杂交种存在不同程度的不育性，此外染色体重排也不鲜见，但一般认为这些是种内变异的一部分。

在驯化过程中，发生突然式物种分化也可能产生新的物种，如异源多倍体作物。这种情况往往发生在没有找到异源多倍体作物的野生类型的情况下，说明该作物起源于栽培条件下而不是从野生类型驯化而来。普通小麦、四倍体芸薹属种、烟草和棉花可能是其典型例子。小麦与黑麦的杂交在自然界有时会发生，但杂交后代都是不育的。四倍体或六倍体小麦与二倍体黑麦杂交后进行染色体加倍，就可形成六倍体小黑麦和八倍体小黑麦，这是一个典型的人工创造物种。

（黎　裕）

参考文献

卜慕华，1981. 我国栽培作物来源的探讨［J］. 中国农业科学（4）：86－96.

杜小燕，郝晨阳，张学勇，等，2007. 我国部分小麦地方品种 *Waxy* 基因多样性研究［J］. 作物学报，33（3）：503－506.

黄其煦，1983. 黄河流域新石器时代农耕文化中的作物——关于农业起源问题探索三［J］. 农业考古（2）：10－14.

金善宝，1962. 淮北平原的新石器时代小麦［J］. 作物学报（1）：1－4.

李蟠，等，1980. 西藏高原栽培植物野生种分布考察［J］. 西藏农业科技（2）：12－14.

刘旭，2003. 中国生物种质资源科学报告［M］. 北京：科学出版社.

汪子泰，罗桂环，程宝焯，1992. 中国古代生物学史略［M］. 石家庄：河北科学技术出版社.

卫斯，1982. 试探我国高粱栽培的起源［J］. 中国农史（2）：34－35.

浙江省文物管理委员会，1960. 吴兴钱山漾遗址第一、二次发掘报告［J］. 考古学报（2）：73－91，149－158.

浙江省文物管理委员会，浙江省博物馆，1978. 河姆渡遗址第一期发掘报告［J］. 考古学报（1）：39－94，140－155.

吴存浩，1996. 中国农业史［M］. 北京：警官教育出版社.

吴征镒，路安民，汤彦承，等，2003. 中国被子植物科属综论［M］. 北京：科学出版社.

严文明，1982. 中国稻作农业的起源［J］. 农业考古（1）：22.

张光直，1970. 中国南部的史前文化［J］. 历史语言研究集刊，42（1）：171.

郑殿升，2000. 中国作物遗传资源的多样性［J］. 中国农业科技导报，2（2）：45－49.

朱怀奇，2001. 人类文明史 . 农业卷：衣食之源［M］. 长沙：湖南人民出版社 .

Anderson E，1954. Plants，Man，and Life［M］. London：A. Melrose.

Ashikari M，Sakakibara H，Lin S，et al，2005. Cytokinin oxidase regulates rice grain production［J］. Science，309：741 - 745.

Badr A，K Muller，R Schafer - Pregl，et al，2000. On the origin and domestication history of barley（*Hordeum vulgare*）［J］. Mol. Biol. & Evol.，17：499 - 510.

Bennetzen J L，Freeling M. 1993. Grasses as a single genetic system：genome composition，colinearity and compati - bility［J］. Trends Genet，9：259 - 261.

Benz B F，2001. Archaeological evidence of teosinte domestication from Guila Naquitz，Oaxaca［J］. Proc. Ntal. Acad. Sci. USA，98：7093 - 7100.

Binford L R，1968. Post - Pleistocene adaptations［M］//S R Binford and L R Binford（ed.）. New Perspectives in Archaeology. Chicago：Aldine：313 - 341.

Bomblies K，Doebley J F，2006. Pleiotropic effects of the duplicate maize *FLORICAULA/LEAFY* genes *zfl1* and *zfl2* on traits under selection during maize domestication［J］. Genetics，172：519 - 531.

Carter G F，1976. A hypothesis suggesting a single origin of agriculture［M］//C A Reed（ed.）. Origins of Agriculture. The Hague：Mouton，89 - 133.

Chang T T，1985. Principles of genetic conservation［J］. Iowa Sate Journal of Research，59：325 - 348.

Chase A K，1989. Domestication and domiculture in northern Australia：a social perspective［M］//D R Harris and G C Hillman（ed.）. Foraging and Farming：The Evolution of Plant Exploitation. London：Unwin Hyman：42 - 54.

Childe V G，1952. New Light on the most Ancient East［M］. London：Routledge & Paul.

Clark R M，Linton E，Messing J，et al，2004. Pattern of diversity in the genomic region near the maize domestication gene *tb*1［J］. Proc. Natl. Acad. Sci. USA，101：700 - 707.

Cohen M，1977. The Food Crisis in Prehistory［M］. New Haven，CT：Yale University Press.

Devos K M，M D Gale，1997. Comparative genetics in the grasses［J］. Plant Molecular Biology，35：3 -15.

Doebley J F，B S Gaut，B D Smith，2006. The molecular genetics of crop domestication［J］. Cell，127：1309 - 1321.

Dubcovsky J，Dvorak J，2007. Genome plasticity a key factor in the success of polyploid wheat under domestication［J］. Science，316：1862 - 1866.

Dyer A F，1979. Investigating Chromosomes［M］. New York：Wiley.

Ellstrand N C，Prentice H C，Hancock J F. 1999. Gene flow and introgression from domesticated plants into their wild relatives［J］. Annual Review of Ecology and Systematics，30：539 - 563.

Esen A. K Mohammed，G G Schurig，et al，1989. Monoclonal antibodies to zein discriminate certain maize inbreds and gentotypes［J］. J. Hered.，80：17 - 23.

Esen A，K W Hilu，1989. Immunological affinities among subfamilies of the Poaceae［J］. Am. J. Bot.，76：196 - 203.

Flannery K V，1968. Archaeological systems theory and early Mesoamerica［M］//B J Meggers（ed.）. Anthropological Archaeology in the Americas. Washington，DC：Anthropol. Soc. Washington.

Frankel O H，A H D Brown，1984. Current plant genetic resources - a critical appraisal［M］//Genetics，New Frontiers（Vol Ⅳ）. New Delhi：Oxford and IBH Publishing.

Frost S，G Holm，S Asker，1975. Flavonoid patterns and the phylogeny of barley［J］. Hereditas，

79 (1): 133 - 142.

Fuller D Q, 2007. Contrasting patterns in crop domestication and domestication rates: recent archaeobotanical insights from the Old World [J]. Ann. Bot. (Lond.), 100: 903 - 924.

Gepts P, 2004. Crop domestication as a long - term selection experiment [J]. Plant Breeding Reviews, 24: 1 - 44.

Harlan J R, 1951. Anatomy of gene centers [J]. Amer. Nat., 85: 97 - 103.

Harlan J R, 1956. Distribution and utilization of natural variability in cultivated plants [M] //Genetics in Plant Breeding. Brookhaven Symposia in Biol. No9. Brookhaven Natl. Lab., NY.

Harlan J R, 1971. Agricultural origins: centers and noncenters [J]. Science, 174: 468 - 474.

Harlan J R, 1986. Plant domestication: Diffuse origins and diffusions [R] //C Barigozzi (ed.). The Origin and Domestication of Cultivated Plants. Elsevier, Amersterdam: 21 - 34.

Harlan J R, 1992. Crops & Man (2nd edition) [R]. American Society of Agronomy, Crop Science Society of America, Madison, Wisconsin, USA.

Harlan J R, J M J de Wet, 1971. Toward a rational classification of cultivated plants [J]. Taxon, 20: 509 -517.

Hawkes J W, 1983. The Diversity of Crop Plants [M]. Cambridge, Massachusetts, London, England: Harvard University Press.

Hancock J F. 2005. Contributions of domesticated plant studies to our understanding of plant evolution [J]. Ann. Bot., 96: 953 - 963.

Izawa T, Konishi S, Shomura A, et al, 2009. DNA changes tell us about rice dome stication [J]. Curr. Opin. Plant Biol., 12: 185 - 192.

Jain S K, 1975. Population structure and the effects of breeding system [M] //O H Frankel, J G Hawkes, eds. Crop Genetic Resources for Today and Tomorrow. Cambridge University Press.

Kawakami S, Ebana K, Nishikawa T, et al, 2007. Genetic variation in the chloroplast genome suggests multiple domestication of cultivated Asian rice (*Oryza sativa* L.) [J]. Genome, 50: 180 - 187.

Kellogg E A, 1998. Relationships of cereal crops and other grasses [J]. Proc. Natl. Acad. Sci. USA, 95: 2005 - 2010.

Konishi S, Izawa T, Lin S Y, et al, 2006. An SNP caused loss of seed shattering during rice domestication [J]. Science, 312: 1392 - 1396.

Kovach M J, Sweeney M T, McCouch S R, 2007. New insights into the history of rice domestication [J]. Trends Genet, 23: 578 - 87.

Londo J P, Chiang Y C, Chiang T Y, et al, 2006. Phylogeography of Asian wild rice, *Oryza rufipogon*, reveals multiple independent domestications of cultivated rice, *Oryza sativa* [J]. Proc. Natl. Acad. Sci. USA, 103, 9578 - 9583.

Laurie D A, K M Devos, 2002. Trends in comparative genetics and their potential impacts on wheat and barley research [J]. Plant Molecular Biology, 48: 729 - 740.

Lee R B, I DeVore, 1968. Man the Hunter [M]. Chicago: Aldine.

Li C, Zhou A, Sang T, 2006b. Rice domestication by reducing shattering [J]. Science, 311: 1936 -1939.

Mohammadi S A, B M Prasanna, 2003. Analysis of genetic diversity in crop plants - salient statistical tools and consideration [J]. Crop Sci., 43: 1235 - 1248.

Nakagahra M, 1978. The differentiation, classification and center of genetic diversity of cultivated rice (*Orgza sativa* L.) by isozyme analysis [R]. Tropical Agriculture Research Series, No. 11, Japan.

Nei M, 1973. Analysis of gene diversity in subdivided populations [J]. Proc. Natl. Acad. Sci. USA, 70: 3321 - 3323.

Nevo E, D Zohary, A H D Brown, et al. 1979. Genetic diversity and environmental associations of wild barley, *Hordeum spontaneum*, in Israel [J]. Evolution, 33: 815 - 833.

Pickersgill B, 2007. Domestication of plants in the Americas: Insights form Mendelian and molecular genetics [J]. Ann. Bot, 100: 925 - 940.

Price H J, 1988. DNA content variation among higher plants [J]. Ann. Mo. Bot. Gard. , 75: 1248 - 1257.

Rick C M, 1976. Tomato *Lycopersicon esculentum* (Solanaceae) [M] //N W Simmonds. Evolution of crop plants. London: Longman.

Sauer C O, 1952. Agricultural Origin and Dispersals [M]. Cambridge, MA: M. I. T. Press.

Smith B D, 1997. The initial domestication of *Cucurbita pepo* in the Americas 10000 years ago [J]. Science, 276: 5314.

Soltis D, C H Soltis, 1989. Isozymes in Plant Biology [M] //T. Dudley. Advances in plant science series, 4, Series Portland, OR: Dioscorides Press.

Soltis P S, Soltis, D E and Chase M W, 1999. Angiosperm phylogeny inferred from multiple genes as a tool for comparative biology [J]. Nature, 402: 402 - 404.

Stebbins G L, B Crampton, 1961. Advances in Botany [J]. Lectures and Symposia. IX International Botanical Congress, 1: 133 - 145.

Stegemann H, G Pietsch, 1983. Methods for quantitative and qualitative characterization of seed proteins of cereals and legumes [M] //W Gottschalk and H P Muller (eds.) . Seed Proteins: Biochemistry, Gentics, Nutritive Value. Martius Nijhoff/Dr. W. Junk, The Hague, The Netherlands.

Sweeney M, McCouch S, 2007. The complex history of the domestication of rice [J]. Ann. Bot. , 100: 951 - 957.

Tanksley S D, S R McCouch, 1997. Seed banks and molecular maps: unlocking genetic potential form the wild [J]. Science, 277: 1063 - 1066.

Tolbert D M, C D Qualset, S K Jain, et al, 1979. Diversity analysis of a world collection of barley [J]. Crop Sci. , 19: 784 - 794.

Vaughan D A, Balázs E, Harrison J S, 2007. From crop domestication to super - domestication [J]. Ann Bot, 100: 893 - 901.

Vavilov N I, 1926. Studies on the Origin of Cultivated Plants [M]. Inst. Appl. Bot. Plant Breed. , Leningrad.

Vigouroux Y, McMullen M, Hittinger C T, et al, 2002. Identifying genes of agronomic importance in maize by screening microsatellites for evidence of selection during domestication [J]. Proc. Natl. Acad. Sci. USA, 99: 9650 - 9655.

Wang R L, Stec A, Hey J, et al, 1999. The limits of selection during maize domestication [J]. Nature, 398: 236 - 239.

Watson L, M J Dallwitz, 1992. The Grass Genera of the World [M]. CAB International, Wallingford, Oxon, UK.

Wright S, 1951. The general structure of populations [J]. Ann. Eugen. , 15: 323 - 354.

Wright S I, Bi I V, Schroeder S G, et al, 2005. The effects of artificial selection on the maize genome [J]. Science, 308, 1310 - 1314.

Yakoleff G, V E Hernandez, X C Rojkind de Cuadra, et al, 1982. Electrophoretic and immunological characterization of pollen protein of *Zea mays* races [J]. Econ. Bot., 36: 113 - 123.

Yamamori M, Fujita S, Hayakawa K, et al, 2000. Genetic elimination of a starch granule protein, SGP-1, of wheat generates an altered starch with apparent high amylose [J]. Theoretical and Applied Genetics, 101: 21 - 29.

Yamasaki M, Tenaillon M I, Bi I V, et al, 2005. A large - scale screen for artificial selection in maize identifies candidate agronomic loci for domestication and crop improvement [J]. Plant Cell, 17: 2859 -2872.

Zeven A C, P M Zhukovsky, 1975. Dictionary of cultivated plants and their centers of diversity [M]. Wageningen, the Netherelands: PUDOC.

Zhao Q, Thuillet A C, Uhlmann N K, et al, 2008. The role of regulatory genes during maize domestication: Evidence from nucleotide polymorphism and gene expression [J]. Genetics, 178: 2133 - 2143.

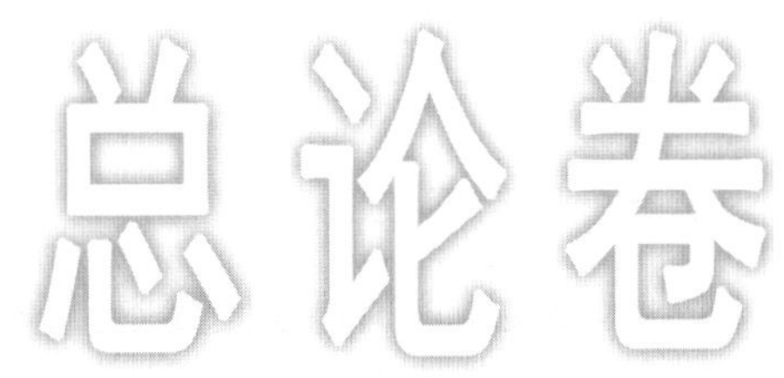

第九章

粮食作物的起源与进化

第一节　概　　述

一、中国的粮食作物

粮食作物是人类栽培最早的作物。中国约有40种粮食作物，现今种植的仅10余种，分为谷类、豆类和薯类三大类。粮食作物种植面积多年来在1.2亿hm^2左右。三大类粮食作物中，面积和总产以谷类作物为主，分别占整个粮食作物的81.0%和90.9%；豆类作物（不包括大豆）分别占11.2%和3.4%；薯类作物分别占7.7%和5.6%。

谷类作物中最主要的有3种，即水稻、玉米和小麦。次要的谷类作物有粟、高粱、黍稷、大麦、燕麦、荞麦等，次要谷类作物统称杂粮。其他谷类作物已种植极少。半个多世纪以来，中国各种谷类作物的种植比例变化较大。首先是玉米，20世纪50年代初，其播种面积仅占谷类作物的10.9%，到2007年已跃居粮食作物的首位（占34.4%），只因其产量尚不及水稻，而暂居中国粮食作物的第二位。过去玉米包括在杂粮中，现在的杂粮已不包括玉米。其次，杂粮作物中面积变化较大的是粟、高粱和黍稷。20世纪50年代初，这3种作物就占谷类作物播种面积的29.7%（中国农业科学院，1989），到2007年整个杂粮作物的面积还不到谷类作物的4%。

豆类历来是中国各民族不可缺少的食品。中国种植的豆类作物约有20种，其中蚕豆、豌豆、普通菜豆和绿豆年种植面积都在100万hm^2以上；小豆和豇豆常年面积多在20万～30万hm^2；多花菜豆、鹰嘴豆、扁豆等年种植面积多在10万hm^2以下，其他豆类如利马豆、黑吉豆、木豆等，只有零星种植。

薯类作物，20世纪50～60年代以前，曾是部分地区的重要粮食，现已成为营养食品或蔬菜。中国种植的薯类作物较多，但最主要的为甘薯、马铃薯、木薯3种，其中甘薯在中国的种植面积曾达1 000万hm^2以上，21世纪以来只剩580多万hm^2。马铃薯为粮菜兼用作物，年种植面积在440万hm^2左右。木薯于19世纪20年代才引入中国，分布在华南地区，年收获面积20多万hm^2，是粮、饲、工业原料兼用作物，有较好发展前景。

二、中国粮食作物的起源地

中国种植的粮食作物分别起源于6个大的世界作物起源中心。

(一)中国本土起源的作物

中国是文明古国，是世界主要作物起源中心之一。粮食作物中稻（其中粳稻起源中国，中国南部和东南亚同为籼稻的起源地）、黍稷、粟、荞麦（包括甜荞和苦荞）、小豆、扁豆（起源地之一）、绿豆（起源地之一）等起源于中国起源中心（见附录 2）。另外，有些作物引种到中国后产生了独特类型，如裸燕麦、六棱裸大麦、糯玉米等，这些类型起源于中国。

(二)起源于近东（又称前亚）起源中心的作物

近东是很多谷类和豆类作物的起源地，小麦、大麦、黑麦、燕麦及豌豆、蚕豆、箭筈豌豆、鹰嘴豆（次生中心）等起源于近东起源中心。

(三)起源于东南亚起源中心的作物

水稻、龙爪稷、鹰嘴豆、绿豆、豇豆、刀豆、四棱豆、饭豆（起源地之一）、薏苡等起源于东南亚起源中心。

(四)起源于非洲（埃塞俄比亚）起源中心的作物

高粱、䅟子、四倍体小麦（多样性高）、大麦（多样性高）、蚕豆（起源地之一）、豌豆（起源地之一）、鹰嘴豆（起源地之一）等起源于非洲起源中心。

(五)起源于中美洲起源中心的作物

玉米、甘薯、木薯、普通菜豆、多花菜豆等起源于中美洲起源中心。

(六)起源于南美洲起源中心的作物

马铃薯、粒用苋、藜麦等起源于南美洲起源中心。

三、中国粮食作物的独特性状

不论是起源于中国的，还是数千年前引进的，甚至是数百年来引进的粮食作物，在中国都产生了许多独特的、在世界其他地区没有的变异。这些变异大都是隐性的，后经中国人民精心选择保留下来，又传到其他国家或地区，丰富了世人的粮食品种，提高了农业产量。

(一)糯性

中国是禾谷类作物籽粒糯性基因的起源中心。在中国，不仅水稻、谷子、黍稷、高粱、大麦、小麦等古老作物有糯性品种，就连引入中国不到 500 年的玉米也产生了糯性品种。有的糯性品种籽粒的支链淀粉含量接近 100%，而直链淀粉含量小于 1%，因而制成的食品黏滑可口。

（二）矮秆

中国是禾谷类作物矮秆基因的起源地之一。水稻的半矮秆基因 *sd1* 来自中国品种低脚乌尖；小麦的矮秆基因 *Rht3* 来自中国西藏品种大拇指矮，*Rht10* 来自从陕西地方品种矮秆早中培育出来的矮变1号。大麦的矮秆基因 *uz* 很可能也起源于中国。

（三）育性

中国作物在育性上有不少独特的有用基因。如水稻，在海南岛崖城普通野生稻中发现的细胞质雄性不育基因，已被利用育成野败型水稻不育系，用其育成的杂交稻在中国的粮食增产中起了重要作用。此外，在中国还育成一批带有不同雄性不育基因的水稻不育系，如红莲型不育系、马协型细胞质雄性不育系、包胎型不育系、滇型不育系等都得到了应用。又如小麦，能使小麦与近缘属杂交成功的 *kr* 基因来自成都平原的白麦子品种；显性核不育基因 *Ta1* 来自山西太谷的小麦品种。谷子中也发现了温敏核雄性不育基因。

（四）裸粒性

燕麦引入中国后在山西与内蒙古交界地带经基因突变产生了裸燕麦，俗称莜麦。大麦引入中国后产生了多样性丰富的裸大麦，在西藏称为青稞，在江浙称为元麦。

（董玉琛）

第二节　亚洲栽培稻

亚洲栽培稻（*Oryza sativa* L.）为一年生、短日照、自花授粉植物，染色体数$2n=24$，染色体组AA。

一、亚洲栽培稻的起源及在中国的传播

关于亚洲栽培稻的起源，至今主要有印度起源说、中国起源说、阿萨姆-云南起源说和多元起源说。印度起源说认为，亚洲栽培稻起源于喜马拉雅山山麓以及印度的奥里萨和马德拉斯（瓦维洛夫，1926）。在印度的马哈加拉遗址发现的炭化米时间约为公元前（6570±210）至公元前（4530±185）（Sharma 和 Manda，1980），由此认为印度北部可能是亚洲栽培稻起源中心。中国起源说主要有华南说（丁颖，1967）、云南说（柳子明，1975；中川原捷洋，1979）、长江中下游说（闵宗殿，1979；严文明，1982）和长江中游-淮河上游说（王象坤等，1998，2005；张居中，1994）。在中国已发现新石器时代稻作遗存116处，最早的稻谷遗存约距今7 000～12 000年。阿萨姆-云南起源说认为，从印度阿萨姆起经缅甸克钦州等地到中国云南为稻作起源地（渡部忠世，1982）；尼泊尔—阿萨姆—云南为稻作起源地，稻作由云南引入黄河流域，并由越南经海路引入长江流域（张德慈，1976）。多元起源说认为，粳稻起源于中国，而籼稻起源于南亚（周拾禄，1948），并认为籼稻最初由南亚及东南亚边境经过云贵高原或由中南半岛沿海进入长江中下游地区。

另外，张德慈（1977，1979）还提出喜马拉雅山山麓、缅甸、泰国北部、老挝、越南北部和中国南部是稻作的起源地（1977，1979）；中川原捷洋（1979）指出，印度的阿萨姆、缅甸北部、老挝、泰国北部和中国云南是稻种的多样化与变异中心。

二、中国水稻栽培区

中国水稻分为 6 个栽培区。

（1）华南双季稻稻作区　分为 3 个亚区，闽粤桂台平原丘陵双季稻亚区、滇南河谷盆地单季稻亚区和琼雷台地平原水稻多熟亚区。

（2）华中双单季稻稻作区　分为 3 个亚区，长江中下游平原双单季稻亚区、川陕盆地单季稻两熟亚区和江南丘陵平原双季稻亚区。

（3）西南高原单双季稻稻作区　分为 3 个亚区，黔东湘西高原山地单双季稻亚区、滇川高原岭谷单季稻两熟亚区和青藏高寒河谷单季稻亚区。

（4）华北单季稻稻作区　分为 2 个亚区，华北北部平原中早熟亚区和黄淮平原丘陵中晚熟亚区。

（5）东北早熟单季稻稻作区　分为 2 个亚区，黑吉平原河谷特早熟亚区和辽河沿海平原早熟亚区。

（6）西北干燥区单季稻稻作区　分为 3 个亚区，北疆盆地早熟亚区、南疆盆地中熟亚区和甘宁晋蒙高原早中熟亚区。其中华中双单季稻稻作区是中国水稻主要生产区域，稻田面积及稻谷产量均占全国的 60%以上（闵绍楷，1988）。

三、中国水稻的特殊类型和特有基因

（一）中国的特殊类型

中国稻作历史悠久，在漫长的水稻栽培和演化过程中形成了丰富的生态类型。其中中国早中籼稻、中国晚籼稻和中国冬籼稻为中国所特有，分布于华南双季稻稻作区、华中双单季稻稻作区、西南高原单双季稻稻作区的黔东湘西高原山地单双季稻亚区东部海拔 900 m和西部海拔 1 400 m 以下及滇川高原岭谷单季稻两熟亚区的滇中海拔 1 700 m 以下、华北单季稻稻作区的黄淮平原丘陵中晚熟亚区（闵绍楷，1988）。另外，分布于广西的中国深水稻也是十分独特的类型。在粳稻中独特类型包括分布于海南的爪哇群“海南型”粳稻，分布于云南和贵州的“云贵型”粳稻，分布于云南的“高原粳”，分布于云南和华南双季稻稻作区的“大糯”，分布于贵州和湖南的“禾”，分布于台湾的“台湾粳”，分布于江苏和浙江的“太湖粳”，分布于华北单季稻稻作区的“华北粳”，分布于东北早熟单季稻稻作区的“东北粳”，分布于西北干燥区单季稻稻作区的“西北粳”等都是非常独特的生态型（王象坤，1999，2000）。

（二）中国的特有基因

1. 矮生性基因　在中国水稻育种中广泛得到利用的矮脚南特、矮仔粘、低脚乌尖和广场矮等矮秆资源及其衍生品种均由位于第 1 染色体的隐性主基因 *sd-1* 控制，这一基因原产于中国。此外，中国报道的矮秆或半矮秆基因还有 *sd-g*、*sd-t*、*sd-t2*、*sd-s*、*sd-q*（*t*）、*sd-e*（*t*）、*sd-n*、$D-1^x$、*d62*（*t*）、*Sd-q*（*t*）、*Sd-t*（*t*）、*dj*（*t*）、*dg*（*t*）、*sde*（*t*）等。长穗颈突变体基因主要为 *eui1* 和 *eui2*，*eui1* 定位于第 5 染色体下端，*eui2* 定位于第 10 染色体长臂的中部。

2. 雄性不育基因 中国是首先发现和成功利用水稻雄性不育基因的国家，至今选育不同细胞质源的水稻雄性不育类型达 60 种以上。其中，从我国特有资源中发现并在杂交稻育种和生产上广泛应用的主要细胞质雄性不育资源包括野败、矮败、冈型、D 型、红莲型、滇一型、滇三型等。已发现的核不育材料过百，鉴定出的不等位基因在各条染色体上均有存在。目前已发现的核不育基因多为隐性基因，但显性基因亦有报道。如萍乡核不育水稻携带的 *MS-P*、8987 携带的 *TMS* 等为显性基因。在两系法杂交稻育种中一般利用隐性核不育基因，至今应用较成功的是隐性光温敏核不育基因。中国培育的光温敏核不育资源包括农垦 58S 及其衍生的光温敏核不育基因（*pms1*、*pms2* 和 *pms3*）和非农垦 58S 光温敏核不育基因（*tms1*、*tms2*、*tms3*、*tms4*、*tms5*、*tms6*、*Ms-h*、*rtms1*）等。

3. 广亲和基因 水稻广亲和性多数由第 6 染色体 S5 座位上的 $S_5{}^n$ 基因控制。中国发现并成功分离克隆一个控制水稻籼粳杂种育性和广亲和性的主效基因，命名为 *S5*。后来陆续报道与广亲和性相关的 *S5*、*S8*、*S9*、*S15*、*S16*、*S17* 座位，分别位于第 7、6、4、12、1 和 12 染色体上。此外，中国报道的广亲和基因有位于第 7 染色体上的 $S_{a(t)}{}^n$、第 12 染色体上的 $S_{d1(t)}{}^n$ 和 $S_{d2(t)}{}^n$、第 6 染色体上的 $S_X{}^n$。中国原始型广亲和材料有云南省的云南陆籼老造谷、毛白谷、大白谷、窝爱嘎、花二早、矮嘎、扎那嘎等；中间型广亲和材料有云南省的光壳稻品种、毫格劳等；籼粳杂种型有 02428、培矮 64、培 C311 等。原产于云南的广亲和品种多携带 $S_5{}^n$ 基因，如花糯、窝爱嘎、矮嘎等。

4. 抗白叶枯病基因 至今全球已鉴定出 30 余个抗白叶枯病主基因，其中 20 个基因已定位，7 个基因已克隆（*Xa1*、*Xa4*、*xa5*、*xa13*、*Xa21*、*Xa26 t* 和 *Xa27 t*）。中国报道的抗白叶枯病基因有来源于广西普通野生稻 RBB16 的 *Xa23*，这是目前已知抗谱最广的抗白叶枯病基因。*Xa22 t* 基因来源于云南地方稻种扎昌龙；*Xa25 t* 来自恢复系明恢 63 的体细胞无性突变体 HX-3；*Xa26 t* 来自明恢 63；*Xa29 t* 来源于药用野生稻转育后代 B5；*Xa30 t* 来源于普通野生稻 Y238，是一个广谱抗白叶枯病基因。目前中国水稻生产上应用的主栽品种多含有 *Xa3*、*Xa4* 或 *Xa21* 基因。

5. 抗稻瘟病基因 至今全球已定位的抗稻瘟病基因有 60 余个，大多数集中在第 6、11 和 12 染色体上，且成簇分布。其中已分离克隆的基因有 *Pib*、*Pita*、*Pi9*、*Pi2*、*Piz-t* 和 *Pi-d2*。中国报道的抗稻瘟病基因有窄叶青 8 号携带的 *Pi-zh* [*pi-11*（*t*）]；红脚占携带的 *pi-12*（*t*）[*pi-h-i*（*t*）]；谷梅 2 号携带的 *pi-25*（*t*）和 *pi-26*（*t*）；地谷携带的 *Pi-di* 和 *Pi-d2*；谷梅 4 号携带的 *pigm*（*t*）；中 156 携带的 *pi-24*（*t*）；特青携带的 *pi-tq1*、*pi-tq5* 和 *pi-tq6*；武育粳 2 号携带的广谱抗稻瘟病基因 *d12*；沈农 606 携带的显性基因 *Pi-SN606* 等。

（韩龙植）

第三节 普通小麦

普通小麦（*Triticum aestivum* L.）为一年生或秋播越年生植物，喜长日照，自花授粉。染色体数 $2n=6x=42$，染色体组 AABBDD。

一、普通小麦的起源及在中国的传播

普通小麦是由两次天然杂交和两次染色体加倍而形成的。首先由野生的乌拉尔图小麦（*Triticum urartu*，AA 基因组）与一种二倍体山羊草（现多证明为拟斯卑尔脱山羊草 *Aegilops speltoides*，SS 基因组）天然杂交又染色体加倍，形成穗轴易断的野生二粒小麦（*Triticum dicoccoides*，AABB 组），由它进化成穗轴不易断的栽培二粒小麦（*Triticum dicoccum*，AABB 组）。栽培二粒小麦早在公元前 7 500 年就出现在近东的史前村庄（Simmonds N. W.，赵伟钧等译，1992）。后栽培二粒小麦在从亚美尼亚到里海西南海岸的狭长地带和粗山羊草（*Aegilops toschii*，D 组）混生，它们之间发生了天然杂交和染色体加倍，从而产生了普通小麦。考古资料证明，公元前 7 000 年在土耳其、伊拉克、叙利亚、伊朗等地就有普通小麦存在（Simmonds N. W.，赵伟钧等译，1987）。那一带土地肥沃，地形如新月，称为“新月形沃地”，是驯化小麦最早的地方，是小麦的起源地。中国栽培小麦历史悠久，据考古发掘，早在 5 000 多年以前中国已有小麦栽培。据古籍记载，早在殷商时期（约前 1600—前 1046）“麦”已是中原地区的主要粮食作物。《诗经》中多次提到麦作情况，说明公元前 600 年或更早在黄河中下游地区，如甘肃、陕西、山西、河南、河北、山东等省都已经栽培小麦。春秋战国时期小麦已扩展到华北北部，至西汉（前 206—公元 25）小麦已遍及长江中下游各地（庄巧生，2003）。现今小麦分布遍及全国。

二、中国小麦栽培区

中国小麦分为 10 个栽培区。

（1）北部冬麦区　包括 3 个副区：燕太山麓平原副区、晋冀山地盆地副区、黄土高原沟壑副区。

（2）黄淮冬麦区　大体分为 4 个副区：西部丘陵川地副区、华北平原副区、淮北平原副区、胶东丘陵副区。

（3）长江中下游冬麦区　大体分为沿江、沿海、沿湖平原和丘陵两个副区。

（4）西南冬麦区　分为 3 个副区：四川盆地副区、贵州高原副区、云南高原副区。

（5）华南冬麦区。

（6）东北春麦区　分为 3 个副区：西北部冷凉副区、中南部高温副区、东部湿润副区。

（7）北部春麦区　分为 2 个副区：平川副区、丘陵高寒副区。

（8）西北春麦区　分为 4 个副区：沿河水浇地副区、山旱地副区、冷凉阴湿副区、河西走廊副区。

（9）西藏春冬麦区 分为 2 个副区：青海高原副区、西藏高原副区。

（10）新疆冬春麦区 分为 2 个副区：北疆副区、南疆副区。其中，黄淮冬麦区为主要小麦产区，该区产量占全国小麦总产量的 45%～51%（庄巧生，2003）。

三、中国小麦的特殊类型和特有基因

小麦传入中国后，在相对封闭的条件下经历数千年，产生了丰富多彩的遗传变异，产生了一些在其起源地没有的特殊类型和独特基因，使中国成为普通小麦的次生起源中心（多样性中心）之一。

（一）中国的特殊小麦类型

普通小麦在中国产生了 3 个特有亚种。

1. 云南小麦亚种（*Triticum aestivum* ssp. *yunnanense* King） 分布于云南澜沧江下游、海拔 1 500～2 500 m 的山区。弱冬性。穗轴较脆，受压力易折断。颖壳坚硬，紧包籽粒，当地称铁壳麦。有 16 个变种。现已很少种植。

2. 新疆小麦亚种［*Triticum aestivum* ssp. *petropavlovskyi*（Udecz. et Migusch.）Dong］ 分布于新疆阿克苏、乌什、喀什、墨玉、和田、莎车等县（市）海拔 900～1 200 m的农区。春性。粒较长，小穗排列较稀，穗形似东方小麦，当地称为稻穗麦或稻麦子。有 7 个变种。现在已无种植，仅保存于种质库中。

3. 西藏小麦亚种（*Triticum aestivum* ssp. *tibetanum* Shao） 又称西藏半野生小麦。分布于西藏雅鲁藏布江、隆子河流域及澜沧江、怒江和察隅河两岸的农田里，是小麦和大麦的田间杂草。冬性、弱冬性和春性的都有。穗轴极易断，成熟时小穗散落田中，翌年随播种的小麦或大麦同时出苗，成为难以去除的杂草。穗形与西藏小麦地方品种相似，变异十分丰富，有 24 个变种（董玉琛、郑殿升，2000）。

中国普通小麦的变种很多，尤其是圆颖多花类（*inflatum*）和拟密穗类（*compactoides*）变种尤其丰富。

（二）中国的特有基因

1. 广交配基因 小麦的广交配基因（*kr*）能使普通小麦与近缘属的许多种（如黑麦属、山羊草属、偃麦草属等）杂交成功，从而将近缘属的优良基因转移到小麦中。世界各国已经将 *kr* 基因广泛用于小麦远缘杂交中。*kr* 基因原产四川盆地。中国春品种带有 *kr1*、*kr2* 和 *kr3* 三个广交配基因。*kr1* 位于 5B 染色体上，作用较强。*kr2* 位于 5 A 染色体上，作用较弱。*kr3* 位于 5D 染色体上，作用更弱（Lupton F. G. H.，1988）。*kr* 基因已被转移到其他品种中。

2. 矮秆基因 国际上已在小麦中鉴定出 20 多个矮秆基因，其中应用最广的是日本品种赤小麦携带的 *Rht8* 和 *Rht9*，以及农林 10 号携带的 *Rhr1* 和 *Rht2*。中国很多古老地方品种带有上述基因。经对我国 3 606 个有代表性的小麦地方品种检测，其中 633 个带有 *Rht8* 基因，约占 17.6%。长江中下游麦区品种带有该基因的比例更高，约占 32%。黄淮麦区和西南麦区次之，分别占 17.3%和 15.9%（张学勇）。*Rht8* 位于 2D 染色体上。另外，中国西藏品种大拇指矮携带的矮秆基因 *Rht3*，位于 4B 染色体上。陕西从地方品种矮秆早中培育出的矮变 1 号携带矮秆基因 *Rht10*，位于染色体 4D 短臂上。原产我国的这两个基因降秆作用很强，但由于与不良性状连锁紧密，在育种中利用很少。

3. 籽粒糯性基因 中国小麦地方品种中存在全部糯性相关的基因。小麦的 A、B、D 3 个基因组，各自带有一个糯性基因（*wx*），其中 *wx B1* 位于 4B 染色体上，作用最强；*wx A1* 和 *wx D1* 分别位于 7 A 和 7D 染色体上，作用较弱。只有 1 个基因存在时面粉为半糯，3 个基因同时存在时面粉为全糯。在 1 739 个有代表性的中国小麦地方品种中，检测到 31 个品种带有 *wx* 基因。其中带有 *wx B1* 的 25 个，分布较广，在山东、河南、安徽、陕西、甘肃、宁夏、青海、西藏等省、自治区都有。带有 *wx A1* 的品种 3 个，分布在河南、湖南、江西三省。带有 *wx D1* 的品种 3 个，只分布在河南（杜小燕等，2007）。河南西部小麦古老地方品种中分别携带着这 3 个糯性基因，这里是小麦糯性基因的变异中心。

4. 太谷核不育基因 小麦的太谷核不育显性基因（*Ms1*）以及用其育成的矮败小麦，将矮秆与不育性结合起来，矮秆株全不育，高秆株全可育。现通过轮回选择，已用其育成一批小麦优异种质和优良品种。

（董玉琛）

第四节 大　麦

大麦（*Hordeum vulgare* L.）为一年生或秋播越年生植物。长日照，自花授粉。普通大麦为二倍体，染色体数 $2n=21$，H 染色体。

一、大麦的起源与传播

大麦是近东（又称前亚）最早驯化的作物之一。在叙利亚的考古发掘中，断穗的大麦可追溯到公元前 8000 年（董玉琛、郑殿升，2006）。在伊朗、叙利亚、土耳其和巴勒斯坦发现了公元前 7000—前 6000 年的栽培大麦（Simmonds N. W.，1987）。现公认大麦起源于近东起源中心，包括小亚细亚、外高加索及伊拉克、约旦、叙利亚、巴勒斯坦和黎巴嫩等国家和地区，并延伸到中东的另一些国家，形成一个形如新月的弧形地带，即所谓的“新月沃地”（邵启全，2006）。中国栽培大麦的历史十分悠久，在距今约 5 000 年的新石器时代中期，古羌族就在黄河上游种植大麦。公元前 1400—前 1200 年的甲骨文中，有关于“牟”的记载，据《尔雅》中的解释，“牟”即是指大麦。如今的“大麦”一词始出于公元前 3 世纪的《吕氏春秋·任地篇》。西汉以前，在黄河和长江流域及西北旱漠地区均有大麦种植。公元 600 年《齐民要术》等书中，已有关于大麦的初步分类、栽培技术和利用介绍（浙江农业科学院、青海农林科学院，1989；卢良恕，1996）。在数千年的栽培中，中国形成了以多棱、裸粒类型为主的多样性中心，为大麦次生起源地。

二、中国大麦栽培区

20 世纪 20 年代中国的大麦栽培面积曾高达 800 万 hm^2，现在有 166.7 万 hm^2 左右。

根据气候和耕作制度，中国大麦分为 3 个大区 12 个生态区。

1. 裸大麦区 即青藏高原裸大麦区，以种植多棱青稞为主。

2. 春大麦区 包括东北平原春大麦区、晋冀北部春大麦区、西北春大麦区、内蒙古高原春大麦区和新疆旱漠春大麦区。

3. 冬大麦区 包括黄淮冬大麦区、秦巴山地冬大麦区、长江中下游冬大麦区、四川盆地冬大麦区、西南高原冬大麦区和华南冬大麦区（陆炜，1996）。

目前，我国的大麦生产主要集中在东北、东南、中部、西北和西南 5 大区域。其中，东北主要指内蒙古东部和黑龙江，以生产啤酒大麦为主。东南主要指江苏北部、浙江和上海，生产大部是啤酒大麦，少量为饲料大麦。中部主要指河南和湖北两省，大部为饲料大麦，少量是啤酒大麦。西北包括甘肃、新疆和青海三省、自治区，主要生产啤酒大麦，少量为食用裸大麦（青稞）。西南包括四川、云南和西藏三省、自治区，既有饲料大麦和啤酒大麦，也有青稞，并且西藏为中国最大的青稞产区。

三、中国大麦的特有类型和独特基因

（一）分布在中国内蒙古的野生大麦种

内蒙古大麦（*H. innermongolicum* Kuo et L. B. Cai）是世界上最原始的野生大麦（徐廷文等，1996）。在青藏高原发现的六棱野生大麦，成熟时穗轴自然断裂，三联小穗自由脱落，具有非常典型的野生脆穗特点。由于其脆穗基因不同于西方大麦，从而被部分认为是东方六棱栽培大麦的祖先（邵启全，2006）。

（二）中国大麦具有非常丰富的穗部形态变异

在分类学上包括约 544 个变种，其中 425 个未见国外报道。特别是穗子的颖壳和芒有黄、灰、紫、褐、黑等色，籽粒呈黄、红、紫、蓝、褐、黑等多种颜色，而且长颈、无颈、中长侧短、中长侧无等各种芒型的钩芒大麦比较普遍（中国作物学会大麦专业委员会，1986；黄培忠、朱睦元等，1999）。

（三）中国大麦中蕴含抗病、抗逆、高产、优质等各种独特的有益基因

研究表明，江苏、浙江大麦品种浙皮 1 号和盐辐矮早 3 号，西藏青稞品种加久、紫六棱、正六棱青稞等，携带有不同于世界其他国家的大麦矮秆基因（Zhangjing，2003）。云南大麦品种大粒麦在北京种植，千粒重超过 60 g，具有优良的大粒基因。西藏青稞品种祝久玛，在海拔 4 000 m 的高山上生长，生育期只有 70 d；巴娄蓝、巴娄紫在海拔 4 750 m，无绝对无霜期的生态条件下，仍能正常成熟，具有很强的抗寒基因和早熟基因。据中国农业科学院作物品种资源研究所多年多点鉴定，海安三月黄、海门早、沧州裸大麦等，具有很强的耐盐性，尤其是西藏大麦品种擦旺青稞，在其原生地白朗县的一个山沟里，由于水里的硫黄和盐分含量很高，其他作物和别的大麦品种用这种水灌溉，植株会枯黄死掉，唯有擦旺青稞能够正常生长成熟。鉴定结果还表明，嵊县无芒六棱、于潜六棱大麦、兰溪四棱米麦、毛大麦等高抗大麦黄花叶病；上虞红二棱、天台二棱大麦、乐清扁大麦、余姚红

大麦等高抗赤霉病；常熟红颈大麦、三墩红四棱、巨野米麦等高抗黄矮病；紫光芒二棱、宽颖裸麦、黄长光大麦和淮安三月黄的蛋白质含量超过 20%，尤其是洛南火烧头不仅蛋白质含量超过 20%，而且赖氨酸含量也高达 0.62%。库尔巴哈值是衡量大麦籽粒中淀粉酶活性高低的指标，为培育啤酒大麦品种所必需。千千大麦Ⅰ、千千大麦Ⅱ和如苏里等品种的库尔巴哈值高达 600 以上，而最低的大麦品种只有 75。

（张 京）

第五节 普通栽培燕麦

燕麦的栽培物种有普通栽培燕麦、地中海燕麦、阿比西尼亚燕麦和砂燕麦，我国广泛种植的大粒裸燕麦（莜麦）属普通栽培燕麦的一个变种，也有的专家认为大粒裸燕麦为一个独立的物种。本文叙述的燕麦是指普通栽培燕麦。

普通栽培燕麦（*Avena sativa* L.）是一年生或越年生植物，长日照，自花授粉。普通栽培燕麦为六倍体（$2n=6x=42$），染色体组 AACCDD。

一、燕麦的起源及在中国的传播

燕麦的各栽培种起源于不同地区，演化途径亦异，这早已被公认，其中普通栽培燕麦起源于地中海沿岸（瓦维洛夫著，董玉琛译，1982）。

普通栽培燕麦是由欧洲传入我国的，传入的时间和途径尚无详细的记载。也有的专家认为，中国西部同为普通栽培燕麦的起源地区，因为，我国种植燕麦的历史与欧洲是相似的，甚至比欧洲稍早。而专家们一致认为，大粒裸燕麦是普通栽培燕麦在我国突变产生的裸粒类型。据史料记载，我国种植燕麦的历史已有 2 000 多年，全国多数地区均曾种植，最早种植燕麦的应是西部，然后传播至东部（杨海鹏、孙泽民等，1989）。

二、中国燕麦种植区域

中国燕麦种植区域粗略地划分为两大主区及 4 个亚区。

（一）北方春燕麦区

1. 华北早熟燕麦亚区 本区主要包括内蒙古土默特草原，山西大同盆地和忻定盆地。地势平坦，海拔约 1 000 m，年降水量 300～400 mm，多半集中于 7～8 月份。

2. 北方中、晚熟燕麦亚区 包括的地区较多，有新疆中西部，甘肃贺兰山、六盘山的定西和临夏地区，青海湟水、黄河流域的山区，陕西秦岭的北麓、榆林和延安地区，宁夏固原地区，内蒙古阴山南北，山西晋西北高原、太行山和吕梁山地区，河北坝上地区，以及北京燕山山区、黑龙江大小兴安岭南麓。本亚区的燕麦面积占全国总面积的 80%以上。地形极为复杂，海拔 500～1 700 m。年降水量 300～450 mm，常年 6～8 月降水量占全年的 70%。因此，该区内还可分为丘陵区和滩川区。

（二）南方冬燕麦区

1. 西南高山燕麦亚区 主要包括云南、贵州、重庆、四川的高山区，如云南高黎贡山，四川大、小凉山和川北甘孜、阿坝等地，海拔为 2 000～3 000 m，年降水量 1 000 mm 左右。

2. 西南平坝燕麦亚区 包括云南、贵州、重庆、四川的平坝地区，海拔约 1 500 m，年降水量约 1 000 mm。农业条件比高山燕麦亚区较好，燕麦产量较高（金善宝、庄巧生，1991）。

三、中国燕麦的特殊类型及其特有基因

众所周知，世界上种植的燕麦主要是籽粒带皮的皮燕麦，而中国种植的主要是籽粒不带皮的裸燕麦。中国种植的裸燕麦在植物分类学上称之为大粒裸燕麦（*A. nuda* L. 或 *A. sativa* var. *nuda* Mordv.），在中国农学上与普通栽培燕麦统称为燕麦，而在各燕麦产区称谓不同，华北地区称莜（油）麦，西北地区称玉麦，东北地区称铃铛麦。

大粒裸燕麦是燕麦的一种特殊类型，中国燕麦品种中绝大多数是大粒裸燕麦，国内的 2 187 份燕麦种质资源中，大粒裸燕麦为 1 901 份，占总数的 86.9%。从国外引进的 1 015 份燕麦种质资源中，裸粒的仅有 36 份，只占引进总数的 3.5%。由此可见，中国的大粒裸燕麦在燕麦种质资源中可谓独树一帜。大粒裸燕麦除其裸粒性外，与普通栽培燕麦相比较，还有些性状具明显差异，如：①小穗小花数：大粒裸燕麦一般由 3 朵以上小花组成，栽培燕麦的小穗一般仅具有 3 朵以下小花；②小花梗长度：前者大于 5 mm 呈弯曲状，后者小于 5 mm 并不弯曲；③小穗形状：前者为鞭炮形或串铃形，后者小穗呈纺锤形；④外稃质地：前者的外稃为膜质，后者外稃为革质；⑤外稃形状和大小：前者的与护颖近似，后者的与护颖不同且较小。

大粒裸燕麦的裸粒性是由裸粒基因控制的，这个裸粒基因是普通栽培燕麦在中国产生突变形成的，绝对是中国的特有基因。这样的结论是公认的，瓦维洛夫（1926，1935）、T. R. Stanton（1960）、Л. М. Жуковский（1997）在他们的论著中均论述了大粒裸燕麦产生于中国，由基因突变形成，并公认这个发源地是裸燕麦的初生基因中心。

（郑殿升）

第六节 玉 米

玉米（*Zea mays* L.）是一年生草本植物，短日照，异花授粉。染色体数 $2n=2x=20$。

一、玉米的起源及在中国的传播

玉米起源于美国的南部、经墨西哥直至秘鲁和智利海岸的狭长地带（佟屏亚，2000）。玉米传入中国的时间，据史籍记载大约在 16 世纪初期，因为公元 1511 年《颍州志》中已经出现了关于玉米的记载。而哥伦布发现美洲大陆之后，1496 年将玉米带回西班牙。据此推断，玉米传入中国的时间应在 1500—1510 年这十年间（刘纪麟，2000；周洪生，

2000)。其可能的途径一是先从北欧传入西亚的印度、缅甸等地，再由印度或缅甸最早引种到我国的西南地区；二是从西班牙传至麦迦，再由麦迦经中亚最早引种到我国西北地区；三是从欧洲传到菲律宾，尔后由葡萄牙人或者在当地经商的中国人经海路引到中国东南沿海地区。根据各省通志、府县志和其他文献的记载，到 1643 年，玉米已经传播到河北、山东、河南、陕西、甘肃、江苏、安徽、浙江、福建、广东、广西、云南等 12 省份。到 17 世纪末，地方志中出现有关玉米记载的省份增加了辽宁、山西、江西、湖南、湖北、四川 6 省。1701 年以后，记载玉米的地方志更多，到 1718 年，又增加了台湾、贵州两省。现今玉米分布遍及全国。

二、中国玉米栽培区

玉米在中国集中分布于从东北向西南走向的狭长地带，如从东北的黑龙江、吉林、辽宁向西南经内蒙古南部、河北、山西、山东、河南、陕西南部、湖北、四川至贵州、云南、广西。中国将玉米种植区划分为 6 个（郭庆法等，2004）：①北方春播玉米区，属寒温带湿润半湿润气候，包括黑龙江、吉林、辽宁、宁夏和内蒙古的全部，山西的大部，河北、北京、天津、陕西和甘肃的一部分。该区是中国主要玉米产区之一，玉米种植面积占全国玉米种植总面积的 30%，总产量占全国的 35%左右。②黄淮海夏播玉米区，属暖温带半湿润气候，包括位于黄河、淮河、海河流域中下游的山东、河南的全部，河北的大部，山西中南部，关中和江苏徐淮地区。该区是全国玉米最大的集中产区。玉米播种面积约占全国玉米种植面积的 30%以上，总产量占全国的 50%左右。③西南山地玉米区，属温带和亚热带湿润半湿润气候，包括四川、重庆、云南、贵州、广西全部，陕西南部，湖南、湖北的西部丘陵地区以及甘肃的一小部分。本区亦为主要玉米产区之一，玉米播种面积占全国玉米种植面积的 20%左右。④南方丘陵玉米区，属亚热带和热带湿润气候，包括广东、海南、福建、浙江、江西、台湾的全部，江苏、安徽的南部，湖南、湖北的东部。本区一年四季都可以种植玉米，但因是中国水稻的主要产区，故玉米种植面积变化幅度较大，产量很不稳定，种植面积约占全国玉米总面积的 5%左右。⑤西北灌溉玉米区，属大陆性干燥气候，包括新疆全部和甘肃的河西走廊以及宁夏河套的灌溉地区。目前本区玉米种植面积约占全国的 2%～3%。⑥青藏高原玉米区，包括青海和西藏，玉米是本区新兴的农作物之一，栽培历史较短，面积不大。

三、中国玉米的特殊类型和特有基因

糯玉米又叫黏玉米、蜡质玉米，其主要特点是籽粒不透明，无光泽，籽粒中的淀粉几乎全为支链淀粉。糯玉米起源于中国西南丘陵地区，是由云南、广西一带的硬粒型地方品种经突变形成。1909 年 Collins G. N. 将起源于我国的糯玉米结构基因定名为 *wx*，1935 年 Emerson K. A. 将 *wx* 基因定位在第 9 条染色体上（曾孟潜，1986）。

四路糯是我国糯玉米资源中一种极其独特的品种，果穗极小（穗长 8～11 cm，穗粗 1～1.8 cm），籽粒细小（平均千粒重 76 g），穗行数多为 4 行（衍生型基本果穗为 6～8 行）。四路糯糯性好、黏性强，并且抗大斑病与小斑病，仅在我国云南省勐海县的傣乡及其边缘地带有零星分布，是我国乃至世界上极其罕见的特殊玉米种质。曾孟潜等（1981）

通过过氧化物酶同工酶研究发现，四路糯与玉米的近缘属薏苡都具有过氧化物酶第 5 带而不具第 4 带，明显不同于普通的玉米品种与引自美国的马齿种和糯质玉米种，而与玉米的野生近缘种大刍草（teosinte，同时具有第 4、5 带）具有一定的相似性。因此也有研究者认为四路糯是玉米的一种原始类型，属于半野生糯质玉米类型。

（王天宇）

第七节 高 粱

高粱［*Sorghum bicolor*（L.）Moench］又名蜀黍，为一年生春播秋收作物，短日照，常异花授粉。染色体数 $2n=2x=20$。

一、高粱的起源与传播

高粱属（*Sorghum* L.）包含有众多的栽培种和野生种，非洲是高粱野生种和栽培种最为丰富的地区。在驯化与进化过程中，高粱原始栽培种还曾不止一次地与野生种杂交，不断有新的基因渗入，从而使不同地区间的高粱种群存在明显的地域性差异，产生了独特的栽培高粱类群。由于栽培高粱的起源多元性，形成了丰富多样的高粱种质资源。多数学者认为，栽培高粱起源于非洲中部和东北部，后经印度传入中国，与中国的野生高粱杂交，其后代被驯化为现代多样的中国高粱。中国科学家则根据中国考古发现的 5 000 年前高粱籽粒遗存，以及在南方和华北部分地区有野生高粱分布，认为中国是高粱的独立起源中心之一。然而，近年来的分子生物学证据表明，中国高粱在遗传上与栽培高粱的 *Sorghum bicolor* 种群是相同的，中国高粱的遗传多样性比 *Sorghum bicolor* 种群小。中国高粱可能是起源于非洲的 *Sorghum bicolor* 种群，由于长期的地理隔离和人工选择，产生了为数不多的独特等位基因。但中国高粱的许多形态特征和生物学特性与国外的高粱有明显的不同，主要表现为无柄小穗椭圆到长椭圆形，外颖有明显条状脉纹，外颖质地多为纸质，内颖多为革质，籽粒多呈龟背状，裸露程度较大，叶片主脉白色，分蘖少或不分蘖，茎秆髓质干燥型。中国高粱主要分布在温带地区，在 12～14 h 的日照长度下多数可以正常成熟。中国高粱群（*Sorghum bicolor* var. *kaoliang*）是高粱的一个独特类群（王富德、廖嘉玲，1981）。

二、中国高粱栽培区

中国各地均有高粱种植，其主产区集中在秦岭、黄河以北，特别是长城以北地区。中国高粱分为 4 个栽培区。

（一）春播早熟区

包括黑龙江、吉林、内蒙古等省、自治区的全部，河北承德市、张家口坝下地区，山西与陕西北部，宁夏干旱区，甘肃中部和河西地区，新疆北部等地。本区年平均气温 2.5～7.0 ℃，活动积温（≥10℃）2 000～3 000℃，无霜期 120～150 d，年降水量 100～700 mm。生产品种以早熟和中早熟品种为主。

(二) 春播晚熟区

包括辽宁、河北、山西、陕西等省的大部分地区，北京、天津、宁夏的黄灌区、甘肃东部和南部、南疆和东疆盆地等。本区位于北纬32°0′～41°47′，海拔3～2 000 m，年平均气温8～14.2℃，活动积温3 000～4 000 ℃，无霜期150～250 d，年降水量16.2～900 mm。栽培品种多为晚熟种和中晚熟种。

(三) 春夏兼播区

包括山东、江苏、河南、安徽、湖北等省及河北的部分地区。本区位于北纬24°15′～38°15′，海拔24～3 000 m，年平均气温14～17 ℃，活动积温4 000～5 000 ℃，无霜期200～280 d，年降水量600～1 300 mm。本区春、夏播均有，春播多分布在土质较为瘠薄的低洼、盐碱地上，采用中晚熟种；夏播多种在平肥地上，作为夏收作物的后茬，多采用生育期100 d以上的早熟种。

(四) 南方区

包括华中地区南部，华南、西南地区全部。本区位于北纬18°10′～30°10′，海拔400～1 500 m，年平均气温16～22 ℃，活动积温5 000～6 000 ℃，无霜期240～365 d，年降水量1 000～2 000 mm。本区种植高粱相对多的省份有四川、贵州、湖南。品种多为短日照、散穗、糯性品种。

三、中国高粱的特殊类型和特有基因

(一) 糯高粱

糯高粱在国外很少有报道，目前在我国保存了792份资源，其地理分布广泛，从西南到东北均有分布，但以西南的云南和贵州、华中的湖南和湖北、华北的山西、山东和河北最多，该基因可能起源于中国。

(二) 酒用高粱

高粱是酿制白酒的主料，闻名中外的茅台、五粮液、泸州老窖、汾酒等八大高粱酒无一不是以高粱作主料酿制而成，以其色、香、味俱佳展现了我国酒文化的深厚底蕴。

(三) 其他用途高粱

根据不同用途，中国高粱还衍生出多种特殊类型，如帚用高粱、醋用高粱、架材高粱等。我国北方优质食用醋大都以高粱为原料酿制而成，如山西老陈醋、黑龙江双城烤醋和熏醋、辽宁喀左陈醋等。它们所用的高粱原料多为中国高粱的特殊地方品种，近年来也开始利用一些高粱专用杂交种。

（陆　平）

第八节　谷　　子

谷子［*Setaria italica*（L.）Beauv.］又称粟，去壳以后称小米，是禾本科狗尾草属的一个栽培种。一年生，短日照，自花授粉。常见的谷子为二倍体，染色体数 $2n=2x=18$。

一、谷子的起源与传播

中国是谷子的起源地。中国的中部和西部山区及相邻的低地是世界原始农耕的发源地，谷子是最早被驯化的栽培作物之一。考古研究证实，早在 7 000 多年前，谷子已成为中原地区的主要栽培作物（陈文华，1987；王在德，1986），我国黄土高原（以陕西为中心，包括山西和甘肃东部）应为我国栽培谷子的起源中心，这里具有大量的谷子植物学变种和基因型。研究认为谷子和青狗尾草［*S. viridis*（L.）Beauv.］可能来自一个共同的祖先（黎裕，1998），两者具有相似的形态特征，同为二倍体；两者之间可以杂交，差别主要在谷子籽粒较大，丧失了自然落粒性和种子休眠特性等。又有人认为，谷子由青狗尾草演化而来，当青狗尾草的种子逐渐变大并保留于成熟的穗子上以后，便形成了收获粮食的原始栽培谷子，同时由起源地向外扩散传播。伴随着人类的迁徙，谷子逐渐遍及中国并扩散至南亚，往东北最早传到日本和朝鲜半岛，经由俄罗斯和奥地利传入欧洲。鉴于狗尾草属植物在欧亚大陆广泛分布，欧洲的栽培谷子类型远比中国谷子原始，考古发现约在 7 000 年前欧洲也有谷子遗存，有少数学者推定欧洲谷子可能另有驯化途径，但这种论点尚待进一步地研究考证。

二、中国谷子栽培区

中国谷子有 6 个栽培区：①东北平原区；②华北平原区；③内蒙古高原区；④黄土高原区；⑤南方谷子栽培区；⑥新疆内陆谷子栽培区。前 4 个栽培区是我国谷子的主产区，后 2 个栽培区内仅有零星栽培。20 世纪 90 年代以来，华北平原区内的山东、河南及河北南部，实行了谷子夏播，逐渐发展成了夏谷栽培区（李荫梅等，1997；山西省农业科学院，1987）。

三、中国谷子的特殊类型和特有基因

（一）显性核不育基因 Ms^{ch}

20 世纪 70 年代末，内蒙古赤峰市农业科学研究所在海南省组配杂交组合时，从澳大利亚谷×吐鲁番谷组合的后代中，发现了显性核不育基因 Ms^{ch}。研究表明 Ms^{ch} 基因会造成花药壁维管束发育异常，导致花粉母细胞退化和小孢子早期败育。Ms^{ch} 基因具有显性单基因的遗传特征，其恢复基因 Rf 来自同组合的姊妹系，在普通谷子中难以找到显性核不育基因 Ms^{ch} 的恢复基因，不育基因 Ms^{ch} 和恢复基因 Rf 表现为连锁遗传，Rf 基因通过上位互作控制着谷子的育性。

(二) 谷子光温敏不育系

谷子光温敏不育系，是以南北方地理远缘的谷子杂交后代中出现的部分不育材料为基础，用在短日照下自交纯合、长日照下鉴定不育株系的方法，经过多代定向选择，最终获得稳定的不育系。20 世纪 80 年代末，张家口市农业科学研究所首先选育出了稳定的光温敏不育系。又经过十多年的努力，克服了谷子杂交制种产量低的难题，同时将抗除草剂“拿捕净”的基因导入到了恢复系中，于 21 世纪初推出了可供生产利用的、借助除草剂“拿捕净”去除假杂种的谷子两系杂交种（赵治海、崔文生，1994）。

(三) 糯性基因资源

中国谷子的支链淀粉含量很高，低于 80%的材料称为粳性，高于 95%的材料称为糯性，两者之间的为中间型。中国从南到北各地都有糯性谷子分布，糯性品种约占全国谷子品种的 10%。可能因为饮食习惯的原因，中国南方各省份以糯性谷子为主，尤以云南、贵州、广西的少数民族地区种植较多。谷子的粳糯性受一对基因控制，河北省农林科学院谷子研究所的毛丽萍等（2000）利用豫谷 1 号初级三体系统，已将谷子的糯性基因 *wx* 定位在 4 号染色体上。

（陆 平）

第九节 黍 稷

黍稷（*Panicum miliaceum* L.）俗称黍子（糯性）、稷子（粳性）、糜子（粳性），为禾本科黍属一年生草本植物。短日照，自花授粉，但有时异交率较高，异交率可高达 14%。染色体数 $2n=2x=36$。

一、黍稷的起源与传播

黍稷起源于中国。这是因为：第一，黍稷是中国的古老作物。在西周便有后稷的传说，说明中国北方古代最早种植的作物就是黍稷。现今在山西闻喜县附近有一个稷山，传说那里是神教人们种庄稼的地方，种的就是黍稷。第二，中国粟类的考古学发现以黄河中下游为中心有 49 处（游修龄，2008），其中明确指出为黍稷的有新疆和硕新塔拉，甘肃秦安大地、兰州青岗岔、东乡林家，青海民和核桃庄，陕西临潼姜寨，山西万荣荆村，山东长岛北庄，黑龙江宁安东康等地，时间多在距今 4 700～7 000 年。第三，在中国华北、东北、西北地区有大量野生黍稷分布，多以栽培黍稷的田间杂草状态存在，也有少量生于林缘或草地。第四，中国的古籍中有很多关于黍稷的记载。

关于黍稷的传播问题，尽管黍稷起源于中国已有充分证据，但考古发掘表明，黍稷在欧洲和近东存在的时间也很早。如在希腊的 Agrissa - Mahgilla 发现公元前 6000—前 5000 年的炭化黍粒，在伊拉克、叙利亚的 Mesobodtavia Jemdet Nasar 也发现有公元前 3000 年的炭化黍粒（游修龄，2008）。为此，Harlan 提出黍和粟的驯化和传播有三种可能性：①首先在中国驯化，约在公元前4000年时传到欧洲；②首先在西方驯化，然后在仰韶时期之前传到中国；③可能不止一个驯化地点（游修龄，2008）。黍稷向东传至朝鲜和日本是经过山东半岛或辽东半岛。

二、中国黍稷栽培区

黍稷在中国分布很广，东起江苏、浙江，西至新疆，北起黑龙江，南至海南岛，但主要栽培区在北方。黍稷在中国的播种面积，20世纪50年代为200万hm^2，70年代降至133.3万hm^2，到80年代略有回升，达173.3万hm^2。从分布来看，以内蒙古自治区种植最多，常年播种面积在40万hm^2左右。播种面积在20万hm^2左右的有山西、陕西和黑龙江。播种面积在6.7万～13.3万hm^2的有宁夏、吉林、辽宁和河北。南方以贵州种植较多。

三、中国黍稷的独特类型

黍稷中黍子为糯性，稷子为粳性。糯性的黍子是在中国产生的，并为中国所特有。在中国作物种质库保存的8 000多份黍稷种质资源中，黍子占一半以上。黍子主要分布于华北地区的山东、河北、山西、陕西中部和北部，以及东北地区（柴岩，1999）。密集中心在山西及其邻近地区。黍与稷相比，在农艺性状上具有更大的多样性。例如，黍子品种的生育期最短的仅27 d，最长的达213 d；株高，最矮的21 cm，最高的达246 cm；籽粒大小，品种间也差别极大，千粒重最小的0.4 g，最大的9.8 g；穗型有散穗和密穗之分；粒色有白、黄、红、褐、黑、灰和杂色等多种（王星玉、魏仰浩，1985）。这些都是经过多年的自然选择和人工选择而产生的，其多样性程度是任何国家或地区不能比拟的。目前对黍稷糯性基因的研究还很少。

（董玉琛）

第十节 荞 麦

荞麦（*Fagopyrum esculentum* Moench）为一年生作物，分甜荞和苦荞两类。甜荞（*Fagopyrum esculentum* Moench）也称普通荞麦，苦荞（*F. tataricum* Gaertn）也称鞑靼荞麦，两者均为短日照，甜荞对日照反应敏感，苦荞对日照要求不严格，甜荞异花授粉，而苦荞自花授粉。荞麦的染色体数$2n=2x=16$。

一、荞麦的起源及在中国的传播

荞麦是中国古老农作物，早在公元前5世纪的《神农书》中就有关于荞麦的记载。1975年，考古学家在咸阳市杨家湾考古发掘四号汉墓中，发现有随葬的荞麦籽粒，表明汉代的关中地区已经开始了荞麦种植，距今已有2 000多年的历史。荞麦起源于中国，云南、四川和西藏交界一带是荞麦野生近缘种分布最多、地方品种类型最丰富的地区，是荞麦起源和多样性中心。甜荞的祖先种是*F. esculentum* ssp. *ancestrale*亚种，苦荞的祖先种

是 *F. tataricum* ssp. *potanini* 亚种（Onishi，1998）。王莉花等（2004）采用 RAPD 技术分析了云南荞麦野生种之间的关系；王安虎等（2008）采用 ITS 和 trnH－psbA 序列分析了四川采集的荞麦野生种间亲缘关系，均支持 *F. esculentum* ssp. *ancestrale* 是甜荞祖先、*F. tataricum* ssp. *potanini* 是苦荞祖先的提法。

荞麦在中国国内的传播主要从起源地沿平原与山区交错带从南向北传播。由于荞麦具有喜冷凉的特点，很快在中国北方，特别是西北地区大量种植。然后沿丝绸之路经中亚向欧洲传播。另外，通过南丝绸之路向尼泊尔、印度传播，通过东北向朝鲜和日本传播。

二、中国荞麦栽培区

中国荞麦栽培分为 4 个生态区，即北方春荞麦区，北方夏荞麦区，南方秋、冬荞麦区和西南高原春、秋荞麦区（林汝法等，2002）。甜荞主要分布于北方产区，包括内蒙古、甘肃、宁夏、山西、陕西等省、自治区。苦荞主要分布于西南高原产区，包括云南、贵州、四川、西藏、青海等省、自治区。此外，在陕西、山西、湖北、重庆、湖南等省（自然区）也有苦荞种植。全国荞麦的播种面积每年约 100 万 hm^2，其中甜荞占 70 万 hm^2，苦荞约 30 万 hm^2。近年来，苦荞种植面积有上升趋势。荞麦单产水平较低，一般甜荞为 500～1 500 kg/hm^2，苦荞为900～2 200 kg/hm^2。

世界上种植荞麦的其他国家主要有俄罗斯、乌克兰、哈萨克斯坦、波兰、法国、加拿大、美国等，以俄罗斯种植面积最大，每年约 200 万 hm^2；其次是乌克兰，约 50 万 hm^2；哈萨克斯坦约 40 万 hm^2，其他国家的荞麦种植均在 10 万 hm^2 以下。

三、中国荞麦的特殊类型

（一）甜荞

主要分布在我国北方，但全国各地基本都有种植。甜荞生育期短，植株分枝多，叶片和籽粒均呈三角形，顶部渐尖。伞状和总状花序兼有，花柱较长，异花授粉，籽粒较大。

（二）苦荞

主要分布在我国的西南地区，并有向西北地区扩展的趋势。苦荞植株分枝多，叶片呈卵圆三角形，顶部急尖。伞状和总状花序兼有，花柱等长，自花授粉。叶片较大，籽粒多瘦长，富含黄酮类化合物，具有苦味口感。

（三）四倍体甜荞

四倍体甜荞是普通甜荞经染色体加倍形成的四倍体类型，典型品种如榆荞 1 号，在陕北一带推广种植，特点是植株高大，分枝适中，抗倒伏性强，抗落粒性强，籽粒大，产量高。

（张宗文）

第十一节　豌　豆

豌豆（*Pisum sativum* L.）为一年生或秋播越年生作物。长日照，自花授粉。豌豆染色体数 $2n=2x=14$。

一、豌豆的起源及在中国的传播

豌豆起源于亚洲西部、地中海地区及埃塞俄比亚、小亚细亚西部和外高加索。伊朗和土库曼斯坦是次生起源中心。豌豆可能是在隋唐时期经西域传入中国（郑卓杰，1997）。汉朝以后，一些主要农书对豌豆均有记载，如三国魏时张揖所著的《广雅》、宋朝苏颂的《图经本草》均记载有豌豆植物学性状及用途；元朝《王祯农书》讲述了豌豆在中国的分布；明朝李时珍的《本草纲目》和清朝吴其濬的《植物名实图考长篇》对豌豆在医药方面的用途均有明确记载。豌豆在中国的栽培历史约有 2 000 多年，现今豌豆分布全国。

二、中国豌豆栽培区

据 FAO 统计资料，2000—2005 年，中国干豌豆栽培面积年均 91.4 万 hm^2，占世界的 13.7%，总产占世界的 11.5%；青豌豆栽培面积年均 22.1 万 hm^2，占世界的 19.0%，总产占世界的 24.3%。中国是世界上第二大豌豆生产和消费国。中国豌豆分为秋播和春播两大栽培区，其中秋播区面积和总产分别占到全国的 55%和 49%。秋播区和春播区又各分为干豌豆栽培亚区和菜用豌豆栽培亚区。干豌豆栽培亚区主要分布在没有灌溉条件的丘陵山地，菜用豌豆栽培亚区主要分布在南北方大、中城市附近（郑卓杰，1997）。

三、中国豌豆的独特类型

中国种植的豌豆主要为栽培豌豆的亚种（*P. sativum* ssp. *sativum*），包括白花豌豆变种（*P. sativum* ssp. *sativum* var. *sativum*）和紫（红）花豌豆变种（*P. sativum* ssp. *sativum* var. *arvense*）。在少部分偏远地区尚种植有地中海豌豆亚种（*P. sativum* ssp. *elatius*）。其中白花豌豆变种也称田园豌豆（garden peas），包括蔓生、长节间的株型和矮生、有限生长的株型，在我国主要用作食品加工的干豌豆、作菜用的青豌豆粒或嫩荚（荷兰豆）栽培。红花豌豆变种是具有丛生和无限生长习性的草料豌豆（fodder peas），国外最初用于饲喂牲畜，现在几乎已经从欧美耕作体系中消失。在我国西部山区仍有较大栽培面积，主要用于加工粉丝或作料豆。

豌豆在 2 000 多年前传入中国后，成为偏远山区冷凉季节山地种植的雨养豆类作物，在相对封闭的土壤地理条件下，形成了具有中国特色的豌豆资源类型，如四川特有的地方资源“无须豆尖”，为没有卷须的突变类型，生产的豆苗、豆尖纤维素含量低，更鲜嫩、不易老化，已被用于豆尖新品种培育。我国四川古老豌豆品种中的软荚类型，纤维素含量特别少而且香味浓郁，是国外品种资源中没有的。最近在 3 700 份国内外来源的豌豆资源北方（青岛）露天越冬筛选研究中，仅有 1%的资源存活下来，其中耐冷性最好的 16 份资源中 8 份来自江苏、2 份来自安徽、2 份来自湖北、2 份来自青海、1 份来自陕西，仅有

1份来自国外（法国），说明中国豌豆资源很独特。

（宗绪晓）

第十二节 蚕 豆

蚕豆（*Vicia faba* L.）为一年生或秋播越年生植物。长日照，常异花授粉。蚕豆染色体数 $2n=12$。

一、蚕豆的起源及在中国的传播

蚕豆可能起源于亚洲的西部和中部，阿富汗和埃塞俄比亚为次生起源中心。蚕豆是人类栽培的最古老的食用豆类作物之一（Smartt J.，1990）。据我国考古资料，1956 年和 1958 年在浙江吴兴新石器时代晚期的钱山漾文化遗址中出土了蚕豆半炭化种子，说明距今 4 000～5 000 年前我国已经栽培蚕豆。公元 3 世纪上半叶，三国魏时张揖撰写的《广雅》中有胡豆一词。据传，阿拉伯人曾于元代将蚕豆传到云南和四川。1057 年北宋宋祁撰《益都方物略记》中记载：“佛胡，豆粒甚大而坚，农夫不甚种，唯圃中以为利，以盐渍食之，小儿所嗜。”明朝李时珍撰《本草纲目》中说：“太平御览云，张骞使外国得胡豆种归，令蜀人呼此为蚕豆。”综合上述说法，蚕豆在中国的栽培历史当有 2 000 年以上。现今蚕豆分布全国。

二、中国蚕豆栽培区

据 FAO 生产资料，2000—2005 年，中国干蚕豆年均栽培面积和产量分别为 115.2 万 hm^2 和 206.7 万 t，占世界的 43.82%和 48.60%。中国是世界第一大蚕豆生产和消费国。中国蚕豆分为秋播和春播两大栽培区，秋播区面积和总产分别占到全国的 85%和 78%；秋播区和春播区又各分为干蚕豆栽培亚区和菜用蚕豆栽培亚区。干蚕豆栽培亚区主要分布在没有灌溉条件的丘陵山地和平原川水地区，菜用蚕豆栽培亚区主要分布在南方大、中城市附近。我国蚕豆栽培面积最大的省份是云南。

三、中国蚕豆的独特类型

蚕豆种（*Vicia faba* L.）下所有的变种类型，在中国都有种植。小粒变种（var. *minor* Beck.）和粒型偏小的中粒变种（var. *equina* Pers.）传统上主要种植在秋播区，大粒变种（var. *major* Harz.）和粒型偏大的中粒变种（var. *equina* Pers.）传统上主要种植在春播区。小粒变种百粒重小于 70 g，中粒变种百粒重 70.1～120 g，大粒变种百粒重大于 120 g。大粒和中粒变种的干蚕豆籽粒通常用作食品加工，绿色种皮品种的鲜嫩籽粒通常用作蔬菜；小粒变种常用作绿肥作物，其干籽粒通常用作饲料。蚕豆干、鲜秸秆通常用作牛、羊和猪饲草。

蚕豆在 2 000 多年前传入中国后，成为偏远山区冷凉季节川水地种植的重要豆类作物，特别是南方稻茬地冬季填闲的重要作物，在相对封闭地区的土壤气候条件下，突变和人工选择形成了具有中国特色的蚕豆资源类型。例如，云南保山地区特有的绿皮绿心蚕豆“保山绿”，绿色子叶基因是在当地突变选择形成的，该品种成为当地著名蚕豆小吃的唯一原料，后被蚕豆育种者用于培育大粒绿皮绿心菜用蚕豆品种的重要亲本。据 G. Duc 等的研究结果，该优异性状为隐性单基因突变，该基因命名为 *il-1*。*il-1* 基因与零单宁含量突变基因 *zt1*、*zt2* 间不存在上位遗传关系。另外，分布于云南和甘肃高海拔地区的红皮蚕豆、闭花授粉资源等，均为中国独特的地方资源。中国农业科学院作物科学研究所近来对 4 100 份来自国内外的蚕豆资源进行北方（青岛）露天越冬筛选，仅有 18 份耐冷性强的存活下来，占鉴定材料总数的 0.5%，其中 8 份来自江苏、5 份来自上海、3 份来自安徽、2 份来自浙江，没有来自国外的资源，说明中国蚕豆资源十分抗寒。

（宗绪晓）

第十三节　绿　　豆

绿豆［*Vigna radiata*（L.）Wilczek］为一年生草本植物，自花授粉，短日照。染色体数 $2n=2x=22$。

一、绿豆的起源及在中国的传播

康德尔（Alphonse de Candolle）认为绿豆起源于印度及尼罗河流域；瓦维洛夫认为绿豆起源于印度及中亚中心；郑卓杰等认为绿豆起源于亚洲东南部，中国也在起源中心之内。在我国北京、天津、河北、辽宁、吉林、江苏、山东、河南、湖北、广西、四川、云南等地均发现并采集到绿豆的野生种及不同的野生类型，其中 *Phasseolus yunnannensis* Wang et Tang 已被命名为滇绿豆。绿豆是温带、亚热带和热带高海拔地区广泛种植的食用豆类作物，最早由印度传入中南半岛、爪哇等地，后经马达加斯加传入非洲大陆，近代才引种非洲的中部和东部地区，16 世纪传入欧洲，由此又传入美洲，而日本约于 17 世纪从中国引入。绿豆在中国已有 2 000 多年的栽培历史，南北朝时期的农书《齐民要术》中就有绿豆栽培经验的记载；到明朝，李时珍的《本草纲目》及其他古医书中，对绿豆的药用价值有了较详细的记载。中国绿豆的遗传多样性中心大约在北纬 35°～43°、东经 111°～119°范围内，以山西和河北多样性指数最高（郑卓杰，1997）。

二、中国绿豆栽培区

绿豆适应性强，在中国的分布范围广，按自然条件和耕作制度，中国绿豆分为 4 个栽培区：①北方春绿豆区，又可分为东北春绿豆亚区和长城沿线春绿豆亚区；②北方夏绿豆区；③南方夏绿豆区；④南方夏秋绿豆区。中国绿豆年种植面积在 80 万 hm^2 左右，总产量约 100 万 t，产区主要集中在黄河、淮河流域、长江下游及东北、华北地区。近年来，以内蒙古、吉林、河南种植较多，其产量均占中国绿豆产量的 10%以上；其次是山西、安徽、湖北、湖南、陕西、四川、重庆、黑龙江、河北、山东，其产量分别占中国绿豆产量的 4%～8%。目前，东北地区已成为我国绿豆主要生产基地，年产量在 45.6 万 t 左右，约占全国绿豆总产量的45.0%（程须珍等，1996）。

三、中国绿豆的特殊类型

在中国，绿豆由野生向半野生、栽培绿豆演变驯化及繁衍传播的漫长历史过程中，形成当今丰富多样的各种类型的绿豆种质资源及特殊类型和独特基因。

（一）中国的特殊类型

中国绿豆类型丰富，地方品种繁多，其中不少品种品质优良，商品性好，蛋白质含量约24.5%，淀粉含量约52.2%。有的品种粒大、皮薄、色艳，做绿豆汤好煮易烂，有的品种生豆芽甜脆可口，有的是制作粉丝、糕点、酒及饮品等加工的好原料，还有的品种适应性广、抗逆性强。绿豆虽属短日照作物，但在地域辽阔的中国，南北引种基本上都能正常开花结实。中国绿豆多种植在干旱少雨、荒沙盐碱、丘陵岗坡土地，在特有的生态环境下形成了特有的耐干旱、耐盐碱、耐瘠薄类型。

（二）中国的特有基因资源

经过多年评价鉴定，在中国绿豆种质资源中筛选出一批分别具有生育期60 d以下的特早熟种质、百粒重7 g以上的特大粒种质、单株结荚可达70个以上的高产种质，以及蛋白质含量在26%以上的高蛋白种质、总淀粉含量在55%以上的高淀粉种质和耐旱、耐盐、抗病、抗虫的种质。同时还从马达加斯加、澳大利亚的野生资源中，以及菲律宾、印度栽培绿豆中发掘出抗豆象基因，并通过有性杂交创造出综合性状好且抗豆象的新种质和新品种。

（程须珍）

第十四节　小　　豆

小豆［*Vigna angularis*（Willd.）Ohwi & Ohashi］为一年生草本植物，自花授粉，短日照。染色体数 $2n=2x=22$。

一、小豆的起源地及在中国的传播

小豆原产中国，其起源地包括中国的中部和西部山区及其毗邻的低地，在西藏喜马拉雅山一带尚有野生种和半野生种存在。近年来在北京、天津、河北、辽宁、吉林、江苏、山东、湖北、云南等地均发现并采集到小豆的野生种及不同的野生类型。长期以来，多数学者认为小豆起源于中国，朝鲜及日本的小豆均系由中国引入。杨人俊等（1994）对在辽宁境内发现的野生小豆从形态特征、地理分布及生态环境等方面进行了描述，首次以文字的形式提出了野生小豆在中国的存在。他在其后的相继研究中（2001），查明野生小豆在我国不仅分布于辽宁，而且隔离分布于云南及广西，从而有力地证明了中国是小豆起源地的观点。徐宁等（2009）研究发现，中国小豆遗传资源以湖北、安徽、陕西三省的多态性信息（PIC）较高，且基本位于主坐标三维图的中心区域，推断中国栽培小豆从起源地传播开来可能通过三条途径：一是从湖北到陕西，再经内蒙古到达东北三省；二是从湖北到安徽，并向东进入江苏，再向北传播到黄河中下游及华北地区；三是从湖北逐渐向西南方向传播（郑卓杰，1997）。

小豆在中国已有 2 000 多年的栽培历史，早在公元前 5 世纪的《神农书》中就有小豆一词的记载；西汉《氾胜之书》明确地记载了小豆的播种期、播量、田间管理及其收获和产量等；《神农本草经》《黄帝内经素问》《本草纲目》《群芳谱・谷谱》等古籍中都有小豆药用价值的记载；南北朝时期《齐民要术》已详细记载了小豆的耕作方法；湖南长沙马王堆汉墓中发掘出已炭化的小豆种子，这是迄今世界上发现年代最早的小豆遗存。

二、中国小豆栽培区

按自然条件和耕作制度，中国小豆分为 5 个生态区：①东北生态区；②华北生态区；③中部生态区；④华南生态区；⑤西北生态区。其中主产区为东北生态区的春小豆区、华北生态区的黄土高原春小豆区和华北夏小豆区。中国小豆年种植面积在 30 万～40 万 hm^2，总产量约 35 万 t，产区主要集中在华北、东北和江淮地区，以黑龙江、内蒙古、吉林、辽宁、河北、山东、山西种植较多，其面积和产量约占全国的 70%；陕西、河南、安徽、江苏等省约占全国的 15%；其余省份种植面积较小或零星种植，约占全国的 15%（杨人俊等，2001）。

三、中国小豆的特殊类型

在中国，小豆由野生向半野生、栽培类型演变驯化及繁衍传播的漫长历史过程中，形成了丰富多样的地方品种及特殊类型。

（一）中国的特殊类型

中国小豆的特点：一是品质优良，商品性好，平均蛋白质含量 22.7%，淀粉含量 53.1%；二是粒大、皮薄、色艳，好煮易烂，做豆沙甘甜爽口；三是区域适应性广。小豆是短日照作物中对光、温反应较敏感的作物，长期的自然及人工选择，形成了适于我国复杂地理、生态条件的遗传多样性（徐宁、程须珍等，2009）。

（二）中国的特有基因资源

经过多年评价鉴定，在中国小豆种质资源中筛选出一批分别具有生育期 80 d 以下的特早熟种质、百粒重 18 g 以上的特大粒种质、单株结荚可达 50 个以上的高产类型，以及蛋白质含量在 26%以上的高蛋白类型、总淀粉含量在 55%以上的高淀粉类型和耐旱、耐盐、抗病、抗虫等特性的种质资源。

（程须珍）

第十五节 豇 豆

豇豆 [*Vigna unguiculata*（L.）Walp.] 为一年生草本植物，自花授粉，短日照。染色体数 $2n=2x=22$。

一、豇豆的起源及在中国的传播

关于豇豆的起源地至今说法不一。近年来由于在南部非洲津巴布韦发现野生豇豆种群，因此一些分类学家倾向于起源于非洲学说。瓦维洛夫（1935）认为印度是豇豆的主要起源中心，而非洲和中国是次级起源中心。1979 年中国在云南西北部地区发现野生豇豆，而且分布广泛；1987—1989 年在中国湖北神农架及三峡地区作物种质资源考察中也收集到野生豇豆资源。长豇豆在中国种植面积很大，变异类型极其丰富。因此，中国被认为是长豇豆的起源中心或豇豆的次级起源中心之一。豇豆是广泛分布于热带、亚热带的食用豆类作物，最早在西非和中非被驯化，并形成了大粒类型，即普通豇豆。豇豆传到印度后形成了短荚豇豆亚种，在中国或东南亚形成了长豇豆亚种。徐雁红等（2007）研究发现，中国豇豆资源遗传关系与生态区有明显的联系，其中广西遗传多样性指数最高，其次是湖北，再就是湖南。由此推断广西及湖北、湖南是中国豇豆重要的遗传多样性中心，而安徽、吉林、黑龙江、山西等省的资源遗传多样性较低，河南的豇豆资源遗传丰富度较好。豇豆在中国栽培历史悠久，明代李时珍《本草纲目》中就有关于豇豆的记载。

二、中国豇豆栽培区

按自然条件和耕作制度，中国豇豆分为 3 个栽培区：①北方春豇豆区；②北方夏豇豆区；③南方秋冬豇豆区。豇豆在中国具有悠久的栽培历史，目前，除西藏自治区以外，其他各省份均有种植。中国栽培的豇豆品种主要是粒用的普通豇豆和菜用的长豇豆，粒用的短荚豇豆资源很少，仅云南与广西有少量分布。中国粒用豇豆的主要产区有河南、广西、山西、陕西、山东、安徽、内蒙古等省（自治区），年种植面积在 5 万 hm^2 左右，总产量 7 万～8 万 t。长豇豆的主要产地为四川、湖南、山东、江苏、安徽、广西、浙江、福建、河北、辽宁及广东等省（自治区）。中国生产的豇豆除提供国内消费以外，每年也有一定量的出口。粒用豇豆主要出口日本、韩国等国家，产品主要来源于河北、陕西等省，以河北张家口红豇豆、陕西榆林红豇豆等市场最好（郑卓杰，1997；林汝法等，2002）。

三、中国豇豆的特殊类型

中国是豇豆的次级起源中心，在其演变驯化及繁衍传播的漫长历史过程中，形成当今丰富多样的各种类型的豇豆种质资源及特殊类型和独特基因类型。

（一）中国的特殊类型

1. 类型多样 中国豇豆种皮颜色多种多样，大致可分为红、白、橙、紫红、黑、双色、橙底褐花、橙底紫花八种类型。粒型有肾形、椭圆形、球形、矩形、近三角形五种。脐环有黄、红、紫红、褐、黑五种。生长习性有直立、半蔓生、匍匐、蔓生四种类型。茎、叶柄、叶脉分别具有绿、绿紫和紫三种颜色。复叶小叶形状有卵圆形、卵菱形、长卵菱形、披针形四种类型。花色有白、浅红、紫、深紫四种类型。嫩荚有白、浅绿、绿、深绿、红、紫红、斑纹七种类型；成熟荚有黄白、浅褐、褐、黑四种类型；荚型有圆筒形、长圆条形、扁圆条形、弓形、盘曲形五种。

2. 品质优良，商品性好 平均蛋白质含量24.0%，淀粉含量48.2%左右。粒用豇豆粒大、皮薄、色艳，籽粒好煮易烂，做豆沙甘甜可口；菜用长豇豆营养丰富，肉质细嫩多汁。

3. 区域适应性广，抗逆性强 豇豆是短日照作物中对光、温反应不太敏感的作物，长期的自然及人工选择，形成了适于我国复杂地理、生态条件的遗传多样性。我国豇豆多种植在干旱少雨、荒沙盐碱、丘陵岗坡土地，在特有的生态环境下形成了特有的耐干旱、耐盐碱、耐瘠薄类型。

（二）中国的特有基因资源

在中国豇豆资源中蕴藏着丰富的特有基因，经过多年评价鉴定，筛选出一批分别带有生育期60 d以下的特早熟基因、百粒重25 g以上的特大粒基因、单株结荚可达30个以上的高产类型基因，以及蛋白质含量在27%以上的高蛋白基因、总淀粉含量在55%以上的高淀粉基因和耐旱、耐盐、抗病、抗虫基因的种质资源。同时还从引进尼日利亚豇豆中发掘出矮秆、早熟、抗病基因，通过有性杂交创造出具有矮秆、早熟、抗病特性的新种质，培育出新品种（系）（王佩芝等，2001）。

（程须珍）

第十六节 普通菜豆

普通菜豆（*Phaseolus vulgaris* L.）属一年生草本植物，自花授粉，短日照，分蔓生、半蔓生和直立三种类型。荚有软、硬两种，硬荚型以食用籽粒为主，软荚型以嫩荚菜用为主。籽粒颜色丰富多彩，萌发时子叶出土。染色体数 $2n=2x=22$。

一、普通菜豆的起源及在中国的传播

据考古资料和现代分子生物学的研究证明，普通菜豆起源于中美洲和安第斯山两个中心，分别从不同的野生群体独立驯化形成不同的栽培类型。小粒类型起源于中美洲，大粒类型起源于南美洲的安第斯山，两者在植物学特征和基因组构成上存在差异。据考古学推断，大约在6 000～7 000年前，野生菜豆已经驯化为栽培菜豆（Schoonhoven A. Van and Voysest O.，1991）。

普通菜豆由野生型驯化成栽培型最突出的形态特征是：分枝减少，节间缩短，植株由单一的蔓生型变异为蔓生、半蔓生和直立三种类型；籽粒由小变大，粒色由黑、褐为主，变异出白、红、黄、蓝等多种粒色；荚由少变多，成熟时的易炸荚性消失。另外，荚用菜豆（软荚）是普通菜豆的新变型，瓦维洛夫认为，软荚菜豆可能是在中国变异形成的。

据文献记载，普通菜豆是哥伦布发现美洲大陆后，由西班牙人传入欧洲、非洲及世界其他地区，我国栽培的普通菜豆是15世纪直接从美洲引入的，1654年归化僧隐元将菜豆从中国传到了日本。据张晓艳等（2008）研究，我国的普通菜豆来源于中美洲和安第斯山两个中心，其中源于中美洲中心的品种比重较大，我国是普通菜豆的次级多样性中心，但在我国的传播路线尚不清楚。

二、中国普通菜豆栽培区

根据气候条件和普通菜豆传统种植习惯，云南、四川、贵州、陕西、山西、甘肃、黑龙江、吉林、内蒙古等省份是粒用菜豆的主要产区，其中黑龙江是最大的菜豆生产地，年播种面积超过8.7万hm^2，出口量也占全国出口总量的30%以上。在云南海拔400～3 200 m范围内都有普通菜豆栽培。荚用菜豆的产区分布十分广泛，全国各地均有栽培。我国种植的粒用菜豆主要出口到南美洲、欧洲、非洲等30余个国家和地区，常年出口总量一般占全部食用豆类出口总量的30%～40%，达50万t左右，而荚用菜豆主要供国内消费，但速冻豆荚也出口东亚、南亚等国家（郑卓杰、王述民等，1997）。

三、普通菜豆在中国产生的特殊类型

普通菜豆引入我国已有400余年的栽培历史，在其特有的生态气候条件下，形成了许多特殊类型。

（一）类型多，品质好

目前仅在国家种质库保存的粒用菜豆种质资源就达4 000余份，其中95%以上属地方品种。这些地方品种类型十分丰富，且品质比较好，籽粒皮较薄，易煮易烂，口感好，平均蛋白质含量21%，高的达25%以上，脂肪含量1.5%。

（二）软荚类型丰富

软荚菜豆是硬荚菜豆基因突变的新变型，并经过定向选择，形成了类型丰富的软荚菜豆。这一现象普遍被认为发生于中国，因为软荚菜豆在中国栽培得最广泛，食用人群最多，现长期保存的种质资源达3 200余份。

（三）抗病性好，耐逆境能力强

我国普通菜豆地方品种抗病性普遍较好，在各地种植时，很少发生炭疽病、根腐病、病毒病、叶斑病等，生产上几乎不需要使用农药防治病虫害。另外，耐逆境能力强，抗旱、耐贫瘠土壤，但大部分地方品种对霜冻比较敏感，耐涝性较差。

（四）生育期短，适应性广

我国普通菜豆品种生育期普遍较短，一般90～110 d，对日照相对不敏感，适应性较广（Xiaoyan Zhang et al.，2008）。

（王述民）

第十七节 甘 薯

甘薯［*Ipomoea batatas*（L.）Lam.］属旋花科（Convolvulaceae）甘薯属一年生、喜温、短日照作物。异花授粉，靠蜜蜂等昆虫传粉，自交一般不结实，生产上以无性繁殖为主。栽培甘薯为六倍体，染色体数 $2n=6x=90$。染色体组 B1B1B2B2B2B2。

一、甘薯的起源及在中国的传播

甘薯属的甘薯组内除栽培甘薯外，有 4 个野生种。其中 *I. trifida* 是一个包含二倍体、四倍体和六倍体的复合种，广泛分布于墨西哥至厄瓜多尔、巴西的美洲热带。多数人认为栽培甘薯是这个复合体的一员，或由其派生出来的（陆漱韵等，2003）。

植物学、考古学、语言学等多方面研究证明，甘薯起源于美洲热带，至今那里仍然自然生长着大多数甘薯属植物。文献记载，大约在公元前 2500 年秘鲁、厄瓜多尔、墨西哥一带就开始种植甘薯。至于传入中国的时间和路线，Yen 指出，15～16 世纪后期，通过葡萄牙船只运输，从加勒比群岛→欧洲→非洲→印度→印度尼西亚→美拉尼西亚→菲律宾群岛→中国（陆漱韵等，1998），由此推断，甘薯最早是经南亚传入中国的。但是 19 世纪以后，甘薯又多次从欧美及日本传入中国。据文字记载，19 世纪中期传入山西、陕西，19 世纪末期传入山东、四川、甘肃等省，20 世纪 30 年代以后传入东北三省（陆漱韵等，1998）。

二、甘薯在中国的主要栽培区

自 20 世纪以来，中国一直是世界的甘薯主产国，不论是面积或总产，中国均超过世界总量的一半以上。1946 年中国甘薯年种植面积约为 334.4 万 hm^2，1963 年面积最大，达 964.0 万 hm^2，成为仅次于水稻、小麦、玉米的第 4 大作物。20 世纪 80 年代以后，面积逐渐减少，至 1993 年仅有 613.3 万 hm^2。甘薯在中国分布遍及全国，但主要栽培区仅 4 个。

（一）四川盆地甘薯栽培区

包括四川、重庆等省份。面积占全国甘薯面积的 22.4%，产量占全国总产的 21.4%。代表品种有绵粉 1 号等。

（二）黄淮海甘薯栽培区

包括山东、河南、河北等省。面积占全国甘薯面积的 25.8%，产量占全国总产的 35.0%。代表品种有鲁薯 1 号、豫薯 6 号、冀薯 4 号等。

（三）长江流域甘薯栽培区

包括安徽、湖北、湖南、江苏、浙江等省。面积占全国甘薯面积的 23.9%，产量占全国总产的25.0%。代表品种有徐薯18、宁薯1号、皖薯4号等。

(四) 东南沿海甘薯栽培区

包括广东、福建、广西、海南等省份。面积占全国甘薯面积的22.4%，产量占全国总产的15.7%。代表品种有潮薯1号、禺北白、南薯88等。

三、中国甘薯的特殊类型及特有基因

(一) 高淀粉含量品种

懒汉芋、苏薯2号、济薯11、小白藤、姑娘薯等。

(二) 食味优良品种

烟薯3号、华北166、豫薯5号、大南伏、栗子香等。

(三) 高胡萝卜素含量品种

大南伏、北京284、红旗4号、苏薯1号等。

(四) 耐旱品种

广薯16、禺北白、湘薯6号、无忧饥、新种花等。

（董玉琛）

第十八节　马 铃 薯

马铃薯（*Solanum tuberosum* L.）为一年生草本植物。长日照开花结实，短日照块茎形成和膨大。常异花授粉，无性繁殖。普通栽培马铃薯为同源四倍体，染色体数 $2n=4x=48$，染色体组AAAA。

一、马铃薯的起源及在中国的传播

马铃薯起源于拉丁美洲秘鲁和玻利维亚等国的安第斯山脉高原地区，以及中美洲及墨西哥中部。马铃薯可能有多条途径和分多次传入我国，据史料记载和考证，马铃薯可能的传播途径：①在16世纪末到17世纪，从海路传入我国北部的北京、天津等华北地区；②由菲律宾等从东南方向传入台湾、福建，并向江浙一带传播；③由晋商自俄罗斯或哈萨克斯坦引入并从西北传入山西；④由印度尼西亚传入广东、广西，然后向云贵川传播。马铃薯传入我国的具体时间至今仍有争论，有的认为在明万历年间（1573—1619），有的则认为马铃薯最早传入我国的时间为18世纪。19世纪前期，云南、贵州、山西、陕西和甘肃等已有大面积种植，当时的马铃薯栽培主要集中在西南地区的云南、贵州、四川和中南的湖北鄂西、湖南的黔阳与江华一带，西北地区的陕西、甘肃、宁夏、青海，华北地区的陕西、内蒙古、河北等地，东北辽宁、吉林、黑龙江在清末的20世纪初期，才逐步有较大面积发展。如今我国是世界最大的马铃薯生产国，马铃薯分布遍及全国。

二、中国马铃薯栽培区

中国马铃薯栽培区域可分为4个。

（一）北方一季作区

包括黑龙江、吉林、辽宁、内蒙古、河北、山西、陕西、宁夏、甘肃、青海和新疆等省（自治区）的大部分和全部，种植面积占全国的49%左右。

（二）中原二季作区

包括辽宁、河北、山西、陕西等省的南部，以及湖北、湖南、河南、山东、江苏、浙江、安徽和江西，种植面积占全国的5%左右。

（三）南方冬作区

包括广西、广东、海南、福建和台湾，种植面积占全国的7%左右。

（四）西南一二季混作区

包括云南、贵州、四川、西藏及湖南、湖北部分地区，种植面积占全国的39%左右。

三、马铃薯在中国形成的特殊类型和特有基因

由于引进栽培历史较短，马铃薯在中国尚未形成特有的类型和基因。但早熟类型、耐瘠薄类型显然比世界上其他国家的马铃薯有优势。

（金黎平）

参考文献

卜慕华，1981. 我国栽培作物来源的探讨［J］. 中国农业科学（4）：86－96.
柴岩，1999. 糜子［M］. 北京：中国农业出版社.
陈文华，1987. 中国农业考古资料索引（粟）［J］. 农业考古（1）：10－12.
程须珍，曹尔辰，1996. 绿豆［M］. 北京：中国农业出版社.
崔文生，1984. 张家口地区谷子雄性不育材料的分析与利用研究［J］. 河北农学报，9（1）：27－31.
丁颖，1957. 中国栽培稻种的起源及演变［J］. 农业学报，8（3）：3－6.
邓华凤，2008. 中国杂交粳稻［J］. 北京：中国农业出版社.
董玉琛，郑殿升，2006. 中国作物及其野生近缘植物［M］. 北京：中国农业出版社.

杜小燕，郝晨阳，张学勇，等，2007. 我国部分小麦地方品种 *Waxy* 基因多样性研究 [J]. 作物学报，33 (3)：503 - 506.

黑龙江省农业科学院马铃薯研究所，1994. 中国马铃薯栽培学 [M]. 北京：中国农业出版社.

胡洪凯，马尚耀，石艳华，1986. 谷子（*Setaria italica*）显性雄性不育基因的发现 [J]. 作物学报，12 (2)：73 - 78.

胡洪凯，石艳华，王朝斌，等，1993. Ch 型谷子（*Setaria italica*）显性核不育基因的遗传及其应用研究 [J]. 作物学报，19 (3)：208 - 217.

金善宝，庄巧生，1991. 中国农业百科全书 • 农作物卷 [M]. 北京：农业出版社.

黎裕，1997. 高粱属研究进展 [M]. 国外农学 • 杂粮作物 (3)：20 - 27.

李荫梅，等，1997. 谷子育种学 [M]. 北京：中国农业出版社.

柳子明，1975. 中国栽培稻的起源及其发展 [J]. 遗传学报，2 (1)：21 - 29.

林汝法，柴岩，廖琴，等，2002. 中国小杂粮 [M]. 北京：中国农业科技出版社.

刘纪麟，2004. 玉米育种学 [M]. 第二版. 北京：中国农业出版社.

卢良恕，1996. 中国大麦学 [M]. 北京：中国农业出版社.

卢庆善，1999. 高粱学 [M]. 北京：中国农业出版社.

卢庆善，邹剑秋，朱凯，等，2009. 试论我国高粱产业发展——论全国高粱生产优势区 [J]. 杂粮作物，29 (2)：78 - 80.

陆漱韵，刘庆昌，李惟基，1998. 甘薯育种学 [M]. 北京：中国农业出版社.

毛丽萍，高俊华，王润奇，等，2000. 谷子胚乳糯性（*wx*）基因的染色体定位研究 [J]. 华北农学报，15 (4)：10 - 14.

闵绍楷，吴宪章，姚长溪，等，1988. 中国水稻种植区划 [M]. 杭州：浙江科学技术出版社.

闵宗殿，1979. 我国栽培稻起源的探讨 [J]. 江苏农业科学 (1)：54 - 58.

乔魁多，1988. 中国高粱栽培学 [M]. 北京：农业出版社.

全国农业区划委员会中国综合农业区划编写组，1991. 中国综合农业区划 [M]. 北京：农业出版社.

山西省农业科学院，1987. 中国谷子栽培学 [M]. 北京：农业出版社.

石玉学，曹嘉颖，1995. 中国高粱起源初探 [J]. 辽宁农业科学 (4)：42 - 46.

佟屏亚，赵国磐，1991. 马铃薯史略 [M]. 北京：中国农业科技出版社.

瓦维洛夫，1982. 主要栽培植物的世界起源中心 [M]. 董玉琛，译. 北京：农业出版社.

王安虎，夏明忠，蔡光泽，等，2008. 栽培苦荞的起源及其与近缘种亲缘关系 [J]. 西南农业学报，21 (2)：282 - 285.

王殿瀛，等，1992. 中国谷子主产区谷子生态区划 [J]. 华北农学报 (4)：21 - 23.

王富德，廖嘉玲，1981. 中国高粱起源与进化浅析 [J]. 辽宁农业科学 (4)：23 - 26.

王富德，廖嘉玲，1981. 试谈中国高粱栽培种的分类 [J]. 辽宁农业科学 (6)：18 - 22.

王莉花，殷富有，刘继海，等，2004. 利用 RAPD 分析云南野生荞麦资源的多样性和亲缘关系 [J]. 荞麦动态 (2)：7 - 15.

王佩芝，韩粉霞，刘京宝，等，2001. 豇豆优异种质综合评价 [J]. 植物遗传资源学报，2 (4)：34 - 37，41

王象坤，孙传清，才宏伟，等，1998. 中国稻作起源与演化 [J]. 科学通报，43 (22)：2354 - 2363.

王星玉，1996. 中国黍稷 [M]. 北京：中国农业出版社.

王星玉，魏仰浩，1985. 中国黍稷（糜）品种资源目录 [M]. 北京：农村读物出版社.

王在德，1986. 论中国农业的起源与传播 [J]. 农业考古 (2)：30 - 32.

西蒙丝，1987. 作物进化 [M]. 赵伟钧，等，译. 北京：农业出版社.

徐宁，程须珍，王丽侠，等，2009. 用于中国小豆种质资源遗传多样性分析 SSR 分子标记筛选及应用［J］. 作物学报，35（2）：219－227.

徐雁红，关建平，宗绪晓，2007. 豇豆种质资源 SSR 标记遗传多样性分析［J］. 作物学报，33（7）：1206－1209.

严文明，1982. 中国稻作农业的起源［J］. 农业考古（1－2）：10－11.

杨鸿祖，1978. 我国马铃薯生产事业的历史概况［C］//西安市科学技术情报研究所．资料选编：马铃薯专辑．西安：西安市科学技术情报研究所．

杨人俊，韩亚光，1994. 野赤豆在辽宁省的地理分布及其与赤豆间的杂交试验［J］. 作物学报，20（5）：607－613.

杨人俊，2001. 野赤豆在我国的地理分布［J］. 作物学报，27（6）：905－907.

叶茵．2003. 中国蚕豆学［M］. 北京：中国农业出版社．

游修龄．2008. 中国农业通史・原始社会卷［M］. 北京：中国农业出版社．

袁隆平，2002. 杂交水稻［M］. 北京：中国农业出版社．

曾孟潜，杨太兴，王璞，1981. 勐海四路糯玉米品种的亲缘分析［J］. 遗传学报，8（1）：91－96.

曾孟潜，1986. 我国糯质玉米的亲缘关系［C］//中国作物学会品种资源研究委员会．遗传资源研究委员会成立大会暨第一届学术讨论会资料选．北京：中国科学院遗传研究所．

张建华，陈勇，孙荣，等，1995. 云南糯玉米资源的生态类型及其分布［J］. 云南农业科技（1）：41－43.

张居中，孔昭宸，刘长江，1994. 舞阳史前稻作遗存与黄淮地区史前农业［J］. 农业考古（1）：68－75.

赵治海，崔文生，1994. 不同地区来源谷子杂交后代中的光敏不育［J］. 中国农学通报（5）：23－25.

翟乾祥，1980. 中国古代农业科技：华北平原引进番薯和马铃薯的历史［M］. 北京：农业出版社．

浙江农业科学院，青海农林科学院，1989. 中国大麦品种志［M］. 北京：农业出版社．

郑卓杰，王述民，等，1997. 中国食用豆类［M］. 北京：中国农业出版社．

中川原捷洋，1979. 水稻育种和高产理论：栽培稻的分化与起源［M］. 吴尧鹏，译．上海：上海科学技术出版社．

中国农学会遗传资源学会，1994. 中国作物遗传资源［M］. 北京：中国农业出版社．

中国农业科学院，1989. 中国粮食之研究［M］. 北京：中国农业科技出版社．

中国作物学会大麦专业委员会．1986. 中国大麦文集［M］. 北京：中国农业出版社．

朱睦远，黄培忠，1999. 大麦育种与生物工程［M］. 上海：上海科学技术出版社．

庄巧生，2003. 中国小麦品种改良及系谱分析［M］. 北京：中国农业出版社．

宗绪晓，关建平，王述民，等，2008. 中国豌豆地方品种 SSR 标记遗传多样性分析［J］. 作物学报，34（8）：1330－1338.

宗绪晓，Rebecca Ford，Robert R Redden，关建平，等，2009. 豌豆属（*Pisum*）SSR 标记遗传多样性结构鉴别与分析［J］. 中国农业科学，42（1）：36－46.

宗绪晓，王志刚，关建平，等，2005. 豌豆种质资源描述规范和数据标准［M］. 北京：中国农业出版社.

FAO Statistical Database，2009. Food and Agriculture Organization（FAO）of the United Nations，Rome［R/OL］. http：//www. fao. org.

G Duc，F Moussy，X Zong，et al，1999. Single gene mutation for green cotyledons as a marker for the embryonic genotype in faba bean，*Vicia faba* L.［J］. Plant Breeding，118：577－578.

Hawkes J G，1990. The potato evaluation，biodiversity and genentic resources［M］. London：Belhaven Press.

Khvostova V V，1983. Genetics and breeding of peas［M］. Oxonian Press Pvt，Ltd.，New Delhi，India.

Makasheva R K, 1983. The Pea [M]. Amerind Publishing Co. Pvt, Ltd. , New Delhi, India.

Ohnishi O, 1998a. Search for the wild ancestor of buckwheat I. Description of new *Fagopyrum* (Polygonacea) species and their distribution in China [J]. Fagopyrum, 15: 18 - 28.

Ohnishi O, 1998b. Search for the wild ancestor of buckwheat III. The wild ancestor of cultivated common buckwheat, and of tatary buckwheat [J]. Economic Botany, 52 (2): 123 - 133.

Schoonhoven A Van, Voysest O, 1991, Common bean research for crop improvement [R]. Printed in UK.

Smartt J, 1990. Grain legumes: evaluation and genetic resources [M]. Cambridge: Cambridge University Press.

Zhang Xiaoyan, Matthew W Blair, Shumin Wang, 2008. Genetic diversity of Chinese common bean (*Phaseolus vulgaris* L.) landraces assessed with simple sequence repeat markers [M]. Theory Applied Genetics, 117: 629 - 640.

Zong Xuxiao, Robert J Redden, Qingchang Liu, 2009. Analysis of a diverse global *Pisum* sp. collection and comparison to a Chinese local *P. sativum* collection with microsatellite markers [J]. Theory Applied Genetios, 118: 193 - 204.

Zong Xuxiao, Xiuju Liu, Jianping Guan, 2009. Molecular variation among Chinese and global winter faba bean germplasm [J]. Theory Applied Genetios, DOI 10. 1007/s00122 - 008 - 0954 - 5.

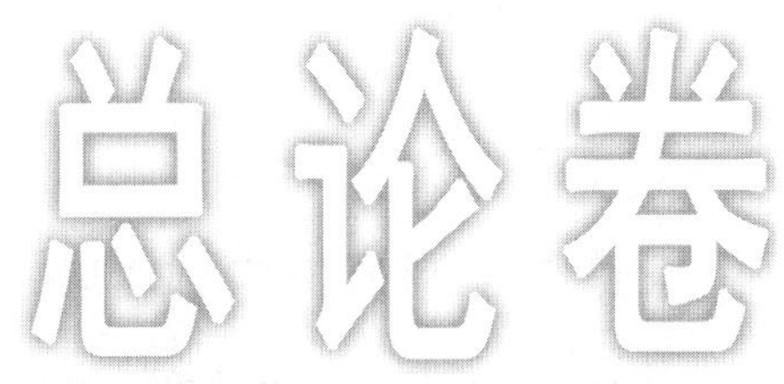

第十章

经济作物的起源与进化

第一节 概 述

我国有经济作物70余个种类，其中主要栽培的有25个种类，这些经济作物是何时、何地，由什么野生植物驯化而来，以及它们的传播途径如何，在本丛书经济作物卷各章中已有较详细描述，下面就我国各经济作物分属起源中心、特殊类型和特有基因予以概述。

一、中国经济作物所属起源中心

按照瓦维洛夫栽培植物八大起源中心学说，我国各经济作物分属的起源中心大致如下。

（一）属于中国起源中心或中国为其起源地之一的作物

大豆、白菜型油菜、芥菜型油菜、白苏、紫苏、蓝花子、油茶、油桐、文冠果、油渣果、木棉、苎麻、长果黄麻、圆果黄麻、亚麻、大麻、青麻、罗布麻、棕榈、芦苇、荻、甘蔗（中国种）、茶、桑、八角茴香、花椒、香蒲、灯芯草、紫草、蓼蓝、菘蓝、木蓝、茜草、蒲葵、漆树、中国皂荚等（见附录2）。

（二）属于近东起源中心的作物

胡麻（油用亚麻）、甜菜。另外，啤酒花、甘蓝型油菜起源于欧洲。

（三）属于中南美洲起源中心的作物

花生、陆地棉、海岛棉、剑麻、番麻、假菠萝麻、烟草、甜叶菊、银胶菊、橡胶树、可可。另外，向日葵起源于北美洲。

（四）属于南亚（中南半岛）起源中心的作物

亚洲棉、马盖麻、蕉麻、甘蔗（热带种、印度种）、圆果黄麻、椰子、罗勒（兰香）、丁香、香茅、依兰香、胡椒、蒲草。

（五）属于非洲起源中心的作物

芝麻、草棉、红麻、蓖麻、咖啡、可拉、油棕、糖棕、小葵子、糖高粱。

（六）属于地中海地区起源中心的作物

甜菜、红花、亚麻、留兰香、薰衣草。

二、中国经济作物特殊类型和特有基因

（一）原产作物特殊类型及特有基因

大豆在中国经过几千年的栽培，从一年生野生种驯化为栽培种，现已演化形成播种期不同的春大豆、夏大豆、秋大豆，种皮色不同的黄豆、青豆、黑豆、茶豆，以及用途不同的食用豆、饲用豆和药用豆等类型。其中大青豆、青子叶茶豆、青子叶黑豆、泥豆、秣食豆为中国大豆特殊类型。6 000～7 000 年前中国就已驯化栽培白菜型油菜和芥菜型油菜，在长期的自然选择和人工选择下，白菜型油菜在中国已形成南方油白菜和北方小油菜 2 个变种，芥菜型油菜在中国有大叶芥和细枝芥 2 个变种，其中细枝芥为中国特有类型。早熟、抗寒、多室基因为中国白菜型油菜的特有基因。苎麻在中国有 5 000 年以上的栽培史，苎麻的 3 个变种青叶苎麻、贴毛苎麻和微绿苎麻为中国特有类型。另外，苎麻近缘种海岛苎麻、大叶苎麻、悬铃叶苎麻、赤麻和细野麻为中国特有的特殊类型或含有特有基因。黄麻在中国已有 900 多年栽培史，其矮秆型、蒴果光滑型、花果顶生型、植株早显红色型均为中国特有的形态特异类型。油用亚麻在中国 5 000 年前就开始栽培，形成了适应性强、含油率高、丰产等优良性状的中国油用亚麻类型，并从中找到了亚麻核不育基因和温（光）敏雄性不育基因。中国种甘蔗已有 2 000 多年栽培历史，2 000 年前就已演化形成的竹蔗、芦蔗、罗汉蔗等成为中国特有的古老地方品种类型。茶树在中国已有 2 000 年以上栽培史，目前栽培种分茶、多脉茶、防城茶、长叶茶 4 个种及普洱茶、白毛茶、苦茶 3 个变种，其中苦茶变种为中国栽培茶树的特殊类型。中国已有 5 000 年以上的蚕桑业文明史，鲁桑为主要栽培种，曲枝桑和垂枝桑为鲁桑的特殊类型。鲁桑近缘种滇桑、长穗桑为中国特有原始稀有桑种。

（二）引进作物变异类型、特有基因和次生起源

亚洲棉在公元前 2 世纪就传入中国，产生了阔叶变异类型，被定名为中棉种系（Race sinense），中国被公认为亚洲棉的次级起源中心。已发现的陆地棉抗枯萎病基因和无纤维光籽基因为中国棉花特有基因，还发现了新的芽黄基因和雄性不育基因。红麻 1908 年从印度引进，中国已在红麻中发现细胞质雄性不育基因和茎秆无刺基因。甘蓝型油菜 20 世纪 30 年代从欧洲和日本引进，通过改良已形成具有中国特色（早熟、高油、抗寒、抗菌核病）的甘蓝型油菜类型。龙生型花生（茸毛变种）16 世纪前就传入中国，远早于 19 世纪后传入的其他类型花生，经过长期驯化，已形成中国“龙生型”花生特殊类型。一般认

为芝麻是公元前126年西汉张骞出使西域从中亚细亚引进的，中国拥有芝麻特殊的矮生型品种类型，瓦维洛夫（1926）认为中国是芝麻的次生中心之一。红花早在汉代就引入中国，已有2 000多年的栽培史，在中国已形成无刺红花、无刺浅红花、无刺橘红花、无刺黄花和有刺黄花、有刺红花、有刺白花7种类型。叶用甜菜在中国已有1 500年的栽培史，其叶部形态变异有白叶柄、绿叶柄、卷叶、红色叶等各种类型。烟草在明朝万历年间（1573—1619）传入中国，已有400多年栽培史，在中国已形成丰富的变异类型和地方特色种质，如贡烟、关东烟、水烟等都是采用具有不同变异的地方品种制成的中国特有品质的优异产品。中国海南引入椰子栽培已有2 000多年，经过长期驯化，海南本地高种椰子已成为国内外关注的我国特有的椰子优异类型，其果形已分化成大圆果、中圆果、小圆果3个类型。其他一些非原产经济作物如橡胶树、胡椒、咖啡、甜叶菊等，引进时间较短，仅几十年或百年左右，通过品种改良和驯化，在适应性和农艺性状上正在朝着有益的方向改变，但尚未演化形成中国特有的变异类型和基因。

（方嘉禾）

第二节　大　　豆

大豆［*Glycine max*（L.）Merr.］为一年生植物，短日照，自花授粉。大豆染色体数 $2n=40$，染色体组GG。

一、大豆的起源及传播

大豆起源于中国，由一年生野生大豆经人工驯化逐渐演化为栽培大豆。《史记·五帝本纪》记载："黄帝者，少典之子，姓公孙，名曰轩辕……轩辕乃修德振兵，治五气，蓺（yì）五种，抚万民，庆四方。"五种即耕种的五种作物，郑玄解释："蓺五种，黍稷菽麦稻也。"其中的菽就是大豆，古时称为菽，至汉朝始称大豆。从黄帝算起，距今约4 500年。中国古文献如《孟子》《管子》《周礼》《吕氏春秋》等随处可见菽的记载，仅《诗经》中记载菽的就有7篇，如《大雅·民生》《小雅·小明》等。考古发掘有从战国到西汉时期的大豆遗存，如吉林永吉大海猛、湖北江陵凤凰山、河南洛阳烧沟、山西侯马牛村等遗址都有大豆出土。大豆的近缘祖先一年生野生大豆在中国广泛分布，从黑龙江沿岸到广东北部，从东部沿海到甘肃黄河边的景泰和西藏的察隅都可见到野生大豆。中国文明起源于黄河和长江流域，其基础分别与北方旱田农业和南方水田农业的发生发展密切相关。大豆是旱田作物，自然应起源于旱田农业区，古代旱田农业最发达的是黄河中下游地区，大豆起源应与此相连。

由野生大豆（*Glycine soja*）演化为栽培大豆（*G. max*），其主要进化性状是籽粒大小，人类利用的是大豆籽粒，驯化过程中不断向大粒方向选择。野生大豆考察中发现，在天然条件下有籽粒变大、主茎分化明显或无泥膜的变异发生，为人工驯化提供了基础材料。由于大豆的植株性状存在生物学相关性，随籽粒变大，各性状发生相应的改变，如植株变矮、茎变粗、荚变大，从蔓生到直立，直立则便于栽培管理。野生大豆经过自然选择和人工选择，进化为现今的栽培大豆。

从上述古代遗址发掘出土大豆的地点看，从战国到西汉，大豆已广泛分布在东北、黄淮和长江流域。大豆不仅在中国广为分布，现世界各地都有大豆种植，南美洲大豆产量居世界之首，其次为北美洲，亚洲居第 3 位。种植面积和产量最多的国家是美国，其次为巴西和阿根廷，中国和印度分别居第 4、第 5 位。

二、中国大豆栽培区

中国大豆栽培区划分为 3 大区 10 亚区，3 个大区分别为：

（1）北方春作大豆区（北方区） 北方区下分 3 个亚区：①东北春作大豆亚区；②北部高原春作大豆亚区；③西北春作大豆亚区。

（2）黄淮海流域夏作大豆区（黄淮区） 黄淮区下分 2 个亚区：①冀晋中部夏春作大豆亚区；②黄淮流域夏作大豆亚区。

（3）南方多作大豆区（南方区） 南方区下分 5 个亚区：①长江流域夏春作大豆亚区；②东南部秋春作大豆亚区；③中南部春夏秋作大豆亚区；④西南高原春夏作大豆亚区；⑤华南多作大豆亚区。

其中东北春作大豆亚区是主要大豆产区，2007 年其大豆产量占全国的一半；其次为黄淮海流域夏作大豆亚区，其大豆产量占全国的 30%左右。

三、中国大豆的特殊类型

（一）大青豆

南方秋大豆中的大粒青豆类型，百粒重 20 g 以上，优质品种达 30 g 以上。有青皮黄子叶和青皮青子叶两类，青皮黄子叶大豆的种皮淡绿色，俗称粉青豆；青皮青子叶大豆的种皮绿色或深绿色，俗称里外青。前者如浙江的兰溪大青豆、江西的上饶大青丝；后者如浙江的嘉兴青皮青仁、江苏的靖江丝瓜青。大青豆类型品质优良，多为高蛋白品种，口感好，既可收获干籽粒，也可作为菜用毛豆采收。

（二）青子叶茶豆

子叶为绿色的褐种皮大豆，全国 2.5 万份大豆种质资源中仅有 3 份，一为辽宁的黑山碱豆，种皮紫红色，百粒重 18 g；另一份为河南登封的登药豆，种皮深褐色，百粒重 17.8 g；第三份为安徽的当涂小白衣，种皮褐色，百粒重 10.5 g。双色豆中仅有 1 份为青子叶，即内蒙古翁牛特旗的猫眼豆，百粒重 21.4 g。

（三）青子叶黑豆

子叶为绿色的黑种皮大豆，一般称其为药黑豆。各地都有少量此种类型。中药中常用青子叶黑豆作药引。青子叶黑豆有百粒重 10 g 左右的小粒型，也有百粒重 20 g 以上的大粒型。

（四）泥豆

南方秋大豆中的一种类型，籽粒小，百粒重 4～6 g，种皮褐色或深褐色，有泥膜，故称泥豆。泥豆籽粒虽小，蛋白质含量却很高，一般在 48%左右，是牲畜的优质饲料。早稻收后种于禾根附近，故又称为禾根豆。耐逆性强，如长沙泥豆、衡阳泥豆、浏阳泥豆等。

（五）秣食豆

东北春大豆中用于饲料的一类小粒大豆，多分布在东北西部干旱盐碱地区，耐旱、耐盐碱，适应性强。秣食豆茎秆细，分枝多，草质好，曾是当地的优质饲料，现已很少种植，但作为耐逆种质值得深入评价。

（常汝镇）

第三节　油　　菜

甘蓝型油菜（*Brassica napus* L.）为一年生或二年生植物。对长日照的感应性包括强感光和弱感光两类，感温性分为冬性、半冬性和春性三类。异花授粉或常异花授粉。我国栽培油菜一般包括白菜型油菜、芥菜型油菜和甘蓝型油菜 3 个种。目前主要栽培的是甘蓝型油菜，其染色体数 $2n=38$，染色体组 AACC。

一、油菜的起源及在中国的传播

甘蓝型油菜（*Brassica napus* L.）是由两个基本种原始芸薹和甘蓝自然杂交后异源多倍化形成的复合种，作为作物最早大约出现于 1600 年，是栽培历史最短的油菜，起源地可能在西南欧的地中海区域，因为这一地区既有野生甘蓝分布，又有原始芜菁分布。

我国油菜栽培历史十分悠久，传统上以种植白菜型油菜（*Brassica chinensis* L. var. *oleifera* Makino et Nemoto.）和芥菜型油菜（*Brassica juncea* Czern. et Coss. var. *gracills* Jsen et Lee）为主，是世界公认的白菜型油菜起源地之一和芥菜型油菜多样性分化中心。20 世纪 50 年代起，由于欧洲起源的甘蓝型油菜的产量和抗性优势，我国开始引进试种甘蓝型油菜并很快取得成功。后通过甘白杂交等途径，对甘蓝型油菜进行了早熟、抗病和丰产等性状的遗传改良，成功培育出适合中国油菜栽培制度的中国甘蓝型油菜，生产中甘蓝型油菜逐渐取代白菜型油菜和芥菜型油菜，目前中国种植的油菜 85%以上为甘蓝型油菜。

二、中国油菜栽培区

中国油菜分布很广，根据各地区自然气候条件，以及由此形成的耕作制度、适应品种和生产水平，可划分为春油菜和冬油菜两个大区。

冬油菜产区是中国油菜的主要产区，主要分布于中国南部，且以长江流域各省份为主要分布地带。冬季温暖，无霜期长，且有一定日照和降水量，在一年两熟和三熟区，油菜秋播夏收。本区可分为 6 个亚区，即华北关中亚区、四川盆地亚区、云贵高原亚区、长江中下游亚区和华南沿海亚区。长江流域是我国油菜生产集中产区，油菜面积和产量占全国油菜面积和总产的 80%以上，为世界上规模最大的甘蓝型油菜生产优势带，优质甘蓝型油菜面积和产量约占世界的 1/4，是进一步发展油菜生产的重点区域。

春油菜产区的气候特点是冬季严寒，生长季节短，降水量较少，日照时间长，日照强度大，且昼夜温差大，一年一熟，油菜春种（或夏种）秋收。主要为中国白菜型春油菜的原产地，分布极为广泛，但以青海、西藏、甘肃等省份为主。本产区根据其生态特点和生产特点，又可分为三大亚区：青藏高原亚区、蒙新内陆亚区和东北平原亚区。

三、中国油菜的特殊类型和特有基因

中国甘蓝型油菜虽然源自欧洲和日本甘蓝型油菜，但通过中国油菜育种家不懈地改良，其遗传背景中引入了丰富的中国白菜型油菜农家种优良基因，如早熟性等，形成极具中国特色甘蓝型油菜类型，具有早熟、丰产、抗菌核病等特性，成为世界甘蓝型油菜基因库的重要组成部分。

白菜型油菜在中国有两个变种：①南方油白菜（*B. campestris* ssp. *chinensis* var. *oleifera* Mokino），是我国特有白菜亚种青菜（*B. campestris* ssp. *chinensis* L.）的一个油用变种，主要分布于长江以南地区，特别是下游地区，主根不发达，支细根极发达，基叶长圆或卵圆形，叶柄不明显，不被刺毛，能油蔬兼用。②北方小油菜（*B. campestris* L.）主根较发达，基叶椭圆形，叶柄明显，具明显琴状缺刻，密被刺毛。

芥菜型油菜在中国有两个变种：包括大叶芥油菜（*B. juncea* Coss.）和细叶芥油菜（*B. juncea* var. *gracilis* Tsen），其中细叶芥油菜是我国特有类型，南北各地均有分布，主要特征是基叶小而狭窄，薹茎叶有明显短叶柄，上部枝纤细。

中国油菜种质资源中蕴藏的丰富优良基因：

1. 早熟基因 由于中国多熟制要求，早熟是油菜育种的重要目标，中国白菜型油菜和芥菜型油菜中均蕴藏丰富的早熟基因，如白菜型珠砂红（四川）、鄂城白油菜（湖北）、太仓四月黄（江苏）和门源小油菜（青海），芥菜型易门凤尾子（云南）、泸州金黄油菜（四川）和左权黄芥（山西），都携带极早熟基因，利用中国白菜型早熟基因，中国育种家成功培育出早熟甘蓝型油菜。

2. 高油基因 隆子油菜（西藏）、遵义竹椏油菜（贵州）、昆明高棵（云南）和中油 0361 都携带高油基因，含油量在 50%左右。

3. 黄籽基因 黄籽油菜具有含油量高、油品质优良等特点，白菜型七星剑（四川）、平湖姜黄种（浙江）等地方品种具有纯黄籽基因，利用中国白菜型黄籽基因，中国育种家在世界上最先创造出黄籽甘蓝型油菜。

4. 菌核病抗性基因 中国长江流域油菜主产区，多雨潮湿，是油菜菌核病高发区。中国甘蓝型油菜具有抗菌核病性状，菌核病抗性受多基因控制，中油 821 是第 1 个突破菌核病抗性的常规油菜品种，中双 4 号是第 1 个突破菌核病抗性的优质油菜品种，中双 9 号是目前菌核病抗性最强的优质油菜品种。

5. 抗寒基因　我国白菜型油菜具有多样化和极具特色的抗寒基因，如门源小油菜（青海）不仅能在低温下出苗，而且能在 10 ℃左右结实，是十分宝贵的资源。上党油菜、汾阳油菜（山西）、菏泽油菜（山东）根系极为发达，营养生长期抗寒性极强。

6. 多室基因　一般油菜角果由薄膜状假隔膜分为 2 室，三筒油菜（山西）和多室油菜角果有 3～4 室，着生 3～4 排种子，有 30 余粒，每角果粒数明显多于 2 室角果油菜。

（伍晓明）

第四节　花　　生

花生（*Arachis hypogaea* L.）为一年生草本植物，短日照，自花授粉。栽培种花生染色体数 $2n=40$，染色体组 AABB。

一、花生的起源及在中国的传播

花生原产于南美洲。栽培种花生（*Arachis hypogaea* L.）由二倍体野生种杂交演化而来，起源于玻利维亚南部和阿根廷西北部安第斯山麓一带。中国栽培的花生是从外国引入的，但最早引入的时间、地点和引入途径尚无确切定论。一般普遍认为花生在世界上的传播是在哥伦布发现美洲大陆后，经两条路线传播到世界其他地区，一条是由秘鲁沿太平洋东岸传入墨西哥，然后经商船传入菲律宾群岛，再传入中国、日本及东南亚地区，最后达到非洲东部；另一条是由巴西传到欧洲，再传入非洲西部。据已发掘到的古文献中关于花生特性的描述推断，我国最早栽培的是龙生型花生，这类原始品种群的引入可能与郑和下西洋有一定关系，时间早于哥伦布发现美洲新大陆。自 19 世纪中后期以来，外国传教士将“大洋花生”（普通型）和“小洋花生”（珍珠豆型）分别引入北方（山东蓬莱）和南方地区（广东、福建沿海），再传播到全国各地。目前除青海外，各省份均有种植。

二、中国花生栽培区

中国花生分为 7 个栽培区：①黄淮流域花生区；②长江流域花生区；③东南沿海花生区；④云贵高原花生区；⑤黄土高原花生区；⑥东北花生区；⑦西北花生区。其中，黄淮流域花生区为主要花生产区，该区的面积和总产占全国花生面积和总产的 50%左右。

三、中国花生的特殊类型

中国最早引入的花生是龙生型，已有 600 年以上的栽培历史，在各地生态条件和栽培制度下产生了广泛的遗传分化，到目前为止，世界其他国家包括花生的原产地收集保存的龙生型花生很少，因此是我国的特殊类型。龙生型花生（var. *hirsuta*）主茎不开花，分枝交替开花，蔓生，分枝性强，常有第 4 次分枝，株体密布茸毛。荚果为曲棍形，果壳有龙骨和果嘴，网纹深，典型荚果含 3～4 粒种子，种皮无光泽，种子休眠性强。生育期一般在150 d以上。由于生育期长，结果分散，收获费工，现已很少在生产上种植，但具有抗病、抗虫和口味好等优良特性。

（廖伯寿）

第五节 芝　　麻

栽培芝麻（*Sesamum indicum* L.）为一年生植物，短日照，自花授粉。染色体数 $2n=26$。

一、芝麻的起源及在中国的传播

芝麻的起源地目前尚存在争议，一些学者认为芝麻起源于非洲，因非洲存在大量的芝麻野生种，存在广泛的遗传多样性。也有学者认为芝麻起源于印度次大陆，该地区虽然野生种不多，但栽培类型丰富。Thangavelu（1994）认为将非洲作为芝麻的一级中心、印度作为芝麻的二级中心是合适的。中国栽培芝麻历史悠久，后魏时期的《齐民要术》和元代的《王祯农书》都提到“汉张骞得自胡地”，为公元前2世纪从大宛（现今的中亚细亚）引入的，因此中国芝麻栽培始自汉代。在浙江吴兴钱山漾遗址和杭州水田畈遗址考古发掘中发现炭化芝麻粒，为公元前770—前480年遗物，说明芝麻在中国至少已有2 000多年的栽培历史。芝麻在中国先种植于黄河流域，后向长江流域和珠江流域传播，直至传播到全国各地。

二、中国芝麻栽培区

中国芝麻分布十分广泛，全国各地都有种植，可分为7个生态区：①东北、西北一年一熟制春芝麻区；②华北一年一熟制春芝麻区；③黄淮一年两熟制夏芝麻区；④江汉一年两熟制夏芝麻区；⑤长江中下游一年两熟夏播及间套种芝麻区；⑥华中、华南一年两熟及三熟制春、夏、秋兼播芝麻区；⑦西南高原以夏播为主兼春、秋播芝麻区。其中黄淮、江汉两个一年两熟制夏芝麻区为主要产区，占全国芝麻种植面积的2/3左右。

三、中国芝麻的特殊类型

芝麻是中国古老的油料作物，由于长期适应环境和人为选择，形成了极丰富的中国芝麻特殊类型。

（一）耐渍类型

代表品种有安徽青阳八角芝麻、安徽凤台疙瘩棍、湖北监利叶并三等。

（二）耐旱类型

代表品种有湖北孝感羊黄麻、湖北谷城黑芝麻等，耐旱性强。

（三）抗病类型

主要是抗茎点枯病、枯萎病和叶斑病，代表品种有湖北应城独苔、湖北天门矮脚霸王鞭等。

（四）优质类型

代表品种有北京大兴平顶黄、河北交河霸王鞭、安徽怀远白芝麻等，含油量均在60%以上。

此外，中国还拥有特殊的芝麻矮生型品种类型，为此，瓦维洛夫（1926）认为中国为芝麻的次级起源中心。

（赵应忠）

第六节　向 日 葵

向日葵（*Helianthus annus* L.）为一年生草本油料植物，短日照或中性日照，异花授粉。染色体数 $2n=2x=34$。

一、向日葵的起源及在中国的传播

向日葵为菊科向日葵属作物，起源于北美洲的中部和西部。野生向日葵广泛分布于美国西部，成草丛状。目前，在美国大部、加拿大南部及墨西哥北部，均能收集到野生向日葵。美洲的印第安人曾食用野生向日葵的种子。根据原产地相关文献记载，可以断定栽培的向日葵起源于北美。向日葵属植物约有 67 个种，有二倍体、四倍体和六倍体，染色体基数均为 $x=17$，可能由染色体基数分别为 8 和 9 的两个物种合成。据研究，向日葵属内种全部原产于北美和中美。

约在 4 000～5 000 年前，北美印第安人把向日葵从野生型转变成栽培型，1581 年向日葵传入西班牙，后由西班牙传至整个欧洲。约在 16 世纪末 17 世纪初向日葵开始引入中国。早在明朝天启元年（1621）王象晋著《群芳谱》中已有记载，称向日葵为西番花或迎阳花。1761 年英国人发现向日葵的油用价值，1949 年前中国栽培的向日葵均为食用型地方品种，含油量低（25%～30%）。1935—1955 年，苏联将向日葵的含油量从 35%提高到 50%左右，从此苏联的向日葵优良品种被广泛引种到包括中国在内的许多国家和地区。1956 年中国从苏联、匈牙利等国引进油用向日葵群体品种，开始作为油料作物栽培。1974—1980 年，中国从加拿大引进了 1366A 不育系，并通过杂交育种育成了首批三系杂交种白葵杂 1 号、辽葵杂 1 号和沈葵杂 1 号等品种，产量显著提高，从此向日葵三系杂交种开始被推广。后又育成含油量更高的第二批杂交种和抗病及综合性状优良的品种，向日葵生产得以大发展，向日葵产区迅速向华北、西北地区发展。目前，全国常年向日葵栽培面积达 100 万 hm^2，辽宁、吉林、黑龙江、山西、宁夏、甘肃、新疆、内蒙古等省、自治区多作为油料作物广泛栽培，其他省份也有零星栽培。

二、中国向日葵栽培区

中国栽培向日葵面积较大的省、自治区、直辖市有 20 个，其中吉林省面积最大，约占全国向日葵面积的 24%；其次是内蒙古自治区，约占全国的 22%。主要分为 5 个栽培区。

（一）东北、内蒙古区

主要包括黑龙江、吉林、辽宁、内蒙古自治区，该区面积和产量约占全国的70%和74%，是主产区。

（二）华北区

主要包括河北省东部和北部、北京、天津、山西省中部和北部及山东省北部。

（三）新疆区

包括新疆维吾尔自治区。

（四）黄河河套区

包括甘肃省张掖地区、宁夏回族自治区北部和陕西省。

（五）云贵高原区

包括云南、贵州和四川。

三、中国向日葵的特殊类型和特有基因

中国向日葵种质资源丰富，且具有特殊类型和特有基因。

（一）耐盐碱类型

向日葵具有一定的耐盐碱特性，通过长期栽培和耐盐碱环境驯化，已形成一批较强或强耐盐碱种质类型，如三道眉、品 9603、84103B、H-20B、811087R、长岭白、DK119 等。

（二）抗病类型

菌核病是向日葵的主要病害之一，中国向日葵具有一批抗菌核病的种质，如油葵 KWS303、辽杂 2 号、大黑葵、8311、2304、苏 29、CM90RR、恢复系矮 113 等，利用这类种质（包括野生种）已育成一批抗病品种（系），同时还有一些抗根腐病和抗盘腐型菌核病的种质。

（三）矮生类型

株高<1 m 的矮秆型向日葵种质，如罗葵 305-S8、索里姆 66-S7、黑葵-S1、林葵花-5 等，主要来源于吉林、辽宁、内蒙古的油用向日葵种质。

（四）多分枝类型

一批多分枝型种质分枝株率高达 100%，如营口向日葵、庄河向日葵、永和花葵、宁

乡葵花、介休三道眉、黄葵花、阿克苏葵花、疏勒葵花等，主要为来源于新疆、山西和内蒙古的种质资源。

（五）优质类型

一批种子含油量超过45%的种质，如黑茎13、内5、山东葵花-2S、花歪嘴、东北大葵花-1S等，大多来源于内蒙古种质。百粒重超过16 g的大粒种质有善友葵花5、启花、白葵花-2S、大黑壳、庄浪葵等，也以内蒙古的种质居多。

（方嘉禾　严兴初）

第七节　棉　　花

陆地棉（*Gossypium hirsutum* L.）为一年生小灌木植物，短日照，常异花授粉。异源四倍体，染色体组AADD，染色体数$2n=4x=52$。

一、棉花的起源及在中国的传播

陆地棉为自然杂交种，原产于墨西哥及加勒比海地区的高地。其染色体A组可能来源于非洲草棉变种阿非利加棉，其染色体D组可能来自原产中美洲的雷蒙德氏棉，由这两个种的天然杂交和染色体自然加倍而成。

19世纪后叶，陆地棉分别由美国、埃及引入中国。1865年英国商人首次引入少量种子在上海试种（《天津海关年报》，1866）。1892年湖广总督张之洞从美国引进2个品种共1.7 t种子在湖北江夏、兴国、大冶、黄陂、孝感等15个地区试种，因播种过晚，密度太大，引种没有成功。19世纪末至20世纪初随着中国纺织工业的兴起，纤维粗短的亚洲棉已不能适应机器纺织的需要，1893—1919年，中国又多次从美国批量引入不同的品种在湖北、江苏、浙江、山东、陕西、河北等地试种，有的品种表现增产。1919年后对引进的品种在全国进行了多点品种比较试验，试种成功的品种在长江、黄河流域棉区繁殖、推广，同时对引入品种不断地进行改良，到1958年，陆地棉以惊人的速度普及全国宜棉地区，并全面替代了草棉、亚洲棉。现在其种植面积和产量都占全国棉花的95%以上。

海岛棉原产中南美洲和加勒比海的沿海地区及附近岛屿。1907年前在我国西南、华南部分地区有过种植，现主要在新疆喀什、吐鲁番等地栽培，其产量占棉花总产量的3%～5%。

草棉、亚洲棉为二倍体种，染色体组分别为A_1A_1、A_2A_2，$2n=26$，分别起源于非洲和亚洲。草棉、亚洲棉曾在我国新疆、甘肃、陕西及全国宜棉地区种植2 000多年，现只有亚洲棉在广西、云南等省（自治区）的偏僻山区少数民族居住地区有少量栽培。

二、中国棉花栽培区

中国棉花分为五大栽培区。

（一）黄河流域棉区

种植中熟或早熟陆地棉品种，一年一熟，或麦垄套作。分淮北平原、华北平原、黑龙江地区、黄土高原及京津唐地区 5 个亚区。

（二）长江流域棉区

种植中熟陆地棉品种，麦（油）后直播，或麦套移栽。分长江上游、长江中游平原、长江中下游丘陵、长江下游、南襄盆地 5 个亚区。

（三）西北内陆棉区

种植中熟、中早熟陆地棉、海岛棉品种，一年一熟。分东疆、南疆、北疆及河西走廊 4 个亚区。

（四）北部特早熟区

种植特早熟陆地棉品种。分辽宁、晋中、陕北—陇东 3 个亚区。20 世纪 90 年代以后产量只占全国的 1%。

（五）华南棉区

中国植棉最早的棉区。种植晚熟陆地棉、海岛棉品种。分高原、东部丘陵两个亚区。现演变为零星棉区、冬季南繁区及野生棉天然保存区。

目前，黄河流域、长江流域和西北内陆 3 个棉区合计棉田面积和产量均占全国的 99%以上，并形成 3 个棉区“三足鼎立”的格局。

三、中国棉花的特殊类型和特有基因

引进棉花在中国各地相对封闭的地理生态条件下，经长期自然驯化和人工选择，形成了在起源地没有的特殊类型、特有基因。

（一）抗枯萎病基因

棉花枯萎病曾在我国蔓延，导致大片棉田死苗，严重的绝收。20 世纪 50～60 年代，我国科技人员就注重抗枯萎病品种的选育，80 年代育成了一批枯萎病抗性较强的品种，通过鉴定，确定中国陆地棉抗枯萎病品种的基因为 FW_1、FW_2。利用这两个抗枯萎病显性基因，促进我国棉田面积逐步扩大。

（二）无纤维光子基因

中国从陆地棉徐州 142 中发现无纤维无短绒的光子突变体，经研究发现是一种新的无纤维棉突变体，基因型为 $\mathrm{n_1 n_2 Li_3}$。

（三）芽黄基因

中国发现的芽黄突变体，经研究鉴定为新的非等位基因，分别定名为 v_{18}、v_{19}、v_{20} 和

v_{22}。这 4 个芽黄基因系对棉株的一些经济性状具有不完全一致的影响。

（四）雄性不育基因

通过对中国陆地棉油 A、阆 A、81A 不育系的遗传分析，它们均表现为单基因隐性遗传，经等位性测验，为新的不育基因，分别定名为 ms_{14}、ms_{15}、ms_{16}。另外，中国的洞 A3、新海 A、军海 A 三个显性不育基因，与已鉴定的显性不育基因可能也不同，分别定名为 MS_{17}、MS_{18}、MS_{19}。

此外，亚洲棉在我国栽培历史悠久，产生了起源地没有的特殊类型（阔叶、红茎、红花红心、毛子、白纤维），被定名为中棉种系（race *sinense* Si.），为亚洲棉 6 个地理种系之一，中国也被公认为亚洲棉的次级起源中心。同时在亚洲棉中首次发现了 6 个花青素复等位基因：R_2^{RS}、R_2^{OS}、R_2^{MO}、R_2^{LO}、R_2^{AO}、R_2^{CO}。

（刘国强　杜雄明）

第八节　苎　　麻

苎麻［*Boehmeria nivea*（L.）Gaudich.］为多年生草本宿根韧皮纤维植物，短日照，雌雄同株，异花授粉。染色体数 $2n=2x=28$。

一、苎麻的起源与传播

苎麻起源于中国西南部地区。云南、广东、广西三省（自治区）是中国苎麻属物种分布最多的省份，中国特有的 9 个种、3 个变种也在这里发现，云贵高原是我国苎麻属多样性中心。中国考古发掘出 6 000 多年前先民使用的苎麻绳和 4 700 多年前双面印花苎麻布，1972 年又在湖南长沙马王堆西汉古墓中出土了距今 2 100 多年的细苎麻布。公元前 6 世纪《诗经·陈风》的“东门之池，可以沤纻”；公元前 3 世纪，因苎麻发展的需要，在《周礼·天官冢宰下》中记有掌管“布、丝、缕、纻麻草之物”的典枲官员等，说明中国利用苎麻的历史十分悠久。

在商代，由于社会生产力的发展，采集野生苎麻应用渐感不足，于是开始了人工栽培，技术也日渐成熟。至秦、汉，黄河流域各地已普遍种植，尤以河南、陕西为多。公元 3 世纪又扩展到长江流域“荆、扬之地”。公元 5 世纪在南方“诸州郡皆令尽勤地利，劝导播殖蚕桑麻苎”。隋唐时代栽培地域又东进福建、浙江诸省，南达岭南广州，西至四川。与此同时，纺织工艺亦日趋完善，压光整理技术和织成的练布、鱼练布、假罗布、夏布更享誉中外。于是，在 1733 年荷兰首先引种苎麻，1844 年后由荷兰相继引种至法国、美国、巴西和哥伦比亚。日本植麻已有 600 多年历史，系由我国引入。

二、中国苎麻栽培区

中国苎麻分布在北纬 19°～35°、东经 98°～112°范围内，划分为五个栽培区。

(一) 秦淮麻区

包括江苏、安徽、四川的北部，以及河南、陕西两省的南部。

(二) 江北麻区

包括湖北、安徽的大部分地区及江苏的中南部。

(三) 江南麻区

以湖南、江西、湖北、浙江、重庆为主产省（直辖市），及安徽南部、福建北部和贵州、广西的东北部。江南麻区为苎麻主产区，该区常年种植面积占全国的80%～85%，总产量占全国90%左右。

(四) 华南麻区

包括广西、广东、台湾及福建南部。该区全年可收麻3～4次。

(五) 云贵高原麻区

包括成都平原及云南北部和贵州西南部。

三、中国苎麻的特殊类型

青叶苎麻、贴毛苎麻和微绿苎麻是苎麻的变种，同属苎麻组群，也是中国特有类型，其韧皮纤维均具有利用价值，但经济性状差，产量低，单纤维细胞短，品质低劣。仅青叶苎麻在我国局部地区有种植，其他变种尚未栽培利用。

(一) 青叶苎麻

茎和叶柄疏被短伏毛，叶片卵圆形或椭圆状卵形，顶端长，基部多圆形有时宽楔形，叶背被有绿色短伏毛，托叶合生。

(二) 贴毛苎麻

茎和叶柄只被贴伏的短伏糙毛，叶卵形，基部楔形，托叶合生。

(三) 微绿苎麻

茎和叶柄被贴伏和近贴伏的短糙毛，幼叶密被柔毛，老叶渐稀疏，无雪白色毡毛，托叶合生。在苎麻属中，托叶合生是青叶苎麻、贴毛苎麻、微绿苎麻独有的特异性状，对分类、进化具有重要意义。

此外，大叶苎麻组群中的海岛苎麻、大叶苎麻、悬铃叶苎麻、赤麻（以上 $2n=42$）和细野麻（$2n=56$）均为我国特有种。

（孙家曾）

第九节 黄 麻

黄麻（*Corchorus* L.）为一年生双子叶草本韧皮纤维植物，短日照。黄麻属具有栽培价值的有黄麻圆果种（*Corchorus capsularis* L.）和长果种（*C. olitorius* L.）。前者为自花授粉，后者为常异花授粉。染色体数均为 $2n=2x=14$，染色体核型 $2n=14=12M+2M$（sat）。

一、黄麻的起源及在中国的传播

1987 年、1988 年国际黄麻组织在非洲东部坦桑尼亚、肯尼亚两国考察发现黄麻属野生种 10 多个，其中黄麻长果种（*C. olitorius* L.）两国分布很广，野生，无栽培。未发现黄麻圆果种。为此，多数学者认为，黄麻长果种的起源中心在非洲东部。而中国南部—印度—缅甸地区为黄麻长果种的第二起源中心，也是黄麻圆果种的原产地。

中国栽培黄麻有 900 多年的历史，北宋《图经本草》（1061）就记载有黄麻的形态特征。此后，明代的《便民图纂》（1502 年或稍前）、清代的《三农记》都有黄麻栽培技术的详尽描述。此外，中国黄麻的栽培品种类型很丰富，野生黄麻的分布也很广。20 世纪 70 年代以来，通过黄麻资源调查和专项考察，在河南、云南、四川、海南、广东、广西等省（自治区），均发现有较大面积呈野生状态生长的圆果种和长果种分布，当地农民收割后，生剥其韧皮或沤洗制作绳索。栽培型的黄麻就是由这些野生型黄麻，经长期自然和人工选择、栽培驯化而来。

1949 年以前，我国生产上栽培的主要是黄麻圆果种地方品种，面积小，产量低。1947 年从印度引进圆果种 D154 和长果种翠绿等品种，增产显著，20 世纪 50 年代被大面积推广，成为主栽品种，在华南和长江中下游地区迅速发展。20 世纪 60 年代后，由于引进的 D154 和翠绿严重退化，逐渐被中国自主选育的品种所代替。1975 年以后，由于红麻的大力发展，黄麻面积逐年减少，目前仅为全国黄、红麻总面积 5 万～6 万 hm^2 的 3%。

二、中国黄麻栽培区

中国黄麻主要栽培区有：

（一）华南麻区

广东、福建为主产区，主要栽培圆果种黄麻。

（二）长江中下游麻区

浙江、江西、湖北为主产区，次之为安徽、江苏，主要栽培长果种黄麻。该区曾两次进行圆果种和长果种交替种植。

近年，由于化纤工业的发展，以及被高产量及品质与之类似的红麻纤维替代，黄麻生产日渐减缩。

三、中国黄麻的特殊类型

中国黄麻品种类型十分丰富，特殊类型有：

(一) 矮秆型

如长果种品种巴矮，株高仅 170～210 cm，分枝高 108～130 cm，株矮秆硬，抗倒；圆果种品种矮子黄麻，株高仅 132 cm，分枝高 55 cm，纤维优质。

(二) 蒴果光滑型

如梨形光果、球形光果的圆果种品种。

(三) 花果顶生型

如花果顶生类型的琼粤青等。

(四) 抗病类型

在圆果种和长果种中均有一批抗炭疽病、立枯病和茎斑病品种，如粤圆 5 号、土黄皮等。

(五) 优质类型

如纤维支数超过 500 支的优质品种琼粤青等。

（孙家曾）

第十节 红 麻

红麻（*Hibiscus cannabinus* L.）为一年生草本韧皮纤维植物，短日照，常异花授粉。染色体数 $2n=36$，染色体核型 $2n=36=28M+8SM$（sat）。

一、红麻的起源及在中国的传播

红麻起源于非洲东部的肯尼亚、坦桑尼亚、埃塞俄比亚、乌干达、莫桑比克等地。中国红麻自 20 世纪初经印度和苏联引入，生产种植近百年。

1908 年中国台湾从印度引入马达拉斯红（Madras red）试种成功并推广，1943 年引种到浙江杭州一带，继而推广至长江流域。北方引种是 1928 年吉林省公主岭农试场从苏联引进塔什干（Tashkent）试种成功，1935 年在辽宁、吉林两省推广，1941—1944 年又引入山东及华北各省试种，推广面积达 9 万 hm^2。1949 年后，由于红麻炭疽病的毁灭性危害，导致 1953 年红麻在中国停止种植。直至 20 世纪 60 年代，随着抗病品种青皮 3 号、粤红 1 号、植保 506 和南选等在生产上推广种植，我国红麻生产才得到恢复。20 世纪 70 年代至 90 年代初，随着市场对红麻纤维需求量的增加，生产面积迅速扩大，各育种单位相继选育出一批高产、优质、抗病、适应不同区域种植的红麻优良品种，如 722、湘红 1 号、辽红 55 等，大大促进了我国红麻生产的发展，其中 1985 年全国红麻种植面积达 99.1 万 hm^2，总产 410 多万 t，均创历史最高水平。20 世纪 90 年代中期，由于廉价聚乙烯等化工产品兴起，运输业集装化和管装化的发展，大大地削减了对红麻产品的需求，加之红麻多用途产品开发、麻纺业产品更新和技改工作的滞后，收购价格偏低等原因，经种植业结构调整后红麻年种植面积 10 万 hm^2 左右。目前，大量高产、优质、抗病、适应机械化栽培的红麻优良品种的育成和推广，以及先进栽培技术的普及，我国红麻单产增幅较大，并逐步向边远地区推广发展。

二、中国红麻栽培区

中国红麻遍布全国，主要分布在黄淮海地区和长江流域地区，其次为华南地区，东北和西北地区的种植面积较小。根据红麻生态适应性与各地自然条件，中国红麻可划分为 4 个主要栽培产区。

（一）华南产区

包括广东、广西、海南、台湾四省（自治区），以及福建、云南、贵州三省南部。该区既是红麻纤维主产区，又是重要的种子繁育基地，每年提供大量“南种北植”用种子。

（二）长江流域产区

包括浙江、江西、湖南、湖北、重庆五省（直辖市）及四川、江苏、安徽三省南部，该区单产最高，是我国红麻最适宜生产区。

（三）黄淮海产区

包括河北、山东、河南三省及安徽、江苏两省北部。该区植麻集中，面积最大，但单产较低，以夏播红麻（小麦茬或油菜茬）为主。

（四）东北、西北产区

包括辽宁、吉林、黑龙江、陕西、山西、新疆等六省（自治区），种植分散，单产低，以早、中熟品种为主。该区土地资源丰富，后期干燥气候非常适合红麻的收获贮藏，是造纸红麻原料的最适生产基地。

三、中国红麻的特有基因类型

（一）不育基因

广西大学农学院从野生红麻 UG93 的后代中，发现了呈质量性状遗传特性的细胞质雄性不育基因。利用此基因，首次选育出红麻细胞质雄性不育系 K03 A，并建立了“三系”配套的杂交红麻利用体系。中国农业科学院麻类研究所在三亚南繁基地的高代品系中发现了红麻雄性不育材料，花药高度退化，花丝极短，花粉瘦瘪不开裂，表现为完全不育，暂定名为 KMS。经过初步研究 KMS 自交结实率为 0，并能正常异交授粉结实。KMS 的不育性不受环境影响，属于受隐性基因控制的雄性不育类型。

（二）光钝感类型

中国农业科学院麻类研究所和福建农林大学分别从三亚南繁的材料中发现了光钝感的

基因类型。以此作亲本，选育出了一批可在低纬度地区种植而不早花的品种。

（粟建光）

第十一节 亚 麻

亚麻（*Linum usitatissimum* L.）为一年生或秋播越年生草本植物，分为纤维用、油纤兼用、油用（油用亚麻俗称为胡麻）三种类型。长日照，自花授粉。染色体数 $2n=32$，或 $2n=30$。

一、亚麻的起源及在中国的传播

亚麻是人类最早栽培利用的农作物之一。从考古发现来看，早在 4 000～5 000 年前就开始利用，也有人认为 8 000 年前就已经有利用。关于亚麻的原产地说法不一，一般认为有 4 个起源中心：地中海、外高加索、波斯湾及中国。中国是亚麻起源地之一。亚麻在我国最早是作为中药材栽培。远在 5 000 多年前，开始作为油料作物栽培，并有部分纤维被利用。

油用亚麻最初在青海、陕西一带种植，在青海的土族阿姑就有利用亚麻制作盘绣的传统。以后逐渐发展到宁夏、甘肃、云南及华北等地。中国纤维亚麻规模化种植始于 1906 年，当时清政府的奉天农事试验场（位于现在的辽宁省沈阳市）从日本北海道引进俄罗斯栽培的亚麻贝尔诺等 4 个品种，1913 年公主岭试验场又引进了贝尔诺和美国 1 号，以后又陆续引进了一些品种，先后在辽宁的熊岳、辽阳，吉林的公主岭、长春、延边、吉林、农安，黑龙江的哈尔滨、海林、海伦等地进行试种。到 1936 年，黑龙江的松嫩平原和三江平原，吉林的中部平原和东部部分山区种植面积达到 5 000 hm^2。此后纤维亚麻在黑龙江得到了长足发展。后从黑龙江逐步发展到新疆、内蒙古、云南、湖南等地进行规模化种植。20 世纪 80 年代纤维亚麻引进新疆，1985 年试种，1986 年种植面积 1 600 hm^2。20 世纪 90 年代引进云南，1993 年亚麻在云南试种成功，目前已有 20 多个县种植纤维亚麻，其产量已经接近或超过西欧的产量水平。内蒙古在 20 世纪 60 年代初，开始研究和试种纤维亚麻，但未能推广。1986 年再次试种，1988 年大田推广黑亚 3 号面积达 166.67 hm^2，到 1994 年发展为 6 000 多 hm^2，分布于 5 个盟市的 7 个旗县。20 世纪 20～30 年代在湖南的沅江、长宁、浏阳就有种植，此后中断。1995 年中国农业科学院麻类研究所再次从黑龙江引进纤维亚麻在湖南作为冬季作物试种，并取得成功。1998 年后在祁阳、常德、岳阳大面积种植。

二、中国亚麻栽培区

亚麻在中国的分布区域十分广泛，主要分布在黑龙江、吉林、新疆、甘肃、青海、宁夏、山西、陕西、河北、湖南、湖北、内蒙古、云南等十几个省（自治区），西藏、贵州、广西等省（自治区）也有少量种植。按照生态区域分为 9 个栽培区。

（一）黄土高原区

为我国油用及油纤兼用亚麻的最主要栽培区，包括山西北部、内蒙古西南部、宁夏南部、陕西北部和甘肃中东部。这一区域海拔高度 1 000～2 000 m，土壤瘠薄，亚麻生长前期比较干旱。

（二）阴山北部高原区

为油用亚麻产区，主要包括河北坝上、内蒙古阴山以北地区。这一区域气温较低，干旱，土壤比较肥沃。海拔高度在 1 500 m 左右。

（三）黄河中游及河西走廊灌区

以油用亚麻为主，有少量纤维亚麻种植。主要包括内蒙古河套、土默川平原及宁夏引黄灌区、甘肃河西走廊，海拔 1 000～1 700 m。热量比较充足，雨水较少，需要灌溉，土壤盐渍化较重。

（四）北疆内陆灌区

种植油用亚麻及纤维亚麻。主要包括准噶尔盆地和伊犁河上游地区，多分布在绿洲边缘地带，日照充足，气温较高，依靠雪水灌溉，大气比较干燥。

（五）南疆内陆灌区

主要包括塔里木盆地，以油用亚麻为主，有少量纤维亚麻种植。这一区域冬季比较温暖，春季升温快，土壤水分主要依靠灌溉，大气特别干燥。

（六）甘青高原区

包括青海省东部及甘肃省西部高寒地区，属于青藏高原的一部分。本区域以油用亚麻为主，海拔 2 000 m 左右，土壤肥力比较高，但气温比较低，无霜期比较短。

（七）东北平原区

主要包括黑龙江、吉林和内蒙古的东部，为我国纤维亚麻主产区。土壤比较肥沃，春季经常干旱，后期雨水比较多。气温适中，有利于亚麻纤维发育，纤维品质比较好。

（八）云贵高原区

主要包括云南省，为中国纤维亚麻新区，秋季种植，为越冬作物。该区冬季气温比较高，雨水较少，主要与水稻轮作，灌溉条件比较好，既能保证亚麻对水分的需求，又不会因雨水过多而倒伏，所以产量比较高。

（九）长江中游平原区

主要包括湖南、湖北两省的环洞庭湖区。该区是中国在 20 世纪末到 21 世纪初发展起来的亚麻新区。该区利用冬闲田，秋冬种植，但雨水比较多，亚麻容易倒伏。

三、中国亚麻的特有基因

（一）核不育基因

核不育亚麻是内蒙古农业科学院于1975年首次发现，具有花粉败育彻底、育性稳定、不育株标记性状明显等特点。陈鸿山研究认为，该核不育为显性核不育，并由单基因控制，后代育性分离为1∶1的遗传模式，但发现有些杂交后代或自由授粉材料的育性有变化，其不育株与可育株的比率不是各占50%，而是不育率的变幅为30%～45%。张辉等研究发现，测交、回交、姊妹交后代可育株与不育株有1∶1、5∶3、3∶1等分离表现，认为核不育亚麻是一个复杂的群体，有可能发现新的不育类型。张建平对核不育亚麻进行测交、回交和对分离出的不育株进行姊妹交、自由授粉观察统计其后代育性表现的结果表明，后代育性表现为1∶1、5∶3、3∶1等分离模式，遗传分析表明该不育可能由两对非等位基因控制，并且为双显性基因。该基因的功能及遗传有待深入研究。

（二）温（光）敏型雄性不育基因

党占海等利用抗生素对油用亚麻品种（系）陇亚8号、9410、9033的种子进行浸泡处理，诱导获得了雄性不育突变体。通过对亚麻雄性不育材料的特征特性和不育性表现的研究表明，该不育材料雄性不育特征明显，温度对不育性有重要影响，一定温度范围内，高温能使育性提高，结果率和结实率增加，低温使育性下降，结果率和结实率下降，同时还发现不同材料对温度的敏感程度不同，通过对杂交后代育性分离的分析，表明几个材料的不育性均受隐性核基因控制，属温（光）敏型雄性不育。

（王玉富）

第十二节　甘　　蔗

甘蔗中国种（*Saccharum sinense* R.）是禾本科多年生草本植物，喜高温、多湿、强光照、长日照，属高光效C4植物，异花授粉或常异花授粉，以无性繁殖为主。甘蔗是异源多倍体植物，常表现为非整倍体。甘蔗中国种染色体数$2n=116\sim118$。现代甘蔗栽培品种多为杂交品种。

一、甘蔗的起源及在中国的传播

甘蔗的起源，因甘蔗不同种有不同的原产地，也就有不同的起源中心说。南太平洋、新几内亚、伊朗、中国、印度和印度尼西亚东部等都曾被认为是甘蔗的起源中心。目前普遍认为，甘蔗热带种（*S. officinarum*）和大茎野生种（*S. robustum*）起源于印度尼西亚东部、南太平洋和新几内亚群岛，向西传播至印度洋及印度半岛、南北美洲，向东传播至爪哇、婆罗洲及中国。食穗种（*S. edule*）原产于新几内亚至斐济，传播和分布范围小。

细茎野生种（*S. spontaneum*）和印度种（*S. barberi*）原产于孟加拉国南端的 Assam 至锡金邦（Sikkim）一带，其中细茎野生种分布十分广泛，因此是野生甘蔗的起源中心之一。甘蔗中国种（*S. sinense*）原产于中国。普遍认为，甘蔗热带种和割手密（即细茎野生种）是基本类型。Brandes（1958）认为，热带种在新几内亚进化，于史前时期传到中国和印度，在中国，与甘蔗细茎野生种发生种质渗透，形成了中国种。而 Grassl（1964）认为，热带种是与芒（*M. sacchariflorus*，$2n=76$）发生种质渗透（而不是与割手密），产生了中国种（*S. sinense*）基本类型，染色体数 $2n=118$（来自热带种的 $2n=80$，加上来自荻的 $2n=38$）。

中国是世界上古老的植蔗国之一，甘蔗栽培历史悠久。早在战国时期（公元前 4 世纪）及汉高祖时（公元前 3 世纪）就有种植甘蔗和制糖的历史记载，当时的种蔗制糖已有了相当的水平，而作为当时制糖原料的竹蔗、芦蔗（中国种 *S. sinense*）可能起源于中国。另外，细茎野生种广泛分布于中国南部、西南部以及越南、老挝、缅甸等地区，形成一个金三角分布地带，且具有许多中间类型，中国的南部、西南部是细茎野生种的起源中心之一，也是甘蔗中国种的原产地。

甘蔗制糖技术始于印度，后向东西方国家传播。在公元 645 年随佛教由印度向东北经拉萨、成都等“丝绸之路”传至中国，在内江最先形成中国的制糖据点，然后传至广东、福建、广西、云南和江西等地，再由广东、福建华侨传播至东南亚国家，主要栽培的是甘蔗中国种的竹蔗和芦蔗品种。

二、中国甘蔗栽培区

甘蔗盛产于热带与亚热带地区。我国地处北半球，甘蔗分布南从海南岛，北至北纬 33°的陕西汉中地区，地跨纬度 15°；东至台湾东部，西到西藏东南部的雅鲁藏布江，跨越经度达 30°，其分布范围之广，为其他国家少见。我国的主产蔗区，主要分布在北纬 24°以南的热带亚热带地区，包括广西、广东、云南、海南、福建、四川、湖南、江西、浙江、贵州和台湾等省（自治区）。湖北、河南、陕西、安徽和江苏等省有少量种植。

按照气候带划分，中国甘蔗栽培可分为南部蔗区、西南蔗区和长江中下游蔗区三大蔗区。其中，南部蔗区包括珠江三角洲、广东和福建东南部、台湾、海南、广西南部和云南南部，为我国主产蔗区；西南蔗区包括云南中北部（云南金沙江流域）、四川南部（四川安宁河谷地）和贵州西部（北盘江、赤水河流域）；长江中下游蔗区包括四川盆地、湖南南部、江西中南部和浙江。不同蔗区生态类型差异甚大，最典型的云南省就有多种蔗区气候类型。

三、中国甘蔗的特殊类型

（一）竹蔗

竹蔗也称草甘蔗，国外通称友巴（Uba cane）。秆粗壮高大，总体生长势强，空蒲心稍重，含糖分较高，为 19 世纪 40 年代以前主要制糖原料。但纤维多，蜡层厚，不利于出糖澄清。根状茎发达，宿根性好，分蘖力强，能粗放栽培。田间锤度 15.33%～21.44%，蔗糖分 10.86%～13.25%，平均高于芦蔗。纤维分 4.71%～12.62%，株高 123～278 cm，平均低于芦蔗。茎径 1.48～3.15 cm，平均高于芦蔗。叶长 74～152 cm，叶宽 2～5.6 cm，差异明显，平均低于芦蔗。叶鞘背毛群无，难花，花粉发芽率低，花果期 11 月至翌年 3 月，大多不开花结实。体细胞染色体数 $2n=96\sim118$。

竹蔗起源于中国，分布于日本、印度北部和马来西亚一带。曾在我国江西、湖南、福建、广东、广西、四川、云南等地广泛种植。在纬度偏北、海拔较高的地方均适宜生长。

(二) 芦蔗

与竹蔗主要区别在于芦蔗的秆较纤细，较早熟，分蘖力强，纤维多，较耐瘠，蜡质多，糖分较低，且易抽侧芽，易感黑穗病、棉蚜虫。因产量及糖分均较低，栽培面积逐渐减少，后被杂交品种取代。但有抗旱、耐瘠、宿根性强、对栽培管理要求不严等特点。由于长势强，可作为秸秆能源材料开发。中大茎，生长势强，空蒲心重，锤度 17.58%，蔗糖分 10.26%，平均低于竹蔗。纤维分 12.65%，株高 183～292 cm。茎径 1.8～2.1 cm，平均低于竹蔗。叶长 95～133 cm，叶宽 4～4.7 cm，平均高于竹蔗。叶鞘背毛群无，难花，花粉发芽率低，体细胞染色体数 $2n=120$。

（范源洪）

第十三节 甜　菜

普通甜菜（*Beta vulgaris* L.）为二年生植物，长日照，异花授粉。染色体数$2n=18$。

一、甜菜的起源及在中国的传播

甜菜起源于地中海沿岸及加那利群岛一带，后沿着海岸线逐渐向北欧地区及中亚大陆迁移，并逐渐分化形成不同的种和丰富的生态类型。目前种植最多的普通甜菜（*B. vulgaris* L.）起源于中东地区的伊拉克及美索不达米亚平原一带，然后分别向东西方传播，向东经过伊朗、黑海东岸、土库曼斯坦、乌兹别克斯坦、哈萨克斯坦及中国的“丝绸之路”传入中国西北，成为中国甜菜的遗传基因来源。

中国种植历史最长的是叶用甜菜。据《太平寰宇记》记载，叶用甜菜大约是在公元 5 世纪从阿拉伯末禄国（今伊拉克巴士拉以西）引入中国的。公元 6 世纪（南北朝）梁人陶弘景撰《名医别录》说：“忝菜味甘苦、大寒。主时行壮热，解风热毒。”可见当时在长江、黄河流域，甜菜已被人们用作药物治疗疾病或作蔬菜食用。在 7 世纪唐《新修本草》（公元 659 年）中记载，忝菜“叶似升麻苗，南人蒸缶食之，大香美。”直至明代，甜菜一直被当作一种佳美的蔬菜食用。明代以后，叶用甜菜已不再作为主要蔬菜品种，而主要在南方地区广泛用作牲畜（猪、牛）饲料。糖用甜菜来源于进化过程中叶用甜菜与具有较大贮藏根的饲用甜菜的杂交，经过长期的人工选择而形成。中国种植的糖用甜菜主要是从国外引进或经过改良的品种。中国利用甜菜肥大直根制糖的历史已近百年，20 世纪初叶，在今沈阳建立了奉天甜菜试验场，从事糖用甜菜试验研究。1908 年在黑龙江阿城县建立了我国第一座甜菜制糖厂，以后又相继在黑龙江哈尔滨、吉林范家屯以及山东、山西、甘肃、内蒙古等地试种，并建立了一些小规模甜菜制糖厂。从此，糖用甜菜在北方得以大力推广。

二、中国甜菜栽培区

中国甜菜分为3个栽培生态区，其中东北甜菜生态区为主要甜菜产区，该区产量占全国甜菜总产量的80%～90%。

（一）东北甜菜生态区

包括黑龙江、吉林、辽宁、内蒙古东部。

（二）华北甜菜生态区

包括河北、山西、内蒙古中西部。

（三）西北甜菜生态区

包括陕西、宁夏、新疆、甘肃。

三、中国甜菜的特殊类型

中国不是甜菜起源地，目前种植的各类甜菜均为从国外引进，后进行了驯化和改良。通过驯化和改良，已获得一些特殊类型种质，有的在我国甜菜育种和生产中发挥了重要作用。

（一）四倍体种质

利用染色体加倍技术选育出既丰产又抗病的甜菜四倍体优良品系，其遗传性状稳定并具有较好的代表性，利用其作杂交种的父本和母本，选育出高产、优质甜菜多倍体新品种，促进了甜菜产业的发展。

（二）单粒型种质

通过糖用甜菜与甜菜野生种远缘杂交，并经多代回交和改良，选育出甜菜单粒型种质，进而育成单粒种品种。单粒种的一个球仅出一棵苗的性状，大大节省了田间间苗、定苗作业，并为机械化作业提供了条件。

（三）细胞质雄性不孕型

每一类型的甜菜都可能存在细胞质雄性不孕型植株，它们的花虽为两性，但雄蕊部分失去生活力，雌性器官只接受正常植株的花粉，而形成杂种种子或保持不育能力。

（崔　平）

第十四节　烟　　草

普通烟草（*Nicotiana tabacum* L.）是一年生或多年生植物，长日照，自花授粉。普

通烟草染色体数 $2n=48$，染色体组为 SSTT。

一、烟草的起源及在中国的传播

烟草起源于美洲、大洋洲及南太平洋的某些岛屿。以 T. H. Goodspeed 为首的一些烟草专家，经过 50 多年的研究认为，烟草属的原始祖先在进化的古代分化为 3 个不同的类型，后通过杂种染色体自然加倍，形成 $2n=12+12=24$ 的双二倍体，即古普通烟草、古黄花烟草和古碧冬烟草。其后，由于基因突变或染色体畸变形成 $2n=24$ 的现代种；或由于染色体数目的自然加倍，形成 $2n=48$ 的双倍体现代种；或由于个别或某些染色体的丢失，形成 $2n=18$、32、38、42……的非整倍体现代种。

1492 年，西班牙探险家哥伦布到达美洲新大陆时看到当地人在吸烟，发现了烟草。后来去美洲的水手把烟草的种子带到欧洲种植，16 世纪后半叶烟草从西班牙和葡萄牙传入亚洲。在明朝万历年间（1573—1619）烟草传入中国。根据古籍《景岳全书》记载，“此物（指烟草）自古未闻也，近自明万历时始出于闽广之间，自后吴楚皆种植之矣。”开始传入的都是晒烟，后遍布全国各地。1900 年烤烟首先在中国台湾试种，后在山东、河南、安徽、辽宁试种成功并推广。1937—1940 年，四川、云南、贵州等省相继试种推广，后发展成大规模的烤烟生产基地。

二、中国烟草栽培区

中国是世界上烟草栽培面积最大的国家，几乎各地都有烟草种植，可划分为 7 个烟区：①北部西部烟区；②东北部烟区；③黄淮海烟区；④长江上中游烟区；⑤长江中下游烟区；⑥西南部烟区；⑦南部烟区。其中西南部烟区为烟草主产区，所产烟叶占全国烟叶总产量的 50%以上。以云南玉溪和贵州遵义为代表的烤烟叶金黄色，气香、质好、量足，吃味清香优美，是我国烤烟最适宜栽培区。

三、中国烟草的特殊类型和特有基因

烟草引进中国已有 400 多年，经长期驯化和选择，形成了下面一些特殊类型和特有基因。

四川什邡晒烟，品质优良，享有“贡烟”美誉。湘西晒烟香味独特，闻名国内外。吉林晒烟味美、劲浓，称为“关东烟”，是国内名牌。云南和福建烤烟，以清香、味美著称，是国内高档烟不可缺少的原料。

河南许昌烟草研究所从感赤星病品种长脖黄中选出抗病品种净叶黄，研究表明其抗性是单基因不完全显性遗传。中国科学院遗传研究所从高感黑颈病品种小黄金 1025 中，用 δ 射线辐射和毒素处理，选出抗病突变体 R400，其抗性为不完全显性多基因遗传。广东连江晒烟品种塘蓬对白粉病免疫，其抗性为隐性基因遗传。中国农业科学院烟草研究所从烤烟品种大白筋中选出具有特异香味的品种大白筋 599，其香味是由少数显性或部分显性基因遗传。以上种质用作杂交亲本，已选育出多个抗病、优质新品种。

（蒋予恩）

第十五节　茶　　树

茶［*Camellia sinensis*（L.）O. Ktze.］是生长在亚热带的多年生常绿木本植物，具有喜温、喜湿、喜酸、耐阴的特性，异花授粉。染色体数 $2n=30$。

一、茶树的起源

吴征镒（1979）指出，中国华中、华南和西南的亚热带地区拥有山茶属 14 个类群（组）中的 11 个，达 79 个种，这一地区应是山茶属的现代分布中心。张宏达（1981）认为，山茶属有 200 多个种，90%以上的种主要分布在中国西南部及南部，集中分布在云南、广西和贵州三省（自治区）的接壤地带。中国的西南部及南部不仅是山茶属的现代分布中心，也是它的起源中心。闵天禄（2000）指出，云南东南部、广西西部和贵州西南部的亚热带石灰岩地区是茶组植物原始种最集中的区域，这一地区应是茶组植物的地理起源中心。杨士雄（2007）认为，云南南部和东南部、贵州西南部、广西西部以及毗邻的中南半岛北部地区是茶组植物的可能地理起源地，因这一地区处在山茶属以及山茶属的近缘类群核果茶属（*Pyrenaria* BL.）的起源地范围之内。虞富莲（1992）根据苏联遗传学家瓦维洛夫的“具有该作物及其野生近缘种最大遗传多样性的地区就是该作物的起源中心”理论，结合云南、广西、贵州茶树种质资源特征和这一地带古老的地质历史，认为云南的东南部和南部、广西的西北部、贵州的西南部是茶组植物的地理起源中心。

在漫长的历史进程中，茶从起源中心向周边自然扩散，途径之一是沿澜沧江、怒江水系，蔓延到横断山脉中南部，这里位于北纬 24°以南，属南亚热带常绿阔叶林区，低纬度、高海拔及长日照和湿热多雨的气候条件，使茶树得到了充分的演化，形成了以大理茶（*C. taliensis*）和阿萨姆茶（*C. sinensi* var. *assamica*）等为主体的茶组植物（Sect. thea）生长中心。大理茶是野生型茶树，集中分布在哀牢山元江一线以西的横断山脉纵谷区；阿萨姆茶是历史悠久现广泛栽培的栽培型茶树，其分布区域几乎与大理茶完全重叠（仅海拔高度有差异），根据大理茶与阿萨姆茶形态特征的相似程度以及广泛存在的它们间的杂交类型（当地称“二嘎子茶”），阿萨姆茶应是由大理茶等自然演变而来。栽培型茶树随着发源于西南的江河水系及人类的活动，逐渐向华南、江南、江北等地自然传播，形成了中国目前的各大茶区和丰富的栽培类型。

二、中国茶树栽培区

中国茶树栽培区分为：①华南茶区，中国最南部的茶区，是茶树最适宜栽培区，以产红茶和乌龙茶为主；②西南茶区，中国最古老的茶区，也是茶树最适宜栽培区，是红茶和普洱茶的主产区；③江南茶区，是绿茶主产区，为茶树适宜栽培区，是中国最主要的茶区，产量占全国总产量的 65%左右；④江北茶区，只产绿茶，是中国最北部的茶区，是茶树次适宜栽培区。

三、中国茶树的特殊类型

苦茶（*C. assamica* var. *kucha* Chang et Wang）是栽培种茶树中的特殊类型，又别称

瓜芦、过罗、果罗等，主要分布在南岭山脉两侧的广东、江西、湖南、广西毗邻区，如广东的乳源苦茶、乐昌龙山苦茶，江西的安远中流苦茶、寻乌苦茶、崇义丰州苦茶、崇义思顺苦茶、信丰横坑苦茶，湖南的江华苦茶、蓝山苦茶、桂东苦茶、酃县苦茶，广西的贺州苦茶等。此外，在云南、贵州、四川也有零星分布，如云南金平苦茶，贵州兴义七舍大苦茶、晴隆大苦茶，四川宜宾黄山苦茶等。苦茶形态特征上并无特殊，一般呈小乔木树形，大叶，芽叶黄绿色，共同点是芽叶茸毛少或极少，味苦似黄连。湘南民众一向有用苦茶治“积热、腹胀、腹泻”等习惯。据研究，苦茶的“苦”主要是茶叶中含有较多的酚酸物质，如黄酮类（flavone）和花青素（cyanidin），以及构成茶叶苦涩味的主要成分没食子儿茶素没食子酸酯（L－EGCG）和儿茶素没食子酸酯（L－ECG）含量较高，还含有一种叫丁子香酚苷的特异苦味物质。日本Yamade曾在茶梅（*C. sasanqua*）×茶（*C. sinensis*）的杂交种中发现丁子香酚苷，具有很强的苦味。

（虞富莲）

第十六节　桑　　树

桑（*Morus* L.）为多年生落叶乔木或灌木，异花授粉。染色体数 $2n=2x=28$。目前已发现自然单倍体和二倍体、三倍体、四倍体、六倍体、八倍体、二十二倍体。

一、桑树的起源

桑树起源于中国，青藏高原是桑树的重要起源中心之一。中国学者认为，原产中国的桑种有滇桑（*M. yunnanensis* Koidz.）、长穗桑（*M. wittiorum* Hand－Mazz.）、鲁桑（*M. multicaulis* Perr.）、广东桑（*M. atropurpurea* Roxb.）、白桑（*M. alba* Linn.）、华桑（*M. cathayana* Hensl.）。另外，日本桑树分类学者小泉源一也认为有一半以上的桑种原产于中国。

雅鲁藏布江中、下游河谷地区，由于受印度洋暖湿气流影响，形成一个特殊的地貌单元，这里有浓郁的森林植被，有繁多的林木树种，分布着广泛的古桑。中国学者公认的“桑树王”“巨龙桑”就在这里，这里还稀疏分布成片的古桑林带，这些古桑树龄均在千年上下，如此大面积野生古桑群落的存在实属罕见，其中最大树龄达1 600余年。地质古植物学工作者耿国仓在“西藏第三纪植物的研究”中就有桑科的记载。中国殷商时期的甲骨文中出现了蚕、桑、丝等象形字。近代陆续出土的春秋战国时期的铜器上有乔木桑、高干桑及地桑等多种采桑纹饰。1958年，在浙江吴兴县钱山漾地区发掘出土了一批丝织品，距今约有5 000年，说明在新石器时代就有养蚕业的存在。古书对桑树的记载更为翔实，周代《尔雅》、北魏贾思勰《齐民要术》、元代《王祯农书》、明末《沈氏农书》等都详细记述了桑的不同品种和栽培技术。

中国是桑树起源地，也是蚕业的发源地，栽桑养蚕是中国的传统优势产业。根据文献记载，公元前3世纪，中国即以盛产丝织物而闻名于世，希腊人亦称中国为“丝国”。汉朝张骞出使西域，开辟了古代中外贸易和文化交流的道路，后来中外历史学家称为“丝绸之路”。蚕桑于汉朝相继传入中亚君士坦丁堡和欧洲。《史记》和《汉书》中有周初箕子在朝鲜传播蚕丝织作的记载。中国的白桑于 1291 年前传入日本，后经越南、印度等国传入欧洲，再传入美洲。中国的桑树对世界蚕业发展起了重要的作用。

二、中国蚕桑产区

中国桑树分布遍及全国，但主要栽培区在长江流域和珠江流域各省份，其次是黄河流域，其中以广西、四川、浙江、江苏四省（自治区）分布最广，山东、安徽、湖南、湖北、江西、重庆、陕西、山西、河北、河南、新疆、宁夏、贵州、云南、辽宁、吉林、黑龙江等省（自治区）均有栽培。

中国蚕桑区划将蚕桑产区分为 5 个大区和 17 个亚区。

（一）北方干旱蚕桑区

本区分 3 个亚区：东北农林蚕桑亚区、北部牧业蚕桑亚区、南疆农牧蚕桑亚区。该区栽培品种以东北辽桑和新疆白桑为主。

（二）黄淮海流域蚕桑区

本区分 4 个亚区：山东丘陵蚕桑亚区、黄淮平原蚕桑亚区、冀鲁豫山岗低平田蚕桑亚区、黄土高原蚕桑亚区。栽培品种以黄河下游鲁桑和黄土高原格鲁桑为主。

（三）长江流域蚕桑区

本区分 5 个亚区：长江下游平原丘陵蚕桑亚区、江南丘陵山地蚕桑亚区、长江中游平原丘陵蚕桑亚区、秦巴大别山地蚕桑亚区、四川盆地蚕桑亚区。栽培品种以太湖流域湖桑、长江中游摘桑和四川盆地嘉定桑为主。

（四）南方中部山地红壤蚕桑区

本区分 2 个亚区：南方中部山地丘陵红壤蚕桑亚区、南方中部高原红壤蚕桑亚区。栽培品种以广东桑为主，也有部分太湖流域湖桑。

（五）华南平原丘陵蚕桑区

本区分 3 个亚区：华南沿海平原蚕桑亚区、华南岛屿蚕桑亚区、华南山地丘陵蚕桑亚区。栽培品种以珠江流域广东桑为主。

三、中国桑树的特殊类型

中国是桑树的原产地，桑树遍及全国各地，在不同的生态和栽培条件下长期驯化的结果，形成了中国特有的生态类型，主要有：珠江流域广东桑类型、太湖流域湖桑类型、四川盆地嘉定桑类型、长江中游摘桑类型、黄河中下游鲁桑类型、黄土高原格鲁桑类型、新疆白桑类型、东北辽桑类型。各类型栽培品种、植株形态、种植方式、抗性均不相同。

鲁桑（*Morus multicaulis* Perr.）是中国黄河流域和长江流域重点蚕区主栽品种。鲁桑中曲枝类型枝态特殊，有一定的观赏价值，是中国特有的特殊类型。如湖北弯条桑、四川九龙桑等，其枝条节与节之间弯曲生长，盘旋向上，叶片脱落至发芽开叶为最佳观赏期。另外，鲁桑的两个野生近缘种滇桑、长穗桑公认为中国特有的稀有桑种，其形态特征比较原始，繁殖成活率极低，异地保种难度很大，在分子系统学研究中与中国栽培类型桑种距离较远。

1. 滇桑（*M. yunnanensis* Koidz.）原产我国云南，生于海拔 1 300～2 300 m。大中乔木，枝条栗褐色，皮孔椭圆形。芽椭圆形尖头，叶心脏形，叶尖渐尖，叶缘三角形锯齿，齿尖具短芒刺，叶基深心形，具 6～7 对侧脉，侧脉直达叶边或齿端，被有毛。花雌雄异株，花序柄密生毛，花被片宽卵形或椭圆形，雌花有花柱，柱头内侧具突起。聚花果长圆筒形，单生于叶腋中，成熟后红色。

2. 长穗桑（*M. wittiorum* Hand - Mazz.）原产我国，分布湖北、湖南、贵州、广西、云南等省（自治区），生长于海拔 700～1 650 m 的山谷、水边疏林中。中大乔木或灌木，树皮灰色或白色。当年生枝条黑褐色、亮褐色或青褐色，有黄褐色长椭圆形及纵向的线状皮孔；多年生枝条色较淡，有黄褐色长椭圆形及纵向的线状皮孔。芽褐色，叶长椭圆形或椭圆形，不分裂，叶面深绿色，光滑无毛，叶尖渐尖或尾状，叶缘浅齿或近全缘，叶基圆形或近圆形，基脉三出。花雌雄异株，小花有柄，雌花短花柱，花柱长约为子房长 1/5，柱头二裂，内侧具小突起。聚花果窄长圆形，成熟紫红色。

（张　林）

参考文献

常汝镇，1989. 关于栽培大豆起源的研究 [J]. 中国油料（1）：1 - 6.

陈翠云，等，1990. 中国芝麻品种志 [M]. 北京：农业出版社.

陈鸿山，1986. 核不育亚麻研究初报 [J]. 华北农学报（11）：87 - 91.

陈如凯，2003. 现代甘蔗育种的理论与实践 [M]. 北京：中国农业出版社.

陈守良，1997. 中国植物志：第 10 卷 [M]. 北京：科学出版社.

陈进，裴盛基，2003. 茶树栽培起源的探讨 [J]. 云南植物研究，增刊（XIV）：33 - 40.

党占海，张建平，佘新成，2002. 温敏型雄性不育亚麻的研究 [J]. 作物学报，28（6）：861 - 864.

邓丽卿，粟建光，等，1994. 红麻和木槿属 *Furcaria* 组植物的形态分类及细胞遗传学研究 [J]. 湖南农学院学报，20（4）：310 - 317.

邓丽卿，等，1985. 红麻品种对光温反应的研究 [J]. 中国麻作（2）：1 - 7.

段乃雄，姜慧芳，廖伯寿，等，1995. 中国的龙花生Ⅰ. 龙花生的来源和传播 [J]. 中国油料，17（2）：68 - 71.

冯祥运，1996. 中国芝麻种质资源研究Ⅰ. 搜集、编目与分类 [J]. 中国油料作物学报，21（2）：77 -80.

傅立国，等，2000. 中国高等植物 [M]. 青岛：青岛出版社.

顾德兰，2002. 普通生物学 [M]. 北京：高等教育出版社.

郭德栋，李山源，白庆武，等，1986. 糖甜菜三体系列的建立与鉴定初报［J］. 遗传学报（1）：27-34.
湖南麻类研究所，1976. 我国黄麻、红麻、苎麻的起源与分类［J］. 植物分类学报（1）31-37.
黄滋康，2007. 中国棉花品种及其品系谱［M］. 修订本．北京：中国农业出版社．
季道藩，1983. 棉花知识百科［M］. 北京：农业出版社．
蒋予恩，1997. 中国烟草品种资源［M］. 北京：中国农业出版社．
柯益富，1997. 桑树栽培及育种学［M］. 北京：中国农业出版社．
李福山，1994. 大豆起源及演化研究［J］. 大豆科学，13（1）：61-66.
李宗道，1980. 麻作的理论与技术［M］. 上海：上海科学技术出版社．
刘成朴，1981. 中国亚麻品种志［M］. 北京：农业出版社．
刘后利，1985. 油菜的遗传和育种［M］. 上海：上海科学技术出版社．
刘后利，1987. 实用油菜栽培学［M］. 上海：上海科学技术出版社．
骆君骕，1992. 甘蔗学［M］. 北京：轻工业出版社．
麻类种质资源课题组，1992. 中国主要麻类作物种质资源的搜集、鉴定与利用［C］//中国农业科学院1986—1990年研究论文集．北京：中国农业科技出版社．
闵天禄，2000. 世界山茶属的研究［M］. 昆明：云南科技出版社．
潘家驹，1998. 棉花育种学［M］. 北京：中国农业出版社．
卜慕华，1981. 我国栽培作物来源的探讨［J］. 中国农业科学（4）86-96.
卜慕华，潘铁夫，1982. 中国大豆栽培区域探讨［J］. 大豆科学（2）：105-121.
神农架及三峡地区作物种质资源考察队，1991. 神农架及三峡地区作物种质资源考察文集［M］. 北京：农业出版社．
苏德成，2005. 中国烟草栽培学［M］. 上海：上海科学技术出版社．
粟建光，邓丽卿，等，1995. 非洲红麻某些生物学特性的研究［J］. 华中农业大学学报，14（2）120-124.
孙大容，1998. 花生育种学［M］. 北京：中国农业出版社．
孙济中，陈布圣，1999. 棉作学［M］. 北京：中国农业出版社．
佟道儒，1997. 烟草育种学［M］. 北京：中国农业出版社．
王金陵，1947. 大豆性状之演化［J］. 农报，12（5）：6-11.
王金陵，1985. 大豆的起源演化和传播［J］. 大豆科学，4（1）：1-6.
王金陵，1991. 大豆生态类型［M］. 北京：农业出版社．
王书恩，1996. 中国栽培大豆的起源及其演化的初步探讨［J］. 吉林农业科学（1）：75-79.
吴征镒，周浙昆，孙航，等．2006. 种子植物分布区类型及其起源和分化［M］. 昆明：云南科技出版社．
西藏作物品种资源考察队，1987. 西藏作物品种资源考察文集［M］. 北京：中国农业科技出版社．
肖瑞芝，1986. 圆果种黄麻（*C. capsularis*）品种不同形态特征的细胞学研究［J］. 中国麻作（3）：1-4.
许宣，1999. 棉花的起源与分类［M］. 西安：西北大学出版社．
虞富莲，1986. 论茶树原产地和起源中心［J］. 茶叶科学，6（1）：1-8.
禹山林，2008. 中国花生品种系谱［M］. 上海：上海科学技术出版社．
臧巩固，1991. 苎麻属无融合生殖种质资源的初步研究［J］. 中国麻作（2）：6.
张福顺，1999. 叶用甜菜种质资源遗传多样性及亲缘关系的研究［D］. 哈尔滨：中国农业科学院甜菜研究所．
张福顺，孙以楚，2000. 浅析叶用甜菜（*Beta cicla* L.）的研究进展［J］. 中国糖料（2）：46-48.
张辉，张惠敏，丁维，等，1998. 亚麻雄性不育系后代遗传规律探讨（Ⅱ）［J］. 内蒙古农牧学院学报，19（2）：43-47.

张宏达，1984. 茶叶植物资源的订正 [J]. 中山大学学报（自然科学版）(1)：1-12.

张建平，1999. 核不育亚麻育性表现及遗传研究 [J]. 甘肃农业科技 (11)：17-18.

中国科学院植物研究所，2002. 中国高等植物图鉴：第二册 [M]. 北京：科学出版社.

中国科学院中国植物志编辑委员会，1989. 中国植物志：第四十九卷（第一分册）[M]. 北京：科学出版社.

中国农学会遗传资源委员会，1994. 中国作物遗传资源 [M]. 北京：中国农业出版社.

中国农业百科全书总编辑委员会，1991. 中国农业百科全书：农作物卷 [M]. 北京：农业出版社.

中国农业科学院蚕业研究所，1985. 中国桑树栽培学 [M]. 上海：上海科学技术出版社.

中国农业科学院蚕业研究所，1993. 中国桑树品种志 [M]. 北京：中国农业出版社.

中国农业科学院麻类研究所.1985. 中国黄麻红麻品种志 [M]. 北京：农业出版社.

中国农业科学院麻类研究所，1992. 中国苎麻品种志 [M]. 北京：农业出版社.

中国农业科学院麻类研究所，1993. 中国麻类作物栽培学 [M]. 北京：农业出版社.

中国农业科学院棉花研究所，1981. 中国棉花品种志 [M]. 北京：农业出版社.

中国农业科学院棉花研究所，1983. 中国棉花栽培学 [M]. 上海：上海科学技术出版社.

中国农业科学院棉花研究所，2007. 中国棉花遗传育种学 [M]. 济南：山东科学技术出版社.

中国农业科学院棉花研究所，江苏省农业科学院经济作物研究所，1989. 中国的亚洲棉 [M]. 北京：农业出版社.

中国农业科学院甜菜研究所，1984. 中国甜菜栽培学 [M]. 北京：农业出版社.

中国农业科学院油料作物研究所，1990. 中国油菜栽培学 [M]. 北京：农业出版社.

赵立宁，1997. 苎麻属全雌无融合生殖种雄花诱导研究 [J]. 中国麻作 (2)：5-8.

Boshou Liao and Corley Holbrook，2007. Groundnut [M] //Genetic Resources，Chromosome Engineering and Crop Improvement（Volume 4：Oil Crops）. CRC Press（USA）.

Huifang Jiang，Boshou Liao，Xiaoping Ren，et al，2007. Comparative assessment of genetic diversity of peanut（*Arachis hypogaea* L.）genotypes with various levels of resistance to bacterial wilt through SSR and AFLP analyses [J]. Journal of Genetics and Genomics，34（6）：544-554.

Thangavelu S，1994. Diversity in wild and cultivated species of *Sesamum* and its use [R] //Sesame Biodiversity in Asia.

第十一章

蔬菜作物的起源与进化

第一节 概 述

中国幅员辽阔，地跨温带、亚热带、热带，地形、地貌又具有高度多样性，从而形成了多种类型的气候条件，为种类繁多的蔬菜——各具特色的种、变种、变型、品种的形成、生长和繁衍提供了所需的自然生态环境。中国蔬菜种植历史悠久，栽培方法多样，栽培技术精细而富有特色，蔬菜种植者长期致力于蔬菜的驯化、引种、选择、改良，这些均为中国丰富多样的蔬菜种类和地方品种的形成创造了极为有利的条件，从而使中国成为世界上栽培蔬菜作物起源与进化的重要地域之一。据统计，中国目前蔬菜作物至少有298种（亚种、变种），分属50科。有学者认为目前正在研究和开发利用的野菜有574种，野生食用菌有293种（《中国野生资源学》，2006）。中国丰富的蔬菜种质资源为人们进一步的研究和利用提供了宝贵的基础条件。

一、栽培蔬菜作物的起源中心

目前栽培的蔬菜大多数属于高等植物中的被子植物，都是由野生种进化而来。栽培蔬菜作物的起源和演化与人类的进化密切相关，尤其在人类定居后，一些野生蔬菜逐步被移植到园圃进行驯化栽培并开始自然及人为选择，进而逐渐形成蔬菜作物的栽培种、变种、变型和品种。植物学家在广泛进行调查并通过对古典植物学、生物考古学、古生物学、语言学、生态学等进行研究的基础上，先后总结并提出了关于栽培植物（包括栽培蔬菜植物）起源中心理论。先后有康德尔（A. de Candolle）的《栽培植物的起源》（1885）、瓦维洛夫（Н. И. Вавилов）的《育种的植物地理学基础》（1935）、达林顿和阿玛尔（C. D. Darlington 和 Janaki Ammal）的《栽培植物染色体图集》（1945）、伯基尔（I. H. Burkil）及茹科夫斯基（П. М. Жуковский）的《育种的世界植物基因资源》（1970）、泽文（A. C. Zeven）和茹科夫斯基的《栽培植物及其多样化中心辞典》（1975）等著作论述了栽培植物起源中心和栽培蔬菜植物的起源。

现将中国蔬菜学者引用较多、由瓦维洛夫提出的11个栽培植物（包括栽培蔬菜植物）起源中心及分中心，以及后来达林顿增添的北美中心共12个栽培植物（包括栽培蔬菜植物）起源中心分列如下：中国中心、印度—缅甸中心、印度—马来亚中心、中亚细亚中心、近东中心、地中海中心、阿比西尼亚中心（又称埃塞俄比亚中心或非洲中心）、中美中心、南美中心、智利中心、巴西—巴拉圭中心和北美中心。

其中中国中心包括中国的中部和西部山区及低地，是许多温带、亚热带作物的起源地。其起源的蔬菜作物主要有大豆、竹笋、山药、甘露子、东亚大型萝卜、根芥菜、牛蒡、荸荠、莲藕、茭白、蒲菜、慈姑、菱、芋、百合、普通白菜、大白菜、芥蓝、乌塌菜、芥菜、黄花菜、苋菜、韭、葱、薤、莴笋、茼蒿、食用菊花、紫苏等。也是豇豆、甜瓜、南瓜等次生起源中心（《中国农业百科全书·蔬菜卷》，1990）。由以上其他各中心起源的蔬菜作物参见《中国作物及其野生近缘植物·蔬菜卷》（2008）第一章第三节。

二、中国蔬菜作物的来源及其演化

中国古代蔬菜来自野生植物的采集，随着农业生产的发展，蔬菜栽培逐步兴起，经过长期的选择和驯化，野生种类逐步向栽培种类进化，并成为中国固有的蔬菜；同时，随着国内外交往的增加，也促进了蔬菜的引入和对外交流，并成为中国蔬菜的另一个来源途径，其中有一些较早引入的蔬菜，经演化逐渐形成新的类型，甚至成为其次生原产地。

最早记载有中国原产蔬菜作物的是 2 500 年前的《诗经》，其中列出的蔬菜作物种类有蒲、荇菜、芹（水芹）、芣苢（车前草）、卷耳、蘩（白蒿）、蕨、薇、蘋（田字草）、藻、瓠（葫芦）、葑（芜菁等）、菲（萝卜）、荼（苦菜类）、荠、荷（莲藕）、蒿、瓜（甜瓜、菜瓜）、苹（扫帚草）、杞（枸杞）、莱（藜）、菽（豆类）或荏菽（大豆）、莪（抱娘蒿）、堇、笋（竹笋）、茆（莼菜）、韭、葵（冬寒菜）、蓼等。据记载，先秦时期还有葱、薤、小蒜（泽蒜）、芸、芋、薯蓣（山药）、姜、蘘荷等。以上蔬菜大多处于野生状态，栽培的仅有韭菜、冬寒菜、瓠、瓜、大豆等几种。记载华南蔬菜作物较为详尽的文献是公元 314 年的《南方草木状》，记有当时栽培的赤小豆、刀豆、越瓜、冬寒菜、白菜、芥菜、芜菁、荠菜、苋菜、蕹菜、茼蒿、紫苏、甘露子、芋、蘘荷、薯蓣、姜、萱草、百合、黄花菜、丝葱、韭菜、薤、莼菜、菱、莲藕、慈姑、荸荠、水芹、茭白、竹笋、食用菌等蔬菜，它们均属于中国原产。北魏时期的《齐民要术》记述了 1 500 年前在黄河流域栽培的 32 种蔬菜（包括种及变种），有瓜（甜瓜）、冬瓜、越瓜、胡瓜、茄子、瓠、芋、蔓菁、菘、芦菔、泽蒜、薤、葱、韭、蜀芥、芸薹、芥子、胡荽、兰香（罗勒）、荏、蓼、蘘荷、芹、白蘧、马芹、姜、堇、胡葸子（即枲耳）、苜蓿、葵、蒜及大豆等，它们中除冬瓜、胡瓜、茄子、胡荽、蒜等少数种类由外域引进外，其他均为中国原产（见附录 2）。

此后，中国经“丝绸之路”加强了与阿富汗、伊朗，以及非洲、欧洲的交往，从而使中亚、近东、阿比西尼亚（埃塞俄比亚）和地中海 4 个栽培植物起源中心的蔬菜作物得以传入中国。由此途径在汉代传入的有大蒜、芫荽、黄瓜、苜蓿、甜瓜、豌豆、蚕豆；菠菜于唐代传入；莴苣在唐代以后、胡萝卜在宋代或宋代以前传入。

继“丝绸之路”开通以后，于汉、晋、唐、宋各代，又先后开辟了与越南、缅甸、泰国、印度、南洋群岛等国家和地区的海路及陆路交通，从而使印度、缅甸、马来西亚中心起源的蔬菜得以传入中国。由此途径传入的从汉晋至明清前后的有茄子、丝瓜、冬瓜、苦瓜、矮生菜豆、扁豆、小豆、绿豆、饭豆、龙爪豆等。自美洲大陆被发现后（1492），通过海路又间接地经欧洲引入了中美中心和南美中心起源的蔬菜。明清两代（1368—1911）由海路传入的蔬菜很多，计有菜豆、红花菜豆、西葫芦、南瓜、笋瓜、佛手瓜、豆薯、辣椒、番茄、菊芋、甘薯、马铃薯、结球甘蓝、芜菁甘蓝、香芹、豆瓣菜、四季萝卜、菜蓟、洋葱、根菾菜、芦笋等。20 世纪以来又传入结球莴苣、花椰菜、青花菜、球茎甘蓝、菜用豌豆、软荚豌豆、莱豆、甜玉米、西芹、蛇丝瓜、硬皮甜瓜、甜椒、韭葱、黄秋葵、草莓、双孢蘑菇、番杏（洋菠菜）等。

另外，早期从国外引进的一些蔬菜，在驯化栽培过程中发生变异，从而演化形成不同于原产地的独特的亚种、变种或类型，中国已成为其次生原产地。如芸薹属的芸薹（*Brassica campestris* L. 或 *Brassica rapa* L.）在欧洲和其他国家一直作为油料作物栽培，而传到中国后在南方演变成白菜亚种［ssp. *chinesesis*（L.）Makino］，进而形成普通白菜、乌塌菜、菜薹等变种，以及适应于不同季节栽培的许多生态类型；在北方则演化成大白菜亚种［ssp. *pekinensis*（Lour.）Olsson］，进而形成散叶、半结球、花心、结球等变种，其中结球变种又形成卵圆、平头和直筒等生态型。再如芥菜，染色体 $x=8$ 的黑芥（原产小亚细亚、伊朗）和染色体 $x=10$ 的芸薹或芜菁等（原产地中海及近东中心）在中亚、喜马拉雅山脉地区杂交而形成的异源四倍体［$2n=2(8+10)=36$］，成为油料及香料作物；其后朝三个方向即印度、高加索和中国传播，在前两个地区始终作为油料作物、香料作物栽培，但在中国则演化成可供茎用、根用、叶用、薹用的 16 个变种。又如原产地中海地区的莴苣在中国则演化成茎部肥大的莴笋。另外，茄子、萝卜、黄瓜、冬瓜、大蒜、长豇豆等蔬菜，在中国自然环境和栽培条件影响下，发生各种特性的相应变化，逐步形成了适应于不同地区和不同季节生长的各种生态类型和品种。

三、中国蔬菜作物的特点

从起源、演化和中国目前所拥有的各类品种来看，中国栽培蔬菜作物具有以下显著特点：一是起源于中国的蔬菜作物多。“中国起源中心”起源的蔬菜作物计有白菜、大白菜、韭、莴笋等 29 种。同时也是豇豆等多种蔬菜的次生原产地。二是所拥有的蔬菜作物的种类多。目前在国家农作物种质资源长期库（圃）保存的蔬菜种质资源就有 3 万余份，其中以种子繁殖的种质 29 000 余份，以无性繁殖或水生的蔬菜种质资源 1 000 余份，共涉及 21 科 67 属 132 个种或变种（方智远、李锡香，2004）。三是栽培蔬菜作物的品种和类型多。在现已收集并入库的 3 万余份蔬菜种质资源中，约有 90%为地方品种。其中，有许多是世界上独一无二的变种和类型，例如：仅芥菜就有大头芥、笋子芥、茎瘤芥、抱子芥、大叶芥、小叶芥、白花芥、花叶芥、长柄芥、凤尾芥、叶瘤芥、宽柄芥、卷心芥、结球芥、分蘖芥、薹芥 16 个变种；莴苣中的茎用莴苣、豇豆中的长豇豆均为中国所特有。此外，还有许多具有优良性状的种质，例如抗霜霉病、枯萎病等的黄瓜种质，耐抽薹、抗病虫的白菜种质，抗青枯病、单性结实的茄子种质等。

（朱德蔚　王德槟）

第二节 萝　　卜

萝卜（*Raphanus sativus* L.），别名莱菔、芦菔，为十字花科（Cruciferae）萝卜属二年生草本植物。属长日照作物，异花授粉。染色体数 $2n=2x=18$。

一、萝卜的起源及在中国的传播

多数学者认为萝卜的原始种起源于欧亚温暖海岸的野萝卜（*Raphanus raphanistrum* L.）。中国、日本的大型萝卜是由原产中国山东、江苏、安徽和河南等省的 *R. sativus* 演变而来；欧洲四季萝卜则是由原产地中海沿岸的 *R. sativus* 演变而来。中国萝卜栽培历史悠久，在《尔雅释草》（公元前 1 世纪）中就有“芜菁紫花者谓之芦菔”的记载，北魏《齐民要术》中也有准确记载的萝卜栽培技术。宋、元两代已有较普及的生长期短、进行春季或初夏种植的栽培技术，到明代中后期，一年中几乎随时都有种植和收获的萝卜，萝卜栽培已相当普遍。在清代地方志中还记载了许多优质萝卜地方品种。

二、中国萝卜栽培区

中国萝卜可分为 7 个栽培区。

（一）东北寒温带气候栽培区

包括黑龙江、吉林、辽宁以及内蒙古的东北部等地。

（二）华北温带半干旱气候栽培区

包括北京、天津、河北、山西及内蒙古的部分地区。

（三）华东、华中暖温带半湿润季风气候栽培区

包括山东、江苏（北部）、安徽、河南等地。

（四）西北干燥或高寒气候栽培区

包括甘肃、青海、宁夏、新疆、西藏等地。

（五）华东、华中暖温带和亚热带季风性湿润气候栽培区

包括上海、江苏（南部）、浙江、江西、福建、湖南、湖北等地。

（六）华南亚热带热带气候栽培区

包括广东、广西、海南、台湾等地。

（七）西南不同海拔高度气候差异垂直分布栽培区

包括四川、云南、贵州及重庆等地。

三、中国萝卜的特殊类型

（一）强冬性品种

此类品种萌动种子在 2～4 ℃的低温条件下处理 40 d，播种后 60 d 左右才现蕾。该类品种主要为分布在长江下游地区的部分冬春萝卜和青藏高原的秋冬萝卜。

（二）耐热品种

此类品种主要特征是夏季高温下能正常生长，并能形成肥大的肉质根。

（三）水果萝卜品种

此类品种主要特征是肉质根组织致密、脆而多汁、味甜爽口而无渣，根形好，外皮光滑，有些还具有诱人色泽。目前在国外还没有发现有如此优质的品种。

（四）雄性不育种质

自 1972 年河南郑州蔬菜研究所发现中国第一个萝卜雄性不育源以来，先后有多个单位发现了多种类型品种存在雄性不育源。目前已选育出 10 多个萝卜雄性不育系，并配成优良杂交一代品种 30 多个。

（庄飞云）

第三节　胡萝卜

胡萝卜（*Daucus carota* L. var. *sativa* DC.），别名红萝卜、黄萝卜、番萝卜、丁香萝卜、赤珊瑚、黄根等，为伞形科（Umbelliferae）胡萝卜属二年生草本植物。属长日照作物，异花授粉。染色体数 $2n=2x=18$。

一、胡萝卜的起源及在中国的传播

一般认为最原始的胡萝卜是含有花青素的紫色胡萝卜，源于 *Daucus carota*（野胡萝卜种）的亚种 ssp. *carota*，起源中心在阿富汗。目前人们食用的紫色胡萝卜、含有叶黄素和杂色素的黄色胡萝卜、含番茄红素的红胡萝卜及含有胡萝卜素的橘色胡萝卜，其祖先均来自含有花青素的 *Daucus carota* ssp. *carota*。关于栽培胡萝卜究竟何时传入中国，研究者意见不一。明代李时珍在《本草纲目》（1578）中记载："元时（1280—1367）始自胡地来，气味微似萝卜，故名……"但也有学者认为是西汉张骞出使西域，通过"丝绸之路"，从中亚细亚传至中国，故名胡萝卜，其历史距今已有 2 000 多年。但据张夙芬查证（1994），中国有关胡萝卜的最早记述是南宋绍兴二十九年（1159）由医官王继先等人所著医书《绍兴校定经史证类备急本草》。此书著录年代比李时珍的《本草纲目》早 400 余年，比"元时始自胡地来"种植年代早 120 年。

橘色胡萝卜最早是由荷兰人在 17 世纪选择培育的，中国台湾于 1895 年从日本引入，中国大陆则于 20 世纪 40 年代引入。

二、中国胡萝卜的分布

由于中国地域广阔，土壤、气候多样，故地区之间胡萝卜的发展存在较大差异。胡萝卜播种面积排在前 7 位的省份是河南、山东、河北、湖北、四川、湖南和江苏，播种面积均达到 2 万 hm^2 以上；而总产量排在前 7 位的有河南、山东、河北、湖北、四川、内蒙古和江苏，基本维持在 60 万 t 以上（2005）。出口的主要地区为山东、福建、广东、黑龙江和江苏，五省的出口数量和出口金额均占到了全国的 87%。

三、中国胡萝卜主要类型

据 Small（1978）的分类观点，中国的胡萝卜主要为 *Daucus carota* L. ssp. agg. *carota*（非正规命名）中的栽培类型 ssp. *sativus*，其中有东方型变种 var. *atrorubens* Alef. 和西方型变种 var. *sativus*（Hoffm.）Arcangeli。近来还从国外引进了由东方型变种和西方型变种杂交获得的黑田型品种（Kuroda）。其特点：

栽培类型：鲜根质脆，肉质状，常有色素（或极少白色），味道好。茎是由贮藏器官伸长形成的，转化非常明显；复叶通常直立；花序中部很少有紫色花朵；常为二年生。

而野生型（有不同亚种）：鲜根柔软，纤维质地，白色到白黄色，味道差；贮藏器官和茎的转化不明显；复叶经常倒伏；花序中部时有紫色花朵；常为一年生。

栽培类型中的东方型变种：根通常为黄色，表面常带有紫色。长期生长在较温暖的地方，以夏播栽培留种，因此较耐高温，但容易抽薹。花薹主茎粗壮，主轴花序大，侧枝较弱。西方型变种：根通常为橘红色或黄色（偶尔有白色），长期生长在冷凉的地区，用春播越冬方式留种，因此耐寒性强，不易抽薹。黑田型品种：肉质根橘红色，含大量β胡萝卜素，适于夏秋播种，冬春供应，生熟食、加工兼用。

胡萝卜在中国广泛种植，经过各地长期的驯化和栽培，形成了大量不同生态类型的地方品种。依据肉质根的不同颜色可分成 4 种类型：黄色类型、橘红色类型、红色类型和紫色类型；依据肉质根长短可分为长根类型、中根类型和短根类型；依据栽培所适应的季节又可分为春播品种、夏秋播品种和越冬品种 3 种类型。

此外，中国许多地区还生长有野胡萝卜，其染色体数为 $2n=2x=18$，大都是二年生草本。在河北坝上草原及内蒙古、甘肃等地还生长着一种野胡萝卜，当地群众称之“山胡萝卜”或“山萝卜”，为二年生草本，其种子光滑无毛，紫红色，肉质根黄白色，但其染色体数为 $2n=2x=20$，不同于以前所报道的野胡萝卜种，尚待进一步研究。

（庄飞云）

第四节 大 白 菜

大白菜［*Brassica campestris* ssp. *pekinensis*（Lour.）Olsson；syn. *Brassica rapa* ssp. *pekinensis*（Lour.）Hanelt]，又名结球白菜、黄芽菜、包心白菜，属十字花科（Cruciferae）芸薹属（*Brassica*）白菜种（芸薹种）[*Brassica rapa* L.（*Brassica campestris* L.）] 大白菜亚种，为二年生草本植物。属长日照作物，异花授粉。染色体数 $2n=20$，染色体组为 AA。

一、大白菜的起源、演化及传播

大白菜起源于中国。白菜和芜菁（蔓菁）的共同祖先古称葑菜，其根和叶皆可食，在距今 2 000 多年前的河南、河北、山东和山西等中国北方地区已经普遍栽培（西周，《诗经·邶风·谷风》《诗经·鄘风·桑中》《诗经·唐风·采苓》）。

葑菜经过长期的自然选择和人工选择，在北方较干旱气候条件下，原来可食的根部逐渐演化成为具有发达肉质根的根菜类芜菁；而在南方湿润条件下，葑菜则进化成为叶菜类的菘菜。

菘菜进一步分化，形成了牛肚菘、紫菘和白菘三种类型（唐苏敬等《新修本草》，731）。牛肚菘有别于紫菘和白菘，其叶片大而皱，与现在的大白菜叶片极相似，被公认为大白菜的原始种。可见当时牛肚菘已从菘菜分化出来成为散叶大白菜变种。

其后，南宋吴自牧《梦粱录》中记载并专门介绍了"黄芽菜"，黄芽菜虽然还不是叶球而只是心芽，但具有极高的经济价值，因而引起了人们极大的关注，黄芽菜的出现使选择向"黄芽"增大方向进行，且只有更大的"巨菜"才能产出大的"黄芽"，所以此后黄芽菜的人工选择同时向"巨菜"和"黄芽"双方向发展。但也有学者认为黄芽菜的叶片形状、叶面皱缩及叶脉走向都与瓢儿菜十分相近而与北方大白菜差别较大，应是另外一种特殊的生态类型。

至 13 世纪，元代陶宗仪的《辍耕录》中记有："扬州（元）至正丙申，丁酉（1356—1357）间，兵燹之余，城中屋址偏生白菜，大者重十五斤，小者亦不下八、九斤。有膂力人所负才四五窠耳。"无疑文中所提是大白菜，已不是小白菜了。

根据上述古籍记载可以推测，菘约出现在公元 2 世纪前后，形成结球类型的初级形态约在 11 世纪前后，再经过 800～900 年的演变，最终在中国形成了类型多样的大白菜地方品种。

依据各地地方志所记录的大白菜出现时间早晚、引种情况及各地大白菜类型的丰富程度推断，大白菜很可能起源于河北（包括北京及天津）、山东及河南一带。至于其原始类型到底是什么、是引自南方的还是北方原有的以及最终是从其原始类型自然分化的抑或它们间相互杂交而演化的？至今尚未定论。目前主要有杂交起源说与分化起源说两种假说。杂交起源说认为大白菜起源于芜菁与白菜原始类型的杂交后代；分化起源说则认为是由野生或半栽培类型的云薹植物经分化选择而来。

大白菜很早就传播世界。白菜在韩国的首次记载可以追溯到 13 世纪，但是直到 19 世纪大白菜才成为韩国的最重要蔬菜之一（Pyo，1981）。1866 年大白菜被首次引种到日本，而大白菜引种到东南亚的时期却很晚。在欧洲，早在 1840 年法国的 Pepin 就描述了大白菜的栽培和特点，但直到 20 世纪 20 年代才开始用于烹饪（Bailey，1928）。1887 年引种到英格兰。1883 年大白菜在美国开始受到关注，并于 1893 年首次由 L. H. Bailey 用来自英格兰的种子进行种植。

二、中国大白菜栽培区

中国大白菜大致可分为以下几个栽培区：①黄河中下游秋作区；②东北及内蒙古秋作区；③西北秋作区；④长江中下游秋作区；⑤西南四季作区（除西藏自治区为夏秋作区外）；⑥华南秋冬、春夏作区。以上秋作区也有少量的夏末早秋早熟品种的栽培以及少量春末夏初耐抽薹品种的栽培。值得一提的是：近几年兴起的河北坝上高寒地区、东北高纬度地区以及湖北长阳等高山地带种植的春夏大白菜，其栽培面积都非常大，且多采用了春季耐抽薹的品种。

三、中国大白菜的特殊类型及特有基因

（一）特殊类型

散叶、半结球、花心及结球 4 个变种为中国大白菜的基本类型。

1. 散叶变种 var. *dissoluta* Li 分布于江苏北部及山东中南部。顶芽不发达，不形成叶球，以幼苗期或莲座期的中生叶作为产品。中生叶披张或直立，叶翼浅裂或深裂，叶缘全缘或锯齿。耐寒性及抗热性都很强，适于春末或夏季栽培，作为其他叶菜类短缺时的叶菜供应市场，对肥水要求不高。

2. 半结球变种 var. *infarcta* Li 分布于东北及河北和山西的北部，以及西北等高寒地区。顶芽发达，但仅外层顶生叶抱合成叶球而内层顶生叶不发达，呈半结球状态。植株直立、高大，莲座叶较长，叶柄部分半抱合，以叶球及部分莲座叶为产品。耐寒性强，适于高寒地区种植，品质稍差。

3. 花心变种 var. *laxa* Tsen et Lee 主要分布于京沪铁路沿线。顶芽发达，能形成坚实的叶球。植株直立或半直立，顶生叶以裥褶形式抱合，但其先端向外翻转，翻转部分呈白、黄色或淡黄色，以叶球作为产品。此变种大多数生长期较短，耐热性较强，适于夏末秋初作早熟栽培或作春季栽培。

4. 结球变种 var. *cephalata* Tsen et Lee 顶芽发达，能形成坚实的叶球，顶生叶抱合严密、不外翻，以叶球作为产品。此变种有 3 个基本生态类型：①直筒型 f. *cylindrica* Li；②卵圆型 f. *ovata* Li；③平头型 f. *depressa* Li。3 种生态型间及其与花心变种间能相互杂交而衍生出许多中间类型。

5. 浙江黄芽菜 在浙江的大部分地区都有分布。植株直立或半直立，叶色浅绿或绿，叶片卵圆形，叶缘全缘，叶面密布泡皱。叶球合抱，短筒形，球顶略尖或舒心，浅黄色。耐寒性较强（在当地可越冬栽培），品质佳，但抗逆性较差。

6. 华南耐热类型 主要分布于广东及福建一带。株型矮小，叶柄短，叶片重，主根较粗且一级侧根多，生长期短而早熟，叶球较小，但耐热、耐湿。此类型大多数品种叶片厚、叶色深、无茸毛、有蜡质。

7. 笔尾 主要分布于四川、福建、江西等温暖湿润的地区。植株半直立，叶面较皱，叶球呈纺锤形或笔尖形，质地柔嫩，品质好，抗逆性差，适于温暖湿润的地区种植。

（二）特有基因

1. 核不育基因　在中国大白菜种质资源中所存在的核不育基因类型比较复杂：有隐性的，也有显性的，有受一对基因控制的，也有可能受多对基因调控的，还有受同一位点上的复等位基因调控的。如小青口、青帮河头及玉田包尖等一些材料中存在着一种隐性核不育基因，而如万泉青帮等一些材料中却存在着另一种显性核不育基因。无论在隐性核不育材料内还是在显性核不育材料内，都只能选育出50%不育株率的雄性不育两用系，而它们组合在一起可育成100%不育株率的雄性不育系。对于核基因间的相互作用目前比较认可的有两种假说（因材料不同可能还存在另外的遗传模式）：一种认为其不育性受两对显性基因控制，不育基因 *Sp* 对可育基因 *sp* 为显性，与其显性上位的基因为 *Ms*；另一种认为其不育性由同一个位点上的3个基因互作控制，Ms^f 为显性恢复基因，*Ms* 为显性不育基因，*ms* 为隐性可育基因，三者间显、隐性关系为 $Ms^f > Ms > ms$。第一种的遗传模式如下（第二种可类推）：

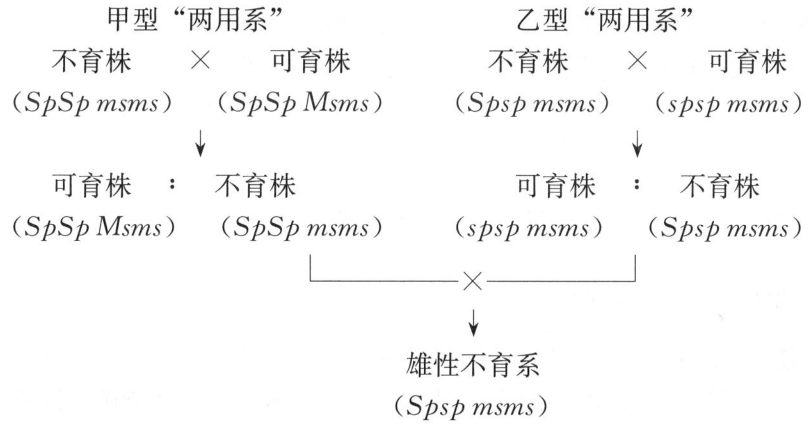

2. 抗芜菁花叶病毒病基因　抗TuMV基因广泛存在于中国大白菜的种质资源中，据美国康奈尔大学对28份来自中国材料的检测，表明在这些材料中含有对TuMV-C1、TuMV-C2、TuMV-C3三个生理小种免疫或抗性的基因，其中PI391560、PI418957、PI418959、PI419069四份材料含有对上述3个生理小种都具免疫或抗性的基因，而PI418957材料还含有对TuMV-C4小种也具有抗性的基因。

（章时蕃）

第五节　普通白菜

普通白菜［*Brassica campestris* ssp. *chinensis*（L.）Makino；syn. *Brassica rapa* ssp. *chinensis*（L.）Makino］，又名不结球白菜、小白菜，属十字花科（Cruciferae）芸薹属（*Brassica*）白菜种（芸薹种）［*Brassica rapa* L.（*Brassica campestris* L.）］白菜（不结球白菜）亚种，主要有6个变种，为二年生或一年生草本植物。属长日照作物，异花授粉。染色体数 $2n=20$，染色体组为AA。

一、普通白菜的起源及在中国的传播

普通白菜起源于中国，至迟在汉代已有栽培。目前对普通白菜的具体起源地尚有不同的推测，或谓长江下游的江淮地区，或谓江淮以南。据叶静渊（1991）考证，中国在明代以前，普通白菜的类型与品种都较少，且主要在长江下游的太湖地区种植。而至明清时期，随着大规模异地引种的成功，普通白菜在各地经驯化和选择形成了丰富的类型及各具特色的地方品种，如太湖地区的乌菘菜、矮青、箭杆白，南京的瓢儿菜，湖北武昌的紫菜薹，广西、广东的薹心菜（即菜薹），山东的薹菜，安徽的乌塌菜等。

二、中国普通白菜的分布

中国普通白菜主要分布在南方地区，尤其是长江中下游地区，其播种面积约占当地蔬菜总面积的1/3。近年北方地区也多有引种。乌塌菜类主要分布在江淮一带，塌棵菜（塌地）以上海和江苏居多，瓢儿菜（半塌地）以安徽、江苏居多，河南也多有栽培；菜薹类主要分布在华南及长江流域，绿菜薹以广东、广西居多，四季种植，紫菜薹以湖北、湖南及四川居多；薹菜类主要分布在黄淮一带，山东中、南部居多，江苏北部也有栽培。多头菜类分布范围较窄，主要在江苏南通一带种植。油菜类主要分布在我国的中部及南部地区。

三、中国普通白菜的基本类型及特殊类型

（一）中国普通白菜的基本类型

1. 普通白菜［var. *communis* Tsen et Lee（var. *erecta* Mao）］ 南方称白菜、青菜，北方称油菜。莲座叶发达，以绿叶为产品。植株直立或半直立。叶片卵圆、圆或椭圆形，叶色浅绿或深绿（个别品种紫红），叶缘全缘，叶面光滑无毛，个别类型叶片有裂叶或有裂片，叶缘有锯齿或有波褶，叶面皱或被茸毛；通常叶柄较肥厚，抱合（束腰或筒状）或披散，色白或绿，或长或短，或扁或圆，叶柄长者多作腌制用，而叶柄短者则多作鲜食用。依据成熟期长短、抽薹早晚及适宜栽培季节的不同又有秋冬白菜、春白菜、夏白菜之分。春种者耐抽薹性强，夏种者耐热性强。

2. 乌塌菜［var. *rosularis* Tsen et Lee（var. *atrovirens* Mao）］ 又称塌棵菜、塌地菘、太古菜、黑白菜等。耐寒性强，以绿叶或叶球为产品。植株塌地（叶丛平展生长）、中部叶片排列紧密（隆起）、中心似菊花心（顶芽不发达）的有塌棵菜等；植株半塌地（叶丛半直立生长）、叶柄较宽、顶芽发达或不很发达（顶芽发达、能形成叶尖外翻的叶球）的如瓢儿菜等。乌塌菜外叶多数呈浓绿或墨绿色，少数为黄绿或浅绿色，叶缘全缘，叶面多皱或平滑。生长缓慢，产量较低，经霜、雪后味道更鲜美。

3. 菜薹［var. *tsai-tai* Hort.（var. *purpurea* Mao）］ 又称菜心。也有学者将其分为两个变种：菜薹［var. *utilis* Tsen et Lee（var. *parachinensis* Bailey）］和紫菜薹（var. *purpurea* Bailey）。菜薹营养生长期短，形成植株后迅即抽薹，以幼嫩的薹茎为产品。植株直立或半直立，呈绿色或紫红色。叶片卵圆或近圆形，叶基部无或有裂片，叶缘

波状或钝锯齿状，叶柄狭长，花茎叶卵圆至披针形，有或无短柄。绿菜薹的薹茎与叶为黄绿色或绿色，叶腋萌发力因品种及栽培季节而异，熟性有早、中、晚之分。紫菜薹的叶柄、叶脉及薹茎为紫红色，叶片暗绿或紫绿色，叶腋萌发力强，可多次采收，熟性也有早、中、晚之分。

4. 薹菜（var. *tai-tsai* Hort.）　耐寒性强，以绿叶为主要产品，肥大的直根及幼嫩的薹茎也可食用。植株在越冬前塌地生长，翌年入春后向上生长。叶片长卵圆或倒卵圆形，全缘或裂叶（不规则或提琴状大头羽裂、深裂或全裂），叶色黄绿、绿或深绿，叶面有或无刺毛，花茎叶抱茎。越冬植株的肉质根肥大，呈圆锥形，多须根。

5. 多头菜［var. *multiceps* Hort.（var. *nipponsinica* Hort.）］　以绿叶为产品，如江苏南通的马耳黑菜（马耳朵）、如皋的毛菜等。植株初生塌地，其后斜展，随着塌地基生叶叶腋抽生的初生叶增多，植株呈半直立状态。叶片板叶或花叶，深绿或浅绿，每株叶片数十至上百片，叶柄狭而肥厚，横断面半圆形，浅绿或白绿色。

（二）中国普通白菜的特殊类型

四倍体普通白菜　是中国特有的类型。与二倍体普通白菜相比，四倍体普通白菜植株稍矮，叶数稍少，叶片圆而宽厚，单株较重，叶片气孔、花瓣及花粉粒变大，如南农矮脚黄等。

（章时蕃）

第六节　芥　菜

芥菜［*Brassica juncea*（L.）Czern. et Coss.］为十字花科（Cruciferae）芸薹属秋播二年生植物，属低温长日照作物，但对低温春化和日长要求均不太严格。异花授粉，但自交亲和指数也很高，不存在自交不亲和性。为黑芥（B 基因组）与白菜（A 基因组）天然杂交所形成的双二倍体复合种，染色体数 $2n=36$，染色体组为 AABB。

一、芥菜的起源及在中国的传播

关于芥菜的起源地，至今尚无一个能被多数人所接受的观点。归纳起来有如下 4 个观点（刘佩瑛等，1996）：①起源于中东或地中海沿岸；②起源于非洲北部和中部；③起源于中亚细亚；④起源于中国的东部、华南或西部。

大多数中国学者持第 4 种观点，大多数外国学者持第 3 种观点。中国的芥菜变异类型之多，堪称世界之首，但变异类型最丰富的地区（重庆地区和四川盆地）并没有找到芥菜的原始祖先——芸薹和黑芥的分布。这正是不能肯定芥菜起源于中国的主要原因。

据古代文化遗址的考察、出土文物的佐证和大量历史典籍的查阅，芥菜被人们利用是一个逐渐扩大的过程。公元前 6 世纪至公元 5 世纪，人们利用芥菜的种子作调味品；公元 6 世纪至 15 世纪，芥菜的叶被当作蔬菜食用；16 世纪，芥菜的根和薹被当作蔬菜食用；18 世纪，芥菜的茎被食用。从上述被食用的过程，可以看出芥菜的进化轨迹。首先产生的是叶芥类型，其次是根芥和薹芥，最后产生的是茎芥。说明芥菜是由叶芥逐渐向茎芥进化的。

考古学家在陕西省半坡新石器时代遗址里，发掘出在陶罐中已经炭化的大量菜籽，其中就有芥菜籽，经碳 14 测定距今已近 7 000 多年；在湖南长沙马王堆西汉古墓出土的农作物中，也有保存完好的芥菜籽。古代种植的油菜最初主要供作蔬菜，称为芸薹，即芥菜。据公元 2 世纪服虔著《通俗文》记载："芸薹谓之胡菜。传说塞外有云台戎，始种此菜，故名。"公元 6 世纪贾思勰著《齐民要求》中，始有关于芥菜型油菜的记载："种芥子及蜀芥、芸薹取子者，皆二、三月好雨泽时种，旱者畦种水浇，五月熟而收子。"古籍中记载油菜的别名不下 20 种，《名医别录》中讲到芥菜型油菜已有"青芥、紫芥、白芥、南芥、旋芥、花芥、石芥"7 种说法，并说"食有辛辣味"，是芥菜的重要特征。它的分布地区在"羌、陇、氐、胡，其地苦寒，冬月多种此菜，能历霜雪"。书中还绘有供作菜用的芥菜的图形。由此推断，中国的青海、甘肃和新疆、内蒙古等地可能也是芥菜的起源地之一。

二、中国芥菜栽培区

中国除高寒干旱地区外均有芥菜栽培。其中以秦岭淮河以南，青藏高原以东至东南沿海区域为主要栽培区；秦岭淮河以北、大兴安岭以南，呼和浩特—长城—兰州一线以南以东地区是中国芥菜的次要分布区；呼和浩特—长城—兰州一线以北以西地区以及青藏高原是中国芥菜的零星分布区。

在主要分布区域，重庆和四川盆地的芥菜类型和品种数量最多，分布最广，栽培面积和提供的商品数量最大。16 个变种中除花叶芥、结球芥外，其余 14 个变种都有分布。除分散种植的芥菜外，还有集中成片种植的茎瘤芥、大头芥、大叶芥、小叶芥等商品生产基地，每年为榨菜、大头菜、冬菜、芽菜等四大名特产品提供了大量的加工原料。

浙江省的芥菜栽培也较普遍，现有 10 个变种分布，集中成片种植的有茎瘤芥、大头芥、分蘖芥等。

在次要分布区域，芥菜主要供作鲜食和腌制咸菜，集中成片种植供作加工原料的商品生产基地很少。该区域内有 8 个变种分布。

在零星分布区域，芥菜栽培较少，均分散种植，多供作鲜食和腌制咸菜。该区域内有 4 个变种分布。

不同类型芥菜有不同的栽培区，除了叶用和根用芥菜外，其他类型芥菜的分布表现出严格的区域性。

根芥的适应性很强，在中国各地均有分布，具较大规模种植。供作加工原料的商品生产基地，主要分布西南和长江中下游的四川、云南、贵州、湖南、湖北、江苏、浙江等地。北方也有少量加工原料基地。

茎芥的适应性比较弱，对生态条件的要求较严格，能够满足其要求的主要有重庆、四川及长江中下游地区。最初，茎瘤芥仅限于重庆和四川栽培，20 世纪 30 年代始引入浙江并逐渐扩大。

笋子芥主要在四川盆地大中城市近郊种植，湖南、湖北、浙江、陕西、江西等省部分城市郊区也有栽培，但肉质茎的经济性状和商品质量始终不及四川盆地的好。

抱子芥主要在四川和重庆栽培。近年来，贵州、湖北、湖南、安徽、陕西等地也有引种栽培。

叶芥是一个庞大的群体，包括 11 个变种，它们之间对生态条件的适应性差异较大，分布的广泛性和区域性也十分明显。叶瘤芥和长柄芥主要在四川和重庆栽培；结球芥主要在广东、广西、福建和台湾栽培；花叶芥主要在浙江、江苏和上海栽培；卷心芥主要分布于四川、湖南、贵州、云南等省，而又以四川栽培最普遍；凤尾芥只在重庆及四川的中部、东部和西南部的个别市县有分布。

薹芥中的单薹芥主要在江苏、浙江和河南栽培，多薹芥主要分布于重庆和四川的东部地区。

三、中国芥菜的特殊类型和特有基因

菜用芥菜的 16 个变种都是中国所特有，包括大头芥（var. *megarrhiza* Tsen et Lee）、茎瘤芥（var. *tumida* Tsen et Lee）、笋子芥（var. *crassicaulis* Chen et Yang）、抱子芥（var. *gemmifera* Lee et Lin）、大叶芥（var. *rugosa* Bailey）、小叶芥（var. *foliosa* Bailey）、白花芥（var. *leucanthus* Chen et Yang）、花叶芥（var. *multisecta* Bailey）、长柄芥（var. *longepetiolata* Yang et Chen）、凤尾芥（var. *linearifolia* Sun）、叶瘤芥（var. *strumata* Tsen et Lee）、宽柄芥（var. *latipa* Li）、卷心芥（var. *involuta* Yang et Chen）、结球芥（var. *capitata* Hort et Li）、分蘖芥（var. *multiceps* Tsen et Lee）、薹芥（var. *utilis* Li）。

芥菜有中国特殊的类型，理应有特殊的基因，但由于中国的芥菜基础研究比较薄弱，对特有基因的发掘和研究尚处于起步阶段，目前只是在芥菜雄性不育基因（Yangdeng，2007、2008a、2008b、2009a、2009b、2009c）、耐重金属基因（An 等，2006；Minglin 等，2005；Xu 等，2008）、抗病基因（Guan 等，2008）克隆等方面有一些报道。

（雷建军）

第七节　结球甘蓝

结球甘蓝（*Brassica oleracea* L. var. *capitata* L.）俗称洋白菜、包菜、卷心菜、莲花白等，为十字花科（Cruciferae）芸薹属甘蓝种中能形成叶球的二年生草本植物。属长日照作物，异花授粉。染色体数 $2n=2x=18$，染色体组 CC。

一、结球甘蓝的起源及在中国的传播

结球甘蓝起源于地中海至北海沿岸，是由不结球的野生甘蓝演化而来。早在 4 000 多年以前，野生甘蓝的一些类型就被古罗马和希腊人所利用，后来逐渐传至欧洲各国，并经长期人工栽培和选择，逐渐演化出甘蓝类蔬菜的各个变种，包括结球甘蓝、花椰菜、青花菜、球茎甘蓝、羽衣甘蓝、抱子甘蓝等。13 世纪欧洲开始出现结球甘蓝类型，16 世纪传入加拿大，17 世纪传入美国，18 世纪传入日本。蒋名川、叶静渊等根据中国古籍和地方志的记载考证，认为结球甘蓝是从16世纪开始通过3个途径逐渐传入中国。一是由东南亚传入云南地区。明代，中国云南与缅甸之间存在着十分频繁的商业往来，明嘉靖四十二年（1563），云南《大理府志》中就有关于“莲花菜”的记载。二是由俄罗斯传入黑龙江和新疆地区。清康熙庚午年（1690）出版的《小方壶斋舆地丛钞》一书中记有：“……老枪菜，即俄罗斯菘也，抽薹如莴苣，高二尺余，叶出层层……割球烹之，似安肃冬菘……”又有同时期的《钦定皇朝通考》记载：“俄罗斯菘，一名老枪菜，抽薹如莴苣，高二尺许，略似安菘……”1804年《回疆通志》记载：“莲花白菜……种出克什米尔，回部移来种之。”三是由海路传入东南沿海地区。1690年，《台湾府志》有关于“番甘蓝”的记载。1848年，《植物名实图考》中有把甘蓝称为“葵花白菜”的记载，并附有中国历史文献中有关结球甘蓝最早的插图。结球甘蓝经过400多年的发展，现今已遍及中国各地。

二、中国结球甘蓝栽培区

据《中国农业统计资料》2004年统计，结球甘蓝分布于全国31个省、自治区、直辖市，其中广东播种面积最大，其次为河北；再次依序为湖北、湖南、福建、山东、河南、四川等省份；播种面积最小的是西藏，其次为青海。

按结球甘蓝的栽培季节和一年中种植的茬次，可将其分为5个栽培区：①一年一茬栽培区，主要为东北、华北北部、西北北部及青藏高原等高寒地区，于春末夏初育苗，夏季栽培，秋季收获。②一年两茬栽培区，主要在华南地区，一茬于早秋播种，冬季收获；另一茬于秋末冬初播种，幼苗越冬，翌年春末夏初收获。近年，珠江三角洲等地采用北方的早熟春甘蓝品种也可于秋季播种，冬初收获。③一年多茬栽培区，主要为西北的南部和华北大部地区，多进行春、夏、秋三季栽培。④周年栽培区，主要为长江流域部分省份及西南各省份（不包括西藏），可排开播种，进行春、夏、秋、冬四季栽培。⑤高寒地带夏秋栽培区，主要利用高纬度、高海拔等冷凉地区，如河北坝上张家口市的张北、尚义和承德市的围场，甘肃定西，湖北长阳等地，进行大面积夏秋甘蓝栽培。

三、中国结球甘蓝主要类型和特有种质

（一）主要类型

1. 普通甘蓝（*B. olerracea* L. var. *capitata* L.） 叶面平滑，无显著皱褶，叶中肋稍突出，叶色绿至深绿。为栽培最普遍、面积最大的一个变种。

2. 紫甘蓝（*B. olerracea* L. var. *vabra* DC.） 叶面平滑而无显著皱褶，但其外叶及球叶均为紫红色，炒食时转为黑紫色，一般宜凉拌生食。栽培面积远不如普通甘蓝大，中国一些地区多作为特菜栽培，面积有逐年扩大的趋势。

3. 皱叶甘蓝（*B. olerracea* L. var. *bullta* DC.） 叶面具凹凸不平的皱褶，绿至深绿色。球叶质地柔软，风味好，可炒食。中国少有栽培。

（二）特有种质

由中国农业科学院蔬菜花卉研究所发现的甘蓝显性雄性不育材料DGMS79-399-3

为中国的特有种质，该不育材料不育性稳定，不育株率及不育度可达100%，低温条件下叶片无黄化现象，植株及开花结实正常。中国农业科学院蔬菜花卉研究所以该材料为不育源，用优良的自交系进行回交转育，育成了10余个不育株率达到100%、不育度达到或接近100%的甘蓝显性雄性不育系，同时配制、育成了一批新的甘蓝优良一代杂种，并已在生产上应用。

（刘玉梅）

第八节 花 椰 菜

花椰菜（*Brassica oleracea* L. var. *botrytis* L.）又名菜花、花菜、椰菜花，清代称为番芥蓝，为十字花科芸薹属甘蓝种中以花球为产品的一个变种，一、二年生草本植物。属长日照作物，异花授粉。染色体数 $2n=2x=18$，染色体组CC。

一、花椰菜的起源及在中国的传播

花椰菜起源于地中海东部沿岸地区，由一种野生甘蓝（*B. oleracea* var. *cretica* Lam.）演化而来。野生甘蓝经过长期人工定向选择，其花茎肥大形成各种颜色的木立花椰菜（sprouting broccoli），然后逐渐分化选择形成现今的花椰菜类型。1490年热拉亚人将花椰菜从黎凡特（Levant）或塞浦路斯引入意大利，在那不勒斯湾周围地区繁殖，1720年意大利将花椰菜称为sprout cauliflower（发芽的花椰菜）或Italian asparagus（意大利的石刁柏），直到1829年斯威策（Switzer）才将黄白色花球的称为花椰菜（cauliflower），紫色花球的称为紫花菜（purple sprouting），腋芽分生花球的叫青花菜（broccoli）。1586年花椰菜从塞浦路斯引入英国，16～17世纪普及到中欧、北欧地区，17世纪初由意大利传到德国、法国。1822年由英国传至印度、缅甸及东印度群岛等地，并在19世纪中期逐渐推广。19世纪中叶花椰菜由英国传入中国南方，随后在福建、广东、浙江等地进行栽培。20世纪70年代前中国北方只有少量栽培，80年代后栽培面积逐渐扩大，进入90年代栽培面积迅速增加，目前已成为中国各地普遍栽培的一种重要蔬菜。

二、中国花椰菜栽培区

花椰菜在中国栽培历史虽短，但发展较快，目前花椰菜栽培几乎遍及各省（自治区、直辖市），栽培面积较大的有山东、河南、甘肃、福建、广东、浙江、上海等地。按花椰菜的栽培季节和一年中种植的茬次，可将其分为6个栽培区：①华北栽培区，包括北京、天津、河北、山东、山西、河南等省（直辖市）及江苏和安徽的北部，多为春、秋两季栽培。②西北栽培区，包括陕西、甘肃、宁夏、新疆和青海等省（自治区），多为一年一季栽培，少部分地区如陕西西安、宁夏银川及甘肃陇南地区等为春、秋两茬栽培。③东北栽培区，包括辽宁、吉林、黑龙江和内蒙古的东北部，为一年一季栽培。④长江中下游栽培区，包括湖北、湖南、江西、浙江、上海等省（直辖市）以及安徽、江苏的南部和福建的北部等地，多为春、秋、越冬三季栽培。⑤华南栽培区，包括广东、广西、海南、台湾等省（自治区）以及福建南部，多为周年四季栽培，但以秋冬季为生产主季。⑥西南栽培区，包括云南、四川、贵州、重庆等省（直辖市），其中云南为周年四季栽培，其他地区多为春、秋、越冬三季栽培。

三、中国花椰菜主要类型

由于花椰菜引入我国栽培的时间不长，尚未形成我国特有的类型。现将主要类型介绍如下。

根据对环境条件和栽培季节的适应性，可将中国花椰菜品种分为春花椰菜、秋花椰菜、春秋兼用花椰菜和越冬花椰菜四种类型。

（一）春花椰菜类型

适宜春季栽培，一般在 11 月至翌年 1 月播种，翌年的 4～6 月收获。其特点是冬性较强，幼苗在较低温度条件下能正常生长，成株在较高气温下形成花球。

（二）秋花椰菜类型

适宜秋季栽培，一般在 6～8 月播种，10～12 月收获。其特点是耐热性较强，幼苗在较高温度条件下能正常生长，成株在较低气温下形成花球。

（三）春秋兼用类型

春、秋季均能栽培。其特点是冬性较强，耐热性好，适应性广。

（四）越冬花椰菜类型

适于在黄河以南地区越冬栽培，其生长期在 150 d 以上，抗寒性强，能耐短期－15 ℃以下的低温。

（刘玉梅）

第九节 青 花 菜

青花菜（*Brassica oleracea* L. var. *italica* Plenck）又名茎椰菜、嫩茎花椰菜、西蓝花、绿菜花、意大利芥蓝、木立花椰菜等，为十字花科（Cruciferae）芸薹属甘蓝种中以绿色或紫色花球为产品的一个变种，一、二年生草本植物。属长日照作物，异花授粉。染色体数 $2n=2x=18$，染色体组 CC。

一、青花菜的起源及在中国的传播

青花菜起源于地中海东部沿岸地区，最初由罗马人将其传入意大利。一般认为，青花菜更接近于甘蓝的其他类型，由一种野生甘蓝（*B. oleracea* var. cretica）演化而来。关于青花菜最早的文字记载，始见于公元前的希腊和罗马文献，罗马人 Cato 提及的散花甘蓝

（sprouting form of cabbage）可能就是青花菜的原始类型，当时的 Pling 在《Natural History》一书中首次提到了形成花球的类型。据米勒著《园艺学辞典》（1724）记载，1660 年已有“嫩茎花菜”和“意大利笋菜”等名称，常与花椰菜名称相混淆。瑞典生物学家林奈（Carl von Linné，1701—1778）将青花菜归入花椰菜类。起初法国人 Lammark 也将青花菜视为花椰菜的亚变种，将其定名为 *B. oleracea* var. *botrytis* L. subvar. *cymosa* Lam.，直到 1829 年斯威策（Switzer）才把长黄白色花球的植株叫花椰菜，把主茎和侧枝都能结花球的植株叫青花菜，定名为 *B. oleracea* L. var. *italica* Plenck。现在普遍认为青花菜是平行于花椰菜的变种。据记载，意大利最先盛行青花菜栽培，19 世纪初传入美国，并先后扩展到欧美一些国家和日本、韩国等亚洲国家。进入 20 世纪 50 年代后，青花菜在国际上受欢迎的程度有超过花椰菜的趋势。青花菜于 19 世纪末或 20 世纪初传入中国，当时仅在香港地区和广东、台湾一带种植，直到 20 世纪 80 年代初开始引入上海、福建、浙江、北京、云南等地进行试种，且仅作为一种特菜种植，进入 90 年代后栽培面积逐渐增加，近年南、北方各大中城市郊区栽培面积迅速扩大，已发展成为我国较为广泛种植的一种重要蔬菜。

二、中国青花菜栽培区

由于青花菜具有较广泛的适应性和较高的经济和食用价值，虽在中国的栽培历史较短，但发展很快，目前青花菜栽培几乎遍及 20 多个省（自治区、直辖市），尤其是在台湾、浙江、云南、福建、甘肃、山东、北京、江苏、河北、上海等省份已形成了种植规模较大的生产基地。按青花菜的栽培季节和一年中种植的茬次，可将其分为 6 个栽培区：①华南栽培区，包括广东、广西、海南、台湾及福建南部等地，可周年四季种植，但以秋冬季和春季为生产主季。②西南栽培区，包括云南、四川、贵州、重庆，其中云南可周年四季种植，其他多为春、秋及秋冬季三季栽培。③长江中下游栽培区，包括湖北、湖南、江西、浙江、上海及安徽南部、江苏南部和福建北部等地，多为春、秋及秋冬季栽培。④东北栽培区，包括辽宁、吉林、黑龙江和内蒙古的东北部，多为一年一季栽培。⑤西北栽培区，包括陕西、甘肃、宁夏、新疆和青海，多为一年一季栽培，少部分地区如陕西西安、宁夏银川以及甘肃陇中、陇南等地为春、秋两季栽培。⑥华北栽培区，包括北京、天津、河北、山东、山西、河南及江苏和安徽的北部，多为春、秋两季栽培。

三、中国青花菜的主要类型

由于青花菜引入中国栽培的时间不长，尚未形成我国特有的类型。按照植株形态和花球颜色的不同，目前中国栽培的青花菜主要有青花、紫花、黄绿花三种类型。

（一）青花类型

其叶片的叶缘多具缺刻，叶身下端的叶柄处多有下延的齿状裂叶，叶柄较长。主茎顶端的花球由分化完全的花蕾聚合起来的花蕾群与肉质花茎和小花梗组合而成。腋芽较活跃，当主茎顶端的花球一经摘除，下面叶腋便生出侧枝，而侧枝顶端又生出小花蕾群，因此可多次采摘。花球颜色有浅绿、绿、深绿、灰绿色等。为栽培最普遍、面积最大的一种类型。

（二）紫花类型

其叶片的叶缘多无缺刻，叶身下端的叶柄处一般无裂叶，叶柄中等长，茎、叶脉多为紫色或浅紫色。花球是由肉质花茎、花梗及紫色花蕾群所组成。花球表面颜色有浅红、紫红、深紫和灰紫色等。主要作特菜栽培，栽培面积较小。

（三）黄绿花类型

其叶片的叶缘有缺刻或无缺刻，叶身下端的叶柄处有裂叶或无裂叶，叶柄较长。花球是由肉质花茎、花梗及黄绿色花蕾群组成。花球呈宝塔形状，表面颜色有浅黄、黄绿和黄色等。主要作特菜栽培，栽培面积很小。

（刘玉梅）

第十节 黄　　瓜

黄瓜（*Cucumis sativus* L.）别名胡瓜，为葫芦科（Cucurbitaceae）黄瓜属黄瓜亚属一年生攀缘性草本植物。属短日照作物，或对日长和温度不敏感，异花授粉。染色体数 $2n=2x=14$，染色体组 AA。

一、黄瓜的起源及在中国的传播

黄瓜起源于喜马拉雅山南麓的印度北部、尼泊尔和中国的云南地区。大约 3 000年前，印度开始栽培黄瓜。1600 年前后，黄瓜已被传播到世界各地。学术界一致认为，在古代，黄瓜由印度分两路传入中国，一路是在公元前 122 年汉武帝时期，由张骞经“丝绸之路”带入中国的北方地区，并被驯化，形成了华北系统黄瓜。另一路经由缅甸和中印边界传入华南，并在华南被驯化，形成了中国华南系统黄瓜。还有一种说法，由印度经东南亚地区，从海路传入华东、东北沿海地区，形成了华南类型在这些地区的分布。其实，西双版纳黄瓜与华北黄瓜之间的杂交结果显示，其后代类似现在栽培的某些华南型黄瓜品种。所以，华南型黄瓜的另一来源可能是分布在云南地区的西双版纳黄瓜与华北型黄瓜的天然杂交。现今黄瓜栽培遍及全国各地。

二、中国黄瓜的栽培区

20 世纪 80 年代以前，长江流域以南地区主要栽培华南型黄瓜，长江流域以北主要栽培华北型黄瓜。随着“津研”系列黄瓜的推广以及欧洲型黄瓜的引进，上述分区已经不太明显。目前，全国各地几乎都有黄瓜栽培，其中又以河南、河北、山东、湖南和湖北等省居多。

黄瓜的栽培形式也已从过去单一的露地栽培发展为多种形式的保护地栽培，包括全自动化温室、日光温室、大棚、中小拱棚等。栽培季节也不再局限于春季和秋季两季，而是可以因地制宜实现周年多季栽培。

三、中国黄瓜的特殊类型或品种

（一）西双版纳黄瓜（*C. sativus* var. *xishuangbannanesis*）

为黄瓜的一个变种，主要分布在中国云南地区，半野生或野生，为当地农民所栽培，称之为“山黄瓜”。适宜在西双版纳地区的山地环境生长，抗白粉病，较抗枯萎病、黑星病和霜霉病。生长期长达 200 d 以上，生长势强，主蔓一般长 6～7 m，平均节间长 8.9 cm，侧蔓发达，多达 10 条以上，性别分化对日照长度和温度敏感，短日照低温能促进花芽分化。单株结瓜 10 余个，瓜大，单瓜重 2～3 kg，最大可达 5 kg。瓜形有近圆、椭圆、长圆和短圆柱形，嫩瓜皮色有白和浅绿或浅绿花皮，老熟瓜皮色有白、灰白、浅黄、棕黄等色，网纹密，皮硬。瓜老熟后果肉和胎座变为橘红色，单瓜种子数可达 1 000 多粒。

果肉黄色或橙黄色是西双版纳黄瓜的突出特点。分析发现，西双版纳黄瓜老瓜中的类胡萝卜素种类主要为β-胡萝卜素，另有少量叶黄素和α-胡萝卜素，未检测到番茄红素。果肉色不同的种质果实β-胡萝卜素平均含量为 106.58 mg/kg（DW），叶黄素平均含量为 0.48 mg/kg（DW），不同种质间的β-胡萝卜素、叶黄素和α-胡萝卜素含量差异较大，变异系数分别为 67.68%、50.52%和 63.79%。值得一提的是，老瓜肉色同为橙黄的种质的β-胡萝卜素含量仍然表现出较大差异。目前发现果肉橙色的西双版纳黄瓜果实β-胡萝卜素含量最高可达 261.55 mg/kg（DW），是黄白肉色种质的 195.19 倍。

（二）华北型黄瓜

在中国的华北地区分化形成，主要分布在淮河秦岭以北地区，并扩展到中亚细亚及中国的东北、朝鲜和日本。植株适应性强，对日照不十分敏感，雌花节率一般较高。喜土壤湿润和天气晴朗的气候条件，既能适应北方干燥和长日照，也能适应南方温暖潮湿的环境条件。根群分布浅，分枝少。大部分品种耐热性强，较抗白粉病与霜霉病，对黄瓜花叶病毒（CMV）高抗。茎蔓、叶柄较细长，结瓜密，果实细长，呈棍棒形，瓜把明显，瓜面多有棱沟。绿色果生白刺，刺瘤密，皮薄，肉质脆嫩，品质好，成熟瓜变黄，无网纹。如华北地区许多地方品种：长春密刺、安阳刺瓜、唐山秋瓜、北京丝瓜青等。

（三）华南型黄瓜

以华南为中心，分布在中国的淮河秦岭以南地区，以及东南亚及日本。雌花着生节位对温度和日照长度敏感，喜温暖潮湿。植株生长势强，茎蔓粗大，叶片厚而大，根群密，再生力强，较耐旱，能适应低温弱光。瓜为圆柱形或三棱形，果短而粗，皮硬，味淡，肉质比华北型品种差。刺瘤稀，多为黑刺，但也有白刺品种。果实颜色有绿、白、黄白色等，种皮有网纹。如华南、华中地区许多地方品种：广州二青、上海杨巷、武汉青鱼胆、成都二早子、昆明早黄瓜，以及日本的青长和相模半白等。

（四）加工型黄瓜

加工型黄瓜有西方酸渍型和中国酱制型两类，主要指供加工用的小型果品种群，在中国分化出一些特有的品种。这些品种植株较矮小，叶片小，分枝性强，结果多，果实呈短卵形或圆筒形，一般果实长度达 5 cm 即开始收获。大多为黑刺，但也有白刺品种。肉质致密而脆嫩，果肉厚，瘤小，刺稀易脱落。适于做咸菜和罐头，如扬州乳黄瓜等。

（五）单性结实品种

华北型黄瓜中的冬黄瓜和部分春黄瓜品种，如北京大刺瓜、北京小刺瓜、汶上刺瓜、长春密刺、济南叶儿三等都有单性结实的特性。这些品种在无昆虫的季节和场所栽培，坐果多，产量高。

（六）全雌性品种

中国的一些传统地方品种，如绍兴乳黄瓜、三叶早和汶上刺瓜等群体中有较高比例的全雌性植株。这类品种的雌花节率高，结果集中，有利于一代杂种制种。

（七）抗病品种

中国黄瓜中有一批抗病性极强的优良品种，如津研系列黄瓜高抗霜霉病和白粉病；青岛秋三叶抗疫病、枯萎病和霜霉病；青皮大杈、八杈抗疫病、霜霉病和白粉病；长春密刺抗枯萎病；中国长（Chinese long）抗黄瓜花叶病毒病；TMG[2]（美国引自中国）抗小西葫芦黄斑病毒（ZYFV）、小西葫芦黄化花叶病毒（ZYMV）、西瓜花叶病毒（WMV）、蕃木瓜环斑病毒西瓜小种（PRSV－W）、摩洛哥西瓜花叶病毒（MWMV）。

（李锡香）

第十一节　南　　瓜

南瓜（*Cucurbita moschata* Duch. ex Poir.），别名中国南瓜，为一年生或多年生蔓性或丛生性草本植物。为葫芦科（Cucurbitaceae）南瓜属蔬菜。属短日照作物。雌雄同株异花，异花授粉、虫媒花。染色体数 $2n=2x=40$（也有学者认为是 $2n=4x=40$）。

南瓜属（*Cucurbita* spp.）植物中共有 27 个栽培种及其野生近缘种，其中具有经济意义的栽培种有 5 个，即南瓜（*C. moschata* Duch. ex Poir.，别名：中国南瓜）、笋瓜（*C. maxima* Duch. ex Lam.，别名：印度南瓜）、西葫芦（*C. pepo* L.，别名：美洲南瓜）、黑籽南瓜（*C. ficifolia* Bouchè）和灰籽南瓜（*C. argyrosperma* Huber.，别名：墨西哥南瓜）。其中，前 3 个种食用价值较高，在中国栽培面积较大。

一、南瓜的起源及传播

据美国农业部葫芦科专家怀特克（Whitaker T. W. 等，1957、1980）和联合国粮食及农业组织艾斯奎纳斯・阿尔卡扎（Esquinas Alcazar J. T. 等，1983）的研究认为，南瓜属植物起源于美洲大陆。具体地讲：南瓜（中国南瓜）起源于美洲大陆，主要分布在墨西哥南部、危地马拉和巴拿马，以及南美洲的哥伦比亚和委内瑞拉，在哥伦布发现美洲大陆之前，已在北美洲和南美洲各地广泛栽培。怀特克等还在墨西哥奥坎波（Ocampo）洞窟和秘鲁胡阿沙·普雷塔（Huaca Prieta）遗址发掘中发现，最早的南瓜和灰籽南瓜残片在公元前 5000—前 3000 年就已存在。考古学证实，南瓜在公元前 3000 年，传入哥伦比亚、秘鲁，在古代居民的遗迹中发现有南瓜的种子和果柄。7 世纪传入北美洲，16 世纪传入欧洲和亚洲。南瓜在中美洲有很长的栽培历史，现在世界各地都有栽培，亚洲栽培面积最大，其次为欧洲和南美洲，中国各地普遍栽培，而且经长期的栽培驯化，分化出许多类型。

笋瓜（印度南瓜）起源于南美洲的秘鲁南部、智利北部、玻利维亚北部和阿根廷北部。从中美洲及墨西哥、美国西南部的考古发掘中看不到笋瓜的遗迹，据怀特克等的发掘报告，在秘鲁圣·里约哈纳斯（San Nioholas）遗址出土的印度南瓜残片不早于公元前 1800 年，在哥伦布到达新大陆之前（1492），赤道线以北地区均没有笋瓜的分布。之后，逐渐传入欧洲和亚洲，现已传播到世界各地。目前，笋瓜在中国、日本、韩国和印度等亚洲国家及欧美国家普遍栽培。中国的笋瓜可能由印度传入，此后几乎各地都有种植，并有许多适合当地种植的地方品种。

西葫芦（美洲南瓜）起源于墨西哥和中南美洲地区，故有美洲南瓜之称。在哥伦布发现美洲大陆前就已广泛分布于墨西哥北部和美国的西南部。怀特克等在墨西哥奥克沙卡（Oaxaca）洞窟考古发掘的出土实物中发现，早在公元前 8500 年，西葫芦就伴随着人类存在，而人类栽培它则大约在公元前 4050 年。当前西葫芦的多样性中心主要在墨西哥北部和美国的西南部。西葫芦大约于 17 世纪传入亚洲后，逐渐分化出许多类型和品种，到 19 世纪中叶中国开始栽培。目前，西葫芦在世界各地均有分布，中国有大面积栽培。

墨西哥和中南美洲也是灰籽南瓜和黑籽南瓜的初生起源中心。南瓜属大部分的野生种也起源于墨西哥和危地马拉的南部地区。中国云南有黑籽南瓜的栽培，但品种很少，主要作为砧木用于瓜类蔬菜嫁接。灰籽南瓜在美洲国家主要作为籽用和饲料用，中国没有种植。

在中国，南瓜的称谓始见于元明之际贾铭的《饮食须知》一书，在其“菜类”篇中，有“南瓜味甘、性温”的记述。中国引种南瓜的历史不长，仅有 600～700 年的栽培历程（刘宜生，2002）。

二、南瓜在中国的分布

南瓜在中国各地都有栽培，不仅分布于城市郊区，而且在偏僻的农村和山区都有零星栽培。从种质资源分布情况来看：南瓜以华北地区最多，其他依次为西南、西北、华南、华东和东北地区；笋瓜的分布也主要集中在华北地区，其次为西北地区，再次为东北和南方地区；西葫芦主要分布在华北和西北地区，其他地方少有分布。

目前，南瓜栽培越来越趋向规模化种植发展。从 20 世纪 90 年代开始，华南、华东、西南及湖南、湖北、广西逐步使用杂交一代南瓜（中国南瓜）品种，加快了规模化种植的步伐。目前，笋瓜在华北、东北、西北、南方各地也都有规模化种植，也以杂交一代品种为主。西葫芦在全国各地均有栽培分布，其中北方地区以早春大中拱棚、露地和冬季日光温室种植为主，南方地区以冬、春季大棚和冬季露地种植为主（冬季温暖地区），也几乎全部采用杂交一代种子。此外，黑龙江、吉林、辽宁、内蒙古、甘肃及云南部分地区还是籽用南瓜（笋瓜和西葫芦类型）的主要产区。

三、中国南瓜类型和特有基因

（一）类型

1. 南瓜（中国南瓜） 按不同的果形可分为扁圆形、短筒形、长筒形 3 种类型。

2. 笋瓜（印度南瓜） 按成熟果实的果皮颜色可分为黄皮笋瓜、白皮笋瓜及花皮笋瓜 3 个类型。

3. 西葫芦（美洲南瓜） 依植株茎的长短可分为矮生、半蔓生或蔓生 3 种类型。

（二）中国特有基因

1. 南瓜（中国南瓜）**的裸仁基因** 山西省农业科学院蔬菜研究所在 20 世纪 80 年代整理山西省地方品种资源时，从襄汾县小北瓜（中国南瓜）品种后代中，经单株自交分离获得。通过遗传学分析可知，裸仁（无种皮）性状为隐性性状，可独立遗传，受 1 对隐性基因控制，且有微效基因修饰。当 1 对基因为隐性纯合体时，裸仁性状完全表现，种子无种皮。但自然界常易杂交，表现有种皮的显性性状，因此裸仁南瓜自然界较罕见，但一经自交稳定就可代代相传，并表现出来。裸仁种子淡绿色，无种皮，食用方便。

2. 南瓜（中国南瓜）**的矮生基因** 20 世纪 80 年代在山西省洪洞县的一农田里被发现。据山西省农业科学院蔬菜研究所的研究表明，南瓜矮生和蔓生是一对相对性状，其矮生性状由显性矮生单基因 D 控制。

（李海真）

第十二节 西 瓜

西瓜［*Citrullus lanatus*（Thunb.）Matsum et Nakai］别名水瓜或寒瓜，为一年生蔓生草本植物，雌雄异花同株，稀有雄花两性花同株，异花授粉。染色体数 $2n=2x=22$。

一、西瓜的起源及在中国的传播

西瓜起源于非洲，首先传入离起源地较近的北非埃及、地中海沿岸的希腊一带，以后随着十字军东征，西瓜被带到西亚和印度，从西亚经波斯（今伊朗）、阿富汗，翻越葱岭（帕米尔高原）进入中国，新疆的陆上“丝绸之路”很可能是西瓜传入中国内地的主要途径。关于西瓜何时传入中国，现大多引用宋代欧阳修《新五代史·四夷附录》所记：“五代同州郃阳县令胡峤入契丹始食西瓜”“契丹破回纥得此种，以牛粪覆棚而种，大如中国冬瓜而味甘”“周广顺三年（953）……峤归。”据此认为中国最早出现西瓜是在五代；到了宋代，西瓜迅速传播到黄淮流域和江南地区，向南到达广东，向北传播到北京以北地区；元、明、清时西瓜在中国南北方普遍发展，种质资源也出现多样化，形成许多地方品种。如今西瓜种植几乎遍布全国各地，使中国成为世界西瓜第一生产大国。

二、中国西瓜栽培区

中国西瓜分为 7 个栽培区：①华北温带半干旱区；②东北温带半干旱区；③西北区的西部灌溉栽培区；④西北区的东部干旱区；⑤长江中下游梅雨区；⑥华南热带多作区；⑦西南湿润区。其中华北温带半干旱区是中国保护地西瓜栽培面积最大地区；西北区的西部灌溉栽培区和东部干旱区所产西瓜含糖量高，品质好，果形大，是中国西瓜最适宜的栽培区。

三、中国西瓜的特殊类型和特有基因

（一）特殊类型

西瓜在中国传播和栽培过程中，于相对封闭的条件下，产生了适应当地气候条件的特殊类型的栽培变种——籽瓜（*Citrullus lanatus* ssp. *vulgaris* var. *megalasoermus* Lin et Caho.）。籽瓜俗称打瓜、洗籽瓜、瓜籽瓜，为籽用西瓜，原产中国西北地区，可分为黑籽瓜和红籽瓜两种，现主要分布在甘肃、新疆、内蒙古、宁夏、广西、安徽、江西、湖南、黑龙江及广东等省（自治区）。主要特点是：植株生长势弱，蔓细，叶小，深裂，叶裂片狭窄，晚熟。果实圆球形，中小型果，果皮浅绿色，常覆盖有 10 余条绿色核桃纹带，果肉为淡黄色或白色，味酸，汁多，质地滑柔，食用品质差，可溶性固形物含量仅 4%。种子大或极大，千粒重达 250 g 以上，种仁肥厚，味美，可供食用。单瓜种子数可达 200 余粒，单瓜产籽 65 g 左右。

（二）特殊基因

1. 雄花两性花（*aa*）　雄花两性花同株在西瓜作物中较为少见，该性状受一对隐性基因控制，对雌雄异花同株呈隐性。雄花两性花同株基因主要存在于部分新疆地方西瓜品种中。

2. 无杈（*blbl*）　中国于 1967 年在苏联 2 号西瓜的生产田中发现携带该基因植株，隐性。植株除基部 5 节以内有分枝外，在主蔓中、上部基本无分枝，而且主蔓粗短又弯曲，叶片肥大，茎尖生长点在生长后期会停止生长，自封顶，适于密植栽培。不用整枝打杈，有利于简化栽培。

3. 板叶（*nlnl*）　叶片少缺刻，对正常缺刻叶片呈不完全显性。在中国选育的板叶 1 号、板叶 2 号、中育 3 号等西瓜品种中存在该基因。板叶性状具有杂种纯度标记作用，在苗期 3～4 片真叶时就能与一般裂叶品种有明显的区别，可用于简化杂交种子纯度的鉴定。

4. 叶片后绿（*dgdg*）　叶片初期呈现黄绿色，后期转为绿色（复绿），隐性。中国最早由马双武等在田间发现携带该基因的植株。叶片后绿性状具有杂种纯度标记作用，在西瓜幼苗子叶期就能鉴定出杂种纯度，是一个理想的杂种纯度鉴定标记性状。近年选育的品种郑果 5506 中存在该基因。

（刘君璞）

第十三节 甜 瓜

甜瓜（*Cucumis melo* L.）为葫芦科（Cucurbitaceae）黄瓜属一年生蔓生草本植物，中国有两个亚种，一为厚皮甜瓜（*Cucumis melo* ssp. *melo* Pang.），别名哈密瓜、白兰瓜及洋香瓜等；二为薄皮甜瓜［*Cucumis melo* ssp. *conomon*（Thunb.）Greb.］，别名香瓜、梨瓜及东方甜瓜等。异花授粉。性型较多，可分为雄花两性花同株、雌花两性花同株、雌雄异花同株、两性花株、雌花雄花两性花同株、雄性株和雌性株。染色体数 $2n=2x=24$。

一、甜瓜的起源及在中国的栽培历史

栽培甜瓜的原生起源中心历来争议较大，目前仍不清楚。如美国葫芦科专家怀特克（T. W. Whitaker，1962）认为栽培甜瓜起源于非洲，它的野生类型只出现在非洲撒哈拉沙漠南部的回归线东侧；而苏联学者玛里尼娜（Malinina，1977）根据印度获得的大量野生和半栽培类型的甜瓜标本，坚持认为栽培甜瓜起源于亚洲印度次大陆。关于甜瓜次生起源中心，可分为 3 个：一是西亚栽培甜瓜次生起源中心，包括土耳其、叙利亚、巴勒斯坦，是欧、美麝香甜瓜等粗皮甜瓜以及卡沙巴甜瓜的起源地；二是东亚栽培甜瓜次生起源中心，包括中国、朝鲜和日本，是薄皮甜瓜的起源地；三是中亚栽培甜瓜次生起源中心，包括中国新疆、苏联中亚地区、阿富汗、伊朗等地，是大果型夏甜瓜、冬甜瓜等的起源地（《中国西瓜甜瓜》，2000）。

甜瓜在中国栽培历史悠久。3 000 多年前的《诗经》就有关于甜瓜的记载，《小雅·信南山》中有“中田有庐，疆场有瓜。是剥是菹，献之皇祖”；《豳风·七月》有“七月食瓜，八月断壶”等记载，记述的是甜瓜的收获季节和吃瓜的方式。而《礼记·曲礼》则详细描述了甜瓜的切瓜礼：“为天子削瓜者副之，巾以絺。为国君者华之，巾以绤。为大夫累之，士疐之，庶人龁之。”记述的是为不同社会阶层的切瓜方式，说明当时在以陕西为代表的黄河流域即有一定规模的甜瓜种植。汉代以后，在中国地方志、农书、医书、诗歌等古籍中，有关甜瓜的记述更是屡见不鲜，并有出土实物为证，说明当时甜瓜种植已遍布中国南北大部分地区。中原大地的关中，南方的湖南长沙、洞庭，西部的甘肃敦煌、新疆吐鲁番，是中国最早种植甜瓜的地区。现今甜瓜分布遍及全国，中国已成为世界第一甜瓜栽培大国。

二、中国的甜瓜栽培区

中国甜瓜可分为 6 个栽培区：①华北栽培区；②西北栽培区；③东北栽培区；④长江中下游栽培区；⑤华南栽培区；⑥西南栽培区。其中西北栽培区历来是中国最著名的厚皮甜瓜产区，尤以优质而著称于古今中外，而东北栽培区则是中国薄皮甜瓜重要产区。

三、中国甜瓜的特有类型和特有基因

甜瓜在中国漫长的栽培和传播过程中，经过不断的驯化和选择，产生了一些适应于当地生长环境的不同类型。

（一）特殊类型

1. 薄皮甜瓜［*Cucumis melo* ssp. *conomon*（Thunb.）Greb.］　薄皮甜瓜是原产中国的甜瓜亚种，其特点为：雄花两性花同株，稀有雌雄异花同株。植株生长势弱，蔓细，叶色深绿。果实小，圆形至长圆筒形，果肉薄，厚度不超过 2.5 cm，肉质软或脆。可分为 2 个栽培变种。

（1）越瓜［*Cucumis melo* ssp. *conomon* var. *conomon*（Thunb.）Greb.］　又称梢瓜，分布于东南沿海江苏、浙江一带。雌雄异花同株。果实长 30～50 cm，果皮白色或绿色，含糖量低，味淡，无香味，菜用。

（2）梨瓜［*Cucumis melo* ssp. *conomon* var. *chinensis*（Pang.）Greb.］　或称香瓜，现广泛栽培于中国南北各地。多为雄花两性花同株。果实小，多早熟，味甜，肉质脆或软。

2. 野甜瓜［*Cucumis melo* ssp. *agrestis*（Naud.）Greb.］　中国南北均有分布，北方俗称“马泡”。果实短圆柱形，味酸，成熟时有香味，坐果能力强。另外，中国新疆分布有一种野生甜瓜，主蔓、子蔓、孙蔓均可连续坐瓜，平均一株可结瓜 49 个，单株结实率几乎比栽培品种高 20 倍，但瓜小，平均单瓜重不到 70 g，肉薄味淡，食用价值很低。

3. 野生薄皮马泡瓜（*Cucumis bisexualis* A. M. Lu et G. Ch. Wang）　又称小马泡，原产于中国山东、安徽、江苏等地，最大特点是全株花器均为两性花。

（二）特殊基因

1. 两性花同株（*aagg*）　甜瓜花的性型遗传比较复杂，主要受 3 对基因（*a*、*g* 和 *gy*）协同控制，其中两性花同株存在于中国的野生薄皮甜瓜马泡瓜中（Poole C. F.，1939），这种性型在甜瓜植物中是唯一的特例。

2. 果柄离层（*Al*－1，*Al*－2）　果柄离层分别受 *Al*－1 或 *Al*－2 所控制，显性，在中国薄皮甜瓜和厚皮甜瓜中均有存在，果实在成熟时果柄自然脱落。

3. 果肉绿色（*gf*）　甜瓜果肉呈绿色的隐性基因对橙红色果肉呈隐性，中国少数甜瓜品种存在该基因。

（刘君璞　吴明珠）

第十四节　番　　茄

番茄（*Lycopersicon esculentum* Miller）又名西红柿、番柿、洋柿子，属于茄科（Solanaceae）番茄属，在南美等热带地区为多年生，在温带则为一年生。对日照长度要求不严格，需要较强的光照。自花授粉。染色体数为 $2n=2x=24$。

一、番茄的起源及在中国的栽培历史

番茄原产于南美洲的秘鲁、厄瓜多尔和玻利维亚等国的热带、亚热带海拔 2 000～3 000 m 的地带，许多野生的和栽培番茄近缘种仍能在上述国家安第斯山区的狭长地带及加拉帕戈斯群岛找到。大量历史、语言、考古及各种植物学的证据表明，墨西哥是最有可能的栽培番茄驯化中心，栽培番茄的主要祖先可能是由类似杂草、分布于中南美洲的樱桃番茄变种（*L. esculentum* var. *cerasiforme*）经长期繁衍和自然选择演变而来。现代遗传学的研究结果也表明，目前广泛分布于世界各地的绝大部分栽培品种，从 *Ge*（Gamete eliminator）等位基因和过氧化合酶 Prx 等位酶的分析来看，其群体特征与来自墨西哥和中南美洲的栽培品种相同。醋栗番茄（*L. pimpinellifolium*）虽然也被认为有可能是栽培番茄的祖先，但在遗传上的相似性则不如樱桃番茄变种，它可能是栽培番茄的一个支系祖先。在美洲大陆被发现（1492）以前，从秘鲁到墨西哥，番茄已经在当地被印第安人驯化为一种相当进化的栽培种。番茄由欧洲或东南亚传入中国，最早是在清代汪灏的《广群芳谱》（1708）中有关于“蕃柿”的记载，当时仅作为观赏栽培，此后一直到 20 世纪初才开始作食用栽培，至抗日战争期间番茄栽培才逐渐普遍起来，其时还从国外引入了一些新的品种，如中央农业实验所从美国引入了 70 多个品种。抗日战争胜利后部分归国学生也带回许多品种，“联合国救济总署”还配入了大量的番茄品种，其中包括迈球（Margloe）、罗脱格（Rutger）、石东（Stone）、真善美（Bonny Best）、潘里加（Prichard）、皮尔生（Pearson）、大贝尔铁木（Greater Baltimore）等，与此同时农民也开始种植这些新品种。1949 年后，在城市和工矿区已普遍栽培番茄，当时栽培的也多是适应性良好的国外引进品种，如北方的苹果青、粉红甜肉、秃尖粉、武魁 1 号，南方的早雀钻、真善美等。进入 21 世纪，随着蔬菜生产的不断发展，中国番茄的栽培面积和总产量逐步增长，现已分别占世界栽培面积和总产量的 40%以上，与此同时研究者还先后选育、推广了一大批包括各种类型在内的番茄新品种。

二、中国番茄栽培区

番茄属喜温蔬菜，喜白天 25～28 ℃、夜间 15～16 ℃的温度以及不低于 7 000lx 的充足光照。只要满足上述温、光条件，番茄就能良好生长，而温室、大棚等保护设施的普及和应用为番茄的广泛种植提供了有利条件，所以全国各地几乎都有番茄栽培，且栽培方式多种多样。番茄露地生产栽培区可分为：

1. 华南栽培区 包括广东、广西、海南、台湾及福建南部、云南南部低海拔的河谷地区。该区以秋冬季生产为主，春季也有栽培。

2. 长江中下游栽培区 包括湖北、湖南、江西、浙江、上海、江苏南部和福建北部等地，以春季栽培为主。

3. 华北西北栽培区 包括华北、西北诸省的双主作区和内蒙古、新疆单主作区。该区以春季栽培为主，部分地区为一年一季。

4. 东北栽培区 包括吉林、黑龙江单主作区和辽宁双主作区。该区以一年一作为主，部分地区则以春季栽培为主。

近年来，随着蔬菜设施的迅速发展，番茄保护地栽培已遍及南北各地，其中番茄地膜和塑料棚栽培最为普遍，而日光温室栽培主要分布在冬春雨水少、阳光充足的长江以北地区，尤以华北、西北、东北地区最为普遍，茬口安排多以春茬或秋冬茬为主，少数为一年一茬的长季节栽培。此外，露地栽培的加工番茄，主要分布在新疆、甘肃、内蒙古等省

（自治区），多为一年一季栽培。

三、中国番茄的主要类型

中国从开始有番茄的文字记载至今约300年，开始栽培至今不足百年，广泛栽培只有60～70年的历史，因此中国番茄的种质资源和生产用良种，一般都是从国外陆续引进的。其间虽有改良，但大多是在国外类型基础上加以改进。目前中国栽培的番茄主要是普通番茄种（*Lycopersicon esculentum* Mill.）。根据市场的需要，形成了适于不同栽培方式和栽培目的的不同番茄类型。

1. 露地栽培番茄 特点是丰产、抗病（病毒病、青枯病等），具有不同熟性（早、中、晚）、不同果色（红、粉红等）、不同生长类型（有限生长、无限生长），可适应市场的不同消费需求。

2. 保护地栽培番茄 特点是抗病（病毒病、叶霉病、晚疫病、根结线虫等）、丰产（植株生长势旺、连续坐果能力强），耐弱光、耐寡照能力强，在12～14 ℃的低温弱光条件下能正常开花结果。

3. 加工番茄 特点是番茄红素含量高（100 g鲜重含8 mg以上）、可溶性固形物含量高（5.0%以上）。植株有限生长，适于无支架栽培。果实硬度高，成熟期一致，适于一次性机械采收。适宜作加工原料。

（朱德蔚　杜永臣　王孝宣　高建昌　国艳美）

第十五节　茄　　子

茄子（*Solanum melongena* L.）古称伽、酪酥、落苏、昆仑瓜等，为茄科（Solanaceae）茄属以幼嫩浆果为食用器官的一年生草本植物。短日照作物，自花授粉，自然杂交率6.67%（柿崎，1 926）。染色体数$2n=24$。

一、茄子的起源及在中国的栽培历史

茄子起源于亚洲东南热带地区，古印度可能是茄子最早的栽培驯化地之一，至今印度仍有茄子的野生种和近缘种（蒋先明等，1990）。中国南方热带地区可能也是茄子的栽培驯化起源地，云南、海南、广东和广西等地有一些茄属野生种，这些野生种分布甚广，变异较大，至今仍在山地和原野上呈野生状态存在（王锦秀等，2003）。茄子在中国已有近2 000年的栽培历史，西汉时期（前206—公元25）巴蜀一带已经普遍种植和食用茄子，东汉（25—220）王褒《僮约》中记载有"种瓜作瓠，别茄披葱"，其中的"茄"即为茄子。此后，西晋（265—317）嵇含撰写的《南方草木状》中记载有"茄树，交广草木"；南北朝时期（420—589）黄河下游地区和长江下游的太湖南部地区已经普遍栽培茄子，贾思勰《齐民要术》一书中对茄子的留种、藏种、移栽、直播等技术均做了记载；《本草拾遗》中有关于"隋炀帝改茄曰昆仑紫瓜"的描述，并记载了茄子的很多品种。现今茄子作为主要蔬菜作物已遍及全国各地。

二、中国茄子栽培区

中国茄子可分为七个不同类型主栽分布区：①华北及河南、山东圆果型茄子主栽区：河南以果皮为绿色的圆形品种为主，其余大部分地区多为紫黑或紫红色的圆果形品种；②东北长茄主栽区：主要以长条形、果顶尖突（俗称鹰嘴茄）、果皮为黑紫色的品种为主；③华东长茄主栽区：主要以果皮为紫色的长条形品种为主，其中浙江主要栽培线形、蛇形、果肉白色、果皮为紫红色的品种；④华南长茄主栽区：主要以果皮为紫红色的长棒形（果顶圆、无突起）品种为主；⑤西南长茄主栽区：主要以果皮为紫黑或紫红色的棒形（果顶突起）品种为主；⑥华中圆、长茄混栽区：湖北多以果皮为紫色的长棒形品种为主，其余大部分地区多为圆形或卵圆形的紫红色品种；⑦西北高圆果形茄子主栽区：主要以果皮为紫色或绿色的卵圆或高圆大果形品种为主。

三、中国茄子的主要类型

茄子在中国长期栽培驯化过程中，由于各地生态环境和消费习惯的不同（不同地区对茄子品种的商品外观和品质等要求存在极大的差异），逐渐形成了众多相对稳定的地方品种类型。参照 Bailey（1927）提出的分类方法（栽培种主要以果型为分类依据），补充现代育种上极其重要的野生和半野生近缘种，则中国的茄子主要有四大类型。

（一）圆茄类（*Solanum melongena* var. *esculentum* Nees Bailey）

植株生长旺盛、高大，茎直立粗壮，叶宽而较厚。果实呈圆、高圆、扁圆和卵圆形，果皮有紫黑、紫红、绿、白绿、白等颜色，果肉为白或白绿色。该类又可分为 5 个亚类：①紫黑圆茄亚类；②紫红圆茄亚类；③绿圆茄亚类；④白圆茄亚类；⑤卵圆茄亚类。

（二）长茄类（*Solanum melongena* var. *serpentinum* Bailey）

植株中等高，叶较圆茄的小。果实长棒或长条形，果皮较薄，肉质较松软柔嫩，果皮有黑紫、红紫、绿、白绿、白等颜色。单株结果数较多，单果重小。耐湿热，东北和南方地区栽培较多。又可分为 3 个亚类：①尖顶长茄亚类；②圆顶长茄亚类；③线茄亚类。

（三）簇生茄类（*Solanum melongena* var. *depressum* Bailey）

植株矮小，茎叶细小，着果节位低，果小，果实卵形或长卵形，果皮黑紫、紫红或白色。皮厚，种子较多，品质较差，抗逆性较强，可在高温下栽培。

（四）野茄类

Hara（1940）将其单列为一类，包括茄子的野生种和野生近缘种，主要作为抗病基因供源材料和嫁接栽培的抗病砧木应用。如 *S. torvum* Sw.、*S. sisymbrifolium* Lam.、*S. aethiopicum* L. gr. *gilo* 等作为抗源用于抗病育种材料的创新；*S. torvum* Sw. 等作为嫁接栽培的抗病砧木直接用于保护地或露地生产。

（连　勇）

第十六节 辣 椒

辣椒（*Capsicum annuum* L.）又名青椒、菜椒、番椒、海椒、秦椒、辣子、辣茄等，为茄科（Solanaceae）辣椒属（*Capsicum*）一年生或多年生草本或灌木、半灌木状植物。属短日照作物，常异花授粉。有一年生辣椒（*C. annuum* L.）和灌木状辣椒（*C. frutescens* L.）两个种。染色体数均为 $2n=2x=24$。

一、辣椒的起源及在中国的传播

辣椒起源于中南美洲热带地区的墨西哥、秘鲁、玻利维亚等地，是一种古老的栽培作物。据历史记载，哥伦布于1493年由新大陆将辣椒带回西班牙从而传入南欧。1548年传播到英国，1558年传入中欧。1542年传至印度。1583—1598年传到日本，17世纪传播到东南亚各国。中国约在明代末年引进，相传：一是经由“丝绸之路”从陆路传入；二是经由东南亚海路传入。中国最早有关辣椒（当时称“番椒”）的文献记载见于1591年高濂撰写的《遵生八盏》。辣椒一名最早见于清代《汉中府志》（1813），其中已有牛角椒、朝天椒的记述。

甜椒由中南美洲热带原产的辣椒，在北美洲经长期人工栽培和自然、人工选择并逐渐演化而成。甜椒传入欧洲的时间比辣椒晚，后传入俄国，近代传入中国。

二、中国辣椒的分布

辣椒栽培遍及世界各地，一般地处冷凉地区的国家以生产甜椒为主，地处热带、亚热带的国家则以种植辣椒为主。中国大部分地区属温带气候，全国各地几乎均可种植，其主栽地区主要分布在湖南、四川、河南、贵州、江西、陕西、山东、安徽、湖北、江苏、河北等地。近年，南方秋冬季露地栽培蔬菜发展迅速，尤其是广东、海南、广西、福建等地已成为秋冬季南菜北运辣椒的重要产区。

三、中国辣椒的类型

（一）一年生辣椒（*C. annuum* L.）

中国各地栽培的辣椒绝大部分属一年生辣椒。现有类型主要有：

1. 长角椒（*C. annuum* L. var. *longum* Sent.） 果实为长圆锥或粗长圆锥形，果形指数3～5，果基花萼多数平展。果肉中等厚，味微辣或辣。

2. 指形椒（*C. annuum* L. var. *dactylus* M.） 果实为长指形、指形、短指形，果形指数在5以上，果基部花萼下包或浅下包。果肉薄，辛辣味强。

3. 灯笼椒（*C. annuum* L. var. *grossum* Sent.） 果形有长灯笼、方灯笼、宽锥形和扁圆形，果形指数1～2，果基花萼平展。果大，肉厚，多数味甜。

4. 短锥椒（*C. annuum* L. var. *breviconoideum* Haz.） 果实为中小圆锥形或中小圆锥灯笼形，果形指数2左右，果基花萼多平展。果小，肉较薄，味微辣或辣。

5. 樱桃椒（*C. annuum* L. var. *cerasiforme* Irish） 果实大多近小圆球形，呈樱桃状，少数为小宽锥形似鸡心，果形指数1左右，果基部花萼平展，果顶平。果小，肉较薄，辛辣味极强。

6. 簇生椒（*C. annuum* L. var. *fasciculatum* Sturt.） 果实簇生、直立，短指形或短锥形。果小，肉薄，辣味浓。

（二）灌木状辣椒（*C. frutescens* L.）

除一年生辣椒外，在中国的云南西双版纳等热带地区还分布有灌木状辣椒。

1. 小米辣 中国唯一的野生辣椒，为多年生直立灌木或灌木状草本植物。果极小，近长纺锤状，类似较大的麦粒，果基部花萼下包。老熟果具有花萼和果柄易分离而自行脱落的原始特性。果肉软，辣味强。

2. 大米辣 多作一年生栽培，茎枝幼嫩时为草质，成长后逐渐木质化。果实较小米辣大，短指形。肉薄，辣味强。

（三）云南涮辣椒和大树辣

1. 云南涮辣椒（*Capsicum frutescens* L. cv. 'Shuanlaense' L. D. Zhou，H. Liu et P. H. Li，cv. nov.） 属稀有辣椒种质资源，为灌木状辣椒新的栽培变种（刘红等，1985）。一、二年生，草本至亚灌木植物，直立。果实卵状短圆锥形或圆锥小长灯笼形，花萼小，平展或下包，紧扣果肩部。单果重4.5～7.0 g，肉厚0.1～0.2 cm，具特有的辛辣味，辣味极强，不能直接食用，可将果切开，在热汤中涮几下，整锅汤即有辛辣味，故有"涮辣"之称。

2. 大树辣［*Capsicum frutescens* L. f. *pingbianense* P. H. Li，L. D. Zhou et H. Liu，f. nov.（*C. annuum* L. f. *pingbianense* P. H. Li，L. D. Zhou et H. Liu，f. nov.）］ 该变型与原变种的主要区别为多年生高大灌木，四年生株高可达3 m，树干横径4～6 cm，侧枝繁茂，可生长7～8年。果实粗指形，花萼浅下包，果顶渐尖或钝尖，单果重6 g左右，辛辣味强并具有芳香味。

（郭家珍）

第十七节 姜

姜（*Zingiber officinale* Rosc.）古称薑，别名生姜、黄姜，属姜科（Zingiberaceae）姜属能形成地下肉质根茎的栽培种，为多年生草本植物，多作一年生栽培，对日照长短的要求不甚严格，无性繁殖。染色体数 $2n=2x=22$。

一、姜的起源及传播

姜起源于亚洲的热带及亚热带地区，中国长江、黄河流域，云贵高原及西部高原，印度及马来半岛等地都可能是其起源地，但目前较广泛接受的起源地是中国及印度的Malabar

海岸。

据考证，古代《论语》中孔子（前 551—前 479）有“不撤姜食”，《管子・地员篇》（前 475—前 221）中有“群药安生，姜与桔梗、小辛、大蒙”的记载，可见，中国生姜至少已有 2 500 年的栽培历史。姜大约于公元 1 世纪传播到地中海，当时主要作为贵重的医药和香料；3 世纪传入日本；11 世纪传入英格兰；16 世纪西班牙人征服墨西哥后把姜带到美洲，在牙买加逐渐发展起来。目前世界上热带、亚热带和部分温带地区均有姜的种植。除中国外，印度的栽培也很普遍，面积已超过中国，两国合计约占世界姜种植面积的 70%以上（Thai Junior Encyclopedia，1988）。印度尼西亚、尼泊尔、尼日利亚、日本、泰国、菲律宾、孟加拉国、牙买加、塞拉利昂和巴西等国家也有较大的栽培面积，而欧美等国家栽培面积相对较小。

二、中国姜的分布

除东北、西北寒冷地区外，姜在中国各地均有种植，但以南方的广东、四川、浙江、安徽、湖南和湖北面积较大，北方则以山东面积最大，辽宁的丹东栽培面积也较大。近年来，随着高产高效农业的发展，河北、北京、黑龙江、内蒙古和新疆等地的种植面积也在逐渐扩大。

三、中国姜的类型

目前世界各地的姜约有 150 个品种，中国约占 1/3 以上。中国姜的独特性在于品种有多种用途，如调味用、药用、菜用或作工业加工原料用等。

（一）药用型

其根状茎辣味较浓，纤维素含量较高，如江西抚州姜、浙江黄爪姜、湖南黄心姜和鸡爪姜、湖北来凤姜等均属于此类型。

（二）菜用型

其根状茎质地较细，纤维素含量较低，辣味稍淡，如山东莱芜大姜、安徽铜陵白姜、广东疏轮大肉姜等均属于此类型。

一般说来，产于非洲的姜辣味较浓，而产于中国的姜则辣味较淡些，这可能与各自所处气候条件有关。

（三）白色类型

姜的根状茎一般为黄色，但中国特殊色泽的姜，如丹东白姜、铜陵白姜、遵义大白姜等，其根状茎为乳白色，略带黄色，特别是铜陵白姜以“块大皮薄，汁多渣少，肉质脆嫩，香味浓郁”等而久负盛名。

（张振贤）

第十八节 芋

芋［*Colocasia esculenta*（L.）Schott］为天南星科（Araceae）芋属多年生宿根性草本植物，是芋属植物的主要栽培种。无性繁殖。染色体数 $2n=2x=28$（二倍体），$2n=3x=42$。

一、芋的起源及在中国的栽培历史

芋原产中国、印度东部和马来西亚等热带沼泽地区，主要分布于亚洲及其他热带和部分亚热带地区，包括马来群岛、印度尼西亚、菲律宾、泰国、缅甸、越南、老挝、柬埔寨、中国、印度、尼泊尔、不丹、斯里兰卡、孟加拉国、巴布亚新几内亚、日本、澳大利亚、加纳等地（李恒，1979），在太平洋岛屿地区有许多栽培品种。芋属植物全世界约有14种，中国有12种，是世界该属植物种类最多的国家，主要分布于云南以及邻近地区，尤以滇西南地区最为集中。对于芋具体起源地的研究报道较多。康德尔（1886）认为芋起源于印度、马来半岛；Brukill（1935）与瓦维洛夫认为芋起源于印度，同时瓦维洛夫认为芋也起源于中国。Coates 等（1988）通过核型分析认为印度和东南亚至少是芋起源地之一。Matthews（1990、1991）认为芋应起源于亚洲，由于在印度尼西亚发现了可能为芋近缘种的 *C. gracilis*，因而印度也有可能是起源中心。

在中国，芋的栽培历史悠久。早在战国时（公元前4世纪），《管子•轻重甲篇》中就有芋的记载，西汉《氾胜之书》更详细记载了种芋的方法。根据现有的古文献资料分析，唐宋时期芋已在中国南方普遍栽培，重点产区为现四川、广东、台湾和浙江等地，这与现代芋的种质资源分布基本吻合（李庆典，2004）。明代《本草纲目》中明确指出："芋属虽多，有水旱二种。旱芋，山地可种；水芋，水田莳之。"芋为湿生植物，按植物演化规律，似乎先驯化栽培的应是水芋，而后才逐渐发展到旱芋栽培（孔庆东，2005）。

二、中国芋的分布

芋在中国南北各地均有栽培，其中以珠江流域最多，长江流域次之，华北地区栽培面积不大。中国栽培面积较大的省份主要有福建、云南、广东、四川和浙江等。就品种类型分布来说，魁芋多产于高温多湿的珠江流域，而长江流域、华北地区多栽培多子芋和多头芋。

云南是中国芋种质资源最丰富、栽培面积较大的地区，其大部分地区都有芋的栽培，并分布有芋的野生近缘种、半栽培种和各类栽培品种。福建也是中国芋的主要分布和栽培区，主要栽培品种包括叶柄用芋变种，球茎用芋变种的魁芋、多子芋、多头芋类型及其各种副型。广西芋的种质资源也较为丰富，栽培面积较大，主要以槟榔芋为主。四川芋的类型也较多，有多子芋、魁芋、多头芋以及叶柄用芋等，而栽培较为普遍的是叶柄为紫色的多子芋。山东栽培品种主要是旱芋类型的多子芋。其他分布地如浙江、江苏、安徽、江西、湖南、湖北等省，芋的种质资源类型较少，栽培品种多为多子芋，较少栽培魁芋和多头芋（黄新芳等，2005）。新疆等干旱地区种植的则多为旱芋类型的多子芋。

张谷曼（1984）对中国90个芋品种的染色体数目研究结果显示，魁芋类为二倍体；魁子兼用类、多子芋类以及多头芋类均为三倍体。二倍体与三倍体芋的地理分布与垂直分布有所不同，中国南部各省份为二倍体与三倍体芋的混合分布区，而中部及华北地区则为三倍体芋的分布区，三倍体芋的分布比例亦随海拔高度的增高而增加。

三、中国芋的特殊类型

中国现有的芋，依据食用器官的不同，可分为花茎用芋（var. *inflorescens*）、叶用芋（var. *petiolatus* Chang）和球茎用芋（var. *cormosus* Chang）。另外，在云南省还先后发现了中国特有的栽培芋的野生近缘新种，包括大野芋、李氏香芋、异色芋、龚氏芋，以及云南芋（*C. yunnanensis* C. L. Long et X. Z. Cai）、花叶芋（*C. bicolor* C. L. Long et L. M. Cao）等。

（一）花茎用芋

为中国云南特有种质类型，以采收花茎为主。如云南红芋，植株直立，根弦状，淡红色。叶盾形，腹面绿色，背面粉红色，叶柄肉质。母芋硕大，圆形，子芋一般少而小，母芋上能抽生 5～9 根花茎。花茎肥嫩，紫红色，高 50～100 cm。从播种至花茎始收约 140 d。属旱芋。球茎、叶柄和花茎均可食用，尤以花茎的风味最佳。

（二）大野芋（*Colocasia gigantea* Hook. f.）

又名水芋、山野芋、滴水芋、大芋荷等，分布于云南南部和广西南部，多生长于海拔 100～1 100 m 的沟谷密林或石灰岩下湿地或林下石缝中（吴征镒和李恒，1979），湖南、贵州的湿热地区有栽培。大野芋具丛生的长圆状心形叶，叶色碧绿，被长而粗壮的淡绿色叶柄盾状撑起，叶柄具白粉，株型十分优美。其叶可作猪饲料，叶柄可作蔬菜食用，其根茎可入药，有解毒、消肿、祛痰、镇痛之功效，但仅局限在少数民族地区选用（李延辉等，1996；龙春林等，2005）。

（三）李氏香芋（*C. lihengiae* C. L. Long et K. M. Liu）

为 2001 年报道发现的一个芋属新种。其分布区域较小，仅见于云南南部的少数地段。李氏香芋植株美观，中等大小，开花时香气四溢，可供庭园栽培观赏或作室内观叶植物（Long et al.，2001）。

（四）异色芋（*C. heterochroma* H. Li et Z. X. Wei）

为李恒等（1993）报道发现的一个芋属新种，分布于云南盈江县等地，生长在高温高湿的常绿阔叶林林缘。异色芋叶片卵状心形，叶脉绿色，主侧脉暗紫色，有羽绒状质感，佛焰苞黄色。在昆明种植的一年生植株不开花，根茎也不产生分枝；二年生植株开花率为 73.6%，根茎平均分枝 3.6 条。在昆明异色芋生育期约 260 d。异色芋一年生植株作为观赏植物开发具有广阔的前景（张石宝等，1997）。

（五）龚氏芋（*C. gongii* C. L. Long et H. Li）

为 2000 年报道的新种，具有直立的根茎，植株高大，仅分布于云南西南部的热带林缘。龚氏芋的直立茎粗大，富含淀粉，重量最大者可达 20 kg，可用于培育高产品种，是值得深入研究的种质资源（Long & Li，2000）。

（沈 镝 龙春林）

第十九节 大 蒜

大蒜（*Allium sativum* L.）别名胡蒜，古称葫，为百合科（Liliaceae）葱属一、二年生草本植物，属长日照作物。一般进行无性繁殖。染色体数 $2n=2x=16$。

一、大蒜的起源及在中国的栽培历史

大蒜起源于中亚和地中海地区。古埃及 5 000 年前就发现有大蒜鳞茎模型（Tackholm and Drar，1954），在古罗马和古希腊等地中海沿岸地区最早发现种植野生大蒜（*Allium longicuspis* E. Regel）作为药用。公元前 139 年，西汉张骞从西域带回大蒜，《博物志》（公元 3 世纪）记载："张骞使西域还，得大蒜、安石榴。"西汉后期，中国内地大蒜种植已较普遍。东汉时，陆续向全国扩展，此时已有山东地区大蒜种植记载。唐宋以后，大蒜成为人们的家常蔬菜，农书记载增多。元朝之后，各地形成了食用大蒜的不同习惯。明清时期，几乎已无处不种蒜，大蒜还成了一些地方的大宗农产品。近现代，尤其是 20 世纪 80 年代后，又陆续从世界各地引入了不少大蒜新品种、新类型。至 20 世纪 90 年代后，中国大蒜种植总面积、总产量已占世界的 50%以上。目前，大蒜已成为中国主要蔬菜作物之一，其出口量已占世界出口总量的 80%左右。

二、中国大蒜栽培区

大蒜在中国各地均有栽培，大致可分为春播、秋播和春、秋播 3 个栽培大区。以春播为主的大区有：东北栽培区（包括黑龙江、吉林和辽宁）、青藏高原栽培区（包括青海和西藏）、蒙新栽培区（包括内蒙古和新疆）和西北栽培区（包括山西、陕西、甘肃和宁夏）。可进行春播或秋播的大区有：华北栽培区（包括北京、天津及河北、山东和河南）和西北栽培区的部分地域。以秋播为主的大区有：长江中下游栽培区（包括湖南、湖北、江西、浙江、上海、安徽和江苏）、华南栽培区（包括海南、广东、广西、福建和台湾）和西南栽培区（包括四川、云南和贵州）。

三、中国大蒜的特殊类型

中国幅员广大，地跨热带、亚热带和北温带，加之海拔差异大，生态环境多样，早期由外域引入的中东欧类群大蒜（ophioscorodon group）以及近代从欧洲引入的地中海类群大蒜（sativum group），在不同生态区，经过不断演化和选育，逐渐形成了适合于中国各地栽培的新类型。近年中国还通过脱毒大蒜培育以及品种间的有性杂交，也先后选育出一些大蒜的新类型。另外，在新疆还存在野生大蒜。

（一）中国特有的硬秸大蒜（*Allium sativum* L. pekinense ophioscorodon type）亚类型

1. 薹、蒜兼用型　蒜薹长，薹质好，耐贮藏，抽薹较晚。鳞茎蒜瓣较大，休眠期较长。秋种，翌年夏收。主要分布在北京、天津、上海以及河北、山东、河南、浙江、安徽、江苏等地。主要品种有山东苍山大蒜、嘉祥大蒜，上海嘉定蒜，陕西蔡家坡紫皮，江苏太仓白蒜等。

2. 早薹型　薹质好，生长期短，抽薹早。秋种，翌年夏收。主要分布在四川、云南等地。主要品种有四川二水早、正月早、彭县早熟等。

3. 苗、蒜兼用型　茎直立、挺直，节间较长。叶片细长，色深绿，质地柔软、细嫩。薹部分抽出或滞留在鳞茎内。鳞茎呈佛焰型或不规则，蒜瓣10～24瓣。蒜苗质优，产量高。主要分布在山东、江苏、浙江、四川和云南等地。主要品种有青海白皮、四川成都软叶子、吉林白皮狗牙蒜等。

4. 耐热香辛型　鳞茎小，辛辣味浓，多作调味品。耐热，秋种，翌年春收。主要分布在海南、广东、广西、福建、台湾、四川、云南、贵州等地，如云南红皮蒜等。

5. 春播型　鳞茎红皮或白皮，色鲜艳，蒜瓣质地紧密、细腻，辛辣味浓，多作腌渍、脱水加工用。春播秋收。主要分布在北京、天津、辽宁、河北、甘肃及新疆、西藏等地。主要品种有天津宝坻六瓣红、辽宁开源大蒜、怀柔西八里红皮蒜、拉萨红皮蒜等。

（二）中国特有的软秸大蒜（*Allium sativum* L. pekinense sativum type）亚类型

1. 红（紫）皮型　鳞茎大，外皮红（紫）色或带有红（紫）色条纹。早熟，休眠期短，出芽快，植株生长势旺，耐病毒病，适于生产蒜头（鳞茎）。主要分布在山东、北京、天津、河北、河南、浙江、上海、安徽、江苏等地。主要品种有山东金乡红皮蒜、甘肃民乐大蒜、河南宋城大蒜等。

2. 白皮型　鳞茎大，白皮，蒜瓣白色或淡黄色，有的品种含大蒜素或微量元素硒较多，适于生产蒜头（鳞茎）或加工兼用。主要分布在山东、江苏等地。主要品种有江苏邳州白皮蒜、山东金乡白皮蒜和鲁白蒜王等。

3. 春播型　多分布于北纬36°以北地区及高海拔、冬季低温地区。一般3～5月播种，6月下旬至9月收获。生产蒜头用。主要品种有青海乐都紫皮蒜、新疆吉木萨尔白皮蒜等。

（三）野生大蒜（*Allium longicuspis* E. Regel）

在中国天山东麓发现有野生大蒜，一般叶片狭窄，耐寒性强，能抽薹，花薹细长，靠近花苞段卷曲，花苞内有许多花蕾和小气生鳞茎。某些种质在一定条件下可开花结籽。

（徐培文　杨崇良）

第二十节　大　　葱

大葱（*Allium fistulosum* L. var. *giganteum* Makino）古名木葱、汉葱，百合科（Liliaceae）

葱属二、三年生草本植物。属绿体春化长日照作物，异花授粉。染色体数 $2n=2x=16$。

一、大葱的起源及在中国的栽培历史

学者对葱的确切起源地，认识仍不一致。但据《中国农业百科全书·蔬菜卷》记载，大葱起源于中国西部和苏联西伯利亚，由野葱（*Allium altaicum* Pall）在中国经驯化和选择而来。中国早在 1 600 多年前的《后汉书》中就记述今新疆西部有野生葱，但不曾描述其性状。《中国植物志》(1980）介绍了中国青海（东部)、甘肃、陕西（南部)、四川、湖北（西部)、云南（西北部）和西藏（东南部）2 000～4 500 m 的山坡或草地有野葱，可能是大葱的近缘野生种。另外，中国西部、黑龙江北部以及中亚、西伯利亚和蒙古野生的阿尔泰葱（*Allium altaicum* Pall）植株较高大，与大葱的形态更相似，一些学者疑其是大葱的野生种。图力古尔（1992）对阿尔泰葱与大葱核型进行比较的结果表明：两者基本一致。还选取了 47 个性状进行数量性状有关方面分类研究，认为两者的相似度很高，初步推测栽培葱可能是阿尔泰葱在人工栽培下的产物。何兴金等（2000）用 PCR－RFLP 分析葱属系统发育的结果也表明阿尔泰葱与大葱的亲缘关系很近。

又据中国春秋时期（前 770—前 476）的文献记述，今河北北部有冬葱种植（即大葱)，公元前 681 年引至当时的齐国（今山东中、东部）栽培。战国时期（前 475—前 221）在今河北南部有用大葱治病的事例。故可以推测，大葱是在中国西部、东北部原产的阿尔泰葱南移至今河北北部进行人工栽培和驯化后逐渐形成的，估计在公元前 200 年以后扩展至今河北、山东和河南普遍栽培，并延续至今形成了中国大葱的主要产区。所以，中国的河北北部应是大葱的起源地。

朝鲜半岛和日本约于1 100年前引入栽培，欧洲于 16 世纪引入，美洲于 20 世纪引入。

二、中国大葱的分布

中国大葱主要分布于淮河、秦岭以北地区。其中河南、河北、北京、天津、山东等地是中国大葱的主要栽培区域。

中国黄河下游地区主要栽培长葱白品种，黄河中游地区和东北平原主要栽培短葱白品种。鸡腿型葱白品种没有明显的分布区域。

三、中国大葱的特有类型和特有基因

中国大葱栽培区的地域辽阔，生态环境差异较大，人们的消费习惯和爱好也有所不同，在长期的栽培过程中各地通过自然和人工选择创造了符合于当地生产和消费要求的优良基因型。

（一）特有类型

叶鞘出叶孔斜生类型：大葱假茎中的新叶从上一邻叶叶鞘钻出之处（叶鞘与叶身交界处）是谓出叶孔。日本多数大葱品种的出叶孔是横生的，而中国大葱固有类型的出叶孔是斜生的。

（二）特有基因

1976—1990 年笔者调查了中国大葱部分地方品种的自然群体，在约 70%的自然群体中发现有较多的雄性不育株，平均雄性不育株率达 31%。可见中国大葱自然群体中蕴藏有丰富的雄性不育基因。近年育种工作者已利用大葱自然雄性不育源育成了多个雄性不育系和保持系，并组配成一些优良的一代杂种。

马上武彦（1985）研究了大葱雄性不育的细胞学遗传机制，认为：大葱雄性不育受 2 对核隐性雄性不育基因与胞质基因控制，雄性不育系和保持系的基因型分别为 $Sms_1ms_1ms_2ms_2$ 和 $Nms_1ms_1ms_2ms_2$。盖树鹏等（2004）利用 RAPD 进行分子生物学的分析结果支持该假设，但认为有微效基因参与控制。

（张启沛）

第二十一节　韭　　菜

韭菜（*Allium tuberosum* Rottl. ex Spr.）别名起阳草、懒人菜、草钟乳、长生菜，为百合科（Liliaceae）葱属多年生宿根性草本植物。长日照作物，异花授粉。染色体数 $2n=4x=32$，$2n=2x=22$。

一、韭菜的起源及在中国的栽培历史

对韭菜的起源学者有不同说法，一说起源于西伯利亚（吴耕民，1957），一说起源于亚洲东南部（《中国植物志》（第十四卷），1980）。但苏联学者瓦维洛夫（Н. И. Вавилов）在《主要栽培植物的世界起源中心》（董玉琛译，1982）一书中指出韭菜起源于中国，日本安藤安孝在《蔬菜园艺学精义》中称韭菜原产中国，许多中国学者也认为韭菜原产中国。

中国自古就有野生韭菜分布的记载（《尔雅》，公元前 2 世纪；《植物名实图考》，19 世纪中期），现今内蒙古锡林郭勒盟，西藏芒康县，四川巴塘县金沙江两岸，澜沧江、怒江两岸，鄂西、川东的神农架山区以及秦岭东段山区和桐柏山区都有野生韭群落的分布（《中国作物遗传资源》，1994）。中国栽培韭菜的历史也很悠久，早在 2 000 多年前的西周时期，已有韭菜作为祭品的记载（《诗经》，公元前约 6 世纪中期）。秦汉时期的《尔雅》《夏小正》，以及《汉书·循吏传·召信臣传》等古文献中则有韭菜由野生状态转为人工栽培的记述。此后，在南北朝后魏时期（《齐民要术》，6 世纪 30 年代或稍后）则有“跳根”等生物学特性及其相应栽培措施的记载。至元代始有韭菜软化栽培和韭黄生产的发展（《王祯农书》，1313）。此后，随着韭菜栽培方式及产品多样性的不断发展，韭菜种质资源也随之更趋丰富和多样。

二、中国韭菜的分布

韭菜，包括普通韭、宽叶韭、分韭和野韭，中国各地几乎都有分布，其中普通韭分布最普遍，又以山东、江苏、辽宁、河北、四川、安徽等省栽培较多；内蒙古、山西、江苏、河北、吉林、陕西等省（自治区）种质资源最为丰富。普通韭大约于公元 9 世纪传入

日本，16 世纪传入马来西亚，目前越南、泰国、柬埔寨、朝鲜以及美国的夏威夷等地都有少量栽培。

宽叶韭主要分布于中国北纬 21°～33°地带，如浙江的丽水，福建的福州、闽侯、莆田、宁化等地高海拔山区，湖南的怀化，湖北的西部，陕西与甘肃、四川交界的大巴山脉南北，贵州北部和东部，云南的保山，四川的北部和自贡地区以及西藏的东南部均有栽培。此外，东南亚的缅甸、印度、斯里兰卡等地也有分布。

野韭（原为野生，已驯化为栽培种）的分布也相当广泛，在中国北纬 34°以北的地区如新疆、甘肃、内蒙古等地多有野生分布。也有一些地区如陕西的商南、甘肃的平凉等地已进行了人工栽培，但野生韭菜不一定都是野韭这一个种。

分韭的分布范围较窄，主要分布于湖北西部的兴山、神农架林区等地。

三、中国韭菜的类型

在长期的演化过程中，韭菜在中国形成了几个类型。

（一）普通韭（*Allium tuberosum* Rottl. ex Spr.）

一般人们所指韭菜多为普通韭，普通韭染色体核型为：$2n=4x=32=28\text{m}+4\text{st}$（SAT）以及 $2n=3x=24=21\text{m}+3\text{st}$（SAT），属于 2A 类型。叶片狭长，呈宽窄不同的条带状，其叶长、叶宽变幅较大，差异极其显著，据此又可分为窄叶和宽叶两种类型。此外，普通韭由于分布地域广泛，在各种环境条件下经长期的自然和人工选择，其本身的分蘖力强弱，抗寒、耐热性的强弱，冬前进入植株休眠的先后，早春返青的早晚，抗旱、耐湿能力的高低，已表现出很大的差异，并形成了抗寒、耐热等不同性状差异显著的一些生态类型以及适于露地、保护地或进行软化栽培用的各具特色的相应品种。普通韭通常以叶用或叶、薹兼用品种为多。

（二）宽叶韭（*Allium hookeri* Thwaites）

也称大叶韭、大韭菜、扁韭、苤菜等。其染色体数 $2n=2x=22$，但不同群体宽叶韭的核型有差异，如湖北大叶韭的核型为 $2n=2x=22=2\text{m}+4\text{sm}+14\text{st}+2\text{t}$（SAT），属于 3A 类型；而云南宽叶韭的核型则为 $2n=2x=22=18\text{sm}+2\text{st}+2\text{t}$（SAT），属于 4A 类型。宽叶韭植株生长势旺盛，具有粗壮、肥大的肉质弦状根，根粗 0.3～0.5 cm，这是不同于其他韭菜的一项重要形态特征。其假茎圆柱状或扁圆柱状，白色，柔嫩。叶片较宽，0.8～2.5 cm，呈宽披针形至宽条形，叶基呈沟槽状，中脉显明。花薹多，侧生，圆柱状或三棱柱状。伞形花序，呈球形，花白色，不结实，一般只能采用分株繁殖。宽叶韭喜湿润、温暖而偏凉爽的气候条件，不耐寒，遇霜冻地上部即枯萎，对炎热的适应能力也不及普通韭。喜肥沃、疏松、排水良好的地块。宽叶韭主要以肉质根及花薹供食，故也称为根韭或韭菜根，但其假茎和叶片也可采食，并可作青韭和韭黄栽培，只是其辛辣味不及普通韭浓香。

（三）野韭（*Allium ramosum* L.）

原为野生韭菜的一个种，后经驯化成为栽培种，但仍称野韭。其染色体数及核型为

$2n=2x=16=14m+2st$（SAT）。野韭的核型与普通韭相似，但 1～5 号染色体的长度和相对长度的差距，比普通韭稍小。其形态上不同于其他韭菜：野韭的叶为三棱状条形，中空，叶背纵棱显著突起，叶缘及背棱常被较细的糙齿，花瓣常具浅紫红色的中脉。野韭主要以叶片和假茎供食，其辛辣味较浓。应引起注意的是，野生的韭菜或人工栽培的野生韭菜不一定都是野韭，因为有些野生韭菜也可能是 $2n=4x=32$ 的四倍体，与野韭不属同一个种。

（四）分韭（*Allium* sp.）

20 世纪 80 年代杜武峰等在湖北神农架地区考察时发现的一个栽培种。其染色体核型为 $2n=4x=32=28m+4st$，最长与最短染色体之比为 1.64，属于 2A 类型。分韭的主要特点是：地下根茎较普通韭细小，但分蘖旺盛，植株呈簇丛状。叶片与普通韭相似，但叶色稍浅，叶鞘被粉红色外皮，根茎无普通韭残留网状纤维物。主要以叶片和假茎供食，其辛辣味稍淡。

（王德槟）

第二十二节　洋　　葱

洋葱（*Allium cepa* L.）又名葱头、胡葱、圆葱、玉葱，为百合科（Liliaceae）葱属二年生植物。长日照作物，异花授粉。染色体数 $2n=2x=16$。

一、洋葱的起源及在中国的传播

洋葱起源于阿富汗、伊朗及周边高原地区，目前在该地区仍发现有洋葱的野生类型。洋葱早在 3 000 年前已有栽培，目前在世界各地广泛栽培。据张平真（2002）考证，中国早在“丝绸之路”开通以后，曾多次引入洋葱。元朝天历三年（1330）忽思慧撰写的《饮馔正要》中除有葱、蒜、韭的叙述外，还有和洋葱极为相似的回回葱的描述，经考证，当时的“回回葱”即现在的洋葱，可见当时已有洋葱的种植。目前，中国是世界上洋葱生产量最大的国家。

二、中国洋葱的栽培区

中国洋葱分布广泛，全国各地均有栽培。大致可分为 3 个栽培区：①南方栽培区：如华南、西南（部分地区）等地，多为近冬播种，冬季温度高，幼苗生长快，一般于晚春收获。②长江及黄河流域栽培区：如华东、华中、西南（部分地区）等地，多为秋季播种，翌年夏季收获。③北方栽培区：如华北（北部）、西北、东北等地，通常为秋季播种，冬前定植、露地覆盖越冬，或幼苗贮藏越冬，春季定植，夏季收获。冬季严寒、夏季冷凉的高寒地区则为早春保护地播种育苗，春季定植，早秋收获。

洋葱在山东、甘肃、辽宁、内蒙古、江苏、河南、河北、云南、四川、宁夏、新疆、黑龙江和吉林等地已形成规模化种植。

三、中国洋葱主要类型及特有基因

（一）中国洋葱的类型

中国洋葱主要有普通洋葱、分蘖洋葱、顶生洋葱和红葱 4 个变种。

1. 普通洋葱（*Allium cepa* L. var. *cepa*） 各地普遍栽培，鳞茎扁球、圆球、卵圆或纺锤形，按鳞茎形成所需要的日照时间，可分为长日照、中日照和短日照 3 种生态型。短日照类型在 11～12 h/d 光照下才能形成鳞茎，主要在北纬 32°以南地区种植，多秋季播种，春夏收获。长日类型需要 16 h/d 光照才能形成鳞茎，主要在北纬 40°以北地区种植，早春播种或定植（用鳞茎小球），秋季收获。中间类型在 13～14 h/d 光照下即能形成鳞茎，主要在长江、黄河流域北纬 32°～40°间种植，秋季播种，翌年晚春及初夏采收。根据洋葱鳞茎外皮颜色的不同又分可为 3 种类型：①红皮洋葱：鳞茎圆球或扁圆形，紫红至粉红色，辛辣味较浓。丰产，耐贮性稍差，多为中、晚熟品种，也有早熟品种。②黄皮洋葱：鳞茎扁圆、圆球或椭圆形，铜黄或淡黄色。味甜而辛辣，品质佳。耐贮藏，产量稍低，多为中、晚熟品种。③白皮洋葱：鳞茎较小，扁圆形，白绿至微绿色。肉质柔嫩，品质佳，宜作脱水菜。产量较低，抗病力较差，多为早熟品种。

2. 分蘖洋葱（*A. cepa* L. var. *agregatum* G. Don） 每株能蘖生多个大小不规则的鳞茎，铜黄色，品质差，产量低，耐贮藏，但植株抗寒性强，一般用分蘖小鳞茎繁殖，主要在高寒地区种植。主要品种有河曲红葱、陕北红、甘肃红葱、西藏红葱等。

3. 顶球洋葱（*A. cepa* L. var. *viviparum* Metz.） 花序上着生多个气生鳞茎，通常不开花结实，抗寒、耐旱，多作腌渍用。主要分布在高纬度、高寒地区，如东北顶球洋葱、湖北竹溪果子葱等。

4. 红葱（*A. cepa.* L. var. *proliferum* Reyel.） 靠无性繁殖，耐旱性强，抗病虫害。主要分布在高纬度、高寒地区，如内蒙古红葱、山西河曲葱、宁夏固原楼子葱、西藏红葱等。

（二）中国洋葱的特有基因

中国洋葱品种中存在 S-细胞质型和 T-细胞质型两类胞质雄性不育基因。S-细胞质雄性不育性在洋葱杂种生产中应用比较广泛。T-细胞质型雄性不育由不育的细胞质 T 和 3 个隐性基因（一个独立的基因 a 和 2 个连锁基因 b 和 c）控制。

（徐沛文　杨崇良）

第二十三节　菠　　菜

菠菜（*Spinacia oleracea* L.）又名波斯草、赤根菜、角菜、菠棱菜，为藜科（Chenopodiaceae）菠菜属一、二年生草本植物。属长日照作物，异花授粉。染色体数 $2n=2x=12$。

一、菠菜的起源及在中国的传播

菠菜原产于小亚细亚和中亚细亚地区，伊朗在 2 000 年前已有栽培。分东、西两个方向传播，向东约于公元 7 世纪的唐贞观年间（627—649）传入中国，至今已有 1 300 多年的历史，现中国各地普遍栽培。300 年前再由中国传往日本和东南亚各国，形成了东方系统的尖叶菠菜；向西传入北非，11 世纪再传至西班牙，此后遍及欧洲各国，并逐渐形成了欧洲圆叶系统菠菜。1568 年传入英国，19 世纪引入美国。目前世界各国普遍栽培。

二、中国菠菜的分布

由于菠菜抗性强，适应性广，适于露地、保护地多种栽培方式，除可在春、秋季栽培外，还可在冬季严寒地区进行露地越冬栽培、寄籽（埋头）栽培，也可在夏季进行遮阳网覆盖栽培，加之生育期又短，因此无论是在中国南方还是北方，几乎都有菠菜的分布，其中尤以华北黄淮地区，华东、华中长江流域分布最广，而华南热带地区则分布较少。

三、中国菠菜的类型

（一）有刺变种（*Spinacia oleracea* var. *spinosa* Moench）

种子（果实）呈菱形，有 2～4 个刺。叶较小而薄，戟形或箭形，先端尖锐，故又称尖叶菠菜。在中国有悠久的栽培历史，故也称中国菠菜。该类型生长较快，品质稍差，产量较低，但耐寒力强，耐热性弱，对日照反应敏感，在长日照下易抽薹，适合于秋季栽培、越冬栽培或寄籽（埋头）栽培，春播时容易发生未熟抽薹，夏播生长不良。

（二）无刺变种（*Spinacia oleracea* var. *inermis* Peterm）

种子（果实）为不规则的圆形，无刺。叶片肥大，多皱褶，椭圆形或卵圆形，先端钝圆，叶基心脏形，叶柄短，故又称圆叶菠菜。该类型耐寒力较弱，但耐热力较强，春播抽薹迟，产量高，品质好，适合于春夏或早秋栽培。

（王德槟）

第二十四节　莴　　苣

莴苣（*Lactuca sativa* L.）别名千金菜，为菊科（Compositae）莴苣属一年生或二年生草本植物，按食用部位可分为叶用莴苣（生菜）和茎用莴苣（莴苣笋、莴笋）。长日照作物，自花授粉，有少数为异花授粉。染色体数 $2n=2x=18$，染色体组 AA。

一、莴苣的起源及在中国的传播

莴苣原产地中海沿岸，栽培历史悠久，在公元前 4 500 年的古埃及墓壁上就有关于莴苣叶形的描绘，古希腊、古罗马许多文献上有莴苣若干变种的记述，表明当时莴苣在地中海沿岸栽培已较普遍。16 世纪在欧洲出现了结球莴苣，并有了皱叶莴苣和紫莴苣的记载。1492 年，莴苣传到南美（宋元林等，1998）。中国约在公元 5 世纪传入，已有近 1 500 年的栽培历史。宋朝陶谷的《清异录》（950）写道：“西国（西域国名）使者来汉，隋人求得菜种，酬之甚厚，故名千金菜，今莴苣也。”以后莴苣在中国迅速发展普及，《本草衍义》(1116) 谓其“四方皆有”。11 世纪苏轼在《格物粗谈》中已有紫色类型的记载。莴苣通过长期的人工选择，在中国又演化出茎用类型——莴笋。

二、中国莴苣的分布

叶用莴苣适应性强，世界各国普遍栽培，主要分布于欧洲、美洲、中亚、西亚及地中海地区和中国华南地区。茎用莴苣的适应性更强，中国各地普遍栽培，在长江流域，茎用莴苣是 3～5 月春淡季市场供应的重要蔬菜之一。中国早期种植的莴苣，多以茎用莴苣为主，叶用莴苣仅分布于广东、广西和台湾。20 世纪 80 年代后，随着保护地蔬菜的发展，叶用莴苣的分布才逐渐辐射到全国各地。目前栽培较多的有江苏、浙江、上海、山东、重庆、福建、广东、广西、北京、台湾等地，而四川、福建、广西、山西、吉林、内蒙古、新疆等地的种质资源较为丰富。

三、中国莴苣的特殊类型

(一) 莴笋 (*L. sativa* var. *asparagina* Bailey)

为中国莴苣的特有类型，南北普遍栽培。肉质茎肥大如笋，肉质细嫩。叶片有披针形、卵圆形，叶色淡绿或紫红。适应性、耐寒性均较强。又可分为以下几个类型。

1. 尖叶类型 肉质茎棒状，下部粗，上部渐细，白绿或淡绿色。叶簇较小，节间较稀。叶披针形，先端尖，叶面平滑或略有皱缩，绿色或紫色。较晚熟，苗期较耐热，可用作秋季栽培或越冬栽培。

2. 圆叶类型 肉质茎粗大，中下部较粗，两端渐细。叶簇较大，节间较密。叶长倒卵形，顶部稍圆，叶面微皱，淡绿色。较早熟，耐寒性强，耐热性较差，品质好。

3. 加工（腌渍、干制）**专用类型** 肉质茎较长，最长可达 50 cm，肉浅绿至翠绿色，肉质致密、脆嫩。多为晚熟品种。

4. 抗逆类型 包括耐寒、耐热和抗病类型。耐寒类型多具有耐寒力强或低温下肉质茎膨大快等特点，适于春季早熟栽培。耐热类型则较抗热，适宜春播夏收或夏播秋收栽培。抗病类型主要抗莴苣花叶病毒 (LMV)、霜霉病 (*Downy mildew*)、菌核病 (*Sclerotinia sclerotiorum*)、顶烧病 (*Orgyia postica*) 等病害。

(二) 结球莴苣 (*Lactuca sativa* var. *capitata* L.)

又称结球生菜，顶生叶形成叶球，叶球呈圆球形或扁圆球形，主要以叶球供食，质地尤其鲜嫩。根据其叶片质地的不同，又可分为皱叶结球莴苣、酪球莴苣、直立结球莴苣和拉丁莴苣 4 种类型（浙江农业大学，1985）。

(三) 皱叶莴苣 (*Lactuca sativa* var. *crispa* L.)

又称散叶莴苣（散叶生菜），不结球。基生叶长卵圆形，叶柄较长，叶缘波状有缺刻或深裂，叶面皱缩。其多数品种都有美观的叶丛，色泽鲜艳多彩，品质中等。

(四) 直立莴苣（*Lactuca sativa* var. *longifolia* Lam.）

又称直立生菜。叶片狭长，直立生长，叶全缘或有锯齿，叶片厚，肉质较粗，风味较差。这类莴苣不形成叶球，但心叶卷成圆筒状，也称直筒莴苣。

（葛体达）

第二十五节　芹　　菜

芹菜（旱芹）（*Apium graveolens* L.）别名芹、药芹、苦堇、野芫荽，为伞形科（Umbelliferae）芹属二年生草本植物。属长日照作物，异花授粉。染色体数 $2n=2x=22$。

一、芹菜的起源、演化及传播

芹菜起源于欧洲南部和非洲北部地中海沿岸地带（A. de Candolle，1886）。现代栽培芹菜品种是由原产地中海沼泽地区的野生种驯化而来。古希腊早在公元前就开始芹菜栽培，13 世纪传入北欧，1548 年传入英国，而后传入意大利、法国。17 世纪末到 18 世纪，意大利、法国、英国进一步对芹菜进行了改良，芹菜被驯化成叶柄肥厚、异味小、品质优良的类型（即西洋芹菜）。此期，瑞典还进行了软化栽培，并使芹菜的叶柄变得更为肥厚、脆嫩，异味更小，更适于作沙拉食用。17 世纪传入美国，早期多为易软化的黄色类型，此后，优良的绿色类型迅速增加，并且由上述两种类型杂交产生的中间类型品种也被选育出来（星川清亲，1981）。

芹菜很早就传入印度，而后又传到中国、朝鲜及东南亚诸岛。16 世纪由朝鲜传入日本。在中国，芹菜于汉代由高加索传入，并逐渐形成叶柄细长的类型（即本地芹菜）。10 世纪《唐会要》一书中所述的“胡芹”，所指就是芹菜（胡昌炽，1954）。明代，西洋旱芹已在中国广为种植（程兆熊，1985）。

二、中国芹菜的分布

中国芹菜的栽培地区非常广泛，全国几乎都有分布，其中尤以山东栽培面积最大，其次为河南、江苏、河北、广东、四川等地。中国的地方品种绝大多数为本芹，但近数十年来，由欧美各国引入的西洋芹菜新品种在东南沿海及华北各地已有较多的栽培。

三、中国芹菜的类型

芹菜一般指叶用芹菜，包括西芹（西洋芹菜，*A. graveolens* var. *dulce* DC.）和本芹（本地芹菜，*A. graveolens* L.）两种类型。此外，还有根用芹菜（*A. graveolens* var. *rapaceum* Mill.），在欧美国家种植较多，中国少有种植。

(一) 西芹

生育期较长，植株稍矮，挥发性药香味较淡。叶柄宽且厚，较扁，背棱较明显，实心。纤维少，脆嫩，可生食或熟食。适于稀植，多数较耐热，耐寒性亦强，抗病，适应性较广。

（二）本芹

叶柄细长，香味浓。据叶柄髓腔状况又有空心和实心两类，实心种叶柄髓腔很小，腹沟窄而深，品质较好，春季不易抽薹，产量高，耐贮；空心种叶柄髓腔较大，腹沟宽而浅，品质较差，春季易抽薹，不耐寒，但抗热性较强，适于春夏季栽培。

（三）紫柄芹菜

是中国芹菜特殊类型，近年由中国选育出。其叶柄含有花青苷，为花青苷显色品种。紫柄芹菜叶片较厚，颜色深绿。外周叶片叶柄绿色中带有暗紫色，内层叶片叶柄为紫色和紫红色。品种不同，其显色程度也有所差异。

（张德纯）

第二十六节　莲　藕

莲（*Nelumbo nucifera* Gaertn.）又称莲藕，属睡莲科（Nymphaeaceae）莲属多年生水生植物，异花授粉。染色体数 $2n=2x=16$。

莲属植物有两个种，一个是莲（*N. nucifera* Gaertn.），另一个是美洲黄莲（*N. lutea* Pers.）。关于美洲黄莲的分类定位，目前学术界尚存在争议，有学者建议将美洲黄莲作为莲的一个亚种来处理，定名为 *N. nucifera* Gaertn. spp. *lutea* Pers. CHH Comb. Nov.。

一、莲的起源及在中国的栽培历史

莲在世界上有两个分布中心，东亚、中南半岛、印度、马来西亚和澳大利亚是莲的分布中心，而大西洋的北美和加勒比地区为美洲黄莲的分布中心。中国作为莲的起源中心之一，有着悠久的栽培历史。在浙江余姚河姆渡古文化遗址中，曾挖掘出莲花粉化石，据考证距今约有 7 000 年的历史。距今 5 000 多年前的河南仰韶文化遗址也曾出土了炭化莲子。《诗经》（公元前 6 世纪中期）《郑风》与《陈风》分别有“山有扶苏，隰有荷华”和“彼泽之陂，有蒲与荷”的颂荷诗句。考古发掘证明，2 700 多年前的西周，藕已作蔬菜食用。唐代以前栽培的莲藕主要为深水藕，南宋典籍记载有利用水田栽培的浅水藕。此后，史料中不时有利用水稻田栽培浅水藕的记载。子莲的栽培历史至今已有 1 500 多年，据同治八年《广昌县志》和《建宁县志》记载（魏文麟等，2001），两县种植子莲始于南唐梁代，至今已有 1 000 余年历史。子莲大面积种植始于清代。目前，子莲主产区在江西、福建、湖南及湖北等地，其所产莲子分别称为“赣莲”“建莲”“湘莲”。花莲用于观赏在庭院种植距今也有 2 400 余年的历史。1923 年和 1951 年在辽宁新金县普兰店一带的泥炭层中还曾多次发掘到 1 000 多年以前的古莲子，且仍可发芽生长。

二、中国莲的分布

莲在中国分布很广，南自海南三亚，北至黑龙江，东起台湾，西至天山北麓都有莲的踪影，垂直分布大致在海拔 3 680 m 范围以内。各地大小湖泊特别是长江流域、珠江流域都有大量野生莲分布。莲藕在长期的栽培、驯化和选择过程中，由于利用目的不同，已逐渐形成了藕莲、子莲、花莲三大类型。藕莲在珠江流域、长江流域、黄河流域都有规模栽培，南方地区利用水田、水塘种植藕莲，北方地区利用水池种植藕莲。藕莲生产以湖北、江苏、安徽、湖南、浙江、山东、河南、广东、广西等省（自治区）为主；子莲生产以江西、湖南、福建、湖北等省为主；花莲栽培以武汉、杭州、北京、重庆、南京、佛山等大中城市为主。

三、中国莲的特殊类型及品种

中国是莲的原产地之一，经过千百年的人工驯化，目前中国莲的栽培品种按用途可分为花莲、子莲、藕莲 3 个类型，而国外的莲多处于野生或半野生状态。按莲对不同气候带的适应性，又分为寒带莲、温带莲和热带莲 3 个生态型。

（一）红芽藕

为江苏宝应县地方品种，藕的顶芽为红色或紫红色，幼叶叶柄为黄红色或紫红色，为中国特有资源。红芽藕品种较多，有中熟、晚熟品种，也有适应深水栽培或浅水栽培的品种。这类品种主要用于加工。

（二）千瓣莲

为中国特有品种。千瓣莲以前仅在湖北当阳玉泉寺、江苏昆山等地作为花莲少量种植，后发现在云南昆明周边的安宁、富民、姚安、呈贡、玉溪、宜良等地所栽培的藕莲均为千瓣莲。几千公顷的千瓣莲作藕莲栽培实属罕见。千瓣莲在云南当地表现为单花心，引种武汉后可以开出双花心或多花心。每朵花的花瓣可多达 4 000～6 000 枚。

（三）丘北野生莲居群

在云南丘北县普者黑一湖泊内发现特殊野生莲居群，多种基因型野莲混生同一生态环境内，有白花重瓣、红花重瓣、重瓣洒锦莲等。此前发现的莲居群一般为同一种类型野莲，多种类型野莲混生于同一居群为中国所特有。

（柯卫东）

第二十七节　茭　　白

茭白［*Zizania latifolia* Turcz.；syn. *Zizania caduciflora*（Turcz.）Hand. - Mazz.］别名茭笋、茭瓜、篙笆等，禾本科（Gramineae）菰属多年生水生草本植物。单季茭只能在

短日照下孕茭，双季茭则对日照不敏感。染色体数 $2n=2x=34$。

一、茭白的起源及在中国的栽培历史

茭白起源于中国长江中下游地区，已有 2 000 多年的文字记载历史。茭白就其食用部位而言，分别称“菰米”“茭儿菜”“茭白”，从植物形态学角度而言，这三部分分别为种子、正常生长的地上短缩茎以及受菰黑粉菌（*Ustilage esculenta* P. Henn）侵染膨大形成的肉质茎。“菰米”最早的文献记载见于公元前 5 世纪至前 3 世纪的《周礼》天宫冢宰食医：“牛宜稌，羊宜黍，豕宜稷，犬宜粱，雁宜麦，鱼宜菰。”至少在战国时期“菰”已是中国人民的重要谷类作物之一，且被列为六谷之一。“茭儿菜”的记载最早见于嘉靖年间（1522—1566）王磐的《野菜谱》：“茭儿菜……入夏生水泽中，即茭芽也。生熟皆用。”对茭儿菜的实际采食历史则应远早于史料记载。至今，湖北、江苏等地民间仍有初夏采食的习惯，其名也仍用古名茭儿菜。“茭白”是由植株的茎端受菰黑粉菌分泌物吲哚乙酸刺激后膨大形成的变态茎。最早明确记载茭白的史料为秦汉年间《尔雅·释草》篇中的“出隧：蘧蔬”，东晋郭璞（257—324）注云：“蘧蔬似土菌，生菰草中，今江东啖之，甜滑。”唐代文献已经出现双季茭记载。至明代王世懋《学圃余疏》（1587）则明确记载了双季茭的品种名称，“吴中一种春生者，曰吕公茭，以非时为美。”茭白经长期的自然和人工选择，形成了非常丰富的种质资源。

二、中国茭白的分布

茭白几乎遍及全国各地，南始海南，北至黑龙江，东起上海，西到陕西，几乎各地都有茭白的栽培及野生茭白的分布。野生茭白多分布于中国各大小湖泊中，一些地区多在 5～6 月采收“茭儿菜”以供食用。栽培茭白则多分布在淮河流域、长江流域及其以南地区，其中尤以长江中下游地区栽培面积最大、栽培技术水平最高。双季茭白的栽培主要集中在江苏、浙江和上海，近 20 年来安徽、湖北、湖南等省也大量引种双季茭白；而单季茭白在长江流域及其以南各省份均有栽培。

三、中国茭白的主要类型及特殊品种

（一）主要类型

中国茭白主要分为野生茭和栽培茭，栽培茭中又分为单季茭类群和双季茭类群。

1. 野生茭　多生长在湖边、池塘、沼泽低洼地带。幼嫩时茎部是可以食用的“茭儿菜”。若被菰黑粉菌寄生则可形成小的肉质茎（只能在秋季孕茭），肉质茎内充满菰黑粉菌冬孢子；若未被菰黑粉菌寄生，则可开花结实。

2. 栽培茭

（1）单季茭类群　多分布在江南各地。只能在秋季短日照下孕茭，肉质茎膨大时，其内菰黑粉菌可形成冬孢子堆或白色菌丝团，白色菌丝团在茭白老化后形成冬孢子堆。

（2）双季茭类群　双季茭白为中国特有类型，主要分布在太湖周边地区。对日照不敏感，能在夏、秋两季孕茭。成熟时，肉质茎内不形成冬孢子，商品性好。其中又可分为：

①夏茭型。孕茭适温在 20 ℃左右，以采收夏茭为主。植株生长势强，分蘖力弱，产生游茭的能力强。一般在夏末秋初栽植，当年秋茭产量较低，下年夏茭产量较高。夏茭早熟，秋茭迟熟。②夏秋兼用型。孕茭适温在 28 ℃左右，夏、秋茭产量并重。植株分蘖力强，产生游茭能力弱。通常春栽，秋季采收秋茭；翌年夏季采收夏茭。秋茭早熟，夏茭迟熟。

（二）特殊品种

1. 十里香　江西南昌地方品种。为单季茭，中熟。植株分蘖力强，介于野生种和栽培种之间，抗茭白锈病。株型较分散，叶鞘紫红色。肉质茎纺锤形，成熟时冬孢子在茭肉中呈辐射状分布，单茭重 60～80 g。

2. 澄江茭　云南澄江地方品种。为单季茭，晚熟，茭白成熟期在 10 月中、下旬。叶鞘和叶颈皆为紫红色，为其他品种少见。肉质茎纺锤形，白色，成熟时茭肉内仅有白色菌丝体。

（柯卫东）

参考文献

安志信，等，2007. 试探大白菜源流［J］. 中国蔬菜（11）：41－44.

曹家树，等，1997. 中国白菜各类群的分支分析和演化关系研究［J］. 园艺学报，24（1）：35－42.

曹家树，秦岭，等，2005. 园艺植物种质资源学［M］. 北京：中国农业出版社 .

曹寿椿，等，1982. 白菜地方品种的初步研究 . Ⅲ 不结球白菜品种的园艺学分类［J］. 南京农学院学报（2）：30－37.

陈沁滨，王建军，薛萍，2008. 洋葱种质资源与遗传育种研究进展［J］. 中国蔬菜（1）：37－42.

陈守良，1991. 菰属系统与演化研究——外部形态［J］. 植物研究，11（2）：59－73.

陈昕，等，2005. 大蒜种质资源遗传多样性的分子标记研究［J］. 厦门大学学报（自然科学版），44（1）：144－149.

程兆熊，1985. 中华园艺史［M］. 台湾：台湾商务印书馆 .

方智远，孙培田，刘玉梅，等，1987. 青花菜自交不亲和系选育初报［J］. 中国蔬菜（1）：27－29.

方智远，孙培田，刘玉梅，等，1997. 甘蓝显性雄性不育系的选育及其利用［J］. 园艺学报，24（3）：249－254.

冯兰香，杨又迪，1999. 中国番茄病虫害及其防治研究［M］. 北京：中国农业出版社 .

盖树鹏，孟祥栋，等，2004. 大葱雄性不育分子标记辅助选择的研究［J］. 分子植物育种，2（2）：223－228.

管正学，王建立，张学予，1994. 我国大蒜资源及其开发利用研究［J］. 资源科学（5）：54－59.

郭家珍，等，1992. 辣椒品种与高产栽培［M］. 北京：中国农业科技出版社 .

何其仁，1989. 蔬菜［M］. 台湾：地景企业股份有限公司 .

胡昌炽，1944. 蔬菜学各论［M］. 上海：中华书局 .

黄聪丽，朱风林，1999. 我国花椰菜品种资源的分析与类型［J］. 中国蔬菜（3）：35－38.

黄盛璋，2005. 西瓜引种中国与发展考信录 [J]. 农业考古 (1)：266-271.
黄新芳，柯卫东，叶元英，等，2005. 中国芋种质资源研究进展 [J]. 植物遗传资源学报，6 (1)：119-123.
黄秀强，陈俊愉，黄国振，1992. 莲属两个种亲缘关系的初步研究 [J]. 园艺学报，19 (2)：164-170.
江解增，曹碚生，1991. 长江中下游茭白品种资源的研究 [J]. 中国蔬菜 (6)：30-32.
蒋名川，1989. 中国韭菜 [M]. 北京：农业出版社.
柯卫东，黄新芳，刘玉平，等，2005. 云南部分地区水生蔬菜种质资源考察 [J]. 中国蔬菜 (2)：31-33.
柯卫东，孔庆东，彭静，1997. 茭白种质资源的综合评估 [J]. 作物品种资源 (1)：9-11.
柯卫东，孔庆东，彭静，1997. 我国双季茭白品种资源及育种研究 [J]. 武汉植物学研究，15 (3)：262-268.
柯卫东，孔庆东，周国林，1995. 我国茭白生产及研究概况 [J]. 长江蔬菜 (5)：1-3；(6)：1-3.
柯卫东，孔庆东，周国林，1996. 菰黑粉菌不同菌株比较研究 [J]. 长江蔬菜 (8)：21-23.
孔庆东，柯卫东，杨保国，1994. 茭白资源分类初探 [J]. 作物品种资源 (4)：1-4.
孔庆东，2005. 中国水生蔬菜品种资源 [M]. 武汉：湖北科学技术出版社.
李璠，1982. 中国栽培植物发展史 [M]. 北京：农业出版社.
李恒，魏兆祥，1993. 芋属新种——异色芋 [J]. 云南植物研究，15 (1)：16-17.
李恒，1979. 中国植物志：十三卷第二分册 [M]. 北京：科学出版社.
李家文，1962. 白菜起源和进化问题的探讨 [J]. 园艺学报，1 (3-4)：297-304.
李家文，1981. 中国蔬菜作物的来历和变异 [J]. 中国农业科学 (1)：90-95.
李家文，1984. 中国的白菜 [M]. 北京：农业出版社.
李朴，1963. 蔬菜分类学 [M]. 台湾：台湾商务印书馆.
李庆典，2004. 芋 (*Colocasia esculenta*) 民族植物学研究及遗传多样性分子评价 [D]. 长沙：湖南农业大学.
李树德，1995. 中国主要蔬菜抗病育种进展 [M]. 北京：科学出版社.
李锡香，沈镝，张春震，等，1999. 中国黄瓜遗传资源的来源及其遗传多样性表现 [J]. 作物品种资源 (2)：27-28.
李锡香，晏儒来，向长萍，等. 1994. 神农架及三峡地区菠菜种质资源品质评价 [J]. 中国种业 (2)：29-31.
利容千，1989. 中国蔬菜植物核型研究 [M]. 武汉：武汉大学出版社.
刘红，等，1985. 茄属新种苦茄，辣椒新变种涮辣和变型大树辣 [J]. 中国园艺学报，12 (4)：256-258.
刘后利，1984. 几种芸薹属油菜的起源和进化 [J]. 作物学报，10 (1)：9-18.
刘惠吉，等，1990. 南农矮脚黄四倍体不结球白菜新品种的选育 [J]. 南京农业大学学报，13 (2)：33-40.
刘佩瑛，1996. 中国芥菜 [M]. 北京：中国农业出版社.
刘宜生，等，2007. 关于统一南瓜属栽培种中文名称的建议 [J]. 中国蔬菜 (5)：43-44.
刘宜生，等，1998. 中国大白菜 [M]. 北京：中国农业出版社.
刘宜生，2007. 南瓜的种质资源及制种的关键技术 [J]. 长江蔬菜 (4)：29-31.
柳唐镜，汪李平，2007. 籽瓜（籽用西瓜）产业前景展望 [J]. 北京农业 (32)：13-15.
龙春林，程治英，蔡秀珍，2005. 大野芋种子形成丛生芽的微繁殖 [J]. 云南植物研究，27 (3)：327-330.

马上武彦，等，1985. 大葱细胞质雄性不育的遗传模式［J］. 园艺学会杂志，54（4）：432－437.
南开大学，2008. 中国主要经济植物基因组染色体图谱［M］. 天津：南开大学出版社 .
倪学明，周运捷，於炳，等，1995. 论睡莲目植物的地理分布［J］. 武汉植物学研究，13（2）：137－146.
倪学明，1983. 莲的品种分类研究［J］. 园艺学报，10（3）：207－210.
戚春章，袁珍珍，李玉湘，1983. 黄瓜新类型——西双版纳黄瓜［J］. 园艺学报，10（4）：259－264.
戚春章，1997. 中国蔬菜种质资源的种类及分布［J］. 作物品种资源（1）：1－5.
齐三魁，吴大康，林德佩，1991. 中国甜瓜［M］. 北京：科学普及出版社 .
日本农山渔村文化协会，1985. 蔬菜生物生理学基础［M］. 北京农业大学，译 . 北京：农业出版社 .
沈德绪，徐正敏，1957. 番茄研究［M］. 北京：科学出版社 .
中国农业百科蔬菜卷编辑委员会，1990. 中国农业百科全书：蔬菜卷［M］. 北京：农业出版社 .
谭俊杰，1982. 茄果类蔬菜的起源和分类［J］. 河北农业大学学报，5（13）：116－126.
谭其猛，1979. 试论大白菜品种的起源、分布和演化［J］. 中国农业科学（4）：68－75.
图力古尔，1992. 阿尔泰葱与大葱的核型比较［J］. 中国蔬菜（5）：21－22.
汪呈因，1948. 植物栽培之起源［M］. 台湾：徐氏基金会出版 .
汪隆植，何启伟，2005. 中国萝卜［M］. 北京：科学技术文献出版社 .
王海平，李锡香，沈镝，等，2006. 大蒜种质资源研究进展［J］. 中国蔬菜（增刊）：15－18.
王锦秀，等，2003. 茄子的起源驯化和传播［C］//中国植物学会 . 中国植物学会七十周年年会论文摘要汇编（1933—2003）.
王宁珠，马芳莲，李细兰，1985. 莲属（*Nelumbo*）20 个品种染色体数目及其核型分析［J］. 武汉植物学研究，3（3）：209－219.
王其超，张行言，2005. 中国荷花品种图志［M］. 北京：中国林业出版社 .
王素，王德槟，胡是麟，1993. 常用蔬菜品种大全［M］. 北京：北京出版社 .
吴耕民，1914. 蔬菜园艺学［M］. 北京：中国农业书社 .
星川清亲，1981. 栽培植物的起源与传播［M］. 河南：河南科学技术出版社 .
徐鹤林，李景富，2007. 中国番茄［M］. 北京：中国农业出版社 .
徐培文，等，2003. 中国大蒜品种资源的收集及农艺性状研究［J］. 山东农业科学（增刊）：68－69.
徐培文，等，2006. 大蒜种质创新和育种研究进展［J］. 中国蔬菜（6）：31－33.
徐培文，曲士松，孙晋斌，等，2002. 荷兰洋葱品种引种试验［J］. 中国种业（11）：17－18.
颜纶泽，1976. 蔬菜大全［M］. 台湾：台湾商务印书馆 .
杨景华，张明方，喻景权，等 . 2005. 叶用芥菜细胞质雄性不育相关基因 orf 220 的分子特性［J］. 遗传学报，32（6）：594－599.
叶静渊，1989. 我国油菜的名实考订及其栽培起源［J］. 自然科学史研究，8（2）：159－162.
叶静渊，1991. 明清时期白菜的演化与发展［J］. 中国农史（1）：53－60.
叶静渊，2001. 我国水生蔬菜的栽培起源与分布［J］. 长江蔬菜（增刊）：4－12.
余诞年、吴定华、陈竹君，1999. 番茄遗传学［M］. 长沙：湖南科学技术出版社 .
曾维华，2002. 茄子传入我国的时间［J］. 文史杂志（3）：66－67.
张谷曼，杨振华，1984. 中国芋的染色体数目研究［J］. 园艺学报，11（3）：187－191.
张启沛，魏佑营，张琦，1978. 葱自然群体的雄性不育性［J］. 山东农业大学学报（4）：1－11.
张石宝，魏兆祥，1997. 异色芋生物学特性观察［J］. 广西植物，17（2）：162－165.
张振贤，2003. 蔬菜栽培学［M］. 北京：中国农业大学出版社 .
赵清岩，王若菁，石岭，等，1994. 菠菜不同品种营养成分的研究［J］. 内蒙古农业大学学报（1）：

23 -26.
赵有为，1999. 中国水生蔬菜 [M]. 北京：中国农业出版社．
浙江农业大学，1980. 蔬菜栽培学各论 [M]. 北京：农业出版社．
郑光华，沈征言．1989. 番茄 [M]. 北京：北京农业大学出版社．
中国科学院武汉植物研究所，1987. 中国莲 [M]. 北京：科学出版社．
中国科学院植物研究所．1987. 中国植物志：第七十三卷第一分册 [M]. 北京：科学出版社．
中国科学院中国植物志编辑委员会．1991. 中国植物志 [M]. 北京：科学出版社．
中国科学院中国植物志编辑委员会．2004. 植物志：35 卷（2）[M]. 北京：科学出版社．
中国农学会遗传资源学会，1994. 中国作物遗传资源 [M]. 北京：中国农业出版社．
中国农业科学院蔬菜花卉研究所，1992. 中国蔬菜品种资源目录：第一册 [M]. 北京：万国学术出版社.
中国农业科学院蔬菜花卉研究所，1998. 中国蔬菜品种资源目录：第二册 [M]. 北京：气象出版社．
中国农业科学院蔬菜花卉研究所，2001. 中国蔬菜品种志 [M]. 北京：中国农业科技出版社．
中国农业科学院蔬菜研究所，1987. 中国蔬菜栽培学 [M]. 北京：农业出版社．
中国农业科学院郑州果树研究所，等，2000. 中国西瓜甜瓜 [M]. 北京：中国农业出版社．
中华人民共和国农业部，2006. 中国农业统计资料（2006）[M]. 北京：中国农业出版社．
周长久，1995. 蔬菜种质资源概论 [M]. 北京：北京农业大学出版社．
周祥麟，1983. 裸仁南瓜的育成及其遗传规律的探讨 [J]. 山西农业科学（3）：30 - 33.
周祥麟，李海真，1991. 中国南瓜无蔓性状的遗传性及其生产利用的研究 [J]. 山西农业科学（2）：1 - 6.
庄飞云，欧承刚，赵志伟，2008. 胡萝卜育种回顾及展望 [J]. 中国蔬菜（3）：41 - 44.
庄飞云，赵志伟，李锡香，等，2006. 中国地方胡萝卜品种资源的核心样品构建 [J]. 园艺学报（33）：46 - 51.
庄勇，严继勇，曹碚生，等，2004. 洋葱主要品质性状遗传分析 [J]. 江苏农业学报，20（3）：199 -200.
邹学校，等，2002. 中国辣椒 [M]. 北京：中国农业出版社．
邹学校，2004. 中国蔬菜实用新技术大全：南方蔬菜卷 [M]. 北京：北京科学技术出版社．
A. H. 克里什托弗维奇，1965. 古植物学 [M]. 北京：中国工业出版社．
H. И. Вавилов，1982. 主要栽培作物的世界起源中心 [M]. 董玉琛，译．北京：农业出版社．
An Z G，Li C J，Zu Y G，et al，2006. Expression of BjMT2，a metallothionein 2 from *Brassica juncea*，increases copper and cadmium tolerance in *Escherichia coli* and *Arabidopsis thaliana*，but inhibits root elongation in *Arabidopsis thaliana* seedlings [J]. Journal of Experimental Botany，57（14）：3575 - 3582.
Bradeen J M，Simon P W，2007. Carrot [M] //Kole C. Genome mapping and molecular breeding in plants. Volume 5. Vegetables. Spring - Verlag Berlin Heidelberg.
C L，Li H，2000. *Colocasia gongii*（Araceae）. a new species from Yunnan. China [J]. Feddes Repertorium，111：559 - 560.
Cong L，Chai T Y，Zhang Y X，2008. Characterization of the novel gene *BjDREB1B* encoding a DRE - binding transcription factor from *Brassica juncea* L [J]. Biochemical and Biophysical Research Communications，371（4）：702 - 706.
De Candolle，1886. Origin of cultivated plants [M]. New York and London：Hafner Publishing Comp.
Esquinas - Alcazar J T，Gulick P J，1983. Genetic Resources of Cucurbitaceac [M]. Rome：IBPGR.
Haim D，Rabinowitch，James L，et al，1990. Onions and allied crops [M]. Florida：CRC Press. Inc.
Kaneko Y，Kimizuka - Takagi C，Bang S W，et al，2007. Radish [M] //Kole C. Genome mapping and

molecular breeding in plants. Volume 5. Vegetables. Spring－Verlag Berlin Heidelberg.

Long C L，Liu K M，2001. *Colocasia lihengiae*（Araceae：Colocasieae）. a new species from Yunnan，China. Bot Bull Acad Sin.，42：313－317.

Poole C F，Grimball P C，1939. Inheritance of new sex forms in *Cucumis melo* L. [J]. J Hered，30：21－25.

Rabinowitch H D，Currah L，2002. *Allium* Science：Recent Advances [M]. CABI Publishing.

Rosa J T，1928. The inheritance of flower types in *Cucumis* and *Citrullus* [J]. Hilgardia，3：233－250.

Rubatzky V E，Quiros C F，Simon P W，1999. Carrots and related vegetable umbelliferae [M]. University press，Cambridge. UK.

Whitaker T W，et al，1957. Cucurbit material from caves near Ocampo [J]. Tamaulipas. Amer Antiq.，22：353－358.

Whitaker T W，Knight R J，1980. Collecting cultivated and wild cucurbits in Mexico [J]. Econ. Bot.，34：312－319.

Xu J，Zhang Y X，Wei W，et al，2008. BjDHNs confer heavy－metal tolerance in plants [J]. Molecular Biotechnology，38（2）：91－98.

Xu Peiwen，Peerasak Srinives，Charles Y Yang，2001. Genetic identification of garlic cultivars and lines by using rapd assay [J]. Acta Horticultureae，555：213－220.

Yang J H，Huai Y，Zhang M F，2009c. Mitochondrial atpA gene is altered in a new orf220－type cytoplasmic male－sterile line of stem mustard（*Brassica juncea*）[J]. Molecular Biology Reports，36（2）：273－280.

总论卷

第十二章

果树作物的起源与进化

第一节 概 述

一、果树作物的起源

果树起源地又称原产地、起源中心、原生中心。世界著名学者康德尔、瓦维洛夫和茹科夫斯基研究均认为中国是世界栽培植物的起源中心之一，也是世界上最大的果树起源中心。中国之所以能集中大量的对世界人类有益的重要果树种类，与其所处的地理位置条件是分不开的。中国遭受冰河的影响较小，第三纪后没有被海洋浸没，许多第三纪的植物一直保存至今，最典型的是被称为果树植物活化石的银杏，唯一在中国被保存下来。因此，中国的多年生果树中，乔木和灌木占有很大优势。落叶果树中世界栽培的桃、杏、梅、枣、柿、栗、榛、核桃等，中国是其原生基因中心，同时中国也是苹果、梨、李、葡萄和樱桃等世界栽培果树的主要原生中心之一，这些果树在长期的栽培中形成了一些重要的种及较多的优良品种。常绿果树柑橘类中的甜橙、宽皮橘和荔枝、龙眼、枇杷、杨梅等无一不原产于中国（见附录2）。中国丰富的果树资源为世界人类的物质文明做出了巨大贡献，目前中国还保存有苹果、梨、葡萄、龙眼、荔枝等果树的野生林带。因此，中国一向被誉为“园林之母”。

二、果树作物的传播

世界果树栽培历史悠久，自古以来，在亚洲、欧洲、非洲、美洲等地区以各种方式互为传播。世界果树种类的传播概括有以下几种方式和途径。

（一）航海、商贸活动的传播

中国李的传播就是通过“丝绸之路”传入中亚细亚、小亚细亚，而后扩散到欧洲大陆的。公元前2000年以航海和经商著称的腓尼基人对枣椰子（海枣）的传播起了重要作用，他们携带了海枣作为远航的食品，活动于地中海沿岸的塞浦路斯、西西里岛、法国、西班牙和突尼斯等地，使海枣在他们所到之地得以传播。中国古代栽培的欧洲葡萄就是由张骞出使西域期间由中亚细亚引入的。

（二）战争、殖民迁徙行动的传播

16～17 世纪，随着探险殖民，西班牙人将桃树传播到北美大陆，另因战争而带入墨西哥。17 世纪欧洲向美洲移民带去了柑橘、苹果、梨、樱桃、葡萄、无花果等果树。

（三）僧侣及西方传教士活动的传播

由于佛教僧侣活动把石榴由印度传到东南亚及柬埔寨和缅甸等国。西洋苹果就是由美国传教士于 1870 年前后首先传到中国的。

（四）海水流动传播

多数学者认为椰子的传播方式除人为作用外，海流是椰子的主要传播方式。据考证，椰子在海水中漂流 110 d 后尚能发芽生长。

三、中国果树作物演化、进化中的特殊性状

目前存在的所有果树都是在长期自然选择和人工选择的影响下形成的。自古以来，世界所有栽培果树的优良品种都是通过自然杂交和对人类有益的自然变异演化、进化而来。在自然界中常发生特殊变异，进而演化、进化为新的特殊类型，其中表现优良的特性植株被人们通过无性繁殖——嫁接、压条、分株保存下来，成为新的栽培品种，为人类所利用。演化进化类型包括：

（一）形态型

1. 株型　如垂枝桃、龙盘栗、龙枣等。
2. 矮化型　如矮化山楂、矮化梨等。
3. 叶色　如红叶李、花叶梨等。
4. 花型　如重瓣花杏、两性花猕猴桃等。
5. 果型　如茶壶枣、葫芦枣、美人指葡萄等。
6. 果色　如黄果山楂、红果猕猴桃等。
7. 果壳　如薄壳核桃、纸皮核桃等。
8. 果核　软核杏、无核牛心柿、无核荔枝、软籽山楂等。
9. 果质　如高糖李、高维生素 C 杏、无涩味甜柿等。
10. 果穗　如穗状核桃、串子核桃等。

（二）生态型

1. 抗寒类型　如东北、西北抗－41 ℃的抗寒山楂、抗寒李砧木等。
2. 抗旱类型　如西北干旱地区的花叶海棠和陇东海棠等。
3. 抗病虫类型　如抗虫的无刺栗、抗炭疽病的毛葡萄等。

第二节 苹　　果

苹果（*Malus pumila* Mill.）为多年生木本植物，落叶果树，仁果类，为蔷薇科（Rosaceae）苹果属（*Malus* Mill.）植物。染色体数 $2n=34$。

一、苹果的起源及传播

苹果属植物分布于欧洲、亚洲和北美洲。近代研究认为苹果属植物野生近缘种在世界上有 5 个自然分布区：①东亚（中国、日本及中南半岛部分地区）：有 18 个种，以中国分布最多（有 17 个种），主要分布在云南、贵州、四川和陕西、甘肃等省；②中亚：有 1 个种；③西亚：有 1 个种；④欧洲：有 3 个种；⑤北美：有 4 个种。共有 27 个野生近缘种。这些野生种在自然分布区都有野生群落。

苹果主要栽培种西洋苹果（*Malus domestica* Borkh.）原产于欧洲。据考古发掘，迄今 7 000 年前的新石器时代，在欧洲栖居遗址发掘到炭化的苹果果实、果核，为人类利用苹果的最早实证。17～18 世纪，西洋苹果种子随欧洲移民传入北美，并被育成许多优良品种，19 世纪 70 年代，首先由美国始传入中国山东，至今已有 100 多年。中国引种最早的为山东烟台，约 1870 年前后由美国传教士引入，最初引入品种有绯之衣、伏花皮等，其后又传入青香蕉、倭锦、元帅等。1898 年前后，日本、德国侵占青岛时，从日本、德国传入红魁、黄奎、伏花皮、国光、红玉、倭锦、青香蕉等品种。1933 年又由美国传入红星、金冠等品种。其次，传入辽南地区。1902 年以前，俄国占领旅顺、大连时即把苹果引入当地，在庭院栽培。1905 年日本人将部分品种引种到大连熊岳等地进行实验，1914 年在熊岳进行品种比较试验，1922 年以后栽培逐渐增多，品种以国光为主，其次是红玉、倭锦、祝、旭、青香蕉、金冠等。新疆的大苹果是 1909 年由俄国引入的。南方大苹果栽培以四川巴塘为最早，1904 年前后由美国传教士引入，有 10 多个品种，成都 1923 年前后自美国引入金冠、元帅、丹顶等品种。云南昆明约在 1926 年自法国引入大苹果栽培。现中国成为世界苹果生产大国。

二、中国苹果的主要栽培区

苹果栽培在中国极为广泛，已遍及 25 个省（自治区、直辖市），其栽培面积和产量均居世界第一，主要产地集中于四大苹果栽培区。

（一）渤海湾苹果栽培区

渤海湾苹果栽培区是中国发展西洋苹果最早、国外品种最多、引进技术最早、产量最高的地区。

（二）黄河故道栽培区

包括河南、安徽北部、江苏北部和山东西南部。

（三）西北黄土高原苹果栽培区

包括陕西、甘肃、宁夏、山西、青海，该栽培区大部位于苹果最适宜的栽培区内，发展潜力大，品质优异，前景广阔。

（四）西南山地苹果栽培区

包括陕西秦岭西段南麓，沿四川盆地西缘向北延伸到陇南，南至云南东北部和贵州西北部。为新发展的栽培适宜的良种区。

三、中国苹果的特殊类型

中国原产的苹果野生种很多，在长期进化中产生了一些特殊类型。

（一）抗寒苹果类型

中国苹果属中原产于高寒地区的野生近缘种，经长期驯化形成了极抗寒的类型。如东北山荆子［*Malus baccata*（L.）Borkh.］、海棠果［*M. prunifolia*（Willa）Borkh.］、新疆野海棠［*M. sieversii*（Led.）Roem］等，应用这些抗寒遗传资源与矮化遗传资源杂交，已获得一批矮化优系，为选育耐寒苹果矮化砧木打下了基础。

（二）抗旱遗传资源类型

主要分布在中国的西北高原和其他干旱地区，在长期的生长进化中，形成了植株生长矮小、叶片锯刻深、叶背茸毛多的特点，如花叶海棠［*M. transitoria*（Batal.）Schneid.］、河南海棠（*M. honanensis* Rehd.）、陇东海棠［*M. kansuensis*（Batal.）Schneid.］等，在西北、华北干旱地区作苹果砧木。嫁接苹果品种可提高苹果品种的抗旱性，并兼有矮化作用。

（三）抗病遗传资源类型

中国原产的野生种中发现有高抗苹果腐烂病的类型，如东北黄海棠［*M. speactabitis*（Ait.）Borkh.］、雅江变叶海棠［*M. toringoides*（Rehd.）Hughes］、湖北海棠［*M. hupehensis*（Pamp.）Rehd.］等。

（四）抗盐碱类型

经过性状鉴定，中国原产的黄海棠、湖北海棠平邑甜茶等为高抗盐碱的类型。

（五）无融合生殖苹果类型

经鉴定发现，湖北海棠、变叶海棠［*M. toringoides*（Rehd.）Hughes］、锡金海棠［*M. sikkimensis*（Hook. f.）Koehne］、三叶海棠、雅江山定子、花叶海棠等野生近缘种均具有无融合生殖特性，这些无融合生殖类型种子播种后产生高度生长一致的苗木，对选育矮化无融合生殖砧木具有重要意义。

（六）观赏类型

花蕾粉红、重瓣花的海棠花、垂丝海棠和垂枝国光芽变等，均具有绿化观赏价值。

第三节 梨

梨（*Pyrus* spp.）是多年生木本植物，落叶果树，仁果类，为蔷薇科（Rosaceae）梨属（*Pyrus* L.）植物。染色体数 $2n=34$。

一、梨的起源及其传播

梨属植物起源于中国及欧洲地中海和高加索地区，其中栽培种秋子梨（*Pyrus ussuriensis* Maxim.）、白梨（*P. bretschneideri* Rehd.）、砂梨［*P. pyrifolia*（Burm.）Nakai］原产于中国，包括 3 个原产中心地带，即黄河流域（包括东北）、长江流域和南部地区。

中国梨自 19 世纪以来多次被引入欧美，由于食用习惯的原因，中国梨在欧美未得以发展，仅作为观赏花木栽培。1883 年（顺治十五年）日本引进中国的鸭梨，1912 年恩田铁弘博士由山东引去莱阳慈梨，开始在日本栽培。西洋梨（*Pyrus communis* Lim.）原产欧洲中部和东南部，是温带落叶果树中栽培历史最久的树种之一，在史前湖栖民族的遗迹中即有发现。在罗马帝国全盛时期（43—407），西洋梨从欧洲中部渐渐向西部和北部传播，至 11 世纪遍及欧洲。美国栽培的西洋梨开始于 1630 年，由欧洲移民引入。中国于 1870 年由 J. I. Navius 引入西洋梨开始在山东烟台市郊栽培。

二、中国梨的主要栽培区

梨在全国各地均有栽培，根据生态气候型划分为 5 个梨树栽培区。

（一）寒地梨树栽培区

包括辽宁北部、吉林、黑龙江等高寒地区，有秋子梨抗寒品种。还包括干旱寒冷地区的内蒙古、新疆、宁夏、河北北部、青海少数地区，栽培品种多属秋子梨和新疆梨（*Pyrus sinkiangensis* Yü）系统。

（二）温带梨树栽培区

包括辽宁南部和西部、河北、甘肃大部、山东、山西、江苏长江流域、安徽、河南及淮河流域以北地区。该栽培区的栽培品种多属白梨系统，少数为西洋梨和秋子梨品种。

（三）暖温带梨树栽培区

包括浙江、江西、湖南、湖北和四川。栽培品种以砂梨系统为主，少量白梨系统。

（四）热带亚热带栽培区

包括广东、广西、福建等地，栽培品种多属砂梨系统。

三、中国梨的特殊类型

（一）极抗寒类型

中国原产的秋子梨一些类型可耐－40 ℃的低温，对梨的抗寒育种有重要价值。

（二）多倍体类型

原产中国的梨中发现有多倍体变异类型，如四倍体大鸭梨和库尔勒香梨的四倍体沙 01，为多倍体育种提供了遗传资源类型。

（三）矮化紧凑型类型

从中国梨与西洋梨杂交后代中筛选出矮化紧凑型类型，并加以利用选育出梨属矮化砧木——中矮 1 号。

（四）观赏类型

垂枝鸭梨是河北鸭梨的芽变类型，枝条自然下垂呈垂枝状，有较大的观赏价值。花长把梨是兰州长把梨的芽变类型，其果实、叶片、枝条有黄绿相间的条纹，有一定观赏价值。

第四节　山　　楂

山楂（*Crataegus pinnatifida* Bge.）为多年生木本植物，落叶果树，仁果类，为蔷薇科（Rosaceae）山楂属（*Crataegus* L.）植物。染色体数 $2n=34$。

一、山楂的起源及其传播

山楂起源于北半球温带地区。其栽培种山楂起源中心有 3 个，即中国-日本起源中心、中亚起源中心、中美和墨西哥起源中心。山楂在中国多野生自然分布，有 3 个分布中心：①黄河流域及西北、东北；②长江流域；③长江流域以南。

19 世纪初期，中国的山楂已传入俄国圣彼得堡。早年引进日本，主要以观赏为目的，后来中国栽培种山楂引起美国重视，引到美国进行栽培。

二、中国山楂的主要栽培区

（一）北方山楂产区

本区栽培的山楂品种起源于中国北方种山楂（*C. pinnatifida*），种质资源丰富，品质优良，产量占全国总产量的 90％以上。划分为以下 3 个栽培区：

1. 鲁苏北栽培区　包括山东和江苏的北部地区，主要产区为山东的福山、莱西、烟台、蒙阴、临沂、日照、青州、黄县、栖霞等地，以及江苏的徐州、赣榆、宿迁等地。

2. 中原栽培区 包括河北石家庄以南、河南的中北部和山西太原以南地区。河北的主要产区在邢台、清河、武安、涉县等地；河南的主要产区在安阳、辉县、林县、汲县、商丘等地；山西的主产区在晋城、安泽、陵川、绛县、临汾、沁水、运城等地。

3. 冀京辽栽培区 包括河北石家庄以北地区、北京、天津、辽宁沈阳以南地区。河北的主产区在兴隆、隆化、青龙、涞水、遵化、易县、滦平、卢龙、承德等地；辽宁的主要产区在辽阳、鞍山、丹东、葫芦岛、朝阳等地；北京的主产区在密云、房山、平谷、怀柔等地。

（二）云南山楂产区

云南山楂主要栽培于云贵高原，包括滇中、滇西栽培区，滇东、黔南栽培区和滇南桂西栽培区。

三、中国山楂的特殊类型

（一）多倍体抗寒类型

在中国的东北、西北高寒地区条件下，山楂的细胞染色体多为四倍体，可耐－41 ℃低温，抗寒力极强。

（二）矮化类型

在中国的长江流域、山谷湿地的野生山楂，植株矮小，节间短，有明显的矮化现象，作砧木嫁接大山楂亲和性良好，早果性强，有明显的矮化趋势。

（三）黄果山楂类型

在山楂进化过程中，出现了果皮、果肉均为黄色、含糖量高、抗旱、抗病的进化类型。

（四）软籽山楂类型

在山楂的变异类型中，出现果实小、种壳薄的软籽山楂类型。

（五）药物成分含量高的类型

产于京津地区的面楂、寒露红等品种，维生素 C 和黄酮含量较一般品种高出 1 倍以上，为适于加工入药的类型。

第五节 桃

桃［*Amygdalus persica*（L.）Batsch.］为多年生木本植物，中型乔木落叶果树，核果类，为蔷薇科（Rosaceae）桃属（*Prunus* Linn.）植物。染色体数 $2n=16$。

一、桃的起源及其传播

桃起源于中国，共有 5 个种、4 个变种，均原产于中国西部山区谷地。在汉武帝时期传至伊朗，而后传播到欧洲、美洲及日本等地。

有学者认为，公元前 300—前 100 年桃已引入希腊栽培，2 世纪初引入罗马，罗马人由地中海东部诸国向西传播进入非洲北部，并传到法国、英国。16～17 世纪探险和殖民时代，西班牙人将桃传播到北美大陆。日本桃的栽培记载在平安时代（794—1192）至镰仓时代（1185—1333），明治八年由中国引入天津水蜜、上海水蜜等品种，在日本栽培受到广泛欢迎，可以认为日本桃是以中国南方系品种群为主。因此，日本及欧美各国桃的栽培均原产于中国。

二、中国桃的主要栽培区

桃的栽培遍及全国各地，可分为 7 个栽培区。

（一）西北黄土高原栽培区

包括新疆、甘肃、陕西和宁夏等地，品种类型丰富，包括普通桃、油桃、蟠桃和甜仁桃等多种类型。

（二）华北平原栽培区

包括河北、山东、河南、山西和北京等地，以生产蜜桃和观赏桃为主。

（三）长江流域栽培区

包括江苏南部、浙江北部、上海、安徽南部、江西、湖南北部、湖北大部及四川成都平原。主要生产水蜜桃和南方硬肉桃。

（四）云贵高原栽培区

包括云贵高原亚热带地区。

（五）华南热带亚热带栽培区

包括广东、广西和福建等地。

（六）青藏高原栽培区

包括青海、西藏大部和四川西部地区。

（七）东北寒地栽培区

包括吉林、辽宁北部和黑龙江南部地区。

三、中国桃的特殊类型

（1）普通桃在长期的栽培过程中演化形成了油桃、蟠桃、碧桃、垂枝桃、寿星桃等有价值的变种。

（2）黄肉桃、甜仁桃、矮化桃和重瓣花多种特殊的类型。

（3）极短需寒量类型。

（4）高抗线虫病类型。

第六节 李

李（*Prunus salicina* Lindl.）为多年生木本植物，落叶果树，核果类，为蔷薇科（Rosaceae）李属（*Prunus* L.）植物。染色体数 $2n=16$。

一、李的起源及其传播

李原产于中国的长江流域，栽培种中国李（*Prunus salicina* Lindl.）的栽培历史悠久，已有 4 000 年以上。以后又形成欧洲李（*Prunus domestica* L.）和美洲李（*Prunus americana* Marsh）2 个栽培种。

李在中国分布很广，《山海经》《北海经》《东山经》《中山经》中都有李的记载。中国李是在西汉时期，随桃、杏传播到日本和伊朗，近百年中国李才传至欧洲和美洲，特别是传到美国后，与美洲李杂交培育出许多种间杂种，在李的品种改良方面贡献极大。中国李传入欧洲和美洲后，以其果实较大、色泽艳丽、香气浓郁、风味佳美、适应性强的特点，在当地迅速推广开来。1627 年，传到法国，1880 年前后传入美国，后又传入澳大利亚、南非等国家栽培。

中国李在世界的传播途径有二：一是通过“丝绸之路”传入中亚细亚、小亚细亚，扩散到欧洲大陆。二是经朝鲜传至日本，后又从日本传入美洲，或由中国直接于 1880 年前后引种至美国。目前中国李在世界广泛栽培。欧洲李和美洲李于近百年内才引入中国栽培，成为李栽培的主要组成部分。

二、中国李的主要栽培区

李在中国的主要栽培区有 7 个。

（一）东北、内蒙古栽培区

包括黑龙江、吉林、辽宁和内蒙古。主要栽培中国李，少量为杏李（*Prunus simonii* Carr.）、欧洲李、美洲李。

（二）华北栽培区

包括河北、山东、山西、河南、北京、天津等地，主栽中国李，辅栽少量欧洲李和杏李，偶见美洲李。

（三）西北栽培区

包括陕西、甘肃、青海、宁夏、新疆，除新疆以主栽欧洲李为主外，其余四省份均以中国李为主栽种，杏李和美洲李有少量栽培。

（四）华东栽培区

包括江苏、安徽、浙江和上海。本地区为李的主要经济栽培区，主栽种为中国李，有少量欧洲种和美洲种。

（五）华中栽培区

包括湖南、湖北、江西 3 省，本区栽培有中国李、欧洲李、美洲李和樱桃李（*Prunus cerasifera* Enrh.）。

（六）华南栽培区

包括广东、广西、福建、海南 4 省，本区有中国李栽培，未见其他种。

（七）西南及西藏栽培区

包括四川、贵州、云南及西藏，主要栽培中国李、欧洲李、加拿大李（*Prunus nigra* Ait.）和樱桃李。

三、中国李的特殊类型

（一）美丽观赏类型

在樱桃李种中的变种红叶李，叶片紫红色，为我国绿化的观赏类型。

（二）高维生素 C 类型

国家资源圃内一般李品种维生素 C 含量为每 100 g 鲜重 1～6 mg，而早李、佛罗信房李维生素 C 含量达每 100 g 鲜重 12.2～15.0 mg。

（三）高糖类型

李果实可溶性固形物含量一般在 10%～12%，总糖 4%～8%，而奎丰、锦红等品种固形物含量达 18%～22%，总糖含量 10.2%～12.3%，是培育高糖新品种的宝贵资源。

（四）抗寒砧木类型

小黄李是中国李的野生种，休眠期可耐－45～－40 ℃的低温，抗寒力强，可作李的砧木，是培育抗寒李的优良原始材料。

第七节　杏

杏（*Armeniaca vulgaris* Lam.）为多年生木本植物，落叶果树，核果类，为蔷薇科（Rosaceae）杏属（*Armeniaca* Mill.）植物。染色体数 $2n=16$。

一、杏的起源及其传播

杏原产于中国，是中国起源最古老的树种。杏最早在黄河流域一带开始栽培，渐及河北、山东等省，这一地区为中国杏栽培中心地带，逐步向南移遍及全国。

杏于公元前 1 世纪前引入波斯，后经亚美尼亚，随马其顿的亚历山大远征希腊时带入欧洲。杏传入罗马在公元 1 世纪左右。杏最先是由亚美尼亚的商人带入意大利和希腊，以后传入南欧各国。英国亨利八世时代，由天主教的牧师于 1524 年自意大利引入英国。美国在 18 世纪自欧洲输入杏，再后由西班牙人传入美国加利福尼亚州，至 18 世纪末 19 世纪初开始进入商品经济栽培，加利福尼亚州也成为美国产杏最多的州，远销世界各地，几乎垄断了杏的商业性生产。

二、中国杏的主要栽培区

杏在中国的主要栽培区划分为以下 5 个。

（一）华北温带杏栽培区

包括河北、河南、山东、山西、北京、天津等，是中国杏的主要产区，以普通杏（*Armeniaca vulgaris* Lam.）、西伯利亚杏［*A. sibirica*（L.）Lam.］和李梅杏（*A. limeisis* Zhang J. Y. et Wang Z. M.）3 个种分布较普遍。

（二）西北干旱带杏栽培区

包括新疆、青海、甘肃、陕西、内蒙古包头以西及宁夏地区。本区有普通杏、西伯利亚杏和紫杏［*A. dasycarpa*（Ehrh.）Borkh.］3 个种分布。

（三）东北寒带杏栽培区

包括内蒙古包头以东地区及辽宁、吉林、黑龙江等省。本区有普通杏、西伯利亚杏和辽杏［*A. mandshurica*（Maxim.）Skv.］3 个种，鲜食杏和苦杏仁产量较高。

（四）热带亚热带杏栽培区

包括江苏、安徽南部、上海、浙江、江西、福建、湖北、湖南、广东、广西、海南和台湾等地。本区有梅（*A. mume* Sieb.）、普通杏和政和杏（*A. zhengheensis* Zhang J. Y. et Lu M. N.）3 个种。

（五）西南高原杏栽培区

包括云南、贵州、重庆和西藏地区。有苦仁杏、梅和普通杏 3 个种分布。

三、中国杏的特殊类型

（一）有观赏价值的类型

在中国普通杏中出现有观赏价值的类型，如斑叶杏、垂枝杏和李光杏等。另外，在杏的资源中发现后代遗传性稳定的重瓣花杏树变异类型，其共同特点是每花具 30 余枚花瓣，花蕾红色，花色粉红艳丽，观赏价值极大，可作观赏树木栽培。

（二）高糖、高维生素 C 类型

杏中一般品种可溶性固形物含量在 10%～14%，总糖含量不超过 10%，现在其资源中发现有可溶性固形物含量高达 27%，总糖含量达 13.1%的极高糖的类型。一般杏每 100 g 鲜重维生素 C 含量只有 2～7 mg，分析鉴定中发现每 100 g 鲜重维生素 C 含量高达 25 mg 的新疆克孜尔西来西杏等，是培育优良品种宝贵的遗传资源。

（三）极晚熟类型

一般杏在 6～7 月成熟，近年发现一个 10 月中旬成熟的变异类型，从而为延长杏果供应期和培育晚熟新品种提供了可利用的资源。

（四）软核类型

杏中果核软而薄壳软膜露出核仁的类型，为既能鲜食又可仁用的露仁杏类型。

第八节　樱　　桃

樱桃［*Ceresus pseudocerasus*（Lindl.）G. Don］为多年生木本植物，落叶果树，核果类，为蔷薇科（Rosaceae）樱属（*Cerasus* Juss）植物。全世界该属植物共有 120 多种，栽培种主要为中国樱桃和欧洲甜樱桃两种。染色体数 $2n=16$。

一、樱桃的起源及传播

瓦维洛夫认为樱桃起源于中国和近东；茹科夫斯基认为樱桃起源于中国、中亚细亚、欧洲和北美。总之，起源于中国是肯定的。笔者认为樱桃的原产地应该按种类不同来确定，中国樱桃［*Ceresus pseudocerasus*（Lindl.）G. Don］原产于中国的长江中下游地区，欧洲甜樱桃［*C. avium*（L.）Moench.］原产于欧洲东南部黑海沿岸和亚洲西部地区。

欧洲甜樱桃公元前 65 年意大利已栽培盛行，公元 2～3 世纪德国、法国、英国已引种，17 世纪由移民引种到新大陆，18 世纪引入美国，1880—1885 年由华人引入甜樱桃开始在山东栽培。

二、中国樱桃的主要栽培区

中国樱桃为古老的栽培果树，在我国已有 3 000 年的栽培历史。中国栽培的主要有中国樱桃、欧洲甜樱桃、欧洲酸樱桃和毛樱桃 4 个种。中国樱桃的著名产地主要有山东胶东半岛和枣庄地区，以及江苏南京、安徽太和及浙江诸暨等地。山东烟台是中国甜樱桃的发祥地，也是当前甜樱桃栽培面积最大的产区。另外，辽宁大连、北京、河北北戴河及山西、陕西、四川、重庆、江苏、安徽、河南、浙江、湖南、湖北、甘肃、新疆、上海等地都有甜樱桃栽培。

三、中国樱桃的特殊类型

中国樱桃仅山东省就有 30 多个品种，仅从果实颜色和形状演化的类型就很多，有红色球形类型，如大乌芦叶、东塘、早樱桃；红色卵球形类型，如水樱桃；红色长圆形类型，如长珠、青叶；黄色球形类型，如琥珀樱桃；黄色卵形类型，如五莲樱桃和大白樱桃；黄色长圆形类型，如金黄樱桃、银珠樱桃。

欧洲樱桃在中国栽培品种多达千个以上，根据其果肉性状，演化有软肉类型，果核心脏形，肉质较软；硬肉类型，果皮厚，肉质紧密；杂种类型，多为欧洲甜樱桃和酸樱桃的杂交类型。根据细胞学研究认为，欧洲酸樱桃为草原樱桃和欧洲甜樱桃的杂交种。根据汪祖华等对樱桃花粉大小、形状和外壁雕纹等方面的研究，认为欧洲酸樱桃比欧洲甜樱桃进化。

（一）白樱桃

中国樱桃果实多为红色和黄色，在安徽太和县，发现有果实白色的白樱桃，外观晶莹夺目，似珍珠白玉之美，果肉乳白色。

（二）果实带香味的樱桃

在山东枣庄发现果实具有香味的大窝娄叶樱桃。

第九节 枣

枣（*Ziziphus jujuba* Mill.）是多年生木本植物，枣柿类果树，为鼠李科（Rhamnaceae）枣属（*Ziziphus* Mill.）植物。染色体数 $2n=24$。

一、枣的起源及传播

关于枣的起源地众说不一，多数学者认为枣和酸枣（*Ziziphus spinosa* Hu）原产于中国。后经古文献记载、酸枣叶化石的发现和对马王堆出土的枣核的鉴定，完全证实了枣和酸枣都起源于中国。

据考古发现，在中国南部的湖北随州、江陵、云梦，湖南长沙，广东广州，江苏连云港，四川昭化，甘肃武威，新疆吐鲁番等地的古墓中均发掘出枣核和干枣遗迹。这些古墓均已有 2 000 年以上的历史，这就证明早在 2 000 年前枣树在中国广大区域已大量栽培。20 世纪 70 年代，在河南新郑裴李岗、密县新石器时代和陕西西安半坡遗址发掘出炭化枣核和干枣，经测定，距今已有 7 000 多年历史，说明中国早在 7 000 年前就已采集利用枣果了，为枣原产中国及黄河中下游最早栽培枣树提供了有力证据。在山东临邑曾发现中新世（距今 1 200 万～1 400 万年）硅藻土中山旺枣化石，考古学者认为，上述叶化石与现在酸枣相似。山旺枣广泛分布于中国北部各省份，证明中国早在 1 200 万年前即有酸枣，而酸枣是枣的原生种，故枣原产中国是无可争议的。

枣首先传到中国相邻的朝鲜、阿富汗、印度、缅甸、泰国和巴基斯坦等国家，欧洲则通过“丝绸之路”带到地中海沿岸各国，1837 年由欧洲传入美国。文献记载证实日本没有原生和野生枣，自古栽培的枣都是从中国引进的。

二、中国枣的主要栽培区

枣在中国分布极为广泛，除黑龙江、吉林和西藏外，在北纬 19°～44°、东经 76°～124°范围内均有分布和栽培，北部以辽宁的沈阳、朝阳，内蒙古的赤峰、宁城，河北的张家口，沿内蒙古的呼和浩特到包头大青山的南麓，再经宁夏的灵武、中宁，甘肃河西走廊的临泽、敦煌，直到新疆的哈密、昌吉为界；南到广西的平南，广东的郁南等地；分布的东缘为辽宁的本溪和东南部沿海各地；西部至新疆的喀什、疏附。枣树的垂直分布，在高纬度的东北、内蒙古及西北地区，多分布在海拔 200 m 以下的丘陵、平原、河谷地带；在低纬度的云贵川高原，可栽培在海拔 1 000～2 000 m 的山坡地。

枣树在中国可划分为两个栽培大区，即北方栽培区和南方栽培区。北方栽培区指秦岭淮河以北地区，包括冀、晋、鲁、豫、陕等省；南方栽培区指秦岭淮河以南地区，包括湘、鄂、浙、粤、苏、川、闽等省。

三、中国枣的特殊类型

（一）抗裂果类型

枣树生产上常出现裂果现象，有的品种裂果率高达 90%以上，发现的抗裂果的品种类型，裂果率只有 5%。

（二）抗枣疯病类型

枣疯病是枣的主要病害，在枣的品种中发现高抗枣疯病的类型，如婆婆枣。

（三）观赏类型

在枣类资源中发现有性状奇特、观赏价值极高的龙枣、茶壶枣、磨盘枣和胎里红枣。

（四）矮化类型

由于枣多用根蘖繁殖，遗传性稳定，一般树体高大，已发现有树体矮化类型，如垂枝枣、山西清枣和河北小清枣等类型。

第十节　草　　莓

草莓（*Fragaria ananassa* Duch.）为多年生草本植物，浆果类果树。蔷薇科（Rosaceae）草莓属（*Fragaria* L.）植物。染色体数 $2n=14$。

一、草莓的起源及传播

草莓属植物原产中国的有 7 个种，原产于欧洲和北美的有 5 个种。栽培种凤梨草莓

(*Fragaria ananassa* Duch.)的原始种智利草莓[*Fragaria chiloensis* (L.) Duch.]野生于南美和北美太平洋沿岸地区，1741年引种到欧洲，后引到法国。引种到英国伦敦后产生了智利草莓的突变体，即后来的栽培种凤梨草莓。19世纪，欧洲人将凤梨草莓引到东南亚各地，1860年从荷兰引入日本，于1915年开始在中国大量引进并栽培大果凤梨草莓品种。

二、中国草莓的主要栽培区

中国北起黑龙江，南至广东都有草莓栽培。大果草莓品种以沈阳、牡丹江、北京、天津、保定、烟台、青岛、上海、南京、福州、广州等地栽培较多。

三、中国草莓的特殊类型

(一) 四季草莓类型

草莓一般一年结果一次，在中国经过进化和演变产生一年多次开花结果的四季草莓。

(二) 特大果型草莓类型

一般草莓单果重40～60 g，发现有单果重达199 g的大果草莓品种类型。

(三) 高硬度草莓类型

一般草莓硬度1.96×10^6～2.94×10^6 Pa，鉴定发现有果实硬度达5.10×10^6 Pa的高硬度草莓品种类型，提高了草莓耐贮运能力。

(四) 高维生素C草莓类型

一般草莓每100 g鲜重维生素C含量在50～60 mg，鉴定发现有草莓果实每100 g鲜重维生素C含量高达112.6 mg的品种类型。

第十一节　猕 猴 桃

猕猴桃(*Actinidia chinensis* Planch.)是多年生藤本植物，落叶果树，浆果类，为猕猴桃科(Actinidiaceae)猕猴桃属(*Actinidia* Lindl.)植物。染色体数$2n=58$。

一、猕猴桃的起源与传播

猕猴桃原产于中国长江上、中游地带。早在1847年英国人从中国采集到猕猴桃标本，1900年正式引种，1909年在英国和法国首次开花，1911年在英国结果，但没有大量栽培。1900年和1904年，美国引入猕猴桃，主要在加利福尼亚州栽培，被认为是一种稀有果树。1906年新西兰才引种猕猴桃试栽，后来从大量实生苗中选出一些优良株系，经过繁殖推广，定名为中华猕猴桃(*Actinidia chinensis* Planch.)，出口世界各国，基本上控制了猕猴桃的国际市场。日本于1970年才开始引种栽培，现今其他国家也有栽培。

二、中国猕猴桃的主要栽培区

猕猴桃原产于中国长江上、中游地带，其栽培区除长江流域各省份外，在河南、陕西、甘肃、云南、福建、广东、广西等省、自治区也有栽培，其中以伏牛山区、秦岭山区和湘西山区分布最多。

三、中国猕猴桃的特殊类型

中国猕猴桃的类型很多，出现很多变种，中华猕猴桃就有 3 个变种，如中华猕猴桃的原变种（var. *chinensis*）、硬毛猕猴桃（var. *hispids* C. F. Liang）和刺毛猕猴桃（var. *setosa* H. L. Lis.）。软枣猕猴桃也有 3 个变种，即心叶猕猴桃（var. *coraifolia* Bean）、紫果猕猴桃（var. *purprea* C. F. Liang）、凸脉猕猴桃（var. *nervosa* C. F. Liang）。葛枣猕猴桃的变种为光叶猕猴桃（var. *lecamtai* Nakai Li），狗枣猕猴桃有大叶变种（var. *gagnepainii* Nakai Li）。

中华猕猴桃的大果型、果肉色泽及两性花变异均属于演变进化的新类型。

（一）大果型类型

目前已从中华猕猴桃中选出的单果重 201 g 的武宁 81－5－1 和单果重 225 g 的庐山 5－792 等均为大果型类型。

（二）高维生素 C 类型

在本属中发现毛花猕猴桃（*Actinidia erantha* Benth.），其每 100 g 鲜重维生素 C 含量高达 600～1 100 mg，阔叶猕猴桃［*Actinidia latifolia*（Gardn. et Champ）Merr.］每 100 g 鲜重维生素 C 含量高达 1 600～2 146 mg，可用于制作特种营养品和医疗食品。

（三）果肉色泽美丽的类型

中华猕猴桃果实有乳白、乳黄、黄、金黄、绿黄、黄绿、绿色系列颜色，湖南选出的红心大果湘桑、安化 5 号、安化 6 号为水红和红色果肉，陕西选出果肉暗红色类型。甘肃紫果猕猴桃类型有极大价值。

（四）两性花类型

一般猕猴桃为雌雄异株，也发现存在极稀有的两性花植株，如在云南的黄毛猕猴桃（*Actinidia fulvicoma* Hance）中发现有雌雄同株的个体，对培育两性花栽培品种是不可多得的材料。

（五）观赏猕猴桃类型

在狗枣猕猴桃（*Actinidia kolomikta* Maxim.）中存在的叶片白色或粉红彩斑类型，以及小果成熟金红色的葛枣猕猴桃［*Actinidia polygana*（Sieb. et Zucc.）Maxim.］和开芳香黄绿色花的粉叶猕猴桃（*Actinidia glauco*－*callosa* C. Y. Wu）、开金黄色花的金花猕猴桃（*Actinidia chrysantha*），均具有较高的观赏价值。

第十二节 葡 萄

葡萄（*Vitis* spp.）为葡萄科（Vitaceae）葡萄属（*Vitis* L.）多年生藤本植物，染色体数 $2n=38$。浆果类果树。

一、葡萄的起源及传播

葡萄原产于北半球的温带和亚热带地区，即北美、欧洲中南部和亚洲北部。据近年调查发现，中国有 31 个野生葡萄种和变种。中国野生葡萄分布中心为华中地区，由此向四周辐射。中国葡萄栽培始于 2 000 多年前汉武帝时代。张骞出使西域从中亚西亚一带引进栽培种葡萄，开始引入新疆、甘肃，再经陕西、河北、山西，而后遍及全国。19 世纪中后期，随着宗教的传播和西方文化的输入，欧美葡萄品种和葡萄酿造技术传入中国，促进了中国近代葡萄栽培及酿酒业的发展。

二、中国葡萄的主要栽培区

中国葡萄栽培分 7 大栽培区，即：

（一）东北中北部栽培区

包括吉林、黑龙江、辽宁等省。

（二）西北葡萄栽培区

包括新疆、甘肃、宁夏、内蒙古等省、自治区。

（三）黄土高原葡萄栽培区

包括陕西、山西两省。

（四）渤海湾葡萄栽培区

包括辽宁、河北、北京、天津及山东部分地区。

（五）黄河故道葡萄栽培区

包括河南及鲁西南、苏北和皖北部分地区。

（六）南方葡萄栽培区

包括长江流域及以南各省、自治区。

（七）云贵川半湿润葡萄栽培区

包括云南、贵州、四川西部等半湿润气候区。

三、中国葡萄的特殊类型

（一）无核葡萄类型

在葡萄进化中出现无核类型，如无核白、无核紫等品种群。

（二）大穗酿造野生葡萄类型

一般野生葡萄果穗和果粒都小，现已选出果穗重 400 g 的两性花酿造野生葡萄类型。

（三）抗病野生种类型

如不感黑痘病的瘤枝葡萄和高抗霜霉病的雄花山葡萄，高抗果实白腐病的刺葡萄［*Vitis davidii*（Roman. du Caill.）Foëx.（*Vitis armata* Diels & Gilg.）］株系，高抗炭疽病的毛葡萄［*Vitis heyneana* Roem. & Schult.（*Vitis quinquangularis* Rehd.；*Vitis lanata* Roxh.；*Vitis pentagona* Diels & Gilg.）］、秋葡萄（*Vitis romaneti* Roman. du Caill. ex Planch.）和华东葡萄（*Vitis pseudoreticulata* W. T. Wang）株系。

（四）抗寒葡萄类型

燕山葡萄的抗寒能力强，相当于山葡萄。

（五）果形特异的葡萄类型

如果形长如手指的美人指葡萄，有极高的观赏和食用价值。

第十三节　柿

柿（*Diospyros kaki* L.）为多年生木本植物，柿科（Ebenaceae）柿属（*Diospyros* L.）植物。染色体数 $2n=30$。属枣柿果类。

一、柿的起源及传播

柿原产中国，栽培种普通柿起源于中国长江流域及华南一带。柿的野生种大都分布于中国，只有果小种子多的美洲柿起源于北美中南部。

栽培柿自古传入日本、朝鲜，19 世纪自中国引进欧美。柿的栽培以中国最多，日本、朝鲜次之，欧美各国栽培较少。

二、中国柿的主要栽培区

柿在中国栽培主要分布在黄河流域。但北起辽宁，南至广东、广西、云南等地也有种植。北方仅有柿和君迁子两种。栽培种柿全国各省份均有分布，但以黄河中下游的陕西、山西、河南、河北、山东等省及北京、天津栽培较多。近年来，广西、江苏等地发展较快，产量大幅度增长。

三、中国柿的特殊类型

（一）甜柿类型

一般柿味涩，需经脱涩方可食用。而进化的罗田甜柿，采摘后即可食用。

（二）抗寒柿类型

柿不抗寒，发现有越过北界抗－20 ℃低温类型。

（三）极大型果类型

一般柿果实大小多在 150 g 左右，已发现的斤柿等品种果实重达 400 g 以上。

（四）耐贮藏类型

一般柿不耐贮藏，采收后 1 周即开始软化，1～2 个月即变质，已发现在一般条件下可贮存 4 个月的品种类型。

（五）无核柿和特异类型

柿中已发现有单性结实的品种类型，如牛心柿、火罐等进化为无核柿类型。还有果形特异的方柿等。

第十四节　板　　栗

板栗（*Castanea mollissima* Blume）是多年生木本植物，落叶果树，坚果类，为山毛榉科（Fagaceae）栗属（*Castanea* Mill.）植物。染色体数 $2n=24$。

一、板栗的起源及传播

板栗原产于中国，是中国古老的驯化栽培果树。在明治时期就传入日本、朝鲜。1860 年法国引进中国板栗，1857 年和 1907 年美国两次从中国引进板栗。中国板栗目前在世界各地均有分布，如北美洲、拉丁美洲、欧洲和亚洲等。中国、日本和朝鲜是栽培板栗最盛的国家。

二、中国板栗的主要栽培区

板栗在古代以华北、西北黄河流域一带栽培最盛。浙江、江苏、安徽等省也有发展。目前分为 3 个栽培区。

（一）淮河秦岭以南长江中下游板栗栽培区

包括江苏南部、浙江、安徽南部、江西北部、河南南部、陕西南部、湖北、湖南等地。

（二）北方板栗栽培区

包括北京、天津、河北、山西、辽宁、江苏北部、安徽北部、山东、河南北部、陕西北部等地。

（三）南方板栗栽培区

包括福建、江西南部、广东、广西、四川、云南、贵州等地。

三、中国板栗的特殊类型

红栗无刺、薄壳等性状变异均为进化的板栗特殊类型。

（一）红栗类型

出现叶脉、叶缘、叶柄及幼叶紫红色，总苞刺束先端红色，美丽的红栗变异类型。是优良的炒食板栗，也是美丽的绿化树种和珍贵的育种材料。

（二）垂枝板栗类型

出自山东郯城县，树姿披散，枝条下垂，故名垂枝栗或盘龙栗。其坚果红褐、光亮适于观赏之用，是珍贵的稀有类型。

（三）无花栗类型

变异母树产于山东泰安。其纯雄花序长至 0.5 cm 时，尚未开花即萎蔫凋落，但混合花序上的雄花段生长发育正常，坚果小型，成籽率高，品质极佳。另外，还发现名为黄前无花栗，为纯雄花序及混合花序上雄花段均早期退化萎蔫凋落的变异类型，是良好的育种材料。

（四）无刺栗类型

主要特点是总苞刺退化为鳞片状，似无刺，为抗虫的类型。另外还发现有总苞顶部和底部退化为鳞片的花盖栗，为自然抗虫类型。

（五）薄壳板栗类型

特点是总苞刺极稀而短，总苞皮薄，出实率极高，虫果为害率极低。已筛选出 119 号栗和 109 号栗两个单系。

第十五节　核　　桃

核桃（*Juglans regia* L.）为多年生木本植物，落叶果树，坚果类，属胡桃科（Juglandaceae）核桃属（*Juglans* L.）植物。染色体数 $2n=32$。

一、核桃的起源及传播

据文献记载，核桃起源于欧洲西部和伊朗地区。中国近代学者通过古化石、文物考古、孢粉分析、细胞学及文献考证等，认为中国是世界核桃的起源地之一。其传播的途径：一是由亚洲西部传入欧洲，由欧洲传入美洲。二是由伊朗或中国传入印度，或由中国传入日本、朝鲜。中国古称核桃为古桃，又称羌桃，意指产于羌族地区，即中国的西域地区。核桃在世界分布以欧洲东南部至亚洲西南部最广，其次是北美。

二、中国核桃的主要栽培区

核桃栽培遍及中国南北，而铁核桃（*J. sigillata*）则主要栽培于中国西南地区（云南、贵州、四川），两个种构成中国核桃的栽培主体。核桃在中国有 2 个栽培中心，一是大西北，包括新疆、甘肃、陕西等省、自治区；另一个是华北，包括山西、河南、河北和山东等省。

（一）核桃和铁核桃栽培区

两个种的分布范围，从北纬 21°29′的云南孟腊，到北纬 44°54′的新疆博乐，西起东经 75°15′的新疆塔什库尔干，东至东经 124°21′的辽宁丹东，包括辽宁、天津、北京、河北、山东、山西、陕西、宁夏、青海、甘肃、新疆、河南、安徽、江苏、湖北、湖南、广西、四川、贵州、云南及西藏等 21 个省、自治区、直辖市。内蒙古、浙江和福建等省（自治区）也有少量栽培。中国核桃栽培面积和产量居世界首位，其中云南、山西、陕西、四川、河北为中国核桃生产大省。云南的漾濞、楚雄，山西的汾阳、孝义，河北的涉县，陕西的商洛等地是中国著名的核桃产区。

（二）其他核桃种的分布区

核桃楸（*J. mandshurica* Max.）产于中国东北，以鸭绿江沿岸分布最多，河北、河南也有分布。河北核桃（*J. hapeiensis* Hu）在河北、辽宁、北京等地有零星分布；野核桃（*J. cathayensis* Dode）分布于甘肃、陕西、江苏、安徽、湖北、湖南、广西、四川、贵州、云南、台湾等地；黑核桃（*J. nigra* L.）在北京、山西、河南、江苏、辽宁等地有少量栽培；吉宝核桃（*J. sieboldiana* Max.）在辽宁、吉林、山东、山西等省有少量种植；心形核桃（*J. cordiformis* Max.）在辽宁、吉林、山东、山西、内蒙古等省、自治区有少量栽培。

三、中国核桃的特殊类型

（一）壳外可见核仁类型

贵州毕节的薄壳、穗状、香型的特有性状变异均属进化型核桃类型，如早熟露仁核桃等。

（二）纸皮核桃

壳皮光滑薄如纸张，可以手捏即碎，极易取仁，出仁率 60%～68%，如山西纸皮

1 号、陕西丹凤薄皮核桃。

（三）穗状核桃类型

一个母株结 5 个果以上，最多坐果 10 个以上，又称串子核桃、葡萄状核桃。代表种有河北阜平穗状核桃、山西灵丘葡萄状核桃和陕西串子核桃等。

（四）红核桃类型

枝、叶、果均为红色，夏季变绿，秋季又变红，其内种皮为紫红色的红仁核桃，如河南焦作红核桃。

（五）香核桃类型

四川茂汶的香核桃，其种仁是有特殊香味的类型。

（六）厚壳核桃类型

壳厚 1.5～2.0 mm 以上，主要有山东历城麻核桃、河北涉县陵园 1 号核桃等。

第十六节　榛　　子

榛子（*Corylus heterophylla* Fisch.）为榛科（Corylaceae）榛属（*Corylus* L.）多年生灌木植物。染色体数 $2n=24$。落叶果树，坚果类。本属植物共 16 个种。

一、榛的起源及传播

榛是古老的树种，起源于亚洲、欧洲和美洲。中国是原产中心之一，广泛分布于中国的北部和西南部的丘陵浅山。

欧榛（*Corylus avellana* L.）是品质最好的一种，首先被引入栽培。最初栽培地在土耳其黑海沿岸。公元前传入俄国、希腊和罗马，相继传入欧洲其他国家。早在 1671 年，意大利已培育出 6 个欧榛品种，到 1812 年英国也有 8 个栽培品种，1885 年传入美国。1967 年欧榛从意大利引入中国。

二、中国榛的主要栽培区

榛在中国已有 4 000 年的栽培历史。其中平榛（*Corylus heterophylla* Fisch.）在中国内蒙古有大面积分布，多在丘陵浅山自然生长，形成果园化栽培历史较短。现已从平榛中选出 6 个优良栽培品种，后从美国引进欧榛优良品种，但果园化栽培面积较小。

三、中国榛的特殊类型

（一）薄壳平榛

从实生树种选出的果皮极薄、质软、易开裂、果壳厚只有 1.08 mm，出仁率 46.37%

的薄壳类型。

(二) 褐皮平榛

由根蘖突变而来，坚果大的褐皮平榛类型。

(三) 光仁平榛

来自根蘖突变，果仁饱满、光仁的平榛类型。

(四) 长果平榛

从野生类型中选出，坚果长圆形、大果、整齐优美的长果平榛类型。

第十七节 银　　杏

银杏（*Ginkgo biloba* L.）为银杏科（Ginkgoaceae）银杏属（*Ginkgo* L.）高大的阔叶乔木植物。染色体数 $2n=24$。落叶果树，坚果类。

一、银杏的起源及传播

银杏是一个具有一亿五千万年以上生活历史的古老木本植物。到白垩纪，亚洲、欧洲和北美洲大陆都有分布，遍及全球。第四纪冰川期之后，欧美及其他各地都已灭绝无存，只有中国得以幸存一属一种，成为中国特有树种。至今在中国的浙江天目山海拔 500～1 000 m的天然混合林中尚存在有野生状态的银杏植株。目前世界各地所有存在的银杏，追根溯源，无不从中国引进，故中国是银杏的起源地。

二、中国银杏的主要栽培区

银杏在中国的栽培分布范围很广，北至辽宁的沈阳，南至广东的广州，西达西藏的昌都，东到浙江的舟山普陀岛，跨越 20 个纬度区，28 个经度区。在这一广阔的区域内，散生着数以万计的银杏结果大树，并开始有果园化栽培，尤以山东的郯城，安徽的萧县，江苏的泰兴及苏州市吴中区和相城区，广西的桂林，浙江的临安、诸暨等地较为集中。以生产种子为主的银杏历史产区主要有江苏的泰兴及苏州市吴中区和相城区，山东的郯城，浙江的临安、诸暨，广西的灵川、兴安、全州，贵州的盘县、务川、正安、思南，湖北的随州、安陆、孝感、大悟，安徽的金寨，四川的都江堰等地，这些地区均有一定的面积和产量。目前，银杏果园化的生产栽培正在兴起。

三、中国银杏的特殊类型

(一) 观赏银杏

有报道的新的银杏变异类型，如垂枝银杏、黄叶银杏、裂叶银杏、叶籽银杏，这些变异类型具有一定的观赏价值。

（二）早果银杏

银杏有公孙树之称，在目前生产条件下一般要 20～30 年进入开花结果期，在江苏邳州发现用马铃 3 号优良品种嫁接，接后 5 年开花结果，13 年株产银杏种核达 50 kg 的进化类型。

（三）雌雄同株银杏

银杏为雌雄异株植物，据报道，近年来不断发现有雌雄同株或雄株结果现象。此特异类型是银杏进化现象，应注意鉴定和筛选。

（四）无心银杏

在江苏苏州市洞庭山发现无心银杏变异类型，其果顶端圆钝饱满，基部表面微凹，胚乳发育丰富，无胚、无苦味。

第十八节 柑 橘

柑橘（*Citrus* spp.）为多年生木本植物，包括芸香科（Rutaceae）柑橘属（*Citrus* L.）、枳属（*Poncirus* Raf.）和金柑属（*Fortunella* Swingle）植物。染色体数 $2n=18$。热带亚热带常绿果树，柑果类。

一、柑橘的起源地

柑橘原产于亚洲大陆东南部及附近岛屿，印度东部和中国南部为柑橘起源地。普通栽培的宽皮柑橘（*Citrus reticulate* Blanco）中的柑（*Citrus chachiensis* Hort.）和橘、枸橘（*Poncirus trifoliate* Raf.）、宜昌橙（*Citrus ichangensis* Swingle）为中国原产，其他如枸橼（*Citrus medica*）、柚子（*Citrus grandis* Osbeck）、甜橙（*Citrus sinensis* Osbeck）、酸橙（*Citrus aurandium* Linn.），中国为原产地之一。

欧美学者认为中国的中南部是柑橘类果树的发源地，日本学者田中长三郎认为柑橘属原产中心从印度东部的喜马拉雅山起到阿萨姆地区。从横穿阿萨姆地区注入冈底斯河的布拉马普特拉河流域直至喜马拉雅山，野生的马蜂柑、卡西大翼橙、越南大翼橙、印度野橘及栽培类型的香橼、木橼、柠檬、粗柠檬、甜柠檬、红柠檬、柚、酸橙、甜橙、椪柑、红橘等都有原生分布。

总之，柑橘类起源于中国和印度一带。

二、柑橘类果树的传播

柑橘从原产地向其周边传播，无论在种类和数量上都不断增加。在印度和中国的原产地及其周围的分布区，自远古以来就由流水、鸟兽传播，在人类发现其价值后，传播的速度随之加快，甚至传到了遥远的地方。

枳、香橙、宽皮柑橘类、金柑类原产在中国，而酸橙、甜橙、香橼、柠檬［*Citrus*

limon （L.）Burm. f.］、柚等则由印度传播而来。酸橙于公元前、香橼于公元2～3世纪由印度传出，柚类传播到外区较迟，柠檬传出印度是纪元以后。它们由西向东或由南向北传入中国，如甜橙是越过喜马拉雅山传到长江流域，在唐代长江流域已大量栽培柑橘，其中甜橙占一定比例。在宋代甜橙又向南部广东传播，以后形成了中国甜橙品种群。近年我国学者又从种质资源的生态区分布等方面研究证明中国也是甜橙的原产地之一。

柑橘类由亚洲传入西欧，最早是在公元前3世纪。枸橼被首先引入地中海地区，到罗马帝国时已得到广泛栽培。公元11～12世纪，阿拉伯人把酸橙、柠檬及来檬引入地中海地区。甜橙可能是于14～16世纪才开始在欧洲进行经济栽培。1471年，甜橙传到葡萄牙首都里斯本。柑橘传到西半球多为新大陆移民携入。1665年传入美国佛罗里达州，1769年传入美国加利福尼亚州，被大量发展成为世界最大的柑橘出产国。巴西的柑橘16世纪引入，直到20世纪30年代才成为农业生产的重要组成部分。1880年前大洋洲澳大利亚进行柑橘栽培，后新西兰也开始引种。非洲南非1854年试种柑橘成功，1867年引入大批良种，1906年取得重大经济效果，现在成为世界重要柑橘生产国。1914年津巴布韦开始栽培柑橘，随后撒哈拉以南非洲10多个国家也陆续引种，并得到一定发展。

三、中国柑橘类果树种类

柑橘类果树种类繁多，归纳为八大类，分属芸香科的枳属、金柑属和柑橘属。

（一）枳类

灌木状小乔木，为柑橘、橙的优良砧木，仅指 *Poncirus trifoliate* Raf. 单一种属。原产中国，分布广，主要产于长江流域。

（二）大翼橙类

为柑橘类的原始类型，全世界有6个种，1个变种，中国有4个种，即马蜂柑（*Citrus hystrix* DC.）、大翼厚皮橙（*Citrus macroptero* var. *kerrii* Swingle）、红河橙（*Citrus hongheensis* Y. L. D.）、小花大翼橙（*Citrus micrantha* Wester）。本类在中国云南南部有分布。

（三）宜昌橙类

树冠多低矮，主要有3个种，即宜昌橙、香橙（*Citrus junos* Sieb. ex Tanaka）、香橼（*Citrus wilsonii* Tanaka）。本类原产于中国，在云贵高原、长江流域及秦岭山区都有分布。

（四）枸橼类

小乔木或带灌木性，主要有4个种，1个变种，即枸橼及其变种佛手（*Citrus medica* L. var. *sarcodactylis* Swingle）、柠檬、黎檬（*Citrus limonia* Osbeck）、来檬（*Citrus aurantifolia* Swingle）。本类原产中国和印度，在云南、广西和贵州有原始野生分布。

（五）柚类

高大乔木，主要有柚（*Citrus grandis* Osbeck）和葡萄柚（*Citrus paradist* Macf.）

两种，经济栽培区主要在华南和西南。

（六）橙类

乔木，经济价值高，分布广，产量大。本类包括两种，其中甜橙为主要栽培类型，酸橙多用作橙、柑和橘类的砧木。在全球亚热带地区几乎都有分布，在中国西南、华南栽培最多。

（七）宽皮柑橘类

为乔木或小乔木，分橘组和柑组两大组。其中橘组包括土橘（*Citrus chuana* Hort）、红橘［*Citrus hinokuni*（Tanaka）Tseng］、椪柑［*Citrus poonensis*（Tanaka）Tseng］和乳橘［*Citrus kinokunt*（Tanaka）Tseng］；柑组包括黄柑（*Citrus specisa* Tseng）、温州蜜柑（*Citrus unghiu* Marc.）、沙柑（*Citrus nobilis* Laurior）、瓯柑［*Citrus suavissima*（Tanaka）Tseng］等。本类栽培历史悠久，经济价值高，为柑橘类果树种群最大的一类。

（八）金柑类

树形偏小，有 6 个种，即山金柑（*Fortunella hindsii* var. *chinton* Swingle）、罗浮（*Fortunella margarita* Swingle）、长叶金柑（*Fortunella polyandra* Tanaka）、金弹（*Fortunella classifolia* Swingle）和长寿金柑（*Fortunella obovata* Tanaka）。本类原产中国，华东、华南有大面积栽培。

四、中国柑橘类果树的栽培区

中国柑橘地理分布，呈中、南亚热带多，北亚热带少，边缘热带也有栽培的特点。有的柑橘专家将其划分为如下生产栽培区。

（一）南部亚热带柑橘栽培区

包括广东、福建、台湾三省大部分地区及云南西双版纳、普洱、文山、红河等地，几乎各类柑橘均能栽培。主要栽培种类有甜橙、宽皮柑橘和柚等。

（二）中部亚热带柑橘栽培区

包括浙江温州地区、湖南道县、江西赣州、广西桂林以南，直至南亚热带北界及米仓山、大巴山以南的四川盆地，湖北宜昌以西的长江峡谷地区。栽培柑橘的大部分种类表现良好，果实风味浓，品质佳，着色好，是甜橙、柚、柠檬、宽皮柑橘的主要产区。柚类有垫江白柚、五都柚、红心柚、晚白柚、沙田柚等；宽皮柑橘有：红橘、椪柑、温州蜜柑等；柠檬类有尤力克柠檬等；甜橙类有锦橙、先锋橙、冰糖橙、新会橙、柳橙、血橙等。

（三）北亚热带柑橘栽培区

包括江苏、安徽、河南、陕西、甘肃等省的南部直至中亚热带北界。主产区在陕西汉中，湖北宜昌，浙江黄岩，湖南邵阳、长沙，江西新干县三湖、南丰等地，主要良种有温州蜜柑、地早、南丰蜜橙等。

五、中国柑橘类的特殊类型

（一）多倍体遗传类型

柑橘染色体基数为 9，$2n=18$，为二倍体。在柑橘、金橘、枳三属中常有四倍体出现，与二倍体杂交，其杂种一代也有三倍体出现。三倍体由于无核是育种的目标，因此三倍体为柑橘重要的进化类型。

（二）抗寒性强近缘植物

澳沙檬属、枳属和金橘属是主要的抗寒遗传资源，在抗寒育种上有重要价值。

（三）抗病柑橘类型

利用抗、耐柑橘衰退病的遗传资源作砧木，在普通感染柑橘衰退病的地区收到良好的效果，这些资源有粗柠檬、兰普来檬、枳等，浙江的枸头橙也抗此病。试验还证明枳、枸橼的一些品系及大翼来檬为抗、耐柑橘脚腐病的类型。

（四）柑橘类的观赏遗传资源类型

柑橘类果树具有不少观赏价值的种类，如金橘属的种、变种和品种。酸橙中的代代也是观赏价值极高的类型。

（五）橘柚、橘橙杂种

由宽皮柑橘和柚自然杂交而得的橘柚杂种，果实大，风味浓；由甜橙和橘自然实生选出的无双橘橙及椪柑和甜橙自然杂交选出的蕉柑，都具有较高的经济价值。

第十九节　枇　　杷

枇杷［*Eriobotrya japonica*（Thunb.）Lindl.］为蔷薇科（Rosaceae）枇杷属（*Eriobotrya* Lindl.）多年生木本植物。染色体数 $2n=34$。热带、亚热带常绿果树。

一、枇杷的起源及传播

枇杷原产于中国，栽培历史悠久，中国的四川、湖北等地现还保存有大片原始枇杷林。其原生起源中心在峨眉山以西的大渡河中下游地区，国外的枇杷均由中国引入。日本枇杷于唐代（618—907）自中国传入，栽培较多。其他国家如印度、美国、意大利、阿尔及利亚有少量栽培。这些国家的枇杷有的来自中国，有的自日本传入。总之，各国的枇杷其原种都出自中国。

二、中国枇杷的主要栽培区

（一）东南沿海栽培区

是中国形成较早和经济栽培重要的产区，包括江苏、浙江和上海。该区境内平原气候温和，雨量充沛，主要栽培品种有软条白沙、照种白沙、青种、大红袍、洛阳青等。

（二）华南沿海栽培区

是中国发展较早和经济栽培重要的产区，包括福建、台湾、广东、广西和海南五省、自治区。该区地理纬度较低，地靠东海、南海或四面临海，气候温暖，雨量充沛，常年无雪或少雪。境内多为丘陵地貌，适于枇杷栽培，很多著名的枇杷品种，如解放钟、早钟6号、长江3号、白梨、太城4号及茂木等都产于本区。

（三）华中栽培区

包括安徽、湖北、湖南、江西及河南局部地区。自然分布位置居于原生种与栽培种混交地带，种质资源丰富，气候土壤适于枇杷栽培，但有旱寒，常有冻害，多为抗寒品种。

（四）西南高原栽培区

包括四川、重庆、贵州、云南及陕西南部、甘肃南部、西藏局部地区。多为高原地区、山间盆地和河谷地带，气候温暖，雨量适中，原生枇杷广泛分布。

三、中国枇杷的特殊类型

少核、肉厚、抗裂果等变异枇杷是演变进化的特殊类型。

（一）大果型枇杷类型

在福建莆田选出的解放钟枇杷，单果重最大的达172 g。

（二）少核肉厚枇杷类型

福建选出单核肉厚，罐头和鲜食兼用的枇杷类型。

（三）抗裂果、抗日烧病类型

从实生树中选出抗裂果、皱果和抗日烧病的枇杷类型。

（四）高糖质特优类型

在枇杷品种资源中筛选出一些肉细、化渣、爽口、有香气、含糖量高的白肉枇杷类型。

第二十节　龙　　眼

龙眼（*Dimocarpus longana* Lour.）为无患子科（Sapindaceae）龙眼属（*Dimocarpus*

Lour.）多年生木本植物。染色体数 $2n=30$。热带、亚热带常绿果树。

一、龙眼的起源及传播

龙眼原产中国的广东、广西一带的山林地区，这里是世界龙眼的起源中心。现代学者考证认为云南为龙眼的初生起源中心，广东、广西、海南为龙眼的次生起源中心。龙眼的栽培历史已有 2 000 多年，公元前 200 年就有龙眼的记载。宋明时期，与国外航运畅通，随着通商往来，龙眼先后传到东南亚的缅甸、泰国、柬埔寨、越南、马来西亚、印度、斯里兰卡和菲律宾等国。18 世纪以后传播到各大洲热带、亚热带地区栽培。

二、中国龙眼的主要栽培区

龙眼栽培主要集中在福建省的东南部及广东、广西、四川南部和台湾西南部。此外，云南南部、贵州西北部和南部、浙江南部有少量栽培。

（一）福建栽培区

是中国龙眼栽培最多的区。北起福鼎南至诏安的沿海均有分布，其中以晋安、南安、泉州、莆田、仙游、同安等县栽培最多。

（二）广东栽培区

为中国龙眼栽培较多的省之一。除粤北少数县外，各县均有龙眼栽培，主要集中在珠江三角洲地带，包括从化、龙门、增城、番禺等 18 个县。其次是粤东的汕头、潮州，以及粤西的湛江、化州、高州等地。

（三）台湾栽培区

台湾全省均有龙眼栽培，但主要集中在台南、嘉文、高雄、南投、彰化等地。

（四）四川栽培区

主要分布在川南和川东，以泸州泸县、纳溪，以及宜宾、高县、江津等地栽培较多。

三、中国龙眼的特殊类型

（一）焦核龙眼类型

国内外龙眼品种都是大核的，可食率低。近年来发现肉厚、质脆、味甜，可食率达 70.7%的焦核类型，属进化特殊类型。

（二）白核龙眼类型

在福建莆田发现种皮白色、软化，果肉乳白色，肉质细嫩，浓甜，可食率 72.7%的类型。

（三）大果型龙眼类型

在栽培龙眼品种中，广东、福建、台湾都发现一些单果重在 13～15 g 以上的大果型龙眼进化类型。

（四）红壳类型

在福建莆田发现红壳品系类型，果大、皮厚、红褐色。

第二十一节　荔　　枝

荔枝（*Litchi chinensis* Sonn.）为无患子科（Sapindaceae）荔枝属（*Litchi* Sonn.）多年生木本植物。染色体数 $2n=30$。热带、亚热带常绿果树。

一、荔枝的起源及传播

荔枝原产于中国，其起源地在中国南部地区。曾多次在广东、海南、云南发现大片野生荔枝林就是证明。荔枝属只有 2 个种，一是起源于中国的荔枝（*Litchi chinensis* Sonn.），另一是起源于菲律宾的菲律宾荔枝（*Litchi philippinensis* Radlk.）。

中国荔枝于 17 世纪最先传入缅甸，18 世纪传入孟加拉国和印度。1802 年由印度传入斯里兰卡，1854 年传到保加利亚，1870 年传入南非，1873 年传到美国的夏威夷，1886 年传到佛罗里达，1897 年传到加利福尼亚。目前有荔枝栽培的国家包括菲律宾、印度、孟加拉国，以及非洲的南非、马达加斯加、毛里求斯，美洲的巴西、洪都拉斯、巴拿马、古巴和美国等。

二、中国荔枝的主要栽培区

中国荔枝栽培已有 2 200 多年的历史，中国荔枝的栽培多分布在北纬 18°0′～30°11′地带，但集中在北纬 22°～24°之间。以广东省栽培最多，约占全国荔枝总面积的 1/2；其次是福建、广西、台湾；四川、云南、贵州、浙江有少量栽培。主要栽培区如下。

（一）广东、海南栽培区

该栽培区 30 个县有栽培，其中以广州市郊、东莞、增城、从化、中山、新会、花县、惠来、陆丰、饶平、高州、电白、琼山等地栽培最多。

（二）福建栽培区

主要产地在龙海、漳浦及莆田等地，其次为诏安、南靖、长汀、云霄、南安、永春、惠安、福清、连江、闽侯、霞浦等县市和福州地区。

（三）广西栽培区

主要栽培于桂平、苍梧、北流、博白、平南、岑山、藤县、岑溪、邕宁、隆安等县市。

(四) 台湾栽培区

主产区在高雄、南投、彰化、台中、嘉义和台南六地。

(五) 四川、云南、贵州栽培区

四川荔枝栽培仅限于川南，以合江、泸县、宜宾栽培较多；云南的元阳、新平有栽培；贵州的望谟、贞丰、安龙、兴义、赤水等地有栽培。此外，浙江的平阳县也有少量栽培。

三、中国荔枝的特殊类型

(一) 大果型荔枝类型

广西的四两果荔枝系由实生变异而来，平均单果重 34.6 g，单果重最大达 125 g。果实心脏形，可食率达 71.5%，为大果型宝贵的进化类型。

(二) 无核、小核类型

如发现的无核荔、细核荔、绿荷包等品种类型，具有接近无核、肉质特厚、品质优良的特性。

(三) 高产稳产类型

在荔枝品种中发现有适应性广，丰产、稳产、品质好的品种类型，如黑叶、淮枝等。

第二十二节　香　　蕉

香蕉（*Musa nana* Lour.）为芭蕉科（Musaceae）芭蕉属（*Musa* L.）单子叶草本植物，染色体数 $2n=22$。热带、亚热带常绿果树。

一、香蕉的起源及传播

香蕉起源于亚洲东南部的热带地区，包括马来西亚、新几内亚和菲律宾等地。

香蕉是人类最早发现、最早栽培的果树之一。最初人类食用的是有种子的野生蕉类，后来产生了天然杂种和变种，在人们长期选育下改良成没有种子的香蕉栽培种。公元前南太平洋各岛屿的玻利维亚族人以蕉为日常食物，由于他们的祖先习惯于海上漂泊生活，把随带的香蕉通过马来西亚传到印度等地，后由印度传到非洲。5 世纪由印度尼西亚传到马达加斯加和非洲，10 世纪由赞比亚传到刚果，15 世纪传到西非和加那利群岛。香蕉传播到地中海后由葡萄牙和西班牙的航海者带进美洲新大陆。公元前 111 年中国已有芭蕉栽培，6 世纪才有香蕉栽培，到明代香蕉传入日本。

二、中国香蕉的主要栽培区

目前世界香蕉大面积栽培集中于拉丁美洲、非洲热带和东南亚各国。中国的香蕉栽培主要分布于北纬18°～30°之间，以热带、亚热带为主要经济栽培区域。主产区包括广东、广西、福建、台湾、云南和海南等省、自治区，贵州、四川和重庆也有少量栽培。广东香蕉栽培面积最大，主要产区在粤西、粤东和珠江三角洲。广西主产区在合浦、玉林、桂平、龙州等地。福建主要分布在龙海、晋江、华安、莆田等地。台湾香蕉产地主要在高雄、屏东、台中和台南等地。云南香蕉产区分布在南部河口、元阳、开远、元江及西双版纳等地。海南香蕉产区主要分布在儋州、定安、澄迈、临高、琼山、陵水、三亚等地。

三、香蕉的演化与特殊类型

(一) 香蕉的演化

香蕉有两个祖先，即尖苞片蕉（*Musa acuminate*）和长梗蕉（*Musa balbisiana*）。香蕉的栽培种是由两个原始野生蕉种内或种间杂交进化而成。把尖苞片蕉的性状基因称为A基因，把长梗蕉的基因称为B基因，西蒙兹（N. W. Simonds）等人采用15个香蕉性状，对照尖苞片蕉和长梗蕉的性状记点法，完全符合每个尖苞片蕉性状的为1份，完全符合每个长梗蕉性状的为5份，根据其分类值参照其染色体数将栽培香蕉分为AA、AAA、AAAA、AAB、AAAB、AABB、AB、ABB、BB、BBB等类型，AAAA、AAAB、AABB是人工育成。

(二) 中国香蕉的特殊类型

1. 矮秆香蕉类型 香蕉在长期驯化下出现了茎秆矮粗，上下茎粗均匀，抗风力强的矮秆香蕉类型。

2. 抗病类型 发现有较耐花叶心腐病和叶斑病的山香品种类型。

3. 红色香蕉优稀类型 进化演变产生果皮红色的红香蕉珍贵类型。

4. 香蕉优异类型 发现了果皮黄色、果肉白色、味极甜、品质优良的苹果蕉。据称是果皮可以食用的香蕉类型。

第二十三节 菠　萝

菠萝［*Ananas comosus*（L.）Merr.］为凤梨科（Bromeliaceae）凤梨属（*Ananas* Merr.）多年生单子叶草本植物，染色体数$2n=50$。热带、亚热带常绿果树。

一、菠萝的起源及传播

菠萝原产于南美洲的巴西，起源于巴西的马托格罗索和巴拉那到巴拉圭沿线的森林中。

菠萝从南美先后传到中美和西印度群岛。15世纪欧洲航海家将菠萝传至非洲及大洋洲的热带和亚热带地区。17 世纪初菠萝传入中国，1605 年葡萄牙人首先将菠萝带入澳门，随后由澳门传入内陆再传至广西、福建。1650 年传到中国台湾。19 世纪传入美国等地。

二、中国菠萝的主要栽培区

（一）广东菠萝栽培区

主要产区为汕头、韶关及徐闻、化州、廉江、饶平、普宁、海丰、中山、番禺、增城、博罗、高要、德庆等地。

（二）海南菠萝栽培区

主要集中栽培在琼山、文昌、定安、屯昌、琼海等地。

（三）广西菠萝栽培区

南宁、崇左、防城港、钦州、玉林、百色、贵港、柳州、来宾、梧州、贺州等市都有菠萝栽培。

（四）福建菠萝栽培区

包括福州、漳州、厦门、泉州、莆田、三明等地。

（五）云南菠萝栽培区

包括西双版纳、德宏、红河、玉溪等地。

（六）台湾菠萝栽培区

台湾的彰化、台中、南投、台南、高雄、屏东及花莲等地都有菠萝栽培。

三、中国菠萝的特殊类型

福建、广东的本地种包括黄皮、乌皮、红皮及有刺和无刺等类型。台湾育出了鲜食加工两用的品种类型。

第二十四节　芒　　果

芒果（*Mangifera indica* L.）属漆树科（Anacardiaceae）芒果属（*Mangifera* L.）多年生乔木植物。染色体数 $2n=40$。常绿热带果树。

一、芒果的起源及传播

芒果原产于印度、缅甸和泰国。10 世纪芒果由波斯人传入东非。14 世纪葡萄牙人由印度半岛传到远离大陆的棉兰和苏禄等岛。15 世纪由西班牙人从印度将芒果传至菲律宾的马尼拉。17 世纪传入巴西、索马里。19 世纪传入美国和大洋洲。

在中国，唐代玄奘去印度就已经将芒果介绍到中国。直至16世纪芒果的优良品种由南洋引入。1561年葡萄牙人把芒果带到台湾栽植，近年来又引进了印度、菲律宾、泰国的优良芒果品种。

二、中国芒果的主要栽培区

芒果在中国分布于北纬18°～28°之间，主要栽培区为南方6省（自治区）和台湾，以广东、广西、云南、海南、台湾栽培面积最大。

（一）广东、广西芒果栽培区

广东芒果全省都有栽培，主要集中在雷州半岛的雷州、遂溪、廉江等县市和粤西的茂名市，此区占全省栽培面积的70％～80％；其次是珠江三角洲的广州、佛山、江门、中山、东莞、惠州、深圳、珠海等地。广西主要分布在右江河谷的百色等地，该地芒果栽培面积约占广西总面积的2/3。

（二）云南、四川芒果栽培区

云南芒果分布广泛，主要产区为元江、景洪、景谷、新平及保山等地。四川仅在西南部金沙江河谷地区攀枝花与凉山彝族自治州的会理、会东、宁南等县有栽培，主产地为米易、盐边和仁和。

（三）福建、海南芒果栽培区

海南全省均有芒果分布，主产区在昌化流域的昌江、东方、白沙、乐东、三亚、陵水、保亭等地。福建主要分布于南部安溪、云霄及厦门等地，春季受低温影响产量不高。

（四）台湾芒果栽培区

主要分布台湾东南部和南部的台南、屏东、高雄等地。

三、中国芒果的特殊类型

中国著名的芒果品种有广州的马茅香芒，海口的青皮芒、黄皮芒，广西的冬芒果和扁核苦芒等。

第二十五节　椰　　子

椰子（*Cocos nucufera* L.）为棕榈科（Palmae）椰子属（*Cocos* L.）单子叶多年生植物。染色体数 $2n=32$。高大乔木，常绿热带果树。

一、椰子的起源及传播

多数学者认为椰子的起源地为东南亚和印度的热带沿海地区。椰子的传播多数学者认为除了人为活动的作用外，海流是椰子的主要传播方式。由于海水漂流传播到东海岸的吉布提，西海岸的木萨米迪什及赞比亚河等非洲沿海国家。

椰子在亚洲的菲律宾、印度、印度尼西亚、斯里兰卡、马来西亚和中国栽培较多，在非洲沿海及美洲各国也有栽培，其中中美洲的墨西哥栽培较多。

二、中国椰子的主要栽培区

椰子是典型的热带作物，主要分布在热带地区，北纬 15°～南纬 15°分布最多，但北纬 15°～25°和南纬 15°～25°区域低海拔沿海地区也有椰子种植。椰子主要产区在亚洲热带地区。中国主要在海南岛才有椰子的经济栽培。中国在西汉时期就有椰子栽培。100 多年前，在海南省文昌南部迈号有小规模栽培，之后在陵水、三亚有大规模椰子栽培。现海南低海拔地区滨海和河流西岸栽培较多。台湾南部有大面积栽培。广东雷州半岛和云南的西双版纳、河口、元江等地有少量栽培。

三、中国椰子的特殊类型

（一）糖椰子

在椰子类型中发现有椰衣白色、味特甜、可像甘蔗一样咀嚼的糖椰子。

（二）脆椰子

在椰子类型中发现有核壳很薄、易碎的脆椰子。

（三）矮椰子

椰子植株高大，高种椰子树高 15～30 m，矮种椰子 8～15 m，现发现有株高仅 1～2 m、果实较小、椰子水味甜的矮椰子。

（贾敬贤）

参考文献

董启凤，1998. 中国果树实用新技术大全 • 落叶果树卷［M］. 北京：中国农业科技出版社 .
廖勇为，1987. 落叶果树分类学［M］. 台湾：五洲出版社 .
曲泽周，孙云蔚，1992. 果树种类学［M］. 北京：农业出版社 .
沈兆敏，1999. 中国果树实用新技术大全 • 常绿果树卷［M］. 北京：中国农业科技出版社 .
王宇霖，1988. 落叶果树种类学［M］. 北京：农业出版社 .
俞德浚，1979. 中国果树分类学［M］. 北京：农业出版社 .

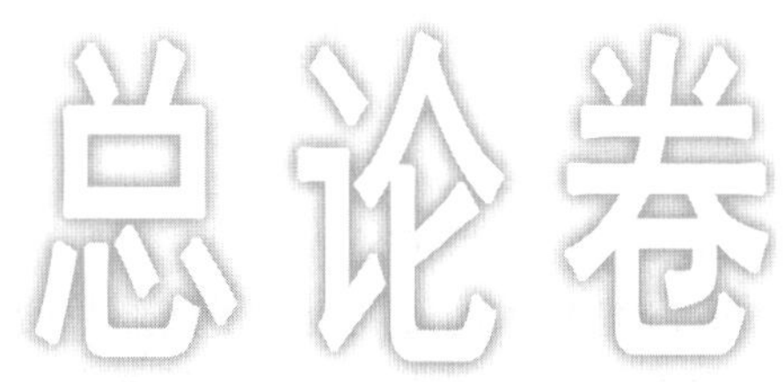

饲用及绿肥作物的起源与进化

第一节 概 述

饲用作物与其他作物一样，在起源上，都是由野生植物经人类栽培驯化而来。在进化上，变异、遗传和选择是进化的基本要素，其性状变化及其发展趋势都是对人类不利的野生性状逐渐减弱，对人类有益的栽培性状逐渐增强，形成栽培类群和品种。在传播上，都是通过引种和种子贸易方式向外扩展。在生产的主要目的上，都是为了获得高产、优质的植物性食物和工业原料。

饲用作物主要是家畜的植物性食物。由于人类所生产的饲草饲料必须经过家畜饲用之后，转化为畜产品，即动物性食物（如肉、奶等）、工业原料（如皮、毛等）和役畜，才能被人类直接利用。因此，饲用作物起源是与畜牧业发展和牲畜头数的增加直接相关；性状的变化及发展趋势主要是与产草量、饲用价值，以及利用方式直接相关。同时，饲用作物也是在农业发展基础上起源的。

一、饲用作物的起源

饲用作物的起源有赖于畜牧业和农业的发展，也有赖于社会和科学技术的进步。一是饲养畜牧业的发展；二是定居的生活和农业技术的进步；三是人类识别和利用饲用作物的知识和经验。饲用作物从无到有，从少到多，就是在上述背景和条件下起源的。

（一）起源的时间

由于饲用作物是在农业发展基础上开始栽培和驯化的，因此，一般而言，较晚于其他粮食、蔬菜等作物。根据各种饲用作物开始栽培驯化的时间分析和归纳，大致可分为3个时期。

公元前，用作饲草而开始栽培的饲用作物很少。在这个时期，最著名的是在公元前1000年以前开始栽培的紫花苜蓿，对世界畜牧业的发展产生了巨大的影响，并成为“牧草之王”。也是在这一时期，开始用作人类植物性食物而栽培，以后又用作家畜饲料而栽培的饲用型食用作物种类较多，如玉米、燕麦、豌豆、赤豆和芜菁等。

公元 1 世纪到 19 世纪，在这一漫长的历史时期，世界各大洲都在本地开始栽培饲用及绿肥作物。特别是从 16 世纪到 19 世纪，欧洲的文艺复兴，人类的知识快速发展和进步。科学技术的发展引发了产业革命，使人类进入了一个新的历史阶段。现在，世界上普遍种植的重要饲用作物，几乎都是起源于这一时期的。如 16 世纪起源于欧洲的白三叶，17 世纪的多年生黑麦草，18 世纪的草地看麦娘、无芒雀麦、鸭茅、虉草、猫尾草、红豆草、黄花草木樨等，19 世纪的苇状羊茅、大米草、百脉根等。这一时期，起源于其他洲的饲用作物还有紫云英、沙打旺、葛藤、狗牙根、大黍等。这些饲用及绿肥作物对世界草地畜牧业和农业的发展都产生了巨大的影响。

20 世纪，拉开了人类现代史序幕。在 19 世纪近代生物科学发展基础上，现代生物科学和技术得到飞跃发展。随着社会和经济发展，人口增加，为开辟新的食物和原料的来源，在世界范围内植物的引种、驯化和选育进入了一个新的阶段。为了适应草地畜牧业发展，解决人工草地建立、天然草地补播改良，以及草地生态环境建设对草种的需求，在中国，一方面从国外引进饲用作物，如禾本科的草地早熟禾、象草、苏丹草、狗牙根、百喜草、地毯草等；豆科的紫穗槐、圭亚那柱花草、多变小冠花、大翼豆、链荚豆等；其他科的繁穗苋、松香草等，进行栽培试验、选育和推广应用。另一方面，从国情出发和从自然生态条件的实际出发，立足于国内丰富的野生植物资源，选择有栽培价值和利用前途的野生饲用植物进行栽培、驯化和选育。如禾本科的羊草、朝鲜碱茅、扁穗牛鞭草、短芒大麦草、纤毛鹅观草；豆科的柠条锦鸡儿、塔落岩黄芪、蓝花棘豆、山野豌豆；其他科的白沙蒿和蒙古扁桃等。这些饲用植物，虽然栽培和驯化的时间短，野生性状比较明显，但是，抗旱、抗寒、耐盐碱、抗风沙等抗逆性强。因此，对当地自然条件很适应，在草地生态环境保护和建设中具有重要作用。

（二）起源的地区

在人类历史上，西亚、北非及南欧是古代农耕文化发展最早、农业技术进步最快的地区中的一部分。而且，在人们的食物结构中，奶制品和肉制品占重要地位，畜牧业发展迅速，早在公元前就已经开始栽培饲用植物。Н. И. 瓦维洛夫（1935）将该地区划为栽培植物的前亚起源中心和栽培植物的地中海起源中心。并指出，这两个起源中心都有本地栽培的饲用植物。起源于前亚地区的有紫花苜蓿、波斯三叶草等 9 种豆科饲用作物，起源于地中海地区的有埃及三叶草、大型白三叶、绛三叶等 10 种豆科饲用作物。这些饲用作物，特别是紫花苜蓿已在世界温带和暖温带地区广泛种植。在其他栽培植物起源地，也有本地栽培的饲用、绿肥作物及饲用型食用作物。如起源于中国的紫云英、茶秣食豆等（见附录 2）；起源于印度的菽麻、山莴苣等；起源于中亚的山黧豆、饲用胡萝卜等；起源于中南美洲的玉米、甘薯等。还有起源于非洲的象草、苏丹草、大黍等和起源于北美洲的紫穗槐、松香草等。

（三）饲用作物的野生类型

饲用作物栽培、驯化的历史较短，绝大多数种类都只有几百年，甚至只有几十年的栽培和驯化历史。饲用作物在实质上甚至还处在选择时期，谈不上品种，育种家对大多数禾本科和豆科饲用作物仅刚开始选种工作（H. И. 瓦维洛夫，董玉琛译，1982），饲用作物的野生性状仍然非常明显。由于饲用作物的遗传育种工作起步较晚，工作力度也较弱，所以只对极少数经济利用价值大、栽培范围广的种类开展了杂交育种工作。而且，主要还是种内的不同品种间杂交，对种间或属间的远缘杂交工作开展很少。一般而言，栽培种与野生种之间的界限是非常模糊的（K. V. 克里施纳默西，2006），性状的变化主要是与产草量和品质有关的数量性状的变化。由于上述原因，现在世界上栽培的饲用作物，在自然界几乎都有其野生类型或野生种的自然分布，即使是世界上最古老、栽培驯化历史最悠久的紫花苜蓿，近年来在外高加索也发现了野生的紫花苜蓿（C. H. 汉森等，1986）。

二、饲用作物的进化

（一）人工进化过程

饲用作物的进化是一个人工进化过程。人类为了发展畜牧业经济，提高饲草饲料生产能力，通过引种驯化，或将本地野生饲用植物引种栽培。在长期人工栽培条件下，无意识或有意识的人工选择，驯化为栽培饲用植物，甚至形成地方栽培品种。这一过程，既是植物对新的自然环境和栽培要求的适应过程，也是植物的性状向着人类经济利用要求的变化和发展过程。它们的进化则是通过人类无意识或有意识地对优良特性的选择来实现（K. V. 克里施纳默西，2006），随着植物育种科学的发展，以及育种技术的进步而发展。我国自 20 世纪 70 年代以来，不仅采用植物引种驯化方法，而且采用选择、杂交，杂种优势利用，诱变、辐射等育种技术，利用植物的自然变异和人工创造的变异，从变异个体和群体中选择对人类有益的类型或性状，淘汰对人类不利的类型或性状。经过培育和区域性试验，选育出一批饲用、绿肥及草坪草优良品种。如从 1986 年到 2000 年，已审定的品种达 219 个，分属 8 科、63 属、88 种。其中，由野生种来的栽培品种 35 个，地方品种 39 个，国外引进品种 55 个，新育成品种 90 个，加快了饲用作物的人工进化进程。

（二）进化类型

饲用作物的进化类型是从起源地向外传播，经过长期驯化和选育而形成的。在由野生种向栽培种进化的过程中，性状的变化和发展的方向，一般来说，是朝着符合人类经济利用需要，适应多变的自然环境条件和栽培技术要求方向发展。依据饲用作物收获和利用植物器官和部位不同，一般可分为两大进化类型。

1. 饲草作物进化类型　也称栽培牧草进化类型，是以收获和利用植物的茎（秆）、叶为主，饲喂家畜的饲用作物类型。选育的性状及其变化的方向是产草量高、饲用价值高、抗逆性强等。在饲用作物进化类型中，这类作物的种类最多，组成复杂，而且多为多年生异花授粉植物。如禾本科的扁穗冰草、无芒雀麦、鸭茅、老芒麦、羊草、多年生黑麦草、猫尾草等；豆科的百脉根、紫花苜蓿、红豆草、白三叶等。这些植物在自然界由于异花授粉的结果，遗传性较复杂。若人工选择，特别是一次单株选择，易破坏品种的遗传结构，导致产草量和抗逆性下降，生活力和适应性衰退。因此，在人工选择中，采用多次混合选择、集团选择、人工选择与自然选择相结合等方法，使变异和性状变化向人类有利的方向发展。

在草地畜牧业生产中，从建立人工割草场、放牧场和刈割放牧兼用草场的用途出发，利用饲用植物的自然变异和人工创造的变异，通过人工选择，使变异性状向着人类需要的方向发展，选育出利用方式不同的类型或品种。

(1) 刈割类型　以刈割青草和调制干草为目的而选育出的牧草类型或品种。一般植株较高大，在 50 cm 以上，株丛中以生殖枝和长营养枝为主，枝条和叶片在空间分布均匀。株丛类型为上繁型牧草，如羊草、老芒麦、紫花苜蓿、红豆草等草种及其品种，适宜刈割牧草来饲喂家畜。

(2) 放牧类型　以放牧家畜为目的而选育出的牧草类型或品种。一般植株较矮小，在 50 cm 以下，株丛中以短营养枝为主，枝条和叶片主要集中在下部，再生性强，耐牧性强。株丛类型为下繁型牧草，如小糠草、扁穗冰草、白三叶草、百脉根等草种及其品种，适宜于草地上放牧家畜。

2. 饲料作物进化类型　饲料作物的含义是狭义的，也称饲用型食用作物，以收获植物籽粒、块根和青叶等为主，饲喂家畜和家禽。在这些作物中，既有粮食作物，也有蔬菜和经济作物。选育的性状是向着植物被利用的器官，如种子、块根、块茎和叶片的肥大方向变化和发展，形成饲用型食用作物。包括饲用禾谷类作物，如大麦、玉米等；饲用豆类作物，如豌豆、蚕豆等；饲用块根、块茎类作物，如饲用甜菜、饲用胡萝卜等；饲用叶菜类作物，如厚皮菜、甘蓝等；还有饲用瓜果类作物，如饲用南瓜、葫芦等。

饲用作物，在用途上是以饲用为主，作为家畜主要植物性食物。然而，也还有其他用途和功能，如还可以用作绿肥作物、草坪草，以及防风固沙、水土保持植物等。选育的性状是向着不同用途的方向变化和发展。

（蒋尤泉　王育青）

第二节　无芒雀麦

无芒雀麦（*Bromus inermis* Leyss.）为多年生短根茎疏丛型草本植物。上繁禾草，异花授粉。在生态上属中生和长日照植物，半冬性。为刈割型牧草，也可用作草坪草。染色体数 $2n=28$，42，56，70。四倍体的核型为 $2n=4x=28=22$ m（2sat）+6 sm（2sat）。

一、无芒雀麦的起源与传播

野生无芒雀麦是一种自然分布于欧亚大陆草原区的优良牧草，栽培的无芒雀麦起源于欧洲。无芒雀麦被栽培驯化的时间较晚，一直到 1768 年在欧洲中部地区（如匈牙利、德国等）才作为牧草开始引种栽培。经过多年栽培和驯化，成为欧洲饲养家畜的主要栽培牧草。

对有关资料分析表明，栽培无芒雀麦向世界各地传播始于 19 世纪后期。其传播的途径和方式是引种和种子贸易。1880 年和 1884 年，美国最早从法国和匈牙利引种进行栽培。1898 年美国又从俄罗斯伏尔加丘陵地区的奔萨（Penza）进口更抗寒的无芒雀麦种子并栽培。加拿大最初引种栽培的无芒雀麦是从美国引进的。1888 年，加拿大又从德国北部进口无芒雀麦种子并栽培。北美洲不仅是从欧洲引种栽培无芒雀麦最早的地区，也是引种栽培最成功的地区，并根据来源和原产地的不同，将无芒雀麦称之为匈牙利雀麦（Hungarian brome）、奥地利雀麦（Austrian brome）和俄罗斯雀麦（Russian brome）等（蒋尤泉，2007）。

二、栽培分布区

在短短的一百多年间，栽培无芒雀麦就从欧洲和北美洲传播到世界各温带地区。现今在饲用作物中，无芒雀麦已成为世界上重要的栽培牧草，在欧洲（主要是匈牙利、俄罗斯等）、北美洲（美国、加拿大）、南美洲（阿根廷等）和亚洲（日本、中国等）广泛种植。

中国引种栽培无芒雀麦的时间更晚，1923 年中国东北才开始从美国和欧洲引种栽培。现今，在中国多年生栽培草种区划中，无芒雀麦已成为温带半干旱和半湿润地区重要的优良草种，也是暖温带半湿润地区的当家草种。

三、中国的栽培类型

由于无芒雀麦具有较高的饲用价值，对畜牧业的发展具有重要作用，因此，在 20 世纪围绕其新品种的选育，开展了大量研究工作。我国选育的无芒雀麦品种，其主要类型的特性如下。

（一）抗寒性强的类型

这一类型是采集寒冷地区优良野生无芒雀麦群体的种子，经过长期栽培选择并扩大种子繁殖而形成的。如公农无芒雀麦和锡林郭勒无芒雀麦，其主要特性是抗寒性强，在 −35～−30 ℃严寒条件下，一般都能安全越冬，其产草量和饲用价值都比野生种高。主要用于当地人工草地的建设和天然草地的补播改良。

（二）耐盐碱性强的类型

这一类型是对引种栽培的无芒雀麦于长期栽培过程中经过有意或无意的选择而形成的。如奇台无芒雀麦，是 1957 年新疆奇台县从河北省张家口地区引进的无芒雀麦，经过 30 多年的栽培选择而形成的。其主要特性为长寿上繁型禾草；耐盐碱性强，种子能在 1% NaCl 和 1.5% Na_2SO_4 溶液中发芽；产草量高，每公顷可产干草 4.5～9.0 t。特别适宜北疆平原绿洲、年降水量在 300 mm 以上的草原地区种植。

（三）产草量高的类型

这一类型是采用单株选择、混合选择、单株与混合选择相结合，或采用杂交等技术培育而成。如新雀 1 号无芒雀麦，是以新疆天山北坡野生无芒雀麦群体为育种原始材料，采用混合选择和单株选择的方法培育而成。其主要特性：在细胞学上为八倍体，$2n=56$（野生原始群体为四倍体，$2n=28$）；植株高大，高 114～140 cm，叶片多而大，有 6～7 片，每片平均长约 24.69 cm，宽约 1.34 cm，种子千粒重达 3.6～3.7 g，每公顷产干草达

14.25 t；生长快，抗寒，抗旱，耐盐碱。适宜在新疆平原绿洲有灌溉条件的农区、半农半牧及牧区种植。

（蒋尤泉　王育青）

第三节　狗 牙 根

狗牙根［*Cynodon dactylon*（L.）Pers.］是一种优良饲用作物，也用作草坪草。为多年生匍匐状根茎型草本植物，异花授粉。在生态上属暖季性，春性饲用作物。染色体数 $2n$=18，27，36，54。

一、狗牙根的起源与传播

狗牙根自然分布于非洲、亚洲、欧洲和大洋洲的热带、亚热带，暖温带也见分布。在非洲主要分布于肯尼亚和南部非洲；在亚洲，主要分布于高加索、中亚及中国和印度；在欧洲，分布其南部、西部和中东部；在大洋洲主要分布于澳大利亚。在中国自然分布于华南、华东、华中、西南，以及陕西和新疆等省、自治区。关于栽培狗牙根的起源地问题，现有两种观点：一种观点认为，作为饲用栽培的狗牙根起源于印度。1977 年王启柱在《饲用作物》一书中写道："狗牙根是印度最主要的牧草，起源于印度。"狗牙根在印度被认为是一种最重要的牧草（怀特等，1988）。另一种观点认为，作为草坪草，栽培狗牙根可能起源于东南非洲（M. E. 希斯等，1992）。

在传播问题上，美国是世界上最早引种和栽培狗牙根的国家。早在 1751 年，Henry Ellis将狗牙根引入到美国热带稀树草原，并成为美国南方各州种植最普遍和最有价值的放牧型牧草。其传播途径是由印度传播到地中海沿岸国家，再传入美国（王启柱，1977）。后来，在美国用作草坪草的狗牙根是从非洲引进的（J. Stephan 等，1982）。关于狗牙根的世界传播问题，也有人认为，历史上最广泛使用的狗牙根可能是由早期西班牙探险者传播的。

二、栽培分布区

随着世界经济和社会的发展，以及新品种的推广应用，狗牙根作为牧草和草坪草的栽培分布区也在逐年扩大。目前，在北美洲的美国、欧洲南部一些国家、亚洲的印度、大洋洲的澳大利亚，以及非洲南部一些国家都广泛种植，其中，美国（南部各州）是世界上种植面积最大的国家。以无性繁殖种植的狗牙根栽培品种，如 Coastal、Suwanee、Midland、Coastcross-1 等，其世界种植面积达 1 000 万 hm^2（M. E. 希斯等，1992）。

我国引种和栽培狗牙根的历史较晚。20 世纪 60 年代后，才从美国进口饲用型品种的种子在南方各省份种植。以后，随着环境保护事业的发展，城乡绿地草坪建设的兴起，每年从国外进口大量草坪型品种的种子，建植各类草坪。其中，狗牙根占主要地位。

三、中国特有的抗寒栽培类型

狗牙根是一种性喜温暖和湿润气候的禾草，一般可耐高温，属抗热性强的栽培类型，适宜在亚热带和热带地区种植。我国新疆育成的新农 1 号狗牙根，是一种抗寒性强的栽培类型。其主要特性是耐低温，抗寒性强，在冬季极端低温－25.6 ℃，无积雪覆盖条件下，也能安全越冬。同时，抗旱性也强，在年降水量 230 mm 地区种植，一年浇水 1～2 次生长良好。而且，有性繁殖能力强，每公顷能生产种子 723.9 kg。适宜在温带半干旱地区种植。

在我国不仅有狗牙根的自然分布，还有一个狗牙根的变种，即双花狗牙根（*C. dactylon* var. *biflorus* Merino），具有利用的价值。

（蒋尤泉　王育青）

第四节　羊　　草

羊草［*Leymus chinensis*（Trin.）Tzvel.］又名碱草，是一种主要在中国栽培的饲用作物，为多年生根茎型草本植物。上繁型，长寿禾草。风媒花，异花授粉。刈割型牧草，在生态上属旱生或中旱生类型，冬性牧草。染色体数 $2n=28$，核型为 $2n=4x=28=16\text{ m}+12\text{ sm}$（4sat）。

一、羊草的起源与栽培区

羊草为欧亚大陆草原区东部的重要饲用植物，自然分布区在北纬 36°～62°，东经 92°～132°范围内，主要分布于中国、俄罗斯、蒙古和朝鲜等国。在中国的东北、华北和西北诸省（自治区）都有分布，东北的松嫩平原和内蒙古东部的草原是羊草的分布中心。主要生于温带半湿润和半干旱的草甸草原和典型草原，并形成以羊草为建群种的羊草草原。在经济上，羊草的饲用价值高，适口性好，一年四季为各种家畜所喜食。由于营养价值高，因此在夏秋季节是家畜的抓膘牧草。在生态上，适应性广，抗寒、抗旱和耐盐碱，具有引种栽培价值和利用前景。

在饲用作物中，羊草被引入栽培和驯化的时间较晚。20 世纪 40 年代，中国黑龙江省和苏联的贝加尔湖一带开始栽培羊草。因此，羊草起源于欧亚大陆草原区东部。60 年代以后，中国在羊草栽培和选育等方面取得重大进展，栽培面积迅速扩大，栽培区从黑龙江扩展到东北和华北地区，栽培羊草面积达 33.3 万 hm^2。在中国多年生栽培草种区划中，羊草已成为我国东北和内蒙古（东部）地区的当家草种。到 20 世纪末，全国人工种植羊草的面积约在 150 万 hm^2 以上。由于羊草的地下横走根茎发达，无性繁殖能力强，有性繁殖能力弱，抽穗率低、结实率低和种子发芽率低，因此，直接影响到人工栽培面积的扩大。

二、中国的栽培类型

目前，世界羊草的栽培分布区主要在中国。中国不仅是羊草种植面积最大的国家，而且也是唯一选育出栽培品种的国家。一般可分为两个类型。

（一）叶灰绿色类型

这一类型如东北羊草，是从东北羊草草原的建群种中采集种子，经栽培和驯化形成的。其主要特性是株高 50～100 cm，叶片灰绿或蓝绿色，被白粉；返青早，生长速度快，秋季枯黄晚，青草利用期较长；抗寒、抗旱和耐盐碱；每公顷干草产量一般在 6 000～8 000 kg，种子产量一般在 200 kg 左右。适宜在东北及内蒙古东部地区种植。

（二）叶黄绿色类型

这一类型如吉生 4 号羊草，其主要特性是株高 110～170 cm，叶片密被短柔毛，黄绿色，每公顷干草产量一般为 9 000 kg 左右，种子产量 200 kg 左右。适宜在东北及内蒙古东部等半干旱地区种植。

（武保国 王照兰）

第五节 草地早熟禾

草地早熟禾（*Poa pratensis* L.）为多年生根茎疏丛型禾草。在生态特性上属于中生类型，冷季性、冬性和短日照植物。为假有性结合，兼性无融合生殖植物，既有有性生殖能力，也有无配子生殖能力。染色体数 $2n=28\sim154$。

一、草地早熟禾的起源与传播

草地早熟禾是一种自然分布于欧洲、亚洲和北非温凉湿润草地的优良牧草。在欧洲，除地中海的巴利阿里群岛外，几乎分布于整个欧洲，而且，种内的变异类型十分丰富。在亚洲，分布于中亚及中国、蒙古、日本和俄罗斯的西伯利亚和远东。在非洲北部的地中海沿岸国家也有分布。现已查明，草地早熟禾起源于欧洲。欧洲最晚于 18 世纪以前就开始栽培草地早熟禾，被称为光茎蓝草（smooth meadon grass）。

草地早熟禾作为一种起源于欧洲的饲用作物，向外传播是通过引种和种子贸易途径。最早是从欧洲传播到北美洲。早在 1 700 年以前，欧洲移民、商人和传教士就将草地早熟禾种子带入北美洲的大西洋沿岸地区，在美国的肯塔基州栽培，并取得成功，促进了畜牧业发展，加速了种子生产和贸易，并传播到美国其他州和加拿大种植。1897 年以前，由于美国全部草地早熟禾种子都产于肯塔基州，因此，在北美洲将这种牧草称之为肯塔基蓝草（Kentacky bluegrass）。从此以后，草地早熟禾从欧洲和北美洲传播到大洋洲、亚洲及世界各地。我国于 1923 年才从美国引进，在东北进行栽培。

二、栽培分布区

到 20 世纪，随着经济发展和社会进步，草地早熟禾不仅用作牧草，而且广泛用作草坪草，在草坪草的草种中占有重要地位。世界各国，特别是北美洲和欧洲的一些发达国家，先后选育出大批不同利用方式、适应不同生态地理条件的优良栽培品种，并在北美洲（美国、加拿大）、欧洲一些国家（荷兰、丹麦、瑞典、德国）大面积种植，在大洋洲和亚洲一些国家也有大面积种植。其中，美国种植的面积最大，用作饲草种植的面积达 1 650 万hm^2 以上，用作草坪草种植的面积 400 万 hm^2 左右。

中国于 20 世纪 50 年代后，随着畜牧业发展，草地早熟禾才成为在温带地区建立人工草场的重要优良草种，在一些地区有小面积种植。80 年代以后，我国经济发展和社会进步促进了城乡生态环境建设，广场、公园和庭院绿地草坪和运动场草坪的面积迅速扩大，其中，草地早熟禾是主要的草种。

三、中国抗旱性强的栽培类型

草地早熟禾在生态上属于冷季性和中生类型植物，抗寒性强，而抗旱性弱。生长发育对水分的要求较高，一般要求年降水量在 500～1 250 mm。我国内蒙古培育出的大青山草地早熟禾，为抗旱性强的栽培类型。其主要特性是秆直立，株高 90～104 cm，抗旱性强，能在年降水量 300 mm 地区正常生长发育。每公顷产干草 2 500～3 000 kg，每公顷的种子产量 150 kg。既可用作放牧，也可用作刈割利用。适宜在内蒙古及西北半干旱或半湿润地区种植。

（蒋尤泉　李兴酉）

第六节　苏　丹　草

苏丹草［*Sorghum sudanense*（Piper）Stapf.］别名野高粱，一年生草本植物，茎秆直立，上繁型牧草。风媒花，常异花授粉；短日照，春性，C4 高光合植物。染色体数 $2n=20$。

一、苏丹草的起源与传播

苏丹草起源于非洲北部的苏丹高原地区。在非洲东北部、尼罗河上游及埃及境内均有野生苏丹草的分布。作为栽培牧草始于 1905—1915 年。栽培苏丹草起源于非洲苏丹，其栽培种的起源地与野生种的地理分布中心和演化中心是一致的。苏丹草于 1909 年首先由非洲北部传入美国，并很快成为美国大部分地区重要的夏季饲草。后又从美国传入南美洲、大洋洲、南非、中欧及南欧等地区。1914 年俄罗斯从北非引入，首先在叶卡捷林诺夫斯克试验站进行试种，表现很好，于 1921—1922 年开始大面积推广种植。中国在 1930 年前后从俄罗斯、美国或印度引入苏丹草。

二、栽培分布区

目前，苏丹草在欧洲、美洲、非洲和亚洲均有栽培，其栽培区分布几乎遍及世界，成为广泛栽培的一种优良饲用作物。在我国的东北、华北、西北及南方各省份，无论是温带或是在亚热带，甚至热带都有栽培。苏丹草是我国养殖业中广泛应用的一种优质、高产的饲用作物。特别是在 20 世纪 80 年代以来，对发展我国湖北、湖南、江西、江苏、浙江、上海、福建等省、直辖市的淡水养鱼业起了重要作用。在渔业生产中，苏丹草是夏季栽培面积最大的一种饲饵，素有“养鱼青饲料之王”的美誉。仅在安徽一省，苏丹草种植面积约占夏季鱼草面积的 70%以上。随着全国畜牧业和农区渔业的发展，苏丹草的种植面积将会越来越大。苏丹草产草量高，再生性强，营养物质丰富，适口性好，适应性广，抗逆性强，适于调制干草，亦可供夏季青饲之用，还可调制成家畜的优良青贮饲料。目前，苏丹草已从原产地非洲引种到世界各地，并培育出新品种 30 个左右。

三、中国的栽培类型

中国栽培苏丹草的历史较短，一直到 20 世纪 60 年代华北和西北地区才有较大面积种植。通过单株和混合选择，选育出一批优良栽培品种，可分为早熟型和晚熟型。

（一）早熟型

早熟型的生育期一般在 90～110 d。如新苏 2 号苏丹草，生育期 100～105 d，株高 225～270 cm,颖果为黑色或黑红色，种子千粒重 12.5～14.0 g。盐池苏丹草，生育期 90～100 d，株高 160～190 cm，颖果黑色、光亮，千粒重约 15.0 g，抗旱性较强。

（二）晚熟型

晚熟型的生育期在 120 d 以上。如奇台苏丹草，生育期 127 d，株高 213 cm，分蘖力强，颖果杂色，有黄色、红色和黑色，千粒重 12.4 g，抗旱性和抗盐性强。宁农苏丹草，生育期 120～130 d，株高 250～320 cm，颖果红色和紫红色，千粒重 18.0～22.0 g。乌拉特 1 号苏丹草，生育期 130 d 以上，株高约 295 cm，颖果黑色，分蘖力强，再生性好，抗病虫性强。

（王照兰　武保国）

第七节　沙 打 旺

沙打旺（*Astragalus adsurgens* Pall.）又名直立黄芪、斜茎黄芪等，为我国特有的栽培植物。多年生草本，上繁型，丛生型，异花授粉植物。在生态上属中旱生类型，钙土指示植物，具有很强的抗风沙、抗寒、抗旱、耐盐碱、耐瘠薄等优良性状。在利用上，既是饲用作物又是绿肥作物，也是固沙防风和保持水土植物。染色体数 $2n=2x=16$；核型既有 $2n=2x=6\text{ m}+10\text{ sm}$（2SAT）（刘玉红，1984），也有 $2n=2x=16=12\text{ m}+4\text{ sm}$（SAT）（苏盛发，1986）。

一、沙打旺的起源与传播

沙打旺起源于中国。最早是在中国的河南、山东和江苏（北部）黄河下游故道地区栽培，据称已有数百年栽培历史（杨小寅等，1981）。沙打旺是由野生的直立黄芪经过人工栽培驯化而来（吴永敷，1980；杨小寅，1981；富象乾等，1982）。直立黄芪是亚洲中部草原的重要区系成分，在中国自然分布于内蒙古高原、松辽平原和大兴安岭山地，向南可渗入到黄土高原和华北平原。西北和华北的黄河中上游地区的直立黄芪种子，由河水携带，顺河道向东自然迁移到黄河下游的故道地区生长繁衍。由于这种植物抗风沙性能特别强，风沙越打生长越旺，因此，被当地居民长期引种栽培，并被称为沙打旺。

二、栽培分布区

目前，沙打旺还只在中国国内传播和种植，为我国特有的栽培草种，从黄河下游故道地区向北方各省份传播。河南、山东、江苏、安徽、河北、山西、内蒙古、宁夏、陕西、甘肃、新疆、辽宁、吉林、黑龙江等省、自治区都有种植，各地区已选育出一批栽培品种。在中国多年生栽培草种区划中，已成为东北、内蒙古高原、黄淮海、黄土高原及青藏高原（柴达木盆地）栽培区的当家草种。在我国饲草和绿肥生产中，其种植面积仅次于苜蓿，居全国第二位。

三、中国的栽培类型

沙打旺是我国特有的栽培类型，是由野生的直立黄芪在长期人工栽培条件下，经过有意识和无意识选择所形成的栽培类型。植物的外部形态特征、生物学特性等性状与野生类型相比较，已有明显的变化和差异。主要表现在茎直立或近直立，绿色，株高（100～）170～230 cm，叶片长 20～35 mm，宽 5～15 mm；花序长达 15 cm，含小花 17～79（～135）朵，开花期 8～10 月。染色体核型为 $2n=2x=16=6\ m+10\ sm$（2sat）。播种当年就可以开花结实，完成各生长发育阶段。每公顷可收种子 150 kg，可收鲜草 30 000～45 000 kg。由于在国内传播到中温带半干旱地区种植时，播种当年不能开花结实，收不到种子。因此，各地培育出 5 个早熟类型品种，如黄河 2 号沙打旺、龙牧 2 号沙打旺、彭阳早熟沙打旺、杂花沙打旺等品种。适宜在无霜期 120～130 d，≥10 ℃积温 2 500 ℃以上的中温带地区种植。

（蒋尤泉　马玉宝）

第八节　紫花苜蓿

紫花苜蓿（*Medicago sativa* L.）又名苜蓿、紫苜蓿，为多年生草本植物，丛生型，典型的异花授粉。在生态上属春性，中生类型，长日照植物。在用途上主要作为饲草，有“牧草之王”之称，也是重要的绿肥作物和水土保持植物。染色体数 $2n=32$，核型为$2n=4x=32=28\ m+4\ sm$（SAT）。

一、紫花苜蓿的起源与传播

紫花苜蓿是世界上古老的栽培植物，起源于栽培植物的前亚起源中心。具体地说，起源于小亚细亚、外高加索、伊朗和土库曼斯坦山地。在论及紫花苜蓿起源时，一般提法都是起源于伊朗（波斯）。早在公元前 1000 年以前，波斯及邻近地区就开始栽培苜蓿，并向周边的地区扩展。1753 年林奈根据法国和西班牙的植物标本，将这种植物命名为 *Medicago sativa* L.。近年来在外高加索发现了“野生型”苜蓿（C. H. 汉森等，1986）。

公元前 490 年波斯人将苜蓿带到希腊栽培。公元前 200 年，罗马人从希腊将苜蓿种子带到意大利栽培。到公元 1 世纪，苜蓿被引种到西班牙、法国（南部）和瑞士栽培。一直到 16 世纪，法国人和德国人将引种的紫花苜蓿与当地的野生黄花苜蓿（*M. falcata*）杂交，形成了杂花型苜蓿。其抗寒性、抗旱性和抗病虫性更强，对苜蓿的进化和发展具有重要意义，对苜蓿扩展到整个欧洲栽培发挥了巨大作用。1736 年左右，欧洲移民曾将苜蓿带入美国。1857 年德国移民将抗寒的杂花型苜蓿种子带入美国，经过多年选择、选育出著名的抗寒品种 Grimm 苜蓿，对寒冷地区的苜蓿生产发挥了巨大作用。

19 世纪初，欧洲殖民者又将苜蓿带入大洋洲（新西兰和澳大利亚）栽培。19 世纪中期，法国殖民者将杂花型苜蓿带入非洲南部栽培。

我国是世界上引种苜蓿最早的国家。根据有关文献分析，在西汉时期，公元前 119 年，张骞第二次率团出使西域，于公元前 115 年回到长安后，由汉使从大宛国带回苜蓿种子开始在长安地区栽培，后由陕西扩展到黄河流域种植。

二、栽培分布区

苜蓿为牧草之王，是世界上栽培历史最悠久、选育的品种最多、栽培分布区最广和种植面积最大的饲用作物。到 20 世纪末，苜蓿已在欧洲、北美洲、南美洲、亚洲及非洲广泛种植。全世界种植面积近 3 300 万 hm^2，居饲用作物种植面积的首位，其中，美国种植面积近 1 100 万 hm^2，占世界种植面积的 1/3，居世界苜蓿种植面积的第一位，在美国种植业中已成为仅次于小麦、玉米和大豆的第四大农作物。

我国种植苜蓿已有 2 000 多年历史，在中国多年生栽培草种区划中，苜蓿已成为东北、内蒙古高原、黄淮海、黄土高原、新疆及青藏高原的当家草种。栽培分布区甚广，以西北和华北各省份为主，河南、山东、吉林、黑龙江、江苏等均有种植。1998—2000 年，我国苜蓿种植面积达 133 万 hm^2，居我国饲用作物种植面积的第一位。

三、中国地方品种类型

苜蓿在我国不同栽培区域的气候、土壤等差异较大的自然条件下长期栽培，经自然选择和人工选择，形成适宜于各地区栽培的许多生态型和地方品种。通过对地方品种的系统鉴定、评价和研究，根据地方品种栽培分布的生态条件，大致可划分为 7 个生态类型（耿华珠，1995）。

（一）南疆绿洲生态型

主要有新疆大叶苜蓿。株型直立，叶片圆而大，花浅紫色，晚熟，高产。适于新疆南部气候干燥、昼夜温差大、日照充足的环境。

（二）黄土高原生态型

主要有陇东苜蓿、陇中苜蓿、天水苜蓿等品种。株型斜升，叶片小，花深紫或紫色，耐寒，耐旱。适于甘肃中部和东部中温带半干旱或半湿润气候。

（三）汾渭河谷生态型

主要有关中苜蓿和晋南苜蓿等品种。返青早，早熟，多次开花，产量高。适于陕西中部和山西南部暖温带半湿润或湿润气候。

（四）华北平原生态型

主要有沧州苜蓿。株型直立，花紫色，生长快，再生性好，产草量较高。适于河北中部和南部暖温带半湿润气候。

（五）蒙古高原生态型

主要有陕北苜蓿、蔚县苜蓿、敖汉苜蓿等品种。株型斜生，叶小，花深紫或紫色，抗旱和抗寒性强。适于内蒙古中部、陕西北部和河北北部中温带半干旱气候。

（六）苏北平原生态型

主要有淮阴苜蓿。株型直立，叶量多，早熟，耐热，生长速度快。适于江苏北部暖温带湿润或半湿润气候。

（七）松嫩平原生态型

主要有肇东苜蓿。株型直立，花深紫色，抗寒性极强。适于黑龙江南部寒温带半湿润气候。

（蒋尤泉　李临杭）

第九节　紫　云　英

紫云英（*Astragalus sinicus* L.）又名红花草、翘摇等，是重要的绿肥作物，也是饲用作物和蜜源植物。一年生或越年生草本，虫媒花，异花授粉植物。染色体数 $2n=16$。

一、紫云英的起源与传播

紫云英自然分布于中国的湖南、湖北、四川、陕西等省，在中国有悠久的栽培历史。Н. И. 瓦维洛夫在《主要栽培植物的世界起源中心》一书中，明确记载紫云英起源于栽培植物的中国起源中心。也就是说，栽培紫云英起源于中国。中国早在公元 10 世纪或更早就开始栽培紫云英，到 14～17 世纪，作为绿肥生产，已在长江中下游地区大面积种植。日本栽培的紫云英是由中国传入的，并由日本传播到朝鲜。到 20 世纪，紫云英已由中国传播到亚洲的越南、缅甸、印度等国，同时也传播到欧洲的俄罗斯、美洲的美国（西海岸）。

二、栽培分布区

目前，紫云英作为绿肥作物，在世界农业生产中占有越来越重要的地位，已在亚洲的中国、日本、朝鲜、印度、越南、缅甸、菲律宾、尼泊尔等；欧洲的俄罗斯；北美洲的美国以及南美洲的一些国家普遍种植。在中国，紫云英主要是用作稻田绿肥，也用作家畜饲料，特别是猪的饲料，栽培分布区包括四川、湖北、湖南、江西、浙江、上海、福建、江苏以及河南、安徽、广东、广西等省（自治区、直辖市）。种植的面积并不稳定，20 世纪 70 年代中期，全国紫云英的播种面积曾达到 670 万 hm^2。自 80 年代以来，在一些复种指数高的地区，由于扩种油菜、大麦和小麦，紫云英的播种面积受到影响。到 1990 年全国紫云英的播种面积为 339.75 万 hm^2，占绿肥种植面积的 54.05%，占冬肥面积的 75.38%。以湖南和江西的面积最大，分别占全国紫云英面积的 27.27%和 22.69%，其次是浙江、湖北、安徽和广西。

三、中国的栽培类型

我国不仅是栽培紫云英最早、历史最悠久的国家，而且也是栽培分布区最广的国家。在长期栽培的过程中形成 4 个栽培类型。

（一）特早花类型

从播种到盛花期 170 d 左右，全生育期 220 d 左右。从播种到盛花期需≥0 ℃的积温 1 500 ℃左右，到种子成熟需积温 2 400 ℃。植株矮，茎秆细，分枝力较弱。鲜草和种子产量较低，如连选 2 号紫云英。

（二）早花类型

从播种到盛花期需 180 d 左右，全生育期 220～225 d。从播种到盛花期需≥0 ℃的积温 1 773 ℃左右，全生育期需积温 2 550 ℃左右。植株偏矮小，叶片较小，茎秆较细，产草量较低，种子产量较高，如乐平紫云英。

（三）中花类型

从播种到盛花期需 184～191 d，全生育期 220～230 d。从播种到盛花期需≥0 ℃的积温 1 850 ℃左右，全生育期需积温 2 570 ℃左右。植株高大，茎秆较粗，叶片较大，产草量和种子产量较高，如广西萍宁 3 号紫云英。

（四）迟花类型

从播种到盛花期需 190～200 d，全生育期 225～235 d。从播种到盛花期需≥0 ℃的积温 1 940 ℃左右，全生育期需积温 2 670 ℃左右。植株高大，茎秆粗，茎枝的节数较多，产草量较高，而种子产量较低，如宁波大桥紫云英。

（武保国　于林清）

第十节　金 花 菜

金花菜（*Medicago polymorpha* L.）又名南苜蓿或刺苜蓿，为一年生或越年生草本。同株异花授粉植物（韩建国，1997）。在生态上，性喜温暖湿润气候，为中生类型和春性饲用及绿肥作物。染色体数 $2n=14$。

一、金花菜的起源与传播

金花菜自然分布于欧洲南部、俄罗斯、西南亚、中亚及中国和日本，北非也有分布。分布的多样性中心在欧洲—西伯利亚及印度北部（Duke，1981）。在中国，自然分布于北纬 28°～34°的长江中下游地区，以及陕西、甘肃等省。关于栽培金花菜的起源，在一些文献中只提到原产地，如“刺苜蓿原产地的地中海沿岸有 40 余野生种”（王启柱，1977），或“金花菜原产地中海地区及印度”（焦彬，1986），并没有明确说明栽培金花菜起源地区和起源时间。通过引种方式，现已传播到北美洲、南美洲及大洋洲种植。

二、栽培分布区

金花菜在我国华东地区栽培历史悠久。浙江、江苏和四川种植面积最大，安徽、福建、江西、湖南、湖北等省也有栽培，一般用作棉田或稻田的冬季绿肥，少数地区用作春季绿肥。在青嫩时用作蔬菜，同时也用作猪和其他家畜的饲草。由于金花菜在亚热带地区具有萌发早、早熟、养分含量高、容易留种等优良特性，因此在长江流域正由旱地绿肥向水旱轮作绿肥发展，由中稻田茬播向晚稻田套种发展，以及由单播向多品种混播发展，种植面积正在稳定扩大。

三、中国的栽培类型

金花菜是一个形态多样的复合体，在中国主要栽培的是荚果有刺，刺端钩状，茎青绿色或稍带紫红色，叶片色浅，背部紫红条斑少的类型。目前，我国在长江流域长期栽培区选育出两个栽培类型。

（一）大叶类型

金花菜的叶片较大，叶色较浅；茎较长；荚果果盘较大，盘数略多，荚具硬刺尖；生长较直立，宜于晚播，如顾山金花菜。

（二）小叶类型

金花菜的叶片较小，叶色较深；分枝能力强，茎枝较短，生长较匍匐；荚果果盘略小；耐旱和耐寒性较强，如南京金花菜。

（蒋尤泉　韩桂芬）

第十一节　箭筈豌豆

箭筈豌豆（*Vicia sativa* L.）又名春箭筈豌豆、救荒野豌豆、普通野豌豆等，是绿肥作物，也是重要的饲用作物。一年生草本，虫媒花，异花授粉，长日照植物。染色体数 $2n=12$，核型为 $2n=2x=12=2$ m（SAT）+4 sm（2SAT）+4 st+2 t。

一、箭筈豌豆的起源与传播

据文献记载，箭筈豌豆有两个起源地，一个是前亚起源地，另一个是地中海起源地。在《主要栽培植物的世界起源中心》一书中，Н.И. 瓦维洛夫指出，栽培植物的前亚起源中心是箭筈豌豆的起源地。在小亚细亚有很大的本地变种群，是箭筈豌豆基本形态建成地。栽培植物的地中海起源中心也是箭筈豌豆的起源地之一。在地中海沿岸地区，于罗马时期就已经栽培箭筈豌豆，已有悠久的栽培历史。在长期栽培过程中，作为绿肥作物或饲用作物，通过引种、种子生产和贸易途径传播到世界各地。

二、栽培分布区

箭筈豌豆是一种优质的绿肥作物，压青后半个月即可腐熟，增加土壤中的氮素，提高土壤肥力。同时，固氮能力较强，结瘤多而早，苗期根瘤有一定的固氮能力，对农业增产具有重要作用，又可刈割用作家畜饲料。因此，在欧洲如俄罗斯、罗马尼亚等，在亚洲如中国、印度、日本等，在北美洲如美国等都有大面积种植。20 世纪 40 年代中国从苏联、罗马尼亚等国引进一批箭筈豌豆品种，先后在江苏、甘肃、青海等省栽培，表现出适应性强、产量高的优良性状。60 年代从甘肃推广到北方及长江中下游各地栽培。70 年代发展很快，种植面积不断扩大，仅甘肃省 1975 年的种植面积就达到约 10.6 万 hm^2。到 80 年代，我国东至福建、浙江沿海，南至广东，西至青海、新疆，北至黑龙江均有扩大种植的趋势，尤其华北、西北各省份种植最普遍。

三、中国的栽培类型

目前我国栽培的箭筈豌豆按种皮的颜色特性可分为 11 个类型，其中主要的栽培类型有：

（一）粉红型

株型半直立，茎叶无毛，花深紫色，春播生育期 100～120 d，如西牧 881、西牧 880 箭筈豌豆等。

（二）青灰型

株型半直立，茎叶被毛，花紫红色，春播生育期 101～120 d，如西牧 324、山西箭筈豌豆等。

（三）淡绿型

株型直立，茎被毛，花白色，春播生育期 106～120 d，如西牧 310、白花箭筈豌豆等。

（四）绛红型

株型半直立，茎被茸毛，花淡紫色，春播生育期 117～122 d，如西牧 882、新疆箭筈豌豆等。

（五）灰棕麻型

株型直立，茎被茸毛，花紫红色，春播生育期 90～95 d，如西牧 791、西牧 879 箭筈豌豆等。

（六）青底黑色斑纹型

株型直立，茎叶无毛，花紫红色，春播生育期 87～100 d，如 66－25 箭筈豌豆。

（七）灰麻型

株型半直立，叶被茸毛，花紫红色，春播生育期 115～128 d，如西牧 235 箭筈豌豆。

（八）棕绿麻型

株型半直立，叶被茸毛，花紫红色，春播生育期 120 d 左右，如西牧 327 箭筈豌豆。

（王照兰　武保国）

参考文献

曹致中，2002. 优质苜蓿栽培与利用 [M]. 北京：中国农业出版社.

陈宝书，2001. 牧草饲料作物栽培学 [M]. 北京：中国农业出版社.

陈世骧，1987. 进化论与分类学 [M]. 北京：科学出版社.

陈守良，庄体德，1997. 中国植物志：第 10 卷（第 2 分册）[M]. 北京：科学出版社.

崔鸿宾，1998. 中国植物志：第 42 卷（第 2 分册）[M]. 北京：科学出版社.

杜布赞斯基，1982. 遗传学与物种起源 [M]. 谈家桢，等，译. 北京：科学出版社.

杜威 D R，云锦凤，1985. 关于采用染色体组分类系统划分中国小麦族多年生类群的建议 [J]. 中国草原 (3)：6 - 11.

额木和，哈斯，等，1993. 草地早熟禾的选育研究 [J]. 内蒙古畜牧科学院学报 (4)：13 - 15.

富象乾，刘玉红，贾幼陵，1985. 沙打旺种群分类问题的探讨 [J]. 内蒙古农牧学院学报 (10)：47 - 57.

甘肃农业大学，1980. 牧草育种学 [M]. 北京：农业出版社.

葛莹，等，1990. 盐生植被在土壤积盐—脱盐过程中作用的探讨 [J]. 草业学报 (1)：70 - 76.

耿华珠，等. 1995. 中国苜蓿 [M]. 北京：中国农业出版社.

韩建国，1997. 实用牧草种子学 [M]. 北京：中国农业大学出版社.

汉森 C H，等，1986. 苜蓿科学与技术 [M]. 中国草原学会，译. 中国草原学会印.

洪绂曾，等，1989. 中国多年生栽培草种区划 [M]. 北京：中国农业科技出版社.

怀特 R O，等，1988. 禾本科牧草：中文版 [M]. 北京：农业科技出版社.

黄复瑞，刘祖祺，1999. 现代草坪草建植与管理技术 [M]. 北京：中国农业出版社.

黄文惠，1987. 沙打旺 [M] //中国饲用植物志编委会. 中国饲用植物志：第 1 卷. 北京：农业出版社.

焦彬，1986. 中国绿肥 [M]. 北京：农业出版社.

克里施纳默西，2006. 生物多样性教程 [M]. 张正旺，译. 北京：化学工业出版社.

李春红，1990. 羊草和冠毛鹅观草的核型与 Giemsa 显带研究 [J]. 草业学报 (1) 55 - 62.

林多胡，顾荣申，2000. 中国紫云英 [M]. 福州：福建科学技术出版社.

刘亮，朱太平，等，2002. 中国植物志：第 9 卷 [M]. 北京：科学出版社.

刘永烈，等，2007. 生物进化双向选择原理 [M]. 广州：广东科技出版社.

刘玉红，1984. 五种黄芪属植物的核型分析 [J]. 植物分类学报，22 (2)：7 - 8.

马鹤林，1984. 羊草结实特性及结实率低的原因 [J]. 中国草地 (3)：15 - 20.
内蒙古植物志编辑委员会，1983. 内蒙古植物志：第 7 卷 [M]. 呼和浩特：内蒙古人民出版社.
内蒙古植物志编辑委员会，1977. 内蒙古植物志：第 3 卷 [M]. 呼和浩特：内蒙古人民出版社.
宁布，其木格，1997. 俄罗斯的豌豆与箭筈豌豆的育种状况 [J]. 内蒙古草业 (4)：33 - 35.
钱德杞，等，1982. 遗传学基础和育种原理 [M]. 北京：农业出版社.
盛诚桂，张宇和，1979. 植物的"驯服"[M]. 上海：上海科学技术出版社.
史旦宾斯 G L，著，1963. 植物的变异和进化 [M]. 复旦大学遗传研究所，译. 上海：上海科学技术出版社.
苏盛华，丁德荣，等，1982. 沙打旺栽培品种若干形态变化和生育特点的观察 [J]. 中国草地 (1)：45 -48.
苏盛华，1986. 沙打旺 [M] //焦彬. 中国绿肥. 北京：农业出版社.
瓦维洛夫 H И，1982. 主要栽培植物的世界起源中心 [M]. 董玉琛，译. 北京：农业出版社.
王世金，等，1993. 小麦族植物作为牧草种质资源的初步评价 [J]. 草业科学 (1)：31 - 33.
王昱生，1985. 中国东北羊草草原羊草种群生态的研究 I. 羊草种群数量的初步研究 [J]. 中国草地 (3)：11 - 15.
吴永敷，杨明，1980，提高沙打旺结实率的研究 [J]. 中国草地 (4)：32 - 35.
武保国，1984. 畜牧 [M]. 北京：科学普及出版社.
武保国，1992. 提高羊草种子发芽率方法的探讨 [J]. 种子世界 (6)：19 - 21.
武保国，2003. 羊草 [J]. 农村养殖技术 (10)：28 - 29.
西北农学院，1981，作物育种学 [M]. 北京：农业出版社.
西北农业科学研究所，1958. 西北紫花苜蓿的调查及研究 [M]. 西安：陕西人民出版社.
希斯 M E，巴恩斯 R F，等，1992. 牧草——草地农业科学 [M]. 黄文惠，苏加楷，等，译. 北京：农业出版社.
肖文一，洪锐民，等，1986. 优良草坪草——草地早熟禾 [J]. 中国草地 (4)：63 - 66.
闫贵兴，2001. 中国草地饲用植物染色体研究 [M]. 呼和浩特：内蒙古人民出版社.
杨允菲，等，1993. 禾本科牧草结实率和千粒重的环境效益及其生态多样性的探讨 [J]. 草业学报 (2)：24 - 26.
殷立娟，等，1990. 羊草苗期对盐碱耐胁迫性的研究 [J]. 草业学报 (1)：77 - 82.
赵桂琴，2001. 早熟禾的人工杂交及杂种优势预测研究 [M] //洪绂曾，任继周. 草业与西部大开发. 北京：中国农业出版社.
支中生，张恩厚，高卫华，等，2002. 苏丹草与高粱杂交后代特征及其主要经济性状 [J]. 草地学报，10 (2)：144 - 150.
中国牧草品种审定委员会，1999. 中国牧草登记品种集 [M]. 北京：中国农业大学出版社.
中国饲用植物志编委会，1987. 中国饲用植物志：第 1 卷 [M]. 北京：农业出版社.
钟小仙，顾洪如，丁成龙，等，2002. 苏丹草与拟高粱远缘杂交初报 [J]. 草业学报 [J]. 10 (3)：24 - 27.
朱怀奇，2001. 人类文明史 • 农业卷：衣食之源 [M]. 长沙：湖南人民出版社.
Duke J A，1981，Handbook of LEGUMES of world economic importance [M]. New York and London：Plenum Press.
Ensign R D，1990，Registration of 'Ginger' kentucky bluegrass [J]. Crop Sci (2)：427.
Stephan J S，Hatch S L，et al，1982，North American Range Plants [M]. Lincoln：University of Nebraska Press.
Tutin T G，Heywood V H，1980，Flora Europaea：Vol. 5 [M]. London：Cambridge University Press.

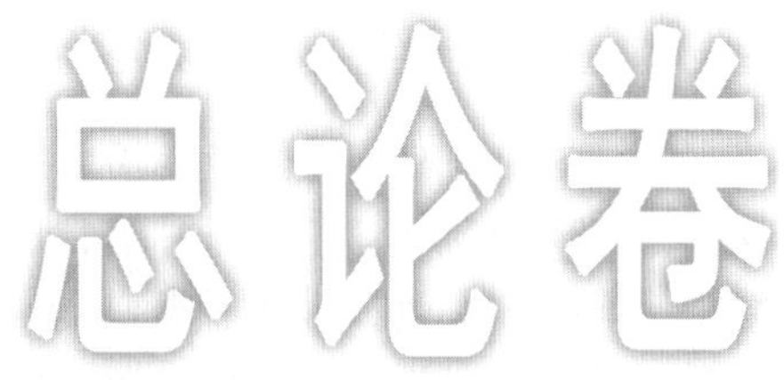

第十四章

花卉作物的起源与进化

第一节　概　　述

植物的系统发育是指某一个植物类群形成和发展的过程。系统发育包括两个基本过程：起源和发展。起源是从无到有的过程；发展是从少到多、从简单到复杂的过程。花卉作物的系统发育是在植物系统发育的基础上进行的，因此，花卉作物的系统发育也包括两个基本过程：栽培起源和品种演化。栽培起源是指花卉作物从野生状态到人工栽培的过程；品种演化则是指某一种（属）花卉作物的品种，在人工选择条件下，从少到多、从简单到复杂的演化与发展过程。

花卉作物的物种多样性非常丰富。我国的花卉作物，包括切花、盆花、观叶植物、花坛（一、二年生）花卉、宿根花卉、球根花卉、园林苗木、地被植物、水生植物等各个类别，常见栽培种在1 000～1 200种之间。花卉作物“种类”的含义与其他作物不一样，有的是一种（或变种，如水仙花）；有的是某个属的几个种，如牡丹、樱花；有的是某个属的大多数种，如杜鹃花、山茶花；有的是某属部分种的杂交种，如月季、百合，其学名一般是在属名后直接写品种名，已经写不出种名。中国花卉作物物种多样性（见表23-1）共收录了花卉作物种类136个，涉及227个栽培种、近900个野生近缘种。其中部分作物种类是一个种，或是未按杂交种定名的杂交种，如菊花、牡丹；另一些种类下包含了同属的几个种，如兰花，包括了兰科兰属 *Cymbidium* 的春兰、蕙兰、建兰、墨兰、寒兰和大花蕙兰（杂交种），但不包括兰科的热带兰，如蝴蝶兰、卡特兰、石斛兰、兜兰等，后者作为不同的作物种类处理。

一、花卉作物的起源中心

花卉作物的栽培起源自然也遵从栽培植物起源的一般规律，但由于花卉作物在生产目标和使用价值等方面具有特殊性，因而也有其自身的栽培起源规律。南京中山植物园张宇和认为花卉作物有如下3个起源中心。

（一）中国中心

中国是世界上野生植物种类最丰富的国家之一，又具有5 000年以上的文明历史，对花卉作物的引种驯化、繁殖栽培、杂交选育由来已久。起源于中国的观赏作物包括梅花、牡丹、芍药、菊花、兰花、月季、玫瑰、杜鹃花、山茶花、荷花、桂花、蜡梅、扶桑、海棠花、紫薇、木兰、丁香、萱草等（见附录 2）。中国中心经过唐、宋的发展达到鼎盛，从明、清开始，花卉作物的起源中心逐渐向日本、欧洲和美国转移，形成了日本次生中心。

（二）西亚中心

西亚是古代巴比伦文明的发祥地，起源于此的花卉作物有郁金香、仙客来、秋水仙、风信子、水仙、鸢尾、金鱼草、金盏菊、瓜叶菊、紫罗兰等。西亚中心经过希腊、意大利的发展，逐渐形成了欧洲次生中心，是欧洲花卉发展的肇始。美国也是欧洲次生中心的一部分。

（三）中南美中心

当地古老的玛雅文化，孕育了许多草本花卉，如孤挺花、大丽花、万寿菊、百日草等。与中国中心和西亚中心不同的是，中南美中心至今没有得到足够的发展。

众所周知，从 19 世纪中叶到 20 世纪 40 年代，中国植物资源一直是欧洲、美洲的发达国家进行植物采集与开发的重要宝库。从 20 世纪后半叶开始至今，世界花卉资源开发的重点逐步转移到澳大利亚和南非。如原产南非的非洲菊、唐菖蒲、马蹄莲、君子兰等，原产澳大利亚的麦秆菊、红千层、大米花、蜡花等，均成为世界花卉的重要种类。随着人们对新、奇、特花卉种类和品种的不断追求，南非和澳大利亚有可能成为新兴的观赏植物起源中心。

二、花卉作物的起源途径

探讨花卉作物的起源，必须考虑起源中心（地点）、起源时间和起源途径这三方面的问题。其中起源途径是本节要讨论的问题。花卉作物的起源途径，与植物类群的发展类似，其特殊之处是受到了人为活动的深刻影响。从花卉作物各种繁殖方式所蕴藏的可遗传的变异来源和原材料的亲缘关系，可以将观赏作物的起源途径归纳为以下几类（表 14－1），但针对某一种观赏植物而言，往往是以下几种起源途径的综合。

表 14－1　花卉作物的起源途径

繁殖及其变异 亲缘关系	扦插	嫁接	播种	
	基因突变	体细胞融合	基因重组	染色体变异
种　内	芽变	—	种内杂种	同源多倍体
种（属）间		嫁接杂种	种间杂种	异源多倍体

（一）芽变（sport）

花卉作物多为异花授粉和杂种起源，基因的杂合性很强，容易发生芽变，如月季、菊花、香石竹、美人蕉、大丽花等杂种起源的花卉的芽变品种非常丰富。然而，即使在一个种内，也能发生芽变。如中国水仙花，本是法国水仙引入中国后形成的一个变种，现在已形成两个品种，其中单瓣的称为金盏银台，重瓣的称为玉玲珑。因为法国水仙是单瓣的，所以金盏银台应该是原变种（品种），而玉玲珑可能是芽变品种，这是变种内通过芽变形成的品种。种内的重瓣芽变品种还有榆叶梅与重瓣榆叶梅、重瓣棣棠与棣棠、缫丝花与重瓣缫丝花、黄刺玫与重瓣黄刺玫、卷丹与重瓣卷丹等。种内的芽变除了重瓣变异之外，还有很多类型，曲枝变异如龙爪柳、龙桑、龙枣等；垂枝变异如龙爪槐、垂枝云杉、垂枝樱花、垂枝梅等；花叶变异如桃叶珊瑚、金边黄杨、金边龙舌兰、金边瑞香等，彩叶变异如金叶女贞、红叶黄栌、紫叶李等。

（二）嫁接杂种（grafting hybrid）

嫁接杂种多发生在种间或属间，如果是种内嫁接繁殖，出现嫁接杂种的可能性不大。著名的属间嫁接杂种如亚当雀链花（×*Laburnocytisus adami*），即由法国人亚当将紫金雀花（*Cytisus purpurens*）嫁接在金链花（*Laburnum anagyroides*）上产生的一种周缘嵌合体。其中 L1 层属紫金雀花，L2 层、L3 层是金链花。嫁接杂种多形成嵌合体，一般很难发生基因融合，只能靠营养繁殖的方式保存。花卉作物中的嫁接杂种较多地发生于仙人掌科等多浆植物中。

（三）种内杂种（intraspecific hybrid）

种内杂种是指在同一个种的不同变种或不同品种之间通过有性杂交形成的杂交种。仅仅通过种内杂交而形成新品种的花卉作物并不多，比较典型的例子是日本广泛栽培的花菖蒲（*Iris ensata* var. *hottensis*），目前有 300 多个品种，均为种内杂交选育而成。广受欢迎的郁金香（*Tulipa gesneriana*）也可能是单种起源的。大多数郁金香属野生植物具有黄色花心，栽培郁金香均具有白色花心，但不能与白色花心的野生种杂交，据此推断栽培郁金香可能是具黄色花心的野生种在栽培条件下的白色花心突变，然后通过种内杂交，形成了如此丰富的品种。另外，自花授粉的香豌豆、凤仙花也以种内杂交为主，形成了比较丰富的品种。

（四）种间杂种（interspecific hybrid）

种间杂种，包括属间远缘杂种（distant hybrid），是花卉作物起源的主要途径。如现代月季是由 15 种蔷薇属原种多次、复合杂交而形成的；菊花可能是毛华菊与野菊的种间杂种，再与紫花野菊、菊花脑等多次杂交选育而来的；百合是由多个百合属原种杂交形成的杂种系；矮牵牛也是由腋花矮牵牛与圆叶矮牵牛种间杂交形成的。观赏树木中的杂种鹅掌楸是由马褂木与北美鹅掌楸杂交而来的。

（五）同源多倍体（homologous polyploid）

同源多倍体是指某一种植物染色体加倍而形成的多倍体，这在花卉作物中比较常见。如郁金香（$2x=24$）的三倍体品种‘夏美’（$3x=36$），风信子（$2x=16$）的三倍体品种‘大眉翠'（$3x=24$），藏报春（$2x=24$）的巨型类群（$4x=48$）等，均为同源多倍体起源。

（六）异源多倍体（heterologous polyploidy）

一般是先进行种间杂交，再进行染色体加倍，形成可育的异源多倍体。显然，这是花卉作物起源的主要途径。如月季 $x=7$，有 $2x$、$3x$、$4x$、$5x$、$6x$、$8x$ 等多倍体系列，菊花 $x=9$，有 $2x$、$3x$、$4x$、$5x$、$6x$、$7x$、$8x$ 等多倍体系列；唐菖蒲 $x=15$，有 $2x$、$3x$、$4x$、$5x$、$6x$ 等多倍体系列；山茶花 $x=15$，有 $2x$、$3x$、$4x$、$5x$、$6x$、$7x$、$8x$ 等多倍体系列。

三、花卉作物的品种演化

经过长期的人工栽培和品种选育，花卉作物已经在形态特征和生态习性等方面表现出非常丰富的多样性，而且各种花卉作物品种演化的方向也不尽相同。但是如果从株型、枝姿、叶色、花型、花色、花径、花期等方面来考察花卉作物品种演化的普遍规律，可以发现一些品种演化的线索。

（一）株型

花卉作物株型的演化主要是主干矮化、树冠圆形或柱形。

（二）枝姿

枝条的伸展方向一般是直立或斜上，演化的方向是从斜上到平伸、再从平伸到下垂。枝条的形状一般是直枝的，从直枝演化为曲枝，即龙游形。

（三）叶色

从绿色向紫色，从单色向复色演化。

（四）花型

从单瓣、复瓣（半重瓣）、重瓣，到高度重瓣，从单花到台阁花的演化。

（五）花色

一般是从野生种的颜色，向其他颜色演化；再从单色向复色、嵌合色演化。

（六）花径

从中花向大花或小花两个不同的方向演化。

（七）花期

从一季开花，向两季开花、四季开花演化。

（费砚良　刘青林　葛　红）

第二节　梅　　花

梅花（*Prunus mume* Sieb. et Zucc.）属蔷薇科李属（杏属）的落叶乔木，两性花，多为二倍体，染色体数 $2n=2x=16$。

一、梅花的起源及在中国的栽培历史

目前考古发现河南新郑、上海青浦菘泽、江苏吴江梅堰、河南安阳殷墟、湖南长沙马王堆西汉墓等遗址中均有梅核出土，这表明梅树曾广泛分布于华夏大地，而且得到了普遍利用。考古发现，7 500 年前（河南新郑）梅已作为果品食用。我国南方 17 个省份均有野生梅树分布，这些野生资源和丰富的品种，使中国被世界公认为梅花起源中心。梅花是我国的传统名花，梅以花闻天下约始自西汉初叶，2 000 年前已作为园林树木用于观赏。汉初梅花多属江梅型、宫粉型，或少量朱砂型。隋、唐、五代（581—960）时期梅花栽培渐盛，梅花诗文更多，此期的主要品种仍属江梅型、宫粉型，朱砂型、绿萼型或许已经出现。宋代是艺梅的高潮时期，随着艺梅的兴盛，梅花类型大增，除江梅、宫粉、朱砂、绿萼等型之外，新增玉蝶、早梅和黄香等型，及杏梅系杏梅。元代出现台阁型。明代已形成南京钟山、苏州光福、杭州西溪等赏梅胜地。清代出现照水梅。近代（1911）黄岳渊、黄德邻父子在上海黄家花园中栽培了不少收集来的梅花品种，包括日本的洒金、垂枝型，并写入《花经》，出现了龙游梅类。现今梅花已是中国露地和保护地普遍栽培的重要传统花卉。

二、中国梅花的栽培区

梅花在中国的栽培非常普遍，南到广州，北到大庆，东至青岛，西至兰州，都有梅花的露地栽培，但主要栽培区在武汉、南京、无锡、成都、上海、杭州等长江流域。

三、中国梅花的特有类型

梅花经过长期的栽培选育形成了许多类型。花梅是野梅经果梅演化而来的；垂枝与曲枝是直枝两个不同的演化方向；花瓣从单瓣—复瓣—重瓣，其重瓣化的主要途径是雄蕊瓣化；花色有两系，即有两个演化方向：①浅粉—粉红—红—肉红—深红，②白—乳黄—黄—淡黄。绿萼可能是梅花的原始性状，由此演化出淡绛紫色、绛紫色、绛紫色。美人梅是近来出现的梅花类型，是 1895 年由紫叶李与宫粉型梅花杂交育成的。中国梅花特殊类型有：

1. 原变种 var. *mume*　分布于云南洱源县西山、西藏林芝县、江西景德镇、湖北罗田县、安徽潜山县、安徽黄山等。

2. 厚叶梅 var. *pallescens*　分布于四川木里藏族自治县、四川冕宁县。

3. 蜡叶梅 var. *pallidus*　分布于西藏林芝县。

4. 毛梅 var. *goethartiana*　生长于云南洱源县。叶柄密生柔毛。

5. 长梗梅 var. *cernua*　生长于云南洱源县。果梗长达 8～10 mm，枝刺较少。

6. 炒豆梅（小果梅）var. *microcarpa* 生长于云南洱源、大理、嵩明，四川木里等。叶、花、果均小，果核小而圆，枝刺较多，叶色较浅。

7. 杏梅 var. *bungo* 云南、四川多有生长。果沟较深，果核蜂窝状小孔较浅，叶较大，基部近心形，枝刺较少。

8. 常绿梅 f. *sempervirens* 云南、四川有生长。叶较厚，深绿色，开花时节仍有绿叶宿存。

9. 品字梅 var. *pleiocarpa* 云南大理有生长。花粉红、重瓣，柱头 3～7，每花可结 2～3 果。

以上 1～3 为野生梅主要类型，4～9 为半野生梅的主要类型。厚叶梅、长梗梅、毛（茎）梅被《Flora of China》（9：396～401，2003）收录。

10. 黄香梅品种群 花淡黄色至黄色，重瓣。黄色花在整个李属（*Prunus*）仅此一类。

11. 绿萼梅品种群 花萼绿色，花瓣白色，整体显绿白色，俗称绿梅。

12. 朱砂梅品种群 新生木质部有红色条纹，花紫红色。

（刘青林）

第三节 牡　丹

牡丹是我国的传统名花，来自多个野生种的杂交，既特指毛茛科芍药属牡丹 *Paeonia suffruticosa* Andr.，也泛指芍药属牡丹组（木本）的所有种和品种，该组所有种均特产中国。牡丹为落叶灌木，雌雄同花，染色体数 $2n=2x=10$。在我国栽培广泛，尤以河南洛阳、山东菏泽为盛。

一、牡丹的起源与栽培历史

牡丹起源于中国，牡丹组植物的野生分布主要在中国喜马拉雅山脉以东的西藏、四川、云南、陕西和甘肃一带的狭长地区内，即西北和西南地区。牡丹主要分布在陕西南部山区及甘肃部分地区，即秦岭山区。本原种为中国现有牡丹品种群的主要血统，栽培历史最久。研究表明，矮牡丹（*P. suffruticosa* var. *spontanea*）、紫斑牡丹、杨山牡丹是最主要的起源种。而我国牡丹品种主要是从革质花盘亚组的 4～5 个种起源的，肉质花盘亚组的紫牡丹、狭叶牡丹、黄牡丹、大花黄牡丹尚未利用。目前全世界的牡丹可以划分为 8 个主要品种群和若干品种亚群；又可分为传统牡丹和现代牡丹两大类。前者是指在古代，由革质花盘亚组（牡丹族）内野生种种质经过反复天然或人工杂交形成的品种；后者是指自 19 世纪以来，在传统品种中引入肉质花盘亚组（紫牡丹族）野生种的种质，经人工杂交选育而成的品种。

牡丹的引种驯化和栽培应用大概始于秦汉之际。隋唐五代牡丹品种增多，栽培规模和范围扩大，栽培中心形成，牡丹文化空前发展。隋朝在洛阳形成了有史以来第一个牡丹栽培中心。唐定都长安后，牡丹栽培以极快的速度传播开，栽培技术和育种水平有了长足发展，嫁接技术开始应用于繁殖，出现了复瓣和重瓣品种。同时，以象征繁荣富贵为主题的牡丹文化发展成熟，达到了登峰造极的程度。宋代牡丹栽培范围和规模不断扩大，品种从单瓣、复瓣、重瓣到台阁类，花色也十分丰富。从命名到形态描述，从品种起源、形成、分类到种、栽、养、管、接等方面，已形成了一套比较完整和科学的体系，代表着当时花卉园艺的世界水平。同时，出现了大量园艺专谱，形成了中国园艺史上的极盛时期，是牡丹发展史上的鼎盛时期。明清时代牡丹品种继续向高层次演化，出现了雌蕊瓣化现象，品种数量已达到 381 个，形成了由中原品种群、西北品种群、西南品种群和江南品种群组成的中国牡丹的基本格局，形成了适合我国北方干燥、南方湿热环境的两套栽培技术体系。中国牡丹成功地东渡日本、西流欧美，奠定了它在国外发展及其作为国际花卉的基础。这一时期出现牡丹专著 13 部。牡丹文化除传统诗文歌咏之外，绘画艺术也得到了空前发展。但 1911—1949 年是中国牡丹历史发展的一个低潮期。1949 年后中国牡丹发展又逐渐得到了恢复，1978 年以来得到迅速发展，各主要产区不断扩大种植面积，新品种不断涌现，形成了历史上又一发展高潮。不仅牡丹的苗木生产、园林应用的规模逐步扩大，而且促成栽培的盆栽牡丹（催花牡丹）成为重要的年宵花卉。

二、中国牡丹的栽培区

牡丹在中国的栽培很普遍，大江南北、长城内外均有栽培，但主要栽培区在黄河流域，如河南洛阳、山东菏泽、陕西西安、北京、甘肃兰州等地。以紫斑牡丹为主要种源的西北牡丹品种群的推广应用，已打破了“北不出关”的戒律。牡丹为肉质根，不耐水涝，江南牡丹品种群尚需大力丰富，以彻底改变“南不过江”的局面。

三、中国牡丹的特殊类型

牡丹组分为两个亚组，即肉质花盘亚组 subsect. Delavayanae 和革质花盘亚组 subsect. Vaginatae，牡丹属于革质花盘亚组。该种包括两个亚种，即栽培亚种牡丹（*P. suffruticosa* subsp. *suffruticosa*）和野生亚种银屏牡丹（*P. suffruticosa* subsp. *yinpingmudan* D. Y. Hong，K. Y. Pan et Z. W. Xie)，后者仅见两株。

（一）花型

经过长期的栽培和选育，中国牡丹品种从单瓣向半重瓣、重瓣和高度重瓣演化，形成不同的花型变化。

（1）花瓣自然增加形成了平头类即半重瓣类的各种花型，如荷花型、菊花型和蔷薇型。

（2）雄蕊瓣化形成了托桂型、皇冠型和绣球型。

（3）雌蕊瓣化常被作为鉴定品种，尤其是台阁品种的重要特征。

（4）台阁化，即由二朵或多朵花叠合形成一朵花，分为初生台阁型、彩瓣台阁型、分层台阁型和球花台阁型 4 种。

（二）品种群

中国牡丹现有品种 800 多个，分为中原牡丹、西北牡丹、江南牡丹、西南牡丹等 4 个品种群。

1. 中原牡丹品种群 花大，直径可达 30 cm，花色丰富，如豆绿、魏紫、青龙卧墨池等特殊花色。

2. 西北牡丹品种群 花心多有紫斑，抗寒，适应性强，植株高大，可达 2～3 m。

3. 江南牡丹品种群 耐湿热。

4. 西南牡丹品种群 主要栽培于成都、昆明等地，对当地气候适应性强。

（刘青林 刘 青）

第四节 菊 花

菊花（*Chrysanthemum morifolium*）为菊科菊属多年生宿根草本或亚灌木，作地栽、盆栽和切花栽培。短日照。异花授粉。当今栽培菊花的染色体数 $2n=4x\sim8x=36\sim75$，绝大多数品种为六倍体（$2n=6x=54$）或其非整倍体。

一、菊花的起源及在中国的栽培历史

菊花起源于中国，最早是以反映物候、食用和药用等目的进入人类生活的。其名称最早见于《周官》，战国时期已有菊花食用价值的记载，作为药用植物的记载最早见于汉朝，而作为观赏栽培则始见于东晋（317—420）时期。距今 1 600 多年前，我国首次出现了栽培杂种复合体——菊花，即白瓣黄心、开复瓣中的大白花的'九华菊'（陈俊愉，2001）。唐代艺菊更加普遍，庭院栽培中出现了白色、紫色等新品种。从周至唐代的千余年间，在陕西、四川、湖北、河南、江西等主要分布地，出现了黄、墨、紫、白 4 种花色，栽培普遍。宋代在品种、栽培技术及菊花专著等方面都有了极大的发展，并开始了我国艺菊的兴盛时期。现今菊花栽培已遍布全国。

菊花的起源曾有多种假说，早期多认为是单种起源的，现今较公认的为多种起源说。栽培的菊花是多元起源的栽培杂种复合体，种间、种内杂交现象频繁，产生了广泛的遗传重组与性状分离，又通过芽变产生新的性状，再经过自然及人工选择，形成如今丰富多彩的菊花品种。细胞遗传学和分子遗传学研究证明，中国原产的野菊 *C. indicum*、毛华菊 *C. vestitum* 和紫花野菊 *C. zawadskii* 是菊花起源的原始种，其中六倍体的毛华菊和四倍体的野菊是其主要亲本，二倍体的甘菊 *C. lavandulifolaeum*、菊花脑 *C. nankingense* 和六倍体的紫花野菊在不同程度上参与其中。细胞遗传学研究也证明了菊花异源多倍化的起源及演化过程。

我国菊花在公元 4 世纪传入朝鲜，再传入日本，或在唐代即日本奈良时代（729—748）由中国直接传入日本（Shabata，1994），演化形成日本栽培菊系统。菊花从我国引入欧洲栽培的最早记载见于荷兰植物学家白里尼（Bregnius）1869 年的著作《伟大的东方名花——菊花》（王彩云等，2005）。后经不断引种、杂交，培育了大量新品种，形成了各国的菊花类型。可见，中国菊花不仅是日本菊花的重要亲本，也是西洋菊花的重要亲本。

二、菊花在中国的栽培应用形式及栽培区

中国的栽培菊花可分为观赏菊和经济菊两大类，前者形式多样，品种丰富，栽培区域广，又包括盆栽菊、地栽菊和切花菊。

（一）盆栽菊

盆栽装饰，栽培形式有多本菊（立菊）、案头菊、独本菊等多种，按照不同造型还有悬崖菊、大立菊、造型菊、盆景菊等艺菊形式，我国各地均有栽培。主要栽培区有华北的北京、开封、唐山等，华东的南通、南京、芜湖等，华南的中山等。

（二）地栽菊

包括地被菊、绿化菊及各种小菊，具有株型低矮、花色艳丽多样、开花整齐一致、花多而繁密、花期长等特点，并且抗性强，生长快，管理简便。园林应用遍布全国各地，作花坛、花境等。可露地越冬的品种作多年生栽培，耐寒性较差的品种常作一年生栽培。

（三）切花菊

切花菊的生产自 20 世纪 80～90 年代进入迅速发展期，目前在我国产量、消费和出口已排在鲜切花的前三位。已形成辽宁大连、北京、上海、江苏、云南、广东、福建、海南等切花菊生产重点地区，实现了切花菊周年生产及出口。

（四）经济菊

主要用于食用、茶用、药用，也有用于制糖、糕点、酿酒和提炼香精等栽培。目前，广东、福建、浙江、江苏、江西为食用菊主产区，浙江、安徽、江苏、四川、河北、河南等是茶用菊和药用菊主要栽培区。

三、中国菊花的特殊类型

中国产菊属植物 18 个种，在漫长的栽培实践过程中，中国人逐渐认识到菊花的食用、茶用、药用和观赏价值。由于自然条件、文化习俗的不同，形成了我国独特的赏菊、赞菊、咏菊的菊花文化，并形成了许多独特的观赏菊类型。如按瓣形可分为 5 个瓣类，其中包括 30 多个花型。

（一）平瓣类

瓣基部呈筒状的部分占花瓣全长的 1/5 以下，瓣片大部分扁平，形似舌状，包括宽带型、荷花型、芍药型、叠球型、平盘型、翻卷型等花型。如帅旗、墨荷、绿牡丹、人面桃花、香白梨、永寿墨、二乔、怒涛等品种。

（二）匙瓣类

瓣基部为管筒状，先端开展似匙，开展部分大于瓣长的 1/4，包括匙荷型、雀舌型、

蜂窝型、莲座型、卷散型、匙球型等。如清水荷花、墨麒麟、玉凤、黄金球、紫云、冰心在抱、独立寒秋、嫦娥奔月、仙露蟠桃、紫龙卧雪等品种。

(三)管瓣类

瓣之基部到瓣端均为管状，包括单管型、翎管型、管盘型、松针型、疏管型、管球型、丝发型、飞舞型、钩环型、璎珞型、贯珠型等。如锦芒、金翎管、旭日东升、粉松针、晨光四射、十丈竹帘、玉环飞舞、麦浪、飞珠散霞等品种。

(四)桂瓣类

管状花的管筒较长，先端开裂如桂花状，包括平桂型、匙桂型、管桂型、全桂型等。如银盘托桂、大红托桂、银簪托桂等品种。

(五)畸瓣类

舌状花不同常类，先端具毛刺的为毛刺瓣，开裂如龙爪的为龙爪瓣，丝裂的为丝裂瓣，开裂如剪绒的为剪绒瓣，包括龙爪型、毛刺型、剪绒型等。如苍龙爪、五色芙蓉、金绣球等品种。

(葛　红　王甜甜　赵　滢)

第五节　春　　兰

兰科是被子植物中高度进化的科，大部分属都是著名的观赏植物，如蝴蝶兰属、石斛属、卡特兰属、兰属、文殊兰属等。其中兰属植物属于地生兰，我国称国兰，在东亚久经栽培，是我国的十大名花之一。兰属包括春兰、蕙兰、建兰、墨兰、寒兰等种类，其中栽培较多的是春兰(*Cymbidium goeringii*)。春兰雌雄同花，异花授粉，虫媒花。染色体数 $2n=2x=40$。

一、春兰的起源及在中国的栽培历史

中国是最早进行兰花人工栽培的国家，相关记载已有 2 000 多年的历史。关于兰花的栽培起源目前有史前说、春秋说、战国说、汉代说、晋代说和唐代说。周建忠认为兰花的山野栽培始于春秋，庭院栽培始于战国，宫廷栽培始于晋代，兰场栽培始于唐代，并从唐代开始盆栽。多数学者认为我国开始栽培兰花至少可以追溯到唐朝末年。春兰的幽香、清秀等特点使之成为我国最早栽培、最受人们喜爱的花卉之一，并被赋予了宽厚仁让、和气袭人的品格而成为兰文化的物质载体，成为古代先民文化生活的重要组成部分。

明清时代，养兰之风盛行，清乾隆时期江浙一带形成了兰花的栽培中心，并在浙江海虞出现以兰花为业者。19 世纪，江苏、浙江和上海的兰花贸易更加活跃。1978 年以后，“兰花热”再度在我国兴起，全国各地均有栽培，生产规模不断扩大，尤其是长江以南各省发展较快，市场需求增长迅速，出口额、贸易额不断增长。

二、中国春兰的栽培区

兰属植物在我国的自然分布主要在西南、东南地区，北限是秦岭、淮河以南。春兰较为耐寒，分布靠北，在浙江、江苏、安徽、江西、湖南、湖北、四川、西藏等省、自治区及台湾等地都有分布。浙江、江苏的春兰品种最多，是主要的春兰栽培区。

三、中国春兰的特殊类群

中国是兰属植物的分布中心之一，栽培兰花的历史悠久，形成了独特的栽培应用形式和兰花文化。耐寒性和香味使中国兰花在世界兰花中独树一帜。春兰为地生兰，较耐寒，植株矮小，花单生，少数 2 朵，香味浓郁，在这方面表现尤为突出。

春兰的原变种为 *C. goeringii* var. *goeringii*，另一个变种为线叶春兰（var. *serratum*），每个变种中又有数量不等的品种。目前，人工选育的春兰品种有 500 个以上，按瓣型分荷瓣、梅瓣、水仙瓣、蝶瓣和素心瓣等 5 个类型，代表品种如荷瓣型的大富贵、绿云等，梅瓣型的宋梅、万字等，水仙瓣型的龙字、翠一品等，蝶瓣型的四喜蝶、蕊蝶等。其中素心瓣型的舌瓣无紫红斑点，呈纯白、白绿或淡黄色，内外瓣均为翠绿色，如文团素、月佩素、玉佩素等。

春兰和兰属中其他种类的兰花一般具有良好的杂交亲和性，另一是地生兰育种的重要亲本，也是培育有香味洋兰品种的重要资源。国外育种者以春兰为母本，获得了春兰与墨兰、春兰与兔耳兰、春兰与 *C. forrestii* 的杂种 F_1 植株（Choi and Chung，1992）；寒兰与春兰的杂种 F_1 植株也已获得（Kyung，1998）。中国育种者通过杂交获得墨兰与春兰、春兰与卡特兰等杂种植株（张志胜、何清正，2001、2002）。春兰与建兰、寒兰、墨兰亲和，而与蕙兰、纹瓣兰、石斛兰及蝴蝶兰不亲和（Choi，1998），以春兰为杂交亲本培育的兰花杂交种有 *C.* 'Taka's Smile'、*C.* 'Haruna'、*C.* 'New Step'、*C.* 'Eastern Leaf'、*C.* 'Eastern Venus' 等 40 多个。

（葛　红　王甜甜　赵　滢）

第六节　月　　季

月季是现代月季（modern roses）的简称，泛指蔷薇科蔷薇属（*Rosa*）四季开花的原种（原产中国）及 1876 年以来人工培育的品种（多四季开花）。月季不能称为月季花，因为后者是原产中国的一个种（*Rosa chinensis*）。作切花用的月季在市场上和消费中常被误称为玫瑰，因为后者也是蔷薇属的一个种（*Rosa rogusa*）。蔷薇可泛指蔷薇属的所有种类和品种，而以一季开花的（野生）种为主。英文 rose 包括汉语的月季、玫瑰和蔷薇 3 个词。月季也是我国的传统名花，盆栽、地栽遍布全国。

一、月季的起源

月季（*Rosa* cvs.）的栽培历史十分悠久，中国、埃及、希腊、意大利等国家在公元前即有栽培，但现代月季是200多年前才起源的。月季是由15个蔷薇属原种多次、复合杂交而成（表14-2），其种源组成和杂交过程很复杂，其中2/3是原产中国的蔷薇属植物。

表14-2 参与现代月季杂交的原始种

学　名	中文名	原　产　地	特　点
Rosa chinensis	月季花	中国，1768年传入欧洲	花红色；花期4～10月
Rosa×*odorata*	香水月季	中国	花单瓣，乳白色，芳香；四季开花
Rosa rugosa	玫瑰	中国	花色多为紫红色和白色；枝多皮刺和刚毛；叶有褶皱；一季开花
Rosa gallica	法国蔷薇	欧洲、西亚	花红色具白晕；皮刺多
Rosa centifolia	百叶蔷薇	高加索	花瓣粉红色，常重瓣；芳香
Rosa damascena	突厥蔷薇	小亚细亚	花瓣带粉红色
Rosa foetida	异味蔷薇	西亚	花瓣深黄色
Rosa bracteata	硕苞蔷薇	中国、日本	花瓣白色，倒卵形；花期5～7月
Rosa hugonis	黄蔷薇	中国	花单生于叶腋，花瓣黄色；花期5～6月；耐寒、耐旱
Rosa spinosissima (*R. pimpinellifolia*)	密刺蔷薇	欧洲、小亚细亚、高加索、西西伯利亚、中亚、中国	花瓣白色、粉色至淡黄色；花期5～6月；耐寒、耐旱，抗逆性强
Rosa moyesii	华西蔷薇	中国	花瓣深红色；花期6～7月
Rosa multiflora	野蔷薇	中国、日本	花瓣白色；具一定耐寒性
Rosa wichuraiana	光叶蔷薇	中国、日本、朝鲜	花瓣白色，有香味；花期4～7月
Rosa gigantea	巨花蔷薇	中国云南	大花、大株；花瓣金白，中心黄色
Rosa moschata	麝香蔷薇	南欧、北非及伊朗至印度北部	大株，蔓性，聚花

二、中国月季栽培

月季在中国的栽培非常普遍，南北各地都可露地栽培。月季栽培可以分为4类：一是种苗生产区，以河南南阳、山东莱州、北京为主。二是切花生产区，以昆明、北京为主。三是园林栽培区，全国各地，而以郑州、北京、西安、深圳等城市数量较大。四是盆栽。

三、中国月季的特殊类型

（一）月季花 *Rosa chinensis*

1. 月月红（var. *semperflorens*） 茎较纤细，常带紫红晕；小叶较薄，常带紫晕；花多单生，紫色至深粉红色，花梗细长而常下垂。将四季开花的性状引入现代月季。

2. 小月季（var. *minima* ） 植株矮小，多分枝，叶小而狭；花也较小，径约3 cm，玫瑰红色，单瓣或重瓣。

3. 绿月季（var. *viridiflora*） 花淡绿色，花瓣呈带锯齿之狭绿叶状。

4. 变色月季（f. *mutabilis*） 花单瓣，初开时硫黄色，继变橙色、粉色，最后呈暗红色，径 4.5～6 cm。

（二）香水月季 *Rosa odorada*

香水月季的芳香使得现代月季更加迷人，让人越发心旷神怡。现代切花月季的花型（高心翘角型、高心卷边型）也来自中国月季。

1. 淡黄香水月季（f. *ochroleuca*） 花重瓣，淡黄色。将黄色引入了现代月季。

2. 橙黄香水月季（var. *pseudoindica*） 花重瓣，内红黄色，外面带红晕，径 7～10 cm。

3. 大花香水月季（var. *gigantea*） 植株粗壮高大，枝长而蔓性；花乳白色至淡黄色，有时水红，单瓣。产于云南，缅甸也有。

4. 粉红香水月季（f. *erubescens*） 花重瓣，粉红色。产云南。

（三）野蔷薇 *Rosa multiflora*

野蔷薇攀缘性状，增添了现代月季姿态。

1. 粉团蔷薇（var. *cathayensis*） 花浅粉红色，单瓣 5。

2. 七姊妹（var. *platyphylla*） 攀缘灌木；花重瓣，花色易变，芳香；不结果。

3. 荷花蔷薇（f. *carnea*） 枝条较粗壮，叶子较大；花球形，淡粉红色，重瓣。

4. 白玉堂（var. *albo* - *plena*） 花白色，重瓣；枝无刺。

（四）玫瑰 *Rosa rugosa*

玫瑰的芳香使得现代月季更加迷人，让人越发心旷神怡。

1. 红玫瑰（var. *rosea*） 粉红色花，单瓣。

2. 单瓣白玫瑰（f. *alba*） 白花，单瓣。

3. 重瓣紫玫瑰（f. *plena*） 紫花，重瓣。

4. 重瓣白玫瑰（f. *alba* - *plena*） 白花，重瓣。

（刘青林　耿雪芹）

第七节　杜 鹃 花

杜鹃花是中国的传统名花，常泛指杜鹃花科杜鹃花属（*Rhododendron* L.）的所有野生种、栽培种及其品种。杜鹃花不能简称为杜鹃，因为后者是鸟纲杜鹃科的鸟类。全世界约有杜鹃花属植物 1 140 余种（包括亚种和变种），分布于欧洲、亚洲及北美洲，以亚洲为最多。中国为分布中心，有 600 余种，集中在云南、西藏、四川、贵州及长江流域以南地区，除新疆、宁夏及干旱沙漠地区外，几乎全国都有分布。狭义的杜鹃花（*R. simisii*）又称映山红，为落叶灌木。异花授粉植物，染色体数 $2n=2x=26$。

一、杜鹃花的起源及在中国的栽培历史

杜鹃花属起源于距今约 13 700 万年至 6 700 万年中生代的白垩纪，源于喜马拉雅山及我国云南、四川、西藏和缅甸北部。其中滇西至滇西北、川西南、藏东南及缅甸东北部，是古代杜鹃花属的发生与种群分化的关键地区，也是世界杜鹃花的发源地和分布中心。亚洲的杜鹃花属植物种类最多，约 850 种，其中中国约 560 余种，占世界种类的 49%。

杜鹃花最早作为观赏花卉是从山丘引入庭园、寺庙中，通过驯化成为栽培种。公元 492 年陶弘景在他的《本草经集注》中对羊踯躅得名的由来和它的特性作了明确的阐述，这比瑞典植物学家林奈于 1753 年将阿尔卑斯山的锈色杜鹃定为今日杜鹃花属的模式种要早 1 200 多年。我国人工栽培杜鹃花始于唐代的中后期，距今已有 1 200 余年的历史。自唐代以后，吟咏杜鹃花的诗历代不绝。到 11～12 世纪吟咏杜鹃花的诗篇就更多了，如苏轼、杨万里等，并对杜鹃花的分类、形态特征、栽培养护以及繁殖方法都有了较系统全面的介绍。王世懋的《学圃余疏》、李时珍的《本草纲目》中都有关于杜鹃花的形态特征及其性能的记述。著名地理学家徐弘祖著《徐霞客游记》在滇游记一篇中记载了有关马缨花、山鹃、杜鹃花等的情况。1688 年陈淏子著的《花镜》一书，对杜鹃花的习性、栽培、养护和繁殖作了较详细的描述。19 世纪欧美各国开始从我国云南、四川等地大量收集杜鹃种进行分类、栽培和育种研究，欧洲及美国、日本普遍栽培的西鹃（*R. hybridum*）是由中国原产的杜鹃花（映山红）和凤凰杜鹃，与日本的皋月杜鹃和白杜鹃等多种杜鹃经若干代杂交而成的杂交品系。20 世纪初我国无锡、上海、青岛、丹东等地开始从国外引进园艺品种，现长江流域以南地区园林应用极为普遍，盆栽应用遍布全国。

二、中国杜鹃花的栽培区

杜鹃花在我国的野生分布很广，从东北、华北、西北，到西南、东南，全国 23 个省份均有分布。但露地栽培区主要在长江流域，如上海、杭州、南京、武汉，作为重要的园林植物。由于杜鹃花是典型的酸性土植物，因此在北方园林栽培较少。保护地生产以福建、江苏、浙江、四川、辽宁为主，是主要的盆栽花卉和年宵花卉，畅销南北各地。

三、中国杜鹃花的特殊类型

通过长期的杂交和人工筛选形成了杜鹃花丰富的品种和特殊的类型，出现单瓣变复瓣、小花变大花，还改变了花型、花色、株型、抗旱、抗寒等的一系列性状。

1. 红色花 理想的亲本几乎都产于中国，如火红杜鹃、文雅杜鹃、似血杜鹃、马缨杜鹃、粘毛杜鹃等。

2. 粉色花 粉红色的杜鹃花也较常见，如桃叶杜鹃、银叶杜鹃、大理杜鹃等。

3. 白色花 如大白花杜鹃、大喇叭杜鹃、蝶花杜鹃、腺体杜鹃等。

4. 橙色花 比较典型的橙色杜鹃花为两色杜鹃、紫血杜鹃等。

5. 黄色花 如黄杯杜鹃、凸尖杜鹃、乳黄杜鹃、羊踯躅等。

6. 蓝色花 蓝色花仅限于有鳞杜鹃类，如灰背杜鹃、紫蓝杜鹃、优雅杜鹃及张口杜鹃等，都是较好的蓝色花亲本材料。

7. 早、晚花种类　杜鹃花的开花期大多集中于 4～6 月。早花种类有红马银花、碎米花、炮仗杜鹃、云南杜鹃、迎红杜鹃等；晚花资源如绵毛房杜鹃、黑红血红杜鹃的花期均在 6 月底至 7 月份，用作亲本可以延迟后代的花期。

8. 大花种类　杜鹃花中单花较大的有大喇叭杜鹃，花冠直径可达 8～11 cm，云锦杜鹃、凸尖杜鹃的花冠直径可达 8 cm。

9. 香花种类　野生杜鹃花中具有香味的种类约有 40 种，如大白花杜鹃、云锦杜鹃、粗柄杜鹃、大喇叭杜鹃等均具有香味；花的香味较浓，能与桂花比香的种类有毛喉杜鹃、千里香杜鹃等。

10. 矮生杜鹃花资源　产于中国的矮生杜鹃如紫背杜鹃、似血杜鹃，前者高不足 30 cm，花红而下垂；后者花红似血，驰名中外。这两种属于无鳞类杜鹃。有鳞类中矮生杜鹃如弯柱杜鹃、密枝杜鹃、粉紫矮杜鹃等，高度均为 10～50 cm。

11. 抗旱种类　马缨花杜鹃、云锦杜鹃、碟花杜鹃以及碎米花杜鹃等均生长于阳坡，耐阳光照射，如云锦杜鹃和马缨花杜鹃 19 d 不浇水可以照常生长。

12. 抗寒种类　耐寒的杜鹃花种类如蓝果杜鹃、大理杜鹃、白雪杜鹃、乳黄杜鹃等生长于海拔 3 600 m 以上的高山，都能耐－30～－20 ℃的低温。

13. 耐水种类　灰背杜鹃、怒江杜鹃以及草原杜鹃等长期生长在沼泽地内，形成了耐水的习性。

（刘青林　刘　青）

第八节　茶　　花

茶花常泛指山茶科山茶属（*Camellia*）的所有种类和品种。中国是世界茶花的故乡，种质资源丰富。狭义的茶花是指山茶花（*C. japonica*），为栽培广泛、品种丰富的常绿灌木或小乔木。异花授粉，染色体数 $2n=2x=30$。园艺品种染色体数 $2n=30$，45，60，75，90，120。

一、茶花的起源及栽培历史

中国是山茶属植物的自然分布中心和栽培中心之一，山茶属植物 80%以上的种分布于我国西南和南部，其中广西、云南以及广东北回归线两侧为其中心密集分布区。山茶属植物是典型的华夏植物区系的代表，云南和广西南部的亚热带地区以及中南半岛是起源地。由于在系统学上的完整性、分布区的集中性、特别是最原始的代表种集中于此，因此中国西南和南部的亚热带地区不仅是该属植物的现代分布中心，也是起源中心和栽培中心之一，只有东北、西北、华北部分地区因气候严寒不宜种植。

中国的茶花栽培至少已有 1 800 年的历史。最早记载茶花的是三国蜀汉（221—263）时期张翊的《花经》，作者以“九品九命”等级品评花卉，将山茶列为“七品三命”。可见在 1 800 年前山茶已由野生状态进入栽培阶段，并已成为观赏花卉。隋炀帝杨广（569—618）的《宴东堂》和唐代李白（701—762）的《咏邻女东窗海石榴》等诗歌都说明了隋唐时期山茶就已进入宫廷和庭园栽培。随后，山茶的引种栽培进入了迅速发展阶段，如南宋诗人范成大曾以“门巷欢呼十里寺，腊前风物已知春”的诗句来描写当时成都海云寺山茶花会的盛况，山茶栽培进入鼎盛时期。明代李时珍的《本草纲目》(1578)、清代蒲松龄(1640—1715) 的《聊斋志异》，以及朴静子的《茶花谱》(1719) 均有茶花的记载，吴其濬于 1849 年在《植物名实图考》中准确地描述了山茶和滇山茶的形态特征和区别。1949 年黄岳渊和黄德邻合著的《花经》中有山茶专论。

公元 7 世纪初和 1400 年，日本两次从我国引入茶花品种。英国人于 1677 年从我国采集茶花标本送回英国，18～19 世纪，山茶多次被传至欧美。1820 年云南山茶 (*C. reticulata*) 首次传到欧洲。澳大利亚的茶花是 1826 年从英国传入的，新西兰的茶花是从法国、英国和澳大利亚传入的。1979 年金茶花 (*C. chrysantha*) 亦开始流入日本和美国。

二、中国茶花的栽培区

茶花在中国的栽培主要集中在江南、华东和西南地区，如杭州、金华、上海、苏州、南京、武汉、昆明以及江西等地。茶花的温室栽培比较普遍，但数量不大。

三、中国茶花的特殊类型

在漫长的栽培过程中，以及在自然选择和人工选择的影响下，茶花在株型、叶形、花色、芳香和抗性等方面都发生了变化，选育出许多别具特色的品种。茶花品种从单瓣、复瓣至重瓣；瓣形由狭长向宽短变化；瓣基连生趋向略连生、部分连生乃至少数离生；花蕾形状由长圆形、椭圆形、卵形和心脏形向圆头形过渡；花色一般由深红、粉红和白色向红白相间、晕绿、淡黄或金斑等变化。

1. 白三学士 (*C. japonica* ‘Bai Sanxueshi’) 花瓣 50～70 片，花初放筒状，盛放时成六角放射状，花径 8.5 cm 左右，色纯白，间有少数粉红色或白洒红条纹花。花期 3～4 月。

2. 红台阁 (*C. reticulata* ‘Hong Taige’) 又名重台阁。花大红色，下层一轮大瓣5～6 片，再上是数轮排列紧密的具柄小花瓣，其上又是 5～6 片大瓣，中心是具柄的小花瓣和雄蕊，整个花冠呈圆筒状台阁形，花径 9～10 cm，有时第二层大瓣和中心小瓣洒白色斑纹。花期 3～4 月。

3. 五色芙蓉 (*C. reticulata* ‘Wuse Furong’) 明代称五魁茶。花一树数色，有白、红、粉红或白瓣上间有红纹，树龄越老花色越多，大瓣 2～3 轮，中心细瓣与雄蕊混生，花径 8～12 cm。花期 3～4 月。

4. 大玛瑙 (*C. reticulata* ‘Da Manao’) 花色为艳红与白色相间，重瓣，4～5 轮，外轮花瓣平伸、内轮花瓣曲折。花期 1～3 月。

5. 晚霞 (*C. sasanqua* ‘Wanxia’) 花玫瑰红色，花瓣 5～7 枚，边缘起皱，金黄色，具芳香。12 月始花，耐寒。

6. 金背丹心 (*C. nitidissima* ‘Jinbei Danxin’) 花瓣 13 枚，花径常 7～8 cm，瓣内紫红、瓣背橙黄或基部橙黄。着花繁密，花期 12 月至翌年 1 月。1990 年首次开花，系金花茶为母本、山茶为父本（加入母本死花粉）的杂交种。

7. 新黄（*C. nitidissima*‘Xinhuang’）　花单瓣，5～7 枚，淡黄至乳黄，喇叭筒状，花径 4～5 cm。花期 12 月至翌年 1 月。系金花茶和山茶的杂交种。

（刘青林　刘　青）

第九节　荷　　花

荷花（*Nelumbo nucifera*）又称莲、中国莲，是睡莲科莲属多年生草本水生植物。长日照。雌雄同花，异花授粉。染色体数 $2n=2x=16$。

一、荷花的起源及在中国的栽培历史

荷花是被子植物中起源最早的种之一。考古发现，远在中生代大约 1.35 亿年前的白垩纪时期，北半球的许多水域都有莲属植物的分布。后全球气温下降，出现冰川，许多种类的植物在这一时期相继灭绝，莲属植物也由原来的 10 多种仅幸存 1 种和 1 亚种，即荷花和美洲黄莲（*N. nucifera* subsp. *lutea*）。半个多世纪以来，通过大量的考古新发现和调查研究证明，3 000 多年以前在华夏大地凡有湖塘沼泽的地方，都生长着荷花，并由野生引种为栽培，当作先民的食用菜蔬及观赏之用。可见，荷花的原产地是中国。

中国荷花的栽培历史悠久，作为观赏植物栽培可划分为 5 个阶段，即东周、秦汉乃至三国为初盛期，晋、隋、唐、宋为渐盛期，元、明及清代前期为兴盛期，清代后期至民国为衰落期，20 世纪 50 年代至今为发展期。

2 500 年前，吴王夫差在其离宫（现苏州灵岩山）为西施修筑“玩花池”，池内移栽野生红莲等水生观赏植物，这是历史上最早记述人工筑池种荷赏荷的实例。从西汉的武帝到东汉的灵帝都凿池植荷游乐观赏，证明 1 800 年前的莲藕移栽技术已趋成熟。

晋、隋两代，荷花的栽培技术由湖塘种植发展到家庭盆栽。唐郭橐驼《种树书》记述有“初春掘藕节，藕头著泥中种之，当年开花。”可见，唐、宋时期，荷花繁殖及栽培技术又有了提高。北宋东京（今河南开封）市区中心的御道与行道之间以御沟分隔，两条御沟“尽植莲荷，近岸植桃、梨、杏、杂花相间，春夏之间，望之如绣”，这是最早荷花作为城市街道环境美化材料的记载。

元、明、清三代是荷花发展的兴盛时期，尤其是明代至清代前期，荷花在园林水景中得到了广泛的应用。我国第一部荷花专著《缸荷谱》（1808）中记载了 33 个荷花品种，对荷花的栽培技术及其生理生态等因素，作了较详细的论述。并对荷花品种进行了分类，其分类法原则上与现代荷花品种分类是一致的。

20 世纪 50 年代初，中国科学院植物研究所北京植物园的科研人员在辽东半岛的普兰店市郊区泥炭层中挖出千年古莲子，并使之发芽、开花。从此，荷花的研究开始得到了人们的重视。1980 年后，荷花的科学研究和生产得到了迅速发展，培育的荷花新品种由原来的 35 个扩展到现在的 600 多个。除诱变和杂交等常规育种技术外，还应用了太空育种、分子育种等新技术。同时荷花组织培养获得成功，无土栽培技术卓有成效。1999 年 12

月，在澳门回归期间，由深圳、三水、珠海反季节栽培的荷花，在澳门街头大放异彩。

二、中国荷花的栽培区

荷花在我国的分布范围极广，西自天山北麓，东接台湾宝岛，北达黑龙江抚远，南抵海南三亚。荷花主要生长在长江、黄河和珠江三大流域及其淡水湖泊浅水区，如洞庭湖、鄱阳湖、微山湖、白洋淀、巢湖、洪湖、太湖等。垂直分布可达秦岭、神农架及云贵高原，甚至海拔 3 680 m 的西藏拉萨也有荷花的栽培。作为盆栽和水景美化全国各地均有栽培，但以武汉、上海、北京、合肥、杭州、成都、济南、深圳、苏州、承德、桂林、澳门、南京、昆明、重庆等市及广东三水、河北安新和抚宁等县较为集中和著名，是主要的栽培区。作为藕莲栽培以江、浙、鄂、皖、鲁、粤诸省为主；子莲栽培以湘、赣、闽 3 省居多。

三、中国荷花的特殊类型

荷花的栽培按其用途可分为藕莲、子莲和花莲三类。仅以花莲为例中国就有许多的特殊类型。

1. 古代莲 开花早，着花繁密，花瓣数 15～17 枚的少瓣形，群体花期长。此品种系辽宁省普兰店泥炭层中掘出的千年古莲子培育而成。

2. 艳阳天 为天然三倍体（$3n=24$），花瓣数 16～21 枚，花瓣宽且质硬，瓣长 10.4 cm，宽 7.8 cm，花径 14～24 cm，碗状，鲜红色，雄蕊多畸形，雌蕊花后不实，单朵花期达 4 d。盆栽易开花，常立叶未出即着花。

3. 红台莲 为重台型，花瓣数 164～203 枚，雄蕊大部分瓣化，雌蕊全部瓣化，形成花中花之奇观，不结实。

4. 千瓣莲 为千瓣型，花瓣数 1 690～2 027 枚，瓣长 11.6 cm，宽 5.7 cm，花径 20～23 cm，花杯状，粉红色，雌雄蕊全部瓣化，花托不膨大、不结实。花头重易折，花的内部分生组织不断增生，外部花瓣边开边谢，常出现双花心、三花心、四花心、五花心等花态。花期较晚，8 月始花。

5. 黑龙江红莲 为高大型，耐深水品种。立叶高 150～182 cm，花柄高 170～210 cm。叶径（45～65）cm×（34～55）cm。花少瓣，花期较晚，群体花期 35 d。

6. 厦门碗莲 为小体型（碗莲）品种，立叶高 4～29 cm，花柄高 5～30 cm，叶径（8～24）cm×（6～17）cm。花少瓣，花小且繁密，群体花期 35 d。

（葛　红　王甜甜　赵　滢）

第十节　桂　　花

桂花（*Osmanthus fragrans*）为木樨科木樨属的常绿乔木，两性花，染色体数 $2n=46$。

一、桂花的起源与栽培历史

桂花原产我国西南部喜马拉雅山东段，现在长江以南许多地区仍有大量野生桂花分布。桂花的起源地在中国，许多古籍对当地所产桂花有文字记载。我国目前栽培的桂花品种从花期和花序类型上可明确分为两大类，即秋桂类和四季桂类。四季桂类主要分布于华南和东南沿海，花朵结构与秋桂类基本相似，但有两种类型的花序且有规律地出现。秋季开花主要为簇生的聚伞花序，无总梗，与秋桂无异；春季开花则为有明显总梗的顶生或腋生花序，与圆锥花序组花序极为相近。在花期上，又具有普通秋桂（秋季开花）和圆锥花序组（春季开花）的共同特点。四季桂类的叶常二型，春梢叶和秋梢叶不同。根据以上分析，推断四季桂可能是秋桂类与圆锥花序类经杂交而来。秋桂类具有短花冠筒组的典型特点，花序为聚伞花序，依花色可分为金桂、银桂和丹桂三类，它们形态特征差别不大，应该为单系起源，但起源地可能各不相同。我国东部的品种以银桂居多，其叶片一般较为宽短，锯齿明显；而西部的品种则以金桂为主，叶片相对狭长，锯齿也较少。银桂类和金桂类品种可能分别从东部和西部起源，而丹桂则可能由金桂或银桂芽变产生。

早在公元前 3 世纪就有关于桂花的文字记载。《山海经・南山经》《山海经・西山经》《九歌》中都有关于桂花的描述。自汉代至魏晋南北朝时期，桂花成为名贵花卉与贡品。汉初桂花成功引种于帝王宫苑并具一定规模。唐代文人植桂十分普遍，柳宗元、白居易都曾种植过桂花树。此期，园苑寺院种植桂花已较普遍。唐、宋以后，桂花在庭院栽培观赏中得到广泛应用，并作为行道树栽培。目前在一些地方，还保留有不少珍稀古桂花树，如汉桂、宋桂等。明清时期植桂更为普遍，桂花的民间栽培发展得更加昌盛。时至今日，桂花的露地栽培在淮河流域至黄河下游以南各地极为普遍，以北则多行盆栽。桂花花时香气袭人，深受国人喜爱。

二、中国桂花的栽培区

桂花是典型的亚热带常绿树种，我国栽培区在秦淮以南的长江流域及岭南，其中江苏苏州、南京，湖北咸宁、武汉，浙江杭州，四川成都，重庆和广西桂林是我国历史上和现今主要的桂花产区。

三、中国桂花的特殊类型

桂花在中国 2 500 多年的栽培历史中形成了许多的特殊类型。

1. 四季桂　花冠淡黄或黄白色，常有重瓣现象，花后无实。花期 9 月至翌年 3 月，开花 6～8 次。

2. 佛顶珠　花序紧密，顶生花序独特，状若佛珠，花银白至淡黄色，雌蕊退化，花后无实。花期长，自秋至翌春连续不断。

3. 日桂香　花冠白色至淡黄色，同一枝条各节都有开花的特性，花期相错，整株几乎日日有花，花香浓郁，花后无实。

4. 大花金桂　花较大，金黄色，香气浓郁，花瓣较厚。花期 9 月中、下旬。

5. 天香台阁　花大型，花冠乳白色或淡黄色，花瓣内扣，肉质厚，卵圆形，花中有花或雌蕊呈绿叶状。花期 10 月至翌年 5 月。

6. 圆瓣金桂　花较大，黄色，花冠圆钝而厚，雌蕊退化，不结实。花期 9 月中旬至 10 月上旬。

7. 晚银桂 花黄白色至乳黄色，芳香，有重瓣现象，花而不实。花期 10 月上、中旬。

8. 柳叶桂 叶长披针形，近似柳树叶片；花银白色至淡黄色，浓香，雌蕊不发育。花期 9 月中、下旬，观赏价值较高。

9. 早银桂 花浅黄色至中黄色，花繁密，香气浓郁，雌蕊退化，花而不实。花期 8 月中旬。

10. 九龙桂 树势旺盛，多年生小枝自然扭曲，呈龙游状；花黄白色，少。

11. 大花丹桂 花大型，橙红色，花瓣较厚，雌蕊退化，花后无实。花期 9 月上、中旬。

12. 大叶丹桂 叶大而花小，花梗黄绿色，花冠橙红色。花期 10 月上旬。

（刘青林 刘 青）

第十一节 百 合

百合泛指百合科百合属（*Lilium* L.）的所有种类和品种，多年生草本植物，地下具鳞茎。两性花，染色体数 $2n=2x=24$。

一、百合的起源及在中国的栽培历史

中国是百合属植物的自然分布中心，也是世界百合的起源中心。中国原产百合有 46 种 18 个变种，占世界的半数以上。从西部的云南、四川西部，到东部的河北、山东、河南、江苏、浙江、安徽；北起辽宁、黑龙江、吉林，南到广东、广西、福建、台湾都有丰富的百合种质资源，西藏高原百合野生种资源也很丰富。西方米诺斯文明时代就有百合花的图形。《圣经》记载，古以色列王国所罗门时所建造的寺庙柱顶上，有百合花形的纹样装饰。16 世纪末，英国植物学家开始用科学分类法来鉴别大多数欧洲原产的种。17 世纪初，美国产百合开始传入欧洲。18 世纪后，中国原产百合相继传入欧洲，百合在欧美庭园中开始成为一类重要的花卉。目前我国主栽的观赏品种分属亚洲百合杂种系（品种群）、东方百合杂种系、麝香百合杂种系及其他杂种系。虽然这些品系中都有中国百合种资源的血统，但绝大部分品种来源于国外。

中国栽培百合的历史至少可以上溯到 11～12 世纪（唐代），当时有许多咏山丹的诗，由于山丹的鳞茎小，药用价值不高，所以广泛栽培的目的是为了观赏。13 世纪中叶，至少有野百合、卷丹、山丹 3 种百合在古籍中得到描述。16 世纪中后期，李时珍（1518—1593）在《本草纲目》中明确地辨别了百合、渥丹和卷丹 3 种不同的百合。17 世纪初，明代王象晋的《群芳谱》汇集了历代的百合资料和诗词歌赋，该书将野百合列入了果实类，这表明野百合在当时仍然主要是作为食用百合来栽培；将山丹列入了花木类，并记载了大花卷丹、条叶百合、渥丹。在百合的繁殖方面，已有包括鳞片繁殖和珠芽繁殖在内的多种繁殖技术得到了应用。17 世纪至 18 世纪初，清代陈淏子著的《花镜》（1688）中提到日本产的天香百合和由日本引入中国的麝香百合。当时在中国栽培的百合种已达七八种，已有多种百合完全是为观赏而栽植的。1765 年，中国已经建立了药用和食用百合的栽培区，而观赏栽培主要是种植在庭院和各地植物园内。1980 年以来切花生产遍及全国。

二、中国百合的栽培区

中国百合的分布很广，主要在西南、华中、西北、华北、东北，基本分布于我国森林与草原的交错地带。栽培区包括观赏百合生产区、食用百合生产区和园林栽培区。其中观赏百合的球根生产主要在甘肃、陕西、北京、辽宁、浙江、云南等地，切花生产主要在云南、北京，部分大中城市郊区有不同规模的栽培生产。百合作为春植球根花卉，在各地的园林中常见栽培。食用百合的四大传统生产区包括江苏宜兴、河南洛阳、湖南龙牙和甘肃兰州，另有山东沂水等新兴产区。

三、中国百合的特殊类型

1. 抗病类型　抗病性强，如湖北百合、王百合等。

2. 抗寒类型　抗寒性强，如毛百合、山丹、松叶百合、东北百合等。

3. 抗热类型　抗热性强，如淡黄花百合、台湾百合、通江百合、王百合等。

4. 耐弱光类型　耐弱光，如麝香百合等。

5. 花朵呈喇叭状类型　如野百合、王百合、麝香百合等。

6. 花朵呈钟状类型　如玫红百合、渥丹、滇百合等，花瓣反卷呈吊钟状的有卷丹、川百合、湖北百合等。

7. 白花类型　如王百合、麝香百合、野百合等。

8. 红花类型　如山丹、渥丹、乳头百合等。

9. 橙色花类型　如湖北百合、川百合、青岛百合等。

10. 花朵具香味类型　如麝香百合、野百合、玫红百合等。

11. 花瓣上着生斑点类型　如卷丹、川百合、滇百合等。

（刘青林　刘　青）

第十二节　玉　　兰

玉兰（*Magnolia denudate*）又名白玉兰，为木兰科木兰属玉兰亚属的落叶乔木。两性花。染色体数 $2n=4x=76$，$2n=6x=114$。

一、玉兰的起源及在中国的栽培历史

木兰属起源于白垩纪的阿普第阶期。玉兰亚属绝大部分种都分布于中国。玉兰原产于中国东部海拔 1 200 m 的林地或开阔地带，从浙江的东南部到安徽南部、江西北部、湖南西南部、广东北部都有野生分布。遗传多样性丰富，容易发生芽变和种间自然杂交，从而产生了丰富的变种和杂交种。玉兰花期早，花大，花色洁白、乳黄或紫红，芳香宜人，多先叶开放，是传统的早春观花树木，在我国观赏栽培历史超过 3 000 年。公元前 515 年吴王阖闾种植木兰于九江，列植堂前，点缀中厅，采用木兰木材建筑宫殿。伟大诗人屈原在

《离骚》中有“朝饮木兰之坠露兮，夕餐菊之落英”的佳句。在出土的2 000多年前马王堆古墓陪葬品中，有用木兰树雕刻的木俑和花蕾、花梗炮制的中药辛夷。唐代后，凡名胜风景区都栽培有玉兰树。《大理府志》云：“五代时，南湖建烟雨楼，楼前玉兰花洁莹清丽，与翠柏相掩，挺出楼外，亦是奇观。”宋代至明代，玉兰栽植已遍及江南广大地区，并逐渐北移，直达东北南部。各代的文人墨客多以诗、画、著作描述玉兰之美。陕西省西安市长安区存有生长约2 000年的玉兰古树，富平县存有生长1 500年的玉兰古树，江苏洞庭东山紫金庵内还有一棵约800岁的古玉兰。

玉兰在世界各国已广泛栽培，欧洲和北美洲的木兰属植物多数是直接或间接从我国引入的。玉兰在唐代传入日本，1780—1790年玉兰和木兰（*M. liliflora*）被引入欧洲。1820年法国人Soulange-Bodin以玉兰和木兰为亲本杂交育成二乔玉兰（*M.* ×*soulangeana*），现被广泛栽培。

二、中国玉兰的栽培区

玉兰在中国主要作观赏树木栽培，苗木生产主要以浙江、江苏、河南、河北等苗木主产区为主，园林栽培遍布南北。玉兰是上海市的市花，作行道树栽培较多。

三、中国玉兰的特殊类型

在野生和栽培生境中，玉兰都存有丰富的变异类型。通过长期的自然变异和人工选择，产生许多特殊类型：花型由小到大，花被片由窄到宽、由少到多，花色由单一至丰富，花芽的位置由完全顶生到部分腋生，树形根据用途分为速生高大型和矮化型等多种类型。

1. 玉灯（Pyriformis） 花蕾卵圆形，花被片纯白色，12～33（～42）瓣，将开时状如灯泡，盛开时如一朵洁白的莲花，径10～15 cm。一年生嫁接苗高可达220 cm，耐移栽。

2. 香蕉（Banana） 花白色、细长、弯曲，形似香蕉，故得名。花被片长9.5～11.0 cm，宽2.0～4.0 cm。其适应性强，花优雅芳香，可作行道树栽植。

3. 飞黄（Feihuang） 叶类似白玉兰，小枝黄褐色，花被片黄色，内外同形，略皱。花期4月。

4. 黄鸟（Yellow Bird） 叶卵状椭圆形，小枝黄褐色，花被片外轮三角形萼片状，黄绿色，内轮黄色，基部黄绿色。花期4月。

5. 象牙（Elephant Teeth） 花被白色，每枚花被卷曲成管状，晶莹剔透。花期3月。

6. 六瓣（Six Petals） 花被白色，花被片6枚，白色，较一般玉兰花明显大。

7. 二乔玉兰（*M.* ×*soulangeana*） 以玉兰和木兰为亲本杂交育成的落叶小乔木或灌木。叶倒卵形，花先叶开放，淡红色或深红色，花期2～3月。该种耐寒、耐旱和耐瘠薄，适应性强，有20多个栽培品种，分红色、桃红色、白色带红色；九瓣的、多瓣的；矮化型和腋花型等。如红霞（Hongxia）、红脉（Red Nerve）、常春（Semperfloras）、紫二乔（Zierqiao）、紫霞（Zixia）、红运（Hongyun）、丹馨（Danxin）、红元宝（Hongyuanbao）等自育品种。

（刘青林　刘　青）

第十三节 香石竹

香石竹（*Dianthus caryophyllus*），又称康乃馨，石竹科石竹属多年生草本植物或亚灌木。异花授粉，染色体数 $2n=2x=30$，$2n=4x=60$，$2n=6x=90$。

一、香石竹的起源及在中国的传播

香石竹原产地中海沿岸的德国南部到希腊一带。原种香石竹花色单一，一年只开一次花。16 世纪人们开始改良野生香石竹，1670—1676 年香石竹育种工作活跃，据记载英国已有花色丰富的 860 个品种，但都是一季花型的露地品种。我国拥有石竹、瞿麦等 16 个种，为香石竹的育种做出了贡献。1840 年法国里昂的 M. 达尔梅斯（M. Dalmais）利用中国石竹育成常春香石竹类型（perpetual carnation），培育出四季开花的品种。

2 000 多年以前，当时的古希腊栽种香石竹，用作观赏。1066 年，诺尔曼人把种子和种苗从南欧引入英国，1375 年英王爱德华三世时已有栽培记载。1597 年英国 Jonn 寺院有香石竹栽培于庭院的记载。18 世纪，在美国和欧洲的温室对树香石竹（tree carnation）进行盆栽。19 世纪四季开花的香石竹在法国育成后，才开始了现代温室的栽培。我国栽培香石竹的历史约有百年，1905 年首先引入上海栽培，主栽区是梅陇镇。20 世纪 80 年代仍以梅陇栽培面积为最大。随着我国花卉业的发展，香石竹先后引入广东、北京等地栽培，以后逐步扩大到河北怀来、山东潍坊、浙江杭州、江苏南京、广西柳州、内蒙古呼和浩特、甘肃兰州等地栽培。

二、中国香石竹的栽培区

香石竹在中国主要是作切花栽培，主要栽培区为云南、上海等地，其他各地有规模不同的保护地栽培。云南昆明是香石竹发展最快、栽培面积最大的地区。

三、中国栽培香石竹的主要种类

香石竹在中国的栽培历史不长，主要的栽培应用形式为切花、盆花。目前我国主栽的香石竹品种分为：单花、多花品种，大花、中花、小花品种，还有不同植株高度和各种花色的品种。自育品种主要为云南省农业科学院花卉研究所育成的以下 4 个品种。

1. 云凤蝶 黄底暗红边，花径 2.72 cm。

2. 云香紫 花色新颖，黄色底，宽紫色边，对比度更强烈。

3. 云黄 2 号 花纯淡黄色，花径 2.7 cm，枝直，一次生 7～8 侧枝，产花量高，产花期长。

4. 云红 1 号 花苞大，产花量高，枝长 80 cm。

（刘青林 刘 青）

参考文献

陈发棣，陈佩度，等 . 1996. 几种中国野生菊的染色体组分析及亲缘关系初步研究 [J]. 园艺学报，23 (1)：67 - 72.

陈俊愉，2001. 中国花卉品种分类学 [M]. 北京：中国林业出版社 .

陈向明，郑国生，孟丽，2002. 不同花色牡丹品种亲缘关系的 RAPD - PCR 分析 [J]. 中国农业科学，35 (5)：546 - 551.

陈向明，郑国生，孟丽，2002. 玫瑰、月季、蔷薇等蔷薇属植物 RAPD 分析 [J]. 园艺学报，29 (1)：78 - 80.

陈心启，吉占和，2000. 中国兰花全书 [M]. 2 版 . 北京：中国林业出版社 .

戴思兰，陈俊愉，1996. 菊属 7 个种的人工种间杂交试验 [J]. 北京林业大学学报，18 (4)：16 - 21.

韩远董，袁美芳，王俊记，等，2008. 部分桂花栽培品种的分析 [J]. 园艺学报，35 (1)：137 - 142.

洪德元，潘开玉，1999. 芍药属牡丹组的分类历史及其回顾 [J]. 植物分类学报，37 (4)：351 - 368.

侯小改，尹伟伦，李嘉珏，等，2006. 部分牡丹品种遗传多样性的 AFLP 分析 [J]. 中国农业科学，39 (8)：1709 - 1715.

李懋学，张敩方，等，1983. 我国某些野生和栽培菊花的细胞学研究 [J]. 园艺学报，10 (3)：199 -205.

李玉阁，郭卫红，等，2002. 国产七种和一变种兰属植物的核型研究 [J]. 植物分类学报 (5)：406.

刘荷芬，2008. 玉兰属植物起源与地理分布 [J]. 河南科学，26 (8)：924 - 927.

刘青林，1996. 梅花起源与演化问题初探 [J]. 北京林业大学学报，18 (2)：78 - 82.

刘永刚，刘青林，2004. 月季遗传资源的评价与利用 [J]. 植物遗传资源学报，5 (1)：87 - 90.

孟丽，郑国生，2004. 部分野生与栽培牡丹种质资源亲缘关系的 RAPD 研究 [J]. 林业科学，40 (5)：110 - 115.

闵天禄，1999. 山茶属的系统大纲 [J]. 云南植物研究，21 (2)：149 - 159.

邱英雄，胡绍庆，陈跃磊，等，2004. ISSR - PCR 技术在桂花品种分类研究中的应用 [J]. 园艺学报，31 (4)：529 - 532.

田敏，李纪元，倪穗，等，2008. 基于 ITS 序列的红山茶组植物系统发育关系的研究 [J]. 园艺学报，35 (11)：1685 - 1688.

王其超，张行言，2003. 荷花品种资源的新发现 [J]. 中国园林，19 (8)：69 - 71.

王其超，张行言，2005. 中国荷花品种图志 [M]. 北京：中国林业出版社 .

王亚玲，李勇，张寿洲，等，2006. 用 matK 序列分析探讨木兰属植物的系统发育关系 [J]. 植物分类学报，44 (2)：135 - 147.

武雯，蔡友铭，邹惠渝，等，2003. 利用 RAPD 分子标记研究石竹与香石竹的遗传多样性 [J]. 南京林业大学学报，27 (4)：72 - 74.

虞泓等，毛钧，瞿素萍，2005. 亚洲系百合九个品种的亲缘关系研究——来自 nrDNA ITS 证据 [J]. 西南农业学报，18 (4)：387 - 391.

袁涛，王莲英，2002. 根据花粉形态探讨中国栽培牡丹的起源 [J]. 北京林业大学学报，24 (1)：5 - 13.

张景荣，刘军，2006. 名贵茶花种质资源的 RAPD 分析 [J]. 西北植物学报，26 (4)：683 - 687.

张佐双，朱秀珍，2006. 中国月季 [M]. 北京：中国林业出版社 .

赵惠恩，2000. 菊属基因库的建立与菊花起源的研究及多功能地被菊育种 [D]. 北京：北京林业大学 .

赵喜华，张乐华，王曼莹，2006. 11种杜鹃花RAPD分类学初步研究［J］. 江西农业大学学报，28（4）：544－547.

赵小兰，姚崇怀，2000. 桂花品种同工酶研究［J］. 华中农业大学学报，19（6）：595－599.

左志锐，穆鼎，高俊平，等，2005. 百合遗传多样性及亲缘关系的RAPD分析［J］. 园艺学报，32（3）：468－472.

Chen J，Chen R，2008. A revised classification system for cultivars of *Prunus mume* ［J］. Acta Horticulturae，799：67－68.

第十五章

药用作物的起源与进化

第一节　概　　述

药用植物的利用源于中医药的形成与发展，药用作物的起源与中医药的发展密切相关。早在远古时期，我们的祖先在采集食物的过程中，经过无数次的口尝身受，逐步认识到哪些植物可以食用，哪些植物可以治疗疾病，初步积累了一些植物药的知识，形成了原始的食物疗法和药物疗法，如《神农本草经》全书记载药物 365 种，其中药用作物 252 种。随着历史的变迁，社会的进步，生产力的发展，医学的进步，人们对于药物的认识和需求与日俱增，对药材需求量的增加，致使有些品种因长期轮番采集资源逐渐减少，同时为了解决采药困难和使用方便，开始进行了药用植物的野生变家栽研究和栽培技术研究。目前，野生变家栽成功且大面积人工种植的药用作物有 200 多种，主要有：党参、地黄、防风、防己、附子、甘草、高良姜、广郁金、何首乌、怀牛膝、怀山药、黄精、黄连、黄芪、黄芩、黄山药、姜黄、桔梗、龙胆、麦冬、明党参、平贝母、前胡、羌活、人参、肉苁蓉、三七、芍药、射干、太子参、天门冬、天麻、天南星、延胡索、玉竹、远志、浙贝母、知母、紫菀、巴戟天、白术、白及、白芷、百合、板蓝根、半夏、北沙参、苍术、柴胡、川白芷、川贝母、川牛膝、乌头、川芎、川郁金、刺五加、大黄、丹参、当归、枸杞、荆芥、薄荷、鱼腥草、细辛、红花、金银花、菊花、款冬花等，可见多数药用作物起源于我国的野生植物（见附录 2）。

通过国内外的交流，国外的一些药用作物引入我国，并在国内大量栽培。如广藿香在宋代由华侨从南洋传入我国，栽培和应用已有 900 多年的历史。槟榔原产于马来西亚，根据文献研究，我国引种槟榔的时间大约在公元前 110 年，也就是说槟榔在我国已有 2 100 多年的历史。我国栽培红花已有 2 000 多年的历史，《博物志》记载：“张骞得种于西域”。张骞出使西域，大约在公元前 138—前 115 年。据考证，西红花是在唐代由印度传入我国，引入中药可上溯到唐代中期。西洋参原产北美洲的加拿大南部及美国北部，1948 年江西庐山植物园从加拿大引种试种成功，但未能大面积推广。1975 年中国医学科学院药用植物资源开发研究所再次从加拿大引种，分别在北京、吉林、辽宁、黑龙江和陕西等地多点试种，1980 年各地均试种成功。后先后在北京怀柔，河北定州、行唐及山东胶东等地推广，目前北京、山东和东北已成为我国西洋参主产区。

目前大多数人工种植的药用植物种源来自野生资源，由于引种栽培时间较短，其种质与野生居群没有明显的差别，表现为种质混杂，类型多样，植株性状参差不齐。如同一块地种植的丹参花色有紫色、淡紫色、白色等，叶形有近圆形、椭圆形等。另有一些品种在长期的栽培过程中发生了变异，分化出许多的变异类型，又称农家类型，如人参迄今已发现了 10 多个变异类型，依据根的形态分为大马牙、二马牙（包括二马牙圆芦、二马牙尖嘴子)、圆膀圆芦（包括大圆芦、小圆芦)、长脖（包括草芦、线芦、竹节芦)；依据果实颜色分红果、黄果、橙黄果 3 种；依据茎的颜色分紫茎、绿茎、青茎 3 种。生产上应用较多的是大马牙、二马牙、长脖、圆膀圆芦、黄果 5 个变异类型。此外，还有一些药用植物利用现代育种的方法，已选育出新品种在生产上推广应用。如地黄大面积栽培的品种为人工选育的品种，农家品种金状元、小黑英、郭里锚、邢疙瘩等，为野生地黄的变异单株经系统选育而成，而目前生产上主要的栽培品种北京 1 号（新状元×武陟 1 号)、85－5（93－2×单县 1 号）为杂交选育而成。与野生品种相比，人工选育的品种其根系明显膨大成块根，大小如甘薯，产量明显提高，与野生地黄有明显的不同。但从植株地上部植物学的形态特征特别是花的形态特征上来看，选育品种与野生地黄没有明显的差异。

第二节　菘蓝（板蓝根）

《中华人民共和国药典》一部（2005 年版，下同）所收载的板蓝根为十字花科植物菘蓝（*Isatis indigotica* Fort.）的根，其叶为大青叶，也是一种重要的药材。

“蓝”入药始载于《神农本草经》，谓之“蓝实”。陶弘景在《本草经集注》蓝实条下注：“其茎叶可以染青，生河内（今河北安国一带）……此（蓝）即今染襟碧所用者，以尖叶者为胜。”唐《新修本草》在考证了历代“蓝”的品种之后更正了陶弘景的错误，载“蓝”有三种，一种为木蓝子；陶氏所说乃是菘蓝，其汁抨为靛甚青者。《神农本草经》所用乃是蓼蓝实也。”明确指出《神农本草经》所述的蓝实与《本草经集注》中的并非一物，前者为蓼蓝，后者为菘蓝。这是古代本草对“菘蓝”一名最早的记载。《救荒本草》中载有大蓝，谓“苗高尺余……结小荚，其子黑色，本草谓之菘蓝，可以靛染青，其叶似菘菜。”《本草纲目》云：“蓝凡五种，各有主治，蓼蓝叶如蓼，菘蓝叶如白菘，马蓝叶如苦荬，吴蓝长茎如蒿而花白色，木蓝长茎如决明……”故由“叶似菘菜（白菜)”“结小荚”“以靛染青”等特征可知，历代本草谓之菘蓝应该是今十字花科植物菘蓝（*I. indigotica*)。

从历代本草考证中均发现，“蓝”的品种来源非常复杂，除菘蓝外，还有马蓝、蓼蓝、吴蓝、木蓝等植物，在不同的历史时期均被称作“蓝”。由此可见，历代本草对该植物记述各异是造成“蓝”药用品种混乱的重要原因。此外，亦与我国幅员辽阔，各地用药习惯不一有很大关系。

“大青”一名首见于《名医别录》，列为中品。谓之“味苦，大寒，无毒。主治时气头痛、大热、口疮，三四月采茎，阴干。”《新修本草》载：“春生青紫茎，似石竹苗叶，花红紫色，似马蓼。”李时珍曰：“高二三尺，茎圆，叶长三四寸，面青背淡，对节而生。八月开小花，红色成簇，结青实，大如椒颗，九月色赤。”由所述之特征以及《本草纲目》

附图可知，古代本草所载的大青叶来源比较单一，为马鞭草科植物路边青（*Clerodendrun cytophyllum* Turcz.）的叶。追溯“大青”与“蓝”的历史关系，尽管历代本草均载：“大青与蓝均可染青，蓝即染青之草也”，并有“青出于蓝而青于蓝”一说。但清代以前的本草著作所记载的大青叶从未以蓝冠名，记载的蓝也未曾出现大青的别名。直至清《本草求真》中才有记载：“蓝叶与茎，即名大青，大泻肝胆实之。”此处将蓝的叶和茎统称为大青叶。《本经逢原》中亦有：“本经取用蓝实，乃大青之子……”由此可知，从清代起，诸“蓝”之叶开始以大青叶为名。这点对后世的影响极深。由于大青与“蓝”的叶在治疗热毒疾病方面具有共性，两者可以通用，又因为大青产地欠广，故在历史进程中“蓝”叶逐步成为大青叶商品的主流。长期以来，十字花科菘蓝、爵床科马蓝［*Baphicacanthus cusia*（Nees）Bremek.］、蓼科蓼蓝（*Polygonum tinctorium* Ait.）、马鞭草科路边青、豆科木蓝（*Indigofera tinctoria* L.）等诸“蓝”之叶在中医临床中均被用做大青叶。尽管上述多种大青叶均有“清热解毒”的共同特性，但这么多的同名异物统称为“大青叶”，不利于制剂的规范和临床合理用药。就全国使用情况来说，认为菘蓝叶是大青叶的主流品种。为此，药典自 1985 年版起明确规定，十字花科植物菘蓝的叶为大青叶的正品。

第三节　珊瑚菜（北沙参）

《中华人民共和国药典》所收载的北沙参为伞形科植物珊瑚菜（*Glehnia littoralis* Fr. Schmidt ex Miq.）的根。

沙参始载于《神农本草经》：沙参“味苦，微寒。主血积警气，除寒热，补中，益肺气。久服利人。”列为上品。陶弘景将其列为“五参”之一，载“主治胃痹……安五脏，补中。”以后历代本草均有记载。古代沙参无南、北之分，至明末倪朱漠的《本草汇言》始见“真北沙参”之名。蒋仪《药镜》首先以“北沙参”立条。《药品化义》沙参条后注有：“北地沙土所产，故名沙参。皮淡黄、肉白、中条者佳。南产色苍体匏纯苦。”这可能是区分南、北沙参的最早记述。此后，清代张璐《本经逢原》云：“沙参有南、北二种，北者质坚性寒，南者体虚力微，功同北沙参而力稍逊。”《本草从新》称：“北沙参，甘、苦、微寒，味淡体轻，专补肺阴，清肺火。治久咳肺痿……白实长大者良。……南沙参，功同北沙参而力稍逊，色稍黄，形稍瘦小而短。”张秉成《本草便读》曰：“清养之功，北逊于南，润降之性，南不及北耳。南北之分，亦各随地土之所出。故大小不同，质坚质松有异也。”这些本草述及了北沙参的性味、功效、性状、质量和南北差异。

直到曹炳章增订的《增订伪药条辨》对北沙参的产地、质量做了较详细的描述：“又有南沙参，皮极粗，条大味辣，性味与北产相反。按北沙参，色白条小，而结实，气味苦中带甘。……北沙参，山东日照县、故墩县、莱阳县、海南县俱出。海南出者，条细质坚，皮光洁色白，鲜活润泽为最佳。莱阳出者，质略松，皮略糙，白黄色，亦佳。日照、故墩出者，条粗质松，皮糙黄色者次。关东出者，粗松质硬，皮糙呆黄色，更次。其他台湾、福建、湖广出者，粗大松糙，为最次，不入药用。”《药物出产辨》载：“北沙参产山东莱阳。”

1956 年谢宗万调查了山东莱阳种植的北沙参，确证为伞形科植物珊瑚菜的根。

第四节　槟　　榔

《中华人民共和国药典》所收载的槟榔为棕榈科植物槟榔（*Areca catechu* L.）的干燥成熟种子，原产于马来西亚。根据文献研究，我国引种槟榔的时间大约在公元前 110 年，也就是说槟榔在我国已有 2 100 多年的历史。

槟榔是我国主要南药品种之一，应用和栽培历史悠久。早在西晋永兴年（304）成书的《南方草木状》中已有记载："槟榔，树高十余丈，皮似青桐，节如桂竹，下本不大，上枝不小，条直亭亭，千万若一，森秀无柯。"宋代苏颂《图经本草》称："槟榔生南海，今岭外州郡皆有之。""其实春生，至夏乃熟"。"（种子）但以作鸡心状，正稳心不虚，破之作锦文者为佳尔。岭南人啖之以当果实，言南方地湿，不食此无以祛瘴疠也。"明代顾自介《海槎余录》载有："槟榔产于海南，唯万崖、琼山、会同、乐会诸州县为多。"

我国海南岛引种栽培槟榔已有 1 500 多年的历史。20 世纪 20～30 年代后，槟榔和椰子已是海南岛两大经济作物。1932 年广东省出口槟榔 500 多 t。

第五节　川　　芎

《中华人民共和国药典》所收载的川芎为伞形科植物川芎（*Ligusticum chuanxiong* Hort.）的根。

川芎原名芎䓖，始载于《神农本草经》，为历代本草收载，是我国重要的传统中药。在本草史上，对芎䓖最早形态记载为药材形状，南北朝《本草经集注》云："今出历阳，节大茎细，状如马衔，谓之马衔芎。蜀中亦有而细"，表明已有安徽、四川两地外观不同的两种芎䓖。"节大茎细"是指膨大的茎节和茎部位，似是引种栽培芎䓖的不成熟商品，现代引种者亦有此类。《唐本草》进一步描述："今出秦州，其人间种者，形块大，重实多脂润，山中采者瘦细，味苦辛。"宋《本草衍义》曰："今出川中，大块，其里色白，不油色，嚼之微辛，甘者佳。"不难看出，在唐代和宋代药用芎䓖有两种，但以栽培品为主，其药材形状、气味与今川芎接近。对其形态的描述，《蜀本草》云："苗似芹、胡荽、蛇床辈，丛生，花白"，据描述，应为伞形科植物。宋《图经本草》所述与上相似，并附有两幅图，其中永康郡芎䓖虽粗略，但叶轮廓为三出式三回羽状分裂，无花序，根茎成块状。永康郡即四川都江堰市，是现代川芎的主产地。由于川芎系无性繁殖，植株常无花、果，附图正体现这一特征，文献记载的永康郡芎䓖的原植物与今川芎（*Ligusticum chuanxiong*）相符。由于本草对芎䓖形态描述过于简略，所类比的植物形态差异较大，可能与当时原植物不止一种有关。但从药材性状、产地及图谱可知，唐、宋以来主流品种与今川芎相同。

战国时期屈原的《九歌》中载有许多脍炙人口的诗歌，其中有"秋菌兮蘼芜，罗生堂下，绿叶兮素枝，芳菲兮袭予"，描述了古人将泽兰及蘼芜栽种房前屋后，茎叶茂盛，气味芳香宜人。南北朝《本草经集注》更有明确记载："（蘼芜）今出历阳（安徽和县），处处亦有，人家多种之。"蘼芜古今大多认为是芎䓖地上部分，这说明距今 1 500 余年前，已经普遍栽种芎䓖（蘼芜）。从《唐本草》的描述可知，距今 1 300 多年的唐代，甘肃天水已引种成功，质量优于山中采者，而应用于临床。范成大在《吴船录》中载："癸酉。(公元 1153 年）自丈人观西登山，五里至上清宫（今四川都江堰市)……有夷坦曰芙蓉坪，道人于彼种川芎。"这是历史上有关四川引种川芎的最早记载，表明四川都江堰在 800 年前已成功栽种川芎。至明《本草纲目》曰："蜀地少寒，人多栽莳……。清明后宿根生苗，分其枝横埋之，则节节生根。八月根下始结芎。"李时珍详细记载了四川栽种川芎，指出适宜的环境及栽培方法，与现代川芎地上茎节繁殖（营养繁殖）完全相同。由上可见，先秦时期，古人已家种驯化芎䓖。我国农作物及药用植物的引种栽培历史悠久，后魏《齐民要术》已记载 60 余种植物栽培技术，书中有种子、分生、插木、嫁接和压条等繁殖方法，结合同时期《本草经集注》对芎䓖药材性状描述，推测南北朝时古人采用营养繁殖栽培芎䓖是完全可能的。唐代、宋代引种的芎䓖药材性状与今川芎比较相近，不难看出，当时的引种生产技术基本成熟，明代、清代更趋完善。

《唐本草》首次提出优质芎䓖为甘肃天水之栽培品，其质量优于山中采者。唐《千金翼方》称道地"秦州、扶州"，即甘肃天水及文县；《新唐书地理志》载芎䓖的进贡州府为"利州益昌郡，扶州同昌郡，秦州天水郡，凉州武威郡"，即产于四川广元，甘肃文县、天水及武威。五代《蜀本草》谓"今出秦州者为善"。《宋史地理志》芎䓖由"秦州"进贡，可见唐代至宋代，芎䓖主产于甘肃，为芎䓖的道地产区，药材质量（引种品）优于其他产区。

宋代产区进一步扩大，《图经本草》云："今关陕、蜀川、江东山中有之，而以蜀川者为胜"，在本草史上，首次提出川产者质优；《益部方物记》亦云："今医家最贵川芎，川大黄。"对宋代本草所载品种分析发现，四川产药材在宋代初步形成道地系列，如川芎、川大黄、川楝子、川乌等。随后宋《本草衍义》谓："今出川中，大块，其里色白，不油色，嚼之微辛，甘者佳，他种不入药"，已推崇四川之芎䓖。明《本草品汇精要》道地谓"蜀川者为胜"。古人对芎䓖品质评价起初是通过药材外观判断，其优质品来自引种栽培。后来从产地加以评价，甘肃在历史上最早引种成功并用于临床，在唐代、宋代时享有盛誉，并作为土特产贡奉朝廷。宋代时来自四川芎䓖受到医药学家的重视，明、清时成为商品道地产区。

通过考证，宋平顺等提出芎䓖（川芎）是由野生藁本（*L. sinense*）经长期引种驯化而来。理由：一是本草描述芎䓖时，指出人间引种者块大，山中采者瘦细。后者很可能是引种芎䓖之稚品，或者芎䓖之原始品。二是古人所述芎䓖产地范围包括藁本，如陶弘景所述产历阳（今安徽和县）等。而《图经本草》所述江东（今山西）亦有，还可能与辽藁本（*L. jeholense*）有关。至今一些地区，如山东、湖北称藁本为"川芎"，湖南称藁本为"西芎、土川芎"，贵州称藁本为"大叶川芎"，四川称藁本为"秦芎"，古今混淆有惊人之相似。三是至今川芎未发现野生品，国内各地均为栽培引种品，这一现象在植物史上极为少见。四是现代对藁本、川芎及抚芎进行孢粉学、细胞学及化学成分系统研究，将川芎、抚芎作为藁本之变种处理，表明川芎与藁本有很近的亲缘关系。

第六节 当　　归

《中华人民共和国药典》所收载的当归为伞形科植物当归［*Angelica sinensis*（Oliv.）

Diels］的干燥根，是中医常用的妇科病良药。有 2 000 多年的药用历史，因产地不同商品名又有秦归（陕西、甘肃）、西当归、岷当归（甘肃）、云当归（云南）之称。

当归入药首载于《神农本草经》，曰："方家有云：'真当归，正谓此有好恶故也。'"可见，当归的品种混乱早于本草记述之前。《本草经集注》云："今陇西首阳黑水当归，多肉少枝，气香，名马尾当归，稍难得。西川北部当归，多根枝而细，历阳所出，色白而气味薄，不相似，呼为草当归，阙少时乃用之。"可见，梁代有黑水当归和历阳当归之分。但是到了唐代历阳当归已不复再用。《图经本草》云："当归，生陇西川谷，今川蜀、陕西诸郡及江宁府、滁州皆有之，以蜀中者为胜。春生苗，绿叶有三瓣，七、八月开花，似莳萝，浅紫色，根黑黄色，二、八月采根，阴干。然苗有二种，都类芎，而叶有大小为异，茎梗比芎甚卑下。根亦二种，大叶名马尾当归，细叶名蚕头当归，大抵以肉浓而不枯者为胜。"在《图经本草》中有两种当归图，一为文州当归，系奇数羽状复叶，带根部，无花，况且文州是今甘肃省文县，所以可以认为是药用当归的正品，即伞形科植物当归［*Angelica sinensis*（Oliv）Diels］。而所绘的滁州当归一图，地上部分仍有奇数羽状复叶，也有伞形花序，并绘有肉质膨大的托叶，地下根横走。但在宋代，滁州是属于江宁府（即南京附近），川、陕、甘所产的当归在江南一带难以得到，在需用当归时，就采用了滁州当归，所以滁州当归实际上是当归的代用品。黄胜白等根据图文考证，滁州当归应为紫花前胡［*Pencedaum decursivum*（Miq.）Maxim.］。李时珍《本草纲目》中曰："今陕蜀、秦州、汉州，诸处人多栽莳为货，以秦归头圆尾多，色紫气香肥润者，名马尾当归，最胜他处。头大尾粗，色白坚枯者，为兔头归，止宜入发散药尔。"黄胜白等认为，李时珍所说的当归原植物也应是陕、甘、蜀栽培的当归真正道地品种，他所附之图较为粗劣，和所说的并不相符合。清代吴其濬的《植物名实图考》载："今时所用者皆白花，其紫花者叶大，俗呼土当归"。所附的当归图，乃伞形科内的另一种植物鸭儿芹（*Cryptotaenia japonica* Hassk），俗称鸭脚板当归，并不是历代本草中所说的道地当归。这大概因为吴其濬看到的只是南方当归的代用品，而没有看到川、陕等地所产的道地当归。可见，历史上当归使用混乱，涉及当归、紫花前胡、鸭儿芹等数种植物。

第七节　地　　黄

《中华人民共和国药典》所收载地黄系玄参科地黄属植物地黄（*Rehmannia glutinosa* Libosch.）的干燥根。该属共 6 个种，除地黄的分布达朝鲜半岛和日本外，其余 5 个种，即高地黄（*R. elata* N. E. Brown）、裂叶地黄（*R. piasezkii* Maxim.）、湖北地黄（*R. henryi* N. E. Brown）、天目地黄（*R. chingii* Li）、茄叶地黄（*R. solanifolia* Tsoong et Chin）均为我国特有。

地黄是我国著名的传统常用大宗中药材，应用历史悠久。明代永乐三年开始远销国内外，是国内外药材市场上的重要商品。地黄最早收载于《神农本草经》，称为干地黄，列为上品，其后历代本草均有收载。对地黄植物形态描述最早的本草要推宋《图经本草》，苏颂曰："地黄生咸阳川泽，黄土地者佳，今处处有之，以同州（今陕西大荔县）为上。二月生叶，布地便出，似车前叶，上有皱纹而不光，高者及尺余，低者三四寸，其花似油麻花而红紫色，亦有黄花者，其实作房如连翘，子甚细而沙褐色。根如人手指，通常黄色，粗细长短不常。”《本草纲目》所载地黄的植物形态与《图经本草》所述相似，无甚出入。明《本草原始》载“一种山地黄”，系指野生地黄。清《本草从新》载“地黄以怀庆肥大而短，糯体细皮而菊花心者佳”，此指怀庆所产地黄。清张路记载：“产怀庆者，钉头鼠尾，皮粗质坚，每株七、八钱者为优。产亳州者，头尾俱粗，皮细质柔，形虽长而力薄，仅可清热，不入补剂。”怀庆地黄，块根硕大如甘薯，与《植物名实图考》草类下的地黄图形相仿，均系怀庆产品。赵橘黄报道，北京习见的野生地黄，因其根较小，仅达一手指，且其味带苦，而不甚甜，故不入药，虽遍地皆是，均鄙弃不取。另外，赤野地黄（*R. glutinosa* Libosch. var. *purpurea* Makino）也称笕桥地黄，早在清代就区别用药，曾作为地黄的一个变种，原产于杭州笕桥镇，我国现已绝迹。可见历史上所记载及种植地黄多为野生种，其药用部位根的形状有明显的不同。

地黄的野生资源分布较广，我国北方大部分地区都有分布，如河南、山东、陕西、山西、河北和北京等地。《本草乘雅半偈》称“甚有一枝重数两者”，这是“细如手指”的野生地黄所不可能到达的。《植物名实图考》所附两图则首次清晰地反映了地黄膨大的块根，以及叶形和叶缘锯齿的区别，揭示了地黄野生资源存在不同种质变异类型。现代研究表明野生地黄不同的居群其叶形存在差异，特别是药用部位根的形状不同，许多野生居群地下根也膨大成块根，只是大小与现有的栽培品种有一定的区别。

地黄种植应用历史悠久，早在 1 000 多年前地黄就实现了“野生变家种”。如今地黄大面积栽培的品种为人工选育的品种，如农家品种金状元、小黑英、郭里锚、邢疙瘩等，为野生地黄的变异单株经系统选育而成。而目前生产上主要的栽培品种北京 1 号（新状元×武陟 1 号）、85－5（93－2×单县 1 号）为用农家品种杂交选育而成。

地黄人工栽培后其生长环境，如土壤、水肥条件得到明显的改善，加上长期的人为选择，其根系明显膨大成块根，大小如甘薯，产量明显提高，与野生地黄有明显的不同。因此，植物学分类上把栽培地黄作为野生地黄的变型，定名为 *R. glutinosa* Libosch. f. *hueichingensis*（Chao et Schih）Hsiao。实际上从植株地上部的形态特征，特别是花的形态特征上来看，栽培地黄与野生地黄没有明显的差异。

第八节　枸　　杞

《中华人民共和国药典》所收载的枸杞子为茄科植物宁夏枸杞（*Lycium barbarum* L.）的干燥成熟果实，是我国常用的滋补类中药材，药、食皆用，畅销国内外。

枸杞始载于东汉《神农本草经》，列为上品。《名医别录》载：“冬采根、春夏采叶，秋采茎实阴干。”均系指枸杞（*L. chninense* Mill.）而言。明代《本草纲目》云：“枸杞树名，此物棘如枸之刺，茎如杞之条，故兼名之。”又谓：“后世惟取陕西者良，而又以甘州者为绝品。”此“甘州”者，即指宁夏枸杞而言。明代《弘治宁夏新志》有枸杞子作为“贡品”的记载，说明当时宁夏枸杞数量多、质量好，闻名全国。清代《中卫县志》中有“枸杞宁安一带家种杞园，各省入药枸杞皆宁产者也。”“宁安”即今宁夏中宁县境，表明当时当地群众种植枸杞，已形成专业性的“杞园”。现今以宁夏枸杞为佳。

第九节 广藿香

《中华人民共和国药典》所收载的广藿香为唇形科植物广藿香［*Pogostemon cablin* (Blanco) Benth.］的干燥地上部分，为我国常用中药材。广藿香在宋代由华侨从南洋传入我国，栽培和应用已有900多年的历史。

广藿香药用始载于宋代《嘉祐本草》，曰："按南州异物志云：藿香出海边国，形如都梁，叶似水苏，可着衣服中。"宋代《图经本草》载："藿香岭南多有之，人家亦多种。二月生苗，茎梗甚密，作丛，叶似桑而小薄，六月七月采之，须黄色乃可收。"岭南即现在的广东等省。清代广东多栽培于广州大塘、宝岗一带，后又转移到广州石牌乡及东圃附近发展。说明我国早在900多年前就已引种栽培。经过漫长时间的栽培，由于各地的气候、土壤、水分等生态条件的不同以及人工栽培方法差异的原因，致使广东各地产的广藿香，在株型、枝叶形态、药材性状与所含化学成分方面都有一些区别，生产上的石牌广藿香［*P. cablin*（Blanco）Benth. cv.'Shipaiensis'］、高要广藿香［*P. cablin*（Blanco）Benth. cv.'Gaoyaoensis'］、湛江广藿香［*P. cablin*（Blanco）Benth. cv.'Zhanjiangensis'］可认为是不同的栽培品种。

第十节 红花

红花（*Carthamus tinctorius* L.）是我国传统常用中药材，又是重要的油料作物。《中华人民共和国药典》（2005年版）所收载的红花是菊科红花属植物红花的干燥花蕾。

红花为一、二年生草本植物，为红花属中唯一的栽培种，其原产地为大西洋东部、非洲西北的加那利群岛及地中海沿岸。该地区不但具有丰富的地方品种，而且存在大量的红花野生近缘种。根据Horker和Jackson的报道，红花属由60个种组成，后经分类学家进一步研究和归类，现在公认的红花属由20～25个种组成。Knowles研究认为红花属可按染色体数目分成四组（表15-1）。关于红花的起源，Knowles认为来源于绵毛红花及尖刺红花。H. И. 瓦维落夫认为有3个起源中心：一是印度，这是基于丰富的红花种质资源及悠久的栽培历史；二是阿富汗，这是基于变异型与野生种接近；三是埃及，被认为是最初出现野生种的地区。

红花主要栽培于亚洲的印度、北美的墨西哥和美国、北非的埃塞俄比亚、欧洲的西班牙和大洋洲的澳大利亚。我国栽培红花已有2 000多年的历史，《博物志》云："张骞得种于西域，今魏地亦种之。"张骞出使西域，大约在公元前138—前115年。宋代《图经本草》记载："红蓝花，即红花也。生梁汉及西域，今处处有之。人家场圃所种，冬而布子于熟地，至春生苗，夏乃有花，花下作梂，多刺，花出梂上，圃人承露采之，采已复出，至尽而罢，梂中结实，白颗，如小豆大。其花暴干以染真红，及作燕脂花。"明代《本草纲目》记载："红花二月、八月、十二月皆可以下种，雨后布子，如种麻法。初生嫩叶，苗亦可食。其叶如小蓟叶，至五月开花，如大蓟花而红色。清晨采花捣熟，以水淘，布袋绞去黄汁又捣，以酸粟米潜清又淘，又纹袋去汁，以青篙覆一宿，晒干，或捏成薄饼，阴干收之。入药搓碎用。其子五月收采，淘净捣碎煎汁，入药拌蔬菜，极肥美，又可为车脂及烛。”其所述红花品种与今相同。

表 15-1 红花属内主要种的分类

(引自 Knowles)

组别	物种	染色体组	染色体数目
第一组	栽培红花（*Carthamus tinctorius* L.）	BB	$2n=24$
	巴勒斯坦红花（*C. palaestinus* Eig.）	BB	$2n=24$
	尖刺红花（*C. oxycantha* M. B.）	BB	$2n=24$
	木本红花（*C. arborescens* L.）	B_1B_1	$2n=24$
	蓝色红花（*C. caeruleus* L.）	B_1B_1	$2n=24$
	波斯红花（*C. persica* Willd.）	—	$2n=24$
第二组	亚历山大红花［*C. alexandrinus*（Boiss.）Bornm.］	—	$2n=20$
	细叶红花［*C. tenuis*（Boiss.）Bornm.］	—	$2n=20$
	叙利亚红花［*C. syriacus*（Boiss.）Dinsm.］	AA 或 A_3A_3	$2n=20$
第三组	苍白红花（*C. glaucus* M. B.）	$A_1A_1B_1B_1$	$2n=44$
第四组	绵毛红花（*C. lanatus* L.）	—	$2n=64$
	伊比利亚红花［*C. baeticus*（Boiss.）Bornm.］	$A_1A_1B_1B_1AA$	$2n=64$
	土耳其斯坦红花（*C. turkestanicus* M. Popov）	—	—

我国虽非红花的起源中心，但栽培地域遍及全国，主要分布于河南、浙江、四川、云南、新疆等地。通过各地长期栽培选育，已形成了十分丰富的种质资源。在我国历史上，红花主要以花作染料和药材，所以我国红花种质资源以花色艳丽而闻名于世。20 世纪 70 年代后，随着油用红花种质资源的引入和国内对高含油量品种的选育和推广，推动了我国油用红花生产的进一步发展。

第十一节　牛膝（怀牛膝）

《中华人民共和国药典》所收载的牛膝为苋科牛膝属植物牛膝（*Achyreanthes bidentata* Bl.）的干燥根。其名首见于明代方贤所著《奇效良方》，因主产怀庆府得名。而早在汉代，就有了关于牛膝（怀牛膝）的记载。《吴普本草》曰：“叶如蓝，茎本赤。”宋《图经本草》述牛膝植物形态：“春生苗茎高二、三尺，青紫色，有节如鹤膝，又如牛膝状，叶尖圆如匙，两两相对于节上，生花作穗，秋结实甚细。”明李时珍《本草纲目》谓其：“方茎暴节，叶皆对生，颇似苋菜而穗长，秋月开花作穗，结子如小鼠负虫，有涩气，皆贴茎倒。”从《名医别录》《图经本草》《证类本草》《救荒本草》《本草纲目》《植物名实图考》等对牛膝原植物形态的描述上看，证明怀牛膝确是历代沿用牛膝，为传统药用牛膝的正品。历代本草所载之牛膝多指怀牛膝，且自唐以来，大都以怀产者为佳，其地位至少在唐宋已经确立。现今，怀牛膝仍作为久负盛名的优质道地药材使用，以补肝肾、强筋骨、逐瘀通经、引血下行之效广泛应用于临床。

通过长期的人工种植，生产上种植的牛膝有风筝棵、核桃纹、白牛膝等栽培类型（农家品种）。这些品种类型在植物学特征上都有一定的差异，但都是栽培群体的变异，通过系统选择而成。

第十二节　菊　　花

《中华人民共和国药典》所收载的菊花原植物为菊科植物菊（*Chrysanthemum morifolium* Ramat.）的干燥头状花序，是我国传统常用中药材，有2 000多年的应用历史。由于产地不同，商品分别称为亳菊、滁菊、贡菊、杭菊及怀菊、川菊、资菊。菊花始载于东汉《神农本草经》，列为上品，谓："久服利血气、轻身、耐老、延年"。《名医别录》记载："正月采根，三月采叶，五月采茎，九月采花，十一月采实，皆阴干。"明代《本草纲目》对菊花的名称、品种、形态、生长习性、性味、功效等进行了详细的论述："菊之品九百种，宿根自生，茎叶花色，品种不同。"又曰："其茎有株蔓紫赤青绿之殊，其叶有大小厚薄尖秃之异，其花有千叶单叶、有心无心、有子无子、黄白红紫、间色深浅、大小之别，其味有甘苦辛之辨，又有夏菊秋菊冬菊之分。"

药用菊花的类群经过长期人工栽培，优质、高产、稳产的品种不断被选育出来，同时也有一些品种在消失。品种演变情况如下。

贡菊：贡菊主产于安徽歙县，栽培山区，头状花序的舌状花白色，中心管状花少或无。贡菊于清光绪二十二年（1896）由徽商从浙江德清引入。《德清县新志》载："菊，绿心白瓣，气香味甘，历久不变，下舍、雷甸多种之，今名德菊。"绿心与贡菊相似，而与现今杭菊的黄心（管状花多）显然不同。歙县岔口在20世纪50年代曾种有银菊，花心绿色，花瓣全部带淡绿，叶比贡菊大而厚，产地收购价高于通常的贡菊，后因花农地归集体而失种。该品种可能保留了早期德菊的较多特征。

杭菊：杭菊是以茶菊开始种植，其中的德菊演变成了徽菊（即贡菊）。清代时，茶菊在浙江就有诸多品种，产于余杭良渚的黄者有高脚黄、紫蒂盘桓，白者有千叶玉玲珑；产于海宁的白者还有金井玉栏杆。后来主产地逐渐向北推移，在桐乡形成全国最大的药用菊花基地。杭白菊有3个品种：小白菊（当地原始种）、湖菊和大白菊（又称洋菊）。湖菊，俗称软杆，种植面积最大，被认为品质最好；小白菊，俗称硬秆、小洋菊，种植也较多；大白菊，俗称洋菊花，仅零星种植。洋菊花大，采摘方便，但品质差，商品性差。关于大白菊来源，《增订伪药条辨》白菊条中云："厦门出者曰洋菊，朵大而扁，心亦大，气浊味甘，更次。"此处的洋菊与大白菊从名称、花的特征到品质均吻合。

滁菊：滁菊原产于滁州、定远，中华人民共和国成立初期，主产地迁移至全椒县马厂一带。20世纪50年代的滁菊品种为"老滁菊"，特征为植株散伏，头状花序大，舌状花稀疏，开花少，产量低，60年代被选育出的"新滁菊"代替。由于滁菊主产地在全椒县，所以也有称新滁菊为全菊。新滁菊植株直立，头状花序略小，舌状花稠密，花朵多，每公顷产量可达1 050～1 200 kg。从20世纪60年代起已无法寻找到老滁菊的踪影。

亳菊：亳菊为主要种植品种，特征是头状花序小，舌状花多，管状花少，花序内有鳞片。另外，产区还有一种大花的品种，当地称"大马牙"，又叫"臭花子"，特征是头状花序大，有较多的管状花，花序内也有鳞片，该品种一直被视为劣质品种。现代普遍种植的亳菊花小，气清香，被认为在药菊中品质最佳。

怀菊：河南药用菊花栽培最久，早期的邓州黄、邓州白可能是药用菊花选育品种的始祖。怀菊是四大怀药之一，久负盛名。现怀菊有两个品种，小怀菊，花序小，色白，管状花少，质量好，其形态与亳菊相同；另一为大怀菊，花序大，中心管状花多，舌状花先黄后白。

济菊：主产山东嘉祥县，通过栽培观察，与亳菊形态特征相同。据介绍，嘉祥的菊花于清代引自亳州。

祁菊：主产河北安国，通过观察与亳菊一致。

川菊：主产四川中江，近年来已失种。

第十三节 木　　香

《中华人民共和国药典》所收载的木香为菊科植物木香（*Aucklandia lappa* Decne.）的干燥根，原产于印度。其根气香如蜜，原称蜜香，后讹传为木香，过去从广州进口，故称广木香或南木香，20 世纪 30 年代在我国云南引种成功并大量栽培，故又称云木香。

木香为芳香健胃、行气、止痛的常用中药，应用历史悠久。木香始载于东汉《神农本草经》，列为上品。《名医别录》称“密香”。《唐本草》载：“此有二种，当以昆仑来者为佳，出西湖来者不善。叶为羊蹄而长大，花如菊花，结实黄黑。”《图经本草》记有：“今惟广州舶上有来者也，他无所出。”又曰：“以其形如枯骨者良”。明代《本草纲目》记载：“木香，南方诸地皆有。”由此可知，古代所指的木香，包括木香及土木香［*Vladimiria souliei*（Franch.）Ling.］。“从广州舶上来”的木香，即现今国内种植的木香。1935 年，云南鹤庆籍华侨从印度寄回木香种子，在丽江县鲁甸试种成功。1949 年后，木香发展很快，除国内药用外，尚有出口。

第十四节 人　　参

《中华人民共和国药典》所收载人参为五加科人参属植物人参（*Panax ginseng* C. A. Meyer）的干燥根。

人参属植物划分为两个类群。第一类群根茎大，直立，肉质根发达，种子较大，化学成分以四环三萜达玛烷型皂苷为主，分布区狭小或间断，是人参属古老类群，典型植物有人参（*P. ginseng* C. A. Meyer）、西洋参（*P. quinquefolium* L.）、三七［*P. notoginseng*（Bark）F. H. Chenn］。第二类群为进化类群，根茎长，匍匐，肉质根不发达或无，种子较小，化学成分以五环三萜齐墩果烷型皂苷为主，分布区广泛而连续。而假人参（*P. pseudoginseng* Wall.）则是一种过渡类群。人参属的现代分布中心在我国的西南地区，起源地尚有争议。

我国是药用人参的发祥地，应用历史悠久。早在 2 000 多年前，就已发现并用人参防治疾病。据考证，公元前 48—前 38 年汉元帝时代史游著的《急就章》就载有“参”（即人参）名。我国东汉时期第一部药学专著《神农本草经》把人参列为上品，记有“主补五脏，安精神，定魂魄，止惊悸，除邪气，明目，开心，益智，久服轻身延年。”其后，《名医别录》《图经本草》《本草纲目》等医药著作中对人参均有详细的记载。

历史上很多本草都记载人参“生上党及辽东”。经考证，上党即现今地处太行山脉的山西长治和黎城一带，辽东则指东北长白山区，两地所产人参均为同种。上党人参发现与应用均早于长白山人参。由于数代掠夺式采挖，以及大量采伐森林，破坏了生态环境，到明代上党人参就已灭绝，仅长白山人参幸存下来，延续至今。

长白山人参应用历史久远，宋代《太平御览》载有“慕容皝与顾和书曰：今致人参十斤”，是叙述公元3世纪中叶，北方前燕国王赠晋朝官吏人参之事。可见当时长白山人参就已被发掘利用，并进入了中原，距今已有1 700多年的历史。以后在《辽史》、《契丹国志》及《大金国志》等史料中都有记载。公元705—926年，渤海国（现抚松、通化等地）国王曾入唐朝贡90余次，晋献人参、松子、虎皮等，足见那时东北人参就已享誉中原。随着采参业兴起，明代万历年间采挖人参出现了高峰。后金建国（1616）后，人参贸易成为其重要经济来源。努尔哈赤将人参采掘权及人参贸易作为立国大计。

我国对人参的认识与应用早已载誉国际，远在唐代人参就传到了印度，宋代统管外贸的“市泊司”已将人参出口到阿拉伯地区，并转销至欧洲。17世纪初期，我国与朝鲜有了人参贸易。19世纪末20世纪初，抚松、集安（前称辑安）等主产区已有相当数量出口。18世纪，根据中国人参的图形，在北美洲加拿大南部的森林里发现了西洋参。

野生人参由于连年大量采挖，资源日趋减少，于是开始了人工栽培。据《石勒列传》记载：“初勒家园中生人参，繁茂甚盛。”可见我国人参栽培已有1 600多年的历史。据考证，东北长白山人参栽培历史已有400多年，在300年前已有大面积种植，以抚松和敦化栽培最早。清同治年间，人参栽培空前繁盛，规模较大。古代对人参多是感性认识，真正探究人参的药理机制，寻求其有效成分，揭示其广泛医疗作用之奥秘，并提高其质量和产量，只是近百年的事。1949年以来，人参事业得到飞跃发展，人参的开发与利用进入一个新的历史阶段。

野生人参主要分布在我国东北地区，朝鲜和俄罗斯也有。古时我国太行山脉、长白山脉、大小兴安岭为人参主要分布地区。1950年左右，野生人参资源缩小在北纬40°～48°，东经117.6°～134°的有限范围内。目前野生人参资源还在进一步萎缩，仅局限在长白山脉，少量分布于小兴安岭南麓，产于吉林抚松、集安，辽宁桓仁、本溪、新宾、宽甸。由于森林面积的大幅度缩小和过分采挖，今天即使在自然保护区腹地也难见到。1992年，野生人参已被列为国家珍稀濒危植物。

我国栽培人参（园参）分布于东北地区的东南部至东北部。其栽培区南起辽宁帕岩、风城，北至黑龙江伊春一带。栽培人参是从野生人参驯化而来，经上百年环境的作用及生产者的选择，逐渐分离出一些变异类型。迄今共发现了十几个变异类型，依据根的形态分为大马牙、二马牙（包括二马牙圆芦、二马牙尖嘴子）、圆膀圆芦（包括大圆芦、小圆芦）、长脖（包括草芦、线芦、竹节芦）；依据果实颜色有红果、黄果、橙黄果3种；依据茎的颜色有紫茎、绿茎、青茎3种。生产应用较多的是大马牙、二马牙、长脖、圆膀圆芦、黄果5个变异类型，又称农家类型。圆膀圆芦根形美观；长脖芦细须长，生长慢，产量低，而皂苷含量较高；大马牙、二马牙生长快，根产量高，但皂苷含量较低；黄果人参增重较快，较耐强光，且参根周皮、皮层较厚，叶肉细胞层数较多；紫茎人参的皂苷含量较高。

第十五节　阳春砂（砂仁）

《中华人民共和国药典》所收载的砂仁为姜科植物阳春砂（*Amomum villosum* Lour.）、绿壳砂（*A. villosum* Lour. var. *xanthioides* T. L. Wu et Senjen）及海南砂（*A. longiligulare* T. L. Wu）的干燥成熟果实。

砂仁古称缩砂蜜，始载于唐甄权褚所著《药性论》，谓："出波斯国，味苦、辛，主冷气腹痛，止休息气痢，劳损，消化水谷，温暖脾胃。"唐代李珣著《海药本草》曰："缩砂密生西海及西戎诸国，味辛、平、咸。……多从安东道来。"宋代对砂仁的记载比较丰富、翔实，刘翰等《开宝本草》曰："生南地，苗似廉姜，子形如白豆蔻，其皮紧厚而皱，黄赤色，八月采之。"苏颂著《图经本草》曰："今惟岭南山泽有之。苗茎似高良姜，高三四尺，叶青，长八九寸，阔叶半寸已来。三月四月开花在根下，五六月成实，五七十枚作一穗，状似益智而圆，皮紧厚而皱，有粟纹，外有细刺，黄赤色，皮间细子一团，八隔，可四十余粒，如大黍米，外微黑色，内白而香，似白豆蔻仁。七八月采之，辛香可调食味，及蜜煎糖缠用。"并附新州缩砂蜜图一幅。北宋唐慎微《证类本草》曰："新州缩砂密，生南地，苗似廉姜，形如白豆蔻，其皮紧厚而皱，黄赤色，八月采。"从上述记载来看，其对砂仁的形态、果实特征，以及开花、结实、采收季节记载与当今砂仁的描述基本一致。至此，我国宋代才正式开始有国产砂仁的记载。明代对砂仁的记载基本沿用唐、宋两代本草的记载，李时珍《本草纲目》谓："此物实在根下，仁藏壳内，亦或此意也。"其文字描述与《图经本草》相似。对其功效描述曰："补肺醒脾，养胃益肾，理元气，通滞气，散寒饮胀痞，噎膈呕吐，止女子崩中，除咽喉口齿浮热，化铜铁骨硬。"从上述记载看出，明代所用砂仁为唐代从海外引进的"缩砂蜜"和宋代的"新州缩砂蜜"。清汪昂辑著的《本草备要》云："砂仁即缩砂蜜"，又清严西亭等著《得配本草》记："缩砂蜜俗呼砂仁"。据此，清代将缩砂蜜逐渐改称砂仁之名，并沿用至今。而阳春砂、阳春砂仁一名，于清李调元《南越笔记》始有记载，曰："阳春砂仁，一名缩砂密，新兴也产之，而生阳江者大而有力。曰缩砂者，言其壳；曰密者，言其仁。鲜者曰缩砂密，干者曰砂仁。"清吴其濬《植物名实图考》称："（缩砂蜜）苗茎似高良姜，今阳江产者形状殊异，俗呼草砂仁。"又清陈仁山《药物出产辨》载："产广东阳春县为最，以蟠龙山为第一。"故阳春砂及阳春砂仁药材及其名称首次在清代本草中记载，且从砂仁功效和药用历史的本草考证来看，以广东阳春产者为佳。但阳春地区从何时开始种植阳春砂，至今仍未有确切考证。

关于砂仁的品种来源问题，有不少学者及研究者从不同层面进行表述，观点各异。随着对砂仁研究的不断深入，有关砂仁描述和记载的医药著作越来越多，所载内容也越加全面，《全国中草药汇编》记载："砂仁为姜科植物阳春砂（*A. villosum* Lour.）的成熟果实，主产于广东"；徐国钧等在前人研究的基础上，对砂仁的品种进行整理研究，认为砂仁的正品来源应为姜科植物阳春砂、绿壳砂以及海南砂的干燥成熟果实。此后，《中华本草》、《新编中药志》及 2005 年版《中华人民共和国药典》所记载的砂仁均与徐国钧等观点相同。但研究者对砂仁品种的来源也有不同的观点；《中国植物志》则有缩砂蜜为阳春砂仁的变种的论述；林徽等对砂仁及其混淆品的来源进行调查研究后认为：正品砂仁来源于阳春砂、海南壳砂、绿壳砂以及缩砂蜜；伪品砂仁主要来源于豆蔻属植物海南土砂仁、牛枯缩砂、红壳砂仁、印度砂仁、长序砂仁、草果、细砂仁、矮砂仁和山姜属植物艳山姜、华山姜、山姜、草豆蔻、广西土砂仁、光叶云南草蔻等。李刚等研究认为，砂仁的正品应为阳春砂、绿壳砂、海南砂、香砂仁、缩砂蜜。

第十六节　西 红 花

《中华人民共和国药典》所收载的西红花原植物为百合科植物西红花（*Crocus sativus* L.）的干燥雌蕊（花柱），又叫番红花、藏红花。

藏红花原产于欧洲、地中海地区。在伊朗、沙特阿拉伯等国家有悠久的栽培历史。远在公元前5世纪克什米尔的古文献中就有记载，其主要产区是在中亚细亚的西里西安国以及土耳其的沿海地区。它的种植受到了埃及人、希腊人、犹太人、罗马人、印度人的重视，甚至达到了崇拜的地步。在印度，妇女常用它在前额上点红痣，以示吉祥。印度的两部著名本草著作把番红花列为药方中的主要配方。在古罗马尼禄理政时期把番红花的药效看作是一种能护身的灵药。阿维森纳（987—1087）在其所编写的《医典》中记载，将番红花与针对治疗心脏的药物同用，可以促使该药更快作用于心脏。番红花再加上紫色的染料可治口疮性口炎等。

我国西红花作为药用，已有悠久的历史。唐代，西红花由印度传入我国，引入中药可上溯到唐朝中期。藏红花之名始见于《本草纲目拾遗》，番红花之称始见于《本草品汇精要》，在《本草纲目》中以番红花为正名。《本草纲目》记载，藏红花“元时，以入食馔用”，西红花作为食用色素和调味品已有很长的历史，并将它列入药物之类。1979年，我国从日本引进种茎，在上海、浙江、江苏等地试种成功。

第十七节　西 洋 参

《中华人民共和国药典》所收载的西洋参为五加科人参属植物西洋参（*Panax guinguefolium* L.）的干燥根。

我国汉代使用上党参、辽东参时，西洋参正沉睡在北美大森林之中，及至我国野生人参被采掘殆尽之际，西洋参才被人类发现。1714年，伦敦英国皇家协会刊登一位法国宗教人士雅图斯写的《鞑靼植物人参》一文，文中谈到了人参在中国的用途，并附有亚洲人参的插图。后来这份刊物传到加拿大蒙特利尔法国宗教人士拉费多手中，拉费多把上述人参插图给信基督教的印弟安人摩霍克看，于是拉费多被领到附近一个地方，看到很多人参（即西洋参）生长异常繁茂，遂采人参标本寄回法国进行鉴定分类，定名为西洋参（*Panax guinguefolium* L.），也叫美洲人参。消息传出后，很快有一小批西洋参运往中国出售，并按重量以黄金来计价，从而促成了1915年的西洋参热。当时的西洋参在美国很少药用或食用，主要出口中国。据史料记载，1784年美国第一艘同中国贸易的“中国女皇”号货船装载了一些西洋参从纽约港起航驶往中国广州。当时人参价格昂贵，但这次贸易却获得了成功。从此，北美西洋参的产区，群起竞相采挖，毫无节制，历经100多年时间，导致野生资源锐减，几乎处于绝迹的边缘。至于此，才开始了人工栽培。

西洋参原产北美洲的加拿大南部及美国北部，大约分布于北纬 30°～40°，西经 67°～125°，加拿大魁北克、蒙特利尔，美国东北部和东南部的 12 个州，西北部的华盛顿、俄勒冈及加利福尼亚州的北部等山地丘陵区均有分布。由于长期无节制地采挖，致使在分布区内目前仅田纳西、肯塔基及威斯康星州北部尚有少量野生西洋参分布。我国栽培西洋参是近几十年才开始的。1948 年，江西庐山植物园曾从加拿大引种试验成功并已开花结实，但未能进一步总结推广。1975 年中国医学科学院药用植物资源开发研究所的科研人员再次从加拿大引种，分别在北京、吉林、辽宁、黑龙江和陕西等地多点试种，1980 年各地均试种成功。同年，中国医学科学院药用植物资源开发研究所在吉林集安第一参场推广，1981 年以后又先后在北京怀柔，河北定州、行唐及山东胶东等地推广。

第十八节　延 胡 索

延胡索（*Corydalis yanhusuo* W. T. Wang ex Z. Y. Su et C. Y. Wu）又称元胡。《中华人民共和国药典》所收载的延胡索为罂粟科植物延胡索的干燥块茎，应用历史悠久，是中医临床常用的中药材。野生于低海拔的旷野草丛或缓坡林缘，分布于河南南部、陕西南部、江苏、安徽、浙江、湖北等地。浙江中部的磐安、东阳、永康、缙云等县（市）有大量栽培。同属原植物有 8 个种、1 个变种，皆罂粟科紫堇属延胡索亚属实心延胡索组，但含延胡索乙素者仅延胡索与齿瓣延胡索［*C. remote* Fisch. et Maxim. （*C. turtschaninovii* Bess.）］2 个种。

延胡索始载于唐代《本草拾遗》，曰："生干奚，从安东道来，根如半夏，色黄。"原名玄胡索，后因避宋真宗讳而改为延胡索。明代《本草述》曰："今茅山上龙洞、仁和（今杭州市）、笕桥亦种之，每年寒露后栽种，立春后出苗，高之四寸，延蔓布地，叶必三之，宛为竹叶，片片成个，细小嫩绿，边色微红，作花黄色，亦有紫色者，根丛生，状如半夏，但黄色耳，立夏掘。"以上描述的形态、产地、生态和现今浙江栽培的延胡索基本一致。延胡索在我国栽培历史较悠久，清代《康熙志》载："延胡索生在田中，虽平原亦种。"1932 年《东阳县志》记载："白术、元胡为最多，每年在二千箩以上。"

至于现今正品延胡索的原植物学名百年来颇有争议，首先 Forbes 于 1556 年鉴定为 *C. bulbosa* DC.，此学名对我国影响深远，直至 20 世纪 70 年代，我国著作还在引用。王文采于 1972 年鉴定为新种；周荣汉等以浙江产本品与东北产齿瓣延胡索，从形态和成分加以对比，认为前者是后者的一个变型，并发表为 *C. turtschaninovii* Bess. f. *yanhusuo* Y. H. Chou et C. C. Hu.；苏志云、吴征镒于 1985 年将王文采鉴定的新种发表为 *C. yanhusuo* W. T. Wang ex Z. Y. Su et C. Y. Wu。武建国等就延胡索的产地、栽培史作详细考证，提出恢复齿瓣延胡索为正品与延胡索同列药典；徐昭玺等认为"从染色体数目上来看，浙江元胡与齿瓣元胡之间似乎也存在密切关系"；连文炎等从本草考证、植物形态、地理分布、化学成分加以对比，认为浙江产延胡索与齿瓣延胡索有明显不同；傅小勇等以化学分类为手段比较了东阳产延胡索与大连产齿瓣延胡索所含异喹琳生物碱的种类和含量，认为"将延胡素作为与齿瓣延胡索近缘的独立种处理较为合适，对该属植物分类、药材的质量控制”都有重要意义。现今王文采的定名受到多数植物学家和生药学家赞同，被药典和有关著作普遍采用。

第十九节　浙贝母

贝母类药材主要有浙贝母、川贝等，《中华人民共和国药典》所收载的浙贝母为百合科贝母属植物浙贝母（*Fritilaria thunbergii* Miq.）的干燥鳞茎；川贝为原植物川贝母（*F. cirrhosa* D. Don）、暗紫贝母（*F. unibracteata* Hsiao et K. C. Hsia）、甘肃贝母（*F. przewalskii* Maxim. ex Batal.）、梭砂贝母（*F. delavayi* Franch.）的干燥鳞茎。浙贝母栽培迄今已有300多年的历史，是大宗常用中药材，著名的浙八味之一。药材来源主要以栽培为主，野生浙贝母数量较少，分布于浙江宁波一带，家种的主要栽培于浙江、江苏、上海、湖南、安徽，福建也有少量种植。

历代主要本草对中药贝母均有记载。《神农本草经》：“气味辛、平，无毒，主治伤寒烦热，淋沥邪气，疝瘕，喉痹，乳难。”《名医别录》：“贝母苦微寒、无毒，疗腹中结实，心下满，目眩项直，咳嗽上气，止烦热渴出汗，安五藏，补骨髓……生晋地，十月采根，晒干。”《新修本草》：“贝母叶似大蒜，四月蒜熟时采之良，若十月，苗枯，根亦不佳也，出润州、荆州、襄州者最佳，江南诸州亦有，味甘苦，不辛。”《图经本草》：“贝母生晋地，今河中、江陵府、郢、寿、随、郑、莱、润、滁州皆有之。……根有瓣子，黄白色，……叶亦青，似荞麦叶，随苗出。七月开花，碧绿色，形如鼓子花。八月采根，晒干，此有数种。”《本草品汇精要》：“荆、襄州产者佳，江南诸州亦有，道地为峡州、越州：其质类半夏而有瓣。”《本草纲目拾遗》：“浙贝（上贝），今名象贝。”叶阎斋云：“宁波象山所出贝母，亦分为两瓣，味苦而不甘，其顶平而不突，不能如川贝之像荷花蕊也。……象贝苦寒，解毒利痰，开宣肺气，凡肺家挟风火有痰者宜此。川贝味甘而补肺矣，治风火痰嗽以象贝为佳。若虚寒咳嗽，以川贝为宜。”

据以上历代本草对贝母的记载，已无法考证出初期药用贝母的植物来源。《神农本草经》与《名医别录》中所述功效与现今贝母之功效有很大差异，这一时期贝母的来源可能是一些形态上相近或同名的植物，汉时贝母主产地为中原地带及江南之地（晋地）。从《新修本草》其采收期：“四月蒜熟时采……叶形如大蒜。”与浙贝母类形态上相近，其产地“江南诸州”为今长江以南地区，与今浙贝母产地亦相符。宋时所用“贝母”的品种与地区更为纷杂，除“根有瓣，子黄白色，如聚贝子故名贝母”外，其他如“叶亦青，似荞麦叶，随苗出，七月开花，碧绿色”等，明显不属当今贝母属植物。《图经本草》又引陆机《疏》云：“贝母也，其叶如栝楼而细小，其一子在根下如芋子，正白四方，连累相著，有分解。今近道出者正类此。”《重修政和经史证类备用本草》中所收“峡州贝母”为贝母属植物，从叶的数目及着生方式可看出属浙贝。宋时期贝母产地主要为山西西南部、安徽寿州、湖北随州等地。明《本草汇言》对贝母的功效进行了比较与归类：“贝母，开郁下气化痰之药也，润肺消痰，止咳定喘，则虚劳火结之证，贝母专司首剂。……以上修用，必以川者为妙。若解痈毒，破症结，消实痰，敷恶疮，又以土者为佳。然川者味淡性优，土者味苦性劣，二者以分别用。”可见此时医家已据贝母的功效及产地分出川贝、土贝，从其效用可知后者包括了除浙江贝母以外的土贝母。至清代，《本草述钩元》："贝母七月开花，碧绿，形如百合……上有红脉似人肺，八月采根。"其花期和采收期与川贝类相近，但花碧绿色者未见于贝母属现有植物种。除《本草纲目拾遗》外，《本经逢原》《百草镜》中均明确指出贝母有川贝、象贝之分，并总结出"川者味甘最佳，西者味薄次之，象山者微苦又次之"的用药经验。

贝母的整个药用历史演进过程可概括为六个阶段，即：公元前秦汉时期所用贝母为功效或形态上的贝母类似物；至唐已有贝母属植物，其特征是"叶如大蒜"；到了宋代，贝母以"聚贝子"为特征，包括土贝母及贝母属植物；进入明朝则以贝母属植物为主，也包含土贝母，并指出"以川者为妙"；清代已完全将川贝、浙贝分开并分出土贝母不作贝母用。

（李先恩）

参考文献

陈重明，陈建国，1994. 槟榔的民族植物学 [J]. 植物资源与环境，3（1）：36.

郭美丽，张汉明，张美玉，1996. 红花本草考证 [J]. 中药材，19（4）：202.

李园园，方建国，王文清，等，2005. 大青叶历史考证及现代研究进展 [J]. 中草药，36（11）：1750-1753.

陆维承，2007. 南、北沙参出典考证 [J]. 海峡药学，19（5）：55-56.

宋平顺，马潇，张伯崇，等，2000. 芎䓖（川芎）的本草考证及历史演变 [J]. 中国中药杂志，25（7）：434-446.

孙守祥，2008. 木香药材历史沿革中的基原变迁与分化 [J]. 中药材，31（7）：1093-1095.

王德群，梁益敏，刘守金，1999. 中国药用菊花的品种演变 [J]. 中国中药杂志，24（10）：584-587.

温学森，杨世林，魏建和，等，2002. 地黄栽培历史及其品种考证 [J]. 中草药，33（10）：946-948.

吴友根，郭巧生，郑焕强，2007. 广藿香本草及引种历史考证的研究 [J]. 中国中药杂志，32（20）：2114-2117.

奚镜清，金联城，听纳新，等，1995. 中药材延胡索的品种整理及文献考证 [J]. 现代应用药学，12（4）：12-15.

徐冬英，2000. 三七名称及其有文字记载时间的考证 [J]. 广西中医学院学报，17（3）：91-92.

余世春，肖培根，1990. 中药贝母的药用历史及发展方向 [J]. 中国中药杂志，15（8）：454-455.

闫忠红，2003. 当归属药用植物的本草学、亲缘关系、化学成分及药理作用相关性研究 [D]. 哈尔滨：黑龙江中医药大学.

中国药材公司，1995. 中国常用中药材 [M]. 北京. 科学出版社.

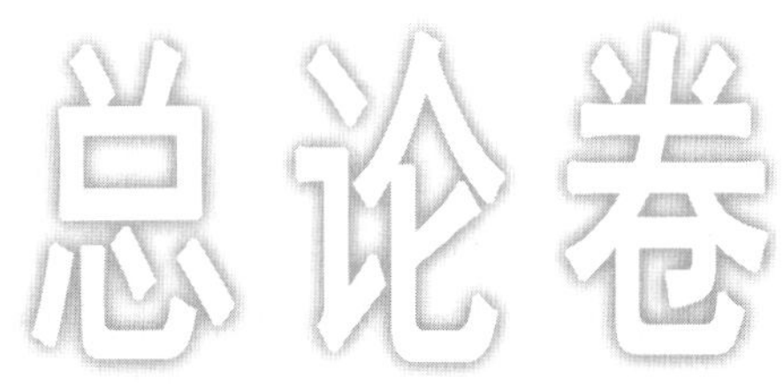

第十六章

林木作物的起源与进化

第一节 概 述

林木与人类的生存环境息息相关，人类从很早就开始认识和利用林木来满足自身的生活需求。在欧洲，早在公元前300年，古希腊的本草学家和植物学家就开始根据植物的经济用途和生长习性进行分类。我国对林木的认识和驯化利用历史更为悠久，可追溯至公元前7世纪。早在成书于先秦时期的我国第一部诗歌总集《诗经》中就已出现了“东门之杨，其叶肺肺”和“昔我往矣，杨柳依依。今我来思，雨雪霏霏”之句。远在2 300多年前的《山海经》里也有“员木（即油茶）南方油食也”的记载，说明人们很早就开始了对林木栽培和驯化利用的研究。

在自然状态下，植物群体在演化过程中受很多因素的影响，突变是基因种类与基因频率变化的原动力，基因、染色体、染色体组、核外基因和体细胞等突变在世代内和世代间交叉出现使群体内的遗传多样性不断增加，给自然选择提供了原材料。由于林木杂合性较强，基因重组也是引起基因频率变化的重要原因。基因的迁移和遗传漂变也能深刻地影响群体的基因频率。自然选择是对群体中积累的基因进行优化选择的过程，其主要的表现是繁衍后代的能力和子代的保存数量。通过自然选择对基因型的影响和基因重组的作用，群体的基因频率将发生定向改变，结果使生物类型发生改变。在长期的进化过程中林木积累了很多对人类有益的性状，按照不同的用途，可被分为防护林、用材林、薪炭林、经济林和特种用途林。

随着社会的发展、技术的进步和人类需求的不断提高，人类对林木的认识和开发利用研究也在不断地加强。地区交流的增多和信息传导的便捷使得不同地区的林木能够相互引种，从而极大地丰富了不同地区的种质资源，在林业生产和生态建设中发挥着重要的作用，甚至有的树种经过引种后经济性状得到进一步提高，超过当地原有树种。如刺槐原生于北美洲，现被广泛引种到亚洲、欧洲等地，在我国已成为重要的造林树种。核桃原产于西亚，现成为我国重要的经济树种。在用材林方面，我国成功地对美国的火炬松、湿地松，澳大利亚的桉树进行了引种，通过对比试验，引种后在我国生长良好。在园林绿化方面，我国从国外引种了大量的树木，如欧洲云杉、科罗拉多云杉、朝鲜冷杉、欧洲黑松、欧洲赤松、铅笔柏、地中海柏木、北美爬地柏、红叶石楠、抗寒石楠、北海道黄杨、蓝果小檗、欧洲火棘、美洲茶、茶条槭、欧亚槭等。

利用植物界天然的变异，从自然林中选择出优良的类型，再加以人为的干预和改变基因型的频率，繁殖培育出新的品种是促进林木进化的一种重要手段。选择育种是改良林木的第一步，是育种的基础，只有选育出具有优良品质的树种，然后才能进行杂交试验和对比分析。杂交也是林木改良的重要手段，目前很多生产应用的品种都是通过杂交而来，如目前广泛栽培的杨树 172、107、108 均为欧洲黑杨或美洲黑杨与欧美杨杂交后被我国引种而来的。随着科技的发展和生物技术的进步，基因工程在林木改良中的应用也逐渐兴起。基因工程具有目的性强、时间短、能够打破种间杂交不亲和界限等特点。Fillatti 等（1987）首先将抗除草剂基因通过根癌农杆菌导入杨树 NC5339 无性系中，获得了具有抗除草剂的转基因杨树。目前科研人员正在致力于抗病、抗虫、抗逆、抗污染、调节花期及改良木质素比例等方面的研究，以满足生产和生活之需要。

第二节 毛 白 杨

毛白杨（*Populus tomentosa* Carr.）为杨柳科（Salicaceae）杨属（*Populus* L.）白杨派（Albidae）落叶乔木树种，也是我国特有速生、优质乡土用材树种。又名大叶杨、绵白杨、毛叶杨、响杨等。染色体数 $2n=38$。

一、毛白杨起源与传播

杨属植物全世界有 100 多种，中国有 50 多种。毛白杨的起源一直是分类学家和育种学家关注的焦点，推断毛白杨是以古太行山为起源中心，向太行山脉以外扩散。但由于吕梁山脉和古黄河宽阔水域的阻隔，向西扩散的途径在现今的山西、陕西和河南三省交界处形成一个瓶颈，使毛白杨在此地集中，形成一个资源富集区。因此，一般认为陕西、山西和河南三省交界处为毛白杨起源中心。

目前，我国毛白杨大约分布在北纬 32°～41°，东经 104°～123°，即北到辽宁南部，南到浙江杭州，西到甘肃天水这一辽阔范围内，主要分布于北京、天津、河南、河北、山东、甘肃陇东地区、山西太行山以东地区约 100 万 km^2 的土地上，多呈小群落及散生状态。在山坡、沟壑、平原、沙滩、轻碱地等多种立地上，都有生长和栽培。

二、中国毛白杨的栽培区

毛白杨在我国已有 2 000 多年的栽培历史。最早记载于公元 3 世纪西晋崔豹《古今注》。北魏贾思勰《齐明要术》记述了毛白杨在黄河中下游地区有栽培。1949 年以来，毛白杨的栽培范围不断扩大，栽培区域北至辽宁南部、内蒙古南部、陕西北部，西至甘肃天水、武威，南达江苏、浙江杭州，广布于陕西、河南、河北、山东、山西等省，甘肃兰州、青海西宁、四川成都、云南昆明都有栽培。人工林集中在山东、河南、河北中部和南部、北京、陕西关中一带以及安徽北部等地。

毛白杨划分为 3 个种源区：①东北部种源区，包括北京、河北、山东等；②南部种源区，包括江苏、安徽、河南、陕西南部；③西部种源区，包括山西、陕西北部、宁夏、甘肃南部（姚秀玲等，1994）。

三、中国毛白杨的特殊类型

毛白杨分布广泛，栽培历史悠久，长期在不同环境条件的影响下，通过自然选择和人工选择形成了多种不同的自然类型。

（一）箭杆毛白杨（雄株）（f. *sagittalia* Yu Nung）

由河南农学院等单位选出。分布较广泛，北起河北北部，南达江苏、浙江，东起山东，西至甘肃东南部，都有分布和栽培。有明显的中央主干，树干通直；树冠窄，圆锥形；枝层明显，分布均匀；皮孔菱形，多为单生或少数横向连生。

（二）易县毛白杨（雄株）（var. *hopeinica*）

又称河北毛白杨，以河北易县分布最集中，河南、山东、北京等地大量引种栽培，生长良好。树冠较小，二级侧枝不发达，树干高大通直，皮孔大、菱形、散生或少数连生，长枝叶近圆形。

（三）塔形毛白杨（var. *fastigiata*）

又称抱头毛白杨，主要分布于山东的夏津、武城、苍山三县，以夏津县最多。树干通直、尖削度小，有明显的主干；侧枝短，分枝角度小；树冠窄；皮孔近于菱形或圆形，数量较少，散生；枝叶稠密，叶深绿色有光泽。

（四）截叶毛白杨（var. *truncata*）

树体高大，树冠浓密，树干通直，树皮灰绿色、平滑。短枝和长枝基部叶片阔卵形，叶基通常为截形。皮孔为菱形，较小。

（五）河南毛白杨（var. *honanica*）

又称圆叶毛白杨，分布在河南中部一带，山东、河北等省有零星分布。树干微弯；皮孔近圆形，小而多，散生或横向连生为线状，兼有大的菱形皮孔；叶三角状宽圆形、圆形，先端短尖。花期较箭杆毛白杨早 5～10 d。

（六）小叶毛白杨（var. *microphylla*）

主要分布在河南中部地区。树冠浓密，侧枝较细，枝层明显。皮孔菱形，大小中等，介于截叶毛白杨和毛白杨（原变种）之间。短枝叶较小，卵圆形、近圆形或心形，先端短尖；长枝叶叶缘重锯齿。雌花序较细短。

（七）密枝毛白杨（f. *ramosissima* Yu Nung）

树冠浓密，侧枝多而细；短枝叶较小，卵形、椭圆状卵形、三角状卵形、圆卵形，先端三角状渐尖，短尾尖。

（八）密孔毛白杨（var. *multilenticellia* Yu Nung）

树干稍弯曲，中央主干不明显；树皮粗糙，皮孔小而密，横向连生；短枝叶卵圆形或三角状卵圆形，叶柄先端多具1～2腺体。花药鲜黄色，具少数红色腺点，具大量花粉，花期早。

第三节 旱 柳

旱柳（*Salix matsudana* Koidz.）为杨柳科（Salicaceae）柳属（*Salix*）树种，多年生落叶乔木。别名：柳、柳树（各地通称）、河柳（陕西）、江柳（陕西、河北、甘肃）、红皮柳（郑州）。旱柳生长快，分布广，容易繁殖，树形美观。木材及林副产品用途广，深受广大群众喜爱，是黄河流域、华北平原“四旁”绿化，营造用材林、防护林的优良树种之一。

一、旱柳的起源与传播

旱柳在我国有着悠久的历史，旱柳叶的化石最早发现于中国吉林省早白垩纪中晚期的阿普第期（距今约1.4亿年），可靠的孢粉化石最早发现于晚白垩纪早期的森诺曼期（距今约1.3亿年）。白垩纪晚期在中国的华北、东北地区有关柳属的孢粉化石已十分常见。说明在晚白垩纪早期柳属植物就已出现，其祖先则出现更早。根据专家考证柳属植物的起源地主要在东北亚的中国东北地区及日本和朝鲜一带。后历经第三纪、第四纪的地质运动，柳树广泛分布于中国大地（丁托娅，1995）。

柳林在中国的天然分布，北界在吉林南部，内蒙古的通辽市科尔沁沙地，鄂尔多斯市达拉特旗，宁夏的银川、灵武、吴忠；西至陕西的榆林，甘肃的张掖、酒泉；南达长江北岸；东至山东黄河口的孤岛，大约在北纬30°～40°，东经96°～118°52′。旱柳的天然资源主要分布于吉林、内蒙古、宁夏、甘肃、陕西，河北、青海两省仅有少量或零散分布。

二、中国旱柳的栽培区

旱柳是中国栽植历史较早的树种，公元前3世纪的《尔雅》即有柳树的记载，以后历代古籍对柳树的种类、分类和栽植技术都有阐述，最早栽植的时期应为周朝。

旱柳人工栽植的范围十分广泛，北至黑龙江的牡丹江，内蒙古巴彦淖尔市的河套地区、鄂尔多斯市的乌审旗及鄂托克前旗，宁夏的引黄灌区；西至甘肃的嘉峪关，新疆的喀什、莎车、叶城，青海的囊谦、格尔木；南至广东、广西；东到台湾。

黄河中下游、淮河流域及长江两岸各地是旱柳林集中分布和栽植的地区，在河漫滩集中成片，在低山丘陵多生长于溪沟两侧。

三、中国旱柳的特殊类型

（一）馒头柳（f. *umbraculifera* Rehd.）

分枝密集，端梢齐整，形成半圆形树冠，状如馒头。单叶互生，披针形。雌雄异株，柔荑花序。北京园林中常见栽培。

(二) 绦柳 (f. *pendula* Schneid.)

枝条细长下垂，华北园林中习见栽培，常被误认为垂柳。小枝黄色，叶无毛。

(三) 龙爪柳 [f. *tortuosa* (Vilm.) Rehd.]

枝条扭曲向上，各地均有栽培。生长势较弱，树体小，寿命短。

第四节　白　　榆

白榆 (*Ulmus pumila* L.) 为榆科 (Ulmaceae) 榆属 (*Ulmus*) 落叶乔木树种，别名家榆、榆树。

白榆是中国榆属中分布比较广泛的一个树种。在中国用材树种中，白榆以材性优良、耐湿耐腐著称。在良好的立地条件下生长迅速，干形通直。耐干旱、风沙、盐碱、烟尘和毒气等恶劣生境。白榆枝叶繁茂，树体各部均有较高的经济价值，被广泛用作营造用材林、防护林、"四旁"和庭院绿化。

一、白榆的起源与传播

据大量的古植物化石和孢粉化石资料证明，在距今约 2 300 年以前的第三纪时，我国的华北、东北及西北的低山和河谷地带已有白榆分布。至第四纪 (距今 200 万年前)，我国北方广大地区的白榆天然林分布已很普遍，说明我国白榆自然分布的古老性。从地理起源上它属于温带亚洲成分，是典型的北温带落叶阔叶树种。

我国是世界上白榆分布面积最广的国家，它的自然分布范围在中国境内遍及 18 个省 (自治区、直辖市)，即山东、河南、河北、山西、内蒙古、北京、天津、辽宁、吉林、黑龙江、陕西、宁夏、甘肃、青海、新疆等的全部和安徽、江苏、湖北的江北地区。白榆的水平分布南北跨纬度约 20°，东西跨经度约 57°。黄河流域的中下游、三江平原、黄淮海平原、玛纳斯河和伊犁河河谷、燕山和天山的沟谷及山麓等都是我国白榆分布较集中的地区 (马常耕，1993)。

二、中国白榆的栽培区

白榆人工林主要分布在其自然分布区的 18 个省 (自治区、直辖市)，其中，东北、华北、西北各省把白榆作为一个主要的造林树种，被广泛用来营造防护林、用材林、盐碱地造林和绿化"四旁"。随着引种试验的开展，白榆栽培区已大大超出了它的自然分布区，向南扩展到亚热带的长江以南各省份，如今白榆栽培区的南界大约由自然分布区向南推移了纬度 10°左右，而且生长良好。白榆栽培区已达上海、浙江、湖南、江西、四川、贵州、云南昆明等地，人工栽培的海拔高度已达 3 658 m (西藏拉萨)。

白榆划分为三大种源区六个亚区：①南方种源区，包括江淮平原和黄淮平原两个亚区；②中部种源区，包括淮河平原和黄土高原两个亚区；③北部种源区，包括东北平原和蒙新高原两个亚区。黄河下游的河南、山东、河北南部和安徽北部一带为白榆优良种源区（马常耕，1993）。

三、中国白榆的特殊类型

（一）钻天榆

树干通直圆满，冠内有明显的主干。树冠窄椭圆形或长卵形，小枝短，青灰色。叶圆卵形，重锯齿稍尖，基部偏楔形。干皮通裂，稍粗。生长较快，材质微脆。

（二）塔榆

树干直，树冠广圆锥状塔形，顶端生长势强，主干往往到顶。叶卵形，重锯齿稍钝。树皮青灰色，细长条浅裂。生长快，材性绵韧，不易折，是建筑良材。

（三）密枝榆

树干直，树冠卵形。叶片密集，枝叶茂盛，故得名密枝榆。叶卵形，基部偏。树皮细长条浅裂，青灰色。生长快，耐干旱瘠薄。

（四）大叶榆

树干较直，树冠倒卵形或卵圆形。多二叉分枝，小枝长，有少量二次分枝。叶长卵形，基部半耳形极偏，叶长达 10 cm 以上，为极显著特征。树皮细浅裂。生长稍缓。

（五）小叶榆

主干多弯曲，树冠扁卵圆形，分枝很不规则，呈二叉或伞状分枝。叶卵形或披针形，叶小，比大叶型叶片小一半，最小的叶子仅 2 cm 左右。生长极慢。该类型又可按皮的粗细分为两种。

（六）鸡爪榆

树干弯曲，树冠卵圆形，小枝弯曲下垂成鸡爪形，群众称之为鸡爪榆。树皮粗而深裂。生长缓慢，材质极脆，是白榆中材质最差的一个类型。

（七）垂枝榆

树干较直或稍弯，树冠伞形，小枝年生长量在 68 cm 左右。叶较小，阔椭圆形，叶尖钝。树皮呈片状开裂。生长较快，材质一般。

（八）粗皮榆

树干多弯曲，树冠倒卵形。树皮粗而深裂，开裂早。叶长卵形，先端尖，基部楔形。材质脆，弹性差，易折，群众称之为脆榆。

(九) 细皮榆

树干通直，树冠倒卵形。树皮细，长条状浅裂，幼树时光滑呈灰色，10 年生树木，干皮多中下部浅裂，15 年生以上大树通身浅裂，大侧枝仍较光滑。材质绵，弹性好，群众称之为绵榆。

(十) 光皮榆

与细皮榆相似，其不同点就是干皮光滑，15 年生树皮仍很光滑，仅基部有极浅开裂，树皮薄，形似杨树。树干直。材质绵，抗压力强。

第五节　国　　槐

国槐（*Sophora japonica* Linn.）为豆科（Leguminosae）槐属落叶乔木。别名：槐树、中国槐、槐角子、豆槐、家槐、守宫槐、巨槐、细叶槐、槐米树等。染色体数$2n=28$。

一、国槐的起源与传播

我国槐属（*Sophora* Linn.）有 16 个种。国槐是我国特有的树种，其历史可以追溯到 3 000 年以前。从地理起源上看，国槐起源属于温带亚洲成分，是典型的北温带落叶阔叶树种。

国槐适应性强，能在石灰性及轻度盐碱土上正常生长。分布广，原产我国北部，北至辽宁，南至广东。华北平原及黄土高原海拔 1 000 m 地带均能生长。国槐的自然分布为长江以北，主要为中原、华北黄河流域一带，以散生为主，成片林少见。其主要分布于山东、河南、河北、陕西、山西、北京、内蒙古、甘肃、宁夏、四川、湖北、安徽、江苏。

二、中国国槐的栽培区

国槐栽培历史悠久，约在 3 000 年以上。远在秦朝时期自长安（今西安）至诸州的通道已有夹路植槐的记述，到唐代种植更多，今在山东、山西、陕西、甘肃及北京的宫苑古刹中还多保留有晋唐时代的古槐，如山西太原的唐槐公园、晋祠连同街道院落就有千年以上的老槐树近百株。在全国各地的古树调查中，均有大量的国槐如唐槐、宋槐等古树的存在，说明历史上被广泛栽培应用。目前，北京、南京、西安、天津、济南、石家庄等许多大中城市都把国槐列为主要绿化树种。

国槐的诸多生长习性决定了其适合在全国各地栽培（除东北和西北等高寒地区外）。

三、中国国槐的特殊类型

根据国槐形态变异，将其划分为国槐（原变种）、白槐、青槐和黑槐 4 个类型（赵燕，2007）。

(一) 国槐（原变种）

树冠球形，树皮灰色或深灰色，粗糙纵裂，内皮鲜黄色，有臭味。枝棕色，幼时绿色，具毛，皮孔明显。单数羽状复叶互生，小叶 5～7 枚。

(二) 青槐

侧枝多、细、密，向上伸展，枝角 20°～30°。树干圆满通直，树冠窄，出材率高，适宜密植。青槐适应性强，树形优美，是优良经济观赏类型。

(三) 白槐

材质黄白，树冠中宽，呈球形。侧枝较稀，中粗、斜生，枝角一般在 45°～60°。主干通直明显。白槐生长速度快，经济价值高，为优良类型。

(四) 黑槐

树冠宽大，侧枝平展，树干较直，一般小枝状枝较疏。黑槐生长快，树冠大，宜用作防护林树种。

第六节 臭　椿

臭椿（*Ailanthus altissima* Swingle）属苦木科（Simaroubaceae）臭椿属落叶乔木树种。别名椿树、樗树。臭椿是我国华北石质山地及平原防护林的主要造林树种。生长快，抗烟、防尘，适于工矿区“四旁”绿化。

一、臭椿的起源与传播

我国臭椿属（*Ailanthus* Desf.）树种有 6 个种，主产华北以南的温带地区。臭椿原产中国北部和中部，现分布很广，辽宁、华北、西北至长江流域各地均有分布，是一种抗性极强的优良绿化树种。臭椿水平分布于北纬 22°～43°，东经 88°～123°，垂直分布在华北可达海拔 1 500 m，在西北可达海拔 1 800 m。

二、中国臭椿的栽培区

在中国，南自广东、广西、云南，向北直到辽宁南部，共跨 22 个省（自治区、直辖市）均有栽培，又以黄河流域栽培较普遍，垂直栽培于海拔 100～2 000 m 范围内（李书靖，1998）。

三、中国臭椿的特殊类型

在长期自然和栽培条件的影响下，臭椿发生变异，形成一些臭椿变种。

(一) 白椿（白皮臭椿）

树皮灰白色，较平滑而皮薄，生长较快，适应性差。

(二) 黑椿（黑皮臭椿）

树皮黑灰色，较粗糙而皮厚，生长较慢，材质较差，适应性强。

（三）千头臭椿

树冠近球形，侧枝多，斜展，枝叶浓密。树干较低，中央主干，小枝多，直立斜展为显著特征。千头臭椿具有适应性强、耐干旱、病虫害少等特性。因树姿优美，是城乡园林化建设和庭院置景的优良观赏品种。千头臭椿在河南民权、禹州、郑州等地有栽培。

（四）红果臭椿

树冠稀疏，侧枝少，开展或平展。幼叶红色，开花时，子房及幼果鲜红色。翅果鲜红色或红褐色为显著特征。红果臭椿适应性强，耐干旱，耐瘠薄，是河南黄土丘陵区、石质山地的造林先锋树种，也是风景林营造和城乡园林化建设的良种。可采用插根和嫁接繁殖。

（五）白材臭椿

树冠宽大，侧枝稀少，开展。树干通直，中央主干明显，树皮灰白色，光滑。小枝少，细长，近轮生状。小叶腺点无臭味，俗称甜椿。白材臭椿是臭椿中生长最快、分布和栽培最广、材质最好的一种。可采用插根、嫁接和播种方法繁殖。

第七节　苦　楝

苦楝（*Melia azedarach* Linn.）为楝科（Meliaceae）楝属（*Melia*）乔木树种，又名楝（本草经）、紫花树（江苏、浙江、江西）、火捻树（广东）。

苦楝为黄河流域以南低山平原地区，特别是江南地区的“四旁”绿化主要树种，生长快，材质好，用途广，繁殖易。

一、苦楝的起源与传播

楝属（*Melia*）树种全世界约有 20 种，我国有 3 种。苦楝产于黄河以南，长江流域及福建、广东、海南、广西、台湾等地。广布于亚洲热带、亚热带地区，温带地区常见栽培。

苦楝在我国分布广泛，水平分布南自海南省崖县，北到河北保定和山西运城、陕西渭南、甘肃南部地区；东自台湾及沿海各省，西到四川、云南保山。苦楝垂直分布范围一般为海拔 6～800 m，广东、浙江沿海海拔 6 m 以上地区；长江以南海拔较低的旷野、池边、溪边、农村的房前屋后和山脚边；黄河流域的山西、陕西、河南、山东、河北等地，多生于海拔 200 m 以下的平原、丘陵和农村“四旁”，在太行山、伏牛山海拔 500 m 地带仍有分布；西部的甘肃、四川一般分布在海拔 800 m 以下；云南南部思茅地区在海拔 1 500 m 地带仍有苦楝分布。

二、中国苦楝的栽培区

河北中南部平原地区及北京、天津有栽培。中国黄河以南地区常栽培或野生。

程诗明等（2005）结合中国生态梯度图，将中国苦楝分布区划分为11个物候区，分别为：Ⅰ. 桂南南部沿海、海南物候区；Ⅱ. 桂南、粤南物候区；Ⅲ. 台湾、桂中、粤西、滇东南物候区；Ⅳ. 粤东南、闽中南物候区；Ⅴ. 浙江、赣东南、闽北物候区、Ⅵ. 滇中、黔东南、桂北、湘南、赣西南、浙北、上海物候区；Ⅶ. 苏中南、皖中南、鄂东南、湘北、黔中物候区；Ⅷ. 青岛、鲁南大部、苏北、皖北、豫中南、鄂北大部、重庆物候区；Ⅸ. 鲁北、豫北、冀南、晋东南物候区；Ⅹ. 陕中南、甘东南、川东北物候区；Ⅺ. 川中南、川西北、滇中北物候区。

三、中国苦楝的特殊类型

苦楝基本上处于散生或丛生未改良的状态，分布广泛，受自然选择和地理生态条件的影响，遗传变异幅度大，形成许多不同地理生态类型。

苦楝不同产地具有不同亚种和生态型的分化，化学成分及生物活性差异极大。赵善欢和张兴（1987）在研究苦楝根皮和树皮的杀虫作用时就已经注意到苦楝果实的生物活性及其活性成分因产地而异。张兴等（1988）研究得出中国苦楝因分布区不同，其果实形态及大小都有差异，生物活性差异极大，且测定了中国不同地区苦楝树皮生物活性及川楝素含量，发现所有苦楝树皮均含有川楝素，但含量不同，认为中国西南地带（即云南、贵州、四川至陕西南部）存在"地域生态型差异"。川楝素含量较高的地区，如贵州、四川、陕西等地均为山区或丘陵地带，气候的多样性造就了苦楝生态型的多样性。在某些相邻地区如湖南西部与广东也存在中间类型。

第八节　白花泡桐

白花泡桐［*Paulownia fortuneii*（Seem.）Hemsl.］为玄参科（Scrophulariaceae）泡桐属（*Paulownia*）落叶乔木树种，别名大果泡桐、泡桐。染色体数 $2n=40$，核型为2B型。白花泡桐树形高大，树干通直，生长较快，树势较强，经济性状好，是一种重要的优质速生用材树种。

一、白花泡桐的起源与传播

我国泡桐属有7个种。鄂西、川东（北纬29°～30°15′，东经112°～107°25′）的长江三峡及中下游地区，这一带地形复杂，气候优越，成为泡桐大部分种类的集中分布区，是泡桐属的分布中心和第四纪冰期泡桐属植物的避难所（竺肇华，1982）。湖北西部泡桐分布不仅种类复杂，而且历史悠久，可能是泡桐属的分布中心或发源地。白花泡桐可能是古老的毛泡桐经长期自然选择分化出来的较"年轻"的一个种（蒋建平，1990；陈志远等，2000）。湖北西部既是泡桐属的多度中心、多样化中心，同时又是次生起源中心。

白花泡桐主要分布在以下4个区域：东南沿海丘陵区（包括广东、福建、浙江、台湾）、华中区（包括江西、安徽、湖南、湖北、四川东部、河南西部、江苏南部）、四川盆地和云贵高原区（包括四川南部、广西西北部、云南东北部以及贵州省）。

二、中国白花泡桐的栽培区

白花泡桐有 3 个栽培区：①黄淮海平原栽培区；②江南温暖湿润栽培区。该区有两大类型：平原农区和浅山丘陵区；③西北干旱半干旱栽培区。

三、中国白花泡桐的特殊类型

由于悠久的栽培历史和分布区域内多变的生态环境条件，白花泡桐的种内变异十分丰富。

（一）银白毛白花泡桐

花萼外被银白色毛，果卵状椭圆形。

（二）长花序白花泡桐

花序长达 52～70 cm。

（三）无紫斑白花泡桐

叶、花、果均与白花泡桐相似，唯花冠筒内无紫斑。

第九节　杜　　仲

杜仲（*Eucommia ulmoides* Oliv.）为杜仲科（Eucommiaceae）杜仲属（*Eucommia* Oliv.）多年生落叶乔木。别名思仲、丝连木、玉丝皮、扯丝皮、丝棉木。杜仲是我国特有的重要经济药用树种，皮、叶、种子等有很高的药用价值和营养保健功能。杜仲是仅存于我国的第三纪孑遗植物，被列为国家二级重点保护树种。染色体数 $2n=34$。

一、杜仲的起源与传播

我国是现存杜仲资源的唯一保存地，至今在世界各地尚未发现其近缘植物，故有"活化石植物"的美称。通常认为杜仲起源于陕、甘、川三省交界的秦岭山脉，向南扩展到贵州及与贵州接壤的云南、广西、湖北、湖南以及与湖南接壤的广东地区，向东到江西、浙江、安徽山地。

根据周政贤等（1980）的研究，杜仲在我国水平分布区域，大体上在秦岭、黄河以南，五岭以北，黄海以西，云南高原以东，其间基本上是长江中下游流域。从分布的省（自治区）来看，北自甘肃、陕西、山西，南至福建、广东、广西，东达浙江，西抵四川、云南，中经安徽、湖北、湖南、江西、河南、贵州等 15 个省（自治区）。在这些省（自治区）基本上为局部分布，多集中于山区和部分丘陵区。杜仲在我国的地理分布区域为北纬 25°～35°，东经 104°～119°，南北横跨 10°左右，东西纵越约 15°。

二、中国杜仲的栽培区

我国杜仲已有 2 000 多年栽培历史。杜仲在我国亚热带至暖温带的 26 个省（自治区、直辖市）均有栽培，栽培面积超过 35 万 hm^2。杜仲栽培区划分为 4 个区、17 个亚区、30 个地区。4 个区分别为引种区、边缘栽培区、主要栽培区、中心栽培区。其中，边缘栽培区分为北部、南部、西部和东部 4 个亚区；主要栽培区分为北部中山丘陵、南部中低山、东部中低山丘陵、西部中低山 4 个亚区；中心栽培区分为湘西北武陵山中低山丘陵、湘西雪峰山中低山丘陵、黔北娄山中低山、黔东北武陵山（梵净山）中低山、鄂西神农架中低山、川东武陵山中低山、川东北巫山中低山、陕南大巴山中低山 8 个亚区（张维涛等，1994）。

三、中国杜仲的特殊类型

根据杜仲干皮开裂特征分为以下 4 个变异类型。

（一）粗皮杜仲

树皮呈灰色，干皮粗糙，具较深纵裂纹；横生皮孔极不明显，韧皮部占整个皮厚的 62%～68%。通过液相色谱分析，主干皮中主要降压成分松脂醇二葡萄糖苷含量为 0.09%。河南、贵州遵义等地该类型较多。

（二）浅裂杜仲

树皮浅灰色，干皮仅具很浅纵裂纹，可见较明显的横生皮孔，木栓层很薄，韧皮部占整个皮厚的 92%～98.6%。主干皮中主要降压成分松脂醇二葡萄糖苷含量为 0.3%。

（三）龟裂杜仲

树皮呈暗灰色，干皮较粗糙，呈龟背状开裂，横生皮孔不太明显，韧皮部占整个皮厚的 65%～70%。主干皮中主要降压成分松脂醇二葡萄糖苷含量为 0.12%。

（四）光皮杜仲

树皮呈灰白色，干皮光滑，横生皮孔明显且多，只在主干基部可见很浅裂纹，韧皮部占整个皮厚的 93%～99%。主干皮中主要降压成分松脂醇二葡萄糖苷含量为 0.10%。湖南慈利等地以光皮型较多。

第十节 白 桦

白桦（*Betula platyphylla* Suk.）为桦木科（Betulaceae）桦木属（*Betula*）落叶乔木，具有喜光、耐寒、速生、根系发达、萌芽力强、天然更新好等特点，是东北、华北地区优良的观赏绿化和生态经济树种。染色体数 $2n=28$。

一、白桦的起源与传播

桦木属（*Betula* L.）植物世界上约有 100 种，我国有 31 种，4 个变种。最早的桦木科植物生活在晚白垩纪桑托期，起源于中国中部地区。起源后，一方面较缓慢地向欧洲散布，并在古新世到达欧洲；另一方面向中国东北地区散布，并迅速扩散到北极地区，通过白令陆桥在白垩纪最晚期到达了北美（陈之端等，1995）。

在我国，白桦分布于14个省、自治区，遍布于我国8个植被区域中的7个植被区域，并主要集中分布于东北三省及内蒙古林区，而且越向北越以其变种东北白桦（var. *mandshurica*）为主，形成大片纯林，在东北阔叶树中，其蓄积量最大。在华北、西北、西南的山地也有分布，如分布于河北、山西、陕西、河南、甘肃、宁夏、青海、四川等省、自治区的山地，南至云南的丽江、中甸，西至西藏的太昭亦有分布（郑万钧，1985）。

二、中国白桦的栽培区

人工白桦林极为稀少（侯坤龙等，2006）。20世纪90年代，黑龙江海林林业局就开始了白桦人工林营造试验，认为与其天然林相比，白桦人工林具有生长快，成活率、保存率高的特点，并对立地条件要求不严，应大面积发展白桦丰产人工林。

中国白桦初步区划为5个种源区：Ⅰ. 内蒙古兴安岭种源区；Ⅱ. 小兴安岭种源区；Ⅲ. 完达山、张广才岭种源区；Ⅳ. 长白山、千山种源区；Ⅴ. 六盘山、祁连山种源区。并初步选出汪清和凉水两个最佳种源地（刘桂丰等，1999）。

三、中国白桦的特殊类型

（一）东北白桦［var. *mandshurica*（Reyl.）Hara.］

东北白桦叶基部由宽楔形至狭楔形，果序长而细，长3.6～4 cm，粗0.7 cm以下，而白桦叶基部多平截，果序短而粗，长2.2～3 cm，粗在0.8 cm以上。该变种产于东北各省山地，以大兴安岭最多。

（二）栓皮白桦（var. *phellodendroides* Tung.）

树皮纵状沟裂，具厚的木栓层，灰色。叶柄、叶背沿脉及叶缘具疏或密的柔毛，叶两面无腺点，叶基部宽楔形。

第十一节　栓 皮 栎

栓皮栎（*Quercus variabilis* Bl.）为壳斗科（Fagaceae）栎属落叶乔木。木材致密，强度大。树皮为木栓可制软木，具有比重小、耐酸碱及对热、电绝缘等特性，是重要的工业原料。栎炭火力强而耐久，是良好的薪炭材，也是营造水源涵养林和防火林的优良树种。染色体数 $2n=24$，核型为2B型。

一、栓皮栎的起源与传播

栎属（*Quercus* L.）植物在全世界大约有450种，中国约有51种（傅立国，2001），广布于全国各地。栎属的现代分布中心和起源地为中南半岛，北美、欧洲和东亚在老第三纪时有相同的壳斗科植物区系，而落叶栎类是在中新世以后通过白令海峡到达美洲（周浙昆，1992、1999）。另外，有研究表明，在新生代老第三纪已出现大量壳斗科树木，新第三纪时期，吉林敦化、云南牟定均已出现古栓皮栎（*Quercus miovariabilis*）。

栓皮栎在我国分布于北纬 19°～42°，东经 97°～122°的广大地区，南起广东北部，北至河北的山海关、抚宁、青龙，山西的陵川、临汾、乡宁及陕西黄龙东南部的大岭和月亮山一线，东达辽东半岛东南部、山东、江苏云台山及台湾，西到甘肃东部小陇山、凌云至白色一线。安徽大别山、河南伏牛山和桐柏山、陕西秦岭、鄂西和川东一带，是中国栓皮栎的中心分布区。

栓皮栎主要分布在辽宁、河北、山西、陕西、甘肃、山东、河南、江苏、安徽、湖北、四川、浙江、江西、湖南、贵州、福建、广西、广东、云南、台湾及北京、上海等 22 个省、自治区、直辖市。

二、中国栓皮栎的栽培区

栓皮栎是我国特有树种，分布范围广泛，栽培利用历史悠久。早在西周、春秋时代的《诗经》《礼记》《论语》等古籍中，就有栎树的记载（傅焕光等，1986）。

栓皮栎是我国古代经营和栽培最早的主要树种之一。我国栎类萌芽更新大约有 2 000 年的历史。北魏贾思勰《齐民要术》就有对栎类直播造林、萌芽更新和利用等方面较详细的叙述，“三遍熟耕，慢散橡子，即再劳之”。

栓皮栎在我国除内蒙古、青海、新疆、宁夏、黑龙江、西藏外，其他各省（自治区、直辖市）都有分布和引种栽培。人工林以山东、河南、陕西、安徽及湖南等地较多。

三、中国栓皮栎的特殊类型

（一）长柄厚皮型栓皮栎

落叶乔木，树皮深块裂，裂纹红褐色，具厚的木栓层，周皮厚度大于韧皮部厚度。叶卵状披针形，叶柄长 17～25 mm，叶宽 42～59 mm。坚果近球形，果脐微突起。多生长于土层深厚的向阳山坡上，巴山北坡、秦岭北坡、黄龙山区均有分布。

（二）短柄厚皮型栓皮栎

落叶乔木，树皮深块裂，裂纹暗褐色，具厚的木栓层，周皮厚度大于韧皮部厚度。叶长椭圆形，叶柄长 5～12 mm，叶宽 39～55 mm。坚果近球形，果脐微突起。多生长于向阳山坡上，巴山北坡、秦岭北坡、黄龙山区均有分布。

（三）长柄薄皮型栓皮栎

落叶乔木，树皮浅纵裂，裂纹灰白色，周皮厚度小于韧皮部厚度。叶卵状披针形，叶柄长 17～25 mm，叶宽 41～62 mm。坚果近球形，果脐微突起。多生长于半阳坡上，巴山北坡、秦岭北坡、黄龙山区均有分布。

（四）短柄薄皮型栓皮栎

落叶乔木，树皮浅纵裂，裂纹灰白色，周皮厚度小于韧皮部厚度。叶长椭圆形，叶柄长 5～13 mm，叶宽 39～55 mm。坚果近球形，果脐微突起。多生长于半阳坡上，巴山北坡、秦岭北坡、黄龙山区均有分布。

第十二节　杉　　木

杉木［*Cunninghamia lanceolata*（Lamb.）Hook.］为杉科（Taxodiaceae）杉木属常绿乔木，又名泡杉、福州杉（台湾）、刺杉（江西）、家杉、元杉、正杉（浙江）。染色体数 $2n=22$。

杉木是我国南方重要的用材树种，杉木生长快，没有严重的病虫害，木材纹理直，材质轻软，易干燥，少翘曲开裂，耐腐性强，质量系数高，是我国主要的商用建筑材之一（吴中伦，1984），同时也是重要的高级造纸原料。

一、杉木的起源与传播

我国杉木属（*Cunninghamia*）有 2 个种。杉木属植物起源于中生代侏罗纪或早白垩纪的东西环太平洋地区，我国东北、华北北部及朝鲜、日本、俄罗斯西伯利亚东南部是起源中心和早期分化中心。晚白垩纪扩散到北美，新生代早在第三纪古新世扩散到西欧，形成北美洲、欧洲两个次生中心，古新世至渐新世发展成为北半球的广布种。渐新世至第四纪早更新世扩散到我国长江流域及其以南地区。由于第四纪冰期的影响，在大多数地区相继灭绝，仅有杉木一种在我国长江以南及越南北部残存，成为该属植物的残遗中心（吴仲伦，1984；余新妥，1997）。

杉木现代的地理分布范围大致和常绿阔叶林相一致。其水平分布北起秦岭南麓、桐柏山、大别山及宁镇山系，南到海南、广西、云南；东自浙江、台湾，西到云南和四川盆地边缘的安宁河、大渡河中下游。地理分布区包括湖南、福建、江西、浙江、贵州、四川、云南、广东、广西、海南、湖北、河南、陕西、甘肃、安徽、江苏及台湾等 17 个省、自治区，大致位于北纬 19°30′～34°3′，东经 101°30′～121°53′。

二、中国杉木的栽培区

据考证，杉木栽培历史已有 2 000 多年。我国杉木产区分为 3 个带、5 个区：①杉木北带：北缘属长江下游、淮河流域，沿伏牛山、南阳、栾川、郧西、安康、佛坪到秦岭以南。北带以桐柏山为界，可分为东、西两个区。②杉木中带：按地形和气候条件分为东、中、西 3 个区。杉木中带东区在地域上大体包括武陵山、雪峰山以南，南岭山地以北及长江流域以南，该区是杉木气候生态适宜区，也是高产杉木种源的集中分布区。③杉木南带：包括广东信宜和焦岭、广西桂平、台湾台中。

杉木划分为 9 个种源区：①秦巴山地种源区；②大别山桐柏山种源区；③四川盆地周围山地种源区；④黄山天目山种源区；⑤雅砻江、安宁河流域山原种源区；⑥贵州山原种源区；⑦湘鄂赣浙山地丘陵种源区；⑧南岭山地种源区；⑨闽粤桂滇南部山地丘陵种源区（洪菊生，1994）。

南岭山地种源区、四川盆地周围山地种源区、清衣江流域和桂滇南部山地为我国杉木优良种源区。

三、中国杉木的特殊类型

在自然异花授粉、人工栽培、地理生态环境的隔离和长期影响下，杉木发生许多变异，形成许多类型。

（一）黄杉（油杉、铁杉、黄枝杉、红芒杉）（ cv.'Lanceolata'）

嫩枝和新叶为黄绿色，无白粉，有光泽。叶片较尖而稍硬，先端锐尖。木材色红而较坚实。生长稍慢，蒸腾耗水量小，抗旱性较强，产区各地普遍栽培。

（二）灰杉（糠杉、芒杉、泡杉、石粉杉）（cv.'Glauca'）

嫩枝和新叶为蓝绿色，有白粉，无光泽。叶片较长而软，木材色白而较疏松。生长较快，蒸腾耗水量较大，抗旱性较差，分布遍及各产区。

（三）峦大杉（香杉）（var. *konishii* Hayata）

峦大杉系台湾乡土树种，分布于海拔 1 600～2 800 m，叶、球果及种子均较杉木为小，其每一簇花序数仅为 14～16，木材比重较大，轮伐期较长。属于杉木分布区东缘高山的生态类型。

（四）软叶杉（钱杉、柔叶杉）（ cv.'Mollifolia'）

叶片薄而柔软，先端不尖，枝条下垂，材质较优，产于云南、湖南等地杉木林分中。栽培较少。

（五）德昌杉（var. *unica*）

叶色灰绿或黄绿，披针形，厚革质，锯齿不明显，先端内曲，两面各有两条白色气孔带。分布于四川德昌、米易等县。属于杉木分布区西缘高山的生态类型。

第十三节　马 尾 松

马尾松（*Pinus massoniana* Lamb.）为松科（Pinaceae）松属植物。别名：青松、山松、枞树（广东、广西）、枞柏（福建），染色体数 $2n=24$。马尾松木材经防腐处理，可作矿柱等；木材纤维长，是造纸和人造纤维的主要原料，也是我国产脂树种。马尾松生长快，造林更新容易，成本低，能适应干燥瘠薄的土壤，是荒山造林的重要先锋树种。马尾松林是中国东南部亚热带湿润地区分布最广、资源最丰富的针叶林类型。

一、马尾松的起源与传播

松属（*Pinus*）植物在我国天然生长的有 22 个种、10 个变种，引入栽培的 16 个种、2 个变种，分布遍及全国。马尾松在我国自然分布区辽阔，历史悠久，是最主要的造林树种之一。但其原始分布区、起源与进化繁衍过程并不清楚，目前公开发表的论著有以下的见解与论述。

吴征镒（1980）在分析了马尾松的分布与生长之后，提出“从生长发育和分布情况看，中亚热带的长江流域可能是马尾松的发源和分布中心”。

全国马尾松地理种源试验协作组（1987）通过对种源试验材料的分析，并以地史变迁、聚类离群等研究成果为依据，得出四川盆地和广西盆地的马尾松有可能是两个原始类群。

秦国峰等（2002）指出，四川盆地由于特殊的盆地地形，气候长期少受干扰，因而有利于古老植物的保存。河流东注，又有利于盆地与其以外地区的基因交流。这说明四川盆地的特殊地形，不仅有利于古老马尾松的保存，而且还有利于扩散繁衍到盆地以外的地区。可以认为，我国广为分布的马尾松，起源于四川盆地，而后逐渐由此传播繁衍到其他地区。

马尾松广泛分布于我国亚热带东部湿润区，并延至北热带。其水平分布区横跨我国东部亚热带的北、中、南 3 个亚带及北热带，自然连续分布面积约 220 万 km^2。分布于我国南方 18 个省（自治区、直辖市），其中浙江、福建、江西、湖北、湖南、四川、重庆、贵州、广东、广西为主产区；陕西、河南、江苏、安徽 4 省分布在其南部或中南部地区；云南东南部、海南五指山、台湾苗栗等局部地区有少量或零星分布；山东有少量引种栽培。

二、中国马尾松的栽培区

我国马尾松产区分为 3 个带、6 个区（杨世逸，1989），即马尾松北带、马尾松中带、马尾松南带。马尾松北带以桐柏山为界划分为北带西区和北带东区；马尾松中带又划分为中带西区和中带东区；马尾松南带划分为南带北部亚地带和南带南部亚地带。

马尾松划分为 4 个种源区：①北亚热带地理类型区；②中亚热带地理类型区；③南亚热带地理类型区；④四川盆地丘陵地理类型区。其中，南亚热带地理类型区以广东德庆、高州，广西平南、柳城等种源为代表，林木生长量最大，可将其划为优良种源区。

三、中国马尾松的特殊类型

（一）雅加松（var. *hainanensis* Cheng et L. K. Fu）

树皮红褐色，裂成不规则薄片脱落；枝条平展，小枝斜上伸展；球果卵状圆柱形。产于海南雅加大岭。

（二）岭南马尾松（var. *lingnanensis* Hort.）

大枝一年生长两轮。产于广东、广西南亚热带地区，分布广，为一地理变种，比中亚热带、北亚热带的马尾松生长快。桂林的岭南马尾松有的一年开两次花。

（三）黄鳞松（var. *huanglinsong* Hort.）

树干上部干皮及大枝皮呈黄色或淡褐黄色，是我国古老的乡土树种，是松属树种地理分布最广的一变种。产于广东高州，海南海口庭园有栽培。

第十四节 侧 柏

侧柏［*Platycladus orientalis*（L.）Franco］是柏科（Cupressaceae）侧柏属（*Platycladus*）常绿针叶树种。侧柏属仅1个种，又名香柏（河北）、柏树（河南、山东、江苏、陕西、河北）、扁柏（浙江、安徽、四川）。

一、侧柏的起源与传播

中国的侧柏天然林，北部分布自吉林的老爷岭，辽宁的努鲁尔虎山，北京密云的椎峰山，河北的太行山，山西的吕梁山，内蒙古准格尔旗南部及乌拉山、大青山南坡，陕西的府谷、神木，到甘肃的葫芦河流域及两当、徽县、成县和康县；西至青海循化撒拉族自治县的孟达林区，西藏的察隅县下察隅区巴安通；西南至云南北部德钦一带的澜沧江河谷；东至山东的胶东半岛。大致分布于北纬28.5°～43°，东经93.5°～123°。

根据邢世岩（2009）的研究，侧柏的分布远及日本和欧美，国内大部分省份均有分布，其中山东、河南、河北、山西、陕西等省分布较丰富。在自然分布区内，从海拔3 000 m以上的天山山脉到东部1 000 m以下的低山丘陵，从内蒙古草原到长江中下游平原都有片林分布。

二、中国侧柏的栽培区

侧柏在我国栽培历史悠久，公元前3世纪的《禹贡》中有"……荆州贡柏"的记载。侧柏人工栽培几乎遍及全国各地，为我国针叶树种中栽培分布最广的树种，远至西藏德庆、达孜等地，黄河及淮河流域最为集中，但以淮河以北、华北等地区生长最好。江苏徐淮地区、山东泰沂山区、河北邯郸地区、北京郊区、河南东部黄河故道及甘肃定西地区曾用侧柏大面积造林。

施行博等（1992）将侧柏种源划分为7个类群：①温带草原地带，包括内蒙古准格尔旗、乌拉山；②温带草原地带和暖温带落叶阔叶林地带，包括山西太原、关帝山，陕西府谷；③暖温带落叶阔叶林地带，包括辽宁凌源、北镇，北京密云，河北遵化；④暖温带落叶阔叶林地带，包括甘肃合水，陕西黄陵、志丹、宜川，山西大宁；⑤南温带半湿润气候区、暖温带落叶阔叶林地带，包括河北赞皇，山西石楼、长治、晋城，陕西淳化、华阴、洛南，甘肃两当、徽县；⑥暖温带落叶阔叶林地带，包括河北灵寿、涉县，山东淄博、长青、平阴、泰安、枣庄，河南林县、辉县、登封、禹县、崇县、郏县、永城、淅川、确山、泌阳、罗山，江苏徐州；⑦暖温带落叶阔叶林带及亚热带常绿落叶混交林带，包括贵州黎平、四川绵阳。

三、中国侧柏的特殊类型

（一）千头柏（cv.'Sieboldii'）

高3～5 m，丛生灌木，无主干，枝密生，直展，树冠卵状球形或球形，叶绿色。供观赏及作绿篱。

(二) 金黄球柏（cv. 'Semperaurescens'）

矮生灌木，树冠球形，叶全年为金黄色。

(三) 金塔柏（cv. 'Beverleyensis'）

小乔木，树冠窄塔形，叶金黄色。

(四) 窄冠侧柏（cv. 'Zhaiguancebai'）

乔木，高达 20 多 m，幼树树冠卵状尖塔形，老树树冠则为广圆形，树冠窄，枝向上伸展或微斜上伸展，叶光绿色。适用于建立母树林和大面积造林。

第十五节　油　　松

油松（*Pinus tabulaeformis* Carr.）为松科（Pinaceae）松属树种，为中国所特有。油松既是我国华北地区以及西北和东北部分地区重要的造林树种，也是很重要的观赏树种。染色体数 $2n=24$。

一、油松的起源与传播

松属（*Pinus*）的现代分布中心在北美洲，但原始类群主要集中在中国西南—越南一带，康滇古陆晚三叠纪地层发现了最早的松属孢粉化石，因而这一地区是松属的起源地，起源时间为三叠纪（陆素娟等，1999）。油松是我国的特有树种，分布范围比较广，在国产松属植物中仅次于马尾松而占第二位。据研究，我国油松化石首次发现于河北涞源县（太行山区）新生代第三纪渐新世的地层，表明至少在 4 000 万年前，华北地区就开始有油松。

油松在我国的分布区域跨辽宁、内蒙古、河北、北京、天津、陕西、山西、宁夏、甘肃、青海、四川、湖北、河南、山东等 14 个省（自治区、直辖市）（徐化成，1993）。自然分布于北纬 31°～44°，东经 101°30′～124°25′，以陕西、山西和河北为分布中心。

二、中国油松的栽培区

油松是我国栽培历史悠久的乡土树种。在油松的整个分布区内，都适合油松的生长，并广为栽培于庙宇、陵墓和庭园周围（蒋红星，1999）。在自然分布区的东北方向上，辽宁的昌图、彰武，河北的围场、张北等地都有引种栽植；向西到新疆西部的伊犁地区也有栽培。在油松分布区的南部及西南部，近年来油松引种的规模较大，如四川盆地周围的巴山及巫山地区、鄂西北地区等，甚至在湖南南岳林场的高山地带也已栽植了油松，且生长正常。此外，山东中南部山区（泰山、鲁山、沂山、蒙山）也为油松栽培分布区。油松还被欧洲等地引种。

油松划分为 9 个种子区，22 个种子亚区：①西北区：青东和甘北宁南 2 个种子亚区；

②北部区：阴山西段和贺兰山鄂尔多斯 2 个亚区；③东北区：榆林、赤峰北部、阴山东段和晋北冀北 4 个亚区；④中西区：桥山和甘东 2 个亚区；⑤中部区：晋中冀西和晋南豫北 2 个亚区；⑥东部区：冀东辽西和辽东 2 个亚区；⑦西南区：甘西南、甘东南和川西北 3 个亚区；⑧南部区：川北、陕南和豫西 3 个亚区。⑨山东区：泰山和沂蒙 2 个亚区（徐化成等，1981）。

三、中国油松的特殊类型

（一）柴松

树干通直高大，高 15～25 m，胸径 50～80 cm，树冠呈圆锥伞形；枝条分布角度大，多下垂平展；树皮光，鳞片纵向排列细薄，裂浅甚至不裂，下部呈暗红色；叶色淡绿，针叶 2 针 1 束，叶稀而柔，稍弯扭；材质白色松软，含脂少，生长较一般油松快。

（二）大果刺油松

主干矮，高 5～10 m，树冠虽大，但多低矮，呈平展状；枝条粗而密；叶短，刚硬密生；球果较大，卵形，成熟时呈淡黄色，全身带针刺，脱粒种子带白色斑点。

（三）糠松（黄皮松）

材质较白，松脂较少。

第十六节　长白落叶松

长白落叶松（*Larix olgensis* A. Henry）亦称黄花落叶松，属松科（Pinaceae）落叶松属落叶针叶树种。是我国东北东部山地的主要针叶用材树种，具有生长快、用途广、材性优良、抗逆性较强、综合利用价值高等优点，主要用于营造水源涵养林、护路护岸林、农田防护林和速生丰产林，是北方针叶树种中的一个重要造纸树种。染色体数 $2n=2x=24$，2A 核型。

一、长白落叶松的起源与传播

落叶松属（*Larix*）全世界有 25 个种，我国天然分布的落叶松有 10 个种 5 个变种（王战，1992）。苏联学者对落叶松的发生和演化进行了大量研究，论证了西伯利亚东北地区落叶松存在的古老性和种的发生年代。其中，兴安落叶松是在冰期发生于西伯利亚东北部地区的一个落叶松种。华北落叶松不是中国古落叶松的孑遗种，而是兴安落叶松向南迁移中遇到温和气候而形成的一个年轻衍生物——南部小种（杨传平，2001）。通过保守性极强的 cpDNA 的 rbcL 基因序列分析，证明中国东北部分布的落叶松属植物有共同的起源，推测长白落叶松是起源于早期的兴安落叶松，可能是早期的兴安落叶松沿东西伯利亚向东演化的同时，沿俄罗斯的沿海地区向南延伸到奥尔加和长白山地区，形成现今的长白落叶松（石福臣等，2001）。

长白落叶松为我国特有树种，以长白山为分布中心，北界为老爷岭和张广才岭以南的大海林林区，向西止于吉林的舒兰—磐石—柳河一线，向南可达辽宁宽甸县以北。其地理分布于北纬 40°30′～44°46′，东经 127°～130°。由于历年来不断采伐，长白落叶松分布范围日益缩小，大面积成片的天然林已所剩无几。在俄罗斯远东地区和朝鲜北部也有分布。

二、中国长白落叶松的栽培区

黑龙江鹤岗、富锦、龙江、依安，吉林长岭，辽宁阜新，内蒙古喀喇沁旗，以及山东崂山和泰山都营造有长白落叶松人工林。

赵刚等（1998）对辽宁长白落叶松栽培区进行了区划，划分为辽东山地长白落叶松生长适宜气候区（Ⅰ区），由西丰、清原、抚顺、新宾、本溪、桓仁和开原、铁岭东部及宽甸北部所构成；辽东南低山长白落叶松生长较适宜气候区（Ⅱ区），由宽甸南部和凤城、岫岩、丹东、东港、庄河所构成；辽中丘陵长白落叶松可生长气候区（Ⅲ区），由开原、铁岭西部和沈阳、鞍山、海城、辽阳、大石桥、盖州、瓦房店、普兰店所构成。

黑龙江、吉林长白落叶松划分为 6 个种源区：Ⅰ. 黑龙江小北湖种源区，包括小北湖，位于张广才岭；Ⅱ. 黑龙江白刀山种源区，包括白刀山、穆棱，位于老爷岭；Ⅲ. 黑龙江完达山种源区，包括鸡西、大海林、天桥岭，位于完达山区；Ⅳ. 吉林白河种源区，包括白河、露水河、和龙，位于长白山区；Ⅴ. 吉林大石头种源区，包括大石头，位于长白山东北部；Ⅵ. 辽宁桓仁种源区。其中，黑龙江小北湖、大海林、鸡西种源为优良种源（李景云，2002；杨传平，2001）。

三、中国长白落叶松的特殊类型

根据长白落叶松球果大小和颜色，主要分以下几个自然变型。

（一）中果长白落叶松

球果较大，长达 2.3～3.0 cm。

（二）小果长白落叶松

球果长度在 1.4 cm 以下。

（三）绿果长白落叶松

幼果绿色，球果长在 3 cm 以下，种鳞 30 枚以下。

（四）杂色果长白落叶松

幼果紫色或红紫色与绿色掺杂并存，种鳞 30 枚以下。

（郑勇奇　李文英）

参考文献

安徽农学院林学系编委会，1980. 马尾松 [M]. 北京：中国林业出版社.
陈之端，路安民，1995. 桦木科植物的起源和早期演化 [J]. 中国科学院研究生院学报，12 (2)：199 -204.
陈之瑞，路安民，1997. 被子植物的起源和早期演化研究的回顾与展望 [J]. 植物分类学报，35 (4)：375 - 384.
陈志远，姚崇怀，胡惠蓉，等，2000. 泡桐属的起源、演化与地理分布 [J]. 武汉植物学研究，18 (4)：325 - 328.
程诗明，顾万春，2005. 苦楝中国分布区的物候区划 [J]. 林业科学，41 (3)：186 - 191.
丁托娅，1995. 世界杨柳科植物起源分化的地理分布 [J]. 云南植物研究，17 (3)：277 - 290.
方炎明，2009. 陆地植物新系统树之诠释与简评 [J]. 南京林业大学学报，33 (4)：1 - 7.
傅焕光，于光明，1986. 栓皮栎栽培与利用 [M]. 北京：中国林业出版社.
傅立国，2001. 中国高等植物 [M]. 青岛：青岛出版社.
郝云庆，江洪，余树全，2009. 桫椤植物群落区系进化保守性 [J]. 生态学报，29 (8)：4102 - 4111.
河南省获嘉县林科所，1986. 楝树 [M]. 郑州：河南科学技术出版社.
洪菊生，吴士侠，等，1994. 杉木种源变异研究 [J]. 林业科学研究 (17)：117 - 130.
洪菊生，吴士侠，等，1994. 杉木种源区划研究 [J]. 林业科学研究 (17)：130 - 144.
侯坤龙，周德滨，李海珠，等，2006. 营造白桦人工林最佳初植密度研究 [J]. 林业勘察设计 (2)：65.
姜景民，1988. 毛白杨起源与分类的研究 [D]，北京：中国林业科学院.
姜静，杨传平，刘桂丰，等，2001. 应用 RAPD 技术对东北地区白桦种源遗传的分析 [J]. 东北林业大学学报，29 (2)：30 - 34.
蒋红星，1999. 话说松林 [J]. 云南林业 (4)：19.
蒋建平，1990. 泡桐栽培学 [M]. 北京：中国林业出版社.
Jason Hilton，1998. 种子植物的起源及其早期演化 [J]. 植物学报，40 (11)：981 - 987.
李春香，陆树刚，杨群，2004. 蕨类植物起源与系统发生关系研究进展 [J]. 植物学通报，21 (4)：478 -485.
李景云，于秉君，褚延广，等，2002. 帽儿山地区 21 年生长白落叶松种源试验 [J]. 东北林业大学学报，30 (4)：114 - 117.
李书靖，宋国贤，周建文，等，1998. 臭椿种源苗期变异的研究 [J]. 甘肃林业科技 (4)：14 - 20.
李星学，周志炎，郭双兴，1981. 植物界的发展和演化 [M]. 北京：科学出版社.
刘桂丰，杨传平，刘关君，等，1999. 白桦不同种子形态特征及发芽率 [J]. 东北林业大学学报，27 (4)：1 - 4.
陆素娟，李乡旺，1999. 松属的起源、演化及扩散 [J]. 西北林学院学报，14 (3)：1 - 5.
路安民，汤彦承，2005. 被子植物起源研究中几种观点的思考 [J]. 植物分类学报，43 (5)：420 - 430.
马常耕，1993. 白榆种源选择研究 [M]. 西安：陕西科学技术出版社.
秦国峰，2002. 马尾松地理起源及进化繁衍规律的探讨 [J]. 林业科学研究，15 (4)：406 - 412.
施行博，郑吉联，曲旭奎，1992. 侧柏地理变异的研究 [J]. 林业科学研究，5 (4)：402 - 407.
石福臣，陆兆华，李立芹，2001. 中国东北落叶松属植物 *rbcL* 基因的序列分析及系统演化 [J]. 植物研究，21 (3)：371 - 374.

王战，1992. 中国落叶松林［M］. 北京：中国林业出版社.

吴国芳，冯志坚，马炜梁，等，2004. 植物学［M］. 北京：高等教育出版社.

吴征镒，1995. 中国植被［M］. 北京：科学出版社.

吴征镒，孙航，周浙昆，等，2005. 中国植物区系中的特有性及其起源和分化［J］. 云南植物研究，27（6）：577－604.

吴中伦，1984. 杉木［M］. 北京：中国林业出版社.

吴中伦，侯伯鑫，等，1995. 杉木自然分布区的研究［J］. 林业科技通讯（专刊）：10－12.

邢世岩，周蔚，马颖敏，等，2009，侧柏林天然更新及苗期生长特性［J］. 林业科技开发，23（1）：52－54.

徐化成，孙肇凤，郭广荣，等，1981，油松天然林的地理分布和种源区的划分［J］. 林业科学，17（3）：258－270.

徐化成，1993. 油松［M］. 北京：中国林业出版社.

杨传平，2001. 长白落叶松种群遗传变异与利用［M］. 哈尔滨：东北林业大学出版社.

杨世逸，1989. 全国马尾松产区区划方案［J］. 贵州农学院丛刊（马尾松Ⅱ）：12－13.

姚秀玲，杨得其，王小平，等，1994. 天水毛白杨种源试验的研究［J］. 甘肃农业大学学报，29（1）：76－82.

余新妥，1997. 栽培学［M］. 福州：福建科学技术出版社.

原贵生，薛皎亮，谢映平，等，1997. 国槐对城市空气硫污染物的吸收与净化作用研究［J］. 林业科技通讯，2（2）：25－26.

张维涛，刘湘民，沈绍华，等，1994. 中国杜仲栽培区划初探［J］. 西北林学院学报，9（4）：36－40.

张兴，1988. 川楝素制品对菜青虫生物活性的研究［D］. 广州：华南农业大学.

赵刚，刘畅，赵冰，等，1998，辽宁省长白落叶松栽培区的气候区划［J］. 辽宁林业科技（6）：17－20.

赵燕，2007. 国槐分类学和繁殖特性的研究［D］. 济南：山东师范大学.

郑万均，1985. 中国树木志［M］. 北京：中国林业出版社.

赵善欢，张兴，1987. 植物性物质川楝素的研究概况［J］. 华南农业大学学报，8（2）：57－67.

中国森林编辑委员会，1997. 中国森林：第1卷总论［M］. 北京：中国林业出版社.

中国森林编辑委员会，1999. 中国森林：第2卷针叶林［M］. 北京：中国林业出版社.

中国森林编辑委员会，2000. 中国森林：第3卷阔叶林［M］. 北京：中国林业出版社.

中国树木志编辑委员会，1982. 中国树木志：（1）［M］. 北京：中国林业出版社.

中国树木志编辑委员会，1976. 中国主要树种造林技术［M］. 北京：农业出版社.

周浙昆，1992. 中国栎属的起源演化及其扩散［J］. 云南植物研究，14（3）：227－236.

周浙昆，1999. 壳斗科的地质历史及其系统学和植物地理学意义［J］. 植物分类学报，37（4）：369－385.

周政贤，史莜麟，郭光典，1980. 杜仲［M］. 贵阳：贵州人民出版社.

竺肇华，1982. 关于泡桐属植物的分布中心及区系成分的探讨：兼谈我国南方发展泡桐问题［M］//中国林学会泡桐文集编委会. 泡桐文集. 北京：中国林业出版社.

Cronquist A，1981. An Integrated System of Classification of Flowering Plants［M］. New York：Columbia University Press.

Cronquist A，1988. The Evolution and Classification of Flowering Plants［M］. 2nd ed. New York：The New York Botanical Garden.

Fillatti J J，Sellmer J，McCown B，et al，1987. Agrobacterium mediated transformation and regeneration of Populus［J］. Mol Gen Genet，206：192－199.

Palmer J D, Soltis D E, Chase M W, 2004. The plant tree of life: an overview and some points of view [J]. Amer J Bot, 91 (10): 1437 - 1445.

Pryer K M, Schneider H, Smith A R, et al, 2001a. Horsetail monophyletic group and the closest living relatives to seed plants [J]. Nature, 409: 618 - 622.

Stewart W N, Rothwell G W, 1993. Paleobotany and the Evolution of Plants [M]. 2th ed. Cambridge, UK: Cambridge University Press, 413 - 437.

附录2　起源于中国的栽培植物

作物名称	物种及其学名	备注
粮食作物		
稻	亚洲栽培稻　*Oryza sativa* L.	起源地之一
小麦	普通小麦　*Triticum aestivum* L.	次生起源地
大麦	大麦　*Hordeum vulgare* L.	次生起源地
燕麦	大粒裸燕麦（莜麦）　*Avena nuda* L. [*A. sativa* var. *nuda* Mordv.；*A. sativa* ssp. *nudisativa*（Husnot.）Rod. et Sold.；*A. chinensis* Metzg.]	次生起源地
黍稷	黍稷　*Panicum miliaceum* L.	
粟（谷子）	谷子　*Setaria italica*（L.）Beauv.	
高粱	中国高粱　*Sorghum bicolor*（L.）Moench	次生起源地
䅟子	䅟子（鸡脚稗、龙爪稷）　*Eleusine coracana*（L.）Gaertn.	
稗	食用稗　*Echinochloa crusgalli*（L.）Beauv.	
绿豆	绿豆　*Vigna radiata*（L.）Wilczek	起源地之一
小豆	小豆　*Vigna angularis*（Willd.）Ohwi &Ohashi	
饭豆	赤小豆　*Vigna umbellata*（Thunb.）Tateishi & Maxted	起源地之一
黎豆	黎豆（狗爪豆）　*Mucuna pruriens* var. *utilis*（Wall. ex Wight.）Baker ex Burck	
荞麦	甜荞　*Fagopyrum esculentum* Moench 苦荞　*F. tataricum* Gaertn.	
经济作物		
大豆	大豆　*Glycine max*（L.）Merr.	
油菜	白菜型油菜　*Brassica campestris* var. *oleifera* Makino et Nemoto 芥菜型油菜　*B. juncea* var. *gracilis* Jsen et Lee.	
紫苏	紫苏　*Perilla frutescens*（L.）Britt.	
蓝花子	蓝花子（油萝卜）　*Raphanus sativus* L. var. *raphanistroides* Makino	
油茶	油茶　*Camellia oleifera* Abel. 浙江红山茶　*C. chekiang-oleosa* Hu	
油桐	油桐　*Vernicia fordii* Airyshaw	
文冠果	文冠果　*Xanthoceras sorbifolia* Bunge	

（续）

作物名称	物种及其学名	备注
油渣果	油渣果 *Hodgsonia macrocarpa*（Bl.）Cogn.	
木棉	木棉 *Bombax malabaricum* DC.	
苎麻	苎麻 *Boehmeria nivea*（L.）Gaudich.	
黄麻	长果黄麻 *Corchorus olitorius* L. 圆果黄麻 *C. capsularis* L.	
亚麻	栽培亚麻 *Linum usitatissimum* L.	起源地之一
大麻	大麻 *Cannabis sativa* L.	
青麻	青麻（苘麻） *Abutilon theophrasti* Medicus	
罗布麻	罗布麻 *Apocynum venetum* L.	
棕榈	棕榈 *Trachycarpus fortunei*（Hook.）Wendland	
构树	构树 *Broussonetia papyrifera*（L.）Vent.	
芦苇	芦苇 *Phragmites communis* Trin.	
荻	荻 *Miscanthus sacchariflorus*（Maxim.）Benth. et Hook. f.	
甘蔗	中国种甘蔗 *Saccharum sinense* Roxb.	
茶	茶 *Camellia sinensis*（L.）O. Kuntze 多脉茶 *C. polyneura* Chang et Tang 防城茶 *C. fangchengensis* Liang et Zhang 阿萨姆（普洱茶） *C. assamica*（Mast.）Chang	
桑	鲁桑 *Morus multicaulis* Perr. 广东桑 *M. atropurpurea* Roxb. 白桑 *M. alba* L. 瑞穗桑 *M. mizuho* Hotta.	
橡胶草	橡胶草 *Taraxacum kok - saghyz* Rodin	起源地之一
啤酒花	啤酒花 *Humulus lupulus* L.	起源地之一
花椒	花椒 *Zanthoxylum bungeanum* Maxim.	
香椒子	香椒子 *Zanthoxylum schinifolium* Sieb. et Zucc.	
八角	八角茴香 *Illicium verm* Hook. f.	
肉桂	肉桂 *Cinnamomum cassia* Presl.	
香蒲	长苞香蒲 *Typha angustata* Bory et Chaub. 水烛香蒲 *T. angustifolia* L.	
灯芯草	灯芯草 *Juncus effusus* L.	
紫草	紫草 *Lithospermum erythrorhizon* Sieb. et Zucc.	
蓼蓝	蓼蓝 *Polygonum tinctorium* Ait.	
菘蓝	菘蓝 *Isatis indigotica* Fort.	
木蓝	木蓝 *Indigofera tinctoria* L.	
茜草	茜草 *Rubia cordifolia* L.	

（续）

作物名称	物种及其学名	备注
蒲葵	蒲葵　*Livistona chinensis*（Jacq.）R. Br.	
漆树	漆树　*Toxicodendron verniciflum*（Stokes）F. A. Barkl. （*Rhus verniciflua* Stokes）	
皂荚	皂荚　*Gleditsia sinensis* Lam.	
肥皂荚	肥皂荚　*Gymnocladus chinensis* Baill.	
雷公藤	雷公藤　*Tripterygium wilfordii* HK.	
芨芨草	芨芨草　*Achnatherum splendens*（Trin.）Nevsk.	
蔬菜作物		
萝卜	中国萝卜　*Raphanus sativa* L. var. *longipinnatus* Bailey	次生起源地
小白菜	小白菜　*B. campestris* ssp. *chinensis* Makino（*Brassica rapa* ssp. *chinensis* Makino）	
大白菜	大白菜　*B. campestris* ssp. *pekinensis*（Lour.）Olsson.（*Brassica rapa* ssp. *pekinensis* Hanelt）	
芥菜	芥菜　*Brassica juncea*（L.）Czern. et Coss.	起源地之一
芥蓝	芥蓝　*Brassica alboglabra* L. H. Bailey （*B. oleracea* var. *alboglabra* Bailey）	
乌塌菜	乌塌菜（塌棵菜）　*Brassica rapa* L. var. *rosularis* Tsen et Lee （*B. narinosa* Bailey）	
芜菁	芜菁 *Brassica rapa* var. *rapifera* Matzg （*B. campestris* ssp. *rapifera* Matzg）	起源地之一
菜薹	菜薹　*Brassica rapa* ssp. *chinensis* var. *tsai-tai* Hort.	
荠菜	荠菜　*Capsella bursa-pastoris*（L.）Medic. （*Bursa bursa-pastoris* Boch.）	
甜瓜	厚皮甜瓜　*Cucumis melon* ssp. *melo* Pang. 薄皮甜瓜　*C. melon* ssp. *conomon*（Thunb.）Greb.	次生起源地
冬瓜	冬瓜　*Benincasa hispida*（Thunb.）Cogn.	次生起源地
瓠瓜	瓠瓜　*Lagenaria siceraria*（Molina）Standl.	次生起源地
豇豆	长豇豆　*Vigna unguiculata*（L.）Walp. ssp. *sesquipedalis*（L.）Verdc.（*V. sinensis* Enal.）	次生起源地
茄子	茄子　*Solanum melongena* L.	起源地之一
茭白	茭白（菰）　*Zizania latifolia* Turcz.	
冬寒菜	冬寒菜（冬葵）　*Malva crispa* L.	
茼蒿	小叶茼蒿　*Chrysanthemum coronarium* L.	
菊花脑	菊花脑　*Chrysanthemum nankingense* H. M.	
牛蒡	牛蒡　*Arctium lappa* L.	

（续）

作物名称	物种及其学名	备注
莴笋	茎用莴苣 *Lactuca sativa* L. var. *asparagina* Bailey	次生起源地
草石蚕	甘露子（草石蚕） *Stachys siobeldii* Miq.	
藿香	藿香 *Agastache rugosa*（Fisch. et Mey.）O. Kuntze.	
黄花菜	北黄花菜 *Hemerocallis lilio*－*asphodelus* L. （*H. flava* L.）	
卷丹百合	卷丹百合 *Lilium lancifolium* Thunb. （*L. tigrinum* Ker－Gawl.）	
百合	龙牙百合 *Lilium brownii* var. *viridulum* Baker	
藠头	藠头（薤、荞头） *Lilium chinense* G. Don	
韭菜	韭菜 *Allium tuberosum* Rottl. ex Spreng.	
大葱	大葱 *Allium fistulosum* L. var. *giganteum* Makino	
蕹菜	蕹菜 *Ipomoea aquatica* Forsk.	
水芹	水芹 *Oenanthe javanica*（Bl.）DC. et Pro.	
莼菜	莼菜 *Brasenia schreberi* J. F. Gmel.	
慈姑	慈姑 *Sagittaria trifolia* L. var. *sinensis*（Sims）Makino	
荸荠	荸荠 *Eleocharis tuberosa*（Roxb.）Roem. et Schult. （*Heleocharis tuberose* Roem. et Schult.）	
菱	红菱（乌菱） *Trapa bicornis* Osbeck.	
莲藕	莲藕 *Nelumbo nucifera* Gaertn.	起源地之一
芡实	芡实 *Euryale ferox* Salisb.	
香椿	香椿 *Toona sinensis*（A. Juss.）Roem.	
姜	姜 *Zingiber officinale* Rosc.	
蘘荷	蘘荷 *Zingiber mioga*（Thunb.）Rosc.	
芋	芋 *Colocasia esculenta*（L.）Schott.	
魔芋	花魔芋 *Amorphophallus konjac* K. Koch	起源地之一
土人参	土人参 *Talinum paniculatum*（Jacq.）Gaertn. （*Talinum crassifolium* Willd.）	
苋菜	苋菜 *Amaranthus mangostanus* L.	起源地之一
枸杞△	枸杞 *Lycium chinense* Mill.	与药用作物重复
食用蕈菌		
黑木耳	黑木耳 *Auricularia auricula*－*judae*（Bull.）Quél.	
毛木耳	毛木耳 *Auricularia polytricha*（Mont.）Sacc.	
金针菇	金针菇 *Flammulina velutipes*（Curtis）Sing.	
香菇	香菇 *Lentinula edodes*（Berk.）Pegler	
草菇	草菇 *Volvariella volvacea*（Bull.）Sing.	
银耳	银耳 *Tremella fuciformis* Berk.	
金耳	金耳 *Tremella aurantialba* Bandoni & M. Zang	

（续）

作物名称	物种及其学名	备注
鲍鱼菇	鲍鱼菇 *Pleurotus abolanus* Han. K. M. Chen et S. Cheng (*P. cystidiosus* O. K. Mill.)	
榆黄菇	榆黄菇 *Pleurotus citrinopileatus* Sing.	
白灵侧耳	白灵侧耳（白灵菇） *Pleurotus nebrodensis* (Inzen.) Quel. (*P. eryngii* var. *tuoliensis* C. J. Mou)	
竹荪	长裙竹荪 *Dictyophora indusiatus* Vent.	
亚侧耳	亚侧耳（元蘑） *Hohenbuehelia serotina* (Pers.: Fr.) Sing. [*Panellus serotinus* (Pers.) Kühner]	
榆耳	榆耳 *Gloeostereum incarnatum* S. Ito & S. Imai	
褐灰口蘑	香杏丽蘑 *Calocybe gambosa* (Fr.) Donk.	
绣球菌	绣球菌 *Sparassis crispa* (Wulf.) Fr.	
蛹虫草	蛹虫草 *Cordyceps militaris* (L.) Link	
蜜环菌	蜜环菌 *Armillaria mellea* (Vahl.) P. Kumm.	
长根菇	长根菇 *Oudemansiella radicata* (Relhan.: Fr.) Sing. [*Xerula radicata* (Relhan.) Dörfelt]	
猴头	猴头 *Hericium erinaceus* (Bull.) Pers.	
果树作物		
中国苹果	花红（林檎、槟子） *Malus asiatica* Nakai 楸子（海棠果） *M. prunifolia* (Willd.) Borkh. 绵苹果（中国苹果） *M. domestica* ssp. *chinensis* Li	
梨	秋子梨 *Pyrus ussuriensis* Maxim. 白梨 *P. bretschneideri* Rehd. 砂梨 *P. pyrifolia* (Burm.) Nakai	
山楂	山楂 *Crataegus pinnatifida* Bunge.	起源地之一
桃	桃 *Amygdalus persia* (L.) Batsch.	
杏	杏 *Armeniaca vulgaris* Lam. (*Prunus armeniaca* L.) 李梅杏 *A. limeisis* Zang J. Y. et Wang Z. M. 紫杏 *A. dasycarpa* (Ehrh.) Borkh. (*Prunus dasycarpa* Ehrh.)	
李	李（中国李） *Prunus salicina* Lindl.	
梅（果梅）	梅 *Prunus mume* (Sieb.) Sieb. et Zucc. (*Armeniaca mume* Sieb.)	
樱桃	中国樱桃 *Prunus pseudocerasus* (Lindl.) G. Don (*Cerasus pseudocerasus* Lindl.) 毛樱桃（山豆子） *P. tomentosa* (Thunb.) Wall. (*Cerasus tomentosa* Thunb.)	
枣	枣 *Ziziphus jujuba* Mill.	

（续）

作物名称	物种及其学名	备注
柿	柿 *Diospyros kaki* L.（*D. sinensis* Bl.） 油柿 *D. oleifera* Cheng（*D. kaki* var. *sylvestris* Makino） 台湾柿 *D. discolor* Willd.（*D. mobola* Roxb.） 君迁子 *D. lotus* L. 罗浮柿 *D. morrisiana* Hance 毛柿 *D. strigosa* Hemsl. 老鸦柿 *D. rhombifolia* Hemsl. 乌柿 *D. cathayensis* A. N. Steward.	
核桃	核桃 *Juglans regia* L.（*J. sinensis* Dode.）	起源地之一
山核桃	山核桃 *Carya cathayensis* Sarg. 铁核桃 *J. sigillata* Dode	
银杏	银杏 *Ginkgo biloba* L.	
沙枣	沙枣 *Elaeagnus angustifolia* L.	
板栗	茅栗 *Castanea seguinii* Dode 板栗 *C. mollissima* Bl. 丹东栗 *C. dandonensis* Lieolishe 锥栗 *C. henryi*（Skan）Rehd. et Wils.	
榛子	平榛 *Carylus heterophylla* Fisch.	
猕猴桃	中华猕猴桃 *Actinidia chinensis* Planch. 美味猕猴桃 *A. deliciosa*（A. Chev.）C. F. Liang et A. R. Fergucon	
香蕉	香蕉 *Musa nana* Lour.	起源地之一
枇杷	枇杷 *Eriobotrya japonica*（Thunb.）Lindl.	
荔枝	荔枝 *Litchi chinensis* Sonn.（*Nephelium litchi* Camb.）	
龙眼	龙眼 *Dimocarpus longna* Lour.（*Nephelium longna* Camb.）	
杨梅	杨梅 *Myrica rubra* Sieb. et Zucc.	
橄榄	橄榄 *Canarium album* Raeusch.	
榧	香榧 *Torreya grandis* Fort. ex Lindl.	
黄皮	黄皮 *Clausena lansium*（Lour.）Skeels（*C. wampi* Blanco）	
刺梨	刺梨 *Rosa roxburghii* Tratt.	
沙棘	沙棘 *Hippophae rhamnoides* L.	起源地之一
木瓜	木瓜 *Chaenomeles sinensis*（Thouin）Koehe	
欧李	欧李 *Cerasus humilis*（Bge.）Sok.（*Prunus humilis* Bge.）	
忍冬	蓝靛果忍冬 *Lonicera caerulea* var. *edulis* Turcz. ex Herd.	

（续）

作物名称	物种及其学名	备注
栒子	水栒子　*Cotoneaster multiflorus* Bge. 黑果栒子　*C. melanocarpus* Lodd. 西南栒子　*C. franchetii* Bois.	起源地之一
	柳叶栒子　*C. salicifolius* Franch. 麻核栒子　*C. foveolatus* Rehd. et Wils. 川康栒子　*C. ambiguus* Rehd. et Wils. 毡毛栒子　*C. pannosus* Franch.	
枳	枳（枸橘）　*Poncirus trifoliata* Raf.	
金柑	圆金柑　*Fortunella japonica* Swingle 金弹　*F. crassifolia* Swingle 山金柑　*F. hindisii* Swingle 长寿金柑（月月橘）　*F. obavata* Tanaka	
柑橘	橘（宽皮柑橘）　*Citrus reticulata* Blanco	
	甜橙　*C. sinensis* Osbeck 酸橙　*C. aurantium* L. 柚　*C. grandis* Osbeck 葡萄柚　*C. paradisii* Macf. 枸橼　*C. medica* L. 金橘　*C. microcarpa* Bunge.（*C. mitis* Blanco） 来檬 *C. aurantifolia* Swingle	起源地之一
枳椇	枳椇（拐枣、鸡爪）　*Hovenia dulcis* Thunb.	
饲用及绿肥作物		
羊草	羊草（碱草）　*Leymus chinensis*（Trin.）Tzvel.	起源地之一
冰草	沙芦草（蒙古冰草）　*Agropyron mongolicum* Keng	
马唐	十字马唐　*Digitaria cruciata*（Nees）A. Camus	起源地之一
稗	稗草　*Echinochloa crusgalli*（L.）Beauv.	
披碱草	披碱草　*Elymus dahuricus* Turcz. [*Clinelymus dahuricus*（Turcz.）Nevski] 垂穗披碱草　*E. nutans* Griseb.	起源地之一
老芒麦	老芒麦　*Elymus sibiricus* L.	起源地之一
假俭草	假俭草　*Eremochloa ophiuroides*（Munro）Hack.	
羊茅	中华羊茅　*Festuca sinensis* Keng ex S. L. Lu	
牛鞭草	扁穗牛鞭草　*Hemarthria compressa*（L. f.）R. Br.	
短芒大麦草	短芒大麦草　*Hordeum brevisubulatum*（Trin.）Link	
雀稗	圆果雀稗　*Paspalum orbiculare* G. Forst.	
狼尾草	多穗狼尾草　*Pennisetum polystachyon*（L.）Schut.	
早熟禾	冷地早熟禾　*Poa crymophila* Keng et C. Ling	

（续）

作物名称	物种及其学名	备注
碱茅	朝鲜碱茅 *Puccinellia chinampoensis* Ohwi 小花碱茅 *P. tenuiflora* (Griseb.) Scribn. et Merr.	
鹅观草	纤毛鹅观草 *Roegneria ciliaris* (Trin.) Nevski 多秆鹅观草 *R. multiculmis* Kitag.	
结缕草	结缕草 *Zoysia japonica* Steud. (*Z. koreana* Mez.)	
合萌	合萌 *Aeschynomene indica* L.	
沙打旺	沙打旺 *Astragalus adsurgens* Pall.	
锦鸡儿	柠条锦鸡儿 *Caragana korshinskii* Kom. 小叶锦鸡儿 *C. microphylla* Lam. 中间锦鸡儿 *C. intermedia* Kuang et H. C. Fu	
岩黄芪	塔落岩黄芪 *Hedysarum laeve* Maxim. (*H. fruticosum* var. *laeve* B. Fedtsch.) 细枝岩黄芪 *H. scoparium* Fisch. et Mey. (*H. arbuscula* Maxim.)	
鸡眼草	鸡眼草 *Kummerowia striata* (Thunb.) Schindl.	起源地之一
胡枝子	兴安胡枝子 *Lespedeza dahurica* Schindl. 二色胡枝子 *L. bicolor* Turcz. 截叶胡枝子 *L. cuneata* (Dum. - Cours.) G. Don	起源地之一
扁蓿豆	扁蓿豆 *Melilotoides ruthanica* (L.) Sojak.	
蓝花棘豆	蓝花棘豆 *Oxytropis coerulea* ssp. *subfalcata* (Hance) Cheng f. ex H. C. Fu	
野豌豆	山野豌豆 *Vicia amoena* Fisch. ex Dc. 广布野豌豆 *V. cracca* L. 肋脉野豌豆 *V. castata* Ledeb. (*V. sinkiangensis* H. W. Kung)	
蒿	白沙蒿 *Artemisia sphaerocephala* Krasch. 黑沙蒿 *A. ordosica* Krasch.	
绢蒿	伊犁绢蒿（伊犁蒿） *Seriphidisam transiliensis* Poljak. (*Artemisia transiliensis* Poljak.)	
山莴苣	山莴苣 *Lactuca indica* L.	
驼绒藜	华北驼绒藜 *Ceratoides arborescens* (Losinsk.) Tsien. et C. G. Ma (*Eurotia arborescens* Losinsk.) 驼绒藜 *C. latens* (J. F. Gmel.) Reveal et Holmgren	起源地之一
沙拐枣	沙拐枣 *Calligonum mongolicum* Turcz.	
蒙古扁桃	蒙古扁桃 *Amygdalus mongolica* (Maxim.) Ricker	起源地之一
紫云英	紫云英 *Astragalus sinicus* L.	

（续）

作物名称	物种及其学名	备注
田菁	田菁 *Sesbania cannabina*（Retz.）Poir.	起源地之一
水浮莲	水浮莲 *Pistia stratiotes* L.	起源地之一
满江红	覆瓦状满江红 *Azolla imbricata*（Roxb.）Nakai	
多花木蓝	多花木蓝 *Indigofera amblyantha* Craib	
苦豆子	苦豆子 *Sophora alopecuroides* L.	
泽兰	泽兰 *Eupotorium japonium* Thunb.	
骆驼蓬	骆驼蓬 *Peganum harmala* L.	
白羊草	白羊草 *Bothriochloa ischaemum*（L.）Keng （*Andropogon ischaemum* L.）	起源地之一
木地肤	木地肤 *Kochia prostrate*（L.）Schrad.	起源地之一
马蔺	马蔺 *Iris lactea* Pill. var. *chinensis* Koidz.	
花卉作物		
梅花△	梅花 *Prunus mume* Sieb. et Zucc.	与果梅重复
桃花△	桃花 *Amygdalus persica*（L.）Batsch.	与桃重复
榆叶梅	榆叶梅 *Prunus trilaba* Lindl.（*Amygdalus trilaba* Ricker）	
牡丹	牡丹 *Paeonia suffruticosa* Andr.	
芍药	芍药 *Paeonia lactiflora* Pall.	
菊花	菊花 *Chrysanthemum morifolium* Ramat.	
兰花	春兰 *Cymbidium goeringii*（Rchb. f.）Rchb. f. 蕙兰 *C. faberi* Rolfe 建兰 *C. ensifolium*（L.）Sw. 墨兰 *C. sinense*（Jackson ex Andl.）Willd. 寒兰 *C. kanran* Makino	
月季	月季花 *Rosa chinensis* Jacq. 玫瑰 *Rosa rugosa* Thunb. 香水月季 *Rosa odorada* Sweet.	
杜鹃花	映山红 *R. simisii* Pl. 迎红杜鹃 *R. mucronulatum* Turcz. 羊踯躅 *R. molle*（Bl.）G. Don 马缨花 *R. delavayi* Franch.	起源地之一 起源地之一
山茶花	山茶 *Camellia japonica* L. 滇山茶 *C. reticulate* Lindl.	起源地之一
荷花△	荷花 *Nelumbo nucifera* Gaertn.	与莲藕重复
桂花	桂花 *Osmanthus fragrans* Lour.	
百合△	山丹 *Lilium pumilum* DC.	与蔬菜作物重复

（续）

作物名称	物种及其学名	备注
丁香	北京丁香 *Syringa pekinensis* Rupr. 华北紫丁香 *S. oblate* Lindl. 白花蓝丁香 *S. meyeri* f. *alba* M. C. Chang 暴马丁香 *S. reticulata* var. *amurensis* Pringle	
玉兰	玉兰 *Magnolia denudata* Desr. 紫玉兰 *M. liliflora* Desr. 望春玉兰 *M. biondii* Pamp. 夜香木兰 *Magnolia coco*（Lour.）DC. 山玉兰 *M. delavayi* Franch. 天女花 *M. sieboldii* K. Koch	
蜡梅	蜡梅 *Chimonanthus praecox*（L.）Link	
紫薇	紫薇 *Lagerstroemia india* L.	
海棠花	海棠花 *Malus spectabilis*（Ait.）Borkh. 西府海棠 *M. micromalus* Makino	
石蒜	石蒜 *Lycoris radiata*（L' Her.）Herb. 忽地笑 *L. aurea*（L' Her.）Herb.	起源地之一
	中国石蒜 *L. chinensis* Traub.	
翠菊	翠菊 *Callistephus chinensis* Nees.	
凤仙花	凤仙花 *Impatiens balsamina* L.	主要起源地
蜀葵	蜀葵 *Althaea rosea* Cav.	
铁线莲	铁线莲 *Clematis florida* Thunb.	
大花龙胆	大花龙胆 *Gentiana szechenyii* Kanitg	
萱草	萱草 *Hemerocallis fulva* L.	
玉簪	玉簪 *Hosta plantaginea*（Lam.）Aschers.	
桔梗△	桔梗 *Platycodon grandiflorus* A. DC.	与药用作物重复
凤尾草	凤尾草 *Pteris multifida* Poir.	
卷柏	卷柏 *Selaginella tamariscina*（Beauv.）Sping	
八宝	八宝 *Sedum spectabile* Boreau.	
杓兰	杓兰 *Cypripedium caleolus* L.	
夏蜡梅	夏蜡梅 *Calycanthus chinensis* Cheng et S. Y. Chang	
紫荆	紫荆 *Cercis chinensis* Bunge	
贴梗海棠	贴梗海棠 *Chaenomeles speciosa* Nakai	
瑞香	瑞香 *Daphne odora* Thunb.	
珙桐	珙桐 *Davidia involucrate* Bail.	
连翘△	连翘 *Forsythia suspense*（Thunb.）Vahl.	与药用作物重复

（续）

作物名称	物种及其学名	备注
栀子	栀子 *Gardenia jasminoides* Ellis	
木槿	木槿 *Hibiscus syriacus* L. 木芙蓉 *H. mutabilis* L. 扶桑 *H. rosa-sinensis* L.	起源地之一
八仙花	八仙花 *Hydrangea macrophylla* Ser.	
琼花	琼花 *Viburnum macrocephalum* Fort. f. *keteleeri* Nichols.	
紫藤	紫藤 *Wisteria sinensis* Sweet	
石竹	石竹 *Dianthus chinese* L.	
报春花	报春花 *Primula malacoides* Franch. 鄂报春 *P. obconica* Hance 小报春 *P. forbesii* Franch.	
中国水仙	中国水仙 *Narcissus tazetta* L. var. *chinensis* Roem.	次生起源地
中国芦荟	中国芦荟 *Aloe vera* var. *chinensis*（Haw.）Berg.	次生起源地
仙人掌	仙人掌 *Opuntica dillenii*（Ker-Gawl.）Haw.	
米兰	米兰 *Aglaia odorata* Lour.	起源地之一
羊蹄甲	羊蹄甲 *Bauhinia purpurea* L. 红花羊蹄甲 *B. blakeana* S. T. Dunn	起源地之一
绣线菊	麻叶绣线菊 *Spiraea cantoniensis* Lour. 笑靥花 *S. prunifolia* Sieb. et Zucc. 珍珠绣线菊 *S. thunbergii* Sieb. ex Bl.	
药用作物		
菘蓝△	菘蓝 *Isatis indigotica* Fort.	与经济作物重复
珊瑚菜	珊瑚菜 *Glehnia littoralis* Fr. Schmidt ex Miq.	中药名为北沙参
川芎	川芎 *Ligusticum chuanxiong* Hort.	
当归	当归 *Angelica sinensis*（Oliv.）Diels	
白芷	兴安白芷 *Angelica dahurica* Benth. et Hook. f.	
地黄	地黄 *Rehmannia glutinosa* Libosch.	
枸杞	宁夏枸杞 *Lycium barbarum* L.	
牛膝	牛膝 *Achyranthes bidentata* Bl.	
菊花△	菊花 *Chrysanthemum morifolium* Ramat.	与花卉作物重复
人参	人参 *Panax ginseng* C. A. Meyer	
三七	三七 *Panax notoginseng*（Burk）F. H. Chen	
延胡索	延胡索 *Corydalis yanhusuo* W. T. Wang ex Z. Y. Su et C. Y. Wu	

（续）

作物名称	物种及其学名	备注
贝母	浙贝母 *Fritilaria thunbergii* Miq. 平贝母 *F. ussuriensis* Maxim. 伊贝母 *F. pallidiflora* Schrenk 川贝母 *F. cirrhosa* D. Don	
玄参	玄参 *Scrophularia ningpoensis* Hemsl.	
薄荷	薄荷 *Mentha haplocalyx* Brig.	
益母草	益母草 *Leonurus japonicus* Houtt.	
丹参	丹参 *Salvia miltiorrhiza* Bge.	
甘草	甘草 *Glycyrrhiza uralensis* Fisch.	
天门冬	天门冬 *Asparagus cochinchinesis*（Lour.）Merr.	
知母	知母 *Anemarrhena asphodeloides* Bge.	
麦冬	麦冬 *Ophiopogon japonicus*（Thunb.）Ker - Gawl.	
川牛膝	川牛膝 *Cyathula officinalis* Kuan	
白术	白术 *Atractylodes macrocephala* Koidz.	
款冬	款冬 *Tussilago farfara* L.	
金银花	金银花 *Lonicera japonica* Thunb.	
桔梗	桔梗 *Platycodon grandiflorum*（Jacg.）A. DC.	
党参	党参 *Codonopsis pilosula*（Franch.）Nannf.	
天麻	天麻 *Gastrodia elata* Bl.	
厚朴	厚朴 *Magnolia officinalis* Rehd. et Wils.	
杜仲	杜仲 *Eucommia ulmoides* Oliv.	
五味子	五味子 *Schisandra chinensis* Baill.	
半夏	半夏 *Pinellia ternata*（Thunb.）Breit.	
乌头	乌头 *Aconitum carmichaeli* Debx.	
大黄	大黄（掌叶大黄） *Rheum palmatum* L.	
瓜蒌	瓜蒌（栝楼） *Trichosanthes kirilowii* Maxim.	
山茱萸	山茱萸 *Cornus officinalis* Sieb. et Zucc.	
罗汉果	罗汉果 *Siraitia grosvenorii*（Swingle）C. Jeffery ex Lu et Z. Y. Zhang	
粗叶榕	粗叶榕（五爪龙） *Ficus simplicissima* var. *hirta*（Vahl.）Migo	
太子参	太子参 *Pseudostellaria heterophylla*（Miq.）Pax ex Rax et Hoffm.	
巴戟天	巴戟天 *Morinda officinalis* How	
玉竹	玉竹 *Polygonatum odoratum*（Mill.）Druce	
龙胆	龙胆 *Gentiana scabra* Bunge	

（续）

作物名称	物种及其学名	备注
白及	白及　*Bletilla striata*（Thunb.）Reichb. f.	
芍药△	芍药　*Paeonia lactiflora* Pall.	与花卉作物重复
独角莲	独角莲　*Typhonium giganteum* Engl.	中药名为白附子
百合△	卷丹　*Lilium lancifolium* Thunb.	与蔬菜作物重复
防己	粉防己（石蟾蜍）*Stephania tedrandra* S. Moore	
防风	防风　*Saposhnikovia divaricata*（Turcz.）Schischk.	
远志	远志　*Polygala tenuifolia* Willd.	
苍术	茅苍术　*Atractylodes lancea*（Thunb.）DC.	
何首乌	何首乌　*Polygonum multiflorum* Thunb.	
刺五加	刺五加　*Acanthopanax senticosus* Harms	
郁金	广西莪术　*Curcum kwangsiensis* S. G. Lee et C. F. Liang	
明党参	明党参　*Changium smyrnioides* Wolff.	
金荞麦	金荞麦　*Fagopyrum dibotrys*（D. Don）Hara	
泽泻	泽泻　*Alisma orientalis*（Sam.）Juzep.	
重齿毛当归	重齿毛当归　*Angelica pubescens* f. *biserrata* Shan et Yuan	中药名为独活
前胡	白花前胡　*Peucedanum praeruptorum* Dunn 紫花前胡　*P. decursivum* Maxim.	
秦艽	秦艽　*Gentiana macrophylla* Pall.	
缬草	缬草　*Valeriana officinalis* L.	起源地之一
柴胡	柴胡　*Bupleurum chinense* DC.	
高良姜	高良姜　*Alpinia officinarum* Hance	
黄芩	黄芩　*Scutellaria baicalensis* Georgi	
黄芪	膜荚黄芪　*Astragalus membranaceus* Bisch.	
黄连	黄连　*Coptis chinensis* Franch.	
黄精	黄精　*Polygonatum sibirium* Red.	
葛	野葛　*Pueraria lobata*（Willd.）Ohwi	
紫草△	紫草　*Lithospermum erythrorhizon* Sieb. et Zucc.	与经济作物重复
紫菀	紫菀　*Aster tataricus* L. f.	
雷公藤△	雷公藤　*Tripterygium wilfordii* HK.	与经济作物重复
广金钱草	广金钱草　*Desmodium styracifolium*（Osb.）Merr.	
艾纳香	艾纳香　*Blumea blasamifera*（L.）DC.	
金钗石斛	金钗石斛　*Dendrobium nobile* Lindl.	
白花蛇舌草	白花蛇舌草　*Hedyotis diffusa* Willd.	

（续）

作物名称	物种及其学名	备注
碎米桠	碎米桠 *Rabdosia rubescens*（Hemsl.）Hara	中药名为冬凌草
短葶飞蓬	短葶飞蓬 *Erigeron briviscapus* Hand. - Mazz.	中药名为灯盏花
相思子	相思子 *Abrus cantoniensis* Hance	中药名为鸡骨草
台湾开唇兰	台湾开唇兰 *Anoectochilus formosanus* Hayata	中药名为金线莲
草珊瑚	草珊瑚 *Sarcandra glabra*（Thunb.）Nakai	中药名为肿节风
细辛	北细辛 *Asarum heterotropoides* var. *mandshuricum*（Maxim.）Kitag.	
荆芥	荆芥 *Schizonepeta tenuifolia* Briq.	
香薷	海州香薷 *Elsholtzia splendens* Nakai ex F. Maekawa	
绞股蓝	绞股蓝 *Gynostemma pentaphyllum*（Thunb.）Makino	
麻黄	草麻黄 *Ephedra sinica* Stapf	
淫羊藿	淫羊藿 *Epimedium wushanense* T. S. Ying 箭叶淫羊藿 *E. acumianatum* Franch.	
茶菜狭基线纹香	*Rabdosia lophanthoides* var. *gerardiana* Hara （*Isodon lophanthoides* var. *gerardiarus* Hara）	中药名为溪黄草
木瓜△	贴梗海棠 *Chaenomeles speciosa*（Sweet）Nakai	与果树、花卉作物重复
车前	车前 *Plantago asiatica* L.	中药名为车前子
柚	柚 *Citrus grandis*（L.）Osbeck	中药名为化橘红，与果树作物重复
连翘	连翘 *Forsythia suspense*（Thunb.）Vahl.	
吴茱萸	吴茱萸 *Evodia rutaecarpa*（Juss.）Benth.	
佛手	佛手 *Citrus medica* var. *sarcodactylis* Swingle	
橙	酸橙 *Citrus aurantium* L.	中药名为枳壳，与果树作物重复
栀子△	栀子 *Gardenia jasminoides* Eills	与花卉作物重复
阳春砂	阳春砂 *Amomum villosum* Lour.	中药名为砂仁
莲（荷花）△	莲（荷花） *Nelumbo nucifera* Gaertn.	与蔬菜、花卉作物重复
夏枯草	夏枯草 *Prunella vulgaris* L.	
蔓荆	蔓荆 *Vitex trifolia* L.	
覆盆子	华东覆盆子 *Rubus chingii* Hu	
望春玉兰△	望春玉兰 *Magnolia biondii* Pamp.	中药名为辛夷，与花卉作物重复
肉桂△	肉桂 *Cinnamomum cassia* Presl.	与经济作物重复

（续）

作物名称	物种及其学名	备注
牡丹△	牡丹 *Paeonia suffruticosa* Andr.	中药名为牡丹皮，与花卉作物重复
白木香	白木香 *Aquilaria sinensis*（Lour.）Gilg	中药名为沉香
黄檗	黄檗 *Phellodendron amurense* Rupr.	中药名为黄柏
盐肤木	盐肤木（五倍子） *Rhus chinensis* Mill.	
冬虫夏草菌	冬虫夏草菌 *Cordyceps sinensis*（Berk.）Sacc.	中药名为冬虫夏草
灵芝	灵芝 *Ganoderma lucidum*（Leyss ex Fr.）Karst.	
茯苓	茯苓 *Poria cocos*（Schw.）Wolf	
猪苓	猪苓 *Polyporus umbellatus*（Pers.）Fr.	
银杏△	银杏 *Ginkgo biloba* L.	与果树作物重复
肉苁蓉	肉苁蓉 *Cistanche deserticola* Y. C. Ma	
苦豆子△	苦豆子 *Sophora alopecuroides* L.	与饲用作物重复
山柰	山柰 *Kaempferia galanga* L.	
重楼	滇重楼 *Paris polyphylla* var. *yunnanensis*（Franch.）Hand. - Mazz.	
射干	射干 *Belamcanda chinensis*（L.）DC.	
益智	益智 *Alpinia oxyphylla* Miq.	
银柴胡	银柴胡 *Stellaria dichotoma* var. *lanceolata* Bge.	
新疆雪莲	新疆雪莲 *Saussurea involucrata* Kar. et Kir.	
林木作物		
杨树	毛白杨 *Populus tomentosa* Carr. 小叶杨 *P. simonii* Carr. 青杨 *P. cathayana* Rehd. 银白杨 *P. alba* L.	
旱柳	旱柳 *Salix matsudana* Koidz.	
白榆	白榆 *Ulmus pumila* L.	
国槐	国槐 *Sophora japonica* L.	
臭椿	臭椿 *Ailanthus altissima* Swingle	
苦楝	苦楝 *Melia azedarach* L.	
泡桐	白花泡桐 *Paulownia fortunei*（Seem.）Hemsl. 毛泡桐 *P. tomentosa*（Thunb.）Steud. 楸叶泡桐 *P. catalpifolia* Gong Tong 川泡桐 *P. fargesii* Franch.	

（续）

作物名称	物种及其学名	备注
杜仲△	杜仲 *Eucommia ulmoides* Oliv.	与药用作物重复
白桦	白桦 *Betula platyphylla* Suk.	
杉木	杉木 *Cunninghamia lanceolata*（Lamb.）Hook.	起源地之一
松树	马尾松 *Pinus massoniana* Lamb. 油松 *P. tabulaeformis* Carr. 白皮松 *P. bungeana* Zucc. ex Endl. 樟子松 *P. sylvestris* L. var. *mongolica* Litv. 云南松 *P. yunnanensis* Franch. 华山松 *P. armandi* Franch.	
侧柏	侧柏 *Platycladus orientalis*（L.）Franco	起源地之一
落叶松	长白落叶松 *Larix olgensis* A. Henry 华北落叶松 *L. principis-rupprechtii* Mayr. 红杉 *L. potaninil* Batalin	次生起源地
柳杉	柳杉 *Cryptomeria fortunei* Hooibrenk ex Otto et Dietr.	
云杉	云杉 *Picea asperata* Mast. 红皮云杉 *P. koraiensis* Nakai	
青杆	青杆 *Picea wilsonii* Mast.	
冷杉	冷杉 *Abies fabri*（Mast.）Craib.	
柏木	柏木 *Cupressus funebris* Engl.	
福建柏	福建柏 *Cupressus hodginsii*（Dunn.）Henry et Thomas	
银杏△	银杏 *Ginkgo biloba* L.	与果树、药用作物重复
圆柏	圆柏 *Sabina chinensis*（Linn.）Ant.	
栓皮栎	栓皮栎 *Quercus variabilis* Bl.	
板栗△	板栗 *Castanea mollissima* Bl.	与果树作物重复
樟树	樟树 *Cinnamomum camphora*（L.）Presl.	
檫木	檫木 *Sassafras tsumu*（Hemsl.）Hemsl.	
海南木莲	海南木莲 *Manglietia hainanensis* Dandy	
鹅掌楸	鹅掌楸 *Liriodendron chinensis*（Hemsl.）Sarg.	
楸树	楸树 *Catalpa bungei* C. A. Mey.	
皂荚△	皂荚 *Gleditsia sinensis* Lam.	与经济作物重复
桤木	桤木 *Alnus cremastogyne* Burk.	
核桃楸	核桃楸 *Juglans mandshuria* Maxim.	
桑△	白桑 *Morus alba* L.	与经济作物重复
元宝槭	元宝槭 *Acer truncatum* Bunge	

（续）

作物名称	物种及其学名	备注
五角枫	五角枫　*Acer mono* Maxim.	
文冠果△	文冠果　*Xanthoceras sorbifolia* Bunge	与经济作物重复
黄波罗	黄波罗　*Phellodendron amurense* Rupr	
水曲柳	水曲柳　*Fraxinus mandshurica* Rupr.	
红花天料木	红花天料木　*Homalium hainanense* Gagnep.	
海南榄仁	海南榄仁　*Termenalia hainanensis* Exell.	
乌榄	乌榄　*Canarium pimela* Koenig	
香椿△	香椿　*Toona sinensis*（A. Tuss.）Roem.	与蔬菜作物重复
白蜡树	白蜡树　*Fraxinus chinensis* Roxb.	
红豆杉	红豆杉　*Taxus chinensis*（Pilger）Rehd. 东北红豆杉　*T. cuspidata* Sieb. et Zucc.	
榧树△	榧树　*Torreya grandis* Fort. ex Lindl	与果树作物重复
金钱松	金钱松　*Pseudolalix kaempferi*（Lindl.）Gord. [*P. amabilis*（Nelson）Rehd.]	
水杉	水杉　*Metasequoia glyptostroboides* Hu et Cheng	
秃杉	秃杉　*Taiwania cryptomerioides* Hayata	
竹柏	竹柏　*Podocarpus nagi*（Thunb.）Zoll. et Mor. ex Zoll.	
楠木	闽楠　*Phoebe bournei*（Hemsl.）Yang	
醉香含笑	醉香含笑　*Michelia macclurei* Dandy 乐昌含笑　*M. chepensis* Dandy	
红锥	红锥　*Castanopsis hystrix* A DC.	
观光木	观光木　*Tsoongiodendron odorum* Chun	
格木	格木（铁木）　*Erythrophleum fordii* Oliv.	
花榈木	花榈木　*Ormosia henryi* Prain	
锦鸡儿△	小叶锦鸡儿（柠条）　*Caragana microphylla*（Pall.）Lam. 牛筋条（毛条）　*C. korschinskii* Kom.	与饲用作物重复
黄檀	降香黄檀　*Dalbergia adorifera* T. Chen 钝叶黄檀　*D. obtusifolia* Pain 南岭黄檀　*D. balansae* Pain	
花棒（细枝岩黄芪）△	花棒　*Hedysarum scoparium* Fisch. Et Mey	与饲用作物重复
毛梾	毛梾　*Cornus walteri* Wanger	
喜树	喜树　*Camptotheca acuminata* Decne.	
青钩栲	青钩栲　*Castanopsis kawa* kmii Hayata	
枫杨	枫杨　*Pterocarya stenoptera* C. DC.	

（续）

作物名称	物种及其学名	备注
柽柳	柽柳 *Tamarix chinensis* Lour. 多枝柽柳（红柳） *T. ramosissima* Ledeb.	
蚬木	蚬木 *Excentrodendron hsienmu*（Chun et How）H. T. Chang et R. H. miau	
紫椴	紫椴 *Tilia amurensis* Tupr.	
火绳树	火绳树 *Eriolaena spectabilis*（DC.）Planch. ex Mast.	
蝴蝶果	蝴蝶果 *Cleidiocarpon cavaleriei*（Levl.）Airy - Shaw	
木荷	木荷 *Schima superba* Gardn. et Champ. 峨眉木荷 *S. wallichii* Choisy	
坡垒	坡垒 *Hopea hainanensis* Merr. et Chun	
乌墨	乌墨 *Syzygium cumini*（L.）Skeels	
翅果油树	翅果油树 *Elaeagnus mollis* Diels	
麻楝	麻楝 *Chukrasia tabularis* A. Juss.	起源地之一
黄连木	黄连木 *Pistacia chinensis* Bunge	
漆树△	漆树 *Toxicodendron veniciflum*（Stokes）F. A. Barkl.	与经济作物重复
团花	团花 *Anthocephalus chinensis*（Lam.）A. Rich. ex Walp.	
梭梭	梭梭 *Haloxylon ammodendron*（C. A. Mey）Bunge 白梭梭 *H. persicum* Bunge ex Boiss. et Buhse	
竹藤作物		
刚竹（毛竹）	毛竹 *Phyllostachys pubescens* Mazel ex H. de Lehaie 桂竹 *Ph. bambusoides* Sieb. et Zucc. 淡竹 *Ph. glauca* McCl. 人面竹 *Ph. aurea* Carr. ex A. et C. Riv. 刚竹 *Ph. viridis*（Young）McCl. 台湾桂竹 *Ph. makinoi* Hayata 黄槽竹 *Ph. aureosulcata* McCl. 早竹 *Ph. praecox* C. D. Chu et C. S. Chao 乌哺鸡竹 *Ph. vivax* McCl. 白哺鸡竹 *Ph. dulcis* McCl. 红哺鸡竹 *Ph. iridescens* Yao et C. Y. Chen 紫竹 *Ph. nigra*（Lodd.）Munro	
青篱竹（茶杆竹）	青篱竹 *Arundinaria amabilis* McCl. [*Pseudosasa amabilis*（McCl.）Keng f.]	
绿竹	慈竹 *Sinocalamus affinis*（Rendle）McCl. 绿竹 *S. oldhami* McCl. 麻竹 *S. latiflorus*（Munro）McCl. 吊丝球竹 *S. beecheyanus*（Munro）McCl.	

（续）

作物名称	物种及其学名	备注
簕竹	青皮竹　*Bambusa textilis* McCl. 龙头竹　*B. vulgaris* Schrader ex Wendland 车筒竹（簕竹）　*B. sinospinosa* McCl. 刺簕竹　*B. spinosa* Toxb.	
箬竹	阔叶箬竹　*Indocalamus latifolius*（Keng）McCl. 长耳箬竹　*I. longiauritus* Hand. - Mazz.	
矮竹	鹅毛竹　*Shibataea chinensis* Nakai	
薄竹	薄竹　*Leptocanna chinensis*（Rendle）Chia et Fung	
单竹	粉单竹　*Lingnania chungii*（McCl.）McCl.	
短枝竹	短枝竹　*Gelidocalamus stellatus* Wen 抽筒竹　*G. tessellatus* Wen et Chang	
方竹	金佛山方竹　*Chimonobambusa utilis* Keng f.	
黄藤	黄藤　*Daemonorops margaritae*（Hance）Becc.	
棕藤	棕藤（手杖藤）　*Calamus rhabdocladus* Burret	
白藤	白藤（四指藤）　*Calamus tetradactylus* Hance	

△：表示作物大类之间重复。

本附录由郑殿升、黎裕根据有关文献资料整理。依据的主要文献资料如下：

卜慕华，1981. 我国栽培作物来源的探讨［J］. 中国农业科学（4）：86－96.

吴中伦，等，1989. 中国农业百科全书・林业卷［M］. 北京：农业出版社.

么厉，等，2006. 中药材规范化种植（养殖）技术指南［M］. 北京：中国农业出版社.

下 篇

中国作物及其野生近缘植物多样性

总论卷·下篇

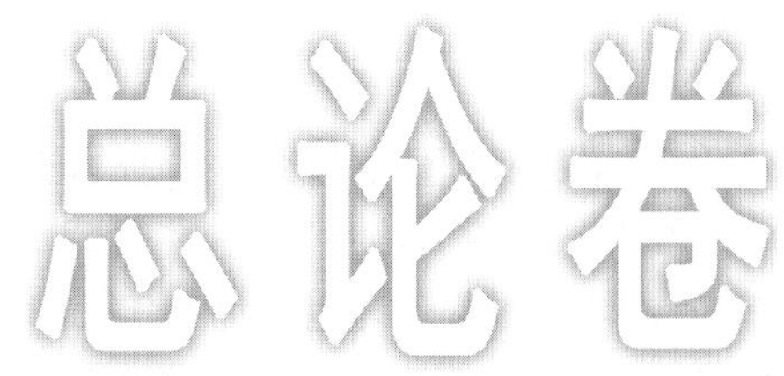

第十七章

概　　述

中国作物及其野生近缘植物多样性是指中国地域内用于粮食和农业生产的作物及其野生近缘植物的变异总和，主要包括其物种多样性和遗传多样性。中国作物及其野生近缘植物多样性是自人类定居以来，经过漫长的自然选择和人工选择而形成的。

物种多样性是生物多样性的前提，遗传多样性是生物多样性的基础，因此，物种多样性和遗传多样性具有非常重要的作用，可以说多样性是生产力，多样性对生物本身来说，可在生物的环境改变（生物胁迫和非生物胁迫）时，起着缓冲的作用；而对人类来说，可为人类选择和培育适应范围广，能满足最终利用目的的品种提供物质基础。

第一节　物种多样性

物种多样性是指在某一特定区域内，存在的不同物种的数量，亦可指地球上存在的物种的丰富性。中国作物及其野生近缘植物的物种多样性，所指的是中国农业生产和民众生活中利用的各种作物及其野生近缘植物的所有物种数量，即物种的丰富性。

一、作物及作物种类

作物是经人类长期驯化和合成而形成的具有经济价值的栽培植物，也可以认为作物是指对人类有价值并有目的地栽培收获利用的植物。因此，简单而言，作物就是栽培植物。

作物的种类划分，传统上分为四类即大田作物（农作物、农艺作物）、园艺作物、饲料作物和林木作物。但从用途上可分为八大类：粮食作物、经济作物、蔬菜作物、果树作物、饲用及绿肥作物、花卉作物、药用作物、林木作物。

粮食作物包括谷类、豆类、薯类；经济作物包括纤维类、油料类、糖料类、饮料类、染料类、香料类、嗜好类、调料类、特用类；蔬菜作物包括根菜类、白菜类、甘蓝类、芥菜类、绿叶菜类、葱蒜类、茄果类、瓜类、豆类、薯芋类、水生菜类、多年生与杂菜类、芽苗类、食用蕈菌类、野生菜类；果树作物包括仁果类、核果类、浆果类、坚果类、柑果类、聚花果类；饲用及绿肥作物中饲用作物分为饲草类即栽培牧草、饲料类即饲用型食用作物，绿肥作物有豆科类、非豆科类；花卉作物即观赏作物，包括一年生类、二年生类、多年生类，或草本类、木本类；药用作物包括根及根茎类、全草类、果实种子类、花类、茎皮类等；林木作物包括阔叶类、针叶类，或常绿类（常绿阔叶和常绿针叶）、落叶类（落叶针叶和落叶阔叶），以及竹藤类。

二、作物的野生近缘植物

自然界的植物被人类栽培的称为栽培植物即作物，未被人类栽培的为野生植物。作物的野生近缘植物指的是与作物有一定的亲缘关系或者通过一定育种技术能向作物转移基因（遗传物质）的野生植物种。作物的野生近缘植物是重要植物种质资源，通常含有一些作物没有的有益基因，如抗病基因、抗虫基因、抗逆基因、优质基因、高产基因等。

（一）野生近缘植物在作物育种中的利用

因为作物野生近缘植物含有优异基因，所以现代的作物育种家们在杂交育种选择亲本材料时，已将目光瞄准了相关的野生近缘植物，并取得了巨大的成绩。现以水稻、小麦、玉米、棉花和大豆为例进行简述。

1. 水稻 在稻的远缘杂交中，主要利用的是尼瓦拉野生稻（*Oryza nivara*）、普通野生稻（*O. rufipogon*）和药用野生稻（*O. officinalis*）。

（1）尼瓦拉野生稻 国际水稻研究所发现产自印度北方邦的一份尼瓦拉野生稻材料中有 3 株抗水稻草丛矮缩病，并将抗病的基因命名为 *Gs*。用尼瓦拉野生稻与栽培稻品种 IR24 杂交，并经 3 次回交，获得了与 IR24 形态特征相同的抗病品系 IR1737，进而用 IR1737 做亲本，选育出世界著名品种 IR36。

（2）普通野生稻 丁颖于 1926 年发现广州市郊犀牛尾的普通野生稻，并利用它与栽培籼稻品种进行杂交，育成晚季中熟稻品种中山 1 号。中山 1 号在广东、广西推广后，先后产生了许多变异类型，经过系统选育和杂交育种，进而育成一批优良品种，如中山占、中山红、中山白、包选 2 号、包胎矮等。中山 1 号及其衍生品种在广东、广西的种植历史长达半个多世纪，这在中国水稻育种和栽培史上为十分重要的一页。20 世纪 80～90 年代广东、广西科学家利用普通野生稻与栽培稻杂交，获得一批新种质资源，用这些新种质做亲本进而育成了一系列高产、优质新品种（系），如粤野占系列、桂野占系列、野清占、野澳丝苗等，在全国推广达 37.8 万 hm^2。1970 年中国科学家在海南岛发现一株雄性不育的普通野生稻，并命名为野败。湖南、江西、广西等省（自治区）利用野败获得了栽培稻雄性不育系和保持系，并找到了恢复系，从而实现了杂交水稻的三系配套，成功地配制出南优、汕优、威优系列的杂交稻，取得了巨大的社会经济效益。

（3）药用野生稻 中国水稻研究所用栽培稻早籼中 86－44 为母体，与广西药用野生稻杂交，经组织培养选育出新品种鉴 8。鉴 8 的突出优点是抗褐飞虱和高产，其抗褐飞虱基因来自药用野生稻。广西农业科学院将药用野生稻的 DNA 导入栽培稻品种中铁 31，培育出桂 D1 号等新品系，表现出较大的增产潜力。

2. 小麦 小麦远缘杂交中不仅利用了小麦属内的种间杂交，而且利用了小麦族内的近缘属野生植物。这里概述的是小麦与其近缘属野生植物的杂交，利用的近缘属有偃麦草属（*Elytrigia* Desv.）、冰草属（*Agropyron* Gaertn.）、山羊草属（*Aegilops* L.）、簇毛麦属（*Haynaldia* Schur.）、赖草属（*Leymus* Huchst.）、鹅观草属（*Roegneria* C. Koch.）、新麦草属（*Psathyrostachys* Nevski）、旱麦草属［*Eremopyrun*（Ledeb.）Jaub. et Spach］等。

（1）偃麦草属 偃麦草属植物与小麦成功杂交的主要是长穗偃麦草（*El. elongata*）、中间偃麦草（*El. intermedia*）等。20 世纪 30 年代，苏联齐津（H. B. ЧиЧин）首先用小麦与偃麦草杂交创造一个新物种——小偃麦（在中国又称小鹅麦），它是部分双二倍体（$2n=8x=56$），分为两个亚种：多年生小麦亚种和精饲料小麦亚种（一年生）。多年生小麦品种（系）M2、M3、M115、M458、M470 等，它们的生育年限为 2～3 年，异花授粉，根系发达抗倒伏，抗真菌病害，抗寒，籽粒玻璃质，蛋白质含量 20%左右，千粒重 23～33 g；精饲料小麦品种（系）A1、A3、A5、A10 和 3n108、3n1343 等，它们为冬性，再生能力强，一年可收割 2～3 次，抗寒、抗病、抗倒伏。齐津用多年生小麦又与多年生黑麦杂交，选育成三属植物双二倍体，它的 $2n=10x=70$。与此同时，还用小麦品种留切申 329 与中间偃麦草杂交，育成了小鹅杂种 559（ППГ559）等；用小黑麦杂种 46/131（ПРГ46/131）与中间偃麦草杂交，育成了小鹅杂种 186（ППГ186）等。李振声用小麦与长穗偃麦草杂交，育成八倍体小偃麦如小偃 784、小偃 68、小偃 7430、小偃 7631、小偃 694 等，以及异附加系小偃 759、小偃 7231；同时育成一批生产上推广的小麦品种如小偃 4 号、小偃 5 号、小偃 6 号等。孙善澄用小麦与中间偃麦草杂交，先后育成八倍体小偃麦中 1、中 2、中 3、中 4、中 5，并且选育出小麦推广品种龙麦系列、新曙光系列等。

（2）山羊草 山羊草属有 20 多个种，它们都能与小麦杂交。日本利用野生一粒小麦、栽培一粒小麦、提莫菲维小麦、波斯小麦、圆锥小麦、硬粒小麦、普通小麦等，与拟斯卑尔脱山羊草（*Aegilops speltoides*）、双角山羊草（*Ae. bicornis*）、沙融山羊草（*Ae. sharonensis*）、小伞山羊草（*Ae. umbellulata*）、单芒山羊草（*Ae. uniaristata*）、卵穗山羊草（*Ae. ovata*）、粗山羊草（*Ae. tauschii*）等杂交，合成 40 多个双二倍体（小山麦）。法国 Dosba 利用偏凸山羊草（*Ae. ventricosa*）与波斯小麦杂交，美国西尔斯（E. R. Sears）用野生二粒小麦与小伞山羊草杂交，均获得了双二倍体。董玉琛利用波斯小麦、硬粒小麦、提莫菲维小麦、普通小麦与粗山羊草、尾状山羊草（*Ae. caudata*）、小伞山羊草、顶芒山羊草（*Ae. comosa*）、钩刺山羊草（*Ae. triuncialis*）、卵穗山羊草、肥山羊草（*Ae. crassa*）等杂交，获得了 22 个双二倍体，它们的编号为 Am1 至 Am22。与此同时，各国还育成大批的异附加系、异代换系和易位系，其中最著名的是法国的 VPM 系统，它们的抗眼斑病基因来自偏凸山羊草。

（3）簇毛麦 簇毛麦与四倍体小麦杂交比较容易。西尔斯和亥德（B. B. Hyde）以野生二粒小麦与簇毛麦杂交获得双二倍体小簇麦。中国西北植物研究所用普通小麦与簇毛麦杂交，育成了八倍体小簇麦。刘大钧、陈孝分别用硬粒小麦与簇毛麦杂交，均获得六倍体小簇麦，其中多个已通过审定；同时获得许多异附加系和异代换系（6D/6V、6VS/6AL），后者对白粉病免疫。

（4）赖草 苏联的齐津、美国的杜威（D. R. Dewey）等分别通过小麦与赖草杂交，育成一批双二倍体小赖麦和异代换系。董玉琛、陈佩度、马缘生等分别以普通小麦与多枝赖草（*L. multicaulis*）、大赖草（*L. racemosus*）、羊草（*L. chinensis*）杂交，获得了异附加系和异代换系。

（5）新麦草、冰草、旱麦草、鹅观草　董玉琛、李立会等在国际上率先将新麦草属、冰草属和旱麦草属植物与普通小麦杂交成功，并获得了稳定的杂交后代，其中有一批为分别具有抗旱、抗黄矮病、优质等优良性状的新种质资源。另外，翁益群等以普通小麦与鹅观草属杂交，获得了一批异附加系，其中有的高抗赤霉病。

3. 玉米　玉米的野生近缘植物有类玉米属，又称玉蜀黍属（*Zea* Linn.）和磨擦禾属（*Tripsacum*）。在中美洲的墨西哥和危地马拉，类玉米生长在玉米田里或田边。这两种野生近缘植物在玉米育种中均已利用。

（1）类玉米　类玉米在开花之前与玉米极为相似，不容易把它们区别开。美国Reeves用回交方法将类玉米的基因逐渐转入玉米自交系127c；Eforn和Everett用墨西哥玉米和类玉米的混合花粉给予适合于纽约州的12个单交种或双交种进行授粉，育成36个综合种。中国科学家在青饲玉米选育中，导入了一年生类玉米的基因，赖仲铭用GT38、GT42等自交系组配育成的杂交种，每公顷产量达8 175～9 915 kg，比对照增产23.7%～54.6%。在粮用玉米育种中也获得了农艺性状及经济性状优良的自交系和有价值的育种材料，吴景锋用栽培玉米自交系阿西10与类玉米杂交，经11代自交，获得自交系101，该自交系具有较强的抗大、小斑病性能和丰产的特性。中国科学院遗传研究所利用多年生类玉米与栽培玉米自交系自330杂交，选育出自交系540，进而用540与5003组配成高产、优质、抗倒、抗病的单交种遗单6号。四川农业大学以一年生二倍体类玉米与栽培玉米综合种杂交，经多代自交和回交，获得配合力高、根系发达抗倒、抗多种病害的自交系。

（2）磨擦禾　美国Hooker用佛罗里达磨擦禾（*T. floridanum*）与马齿型玉米杂交，经过多年的选育已将佛罗里达磨擦禾抗北方叶枯病的基因导入马齿型玉米。美国已成功地将鸭茅状磨擦禾（*T. dactyloides*）的抗炭疽病、茎腐病、北方叶枯病、南方叶枯病及细菌性枯萎病的抗性转移到玉米中。

4. 棉花　在棉花属（*Gossypium* Linn.）内，与栽培棉种陆地棉（*G. hirsutum*）杂交利用的野生种有瑟伯氏棉（*G. thurberi*）、墨西哥野生棉（*G. hirsutum* ssp. *mexicanum*）、异常棉（*G. anomalum*）、李奇蒙德氏棉（*richmondii*）、司笃克氏棉（*G. stocksii*）、比克氏棉（*G. bickii*）等。

（1）墨西哥野生棉　苏联利用墨西哥野生棉与栽培种陆地棉早熟品种C-4727杂交，育成了高抗黄萎病棉花品种，如塔什干1号、2号、3号，这3个品种的推广面积，曾占全国棉田总面积的2/3。另外，还用陆地棉与栽培种草棉（*G. herbaceum*）杂交，获得了抗角斑病的早熟类型材料8802等。

（2）异常棉　在苏丹以栽培棉花品种与野生种异常棉杂交，培育出抗白叶枯病的棉花推广品种，它们的抗白叶病基因来自异常棉。

（3）瑟伯氏棉　瑟伯氏棉分布于墨西哥北部和美国亚利桑那州。美国南卡罗来纳州PeeDee育种站采用栽培种亚洲棉（*G. arboreum*）、瑟伯氏棉与陆地棉三种间远缘杂交，育成了纤维强力高的种系，进而用这些种系与陆地棉品种杂交或种系间杂交，选育出一批纤维品质优良、高产的 PD 系列种系。中国已引进这批种系，经试种和试纺棉纱结果表明，多数的纤维强度、细度和纺棉纱质量达到优良或优级，充分说明它们是一批纤维高强力的遗传资源。

（4）李奇蒙德氏棉 它是陆地棉的半野生种质，纤维色泽棕色。中国农业科学院棉花研究所利用白色棉品种 TM-1 作母本与李奇蒙德氏棉杂交，育成了棕色棉品种棕絮 1 号、棕 1-61 等，它们的株型紧凑，吐絮畅、易采收，抗枯萎病，耐黄萎病。利用它们的纤维已纺织出彩色棉纺织品，因为具有天然色泽，所以纺织和加工中不需染色。这不仅避免了染料对环境的污染，也防止了染料内的有害物质对人体的危害，符合发展生态农业的要求。

（5）司笃克氏棉 该种野生棉分布于巴基斯坦、阿拉伯、阿曼和索马里，它是二倍体种。华中农业大学用亚洲棉品种与司笃克氏棉杂交，选育成植株形态和农艺性状稳定的双二倍体即异源四倍体。该异源四倍体的植株似塔形，纤维呈浅褐色。其突出的特性是抗旱，土壤含水量为 3%时，植株成活率仍可达到 85%～90%，并具有较好的抗枯萎病、黄萎病特性。株高 1.2 m，铃重 5.8～6.4 g，衣分 21%。

（6）比克氏棉 比克氏棉是具有 G_1 染色体组的二倍体野生种，分布在大洋洲中部。山西农业大学李炳林等用亚洲棉与比克氏棉杂交，并对获得的双单倍体（A_2G_1）进行加倍，获得双二倍体即异源四倍体（$A_2A_2G_1G_1$），它具有物种的独立性，为棉属的一个新棉种，称其为亚比棉。亚比棉植株塔形，蒴果卵圆形，铃面腺体大而凹陷，纤维棕色，种仁洁白，为无腺体，棉酚含量为 0.015 3%，低于国际上规定的标准（0.02%～0.04%）。

李炳林等进而以亚比棉分别与陆地棉（AD)$_1$、海岛棉［（AD)$_2$，*G. barbadenese*］杂交、回交和株系间修饰杂交，合成了两个异源四倍体种：$A_2G_1\times$（AD)$_1$ 和 $A_2G_1\times$（AD)$_2$，$2n=4x=52$。中国农业科学院棉花研究所祝水金等用亚比棉与海岛棉杂交，同样获得了异源四倍体种。

5. 大豆 大豆属（*Glycine* Willd.）有栽培大豆（*G. max*）、野生大豆（*G. soja*）、半野大豆（*G. gracilis*）和 9 个多年生野生大豆种。其中半野生大豆可能是野生大豆和栽培大豆天然杂交的产物，也可能是由野生大豆进化到栽培大豆过程中的过渡型，也可以看作是栽培大豆的一种类型。在大豆远缘杂交中，利用的有野生大豆和半野生大豆。

（1）野生大豆 从事大豆远缘杂交的专家认为，栽培大豆与野生大豆杂交中没有遗传障碍。美国的研究指出，其后代有籽粒小的趋势及野生亲本匍匐的生长习性。一般说来，大豆种间杂交几乎没有表现出改良的希望，但在利用野生种高蛋白含量和对茎溃疡病的抗性例外，并且得到了高蛋白后代。吉林省农业科学院杨光宇、郑惠玉等在栽培大豆与野生大豆杂交中，采用了一套综合技术，培育出外贸出口专用的小粒大豆品种吉林小粒 1 号，它的杂交组合是栽培品种平顶四×野生大豆 GD50477。与此同时，还选育出一批产量性状突出、蛋白质含量高的育种中间材料，以及每公顷产量潜力达 2 250 kg 的小粒高产新品系。黑龙江省农业科学院林红、姚振纯等，通过野生大豆与栽培大豆杂交，选出 4 种类型优异种质：①百粒重 19 g，蛋白质含量 48%种质；②蛋白、脂肪总含量高达 66%以上种质；③多荚多分枝，外贸特用极小粒种质；④秆强荚密丰产种质。河北省承德市农业科学研究所李玉清以野生大豆作母本，与栽培大豆杂交，并经多次广义回交，选育出新品系

8702、8650、8916，表现出抗病虫能力强、蛋白质含量高、产量潜力大的特点。

（2）半野生大豆　辽宁省用半野生大豆熊岳小粒与栽培大豆品种丰地黄杂交，获得优良种质 5621。沈阳农业大学等单位用 5621 做亲本进而选育出一系列抗病、丰产品种，如沈农 25104、铁丰 18、辽豆 3 号等。中国农业科学院品种资源研究所用栽培品种察隅 1 号×半野生大豆 ZYD3576 的 F_1 做母本，与栽培品种大湾大粒杂交，经多世代选择，选育出两个新品种即中野 1 号和中野 2 号，它们的百粒重分别为 20 g 和 30 g，均具有一定抗盐碱性。黑龙江省农科院育种所用栽培品种黑农 26 与半野生大豆杂交，获得了优良品种 ZYY50、ZYY43 等。黑龙江省农业科学院生物技术研究中心等单位以黑农 35 做受体，用半野生大豆龙 79－3433－1 为供体，提取其总 DNA，采用花粉管通道方法，将 DNA 直接导入受体，经选择育出优质高蛋白质和高蛋白高脂肪大豆新品系，如黑生 101 蛋白质含量为 45.44%，脂肪含量为 17.87%，并且产量潜力较大。福建省农业科学院耕作研究所以栽培品种宁镇 1 号做母体，野生豆锈 4（ZYD05059 辐射材料）为父本进行杂交，经多世代选择，育成了适合幼龄果园覆盖培肥的绿肥新品种科杂 1 号。科杂 1 号茎粗，分枝多，生育覆盖期长，覆盖厚度在 35 cm 以上。

（二）我国具有丰富的作物野生近缘植物

我国作物野生近缘植物比较丰富，据不完全统计全国已保存 5.6 万份以上（约重复 0.3 万份），其中粮食作物超过 1.72 万份，经济作物约 1 万份，果树作物超过 0.13 万份，饲用及绿肥作物 0.3 万份，药用作物约 1.5 万份，林木作物约 1 万份。

有些作物野生近缘植物种类极其丰富，如粮食作物的野生稻有 3 种（普通野生稻、疣粒野生稻、药用野生稻）；野生小麦有西藏半野生小麦和小麦野生近缘植物如山羊草、鹅观草、披碱草、赖草、冰草等 11 个属；野生大麦有野生二棱大麦和野生六棱大麦；以及玉米野生近缘植物薏苡，粟野生近缘植物狗尾草，野生荞麦有多年生和一年生的甜荞和苦荞，黍的近缘植物野黍，还有野豇豆、野小豆、野绿豆、野生苋（刺苋、凹头苋、反枝苋等）及半野生状态的杖藜和红蓼等。

经济作物中油料作物有野生大豆（紫花、白花）、野油茶、野油菜、野苏子等。纤维作物有野苎麻 8 种（如白叶种苎麻、绿叶种苎麻、悬铃叶苎麻），野黄麻有长果种、圆果种和假黄麻，野生亚麻，野生青麻等。甘蔗野生近缘植物有割手密、斑茅、河八王和金猫尾等。茶树共有 37 个种，其中仅有 1/3 的种驯化出栽培品种。桑树有 15 个种，多数是野生桑，其中白桑和鲁桑栽培较多。

蔬菜作物的野生种有野韭菜 8 个种（如卵叶韭、太白韭、粗根韭、青甘韭、蒙古韭等），野生葱有阿尔泰葱、野葱和茖葱，大蒜野生近缘植物种有野生天蒜、小山蒜、新疆蒜、星花蒜、多籽蒜，薤白多为野生分布，还有野草石蚕、卷丹百合、野萱草、野脚板薯、野芋、野香椿、野毛竹笋、野胡萝卜，野生水生蔬菜有野水芹、野菱、野荸荠、野慈姑等。

调料作物有野花椒、野胡椒（山胡椒）、野八角、野薄荷、鱼香菜。

野生果树资源更为丰富，苹果属的野生种有山荆子、楸子、新疆野海棠、湖北海棠、河南海棠、新疆野苹果、野林檎，梨的野生种有杜梨、褐梨、豆梨、秋子梨，山楂野生种已收集保存 12 个种，野生桃有山桃、甘肃桃和光核桃，枣的野生种有 10 个种，葡萄野生种有 20 多个，柿树野生种有 50 多个，猕猴桃野生种有 57 个，新疆和西藏都有野生核桃林。另外，杏、樱桃、板栗、榛、荔枝、柑橘、枇杷、龙眼都有野生种。

饲用及绿肥作物、花卉作物、药用作物和林木作物的野生近缘植物也极为丰富，在这里不一一赘述，将在第十八章至二十五章有详细介绍。

三、中国作物及其野生近缘植物的物种多样性概况

我国地域辽阔，因此气候多样，分热带、亚热带、暖温带、温带、寒温带和寒带；地形复杂，有平原、山地、丘陵、盆地和高原；土壤类型繁多，有红壤、黄壤、棕壤、褐土、黑土、黑钙土、栗钙土、盐碱土、漠土、沼泽土和高山土等。同时，我国是个农业历史悠久的国家，已有 1 万年的农作史，以精耕细作著称。耕作制度有撂荒制、休闲制、连作（或轮作）制、集约耕作制以及旱地耕作制、水浇地耕作制和水田耕作制，种植制度有一年一熟制、二熟制、三熟制和多熟制，种植方式有单作、间作、套作、混作以及连作、轮作。另外，土地耕翻和作物收获的方法皆有多种。由于上述诸因素的综合作用，产生了多种农田生态系统，在多种农田生态系统中经长期的自然和人工选择，形成了中国丰富的作物及其野生近缘植物物种。

有报道称，世界上主要栽培植物共 1 200～1 500 种。中国的栽培植物有多少种？在《我国栽培作物来源的探讨》（卜慕华，1981）中，列出了我国 350 种栽培作物；《中国作物遗传资源》（中国农学会遗传资源学会）一书中，汇集了中国 600 多种栽培作物。随着我国农业的迅速发展，以及作物创新和国外引种、科技的进步，我国的作物种类和物种在逐渐增多，作物的野生近缘植物亦更加明了。据统计，目前我国粮食作物 40 种，经济作物 71 种，果树作物 87 种，蔬菜作物 263 种，饲用及绿肥作物 96 种，花卉（观赏）作物 136 种，药用作物 155 种，林木作物 116 种。除去作物种类间的重复外，全国现共有 840 种作物，它们隶属 176 个科、619 个属。在 840 种作物中，涉及 1 251 个栽培物种，3 308 个野生近缘植物物种。详细情况见表 17－1 及附录 3。

表 17－1　中国作物及其野生近缘植物物种多样性概况

作物种类	作物数量	涉及的栽培种和野生近缘种数量	
		栽培种	野生近缘种
粮食作物	38 (40)	64 (67)	372 (381)
经济作物	62 (71)	99 (111)	541 (554)
果树作物	86 (87)	142 (143)	501 (501)
蔬菜作物	226 (263)	206 (243)	209 (250)
饲用和绿肥作物	80 (96)	180 (211)	196 (207)

（续）

作物种类	作物数量	涉及的栽培种和野生近缘种数量	
		栽培种	野生近缘种
花卉作物	128 (136)	203 (223)	594 (659)
药用作物	137 (155)	191 (210)	308 (329)
林木作物	83 (116)	166 (221)	587 (788)
合计	840 (964)	1 251 (1 431)	3 308 (3 669)

注：括号内的数字为未剔除作物种类间重复的数。

第二节　遗传多样性

遗传多样性是某一物种内总的遗传组成及其变异。也可以说遗传多样性是物种内基因频率与基因型频率变化导致基因和基因型的多样性。遗传多样性是生物多样性的基础，是生物遗传改良的源泉。

一、作物遗传多样性

作物遗传多样性指的是作物物种内品种（品系）或基因型之间的差异丰富性。因此，作物遗传多样性一般体现在品种（系）的多样性，每个品种（系）都是一个基因型，基因型是由一个品种（系）的所有基因组成的。但对无性繁殖作物，特别是林木作物而言，甚至一个品种的不同植株往往也可构成一个基因型，表现为群与群不同、株与株有异。作物遗传多样性的形成是长期进化的结果，与这种进化有关的主要因素有选择、突变、基因流动等，这些因素往往导致作物物种或品种，以及作物野生近缘植物产生一定程度的分化和变异。

二、作物遗传多样性的研究方法

为了对作物及其野生近缘植物进行保护和有效作用，首先要对它们的遗传多样性进行深入研究和分析。换言之，对作物及其野生近缘植物遗传多样性的研究和分析，是有效保护和充分利用它们的关键。当然，亦能为作物种质资源保护和高效利用策略的制定提供科学依据。

当今，作物遗传多样性的研究方法主要有 3 种：表型观测（包括形态性状和农艺性状）方法、生物化学方法和分子生物学方法。这些方法均产生和利用于 20 世纪，最早利用的是表型观测方法，直至 20 世纪 60 年代前期。1966 年出现了同工酶电泳技术（生化方法），并逐渐被应用。进入 20 世纪 80 年代，生物技术迅速发展，产生一系列检测生物遗传多样性的新方法，并在作物遗传多样性研究中得到应用。由此可以看出，这 3 种方法是随着生物学的发展而逐步产生和利用的。然而，这些方法无论在理论上还是在实践应用中，都具有各自的优点和局限，所以在作物遗传多样性研究中，可根据研究的目的、条件、场所和研究的深度，而采用可行的任一方法或者两种方法。

（一）表型观测方法

表型观测方法一般在试验田、试验场（圃）或草原和林区进行，对作物品种（系）及作物野生近缘植物的群体或个体表型性状直接观察、测量和记载。这种观测记载，对于质量性状，观测1～2年的数据或信息即可作为观测结果，而对于数量性状的观测则需2年以上，将多年观测记载的数据汇总取平均值作为观测结果。然后统计观测诸性状的品种或个体间的值差，值差越大即变幅越大，则多样性越丰富。通过观测同一物种大量品种、群体或个体间诸性状值变幅的大小，评价该物种遗传多样性的丰富程度。

（二）生物化学方法

生物化学方法包括同工酶和贮藏蛋白电泳技术，电泳技术主要有淀粉凝胶（SGE）、聚丙烯酰胺凝胶（PAGE）、琼脂凝胶（AGE）、醋酸纤维素膜电泳（CAGE），其次有纸电泳、等电聚焦、免疫电泳、双向电泳等。生物化学方法是在室内进行的，根据试验条件和目的可采用任一技术，取试验对象的最适宜的组织进行电泳。根据电泳谱带提供的数据，度量作物和作物野生近缘植物的遗传多样性的丰富性。

（三）分子生物学方法

在植物遗传多样性研究中所采用的分子生物学方法是以DNA为基础的分子标记技术，DNA分子标记主要有两大类型，即显性标记（如RAPD、ISSR、AFLP等）和共显性标记（如SSR、RFLP、SNP等）。目前采用比较多的有SSR、ISSR、RAPD标记等，但不同的植物则选择相适宜的标记技术。这几种分子标记技术的操作步骤和分析方法大体相同：第一，要确定足够大的供试样品。第二，提取最适宜组织的DNA。第三，筛选引物和PCR扩增。第四，根据电泳结果统计分析等位变异数（*A*）、遗传相似系数（*GSC*）、Nei's基因多样性指数（*He*）、香农（Shannon）遗传多样性指数（*I*）等。然而，作物和野生近缘植物的统计方法上有所不同，作物是按供试品种（系）进行统计分析，而野生近缘植物是按其居群进行统计分析，并进一步归纳成总居群的统计分析。第五，根据上述一项或多项统计分析数值的大小，评估研究对象的遗传多样性丰富度。

三、中国部分作物遗传多样性简述

我国作物的遗传多样性十分丰富，在此仅以各类作物主要物种的类型多样和性状变异幅度大进行简述。类型多样，如粮食作物的稻地方品种有50个变种和962个变型，普通小麦含127个变种，大麦有422个变种类型；经济作物的大豆分为480个类型，亚洲棉有41个形态类型，茶树分为30个类型；蔬菜作物的芥菜分有16个变种，辣椒有10个变种，莴苣有12个类型；果树作物的苹果分为3个大系统及21个品种群，山楂共有3个系统及 7 个品种群；花卉的梅花有 18 个类型，菊花分为 44 个花型，荷花共 40 个类型；饲用作物的紫花苜蓿分为 7 个生态类型，箭筈豌豆有 11 个类型；药用作物的乌拉尔甘草有 7 个变异类型，地黄按形态划分出 5 种类型；林木作物的毛白杨有 9 个自然变异类型，白榆有 10 个自然变异类型。

由于中国作物品种的极端类型多，导致性状变异的幅度大，如植株高度差异：稻为 38～210 cm，相差 172 cm；玉米为 61～444 cm，相差 383 cm；大麦为 19～166 cm，相差 147 cm；高粱为 50～450 cm，相差 400 cm；大豆为 7.6～333.0 cm，相差 325.4 cm。千粒重差异：稻为 2.4～86.9，相差 84.5 g；小麦为 8.1～81.0 g，相差 72.9 g；玉米为 18～569 g，相差 551 g；高粱为 5.5～77.5 g，相差 72.0 g；大麦为 5.5～86.1 g，相差 80.6 g。单果重差异：茄子为 0.9～1 750 g，相差 1749.1 g；梨为 23.7～606.5 g，相差 582.8 g；苹果为 25.0～262.9 g，相差 237.9 g。另外，种子、果实、叶、茎的形状和颜色更是多种多样。现将部分作物的主要性状变异程度列入表 17－2，以供参考。

表 17－2 部分作物主要性状变异程度

作物	性状	所有品种的变异情况	居中 80%品种的变异情况
稻	株高	38～210 cm	105～155 cm
	千粒重	2.4～86.9 g	21.0～28.2 g
	叶片色	浅黄、黄色斑点、绿白相间、浅绿、绿、深绿、紫边、紫色斑点、紫	浅绿、绿、深绿
	蛋白质含量	4.9%～19.3%	7.7%～11.7%
小麦	株高	20～198 cm	75～125 cm
	千粒重	8.1～81.0 g	23.4～46.3 g
	粒色	白色、琥珀色、红色、紫黑色、青黑色	白色、红色
	蛋白质含量	7.5%～24.2%	12.1%～17.5%
	芒型	无芒、短芒、长芒、钩曲芒、短曲芒、长曲芒	
玉米	株高	61～444 cm	150～284 cm
	千粒重	18～569 g	172～325 g
	粒色	白色、黄色、红色、蓝色、紫色、黑色、杂色等共 22 种颜色	白色、黄色
	蛋白质含量	6.6%～24.6%	10.3%～13.5%
粟	株高	29～250 cm	107～154 cm
	千粒重	0.5～8.0 g	2.3～3.7 g
	穗形	普通形、纺锤形、圆筒形、棍棒形、鸭嘴形、猫爪形、佛手形	棍棒形、纺锤形、圆筒形
	粒色	黄色、白色、红色、黑色、青灰色、杏黄色、黄褐色	黄色、白色
	蛋白质含量	7.9%～21.9%	10.8%～15.3%

（续）

作物	性状	所有品种的变异情况	居中80%品种的变异情况
黍稷	株高	21～246 cm	90～181 cm
	千粒重	0.4～10.0 g	5.0～8.1 g
	米色	白色、黄色、灰色、褐色、复色	黄色、白色、红色
	粒色	黄色、白色、红色、黑色、青灰色、杏黄色、黄褐色	黄色、白色
	蛋白质含量	10.4%～17.4%	12.5%～15.4%
高粱	株高	50～450 cm	120～335 cm
	千粒重	5.5～77.5 g	17.0～31.3 g
	穗形	纺锤形、牛心形、圆筒形、棒形、杯形、球形、伞形、帚形	纺锤形、圆筒形、伞形
	颖壳色	白色、黄色、灰色、红色、褐色、紫色、黑色	红色、褐色
	蛋白质含量	6.1%～19.4%	9.7%～13.6%
大麦	株高	19～166 cm	76～121 cm
	千粒重	5.5～86.1 g	26.5～47.2 g
	芒型	无芒、微芒、等穗芒、短芒、长芒、无颈钩芒、短钩芒、长钩芒等14种	长芒
	蛋白质含量	6.4%～24.4%	10.4%～16.8%
大豆	蛋白质含量	29.3%～52.9%	40.5%～47.5%
	脂肪含量	10.7%～24.2%	15.9%～19.9%
	生育日数	70～214 d	98～145 d
	株高	7.6～333.0 cm	40.8～115.0 cm
	百粒重	1.8～46.0 g	9.3～22.3 g
油菜	千粒重	0.5～18.7 g	1.8～4.0 g
	全株角果	5.4～3 324.8个	136.0～574.5个
	含油量	18.7%～54.3%	31.7%～43.6%
	每角粒数	1.0～85.0粒	11.0～22.6粒
花生	生育期	100～260 d	120～160 d
	主茎高	3.8～123.0 cm	24.0～69.8 cm
	百果重	7.0～299.8 g	89.7～200.0 g
	含油量	31.0%～60.3%	47.2%～54.3%
	蛋白质含量	12.5%～47.6%	23.6%～31.7%
芝麻	株高	43.6～225.3 cm	95.6～162.0 cm
	种皮色	白色、乳白色、浅褐色、褐色、砖红色、橄榄绿色、灰色、黑色	白色、黑色、褐色
	花色	白色、粉红色、浅紫色、紫色、栗色	浅紫色、紫色
	含油量	28.9%～61.7%	49.6%～57.1%

（续）

作物	性状	所有品种的变异情况	居中80%品种的变异情况
棉花	生育期	94～211 d	116～150 d
	铃重	0.7～9.8 g	2.7～6.2 g
	纤维长	0～39 mm	27～28 mm
	花色	白色、乳白色、黄色、红白色、粉红色、红色、浅粉色	乳白色
	叶色	浅绿色、绿色、深绿色、黄色、黄红色、黄白色、斑驳色	绿色
苎麻	工艺成熟天数	124～214 d	165～194 d
	株高	40～210 cm	108～165 cm
	单纤维支数	897～3 449 支	1 327～2 153 支
茶树	茶多酚含量	3.7%～47.8%	22.0%～34.4%
	叶片长度	3.3～26.1 cm	7.9～14.9 cm
	叶形	近圆形、椭圆形、卵圆形、长椭圆形、披针形	椭圆形、长椭圆形
	花冠直径	1.4～7.5 cm	3.0～4.4 cm
	树型	灌木型、小乔木型、乔木型	灌木型、小乔木型
梨	单果重	23.7～606.5 g	76.5～294.0 g
	果色	绿色、黄绿色、绿黄色、黄色、褐色、紫红色、鲜红色	黄绿色、绿黄色
	果实形状	扁圆形、圆形、长圆形、卵圆形、倒卵形、圆锥形、圆柱形、纺锤形、细颈葫芦形、葫芦形、粗颈葫芦形	扁圆形、倒卵形、圆形、长圆形、椭圆形
荔枝	果形	椭圆形、长椭圆形、圆锥形、卵圆形、心形、长心形、歪心形、纺锤形	卵圆形、心形、椭圆形、歪心形
	树干表面颜色	黄色、灰色、青褐色、黄褐色、灰褐色、褐色、黑褐色	灰色褐、褐色
	树形	圆头形、椭圆形、伞形、不规则形	椭圆形
苹果	单果重	25.0～262.9 g	28.3～178.6 g
	果形	近圆形、扁圆形、椭圆形、长圆形、卵圆形、圆锥形、圆柱形、短锥形	扁圆形、圆锥形、椭圆形
	果肉颜色	白色、乳白色、黄白色、淡黄色、黄色、橙黄色、绿白色、黄绿色、淡红色、血红色、暗红色	淡红色、暗红色、黄绿色
大白菜	叶球形状	卵形、长筒形、短筒形、倒卵形、倒圆锥形、近圆形、扁圆形、炮弹形、橄榄形	长筒形、短筒形
	叶球抱合方式	散叶、叠抱、合抱、拧抱、褶抱	叠抱、合抱
	叶球净重	130～7 000 g	1 000～4 000 g

（续）

作物	性状	所有品种的变异情况	居中80%品种的变异情况
茄子	果皮色	紫色、黑紫色、紫红色、绿色、白色	紫红色、黑紫色、紫色
	果形	圆形、扁圆形、卵圆形、长卵形、短棒形、长棒形、长条形	长棒形、长卵形、圆形
	单果重	1.0～5 000 g	105.0～550.0 g
韭菜	普通韭叶宽	0.3～1.8 cm	0.4～1.0 cm
	普通韭叶长	15.0～50.0 cm	21.0～40.0 cm
	普通韭分蘖力	强、中、弱	强、中
苋菜	叶形	长卵形、卵圆形、阔卵形、披针形、近圆形、心形、戟形、菱形	卵圆形、长卵形
	叶色	红、紫、绿、花叶	绿色、紫色、红色
	株高	8.2～200 cm	16.5～49.0 cm
芜菁	叶簇形状	直立、半直立、半平展、平展	半直立、直立
	肉质根形状	圆锥形、圆形、扁圆形、纺锤形、圆柱形	扁圆形、圆形、圆锥形
	肉质根重	100～2 200 g	150～990 g
扁穗冰草	株高	20～100 cm	40～70 cm
	叶长	3～20 cm	5～15 cm
	叶宽	2～6 mm	3～5 mm
	千粒重	1.8～2.5 g	2.0～2.2 g
紫花苜蓿	株高	30～160 cm	50～120 cm
	叶长	5～40 mm	10～25 mm
	叶宽	3～12 mm	5～10 mm
	千粒重	1.4～3.5 g	1.8～2.5 g
黄花草木樨	株高	20～300 cm	90～200 cm
	叶长	10～30 mm	15～26 mm
	叶宽	4～17 mm	6～14 mm
	千粒重	1.7～2.8 g	2.0～2.5 g
梅花	树冠形状	广椭圆形、圆形、扁圆形、卵形、倒卵形、伞形和不规则形	
	花外瓣形状	长圆形、圆形、扁圆形、阔卵圆形、阔倒卵形、倒卵形、匙形、扁形	
	花瓣颜色（背面）	白色、乳黄色、淡黄色、淡粉色、粉红色、红色、肉红色、紫红色、洒金色	
	花香味	淡香、清香、甜香、浓香	

（续）

作物	性状	所有品种的变异情况	居中80%品种的变异情况
牡丹	叶型	大型圆叶、大型长叶、中型圆叶、中型长叶、小型圆叶、小型长叶	
	花色	白色、粉色、红色、紫色、黑色、黄色、蓝色、绿色、复色	
	花型	单瓣型、荷花型、菊花型、蔷薇型、托桂型、皇冠型、绣球型	
菊花	叶形	正叶、深刻正叶、长叶、深刻长叶、圆叶、葵叶、蓬叶、扣船叶（反转叶）、托叶（柄附叶）	
	花瓣形状	平瓣类、匙瓣类、管瓣类、桂瓣类、畸瓣类	
	花色	黄色系：浅黄、深黄、金黄、橙黄、棕黄、泥黄、绿黄；白色系：乳白、粉白、银白、绿白、灰白；绿色系：豆绿、黄绿、草绿；紫色系：雪青、浅紫、红紫、墨紫、青紫；红色系：大红、朱红、墨红、橙红、棕红、肉红；粉红色系：浅红、深粉；双色系；间色系	
	花型	平瓣型、蓟瓣型、匙瓣型、蜂窝型、管瓣型、小桂型、宽瓣型、荷花型、芍药型、垂珠型、舞环型、龙爪型、毛刺型、大桂型、反卷型、莲座型、卷散型、舞莲型、圆球型、圆盘型、翎管型、松针型	
地黄	株高	5.5～23.1 cm	
	叶片鲜重	3.8～12.9 g	
	块根形状	薯状、细长条状、纺锤状、薯状—疙瘩状	
乌拉尔甘草	每序花朵数	10～49 朵	
	每序结荚数	1～37 荚	
	每荚实结种子数	1～9 粒	
毛白杨	树高	5.7～21.2 cm	
	胸径	5.9～30.4 cm	
	叶长	4.6～14.1 cm	
	叶宽	3.9～14.2 cm	
白榆	分枝类型	立枝型、垂枝型、稀枝型、曲枝型、密枝型、扫帚型、鸡爪型	
	树皮类型	光皮型、薄皮型、细皮型、粗皮型、栓皮型	
	主干类型	高大型、通直型、微弯型、弯曲型	

（郑殿升　杨庆文）

参考文献

陈俊愉，1996. 中国梅花［M］. 海口：海南出版社.
成仿云，等，2005. 中国紫斑牡丹［M］. 北京：中国林业出版社.
耿华珠，等，1995. 中国苜蓿［M］. 北京：中国农业出版社.
顾万春，王棋，游应天，等，1998. 森林遗传资源学概论［M］. 北京：中国科学技术出版社.
李鸿渐，1993. 中国菊花［M］. 南京：江苏科学技术出版社.
刘旭，2003. 中国生物种质资源科学报告［M］. 北京：科学出版社.
刘旭，曹永生，张宗文，等，2008. 农作物种质资源基本描述规范和术语［M］. 北京：中国农业出版社.
陆帼一，1998. 莴苣栽培技术［M］. 北京：金盾出版社.
杨以耕，陈材林，刘念慈，1989. 芥菜分类研究［J］. 园艺学报，13（3）：193-196.
俞履圻，钱泳文，蒋荷，等，1996. 中国栽培稻种分类［M］. 北京：中国农业出版社.
郑殿升，盛锦山，2002. 主要作物远缘杂交概况［J］. 植物遗传资源科学，3（1）：55-60.
中国农学会遗传资源分会，1994. 中国作物遗传资源［M］. 北京：中国农业出版社.

第十八章

粮食作物多样性

粮食作物多样性这里指的是粮食作物及其野生近缘植物的物种多样性和物种内遗传多样性。我国的粮食作物有4类：禾谷类、豆类、薯类和其他类。禾谷类作物有稻、小麦、大麦、燕麦、黑麦、小黑麦、玉米、高粱、粟（谷子）、黍稷、穇子（龙爪稷、鸡脚稗）、珍珠粟（御谷、蜡烛稗）、食用稗、薏苡等。豆类作物有蚕豆、豌豆、普通菜豆（菜豆）、多花菜豆（红花菜豆）、利马豆（荷苞豆）、豇豆、绿豆、小豆（赤豆）、饭豆、黑吉豆、木豆、鹰嘴豆（鸡头豆）、小扁豆（鸡眼豆）、山黧豆、羽扇豆、扁豆、四棱豆（翼豆）、黎豆（狗爪豆）、刀豆等。薯类作物有甘薯、马铃薯、木薯。其他类有荞麦、粒用苋（籽粒苋）、藜谷等。各种粮食作物基本上都有其野生近缘植物。

第一节　粮食作物物种多样性

我国每一种粮食作物所含的栽培物种和野生近缘植物物种不尽相同，如稻有2个栽培物种和20个野生近缘植物物种，粟（谷子）有1个栽培物种和15个野生近缘植物物种，荞麦有2个栽培物种和8个野生近缘植物物种。目前，我国种植的粮食作物约有40种（其中与其他作物重复的有2种），它们隶属8个科33个属，含栽培种67个，野生近缘植物物种381个。据统计，世界上的粮食作物有100种，其中大面积种植的约有50种。由此可以看出，我国粮食作物的种类及物种多样性是非常丰富的（表18-1）。

第二节　主要粮食作物的遗传多样性

粮食作物遗传多样性指的是粮食作物物种品种间差异程度，差异程度越大，物种遗传多样性越大，物种遗传多样性越丰富。然而，我国各种作物所含物种数不同，有的仅含1个物种（如大豆、大麦），有的含有2个（如水稻、荞麦）或2个以上的物种（如小麦、燕麦、马铃薯）。因此，在这里按照凡是含2个或更多物种的作物，只选其中最重要的物种加以论述的原则，论述17种主要粮食作物的17个物种（亚洲栽培稻、普通小麦、大麦、普通栽培燕麦、玉米、高粱、粟、黍稷、甜荞、绿豆、小豆、豇豆、豌豆、蚕豆、普通菜豆、甘薯、马铃薯）的遗传多样性。

表 18－1　中国粮食作物物种多样性

序号	作物名称	科	属	栽培种	野生近缘种	备注
1	稻	禾本科 Gramineae	稻属 *Oryza* L.	亚洲栽培稻 *O. sativa* L. 非洲栽培稻 *O. glaberrima* Steud	普通野生稻 *O. rufipogon* Griff. 药用野生稻 *O. officinalis* Wall. ex Watt 疣粒野生稻 *O. meyeriana* Baill. 高秆野生稻 *O. alta* Swallen 澳洲野生稻 *O. australiensis* Domin 巴蒂野生稻 *O. barchii* A. Chev. 紧穗野生稻 *O. eichingeri* A. Peter 大护颖野生稻 *O. grandiglumis* Prod. 长粒野生稻 *O. glumaepatula* Steud. 宽叶野生稻 *O. latifolia* Desv. 长护颖野生稻 *O. longiglumis* Jansen 南方野生稻 *O. meridionalis* N. Q. Ng 尼瓦拉野生稻 *O. nivara* Sharma 极短粒野生稻 *O. schleteri* Pilger 马来野生稻 *O. ridleyi* Hook f. 短药野生稻 *O. brachyantha* A. Chev. et Rochr. 颗粒野生稻 *O. granulata* Nees et Arn. ex Hook f. 长药野生稻 *O. longistaminata* A. Chev. et Roehr. 小粒野生稻 *O. minuta* J. S. Presl ex C. B. Presl. 斑点野生稻 *O. punctata* Kotschy ex Steud.	
2	小麦	禾本科 Gramineae	小麦属 *Triticum* L.	普通小麦 *T. aestivum* L. 密穗小麦 *T. compactum* Host. 印度圆粒小麦 *T. sphaerococcum* Perc.	**小麦属：*Triticum* L.** 野生一粒小麦 *T. boeoticum* Boiss. 乌拉尔图小麦 *T. urartu* Thum. et Gandil. 野生二粒小麦 *T. dicoccoides* Schweinf. 阿拉拉特小麦 *T. araraticum* Jakubz.	

（续）

序号	作物名称	科	属	栽培种	野生近缘种	备注
2	小麦	禾本科 Gramineae	小麦属 *Triticum* L.	玛卡小麦 *T. macha* Dek. et Men. 斯卑尔脱小麦 *T. spelta* L. 栽培二粒小麦 *T. dicoccum* Schuebl. 硬粒小麦 *T. durum* Desf. 东方小麦 *T. orientale* Perc. 波斯小麦 *T. persicum* Vav. ex Zhuk. 波兰小麦 *T. polonicum* L. 圆锥小麦 *T. turgidum* L. 栽培一粒小麦 *T. monococcum* L. 瓦维洛夫小麦 *T. vavilovii* Jakubz. 茹科夫斯基小麦 *T. zhulovskyi* Men. et Er. 提莫菲维小麦 *T. timopheevii* Zhuk.	**山羊草属：*Aegilops* L.** 小伞山羊草 *Ae. umbellulata* Zhuk. 卵穗山羊草 *Ae. ovata* L. 三芒山羊草 *Ae. triaristata* Willd. 直山羊草 *Ae. recta* Zhuk. 小亚山羊草 *Ae. columnaris* Zhuk. 欧山羊草 *Ae. biuncialis* Vis. 易变山羊草 *Ae. variabilis* Eig. 黏果山羊草 *Ae. kotschyi* Boiss. 钩刺山羊草 *Ae. triuncialis* L. 尾状山羊草 *Ae. caudata* L. 柱穗山羊草 *Ae. cylindrica* Host. 顶芒山羊草 *Ae. comosa* Sibth. et Sm. 单芒山羊草 *Ae. uniaristata* Vis. 无芒山羊草 *Ae. mutica* Boiss. 拟斯卑尔脱山羊草 *Ae. speltoides* Tausch. 东方山羊草 *Ae. aucheri* Boiss. 高大山羊草 *Ae. longissima* Schw. et Musch. 沙融山羊草 *Ae. sharonensis* Eig. 双角山羊草 *Ae. bicornis*（Forsk.）Jaub. et Sp. 西尔斯山羊草 *Ae. searsii* Feldman et Kislev. 粗山羊草 *Ae. tauschii* Coss. 肥山羊草 *Ae. crassa* Boiss. 偏凸山羊草 *Ae. ventricosa* Tausch. 牡山羊草 *Ae. juvenalis*（Thell.）Eig. 瓦维洛夫山羊草 *Ae. vavilovii*（Zhuk.）Chenn.	

（续）

序号	作物名称	科	属	栽培种	野生近缘种	备注
2	小麦	禾本科 Gramineae	小麦属 *Triticum* L.		**旱麦草属：*Eremopyrum*（Ledeb.）Jaub. et Spach.** 光穗旱麦草 *Er. banaepartis*（Spreng.）Nevski 毛穗旱麦草 *Er. distans*（C. Koch.）Nevski 东方旱麦草 *Er. orientale*（L.）Jaub. et Spach. 旱麦草 *Er. triticeum*（Gaertn.）Nevski **簇毛麦属：*Haynaldia* Schur. = *Dasypyrum*（Coss. et Dur.）Borb.** 簇毛麦 *Ha. vilosa* L. **无芒草属：*Henrardia* C. E. Hubb.** 波斯无芒草 *He. persica*（Bioss.）C. E. Hubb. **异形花属：*Heteranthelium* Hochst.** 异形花草 *Ht. piliferum*（Banks et Soland.）Hochst. **棱轴草属：*Taeniatherum* Nevski** 棱轴草 *Ta. crinitum*（Schreb.）Nevski **冰草属：*Agropyron* Gaertn.** 根茎冰草 *A. michnoi* Roshev. 蓖穗冰草 *A. pectinatum* **披碱草属：*Elymus* Linn.** 阿勒泰披碱草 *E. altavicus* 亚利桑纳披碱草 *E. arizonicus* 黑紫披碱草 *E. atratus*（Nevski）Hand.-Mazz. 短芒披碱草 *E. breviaristatus*（Keng）Keng f. 加拿大披碱草 *E. canadensis* L. 高加索披碱草 *E. caucaicus* 弯披碱草 *E. curvatus*	

（续）

序号	作物名称	科	属	栽培种	野生近缘种	备注
2	小麦	禾本科 Gramineae	小麦属 *Triticum* L.		圆柱披碱草 *E. cylindricus*（Franch.）Honda 肥披碱草 *E. excelsus* Turcz. 纤维披碱草 *E. fibrosus* 天蓝披碱草 *E. glaucus* 直穗披碱草 *E. gmelinii* 间隔披碱草 *E. interruptus* 耿氏披碱草 *E. kengii* 披针-淡白披碱草 *E. lanceolatus-albicans* 披针-河岸披碱草 *E. lanceolatus-riparius* 帕塔冈披碱草 *E. patagonicus* 糙叶披碱草 *E. scabrifolius* 半肋披碱草 *E. semicostatus* 狭穗披碱草 *E. stenostchyus* 麦賨草 *E. tangutorum*（Nevski）Hand.-Mazz. 高山披碱草 *E. tschimganicus*（Drob.）Tzvel. 毛披碱草 *E. villifer* C. P. Wang et H. L. Yang 弗吉尼亚披碱草 *E. virginicus* L. 巴氏披碱草 *E. batalinii* 费氏披碱草 *E. fedtschenkoi* 蓝边披碱草 *E. glaucissimus* 昆仑披碱草 *E. kunlunshanisis* 疏花披碱草 *E. laxiflorus* 变异-顶簇生草 *E. mutabilis-praecaespitosus* 紫芒披碱草 *E. purpuraristatus* C. O. Wang et H. L. Yang 糙颖披碱草 *E. scabriglumis*	

（续）

序号	作物名称	科	属	栽培种	野生近缘种	备注
2	小麦	禾本科 Gramineae	小麦属 *Triticum* L.		近无芒披碱草 *E. submuticus*（Keng）Keng f. **偃麦草属：*Elytrigia* Desv.** 拟冰草 *Et. agropyroides* 淡白冰草 *Et. albicans* 丛生偃麦草 *Et. caespitosa* 长匍茎偃麦草 *Et. elongatiforme* 茸毛偃麦草 *Et. trichophora*（Link）Nevski 瓦式偃麦草 *Et. vaillantianus* 毛稃偃麦草 *Et. alatavica* 百萨拉比偃麦草 *Et. bessarabica* 曲叶偃麦草 *Et. curvifolia* 意大利偃麦草 *Et. italian* 灯芯偃麦草 *Et. juncea*（L.）Nevski 有节偃麦草 *Et. nodosa* 彭梯卡偃麦草 *Et. pontica* 穗状偃麦草 *Et. spicata* **赖草属：*Leymus* Hochst.** 阿克摩林赖草 *L. akmolnensis* 窄颖赖草 *L. angustus*（Trin.）Pilger 褐穗赖草 *L. bruneostachys* 灰赖草 *L. cinereus* 卡拉林赖草 *L. karalinii* 多枝赖草 *L. multicaulis*（Kar. et Kir.）Tzvel. 宽穗赖草 *L. ovatus*（Trin.）Tzvel. 毛穗赖草 *L. paboanus*（Claus）Pilger	

（续）

序号	作物名称	科	属	栽培种	野生近缘种	备注
2	小麦	禾本科 Gramineae	小麦属 *Triticum* L.		拟大赖草 *L. pseudoracemosus* 大赖草 *L. racemosus*（Lam.）Tzvel. 黑海赖草 *L. sabulosus* 赖草 *L. secalinus*（Georgi）Tzvel. 天山赖草 *L. tianshanicus*（Drob.）Tzvel. 拟麦赖草 *L. triticoides* 卡拉塔维赖草 *L. karataviensis* **新麦草属：*Psathyrostachys* Nevski** 脆轴新麦草 *Ps. fragilis* 华山新麦草 *Ps. huashanica* Keng ex P. C. Kuo 单花新麦草 *Ps. kronenburgii*（Hack.）Nevski 毛穗新麦草 *Ps. lanuginose*（Trin.）Nevski **鹅观草属：*Roegneria* C. Koch.** 异芒鹅观草 *R. abolinii*（Drob.）Tzvel. 高寒鹅观草 *R. alpina* 毛叶鹅观草 *R. amurensis*（Drob.）Nevski 狭颖鹅观草 *R. angustiglumis*（Nevski）Nevski 芒颖鹅观草 *R. aristiglumis* Keng et S. L. Chen 短颖鹅观草 *R. breviglumis* Keng 短柄鹅观草 *R. brevipes* Keng 布希鹅观草 *R. buschiana* 沟鹅观草 *R. canaliculata* 犬草 *R. canina*（L.）Nevski 紊草 *R. confusa*（Roshev.）Nevski	

（续）

序号	作物名称	科	属	栽培种	野生近缘种	备注
2	小麦	禾本科 Gramineae	小麦属 *Triticum* L.		迪安鹅观草 *R. dianinus* 德氏鹅观草 *R. drobovii* 耐久鹅观草 *R. dura*（Keng）Keng 费氏鹅观草 *R. fedtschenkoi* 纤维鹅观草 *R. fibrosa*（Schrenk）Nevski 光穗鹅观草 *R. glaberrima* Keng et S. L. Chen 戈壁鹅观草 *R. gobicola* 大颖草 *R. grandiglumis* Keng 五龙山鹅观草 *R. hondai* Kitag. 糙毛鹅观草 *R. hirsuta* Keng 低株鹅观草 *R. jacquemontii*（Hook f.）Ovcz. et Sidor. 竖立鹅观草 *R. japonensis*（Honda）Keng 鹅观草 *R. kamoji* Ohwi 考氏鹅观草 *R. komorovii*（Nevski）Nevski 昆仑鹅观草 *R. kunluniana* 库车鹅观草 *R. kuqaensis* 疏花鹅观草 *R. laxiflora* Keng 长芒鹅观草 *R. longearistata* 黑药鹅观草 *R. melanthera*（Keng）Keng 多花鹅观草 *R. multiflora* 变异鹅观草 *R. mutabilis* 吉林鹅观草 *R. nakaii* Kitag. 垂穗鹅观草 *R. nutans*（Keng）Keng 小颖鹅观草 *R. parvigluma* Keng	

（续）

序号	作物名称	科	属	栽培种	野生近缘种	备注
2	小麦	禾本科 Gramineae	小麦属 *Triticum* L.		缘毛鹅观草 *R. pendulina* Nevski 紫穗鹅观草 *R. purpurascens* Keng 扭轴鹅观草 *R. schrenkiana*（Fisch. et Mey.）Nevski 中华鹅观草 *R. sinica* Keng 肃草 *R. stricta* Keng 高山鹅观草 *R. tschimganica*（Drob.）Nevski 直穗鹅观草 *R. turczaninovii*（Drob.）Nevski 多变鹅观草 *R. varia* Keng 阿拉善鹅观草 *R. alashanica* Keng 阿尔泰鹅观草 *R. altaica* 假花鳞草 *R. anthosachnoides* Keng 毛盘草 *R. barbicalla* Ohwi 马革草 *R. glaucifolia* Keng 戈迈林鹅观草 *R. gmelinii* 克什戈尔鹅观草 *R. kaschgaria* 宽叶鹅观草 *R. platyphylla* Keng 密丛鹅观草 *R. praecaespitosa* 林地鹅观草 *R. sylvatica* Keng et S. L. Chen 天山鹅观草 *R. tianshanica*（Drob.）Nevski 绿穗鹅观草 *R. viridurla* Keng et S. L. Chen **猬草属：*Hystris* Moerch（*Asperella* Humb.）** 猬草 *Hy. Duthiei* 东北猬草 *Hy. Komarovii* 大麦属：26 个种见大麦 黑麦属：4 个种见黑麦	

（续）

序号	作物名称	科	属	栽培种	野生近缘种	备注
3	大麦	禾本科 Gramineae	大麦属 *Hordeum* L.	大麦 *H. vulgare* L.	亚利桑纳大麦草 *H. arizonicum* Covas & Stebbins 布顿大麦草 *H. bogdanii* Wilensky 球茎大麦 *H. bulbosum* L. 智利大麦草 *H. chilense* Roemer. & Schultes 下陷大麦草 *H. depressum*（Scrib.）Rydberg 脆大麦草 *H. euclaston* Steudel 中间大麦草 *H. intercedens* Nevski 芒颖大麦草 *H. jubatum* L. 滨海大麦草 *H. marinum* Hudson 无芒大麦草 *H. muticum* Presl. 帕罗德大麦草 *H. parodii* Covas 高大麦草 *H. procerum* Nevski 矮大麦草 *H. pusillum* Nuttall 洛氏大麦草 *H. roshevitzii* Bowden 拟黑麦大麦草 *H. secalinum* Schreber 紫大麦草 *H. violaceum* Boiss. et Huet. 支药大麦草 *H. brachyantherum* Nevski 加利弗尼亚大麦草 *H. californicum* 南非大麦草 *H. capense* Thunberg 顶芒大麦草 *H. comosum* Presl. 多折大麦草 *H. flexuosum* Nees 李氏大麦草 *H. lechleri* Schenck 内蒙古大麦草 *H. innermongolicum* Kuo et L. B. Cai 二棱野生大麦 *H. spontaneum*（C. Koch）Ememd Shao 六棱野生大麦 *H. agriocrithon*（Aberg）Ememd Shao	

（续）

序号	作物名称	科	属	栽培种	野生近缘种	备注
4	燕麦	禾本科 Gramineae	燕麦属 *Avena* L.	普通栽培燕麦 *A. sativa* L. 地中海燕麦 *A. byzantina* Koch 砂燕麦 *A. strigosa* Sehreb. 大粒裸燕麦（莜麦） *A. nuda* L. 或 *A. sativa* var. *nuda* Mordv.；*A. sativa* ssp. *nudisativa*（Husnot.）Rod. et Sold.	普通野燕麦 *A. fatua* L. 大燕麦 *A. magna* Mur. et Fed. 野红燕麦 *A. sterilis* L. 异颖燕麦 *A. pilosa* M. B. 小粒裸燕麦 *A. nudibrevis* Roth. 细燕麦 *A. barbata* Pott. 短燕麦 *A. brevis* Roth. 西班牙燕麦 *A. hispanica* Ard.	
5	黑麦	禾本科 Gramineae	黑麦属 *Secale* L.	黑麦 *S. cereale* L.	杂草型黑麦 *S. segetale* Roshev. 瓦维洛夫黑麦 *S. vavilovii* Grossh. 高山黑麦 *S. montanum* Guss. 林地黑麦 *S. sylvestre* Host.	
6	小黑麦	禾本科 Gramineae	小黑麦属 *Triticale* （*Triticosecale* Wittmack）	小黑麦 *Tri. triticale*		
7	黍稷	禾本科 Gramineae	黍属 *Panicum* L.	黍（糜）子 *P. miliaceum* L.	柳枝稷 *P. virgatum* L. 旱黍草 *P. trypheron* Schult. 南亚稷 *P. walense* Mez. 大罗网草 *P. cambogiense* Balansa 细柄黍 *P. psilopodium* Trin. 水生黍 *P. paludosum* Roxb.	

（续）

序号	作物名称	科	属	栽培种	野生近缘种	备注
7	黍稷	禾本科 *Gramineae*	黍属 *Panicum* L.		洋野黍 *P. dichotomiflorum* Michx 铺地黍 *P. repens* L. 滇西黍 *P. khasianum* Munro 心叶稷 *P. notatum* Retz. 冠黍 *P. cristatellum* Keng 藤竹草 *P. incomtum* Trin. 糠稷 *P. bisulcatum* Thunb. 发枝稷 *P. trichoides* Swartz 短叶黍 *P. brevifolium* L.	
8	玉米	禾本科 Gramineae	玉蜀黍属 *Zea* L.	玉米 *Z. mays* L.	繁茂大刍草 *Z. luxuriantes* Iltis et Doebley 多年生大刍草 *Z. perennis* Iltis et Doebley 二倍体多年生大刍草 *Z. diploperennis* Iltis et Doebley	
9	谷子	禾本科 Gramineae	狗尾草属 *Setaria* L.	谷子 *S. italica*（L.）Beauv.	棕叶狗尾草 *S. palmifolia*（Koen.）Stapf 皱叶狗尾草 *S. plicata*（Lam.）T. Gooke 福勃狗尾草 *S. forbesiana*（Nees）Hook. f. 莩草 *S. chondrechne*（Steud.）Honda 法氏狗尾草 *S. faberii* Herrm. 青狗尾草 *S. viridis*（L.）Beauv. 莠狗尾草 *S. geniculata*（Lam.）Beauv. 金色狗尾草 *S. glauca*（L.）Beauv. 断穗狗尾草 *S. arenria* Kitag. 间序狗尾草 *S. intermedia* Roem. et Schult. 褐毛狗尾草 *S. pallidi-fusca*（Schumach.）Stapf et Hubb. 贵州狗尾草 *S. guizhouensis* S. L. Chen et G. Y. Sheng 云南狗尾草 *S. yunnanensis* Keng et K. D. Yu ex Keng f. et Y. K. Ma 倒刺狗尾草 *S. verlicillata*（L.）Beauv. 轮生狗尾草 *S. verticillata*（L.）Beauv.	

（续）

序号	作物名称	科	属	栽培种	野生近缘种	备注
10	高粱	禾本科 Gramineae	高粱属 *Sorghum* Moench	高粱（双色高粱） *S. bicolor*（L.）Moench （*S. vulgare* Pers.；*S. sativum* Snowden）	埃塞俄比亚高粱 *S. aethiopicum* Rupr. 哥伦布草（丰裕高粱）*S. almum* Parodi（$2n=40$） 类芦苇高粱 *S. arundinaceum* Stapf 澳大利亚高粱 *S. australiense* 短硬壳高粱 *S. brevicallosum* 多克那高粱 *S. dochna*（Forsk.）Snowden 都拉高粱 *S. durra* Stapf 加列欧高粱 *S. galeoense* 粟高粱 *S. miliaceum* 尼罗河高粱 *S. niloticum* 光高粱 *S. nitidum*（Vahl）Pers. 羽状高粱 *S. plumosum* 工艺高粱 *S. technicum* 轮生花序高粱 *S. verticilliflorum* 帚枝高粱（突尼斯草）*S. virgatum*（Hack）Stapf（$2n=20$）	
11	薏苡	禾本科 Gramineae	薏苡属 *Coix* L.	薏苡 *C. lacryma-jobi* L.	川谷 *C. mayuen* Roman. 或 *C. lacryma-jobi* var. *mayuen*（Roman.）Stapf	
12	䅟子	禾本科 Gramineae	䅟属 *Eleusine* Gaertn.	䅟子（龙爪稷、鸡脚稗） *E. coracana*（L.）Gaertn.	牛筋草（蟋蟀草）*E. indica*（L.）Gaertn. 三穗䅟 *E. tristachya* Kunth 虮子草 *E. filiformis* Lam.	
13	珍珠粟	禾本科 Gramineae	狼尾草属 *Pennisetum* Rich.	珍珠粟（御谷、蜡烛稗） *P. glaucum*（L.）R. Br.	狼尾草 *P. alopecuroides*（L.）Spreng.	

（续）

序号	作物名称	科	属	栽培种	野生近缘种	备注
14	食用稗△	禾本科 Gramineae	稗属 *Echinochloa* Link.	光头稗 *E. colonum*（L.）Link 稗子 *E. crusgalli*（L.）Beauv.	小穗稗 *E. microstachys*（Wieg.）Rydb. 海岸稗 *E. walteri*（Pursh）Heller 粗稗 *E. muricata*（P. Beauv.）Fernald 稻田稗 *E. oryzicola*（Ard.）Fritsch. 佛罗里达稗 *E. paludigena* Wiegand 刺穗稗 *E. pungens*（Poir.）Rydb. 另有 6 个种见附录 3（序号 461）	
15	普通菜豆	豆科 Leguminosae	菜豆属 *Phaseolus* L.	普通菜豆 *P. vulgaris* L.	下垂菜豆 *P. demissus* Kitagawa	
16	多花菜豆 （荷包豆）	豆科 Leguminosae	菜豆属 *Phaseolus* L.	多花菜豆 *P. multiflorus* Willd. 或 *P. cocconeus* L.		
17	利马豆 （金甲豆）	豆科 Leguminosae	菜豆属 *Phaseolus* L.	利马豆 *P. lunatus* L.		
18	扁荚山黧豆	豆科 Leguminosae	山黧豆属 *Lathyrus* L.	扁荚山黧豆 *L. cicera* L.	三脉山黧豆 *L. komarovii* Ohwi 五脉山黧豆 *L. quinquenervius*（Miq.）Litv. 牧地山黧豆 *L. pratensis* L. 玫红山黧豆 *L. tuberosus* L.	
19	绿豆	豆科 Leguminosae	豇豆属 *Vigna* Savi	绿豆 *V. radiata*（L.）Wilczek	狭叶豇豆 *V. acuminata* Hayata 光扁豆 *V. glabra* Savi 细茎豇豆 *V. gracilicaulis*（Ohwi）Ohwi et Ohashi 长叶豇豆 *V. luteola*（Jacq.）Benth. 滨豇豆 *V. marina*（Burm.）Meer. 贼小豆 *V. minina*（Roxb.）Ohwi 毛豇豆 *V. pilosa*（Klein）Baker	

（续）

序号	作物名称	科	属	栽培种	野生近缘种	备注
19	绿豆	豆科 Leguminosae	豇豆属 *Vigna* Savi		琉球豇豆 *V. riukiuensis*（Ohwi）Ohwi et Ohashi 野豇豆 *V. vexillata*（L.）Benth. 黑种豇豆 *V. stipulate* Hayata 三裂叶豇豆 *V. trilobata*（Linn.）Verdc. 卷毛豇豆 *V. reflexo-pilosa* Hayata	
20	小豆	豆科 Leguminosae	豇豆属 *Vigna* Savi	小豆 *V. angularis*（Willd.）Ohwi et Ohashi		
21	豇豆	豆科 Leguminosae	豇豆属 *Vigna* Savi	豇豆 *V. unguiculata*（L.）Walp.		
22	饭豆	豆科 Leguminosae	豇豆属 *Vigna* Savi	饭豆 *V. umbellate*（Thunb.）Ohwi et Ohashi		
23	黑吉豆	豆科 Leguminosae	豇豆属 *Vigna* Savi	黑吉豆 *V. mungo*（L.）Hepper		
24	娥豆 （乌头叶菜豆）	豆科 Leguminosae	豇豆属 *Vigna* Savi	娥豆 *V. aconitifolia*（Jacq.）Marechal		
25	木豆	豆科 Leguminosae	木豆属 *Cajanus* DC.	木豆 *C. cajan*（L.）Millsp.	虫豆 *C. crassus*（Prain ex King）van der Maesen 硬毛虫豆 *C. goensis* Dalz. 大花虫豆 *C. grandiflorus*（Benth. ex Baker）van der Maesen 长叶虫豆 *C. mollis*（Benth.）van der Maesen 白虫豆 *C. niveus*（Benth.）van der Maesen 蔓草虫豆 *C. scarabaeoides*（L.）Thou.	

（续）

序号	作物名称	科	属	栽培种	野生近缘种	备注
26	豌豆	豆科 Leguminosae	豌豆属 *Pisum* L.	豌豆 *P. sativum* L.	野豌豆 *P. fulvum* Sibth et Sm. 饲料豌豆 *P. arvense* L.	
27	鹰嘴豆	豆科 Leguminosae	鹰嘴豆属 *Cicer* L.	鹰嘴豆 *C. arietinum* L.	小叶鹰嘴豆 *C. microphyllum* Benth.	
28	小扁豆 （兵豆）	豆科 Leguminosae	小扁豆属（兵豆属） *Lens* Mill.	小扁豆 *L. culinaris* Medic.		
29	扁豆	豆科 Leguminosae	扁豆属 *Lablab* L.	扁豆 *L. purpureus*（L.）Sweet		
30	四棱豆	豆科 Leguminosae	四棱豆属 *Psophocarpus* Neck.	四棱豆 *P. tetragonolobus*（L.）DC.		
31	蚕豆	豆科 Leguminosae	野豌豆属 *Vicia* L. 或蚕豆属 *Faba* Mill.	蚕豆 *V. faba* L. 或 *Faba vulgaris* Moench；*Faba bana* Medik	有 3 个种，见附录 3（序号 125）	
32	刀豆	豆科 Leguminosae	刀豆属 *Canavalia* DC.	刀豆 *C. gladiata*（L.）DC. 直生刀豆 *C. ensiformis*（L.）DC.	小刀豆 *C. cathartica* Thou. 尖萼刀豆 *C. gladiolata* Sauer 狭刀豆 *C. lineata*（Thunb.）DC. 海刀豆 *C. maritima*（Aubl.）Thou.	
33	藜豆 （狗爪豆）	豆科 Leguminosae	藜豆属（藤豆属） *Mucuna* Adans.	刺毛藜豆 *M. prurines*（L.）DC. 藜豆为刺毛藜豆的变种：var. *utilis* Baker ex Burck		

（续）

序号	作物名称	科	属	栽培种	野生近缘种	备注
34	荞麦	蓼科 Polygonaceae	荞麦属 *Fagopyrum* Mill.	甜荞 *F. esculentum* Moench 苦荞 *F. tataricum*（L.）Gaertn.	金荞麦 *F. cymosum*（Trev.）Meism. 硬枝万年荞 *F. urophyllum*（Bur. et Franch）H. Gross. 抽葶野荞麦 *F. statice*（Levl.）H. Gross. 小野荞麦 *F. leptopodum*（Diels）Hedberg 线叶野荞 *F. lineare*（Samuelss.）Haraldson 细柄野荞麦 *F. gracilipes*（Hemsl.）Dammer ex Diels 岩野荞麦 *F. gilesii*（Hemsl.）Hedberg 疏穗野荞麦 *F. caudatum*（Sam.）A. J. Li	
35	甘薯	旋花科 Convolvulaceae	甘薯属 *Ipomoea* L.	甘薯 *I. batatas*（L.）Lam.	毛果薯 *I. eriocarpa* R. Br. 羽叶薯 *I. polymorpha* Roem. et Schult. 虎掌藤 *I. pestigridis* L. 帽苞薯藤 *I. pileata* Roxb. 三裂叶薯 *I. triloba* L. 南沙薯藤 *I. gracilis* R. Br. 复合种 *I. trifida* 小心叶薯 *I. obscura*（L.）Ker-Gawl. 毛茎薯 *I. maxima*（L. f.）Sweet 厚藤 *I. pes-caprae*（L.）Sweet 假厚藤 *I. stolonifera*（Cyrillo）J. F. Gmel. 大萼山土瓜 *I. wangii* C. Y. Wu 七爪龙 *I. digitata* L. 海南薯 *I. staphylina* Roem. et Schult. 大花千斤藤 *I. soluta* Kerr 树牵牛 *I. fistulosa* Mart. ex Choisy 管花薯 *I. tuba*（Schlecht.）G. Don 夜花薯藤 *I. aculeata* Bl.	

（续）

序号	作物名称	科	属	栽培种	野生近缘种	备注
35	甘薯	旋花科 Convolvulaceae	甘薯属 *Ipomoea* L.		由日本引进的种： *I. littoralis*；*I. leucantha*；*I. tiliacea*；*I. ramoni* 由泰国引进的种： *I. sporauge*；*I. alsamexiea* 由美国引进的种： *I. crassicaulis*；*I. leptophella*；*I. lacunosa*；*I. pandurata*；*I. dissecta*	
36	马铃薯	茄科 Solanaceae	茄属 *Solanum* L.	马铃薯 *S. tuberosum* L. 窄刀薯 *S. stenotomum* Juz. & Bukasov 富利薯 *S. phureja* Juz. et Bukasov	（无茎薯）*S. acaule* Bitt. （腺毛薯）*S. berthaultii* Hawkes *S. brachistotrichum*（Bitter）Rydb. *S. brachycarpum* Correll （球栗薯）*S. bulbocastanum* Dunal *S. cardiophyllum* Lindl. （恰柯薯）*S. chacoense* Bitt. *S. clarum* Correll （落果薯）*S. demissum* Lindl. *S. etuberosum* Lindl. *S. gourlayi* Hawkes *S. guerreroense* Correll *S. hjertingii* Hawkes *S. hondelmannii* Hawkes & Hjert. *S. hougasii* Correll *S. infundibuliforme* Phil. *S. iopetalum* Hawkes *S. jamesii* Torr. *S. kurtzianum* Bitt. & Wittm. *S. lesteri* Hawkes	

（续）

序号	作物名称	科	属	栽培种	野生近缘种	备注
36	马铃薯	茄科 *Solanaceae*	茄属 *Solanum* L.		*S. medians* Bitt. （小拱薯）*S. microdontum* Bitt. *S. mochiquense* Ochoa *S. oxycarpum* Schiede *S. pampasense* Hawkes （羽叶裂薯）*S. pinnatisectum* Dunal *S. polytrichon* Rydb. *S. raphanifolium* Cardenas & Hawkes *S. schenckii* Bitt. （稀毛薯）*S. sparsipilum*（Bitter）Juz. & Bukasov （匍枝薯）*S. stoloniferum* Schltdl. & Bouche *S. sucrense* Hawkes *S. trifidum* Correll （芽叶薯）*S. vernei* Bitter & Wittm. （多疣薯）*S. verrucosum* Schltdl.	
37	木薯	大戟科 Euphorbiaceae	木薯属 *Manihot* Milld.	木薯 *M. esculenta* Crantz		
38	粒用苋	苋科 Amaranthaceae	苋属 *Amaranthus* L.	尾穗苋 *Amaranthus caudatus* L. 繁穗苋 *Amaranthus paniculatus* L. 千穗谷 *Amaranthus hypochondriacus* L. 绿穗苋 *Amaranthus hybridus* L.	凹头苋 *A. lividus* L. 反枝苋 *A. retroflexus* L. 刺苋 *A. spinosus* L. 白苋 *A. albus* L. 细枝苋 *A. gracilentus* L. 皱果苋 *A. viridis* L. 腋花苋 *A. roxburghianus* Kung 北美苋 *A. blitoides* S. Watson	

（续）

序号	作物名称	科	属	栽培种	野生近缘种	备注
39	藜谷	藜科 Chenopodiaceae	藜属 *Chenopodium* L.	杖藜 *Ch. giganteum* D. Don. 藜谷（昆诺阿藜） *Ch. quinoa* Willd.	尖头叶藜 *Ch. acuminatum* Willd. 菱叶藜 *Ch. bryoniaefolium* Bunge 细穗藜 *Ch. gracilispicum* Kung 平卧藜 *Ch. prostratum* Bunge 小白藜 *Ch. iljinii* Golosk. 市藜 *Ch. urbicum* L. 杂配藜 *Ch. hybridum* L. 小藜 *Ch. serotinum* L. 圆头藜 *Ch. strictum* Roth 藜 *Ch. album* L.	
40	地肤△	藜科 Chenopodiaceae	地肤属 *Kochia* Roth	地肤（扫帚苗） *K. scoparia*（L.）Schrad.	伊朗地肤 *K. iranica* Litv. ex Bornm. 全翅地肤 *K. krylovii* Litv. 毛花地肤 *K. laniflora*（S. G. Gmel.）Borb. 黑翅地肤 *K. melanoptera* Bunge 尖翅地肤 *K. odontoptera* Schrenk	

注：带△符号的为作物大类之间重复者。

（郑殿升　杨庆文）

一、亚洲栽培稻

中国是亚洲栽培稻（*Oryza sativa* L.）的起源和分化中心之一，稻作历史悠久，稻区分布广泛，类型繁多。中国栽培稻在长期的进化和演化过程中，形成了籼稻和粳稻、水稻和陆稻、粘稻和糯稻以及早、中、晚稻等在亚种类型、水旱性、胚乳粘糯性、光温性等方面具有不同特性的水稻类型，并且在株高、穗长、穗粒数、有效穗数、千粒重、结实率、穗抽出度、谷粒形状、种皮色、叶鞘色、叶片色、剑叶长度、茎节间色、颖色、颖尖色、芒长、护颖色等形态和农艺性状上各品种间存在明显的差异，表现为丰富的遗传多样性。

（一）类型多样性

1. 籼稻和粳稻 籼稻和粳稻是亚洲栽培稻的 2 个亚种。籼稻形态性状一般表现为谷粒细长，多为椭圆形，粒长宽比较大；穗轴第一、二节间距较短；叶毛多；抽穗时颖壳颜色较浅；酚反应呈灰色至黑色；均有颖毛，短而散生颖面；脱粒性强；耐寒性弱；直链淀粉含量较高。而粳稻与之相反。采用六性状指数评分法判别籼稻和粳稻，籼稻的稃毛、酚反应、穗轴第一二节间距、抽穗时颖壳颜色、叶毛、谷粒长宽比等 6 个性状的积分小于或等于 13，而粳稻的上述 6 个性状的积分大于或等于 14。从南北种植范围来看，籼稻主要种植在长江以南地区，而粳稻主要种植在黄河以北地区，长江流域与黄河流域之间籼稻和粳稻交错种植。而从海拔高度而言，在长江以南地区一般海拔 1 400 m 以下为籼稻地带，海拔 1 800 m 以上为粳稻地带，海拔 1 400～1 800 m 之间为籼粳交错地带。对 52 255 份中国固有地方品种的调查表明，籼稻和粳稻分别占 65.82%和 34.18%；对 5 130 份国内选育品种（系）的调查表明，籼稻和粳稻分别占 57.12%和 42.88%；对 8 971 份国外引进品种的调查表明，籼稻和粳稻分别占 53.56%和 46.44%。对 1980—2004 年国家或各省（自治区、直辖市）审（认）定的 3 063 份水稻品种的调查表明，常规籼稻占 27.59%、常规粳稻占 35.88%、杂交籼稻占 32.65%、杂交粳稻占 3.89%。目前中国水稻栽培面积中籼稻和粳稻分别约占 70%和 30%。

2. 水稻和旱稻 水稻和旱稻都具有适于沼泽生长的裂生通气组织。但与水稻相比较，旱稻具有根系发达，叶的长度、宽度和厚度均较大，中肋较厚，维管束和导管的面积较大，表皮较厚，气孔数较少，厚壁细胞较小等特点，在旱地生长能力明显强于水稻。同时旱稻具有千粒重高，粒大而稍扁平，穗大，分蘖力弱等生物学特性。对 52 255 份中国固有地方品种的调查表明，水稻和旱稻分别占 92.08%和 7.92%；对 5 130 份国内选育品种（系）的调查表明，水稻和旱稻分别占 99.53%和 0.47%；对 8 897 份国外引进品种的调查表明，水稻和旱稻分别占 97.72%和 2.28%，水稻品种的数量显著多于旱稻品种。我国旱稻主要分布在云南南部、贵州西南部、广西西北部以及海南岛等地的丘陵山区，全国栽培稻面积中旱稻只占 2%，而水稻从三亚到黑龙江漠河，从低海拔到海拔 2 950 m 范围内广泛栽培。

3. 粘稻和糯稻 根据胚乳的黏性和糯性区分为粘稻和糯稻。粘稻的胚乳呈透明或部分透明（有腹白或心白时），而糯稻的胚乳呈乳白色。粳粘米的直链淀粉含量一般为 15%～20%，籼粘米的直链淀粉含量大于 20%，而糯米的直链淀粉含量几乎没有或小于

5%。用1% I_2 - KI溶液在胚乳断口处染色时，粘稻呈蓝色反应，而糯稻呈棕红色反应。对52 255份中国固有地方品种的调查表明，粘稻和糯稻分别占80.87%和19.13%；对5 130份国内选育品种（系）的调查表明，粘稻和糯稻分别占91.28%和8.72%；对8 931份国外引进品种的调查表明，粘稻和糯稻分别占93.37%和6.63%，粘稻品种的数量显著多于糯稻。目前在中国水稻生产上栽培的水稻类型几乎都为粘稻，糯稻只占0.1%。

4. 早稻、中稻和晚稻　根据水稻对温光反应的特性差异而区分为早稻、中稻和晚稻。早稻的光反应迟钝，温反应中等偏强；晚稻光温反应敏感；中稻光反应中等，温反应中等偏弱。对46 349份中国固有地方品种的调查表明，早稻、中稻和晚稻分别占20.11%、34.34%和45.55%；对5 039份国内选育品种（系）的调查表明，早稻、中稻和晚稻分别占36.55%、36.67%和26.77%。2006年中国水稻栽培面积为2 929.5万 hm^2，其中早稻占20.44%，中稻和一季晚稻占5.79%，双季晚稻占21.64%。

（二）形态和农艺性状多样性

1. 株高　中国栽培稻株高在各品种之间存在明显差异。一般生育期短的品种植株矮，生育期长的品种植株高。同一品种在不同地区表现为不同的生育期，其株高也随之而异。水稻株高可分为矮、中矮、中、中高、高等类别，其相应的株高范围为≤70.0 cm、70.1～90.0 cm、90.1～110.0 cm、110.1～130.0 cm和>130.0 cm。对40 334份中国固有水稻地方品种的调查表明，表现为矮、中矮、中、中高、高的种质分别占0.61%、3.12%、10.09%、34.74%和51.44%，一半以上种质的株高高于130 cm；对4 913份国内选育品种（系）的调查表明，株高表现为矮、中矮、中、中高、高的种质分别占4.17%、38.51%、47.59%、8.16%和1.57%，90%以上种质的株高小于110 cm；对8 004份国外引进品种的调查表明，株高表现为矮、中矮、中、中高、高的种质分别占2.30%、16.74%、36.61%、22.69%和21.66%，50%以上种质的株高小于110 cm。

2. 穗长　穗长指穗颈节至穗顶（芒除外）的长度，在水稻品种之间存在明显的差异。根据穗长度，可分为极短、短、中、长、极长等类别，其相应的穗长范围为≤10.0 cm、10.1～20.0 cm、20.1～30.0 cm、30.1～40.0 cm、>40.0 cm。对26 854份中国固有地方品种的调查表明，穗长表现为极短、短、中、长、极长的种质分别占0.04%、13.98%、84.60%、1.28%和0.10%，多数种质的穗长介于20.1～30.0 cm。

3. 穗粒数　穗粒数指主茎稻穗的总粒数，通常在黄熟期随机选取有代表性的植株10株进行考种。根据穗粒数的多少可分为极少、少、中、多、极多等类别，其相应的穗粒数范围为≤60粒、61～100粒、101～200粒、201～300粒、>300粒。对26 848份中国固有地方品种的调查表明，穗粒数表现为极少、少、中、多、极多的种质分别占3.05%、29.53%、64.62%、2.65%和0.15%，60%以上种质的穗粒数在101～200粒。

4. 有效穗数　凡抽穗且穗粒数在5粒以上者均为有效穗。通常以在黄熟期有代表性的10～20个单株有效穗数的平均值来表示。有效穗数因品种而有明显的差异，且同一品种因栽培地、肥力、栽植密度不同而有明显的差异。有效穗数可分为极少、少、中、多等类别，其相应的有效穗数范围为≤5.0穗、5.1～10.0穗、10.1～20.0穗、>20.0穗。对26 060份中国固有地方品种的调查表明，有效穗数表现为极少、少、中、多的种质分别占

53.29%、41.26%、5.36%和0.09%，只有极少数种质的有效穗数多于20穗。

5. 千粒重 千粒重指成熟稻谷粒在水分含量13.0%时1 000粒稻谷的重量。千粒重可分为极低、低、中、高、极高等类别，其相应的大小范围为≤10.0 g、10.1～20.0 g、20.1～30.0 g、30.1～40.0 g、>40.0 g。对26 816份中国固有地方品种的调查表明，千粒重表现为极低、低、中、高、极高的种质分别占0.03%、5.80%、89.76%、4.28%和0.13%，近90%种质的千粒重介于20.1～30.0 g。

6. 结实率 结实率指实粒数占总颖花数的百分比。通常在黄熟期随机选取有代表性的10～20株，考种主茎稻穗的总颖花数和实粒数，并计算结实率，以其平均值来表示。结实率可分为不结实、低、中、高、极高等类别，其相应大小范围为0、≤65.0%、65.1%～80.0%、80.1%～90.0%、>90.0%。对21 283份中国固有地方品种的调查表明，结实率表现为不结实、低、中、高、极高的种质分别占0、9.1%、28.1%、41.8%和21.0%。

7. 穗抽出度 穗抽出度以穗颈长度即剑叶的叶枕至穗颈节之间的距离来表示。当穗颈节在剑叶鞘外时，以正值表示；而当穗颈节被包在剑叶鞘内时，以负值表示。穗抽出度可分为抽出良好、抽出较好、正好抽出、部分抽出、紧包等类别，其相应穗颈长度范围为>8.5 cm、8.5～2.1 cm、2.0～0.1 cm、－0.2～－5.0 cm、<－5.0 cm。对26 456份中国固有地方品种的调查表明，抽出良好的种质占31.22%，抽出较好的种质占46.61%，正好抽出的种质占21.89%，部分抽出和紧包的种质只占0.28%。

8. 谷粒形状 谷粒大小以长、宽、厚来表示；谷粒形状以谷粒长度与宽度的比值即长宽比来表示。中国水稻谷粒的长度分为短、中等、长和特长，其相应的谷粒长度范围为≤7.0 mm、7.1～8.0 mm、8.1～9.0 mm、>9.0 mm；谷粒形状分为短圆形、阔卵形、椭圆形和细长形，其相应的长宽比范围分别为≤1.8、1.9～2.2、2.3～3.0、>3.0。对52 255份中国固有地方品种的调查表明，谷粒长度属短、中等、长和特长的种质分别占8.82%、61.41%、27.79%和1.98%；谷粒形状分为短圆形、阔卵形、椭圆形和细长形的种质分别占2.22%、20.15%、69.16%和8.47%。对5 130份国内选育品种（系）的调查表明，谷粒长度的各类别分别占20.46%、47.30%、26.10%和6.14%，谷粒形状的各类别分别占3.30%、20.87%、57.19%和18.64%。对8 971份国外引进品种的调查表明，谷粒长度的各类别分别占22.16%、26.38%、37.86%和13.60，谷粒形状的各类别分别占1.74%、25.14%、45.61%和27.51%。

9. 种皮色 种皮色指稻谷去壳后糙米的种皮颜色，可分为白色、红色、紫色、黑色等类别。对53 357份中国固有地方品种的调查表明，种皮色表现为白色、红色、紫色和黑色的种质分别占78.12%、21.22%、0.57%和0.09%，深色品种占21.88%。对5 112份国内选育品种（系）的调查表明，种皮色表现为白色、红色、紫色和黑色的种质分别占97.61%、0.78%、1.49%和0.12%。对8 894份国外引进品种的调查表明，种皮色表现为白色、红色、紫色和黑色的种质分别占91.77%、7.71%、0.51%和0.01%。地方品种中深色种皮类型的比例显著高于选育品种。

10. 叶鞘色 叶鞘颜色可分为白色、黄色、绿色、绿紫色、浅紫色、紫色等类别。对24 199份中国固有地方品种的调查表明，叶鞘色表现为白色、绿色、绿紫色、浅紫色和紫色的种质分别占0.10%、66.89%、0.67%、3.35%和28.99%。

11. 叶片色　叶片颜色可分为浅黄色、黄色斑点、绿白相间、浅绿色、绿色、深绿色、边缘紫色、紫色斑点、紫色等类别。对31 452份中国固有地方品种的调查表明，叶片色表现为浅黄色、浅绿色、绿色、深绿色、边缘紫色、紫色斑点和紫色的种质分别占0.05%、11.20%、85.58%、2.45%、0.20%、0.02%和0.50%。

12. 剑叶长度　剑叶的长短在水稻各类型之间存在较大差异。一般籼稻品种的剑叶较长而宽，粳稻品种的剑叶较短而窄；早稻品种的剑叶较宽大，而晚稻品种较细长。但无论籼、粳稻，还是早、中、晚稻各品种之间都有显著差异。剑叶长度可分为短、中、长、极长等类别，其相应的大小范围为≤25.0 cm、25.1～35.0 cm、35.1～45.0 cm、>45.0 cm。对14 951份中国固有地方品种的调查表明，剑叶长度表现为短、中、长、极长的种质分别占3.69%、47.36%、42.84%和6.11%。

13. 茎节间色　茎节间色可分为秆黄、黄色、绿色、红色、褐色、紫色线条、紫色等类别。对21 845份中国固有地方品种的调查表明，茎节间色表现为秆黄、绿色、褐色、紫色线条和紫色的种质分别占3.51%、88.61%、0.63%、0.86%和6.39%。

14. 颖色　中国栽培稻颖色表现为多种多样。根据成熟期颖色可分为秆黄、黄色、橙色、褐斑秆黄、褐色、赤褐斑秆黄、赤褐斑块、赤褐、紫赤褐、紫褐斑秆黄、紫褐斑块、紫褐、紫黑、银灰秆黄、银灰褐等类别。对52 255份中国固有地方品种的调查表明，颖色表现为上述类别的种质分别占41.98%、19.13%、0.53%、14.85%、15.25%、1.61%、0.62%、2.45%、0.09%、1.16%、0.49%、0.96%、0.45%、0.35%和0.07%。对5 130份国内选育品种（系）的调查表明，颖色表现为上述类别的种质分别占67.61%、19.33%、0.35%、6.78%、4.31%、0.18%、0、0.29%、0、0.06%、0.04%、0.575、0.06%、0.14%和0.27%。对8 971份国外引进品种的调查表明，颖色表现为上述类别的种质分别占54.68%、13.01%、1.62%、13.33%、12.06%、0.47%、0.36%、1.11%、0.07%、0.97%、0.29%和1.08%。

15. 颖尖色　颖尖的颜色随成熟度而发生变化。在颖果坚硬，末端小穗成熟后，判别颖尖的颜色，可分为无色、秆黄色、黄色、红色、红褐色、褐色、紫褐色、紫色、黑色等类别。对52 255份中国固有地方品种的调查表明，颖尖色表现为上述类别的种质分别占30.70%、30.06%、0.67%、2.32%、8.40%、0.96%、14.69%、10.10%和0.03%。对5 130份国内选育品种（系）的调查表明，颖尖色表现为上述类别的种质分别占2.53%、79.04%、0.24%、0.50%、4.66%、1.61%、6.81%、3.42%和0.14%。对8 970份国外引进品种的调查表明，颖尖色表现为上述类别的种质分别占0、76.91%、5.95%、12.07%、0.17%、0.47%、1.93%、0.41%、1.71%和0.38%。

16. 芒长　芒长可分为无、短、中、长、特长等类别，其相应的芒长度分别为完全无芒或有芒粒占10%以下、≤1.0 mm、1.1～3.0 mm、3.1～5.0 mm、>5.0 mm。对52 255份中国固有地方品种的调查表明，芒长表现为上述类别的种质分别占79.34%、10.84%、4.06%、5.39%和0.37%。对5 130份国内选育品种（系）的调查表明，芒长表现为上述类别的种质分别占86.98%、10.12%、2.12%、0.76%和0.02%。对8 970份国外引进品种的调查表明，芒长表现为上述类别的种质分别占80.41%、11.77%、

4.95%、2.78%和0.09%。多数种质表现为无芒或短芒，芒长表现为中、长和特长的种质比较少，但地方品种中芒长表现为长或特长的比率高于国内选育品种和国外引进品种。

17. 护颖色 护颖色可分为秆黄、黄、褐色、红褐色和紫褐色等。对21 145份中国固有地方品种的调查表明，护颖色表现为秆黄、黄、褐色、红褐色和紫褐色的种质分别占31.43%、61.41%、1.60%、1.41%和4.15%，绝大多数种质的护颖色表现为黄色或秆黄。

（三）植物学分类的遗传多样性

植物学分类表达植（作）物物种的遗传多样性是以其变种、变型的多少来评估的，变种、变型越多说明该物种遗传多样性越丰富。

俞履圻、钱永文等（1996）对中国栽培稻进行了植物学分类研究，他们以我国30个省（自治区、直辖市）的38 001份地方品种为供试材料，这些材料基本上包括了各省（自治区、直辖市）及全国栽培稻种的各种类型和分布。采取的分类方法是按照《国际植物命名法规》，提出普通栽培稻种分亚种、变种、变型3级。分类的依据性状：第一级按籼、粳稻特点，分为籼亚种和粳亚种。第二级是在籼、粳亚种下，分别依据颖毛有无、粘糯性、芒有无、米色、米味5个性状进行变种分类。第三级在变种下进行变型划分，依据的性状有护颖长短、颖尖弯直、粒形、颖色、颖尖色。研究的结果，将38 001份地方品种分为50个变种和962个变型。其中籼亚种分为18个变种，粳亚种分为32个变种。在50个变种中，有4个变种为较大型的变种：普通籼变种群最大，属于这个变种的品种有17 572个，占供试品种总数的46.2%；其次是红籼变种含5 240个品种，占总数的18.2%；而普通糯粳变种和普通粳变种所含品种，分别占总数的7.8%和6.9%。这一分类研究结果，充分反映出我国普通栽培稻种地方品种间差异十分明显，遗传多样性非常丰富。

（四）基于分子标记的遗传多样性

张媛媛利用61对SSR引物对来自14省份的440份中国固有地方品种的研究表明，共检测到269条等位基因，平均每对SSR标记有4.338 7条等位基因，平均有效等位基因数为2.165 4条，平均遗传多样性指数为0.867 5。14省份水稻品种SSR标记平均遗传多样性指数变异范围为0.227 6～1.474 3，遗传多样性系数范围为0.558 3～0.926 9。

束爱萍利用34对SSR引物对来自国内12个省份139份粳稻选育品种的研究表明，共检测到198条等位基因，平均每条SSR标记有5.323 5条等位基因，每对SSR引物平均有效等位基因数为2.629 9，遗传多样性指数为0.995 2。12个省份间粳稻选育品种的遗传相似性系数范围为0.321～0.914，平均0.686。黑龙江、吉林、辽宁等纬度相近或生态气候条件相似的省份间粳稻选育品种的遗传相似性较高，而贵州、江苏与其他省份间纬度或生态气候条件差异较大，其粳稻选育品种的遗传相似性较低。

齐永文等利用36个SSR标记对中国453份选育品种进行多样性分析表明，籼稻品种的遗传多样性大于粳稻品种，从20世纪50年代至80年代，选育品种的遗传多样性一直下降，80年代降低到最低水平，90年代又有显著提高。在地理上，华中稻区的选育品种遗传多样性最大，东北稻区遗传多样性最小。位于长江中下游的江苏、江西和西南地区的四川等地是中国水稻选育品种遗传多样性最大的地区。

二、普通小麦

中国是普通小麦（*Triticum aestivum* L.）的次生起源中心。中国种植小麦已有4 000年以上的历史，现今小麦已分布全国，形成十大麦区，有冬麦区、春麦区，还有春冬麦兼种的春冬麦区和冬春麦区。在数千年的演化中，中国的普通小麦在全国形成了10 000多个地方品种，类型极其丰富。与世界小麦品种相比，中国普通小麦具有早熟，特别是灌浆快、小穗多花、适应性广等特点。并且，在植物学形态特征和生物学特性上均具有极丰富的多样性。

（一）植物分类学的多样性

小麦植物学分类主要的依据是：芒的有无、长短，颖的颜色和是否有茸毛，籽粒的颜色等不因环境变化而变化的特征。在中国，首先要根据穗形划分类型，然后再根据上述特征划分变种。中国小麦地方品种根据穗形划分为三大类：通常类、圆颖多花类和拟密穗类。包括这三大类，中国的普通小麦地方品种共有127个变种，居世界第三位（董玉琛等，2000）。

（二）类型的多样性

中国普通小麦根据穗形可分为三大类：

1. 通常类（*vulgare*）　穗纺锤形、长方形或棍棒形，有长芒、短芒、顶芒和无芒等类型，分布遍及全国。

2. 圆颖多花类（*inflatum*）　颖近圆形，籽粒近圆形，芒有长曲芒、短曲芒、勾芒、全无芒之分，主要分布在河南、四川等省。

3. 拟密穗类（*compactoides*）　小穗排列密度介于普通小麦与密穗小麦之间，穗形多为长椭圆形或近棍棒形，芒的种类与通常类相同，主要分布在河南、陕西、山东等省（中国农业科学院作物品种资源研究所，1980、1989）。

（三）形态特征的多样性

1. 叶鞘、芽鞘等的颜色　叶鞘、芽鞘和花药都有黄色和紫色之分，以黄色者占绝大多数。

2. 穗形　有纺锤形、长方形、棍棒形、椭圆形、稀纺锤形、密纺锤形、纺四棱形、塔形等多种。

3. 颖　主要为白色或红色，少数为黑色或白底黑花（边）、红底黑花（边）。多数品种颖上无毛，个别品种颖上有毛。颖肩有方形、斜肩、丘形等多种。颖嘴有钝形、锐形、芒状、鸟嘴形等。

4. 芒　有长芒、短芒、顶芒、无芒、长曲芒、短曲芒、勾芒和全无芒等多种。芒的颜色，多数为白色，个别为黑色（金善宝，1962）。

（四）农艺性状的多样性

1. 冬性 冬性分强冬性、冬性、弱冬性、偏春性和春性等多种。

2. 株高 根据对 2 900 多个普通小麦地方品种初选核心种质的统计，株高最矮的为 35 cm，最高的为 154 cm。其中，株高 35～79 cm 的品种 31 个，占 0.1%；80～99 cm 的 208 个，占 7.0%；100～119 cm 的 1 548 个，占 52.4%；120～139 cm 的 1 100 个，占 37.2%；株高≥140 cm 的 67 个，占 2.3%。可见多数地方品种株高在 100～120 cm。

3. 穗长 2 900 多个普通小麦品种间的变异幅度为 4.5～15.5 cm。其中，穗长在 4.5～5.9 cm的品种有 26 个，占全部测试品种的 0.09%；6.0～7.9 cm 的 299 个，占 1.0%；8.0～9.9 cm 的 829 个，占 28.3%；10.0～11.9 cm 的 1 060 个，占 36.1%；12.0～13.9 cm的 514 个，占 17.5%；14.0～15.9 cm 的 151 个，占 5.1%；≥16 cm 的 54 个，占 1.8%。可见中国小麦地方品种的穗长绝大多数为 10～12 cm。

4. 每穗粒数 2 900 多个普通小麦品种间的变异幅度为 23～102 粒。其中，每穗 23～39 粒的品种 524 个，占测试品种总数的 17.7%；40～69 粒的 1 807 个，占 61.1%；60～79 粒的 581 个，占 19.6%；≥80 粒的 39 个，占 1.3%。由此可以看出，中国小麦地方品种中不乏多粒品种。

5. 中部小穗结实粒数 2 900 多个普通小麦品种，中部小穗结实粒数最少 2 粒，多者可达 7～8 粒。多花多实是中国小麦一些品种的特点。

6. 千粒重 变异幅度为 16.7～61.1 g。千粒重 16.7 ～19.9 g 的 7 个，占全部测试品种的 0.3%；20.0～29.9 g 的 580 个，占 25.1%；30.0～39.9 g 的 1 419 个，占 61.5%；40.0～49.9 g 的 263 个，占 11.4%；≥50 g 的 39 个，占 1.7%。由此可以看出，中国小麦地方品种大多数品种籽粒较小。

7. 籽粒硬度 中国农业科学院作物科学研究所对 7 828 个小麦地方品种籽粒的硬度进行了鉴定，结果表明，最低值为 8.6 s，最高值为 307 s。在鉴定品种中，硬度小于 10.0 s 的 72 个，占 0.9%；10.0～19.9 s 的 4 059 个，占 51.9%；20.0～29.9 s 的 2 263 个，占 28.9%；30.0～39.9 s 的 840 个，占 10.7%；40.0～49.9 s 的 331 个，占 4.2 %；50.0～59.9 s 的 109 个，占 1.4%；60.0～79.9 s 的 100 个，占 1.3%；≥80.0 s 的 54 个，占 0.7%。

（五）基于分子标记的遗传多样性

郝晨阳等（2008）利用 78 个微卫星标记（SSR）对中国小麦初选核心种质 3 373 个地方品种和 1 586 个育成品种进行分析，结果查明了中国小麦品种遗传多样性的状况和地理分布特点。总的来看，中国小麦的遗传多样性，地方品种高于育成品种，各个麦区均是如此。十大麦区的情况是：地方品种，黄淮冬麦区和西南冬麦区的品种遗传多样性指数和平均遗传丰富度都高，而华南冬麦区两个指标都低；育成品种，遗传丰富度以黄淮冬麦区和北部冬麦区最高，华南冬麦区和青藏冬春麦区最低（遗传多样性指数各麦区相差很小），这是由于前两个麦区小麦育成品种多且类型丰富，后两个麦区育成品种很少造成的。研究结果表明，中国小麦的遗传多样性中心在黄淮冬麦区，以及西南冬麦区，特别是四川。

郝晨阳等（2005）对中国小麦育成品种初选核心种质 1 680 个，利用 78 个微卫星标记（SSR）进行遗传多样性检测，结果表明：①从小麦的 3 个基因组看，中国小麦育成品种的遗传多样性指数为 B 组>D 组>A 组，但其平均等位变异丰富度却是 B 组>A 组>D 组；从小麦的 7 个部分同源群看，它们的遗传多样性指数为群 7>群 3>群 6>群 4>群 2>群 5>群 1，而其平均等位变异丰富度为群 2=群 7>群 3>群 4>群 6>群 5>群 1，结合两个指标分析，第 7 部分同源群遗传多样性最高，第 1 和第 5 部分同源群遗传多样性最低。从小麦的 21 条染色体看，7 A、3B 和 2D 遗传多样性较高，而 2 A、1B、4D、5D 和 1D 遗传多样性偏低。②根据品种的育成时间分析，育成品种的遗传多样性指数以 20 世纪 50 年代的最高，以后逐年代递减，虽说年代间变化不很大，但中国小麦育成品种有遗传基础渐趋狭窄的倾向。

（董玉琛）

三、大麦

中国是栽培大麦（*Hordeum vulgare* L.）的起源中心之一，特别是六棱栽培大麦的起源中心。中国种植大麦的历史十分悠久，在距今约 5 000 年的新石器时代中期，黄河上游就有大麦种植。历史上，中国栽培大麦的分布极为广泛，西起新疆维吾尔自治区的塔什库尔干塔吉克自治县，东到黑龙江省的抚远市；北从黑龙江省大兴安岭以北，南至海南省；海拔高度从 1～2 m 的东海之滨，到 4 750 m 的青藏高原的世界粮食作物分布最高限，年降水量从 12.6 mm 到 1 691 mm；有年平均气温－0.3 ℃的高寒地带，也有年均气温 20 ℃以上的热带地区。中国大麦正是在这种高度复杂多样的气候条件下，经过长期的自然和人工选择，形成了丰富多彩的品种类型和遗传多样性。

（一）品种类型多样性

栽培大麦包括栽培二棱、栽培六棱和中间型 3 个亚种，中国栽培的大麦品种几乎全部为二棱和六棱亚种，而且以六棱大麦居多。二棱与六棱大麦的唯一区别就在于，前者的三连小穗上的 3 朵小花，只有中间的 1 朵结实，两侧的 2 朵小花退化不结实，即每个小穗上只有 1 粒种子；而六棱大麦的三联小穗上的 3 朵小花均结实，每个小穗上有 3 粒种子。根据大麦种子成熟之后种皮是否自然脱落，分为皮大麦和裸大麦两种类型。裸大麦在南方地区又称米麦、元麦，在青藏高原地区称为青稞。随着经济的发展和生活水平的提高，人们培育出了各种专用大麦品种。根据消费方式的不同，有食用大麦、饲料大麦和啤酒大麦之分。在生产上，根据播种时间的不同，一般分为冬大麦和春大麦。前者在秋季播种，后者为春季播种。但是在生物学上，大麦品种的冬春性则是根据其通过春化阶段对低温的要求而划分的，通常分为冬性、半冬性和春性 3 种类型。其中，冬大麦主要分布于黄淮流域，半冬性大麦一般分布于长江中下游地区，春性大麦多出现于北方春播区和青藏高原地区。此外，由于对光温反应的不同，大麦品种的成熟期表现出很大的差异，通常以当地中熟品种作为对照，分为特早熟、早熟、中熟、晚熟和极晚熟 5 个熟期类型。特早熟品种要比当地的中熟品种提早 10 d 以上成熟，而极晚熟品种则比当地中熟品种晚熟 10 d 以上。

（二）主要形态和农艺性状多样性

1. 幼苗生长习性 指大麦的苗期长相，一般表现为匍匐、半匍匐和直立 3 种。黄淮地区种植的冬性大麦品种通常表现为匍匐，北方、南方以及青藏高原地区种植的春性品种表现直立，长江流域种植的半冬性品种则多表现为半匍匐。

2. 分蘖力 指单株产生分蘖的多少，分为强、中、弱 3 类。一般二棱大麦的分蘖力较强，六棱大麦的分蘖力较弱。

3. 株型 指大麦抽穗后植株的生长姿态，表现为紧凑、半紧凑和松散 3 种类型。一般二棱大麦品种株型紧凑的较多，六棱大麦品种株型松散的较多，植株高大的品种株型多松散，植株矮小的品种多为紧凑型。

4. 小穗密度 指大麦穗轴上着生小穗的密度，分为稀、密和极密 3 种类型。二棱大麦品种中稀穗占多数，六棱大麦品种大部分表现为密穗，极密穗类型通常出现在六棱大麦品种中。

5. 叶耳颜色 大麦叶耳的颜色通常表现为白、绿、红、紫 4 种。大部分品种的叶耳为绿色；个别表现为红或紫色，而且以二棱品种居多；白色叶耳的极为罕见，仅出现在个别的人工突变体中。

6. 护颖宽窄 大麦的护颖分为宽护颖和窄护颖 2 种类型。前者护颖宽度大于 1 mm，后者小于或等于 1 mm。绝大多数品种属窄护颖，只在西藏大麦中发现个别宽护颖品种。

7. 穗姿 指大麦成熟时穗子在茎秆上的着生姿态，分为直立、水平和下垂 3 种。一般二棱大麦成熟时，穗子仍保持直立状态，六棱品种特别是来自青藏高原的品种，成熟时穗子多表现为下垂，而穗姿呈水平状态的品种很少。

8. 穗和芒色 不同的大麦品种成熟时，穗和芒表现出多种颜色，主要有黄（白）、灰、紫（红）、褐和黑等。尤其是云南和青藏高原的品种，穗和芒色的变化尤为突出。

9. 芒型和芒性 芒型在大麦形态性状变异中最为丰富，包括：无芒、微芒、等穗芒、短芒、长芒、中长策无芒、中长策微芒、中长策短芒、中短侧无芒、中微侧无芒、无茎钩芒、短钩芒、长钩芒、中长钩侧短钩芒和中钩芒侧微芒等各种类型。大部分的品种表现为长芒，云贵和青藏高原的品种芒型变异较大，特别是钩芒类型多来源于此。大麦的芒性有齿芒和光芒 2 种，中国大麦该性状变异较小，绝大部分品种属齿芒类型，个别为光芒。

10. 籽粒颜色 成熟的大麦籽粒，由于品种不同表现出黄、蓝、紫（红）、褐和黑等多种颜色。在中国大麦中，大部分品种的籽粒为黄色，少数为深色。与穗和芒一样，深色型品种多出自云南和青藏高原。

11. 籽粒形状 不同的大麦品种籽粒形状表现不同，有长圆形、卵圆形、椭圆形和圆粒 4 种。一般二棱大麦的籽粒以长圆形和椭圆形居多，六棱品种以卵圆形和圆粒居多。籽粒较小的品种往往表现为圆粒。

12. 株高 因大麦品种的不同株高变异较大，变异幅度为 19～166 cm。根据植株高度，将大麦品种划分为高秆（111 cm 以上）、中秆（91～110 cm）、半矮秆（71～90 cm）和矮秆（70 cm 以下）4 种类型。在 8 289 个栽培大麦品种（系）中，高秆占 29.5%，中秆占 48.7%，半矮秆占 18.2%，矮秆仅占 3.6%。

13. 千粒重　大麦籽粒大小与品种关系密切。一般来说，二棱品种的千粒重较高，六棱品种的较低。中国栽培大麦千粒重的变异幅度为 5.5～63 g。在 8 300 多个品种（系）中，有 60 个千粒重超过 55 g。

14. 穗粒数　由于三联小穗结实粒数的不同，二棱大麦的穗粒数通常要明显低于六棱大麦。相同棱型的不同品种之间，穗粒数也存在一定的差异，一般千粒重高的品种穗粒数较低。据对 8 300 多个中国栽培大麦品种（系）的统计，二棱大麦穗粒数的变异幅度为 9～40粒，六棱大麦的为 10～100 粒。

（三）植物学分类遗传多样性

孙立军、徐廷文、顾茂芝等人对中国栽培大麦的变种进行了鉴定研究，首先将栽培大麦划分为 3 个亚种：二棱大麦亚种、中间型大麦亚种和多棱大麦亚种。在亚种下再划分变种，划分变种主要依据籽粒有稃或裸粒、小穗密度、芒型和芒性、穗色、芒色、粒色、侧小穗缺失性和育性等性状。依据上述划分标准，将 9 000 余份品种鉴定划分为 422 个变种，其中二棱亚种有 72 个变种，中间型亚种有 5 个变种，多棱亚种有 345 个变种。据统计，在划定的 422 个变种中，属于中国特有的共 310 个。上述研究结果充分说明中国栽培大麦遗传多样性十分丰富。

（四）基于分子标记的遗传多样性

张赤红、张京用 49 对 SSR 标记研究了中国大麦分子水平的遗传多样性，所检测到的等位基因变异数在 11～54 个之间。其中有 8 个位点的等位基因变异数为 11～19 个，14 个位点的为 20～29 个，19 个位点的为 30～39 个，6 个位点的为 40～49 个，有 2 个位点的等位变异数超过 50 个。多样性指数范围在 1.466～3.236 之间，揭示中国栽培大麦中蕴含极其丰富的分子遗传多样性。大麦 7 条染色体的平均等位变异数在 25.14～35.6 之间，平均多样性指数范围为 2.132～2.504。其中以染色体 5H 和 6H 的多样性最高，3H、4H 和 7H 的最低。根据品种来源分析，西藏、云南和四川的大麦具有较高的分子遗传多样性。

（五）遗传多样性的地理分布

多样性指数是衡量大麦多样性高低的重要指标，可以客观地反映某个性状发生变异的程度以及该性状所具有的各种不同变异类型、在个体之间分布的均匀度。张京、曹永生对 12 470 份中国大麦品种（系）的形态性状、抗病性、抗逆性和营养品质等，共 26 个表型性状的多样性指数计算和分析结果表明，中国大麦的遗传多样性表现存在明显的地理差异，有从某些较丰富的中心省、区向较贫乏的外围省、区扩散的趋势。中国大麦的遗传多样性主要集中在 3 个地理分布区。

1. 云贵、青藏高原和四川分布区　芒型、芒色、穗色和籽粒颜色变异最为丰富，多样性最高。

2. 黄河流域和北方分布区　冬春性、分蘖力、株高、穗粒数和千粒重等重要农艺性状及抗旱性的变异最丰富，多样性最高。

3. 长江中下游及华南分布区 棱型、带壳性、小穗密度、成熟期等农艺性状以及抗病性、耐湿性和营养品质性状等变异最为丰富，遗传多样性最高。

（张 京）

四、普通栽培燕麦

普通栽培燕麦（*Avena sativa* L.）即通常称谓的燕麦，原产于地中海沿岸，中国种植燕麦已有 2 100～2 300 年的历史。由于我国地域辽阔，地形复杂，各种植地区之间气候、土壤和农业条件相差较大，经长期自然选择和人工选择，结果形成了各品种特征特性差异，特别是在形态和农艺性状方面的千差万别，使它们适应了当地的生存条件，形成了各地区的生态型。因此，中国普通栽培燕麦遗传多样性的丰富程度，可依据形态、农艺性状和生态型的差异来表述。

（一）形态特征千差万别

中国燕麦种质资源形态特征差异很大。例如，株高一般为 100～120 cm，最矮的仅为 53 cm，最高的达到 175 cm，最高与最矮的相差 3 倍多。穗子的性状类型有周散型和侧散型之分，周散型又分为周松散型和周紧密型；侧散型又分为侧松散型和侧紧密型。稃壳颜色有白、黄、褐、红、紫、黑色。芒性分无芒和有芒，芒的形态又有短芒和长芒、曲芒和直芒、粗芒和细芒之分。籽粒形状有纺锤形、椭圆形、长筒形、卵形；籽粒颜色有白、黄、褐、红、黑色；籽粒的大小以千粒重表示，差别也很显著，低者 11～12 g，高者达 40 g 以上，相差近 30 g。

（二）农艺性状差异显著

中国燕麦种质资源农艺性状差异显著，十分多样。成熟期有特早熟、早熟、中熟、晚熟和特晚熟 5 类。生育期长短差别较大，北方最早熟类品种生育期仅 70 d 左右，而最晚熟的为 120 d，两者相差 50 d。穗子的轮层数最少的仅 2 层，而最多的达 9 层。主穗小穗数少者不到 10 个，最多者达 80 个。单株粒重幅度为 1～10 g。主穗粒重多数为 1 g 左右，极低者仅 0.3 g，高者达 5 g。

（三）生态型差异明显

中国燕麦的生态区可分为 6 个，每个生态区都有与之相适应的品种生态类型，各生态类型的差异明显。

1. 华北早熟生态型 这一生态类型的品种生育期 90 d 左右，春季（4 月初前后）播种，夏季（7 月中、下旬）收获。幼苗直立或半直立，分蘖力中等，植株较矮，小穗和小花较少，千粒重 16～20 g。较抗寒、抗旱、抗倒伏。早熟和中晚熟品种较多。

2. 北方丘陵山区旱地早熟生态型 这一生态类型与华北早熟生态型有较多性状相似，主要区别是生育期最短（75～85 d），植株更矮，籽粒灌浆速度快，千粒重 20 g 左右。

3. 北方丘陵旱地中、晚熟生态型 该生态型品种生育期较长（95～110 d），夏季（5 月中、下旬）播种，秋季（8 月底至 9 月上旬）收获。幼苗多为半匍匐或匍匐，生长发育缓慢，分蘖力强。进入雨季（7 月）植株迅速拔节，发育较快，植株高大，茎秆软，叶片狭长下垂。籽粒较大，千粒重 22～25 g。中晚熟和晚熟品种居多。

4. 北方滩川地中熟生态型　这一生态类型品种的生育期为 85～95 d，一般夏初（5 月上、中旬）播种，秋季（8 月）收获。植株高大，茎秆坚韧，抗倒伏。

5. 西南高山生态型　这一生态类型主要分布在我国西南地区的海拔 2 000～3 000 m 高山地带。生育期 220～240 d，秋季（10 月中、下旬）播种，翌年夏季（6 月中旬至 7 月初）收获。幼苗匍匐期很长，分蘖力很强，叶片细长，抗寒性强。植株高大，茎秆软，不抗倒伏。籽粒较小，千粒重 15 g 左右，有些不足 12 g。

6. 西南平坝生态型　主要分布在我国西南地区的高原平坝，生育期 200～220 d，秋季（10 月中、下旬）播种，翌年夏季（5 月下旬至 6 月上旬）收获。幼苗生长发育缓慢，匍匐期较西南高山生态型稍短，抗寒性较强。叶片宽大，植株高大，茎秆较硬。籽粒灌浆期略长，千粒重 17 g 左右。

（四）基于分子标记的遗传多样性

近年来，我国科学工作者利用分子技术对燕麦种质资源遗传多样性开展了研究。张恩来、张宗文等人（2009）采用 SSR 标记对中国 458 份燕麦核心种质的遗传多样性进行了分析，结果表明，15 对引物共扩增出 61 个等位变异，平均每对引物扩增出 4.067 个等位变异。458 份供试材料平均有效等位变异为 2.182 1，而 Shannon-Weaver 指数（I）平均为 0.902，这表明我国燕麦遗传多样性非常丰富。同时发现山西省和内蒙古自治区的燕麦遗传多样性更为丰富，而东北和西北地区燕麦遗传多样性丰富度最低，说明燕麦品种的多样性特点与地理来源有密切的关系。

（郑殿升）

五、玉米

玉米（*Zea mays* L.）是我国第二大粮食作物，在我国的农业生产中占有重要地位。从传入至今，我国玉米栽培已经有近 500 年的历史。我国玉米种植区纵跨我国寒温带、暖温带、亚热带和热带生态区，包含了低地平原、丘陵和高原山区等不同地形条件，在长期的自然选择与人工选择下，形成了各具特色的玉米地方品种资源。在生育期、胚乳类型、用途等方面形成了丰富多样的类型，并且在分蘖性、株高、雄穗性状、花药及花丝颜色、果穗大小、穗形、粒色、轴色、百粒重等方面都表现出丰富的遗传多样性。

（一）类型的多样性

1. 按生育期划分　玉米可分为早、中、晚熟类型。

（1）早熟品种　春播生育期 80～100 d，需积温 2 000～2 200 ℃；夏播 70～85 d，需积温 1 800～2 100 ℃。早熟品种一般植株较矮小，叶片数量少，为 14～17 片。

（2）中熟品种　春播生育期 100～120 d，需积温 2 300～2 500 ℃；夏播 85～95 d，需积温 2 100～2 200 ℃。叶片数较早熟品种多。

（3）晚熟品种　春播生育期 120～150 d，需积温 2 500～2 800 ℃；夏播 96 d 以上，需

积温 2 300 ℃以上。晚熟品种一般植株高大，叶片数多，多为 21～25 片。

2. 按籽粒有无稃壳、形状及胚乳性质划分 可分为 8 个类型：

（1）硬粒型 又称燧石型。果穗多呈锥形，籽粒顶部呈圆形，胚乳外周是角质淀粉，籽粒外表透明，外皮具光泽，且坚硬。硬粒型品种适应性强，耐瘠、早熟，食味品质优良，但产量较低。

（2）马齿型 果穗多呈筒形，籽粒长大扁平，两侧为角质淀粉，中央和顶部为粉质淀粉，成熟时顶部粉质淀粉失水干燥较快，顶端凹陷呈马齿状。马齿型品种植株高大，耐肥水，产量高，成熟较迟，但食味品质不如硬粒型。

（3）粉质型 果穗及籽粒形状与硬粒型相似，但胚乳全由粉质淀粉组成，籽粒乳白色，无光泽，是制造淀粉和酿造的优良原料。

（4）甜质型 果穗小，胚乳中含有较多的糖分及水分，成熟时因水分蒸散而种子皱缩。又可分为普通甜玉米和超甜玉米。普通甜玉米由胚乳突变隐性基因 *su* 控制，颖果皮较薄，籽粒几乎全部为角质透明胚乳，成熟后半透明，乳熟期可溶性糖含量 8%左右，适宜用作加工各类罐头。超甜玉米由胚乳突变隐性基因 *sh2*、*bt*、*bt2* 控制，完熟的干籽粒皱瘪凹陷，不透明，易破损。乳熟期采收，含可溶性糖 18%～20%，适宜鲜售和制作成冷冻产品。

（5）甜粉型 籽粒上部为甜质型角质胚乳，下部为粉质胚乳，世界上较为罕见。该类型在我国目前缺乏。

（6）爆裂型 籽粒圆形，顶端突出，淀粉类型几乎全为角质，加工爆米花时遇热淀粉内的水分形成蒸气而爆裂。每株结穗较多，果穗与籽粒都较小。

（7）蜡质型 又名糯质型。原产我国，籽粒中胚乳几乎全由支链淀粉构成，不透明，无光泽如蜡状，食用时黏性较大。

（8）有稃型 籽粒为较长的稃壳所包被，稃壳顶端有时有芒。有较强的自花不孕性，雄花序发达，籽粒坚硬。

3. 按籽粒的组成成分及用途划分 可将玉米分为特用玉米和普通玉米两大类。特用玉米是指具有较高的经济价值、营养价值或加工利用价值的玉米，一般指高赖氨酸玉米、糯玉米、甜玉米、爆裂玉米、高油玉米等。

（二）种族的多样性

全世界玉米大约包含 150 个种族，其中近 130 个位于玉米的起源中心，欧洲有 11 个，美国有 10 个，热带低地有 8 个，而分布于亚洲及其他国家和地区的玉米种族一共不到 15 个。刘志斋等（2008）以我国玉米地方品种核心种质中所囊括的 760 份地方品种为材料，基于 30 个表型性状将我国玉米地方品种划分为 9 个种族，包括 2 个马齿种族、4 个硬粒种族、1 个糯质种族、1 个马齿×硬粒衍生种族、1 个爆裂种族。这 9 个玉米种族的典型表型特征如下：

1. 西南马齿种族 中熟或晚熟。植株高大，株高与穗位高的平均值分别为 219.8 cm 和 95.2 cm。雄穗较长，31.0～44.7 cm，平均 38.0 cm，一级雄穗分枝数多，平均为 17.3 个。果穗粗长，穗行数 8～16 行，平均 12 行，穗轴白色，平均穗重、穗粒重以及穗轴重均较大。籽粒粗大，平均体积为 0.365 cm^3，平均百粒重为 22.1 g。

2. 北方马齿种族　中熟偏晚熟。植株较高大，平均株高与穗位高依次为 200.7 cm 与 74.8 cm。雄穗较长，且一级分枝数较多。果穗较粗长，平均穗行数 13.4 行，穗重、穗粒重与百粒重均较高，平均籽粒体积较大。

3. 北方硬粒种族　中熟偏早熟。植株矮小，平均株高 147 cm，而平均穗位高仅 38.6 cm。雄穗短，平均 30.7 cm，且一级分枝数少，平均 10.3 个。果穗细、短，平均穗行数为 12 行，穗轴白色，穗重、穗粒重、穗轴重以及百粒重都很小。籽粒细小，以黄色或白色为主，平均籽粒体积仅 0.259 cm^3。

4. 西南白色硬粒种族　中熟或晚熟。植株高大，株高 135.7～298.5 cm，平均 220.4 cm。雄穗长 29.5～47.5 cm，平均 37.7 cm，平均一级雄穗分枝数 16.7 个。穗长 9.3～17.9 cm，平均 14.5 cm；穗粗的平均值则为 3.8 cm；穗行数 8～16 行，平均 12 行，穗轴白色；穗重、穗粒重均较大，平均值依次为 59.59 g、46.92 g。籽粒体积 0.240～0.451 cm^3，平均 0.350 cm^3。

5. 黄色硬粒种族　中熟略偏早熟。植株较矮小，平均株高 168.6 cm，平均穗位高 50.2 cm。雄穗较短，平均 33.9 cm，一级雄穗分枝数少，平均仅 11 个。果穗较细、短，穗行数 10～18 行，平均 12.8 行，穗轴以白色为主，红色及其他颜色占较小比例，穗重、穗粒重均较低。籽粒细小，平均体积 0.248 cm^3，百粒重近 16.2 g。

6. 西南黄色硬粒种族　早熟略偏晚熟。植株较高大，平均株高为 185.4 cm，平均穗位高 64.3 cm。雄穗较长，平均 35.5 cm，一级雄穗分枝数 4.7～29.5 个，平均 13.7 个。果穗较细长，穗轴以白色为主，穗行数 10～16 行，平均 12.9 行，穗轴、穗粒重均较高。籽粒体积较大，但百粒重较低，仅 18.3 g。

7. 西南糯玉米种族　中熟偏晚熟。植株较矮，穗位高较低，平均值分别为 179.7 cm 与 67.0 cm。雄穗较短，平均 34.5 cm，一级雄穗分枝数较少，平均 14.2 个。果穗较细、较短，平均穗行数为 12 行，穗轴白色，平均穗重、穗粒重与穗轴重均较小。籽粒细小，平均籽粒大小仅为 0.272 cm^3，颜色以白色为主，黄色、紫色等其他颜色也占一定比例。

8. 衍生种族　中熟偏晚熟。植株较高大，株高 146.9～248.2 cm，平均 205.8 cm，穗位高 39.5～107.1 cm，平均 80.5 cm。雄穗长平均 37.2 cm，且一级分枝数多，平均 16 个。平均穗长 14.2 cm，最长达 17.5 cm；穗粗 3.3～4.6 cm，平均 3.9 cm；穗轴白色，平均穗行数 12.6 行；穗重 62.15 g，穗粒重 49.5 g，百粒重 21.38 g。籽粒较大，平均体积为 0.344 cm^3，粒色以黄色为主，占 64%。

9. 爆裂种族　中熟或晚熟。植株较高大，平均株高 198.7 cm，平均穗位高 77.4 cm。雄穗平均长度 35.7 cm，平均一级分枝数 15.4 个。果穗较粗长，穗行数 11～16 行，平均 13.5 行，穗重、穗粒重及百粒重均较高。平均籽粒体积 0.306 cm^3。

（三）形态特征和生物学特性多样性

玉米的分蘖性有强、弱、无之别，分蘖数少的为 0（主茎计算在外），多的可达 5～6 个。玉米的株高可从 20～30 cm 到 300～400 cm，相差 10 倍以上，一般玉米地方品种多为 200～250 cm，自交系以 150～200 cm 居多。玉米的雄穗分枝数在 1～50 个范围内。花药的颜色有黄、绿、粉、紫等，花丝颜色有泛白、黄绿、红、粉、紫等。单茎玉米上可结单穗，也可结多穗。玉米的穗型可分为锥形穗、柱形穗、扁头穗等。果穗长度从 3 cm 到 30 cm不等。穗粒行数为 4～26 行。玉米籽粒的颜色类型最多，最常见的为黄色和白色，还有浅黄、橘黄、红、紫、蓝、黑等色，而同一籽粒上为两种颜色的有白血丝、黄血丝、黄粒带白丝、黄粒红斑、顶白侧黄或侧红等。同一果穗上可有不同颜色的籽粒，称花色。同一群体不同果穗上粒色不同则存在更多种组合类型。轴色也可分为白、浅红、红、紫等。玉米百粒重变化于 8～40 g 之间。

(四) 基于分子标记的遗传多样性

刘志斋等（2008）利用分布于玉米全基因组的 55 个 SSR 标记，采用 TP－M13－SSR 技术全面分析了 846 份玉米地方品种核心种质资源的遗传多样性，共检测到 805 个等位变异，平均每个位点 14. 64 个；共检测到特异等位变异 114 个，平均每个位点 2. 07 个；检测到稀有等位变异 597 个，平均每个位点 10. 85 个。平均遗传多样性为 0. 65。我国玉米自交系的遗传多样性水平略低于地方品种。石云素等（2008）利用 72 个 SSR 标记对中国国家种质库（China National Genebank，CNG）中收录的 241 份自交系进行遗传多样性分析，共检测到 686 个等位位点，平均每个 SSR 标记检测到等位位点数 9. 53 个，多态信息含量（PIC）平均为 0. 58，基因多样性平均值为 0. 62。Yu 等（2007）利用 49 个 SSR 标记对主要来自玉米核心种质的 288 个自交系进行遗传多样性分析，共检测到 262 个等位变异，平均每个位点 5. 35 个，多态性信息含量（PIC）平均为 0. 51，基因多样性平均值为 0. 57。以等位变异数目为选择标准，从这组自交系中选出了 94 个自交系作为核心研究材料。Wang 等（2008）利用覆盖玉米全基因组的 145 个 SSR 标记对玉米核心研究材料进行了遗传多样性分析，共检测到 1 365 个等位变异，平均每个 SSR 位点为 9. 4 个等位变异，基因多样性平均为 0. 68，多态信息含量（PIC）平均为 0. 64。基于覆盖玉米全基因组的 SSR 标记的研究结果显示，我国玉米地方品种中蕴藏了极为丰富的遗传变异，是我国玉米品种改良的极其重要的基础资源。

（石云素）

六、高粱

中国是高粱［*Sorghum bicolor*（L.）Moench］原始种的重要驯化地和分化中心之一，悠久的栽培历史及各异的自然条件，加之逐渐专业化的用途，使中国高粱形成了多种独特的品种类型，包括粒用高粱、帚用高粱、工艺用高粱、甜高粱、饲草高粱等。中国高粱在形态特征和生物学特性方面，也存在明显差异，表现出丰富的遗传多样性。

(一) 类型的多样性

1. 粒用高粱 粒用高粱是指以收获籽粒为目的的高粱，以籽粒供食用、酿造用或饲用。中国的栽培高粱大都是粒用高粱，占高粱品种总量的 95%左右。粒用高粱一般穗子大、籽粒产量高。其中的白粒高粱通常丹宁含量低，适合于人类食用或饲用，其他粒色的高粱多作酿造用。粒用高粱中的糯性类型，是多种高档酒的酿造原料，也适合于加工民间小食品。粒用高粱中的爆粒类型，可以炒制成高粱米花食用。

2. 帚用高粱 所有品种的穗都可以加工扫帚，而帚用高粱是指专用于加工扫帚的高粱类型，其特征为穗部没有明显主轴，一级枝梗强烈伸长（有的超过 50 cm），枝梗柔软有弹性，籽粒产量不高，颖壳包被度高。帚用高粱主要分布在中国北方主产区。

3. 工艺用高粱 工艺用高粱也能收获籽粒，但栽培工艺用高粱的主要目的是收获茎秆用于加工。工艺用高粱一般节间细而长，尤其是穗下节间很长（有的品种达 80 cm），茎秆坚韧，不易折断，适合于编织工艺品和实用器物，近年有人研究利用工艺高粱加工人造板材等。分布于我国北方地区的绕子高粱类型常被用来捆扎其他作物的秸秆，是典型的工艺高粱。

4. 甜高粱 甜高粱茎秆多汁、含糖量高，是高粱中的特殊类型。中国南北方都有甜高粱分布，尤其是不适合种植甘蔗的地区。植株高大，穗子较小，再生能力强，民间主要是生啖用，也可以制糖，是目前研究较多的生物质能源作物。

5. 饲草高粱 饲草高粱是指适合于饲草生产的高粱，近十年来发展迅速。一般茎秆多汁，植株繁茂，生物学产量高，再生能力强，分蘖旺盛，一季可以刈割 2～3 次。高粱的某些野生种、种间杂交种都可以作为饲草高粱加以利用。

（二）形态特征的多样性

中国高粱的形态特征千差万别，幼苗叶色有绿色、红色、紫色 3 种；抽穗状态有完全抽出、侧面胀破剑叶鞘、不能完全抽出等 3 种；主脉颜色有白、黄、绿之分；柱头和花药颜色均有白色、黄色、紫红色之差别；茎秆髓部有蒲心、半实心、实心之差别，其所含汁液的多少也有明显差异；穗形有纺锤形、牛心形、圆筒形、棒形、杯形、球形、伞形、帚形等，每一种穗形又有松紧的变化，散穗品种还有侧散和周散的区别；外颖顶部有芒或无芒；颖壳颜色有白色、黄色、灰色、红色、褐色、紫色、黑色等，更有在同一颖壳上有两种以上颜色形成的花壳现象；籽粒颜色也分白、灰白、黄、橙、红、褐、黑色多种，同样有兼具两种以上颜色的花粒现象；在结实方面，一般单花单粒，少数品种为单花双粒。

中国高粱品种普遍高大，平均株高 271 cm，最高的宿县大黄壳为 450 cm，最矮的僧县白高粱只有 50 cm；平均茎粗 1.46 cm，最粗的六十日早黄高粱 3.7 cm，最细的特早熟小早只有 0.4 cm；穗长最长的是黑龙江的绕子高粱 80 cm，最短的是山阴县的米儿茭 8.2 cm；穗柄最长的是藤县的红秆高粱 120 cm，最短的是龙南的矮秆高粱 10 cm；中国高粱多数独秆无分蘖，分蘖最多的是房县沙河桃穗，7 个分蘖；单穗粒重高的超过 100 g，低的不足 10 g；千粒重最高的 77 g，最低的只有 5.5 g。

（三）生物学特性的多样性

中国高粱主要分布在温带，平均生育日数为 113 d，大多数为中熟种，生育期最长的是靖西黄高粱 225 d，最短的是僧县白高粱 74 d。多数品种对光照和温度反应不很敏感，属于中间反应类型。一般来说，高纬度地区的早熟品种对温光反应最为迟钝，在 10 h 短光照条件下生育期仅缩短 5 d 左右，如山西天镇的棒槌红、河北宣化的武大郎等品种；而来自低纬度地区如海南、云南、湖南等省的品种对温光反应敏感，在长光照和温度稍低栽培条件下，生育期可能延迟 40 d 以上，表现为幼苗匍匐，拔节延后，如云南镇雄的马尾高粱、湖南郴县的饭白高粱等品种。

高粱具有较强的耐逆境能力，但品种间的抗性存在很大差别。山西榆次的二牛心、内蒙古的大红蛇眼等具有很强的苗期抗旱性；山西长治的上亭穗、黑龙江的黑龙不育系 11 A等具有很强的耐旱稳产性；黑龙江的平顶香和黑壳棒，能在 5～6 ℃的低温条件下发芽；辽宁朝阳的长穗黄壳白、黑龙江合江的大蛇眼具有很高的灌浆期耐冷性；江苏兴化的吊煞鸡、河北承德的红窝白具有很高的耐盐碱能力；辽宁朝阳的八月齐、山西孝义的木鸽窝具有很强的耐瘠能力；广西桂阳的莲塘矮、湖南的东山红高粱对丝黑穗病免疫；辽宁选育的恢复系 5－27 具有较强的抗蚜性；山西孝义的小高粱、辽宁阜新的薄地高粱具有较强的抗螟虫性。

（四）基于分子标记的遗传多样性

刘欣等（2000）对 4 种不同类型高粱采用 DNA 随机扩增多态技术（RAPD）进行了比较研究，18 种引物扩增后共得到 54 个 RAPD 标记，其中 23 个标记在进行 4 种高粱成对比较时呈多态。

李杰勤等（2007）选用了 32 个栽培高粱品种、10 个苏丹草品种及 2 个高粱近缘种进行了 RAPD 分析，结果表明在 12 对引物产生的 68 条 DNA 扩增片段中，有 52 条（76.5%）具有多态性；高粱之间的相似系数从 55%到 95%，苏丹草之间的相似系数从 52%到 84%，高粱不育系和保持系之间的相似度在 89%以上。

赵香娜等（2008）利用 24 对 SSR 引物从 206 份甜高粱品种中共检测出 220 个等位基因变异，每对引物检测出 2～19 个等位基因，平均 8.19 个；引物位点的多态信息含量（PIC）变幅在 0.50～0.87，平均为 0.76；利用 220 个多态性标记计算 206 份甜高粱品种之间的遗传相似系数（GSC），范围在 0.32～0.96 之间，平均为 0.69。

（陆　平）

七、谷子（粟）

中国是公认的谷子［*Setaria italica*（L.）Beauv.］起源和分化中心，至少有 7 000 年的栽培历史。在青狗尾草向谷子的进化和原始栽培种的传播过程中，由于自然条件的阻隔，逐渐形成了各自独立的地理生态类型。中国的谷子具有较高的进化程度，称为大粟；欧洲及南亚的谷子进化程度低，统称为小粟。谷子的单穗粒多、繁殖系数大，同时谷子具有一定的异花授粉习性，容易形成种质分化，加上中国栽培谷子的历史悠久，种植区域辽阔，生态环境各异，经过漫长的自然选择和人工选择，形成了多种多样的谷子遗传资源，甚至产生并保留了少量的自然四倍体种质。中国谷子的遗传多样性集中表现在穗形、刺毛颜色、粒色、米色、籽粒的形状与大小以及植株的颜色、形态、生育期、温光反应、食用品质、营养品质等方面。

（一）形态特征的多样性

1. 穗型　谷子的穗部形态取决于第一级分枝（即穗码）的长短和在穗轴上的排列方

式。第一级分枝不伸长构成普通型穗，包括上下渐细中间粗的纺锤形、上下粗细均匀的圆筒形、上部渐尖中下部较粗的圆锥形、顶部较粗且穗码较紧密的棍棒形、穗轴很长且穗码稀疏的鞭绳形。部分第一级分枝伸长构成分枝型穗，包括基部穗码伸长形成的龙爪形、顶部3个以上穗码伸长形成的猫足形、主轴顶端穗码分叉的鸭嘴形、第一级分枝同等伸长形成的花筒形。

2. 刺毛　谷子穗部均有刺毛，刺毛的长度因品种而异，在1～12 mm之间，以中短刺毛的品种居多。刺毛的颜色有绿、褐黄、浅紫或紫色等差异，大部分品种刺毛为绿色。在刚抽穗时刺毛色泽鲜明，开花结实后，随着籽粒的成熟逐渐褪色。

3. 叶色　谷子的叶片、叶鞘因花青素分布的差异，导致品种的叶片颜色表现为绿色、黄绿色或紫色，在苗期尤为明显。谷子的叶鞘颜色表现为绿色、黄绿色、红色、浅紫色或紫色。谷子的叶枕多绿色，也有紫色和红色类型。

4. 粒色　谷子籽粒的色泽取决于稃皮的颜色，一般有黄、白、红、黑、青灰、杏黄和黄褐等色，按颜色差异大致分为黄谷、白谷、红谷、黑谷、青谷和金谷6类。黄谷和白谷数量最多，约占国内谷子资源的90%。

5. 米色　谷粒脱壳后的小米，颜色的变异呈现一定的连续性，一般分黄、白、青灰3种颜色，黄米品种占90.4%，白米和青灰米不足总数的10%，属稀有类型。食用小米包括粳、糯两种米质，少数介于两者之间，主要栽培品种以粳性为多。

6. 籽粒形状、光泽、大小　受遗传因素及栽培条件、生态环境的共同影响，谷粒的外形有圆形和卵圆形，表面有的光亮、有的暗涩，种皮有粗、厚、细、薄等差别，千粒重最小的仅1.5 g，最大的5 g以上（一般为四倍体品种），大部分为2.5～3.0 g的中粒品种。

7. 植株形态　谷子植株在株高、穗长、茎粗、主茎节数、分蘖性、分枝性等各个方面，均随品种的不同而有显著差异。株高0.4～2.2 m，一般栽培谷子为1.0～1.5 m；穗长7.0～52.0 cm，一般为15.0～25.0 cm；茎粗0.1～1.4 cm，一般为0.5～0.8 cm；主茎节数4～23节，一般为12～16节；分蘖数0～9个，一般为0～2个；分枝数0～10个，一般没有分枝。

（二）生物学特性的多样性

1. 生育期的差异　生育期是指正常播种条件下出苗到成熟的天数。我国谷子品种间生育期相差很大，春播早熟品种80～100 d，中熟品种100～120 d，晚熟品种120～140 d，可用于备荒救灾的极早熟品种只需60 d便能收获，而用于饲草栽培的极晚熟品种需150 d才能收获籽粒。

2. 温光反应特性的差异　谷子是典型的高温短日照作物，多数品种对光温条件均有较强的反应，高温短日照能促进成熟，但有些品种对光照、温度及光温综合作用均不敏感，有的只对日照长短敏感，有的只对温度高低敏感。对光温条件不敏感或部分敏感的品种其生态适应区域较为广泛。

3. 丰产性的差异　谷子的丰产性与品种和栽培条件密切相关，品种决定了产量潜力。目前谷子平均产量仅为1 950 kg/hm^2左右，但也常有大面积丰产田产量超过7 500 kg/hm^2的报道，谷子的丰产潜力未能充分发挥。

4. 食用品质的差异 谷子的食用品质决定了消费者对某一品种的接受程度，著名的优质品种均色、香、味俱佳，籽粒直链淀粉含量偏低，米胶长度偏长，糊化温度偏低，米汤固形物含量高，米汤中米粒膨胀低。籽粒中较高的蛋白质和脂肪含量有利于食用品质的提高。

5. 营养品质的差异 品种间籽粒营养品质差异极显著，粗蛋白质含量为 7.25%～17.50%，平均为 11.42%；赖氨酸含量占蛋白质总量的 1.16%～3.65%，平均为 2.17%；粗脂肪含量为 2.45%～5.84%，平均为 4.28%，脂肪酸中的 85%为不饱和脂肪酸；每 100 g 谷子含维生素 A 81.6 IU（最高达 394 IU），含维生素 B_1 平均为 0.76 mg，含维生素 B_2 平均为 0.12 mg，含维生素 E 平均为 2.27 mg。谷子中的微量元素硒含量丰富，平均为 0.071 mg/kg。

（三）基于分子标记的遗传多样性

黎裕、杨天育、Schontz 等分别利用 RAPD 标记技术，对谷子进行遗传多样性分析，发现中国谷子比其他国家的谷子具有更为丰富的遗传多样性，来自同一地区的种质，具有较高的遗传相似性。王志民利用 RFLP 标记对 27 个谷子品种进行研究，发现在 33 个小麦单拷贝探针中有 22 个探针显示出了多态性，占总探针数的 66%；在 61 个珍珠粟探针中有 48 个探针显示出多态性，占总探针数的 78.7%。Fukunaga 等利用 RFLP 技术对欧亚 62 份谷子进行研究，62 份材料聚成五类，其中Ⅰ类和Ⅱ类主要包括东亚地区品种，Ⅲ类主要包括日本、中国台湾、菲律宾和印度品种，Ⅳ类主要由尼泊尔、缅甸和部分东亚地区品种构成，Ⅴ类主要由欧亚大陆中部和西部地区的品种构成。中国的品种分散在前四类之中，可见中国谷子具有更高的遗传多样性。

（陆　平）

八、黍稷

黍稷（*Panicum miliaceum* L.）是中国古老作物之一，栽培历史已有 7 000～8 000 年，经长期的自然选择和人工选择，形成了丰富多彩的种质资源。因此，我国黍稷种质资源具有丰富的遗传多样性。

（一）类型丰富

1. 粳型和糯型 黍稷籽粒分为粳型和糯型，粳型籽粒所含淀粉主要为直链淀粉，这个类型一般是稷（糜）。糯型籽粒所含淀粉以支链淀粉为主，一般为黍。两种类型约各占种质资源总数的 50%，其中糯型为中国黍稷种质资源的一大特点，其他主产国的糯型资源极少。

2. 单粒型和双粒型 单粒型是由于小穗的两朵小花中，第一小花不育，第二小花结实，故每一小穗结实一粒，即为单粒。双粒型是由于小穗具有 3 朵小花，第一朵小花不育，第二、三朵小花结实，或部分小穗的第一、二朵小花结实，没有不育小花，故每小穗结实两粒，即为双粒。双粒型为世界上稀有类型。

3. 食用型、帚用型和饲用型 依据用途黍稷可分为食用型、帚用型和饲用型。食用型的籽粒用作人类的粮食，绝大多数品种属于此类型。帚用型的穗子脱粒后，多用来制作小扫帚，这个类型的穗分枝细长而有弹性，不易折断。饲用型的茎叶用作家畜的饲料，此类型的茎叶繁茂，产草量高，草质柔软，适口性好，并且再生能力强，一年可刈割多次。

(二) 形态性状差异明显

据胡兴雨、王纶等（2008）统计和分析，中国黍稷的植株高度、主穗长度、主茎节数、籽粒颜色、籽粒大小、籽粒形状、米粒颜色等性状的差异明显。

1. 植株高度 株高平均为 137 cm，最高者达 246 cm，最矮的仅 41 cm，高矮相差205 cm。

2. 主穗长度 主穗平均长度为 34 cm，最长者达 72 cm，最短的为 2 cm，长短相差70 cm。

3. 主茎节数 主茎平均具有 8 节，最多者为 14 节，少者仅 1 节，两者相差 13 节。

4. 穗型 黍稷穗型是由穗分枝长短、粗细和在主轴上的着生位置决定的。中国黍稷穗型有侧穗型、散穗型和密穗型。侧穗型的穗分枝长，均向主轴的一侧下垂。散穗型的穗分枝较长，分别向主轴的四周散开。密穗型的穗分枝较短，密生于主轴周围，因此穗子密而短。这 3 种穗型可再细分如下：侧穗型分为侧垂、侧散和侧密；散穗型分为散穗、周散、帚散；密穗型分为密团和半密。

5. 籽粒颜色 籽粒颜色十分多样，有黄色、白色、红色、褐色、灰色和各种复色，其中黄色和白色为数较多，分别占总数的 35.0%和 22.0%；其次是红色和褐色，分别占 18.0%和 13.4%；灰色和复色所占比例较少，分别为 5.5%和 5.9%。上述 6 种粒色还可以细分为深黄色、浅黄色、深红色、浅红色、橘红色、深褐色、浅褐色、褐黄色、条灰色、浅灰色、灰黄色，复色包括白红色、白灰色、白黄色、白褐色等。

6. 籽粒大小 从籽粒的长度、宽度和厚度来看，品种间有显著差异。长度为 2.5～3.2 mm，相差 0.7 mm；宽度为 2.0～2.6 mm，相差 0.6 mm；厚度为 1.4～2.0 mm，相差 0.6 mm。

7. 籽粒形状 籽粒形状有球形、卵圆形和长圆形 3 种，其中卵圆形为多数。

8. 米粒颜色 黍稷籽粒去掉稃壳后为米粒，我国黍稷品种的米粒颜色大致分为黄色、淡黄色和白色，分别占品种总数的 65.4%，32.4%和 2.2%。

(三) 农艺性状变异大

中国黍稷已鉴定的农艺性状有单株产量、千粒重、生育期、落粒性等，这些性状变异较大，同样显示出中国黍稷的遗传多样性。

1. 单株产量 单株籽粒的重量平均为 9 g，最大值为 29 g，而最小值仅 1 g，两者相差 28 g，变幅较大。单株产量的变异系数为 66.7%，遗传多样性指数为 0.697。

2. 千粒重 千粒重是黍稷产量构成的重要因素之一。据统计，中国黍稷千粒重品种之间的差异较大，变幅为 1～10 g，平均为 7 g。千粒重的变异系数为 14.3%，遗传多样性指数达 1.060。

3. 生育期 中国黍稷生育期平均为 94 d，但变幅较大，生育期最短的仅 53 d，而最长的达 132 d，相差 79 d。生育期的变异系数为 17.0%，遗传多样性指数达 1.033。

4. 落粒性 黍稷是落粒性较重的作物之一，中国黍稷品种的落粒性亦比较重，并有差异，可分为 3 类，即重、中、轻，落粒性严重的占总数的 62.9%，中等的占 24.5%，轻的占 12.6%。

（四）遗传结构分组间差异明显

胡兴雨、陆平、王纶等（2008）利用 Structure 软件，对 8 016 份黍稷种质进行了遗传结构分组研究，结果表明可分为 5 个组群，各组群的主要特征特性具有明显差异。第一组群主要为陕西种质，植株较高，主茎节数较多，生育期较长，单株产量和千粒重中等。第二组群种质主要来自山西和山东，株高和主穗长中等，生育期较短，千粒重较低。第三组群种质主要来自山西和陕西，主要特点是生育期中等，主穗较长，单株产量和千粒重均较高。第四组群种质主要为内蒙古的，主要特点是生育期比较长，单株产量和千粒重均较高。第五组群主要来自甘肃和山西，主要特点是植株矮，生育期短，千粒重和单株产量一般。从以上分组还可以看出，5 个组群和地理来源有明显的相关性。同时也清楚地看出，山西和陕西的种质多样性更为丰富，陕西的种质分在第一、三组群，而山西的种质分在第二、三、五组群。

（郑殿升）

九、甜荞

甜荞是蓼科（Polygonaceae）荞麦属（*Fagopyrum* Mill.）中的一个栽培种，也称普通荞麦，学名为 *Fagopyrum esculentum* Moench。甜荞起源于中国，经过长期的栽培和驯化，形成了大量的甜荞地方品种。甜荞因异花授粉，群体间基因交流频繁，群体内遗传变异大。因此，我国甜荞种质资源的遗传多样性非常丰富，主要表现在生态适应性以及株高、株型、抗倒性、主茎节数、主茎分枝数、叶形、穗形、茎色、叶色、花色、粒色、粒形、单株粒重、千粒重以及生育期等性状上。

（一）生态类型多样性

甜荞对日照较为敏感，一般长日照有利于其营养生长，短日照有利于生殖生长。我国甜荞资源来自全国不同生态地区，这些资源在当地长期种植并形成了不同生态类型。

1. 北方春播类型 主要来自华北北部、东北、西北地区甜荞产区。我国甜荞种质资源大部分属于这一类型，5～6 月播种，8～9 月收获，营养生长期间日照较长、雨水充足，生殖生长期间日照较短，有利于个体发育，单产较高。

2. 北方夏播类型 主要来自黄河流域甜荞产区，在当地 6～7 月播种，9～10 月收获。该类型甜荞品种一般种植密度较大，对水分和温度要求也较高，生长速度快，在该地区作为二茬作物种植。

3. 南方秋冬播类型 主要来自淮河以南、长江中下游一带的丘陵、高地，在当地 8～

9 月或更晚播种，种植密度较大，生长期间日照较短，发育较快。

4. 高原春秋播类型　主要来自西南高原、秦巴山区，在高寒山区 4～5 月播种，7～8 月收获；在低海拔及平坝地区，10～11 月播种，翌年 2～3 月收获。生长期间日照较短，温度较低，生育期较长。

（二）生物学特性多样性

1. 株高　株高指从主茎基部至顶部的距离。中国甜荞株高在各品种之间存在明显差异。甜荞株高可分为矮、中矮、中、中高、高等类别，其相应的株高范围为＜60.0 cm、60.1～90.0 cm、90.1～120.0 cm、120.1～150.0 cm 及＞150.0 cm。对 1 847 份中国甜荞地方品种的调查表明，表现为矮、中矮、中、中高、高的种质分别占 3.25％、30.54％、48.40％、16.30％和 1.52％。对 19 份国外引进品种的调查表明，株高表现为矮、中矮、中、中高、高的种质分别占 0、10.53％、26.32％、57.89％和 5.26％。

2. 株型　株型指分枝与主茎之间的夹角大小。通常在成熟期（75％的种子正常成熟时）株型呈现紧凑、半紧凑、松散等类别，其相应的分枝与主茎之间的夹角大小范围为＜30°、30°～60°、＞60°。对 893 份中国甜荞地方品种的调查表明，株型表现为紧凑和松散的种质分别为 53.53％和 46.47％。对 16 份国外引进品种的调查表明，株型表现为紧凑和松散的种质分别为 37.50％和 62.50％。

3. 主茎节数　主茎节数指主茎自地表起至顶端的总节数。通常在生理成熟期主茎节数分极少、少、中、多、极多等类别，其相应的主茎节数范围为≤10 节、11～15 节、16～20节、21～25 节、＞25 节。对 1 852 份中国地方品种的调查表明，主茎节数表现为极少、少、中、多、极多的种质分别占 15.71％、50.81％、30.35％、2.00％和 1.13％，50％以上种质的主茎节数在 10～15 节。对 19 份国外引进品种的调查表明，主茎节数表现为极少、少、中、多、极多的种质分别占 5.26％、10.53％、36.84％、42.11％和 5.26％，80％以上种质的主茎节数大于 15 节。

4. 主茎分枝数　主茎分枝数指植株主茎着生的一级分枝数。通常在生理成熟期表现为极少、少、中、多、极多等类别，其相应的主茎分枝数范围为≤2 个、3～5 个、6～7 个、8～10 个、＞10 个。对 1 848 份中国固有地方品种的调查表明，主茎分枝数表现为极少、少、中、多、极多的种质分别占 1.46％、64.67％、24.62％、8.06％和 1.19％，60％以上种质的主茎分枝数在 2～5 个。对 19 份国外引进品种的调查表明，主茎分枝数表现为极少、少、中、多、极多的种质分别占 0、42.11％、47.37％、10.53％和 0。

5. 倒伏性　倒伏性指植株的倒伏程度。通常在种子成熟时，植株的倒伏性表现为高抗、抗、中、倒伏、严重倒伏等类别，其相应植株倾斜角度的范围为＜10°、10°～20°、21°～30°、31°～40°、＞40°。对 1 852 份地方品种的调查表明，倒伏性表现为高抗、抗、中、倒伏、严重倒伏的分别占 17.55％、33.26％、20.52％、15.55％和 13.12％。对 19 份国外引进品种的调查表明，倒伏性表现为高抗、抗、中、倒伏、严重倒伏的种质分别为 57.89％、15.79％、10.53％、10.53％和 5.26％。

6. 茎色　茎色指植株主茎的颜色。对 1 851 份中国甜荞地方品种的调查表明，茎色表现为淡红色、粉红色、红色、绿色、浅绿色、微红色、紫色和紫红色的种质分别占

13.72%、1.30%、51.81%、15.94%、0.16%、0.11%、6.59%和10.37%，50%以上种质植株茎色为红色。对19份国外引进品种的调查表明，茎色表现为淡红色、红色和绿色的种质分别占10.53%、84.21%和5.26%。

7. 叶色 叶色指植株主茎的叶片颜色。对1 852份中国甜荞地方品种的调查表明，叶色表现为浅绿色、绿色、深绿色和浅红色的种质分别占27.32%、48.98%、23.65%和0.05%。对19份国外引进品种的调查表明，茎色表现为浅绿色、绿色和深绿色的种质分别占26.32%、52.63%和21.05%。

8. 花色 对1 852份中国甜荞地方品种的调查表明，花色及所占种质的比例分别为白色42.93%、粉色15.93%、粉红色31.10%、淡红色0.43%、淡绿色0.76%、粉白色3.02%、红色4.32%、红粉色0.05%、红/粉色0.05%、白粉色0.38%、白/粉色0.38%和绿色0.65%。对19份国外引进品种的调查表明，花色表现为白色、白粉色、粉白色和粉红色的种质分别占42.11%、5.26%、5.26%和47.37%。

9. 籽粒颜色 对1 830份中国固有甜荞地方品种的调查表明，籽粒颜色及其所占比例为灰色9.51%、灰黑色0.05%、黑色9.95%、浅褐色1.74%、褐色66.88%、深褐色6.39%和杂色5.73%。对19份国外引进品种的调查表明，籽粒颜色表现为褐色、黑色、深褐色和灰色的种质分别占73.68%、10.53%、5.26%和10.53%。

10. 籽粒形状 对1 848份中国甜荞地方品种的调查表明，籽粒形状表现为长锥形、短锥形和三角形的种质分别占47.51%、3.73%和48.76%。对19份国外引进品种的调查表明，籽粒形状表现为长锥形和三角形的种质分别占15.79%和84.21%。

11. 单株粒重 单株粒重指成熟甜荞籽粒在水分含量约13.0%时单株所结种子的重量。单株粒重可分为极低、低、中、高、极高等类别，其相应的大小范围为≤1.0 g、1.1～5.0 g、5.1～10.0 g、10.1～15.0 g、>15.0 g。对1 823份中国固有地方品种的调查表明，单株粒重表现为极低、低、中、高、极高的种质分别占17.28%、63.91%、15.19%、3.29%和0.33%，60%以上种质的单株粒重介于1.0～5.0 g。对18份国外引进品种的调查表明，单株粒重表现为极低、低、中、高、极高的种质分别占33.33%、55.56%、11.11%、0和0。

12. 千粒重 千粒重指成熟籽粒在水分含量约13.0%时1 000粒种子的重量。千粒重可分为极低、低、中、高、极高等类别，其相应的大小范围为<20.0 g、20.0～25.0 g、25.1～30.0 g、30.1～35.0 g、>35.0 g。对1 849份中国地方品种的调查表明，千粒重表现为极低、低、中、高、极高的种质分别占8.55%、27.26%、35.97%、25.53和2.70%，其中90%以上种质的千粒重介于20.0～35.0 g。对19份国外引进品种的调查表明，千粒重表现为极低、低、中和高的种质分别占15.79%、36.845%、42.11%和5.26%。由此看出，国外甜荞种质的籽粒较小，没有超过35 g的材料。

13. 落粒性 落粒性指脱粒时籽粒脱离花序的难易程度。落粒性可分为轻、中、重等类别，其相应籽粒脱落程度为<70.0%、70%～90%、>90%。对776份中国甜荞地方品种的调查表明，落粒性表现为轻、中、重的种质分别为58.25%、32.99%和8.76%。

14. 生育日数 生育日数指从播种第二天至成熟日期的天数。根据生育日数长短可分为极短、短、中、长、极长等类别，其相应的生育日数范围为<60 d、60～70 d、71～

80 d、81～90 d、>90 d。对 1 852 份中国地方品种的调查表明，生育日数表现为极短、短、中、长、极长的种质分别占 7.83%、14.15%、38.98%、24.84%和 14.20%。对 19 份国外引进品种的调查表明，生育日数表现为短、中、长、极长的种质分别占 10.53%、5.26%、10.53%和 73.68%，没有生育期极短的材料。

（三）基于分子标记的遗传多样性

赵丽娟等（2006、2009）利用 ISSR 标记和 AFLP 标记对中国 90 份甜荞种质进行遗传多样性分析。19 条 ISSR 引物共获得 508 条带，其中多态性带 462 条，多态性带的比率为 90.1%。聚类结果表明，材料分组与地理来源有较强的一致性，来自辽宁、内蒙古、陕西、四川、甘肃等省份的甜荞种质都是按来源各自聚为一类。15 对 AFLP 引物共获得 641 条带，其中多态性带 547 条，多态性带的比率为 85.3%，聚类结果显示，材料分组与地理来源的一致性较小。研究结果充分表明我国甜荞的遗传多样性十分丰富。

（张宗文）

十、绿豆

绿豆［*Vigna radiata*（L.）Wilczek］是原产于中国的自花授粉作物。绿豆在中国已有 2 000 多年的栽培历史，全国各地都有种植。研究发现在中国东北、华北、华东、西南地区均有野生类型存在，其中华北地区多样性指数最高，推断山西和河北为遗传多样性中心（刘长友等，2006）。绿豆在中国多样的生态条件、复杂的地理环境及多种耕作制度下种植，经长期自然和人工选择，形成了品种间特征特性的差异和地区间的生态类型。因此，对中国绿豆遗传多样性的丰富程度，可依据形态、农艺性状和生态类型，以及分子标记的差异来表述。

（一）形态特征多样性

中国绿豆形态多样性十分丰富。研究发现中国绿豆种皮颜色为绿色的品种占 91.5%，另外还有黄色、褐色及蓝色和黑色品种分别占 5.3%、2.5%、0.7%，其中种皮有光泽的明绿豆和无光泽的毛绿豆各约占 50%。幼茎颜色以紫色为主，也有绿色。成熟茎、叶柄、叶脉以绿紫色为主，也有纯绿和纯紫色品种。生长习性多为直立丛生和半蔓生类型，也有蔓生和直立抗倒类型。茎、叶、叶柄、豆荚以有毛为主，少数无毛。复叶小叶边缘多为全缘，少数有浅裂或裂缺。花色多数黄色，少数黄带紫色。成熟荚以黑色为主，其次是褐色，少数为黄白色。豆荚形状多为圆筒形，也有扁圆形、羊角形和弓形。籽粒形状多为短圆柱形，也有长圆柱形和球形（程须珍等，2006）。

（二）农艺性状多样性

中国绿豆种质资源农艺性状差异显著。生育期有特早熟、早熟、中熟、晚熟和特晚熟 5 种类型，长短为 55～150 d，平均 85 d，其中生育期 60 d 以下的特早熟品种，占总数的 2.1%。百粒重大小为 1.0～9.6 g，平均 4.9 g，其中百粒重在 6.5 g 以上的大粒型品种，占总数的 7.7%。单株荚数为 1～163 个，平均 25.2 个，其中单株荚数在 50 个以上的多荚型品种，占总数的5.3%。蛋白质含量分布在17.4%～29.1%之间，平均24.5%，其中蛋白质含量在26.0%以上的高蛋白型品种，占分析样品总数的12.2%。总淀粉含量分布在43.0%～60.2%之间，平均52.2%，其中总淀粉含量在55.0%以上的高淀粉型品种，占鉴定总数的7.8%。

（三）生物学特性多样性

抗旱性评价结果分布在1～5级，芽期和熟期抗旱性评价均在2级以下的抗旱品种，占鉴定总数的1.9%。耐盐性评价结果分布在1～5级，芽期和熟期耐盐性评价均在2级以下的耐盐品种，占鉴定总数的0.9%。抗叶斑病评价结果分布在高感（HS）—抗（R）之间，中抗（MR）以上的抗病品种占鉴定总数的0.5%。抗根腐病评价结果分布在高感（HS）—抗（MR）之间，中抗（MR）以上的抗病品种占鉴定总数的0.1%。抗蚜害病评价结果分布在高感（HS）—抗（R）之间，中抗（MR）以上的品种占鉴定总数的0.3%。抗豆象评价结果分布在高感（HS）—高抗（HR）之间，中抗（MR）以上的抗虫品种占鉴定总数的0.5%（程须珍等，1999）。

（四）生态多样性

中国绿豆种质资源生态类型差异明显。研究发现，在中国绿豆种质资源当中，虽然种皮有光泽的明绿豆和无光泽的毛绿豆份数相近，但在各生态区的品种中不尽相同，北方以明绿豆为主，其比例由北向南逐渐减少；南方以毛绿豆为主，其比例由南向北逐渐减少。

1. 北方一年一熟制春作绿豆生态类型 主要分布在黑龙江、吉林、辽宁、内蒙古、宁夏等省（自治区），以及河北、山西、陕西、甘肃、新疆5省（自治区）北部地区。通常在4月下旬至5月上旬播种，8月下旬至9月上、中旬收获。品种类型主要是明绿豆，其中河北绿豆多荚、高蛋白、抗叶斑病、抗根腐病，内蒙古绿豆大粒、高淀粉、耐旱、抗蚜虫，山西绿豆大粒、耐旱、抗蚜虫，吉林绿豆大粒、多荚。

2. 黄淮海一年二熟制春、夏作绿豆生态类型 主要分布于北京、天津、河北、山西、山东、河南等地，及陕西南部、安徽和江苏淮北、甘肃南部。通常在5月下旬至6月上、中旬麦收后播种，9月上、中旬收获。品种类型属明绿豆和毛绿豆过渡地带，其中北京、天津、河北、山西以明绿豆为主，山东、河南、安徽、江苏以毛绿豆为主。研究发现，山东绿豆大粒（也有特小粒型品种）、高蛋白、高淀粉、耐旱、耐盐、抗根腐病，河北绿豆多荚、高蛋白、抗叶斑病、抗根腐病，安徽绿豆大粒（也有特小粒型品种）、多荚、抗叶斑病、抗根腐病，山西绿豆大粒、耐旱、抗蚜虫，河南绿豆早熟、高淀粉，北京绿豆高蛋白。

3. 长江中下游一年二熟制夏作绿豆生态类型 主要分布在江苏和安徽的淮南、湖北、陕西汉中、江西和湖南北部、四川东北部。通常在5月末至6月初油菜、麦类收获后播种，8月中、下旬收获。品种类型以毛绿豆为主，也有明绿豆，其中安徽绿豆大粒（也有特小粒型品种）、多荚、抗叶斑病、抗根腐病，湖北绿豆籽粒较小、高蛋白、耐旱。

4. 南方多熟制春、夏、秋作绿豆生态类型 主要分布在江西和湖南南部、广东、广西、四川、重庆、云南、贵州、海南等地。一年三熟或二年五熟，春、夏、秋均可播种，华南热带一年四季均可种植。品种类型以毛绿豆为主，少有明绿豆，一般籽粒较小。

另外，黄皮绿豆在各生态区都有分布，但以安徽、山西、湖南、河南、山东、四川等省较多。

(五) 基于分子标记的遗传多样性

刘长友等（2006）对5 072份国内绿豆资源的14个性状（6个质量性状和8个数量性状）进行遗传多样性分析，结果表明：在6个质量性状中，荚色的遗传多样性指数最高，为0.877；生长习性的遗传多样性指数次之，为0.818；遗传多样性最低的是花色，仅为0.119。8个数量性状表现出更高的遗传多样性，其中百粒重的遗传多样性指数最高为2.066，其后依次是粗蛋白含量2.060、株高2.056、总淀粉含量2.032、单荚粒数2.024、全生育日数1.990、粗脂肪含量1.967、单株荚数1.896。

程须珍等（2001）利用RAPD分子标记技术，对56个绿豆组品种（系）进行遗传多样性研究。在选用的45个随机引物中，均发现有不同的扩增产物。通过聚类分析将它们分成野生绿豆、栽培绿豆和黑吉豆3个种群，在栽培绿豆中又可分出印度抗豆象、巴基斯坦抗黄花叶病毒、中国Ⅰ组、中国Ⅱ组和亚蔬绿豆5个类型组。同时，获得绿豆组3个豆种及其代表品种的独特标记，为食用豆种质资源鉴定与分类和遗传分析奠定了基础。采用PCR分子标记技术，程须珍等（2005）对16个绿豆品种（系）进行了遗传分析，并根据聚类分析结果将参试品种（系）分成抗豆象野生种、抗豆象栽培种、抗豆象杂交后代和混合类型4个大组。以绿豆抗豆象和感豆象品种及抗豆象品种×感豆象品种组合的F_2群体为试验材料，利用BSA法，获得一个共显性标记。经F_2分析，在抗豆象个体中扩增出2个特异片段，在感豆象品种个体中仅扩增出1个特异片段。初步认为此标记与抗豆象野生绿豆TC1966的抗豆象基因紧密连锁。

（程须珍）

十一、小豆

小豆［*Vigna angularis*（Willd.）Ohwi et Ohashi］是原产于中国的自花授粉作物。小豆在中国已有2 000多年的栽培历史，全国各地都有种植。在中国东北、华北、华东、西南地区均有野生类型存在。小豆经在中国丰富的生态条件、复杂的地理环境、多种耕作制度下长期种植，形成了品种间特征特性的差异和地区间的生态类型。徐宁等（2009）研究发现，中国小豆以华中地区多样性指数最高，其次为华东和西北地区，并认为湖北是中国栽培小豆的起源地，安徽、陕西是两个重要的多样性中心。对中国小豆遗传多样性的丰富程度，可依据形态、农艺性状和生态类型，以及分子标记的差异来表述。

(一) 形态特征多样性

中国小豆形态多样性十分丰富。研究发现中国小豆种皮颜色以红色最多，占总数的47.9%；其次是白色，占27.0%，依次是绿色占9.0%，黄色占5.2%，另外还有褐色、黑色、花纹和花斑，分别占0.3%、0.6%、7.7%和2.3%。幼茎颜色以绿色为主，也有紫色。成熟茎、叶柄、叶脉以绿色为主，也有绿紫和纯紫色品种。生长习性多为直立丛生和半蔓生类型，也有蔓生和直立抗倒类型。复叶小叶边缘多为全缘，少数有浅裂或裂缺。花色多数黄色，少数黄带紫色。成熟荚以黄白色为主，占 62.6%，其次为浅褐色占 20.9%，褐色占 10.7%，黑色占 5.9%。籽粒形状多以短圆柱形为主，占 70.4%，其次为长圆柱形占 23.6%，球形占 5.8%，椭圆形占 0.2%（胡家蓬，2002）。野生型和半野生型小豆为蔓生、半蔓生，植株都比较高。野生小豆多为紫茎，半野生型小豆多为绿茎。野生型小豆的叶形在圆形与菱形之间，而半野生型小豆叶形部分为圆形，在生长后期上部叶经常见到剑形叶。野生小豆生育期比半野生型小豆长。野生型小豆百粒重低于半野生型小豆。野生型小豆种皮色基本上为黑花粒，半野生型小豆不仅有黑花粒，而且也有米黄、褐色、绿色（陶宛鑫等，2007）。

王述民等（2002）对来自我国 19 个省（自治区、直辖市）及澳大利亚和日本的 224 份小豆种质资源的形态多样性进行了研究鉴定，结果表明：我国小豆种质资源具有丰富的形态多样性，平均多样性指数为 1.035，高于国外材料（0.827）20.1%。通过多变量的主成分分析，第一主成分和第二主成分一共代表了小豆形态多样性的 56%。基于形态性状，把 224 份小豆种质聚类并划分为三大组群，第一组群，生育期较长，植株较高，籽粒较小，半有限或无限生长，主要来源于长江中上游及西南地区；第二组群，生育期较短，植株较矮，籽粒较大，有限生长，主要来源于东北及华北地区；第三组群的特征特性介于第一和第二组群之间，主要来源于华中地区。

（二）农艺性状多样性

中国小豆种质资源农艺性状差异显著。中国小豆生育期有特早熟、早熟、中熟、晚熟和特晚熟 5 种类型，生育期长短为 71～196 d，平均 120 d。胡家蓬（2002）对 4 053 份材料进行遗传多样性分析，发现其中生育期 100 d 以内的早熟品种，占总数的 9.3%。百粒重大小为 1.8～20.1 g，平均 9.6 g，其中百粒重在 16.0 g 以上的大粒型品种，占总数的 1.3%。株高分布在 9.0～180.0 cm 之间，平均 78.8 cm，其中 50 cm 以下的矮秆品种占总数的 14.0%。直立型品种占 34.0%，半蔓生型品种占 50.0%，蔓生型品种占 16.0%。蛋白质含量为 16.3%～29.2%之间，平均 22.7%，其中蛋白质含量在 26.0% 以上的高蛋白型品种，占分析样品总数的 4.4%。总淀粉含量分布在 41.8%～59.9% 之间，平均 53.1%，其中总淀粉含量在 55%以上的高淀粉型品种，占鉴定总数的 17.7%。

（三）生物特性多样性

抗旱性评价结果分布在 1～5 级，芽期 1 级抗旱的品种占鉴定总数的 3.7%，熟期 1 级抗旱品种占 1.3%。耐盐性评价结果分布在 1～5 级，芽期 1 级耐盐的品种占鉴定总数的 4.5%，苗期 1 级耐盐的品种占 4.4%。抗叶斑病评价结果分布在高感（HS）—中抗（MR）之间，中抗（MR）品种占鉴定总数的 0.1%。抗锈病评价结果分布在高感（HS）—高抗（HR）之间，高抗（HR）品种占鉴定总数的 0.6%。抗蚜害病评价结果分布在高感（HS）—中抗（MR）之间，中抗（MR）品种占鉴定总数的 1.0%。

(四)生态多样性

我国小豆的种植分布呈现从东北至西南的地理带形分布，种质资源生态类型差异明显。

1. 北方春作小豆生态类型 主要分布在黑龙江、吉林、辽宁、内蒙古、宁夏、甘肃等省(自治区)，以及河北、山西、陕西3省的北部地区。通常在4月底、5月初至6月中、下旬播种，8月中旬至9月下旬成熟，以早熟中粒品种为主。在该生态类型的品种中，黑龙江小豆高淀粉、耐盐、耐寒、抗蚜虫，吉林小豆高淀粉、耐旱、耐盐、抗锈病、抗蚜虫，辽宁小豆耐盐、耐寒、抗蚜虫，内蒙古小豆高淀粉、耐旱、耐盐，河北小豆耐旱、耐盐、耐寒、抗锈病、抗蚜虫，山西小豆高淀粉、耐旱、耐盐，陕西小豆高淀粉、耐盐、抗叶斑病。

2. 北方夏作小豆生态类型 主要分布于北京、天津、山东、河南等省(直辖市)，以及河北、山西、陕西南部和江苏、安徽、湖北、重庆、四川北部等地区。通常在5月下旬至6月上、中旬麦收后播种，9月上、中旬收获，以中晚熟大中粒品种为主。在该生态类型的品种中，北京小豆高淀粉，天津小豆耐盐、耐寒、抗叶斑病，山东小豆高蛋白、耐旱、耐盐，河南小豆耐旱、耐盐、耐寒、抗蚜虫，河北小豆耐旱、耐盐、耐寒、抗锈病、抗蚜虫，山西小豆高淀粉、耐旱、耐盐，陕西小豆高淀粉、芽期耐盐、抗叶斑病，江苏小豆抗蚜虫，安徽小豆高蛋白、高淀粉，湖北小豆高蛋白。

3. 南方多熟制作小豆生态类型 为我国小豆非主产区，主要分布在江苏、安徽、湖北、重庆、四川南部，以及湖南、广西、贵州、云南、海南等省(自治区)。春、夏、秋均可播种，华南热带一年四季均可种植，以晚熟中小粒品种为主。在该生态类型的品种中，云南小豆耐旱、耐盐、抗锈病，安徽小豆高蛋白、高淀粉，江苏小豆抗蚜虫，湖北小豆高蛋白。

(五)基于生化、分子标记的遗传多样性

利用同工酶技术，王述民(2002)对58份野生小豆和249份栽培小豆种质资源进行了酯酶(EST)、过氧化物酶(PER)、苹果酸脱氢酶(MDH)和超氧歧化酶(SOD)的检测分析，共检测到6个基因位点、33个等位基因。发现小豆等位酶基因在野生种中的分布频率高于栽培种，在国内地方品种中的分布频率高于日本地方品种。依据同工酶谱带信息，把供试种质划分为5个组群，野生种明显聚为1类，栽培种聚为4类，类群之间存在明显的遗传差异，但同工酶等位基因的多样性与地理区域的差异似乎看不出明显的相关性。

分子标记是小豆遗传多样性分析的重要手段。宗绪晓等(2003)利用12对AFLP引物，对来自世界6个国家的146份小豆(*Vigna angularis*)栽培变种(var. *angularis*)和野生变种(var. *nipponensis*)种质的基因组DNA进行扩增，得到580条清晰的显带，其中313条(53.93%)呈多态性，平均每对AFLP引物得到26.08条多态性带；平均遗传距离0.35，变异幅度为0.00～0.87。利用AFLP多态性数据进行的Jaccard's遗传距离聚类分析绘制的聚类图，可将其中的143份种质相互区分开，并将其中的145份小豆资源

划分成 8 个明显不同组群，显示小豆种内存在足够的遗传多样性用于资源材料的准确鉴别与分类。8 个组群的遗传多样性表现出十分明显的地域相关性，以及遗传类型趋同性。通过各组群内和组群间的遗传距离比较，发现世界小豆主要栽培资源以及日本野生、半野生资源中蓄积的遗传多样性较匮乏，而蕴藏于中国野生小豆资源、喜马拉雅地区栽培野生资源中的遗传多样性较丰富。利用 SSR 分子标记，徐宁等（2009）将中国小豆分为 6 个族群，即黑龙江、吉林、辽宁、内蒙古与日本资源为一组，陕西、湖北、江苏、湖南和四川为一组，北京、山西、河北和天津为一组，山东、河南、甘肃和安徽为一组，贵州和云南分别独自成为一组。证明中国小豆种质资源具有丰富的遗传多样性，并与生态区有密切关系。刘长友等（2009）对 385 份河北省小豆种质资源进行遗传多样性分析，结果表明，5 个质量性状中粒色的遗传多样性指数最高；结荚习性的遗传多样性指数最低；数量性状中百粒重的遗传多样性指数最高；抗性性状中芽期抗寒性的遗传多样性指数最高，锈病抗性的遗传多样性指数最低；高抗叶斑病、抗锈病和抗蚜虫资源缺乏。在河北省 11 个地市中，承德的材料遗传多样性指数最高，且有野生资源分布，推断其为河北省小豆遗传多样性中心。

（程须珍）

十二、豇豆

豇豆［*Vigna unguiculata*（L.）Walp.］是起源于非洲的自花授粉作物，传入亚洲后，在中国与印度分别形成了长豇豆（ssp. *sesquipedalis*）与短荚豇豆（ssp. *cylindrica*）两个亚种，另外有一个亚种为普通豇豆（ssp. *unguiculata*），故豇豆共有 3 个亚种。中国是长豇豆的起源中心或是豇豆次级起源中心之一。

（一）类型多样性

经过长期的地理隔离和驯化，栽培豇豆形成了非洲普通豇豆亚种（ssp. *unguiculata*）、印度短荚豇豆亚种（ssp. *cylindrica*）和中国及东南亚长豇豆亚种（ssp. *sesquipedalis*）。亚种间的形态特征存在显著差异：普通豇豆亚种遗传多样性最丰富，在株型上有直立、半蔓生、匍匐、蔓生之分，荚分盘曲形、圆筒形、弓形等，以收获干籽粒为主。短荚豇豆植株多半蔓生，少有攀缘，荚比普通豇豆小，在花轴上直立生长，种子小而圆，荚和种子与野生豇豆相近，以收获干籽粒或作饲料为主。长豇豆植株多为蔓生类型，花大于其他亚种，荚多汁柔嫩，豆荚较长，种子在荚内松散排列，成熟时荚皮和种子皱缩，以收获嫩荚用作蔬菜为主。另外，我国还存在 2 个野生亚种，即 ssp. *dekindtiana* 和 ssp. *mensensis*，豆荚很短，荚果表面粗糙，开裂性强，籽粒小，种皮吸水性差。徐雁红等（2007）研究发现，中国豇豆可划为国内和国外两大类群；按照地理来源的气候生态区特点，中国豇豆类群又可分为 2 个北方组群、4 个南方组群和 2 个混合组群，8 个组群间相对独立又相互渗透。

（二）形态特征多样性

中国豇豆形态多样性十分丰富。研究发现中国豇豆种皮颜色以橙底褐花最多，占总数的 18.1%；其次是白色，占 17.7%；依次是红色占 14.8%，橙色占 14.0%，还有紫色、黑色、双色和橙底紫花。幼茎颜色以绿色为主，也有紫色。成熟茎、叶柄、叶脉以绿色为主，也有绿紫色和纯紫色品种。生长习性多为蔓生类型，其次为半蔓生类型，再就是直立型（仅占 4.4%），少数为匍匐型。复叶小叶多为卵圆形和卵菱形，也有长卵菱形和披针形。花色多数紫色，占 89.2%，少数白色占 9.7%，也有浅红色。成熟荚以黄白色为主，其次为黄橙色、褐色，少数为浅红或紫红色。籽粒形状多为肾形，占 86.1%；椭圆形次之，占 6.8%，再就是球形、矩圆形，少数近三角形。

（三）农艺性状多样性

中国豇豆种质资源农艺性状差异显著。生育期有特早熟、早熟、中熟、晚熟和特晚熟 5 种类型，长短为 55～218 d，平均 105 d，其中生育期 75 d 以下的早熟品种，占总数的 9.6%。百粒重大小为 4.2～31.0 g，平均 13.4 g，其中百粒重在 18.0 g 以上的特大粒型品种，占总数的 8.0%。单株荚数分布在 0.3～60 个之间，平均 15 个，其中单株荚数在 30 个以上的多荚型品种，占总数的 8.7%。蛋白质含量分布在 18.3%～34.4%之间，平均 24.0%，其中蛋白质含量在 27.0%以上的高蛋白型品种，占分析样品总数的 9.9%。总淀粉含量分布在 18.2%～58.1%之间，平均 48.2%，其中总淀粉含量在 55.0%以上的高淀粉型品种，占鉴定总数的 0.9%。

（四）生物学特性多样性

抗旱性评价结果分布在 1～5 级，芽期和熟期抗旱性评价均在 2 级以下的抗旱品种，占鉴定总数的 1.0%。耐盐性评价结果分布在 1～5 级，芽期耐盐性评价在 2 级以下的耐盐品种，占鉴定总数的 9.6%，熟期耐盐性鉴定均在 3 级以上。抗叶斑病评价结果分布在高感（HS）—中抗（MR）之间，其中中抗（MR）品种占鉴定总数的 0.4%。抗蚜病虫害评价结果分布在高感（HS）—高抗（HR）之间，中抗（MR）以上的品种占鉴定总数的 1.3%。抗锈病评价结果分布在高感（HS）—高抗（HR）之间，中抗（MR）以上的抗虫品种占鉴定总数的 1.8%。

（五）生态多样性

中国豇豆种质资源生态类型差异明显。

1. 北方春作豇豆生态类型　主要分布在黑龙江、吉林、辽宁、内蒙古等省（自治区），以及河北、山西、陕西 3 省的北部地区。通常在 5 月上、中旬播种，8～9 月收获，以大粒型品种为主。其中吉林豇豆高淀粉、耐盐，内蒙古豇豆高淀粉、耐盐、抗叶斑病，河北豇豆多荚、抗蚜虫，山西豇豆高淀粉、耐旱、抗蚜虫，陕西豇豆耐旱。

2. 北方夏作豇豆生态类型　主要分布在北京、天津、山东、河南、江西和湖北等省（直辖市），以及河北、山西、陕西 3 省的南部地区。一般在冬小麦收获后播种，以中粒型品种为主。其中北京豇豆多荚、高蛋白、耐旱，山东豇豆高蛋白，河南豇豆早熟、大粒（也有特小粒类型）、多荚、耐盐，湖北豇豆早熟、小粒、耐旱，河北豇豆多荚、抗蚜虫，山西豇豆高淀粉、耐旱、抗蚜虫，陕西豇豆耐旱。

3. 南方秋冬豇豆生态类型 为我国豇豆非主产区，主要分布在长江以南各省及云南、广西等省（自治区）。其中广西豇豆早熟、小粒，湖南豇豆早熟。

研究发现，抗锈病品种无明显地理分布规律。

（六）基于分子标记的遗传多样性

分子标记是豇豆遗传多样性分析的重要手段。徐雁红等（2006）利用 SSR 标记研究了中国栽培豇豆遗传多样性，发现中国豇豆与国外资源有明显差异，且遗传多样性略低于国外豇豆资源，其中国外资源遗传多样性指数为 0.798，国内资源为 0.705。在国内豇豆资源中，13 对 SSR 引物揭示的平均遗传多样性指数介于 0～0.720 2，其中广西资源遗传多样性指数最高为 0.720 2；其次是湖北，为 0.599 8，依次湖南 0.532 2、内蒙古 0.511 0、江苏 0.472 6、河南 0.434 2、辽宁 0.408 1、北京 0.335 9、山西 0.300 9、吉林 0.160 0、黑龙江 0.037 5、安徽为 0。检测到的等位基因数也是广西（3.615）和湖北（3.689）最多，其次是河南（3.154），再就是江苏（2.462）、内蒙古（2.231）、北京（2.231）、湖南（2.000）、辽宁（2.000）、山西（1.692）、吉林（1.308）、黑龙江（1.154）、安徽（1.000）。由此推断广西和湖北是我国豇豆资源重要的遗传多样性中心，安徽、吉林、黑龙江、山西等省是我国豇豆资源遗传多样性较低的地区。

（程须珍）

十三、豌豆

中国是世界上豌豆（*Pisum sativum* L.）第二大生产国，栽培历史悠久，栽培区分布广泛，类型、用途繁多。中国栽培豌豆在长期的进化和演化过程中，形成了无须豌豆、半无叶豌豆、簇生小叶豌豆，以及甜脆豌豆、荷兰豆等特异资源；不同地理来源和用途的资源，在株高、分枝数、粒色、粒形、荚长、单株荚数、荚粒数、百粒重、抗病性、抗虫性、抗逆性和品质等形态特征和生物学特性上，形成了差异明显、表现丰富的遗传多样性。SSR 标记检测结果表明，国内外资源群体间发生了显著的遗传多样性分化，形成了 3 个差异明显的栽培豌豆基因库，其中 2 个在中国。

（一）特征特性多样性

1. 花色、株高、株型和分枝数 对随机选取的 4 961 份豌豆资源花色的调查表明，白花资源 2 399 份，红花资源 2 562 份，即白花变种占 48.36%，红花变种占 51.64，我国红花变种资源略多于白花变种。对随机选取的 4 903 份豌豆资源株高的调查表明，最矮者 12 cm，最高者 254 cm，平均 106.5 cm，资源间差异极显著。其中矮生资源以白花变种为主，其他资源以红花变种为主。对随机选取的 4 959 份豌豆资源株型的调查表明，直立株型 258 份，半蔓生株型 247 份，蔓生株型 4 088 份，半无叶株型 354 份，无须株型 2 份，分别占 5.20%、4.98%、82.44%、7.14%和 0.04%。其中直立、半蔓、半无叶和无须株型多为白花变种，蔓生株型大部分为红花变种。对随机选取的 4 811 份豌豆资源分枝数的调查表明，最少者为 0，最多者 35 个，平均 3.43 个，标准差 2.02，分枝较少的资源以白花变种为主，分支较多的资源以红花变种为主。

2. 粒色、粒形　对随机选取的 5 183 份豌豆资源粒色的调查表明，黄、白粒资源 1 956份，绿粒资源 1 080 份，褐、麻、紫、黑等深色粒资源 2 147 份，分别占 37.74%、20.84%和 41.42%；黄、白粒和绿粒资源几乎都是白花变种，褐、麻、紫、黑等深色粒资源均为红花变种。对随机选取的 862 份豌豆资源种脐色的调查表明，白色种脐者 305 份，浅绿色种脐者 12 份，棕色种脐者 161 份，黑色种脐者 163 份，黄色种脐者 171 份，灰白色种脐者 50 份，分别占 35.38%、1.39%、18.68%、18.91%、19.84%和 5.80%。对随机选取的 4 610 份豌豆资源粒形的调查表明，凹圆粒者 380 份，扁圆粒者 170 份，圆粒者 3 413 份，皱粒者 575 份，柱形粒者 72 份，分别占 8.24%，3.69%，74.03%，12.47%和 1.56%。

3. 荚部性状　对随机选取的 4 486 份豌豆资源荚型的调查表明，硬荚资源 3 898 份，占 86.89%；软荚资源 588 份，占 13.11%。对随机选取的 4 438 份豌豆资源干荚荚长的调查表明，最短者 2.1 cm，最长者 14.0 cm，平均 5.5 cm，标准差 0.73 cm，资源间差异极显著。对随机选取的 675 份豌豆资源干荚荚宽的调查表明，最窄者 0.5 cm，最宽者 1.8 cm，平均 0.95 cm，标准差 0.15 cm，资源间差异极显著。

4. 产量构成因子　对随机选取的 646 份豌豆资源有效分枝的调查表明，最少者为 0，最多者 11 个，平均 3.66 个，标准差 1.21，资源间差异极显著。对随机选取的 4 922 份豌豆资源单株有效荚数的调查表明，最少者 0.7 个，最多者 95 个，平均 16.81 个，标准差 9.52 个，资源间差异极显著。对随机选取的 4 770 份豌豆资源单荚粒数的调查表明，最少者 0.7 粒，最多者 9.9 粒，平均 4.25 粒，标准差 0.87 粒，资源间差异极显著。对随机选取的 4 902 份豌豆资源干籽粒百粒重的调查表明，最少者仅为 1 g，最多者 41.7 g，平均 16.97 g，标准差 4.75 g，资源间差异极显著。对随机选取的 4 638 份豌豆资源单株干籽粒产量的调查表明，最少者 0.1 g，最高者 106.0 g，平均 9.58 g，标准差 5.86 g，资源间差异极显著。

5. 营养品质　对随机选取的 1 889 份豌豆资源粗蛋白含量的测定表明，最低者 15.34%，最高者 34.64%，平均 24.69%，标准差 1.96%，资源间差异显著。对随机选取的 1 878 份豌豆资源总淀粉的测定表明，最低者 26.95%，最高者 58.69%，平均 48.90%，标准差 2.84%，资源间差异显著；直链淀粉测定结果表明，最低者 7.12%，最高者 24.60%，平均 13.72%，标准差 1.61%，资源间差异极显著。对随机选取的 1 432 份豌豆资源支链淀粉含量的测定表明，最低者 8.61%，最高者 47.49%，平均 35.30%，标准差 3.18%，资源间差异极显著；粗脂肪含量测定结果表明，最低者 0.14%，最高者 4.24%，平均 1.36%，标准差 0.38%，资源间差异极显著。对随机选取的 200 份豌豆资源赖氨酸含量测定结果表明，最低者 1.14%，最高者 2.24%，平均 1.84%，标准差 0.12%，资源间差异显著；胱氨酸含量测定结果表明，最低者 0.10%，最高者 1.08%，平均 0.45%，标准差 0.15%，资源间差异极显著。

6. 对病、虫的抗性　对随机选取的 1 311 份豌豆资源抗白粉病的鉴定结果表明，高感（HS）者 1 073 份，中抗（MR）者 19 份，中感（MS）者 60 份，抗（R）者 1 份，感（S）者 158 份，分别占 81.85%、1.45%、4.57%、0.08%和 12.05%。对随机选取的1 309份豌豆资源抗锈病的鉴定结果表明，高感（HS）者 412 份，中抗（MR）者 9

份，中感（MS）者 237 份，抗（R）者 4 份，感（S）者 647 份，分别占 31.47%、0.69%、18.11%、0.31%和 49.43%。对随机选取的 1 370 份豌豆资源抗蚜特性的鉴定结果表明，高抗（HR）者 1 份，高感（HS）者 1 050 份，中抗（MR）者 24 份，抗（R）者 6 份，感（S）者 289 份，分别占 0.08%、76.64%、1.75%、0.44%和 21.09%。

7. 对逆境的抗性 对 909 份豌豆资源的芽期抗旱性鉴定表明，抗旱性达 1 级 56 份，达 2 级 104 份，3 级 192 份，4 级 205 份，5 级 352 份，分别占 6.16%、11.44%、21.12%、22.55%和 38.72%；成株期抗旱性鉴定表明，抗旱性达 1 级 29 份，达 2 级 170 份，3 级 323 份，4 级 257 份，5 级 130 份，分别占 3.19%、18.70%、35.53%、28.27%和 14.30%。对 914 份豌豆资源的芽期耐盐性鉴定表明，耐盐性达 1 级 32 份，达 2 级 52 份，3 级 172 份，4 级 276 份，5 级 382 份，分别占 3.50%、5.69%、18.82%、30.20%和 41.79%；苗期耐盐性鉴定表明，耐盐性达 1 级 0 份，达 2 级 3 份，3 级 110 份，4 级 390 份，5 级 411 份，分别占 0、0.33%、12.04%、42.67%和 44.97%。

（二）基于分子标记的遗传多样性

宗绪晓等（2009）利用 21 对 SSR 引物，对来自中国 21 个省份的 1 243 份、来源于世界 67 个国家的 774 份栽培豌豆资源和来自世界 17 个国家的 103 份野生豌豆资源进行了遗传多样性分析。研究结果表明，世界豌豆属资源中存在 3 个相互独立且很少交集的基因库：国外基因库、中国春播基因库和中国秋播基因库，不同地理来源的资源类群间存在极显著遗传多样性差异。中国栽培豌豆资源群遗传多样性明显高于国外栽培豌豆资源群，野生资源群的遗传多样性最丰富。对比中国资源与国外资源、中国春播资源与中国秋播资源、栽培资源与野生资源间 SSR 位点等位基因的差别发现，21 个 SSR 位点中有 13 个表现出群体特异性。

宗绪晓等（2008）的研究还表明，中国栽培豌豆资源中也存在着差异明显的 3 个基因库，即春播基因库、秋播基因库和中原基因库。SSR 等位变异各省份间分布均匀，但省籍资源群间遗传多样性差异显著。遗传多样性以内蒙古资源群最丰富，甘肃、四川、云南和西藏等资源群次之，辽宁最低。我国豌豆地方品种资源群间遗传距离与其来源地生态环境相关联。

（宗绪晓）

十四、蚕豆

中国是世界蚕豆（*Vicia faba* L.）第一生产大国，栽培历史悠久，栽培区分布广泛，类型、用途繁多。中国栽培蚕豆在长期的进化和演化过程中，形成了软荚蚕豆、红皮蚕豆、绿皮绿子叶蚕豆等特异资源和不同用途的资源。在株高、分枝数、粒色、荚长、荚宽、单株荚数、荚粒数、百粒重、抗病性、品质等形态特征和生物学特性上，形成了差异明显、表现丰富的遗传多样性。AFLP 标记检测结果表明，国内外资源群体间发生了显著的遗传多样性分化；国内秋播区与春播区资源间也形成了显著的遗传多样性分化，南方资源间分化程度更高。

（一）特征特性多样性

1. 花色、株高 对随机选取的 5 068 份蚕豆资源花色的调查表明，白花资源 2 626 份，褐花资源 18 份，浅紫花资源 848 份，纯白花资源 2 份，紫花资源 1 519 份，分别占 51.82%、0.36%、16.73%、0.04%和 29.97%。对随机选取的 4 939 份蚕豆资源株高的调查表明，最矮者 10.3 cm，最高者 201.5 cm，平均 78 cm，标准差 20.28，资源间差异极显著。

2. 粒色、荚部性状 对随机选取的 5 251 份蚕豆资源粒色的调查表明，浅绿粒资源 1 607份，绿粒资源 369 份，深绿粒资源 126 份，红粒资源 30 份，紫红粒资源 57 份，浅紫粒资源 66 份，褐粒资源 89 份，乳白粒资源 2 242 份，灰粒资源 85 份，分别占 30.60%、7.03%、2.40%、0.57%、1.09%、1.26%、1.69%、42.70%和 1.62%。对随机选取的 4 988 份蚕豆资源干荚荚长的调查表明，最短者 1.2 cm，最长者 18.8 cm，平均 6.5 cm，标准差 1.13，资源间差异极显著。对随机选取的 4 679 份蚕豆资源干荚荚宽的调查表明，最窄者 0.7 cm，最宽者 3.5 cm，平均 1.6 cm，标准差 0.21，资源间差异极显著。

3. 产量构成因子 对随机选取的 5 029 份蚕豆资源有效分枝的调查表明，最少者 0.1 个，最多者 10.4 个，平均 3.3 个，标准差 0.91，资源间差异极显著。对随机选取的 5 059 份蚕豆资源单株有效荚数的调查表明，最少者 1.1 个，最多者 93.7 个，平均 15.2 个，标准差 6.13，资源间差异极显著。对随机选取的 4 909 份蚕豆资源单荚粒数的调查表明，最少者 0.8 粒，最多者 6.1 粒，平均 2.0 粒，标准差 0.34，资源间差异极显著。对随机选取的 5 049 份蚕豆资源干籽粒百粒重的调查表明，最小者仅为 6 g，最大者 240.0 g，平均 85.5 g，标准差 24.70，资源间差异极显著。对随机选取的 4 873 份豌豆资源单株干籽粒产量的调查表明，最少者 1.2 g，最高者 127.0 g，平均 23.1 g，标准差 12.19，资源间差异极显著。

4. 营养品质 对随机选取的 1 828 份蚕豆资源粗蛋白含量的测定表明，最低者 17.65%，最高者 34.52%，平均 27.44%，标准差 1.72%，资源间差异显著。对随机选取的 1 824 份蚕豆资源总淀粉含量的测定表明，最低者 33.17%，最高者 53.36%，平均 42.43%，标准差 2.46%，资源间差异显著；直链淀粉含量测定结果表明，最低者 6.00%，最高者 27.92%，平均 11.09%，标准差 1.47%，资源间差异极显著。对随机选取的 1 329 份蚕豆资源支链淀粉含量的测定表明，最低者 23.93%，最高者 42.25%，平均 31.58%，标准差 1.86%，资源间差异显著；粗脂肪含量测定结果表明，最低者 0.52%，最高者 2.80%，平均 1.47%，标准差 0.25%，资源间差异极显著。对随机选取的 195 份蚕豆资源赖氨酸含量测定结果表明，最低者 1.37%，最高者 2.30%，平均 1.84%，标准差 0.14%，资源间差异显著；胱氨酸含量测定结果表明，最低者 0.06%，最高者 0.77%，平均 0.36%，标准差 0.17%，资源间差异极显著。

5. 对病害的抗性 对随机选取的 1 378 份蚕豆资源抗褐斑病的鉴定结果表明，高感（HS）者 174 份，中抗（MR）者 123 份，中感（MS）者 687 份，感（S）者 394 份，分别占 12.63%、8.93%、49.85%和 28.59%。对随机选取的 1 409 份蚕豆资源抗赤斑病的鉴定结果表明，高感（HS）者 267 份，中抗（MR）者 119 份，中感（MS）者 513 份，感（S）者 510 份，分别占 18.95%、8.45%、36.41%和 36.20%。

（二）基于分子标记的遗传多样性

蚕豆在 2 000 多年前传入中国后，成为冷凉地区和南方稻茬地冬季填闲的重要豆类作物，在相对封闭的地理土壤条件下，形成了具有中国特色的蚕豆资源类型分布。宗绪晓等（2009）利用 AFLP 标记对国内外秋播区蚕豆资源进行了遗传多样性分析，研究结果表明：世界秋播蚕豆资源分属两个基因库，中国秋播蚕豆资源单独形成一个基因库，世界其他地方来源的蚕豆资源形成另一个基因库。中国秋播蚕豆资源中，云南资源又明显有别于其他秋播省份的蚕豆资源。同时，中国秋播蚕豆资源与春播资源间差异明显。对国内外春播区蚕豆资源进行的遗传多样性研究结果表明，世界春播区蚕豆资源分属 5 个基因库，中国春播区蚕豆资源分布在其中的 3 个基因库中，遗传背景较宽广。

（宗绪晓）

十五、普通菜豆

普通菜豆（*Phaseolus vulgaris* L.）是起源于中南美洲的自花授粉作物，经过长期的地理隔离和驯化，形成了安第斯山和中美洲两个多样性中心。两个中心的普通菜豆在形态特征上存在显著差异：前者叶片较大，主茎节间长，一般为白花，籽粒大，百粒重多在 40 g 以上；后者叶片较小，主茎节间短，一般为有色花，中小籽粒，百粒重多在 25～40 g。普通菜豆自 15 世纪引入中国后，经过 400 多年的栽培驯化，形成了很多特殊的生态类型，中国成为公认的次级多样性中心。据研究，中国的普通菜豆分别来自安第斯山和中美洲两个中心，但来自中美洲中心的材料多一些。中国的普通菜豆在形态特征、蛋白类型和分子特性等方面，都具有丰富的遗传多样性（张晓艳等，2007）。

（一）形态多样性

中国的普通菜豆从基因源上划分为两大类，即安第斯山类型和中美洲类型，其形态特征上仍然呈现出明显不同的特点。从用途上主要也划分为两大类，即粒用菜豆和荚用菜豆，前者以成熟籽粒食用，后者以嫩荚菜用。粒用菜豆的籽粒形状多为椭圆形或肾形，而荚用菜豆的粒形多为长圆柱形。荚用菜豆的内果皮肥厚，中果皮的细胞壁不容易增厚硬化，并且背缝线和腹缝线的维管束不发达，而粒用菜豆正相反，内果皮很薄，具革质膜，中果皮的细胞壁加厚硬化，背缝线和腹缝线维管束发达，整个果荚不堪食用（周长久，1995）。

根据普通菜豆的生长习性，通常可分为蔓生、半蔓生和直立 3 类（王述民，2006），但国外一般划分得更细，为 4 种类型：Ⅰ型，有限型，花序居顶部，开花后主茎不再产生新节，矮生直立；Ⅱ型，无限型，茎顶为分生组织，无限开花，半蔓生；Ⅲ型，无限型，下部节位着生较多的匍匐分枝，爬地半蔓生；Ⅳ型，无限型，分枝少，但缠绕性强，需支架生长。粒用菜豆一般根据其籽粒外观进行商品分类，大粒：百粒重大于 40 g；中粒：百粒重 20～40 g；小粒：百粒重在 20 g 以下，粒色有白、卡其色、黄、褐、粉红、红、紫、黑、花纹（斑）等。

张晓艳等（2007）以 129 份普通菜豆种质资源为材料，系统调查了 8 项受环境因素影响较小的形态性状，如生长习性、花色、苞片大小及颜色、粒色、粒形、粒大小等，分析了其形态多样性。结果表明，中国普通菜豆形态变异类型丰富，平均多态信息含量为 0.563 8。特别是粒色变异类型最丰富，达 8 种粒色。生长习性多为无限蔓生类型，占 57%；籽粒大小集中分布于 20～40 g 之间，荚长集中分布于 10～16 cm 之间。结果还表明，中国普通菜豆的安第斯基因库类型的形态多样性水平高于中美洲基因库类型。

（二）朊蛋白多样性

普通菜豆朊蛋白是种子蛋白的主要成分，占总蛋白含量的 36%～46%，属盐溶性蛋白，分子量在 43～54 ku 之间。菜豆朊蛋白的电泳分析常用于揭示和追踪菜豆的起源、驯化和遗传多样性，目前发现的菜豆朊蛋白主要有 S、Sb、Sd、B、M 等 18 种类型，并且每一份资源仅具有其中的一种朊蛋白类型（Gepts，1988）。

张晓艳等（2007）以 319 份普通菜豆种质和 38 份菜豆朊蛋白标准对照品种为材料，分析了中国普通菜豆的朊蛋白变异类型，结果表明：供试材料共检测到 8 种朊蛋白，即 S、Sb、Sd、B、C、Ca、Pa、T 型，其中前 4 种朊蛋白是中美基因库特有的蛋白类型，后 4 种是安第斯基因库特有类型，S 型和 T 型是优势朊蛋白类型，分别占供试材料的 32.6%和 27.0%，Pa 型朊蛋白最少，仅占 3.1%。

普通菜豆的朊蛋白类型与其形态特征没有直接的相关性，但总体上还是体现出了两大基因库种质的特征，也就是说含有 S、Sb、Sd、B 型朊蛋白的种质，多为有色花，中小籽粒，粒色通常较深，如黑、褐、紫色等；含有 C、Ca、Pa、T 型朊蛋白的种质，多为白花，籽粒较大，粒色一般较浅，如白、黄、卡其色等。

（三）基于 SSR 标记的遗传多样性

张晓艳等（2008）利用 30 对 SSR 引物对 229 份中国普通菜豆种质进行了扩增，共检测到 166 个等位变异，平均每个 SSR 位点 5.5 个等位变异。聚类结果显示，全部供试材料被明显地划分为两大组群，即安第斯组群和中美洲组群，安第斯组群的标记优势指数变异范围为 0.288～0.676，中美洲组群为 0.426～0.754，表明前者的遗传多样性水平高于后者。

研究还表明，两大组群（基因库）种质之间存在明显的遗传渗透现象，即部分菜豆种质资源已经具备了两大基因库的某些特征，这些种质资源可以作为两个基因库间杂交育种的桥梁亲本，实现更多的基因交流。中国普通菜豆遗传多样性的水平低于普通菜豆起源中心的，但高于其他次级多样性中心的。

（王述民）

十六、甘薯

甘薯［*Ipomoea batatas*（L.）Lam.］引进中国虽然只有 400 多年的历史，但在中国种植面积大，分布很广。因此，在各种气候条件和土壤类型影响下，产生了比较大的变异，品种间的形态和农艺性状差异明显。统计分析表明，我国甘薯品种间的茎、叶和块根的形态、颜色、大小的差别尤为突出。与此同时，采用分子标记研究的结果亦表明，我国甘薯地方品种间的遗传变异十分丰富。这些事实充分说明我国甘薯的遗传多样性比较丰富。

（一）叶

1. 叶片长度 叶片茎部至叶尖的长度，最大值为16.0 cm，最小值仅为4.6 cm，两者相差11.4 cm，最长者为最短者的3.5倍。

2. 叶片宽度 叶片最宽处为叶的宽度，叶片宽度的幅度为3.3～17.6 cm，最宽者与最窄者相差14.3 cm，最宽者为最窄者5倍之多。

3. 叶片大小 叶片大小以叶面积表示，最大叶面积为258.7 cm^2，最小叶面积仅有15.2 cm^2，两者相差16倍之多。按规定标准计算叶面积，大于160.1 cm^2 的为大叶片，80.1～160.0 cm^2 的为中叶片，小于80.0 cm^2 的为小叶片。其中，大叶片品种占9.1%，中叶片品种占67.0%，小叶片品种占23.9%。

4. 叶片形状 有圆形、肾形、心脏形、尖心形、三角（或戟）形、缺刻叶（或掌状）形、鸡爪形和五爪形。各种叶形的叶缘差别较大，其中圆形、肾形、心脏形、尖心形的叶缘分为带齿和全缘；三角形叶分为深单缺刻、浅单缺刻；掌状形叶分为深复缺刻、浅复缺刻，深多缺刻、浅多缺刻。同时，叶裂片的中裂片形状尤为多样，有齿形、三角形、半圆形、半椭圆形、椭圆形、披针形、倒披针形、线形。

5. 叶片颜色 有浅绿色、绿色、紫绿色、褐绿色、浅紫色、紫色、褐色、金黄色、红色等9种颜色。各种绿色的品种占70.2%，各种紫色的品种占17.2%，各种褐色的品种占10.6%，各种红色的品种占2.0%。

6. 叶柄基色 叶柄基色亦称柄基色，柄基色有绿色、紫色、褐色和红色4类，绿色类又分淡绿、绿、黄绿、褐绿、紫绿、绿带褐、绿带微紫；紫色类分淡紫、深紫、紫、褐紫、微紫、绿紫；褐色类分浅褐、褐、淡紫褐、紫褐、绿褐、淡红褐；红色类分淡红、红、淡紫红、紫红。其中绿色类和紫色类为绝大多数，分别占总数的45.3%和49.6%，褐色类和红色类为少数，分别占总数的3.8%和1.3%。

7. 叶脉颜色 叶脉颜色有紫色、绿色、淡绿色、黄绿色、微紫色、浓紫色、紫红色、红色、褐色、微褐色、绿色带紫色等之分。其中紫色为最多，占40.9%；其次是绿色，占24.4%。

8. 脉基颜色 叶脉基部颜色有紫色、淡紫色、绿紫色、浓紫色、绿色、淡绿色、绿带紫色、红色、紫红色、褐色、微褐色等之分，其中紫色类为大多数，约占72.0%，绿色类约占20.0%。

（二）茎（蔓）

1. 最长茎长度 我国甘薯品种间最长茎长度的差异较大，变幅为31～577 cm，最长和最短的相差546 cm。按规定标准可分为4级：长度351 cm以上的为特长茎，占3.8%；251～350 cm的为长茎，占28.9%；151～250 cm的为中茎，占48.9%；150 cm以下的为短茎，占 18.4%。

2. 茎粗度　甘薯的茎粗一般为 0.4～0.8 cm，而我国甘薯的茎粗为 0.2～1.0 cm，变异幅度相当大。其中 0.61 cm 以上的占 18.2%，0.41～0.60 cm 的占 71.4%，0.40 cm 以下的占 10.4%。

3. 茎颜色　主茎蔓颜色有浅绿色、绿色、紫红色、浅紫色、紫色、深紫色、褐色等 7 种。其中绿茎品种居多，约占 72.0%；紫茎品种占 13.7%。

4. 茎基部分枝数　茎基部分枝数在品种间的差异亦相当大，变幅为 2～35 个，多者比少者多出 33 个。按一般分级标准可分 4 级：6 个以下的为少，占 13.8%；6～10 个的为中，占 47.7%；11～20 个的为多，占 36.7%；20 个以上的为特多，占 1.8%。

5. 株型　茎蔓的形态和空间分布形成了不同植株类型，我国甘薯株型主要有直立型、半直立型、匍匐型和攀缘型，其中以匍匐型为大多数，占 73.1%；半直立型次之，占 24.7%。

（三）块根（薯块）

1. 结薯习性　收获期植株薯块排列的集中或松散程度差异明显，可分为集中、较松散和松散 3 种类型，其中集中型又可分为紧闭集中型和分散集中型。

2. 薯块形状　有球形、短纺锤形、纺锤形、长纺锤形、上膨纺锤形、下膨纺锤形、圆筒形、长圆筒形、长条形、块状形及不规则形，其中纺锤形类（纺锤、长纺锤、短纺锤、下膨纺锤、上膨纺锤）为绝大多数，约占 90.0%。

3. 薯皮颜色　薯块的皮色有白色类：白色、黄白色、白色带紫色；褐色类：褐色、红褐色、黄褐色、紫褐色；黄色类：淡黄色、黄色、橘黄色、土黄色、白黄色、褐黄色、姜黄色、黄带红色；紫色类：紫色、深紫色、红紫色和淡紫色；红色类：红色、紫红色、淡紫红色、深红色、淡红色、橘红色、土红色、褐红色、胭红色。其中红色类居多数，占 47.1%；其次为褐色类和黄色类，白色类和紫色类最少。

4. 薯肉颜色　薯肉色有紫色类：紫色、紫花色、白紫色、黄紫色、橙紫色；红色类：红色、淡红色、橘红色、杏红色、黄红色、红中有紫色；黄色类：黄色、淡黄色、杏黄色、土黄色、乳黄色、白黄色、黄中有紫色、黄中有红色；白色类：白色、黄白色、乳白色、白中有紫色、白中有黄色和红色。其中黄色类居多数，占 49.7%；次之为白色类，占 39.9%；红色类较少，紫色类最少。

5. 薯梗颜色　薯块与茎蔓相连部分的颜色有黄色、红色、黄色带红色。

6. 薯块萌芽性　薯块是甘薯的无性繁殖器官，所以薯块萌芽性强与弱关系到繁殖系数。我国将甘薯品种的萌芽性分为优等、中等、劣等，其中优等的品种占 24.7%，中等的品种占 55.9%，劣等的品种占 19.4%。在中等品种中，还可分为上中等、中等、下中等，分别占品种总数的 3.5%，49.7%和 2.7%。

（四）基于分子标记的结果

贺学勤等（2005）采用 RAPD、ISSR 和 AFLP 分子标记，对广东、河南、福建和安徽 4 省的 48 个甘薯地方品种进行了遗传多样性分析。以 9 对 AFLP 引物、14 个 ISSR 引物和 30 个 RAPD 引物分别扩增出 260 条、249 条和 227 条多态性带，这些标记结果均揭示了中国甘薯地方品种的遗传多样性十分丰富。同时，这 3 种标记得出的遗传距离范围分别是 ISSR 为 0.154 2～4.212 1，RAPD 为 0.061 5～0.598 2，AFLP 为 0.079 1～0.920 5，这样的结果充分说明，这些甘薯地方品种间的亲缘关系较远。在 4 个省份间品种遗传变异的差异的比较结果表明，广东地方品种间遗传变异程度最高，而安徽地方品种间遗传变异程度最低，由此可以认为广东是中国最早引入甘薯种植的地区，而后向周边省份及全国传播。

（郑殿升）

十七、马铃薯

通常生产所用的马铃薯为四倍体普通栽培马铃薯（*Solanum tuberosum* L.）。马铃薯拥有比其他作物更多的不同倍性的野生种，广泛分布于从美国的南部到中、南美洲，表明了马铃薯丰富的生态多样性和广阔适应性。考古学发现，早在 8 000～10 000 年前，生活在秘鲁和玻利维亚交接处 Titicaca 湖边马铃薯起源中心的古代印第安人就开始驯化和栽培马铃薯，悠久的栽培历史、丰富的近缘种、广泛的分布、不断的人工选择和改良，使普通栽培马铃薯形成了形态、农艺性状和生态类型的巨大差异。我国有近 400 年的马铃薯栽培历史，最早通过多种途径和路线从欧美国家引入了不同的品种，种植在我国生态各异的生长环境，后来不断地从世界各地引入不同类型的种质资源和品种，并进行遗传改良等，因此我国栽培马铃薯在形态特征上有一定的多样性，但总体上遗传背景狭窄，遗传多样性较差。

（一）品种的类型

根据来源和形成方式不同，我国的马铃薯品种可分为地方品种和改良品种，早期引进的部分品种经过长期栽培和自然、人工的定向选择，形成了适应当地条件的各具特色的地方品种。1956 年在全国范围内收集到 567 份地方品种，经鉴定、筛选和整理，将同种异名材料合并归类后，在 1983 年出版的《全国马铃薯品种资源编目》中共收录了具有独特性状的地方品种 123 个。迄今为止，我国育成的改良品种约为 300 多个。上述品种，根据生育期的长短可分为极早熟、中早熟、中熟、中晚熟、晚熟和极晚熟等类型，根据品种的不同用途可以分为鲜薯食用和鲜薯出口、油炸食品加工、淀粉加工及其他用途等不同的专用型品种。

（二）形态特征差异

1. 地上部茎、叶主要形态特征差异 马铃薯植株的重要特征特性在不同的品种间变化较大。植株高度变异幅度较大，大部分栽培品种为 20～120 cm，有些资源的株高超过 150 cm。马铃薯植株茎的颜色和横切面、茎翼、花色、花冠形状和大小、叶片类型、叶形和大小、浆果的形状的变化范围很大，存在着各种各样的形态特征类型，如茎的颜色有绿色、淡紫色、红褐色、紫色、绿色带褐色、紫色网纹、褐色带绿色网纹等，叶色有浅绿、绿和深绿色，花的繁茂性有无蕾、落蕾、少花、中等和繁茂等，花冠色分为白色、淡红色、深红色、浅蓝色、深蓝色、浅紫色、深紫色和黄色，花冠性状有轮生和五角星形等，浆果形状有长圆形、卵圆形和圆形等。

2. 地下部块茎主要形态特征差异　块茎的形状、芽眼的深浅、皮肉的颜色、内髓部的大小、薯皮的光滑度都由品种特性决定，是鉴别品种的主要特征。块茎有圆形、卵形、椭圆形、扁圆形、长筒形、月牙形、弯钩形、棒形、不规则形等形状；芽眼的深浅可分为突出、浅、中等、深和很深，颜色可分为白、淡黄、黄、粉红、紫和蓝色等；薯皮有光滑、粗糙、网纹等，皮色从浅黄到深黄色、粉红色到深红色或紫色，有些品种有两种以上颜色；薯肉的颜色有白色、淡黄色、黄色、乳白色、粉色、红色、紫红色、橙色和紫色、紫环等。我国种植的绝大部分品种薯皮色为淡黄色和白色，少量为红色和紫色。1983 年出版的《全国马铃薯品种资源编目》收录的 532 份品种（系）中，红皮的占 14.73%，紫皮的占 7.83%；薯肉颜色绝大部分品种为淡黄色和白色。块茎幼芽的形状也有圆球形、椭圆形、锥形、宽圆柱形、窄圆柱形等，颜色有绿色、粉红色、红色、浅紫色、紫色和蓝色等。

（三）生物学特性差异

除了形态多样性外，马铃薯在成熟期、生长习性、产量、品质性状、抗病虫性及各种逆境的耐性等方面存在着广泛的遗传多样性，不同品种分别具有多种优良性状，抗不同的真菌、细菌、病毒性病害，抗虫性和线虫，耐环境胁迫，有的还具有食用和加工所需要的高干物质含量、低还原糖含量和耐低温糖化、高蛋白质含量、高维生素 C 含量及其他特殊营养成分等特性。马铃薯的生长习性可分直立、扩散和匍匐 3 种类型，据对 217 个我国审定品种的研究，72.81%的品种具有直立株型，其余为扩散株型；对我国保存的 225 份资源研究，其中 49.73%的资源为直立株型，36.29%为扩散株型，13.98%为匍匐株型。经初步鉴定的 1 100 余份马铃薯种质资源中，早熟种质的为 8.18%，高产种质的为 23.64%，高淀粉含量的为 3.90%，高维生素 C 含量的为 0.73%，低还原糖含量的为 2.91%，食味优良的为 5.09%，抗晚疫病的为 13.82%，抗癌肿病的为 3.55%，抗疮痂病的为 0.82%，抗环腐病的为 2.64%，抗青枯病的为 1.27%，抗黑胫病的为 0.64%，抗马铃薯 X 病毒病的为 3.00%，抗马铃薯 Y 病毒病的为 7.18%，抗马铃薯卷叶病毒病（PLRV）的为 2.36%，抗马铃薯 A 病毒病的为 2.27%，耐旱的为 1.82%，还有抗寒的、耐涝的和抗二十八星瓢虫的少量资源。

适应于不同生态区种植的马铃薯品种生育期不同，我国 217 个马铃薯审定品种的生育期（指出苗后到成熟）范围在 50～160 d，其中极早熟品种占 5.53%，早熟品种占 24.89%，中早熟品种占 11.98%，中熟和中晚熟品种占 19.35%，晚熟和极晚熟品种占 38.25%。极早熟、早熟和中早熟品种一般适合东北无霜期短的区域、中原二季作区和南方冬作区种植，中熟和中晚熟品种适宜在华北北部、东北中南部、西南高山地区等区域种植，晚熟和极晚熟品种适合西北和西南等无霜期长、气候冷凉的区域种植。

（四）基于分子标记的遗传多样性

邸宏采用 8 对引物组合 AFLP 方法对 79 份中国马铃薯主栽品种研究，每对引物组合产生 100.13 条带，其中 493 条为多态性条带，平均多态性检出率为 61.2%；采用 RAPD 方法 22 条引物对包含新型栽培种的 120 份中国马铃薯资源扩增出 274 条带，多态性条带为 215 条，多态性比率为 78.5%，每条引物平均扩增出 12.5 条带，120 份材料之间的遗传距离介于 0.04～0.81，平均值为 0.38；37 份抗 PVY 马铃薯资源 RAPD 标记材料之间的遗传距离介于 0.06～0.68，平均值为 0.35，聚类结果从分子水平反映了中国现有主要马铃薯品种遗传基础的狭窄。何凤发用 27 对 SRAP 引物对 44 份马铃薯品种的研究表明，多态性引物比率达 85.2%，共获得 104 个多态性条带，平均每对引物产生 4.5 个多态性条带，44 份种质资源的 SRAP 标记遗传距离为 0.147～0.741。段艳凤在 138 对 SSR 引物中筛选出 20 对多态性高的引物，在 217 个我国审定品种中共检测到 249 个等位位点，其中 244 个为多态性位点，多态性比率达 97.99%，每对 SSR 引物扩增出的等位位点数为 7～22个，平均 12.45 个，多态信息含量（PIC）变化范围为 0.640 7～0.932 4，平均 0.830 9；UPGMA 聚类分析表明，在遗传相似系数 0.686 0 处，78.8%的品种聚为一类，表明供试材料遗传基础狭窄，1983 年之前育成的品种遗传多样性最差，2000 年以后育成的品种遗传多样性有所增加，品种间的遗传关系与来源地区有较为明显的关系。

（金黎平）

参考文献

程侃声，1993. 亚洲稻籼粳亚种的鉴别［M]. 昆明：云南科技出版社.

程须珍，Charles Y. Yang，2001. 利用 RAPD 标记鉴定绿豆组植物种间亲缘关系［J]. 中国农业科学，34（2)：216 - 218.

程须珍，曹尔辰，1996. 绿豆［M]. 北京：中国农业出版社.

程须珍，王素华，1993. 中国绿豆品种资源研究［J] //中国农业科学院作物品种资源研究所，农业部科学技术司，亚洲蔬菜研究与发展中心. 中国绿豆科技应用论文集. 北京：中国农业出版社.

程须珍，王素华，1999. 中国黄皮绿豆品种资源研究［J]. 作物品种资源（4)：7 - 9.

程须珍，王素华，王丽侠，2005. 小豆种质资源描述规范和数据标准［M]. 北京：中国农业出版社.

程须珍，王素华，王丽侠，2006. 绿豆种质资源描述规范和数据标准［M]. 北京：中国农业出版社.

程须珍，王素华，杨又迪，2005. 绿豆抗豆象基因 PCR 标记的构建与应用. 中国农业科学，38（8)：1534 - 1539.

邸宏，2004. 中国马铃薯种质资源遗传多样性的研究［D]. 哈尔滨：东北农业大学.

董玉琛，曹永生，张学勇，等，2003. 中国普通小麦初选核心种质的产生［J]. 植物遗传资源学报，4（1)：1 - 8.

董玉琛，郑殿升，2000. 中国小麦遗传资源［M]. 北京：中国农业出版社.

段艳凤，2009. 中国马铃薯主要育成品种 SSR 指纹图谱构建与遗传关系分析［D]. 北京：中国农业科学院.

韩龙植，曹桂兰，2005. 中国稻种资源收集、保存和更新现状［J]. 植物遗传资源学报，6（3)：359 - 364.

韩龙植，黄清港，盛锦山，等，2002. 中国稻种资源农艺性状鉴定、编目和繁种入库概况［J]. 植物遗传资源科学，3（2)：40 - 45.

韩龙植，魏兴华，等，2006. 水稻种质资源描述规范和数据标准［M]. 北京：中国农业出版社.

郝晨阳，董玉琛，王兰芬，等，2008. 我国普通小麦核心种质的构建及遗传多样性分析 [J]. 科学通报，53 (8)：908-915.
郝晨阳，王兰芬，张学勇，等，2005. 我国育成小麦品种的遗传多样性演变 [J]. 中国科学 C 辑，35 (5)：408-415.
何凤发，杨志平，2007. 马铃薯遗传资源多样性的 SRAP 分析 [J]. 农业生物技术学报，15 (6)：1001-1005.
贺学勤，刘庆昌，王玉萍，等，2005. 中国甘薯地方品种的遗传多样性分析 [J]. 中国农业科，38 (2)：250-257.
黑龙江省农业科学院，等，1983. 全国马铃薯品种资源目录 [M]. 哈尔滨：黑龙江科学技术出版社.
黑龙江省农业科学院马铃薯研究所，1994. 中国马铃薯栽培学 [M]. 北京：中国农业出版社.
胡家蓬，2002. 中国小豆种质资源的收集与评价. 中国绿豆产业发展与科技应用 [M]. 北京：中国农业科技出版社.
胡兴雨，陆平，王纶，等，2008. 黍稷农艺性状的主成分分析与聚类分析 [J]. 植物遗传资源学报，9 (4)：492-495.
金黎平，屈冬玉，等，2002. 马铃薯优良品种及丰产栽培技术 [M]. 北京：中国劳动社会保障出版社.
金善宝，1962. 中国小麦品种志 [M]. 北京：农业出版社.
金善宝，1991. 中国农业百科全书・农作物卷 [M]. 北京：农业出版社.
黎裕，王雅如，贾继增，等，1998. 利用 RAPD 标记鉴定谷子基因型和遗传关系 [M] //高粱谷子黍稷优异资源. 北京：中国农业出版社.
李国营，朱志华，李为喜，2008. 谷子（*Setaria italica*）分子遗传研究进展 [J]. 植物遗传资源学报，9 (4)：556-560.
李杰勤，王丽华，詹秋文，2007. 应用 RAPD 标记对高粱属两物种之间遗传差异的研究（简报）[J]. 草业学报，16 (5)：3-5.
李荫梅，等，1997. 谷子育种学 [M]. 北京：中国农业出版社.
林汝法，柴岩，廖琴，等，2002. 中国小杂粮 [M]. 北京：中国农业科技出版社.
刘长友，程须珍，王素华，等，2006. 中国绿豆种质资源遗传多样性研究 [J]. 植物遗传资源学报，7 (4)：459-462.
刘长友，田静，范保杰，2009. 河北省小豆种质资源遗传多样性分析 [J]. 植物遗传资源学报，10 (1)：73276.
刘喜才，张丽娟，等，2006. 马铃薯种质资源描述规范和数据标准 [M]. 北京：中国农业出版社.
刘喜才，张丽娟，等，2007. 马铃薯种质资源研究现状与发展对策 [J]. 中国马铃薯，21 (1)：39-41.
刘欣，李庆伟，2000. 不同经济类型高粱的 RAPD 分析 [J]. 生物学杂志，第 1 期.
刘志斋，2008. 中国玉米地方品种的多样性研究与种族划分 [D]. 重庆：西南大学博士论文.
龙静宜，林黎奋，侯修身，等，1989. 食用豆类作物 [M]. 北京：科学出版社.
卢庆善，1999. 高粱学 [M]. 北京：中国农业出版社.
陆平，2006. 谷子种质资源描述规范和数据标准 [M]. 北京：中国农业出版社.
内蒙古农业科学院，1986. 中国荞麦品种资源目录（第一辑）[R]. 内部发行.
裴淑华，卢庆善，王伯伦，1999. 辽宁省农作物品种志 [M]. 沈阳：辽宁科技出版社.
齐永文，等，2006. 中国水稻选育品种遗传多样性及其近 50 年变化趋势 [J]. 科学通报，51 (6)：693-699.
乔魁多，1980. 中国高粱品种志（上册）[M]. 北京：农业出版社.
乔魁多，1983. 中国高粱品种志（下册）[M]. 北京：农业出版社.

乔魁多，1984. 中国高粱品种资源目录 [M]. 北京：农业出版社.
乔魁多，1988. 中国高粱栽培学 [M]. 北京：农业出版社.
乔魁多，1992. 中国高粱品种资源目录 1982—1989（续编）[M]. 北京：农业出版社.
全国农业技术推广服务中心，2005. 全国农作物审定品种名录 [M]. 北京：中国农业科学出版社.
全国燕麦品种资源协作组，1985. 中国燕麦品种资源目录（第一册）[R]. 内部印刷.
石云素，2008. 玉米重要自交系遗传多样性分析及产量相关性状 QTL 研究 [D]. 北京：中国农业科学院.
石云素，黎裕，王天宇，等，2006. 玉米种质资源描述规范和数据标准. 北京：中国农业出版社.
束爱萍，2006. 不同地理来源粳稻品种遗传多样性分析 [D]. 福州：福建农林大学.
孙立军，2001. 中国大麦遗传资源和优异种质 [M]. 北京：中国农业科技出版社.
陶宛鑫，濮绍京，金文林，等，2007. 野生小豆种质资源植株形态性状多样性分析 [J]. 植物遗传资源学报，8（2）：174-178.
王佩芝，韩粉霞，刘京宝，等，2001. 豇豆优异种质综合评价. 植物遗传资源学报 [J]. 2（4）：34-37，41.
王佩芝，李锡香，2005. 豇豆种质资源描述规范和数据标准 [M]. 北京：中国农业出版社.
王述民，2006. 普通菜豆种质资源描述规范和数据标准 [M]. 北京：中国农业出版社.
王述民，曹永生，R J Redden，等，2002. 我国小豆种质资源形态多样性鉴定与分类研究 [J]. 作物学报，28（6）：727-733.
王述民，谭富娟，胡家蓬，2002. 小豆种质资源同工酶遗传多样性分析与评价 [J]. 中国农业科学，35（11）：1311-1318.
王星玉，1996. 中国黍稷 [M]. 北京：中国农业出版社.
王星玉，王纶，等，2006. 黍稷种质资源描述规范和数据标准 [M]. 北京：中国农业出版社.
王志民，王润奇，刘春吉，等，1993. 谷子 RFLP 研究及基因组 DNA 文库的构建 [J]. 中国农业科学，26（4）：86-87.
魏仰浩，1994. 黍 [M] //中国作物遗传资源. 北京：中国农业出版社.
熊振民，蔡洪法，1992. 中国水稻 [M]. 北京：中国农业科技出版社.
徐宁，程须珍，王丽侠，等，2009. 用于中国小豆种质资源遗传多样性分析 SSR 分子标记筛选及应用 [J]. 作物学报，35（2）：219-227.
徐雁红，关建平，宗绪晓，2007. 豇豆种质资源 SSR 标记遗传多样性分析 [J]. 作物学报，33（7）：1206-1209.
杨海鹏，孙泽民，等，1989. 中国燕麦 [M]. 北京：农业出版社.
杨天育，窦全文，沈裕虎，等，2003. 应用 RAPD 标记研究不同生态区谷子品种的遗传差异 [J]. 西北植物学报，23（5）：765-770.
叶茵，2003. 中国蚕豆学 [M]. 北京：中国农业出版社.
应存山，1993. 中国稻种资源 [M]. 北京：中国农业出版社.
俞履圻，钱永文，蒋荷，等，1996. 中国栽培稻种分类研究 [M] //中国栽培稻种分类. 北京：中国农业出版社.
张赤红，张京，2008. 大麦品种资源遗传多样性的 SSR 标记评价 [M]. 麦类作物学报，28（2）：214-219.
张恩来，张宗文，2009. 应用 SSR 标记分析燕麦核心种质遗传多样性 [D]. 北京：中国农业科学院.
张京，曹永生，1999. 我国大麦基因库的群体结构和表型多样性研究 [J]. 中国农业科学，32（4）：20-26.
张京，刘旭，2006. 大麦种质资源描述规范和数据标准 [M]. 北京：中国农业出版社.
张晓艳，2007. 中国普通菜豆种质资源基因源分析与遗传多样性研究 [D]. 北京：中国农业科学院.
张晓艳，王述民，等，2007. 中国普通菜豆形态性状分析及分类 [J]. 植物遗传资源学报，8（4）406-410.

张媛媛，2005. 中国不同地理来源的籼稻地方品种遗传多样性分析［D］. 北京：中国农业科学院.

张允刚，房伯平，等，2006. 甘薯种质资源描述规范和数据标准［M］. 北京：中国农业出版社.

张宗文，林汝法，2006. 荞麦种质资源描述规范和数据标准［M］. 北京：中国农业出版社.

赵丽娟，2006. 荞麦种质资源遗传多样性分析［D］. 北京：中国农业科学院.

赵丽娟，张宗文，2009. 用 ISSR 标记分析甜荞栽培品种的遗传多样性［J］. 安徽农业科学，37（7）：2878-2882.

赵香娜，2008. 国内外甜高粱品种资源遗传多样性研究［D］. 北京：中国农业科学院.

浙江农业科学院，青海农林科学院，1989. 中国大麦品种志［M］. 北京：农业出版社.

郑殿升，王晓鸣，张京，2006. 燕麦种质资源描述规范和数据标准［M］. 北京：中国农业出版社.

郑卓杰，1995. 中国食用豆类学［M］. 北京：中国农业出版社.

中国农学会遗传资源学会，1994. 中国作物遗传资源［M］. 北京：中国农业出版社.

中国农业年鉴编辑委员会，2007. 中国农业年鉴［M］. 北京：中国农业出版社.

中国农业科学院，1986. 中国稻作学［M］. 北京：农业出版社.

中国农业科学院品种资源研究所，山东省农业科学院玉米研究所，1988. 全国玉米种质资源目录［M］. 北京：农业出版社.

中国农业科学院品种资源研究所，山东省农业科学院玉米研究所，1990. 全国玉米种质资源目录（第二集）［M］. 北京：农业出版社.

中国农业科学院品种资源研究所，山东省农业科学院玉米研究所，1996. 全国玉米种质资源目录（第三集）［M］. 北京：中国农业出版社.

中国农业科学院作物品种资源研究所，1980. 全国小麦品种资源目录［M］. 北京：农业出版社.

中国农业科学院作物品种资源研究所，1989. 中国小麦品种资源目录（1976—1986）［M］. 北京：农业出版社.

中国农业科学院作物品种资源研究所，1992. 中国稻种资源目录（地方稻种）：第二分册［M］. 北京：农业出版社.

中国农业科学院作物品种资源研究所，1992. 中国稻种资源目录（地方稻种）：第一分册［M］. 北京：农业出版社.

中国农业科学院作物品种资源研究所，1992. 中国稻种资源目录（上）［M］. 北京：农业出版社.

中国农业科学院作物品种资源研究所，1992. 中国稻种资源目录（下）［M］. 北京：农业出版社.

中国农业科学院作物品种资源研究所，1996. 中国稻种资源目录［M］. 北京：中国农业出版社.

中国农业科学院作物品种资源研究所，1996. 中国荞麦遗传资源目录（第二辑）［M］. 北京：中国农业出版社.

中国农业科学院作物品种资源研究所，1996. 中国燕麦品种资源目录（第二册）［M］. 北京：中国农业出版社.

中国农业科学院作物品种资源研究所，1998. 全国高粱品种资源目录（1991—1995）［M］. 北京：中国农业出版社.

中国农业科学院作物品种资源研究所，2000. 全国高粱品种资源目录（1996—2000）［M］. 北京：中国农业出版社.

周长久，等，1995. 现代蔬菜育种学［M］. 北京：中国科技文献出版社.

朱睦远，黄培忠，1999. 大麦育种与生物工程［M］. 上海：上海科学技术出版社.

宗绪晓，D Vaughan，A Kaga，等，2003. AFLP 分析小豆种（*Vigna angularis*）内遗传多样性［J］. 作物学报，29（4）：262-268.

宗绪晓，Rebecca Ford，Robert R Redden，等，2009. 豌豆属（*Pisum*）SSR 标记遗传多样性结构鉴别与

分析 [J]. 中国农业科学，42 (1)：36－46.

宗绪晓，包世英，关建平，等，2006. 蚕豆种质资源描述规范和数据标准 [M]. 北京：中国农业出版社.

宗绪晓，关建平，王述民，等，2008. 中国豌豆地方品种 SSR 标记遗传多样性分析 [J]. 作物学报，34 (8)：1330－1338.

宗绪晓，王志刚，关建平，等，2005. 豌豆种质资源描述规范和数据标准 [M]. 北京：中国农业出版社.

Fukunaga K，Wang Z M，Kawase M，2002. Geographical variation of nuclear genome RFLPs and genetic differentiation in foxtail millet. *Setaria italica* (L.) P. Beauv [J]. Genet Res Crop Evol，49：95－101.

Gepts P，et al，1988. Dissemination pathways of common bean deduced from phaseolin electrophoretic variability I. the Americas [J]. Econ. Bot，42：73－85.

Li Y，Jia J Z，Wang Y R，et al，1998. Intranspecific and interspecific variation in *Setaria* revealed by RAPD analysis [J]. Genet Res Crop Evol，45：279－285.

Smartt J，1990. Grain Legumes：Evaluation and Genetic Resources [M]. Cambridge：Cambridge University Press.

Wang R，Yu Y，Zhao J，et al，2008. Population structure and linkage disequilibrium of a mini core set of maize inbred lines in China [J]. Theor Appl Genet，117：1141－1153.

Xiaoyan Zhang，Matthew W. Blair，Shumin Wang，2008. Genetic diversity of Chinese common bean (*Phaseolus vulgaris* L.) landraces assessed with simple sequence repeat markers [J]. Theory Applied Genetics，1117：629－640.

Xuxiao Zong，Xiuju Liu，Jianping Guan，et al，2009. Molecular variation among Chinese and global winter faba bean germplasm [J]. Theor Appl Genet，118：971－978.

Xuxiao Zong，Robert J. Redden，Qingchang Liu，et al，2009. Analysis of a diverse global *Pisum* sp. collection and comparison to a Chinese local *P. sativum* collection with microsatellite markers [J]. Theor Appl Genet，118：193－204.

Yu Y，Wang R，Shi Y，et al，2007. Genetic diversity and structure of the core collection for maize inbred lines in China [J]. Maydica，52：181－194.

第十九章

经济作物多样性

中国经济作物包括油料作物、纤维作物、糖料作物、嗜好作物及特用作物。

油料作物有大豆、油菜、花生、芝麻、向日葵、蓖麻、红花、小葵子、苏子、油棕、油茶、油桐、油渣果、椰子、文冠果、蓝花子等。

纤维作物有棉花、木棉、苎麻、红麻、黄麻、亚麻、大麻、青麻、罗布麻、剑麻、蕉麻、棕榈、构树、芦苇、荻等。

糖料作物有甘蔗、甜菜、甜叶菊、糖棕、甜高粱等。

嗜好作物有烟草、茶、咖啡、可可、可拉等。

特用作物还可细分为香料作物如留兰香、薰衣草、罗勒、啤酒花、丁香、香茅、依兰香，佐料作物如胡椒、花椒、八角茴香、肉桂，染料作物如紫草、蓼蓝、菘蓝、马蓝、木蓝、茜草，产胶作物如橡胶、银胶菊、橡胶草、杜仲，编织作物如香蒲、灯芯草、蒲草，还有养蚕用的桑树，制漆用的漆树，做皂用的皂荚和肥皂荚等。

中国经济作物多样性，可以从中国经济作物的物种多样性（包括栽培种和野生近缘种）和遗传多样性两个方面加以叙述。本章将“经济作物物种多样性”单列一节，以物种列表形式加以说明；将“经济作物遗传多样性”作为一节，分别以主要经济作物重要物种为例加以叙述。

第一节　经济作物物种多样性

中国经济作物种类有 71 种（其中与其他作物大类间重复的有 9 种），共 666 个物种，按 Engler 植物分类系统，它们隶属于被子植物门，包括 41 科、85 属，其中栽培种 111 个，野生近缘种 555 个，详见表 19－1 和表 19－2。

表 19－1　中国经济作物科、属、种统计表

作物类型	作物种类	科	属	种		
				栽培种	野生近缘种	合　计
油料作物	16	10	28	22	87	109
纤维作物	15	12	15	24	118	142

（续）

作物类型	作物种类	科	属	种		
				栽培种	野生近缘种	合　计
糖料作物	5	4	8	8	26	34
嗜好作物	5	4	5	13	62	75
特用作物	30	25	29	44	262	306
合　计	71	41（去重复）	85（去重复）	111	555（不含高粱属）	666

第二节　主要经济作物的遗传多样性

中国经济作物的物种很多，本节仅对大豆、棉花、油菜、花生、芝麻、苎麻、黄麻、红麻、亚麻、大麻、甘蔗、甜菜、烟草、茶树、桑树等作物的重要物种遗传多样性进行叙述。

一、大豆

大豆［*Glycine max*（L.）Merr.］起源于中国，栽培历史悠久，因此遗传多样性十分丰富。

（一）类型多样性

1. 春豆、夏豆和秋豆　中国地域广阔，栽培制度多样，在不同栽培区域有其相适应的大豆栽培类型，因而形成了春季种植的春大豆、越冬作物收获后种植的夏大豆、南方早稻收获后种植的秋大豆。春豆又分北方春大豆、黄淮春大豆、长江春大豆和南方春大豆。北方春大豆为一年一熟，5 月初播种，9 月底前后收获，对光照反应不敏感。黄淮春大豆 4 月下旬播种，8 月下旬至 9 月上旬收获，是冬小麦优良前茬，大豆收后有充足的时间整地，但黄淮春大豆已较少种植。长江春大豆 4 月初播种，7 月上、中旬收获，光照反应比北方春大豆略敏感。南方春大豆 2 月底 3 月初播种，6 月上、中旬收获。也有将长江春大豆和南方春大豆合称南方春大豆的。夏大豆分为黄淮夏大豆和长江（南方）夏大豆。黄淮夏大豆在冬小麦收后于 6 月上、中旬播种，晚播的则推迟到 6 月下旬。黄淮夏大豆要在冬小麦播种前收获，全生育期 95～110 d，南部长，北部短。黄淮夏大豆生长正处于雨热同季，生长良好。长江夏大豆于油菜、小麦收后 5 月下旬至 6 月中旬播种，10 月中、下旬收获，对光照反应较敏感。秋大豆实际生育日数 100 d 左右，但在光照反应上是最敏感的大豆类型。

2. 黄豆、青豆、黑豆和茶豆　大豆种皮颜色有黄色、绿色、黑色和褐色，还有在黄、绿、褐色种皮上散布有黑色或褐色条纹或斑块，称为双色豆。黄豆又有淡黄、白黄、浓黄、暗黄之分，东北的大豆多浓黄色，南方大豆多白黄色。青豆种皮有淡绿、绿和暗绿之分，青皮黄子叶大豆种皮为淡绿色或绿色，青皮青子叶大豆种皮为绿色或暗绿色。褐豆有淡褐、褐、深褐和紫红色，双色豆有虎斑和鞍挂两类，虎斑是褐色种皮上有黑色条纹，如老虎的条纹；鞍挂是黄、绿、褐色种皮上脐的两侧各有一块马鞍状的斑块，故称鞍挂豆。大豆的种皮色是区分品种的重要特征，和利用也有一定关系。

表 19-2　中国经济作物物种多样性

序号	作物名称	科	属	栽培种	野生近缘种
1	大豆	豆科	大豆属	大豆	*Soja* 亚属
		Leguminosae	*Glycine* L.	*G. max*（L.）Merr.	*G. soja* Sieb. & Zucc.
					Glycine 亚属
					G. albicans Tind. & Craven
					G. aphyonota B. Pfeil
					G. arenaria Tind.
					G. argyrea Tind.
					G. canescens F. J. Herm.
					G. clandestina Wendl.
					G. curvata Tind.
					G. cyrtoloba Tind.
					G. dolichocarpa Tataishi & Ohashi
					G. falcata Benth.
					G. hirticaulis Tind. & Craven
					G. lactovirens Tind. & Craven
					G. latifolia（Benth.）Newell & Hymowitz
					G. latrobeana（Meissn）Benth.
					G. microphylla（Benth.）Tind.
					G. peratosa B. Pfeil & Tind.
					G. pindanica Tind. & Craven
					G. pullenii（B. Pfeil）Tind. & Craven
					G. rubiginosa Tind. & B. Pfeil
					G. stenophita B. Pfeil & Tind.
					G. tabacina（Labill.）Benth.
					G. tomentella Harata

（续）

序号	作物名称	科	属	栽培种	野生近缘种
2	油菜	十字花科 Cruciferae	芸薹属 *Brassica* L.	甘蓝型油菜 *B. napus* L. 白菜型油菜 *B. chinensis* var. *oleifera* Makino et Nemoto. 芥菜型油菜 *B. juncea* var. *gracilis* Jsen et Lee. 埃塞俄比亚芥 *Brassica carinata* Braun.	黑芥 *Brassica nigra* Koch. 白芥 *Sinapis alba* L. 野芥（新疆野生油菜）*Sinapis arvensis* L. 拟南芥 *Arabidopsis thaliana*（L.）Heynh. 紫罗兰 *Matthiola incana*（L.）R. Br. 播娘蒿 *Descurainia sophia*（L.）Webb 海甘蓝 *Crambe abyssinica* Hochst.
3	花生	豆科 Leguminosae	花生属 *Arachis* L.	*A. hypogaea* L.	**花生区组（Section Arachis）** *A. batizocoi* Krapov. & W. C. Gregory *A. benensis* Krapov. W. C. Gregory & C. E. Simpson *A. cardenasii* Krapov. & W. C. Gregory *A. correntina*（Burkart）Krapov. & W. C. Gregory *A. diogoi* Hoehne *A. duranensis* Krapov. & W. C. Gregory *A. glandulifera* Stalker *A. helodes* Martius ex Krapov. & Rigoni *A. hoehnei* Krapov. & W. C. Gregory *A. ipaensis* Krapov. & W. C. Gregory *A. kempff-mercadoi* Krapov. W. C. Gregory & C. E. Simpson *A. kuhlmannii* Krapov. & W. C. Gregory *A. monticola* Krapov. & Rigoni *A. stenosperma* Krapov. & W. C. Gregory *A. valida* Krapov. & W. C. Gregory

（续）

序号	作物名称	科	属	栽培种	野生近缘种
3	花生	豆科 Leguminosae	花生属 *Arachis* L.		*A. villosa* Benth. **大根区组（Section Caulorrhizae）** *A. pintoi* Krapov. & W. C. Gregory **直立区组（Section Erectoides）** *A. cryptopotamica* Krapov. & W. C. Gregory *A. oteroi* Krapov. & W. C. Gregory *A. paraguariensis* Chodat & Hassl *A. stenophylla* Krapov. & W. C. Gregory **围脉区组（Section Extranervosae）** *A. macedoi* Krapov. & W. C. Gregory **异型花区组（Section Heteranthae）** *A. dardani* Krapov. & W. C. Gregory *A. pusilla* Benth. **匍匐区组（Section Procumbentes）** *A. appressipila* Krapov. & W. C. Gregory *A. chiquitana* Krapov. W. C. Gregory & C. E. Simpson *A. kretschmeri* Krapov. & W. C. Gregory *A. rigonii* Krapov. & W. C. Gregory **根茎区组（Section Rhizomatosae）** *A. glabrata* Benth. **三粒籽区组（Section Triseminatae）** *A. triseminata* Krapov. & W. C. Gregory
4	芝麻	胡麻科 Pedaliaceae	芝麻属 *Sesamum* L.	芝麻 *S. indicum* L.	刚果野芝麻 *S. schinzianum* Asch. 辐射野芝麻 *S. radiatum* Schumach & Thonn. 匍匐野芝麻 *S. prostratum* Retz. 马拉巴尔芝麻 *S. malabaricum* Burm.

（续）

序号	作物名称	科	属	栽培种	野生近缘种
5	向日葵	菊科 Compositae	向日葵属 *Helianthus* L.	向日葵 *H. annuus* L.	银叶向日葵 *H. argophyllus* Torr. et Gray 黑斑向日葵 *H. atrorubentes* L. 小花葵 *H. debilis* Nutt. 簿叶向日葵 *H. decapetalus* Darl. 大向日葵 *H. giganteus* L. 美丽向日葵 *H. laetiflora* Pers. 坚杆向日葵 *H. rigidus*（Carr.）Desf. 柳叶向日葵 *H. salicifolius* A. Dietr.
6	蓖麻	大戟科 Euphorbiaceae	蓖麻属 *Ricinus*	蓖麻 *R. communis* L.	
7	红花△	菊科 Compositae	红花属 *Carthamus* L.	红花 *C. tinctorius* L. 毛红花 *C. lanatus* L.	
8	小葵子	菊科 Compositae	小葵子属 *Guizotia* L.	小葵子 *G. abyssinica* Cass.	
9	紫苏	唇形科 Labiatae	紫苏属 *Perilla* L.	紫苏（白苏、荏） *P. frutescens*（L.）Britt.	
10	油棕	棕榈科 Palmae	油棕属 *Elaeis* Jacq.	油棕 *E. guineensis* Jacq. 美洲油棕 *E. oleifera* Cortes	

（续）

序号	作物名称	科	属	栽培种	野生近缘种
11	油茶	山茶科 Theaceae	山茶属 *Camellia* L.	油茶 *C. oleifera* Abel. 浙江红山茶（红花油茶） *C. chekiang-oleosa* Hu.	大苞山茶 *C. granlhamiana* Sealy 五柱滇山茶 *C. yunnanensis* Cuhen-Stuart 越南油茶 *C. vietnamensis* Hang ex Hu. 多齿红山茶（宛田红花油茶）*C. polydonta* How et Hu. 南山茶（广宁油茶）*C. semiserrata* Chi. 香港红山茶 *C. honkongensis* Seem. 山油茶 *C. gaudichaudii*（Gagnep）Sealy 落瓣油茶 *C. kissi* Wall. 大油茶（梨茶）*C. latilimba* Hu.
12	油桐	大戟科 Euphorbiaceae	油桐属 *Vernicia* Lour.	油桐 *V. fordii*（Hemsl.）Airy Shaw	
13	油渣果	葫芦科 Cucurbitaceae	油渣果属 *Hodgsonia* Hook. f. et Thoms.	油渣果 *H. macrocarpa*（BL.）Cogn.	
14	椰子△	棕榈科 Palmae	椰子属 *Cocos* L.	椰子 *C. nucifera* L.	
15	文冠果△	无患子科 Sapindaceae	文冠果属 *Xanthoceras* Bunge	文冠果 *X. sorbifolia* Bunge	
16	蓝花子	十字花科 Cruciferae	萝卜属 *Raphanus* L.	蓝花子（油萝卜） *R. sativus* L. var. *oleifera* Makino	野萝卜 *R. raphanistrum* L.

（续）

序号	作物名称	科	属	栽培种	野生近缘种
17	棉花	锦葵科 Malvaceae	棉属 *Gossypium* L.	草棉 *G. herbaceum* L. 亚洲棉 *G. arboreum* L. 陆地棉 *G. hirsutum* L. 海岛棉 *G. barbadense* L.	南岱华棉 *G. nandewarense*（Der.）Fryx. 亚雷西棉 *G. areysianum*（Befl.）Hutch. 斯特提棉 *G. sturtianum* Willis. 灰白棉 *G. incanum*（Schwartz.）Hillc. 鲁滨逊氏棉 *G. robinsonii* Muell. 索马里棉 *G. somalense*（Gurke.）Hutch. 澳洲棉 *G. australe* Muell. 斯托克斯氏棉 *G. stocksii* Mast. &Hook. 纳尔逊式棉 *G. nelsonii* Fryx. 长萼棉 *G. longicalyx* Hutch. & Lee. 比克氏棉 *G. bickii* Prokh. 三叶棉 *G. triphyllum*（Harv. -Sand.）Hochr. 瑟伯氏棉 *G. thurberi* Tod. 毛棉 *G. tomentosum* Nutt. & Seem. 三裂棉 *G. trilobum*（DC.）Skov. 黄褐棉 *G. mustelinum* Watt. 戴维逊氏棉 *G. davidsonii* Kell. 达尔文氏棉 *G. darwinii* Watt. 克劳茨基棉 *G. klotzschianum* Anderss. 辣根棉 *G. armourianum* Kearn. 松散棉 *G. laxum* Phill. 哈克尼西棉 *G. harknessii* Brandg. 雷蒙德氏棉 *G. raimondii* Ulbr.

（续）

序号	作物名称	科	属	栽培种	野生近缘种
17	棉花	锦葵科 Malvaceae	棉属 *Gossypium* L.		特纳氏棉 *G. turneri* Fryx. 异常棉 *G. anomalum* Wawr. & Peyr. 拟似棉 *G. gossypioides*（Ulbr.）Standl. 绿顶棉 *G. capitis-viridis* Mauer. 旱地棉 *G. aridum*（Rose. & Stand.）Skov. 裂片棉 *G. lobatum* Gentry.
18	木棉	木棉科 Bombacaeae	木棉属 *Bombax* L.	木棉 *B. malabaricum* DC. Merr.	长果木棉 *B. insigne* Wall.
19	苎麻	荨麻科 Urticaceae	苎麻属 *Boehmeria* Jacq.	苎麻 *B. nivea*（L.）Gaudich.	腋球苎麻 *B. malabarica* Wedd. 光叶苎麻 *B. leiophylla* W. T. Wang 长圆苎麻 *B. oblongifolia* W. T. Wang 帚序苎麻 *B. zollingeriana* Wedd. 黔桂苎麻 *B. blinii* Levl. 白面苎麻 *B. clidemioides* Miq. 阴地苎麻 *B. umbrosa*（Hand. -Mazz.）W. T. Wang 滇黔苎麻 *B. pseudotricuspis* W. T. Wang 双尖苎麻 *B. bicuspis* C. T. Chen 水苎麻 *B. macrophylla* Hornem. 疏毛水苎麻 *B. pilosiuscula*（Bl.）Hassk. 越南苎麻 *B. tonkinensis* Gagnep. 琼海苎麻 *B. lohuiensis* Chien 海岛苎麻 *B. formosana* Hayata 细序苎麻 *B. hamiltoniana* Wedd. 密毛苎麻 *B. tomentosa* Wedd. 伏毛苎麻 *B. strigosifolia* W. T. Wang 长序苎麻 *B. dolichostachya* W. T. Wang

（续）

序号	作物名称	科	属	栽培种	野生近缘种
19	苎麻	荨麻科 Urticaceae	苎麻属 *Boehmeria* Jacq.		大叶苎麻 *B. longispica* Steud. 悬铃叶苎麻 *B. tricuspis*（Hance）Makino 密球苎麻 *B. densiglomerata* W. T. Wang 细野麻 *B. gracilis* C. H. Wright 赤麻 *B. silvestrii*（Pamp.）W. T. Wang 小赤麻 *B. spicata*（Thunb.）Thunb. 异叶苎麻 *B. allophylla* W. T. Wang 歧序苎麻 *B. polystachya* Wedd. 西藏苎麻 *B. tibetica* C. J. Chen 束序苎麻 *B. siamensis* Craib 盈江苎麻 *B. ingjiangensis* W. T. Wang 长叶苎麻 *B. penduliflorae* Wedd. ex Long
20	红麻	锦葵科 Malvaceae	木槿属 *Hibiscus* L.	红麻 *H. cannabinus* L.	玫瑰茄 *H. sabdariffa* Linn. 辐射刺芙蓉 *H. radiatus* Cav. 红叶木槿 *H. acetosella* Welw. ex Hiern 柠檬黄木槿 *H. calyphullus* Cav. 刺芙蓉 *H. surattensis* L. 沼泽木槿 *H. ludwigii* Eckl. & Zeyh. 野西瓜苗 *H. trionum* L. *H. bifurcatus* Cav. *H. costatus* A. Rich *H. furcellatus* Desr. *H. vitifolius* L. *H. lunarifolius* Willd. *H. diversifolius* Jacq.

（续）

序号	作物名称	科	属	栽培种	野生近缘种
21	黄麻	椴树科 Tiliaceae	黄麻属 *Corchorus* L.	长果种 *C. olitorius* L. 圆果种 *C. capsularis* L.	假黄麻 *C. aestuans* L. 桠果黄麻 *C. axillaris* Tsen et Lee. 三室种 *C. trilocularis* L. 短茎黄麻 *C. brebicaulis* Hosokama 棱状种 *C. fascicularis* L. 荨麻叶种 *C. urticifolius* Wight & Amold 三齿种 *C. tridens* L. 假长果种 *C. pseudo-olitorius* Islam & Zaid 假圆果种 *C. pseudo-capsularis* Schweinf 短角种 *C. brevicornutus* Vollesen 木荷包种 *C. schimperi* Cufod
22	亚麻	亚麻科 Linaceae	亚麻属 *Linum* L.	栽培亚麻 *L. usitatissimum* L.	长萼亚麻 *L. corymbulosum* Reichb. 野亚麻 *L. stelleroides* Planch. 异萼亚麻 *L. heterosepalum* Regel. 宿根亚麻 *L. perenne* L. 黑水亚麻 *L. amurense* Alef. 垂果亚麻 *L. nutans* Maxim. 短柱亚麻 *L. pallescens* Bunge. 阿尔泰亚麻 *L. altaicum* Ledep. 窄叶亚麻 *L. angustifolium* Huds. 大花亚麻（红花亚麻）*L. grandiflorum* Desf. 冬亚麻 *L. bienne* Mill. 奥地利亚麻 *L. austriacum* L. 金黄亚麻 *L. flavum* L.
23	大麻	大麻科 Cannabinaceae	大麻属 *Cannabis* L.	大麻 *C. sativa* L.	

（续）

序号	作物名称	科	属	栽培种	野生近缘种
24	青麻	锦葵科 Malvaceae	苘麻属 *Abutilon* Miller	青麻 *A. theophrasti* Medicus	泡果苘 *A. crispum*（Linn.）Medicus 红花苘麻 *A. roseum* Hand. -Mazz. 华苘麻 *A. sinense* Oliv. 滇西苘麻 *A. gebauerianum* Hand. -Mazz. 金铃花 *A. striatum* Dickson. 圆锥苘麻 *A. paniculatum* Hand. -Mazz. 恶味苘麻 *A. hirtum*（Lamk.）Sweet 磨盘草 *A. indicum*（Linn.）Sweet
25	罗布麻	夹竹桃科 Apocynaceae	罗布麻属 *Apocynum* L.	罗布麻 *A. venetum* L.	白麻 *A. pictum* Schrenk
26	剑麻	龙舌兰科 Agaraceae	龙舌兰属 *Agave* L.	剑麻 *A. sisalana* Perr. ex Engelm 短叶龙舌兰 *A. angustifolia* Haw. 宽叶龙舌兰 *A. americana* L. 马盖麻 *A. cantula* Roxb. 灰叶剑麻 *A. fourcroides* Lem.	
27	蕉麻	芭蕉科 Musaceae	芭蕉属 *Musa* L.	蕉麻 *M. textilis* Nee	红蕉 *M. coccinea* Andr. 阿希蕉 *M. rubra* Wall. 芭蕉 *M. basjoo* Sieb. et Zucc. 阿芭蕉 *M. itinerans* Cheesm. 树头芭蕉 *M. wilsonii* Tutch.

（续）

序号	作物名称	科	属	栽培种	野生近缘种
28	棕榈	棕榈科 Palmae	棕榈属 *Trachycarpus* H. Wendland	棕榈 *T. fortunei*（Hook.）Wendland	丛簇棕榈 *T. caespitosus* Roster 山棕榈 *T. martianus*（Wallich）Wendland 龙棕 *T. nanus* Beccari 塔基棕榈 *T. takil* Beccari 瓦氏棕榈 *T. wagnerianus* Roster
29	构树	桑科 Moraceae	构树属 *Broussonetia* L'Hert. ex Vent.	构树 *B. papyrifera*（L.）L'Hert. ex Vent.	楮 *B. kazinoki* Sieb. 藤构 *B. kaempferi* Sieb. 落叶花桑 *B. kurzii*（Hook. f.）Corner
30	芦苇	禾本科 Gramineae	芦苇属 *Phragmites* Adans.	普通芦苇 *P. communis* Trin. 卡开芦 *P. karka*（Retz.）Trin. ex Stend.	
31	荻	禾本科 Gramineae	芒属 *Miscanthus* L.	荻 *M. saccharifleus*（Maxim.） Benth. et Hook. f.	
32	甘蔗	禾本科 Gramineae	甘蔗属 *Saccharum* L.	热带种 *S. officinarum* L. 中国种 *S. sinense* Roxb. 印度种 *S. barberi* Jeswi. 食穗种 *S. edule* Hassk.	**甘蔗属 *Saccharum* L.** 细茎野生种（割手密）*S. spontaneum* L. 大茎野生种 *S. robustum* Brandes et Jeswiet **芒属 *Miscanthus* Anderss** 五节芒 *M. floridulus* Warb. 芒 *M. sinensis* Anderss 紫芒 *M. purpurascens* Anderss 川芒 *M. saechuanensis* Keng 黄金芒 *M. flaviduss* Honda

（续）

序号	作物名称	科	属	栽培种	野生近缘种
32	甘蔗	禾本科 Gramineae	甘蔗属 *Saccharum* L.		**蔗茅属 *Erianthus* Michx.** 沙生蔗茅 *E. ravennae* L. 毛叶蔗茅 *E. trichophyllus* H. 滇蔗茅 *E. rockii* K. 蔗茅 *E. rufipilus* G. 台蔗茅 *E. formosanus* Stapf. 斑茅 *E. arundinaceum* Retz. **河八王属 *Narenga* Bor** 河八王 *N. porphyrocoma*（Hance）Bor 金猫尾 *N. fallax*（Balansa）Bor
33	甜菜	藜科 Chenopodiaceae	甜菜属 *Beta* L.	普通甜菜 *Beta vulgaris* L.	大果甜菜 *B. macrocapa* Gussone 岔根甜菜 *B. patula* Aiton. 白花甜菜 *B. corolliflora* Zoss. 花边果甜菜 *B. lomatogona* Fisch et Me Yer 大根甜菜 *B. macrorhiza* Steven 三蕊甜菜 *B. trigyna* Wald. et Kit. 中间型甜菜 *B. intermedia* Bunge. 矮生甜菜 *B. nana* Boiss. et Heldreich 碗状花甜菜 *B. patellaris* Moquin 平伏甜菜 *B. procumbens* Chr. Smith 维比纳甜菜 *B. webbiana* Moquin
34	甜叶菊	菊科 Compositae	甜叶菊属 *Stevia* Car.	甜叶菊 *S. rebaudiana*（Bertoni）Hemsl.	
35	糖棕	棕榈科 Palmae	糖棕属 *Borassus* Linn.	糖棕 *B. flabellifer* L.	

（续）

序号	作物名称	科	属	栽培种	野生近缘种
36	甜高粱△	禾本科 Gramineae	高粱属 *Sorghum* Moench	甜高粱 *S. saccharatum*（L.）Moench	同附录 3 中高粱属（序号 485）
37	烟草	茄科 Solanaceae	烟草属 *Nicotiana* L.	普通烟草（红花烟草） *N. tabacum* L. 黄花烟草 *N. rustica* L.	粉蓝烟草 *N. glauca* Graham 贝纳未特氏烟草 *N. benavidesii* Goodspeed 绒毛状烟草 *N. tomentosiformis* Goodspeed 粘烟草 *N. glutinosa* L. 美花烟草 *N. sylvestris* Spegazzini & Comes 浅波烟草 *N. repanda* Willdenow ex Lehmann 内索菲拉烟草 *N. nesophila* Johnston 裸茎烟草 *N. nudicaulis* Watson 卡瓦卡米氏烟草 *N. kawakamii* Y. Ohashi 长花烟草 *N. longiflora* Cavanilles 哥西氏烟草 *N. gossei* Domin 博内里烟草 *N. bonariensis* Lehmann 渐尖叶烟草 *N. acuminate* Graham Hooker 古德斯皮德氏烟草 *N. goodspeedii* Wheeler 奈特氏烟草 *N. knightiana* Goodspeed 毕基劳氏烟草 *N. bigelovii*（Torrey）Watson 赛特氏烟草 *N. setchellii* Goodspeed 圆锥烟草 *N. paniculata* L. 绒毛烟草 *N. tomentosa* Ruiz & Pavon 耳状烟草 *N. otophora* Grisebach 波叶烟草 *N. undulata* Ruiz & Pavon 狭叶烟草 *N. linearis* Thilitti 夜花烟草 *N. noctiflora* Hooker 斯托克通氏烟草 *N. stocktonii* Brandegee 克利夫兰氏烟草 *N. clevelandii* Gray

（续）

序号	作物名称	科	属	栽培种	野生近缘种
37	烟草	茄科 *Solanaceae*	烟草属 *Nicotiana* L.		迪勃纳氏烟草 *N. debneyi* Domin 花烟草 *N. alata* Link & Otto 蓝茉莉叶烟草 *N. plumbaginifolia* Viviani 香甜烟草 *N. suaveolens* Lehmann 非洲烟草 *N. africana* Merxmuller 颤毛烟草 *N. velutina* Wheeler 稀少烟草 *N. exigua* Wheeler 矮牵牛状烟草 *N. petunioides*（Grisebach）Millan 因古儿巴烟草 *N. ingulba* J. M. Black
38	茶	山茶科 Theaceae	山茶属 *Camellia* L.	多脉茶 *C. polyneura* Chang et Tang 防城茶 *C. fangchengensis* Liang et Zhong 阿萨姆（普洱茶） *C. assamica*（Mast）Chang 茶 *C. sinensis*（L.）O. Ktze	广西茶 *C. kwangsiensis* Chang 大苞茶 *C. grandibracteata* Chang et Yu 广南茶 *C. kwangnanica* Chang et Chen 五室茶 *C. quinguetocularis* Chang et Liang 大厂茶 *C. tachangensis* Zhang 四球茶 *C. tetracocca* Chang 厚轴茶 *C. crassicolumna* Chang 五柱茶 *C. pentastyla* Chang 老黑茶 *C. atrothea* Chang et Wang 大理茶 *C. taliensis* Melchior 滇缅茶 *C. irrawadiensis* Barua 圆基茶 *C. rotundata* Chang et Tang 皱叶茶 *C. crispula* Chang 马关茶 *C. makuanica* Chang et Tang 哈尼茶 *C. haaniensis* Chang et Wang 多瓣茶 *C. multiplex* Chang et Tang 膜叶茶 *C. leptohylla* Liang 德宏茶 *C. dehungensis* Chang et Chen

（续）

序号	作物名称	科	属	栽培种	野生近缘种
38	茶	山茶科 Theaceae	山茶属 *Camellia* L.		秃房茶 C. *gymnogyna* Chang 突肋茶 C. *costata* Hu et Liang 拟细萼茶 C. *parvisepaloides* Chang et Wang 榕江茶 C. *yungkiangensis* Chang 狭叶茶 C. *angustifolia* Chang 紫果茶 C. *purpurea* Chang et Chen 毛叶茶 C. *ptilophylla* Chang 多萼茶 C. *multisepala* Chang et Tang 细萼茶 C. *parvisepala* Chang 毛肋茶 C. *pubicosta* Merr.
39	咖啡	茜草科 Rubiaceae	咖啡属 *Coffea* L.	利比里亚种咖啡（大粒种） C. *liberica* Bull. ex Hiern 阿拉伯种咖啡（小粒种） C. *arabica* Linn. 甘弗拉种咖啡（中粒种） C. *canephora* Pierre ex Froehn. 刚果咖啡 C. *congensis* Froehn. 狭叶咖啡 C. *stenophylla* G. Don.	
40	可可	梧桐科 Sterculiaceae	可可属 *Theobroma* L.	可可 T. *cacao* L.	
41	可拉	梧桐科 Sterculiaceae	可拉属 *Cola* L.	可拉 C. *nitida*(Ventenat)Schott et Endl.	

（续）

序号	作物名称	科	属	栽培种	野生近缘种
42	桑	桑科 Moraceae	桑属 *Morus* L.	鲁桑 *M. multicaulis* Perr. 广东桑 *M. atropurpurea* Roxb. 瑞穗桑 *M. mizuho* Hotta. 白桑 *M. alba* Linn.	山桑 *M. bombycis* Koidz. 长穗桑 *M. wittiorum* Hand-Mazz. 华桑 *M. cathayana* Hensl. 黑桑 *M. nigra* linn. 长果桑 *M. laevigata* Wall. 细齿桑 *M. serrata* Roxb. 川桑 *M. notabilis* Schneid. 唐鬼桑 *M. nigriformis* Koidz. 滇桑 *M. yunnanensis* Koidz. 鸡桑 *M. australis* Poir. 蒙桑 *M. mongolica* Schneid.
43	橡胶	大戟科 Euphobiaceae	橡胶树属 *Hevea* Aubl.	巴西橡胶树 *H. brasiliensis* Muell. -Arg.	边沁橡胶树 *H. benthamiana* Muell. -Arg. 光亮橡胶树 *H. nitida* Muell. -Arg. 少花橡胶树 *H. pauciflora*（Spruce ex Benth.）Muell. -Arg. 色宝橡胶树 *H. spruceana*（Benth.）Muell. -Arg.
44	银胶菊	菊科 Compositae	银胶菊属 *Parthenium* L.	银胶菊 *P. hysterophorus* L.	灰白银胶菊 *P. argentatum* A. Gray.
45	橡胶草	菊科 Compositae	蒲公英属 *Taraxacum* F. H. Wigg.	橡胶草 *T. kok-saghyz* Rodin	
46	留兰香	唇形科 Labiatae	薄荷属 *Mentha* L.	留兰香 *M. spicata*（L.）Hudson	兴安薄荷 *M. dahurica* Fisch. ex Benth. 假薄荷 *M. asiatica* Boriss. 东北薄荷 *M. sacalinensis*（Briq.）Kudo

（续）

序号	作物名称	科	属	栽培种	野生近缘种
46	留兰香	唇形科 Labiatae	薄荷属 *Mentha* L.	薄荷 *M. canadensis* L. 辣薄荷 *M. piperita* L. 唇萼薄荷 *M. pulegium* L.	圆叶薄荷 *M. rotunfolia*（L.） Huds.
47	薰衣草	唇形科 Labiatae	薰衣草属 *Lavandula* L.	薰衣草 *L. angustifolia* Mill. 宽叶薰衣草 *L. latifolia* Vill.	
48	罗勒△ （兰香）	唇形科 Labiatae	罗勒属 *Ocimum* L.	罗勒 *O. basilicum* L. 丁香罗勒 *O. gratissimum* L. 疏柔毛罗勒 *O. pilosum* Willd.	台湾罗勒 *O. tashiroi* Hayata 圣罗勒 *O. sanctum* L.
49	丁子香	桃金娘科 Myrtaceae	蒲桃属 *Syzygium* Gaertn.	丁子香 *S. aromaticum*（L.） Merr.	
50	爪哇香茅	禾本科 Gramineae	香茅属 *Cymbopogon* Spreng	爪哇香茅 *C. wintorianus* Jowitt 锡兰香茅 *C. nardus* Rondle	
51	依兰香	番荔枝科 Annonaceae	依兰属 *Cananga*（DC.） Hook. f. et Thoms.	依兰香 *C. odorata*（Lamk.） Hook. f. et Thoms.	

（续）

序号	作物名称	科	属	栽培种	野生近缘种
52	啤酒花	大麻科 Cannabinaceae	葎草属 *Humulus* L.	啤酒花 *H. lupulus* L.	葎草（拉拉藤）*H. scandens*（Lour.）Merr. 滇葎草 *H. yunnanensis* Hu
53	杜仲△	杜仲科 Eucommiaceae	杜仲属 *Eucommia* Oliver	杜仲 *E. ulmoides* Oliver	
54	胡椒	胡椒科 Piperaceae	胡椒属 *Piper* L.	胡椒 *P. nigrum* L.	短蒟 *P. mullesua* Buch. -Ham. ex D. Don. 卵叶胡椒 *P. attnuatum* Buch. -Ham. ex Miq. 海南蒟 *P. hainaense* Hemsl. 变叶胡椒 *P. mutale* C. DC. 大叶蒟 *P. laetispicum* C. DC. 陵水胡椒 *P. lingshuiense* Y. C. Tseng 短柄胡椒 *P. stipitisorme* Chang ex. Y. C. Tseng 多脉胡椒 *P. submultinerre* C. DC. 华山蒌 *P. cathayanum* M. G. 缘毛胡椒 *P. semiimmersum* C. DC. 樟叶胡椒 *P. polysyphonum* C. DC. 荜拔 *P. longum* L. 假蒟 *P. sarmentosum* Roxb. 蒌叶 *P. betle* L. 蒟子 *P. yunnanense* Y. C. Tseng 球穗胡椒 *P. thomsonii*（C. DC.）Hook. f. 复毛胡椒 *P. bonii* C. DC. 毛蒟 *P. hongkongense*. C. DC. 小叶爬崖香 *P. sintenense* Hatusima 台湾胡椒 *P. taiwanense* Lin et Lu 粗梗胡椒（思茅胡椒）*P. macropodum* C. DC. 苎叶蒟（顶花胡椒）*P. boehmerifolium*（Miq.）C. DC. 长穗胡椒（滇南胡椒）*P. dolichostachyum* M. G.

（续）

序号	作物名称	科	属	栽培种	野生近缘种
54	胡椒	胡椒科 Piperaceae	胡椒属 *Piper* L.		角果胡椒 *P. pedicellatum* C. DC. 粗穗胡椒 *P. tsangyuanense* P. S. Chen et P. C. Zhu 华南胡椒 *P. austrosinense* Y. C. Tseng 毛山蒟 *P. wallichii*（Miq.）Hand. -Mazz. 毛叶胡椒 *P. Puberulimbum* C. DC. 山蒟 *P. hancei* Maxim. 红果胡椒 *P. rubrum* C. DC. 竹叶胡椒 *P. bambusifolium* Y. C. Tseng 线梗胡椒 *P. pleiocarpum* Chang ex Y. C. Tseng 大胡椒 *P. umbellatum* Linn.
55	花椒	芸香科 Rutaceae	花椒属 *Zanthoxylum* L.	花椒 *Z. bungeanum* Maxim. （*Z. bungei* Planch. et Linden） 香椒子 *Z. schinifolium* Sieb. et Zucc.	大花花椒 *Z. macranthum* Hand. -Mazz. 拟蚬壳花椒 *Z. laetum* Drake 花椒簕 *Z. scandens* Bl. 广西花椒 *Z. kwangsiense*（Hand. -Mazz.）Chun ex Huang 石灰山花椒 *Z. calcicola* Hunag 砚壳花椒（山椿杷）*Z. dissitum* Hemsl. 糙叶花椒 *Z. collinsae* Craib 刺壳花椒 *Z. echinocarpum* Hemsl. 狭叶花椒 *Z. stenophyllum* Hemsl. 尖叶花椒 *Z. oxyphylum* Edgew. 贵州花椒（岩椒）*Z. esquirolii* Levl. 云南花椒 *Z. yunnanense* Huang 西藏花椒 *Z. tibetanum* Huang 簕榄花椒（簕榄）*Z. avicennae*（Lam.）DC. 小花花椒 *Z. micranthum* Hemsl. 椿叶花椒 *Z. ailanthoides* Sieb. et Zucc. 大叶臭花椒 *Z. myriacanthum* Wall. ex Hook. f.

（续）

序号	作物名称	科	属	栽培种	野生近缘种
55	花椒	芸香科 Rutaceae	花椒属 *Zanthoxylum* L.		朵花椒 *Z. molle* Rehd. 青花椒 *Z. schinifolium* Sieb. et Zucc. 异叶花椒 *Z. ovalifolium* Wight 竹叶花椒 *Z. armatum* DC. 浪叶花椒 *Z. undulatifolium* Hemsl. 岭南花椒 *Z. austrosinense* Huang 川陕花椒 *Z. piasezkii* Maxim. 微毛花椒 *Z. pilosulum* Rehd. et Wils. 野花椒 *Z. simulans* Hance 梗花椒 *Z. stipitatum* Huang
56	八角 （八角茴香）	八角科 Illiclaceae	八角属 *Illicium* L.	八角 *I. verum* Hook. f.	假地枫皮（百山祖八角）*I. angustisepalum* A. C. Smith 华中八角 *I. fargesii* Finet et Gagnep. 中缅八角 *I. burmanicum* Wils. 野八角 *I. simonsii* Maxim. 大八角 *I. majus* Hook. f. et Thoms. 披针叶八角 *I. laceolatum* A. C. Smith 匙叶八角 *I. spathulatum* Wu 地枫皮 *I. difengpi* B. N. Chang 红茴香 *I. henryi* Diels 小花八角 *I. micranthum* Dunn 厚叶八角 *I. pachyphyllum* A. C. Smith 红花八角 *I. dunnianum* Tutch.
57	肉桂	樟科 Lauraceae	樟属 *Cinnamomum* Trew	肉桂 *C. cassia* Presl. 锡兰肉桂 *C. verum* Presl.	网脉桂 *C. reticulatum* Hayata 野黄桂 *C. jensenianum* Hand. -Mazz. 少花桂 *C. pauciflorum* Ness 天竺桂 *C. japonicum* Sieb.

（续）

序号	作物名称	科	属	栽培种	野生近缘种
57	肉桂	樟科 Lauraceae	樟属 *Cinnamomum* Trew		软皮桂 *C. liangii* Allen 假桂皮树 *C. tonkinense*（Lecomte） A. Chev. 阴香 *C. burmannii*（C. G. et Th. Nees） Bl. 钝叶桂 *C. bejolghota*（Buch.-Ham.） Sweet. 柴桂 *C. tamala*（Buch.-Ham.） Th. G. Fr. Nees. 刀把木 *C. pittosporoides* Hand.-Mazz. 川桂 *C. wilsonii* Gamble 大叶桂 *C. iners* Reinw. ex Bl. 华南桂 *C. austrosinense* H. T. Chang 辣汁树 *C. tsangii* Merr. 银叶桂 *C. mairei* Levl. 毛桂 *C. appelianum* Schewe 香桂 *C. subavenium* Miq.
58	樟△	樟科 Lauraceae	樟属 *Cinnamomum* Trew	樟 *C. camphora*（Linn.） Presl.	尾叶樟 *C. caudiferum* Kosterm 细毛樟 *C. tenuipilis* Kosterm 猴樟 *C. bodinieri* Levl. 岩樟 *C. saxatile* H. W. Li 米槁 *C. migao* H. W. Li 沉水樟 *C. micranthum*（Hayata） Hayata 油樟 *C. Longepaniculatum*（Gamble） N. Chao ex H. W. Li 黄樟 *C. parthenoxylon*（Jack） Meissn. 云南樟（臭樟）*C. glanduliferum*（Wall.） Meissn.
59	香蒲	香蒲科 Typhaceae	香蒲属 *Typha* L.	香蒲 *T. orientalis* Presl. 宽叶香蒲 *T. latifolia* Linn.	晋香蒲 *T. przewalskii* Skv. 无苞香蒲 *T. laxmannii* Lepech. 水烛 *T. augustifolia* Linn. 长苞香蒲 *T. angustata* Bory et Chaubard

（续）

序号	作物名称	科	属	栽培种	野生近缘种
59	香蒲	香蒲科 Typhaceae	香蒲属 *Typha* L.		达香蒲 *T. davidiana*（Kronf.）Hand.-Mazz. 小香蒲 *T. minima* Funk. 短序香蒲 *T. gracilis* Jord. 球序香蒲 *T. pallida* Pob.
60	灯芯草	灯芯草科 Juncaceae	灯芯草属 *Juncus* L.	灯芯草 *J. effusus* L.	高山灯芯草 *J. alpinus* Will. 走茎灯芯草 *J. amplifolius* A. Camus 喜马灯芯草 *J. himalensis* Klotzsch 内地灯芯草 *J. interior* Wieg. 小花灯芯草 *J. lainpocarpus* Ehrh. 江南灯芯草 *J. leschenaultii* Gay 太平洋灯芯草 *J. lescuri* W. S. Cooper 甘川灯芯草 *J. leucanthus* Royle 长白灯芯草 *J. maximowiczii* Buchen. 矮灯芯草 *J. minimus* Buchen. 分枝灯芯草 *J. modestus* Buchen. 多花灯芯草 *J. modicus* N. E. Brown 有节灯芯草 *J. nodosus* L. 锡金灯芯草 *J. sikkimensis* Hook. f. 野灯芯草 *J. setchuensis* Buchen. 单枝灯芯草 *J. potaninii* Buchen. 长柱灯芯草 *J. przewalskii* Buchen. 匐匍灯芯草 *J. repens* Michx. 刚毛灯芯草 *J. setaceus* Rostk.
61	蒲草	莎草科 Cyperaceae	蒲草属（石龙刍属） *Lepironia* L. C. Rich.	蒲草 *L. articulata*（Retz.）Domin	光果石龙刍 *L. mucronata* L. C. Rich.

（续）

序号	作物名称	科	属	栽培种	野生近缘种
62	紫草△	紫草科 Boraginaceae	紫草属 *Lithospermum* L.	紫草 *L. erythrorhizon* Sieb. et Zucc.	小花紫草 *L. officinale* Linn. 梓子草 *L. zollingeri* DC. 田紫草 *L. arvense* Linn. 云南紫草 *L. hancockianum* Oliv.
63	蓼蓝	蓼科 Polygonaceae	蓼属 *Polygonum* L.	蓼蓝 *P. tinctorium* Ait.	岩蓼 *P. cognatum* Meisn. 帚蓼 *P. argyrocoleum* Steud. ex Kunze 习见蓼 *P. plebeium* R. 圆叶蓼 *P. intramongolicum* A. J. Li 刺蓼 *P. senticosum*（Meisn. ex Miq.）Franch. et Sav. 戟叶蓼 *P. thunbergii* Sieb. et Zucc. 箭叶蓼 *P. sieboldii* Meisn 卷茎蓼 *P. convolvulus* Linn. 多穗蓼 *P. polystachyum* Wall. ex Meisn. 细茎蓼 *P. filicaule* Wall. ex Meisn. 圆穗蓼 *P. macrophyllum* D. Don 光蓼 *P. glabrum* Willd. 春蓼 *P. persicaria* Linn. 红蓼 *P. orientale* Linn. 水蓼 *P. hydropiper* Linn. 两栖蓼 *P. amphibium* Linn. 毛蓼 *P. barbatum* Linn.
64	菘蓝△	十字花科 Cruciferae	菘蓝属 *Isatis* L.	菘蓝（大青） *I. indigotica* Fort. 欧洲菘蓝 *I. tinctoria* L.	宽翅菘蓝 *I. violascens* Bunge 三肋菘蓝 *I. costata* C. A. Mey. 小果菘蓝 *I. minima* Bunge

（续）

序号	作物名称	科	属	栽培种	野生近缘种
65	马蓝	爵床科 Acanthaceae	马蓝属 *Strobilanthes* Bl.	马蓝（靛蓝） *S. cusia* O. Kuntze	云南马蓝 *S. yunnanensis* Diels 少花马蓝 *S. oliganthus* Miq. 球花马蓝 *S. pentstemonoides*（Nees）T. Anders. 三花马蓝 *S. triflorus* Y. C. Tang 四子马蓝 *S. tetraspermus*（Champ. ex Benth.）Druce 日本马蓝 *S. japonicus*（Thunb.）Miq. 曲序马蓝 *S. helictus* T. Anders. 腺毛马蓝 *S. forrestii* Diels 软叶马蓝 *S. flaccidifolius* Nees 红背马蓝 *S. dyerianus* Mast. 疏花马蓝 *S. divaricatus*（Nees）T. Auders. 环状马蓝 *S. cyclus* C. B. Clarke ex W. W. Sm. 棒果马蓝 *S. claviculatus* C. B. Clarke ex W. W. Sm. 耳叶马蓝 *S. auriculatus*（Wall.）Nees 顶头马蓝*S. affinis*（Griff.）Y. C. Tang
66	木蓝	豆科 Leguminosae	木蓝属 *Indigofera* Linn.	木蓝 *I. tinctoria* Linn.	滇木蓝 *I. delavayi* Franch. 茸毛木蓝 *I. stachyodes* Lindl. 黔南木蓝 *I. esquirolii* Levl. 苏木蓝 *I. carlesii* Craib. 庭藤 *I. decora* Lindl. 花木蓝 *I. kirilowii* Maxim. 华东木蓝 *I. fortunei* Craib. 浙江木蓝 *I. parkesii* Craib. 黑叶木蓝 *I. nigrescens* Kurz ex King et Prain 假大青叶 *I. galegoides* DC.

（续）

序号	作物名称	科	属	栽培种	野生近缘种
66	木蓝	豆科 Leguminosae	木蓝属 *Indigofera* Linn.		密果木蓝 *I. densifructa* Y. Y. Fang et C. Z. Zheng 尖叶木蓝 *I. zollingeriana* Miq. 深紫木蓝 *I. atropurpurea* Buch. Ham. ex Hornem. 苞叶木蓝 *I. bracteata* Grah. ex Baker 长梗木蓝 *I. henryi* Craib 西南木蓝 *I. monbeigii* Craib 网叶木蓝 *I. reticulata* Franch. 四川木蓝 *I. szechuensis* Craib 绢毛木蓝 *I. hancockii* Craib 岷谷木蓝 *I. lenticellata* Craib 野青树 *I. suffruticosa* Mill. 马棘 *I. pseudotinctoria* Matsum. 河北木蓝 *I. bungeana* Walp. 刺序木蓝 *I. sylvestris* Pamp. 硬毛木蓝 *I. hirsuta* L. 腺毛木蓝 *I. scabrida* Dunn. 穗序木蓝 *I. spicapa* Forsk. 三叶木蓝 *I. trifoliata* Linn. 远志木蓝 *I. squalida* Prain 单叶木蓝 *I. linifolia*（Linn. f.）Retz. 刺荚木蓝 *I. nummularifolia*（Linn.）Livera ex Alston 九叶木蓝 *I. linnaei* Ali.
67	茜草	茜草科 Rubiaceae	茜草属 *Rubia* Linn.	茜草 *R. cordifolia* Linn.	长叶茜草 *R. dolichophylla* Schrenk 对叶茜草 *R. siamensis* Craib 中国茜草 *R. chinensis* Regel et Maack

（续）

序号	作物名称	科	属	栽培种	野生近缘种
67	茜草	茜草科 Rubiaceae	茜草属 *Rubia* Linn.		大叶茜草 *R. schumanniana* Pritz. 紫参 *R. yunnanensis* Diels 黑花茜草 *R. mandersii* Coll. et Hemsl. 川滇茜草 *R. edgeworthii* Hook. 钩毛茜草 *R. oncotricha* Hand. -Mazz. 东南茜草 *R. argyi*（Levl. et Van.）Hara ex L. 厚柄茜草 *R. crassipes* Coll. et Hemsl. 卵叶茜草 *R. ovatifolia* Z. Y. Zhang 柄花茜草 *R. podantha* Siels 金剑草 *R. alata* Roxb. 梵茜草 *R. manjith* Roxb. et Flem. 金线草 *R. membranacea* Diels 多花茜草 *R. wallichiana* Decne.
68	蒲葵	棕榈科 Palmae	蒲葵属 *Livistona* R. Brown	蒲葵（扇叶葵） *L. chinensis*（Jacq.）R. Br.	澳洲蒲葵 *L. australis*（R. Brown）Martius 迷惑蒲葵 *L. decipiens* Beccari 圆叶蒲葵 *L. rotundifolia*（Lamarck）Martius 庆氏蒲葵 *L. kingiana* Becc. 美丽蒲葵 *L. speciosa* Kurz 塔汗蒲葵 *L. tahanensis* Ridley
69	漆树	漆树科 Anacardiaceae	漆属 *Toxicodendron*（Tourn.）Mill.	漆树 *T. verniciflum*（Stokes）F. A. Barkl.	绒毛漆 *T. wallichii*（Hook. f.）Kuntze 黄毛漆 *T. fulvum*（Craib）C. Y. Wu et T. L. Ming 裂果漆 *T. griffithii*（Hook. f.）Kuntze 木蜡树 *T. sylvestre*（Sieb. et Zucc.）Kuntze

（续）

序号	作物名称	科	属	栽培种	野生近缘种
69	漆树	漆树科 Anacardiaceae	漆属 *Toxicodendron* （Tourn.）Mill.		毛漆树 *T. trichocarpum*（Miq.）Kuntze 尖叶漆 *T. aciminatum*（DC.）C. Y. Wu et T. L. Ming 野漆树 *T. succedaneum*（Linn.）Kuntze 大花漆 *T. grandiflorum* C. Y. Wu et T. L. Ming 小漆树 *T. delavayi*（Franch.）F. A. Barkl.
70	皂荚	豆科 Leguminosae	皂荚属 *Gleditsia* L.	皂荚 *G. sinensis* Lam.	水皂荚 *G. aquatica* Marsh. 小果皂荚 *G. australis* Hemsl. 云南皂荚 *G. delavayi* Franch. 华南皂荚 *G. fera*（Lour.）Merr. 台湾皂荚 *G. formosana* Hay 野皂荚 *G. heterophylla* Bunge 日本皂荚（山皂荚）*G. japonica* Miq. 大刺皂荚 *G. macrantha* Desf. 野皂荚 *G. microphylla* Gordon ex Y. T. Lee 三刺皂荚（美国皂荚）*G. triacanthos* L.
71	肥皂荚	苏木科 Caesalpiniaceae	肥皂荚属 *Gymnocladus* Lam.	肥皂荚 *G. chinensis* Baill.	

注：带△符号的为作物大类之间重复者。

（方嘉禾）

3. 食用豆、饲用豆和药用豆 食用豆包括加工豆制品的大豆、榨油用的大豆和作为蔬菜用的大豆。加工豆腐、腐竹等豆制品用的大豆多为蛋白质含量高的大豆，尤其水溶性蛋白含量高，加工豆制品的得率高。榨油用的大豆要求含油量高，东北大豆多高油品种。菜用大豆包括以鲜豆荚供食用的大粒大豆和发豆芽用的小粒大豆。饲用大豆为带荚植株作饲草的特用大豆，也有小粒大豆作饲料的粒用型，前者如秣食豆，后者如马料豆、小黑豆等。

（二）形态特征和生物学特性多样性

1. 结荚习性 大豆的结荚习性有无限性、亚有限性和有限性。无限结荚习性大豆开花顺序由下而上，花序短，主茎顶端结一二个荚；有限结荚习性大豆开花由植株中上部向下向上开，花序长，主茎顶端往往结多个荚；亚有限结荚习性大豆开花顺序由下而上，主茎顶端结荚少于有限性大豆而多于无限性大豆。无限性大豆往往适应性较强，对栽培条件要求不高，东北西部、陕西和山西北部生育条件较差的地区多为无限性大豆；降水丰富，生产条件较好的地区多有限性大豆，东北大豆主产区育成推广的品种现多为亚有限性大豆。

2. 生长习性 大豆的生长习性有直立型、半直立型、半蔓生型和蔓生型。栽培大豆多数为直立型，其次为半直立型。生育条件好的地区多直立型，河北北部、山西的吕梁山区和晋北多蔓生和半蔓生型大豆，适应当地降水少、土壤较瘠薄的条件，保证有一定的产量，而有限、直立型大豆在此种生态环境下则生长不良，甚至无收。

3. 株高 中国大豆品种植株高度分布的变化大，有株高 40 cm 以下的矮秆大豆，也有株高 100 cm 以上的高秆大豆。北方春大豆植株较高，一半以上株高在 90 cm 以上，南方春大豆和秋大豆植株较矮，株高多在 60 cm 以下。黄淮夏大豆株高多在 60～80 cm。

4. 分枝 大豆植株的分枝性差异很大，有无分枝的单秆型，也有多分枝型，东北大豆改良品种现多为单秆型或少分枝型，主要从机械收获角度考虑。南方大豆分枝较多，尤其田埂豆分枝性强，能充分利用光、热、水资源，充分发挥单个植株的生产潜力。

5. 粒大小 中国大豆品种有百粒重 6.0 g 以下的极小粒大豆，也有百粒重 30.0 g 以上的极大粒大豆，江苏溧阳大黄豆百粒重 46.0 g。东北主产区的大豆品种百粒重多在 20.0 g 左右，黄淮夏大豆改良品种籽粒有逐渐增大的趋势，生产条件改善及市场的要求，百粒重已从 15～16 g 逐步增加到 18～20 g。

6. 粒形 大豆粒形有圆形、椭圆形、长椭圆形、扁圆形、扁椭圆形和肾状形。粒形和环境条件有关，东北主产区大豆多圆粒，要求生产条件较高；黄土高原旱区多长椭圆粒和肾状粒，适应干旱瘠薄条件。黄淮夏大豆椭圆粒多，南方大豆无论春豆、夏豆或秋豆都是椭圆粒多。

7. 脐色 脐色是鉴别品种时的重要性状，大豆的脐色有黄、淡褐、褐、深褐、蓝、淡黑和黑色，农民常用脐色命名品种，如小黑脐、大白脐、白眉、蓝脐等。东北大豆品种的脐色多黄色（也称无色）和极淡褐色，种子外观品质好。黄淮夏大豆多褐脐，南方大豆脐色较深。但脐色和内在营养品质似无多大关系，美国压榨用大豆多黑脐，而中国东北压榨用大豆多黄脐。

8. 叶部性状　大豆第一对真叶为对生单叶，此后的叶片为互生的三出复叶，也有的大豆具多小叶，如四小叶、五小叶甚至七片小叶。叶片大小也千差万别，有的大豆叶片很大，有的小，叶片大小和田间透光性有关。叶片颜色有淡绿、绿和深绿之分，青豆叶片多深绿色。叶片形状有圆形、卵圆形、椭圆形和披针形，习惯上分圆叶和长叶。叶形和每荚粒数相关，披针叶多四粒荚，圆叶、卵圆叶多二粒荚。

9. 荚部性状　豆荚多弯镰形，也有直葫芦形和弓形。荚的颜色有灰褐色、黄褐色、褐色、深褐色和黑色。荚的大小差别很大，粒大则荚也大，粒小则荚小，菜用毛豆为大粒大荚型，纳豆专用品种为小荚小粒型，每荚粒数一般为 1～4 粒，偶有 5 粒荚出现。大多数现代育成品种不裂荚，但仍有少数品种出现裂荚现象，引自日本的品种多易裂荚。

10. 花色　大豆的花为典型的蝶形花，花色有白花和紫花两种，紫花大豆的紫色有深浅的差异，白花大豆有一种为旗瓣基部具紫色斑点，称为紫喉。花的大小也有一定差别，有的品种花朵较大，有的较小。有的品种利用花色命名如白花糙、紫花矬子等。花色是品种的明显特征。

11. 茸毛色　大豆的茎、叶和荚上被有茸毛，茸毛有灰毛和棕毛之分，棕色茸毛的颜色还有深浅之分。茸毛的密度也有不同，有的茸毛浓密，有的稀疏，还有少数品种为无茸毛类型。茸毛有的直立，有的紧贴在茎、叶和荚皮上。茸毛的顶端有纯尖和锐尖之别。

（三）分子标记揭示的遗传多样性

根据农艺性状聚类筛选，构建了我国栽培大豆初选核心种质，取样 2 170 份，补充极值种质 129 份，特异表型种质 495 份，形成包括 2 794 份大豆种质的初选核心种质。这一核心样本覆盖大豆 3 大栽培区、7 种生态类型和 29 个省（自治区、直辖市），采用 60 个 SSR 位点对 2 794 份材料进行检测，共检测到 1 282 个等位变异，不同 SSR 位点的等位变异数为 2～46 个，平均每个位点的等位变异 21.37 个。75%的等位变异为稀有等位变异，其中 6.08%为唯一等位变异，即 6.08%的等位变异仅在 1 份种质中存在。稀有等位变异和唯一等位变异的存在表明了 SSR 位点的高突变率，可为大豆育种提供丰富的基因变异资源。

60 个 SSR 位点平均遗传多样性指数（PIC）为 0.812，变化范围从 SSR 标记 Satt387 的 0.428 到 Satt462 的 0.940。遗传多样性指数高于 0.800 的位点占 73.3%，小于 0.500 的仅有 2 个位点。不同生态类型大豆的特异等位变异和优势等位变异不同，黄淮夏大豆特异等位变异数最高，为 69 个，南方春大豆（35）和南方夏大豆（36）次之，但东北春大豆、北方春大豆和南方夏大豆的优势等位变异数多，分别有 19、13 和 13 个。特异等位变异可用于特定种质的鉴定，优势等位变异可用于品种分类和资源分组。

不同生态类型大豆初选核心种质的遗传多样性不同，但相关分析表明，等位变异数和遗传多样性指数均与检测样本数显著相关。为消除样本量的影响，进行不同生态型大豆种质遗传多样性丰富度的比较时，采用随机重复取样以降低样本量对多样性评估的影响，取样量大于 200 个时，生态类型间等位变异数的变化渐趋稳定。总体上看黄淮夏大豆等位变异最丰富，其次为南方春大豆，同时特异等位变异的比例也最高，分别为 7.06%和 4.66%，可能是栽培大豆遗传多样性中心。

在生态类型基础上，进一步利用随机重复取样，对不同省份大豆种质资源进行遗传多样性比较，结果以陕西、四川、山西、河北和江苏大豆种质的等位变异丰富度较高，其次为贵州、浙江、湖北、山东、河南及东北三省。从这些省份的地理位置分析，遗传多样性丰富的地区基本形成一带状区域，从西南部的四川开始向东北方向延伸，经陕西、山西到河北，这与周新安等（1998）利用 2 万多份大豆种质进行农艺性状遗传多样性分析的结果基本一致。

（常汝镇）

二、甘蓝型油菜

19 世纪后期甘蓝型油菜（*Brassica napus* L.）引至日本福岗和北海道。20 世纪 30 年代前期，浙江大学农学院于景让教授将由朝鲜征集的日本甘蓝型油菜引入中国，1941 年该校孙逢吉教授由英国植物园引进甘蓝型欧洲油菜。20 世纪 50 年代后半期至 70 年代，为培育适合我国生态特点和栽培制度的甘蓝型油菜，通过系统选育、甘白杂交等途径，成功培育出的一批具有我国特色，特别是具有我国白菜型油菜血缘的早熟、高产甘蓝型油菜新品种，如甘油 5 号、川油 9 号、云油 9 号等。20 世纪 70 年代末，中国从加拿大、澳大利亚以及英国、德国和法国等国家引进一批低芥酸、低硫苷优质或常规品质甘蓝型油菜品种，如 ORO、TOWER、EXPANDER、MARNOO 等，通过与中国早熟、高产常规品质甘蓝型油菜品种杂交，培育出同时具有我国白菜型油菜、日本油菜和欧洲优质油菜血缘的新的中国优质油菜品种，成为特色明显的甘蓝型油菜品种资源。

作为世界甘蓝型油菜基因库的新成员，中国甘蓝型油菜种质资源在形态、农艺性状和基因组 DNA 多态性方面都具有明显的中国特色和遗传多样性。

（一）形态特征和生物学特性多样性

1. 早熟性 不同生态类型和来源的油菜种质资源生育期有显著差异，甘蓝型春油菜 70～140 d，甘蓝型冬油菜为 170～270 d。1 892 份冬油菜种质资源中，特早熟（＜180 d）、早熟（180～200 d）、中熟（200～220 d）、晚熟（220～240 d）和极晚熟（240～270 d）种质所占比例分别为 7.2％、19.5％、37.2％、29.4％和 6.7％，有丰富的特早熟和早熟资源。

2. 含油量 含油量是决定品种产油量的两大主要指标之一，与白菜型和芥菜型油菜相比，甘蓝型油菜平均含油量稍低，但甘蓝型油菜含油量的变幅较大，分析的 1 796 份资源中，含油量 32％以下的种质约占 3％，含油量在 35％～41％的占 61.5％，含油量达 44％以上的高油种质约占资源总数的 5.5％。

3. 千粒重 与白菜型和芥菜型油菜相比，甘蓝型油菜千粒重最大，一般在 3～5 g 之间，1 892 份种质资源中，千粒重在 3～4 g 之间的资源最多，占资源总数的 53.3％，千粒重＞5 g 的极大粒种质有 43 份，占 2.3％。

4. 每角粒数 每角粒数作为重要的产量构成因素，在油菜种质资源中变异也较大，甘蓝型油菜平均每角粒数最大，为 18.6 粒，白菜型油菜次之，为 17.8 粒，芥菜型油菜角果较短，平均每角粒数为 13.6 粒。甘蓝型油菜每角粒数一般为 14～22 粒，占资源总数的

63.2%；甘蓝型油菜每角粒数>26 粒的优异种质有 82 份，在甘蓝型油菜资源中占 4.4 %。

5. 全株角果数 全株角果数在不同品种和种类的油菜种质中变异十分显著，如白菜型油菜平均全株角果数为 287 个，甘蓝型油菜的平均全株角果数为 289 个，芥菜型油菜平均角果数高达 485 个。甘蓝型油菜全株角果数在 200～400 个之间的占 58%，全株角果数 600 个以上的多角果优异资源有 29 个，占 1.5%。

6. 株高 对 1 891 份甘蓝型油菜株高的测定结果，株高在 130～160 cm 之间占 44.5%，190 cm 以上的高秆资源有 64 份，占 3.4%，株高 100 cm 以下的矮秆资源有 90 份，占 4.8%。矮秆资源在机械化栽培中具有特别重要的意义。

（二）基因组 DNA 多态性揭示的遗传多样性

利用 AFLP 分子标记研究我国不同时期育成的甘蓝型油菜和国外甘蓝型油菜代表性品种的遗传多样性，依据 AFLPs 计算的相似系数矩阵进行的主坐标分析（principal coordinates analysis，简称 PCA）和 UPGMA 聚类分析（unweighted pair group method with arithmetic-mean），发现我国收集保存的甘蓝型油菜按遗传距离大致可分为三类，第一类主要包括我国 1986 年以前育成的常规品质油菜品种；第二类包括我国 1986 年以后育成单、双低优质油菜品种和国外育成品种；第三类也包括我国 1986 年以后育成单、双低优质油菜品种和国外育成品种，但与第二类存在明显的遗传差异。

依据 Shannon - Weaver 和 Simpson 两种遗传多样性指数，评估不同地区和时期国内外甘蓝型油菜品种遗传多样性程度，分析结果显示我国甘蓝型油菜品种间遗传多样性水平明显高于国外甘蓝型油菜品种；在国内甘蓝型油菜品种中，1986 年后育成品种间遗传多样性水平又明显高于 1986 年前育成品种；而在国外甘蓝型油菜品种中，1986 年前后育成品种间遗传多样性水平无明显区别。

AFLP 分析结果表明，20 世纪 80 年代以前以胜利油菜为基础育成的一大批常规双高油菜品种确实构成一类具有我国特色的基础资源，加上引进了我国白菜型油菜遗传物质，这一时期育成品种的遗传多样性水平甚至高于国外品种。80 年代以后，通过引入和利用加拿大、澳大利亚及欧洲的优质油菜资源，我国育成的甘蓝型油菜品种遗传背景又发生了重大变化，这些新品种兼具我国常规双高油菜品种和加拿大、澳大利亚及欧洲优质油菜的遗传背景。因此，多样性水平最高。而国外品种并未进行大规模跨物种遗传物质交流，所以多样性水平相对较低。另外，国外早在 50 年代就开始优质油菜育种，所以以 1986 年划界时，前后遗传多样性水平并没有明显差异。

由于我国甘蓝型油菜系自国外引进，一般认为我国甘蓝型油菜遗传背景较国外品种狭窄，然而，研究发现，由于我国甘蓝型油菜育种中进行了大规模物种间遗传物质交流，所以遗传多样性程度出乎意料地高于国外甘蓝型油菜，形成一类具有独特背景的种质资源。这一结果说明种间和种内大规模遗传物质交流能有效地改良作物遗传背景，提高甘蓝型油菜遗传改良潜力，丰富油菜品种遗传背景。

（伍晓明）

三、花生

花生（*Arachis hypogaea* L.）虽非中国原产，但因引入栽培已有数百年的历史，引入途径多，栽培范围横跨热带、亚热带、温带及寒温带的多样性气候和土壤条件，在复杂多样的自然环境和人工选择压力的长期影响下，花生已在中国形成了复杂多样的品种群体，表现出丰富的遗传多样性。

（一）类型多样性

1. 普通型 主茎不着生花，分枝上交替开花，总分枝数较多。茎枝粗细中等，茎枝花青素不明显。小叶倒卵形，深绿色，叶片大小中等。荚果似茧形，典型荚果含两粒种子。种皮淡红色、褐色，紫红色的很少。生育期多在 140 d 以上，种子休眠期长，产量潜力大，适合北方产区种植。

2. 龙生型 主茎不着生花，分枝上交替开花，蔓生性强，侧枝偃卧地面上，主茎明显可见。部分品种侧枝匍匐性不强，枝梢呈隆起状，主茎藏于枝丛中，不明显。分枝性强，常有第四次分枝。茎枝长而多，比较纤细，茎上略现花青素，株体密布茸毛。小叶倒卵形，叶面和叶缘有明显的茸毛。小叶大小相差悬殊，叶片颜色较复杂，由于叶片茸毛较密，所以呈灰绿色。荚果为曲棍形，果壳有龙骨和果嘴，网纹深，荚壳较薄，有腰，典型荚果含 3～4 粒种子。种子休眠性强，椭圆形，种皮暗涩。生育期一般在 150 d 以上，抗逆性好。结果分散，果柄脆弱，容易落果，收获费工，现已很少种植。

3. 珍珠豆型 主茎上着生花，分枝上连续开花。茎枝比较粗壮，有花青素，但不明显，分枝性稍弱于普通型花生。株体直立。叶片椭圆形，由于小叶长宽比例不同，所以有宽椭圆形和不同程度的长椭圆形。叶色较淡，黄绿色，个别品种叶片呈绿色。荚果为茧形、斧头形或葫芦形，典型荚果含两粒种子。种子圆形，种皮以白粉色为主，有光泽。生育期一般在 130 d 以内，种子休眠性弱，适合各个产区种植。

4. 多粒型 主茎上着生花，分枝上连续开花，分枝数少，一般栽培情况下，只有 5～6 条第一次分枝。茎枝粗壮，分枝长，是典型的直立型花生。由于分枝少，分枝长，生育后期大多自然倾斜，斜卧于地面上。茎枝上有稀疏的长茸毛，花青素显著，生育后期茎枝大多呈红紫色。叶片椭圆形，较大，黄绿色，叶脉较显著。荚果为串珠形，典型荚果含 3～4粒种子，早熟。种子表面光滑，种皮大多为红色或红紫色，少数为白色。种子休眠性弱。产量潜力较低，种植面积不大，目前主要应用于东北早熟花生区。

5. 中间型 类型间杂交产生的不符合上述类型花生品种的通称，具体性状特征复杂多样。该类型产量潜力较高，各产区均有种植。

（二）形态特征和生物学特性多样性

我国已收集国内外栽培种花生种质资源 7 000 多份，对多数性状进行了系统鉴定，并已建立核心种质，共含有 576 份材料，经对典型性状的测试，核心种质可代表基础收集品种的性状变异或遗传多样性。对 576 份核心种质材料的分析评价，其主要性状及变异情况如下。

1. 主茎高 主茎平均高为58.4 cm，变异范围21.0～126.2 cm，标准差18.65，变异系数25.64，多样性指数1.99。

2. 主茎节数 平均主茎节数为23.0节，变异范围13.5～36.0节，标准差4.01节，变异系数17.41，多样性指数1.70。

3. 总分枝数 平均总分枝数为8.7条，变异范围3.1～30.4条，标准差4.27条，变异系数49.16，多样性指数1.23。

4. 结果分枝数 平均结果分枝数为4.5条，变异范围1.3～7.6条，标准差0.96条，变异系数21.21，多样性指数1.31。

5. 叶片长 平均小叶长为5.70 cm，变异范围3.66～8.28 cm，标准差0.90 cm，变异系数15.82，多样性指数1.99。

6. 叶片宽 平均小叶宽为2.44 cm，变异范围0.78～3.49 cm，标准差0.38 cm，变异系数15.72，多样性指数1.19。

7. 单株结果数 平均单株结果数为12.97个，变异范围1.67～37.00个，标准差4.93个，变异系数37.96，多样性指数2.25。

8. 单株产量 平均单株产量为15.67 g，变异范围2.10～47.86 g，标准差5.72 g，变异系数36.48，多样性指数2.35。

9. 荚果长 平均荚果长为3.10 cm，变异范围2.05～4.66 cm，标准差0.50 cm，变异系数16.18，多样性指数1.41。

10. 荚果宽 平均荚果宽为1.42 cm，变异范围1.02～1.87 cm，标准差0.16 cm，变异系数11.55，多样性指数0.62。

11. 百果重 平均百果重为157.68 g，变异范围71.10～283.00 g，标准差42.34 g，变异系数26.85，多样性指数2.76。

12. 种子长 平均种子长为1.56 cm，变异范围1.00～2.29 cm，标准差0.25 cm，变异系数16.17，多样性指数0.85。

13. 种子宽 平均种子宽为0.85 cm，变异范围0.68～1.16 cm，标准差0.07 cm，变异系数8.63，多样性指数0.16。

14. 百仁重 平均百仁重为58.76 g，变异范围26.9～117.6 g，标准差17.16 g，变异系数29.20，多样性指数1.91。

15. 出仁率 平均出仁率为71.43%，变异范围54.23%～85.78%，标准差4.18%，变异系数5.85，多样性指数1.25。

16. 荚果形状 在中国花生核心种质576份材料中（下同），串珠形65份，蜂腰形7份，斧头形7份，葫芦形2份，茧形4份，普通型468份，曲棍形25份。

17. 荚果网纹 网纹非常明显的19份，明显的170份，中等的342份，轻微的42份，竖纹2份，无网纹1份。

18. 果嘴 果嘴非常明显的10份，明显的119份，中等的154份，轻微的246份，无果嘴的47份。

19. 果腰 果腰非常明显的5份，明显的74份，中等的345份，轻微的149份，无果腰的3份。

20. 果脊 果脊非常明显的 1 份，明显的 96 份，中等的 183 份，无果脊的 296 份。

21. 种皮色 白色 11 份，黄白 50 份，粉红 368 份，浅褐 32 份，淡红 51 份，红色 43 份，深红 3 份，淡紫 4 份，紫色 9 份，红白花 3 份，紫白花 1 份，黄紫花 1 份。

（三）分子标记揭示的遗传多样性

唐荣华（2004、2006、2007）和韩柱强（2004）从花生 Genomic - SSR 和 EST - SSR 引物中筛选出 34 对引物分别鉴定了花生 4 大类型各 24 份共 96 份种质的分子变异，分别有 10～16 对 SSR 引物能在 4 大类型花生资源中扩增出多态性 DNA 片段。根据遗传距离采用最长距离法对 4 大类型花生资源分别进行了聚类分析，构建了资源间的遗传关系图，花生 4 大类型可进一步分成不同类群，资源间的亲缘关系与其来源相关。姜慧芳（2007）以栽培种花生 2 个亚种 4 个植物学类型的 31 份对青枯病具有不同抗性的种质为材料，通过 SSR 和 AFLP 技术分析了其 DNA 多样性，并与通过形态和种子品质性状揭示的表型多样性进行了比较，结果表明不同类型的抗青枯病花生品种之间存在丰富的 DNA 多样性，SSR 揭示的品种间遗传距离大于 AFLP 揭示的品种间遗传距离，基于两者的聚类分析结果趋势一致，结合植物学类型、地理来源和系谱分析，以 SSR 的聚类结果与表型性状的聚类结果更为吻合。

（廖伯寿）

四、芝麻

中国引进栽培芝麻（*Sesamum indicum* L.）已有 2 000 多年的历史，在不同生态栽培条件下亦已形成丰富的遗传多样性。目前中国已收集国内外芝麻资源 5 000 余份，编入资源目录共 4 251 份，其中国外引进的芝麻资源 208 份，主要来自亚洲、非洲、欧洲、南美洲、北美洲的 24 个国家。从入目资源的性状值分析，说明中国芝麻的遗传多样性丰富。

（一）形态特征和生物学特性的多样性

1. 株高 中国芝麻的株高差别较大，4 200 份资源，平均株高 127.5 cm，最高的 225.3 cm，最低的仅有 36.8 cm，相差 188.5 cm。株高超过 180 cm 的有 60 份，占 1.43%；株高低于 100 cm 的有 595 份，占 14.17%。

2. 株型 芝麻品种有单秆型、普通分枝型和多分枝型，在 4 251 份资源中单秆型有 2 001份，占 47.07%；普通分枝型有 2 152 份，占 50.62%；多分枝型较少，仅 98 份，占 2.31%。

3. 每叶腋花数 芝麻每叶腋开花数有一花（单花）和三花之分，在 4 243 份资源中单花型品种 2 009 份，占 47.35%；三花型品种 2 234 份，占 52.65%。

4. 蒴果棱数 分 4 棱型，4、6、8 棱型和 6、8 棱型三种类型，中国芝麻资源中以 4 棱型为主。在 4 250 份资源中，4 棱型品种有 3 385 份，占 79.65%；4、6、8 棱型 324 份，占 7.62%；6、8 棱型 541 份，占 12.73%。

5. 茎秆茸毛量 分多、中、少、极少四种类型。在 4 230 份资源中，以茸毛量中等类型为主，有 1 754 份，占 41.39%；茸毛量多和少两类型各有 1 070 份和 905 份，分别占

25.25%和21.35%；茸毛极少的品种较少，为509份，占12.01%。

6. 成熟时茎秆色　不同芝麻品种成熟时茎秆颜色有差别，可分为黄色、绿色、紫色三种颜色。在统计的4 163份资源中，黄色1 393份，占33.46%；绿色2 621份，占62.96%；紫色很少，仅149份，占3.58%。

7. 花色　芝麻花色以淡紫色为主，纯白、纯紫色花不多。在统计的4 214份资源种，淡紫色有3 556份，占84.39%，而纯白色和纯紫色分别占11.20%和4.41%。

8. 蒴果长度　芝麻以中等长度（蒴果长2.51～3.49 cm）的蒴果类型为主，在统计的4 179份资源中，中长类型有2 952份，占70.64%；短于2.50 cm的短蒴果类型为1 037份，占24.81%；而蒴长长于3.5 cm的长蒴果类型仅有190份，占4.55%。

9. 种皮颜色　芝麻的种皮颜色非常丰富，除白、黄、褐、灰、黑五种基本色外，还有许多中间过渡类型。按基本色统计，4 248份资源中白色有2 262份，占53.25%；黄色715份，占16.83%；褐色557份，占13.11%；黑色687份，占16.17%；而灰色很少，仅有27份，占0.64%。

10. 裂蒴性　芝麻蒴果的裂蒴性分为裂、轻裂、不裂和闭蒴四种类型，约1/2的品种为裂蒴类型。在统计的4 159份资源中，裂蒴的有2 101份，占50.52%；轻裂的有1 325份，占31.86%；不裂的有715份，占17.19%；闭蒴的极少，仅有18份，占0.43%，且均从国外引进。

11. 千粒重　芝麻籽粒大小变化较大，千粒重最高的有5.00 g，最低的仅1.21 g，相差3.79 g。4 173份资源的千粒重平均为2.66 g。

12. 生育期　4 185份资源中平均生育期为101.5 d，最长的为184 d，最短的仅49 d，相差135 d。

13. 耐渍性　在4 140份资源中，表现出高耐渍的品种有558份，占13.48%；耐渍的品种543份，占13.12%；中耐渍的品种有1 974份，占47.68%；不耐渍的品种481份，占11.62%；极不耐渍的品种584份，占14.10%。

14. 枯萎病抗性　在4 133份资源中，没有发现免疫品种，高抗品种有351份，占8.49%；抗病品种1 309份，占31.67%；感病品种2 002份，占48.44%；高感品种471份，占11.40%。

15. 茎点枯病抗性　在4 143份资源中，没有发现免疫品种，感病的2 314份，占55.85%，抗病的990份，占23.90%；高感类型的680份，占16.41%；高抗类型的159份，占3.84%，是育种利用的重要抗源。

16. 含油量　在4 237份资源中，平均含油量为53.59%，最高的为61.65%，最低的仅28.93%，其中有35份超过60%。分析发现，含油量是南方低北方高，随着生育期的延长、地理纬度的增高、种皮颜色的变浅而含油量递增。

17. 蛋白质含量　在4 239份资源中，蛋白质含量范围为12.90%～29.28%，平均为22.12%，其中8份在28.00%以上。

18. 脂肪酸含量　分析了3 142份资源的油酸、亚油酸、棕榈酸、硬脂酸含量，油酸含量最高为57.18%，最低为27.35%，平均42.20%，其中8份超过50.00%；亚油酸含量最高为54.86%，最低为28.54%，平均44.33%，其中8份超过52.00%；棕榈酸含量最高为 13.29%，最低为 3.56%，平均 8.56%；硬脂酸含量最高为 9.57%，最低为 2.73%，平均 4.92%。

(二) 分子标记揭示的遗传多样性

张秀荣等（2004）利用 RAPD 标记方法对 19 个芝麻种质进行遗传多样性分析，选出扩增效果好的 14 个多态性引物，扩增出 142 条带，其中多态性带 61 条，占 43%。张鹏等（2007）利用 SRAP 和 EST-SSR 分子标记对 192 份国内外芝麻种质资源进行遗传多样性分析，在 31 对 SRAP 引物组合扩增的 270 个等位基因中，多态性占 62.08%，25 对 SSR 引物扩增的 136 个等位基因中，56.28%呈多态性，表明芝麻品种遗传多样性比较丰富。

（赵应忠）

五、陆地棉

陆地棉（*Gossypium hirsutum* L.）虽非原产中国，但在中国各地长期种植，产生丰富的遗传多样性。

(一) 形态、农艺性状的多样性

1. 生育期 据中国农业科学院棉花研究所（以下简称中棉所）在安阳生育期调查的结果，有短至 92 d 的中 95 棉，有长至 163 d 的 BJA592，相差 71 d。根据生育期的长短，中国棉花品种可以分为早熟（春播<125 d，夏播≤115 d）、早中熟（125～130 d）、中熟（131～138 d）、晚熟（139～145 d）、极晚熟（>145 d）5 个熟性。在 5 069 份种质中，它们分别占 21.40%（春 7.19%，夏 14.21%）、8.54%、32.73%、26.92%、10.41%。

2. 果枝类型 果枝节距可分为 5 种类型：0 式，节距为零，铃柄直接着生在主茎的叶腋间；Ⅰ式，节距 3～5 cm，与 0 式果枝合称紧凑型；Ⅱ式，节距 5～10 cm，称较紧凑型；Ⅲ式，节距 10～15 cm，称较松散型；Ⅳ式，节距>15 cm，称松散型。在 5 069 份种质中，5 种类型分别占 0.58%、9.74%、22.86%、66.31%、0.51%。我国大面积栽培的品种多为Ⅱ～Ⅲ式。

3. 株型 棉花的株型可分筒形、塔形、丛生形 3 种。在 5 090 份种质中，3 种株型分别占 9.44%、89.80%、0.76%。主栽品种大多为塔形。

4. 果枝节位 指第一个果枝在主茎上着生的位置。可以分低（2.4～5.0 节）、中（5.1～8.0 节）、较高（8.1～11.0 节）、高（11.1～13.4 节）4 种。在 5 092 份种质中，它们分别占 17.04%、70.56%、11.99%、0.41%。节位越低，成熟越早。

5. 果枝数 打顶后连续调查 10 个单株果枝的平均数，可以分极少（4～5 个）、少（5.1～10 个）、中（10.1～15 个）、较多（15.1～20.0 个）、多（≥20 个）5 种。在 5 069 份种质中，它们分别占 0.20%、13.33%、56.44%、23.22%、6.81%。

6. 色素腺体 叶片、茎秆等器官上褐色油点（含酚类化合物）的统称。有色素腺体的棉花称有酚棉；无色素腺体的称低酚棉。两种棉花分别占 99.96%、0.04%。色素腺体是棉花近缘植物共有的特性。目前生产上种植的棉花全都含有色素腺体。

7. 茎色 茎秆表面的颜色可分为绿、红、紫、日光红 4 种。在花铃期对 5 069 份种质调查结果，绿、红、紫、日光红的种质分别占 8.98%、71.93%、19.0%、0.09%。

8. 茸毛 茎秆、叶片等器官表面着生的茸毛，可以分多、中、少、无 4 个类别。在 5 069份种质中，它们分别占 18.80%、56.46%、23.91%、0.83%。

9. 叶片形状 叶片形状有波形叶、超鸡脚叶（条形叶、柳叶）、鸡脚叶、阔叶、卵圆叶、皱缩叶 6 种。在 5 090 份种质中，它们分别占 0.02%、0.07%、2.10%、97.67%、0.02%、0.12%。

10. 叶片颜色 叶片颜色有斑驳、红、黄、绿、浅绿、深绿、紫等 7 种。在 5 090 份种质中，它们分别占 0.18%、0.58%、0.37%、96.45%、0.83%、1.01%、0.58%。生产上栽培的品种全是绿色。

11. 蜜腺 叶片叶背主脉近基部 1/3 处有 1 个乳状的突起称蜜腺，苞叶、花蕾外侧基部也各有 3 个蜜腺；另一部分种质叶背、苞叶、花蕾外侧均无蜜腺。在 5 092 份种质中，有蜜腺、无蜜腺分别占 98.94%、1.06%。

12. 花瓣颜色 花瓣颜色可分红、黄、乳白、白 4 种。在 5 092 份种质中，它们分别占 0.64%、1.59%、93.88%、3.89%。绝大多数种质的花瓣为乳白色。一般上午 7～9 时开花，下午闭合，其颜色变为粉红色，第二天变成紫红色，是因日光照射下形成的花色素所致。

13. 花药颜色 花药颜色有红、黄红、黄、金黄、乳白、白 6 种。在 5 096 份种质中，它们分别占 0.07%、0.02%、5.78%、0.02%、93.12%、0.99%，每个花药有少则数十粒，多则一二百粒的花粉。

14. 柱头高低 雌蕊柱头可以分高柱头（柱头高出雄蕊 10 mm 以上）、中柱头（柱头高出雄蕊 2～10 mm）、低柱头（柱头低于雄蕊）。在 5 044 份种质中，它们分别占 5.98%、85.78%、8.24%。

15. 苞叶形状 苞叶有正常、窄卷两种。正常苞叶的 3 片心脏形苞叶紧被蕾、铃，窄卷苞叶的 3 片外翻窄长苞叶使蕾、铃充分外露。在 5 092 份种质中，它们分别占 99.08%、0.92%，栽培品种大部分为正常苞叶。

16. 棉铃着生方式 棉铃着生方式可分为单生、丛生两种。单生，指铃柄上端只着生 1 个棉铃；丛生，指铃柄上端着生 2 个（含 2 个）以上的棉铃，栽培品种大多为单生棉铃。在 5 090 份种质中，单生、丛生棉铃分别占 98.6%、1.4%。

17. 棉铃颜色 棉铃颜色可分红、绿、红绿 3 种。在 5 069 份种质中，它们分别占 1.8%、92.6%、5.6%，绿色棉铃种质占绝大多数。

18. 铃形 棉铃的形状可以分为圆、卵圆、圆锥 3 种。在 5 092 份种质中，3 种铃形分别占 14.81%、77.67%、7.52%，多数品种的铃形为卵圆形。

19. 单株铃数 指收获前 1 个月内连续调查 10 个单株有效铃数的平均数。单株铃数可分为少（1.4～5 个）、较少（5.1～10 个）、中（10.1～20.0）、较多（30.1～30.0）、多（30.1～55.2）5 个级别。在 5 044 份种质中，它们分别占 1.59%、12.29%、70.86%、12.69%、2.57%。

20. 纤维颜色 棉花吐絮后田间目测到的颜色，可分无（无纤维）、灰白、白、棕、绿 5 种。在 5 069 份种质中，它们分别占 0.05%、0.02%、98.57%、1.13%、0.23%。生产上栽培品种的纤维大都是白色。

21. 铃重 铃重可以分为小（2.1～3.4 g/个）、较小（3.5～4.7 g/个）、中（4.8～6.0 g/个）、较大（6.1～7.1 g/个）、大（7.2～9.0 g/个）5 种。在 5 069 份种质中，它们分别占 14.81%、23.78%、50.02%、9.33%、2.06%。

22. 衣分 指籽棉轧出的纤维（俗称皮棉）占籽棉重量的百分比数。衣分是衡量棉花产量高低极其重要的性状，可以划分低（0～30%）、较低（31.1%～35.0%）、中（35.1%～40.0%）、中高（41.1%～43.0%）、高（43.1%～49.5%）5 个级别。在 5 092 份种质中，它们分别占 12.92%、26.97%、44.68%、10.57%、4.86%。

23. 绒长 绒长是纤维品质的一项重要经济指标。纤维愈长，纺纱支数愈高。绒长可以分 5 类：短绒（<20.5 mm）、中短绒（20.6～26 mm）、中长绒（26.1～28.5 mm）、长绒（28.6～35.0 mm）、超级长绒（>35 mm）。在 5 069 份种质中，它们分别占 4.16%、13.55%、33.90%、45.71%、2.68%。

24. 子指 指 100 粒种子的重量，可划分为：小（4.2～8.0 g）、较小（8.1～10.0 g）、中（10.1～12.0 g）、较大（12.1～13.0 g）、大（13.1～16.8 g）5 个级别。在 5 091 份种质中，它们分别占 6.82%、21.78%、50.99%、13.95%、6.46%。子指与衣分呈负相关，生产上推广品种的子指大多为 10～11 g。

25. 短绒 指着生在种子表面粗短而密集的毛。短绒可分为 4 种类型：毛子，短绒粗短密集；稀毛子，短绒似网裹着种子；端毛子，种子的一端或两端有短绒；光子，种子外表无短绒。在 5 090 份种质中，它们分别占 95.10%、4.00%、0.44%、0.46%。

26. 短绒颜色 短绒的颜色有白、灰白、灰褐、绿、棕 5 种，在 5 069 份种质中，它们分别占 12.70%、80.24%、0.28%、2.78%、4.00%，大部分种质短绒为灰白色。

（二）分子标记揭示的遗传多样性

尽管目前用分子标记鉴定品种遗传多样性所选的种质，基本上是生产上推广的品种，范围较窄，但也反映了品种间的遗传多样性。

刘文欣等采用 RAPD 分子标记、遗传距离和聚类分析方法，研究 1949 年以来有代表性的 166 个主栽品种的遗传多样性，通过对不同类型、不同栽培区、不同来源品种遗传差异的比较，各类品种的遗传多样性为：常规品种（0.157 7±0.000 0，平均遗传距离，下同）>杂交品种（0.098 1±0.005 1），国外品种（0.180 2±0.000 1）>国内品种（0.156 3±0.000 0）。长江、黄河流域和西北内陆棉区不同历史时期品种的遗传多样性不一样，20 世纪 50 年代，长江流域棉区品种（0.155 3±0.024）>黄河流域棉区品种（0.106 4±0.050 6）；20 世纪 50 年代后，黄河流域棉区品种（0.148 3±0.001 9）>长江流域棉区品种（0.129 7±0.002 8）；西北内陆棉区的品种，1970—1979 年（0.170 6±0.001 8）>1969 年前（0.145 0±0.018）>1980 年后（0.110 5±0.001 8）。

徐秋华等利用 RAPD 分子标记研究了 20 世纪中后期河北省、中棉所育成品种的遗传多样性，通过对中棉所 16 个和河北省 19 个品种遗传差异的比较，中棉所、河北省育成品种的平均成对相似系数分别为 0.504、0.549，中棉所育成品种的遗传多样性高于河北省品种。

王省芬等利用AFLP分子标记技术对我国105个抗枯、黄萎病骨干品种（系）的遗传多样性进行了研究，105个抗枯、黄萎病的品种（系）之间的成对欧氏距离介于1.732～6.708之间。欧氏距离总平均值为4.253，品种（系）间表现一定的遗传多样性。

武耀廷等利用RAPD、ISS和SSR三种分子标记对36个陆地棉栽培品种的遗传多样性和2年田间品种比较试验进行了研究。结果表明，成对品种的相似系数从0.574 5到0.921 9，品种相似系数的平均数从0.654 7到0.752 4；成对品种的遗传距离从2.18到12.60，品种遗传距离的平均数从5.58到10.70，表明不同品种之间具有一定的异质性。

王心宇等用18个随机引物，对我国25个主要短季棉品种作了RAPD多态分析，结果与系谱吻合（大部分短季棉品种选自金字棉），反映了我国现在推广的短季棉品种遗传基础比较狭窄。

（刘国强　杜雄明）

六、苎麻

苎麻［*Boehmeria nivea*（L.）Gaudich.］起源于我国，种植历史悠久，形成了多种类型，遗传多样性非常丰富。

（一）生态类型多样性

苎麻品种有3个生态类型。

1. 山区生态型　品种多生长在山坡、山腰、山脚地带和森林环境。该区风害较少，云雾多，湿度大，昼夜温差变化小，日照时间短，土质肥沃，品种表现为植株高大，根群入土深，叶片大，韧皮纤维层薄，出麻率低，纤维细软，品质较好，如雅麻、黑皮蔸等。

2. 丘陵生态型　品种多生长在土质较为瘠薄、保肥保水较差的黄壤、红壤土上。该区风害大，土壤和空气湿度较小，品种根系入土深，耐旱性、耐瘠性较强，抗风性中等或弱，植株叶片较小，叶柄短，纤维风斑多，粗硬，品质中等或较差，如黄壳早、白麻等。

3. 平原生态型　品种生长在土质肥沃、土层深厚、地下水位高的冲积土壤中。该区风大，日照长，植株一般表现为生长整齐，叶片较小，叶柄短，叶肉肥厚，根系发达，入土较浅或中等。耐旱、耐瘠薄力较差，但纤维品质优良，如芦竹青、白里子青等。

（二）形态特征多样性

1. 根　苎麻的地下部是由地下茎和根组成，俗称麻蔸。地下茎是变态茎，根据其着生部位和形态又分为扁担根、龙头根、跑马根，可供繁殖用。根由萝卜根、支根、细根组成。根据根的入土深浅分深根型（萝卜根入土深达200 cm）、浅根型（萝卜根入土深度65～100 cm）、中根型（萝卜根较长，但不及深根型品种）。据对700份种质资源的统计，上述3种根型分别占19.80%、44.90%、35.30%。

2. 茎　由地上茎和地下茎组成。按地上茎的形态可分为丛生型、串生型、散生型。根据根、茎生长的综合表现，苎麻有3大类型：深根丛生型、中根散生型和浅根串生型。各类型品种依次占21.94%、42.32%、35.74%。

3. 颜色　茎色（工艺成熟期）有黄褐、绿褐、红褐、褐，各色茎品种占1 027份种质资源百分比依次为 54.05%、39.08%、4.81%、2.06%；麻骨色有绿白、黄白、红色，分别占 35.42%、57.16%、7.42%；叶柄色有红色和绿色，各占 83.80%、16.20%；雌蕾色是识别苎麻品种的重要性状，有红、绿之分，各占 75.76%、24.24%；叶柄色和雌蕾色基因连锁，雌蕾红者，叶柄亦红，雌蕾绿者叶柄绿；叶色有深绿、绿、黄绿和浅绿，各色所占比例分别为 25.11%、57.88%、5.83%、11.18%。

4. 经济性状 品种的纤维产量与株高、有效麻株、茎粗、韧皮厚度、出麻率等经济性状相关。壮龄期调查的各经济性状的变幅，株高 56.4～210.0 cm，茎粗 0.48～1.14 cm，韧皮厚度 0.52～1.16 mm，鲜皮出麻率 7.2%～15.5%，鲜茎出麻率 3.0%～6.0%。诸性状受根型影响最甚，以深根型的经济性状最优，株高达 155.9 cm，茎粗 0.95 cm，韧皮厚度 0.73 mm，鲜皮出麻率 10.7%，有效分株率 81%，因而产量最高达 1 674.0 kg/hm^2。次之为中根型品种，相关性状依次为 142.7 cm、0.89 cm、0.69 mm、10.3%、77%，产量最高达 1 389.8 kg/hm^2；浅根型最差，相关性状依次为 130.6 cm、0.84 cm、0.67 mm、10.3%、70.0%，产量最高达 1 195.5 kg/hm^2。

（三）生物学特性多样性

1. 生育期 苎麻生育期是以各季麻在原产地达纤维工艺成熟的时间而划分。早熟型品种头麻为 70 d 以下，二麻为 40 d 以下，三麻为 60 d 以下，全年总合的生育期为 170 d 以下；中熟型品种分别为 70～80 d、40～50 d、60～70 d，全年总合 170～200 d；晚熟型品种分别为 80 d 以上、50 d 以上、70 d 以上，全年总合 200 d 以上。据对 700 份品种的统计，早熟型品种占 16.88%，中熟型品种占 66.00%，晚熟型品种占 17.12%。依据麻的现蕾开花早晚，亦可划分为早蕾型、中蕾型和晚蕾型，各类型天数分别为 30 d 以下，31～45 d，45 d 以上。

2. 温光反应

（1）温度 地上部各生育阶段所需气温指标：苗期 11～32 ℃，最适温度 23.3～29.7 ℃；生长旺期分别为 12～30 ℃、24～27 ℃；纤维成熟期最适宜温度为 17～32 ℃。各季麻纤维成熟天数，头麻日均气温在 17 ℃左右时，85～95 d 成熟，二麻分别为 27.5 ℃、50～55 d，三麻为 25 ℃、60～70 d。全年三季麻的有效总积温，早熟品种为 3 636 ℃左右，中熟品种为 4 156 ℃左右，晚熟品种为 4 720 ℃左右。

（2）日照 苎麻是短日性植物。调查表明，秋季短日照条件下，有 98.15%品种现蕾开花，仅有 1.85%品种对光周期反应迟钝，这些品种在 10 h/d 光照下，不现蕾开花，属钝感型品种。

3. 纤维品质

（1）化学成分 苎麻纤维含纤维素 65%～75%，含量越高，品质越好。半纤维素含量 13%～15%，含量越低，品质越优。木质素含量 1%～2%，含量越高，纤维越粗硬，发脆，缺乏弹性和光泽，影响可纺性和着色性。果胶含量 4%左右，脂蜡含量 0.5%左右。

（2）物理特性 主要指标有长度、细度和拉力。苎麻单纤维长度幅度为 24～500 mm，最高可达 600 mm。细度幅度为 940～2 644 支，单纤维细度在 2 000 支以上的为特优质，1 800～2 000支为优质，1 500～1 799 支为中质，1 500 支以下的为低质。对 921 份品种测定，特优质品种 159 份，占 17.27%；优质品种 152 份，占 16.50%；中质品种 384 份，占 41.69%；低质品种 226 份，占 24.54%。苎麻的单纤维拉力幅度为 0.275～0.652 N/g，高于或低于 0.391 N/g 的品种各有 603 份和 318 份，分别占 65.47%、34.53%。

4. 繁殖　苎麻的种子和营养器官均能繁殖。种子繁殖成本相对较低，繁殖系数大。营养繁殖是利用地上茎、地下茎和带芽原基的叶片的再生能力培育新植株扩大栽培。通常采取分蔸、细切种根、分株、压条、嫩梢和叶片扦插的方法，具有变异小、易保持种性的优点。

（孙家曾）

七、黄麻圆果种

黄麻圆果种（*Corchorus capsularis* L.）在我国种植已有 900 多年的历史，经自然选择和人工选择，产生了多种类型，遗传多样性丰富。

（一）形态特征多样性

1. 植物色泽　分红色素型和青色素型两种类型。红色素型品种，叶柄、花萼、果实均为红色，茎为深浅不一的红色，少有青色，占种质资源总数的 79.10%；青色素型品种，除叶柄色有红、青色之分外，植株其他各部分全为青色，占 20.90%。

2. 腋芽有无　分有腋芽型和无腋芽型，前者占 43.17%，后者为 56.83%，以无腋芽型的品种居多。

3. 花果位置　有叶芽型品种，花、果着生在节上，称节上型花、果。无腋芽品种节间着生，称节间型花、果。偶有节上型花。蒴果球形或梨形，内有种子 30～50 粒，种子棕褐色，千粒重 3～3.8 g。

4. 经济性状　品种间的经济性状差异较大，这与品种的熟期相关。晚熟品种和极晚熟品种，由于营养生长期长，经济性状优良，产量则高，次之为中熟品种，再次为早熟品种和极早熟品种。品种经济性状的变幅，株高为 150～420 cm，低于 180 cm 的品种占 21.50%，多为早熟型和极早熟型品种；高于 390 cm 的品种占 13.25%，多为晚熟型和极晚熟型品种。有 47.18%的品种株高集中分布在 250～350 cm 范围内。茎粗的幅度为 1.05～2.12 cm，小于 1.25 cm 的品种占 18.24%，大于 1.90 cm 的占 9.18%，有 50.29%的品种集中分布在 1.35～1.60 cm 范围内。韧皮厚度幅度为 0.61～1.10 mm，干皮生产力的幅度为 13.8～34.9 g/株。生产上多采用晚熟和极晚熟优良品种以获高产。

（二）生物学特性多样性

1. 生育期　根据品种在原产地或接近原产地从出苗到种子成熟的天数而划分。生育期在 140 d 以下的为特早熟型，141～160 d 为早熟型，161～180 d 为中熟型，181～200 d 为晚熟型，200 d 以上为极晚熟型。以特早熟型和早熟型所占比例最大，为 48.0%，其次中熟型品种占 39.8%，晚熟和极晚熟品种仅占 12.2%。晚熟、极晚熟品种在长江流域及以北地区种植，往往种子产量低或收不到种子。

2. 温光反应

（1）温度　黄麻是喜温植物，各生育阶段所需气温，苗期要求在 15 ℃以上，低于

10 ℃，易烂根死苗，旺长期要求最适宜气温为 25～38 ℃，开花期的气温以 30 ℃左右为宜，种子发育应不低于 14 ℃。各生育阶段所需有效积温，播种至出苗为 64.2～67.3 ℃，播种至工艺成熟期为 2 700～3 000 ℃，播种至种子成熟期为 4 000～4 300 ℃。

（2）光照　黄麻是短日性植物，对光周期反应敏感。在光照长度为 10 h/d 时，只需 16～18 d 即可现蕾、开花，为 16 h/d 时，都延迟开花；临界光照长度，早熟品种为 14 h/d 左右，晚熟品种为 13 h/d 左右，温度提高，光周期反应敏感；叶龄不同，植株的光敏感反应不一，幼苗期在 5 片真叶前，对 10 h/d 短光照反应迟钝，5 片真叶后为感光敏感期，通过光周期诱导只需 7～10 d。

3. 纤维品质　纤维的化学成分主要有纤维素、半纤维素、木质素、果胶、脂蜡等，含量依次为 57%～60%、14%～17%、10%～13%、1.0%～1.2%、0.3%～0.6%。纤维的物理特性指标主要有细度和拉力。对 312 份品种束纤维支数测定表明，其幅度为 167～557支，小于 300 支的品种占 9.29%，301～350 支的占 11.85%，351～400 支的占 31.74%，401～450 支的占 27.25%，451 支以上的占 19.87%。在测试的 306 份品种中，束纤维拉力幅度为 241.2～575.6 N/g。生产上的束纤维拉力幅度为 294.2～392.3 N/g。

4. 繁种　生产上黄麻种子的繁殖，多以直播为主，插梢为辅。长江中下游麻区采用适期春播繁种，华南麻区多采用夏直播繁种或视当地耕作制度。为提高复种指数利用黄麻在高温多湿环境下，茎易生长出不定根的特性，在现蕾期割取夏播田的麻梢，扦插在繁种田中，以获取种子高产。

（孙家曾）

八、红麻

红麻（*Hibiscus cannabinus* L.）在中国属于引进物种，目前我国收集保存了来源于世界 33 个国家的红麻资源 1 400 多份，拥有世界上最大的红麻基因库。红麻种质资源在株高、茎色、叶形、花形、花色、蒴果形状、种子形状、种子大小、生育期等形态特征和生物学特性，以及光温反应、纤维特性等方面表现出极为丰富的遗传多样性。

（一）形态特征和生物学特性多样性

1. 形态特征　栽培红麻形态上差异很大。茎形有直立和弯曲两种，株型分高大型、矮生短节型和分枝型，茎表分光滑、有毛和有刺，茎色有绿、微红、淡红、红、紫、褐等色。叶片有裂叶和全叶两种类型，裂叶型小叶有长卵形、披针形、羽状分裂形、近卵形，全叶型的叶片有卵圆形、近圆形、近卵形等。花色有乳白、淡黄、淡红、红、紫红、紫蓝、蓝色等，花冠大小分普通型、特大型与小花型三种，花蕊色有淡黄、浅红、红和紫之分，花冠形状有钟状和螺旋状之分，花瓣排列方式有叠生和分离两种类型。柱头色有淡红、红和紫，花柱类型分为短、中、长三种，花药色有黄、褐和紫之分。萼片颜色有绿、淡红、红等。苞片端部分为渐尖、钝形和分叉三种。果形分桃形、近圆形、扁球形等。蒴果大小可分为大、中、小三种，成熟蒴果有开裂和闭合之分。种子灰黑色或褐色，形状有肾形、亚肾形和三角形等，千粒重在 8～45 g 之间，相差 5.5 倍，可分为大粒、中粒和小粒三种类型。

2. 农艺性状　红麻种质的农艺性状差异明显，表现出丰富的多样性。株高150～650 cm，茎粗为0.8～3.5 cm，鲜皮厚为0.64～2.00 mm，株干皮重18.0～75.0 g，单株纤维重5.0～40.0 g。红麻可分为特早熟、早熟、中熟、晚熟和极晚熟5种类型，其生育日数分别为120 d以下、120～150 d、151～180 d、181～210 d和210 d以上，生产种植的多为晚熟和极晚熟类型。已编目入库的红麻资源中，晚熟和极晚熟类型达78.0%，中熟、早熟和特早熟分别占6.5%、6.4%和9.1%。

3. 类型　中国农业科学院麻类研究所以叶型、茎色和生育期为标准，将我国红麻资源分为18个类型，其中全叶红茎和全叶绿茎品种各分4个生育期类型，裂叶红茎和裂叶绿茎各分5个生育期类型。以裂叶、绿茎、极晚熟类型所占比例最大，为11.7%；全叶、绿茎、特早熟类型所占比例最小，仅1.6%。按叶型，裂叶型占63.2%，全叶型占36.8%。按茎色，红茎型占56.0%，绿茎型占44.0%。根据红麻对环境的适应性，分为南方生态型和北方生态型，前者生育期长，迟熟，耐寒性较差，光温反应敏感；后者生育期短，对温度反应较敏感，耐寒性较强。

4. 光温反应特性　红麻是典型的短日性植物，对光和温反应敏感，尤其以晚熟品种最为敏感。早、中、晚熟品种的现蕾临界光长分别为16.0 h/d、14.0 h/d、13.5 h/d以上，且品种间差异较大。邓丽卿（1985）的研究表明，红麻品种依据感光性、感温性和最短营养生长期可分为12种光温反应类型。其中感光性弱的品种占28.58%，强的占53.56%，中等的占17.86%。感光性、感温性和基本营养期分别为强、强和短的品种最多，占48.2%，其次是弱、弱和中的品种占12.5%，中、中和短的品种占5.36%。

5. 纤维特性

（1）化学成分　红麻纤维的纤维素含量为55%～61%，含量越高，品质越好；半纤维素含量为1.5%～6.3%，含量越低，品质越优；木质素含量为10.9%～12.5%，含量越高，纤维越粗越脆，易断裂，品质越差；脂蜡含量为0.9%～3.5%，水溶性糖含量为0.12%～0.43%。

（2）物理特性　红麻纤维和纤维支数是衡量红麻纤维优劣的主要指标。红麻纤维拉力一般为235～550 N/g，不同品种拉力差异明显，特早熟或晚熟品种拉力低，中、晚熟品种的拉力较好；红麻纤维支数在180～300支，不同品种，纤维层数、群数、束数、每束纤胞数、纤胞壁的厚度均不同，导致红麻品种间纤维支数差异较大。

（二）分子标记揭示的遗传多样性

谢晓美对来源于不同国家和地区的38份红麻资源进行ISSR分子标记研究，从70对引物中筛选出15对多态性引物，共扩增出117条带，平均每对引物扩增出7.8条带，供试材料间遗传相似系数为0.36～0.98。据此，可将38份材料分为三大类群，第一类19份栽培种，第二类群包括6份近缘种和6份野生种，第三类包括1份野生种和6份近缘种。这一划分，揭示了红麻栽培种和野生种、近缘种不同类型存在较大的遗传差异性，表现出丰富的遗传多样性。

徐建堂、王晓飞利用90个ISSR引物对84份（选育品种41份，国外资源22份，野生近缘资源21份）红麻种质资源进行ISSR和SRAP分子标记分析。结果表明，84份红麻资源可分为野生与半野生材料、栽培材料2个大类群，最原始种质为H094。半野生材料又可分为4个类群，栽培材料可分为7个类群，不同类群间遗传差异明显，表现出丰富的遗传多样性。

（粟建光）

九、亚麻

亚麻（*Linum usitatissimum* L.）在我国种植历史悠久，分布区域广阔，在用途、熟期等方面形成了不同的类型，在株高、工艺长度、分枝、蒴果、千粒重、花色、种皮色、千粒重等形态特征上多样性丰富。

（一）类型多样性

按照用途分为纤维亚麻、油纤兼用亚麻、油用亚麻3种类型。纤维亚麻植株比较高，分枝比较少，千粒重比较小，以获取纤维为主要目的，其种子一般多作为工业用油的原料。油用亚麻植株比较矮，分枝比较多，并有分茎现象，千粒重比较大，以收获种子为主要目的。油纤兼用亚麻各个性状介于前两者之间。油用亚麻种植历史悠久，面积较大，种质资源丰富。纤维亚麻20世纪30年代才开始大面积种植，种质资源较少。在目前保存的2 943份亚麻种质资源中，油纤兼用的1 103份，占37.5%；油用的1 097份，占37.3%；纤用367份，仅占12.5%。

按照熟期分为早熟、中熟、中晚熟和晚熟4种类型。我国目前栽培的亚麻多为中晚熟类型和晚熟类型。早熟类型生育前期生长较快，植株矮小，产量较低。中晚熟类型生育前期生长较慢，蹲苗期长，抗旱性较强，出麻率高及纤维品质好，产量较高而稳定。晚熟类型生育前期生长较慢，蹲苗期长，抗旱性较强，出麻率高及纤维品质较好，植株高大，抗倒伏能力较差，产量高。亚麻生育期长短易受环境的影响，遇到高温干旱生育期可缩短，遇低温多雨可延长。同一品种类型在南方种植生育期可成倍延长。

（二）形态特征和生物学特性多样性

1. 株高 目前生产上栽培的油用亚麻品种株高一般都在40 cm以上，纤维亚麻品种都在80 cm以上。在目前保存的2 943份亚麻种质资源中，株高为14.0～126.3 cm，平均株高为57.7 cm，低于20 cm的有10份，20～50 cm的860份，100 cm以上的12份，绝大部分在50～100 cm之间。油用亚麻的株高为14.0～91.4 cm，平均为47.5 cm；兼用的27.0～94.3 cm，平均60.3 cm；纤用的48.6～126.3 cm，平均73.6 cm。

2. 生育期 生产上油用亚麻品种的生育期普遍长于纤维亚麻。在目前保存的2 943份亚麻种质资源中，生育期在23～135 d之间，其中油用的生育期29～135 d，平均为92.5 d；兼用的生育期23～124 d，平均为93.7 d；纤用的生育期59～112 d，平均为85.4 d。极早熟材料有8份，生育期为23～30，均为油用或兼用类型。生育期在120 d以上的有23份，也为油用或兼用类型，其中高胡麻生育期最长，为135 d。

3. 分枝 油用亚麻的分枝数为0.4～10.5个，平均4.0个；兼用的分枝数为1.2～11.7个，平均4.0个；纤用的分枝数为1.6～7.0个，平均3.7个。

4. 蒴果 油用亚麻蒴果数为 4.2～56.1 个，平均为 19.1 个；兼用的蒴果数 6.4～89.8 个，平均 23.1 个；纤用的蒴果数 3.0～42.0 个，平均 10.8 个。

5. 种皮色 种皮褐色的 1 696 份，占 57.6%；浅褐色的 646 份，占 22.0%；深褐色 126 份，占 4.3%；其他少量为黄色、乳白色、红褐色等。

6. 花冠颜色 以蓝色为主，有 2 453 份，占 83.4%。此外还有白、紫、红、粉等各种颜色。

7. 出麻率 出麻率相差比较大，纤维亚麻的出麻率为 8.1%～21.4%，油用亚麻的出麻率更低。

8. 出油率 502 份油用亚麻含油率在 34.41%～44.22%，其中含油率在 40%以上的有 241 份，占 48.0%。

此外，花药色有微黄、橘黄、浅灰、蓝等颜色；花丝有白、蓝、紫等颜色；花瓣形状有扇形、菱形、披针形等形状；种子有单胚、双胚或三胚等类型；子房多为 5 室，但有少数为 6 室等。

（三）分子标记揭示的遗传多样性

邓欣等进行了亚麻遗传多样性的 RAPD 分析研究，在随机选择的 600 条 RAPD 引物中，筛选出的 25 个引物能在 10 个亚麻品种间扩增出清晰稳定的多态性片段，共扩增出 852 条带，每条引物扩增出的条带数为 23～52 条，平均每个引物扩增出 34.08 条带，其中 206 条为多态性条带，平均每个引物扩增出 8.24 条多态性条带。10 个品种间的遗传距离为 0.027 3～0.072 4，用 UPGMA 法建立了 10 个亚麻品种的亲缘关系树状图，并可将它们分为 3 组。其中，纤维亚麻大多聚在一起，油用亚麻各自成类。表明用 RAPD 分子标记技术分析亚麻的不同品种间的遗传多样性是可靠的，揭示了亚麻种质资源的多样性。

（王玉富）

十、大麻

中国是大麻（*Cannabis sativa* L.）的起源和分化中心之一，栽培和利用历史悠久，栽培区域分布广泛，大麻地方品种遍及全国各地，野生资源在西北、西南、华北和东北都有分布，类型繁多。在长期的进化和演化过程中，栽培大麻品种间在形态特征、生物学特性、品质特性、酚类化合物含量等方面存在着明显差异，形成了极为丰富的遗传多样性。

（一）形态特征多样性

大麻形态特征差异较大，有雌雄同株和雌雄异株之分。茎色可分为绿色、浅紫色、红色和紫色。茎横切面分为圆形、四棱形和六棱形。叶型有二叶和三叶之分。果色有绿色、淡黄色、灰色、红色和紫色。种子形状可分为卵圆形、近圆形和圆形；种子颜色有灰色、浅褐色、褐色和黑褐色；种皮可分为光滑、网状花纹和斑点 3 种类型；千粒重差别也很大，轻者 9.0 g，重者达 32.0 g，相差近 3.6 倍。

（二）生育期多样性

根据其生育日数可分为早熟、中熟、晚熟 3 种类型。小于 100 d 的为早熟型，100～150 d 的为中熟型，150 d 以上的为晚熟型。同一品种在不同地区的熟性表现不同，高纬度品种向南引种生育日数减少，低纬度品种向北引种生育日数增多。此外，品种的熟性受气温、海拔高度等环境因子的影响较大。

（三）利用类型多样性

大麻栽培品种根据其种植利用的目的不同可分为纤维用、油用、油纤兼用 3 种类型。纤用型品种的株高、纤维产量、出麻率等性状通常比油用型品种为优，而种子产量（600～750 kg/hm^2）和含油率（多在 30%以下）较低，在较好的栽培条件下，纤维产量可达 1 350～1 800 kg/hm^2，干茎出麻率达 20.0%～21.5%。油用型品种种子较大，种子产量高，可达 1 050～1 200 kg/hm^2，含油率多在 30%以上，而纤维产量相对较低。陕西、甘肃、宁夏等省（自治区）的大麻多为油用栽培。兼用型品种的纤维产量和种子产量介于纤用型和油用型之间，一般种子产量为 750～1 050 kg/hm^2，含油率达 33.0%～34.8%。

（四）纤维品质多样性

大麻的纤维品质指标主要有纤维拉力、纤维厚度、纤维长度、含胶、含杂、柔软度等。束纤维拉力一般为 638～845 N/g，湿润状态下则强力降低。优质大麻品种束纤维拉力为 882.5～931.6 N/g，纤维长 120～150 cm。

（五）酚类化合物多样性

大麻中含有多种酚类化合物，已分离出的有大麻酚（CBM）、大麻二酚（CBD）、四氢大麻酚（THC）、四氢大麻二酚（THCV）、大麻酚酸（CBDA）、四氢大麻酸（THCA）、四氢大麻二酚酸（THCUA）、大麻醇（CBN）、戊基间苯二酚（CBG）等 40 余种，其中四氢大麻酚对神经系统有很强的刺激作用，为主要致幻成瘾性有毒物质。而大麻二酚一般对人不产生致幻作用，其含量高的多为纤用或油用大麻。

（粟建光）

十一、甘蔗

中国是甘蔗的起源中心之一。甘蔗种植历史悠久，在长期的传播和演化过程中，形成了丰富的种质类型及其遗传多样性。现代甘蔗栽培品种多为种间杂交品种，在所有甘蔗生产品种中，均含有细茎野生种（*Saccharum spontaneum* L.）的血缘。所以，细茎野生种是甘蔗属的重要野生种，也是世界甘蔗育种的重要亲本。目前，我国保存有细茎野生种的不同生态类型材料 700 余份，其在地理分布、生态类型、形态特征、生物学特性、品质和染色体等性状方面均存在明显差异，表现出了丰富的遗传多样性。

（一）地理分布和生态类型的多样性

细茎野生种是甘蔗属中分布范围最广、种类最多的一个野生种。在我国，分布在北纬

34°以南的地区，海拔高度为1～2 460 m，以西南地区分布最多。该种适应力极强，在干旱的沙漠、淹水的沼泽地以及海边的盐碱地都能生长，在热带高温地带或高山雪地上也可生长，生态类型多样。对652份细茎野生种原生境的地理生态差异比较结果如下：

1. 海拔分布 海拔分布范围从1～2 460 m，其中，分布在海拔201～1 500 m的有438份，占67.2%；分布在100 m海拔之下的有77份，占11.8%，100～200 m有59份，占9.1%；在海拔1 501～1 800 m有36份，占5.5%；大于海拔1 800 m的有42份，占6.4%。随着海拔的上升，常表现为植株由高变矮、茎径由粗变细、叶片由长宽变短窄、花期逐渐提早的趋势。

2. 纬度分布 纬度分布范围为北纬18°10′～32°30′，其中，主要分布在北纬20°～28°，有452份，占69.3%；分布在北纬20°以内的有60份，占9.2%；北纬28°～30°的有91份，占14.0%；北纬30°以北的有49份，占7.5%。随着纬度的变化，最明显的特征是花期随着纬度的北移而逐渐提早。

3. 经度分布 经度分布范围为东经97°49′～120°65′，其中，主要分布在东经100°～110°，有424份，占65.0%；东经100°以西的有64份，占9.8%；东经110°～115°有84份，占12.9%；东经115°以东的有80份，占12.3%。

（二）形态特征和生物学特性的多样性

经过长期的自然演化，细茎野生种在节间形状、节间颜色（曝光后）、芽形、叶鞘背毛、株高、茎径、叶长、叶宽、花期等主要性状上，表现出丰富的遗传多样性。

1. 节间形状 通过对683份材料节间观察，分为圆筒形、腰鼓形、细腰形、圆锥形、倒圆锥形5种类别。以圆筒形和圆锥形为主，分别占79%和18%，腰鼓形、细腰形和倒圆锥形仅占3%。

2. 节间颜色（曝光后） 通过对683份材料观察，分为黄绿、深绿、红、紫、深紫、绿条纹6种类别。以紫色为主，占91%，其他颜色占9%。

3. 芽形 通过对683份材料的观察，分为三角形、椭圆形、倒卵形、五角形、菱形、圆形、卵圆形7种类别。以三角形和卵圆形为主，分别占68%和22%，菱形占5.5%，其他占4.5%。

4. 叶鞘背毛 通过对695份材料的观察，可分为无、少、较多、多4种类别。各类别的比例为55.2%、12.3%、7.0%和25.5%。

5. 株高 对585份细茎野生种的调查结果表明，株高具有明显差异，植株从矮小、丛生至大茎、高度超过5 m的分有多种类型。株高范围为16～518 cm，其中，16～50 cm有10份，占1.7%；50～100 cm有124份，占21.2%；101～150 cm有241份，占41.2%；151～220 cm有194份，占33.2%；大于220 cm有16份，占2.7%。

6. 茎径 对562份材料的茎径调查结果表明，茎径具有明显差异，变化范围为0.18～1.5 cm。其中，0.18～0.25 cm有12份，占2.1%；0.26～0.4 cm有195份，占34.7%；0.41～0.55 cm有265份，占47.1%；0.56～0.75 cm有79份，占14.1%；大于0.75 cm有11份，占2.0%。

7. 叶宽 对527份材料的叶片宽度调查结果表明，叶片宽度差异非常明显，变化范围为0.2～1.8 cm。其中，小于0.2 cm的有9份，占1.7%；0.2～0.4 cm有159份，占30.2%；0.41～0.6 cm有194份，占36.7%；0.61～1.3 cm有151份，占28.7%；大于1.3 cm有14份，占2.7%。

8. 叶长 对527份材料的叶长调查结果表明，叶长具有明显差异，变化范围为39～144 cm。其中，39～55 cm有12份，占2.3%；56～80 cm有141份，占26.8%；81～110 cm有281份，占53.2%；111～130 cm有79份，占15.0%；大于131 cm有14份，占2.7%。

9. 花期 对494份材料的花期调查结果表明，其范围从6月下旬至次年1月上旬。其中，6月下旬至7月下旬有27份，占5.5%；8月有113份，占22.9%；9月有123份，占24.9%；10月有151份，占30.5%；11月有70份，占14.2%；12月至次年1月有10份，占2.0%。

（三）品质类型的多样性

锤度是甘蔗品质（糖分）的重要指标。对574份材料的锤度检测结果表明，其变化范围为2.5%～22%。其中，2.5%～5.0%有16份，占2.8%；5.1%～8%有53份，占9.2%；8.1%～10%有80份，占13.9%；10.1%～12%有150份，占26.1%；12.1%～16%有252份，占43.9%；大于16%有23份，占4.0%。

（四）分子标记揭示的遗传多样性

范源洪、陈辉等（2001）利用25个RAPD随机引物对86份来自云南不同生态区和195份来自中国不同生态环境的甘蔗细茎野生种（*Saccharum spontaneum* L.）进行了遗传多样性和系统演化研究，结果表明，中国甘蔗细茎野生种具有很高的遗传变异，不同地理类群间的遗传分化明显，具有丰富的遗传多样性。基于分子聚类分析，86份云南甘蔗细茎野生种被划分为8个不同群体，表现出明显的地理分布的特点，低纬度类型的遗传多样性明显高于高纬度类型，在相同的纬度范围内，随着海拔的升高，其多态性逐渐减少；从195份来自全国不同地理群体的分析结果看，细茎野生种的遗传分化具有明显的地理和生态分布特点，云南群体具有丰富的多样性，自云南、四川、贵州到南部的广西、广东、海南以及东南的福建、江西呈现多样性逐渐降低的趋势。同时，相近的气候类型及地理位置，即位于中国西南的云南、四川、贵州（属亚热带高原湿润季风气候），位于中国南部的广西、广东、海南（属热带湿润季风气候），位于中国东南部的福建与江西（属亚热带湿润季风气候）的相似地理群体内遗传分进程度低，亲缘较近，具相似的起源演化进程；不同地理群体间的遗传差异较大，遗传分化进程较高。研究结果初步证明，中国甘蔗细茎野生种可能起源于云南南部低海拔、低纬度地区，而后逐渐向高海拔、高纬度的西部和东部扩散，即中国甘蔗细茎野生种的起源演化方式为：起源于云南，然后由云南→四川→贵州→广西→广东→海南→福建→江西传播，提出了云南南部可能是野生甘蔗起源中心之一的观点。

（范源洪）

十二、普通甜菜

普通甜菜（*Beta vulgaris* L.）即通常称谓的栽培甜菜。中国种植甜菜的历史悠久。由于地域生态及栽培条件的差异，经长期自然选择和人工选择，形成了各品种特征特性差异，特别是形态和农艺性状的千差万别，从而产生了适应各地区的生态型。因此，中国普通栽培甜菜的遗传多样性的丰富程度，可依据形态、农艺性状和生态型的差异来表述。

（一）品种类群多样性

中国目前种植较多的是普通甜菜亚种（subsp. *vulgaris* L.），包括我国栽培甜菜的4个品种群，即糖用品种群（sugar beet）、菜用品种群（garden beet）、饲用品种群（fodder beet）、叶用品种群（leaf beet）。

1. 糖用品种群（sugar beet）　主要分布于我国北纬40°以北的东北、华北及西北3个甜菜主产区，其中东北种植最多，约占全国甜菜总面积的80%以上。糖用甜菜的单产和含糖率都很高，其利用价值是将其肥大的块根作为制糖工业的主要原料，同时榨糖后的一些副产品作为牲畜的饲料。

2. 菜用品种群（garden beet）　主要分布于我国的东北和西北甜菜生态区，其中东北生态区的吉林省和黑龙江省种植最多。菜用甜菜的叶片颜色多为粉红色或红色，叶脉多为红色或紫红色，根形多为圆球形，根皮的颜色为红色和紫红色，根肉多为粉红色或紫红色。菜用甜菜含有一定量的糖分和较高的维生素等营养物质，其粗纤维和碱含量都很低，在欧洲各国，主要用作蔬菜、汤料或色拉食用，也是生产天然染料红色素的原料。

3. 饲用品种群（fodder beet）　在我国南北各地均有栽培，以西北和华北生态区种植较多，广东、湖北、湖南、江苏、四川等地也有栽培。饲用甜菜的根形多为圆柱形、无根沟，根皮多为黄色或红色，根肉多为淡黄色或粉红色，块根较大，单株块根重可达6～7.5 kg。饲用甜菜含有一定量的糖分和较高的矿物盐类及维生素等营养物质，其粗纤维含量低，易消化，是猪、鸡、奶牛的优良青饲料。

4. 叶用品种群（leaf beet）　在中国栽培历史最长，目前主要分布于我国的四川、江苏、贵州、浙江、福建、广东、广西、云南等地。由于受不同地区生态环境条件的长期影响，又形成了一年生、二年生及多年生等不同生态类型。

（二）形态特征多样性

中国甜菜种质资源形态特征差异较大。叶片形状有盾形、心脏形、舌形、犁铧形、矩形、圆扇形、柳叶形、戟叶形、披针形和箭形；叶片颜色有淡绿、浓绿、黄绿、粉色、红色和紫红色；叶缘形状有大波、中波、小波和全缘；叶表面形状有平滑、波浪、微皱和多皱。叶丛有直立型、斜立型和匍匐型。块根形状有圆锥形、楔形、纺锤形、圆柱形和圆球形。根皮颜色有白色、黄色、粉色、红色和紫色。采种植株株型有单茎型、多茎型和混合型。种子粒性有单粒、双粒和多粒；种子的大小以千粒重表示，差别也非常显著，低者为9～11 g，高者达45 g以上，相差超过30 g。甜菜为两性花，异花授粉，正常情况下自交不结实。根据花药发育的状况、花粉粒的特征和散粉能力，甜菜花的育性大致可将其分为

4 种类型：

（1）全不育型 即花药为白色或乳白色，半透明状，不开裂，无花粉粒或有少量早期退化的花粉粒，外壁不清楚。

（2）不育一型 即花药为淡黄色或绿黄色，不透明，不开裂，有少量花粉粒，花粉膜清楚，没有生活能力。

（3）不育二型 即花药为橘黄色或黄色，不透明，较饱满，不开裂或同株上混有开裂的花药，花粉粒数量较多，大小不等，花药膜清楚，少部分花粉粒有生活能力。

（4）恢复可育型 即花药为黄色，大而饱满，充满花粉粒，开花散粉后，花粉即掉落，花粉粒数量多，圆而大，也有小花粉粒，花粉膜清楚，花粉有生活能力，吸水易破裂。

（三）农艺性状多样性

甜菜主要以其膨大的直根供制糖加工食用。甜菜块根的生长发育受不同生态区的气候及土壤条件等环境因素的影响较大。中国东北、华北和西北三大生态区，甜菜的产量、品质性状及主要病虫害种类都有较大的区别。根据对已经编目入国家种质长期库的 1 382 份中国甜菜种质资源的调查表明，中国甜菜种质的块根产量、含糖率和产糖量均以西北生态区最高，华北生态区次之，东北生态区最低。其中西北生态区 273 份甜菜种质资源的平均块根产量为 52.32 t/hm^2，变异幅度为 10.35～92.99 t/hm^2；平均含糖率 15.89%，变异幅度为 10.30%～20.97%，平均产糖量为 8.26 t/hm^2，变异幅度为 1.41～14.88 t/hm^2。华北生态区 205 份甜菜种质资源的平均块根产量为 39.88 t/hm^2，变异幅度为 13.02～75.41 t/hm^2；平均含糖率 14.90%，变异幅度为 7.78%～17.72%之间；平均产糖量为 6.02 t/hm^2，变异幅度为 1.93～11.99 t/hm^2。东北生态区 904 份甜菜种质资源的平均块根产量为 26.54 t/hm^2，变异幅度为 0.97～75.90 t/hm^2；平均含糖率为 14.8%，变异幅度为 1.84%～20.43%；平均产糖量为 3.99 t/hm^2，变异幅度为 0.07～9.08 t/hm^2。

甜菜的品质性状主要由其块根含糖率及钾、钠、α-氮（α-N）含量决定，后者又称工艺有害成分，含量高时，影响蔗糖结晶析出，降低甜菜品质。高品质甜菜的主要指标是：蔗糖含量高，钾、钠及 α-氮含量低。中国三大生态区 1 382 份甜菜种质资源的钾、钠及 α-氮含量也有很大差别。钾含量由低到高的顺序为东北生态区、华北生态区、西北生态区，平均为 43.61 mmol/kg，变异幅度 8.69～112.90 mmol/kg；钠含量由低到高顺序为西北生态区、东北生态区、华北生态区，平均为 35.71 mmol/kg，变异幅度 1.06～111.80 mmol/kg；α-氮含量由低到高的顺序为华北生态区、东北生态区、西北生态区，平均为 25.02 mmol/kg，变异幅度 0.1～100.90 mmol/kg。

（四）经济类型多样性

糖用甜菜的经济性状主要是块根产量及含糖率。根据不同品种在其适应地区的块根产量多少及含糖率的高低，再加上与当地推广品种的比较，已编目入国家库的 1 382 份中国甜菜种质资源材料大致可划分为 9 种经济类型：①丰产型，通常用“E”型表示，占 5.35%；②标准型，通常用“N”型表示，占 30.68%；③高糖型，通常用“Z”型表示，占3.62%；④超高糖型，通常用“ZZ”型表示，占4.2%；⑤丰产兼高糖型，通常用“EZ”型表示，占7.09%；⑥标准偏丰产型，通常用“NE”型表示，占10.42%；⑦标准偏高糖型，通常用“NZ”型表示，占9.77%；⑧标准偏低产型（标准偏低糖型），通常用“NL”型表示，占11.58%（11.22%）；⑨低产低糖型，通常用“LL”型表示，占6.08%。

（五）分子标记揭示的遗传多样性

近年来，我国科学工作者利用分子标记技术对甜菜种质资源遗传多样性开展了研究，研究结果表明我国甜菜遗传多样性十分丰富。张福顺（2000）应用随机扩增多态DNA（RAPD）技术，对29份叶用甜菜样品和1份糖用甜菜的DNA进行遗传多样性分析，12个随机引物共检测到110个位点，通过聚类分析，将这些资源分成两大类及8个小类，确定为中国叶用甜菜样品与希腊及土耳其等叶用甜菜各为单独一类。路运才（2001）利用筛选出来的8种随机引物对15个多倍体甜菜品种及11份亲本材料进行RAPD扩增分析，得到47条扩增带，公共带15条，特异带的比率为68.1%；有2对“双引物”共扩增出10条带，公共带仅1条，多态性频率高达90%。根据形态性状鉴定和RAPD分析数据，以及对供试材料进行的聚类分析研究，结论是中国甜菜多倍体品种遗传多样性非常丰富。

（崔　平）

十三、普通烟草

中国普通烟草（*Nicotiana tabacum* L.）种植面积大，烟区分布广，种质资源数量多，类型齐全，有烤烟、晒烟、晾烟、白肋烟和香料烟5种类型，在株高、叶数、生育期和品质等方面存在明显差异，表现出丰富的遗传多样性。

（一）类型多样性

根据品种、栽培措施、调制方法和品质特点的不同，我国普通烟草可分为5个类型。

1. 烤烟 烤烟引进有百年历史，栽培面积最大，是卷烟工业的主要原料，种质资源有1 300多份。植株高大，叶数较多，适于肥力中等的沙壤土种植。大田生育期110～120 d。烟叶自下而上成熟，多次采收。烤后原烟金黄色至橘黄色，含糖量20%～25%，烟碱含量2.5%左右。主要分布于云南、贵州、四川、河南、山东等省。

2. 晒烟 晒烟是最早引进的类型，有400多年历史，遍布全国各地，在多种环境条件影响和人工栽培驯化下，形成众多各具地方特色的种质资源2 000多份。晒烟又分为晒黄烟和晒红烟两大类。晒黄烟形态和生长习性与烤烟相似。晒红烟植株较矮，叶数较少，叶片较厚，适于肥力较高的土壤种植，烟叶自上而下成熟，分次采收。晒后原烟红褐色，含糖量低，烟碱较高。主要分布于四川、湖南、吉林等省。

3. 晾烟 晾烟包括雪茄烟、马里兰烟和地方传统晾烟。种植面积较小，种质资源有100多份。雪茄烟叶用于卷制雪茄烟，要求遮阴栽培，需肥量少。晾干后叶片大而薄，灰褐色，油分足，燃烧性好，在浙江种植。马里兰烟用作低焦油混合型卷烟原料，晾干后叶片红褐色，烟碱和焦油含量低，燃烧性好，在湖北五峰、云南保山种植。地方传统晾烟作旱烟吸用，对土壤肥力要求高，晾干后烟叶紫红色，较厚，含糖量低，烟碱高，在广西武鸣、云南永胜种植。

4. 白肋烟 白肋烟是20世纪50年代引进中国，栽培面积不大，是混合型卷烟的主要原料，种质资源有100多份。植株高大，叶数较多，茎和叶脉乳白色，叶片黄绿色，适于肥沃的土壤种植，大田生育期100～110 d，半整株砍收。晾干后烟叶红褐色，含糖量低，烟碱高。主要在湖北西部、四川东部、重庆东部和云南宾川种植。

5. 香料烟 香料烟是20世纪50年代引进中国，混合型卷烟的调香原料，种植面积较小，种质资源有100多份。植株瘦小，耐瘠耐旱，适于肥力较低的土壤种植。大田生育期100 d左右。调制后烟叶红褐色，烟碱含量低，香气好。主要在云南保山、浙江新昌、新疆伊犁种植。

（二）形态特征和农艺性状多样性

根据对759份初选核心种质的统计分析，结果如下。

1. 株型 有塔形、筒形和橄榄形3种。以筒形最多，占50.06%；塔形次之，占48.93%；橄榄形最少，占1.01%。

2. 叶形 有椭圆形、长椭圆形、宽椭圆形、卵圆形、长卵圆形、宽卵圆形、心脏形和披针形8种。以椭圆形最多，占33.99%；长椭圆形次之，占24.64%；宽椭圆形再次，占18.84%；其余叶形均较少，均在9.00%以下。

3. 叶尖 有渐尖、急尖、钝尖和尾状4种。以渐尖最多，占68.64%；钝尖次之，占18.31%；急尖再次，占10.94%；尾状最少，占2.11%。

4. 叶色 有深绿色、绿色、浅绿色和黄绿色4种。以绿色最多，占60.47%；深绿色次之，占20.55%；浅绿色再次，占10.54%；黄绿色最少，占8.43%。

5. 花色 有红色、深红色、淡红色和白色4种。以淡红色最多，占78.66%；红色占15.81%，深红色占4.08%，白色最少，占1.45%。

6. 株高 种质间株高差异很大，有的高达200～300 cm，有的矮至30～40 cm，平均为129.63 cm。类型间以烤烟最高，294份种质平均为149.93 cm；白肋烟次之，31份种质平均为128.52 cm；香料烟最矮，11份种质平均为112.33 cm。

7. 叶数 种质间叶数差异明显，多叶种质可达40～50片/株，少叶种质则不足10片/株，平均是24.58片/株。类型间以白肋烟最多，31份种质平均是29.65片/株；烤烟次之，294份种质平均是28.98片/株；晒烟最少，407份种质平均是20.87片/株。

8. 移栽至开花天数 种质间差异甚大，多叶种质需超300 d才开花，少叶种质30～40 d就开花，平均是65.79 d。类型间以白肋烟最多，30份种质平均是75.03 d；烤烟次之，293份种质平均是73.9 d；香料烟最少，11份种质平均是49.82 d。

9. 茎围 各种质平均茎围为7.82 cm。类型间以白肋烟最大，31份种质平均为8.63 cm；烤烟次之，274份种质平均为8.24 cm；香料烟最小，11份种质平均为5.83 cm。

10. 节距 各种质平均节距为4.54 cm。类型间以雪茄烟最大，16份种质平均为

4.76 cm；烤烟次之，275 份种质平均为 4.65 cm；香料烟最小，11 份种质平均为 3.95 cm。

11. 叶长　各种质平均叶长为 50.20 cm。类型间以烤烟最长，294 份种质平均为 53.63 cm；晒烟次之，407 份种质平均为 48.65 cm；香料烟最短，11 份种质平均为 32.88 cm。

12. 叶宽　各种质平均叶宽为 24.34 cm。类型间以烤烟最宽，294 份种质平均为 25.79 cm；白肋烟次之，31 份种质平均为 23.98 cm；香料烟最窄，11 份种质平均为 16.58 cm。

（三）分子标记揭示的遗传多样性

王志德等利用 43 个 RAPD 引物 PCR 扩增的 214 个分子量不同的 DNA 片段，标记出 24 份烟草核心种质的指纹图谱，表现了高度的遗传多样性。通过聚类分析，将 24 份种质分为 6 大类群。叶兰钦等利用 SSR 标记分析了 13 个云南烟草主要栽培品种的遗传多样性。92 对分布于烟草 24 个连锁群的 SSR 标记，筛选发现 20 对在这些品种间存在多态性。20 个位点上共检测出 52 个等位基因，平均每对引物等位基因数为 2.6 个。

（蒋予恩）

十四、茶树

茶树［*Camellia sinensis*（L.）O. Ktze.］原产我国，其形态特征和生物学特性的多样性十分丰富。

（一）形态特征和生物学特性多样性

1. 树型、树姿和株高　树型有主干挺拔的乔木型（约占 5%）、下部主干明显的小乔木型（30%）和没有主干的灌木型（65%），适制绿茶的栽培品种 80%是灌木型，适制红茶的栽培品种 80%是小乔木型。树姿有直立（约占 10%）、半开张（70%）和开张（20%）。树体最高的是云南景东县大卢山大叶茶树，高达 18.5 m；干径最粗的是云南勐海县南糯山大茶树，达 1.38 m；树高最低的是浙江龙井种和江苏宜兴种，树高不足 1 m，没有主干。

2. 叶片　茶树叶片形态变异十分明显。

（1）叶长宽　最长 33.0 cm，最宽 13.6 cm（云南勐海曼帮大叶茶）；最短 3.3 cm，最狭 1.4 cm（福建福鼎瓜子金），80%叶长集中在 9.5～13.5 cm。

（2）叶形　有近圆形、卵圆形、椭圆形、长椭圆形、披针形，约 80%为椭圆形和长椭圆形。

（3）叶身　有平、稍内折、强内折、背卷，70%为稍内折。

（4）叶面隆起性　有平、稍隆起、隆起、强隆起，80%为隆起。

（5）叶尖　有圆尖、钝尖、渐尖、尾尖、急尖，70%为渐尖。

（6）叶齿　分单齿和重锯齿，锐中钝、密中稀、深中浅，约 70%为锐中钝。

（7）叶脉数　最多绿春玛玉茶 17 对，最少安溪软枝乌龙 6 对，80%为 8～10 对。

3. 芽叶 芽叶形态呈现出的多样性表现在以下 4 个方面。

(1) 长短 一芽二叶最长是勐海大叶茶 16.8 cm，最短是福鼎瓜子金 1.3 cm。

(2) 一芽三叶百芽重 最重是元江糯茶 12 800.1 g，最轻是福鼎瓜子金 110.0 g。

(3) 色泽 分玉白、淡绿、黄绿、绿、深绿、紫绿、紫红，约 80%是黄绿和绿。

(4) 茸毛 有无毛、稀毛、中毛、多毛、特多之分，80%是中毛和多毛。

4. 花 茶树花器官形态的变异表现如下：

(1) 花冠直径 最大是上饶大面白 6.5 cm，最小是凌云白毛茶 1.2 cm，80%在 2.5～3.8 cm。

(2) 花瓣数 最多 8 枚，最少 5 枚，90%在 6～8 枚。

(3) 花瓣颜色 白色、白带微绿色、白带微红色，约 70%为白带微绿色。

(4) 子房茸毛 分无毛和有毛，有毛又有少、中、多、特多之别，约 95%的花子房有毛。

(5) 柱头裂数 有 2、3、4 裂，约 80%的花为 3 裂。

(6) 柱头裂位 有微裂、浅裂、中裂、深裂、全裂，约 70%为中裂。

(7) 雌雄蕊高比 有高、等高和低，70%为雌蕊高于雄蕊。

(8) 萼片茸毛 分无毛、稀毛、中毛、多毛，约 80%为无毛。

5. 果实和种子 果实和种子形态的变异表现如下：

(1) 果形和果室数 果形有球形、肾形、三角形、四方形、柿形；果室 1～4 室，70%为 2～3 室。

(2) 果皮厚 最厚 2.0 mm，最薄 0.8 mm，80%在 1.5～2.0 mm。

(3) 种子形状 分球形、半球形、不规则形，80%为球形。

(4) 种子百粒重 一般在 26.0～465.0 g 之间。

6. 生化成分

(1) 茶多酚 春茶一芽二叶干样含茶多酚在 10.7%（浙江安吉县白茶）～41.5%（云南墨江县老朱寨玛玉茶），平均为 28.4%，高多酚资源主要为云南、广西、广东的乔木和小乔木大叶茶。

(2) 儿茶素 总含量为 8.19%～29.34%（福建建水县云龙山大叶茶），平均为 14.46%。

(3) 咖啡碱 含量为 1.2%～5.7%（广东乐昌市沿溪山白毛茶），约 70%的资源在 2.5%～3.5%，云南、广西资源及福建乌龙茶栽培品种多在 4.0%以上。

(4) 氨基酸 含量为 0.47%（云南澜沧县那东老茶）～6.50%（云南新平县峨毛茶），平均为 3.3%，灌木中小叶茶含量高于乔木大叶茶。

(5) 水浸出物 含量为 24.4%～53.8%（云南腾冲市文家塘大叶茶），平均为 44.7%。

7. 一芽一叶生长期 在同一地区的相同环境条件下，一芽一叶生长期早晚相差很大，分特早生、早生、中生、晚生和特晚生，间隔 7～10 d。同样生长在杭州“国家茶树种质圃”，黄叶早、乌牛早等在 3 月中旬可达到一芽一叶，而政和大白茶、北斗 1 号等要到 5 月上旬，两者差 50 d 左右。当然，同一品种在不同地区又有很大的差别，同样是黄叶早、乌牛早在温州 2 月中旬可达到一芽一叶，比在杭州早 1 个月左右。生长在杭州“国家茶树种质圃”的资源，特早生的约占 2%，早生的占 22%，中生的占 65%，晚生的占 8%，特晚生的占 3%。此外，灌木中小叶资源发芽期普遍要早于乔木大叶；在地域上，福建适制乌龙茶的品种以及安徽南部的群体品种大部分属于中生或晚生类型。

8. 生态型　茶树在我国自然分布区域内分成 6 种生态类型，其生态多样性超过任何国家或地区。

（1）低纬高海拔乔木大叶型　分布于北纬 23°以南，海拔 800～2 500 m 的云南中南部区域。茶树抗寒性弱，茶多酚、咖啡碱含量高，制红茶品质优良。以云南勐海大叶、勐库大叶茶为代表。

（2）南亚热带（包括边缘热带）乔木大叶雨林型　分布于北纬 23°线以南，海拔 500 m 以下区域。茶树抗寒性弱，适制红茶。以海南大叶茶、广西防城茶为代表。

（3）南亚热带小乔木大叶型　分布于北纬 23°～25°之间，海拔 300～1 000 m 区域。茶树抗寒性较弱，适制红茶或绿茶。以台湾大叶茶、广东乐昌白毛茶为代表。

（4）中亚热带小乔木大中叶型　分布于北纬 25°～30°的长江以南地区，海拔 800 m 以下区域。茶树耐寒、耐旱性均较强，适应性较强，适制红茶、绿茶和乌龙茶。以湖北恩施大叶茶、福建水仙为代表。

（5）中亚热带灌木中小叶型　分布于北纬 30°～33°的长江南北地区，海拔 500 m 以下区域。茶树耐寒性强，适应性强，适制红茶或绿茶。以安徽祁门种和浙江龙井种为代表。

（6）北亚热带和暖温带灌木中小叶型　分布于北纬 33°～35°的长江以北地区，海拔 200 m 以下区域。茶树耐寒性强，但冻害是主要自然灾害，适制绿茶。以河南信阳种、陕西紫阳种为代表。

（二）分子标记揭示的遗传多样性

多种分子标记手段已应用于茶树 DNA 水平的遗传多样性分析。陈亮等分别对中国 15 份茶树（种内）资源，以及茶组植物的 24 个种和变种的 RAPD 分析表明，种内和种间的遗传多样性分别达到 94.2%和 95.4%，平均多态性相对频率分别为 0.47 和 0.30。中国茶树的 DNA 遗传多样性远比日本、韩国、肯尼亚和印度等国的资源丰富。黄福平等对中国 4 个乌龙茶种群 45 份资源进行 AFLP 分析表明，多样性为 92.03%，AFLP 同样表明中国茶树具有丰富的遗传多样性。姚明哲等已建立了茶树 ISSR - PCR 反应体系，获得了比较高的多样性信息量，PIC 值在 0.72～0.92。

（虞富莲）

十五、鲁桑

中国是世界蚕业的发源地，也是桑树的起源中心，栽桑养蚕历史悠久，蚕区分布广泛，桑种类型繁多。鲁桑（*Morus multicaulis* Perr.）是最主要的栽培桑种，在长期的进化过程中，鲁桑在株高、叶幅、花性、叶缘、叶基、叶缘芒刺、柱头、花柱、葚长短、葚颜色、花叶开放序等形态特征和生物学特性上存在明显的差异，表现为丰富的遗传多样性。

（一）农艺性状多样性

1. 发芽期 指桑芽脱苞至鹊口的日期，分早、迟两类，对 309 份鲁桑种质的调查表明，发芽早 9 份，占 2.9%；发芽迟 300 份，占 97.1%。

2. 成熟期 春季止芯芽的叶片 80%以上成熟时即为该种质叶片的成熟期，分早熟、中熟、晚熟三类。对 383 份鲁桑种质的调查表明，早熟 17 份，占 4.4%；中熟 244 份，占 63.7%；晚熟 122 份，占 31.9%。一般发芽早的桑种质，成熟亦早，但有些种质亦有例外。

3. 硬化期 指秋季叶片的硬化率达 60%的日期，分硬化早、硬化迟两类。对 122 份鲁桑种质的调查表明，硬化早种质 19 份，占 15.6%；硬化迟 103 份，占 84.4%。

（二）形态特征多样性

1. 花性 花性指树型养成后开花的特性，分雌株、雄株、雌雄同株三类。对 729 份鲁桑种质的调查表明，雌株 356 份，占 48.8%；雄株 168 份，占 23.1%；雌雄同株 205 份，占 28.1%。

2. 花柱 指雌花柱头与子房间部分的长短。该性状是鉴别桑种的重要依据，分长、短、无三类。对 281 份鲁桑种质的调查表明，无花柱 277 份，占 98.6%；短花柱 3 份，占 1.0%；长花柱 1 份，占 0.4%。

3. 柱头 指雌花柱头内侧附属物的形态特征。该性状是鉴别桑种的重要依据，分具毛和突起两种。对 288 份鲁桑种质的调查表明，突起有 285 份，占 99.0%；具毛 2 份，占 0.7%；毛和突起 1 份，占 0.3%。

4. 花叶开放序 指树型养成后春季花与叶片的开放顺序，分先叶后花、先花后叶、花叶同开三类。对 371 份鲁桑种质的调查表明，先叶后花 253 份，占 68.2%；花叶同开 88 份，占 23.7%；先花后叶 30 份，占 8.1%。

5. 葚长短 指桑葚成熟时期肉质浆果的长短，分短、中等、长三类。对 304 份鲁桑种质的调查表明，葚长度短 138 份，占 45.4%；中等 145 份，占 44.7%；长 3 份，占 1.0%，无葚果的 18 份，占 5.9%。

6. 葚颜色 指桑葚成熟的颜色，分白、紫黑、紫红。对 286 份鲁桑种质调查表明，其中紫黑 276 份，占 96.5%；紫红 8 份，占 2.8%；白 2 份，占 0.7%。

7. 叶序 指叶片在一年生枝条中部的排列方式，分 1/2、1/3、2/5、3/8 叶序。对 385 份鲁桑种质的调查表明，2/5 叶序 247 份，占 64.2%；3/8 叶序 60 份，占 15.6%；1/2 叶序 1 份，占 0.2%；过渡类型 77 份，占 20.0%。

8. 叶形状 指枝条中部成熟叶的形状，分心脏形、长心脏形、椭圆形、卵圆形、深裂叶、浅裂叶、全裂混生。对 723 份鲁桑种质的调查表明，心脏形 463 份，占 64.0%；卵圆形 99 份，占 13.7%；长心脏形 146 份，占 20.3%；全裂混生占 3 份，占 0.4%；椭圆形 4 份，占 0.6%；深裂叶 5 份，占 0.7%；浅裂叶 2 份，占 0.3%。

9. 叶缘 指桑树中部成熟叶片叶缘的形状，分锐齿、钝齿、乳头齿。对 309 份鲁桑种质调查表明，乳头齿 204 份，占 66.0%；钝齿 103 份，占 33.3%；锐齿 2 份，占 0.7%。

10. 叶缘芒刺　指桑树中部成熟叶片叶缘芒刺的有无，分有、无。对 372 份鲁桑种质的调查表明，372 份种质全为无芒刺，占 100%。

11. 叶尖　指桑树中部成熟叶片叶尖的形状，分短尾状、长尾状、锐头、钝头、双头。对 307 份鲁桑种质调查表明，锐头 248 份，占 80.8%；短尾 26 份，占 8.5%；双头 23 份，占 7.5%；长尾状 3 份，占 1.0%；钝头 7 份，占 2.2%。

12. 叶基　指桑树中部成熟叶片叶基的形状，分浅心形、心形、深心形、圆形、截形、肾形、楔形。对 307 份鲁桑种质调查表明，心形 129 份，占 42%；浅心形 80 份，占 26.1%；深心形 73 份，占 23.8%；截形 24 份，占 7.8%；肾形 1 份，占 0.3%。

13. 叶长　指一年生枝条中部成熟叶的叶基切线至叶尖基部的长度。对 755 份鲁桑种质调查表明，最大叶长可达 26.0 cm，最小叶长仅 4.0 cm，平均叶长 20.8 cm。

14. 叶幅　指一年生枝条中部成熟叶最宽处的长度。对 755 份鲁桑种质调查表明，最大叶幅 22.3 cm，最小叶幅 6.0 cm，平均叶幅为 17.2 cm，其中最小叶幅为旬阳白皮，最大叶幅为临选 1 号。

（张　林）

参考文献

常汝镇，1989. 不同栽培区大豆品种若干籽粒性状 [J]. 作物品种资源（4）：11-14.
常汝镇，1990. 不同地区大豆遗传资源若干植株性状 [J]. 作物品种资源（4）：3-4.
程尧楚，等，1986. 苎麻染色体组型及其 Giemea C-带型研究 [J]. 中国麻作（4）：1-2.
陈建华，臧巩固，等，2003. 大麻化学成分研究进展与开发我国大麻资源的探讨 [J]. 中国麻业（6）：266-270.
陈辉，范源洪，等，2001. 甘蔗细茎野生种的遗传多样性和系统演化研究 [J]. 作物学报，27（5）：643-652.
蔡青，等，2002. 甘蔗属及其近缘植物的染色体分析 [J]. 西南农业学报，15（2）：16-19.
崔平，张守谆，李雅华，等，1995. 中国甜菜品种资源目录 [M]. 北京：中国农业出版社.
崔平，李亚华，等，2002. 甜菜遗传资源性状鉴定及繁种保存 [J]. 中国糖料（3）：30-33.
崔平，潘荣，2002. 分子技术在甜菜种质资源保存及研究上的应用 [J]. 中国糖料（4）：38-41.
陈亮，虞富莲，杨亚军，2006. 茶树种质资源与遗传改良 [M]. 北京：中国农业科学技术出版社.
邓丽卿，粟建光，等，1991. 红麻种质资源的形态及分类研究 [J]. 中国麻作（4）：16-20.
邓丽卿，粟建光，等，1994. 红麻种质资源的农艺性状研究与利用 [J]. 中国麻作（4）：1-4.
邓欣，陈信波，龙松华，等，2007. 10 个亚麻品种亲缘关系的 RAPD 分析 [J]. 中国麻业科学，29（4）：184-188，238.
傅廷栋，1994. 刘后利科学论文集 [M]. 北京：北京农业大学出版社.
冯纯大，张金法，1998. 陆地棉枯萎病抗性基因的等位性测定及连锁分析 [J]. 遗传，20（1）：33-36.
范源洪，等，2001. 甘蔗细茎野生种云南不同生态类型的 RAPD 分析 [J]. 云南植物研究，23（3）：298-308.

官春云，1990. 油菜生态和遗传育种研究 [M]. 郑州：河南科学技术出版社.
韩柱强，高国庆，等，2004. 利用 SSR 标记分析栽培种花生多态性及亲缘关系 [J]. 作物学报，30 (11)：1097-1101.
何嵩山，1985. 苎麻纤维细度的研究 [J]. 中国麻作 (4)：17-22.
黄福平、梁月荣、陆建良，等，2004. 乌龙茶种质资源种群遗传多样性 AFLP 评价 [J]. 茶叶科学，24 (3)：183-189.
姜慧芳，任小平，廖伯寿，等，2008. 中国花生核心种质的建立及与 ICRISAT 花生微核心种质的比较 [J]. 作物学报.34 (1)：25-30.
姜慧芳，任小平，2006. 我国栽培种花生资源农艺和品质性状的遗传多样性 [J]. 中国油料作物学报，28 (4)：421-426.
路运才，王华忠，2000. RAPD 分子标记技术及其在甜菜上的研究进展 [J]. 中国糖料 (3)：44-47.
刘利，张林，潘一乐，等，2004. 桑树种质资源的国内外现状比较 [J]. 植物遗传资源学报，5 (3)：285-289.
刘景泉，刘淑艳，崔平，等，1990. 全国甜菜品种资源目录 [M]. 哈尔滨：黑龙江科学技术出版社.
刘文欣，孔繁玲，郭志丽，等，2003. 建国以来我国棉花品质遗传基础的分子标记分析 [J]. 遗传，30 (6)：560-570.
邱丽娟，R L Nelson，L D Vodkin，1997. 利用 RAPD 标记鉴定大豆种质 [J]. 作物学报，23 (4)：408-417.
孙济中，陈布圣，1999. 棉作学 [M]. 北京：中国农业出版社.
粟建光，等，2003. 麻类种质资源的收集、保存、更新与利用 [J]. 中国麻作 (1)：4-7.
粟建光，戴志刚，2006. 红麻种质资源描述规范和数据标准 [M]. 北京：中国农业出版社.
孙以楚，1992. 基因工程技术在甜菜遗传资源研究中的应用 [J]. 中国甜菜 (2)：53-54.
唐荣华，贺梁琼，高国庆，等，2004. 多粒型花生的 SSR 分子标记 [J]. 花生学报，33 (2)：11-16.
唐荣华，贺梁琼，庄伟建，等，2007. 利用 SSR 分子标记研究花生属种间亲缘关系 [J]. 中国油料作物学报，29 (2)：142-147.
唐荣华，庄伟建，高国庆，等，2004. 珍珠豆型花生的简单序列重复 (SSR) 多态性 [J]. 中国油料作物学报，26 (2)：20-26.
王省芬，马峙英，张柱寅，等，2005. 我国棉花抗枯、黄萎病骨干品种 (系) 基于 AFLP 的遗传多样性 [J]. 棉花学报，17 (1)：23-28.
王心宇，郭旺珍，张天真，等，1997. 我国短季棉品种的 RAPD 指纹图谱分析 [J]. 作物学报，26 (6)：668-676.
武耀廷，张天真，殷剑美，2001. 利用分子标记和形态学性状检测陆地棉栽培品种遗传多样性 [J]. 遗传学报，28 (11)：1040-1050.
肖瑞芝，等，1982. 我国黄麻品种资源主要类型与经济性状研究 [J]. 中国麻作 (3)：18-21.
肖瑞芝，等，1992. 青叶苎麻染色体核型和 Giemea 带型的初步分析 [J]. 中国麻作 (2)：1-3.
徐秋华，张献龙，冯纯大，2001. 河北省和中棉所育成陆地棉品种的遗传多样性分析 [J]. 棉花学报，13 (4)：238-242.
姚明哲，黄海涛，余继忠，等，2005. ISSR 在茶树品种分子鉴别和亲缘关系研究中的适用性分析 [J]. 茶叶科学，25 (2)：153-157.
叶兰钦，辛明明，杜金昆，等，2009. SSR 标记应用于烟草品种遗传多样性研究 [J]. 中国农学通报，25 (1)：56-62.
虞富莲，俞永明，李名君，等，1992. 茶树优质资源的系统鉴定与综合评价 [J]. 茶叶科学，12 (2)：

95－125.

张桂林，等，1991. 大麻的分类与毒品大麻［J］. 中国麻作（2）：7－9.

张秀荣，陈坤荣，彭俊，等，2004. 芝麻种质资源RAPD分析及其遗传多样性［J］. 中国油料作物学报，26（4）：34－37.

张鹏，张海洋，郭旺珍，等，2007. 以SRAP和EST－SSR标记分析芝麻种质资源的遗传多样性［J］. 作物学报，33（10）：1696－1702.

中国农业科学院油料作物研究所，1993. 中国油菜品种资源目录（续编一）［M］. 北京：中国农业科技出版社.

中国农业科学院油料作物研究所，1997. 中国油菜品种资源目录（续编二）［M］. 北京：中国农业科技出版社.

郑长清，等，1984. 苎麻品种资源纤维品质报告［J］. 中国麻作（1）：23－38.

中国农业科学院茶叶研究所，1986. 中国茶树栽培学［M］. 上海：上海科学技术出版社.

中国农业科学院棉花研究所，1998. 中国棉花遗传资源及其性状［M］. 北京：中国农业出版社.

Prakash，S，K Hinata，1980. Taxonomy，cytogenetics and origin of crop brassicas，a review［J］. Opera Bot，55：1－57.

Ronghua Tang，Guoqing Gao，Liangqiong He，et al，2007. Genetic diversity in cultivated groundnut based on SSR markers［J］. Journal of Genetics and Genomics，34（5）：449－459.

Ronghua Tang，Weijian Zhuang，Guoqing Gao，et al，2008. Phylogenetic relationships in genus *Arachis* based on SSR and AFLP markers［J］. Agriculturnal Sciences in China，7（4）：405－414.

Tsunoda S，Hinata K，Gómez－Campo. C（eds.）. 1980. *Brassica* crops and wild allies：biology and breeding［M］. Tokyo：Japan Scientific Soc. Press.

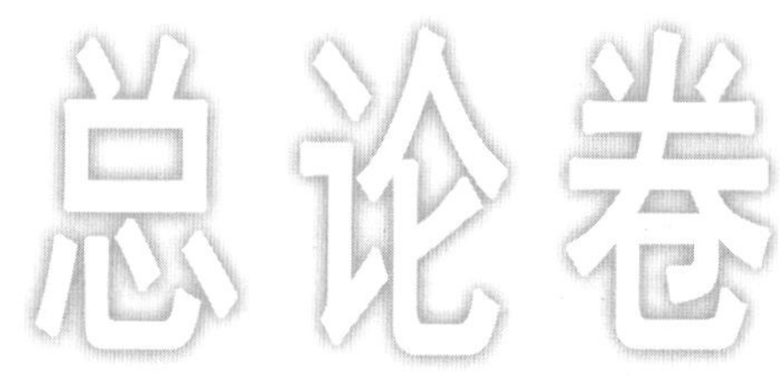

第二十章

蔬菜作物多样性

蔬菜是指一切可供人类佐餐的植物和微生物之总称，包括一、二年生草本植物，多年生草本植物，少数木本植物以及藻类、蕨类和食用菌等，其中栽培较多的是一、二年生草本植物。蔬菜植物包括野生植物和栽培植物。其种类既可能是植物学上的种，也可能是亚种或变种。蔬菜的食用器官多种多样，包括植物的根、茎、叶、花、果实、种子和子实体等。在蔬菜生长和繁衍的过程中，经过人们长期的栽培驯化和选择，形成了丰富多样的可食用变态器官，如肉质根、块根、根茎、块茎、球茎、鳞茎、叶球、花球等。

中国栽培蔬菜有两大来源，第一是中国原产的蔬菜作物，主要有冬瓜、大豆、小豆、牛蒡、东亚大型萝卜、白菜、芥菜、芜菁、荠菜、芥蓝、冬寒菜、苋菜、蕹菜、茼蒿、紫苏、甘露子、芋、蘘荷、薯蓣、姜、小蒜、细叶韭（丝葱）、韭菜、薤、蒲菜、莼菜、菱、莲藕、慈姑、荸荠、水芹、茭白、藜、萱草、百合、黄花菜、枸杞、竹笋、食用菌等。第二是由国外引入的，如由小亚细亚和中亚细亚经“丝绸之路”传入中国的蔬菜有大蒜、洋葱、芫荽、黄瓜、瓠瓜、西瓜、甜瓜、越瓜、菜瓜、豌豆、蚕豆、扁豆、绿豆、芸薹、亚洲芜菁、四季萝卜、小茴芹、香芹菜、独行菜、罗勒、苜蓿、菠菜、甜菜、芹菜、莴苣、胡萝卜、芝麻菜等；由东南亚经陆路或经海路传入中国的蔬菜有茄子、苦瓜、黄瓜、有棱丝瓜、蛇瓜、刀豆、矮豇豆、四棱豆、矮生菜豆、扁豆、饭豆、龙爪豆、魔芋、山药、田薯、长角萝卜、莳萝、木豆、黄秋葵等；由美洲经海路传入的蔬菜有菜豆、红花菜豆、西葫芦、南瓜、笋瓜、佛手瓜、豆薯、辣椒、番茄、菊芋、马铃薯、草莓等。还有经海路来自欧洲的结球甘蓝、芜菁甘蓝、香芹、豆瓣菜、菜蓟、芦笋等。20世纪以来，分别从世界各地又传入结球莴苣、花椰菜、青花菜、菜用豌豆、软荚豌豆、莱豆、甜玉米、西芹、蛇丝瓜、硬皮甜瓜、甜椒、韭葱、双孢蘑菇、番杏（洋菠菜）等。

第一节　蔬菜作物物种多样性

中国蔬菜种类繁多，特性各异，用途多样。目前对于蔬菜的分类，主要有植物学分类、按食用器官分类、农业生物学分类三种方法。

蔬菜植物学分类主要根据其形态特征、系统发育中的亲缘关系进行分类（曹寿椿，

1992)。中国栽培食用的蔬菜涉及红藻门、褐藻门、蓝藻门（统称藻类植物)、真菌门（菌类植物)、蕨类植物门、被子植物门（统称高等植物）等 6 个门。其中，属于藻类植物的 9 个种、属于菌类植物的近 350 个种，大部分为野生种，人工栽培的仅 20 多种；属于蕨类植物门的有 10 个种左右，均为野生；大量的是被子植物门的高等植物，除野生植物外，在中国栽培的约涉及 36 科，200 余种。

中国目前栽培的蔬菜至少有 298 种（亚种、变种)，分属 50 科（《中国蔬菜栽培学》，2008)。作为栽培植物，蔬菜作物的种类划分有其特殊性，视其利用器官和目的的不同，它可以是植物学上的一个种或一个变种。如果将具有类似的食用器官、栽培技术和利用目的的变种归并为大众认可的同一种作物，如茎瘤芥、笋子芥、抱子（芽）芥统称为茎用芥菜，那么，包括被子植物、蕨类植物和食用菌在内的、中国有分布或收集保存的最小分类单位的栽培蔬菜作物有 230 个种、8 个亚种和 34 个变种，归属 50 科、152 属、246 个物种。其中，属于被子植物的栽培蔬菜有 34 科、124 属、196 个物种，最小分类单位包括 180 个种、8 个亚种和 34 个变种。属于蕨类植物的栽培蔬菜有 2 科、2 属，最小分类单位包括 1 个种和 1 个变种。栽培食用菌有 14 科、26 属、46 种，野生和野生近缘种 19 种。栽培蔬菜的野生种或野生近缘植物的最小分类单位包括 237 个种、8 个亚种和 9 个变种，归属于 25 科、44 属、255 个物种。其中，被子植物的野生种或野生近缘种的最小分类单位为 218 种、8 亚种、9 变种，归属于 18 科、37 属、236 个物种。

对属于被子植物门的蔬菜，按照其食用器官的不同可分为根菜类、茎菜类、叶菜类、花菜类、果菜类 5 类。

1. 根菜类 肉质直根类蔬菜，有萝卜、胡萝卜、根芥菜、芜菁、芜菁甘蓝、根甜菜、辣根、防风等；块根类蔬菜有豆薯、葛等。

2. 茎菜类 地下茎类蔬菜有马铃薯、菊芋、山药等；根状茎类蔬菜有莲藕、姜等；球茎类蔬菜有荸荠、慈姑、芋等；嫩茎类有茭白、芦笋、笋用竹等；肉质茎类蔬菜有莴笋、球茎甘蓝、茎芥菜等。

3. 叶菜类 普通叶菜类有白菜、叶芥菜、菠菜、芹菜、苋菜、叶甜菜等；结球叶菜类有大白菜、结球甘蓝、结球莴苣等；叶变态的鳞茎类有洋葱、大蒜、百合等；香辛类叶菜有韭菜、大葱、细香葱、分葱、芫荽、茴香等。

4. 花菜类 花菜类蔬菜有黄花菜、花椰菜、青花菜、菜蓟等。

5. 果菜类 瓠果类蔬菜有黄瓜、南瓜、瓠瓜、冬瓜、西瓜、甜瓜、丝瓜、苦瓜等；浆果类蔬菜有番茄、茄子、辣椒等；荚果类蔬菜有菜豆、豇豆等。

参照蔬菜的植物学分类和按食用器官分类，根据各种蔬菜的主要生物学特性、食用器官的不同，并结合其栽培技术特点，将藻类和蕨类植物以外的蔬菜共分为 15 类。

1. 根菜类 包括萝卜、胡萝卜等蔬菜，以膨大肉质直根为食用器官，其生长后期，食用器官膨大时，要求冷凉的气候条件和疏松的土壤。

2. 白菜类 包括大白菜、白菜等，以柔软的叶丛、叶球、花球或花薹为食用器官。其生长要求冷凉、湿润的气候和氮肥充足的肥沃土壤。

3. 甘蓝类 包括结球甘蓝、花椰菜、球茎甘蓝、抱子甘蓝、青花菜、芥蓝等，以柔嫩的叶丛、叶球、侧芽形成的小叶球、膨大的肉质茎、花球或花茎为食用器官。要求温和、湿润的气候，适应性强。具有由种子发芽后长成一定大小的植株时才能接受温度感应而进入生长发育的特点。

4. 芥菜类 包括根芥菜、叶芥菜、茎芥菜、薹芥菜等，以膨大的肉质根、嫩茎、花茎、侧芽、柔嫩的叶丛、叶球等为食用器官。要求冷凉、湿润的气候，易受病毒病的为害。这类蔬菜具有含硫的葡萄糖苷，经水解后产生有挥发性的芥子油，具有特殊的辛辣味。

5. 绿叶菜类 包括要求冷凉气候的菠菜、芹菜、莴苣、芫荽、茴香、茼蒿等和要求温暖气候的苋菜、蕹菜、落葵等，以嫩叶、叶柄和嫩茎为食用器官。

6. 葱蒜类 包括洋葱、大蒜、大葱、韭菜等，以鳞茎或假茎、叶为食用器官，耐寒性、适应性强。用种子或鳞茎繁殖。

7. 茄果类 包括番茄、茄子、辣椒等。均为茄科植物，以果实为食用器官。生长、结果要求温暖的气候和肥沃的土壤。

8. 瓜类 包括黄瓜、南瓜、冬瓜、瓠瓜、西瓜、甜瓜、丝瓜、苦瓜等。茎蔓生，雌雄同株异花，均为葫芦科植物，以果实为食用器官。要求温暖的气候，需进行严格的植株调整。

9. 豆类 包括菜豆、豇豆、蚕豆、豌豆、刀豆、菜用大豆等。均为豆科植物，以荚果或种子为食用器官。蚕豆、豌豆要求冷凉的气候，其他豆类蔬菜都要求温暖的环境。

10. 薯芋类 包括马铃薯、山药、芋、豆薯、姜、葛等，以肉质地下茎（或根）为产品器官。均较耐热（只有马铃薯不耐热），且生长期较长。

11. 水生蔬菜 包括莲藕、茭白、慈姑、荸荠、菱、芡实等。要求在浅水中生长和温暖的气候，多采用营养繁殖（菱和芡实除外）。

12. 多年生与杂类蔬菜 包括香椿、笋用竹、黄花菜、芦笋、草莓、食用大黄以及黄秋葵等，大多一次种植，可连续采收数年。

13. 芽苗类蔬菜 包括黄豆芽、绿豆芽、黑豆芽、蚕豆芽、豌豆苗、萝卜苗、荞麦苗以及香椿芽、花椒芽等，以幼芽或幼苗供食。

14. 食用蕈菌 包括双孢蘑菇、草菇、香菇、木耳等，人工栽培的有 20 种，还有大量的野生种。

15. 野生蔬菜 包括蕨菜、薇菜、野苋菜、马齿苋、地肤、芝麻菜、蔊菜、沙芥、诸葛菜、费菜、土人参、藤三七、菊芹、少花龙葵、酸模叶蓼等野生或半野生（开始少量人工栽培）状态的种类。上述分类，从不同的侧面反映了蔬菜物种及特征特性的多样性。

中国已收集的蔬菜种质资源共 35 580 份，涉及 214 个种或变种（除去库圃重复收集的种类）。入国家农作物种质资源库保存的计 31 417 份，涉及 21 科、70 属、132 个种（变种）。其中以菜豆、豇豆、辣椒、番茄、茄子、萝卜、大白菜、白菜、叶用芥菜、黄瓜、南瓜居多。无性繁殖的水生蔬菜计 1 538 份，分属 11 科、12 属、28 个种和 3 个变种。其他以营养器官繁殖的蔬菜如葱蒜类、薯芋类和多年生蔬菜种质资源 776 份，分属 70 个种（李锡香，2006）。

本章主要介绍包括被子植物、蕨类植物和食用菌在内的、中国有分布或收集保存的 263 种蔬菜作物（其中与其他作物大类之间重复的有 37 种），它们隶属 50 个科、152 个属、243 个栽培种，并涉及 250 个野生近缘种，详细情况见表 20 - 1。

表 20-1　中国蔬菜作物物种多样性

序号	蔬菜作物名称	科	属	栽培种（或变种）	野生近缘种
1	萝卜	十字花科 Cruciferae	萝卜属 *Raphanus* L.	萝卜 *Raphanus sativus* L.	长角萝卜 *Raphanus caudatus* L. 野萝卜 *R. raphanistrum* L.
2	大白菜	十字花科 Cruciferae	芸薹属 *Brassica* L.	大白菜 *Brassica campestris* L. ssp. *pekinensis*(Lour.) Olsson.	
3	小白菜	十字花科 Cruciferae	芸薹属 *Brassica* L.	小白菜 *Brassica campestris* L. ssp. *chinensis* (L.) Makino var. *communis* Tsen et Lee	
4	菜心	十字花科 Cruciferae	芸薹属 *Brassica* L.	菜心 *Brassica campestris* L. ssp. *chinensis* (L.) Makino var. *utilis* Tsen et Lee	
5	紫菜薹	十字花科 Cruciferae	芸薹属 *Brassica* L.	紫菜薹 *Brassica campestris* L. ssp. *chinensis* (L.) Makino var. *purpurea* Bailey.	
6	薹菜	十字花科 Cruciferae	芸薹属 *Brassica* L.	薹菜 *Brassica campestris* L. ssp. *chinensis* (L.) Makino var. *tai-tsai* Hort.	
7	芜菁	十字花科 Cruciferae	芸薹属 *Brassica* L.	芜菁 *Brassica campestris* L. ssp. *rapifera* Matzg	
8	叶用芥菜	十字花科 Cruciferae	芸薹属 *Brassica* L.	芥菜 *Brassica juncea* (L.) Czern. et Coss.	

（续）

序号	蔬菜作物名称	科	属	栽培种（或变种）	野生近缘种
9	分蘖芥 （雪里蕻）	十字花科 Cruciferae	芸薹属 *Brassica* L.	分蘖芥菜 *Brassica juncea*（L.）Czern. et Coss. var. *multiceps* Tsen et Lee	黑芥 *Brassica nigra* L.
10	茎用芥菜 （榨菜）	十字花科 Cruciferae	芸薹属 *Brassica* L.	茎用芥菜 *Brassica juncea*（L.）Czern. et Coss. var. *tumida* Tsen et Lee	
11	根用芥菜 （大头菜）	十字花科 Cruciferae	芸薹属 *Brassica* L.	根用芥菜 *Brassica juncea*（L.）Czern. et Coss. var. *megarrhiza* Tsen et Lee	
12	甘蓝	十字花科 Cruciferae	芸薹属 *Brassica* L.	甘蓝 *Brassica oleracea* L.	
13	结球甘蓝	十字花科 Cruciferae	芸薹属 *Brassica* L.	结球甘蓝 *Brassica oleracea* L. var. *capitata* L.	
14	球茎甘蓝	十字花科 Cruciferae	芸薹属 *Brassica* L.	球茎甘蓝 *Brassica oleracea* L. var. *caulorapa* DC.	
15	羽衣甘蓝	十字花科 Cruciferae	芸薹属 *Brassica* L.	羽衣甘蓝 *Brassica oleracea* L. var. *acephala* DC.	
16	抱子甘蓝	十字花科 Cruciferae	芸薹属 *Brassica* L.	抱子甘蓝 *Brassica oleracea* L. var. *germmifera* Zenk.	
17	花椰菜	十字花科 Cruciferae	芸薹属 *Brassica* L.	花椰菜 *Brassica oleracea* L. var. *botrytis* L.	
18	芥蓝	十字花科 Cruciferae	芸薹属 *Brassica* L.	芥蓝 *Brassica alboglabra* L. H. Bailey	

（续）

序号	蔬菜作物名称	科	属	栽培种（或变种）	野生近缘种
19	芜菁甘蓝	十字花科 Cruciferae	芸薹属 *Brassica* L.	芜菁甘蓝 *Brassica napobrassica*（L.）Mill.	
20	辣根	十字花科 Cruciferae	辣根属 *Armoracia* Gaertn.	辣根 *Armoracia rusticana*（Lam.）Gaertn.	
21	豆瓣菜	十字花科 Cruciferae	豆瓣菜属 *Nasturtium* R. Br.	豆瓣菜 *Nasturtium officinale* R. Br.	西藏豆瓣菜 *Nasturtium tibeticum* Maxim.
22	荠菜	十字花科 Cruciferae	荠菜属 *Capsella* Medic.	荠菜 *Capsella bursa-pastoris*（L.）Medic.	
23	蔊菜	十字花科 Cruciferae	蔊菜属 *Rorippa* Scop.	蔊菜 *Rorippa indica*（L.）Hiern.	
24	沙芥	十字花科 Cruciferae	沙芥属 *Pugionium* Gaertn.	沙芥 *Pugionium cornutum*（L.）Gaertn.	
25	山葵	十字花科 Cruciferae	山萮菜属 *Eutrema* R. Br.	山葵 *Eutrema wasabi*（Siebold.）Maxim.	
26	独行菜	十字花科 Cruciferae	独行菜属 *Lepidium* L.	家独行菜 *Lepidium sativum* L.	独行菜 *Lepidium apetalum* Willd. 翼果独行菜 *L. campestre*（L.）R. Br. 柱毛独行菜 *L. ruderale* L.
27	芝麻菜	十字花科 Cruciferae	芝麻菜属 *Eruca* Mill.	芝麻菜 *Eruca sativa* Mill.	
28	冬瓜	葫芦科 Cucurbitaceae	冬瓜属 *Benincasa* Savi	冬瓜 *Benincasa hispida*（Thunb.）Cogn.	

（续）

序号	蔬菜作物名称	科	属	栽培种（或变种）	野生近缘种
29	南瓜	葫芦科 Cucurbitaceae	南瓜属 *Cucurbita* L.	南瓜 *Cucurbita moschata* Duch. ex Poir.	灰籽南瓜 *Cucurbita argyrosperma* Huber 马提尼南瓜 *C. martinezii* ssp. *martinezii*（L. H. Bailey）Walters & Decker-Walters 厄瓜多尔南瓜 *C. ecuadorensis* Cutler & Whitaker
30	黑籽南瓜	葫芦科 Cucurbitaceae	南瓜属 *Cucurbita* L.	黑籽南瓜 *Cucurbita ficifolia* Bouchè	
31	印度南瓜	葫芦科 Cucurbitaceae	南瓜属 *Cucurbita* L.	印度南瓜 *Cucurbita maxima* Duch. ex Lam.	
32	西葫芦	葫芦科 Cucurbitaceae	南瓜属 *Cucurbita* L.	西葫芦（美洲南瓜） *Cucurbita pepo* L.	
33	丝瓜	葫芦科 Cucurbitaceae	丝瓜属 *Luffa* L.	普通丝瓜 *Luffa cylindrica*（L.）M. J. Roem.	
34	有棱丝瓜	葫芦科 Cucurbitaceae	丝瓜属 *Luffa* L.	有棱丝瓜 *Luffa acutangula*（L.）Roxb.	
35	瓠瓜	葫芦科 Cucurbitaceae	葫芦属 *Lagenaria* Ser.	瓠瓜 *Lagenaria siceraria*（Molina）Standl.	
36	苦瓜	葫芦科 Cucurbitaceae	苦瓜属 *Momordica* L.	苦瓜 *Momordica charantia* L.	凹萼木鳖 *Momordica subangulata* Bl. 云南木鳖 *M. dioica* Roxb. ex Willd.

（续）

序号	蔬菜作物名称	科	属	栽培种（或变种）	野生近缘种
37	西瓜	葫芦科 Cucurbitaceae	西瓜属 *Citrullus* Schrad. ex Eckl. et Zeyh.	西瓜 *Citrullus lanatus*（Thunb.）Matsum. et Nakai	药西瓜 *Citrullus colocynthis*（L.）Schrad. 缺须西瓜 *C. ecirrhosus* Cogn. 诺丹西瓜 *C. naudinianus*（Sond.）Hook. f. 热迷西瓜 *C. rehmii* DE Winter
38	黄瓜	葫芦科 Cucurbitaceae	黄瓜属 *Cucumis* L.	黄瓜 *Cucumis sativus* L.	野黄瓜 *Cucumis hystrix* Chakr.
39	厚皮甜瓜	葫芦科 Cucurbitaceae	黄瓜属 *Cucumis* L.	厚皮甜瓜 *Cucumis melo* L. ssp. *melo* Pang.	非洲瓜 *Cucumis africanus* L.
40	薄皮甜瓜	葫芦科 Cucurbitaceae	黄瓜属 *Cucumis* L.	薄皮甜瓜 *Cucumis melo* L. ssp. *conomom*（Thunb.）Greb. Die Kulturpf.	西印度瓜 *Cucumis anguria* L.
41	菜瓜	葫芦科 Cucurbitaceae	黄瓜属 *Cucumis* L.	菜瓜 *Cucumis melo* L. ssp. *flexuosus*（L.）Greb. Die Kulturpf.	迪普沙瓜 *Cucumis dipsaceus* Ehrenberg ex Spach.
42	闻瓜	葫芦科 Cucurbitaceae	黄瓜属 *Cucumis* L.	闻瓜 *Cucumis melo* L. ssp. *dudaim*（L.）Greb Die Kulturpf.	角瓜 *Cucumis metuliferus* E. Meyer ex Naudin. 小果瓜 *C. myriocarpus*. Naud. 无花果叶瓜 *C. ficifolius* A. Rich

（续）

序号	蔬菜作物名称	科	属	栽培种（或变种）	野生近缘种
42	闻瓜	葫芦科 *Cucurbitaceae*	黄瓜属 *Cucumis* L.		普拉菲瓜 *C. prophetarum* L. 泡状瓜 *C. pustulatus* Hook. f. 箭头瓜 *C. sagittatus* Peyr. 吉赫瓜 *C. eyheri*
43	佛手瓜	葫芦科 Cucurbitaceae	佛手瓜属 *Sechium* P. Brow.	佛手瓜 *Sechium edule*（Jacq.）Swartz	
44	蛇瓜	葫芦科 Cucurbitaceae	栝楼属 *Trichosanthes* L.	蛇瓜 *Trichosanthes anguina* L.	
45	番茄	茄科 Solanaceae	番茄属 *Lycopersicon* Mill.	番茄 *Lycopersicon esculentum* Mill.	秘鲁番茄 *Lycopersicon peruvianum*（L.）Mill. 醋栗番茄 *L. pimpinellifolium*（Jusl.）Mill. 契斯曼尼番茄 *L. cheesmanii* Riley 多毛番茄 *L. hirsutum* Humb & Bompl 智利番茄 *L. chilense* Dun 克梅留斯基番茄 *L. chmielewskii* Rick，Kes，Fob. & Holle 潘那利番茄 *L. pennellii*（Corr）D'Arcy

（续）

序号	蔬菜作物名称	科	属	栽培种（或变种）	野生近缘种
45	番茄	茄科 *Solanaceae*	番茄属 *Lycopersicon* Mill.		小花番茄 *L. parviflorum* Rick，Kes，Fob. & Holle
46	茄子	茄科 Solanaceae	茄属 *Solanum* L.	茄 *Solanum melongena* L.	水茄 *Solanum torvum* Swartz. 野茄 *S. coagulans* Forsk. 刺天茄 *S. indicum* L. 红茄 *S. integrifolium* Poir. 山茄 *S. macaonense* Dunal 野海茄 *S. japonense* Nakai 乳茄 *S. mammosum* L. 膜萼茄 *S. griffithii*（Prain）C. Y. Wu et S. C. Huang 角叶茄 *S. cornutum* Lam. 疏刺茄 *S. nienkui* Merrill et Chun 旋花茄 *S. spirale* Rox. 蒜芥茄 *S. sisymbriifolium* Lam.

（续）

序号	蔬菜作物名称	科	属	栽培种（或变种）	野生近缘种
46	茄子	茄科 Solanaceae	茄属 *Solanum* L.		大花茄 *S. wrightii* Bentham 刺苞茄 *S. barbisetum* Nees 澳洲茄 *S. aviculare* Frost. 牛茄子 *S. surattense* Burm. F. 雪山茄 *S. nivalo-montanum* C. Y. Wu et S. C. Huang 毛茄 *S. ferox* L. 黄果茄 *S. xanthocarpum* Schrad. et Wendl. 菲岛茄 *S. cumingii* Dunal 喀西茄 *S. khasianum* C. B. Clarke 刚果茄 *S. aethiopicum* Kumba 野生茄 *S. macrocarpon* L.
47	少花龙葵	茄科 Solanaceae	茄属 *Solanum* L.	少花龙葵 *Solanum photeinocarpum* Nakamura et Odashima	

（续）

序号	蔬菜作物名称	科	属	栽培种（或变种）	野生近缘种
48	香艳茄	茄科 Solanaceae	茄属 *Solanum* L.	香艳茄 *Solanum muricatum* Ait.	
49	辣椒	茄科 Solanaceae	辣椒属 *Capsicum* L.	辣椒 *Capsicum annuum* L.	下垂辣椒 *Capsicum baccatum* Willd. var. *baccatum*
50	中国辣椒	茄科 Solanaceae	辣椒属 *Capsicum* L.	中国辣椒 *Capsicum chinense* Gacq.	
51	茸毛辣椒	茄科 Solanaceae	辣椒属 *Capsicum* L.	茸毛辣椒 *Capsicum pubescens* R. et P.	
52	小米辣	茄科 Solanaceae	辣椒属 *Capsicum* L.	灌木状辣椒 *Capsicum frutescens* L.	
53	酸浆	茄科 Solanaceae	酸浆属 *Physalis* L.	酸浆 *Physalis alkekengi* L.	小酸浆 *Physalis minima* L. 毛酸浆 *P. pubescens* L.
54	树番茄	茄科 Solanaceae	树番茄属 *Cyphomandra* Sendt.	树番茄 *Cyphomandra betacea* Sendt.	
55	枸杞△	茄科 Solanaceae	枸杞属 *Lycium* L.	宁夏枸杞 *Lycium barbarum* L.	云南枸杞 *Lycium yunnanense* Kuang et A. M. Lu 截萼枸杞 *L. truncatum* Y. C. Wang 黑果枸杞 *L. ruthenicum* Murr.

（续）

序号	蔬菜作物名称	科	属	栽培种（或变种）	野生近缘种
55	枸杞△	茄科 Solanaceae	枸杞属 *Lycium* L.		新疆枸杞 *L. dasystemum* Pojark. 柱筒枸杞 *L. cylindricum* Kuang et A. M. Lu 枸杞 *L. chinense* Mill.
56	菜豆△	豆科 Leguminosae	菜豆属 *Phaseolus* L.	菜豆 *Phaseolus vulgaris* L.	下垂菜豆 *Phaseolus demissus* Kitagawa
57	多花菜豆△	豆科 Leguminosae	菜豆属 *Phaseolus* L.	多花菜豆 *Phaseolus coccineus* L.	
58	大莱豆	豆科 Leguminosae	菜豆属 *Phaseolus* L.	大莱豆 *Phaseolus limensis* Macf.	
59	利马豆 （小莱豆）△	豆科 Leguminosae	菜豆属 *Phaseolus* L.	小莱豆（利马豆） *Phaseolus lunatus* L.	
60	长豇豆	豆科 Leguminosae	豇豆属 *Vigna* L.	长豇豆 *Vigna unguiculata*（L.）Walp. ssp. *sesquipedalis*（L.）Verdc.	野豇豆 *Vigna vexillata*（L.）Rich.
61	短豇豆△	豆科 Leguminosae	豇豆属 *Vigna* L.	短豇豆 *Vigna unguiculata*（L.）Walp. ssp. *cylindrica.*（L.）Van Eselt. ex Verdc.	狭叶豇豆 *Vigna acuminata* Hayata. 细茎豇豆 *V. gracilicaulis*（Ohwi）Ohwi et Ohashi. 长叶豇豆 *V. luteola*（Jacq.）Benth.

（续）

序号	蔬菜作物名称	科	属	栽培种（或变种）	野生近缘种
61	短豇豆△	豆科 Leguminosae	豇豆属 *Vigna* L.		滨豇豆 *V. marina*（Burm.）Merr. 小豇豆 *V. minima*（Roxb.）Ohwi et Ohashi. 毛豇豆 *V. pilosa*（Klein ex Willd.）Baker 卷毛豇豆 *V. reflexo-pilosa* Hayata. 琉球豇豆 *V. riukiuensis*（Ohwi）Ohwi et Ohashi. 黑种豇豆 *V. stipulata* Hayata. 三裂叶豇豆 *V. trilobata*（Linn.）Verdc. 光扁豆 *V. glabra* Savi
62	蚕豆△	豆科 Leguminosae	野豌豆属 *Vicia* L.	蚕豆 *Vicia faba* L.	野蚕豆 *Vicia hirsuta*（L.）S. F. Gray 芦豆苗 *V. pseudoorobus* Fisch. et Mey. 歪头菜 *V. unijuga* A. Br. 野豌豆 *V. sepium* L.

（续）

序号	蔬菜作物名称	科	属	栽培种（或变种）	野生近缘种
63	菜用大豆△	豆科 Leguminosae	大豆属 *Glycine* Willd.	大豆 *Glycine max*（L.）Merr.	短绒野大豆 *Glycine tomentella* Hayata 野大豆 *G. soja* Sieb et Zucc. 澎湖大豆 *G. clandestine* Willd. 另有 20 个种见附录 3（序号 143）
64	豌豆△	豆科 Leguminosae	豌豆属 *Pisum* L.	豌豆 *Pisum sativum* L.	
65	蔓生刀豆△	豆科 Leguminosae	刀豆属 *Canavalia* DC.	蔓生刀豆 *Canavalia gladiata*（Jacq.）DC.	有 4 个种，参见附录 3（序号 80）
66	矮刀豆△	豆科 Leguminosae	刀豆属 *Canavalia* DC.	矮刀豆 *Canavalia ensiformis*（L.）DC.	
67	藜豆△	豆科 Leguminosae	黧豆属 *Mucuna* Adens.	藜豆 *Stizolobium capitatum* Kuntze [syn. *Mucuna pruriens*（L.）DC. var. *utilis*（Wall. ex Wight）Baker ex Burck]	
68	黄毛藜豆	豆科 Leguminosae	黧豆属 *Mucuna* Adens.	黄毛藜豆 *Stizolobium hassjoo* Piper et Tracy	
69	四棱豆△	豆科 Leguminosae	四棱豆属 *Psophocarpus* Neck.	四棱豆 *Psophocarpus tetragonolobus*（L.）DC.	

（续）

序号	蔬菜作物名称	科	属	栽培种（或变种）	野生近缘种
70	扁豆△	豆科 Leguminosae	扁豆属 *Lablab* L.	扁豆 *Lablab purpureus*（L.）Sweet	
71	豆薯	豆科 Leguminosae	豆薯 *Pachyrhizus* Rich.	豆薯 *Pachyrhizus erosus*（Linn.）Urban.	
72	葛△	豆科 Leguminosae	葛藤属 *Pueraria* DC.	葛 *Pueraria lobata*.（Wild.）Ohwi.	
73	土圞儿	豆科 Leguminosae	土圞儿属 *Apios* Fabr.	土圞儿 *Apios americana* Medic.	
74	南苜蓿	豆科 Leguminosae	苜蓿属 *Medicago* L.	南苜蓿 *Medicago hispida* Gaertn.	天蓝苜蓿 *Medicago lupulina* L.
75	罗勒	唇形科 Labiatae	罗勒属 *Ocimum* L.	罗勒 *Ocimum basilicum* L.	
76	紫苏△	唇形科 Labiatae	紫苏属 *Perilla* L.	紫苏 *Perilla frutescens*（L.）Britt.	
77	甘露子 （草石蚕）	唇形科 Labiatae	水苏属 *Stachys* L.	甘露子 *Stachys sieboldii* Miq.	少毛甘露子 *Stachys adulterina* Hemsl.
78	薄荷△	唇形科 Labiatae	薄荷属 *Mentha* L.	薄荷 *Mentha haplocalyx* Briq.	
79	欧薄荷	唇形科 Labiatae	薄荷属 *Mentha* L.	欧薄荷 *Mentha longifolia*（Linn.）Huds.	

（续）

序号	蔬菜作物名称	科	属	栽培种（或变种）	野生近缘种
80	裂叶荆芥	唇形科 Labiatae	裂叶荆芥属 *schizonepeta* Benth.	裂叶荆芥 *Schizonepeta tenuifolia*（Benth.）Briq.	
81	迷迭香	唇形科 Labiatae	迷迭香属 *Rosmarinus* L.	迷迭香 *Rosmarinus officinalis* L.	
82	鼠尾草	唇形科 Labiatae	鼠尾草属 *Salvia* L.	鼠尾草 *Salvia officinalis* L.	
83	百里香	唇形科 Labiatae	百里香属 *Thymus* L.	百里香 *Thymus mongolicus* Roon.	
84	牛至	唇形科 Labiatae	牛至属 *Origanum* L.	牛至 *Origanum vulgare* L.	
85	香蜂花	唇形科 Labiatae	蜜蜂花属 *Melissa* L.	香蜂花 *Melissa officinalis* L.	
86	藿香	唇形科 Labiatae	藿香属 *Agastache* Clayt.	藿香 *Agastache rugosa*（Fisch. et Mey.）O. Ktze.	
87	薰衣草△	唇形科 Labiatae	薰衣草属 *Lavandula* L.	薰衣草 *Lavandula angustifolia* Mill.	
88	黄麻△	椴树科 Tiliaceae	黄麻属 *Corchorus* L.	长蒴黄麻 *Corchorus olitorius* L.	有 11 个种见附录 3（序号 171）
89	胡萝卜	伞形科 Umbelliferae	胡萝卜属 *Daucus*	胡萝卜 *Daucus carota* L. var. *sativa* DC.	野胡萝卜 *Daucus carota* L.

（续）

序号	蔬菜作物名称	科	属	栽培种（或变种）	野生近缘种
90	美洲防风	伞形科 Umbelliferae	欧防风属 *Pastinaca* L.	美洲防风 *Pastinaca sativa* L.	
91	小茴香	伞形科 Umbelliferae	茴香属 *Foeniculum* Mill.	茴香 *Foeniculum vulgare* Mill.	
92	球茎茴香	伞形科 Umbelliferae	茴香属 *Foeniculum* Mill.	球茎茴香 *Foeniculum vulgare* var. *dulce* Batt. et Trab.	
93	大茴香	伞形科 Umbelliferae	茴香属 *Foeniculum* Mill.	大茴香 *Foeniculum vulgare* Mill. var. *azoricum* （Mill.） Thell.	
94	茴芹	伞形科 Umbelliferae	茴芹属 *Pimpinella* Linn.	茴芹 *Pimpinella anisum* Linn.	
95	莳萝	伞形科 Umbelliferae	莳萝属 *Anethum* L.	莳萝 *Anethum graveolens* L.	
96	香芹	伞形科 Umbelliferae	香芹属 *Libanotis* Hill.	香芹 *Petroselinum crispum* （Mill.） Nym. ex A. W. Hill.	
97	根香芹	伞形科 Umbelliferae	香芹属 *Libanotis* Hill.	根香芹 *Petroselinum crispum* Mill. var. *tuberosum* （Bernh.） Crov.	
98	芫荽	伞形科 Umbelliferae	芫荽属 *Coriandrum* L.	芫荽 *Coriandrum sativum* L.	

（续）

序号	蔬菜作物名称	科	属	栽培种（或变种）	野生近缘种
99	水芹	伞形科 Umbelliferae	水芹属 *Oenanthe* L.	水芹 *Oenanthe javanica*（Bl.）DC.	西南水芹 *Oenanthe dielsii* De Boiss. var. *dielsii* De Boiss. 细叶水芹 *O. dielsii* De Boiss. var. *stenophylla* De Boiss.
100	鸭儿芹	伞形科 Umbelliferae	鸭儿芹属 *Cryptotaenia* DC.	鸭儿芹 *Cryptotaenia japonica* Hassk.	
101	欧当归	伞形科 Umbelliferae	欧当归属 *Levisticum* Hill.	欧当归 *Levisticum officinale* Koch.	
102	芹菜	伞形科 Umbelliferae	芹属 *Apium* L.	芹菜 *Apium graveolens* L.	细叶旱芹 *Apium leptophyllum* L.
103	根芹	伞形科 Umbelliferae	芹属 *Apium* L.	根芹 *Apium graveolens* L. var. *rapaceum* DC.	
104	姜	姜科 Zingiberaceae	姜属 *Zingiber* Boehm.	姜 *Zingiber officinale* Roscse.	珊瑚姜 *Zingiber corallinum* Hance
105	蘘荷	姜科 Zingiberaceae	姜属 *Zingiber* Boehm.	蘘荷 *Zingiber mioga*（Thunb.）Rosc.	红姜球 *Zingiber zerumbet*（L.）Smith. 梭穗姜 *Z. laoticum* Gagnep. 黄斑姜 *Z. flavo-maculatum* S. Q. Tong 阳荷 *Z. striolatum* Dirls 紫色姜 *Z. purpureum* Roxb.

（续）

序号	蔬菜作物名称	科	属	栽培种（或变种）	野生近缘种
106	芋	天南星科 Araceae	芋属 *Colocasia* Schott	芋 *Colocasia esculenta* Schott	贡山芋 *Colocasia gaoligongensis* H. Li et C. L. Long
107	大野芋	天南星科 Araceae	芋属 *Colocasia* Schott	大野芋 *Colocasia gigantea*（Blume）Hook. f.	李氏香芋 *Colocasia lihengiae* C. L. Long et K. M. Liu
108	假芋	天南星科 Araceae	芋属 *Colocasia* Schott	假芋 *Colocasia fallax* Schott	异色芋 *Colocasia heterochroma* H. Li et Z. X. Wei 龚氏芋 *C. gongii* C. L. Loong et H. Li 花叶芋 *C. bicolor* C. L. Long et L. M. Cao 毛叶芋 *C. menglaensis* J. T. Yin et H. Li 云南芋 *C. yunnanensis* C. L. Long et X. Z. Cai 山芋 *C. konishii* Hayata
109	魔芋	天南星科 Araceae	魔芋属 *Amorphophallus* Bl. ex Decne.	花魔芋 *Amorphophallus konjac* K. Coch 白魔芋 *A. albus* P. Y. Liu et J. F. Chen 田阳魔芋 *A. corrugatus* N. E. Brown. 西盟魔芋 *A. krausei* Engl. et Pflanzenr. 攸乐魔芋 *A. yuloensis* H. Li	密毛魔芋 *Amorphophallus hirtus* N. E. Brown 台湾魔芋 *A. henryi* N. E. Brown 东亚魔芋 *A. kiusianus*（Makino）Mikino 疣柄魔芋 *A. paeoniifolius*（Dennst.）Nicolson. 滇魔芋 *A. yunnanensis* Engl.

（续）

序号	蔬菜作物名称	科	属	栽培种（或变种）	野生近缘种
109	魔芋	天南星科 Araceae	魔芋属 *Amorphophallus* Bl. ex Decne.	勐海魔芋 *A. kachinensis* Engl. et Gennm.	南蛇棒 *A. dunnii* Tutcher. 梗序魔芋 *A. stipitatus* Engl. 蛇枪头 *A. mellii* Engl. 湄公魔芋 *A. mekongensis* Engl. et Gehem. 香港魔芋 *A. oncophyllus* Prain. 东京魔芋 *A. tonkinensis* Engl. et Gehem. 结节魔芋 *A. pingbianensis* H. Li. et C. L. Long 桂平魔芋 *A. coaetaneus* S. Y. Liu et S. J. Wei 矮魔芋 *A. nanus* H. Li et C. L. Long 红河魔芋 *A. hayi* W. Hett. 滇越魔芋 *A. arnautovii* W. Hett. 香魔芋 *A. odoratus* W. Hett et H. Li 曾君魔芋 *A. zengii* C. L. Long et H. Li

（续）

序号	蔬菜作物名称	科	属	栽培种（或变种）	野生近缘种
110	山药	薯蓣科 Dioscoreaceae	薯蓣属 *Dioscorea* L.	普通山药 *Dioscorea batatas* Decne.	野山药 *Dioscorea japonica* Thunb.
111	田薯	薯蓣科 Dioscoreaceae	薯蓣属 *Dioscorea* L.	田薯 *Dioscorea alata* L.	褐苞薯蓣 *Dioscorea persimilis* Prain et Burkill
112	大蒜	百合科 Liliaceae	葱属 *Allium* L.	大蒜 *Allium sativum* L. 洋大蒜 *A. ampeloprasum* L. 蛇大蒜 *A. ophioscorodon* L.	天蒜 *Allium paepalanthoides* Airy-Shaw 小山蒜 *A. pallasii* Murr. 新疆蒜 *A. sinkiangense* Wang et Y. C. Tang 星花蒜 *A. decipiens* Fisch ex Roem. et Schult. 多籽蒜 *A. fetisowii* Regel 朗吉斯蒜 *A. longicuspis* Regel
113	韭菜	百合科 Liliaceae	葱属 *Allium* L.	韭菜 *Allium tuberosum* Rottl. ex Spr. 宽叶韭 *A. hookeri* Thwaites 野韭 *A. ramosum* L.	粗根韭 *Allium fasciculatum* Rendle 玉簪叶韭 *A. funckiaefolium* Hand. -Mazz. 蒙古韭 *A. mongolicum* Regel 卵叶韭 *A. ovalifolium* Hand. -Mazz. 太白韭 *A. prattii* C. H. Wright apud Forb. et Hemsl.

（续）

序号	蔬菜作物名称	科	属	栽培种（或变种）	野生近缘种
113	韭菜	百合科 *Liliaceae*	葱属 *Allium* L.		青甘韭 *A. przewalskianum* Regel 山韭 *A. senescens* L. 多星韭 *A. wallichii* Kunth 滩地韭 *A. oreoprasum* Schrenk 碱韭 *A. polyrhizum* Turcz. ex Regel 镰叶韭 *A. carolinianum* DC. 齒丝山韭 *A. nutans* L. 北疆韭 *A. hymenorrihizum* Ledeb. 宽苞韭 *A. platyspathum* Schrenk
114	洋葱	百合科 Liliaceae	葱属 *Allium* L.	洋葱 *Allium cepa* L.	
115	分蘖洋葱	百合科 Liliaceae	葱属 *Allium* L.	分蘖洋葱 *Allium cepa* L. var. *multiplcans* Bailey	
116	顶球洋葱	百合科 Liliaceae	葱属 *Allium* L.	顶球洋葱 *Allium cepa* L. var. *viviparum* Metz.	
117	红葱	百合科 Liliaceae	葱属 *Allium* L.	红葱 *Allium cepa* L. var. *proliferum* Regel	

（续）

序号	蔬菜作物名称	科	属	栽培种（或变种）	野生近缘种
118	大葱	百合科 Liliaceae	葱属 *Allium* L.	大葱 *Allium fistulosum* L. var. *giganteum* Makino	野葱 *Allium chrysanthum* Regel
119	分葱	百合科 Liliaceae	葱属 *Allium* L.	分葱 *Allium fistulosum* L. var. *caespitosum* Makino	长喙葱 *Allium globosum* M. Bieb. ex Redoute
120	楼葱	百合科 Liliaceae	葱属 *Allium* L.	楼葱 *Allium fistulosum* L. var. *viviparum* Makino	蓝苞葱 *Allium atrosanguineum* Schrenk 大花葱 *A. giganteum* Rgl. 深蓝葱 *A. caeruleum* Pall. 阿尔泰葱 *A. altaicum* Pall. 黄花葱 *A. condensatum* Turcz. 实莛葱 *A. galanthum* Kar. et Kir. 灰皮葱 *A. grisellum* J. M. Xu 类北葱 *A. schoenoprasoides* Regel 管花葱 *A. siphonanthum* J. M. Xu 茖葱 *A. victorialis* L. 白花葱 *A. yanchiense* J. M. Xu

（续）

序号	蔬菜作物名称	科	属	栽培种（或变种）	野生近缘种
121	细香葱	百合科 Liliaceae	葱属 *Allium* L.	细香葱 *Allium schoenoprasum* L.	
122	胡葱	百合科 Liliaceae	葱属 *Allium* L.	胡葱 *Allium ledebourianum* Schultes.	
123	韭葱	百合科 Liliaceae	葱属 *Allium* L.	韭葱 *Allium porrum* L.	
124	火葱	百合科 Liliaceae	葱属 *Allium* L.	火葱 *Allium ascalonicum* L.	
125	藠头	百合科 Liliaceae	葱属 *Allium* L.	薤 *Allium chinense* G. Don	
126	石刁柏	百合科 Liliaceae	石刁柏属 *Asparagus* L.	石刁柏 *Asparagus officinalis* L.	
127	黄花菜	百合科 Liliaceae	萱草属 *Hemerocallis* L.	黄花菜 *Hemerocallis citrina* Baroni.	折叶萱草 *Hemerocallis plicata* Stapf
128	北黄花菜	百合科 Liliaceae	萱草属 *Hemerocallis* L.	北黄花菜 *Hemerocallis lilio-asphodelus* L.	大苞萱草 *Hemerocallis middendorfii* Trautv. et Mey.
129	小黄花菜	百合科 Liliaceae	萱草属 *Hemerocallis* L.	小黄花菜 *Hemerocallis minor* Mill.	
130	萱草	百合科 Liliaceae	萱草属 *Hemerocallis* L.	萱草 *Hemerocallis fulva* L.	
131	川百合	百合科 Liliaceae	百合属 *Lilium* L.	川百合 *Lilium davidii* Duchartre	条叶百合 *Lilium callosum* Sieb. et Zucc.

（续）

序号	蔬菜作物名称	科	属	栽培种（或变种）	野生近缘种
132	卷丹△	百合科 Liliaceae	百合属 *Lilium* L.	卷丹 *Lilium lancifolium* Thunb.	湖北百合 *Lilium henryi* Baker 大理百合 *L. taliense* Franch. 宝兴百合 *L. duchartrei* Franch. 绿花百合 *L. fargesii* Franch. 宜昌百合 *L. leucanthum*（Baker）Baker 乳头百合 *L. papilliferum* Franch.
133	龙牙百合（变种）	百合科 Liliaceae	百合属 *Lilium* L.	百合（变种） *Lilium brownii* var. *viridulum* Baker	野百合 *Lilium brownii* F. E. Br. ex Miellez. 天香百合 *L. auratum* Lindley. 岷江百合 *L. regale* Wilson 麝香百合 *L. longiflorum* Thunb. 淡黄花百合 *L. sulphureum* Baker 东北百合 *L. distichum* Nakai 毛百合 *L. dauricum* Ker-Gawl. 渥丹 *L. concolor* Salisb.

（续）

序号	蔬菜作物名称	科	属	栽培种（或变种）	野生近缘种
134	榆钱菠菜	藜科 Chenopodiaceae	滨藜属 *Atriplex* L.	榆钱菠菜 *Atriplex hortensis* L.	野榆钱菠菜 *Atriplex aucheri* Moq.
135	菠菜	藜科 Chenopodiaceae	菠菜属 *Spinacia* L.	菠菜 *Spinacia oleracea* L.	
136	牛皮菜△	藜科 Chenopodiaceae	甜菜属 *Beta* L.	叶用甜菜 *Beta vulgaris* L. var. *cicla* L.	
137	根甜菜△	藜科 Chenopodiaceae	甜菜属 *Beta* L.	根甜菜 *Beta vulgaris* L. var. *rapacea* Koch.	
138	菜用甘薯△	旋花科 Convolvulaceae	甘薯属 *Ipomoea* L.	甘薯 *Ipomoea batatas* Lamk.	
139	蕹菜	旋花科 Convolvulaceae	甘薯属 *Ipomoea* L.	蕹菜 *Ipomoea aquatica* Forsk.	
140	苋菜	苋科 Amaranthaceae	苋属 *Amaranthus* L.	苋菜 *Amaranthus mangostanus* L.	北美苋 *Amaranthus blitoides* Watson 反枝苋 *A. retroflexus* L. 刺苋 *A. spinosus* L. 白苋 *A. albus* L. 凹头苋 *A. lividus* L. 细枝苋 *A. gracilentus* Kung

（续）

序号	蔬菜作物名称	科	属	栽培种（或变种）	野生近缘种
140	苋菜	苋科 *Amaranthaceae*	苋属 *Amaranthus* L.		腋花苋 *A. roxburghianus* Kung 皱果苋 *A. viridis* L.
141	青葙	苋科 Amaranthaceae	青葙属 *Celosia* L.	青葙 *Celosia argentea* L.	
142	生菜	菊科 Compositae	莴苣属 *Lactuca* L.	叶用莴苣 *Lactuca sativa* L.	阿尔泰莴苣 *Lactuca altaica* Fisch. et Mey.
143	莴笋	菊科 Compositae	莴苣属 *Lactuca* L.	茎用莴苣 *Lactuca sativa* L. var. *asparagina* Bailey	裂叶莴苣 *Lactuca dissecta* D. Don 飘带果 *L. undulata* Ledeb. 野莴苣 *L. serriola* Torner
144	南茼蒿	菊科 Compositae	茼蒿属 *Chrysanthemum* L.	大叶茼蒿 *Chrysanthemum segetum* L.	
145	小叶茼蒿	菊科 Compositae	茼蒿属 *Chrysanthemum* L.	小叶茼蒿 *Chrysanthemum coronarium* L. （*C. coronarium* L. var. *spatiosum* Bailey）	
146	蒿子秆	菊科 Compositae	茼蒿属 *Chrysanthemum* L.	蒿子秆 *Chrysanthemum carinatum* Schousb.	
147	菊芋	菊科 Compositae	向日葵属 *Helianthus* L.	菊芋 *Helianthus tuberosus* L.	

（续）

序号	蔬菜作物名称	科	属	栽培种（或变种）	野生近缘种
148	苦苣	菊科 Compositae	苦苣菜属 *Sonchus* L.	苦苣 *Cichorium endivia* L.	
149	菊苣	菊科 Compositae	菊苣属 *Cichorium* L.	菊苣 *Cichorium intybus* L.	
150	苦荬菜	菊科 Compositae	苦荬菜属 *Ixeris* Cass.	苦荬菜 *Ixeris denticulata*（Houtt.）Stebb.	
151	苣荬菜	菊科 Compositae	苣荬菜属 *Sonchus* L.	苣荬菜 *Sonchus arvensis* L.	
152	牛蒡	菊科 Compositae	牛蒡属 *Arctium* L.	牛蒡 *Arctium lappa* L.	
153	波罗门参	菊科 Compositae	波罗门参 *Tragopogon* L.	婆罗门参 *Tragopogon pratensis* L.	
154	菊牛蒡	菊科 Compositae	鸦葱属 *Scorzonera* L.	菊牛蒡 *Scorzonera hippanica* L.	
155	菊花脑	菊科 Compositae	菊属（茼蒿属） *Chrysanthemum* L.	菊花脑 *Chrysanthemum nankingense* H. M.	
156	红凤菜 （紫背天葵）	菊科 Compositae	菊三七属 *Gynura* Cass.	红凤菜 *Gynura bicolor*（Willd.）DC.	
157	菜蓟 （朝鲜蓟）	菊科 Compositae	菜蓟属 *Cynara* L.	菜蓟 *Cynara scolymus* L.	
158	蒌蒿	菊科 Compositae	蒿属 *Artemisia* L.	蒌蒿 *Artemisia selengensis* Turcz.	
159	马兰	菊科 Compositae	马兰属 *Kalimeris* Cass.	马兰 *Kalimeris indica*（L.）Sch.-Bip.	

（续）

序号	蔬菜作物名称	科	属	栽培种（或变种）	野生近缘种
160	蒲公英	菊科 Compositae	蒲公英属 *Taraxacum* Weber	蒲公英 *Taraxacum mongolicum* Hand. -Mazz.	
161	蜂斗菜	菊科 Compositae	蜂斗菜属 *Petasites* Mill.	蜂斗菜 *Petasites japonica*（Sieb. et Zucc.）Shidt.	
162	款冬△	菊科 Compositae	款冬属 *Tussilago* L.	款冬 *Tussilago farfara* L.	
163	果香菊	菊科 Compositae	果香菊属 *Chamaemelum* Mill.	果香菊 *Chamaemelum nobile*（L.）All.	
164	莲藕	睡莲科 Nymphaeaceae	莲属 *Nelumbo* Adans	莲藕 *Nelumbo nucifera* Gaertn.	
165	芡实	睡莲科 Nymphaeaceae	芡属 *Euryale* Salisb.	芡实 *Euryale ferox* Salisb.	
166	莼菜	睡莲科 Nymphaeaceae	莼菜属 *Brasenia* Schreb.	莼菜 *Brasenia schreberi* J. F. Gmel.	
167	番杏	番杏科 Aizoaceae	番杏属 *Tetragonia* L.	番杏 *Tetragonia tetragonioides*（Pall.）Kuntze.	
168	红落葵	落葵科 Basellaceae	落葵属 *Basella* L.	红落葵 *Basella rubra* L.	
169	落葵	落葵科 Basellaceae	落葵属 *Basella* L.	落葵 *Basella alba* L.	
170	广落葵	落葵科 Basellaceae	落葵属 *Basella* L.	广落葵 *Basella cordifolia* Lam.	
171	藤三七	落葵科 Basellaceae	落葵薯属 *Anredera* L.	藤三七 *Anredera cordifolia*（Ten.）Steenis.	

（续）

序号	蔬菜作物名称	科	属	栽培种（或变种）	野生近缘种
172	黄秋葵	锦葵科 Malvaceae	秋葵属 *Abelmoschus* Medic.	黄秋葵 *Abelmoschus esculentus*（L.）Moench	
173	冬寒菜	锦葵科 Malvaceae	锦葵属 *Malva* L.	冬寒菜 *Malva crispa* L.	野葵 *Malva verticillata* L.
174	香椿	楝科 Meliaceae	香椿属 *Toona* Roem.	香椿 *Toona sinensis*（A. Juss.）Roem.	
175	桔梗△	桔梗科 Campanulaceae	桔梗属 *Platycodon* A. DC.	桔梗 *Platycodon grandiflorus*（Jacq.）A. DC.	
176	马齿苋	马齿苋科 Portulacaceae	马齿苋属 *Portulaca* L.	马齿苋 *Portulaca oleracea* L.	
177	土人参	马齿苋科 Portulacaceae	土人参属 *Talinum* Adans.	土人参 *Talinum paniculatum*（Jacq.）Gaertn.	
178	蕺菜（鱼腥草）△	三白草科 Saururaceae	蕺菜属 *Houttuynia* Thunb.	蕺菜 *Houttuynia cordata* Thunb.	
179	食用大黄△	蓼科 Polygonaceae	大黄属 *Rheum* L.	食用大黄 *Rheum officinale* Baill.	西藏大黄 *Rheum tibeticum* Maxim. et Hook f.
180	酸模	蓼科 Polygonaceae	酸模属 *Rumex* L.	酸模 *Rumex acetosa* L.	
181	霸王花	仙人掌科 Cactaceae	量天尺属 *Hylocereus* Britt. & Rose	霸王花 *Hylocereus undatus*（Haw.）Britt. et Rose	
182	食用仙人掌△	仙人掌科 Cactaceae	仙人掌属 *Opuntia* Mill.	仙人掌 *Opuntia dillenii*（Ker-Gawl.）How.	

（续）

序号	蔬菜作物名称	科	属	栽培种（或变种）	野生近缘种
183	龙牙楤木	五加科 Araliaceae	楤木属 *Aralia* L.	龙牙楤木 *Aralia elata*（Miq.）Seem.	
184	白花菜	白花菜科 Capparidaceae	白花菜属 *Cleome*（L.）DC.	白花菜 *Cleome gynandra* L.	
185	琉璃苣	紫草科 Boraginaceae	琉璃苣属 *Borago* L.	琉璃苣 *Borago officinalis* L.	
186	荸荠	莎草科 Cyperaceae	荸荠属 *Heleocharis* R. Br.	荸荠 *Heleocharis tuberosa* Roem. et Schult.	具刚毛荸荠 *Heleocharis valleculosa* Ohwi. 卵穗荸荠 *H. soloniensis*（Dubois）Hara 无刚毛荸荠 *H. kamtschatica*（C. A. Mey） Kom 沼泽荸荠 *H. eupalustris* Lindb. F. 单鳞苞荸荠 *H. uniglumis*（Link.）Schult. 螺旋鳞荸荠 *H. spiralis*（Rottb.）R. Br. 野荸荠 *H. plantagineiformis* Tang et Wang 江南荸荠 *H. migoana* Ohwi et T. Koyana 扁基荸荠 *H. fennica* Palla ex Kneuck 空心秆荸荠 *H. fistulosa*（Poir.）Link.

（续）

序号	蔬菜作物名称	科	属	栽培种（或变种）	野生近缘种
186	荸荠	莎草科 *Cyperaceae*	荸荠属 *Heleocharis* R. Br.		羽毛荸荠 *H. wichura* Bocklr. 渐尖穗荸荠 *H. attenuata* Palla. 乳头基荸荠 *H. mamillata* Lindb. F. 黑籽荸荠 *H. caribaea* Blake. 贝壳叶荸荠 *H. chaetaria* Roem. et Schult. 透明鳞荸荠 *H. pellucida* Presl. 刘氏荸荠 *H. liouana* Tang et Wang 云南荸荠 *H. yunnanensis* Svens. 密花荸荠 *H. congesta* D. Don. 木贼状荸荠 *H. equisetina* J. et C. Presl. 三面秆荸荠 *H. trilateralis* Tang et Wang 银鳞荸荠 *H. argyrolepis* Kjeruf. ex Bunge 少花荸荠 *H. pauciflora* Link 中间型荸荠 *H. intersita* Zinserl.

（续）

序号	蔬菜作物名称	科	属	栽培种（或变种）	野生近缘种
187	宽叶蒲菜△	香蒲科 Typhaceae	香蒲属 *Typha* L.	宽叶蒲菜 *Typha latifolia* L.	有 7 个种见附录 3（序号 731）
188	窄叶蒲菜△	香蒲科 Typhaceae	香蒲属 *Typha* L.	窄叶蒲菜 *Typha angustifolia* L.	
189	蕉芋	美人蕉科 Cannaceae	美人蕉属 *Canna* L.	蕉芋 *Canna edulis* Ker.	
190	慈姑	泽泻科 Alismataceae	慈姑属 *Sagittaria* L.	慈姑 *Sagittaria sagittifolia* L. var. *sinensis* (Sims) Makino	野慈姑 *Sagittaria trifolia* L.
191	菱	菱科 Trapaceae	菱属 *Trapa* L.	红菱 *Trapa bicornis* Osbeck. 南湖菱 *T. acornis* Nakai 四角菱 *T. quadrispinosa* Roxb.	野菱 *Trapa incisa* Sieb. et Zucc. 四瘤菱 *T. mammillifera* Miki. 菱（二角菱） *T. bispinosa* Roxb. 东北菱 *T. manshurica* Fler. 细果野菱 *T. maximowiczii* Korsh. 耳菱 *T. potaninii* V. Vassil. 冠菱 *T. litwinowii* V. Vassil. 格菱 *T. pseudoincisa* Nakai

（续）

序号	蔬菜作物名称	科	属	栽培种（或变种）	野生近缘种
191	菱角	菱科 *Trapaceae*	菱属 *Trapa* L.		菱角 *T. japonica* Fler. 弓角菱 *T. arcuata* S. H. Li et Y. L. Chang
192	茭白	禾本科 Gramineae	菰属 *Zizania* L.	茭白 *Zizania caduciflora*（Turcz.）Hand. -Mazz. （*Zizania latifolia* Turcz.）	得科萨斯菰 *Zizania texana* Hitchc 水生菰 *Z. aquatica* L. subsp. *aquatica* 矮生菰 *Z. aquatica* subsp. *brevis*（Fass.）S. L. Chen 湖生菰 *Z. palustris* L. ssp. *interior*（Fass.）S. L. Chen 沼生菰 *Z. palustris* ssp. *palustris*
193	刚竹△	禾本科 Gramineae	刚竹属 *Phyllostachys* Sieb. & Zucc.	刚竹 *Phyllostachys bambusoides* Sieb. et Zucc.	
194	毛竹△	禾本科 Gramineae	刚竹属 *Phyllostachys* Sieb. & Zucc.	毛竹 *Phyllostachys pubescens* Mazel ex H. De Lebaie.	
195	甜笋竹	禾本科 Gramineae	刚竹属 *Phyllostachys* Sieb. & Zucc.	甜笋竹 *Phyllostachys elegans* McClure	

（续）

序号	蔬菜作物名称	科	属	栽培种（或变种）	野生近缘种
196	淡竹△	禾本科 Gramineae	刚竹属 *Phyllostachys* Sieb. & Zucc.	淡竹 *Phyllostachys nigra* var. *henonis*（Mitf.）Stapf ex Rendle	
197	早竹	禾本科 Gramineae	刚竹属 *Phyllostachys* Sieb. & Zucc.	早竹 *Phyllostachys praecox* C. D. Chu et C. S. Chao	
198	白哺鸡竹	禾本科 Gramineae	刚竹属 *Phyllostachys* Sieb. & Zucc.	白哺鸡竹 *Phyllostachys dulcis* McClure	
199	乌哺鸡竹	禾本科 Gramineae	刚竹属 *Phyllostachys* Sieb. & Zucc.	乌哺鸡竹 *Phyllostachys vivax* McClure	
200	红哺鸡竹	禾本科 Gramineae	刚竹属 *Phyllostachys* Sieb. & Zucc.	红哺鸡竹 *Phyllostachys iridenscens* C. Y. Yao et S. Y. Chen	
201	花哺鸡竹	禾本科 Gramineae	刚竹属 *Phyllostachys* Sieb. & Zucc.	花哺鸡竹 *Phyllostachys glabrata* S. Y. Chen et C. Y. Yao	
202	尖头青竹	禾本科 Gramineae	刚竹属 *Phyllostachys* Sieb. & Zucc.	尖头青竹 *Phyllostachys acuta* C. D. Chu et C. S. Chao	
203	石竹	禾本科 Gramineae	刚竹属 *Phyllostachys* Sieb. & Zucc.	石竹 *Phyllostachys nuda* McClure	
204	水竹	禾本科 Gramineae	刚竹属 *Phyllostachys* Sieb. & Zucc.	水竹 *Phyllostachys congesta* Rendle	

（续）

序号	蔬菜作物名称	科	属	栽培种（或变种）	野生近缘种
205	曲杆竹（甜竹）	禾本科 Gramineae	刚竹属 *Phyllostachys* Sieb. & Zucc.	曲杆竹（甜竹） *Phyllostachys flexuosa* A. et C. Rivere	
206	吊丝球竹	禾本科 Gramineae	绿竹属 *Sinocalamus* McClure	吊丝球竹 *Sinocalamus beecheyanus*（Munro）McClure	
207	麻竹	禾本科 Gramineae	绿竹属 *Sinocalamus* McClure	麻竹 *Sinocalamus latiflorus*（Munro）McClure（*Dendrocalamu latiflorus* Munro）	
208	绿竹	禾本科 Gramineae	绿竹属 *Sinocalamus* McClure	绿竹 *Sinocalamus oldhami*（Munro）McClure	
209	慈竹△	禾本科 Gramineae	绿竹属 *Sinocalamus* McClure	慈竹 *Sinocalamus affinis*（Rendle）McClure	有 2 个种见附录 3（序号 438）
210	梁山慈竹	禾本科 Gramineae	绿竹属 *Sinocalamus* McClure	梁山慈竹 *Sinocalamus farinosus* Keng et Keng f.	
211	菜用玉米△	禾本科 Gramineae	玉米属 *Zea* L.	玉米 *Zea mays* L.	有 3 个种见附录 3（序号 487）
212	香茅	禾本科 Gramineae	香茅属 *Cymbopogon* Spreng.	香茅 *Cymbopogon citratus*（DC.）Stapf	
213	蕨菜	凤尾蕨科 Pteridiaceae	蕨属 *Pteridium* Scop.	蕨 *Pteridium aquilinum*（L.）Kuhn. var. *latiusculum*（Desv.）Underw.	
214	过沟菜蕨	鳞毛蕨科 Dryopteridaceae	双盖蕨属 *Diplazium* Sw.	过沟菜蕨 *Diplazium esculentum*（Retz.）Sw.	

（续）

序号	蔬菜作物名称	科	属	栽培种（或变种）	野生近缘种
215	灰平菇	侧耳科 Pleurotaceae	侧耳属 *Pleurotus*（Fr.）Quel.	糙皮侧耳 *Pleurotus ostreatus*（Jacq. ex Fr.）Quel.	
216	凤尾菇	侧耳科 Pleurotaceae	侧耳属 *Pleurotus*（Fr.）Quel.	肺形侧耳 *Pleurotus pulmonarius*（Fr.）Quel.	
217	紫孢侧耳	侧耳科 Pleurotaceae	侧耳属 *Pleurotus*（Fr.）Quel.	紫孢侧耳 *Pleurotus sapidus* Sacc.	
218	白平菇	侧耳科 Pleurotaceae	侧耳属 *Pleurotus*（Fr.）Quel.	佛州侧耳 *Pleurotus ostreatus* var. *florida* Eger	
219	姬菇	侧耳科 Pleurotaceae	侧耳属 *Pleurotus*（Fr.）Quel.	白黄侧耳 *Pleurotus cornucopiae* Roll.	
220	鲍鱼菇	侧耳科 Pleurotaceae	侧耳属 *Pleurotus*（Fr.）Quel.	鲍鱼菇 *Pleurotus abalonus* Han. K. M. Chen et S. Cheng	
221	盖囊菇	侧耳科 Pleurotaceae	侧耳属 *Pleurotus*（Fr.）Quel.	盖囊菇 *Pleurotus cystidiosus* O. K. Mill.	
222	阿魏菇	侧耳科 Pleurotaceae	侧耳属 *Pleurotus*（Fr.）Quel.	阿魏侧耳 *Pleurotus eryngii* var. *ferulae*（Lanzi）Sacc.	
223	白灵菇	侧耳科 Pleurotaceae	侧耳属 *Pleurotus*（Fr.）Quel.	白阿魏侧耳 *Pleurotus nebrodensis*（Inzengae）Quel.	
224	杏鲍菇	侧耳科 Pleurotaceae	侧耳属 *Pleurotus*（Fr.）Quel.	刺芹侧耳 *Pleurotus eryngii*（DC.：Fr.）Quel.	
225	榆黄蘑	侧耳科 Pleurotaceae	侧耳属 *Pleurotus*（Fr.）Quel.	金顶侧耳 *Pleurotus citrinopileatus* Sing.	
226	元蘑	侧耳科 Pleurotaceae	亚侧耳属 *Hohenbuehelia* Schulz.	亚侧耳 *Hohenbuehelia serotina*（Pers.：Fr.）Sing.	

（续）

序号	蔬菜作物名称	科	属	栽培种（或变种）	野生近缘种
227	香菇	侧耳科 Pleurotaceae	香菇属 *Lentinus* Earle	香菇 *Lentinus edodes*（Berk.）Pegler	大杯香菇 *Lentinus giganteus* Berk. 爪哇香菇 *L. javanicus* Lev. 豹皮香菇 *L. lepideus*（Fr.：Fr.）Fr. 虎皮香菇 *L. tigrinus*（Bull.）Fr.
228	黑木耳	木耳科 Auriculariaceae	木耳属 *Auricularia* Bull. ex Marat.	黑木耳 *Auricularia auricula*（L. ex Hook）Underw.	角质木耳 *Auricularia cornea* Ehrenb.
229	毛木耳	木耳科 Auriculariaceae	木耳属 *Auricularia* Bull. ex Marat.	毛木耳 *Auricularia polytricha* Sacc.	皱木耳 *Auricularia delicata*（Fr.）Henn 褐黄木耳 *A. fuscosuccinea*（Mont.）Farl. 盾形木耳 *A. peltata* Lloyd
230	双孢蘑菇	蘑菇科 Agaricaceae	蘑菇属 *Agaricus* L. ex Fr.	双孢蘑菇 *Agaricus bisporus*（Lange）Sing.	美味蘑菇 *Agaricus edulis* Vitt.
231	大肥菇	蘑菇科 Agaricaceae	蘑菇属 *Agaricus* L. ex Fr.	大肥菇 *Agaricus bitorquis*（Quel.）Sacc.	野蘑菇 *Agaricus arvensis* Schaeff. ex Fr.
232	巴西蘑菇	蘑菇科 Agaricaceae	蘑菇属 *Agaricus* L. ex Fr.	巴西蘑菇 *Agaricus blazei* Murr.	蘑菇 *Agaricus campestris* L. ex Fr.
233	金针菇	白蘑科 Tricholomataceae	金针菇属 *Flammulina* Karst.	金针菇 *Flammulina velutipes*（Fr.）Sing.	

（续）

序号	蔬菜作物名称	科	属	栽培种（或变种）	野生近缘种
234	长根菇	白蘑科 Tricholomataceae	奥德蘑属 *Oudemansiella*	长根菇 *Oudemansiella radicata*（Relh.：Fr.）Sing.	
235	褐灰口蘑	白蘑科 Tricholomataceae	口蘑属 *Tricholoma* Fr. Staude	褐灰口蘑 *Tricholoma gambosum*（Fr.）Gill.	
236	榆干离褶伞	白蘑科 Tricholomataceae	离褶伞属 *Lyophyllum* Karst.	榆干离褶伞 *Lyophyllum ulmarium*（Bull ex Fr.）Kuhner	
237	真姬菇	白蘑科 Tricholomataceae	离褶伞属 *Lyophyllum* Karst.	真姬离褶伞 *Lyophyllum shimeji*（Kawam.）Hongo	
238	蟹味菇	白蘑科 Tricholomataceae	玉蕈属 Hypsizigus Sing.	斑玉蕈 *Hypsizigus marmoreus*（Peck）Bigilow	
239	蜜环菌	白蘑科 Tricholomataceae	蜜环菌属 *Armillaria*（Fr.：Fr.）Staude	蜜环菌 *Armillaria mellea*（Vahl ex Fr.）Karst.	
240	鸡菌	白蘑科 Tricholomataceae	鸡属 *Termitomyces* Heim	鸡菌 *Termitomyces albuminosus*（Berk.）Heim	
241	草菇	光柄菇科 Pluteaceae	草菇属 *Volvariella* Speg.	草菇 *Volvariella volvacea*（Bull. ex Fr.）Sing.	
242	银丝草菇	光柄菇科 Pluteaceae	草菇属 *Volvariella* Speg.	银丝草菇 *Volvariella bombycina* Sing.	
243	银耳	银耳科 Tremellales	银耳属 *Tremella* Dill. ex Fr.	银耳 *Tremella fuciformis* Berk.	
244	金耳	银耳科 Tremellales	银耳属 *Tremella* Dill. ex Fr.	金耳 *Tremella aurantialba* Bandoni et Zhang	金色银耳 *Tremella aurantia* Schw. 橙耳 *T. cinnabarina*（Mont.）Pat. 茶耳 *T. foliacea* Pers. ex. Fr.

（续）

序号	蔬菜作物名称	科	属	栽培种（或变种）	野生近缘种
244	金耳	银耳科 Tremellales	银耳属 *Tremella* Dill. ex Fr.		血耳 *T. sanguinea* Peng
245	滑菇	球盖菇科 Strophariaceae	环锈伞属 *Pholiota* Kummer	滑菇 *Pholiota nameko* S. Ito et Imai.	库恩菇 *Pholiota mutabilis* Kum.
246	黄伞	球盖菇科 Strophariaceae	环锈伞属 *Pholiota* Kummer	黄伞（多脂鳞伞） *Pholiota adiposa*（Fr.）Quel.	
247	大球盖菇	球盖菇科 Strophariaceae	球盖菇属 *Stropharia*（Fr.）Quel.	大球盖菇 *Stropharia rugosoannulata* Far. ex Murr.	
248	猴头	猴头菌科 Hericiaceae	猴头菌属 *Hericium* Pers. ex S. F. Gray	猴头 *Hericium erinaceus*（Bull. ex Fr.）Pers.	假猴头菌 *Hericium laciniatum*（Leers）Banker 分枝猴头菌 *H. ramosum*（Merat.）Lete.
249	鸡腿菇	鬼伞科 Coprinaceae	鬼伞属 *Coprinus* Pers. ex Gray	毛头鬼伞 *Coprinus comatus* S. F. Gray	小孢毛鬼伞 *Coprinus ovatus*（Schaeff.）Fr.
250	茶薪菇	粪锈伞科 Bolbitiaceae	田头菇属 *Agrocybe* Fayod	柱状田头菇 *Agrocybe cylindracea* R. Maire	
251	竹荪	鬼笔科 Phallaceae	竹荪属 *Dictyophora* Desv.	长裙竹荪 *Dictyophora indusiata* Fisch.	
252	短裙竹荪	鬼笔科 Phallaceae	竹荪属 *Dictyophora* Desv.	短裙竹荪 *Dictyophora duplicata* Fisch.	
253	棘托竹荪	鬼笔科 Phallaceae	竹荪属 *Dictyophora* Desv.	棘托竹荪 *Dictyophora echino-volvata* Zane，Zheng et Hu	

（续）

序号	蔬菜作物名称	科	属	栽培种（或变种）	野生近缘种
254	灰树花	多孔菌科 Polyporaceae	树花属 *Grifola* Gray	灰树花 *Grifola frondosa* S. F. Gray	
255	猪苓△	多孔菌科 Polyporaceae	树花属 *Grifola* Gray	猪苓 *Grifola umbellata*（Pers. ex Fr.）Pilat.	
256	茯苓△	多孔菌科 Polyporaceae	卧孔菌属 *Poria* Pers. ex Gray	茯苓 *Poria cocos*（Schw.）Wolf.	
257	云芝	多孔菌科 Polyporaceae	栓菌属 *Trametes* Fr.	云芝 *Trametes vesicolor*	
258	牛舌菌	牛舌菌科 Fistulinaceae	牛舌菌属 *Fistulina* Bull. ex Fr.	牛舌菌 *Fistulina hepatica*（Schaeff.）Fr.	
259	灵芝△	灵芝科 Ganodermataceae	灵芝属 *Ganoderma* Karst.	灵芝 *Ganoderma lucidum*（Leyss. Ex Fr.）Karst.	
260	松杉灵芝	灵芝科 Ganodermataceae	灵芝属 *Ganoderma* Karst.	松杉灵芝 *Ganoderma tsugae* Murr.	
261	薄盖灵芝	灵芝科 Ganodermataceae	灵芝属 *Ganoderma* Karst.	薄盖灵芝 *Ganoderma tenus* Zhao，Hu et Zhang	
262	中华灵芝	灵芝科 Ganodermataceae	灵芝属 *Ganoderma* Karst.	紫芝（中华灵芝）*Ganoderma sinense* Zhao，Xu et Zhang	
263	灰光柄菇	光柄菇科 Pluteaceae	光柄菇属 *Pluteus* Fr.	灰光柄菇 *Pluteus cervinus*（Schaeff. ex Fr.）Kum.	

注：带△符号的为作物大类之间重复者。

（李锡香　朱德蔚　王德槟）

第二节 主要蔬菜作物的遗传多样性

无论是原产于中国的蔬菜，还是外域引入的蔬菜，在中国气候多样、地形复杂的自然条件下逐渐形成了蔬菜种内亚种、变种或类型及其特征特性的多样性。如葱分化出了分蘖性强的分葱，以及分蘖性弱、葱白发达的大葱。芸薹（*Brassica campestris* L.）在中国南方演变出白菜亚种［ssp. *chinensis*（L.）Makino］，进而形成普通白菜、乌塌菜、菜薹等变种，以及适应于不同季节的许多生态类型；在北方则演变出大白菜亚种［ssp. *pekinensis*（Lour.）Olsson］，进而形成散叶、半结球、花心、结球等变种，其中结球变种又形成了卵圆、平头和直筒等生态型。再如芥菜在印度和高加索地区始终作为油料作物、香料作物栽培，但在中国则演变成茎用、根用、叶用、薹用等变种。原产地中海地区的莴苣在中国则演变出茎部肥大的莴笋，原产非洲的豇豆在中国演化出了长豇豆。本节将介绍中国 27 种主要栽培蔬菜作物的遗传多样性。

一、萝卜

中国栽培萝卜（*Raphanus sativus* L.）的历史悠久，经长期的自然选择和人工选择，形成了千差万别的肉质根根形、根色、肉色等形态特征和生物学特性，表现出丰富的遗传多样性。

（一）特征特性多样性

1. 子叶和下胚轴 不同品种萝卜的子叶长度、宽度和凹槽深度存在明显差异。一般，子叶长度和宽度范围在 1.7～50 mm，凹槽深度分布在 0.8～26.1 mm。子叶的颜色有黄绿、浅绿、绿和深绿之分，下胚轴颜色有绿白、浅绿、绿、红、浅紫和紫色之分。萝卜幼苗一叶一心时，下胚轴的颜色有绿白、浅绿、绿、红、浅紫、紫等类别。

2. 株高、株幅和叶丛状态 萝卜栽培品种的叶丛生长状态主要有直立、半直立、开展和塌地四种类型。对 1 943 份萝卜叶丛生长状态进行初步调查，半直立的占 62.7%，直立的占 26.3%。不同栽培品种间叶丛状态的差异导致萝卜的株高和株幅存在明显差异，萝卜栽培品种的株高和株幅分别为 10.2～56.0 cm 和 16.6～92.5 cm。

3. 叶长、叶宽、叶片数、叶基盘宽度及位置 萝卜叶长一般为 6～62 cm，叶宽一般为 2～25 cm。萝卜的叶片数指肉质根成熟期植株叶丛所具有的完全展开的叶片数（包括脱落叶片的叶痕）。叶片数多则 50 多片，少则 5～6 片。萝卜叶基盘宽度是指在肉质根采收期，根头部着生叶片处的最大宽度。萝卜叶数多，叶基盘宽度相对宽。根据叶基盘与根肩的相对位置，分为凸出、水平和凹陷三种。少数萝卜种质的根头部还具有细颈。

4. 叶型、叶形、叶色、叶脉色和叶柄色 萝卜的叶型主要分为板叶和花叶两种类型，也有少数中间类型。对 1 954 份萝卜叶型的初步调查表明，花叶种质占 66.9%，板叶种质占 32.4%，介于中间的占 0.77%。肉质根成熟期，完全展开的叶片的形状主要有卵圆、长卵圆、倒卵圆、长倒卵圆、椭圆、长椭圆和披针形。对 818 份萝卜叶形的初步调查表明，长卵圆形占 53.8%，长椭圆形占 22.1%，倒卵圆形占 10.6%，椭圆形占 6.2%，卵圆形占 5.5%，长倒卵形占 1.1%，披针形占 0.7%。萝卜的叶色分为黄绿、浅绿、绿、深绿和紫红色等。对 674 份萝卜种质的叶色初步调查表明，绿色占 63.35%，深绿色占 25.52%，浅绿色占 10.53%，黄绿色占 0.45%，紫红色占 0.15%。完全展开的叶片中脉和侧脉的基部至梢部的叶脉色主要分为黄绿、浅绿、绿、红、浅紫和紫色 6 种，叶柄外皮的颜色分为浅绿、绿、深绿、红、浅紫和紫色 6 种。

5. 肉质根根形、皮色和肉色　萝卜肉质根根形极为丰富，其形状主要有长圆柱、短圆柱、长弯号角、短弯号角、长圆锥、短圆锥、倒长圆锥、倒短圆锥、卵圆、扁圆、近圆、梨形、纺锤形、高圆台和矮圆台形等。对 1 971 份萝卜根形初步调查表明，长圆柱占 35.2%，长圆锥占 19.1%，短圆筒占 12.1%，近圆占 5.8%，短圆锥占 5.6%，扁圆占 4.0%，卵圆占 3.5%，长弯号角 2.2%，纺锤形占 2.2%，其他形状占 10.3%。收获期，正常商品肉质根基部的形状分为锐尖、钝尖、钝圆、平和凹陷 5 种，肉质根表面侧根疤痕的大小分为无、小、中和大 4 种类型。

肉质根露出地面部分的表皮颜色主要有白、白绿、浅绿、绿、深绿、粉红、红、浅紫、紫等。对 1 964 份萝卜地上部分表皮颜色的初步调查表明，绿色占 24.49%，白色占 23.68%，红色占 19.96%，浅绿色占 9.73%，白绿色占 5.86%，粉红色占 5.65%，紫红色占 5.24%，深绿色占 2.8%，绿白色占 0.41%，黄绿色占 0.31%，其他颜色占 1.88%。肉质根入土部分的表皮颜色主要有白、浅绿、绿、粉红、红、紫、黑色等。对 1 888 份萝卜肉质根地下部分颜色的初步调查表明，白色占 60.86%，红色占 15.84%，绿色占 9.22%，粉红色占 5.93%，浅绿色占 4.34%，紫红色占 1.48%，白绿色占 0.42%，其他颜色占 1.91%。

肉质根根肉的主色主要有白、浅绿、绿、粉红、红、浅紫、紫等。对 1 187 份萝卜肉质根根肉主色的初步调查表明，白色占 77.34%，绿色占 9.52%，浅绿色占 5.98%，绿白色占 4.04%，红色占 2.53%，白绿色占 0.34%，紫红色占 0.17%，浅黄白色占 0.08%。按肉质根横切面上根肉颜色的分布，分为颜色一致、仅皮层和形成层有色、放射状分布呈星形、呈同心圆分布和呈不规则分布 5 种类型。

6. 肉质根长、肉质根地上部长、肉质根粗　不同萝卜种质肉质根根长差异显著，一般在 3.1～67.0 cm。根据肉质根入土部分的深度的不同分为全部入土、3/4 入土、1/2 入土、1/4 入土和很少入土 5 种类型。萝卜不同种质肉质根地上部的长度即肉质根露出地面部分的长度也各异，一般为 0～38 cm。肉质根粗指肉质根最粗部分的横径，一般为 1.8～23.0 cm。

7. 肉质根肉质、肉质根水分　肉质根肉质分为脆嫩、艮硬、疏松、松脆、细嫩、致密几种类型。对 1 837 份萝卜肉质根肉质初步调查表明，致密占 28.09%，艮硬占 19.54%，脆嫩占 17.69%，松脆占 16.44%，疏松占 15.79%，细嫩占 2.45%。

肉质根水分有多、中、少之分。对 1 881 份萝卜肉质根水分状况的初步调查表明，中等水分者占 46.62%，多者占 41.10%，少者占 12.28%。

8. 单株重、单根重　单株重指包括地上部叶丛和地下部肉质根的单株总重量，分布范围在 20～6 500 g。单根重指除去地上部叶丛后的单个商品肉质根的重量，分布范围在 10～5 500 g。

9. 商品熟性 按不同类型萝卜商品肉质根从播种到成熟所需的天数将肉质根熟性分为：极早、早、中、晚和极晚。对 1 871 份萝卜肉质根熟性初步调查表明，极早占 1.82%，早占 28.65%，中占 35.86%，晚占 33.62%，极晚占 0.05%。

10. 花色、长角果颜色 当天开放花朵的花瓣颜色主要有白、黄绿、红和紫等。长角果颜色指成熟角果在变干之前的表皮颜色，主要有黄绿、绿、深绿、紫绿和紫等。

11. 长角果长度及喙长、单角果种子数 长角果长度指成熟角果基部至顶端的长度，一般范围为 4～10 cm。喙长指成熟角果喙基本至顶部的长度，一般范围为 10～30 mm。单角果种子数指平均每个长角果内的种子的粒数，一般范围为 2～10 粒。

（二）生态型多样性

中国萝卜按照种植季节可分为 4 个生态类型，各生态类型的差异明显。

1. 春夏萝卜 又称春萝卜或春水萝卜，早春播种，初夏（或夏季）收获，生长期一般 25～60 d。这一季节的栽培品种主要特点是生长期较短，生长速度较快，冬性较强。

2. 夏秋萝卜 俗称伏萝卜，夏季播种、秋季收获，或者初夏播种、夏末采收两种，生长期 50～80 d。这一季节的栽培萝卜具有生长期较短，耐热，或较耐湿，较抗病毒病等特点。

3. 秋冬萝卜 夏末或秋初播种，秋末、初冬收获，生长季节主要在秋季和初冬，主要于冬季供应市场。该类型是中国萝卜的主要类型，其品种众多，栽培广泛，产品质量最佳，且耐贮、耐运，市场供应期长。

4. 冬春萝卜 晚秋或初冬播种，露地越冬，翌年 2～3 月收获。该类型品种的特点是较耐寒，冬性强，抽薹迟，肉质根不易糠心，在早春蔬菜供应中有一定地位。

（三）基于分子标记的遗传多样性

孔秋生等（2004）利用筛选出的 12 个随机引物，对来源于不同国家和地区的有代表性的 56 份萝卜种质资源遗传多样性进行了 RAPD 分析，共扩增出 109 条带，其中多态性带为 72 条，多态性带百分率为 62.9 %，种质平均期望杂合度为 0.289。2005 年，孔秋生等利用筛选出的 8 对 AFLP 引物对 56 份来源于不同国家和地区的栽培萝卜种质的亲缘关系进行了分析，共扩增出 327 条带，其中多态性带 128 条，多态性位点百分率 39.1%，显示出栽培萝卜种质之间存在着较丰富的遗传多样性。亚洲与欧洲栽培萝卜种质之间表现出较远的亲缘关系。大多数欧洲萝卜种质的关系较近，但黑皮萝卜和小型四季萝卜之间的亲缘关系相对较远。中国萝卜种质的多样性丰富，其分类表现出与根皮色相关的特征，来自山西的国光、北京的心里美和新疆的当地水萝卜 3 份种质与国内其他种质存在较远的亲缘关系。来自日本和韩国的萝卜种质虽与中国种质的关系较近，但也各自成组。韩太立等（2008）采用 AFLP 标记结合形态学指标对 33 份萝卜种质的遗传多样性进行评价。筛选出 8 对能产生稳定可重复片段的引物进行 AFLP 扩增，每对引物可扩增出 35～56 条带，平均每对引物扩增的 DNA 带数为 45.2 条，其中多态性带占总带数的 42.10 %，显示出萝卜种质之间存在着较丰富的遗传多样性。基于形态学指标和 AFLP 标记的聚类分析均可将供试材料分为 4 大组，其中具有独特紫红色根肉的 Rs14 独为一组。从整体来看，萝卜种质分类与根皮色相关，除肉质根呈紫红色的品种外，其余材料大致可分为绿皮萝卜组、白皮萝卜组、红皮萝卜组，与孔秋生等的结论相同。

（邱　杨　宋江萍　何启伟）

二、胡萝卜

栽培胡萝卜是野生胡萝卜的一个变种，能形成肥大的肉质根，二年生草本植物。学名 *Daucus carota* L. var. *sativa* DC.。由于我国地域辽阔，地形复杂，各栽培地区之间气候、土壤和农业条件相差较大，经长期自然选择和人工选择，结果形成了形态特征和农艺性状千差万别的众多品种，但均属于东方类型。我国从 20 世纪 80 年代起，共有 389 份胡萝卜野生种质和地方品种资源被收集和整理。

（一）形态特征多样性

中国胡萝卜种质资源形态特征差异较大。例如，叶长一般为 50～60 cm，最短的仅为 30 cm，最长的达到 104 cm，两者相差 3 倍多。叶片着生角度，在初步调查的 337 份国内种质资源中，一般为直立型，占调查总数的 57.9%，半直立型占 27.6%，平展型占 14.5%。叶型亦存在较大差异，从一回裂叶形状可分为宽叶型、正常叶型和细叶型，从裂叶回数可分为二回、三回和四回，从叶裂深浅可分为浅裂、正常和深裂。叶色有黄绿、绿、灰绿、深绿和紫绿之分，在调查的 337 份国内种质资源中，黄绿色 53 份，占总数的 15.7%；绿色 216 份，占总数的 64.1%；灰绿色 1 份，占总数的 0.3%；深绿色 57 份，占总数的 16.9%；紫绿色 10 份，占总数的 3.0%。肉质根形状可分为长圆柱、长圆锥、短圆柱、短圆锥、指形、卵圆和圆形。肉质根长一般为 15～18 cm，最短的只有 8 cm，最长可达 40 cm。肉质根表皮和韧皮部颜色有白、黄、橘黄、橘红、红、紫红和紫之分，在调查的 337 份国内种质资源中，白色 2 份，占总数的 0.6%；黄色 67 份，占总数的 19.9%；橘黄色 29 份，占总数的 8.6%；橘红色 130 份，占总数的 38.6%；红色 16 份，占总数的 4.7%；紫红色 85 份，占总数的 25.2%；紫色 8 份，占总数的 2.4%。花序类型分为钟铃型、半钟铃型和水平型。花的育性可分为可育和不育，其中雄性不育又可分为瓣化型和褐药型。花色有白、白绿、绿、红绿、粉红之分。种子千粒重一般是 1～1.5 g，但重的种子达到 4 g 以上。

（二）农艺性状多样性

中国胡萝卜种质资源农艺性状具有丰富的遗传多样性。根据栽培季节可分为春播类型品种、夏秋播类型品种、越冬类型品种。胡萝卜生长周期一般是 120 d 左右，但由于不同地区栽培形式的变化，短的生长周期只有 90 d，长的生长周期达到 180 d。肉质根单根重一般为 150～250 g，但轻的只有 50 g，重的可达 500 g 以上。根据用途可分为生熟食兼用类型、脱水或腌制类型、胡萝卜汁加工类型、饲料用类型等。

（三）品质性状差异明显

胡萝卜营养丰富，主要含有胡萝卜素、番茄红素、叶黄素、维生素 C 和糖等。一般橘红色胡萝卜富含胡萝卜素，黄色类型含量很低，主要富含叶黄素、玉米黄素等，在调查的 329 份种质资源中，每 100 g 鲜重胡萝卜素含量最低的为 0.01 mg，最高的可达 18.2 mg，其中每 100 g 鲜重胡萝卜素含量小于 1.0 mg 的种质资源为 83 份，占总数的 25.2%；含量为 1.0～2.0 mg 的种质资源为 73 份，占总数的 22.2%；含量为 2.0～3.0 mg 的种质资源为 63 份，占总数的 19.1%；含量为 3.0～6.0 mg 的种质资源为 70 份，占总数的 21.0%；含量大于 6.0 mg 的种质资源为 39 份，占总数的 11.9%。大多数胡萝卜种质资源每 100 g 鲜重总糖含量为 5.0～8.0 g，在调查的 334 份种质资源中，最低的只有 3 g，最高的为 9.4 g，含量小于 5.0 g 的种质资源为 11 份，占总数的 3.3%；含量为 5.0～8.0 g 的种质资源为 310 份，占总数的 92.8%；含量大于 8.0 g 的种质资源为 13 份，占总数的 3.9%。大部分种质资源的干物质含量为 12%～14%，在调查的 301 份种质资源中，最低的干物质含量只有 10.6%，最高的干物质含量为 18%，含量小于 12%的种质资源为 46 份，占总数的 15.3%；含量为 12%～14%种质资源为 154 份，占总数的 51.2%；含量大于 14%的种质资源为 101 份，占总数的 33.5%。

（庄飞云）

三、大白菜

大白菜［*Brassica campestris* ssp. *pekinensis*（Lour.）Olsson；syn. *Brassica rapa* ssp. *pekinensis*（Lour.）Hanelt］，亦称结球白菜。大白菜是天然的异花授粉作物，经过长期的自然选择和人工选择，形成了不同的变种和类型，在众多的形态特征和生物学特性上，品种间存在明显差异，表现出丰富的遗传多样性。

（一）变种和类型多样性

李家文将大白菜划分为 4 个变种，同时将结球大白菜变种分为 3 个基本生态型和若干派生类型。

1. 散叶大白菜变种（var. *dissoluta* Li） 这一变种是大白菜的原始类型。顶芽不发达，不形成叶球。莲座叶倒披针形，植株一般较直立。抗热性和耐寒性均较强，纤维较多，品质差，食用部分为莲座叶。

2. 半结球大白菜变种（var. *infarcta* Li） 植株顶芽之外叶发达，内层心叶不发达，叶球松散，球顶开放，呈半结球状态。常以莲座叶及球叶为产品。对肥水要求不严格，对气候适应性强。

3. 花心大白菜变种（var. *laxa* Tsen et Lee） 顶芽发达，形成颇坚实的叶球。球叶以裥褶方式抱合，叶尖向外翻卷，翻卷部分颜色较浅，呈白色、浅黄色或黄色，球顶部形成所谓“花心”状。一般耐热性较强，生长期短，不耐贮藏。

4. 结球大白菜变种（var. *cephalata* Tsen et Lee） 由花心变种进一步加强顶芽抱合性而形成，是大白菜的高级变种，栽培也最普遍。叶球紧实，顶生叶完全抱合，球顶闭合或近于闭合。由于起源地及栽培中心的气候条件的不同又产生了 3 个基本生态型。

（1）卵圆大白菜类型（f. *ovata* Li） 顶生叶褶抱（裥褶）成球，叶球卵圆形，球形指数约为 1.5。球叶数目较多，属叶数型。形成及栽培中心在山东省的胶东半岛，主要有胶县、福山县、黄县和掖县 4 个品种群。

(2) 平头大白菜类型 (f. *depressa* Li) 顶生叶叠抱 (叠褶)，叶球倒圆锥形，球形指数近于 1，球顶平，完全闭合。球叶较大，叶数较少，属叶重型。形成及栽培中心在河南省的洛阳一带，有豫中、冀中、陕中以及鲁西等几个品种群。

(3) 直筒大白菜类型 (f. *cylindrica* Li) 顶生叶拧抱 (旋拧) 成球，叶球细长圆筒形，球形指数约为 4，球顶钝尖，近于闭合。形成及栽培中心在河北省东部一带，主要有天津、玉田和河头 3 个品种群，为海洋性气候和大陆性气候交叉生态型。

各基本类型间的天然杂交和混合选择，在中国又形成了下列衍生品种类型。

① 花心卵圆型。为花心变种和卵圆类型间杂交派生。顶生叶褶抱，叶球卵圆形，球形指数 1～1.5，球顶抱合不严密，呈花心状态。

② 花心直筒型。为花心变种和直筒类型间杂交派生。顶生叶褶抱，叶球长圆筒形，球形指数>3，球顶闭合不严密，叶尖端向外翻卷，呈白色、淡黄色或淡绿色的花心。

③ 平头卵圆型。为平头类型和卵圆类型间杂交派生。顶生叶叠抱，叶球短圆筒形，球形指数近于 1。球顶平坦，抱合严密。

④ 圆筒型。为卵圆类型和直筒类型间杂交派生。顶生叶褶抱，叶球圆筒形，球形指数接近 2。球顶钝圆，抱合严密。

⑤ 平头直筒型。为平头类型和直筒类型间杂交派生。顶生叶上部叠抱，叶球上部膨大，下部细小，球形指数接近或大于 2。球顶钝圆，完全闭合。

对国家蔬菜种质库保存的 1 651 份种质资源的异地种植调查表明，收集品种包含了大白菜所有的变种和类型，其中结球大白菜变种的品种达 716 份，占整个收集品的 43.4%。在结球型大白菜中，又以卵圆型品种最多，达到 582 份，占收集品的 35.3%；直筒型大白菜 119 份，占收集品总数的 7.2%；平头型大白菜仅有 15 份，占原始收集品的 0.91%。花心大白菜变种的品种为 490 份，占收集品的 29.7%；半结球大白菜 162 份，占收集品的 9.81%。散叶大白菜 283 份，占收集品的 17.1%。

(二) 特征特性多样性

大白菜品种间在诸多形态特征和生物学特性方面存在明显差异。

1. 子叶形态 不同品种的子叶颜色不同，主要表现为黄绿、浅绿、绿、深绿等颜色。对 1 641 份种质的同地调查表明，子叶颜色有绿白、黄绿、浅绿和绿色，其中为绿白的种质占 3.20%，为黄绿的种质占 8.97%，为浅绿的种质占 61.48%，为绿色的种质占 26.35%。子叶下胚轴的颜色有绿白、黄绿、浅绿、绿、深绿和淡紫之分，其所占观测种质总份数 (1 639 份) 的比例分别为 10.43%、5.60%、42.26%、26.40%、4.45% 和 10.86%。

品种间子叶大小差异较大。子叶长分布在 5.25～22.60 mm 之间，平均子叶长为 11.30 mm，变异系数 20.53。子叶长度≤10.0 mm 的种质 552 份，10.1～15.0 mm 的种质 989 份，15.1～20.0 mm 的种质 120 份，>20.0 mm 的 5 份。子叶宽 7.0～19.1 mm，平均子叶宽 13.0 mm，变异系数 16.50。子叶宽度≤10.0 mm 的种质 150 份，10.1～15.0 mm 的种质 1 201 份，>15.0 mm 的种质 278 份。

2. 莲座叶形态 莲座叶是指短缩茎中部所生的中生叶，一般也称为外叶，它最能表现品种应具有的形态特征。莲座叶主要由叶片和叶柄（通常称中肋和叶帮）两部分构成。叶片色与子叶色不尽一致，叶色分黄绿（如杭州黄芽菜品种）、浅绿（如洛阳大包头品种）、绿（如福山大包头品种）和深绿（如天津青麻叶品种）。一般高寒地区及北方品种的叶色常较深，南方品种多较淡。对 1 652 份种质的调查，叶色黄绿的种质占 1.70%，浅绿种质占 11.33%，绿色种质占 76.61%，深绿种质占 10.36%。中肋颜色均较叶片浅，有白、白绿、浅绿、绿之分，分别占调查总份数的 71.8%、15.5%、7.6%和 5.1%。中肋色与叶色有关，青帮品种叶色深绿，白帮品种叶色绿、色淡。一般说来青帮品种抗逆性较强，白帮品种品质较好。

莲座叶的形状有近圆、长卵圆、倒卵圆、椭圆、长椭圆形等。在 1 652 份种质中，叶形近圆、倒卵圆和椭圆的种质占的比重较大，分别为 20.8%、39.2%和 29.1%。叶缘有全缘、波状和锯齿之分，分别占调查总数的 27.4%、24.6%和 48.0%。大部分种质叶基部没有裂刻，占 87%；部分种质具有浅裂刻，占 12%；极少数种质的裂刻较深。大多数种质叶面平或微皱，分别占 29%和 58%；13%的种质叶面皱或多皱。44.9%的种质叶面无刺毛，36.1%的种质叶表刺毛较少，叶表刺毛较多的种质占 19.0%。

莲座叶的数量和大小因品种不同而差异很大。在一致的异生境条件下对 1 652 份种质的调查发现，所有种质的莲座叶数分布在 4～26 片之间，平均叶片数为 11 片，变异系数 29.4%。叶片数≤5 片的种质 8 份；莲座叶数在 5～10 片之间的种质 627 份，占调查种质的 38.0%；11～15 片的种质 838 份，占调查总份数的 50.7%；16～20 片的种质 160 份；>20片的种质 19 份。莲座叶片长度分布在 9.40～51.43 cm 之间，平均叶长为 26.82 cm，变异系数 23.08%。叶片长<20.0 cm 的种质有 235 份；叶长为 20.0～30.0 cm 的种质有 923 份，占调查总份数的 55.9%；叶长为 30.1～40.0 cm 的种质 454 份，占调查总份数的 27.5%；>40 cm 的种质有 35 份。莲座叶宽介于 7.60～36.40 cm 之间，平均叶宽 16.61 cm，变异系数 18.42%。叶宽≤15.0 cm 的种质有 509 份，占调查总份数的 30.8%；叶宽为 15.1～20.0 cm 的种质 931 份，占调查总份数的 56.4%；叶宽为 20.1～25 cm 的种质有 199 份；介于 25.1～30.0 cm 的种质 9 份；>30 cm 的种质 4 份。

大白菜的中肋发达，品种间中肋的长度、宽度、厚度表现出很大的差异。大白菜种质的中肋长在 4.55～38.25 cm 之间，平均长 15.00 cm，变异系数 30.33%。中肋长≤5.0 cm的种质有 9 份，5.1～10.0 cm 的种质 213 份；10.1～15.0 cm 的种质 665 份，15.1～20.0 cm 的种质 543 份，20.1～25.0 cm 的种质 187 份，25.1～30.0 cm 的种质 31 份，>30.0 cm 的种质 4 份。中肋宽分布于 1.00～9.30 cm 之间，平均中肋宽 3.27 cm，变异系数 27.52%。中肋宽≤2.0 cm 的种质 120 份，在 2.1～3.0 cm 之间的种质 522 份，在 3.1～4.0 cm 之间的种质 705 份，在 4.1～5.0 cm 之间的种质 258 份，>5 cm 的种质 47 份。中肋厚介于 0.20～1.73 cm 之间，平均中肋厚 0.53 cm，变异系数 30.19%。中肋厚≤0.40 cm 的种质 333 份，在 0.41～0.60 cm 之间的种质 881 份，在 0.61～0.80 cm 之间的种质 371 份，>0.80 cm的种质 67 份。

3. 株高和株幅 不同品种的株高和株幅差异明显。原产地调查数据显示，1 602 份大白菜种质的株高分布在 14.0～85.0 cm 之间，其中株高<20.0 cm 的种质有 2 份，在

20.0～29.9 cm 之间的种质有 72 份，在 30.0～39.9 cm 之间的种质有 312 份，在 40.0～49.9 cm 之间的种质有 662 份，在 50.0～59.9 cm 之间的种质有 394 份，在 60.0～69.9 cm 之间的种质有 129 份，在 70.0～79.9 cm 之间的种质有 24 份，≥80.0 cm 的种质有 1 份。大多数种质的株高在 40.0～60.0 cm 之间。在一致的异生境栽培条件下的调查显示，大白菜株高为 10.00～55.78 cm，平均株高 26.24 cm，标准差 6.45 cm，变异系数 24.58%。80%种质的株高分布在 20.00～40.00 cm 之间，较原生境普遍偏矮。株幅在 12.5～78.7 cm 之间，平均株幅为 49.05 cm，标准差 9.08 cm，变异系数 18.51%。约 86.5%种质的株幅分布在 30.0～60.0 cm 之间。

4. 株型　莲座叶向外平展或向上直立生长的姿态称为株型。不同种质的株型主要有平展、半直立和直立 3 种。平展即叶片与地面所成的角度在 30°以下，几乎与地面平行伸展，这类种质占调查总数的 31%。一般平头类型和一些卵圆类型的品种均为这一株型，散叶大白菜和花心白菜的一些品种也是如此。半直立即叶片与地面所成的角度在 30°～60°之间，这类种质占总份数的 62.8%。多数卵圆类型、花心类型及少数半结球类型的品种皆为这一株型。直立型即叶片向上直立，叶片与地面所成的角度大于 60°。直筒类型及半结球白菜品种皆为这一株型，约占总份数的 5.8%。

5. 中心柱高和粗　大白菜的营养茎也称作中心柱，中心柱的形状可以分为扁圆、圆、长圆、锥形等，其形状与大小在品种间存在很大差异。论商品价值，短缩茎越大则食用率越低。

在同样的异生境条件下，1 194 份大白菜种质叶球的中心柱纵径在 1.1～17.5 cm 之间，平均纵径 5.28 cm，标准差 2.13 cm，变异系数 40.34%。中心柱纵径≤5.0 cm 的种质占 40.0%，5.1～15.0 cm 的种质占 59.8%，>15.0 cm 的种质仅 2 份。中心柱横径在 1.0～8.2 cm 之间，平均 3.64 cm，标准差 1.12 cm，变异系数 30.77%。63%的种质中心柱横径在 2.0～5.0 cm 之间。

6. 球叶形态　对于结球大白菜而言，球叶是大白菜的产品器官。外层球叶能见到阳光，颜色较深，但是不同品种的外层球叶颜色不同，有白绿、浅绿、黄绿、绿和深绿之分。对 1 192 份种质的调查，外层球叶色（叶球色泽）以浅绿、黄绿和绿居多，分别占 25.0%、10.0%和 57.0%。叶球内部叶片主要呈浅黄、黄或浅绿，分别占调查种质的 36.0%、38.8%和 17.5%，其他种质的内部球叶色则成白色和绿色。

球叶的多少与叶球的大小和紧实度密切相关。在一致的异生境条件下，虽然叶球的形成不是很充分，但是品种间的差异显著，1 197 份结球大白菜种质的球叶数分布在 4～30 片之间。其中，球叶数≤10.0 片的种质有 140 份，在 10.1～15.0 片之间的种质 612 份，在 15.1～25.0 片之间的种质 430 份，>25.0 片的种质 15 份。

7. 叶球形态　结球大白菜叶球性状多种多样。形状主要有炮弹形、长筒形、高筒形、高坛形、倒卵形、橄榄形、矮桩形、短筒形、短倒圆锥形、近圆球形、扁球形、卵圆形。对 1 192 份结球大白菜种质的调查，各种形状叶球种质的占比分别为 1.1%、18.1%、20.2%、23.2%、14.0%、2.0%、3.9%、8.1%、2.4%、1.0%、1.0%和 5.0%。

不同品种的球叶以不同抱合方式在叶球中生长，其中叠抱类型种质占 36.1%，合抱类型种质占 19.5%，拧抱类型种质占 7.0%，褶抱类型种质占 36.6%，竖心卷合类型的种质占 0.8%。叶球球心的抱合状况不同使得叶球呈现出包心、舒心、翻心、拧心、花心等。在调查的 1 192 份种质中，包心种质占 41.7%，舒心种质占 11.9%，翻心种质占 3.9%，拧心种质占 5.6%，花心种质占 36.9%。

叶球顶部形状呈平、尖、圆和松散状态，其中平顶和尖顶种质较少，分别占 3.8%和 5.8%；圆顶和散顶较多，分别占 42.2%和 48.2%。

叶球与莲座叶的相对位置因品种不同而不同，位置相当或莲座叶更高使得叶球不外露的种质占 6.8%，叶球略微露出莲座叶的种质占 26.3%，叶球完全露出莲座叶之上的种质占 66.9%。

不同品种球叶的抱合方式不同，有球心不被覆盖、部分覆盖和完全覆盖。在调查的种质中，球心不覆盖的种质比重最大，占 79.5%，部分覆盖的种质占 18.4%，全覆盖的种质占 2.1%。

叶球大小由叶球的纵径和横径来度量。对 1 197 份结球大白菜种质在一致的异生境条件下的调查表明，叶球横径分布在 5.0～44.5 cm，平均为 15.31 cm，标准差 4.45 cm，变异系数 29.04%。叶球横径≤10.0 cm 的种质占 8.1%，10.1～20.0 cm 的种质占 80.3%，20.1～30.0 cm 的种质占 10.4%，>30 cm 的种质占 2.5%。叶球纵径分布在 8.0～67.5 cm 之间，平均 35.93 cm，标准差 10.06 cm，变异系数 28.00%。叶球纵径≤15.0 cm 的种质占 1.4%，15.1～30.0 cm 的种质占 29.3%，30.1～40.0 cm 的种质占 37.5%，40.1～55.0 cm 的种质占 27.5%，>55 cm 的种质占 4.3%。

8. 叶球重 大白菜品种间叶球重相差悬殊。1 584 份种质的原产地调查数据显示，叶球重分布在 130～10 400 g 之间。其中，叶球重<1 000 g 的种质有 134 份，1 000～2 000 g 有 349 份，2 001～3 000 g 有 448 份，3 001～4 000 g 有 432 份，4 001～5 000 g 有 151 份，5 001～6 000 g 有 50 份，6 001～7 000 g 有 8 份，7 001～8000 g 有 8 份，8 001～9 000 g 有 1 份，>9 000 g 的种质有 3 份。可见，大多数品种的叶球重为 1 000～4 000 g。叶球的重量与叶球的大小虽然有一定的关系，但是还取决于叶片数量、叶片重量以及叶球的紧实程度。

9. 生育期 依据 1 204 份大白菜种质原产地的调查数据，生育期分布在 38～175 d 之间。其中<40 d 的种质有 1 份，40～50 d 的种质有 3 份，51～60 d 的有 8 份，61～70 d 的有 35 份，71～80 d 的有 62 份，81～90 d 的有 376 份，91～100 d 的有 398 份，101～110 d 的有 249 份，111～120 d 的有 43 份，121～130 d 的有 20 份，131～140 d 的有 3 份，>140 d 的有 6 份。大多数品种的生育期在 80～100 d。

10. 抽薹性 闻凤英等（2006）对 98 份有代表性的大白菜种质资源的抽薹性进行了 2 年的调查和统计，结果显示，大部分材料从播种到现蕾的时间为 101～112 d，占 73.8%，超过 116 d 现蕾的材料仅占 8.7%；从播种到抽薹的时间为 105～116 d，占 75.1%，超过 120 d 抽薹的材料仅占 10.1%，青麻叶类型晚抽薹材料所占比率更低。

（三）基于形态标记的遗传多样性

李国强等（2008）以国家蔬菜种质资源中期库收集保存的 1 651 份（剔除重复）大白菜种质为试材，在表型水平建立了包含 248 份种质的中国大白菜核心种质，并对构建出的

248 份大白菜表型核心种质进行了遗传多样性评价。结果表明：大白菜核心种质总体和 6 个分组（直筒型、平头型、卵圆型、散叶大白菜、花心大白菜和半结球大白菜）的表型遗传多样性指数分别为 0.711 4、0.646 4、0.301 0、0.697 9、0.601 2、0.641 8 和 0.628 7。

（四）基于分子标记的遗传多样性

李国强等（2008）利用 45 对 SSR 引物对 501 份大白菜初级核心种质进行了分析，共扩增出 DNA 谱带 255 条，其中多态性带 232 条，多态性带的比例为 90.98%。平均每对引物扩增出 5.66 条带和 5.16 条多态性带。在此基础上，对 501 份初级核心种质以优化 50%的取样规模聚类压缩，获得了 251 份大白菜分子核心种质。分析表明，分子核心种质的多态位点数为 231 个，多态性带百分率为 90.59%，平均等位基因数 1.905 9 个，平均有效等位基因数 1.546 5 个，Nei's 基因多样性为 0.312 9，Shannon's 信息指数为0.510 1，遗传距离为 0.098。

以 501 份大白菜初级核心种质为试验材料，基于表型＋SSR 分子数据的聚类压缩构建了包括 251 份大白菜种质的综合核心种质，对其分子多样性分析结果表明：大白菜核心种质的等位基因数（*Na*）为 1.905 9，变种间的变化范围为 1.862 7～1.905 9；有效等位基因数（*Ne*）为 1.611 2，变种间变化范围为 1.585 9～1.616 7；Nei's 基因多样性为 0.346 1，变种间的变化范围为 0.330 3～0.347 8；Shannon's 信息指数为 0.507 8，变种间的变化范围为 0.486 0～0.508 7。核心种质总体期望杂合度（expes het）为 0.318 5，变种间变化范围在 0.303 6～0.320 4 之间；Nei's 期望杂合度总体为 0.317 8，变种间变化范围为 0.297 2～0.318 3。其中各个指标的值以散叶大白菜群体最高，其次为结球大白菜群体、花心大白菜群体和半结球大白菜群体。因此，不同群体有效等位变异丰富度从高到低依次为：散叶大白菜>结球大白菜>花心大白菜>半结球大白菜。散叶大白菜无论在遗传多样性的丰度还是均度上都高于其他 3 个群体，说明散叶大白菜群体中含有丰富的、遗传差异大的种质。

根据大白菜综合核心种质 4 个变种类群之间 SSR 数据的 Nei′s 遗传距离和 Nei′s 遗传一致性进行聚类分析，结果表明：半结球大白菜群体和散叶大白菜群体各自归为一类，前者与其余两个群体的遗传距离最远，遗传一致性最低，后者次之；结球大白菜和花心大白菜关系最近。各变种群体内具有类似形态特征和地理来源的种质资源关系趋近，同时也存在不同类型种质之间可能的基因相互渗透。

（李锡香　李国强　孙日飞）

四、不结球白菜

不结球白菜［*Brassica campestris* ssp. *chinensis*（L.）Makino］原产中国，在植物学分类上应属于芸薹属芸薹种的亚种之一。种质资源极其丰富，不仅数量多，而且类型复杂。

（一）生态型多样性

对不结球白菜的地理分布考察分析表明，中国不结球白菜分布北起黑龙江省（北纬 43°26′），南到海南（北纬 20°54′），东自上海（东经 121°45′），西至新疆（东经 89°35′），地理分布跨越了寒温带、温带和亚热带。其中以太湖流域、华东沿海和长江流域分布较广，而黄河以北分布较少。北方生态区的品种一般表现出叶片较小而厚，叶色深暗，主根较发达，较耐旱、耐寒，冬性较强；而南方生态区的叶片均较肥大柔嫩，主根不发达，生长快，生育期短，耐寒力弱，春性强，对光周期要求不严格。

（二）形态特征多样性

对 125 份不结球白菜的形态特征、品种类型等考察分析结果如下：

1. 株型 有直立、半直立、开展、半开展、束腰和塌地，其中直立占 41.30%，半直立占 19.02%，开展占 1.63%，半开展占 7.07%，束腰占 26.63%，塌地占 4.35%。

2. 叶形 有扁圆、卵圆、倒卵圆、长倒卵圆、椭圆等，其中扁圆占 17.11%，卵圆占 31.01%，倒卵圆占 15.51%，长倒卵圆占 2.14%，椭圆占 9.63%，其他占 24.60%。

3. 叶面 有平滑、微皱、皱缩、多皱等，其中平滑占 62.52%，微皱占 16.98%，皱缩占 16.35%，多皱占 1.89%，其他占 1.26%。

4. 叶缘 有全缘、锯齿、波状等，其中全缘占 95.57%，锯齿占 3.16%，波状占 0.64%，其他占 0.63%。

5. 叶色 有绿、浅绿、深绿、墨绿、黄绿等，其中绿色占 26.8%，浅绿占 15.46%，深绿占 38.66%，墨绿占 10.82%，黄绿占 7.74%，其他占 0.52%。

6. 叶柄色 有白、绿、黄绿、浅绿、深绿、紫红等，其中白色占 35.75%，绿色占 15.08%，黄绿色占 21.79%，浅绿色占 22.35%，深绿色 3.91%，紫红色占 1.12%。

7. 叶片形状 分花叶、板叶类型。

8. 叶柄形状 有长梗和短梗、扁梗和圆梗之分。

（三）品种类型多样性

品种类型有春性品种和冬性品种、叶数型品种和叶重型品种、分蘖品种与不分蘖品种、早熟品种和晚熟品种、熟食品种和腌制加工品种等。不但适应南方种植，也适应北方种植；不仅适应亚热带气候，也适应寒带气候。

对 9 个主要数量性状的基本统计分析结果表明，形态性状变异很大，表现出显著的形态多样性。叶柄长的变异系数最大，达 59.77%；开展度的变异系数最小，为 31.58%；株高为 37.65%，叶长为 45.86%，叶宽为 50.77%，叶柄宽为 45.81%，叶柄厚为 41.85%，成株叶数为 44.72%。

对形态性状进行了形态多样性指数计算，结果显示，不同地区的不结球白菜形态平均多样性指数相差较大，其中江苏、浙江、安徽的形态多样性指数较高，分别为 1.706、1.592 和 1.476，表现出与地理分布一致的趋势。从不同形态性状看，数量性状株高的平均指数为 0.850，开展度为 0.846，叶长为 0.856，叶宽为 0.818，叶柄长为 0.898，叶柄宽为 0.773，叶柄厚为 0.778，成株叶数为 0.680。

由于研究的不结球白菜形态性状较多，通过多变量的主成分分析，能够更加清楚地显示各因素在形态多样性构成中的作用。对所考察的 10 个主要性状，首先进行方差分析，结果各个性状的 F 值均达到极显著水平，说明 125 份不结球白菜间的 10 个性状存在显著差异。对 10 个性状进一步作主成分分析，以寻求诸多性状的综合因子。由计算得到 10 个主成分的特征向量，其中前 5 个主成分对变异的累计贡献率达 81.9%。

第一主成分的特征向量中，株高的特征向量最大，其次是开展度和单株重，以上性状均为正值，而其他性状较小，它们是不结球白菜的外形性状和产量性状，反映了外形较大的不结球白菜，其单株产量也较高，因此可称为外形和产量指标。第二主成分的特征向量中，叶长最大，其次是叶柄长，它们是不结球白菜叶片长度性状，因此可称为叶片长度指标。第三主成分的特征向量中，叶色最大，其次是叶柄色，它们是不结球白菜叶片颜色性状，反映了外观商品性状，因此可称为外观商品度指标。第四主成分的特征向量中，叶柄厚最大，可称为叶片厚度指标。第五主成分的特征向量中，叶宽最大，其次是叶柄宽，它们是不结球白菜叶片宽度性状，因此可称为叶片宽度指标。

（四）基于分子标记的遗传多样性

用 RAPD 分子标记对 64 份不结球白菜的 DNA 遗传多样进行分析，结果表明，23 条引物共检测出 147 个位点，其中 71 条为多态性位点，多态性位点比率达 48.30%，平均每个引物产生 6.39 个位点和 3.09 个多态性位点。不结球白菜各类型中以普通白菜的 Shannon's 信息指数（0.194 6）为最高；各生态区域中以江淮流域的 Shannon's 信息指数（0.188 8）为最高，说明江淮流域是不结球白菜遗传多样性最丰富的地区。不结球白菜的遗传分化系数为 0.590 5，大部分变异主要存在于品种群间。基因流为 0.499 5，说明群体间基因流动较少。

利用 SRAP 分子标记分析了 64 份不结球白菜的 DNA 遗传多样性。21 对引物组合共检测出 215 个位点，其中 112 个为多态性位点，多态性比率达 52.09%，平均每对引物组合产生 10.24 个位点和 5.33 个多态性位点。不结球白菜各类型中普通白菜的 Shannon's 信息指数（0.216 1）和遗传丰富度（190，88.37%）最高；各生态区域中江淮流域的 Shannon's 信息指数（0.219 4）和遗传丰富度（185，86.05%）最高。遗传变异估算表明，不结球白菜遗传分化系数为 0.582 2，大部分变异存在于品种群间；基因流为 0.403 1，说明群体间基因流动较少。聚类分析结果表明，以遗传相似系数 0.872 为截值，可按生态区域或生态特征把不结球白菜分为 6 个类群。

（侯喜林 韩建明）

五、芥菜

芥菜［*Brassica juncea*（L.）Czern. et Coss.］在数千年的进化中，特别是该物种自公元 5～6 世纪由黄河流域或长江中下游地区传入四川盆地后的 1 500 年间，在盆地独特的地理条件、温暖湿润的气候环境和发达的农耕水平背景下，经长期自然和人工选择，形成了而今千姿百态、丰富多彩的芥菜大家族，其多样性的程度和范围均超过了同属的白菜和甘蓝，成为芸薹属植物东方系统分化演变的典型。

（一）变种和类型多样性

原始的芥菜植株仅为一细小的叶丛，而从 1986—1995 年两次大规模全国蔬菜种质资源收集、整理的1 500余份（其中四川盆地500余份）芥菜品种中发现，这一物种的根、茎、叶、花等器官已发生了极其明显的变化。杨以耕等在总结前人对芥菜分类研究的基础上，利用形态学、细胞学、生物化学等方法，将芥菜类蔬菜划分为根芥、茎芥、叶芥和薹芥四大类，再细分为大头芥、笋子芥、茎瘤芥、抱子芥、大叶芥、小叶芥、白花芥、花叶芥、长柄芥、凤尾芥、叶瘤芥、宽柄芥、卷心芥、结球芥、分蘖芥、薹芥共16个变种。

（二）特征特性多样性

不同变种或类型的形态特征和生物学特性差异很大。首先按照叶用芥菜、茎用芥菜、根用芥菜和薹用芥菜4大类分别介绍叶、茎、根和薹的变异。

1. 叶用芥菜 对474份叶用芥菜生长期的初步调查显示，播种至收获的天数最短为30 d，最长为230 d，其中生长期<40 d的种质2份，40～60 d的28份，61～80 d的56份，81～100 d的122份，101～120 d的46份，121～140 d的53份，141～160 d的67份，161～180 d的44份，181～200 d的46份，>200 d的10份。

在被调查的940份种质中，株高分布在4～180 cm之间，其中<10 cm的4份，10～20 cm的4份，21～30 cm的52份，31～40 cm的211份，41～50 cm的235份，51～60 cm的199份，61～70 cm的110份，71～80 cm的89份，81～90 cm的20份，>90 cm的3份。

株型有直立、半直立、半开展和开展。在被调查的357份种质中，开展的19份，半开展的116份，直立的51份，半直立的171份。

叶芥植株的分蘖性差异很大。对792份种质的初步调查显示，分蘖强的有204份，分蘖中等的有217份，分蘖弱的有370份，无分蘖的有1份。在16个芥菜变种中，以分蘖芥变种的分蘖性最强，单株分蘖数为15～30个。

叶形种类繁多，有披针形、椭圆形、卵圆形、倒卵形、剑形、扇形等。在931份种质中，叶形近圆形种质有31份，卵圆形86份，倒卵形148份，长倒卵圆形122份，披针形73份，倒披针形28份，椭圆形243份，长椭圆形155份，其他45份。

叶缘分为全缘、波状、锯齿等。在887份种质中，叶缘深锯齿种质有210份，锯齿89份，浅锯齿287份，波状135份，全缘151份，其他15份。

叶面从皱缩到平滑差异明显。在925份种质中，叶面皱缩的种质115份，多皱的123份，中皱的113份，微皱的439份，平滑的135份。

品种间叶面刺毛多少不同。对337份种质的初步调查表明，刺毛多的7份，中等的67份，少的100份，无刺毛的种质153份。

叶面蜡粉有多又少。在319份种质中，蜡粉多的4份，中等的38份，少的131份，无蜡粉的146份。

叶色深浅差异极大，929份种质中，深绿的有268份，绿的有472份，浅绿的87份，黄绿的45份，紫绿的32份，其他25份。

叶用芥菜叶大小是芥菜叶器官变异的最明显表现。329份种质叶长分布范围为6.0～85.0 cm，其中<10.0 cm的4份，10.0～20.0 cm的10份，20.1～30.0 cm的35份，

30.1～40.0 cm 的 101 份，40.1～50.0 cm 的 103 份，50.1～60.0 cm 的 37 份，60.1～70.0 cm 的 20 份，70.1～80.0 cm 的 7 份，>80.0 cm 的 2 份。

在被调查的 327 份种质中，叶宽<10.0 cm 的 38 份，10.0～20.0 cm 的 117 份，20.1～30.0 cm的 118 份，30.1～40.0 cm 的 47 份，>40 cm 的 8 份。

对 302 份种质的初步调查表明，叶柄长分布在 0.5～44.0 cm 之间，其中<10 cm 的种质 145 份，10.0～20.0 cm 的 107 份，20.1～30.0 cm 的 35 份，30.1～40.0 cm 的 12 份，>40.0 cm 的 3 份。而叶柄宽分布在 0.3～16.0 cm 之间，其中<1.0 cm 的 40 份，1.0～2.0 cm 的 81 份，2.1～3.0 cm 的 62 份，3.1～4.0 cm 的 45 份，4.1～5.0 cm 的 23 份，5.1～6.0 cm 的 15 份，6.1～7.0 cm 的 11 份，7.1～8.0 cm 的 6 份，>8 cm 的 16 份。

叶片长宽比和叶柄长占叶长的比例是各个变种分类的重要指标之一，如叶片长宽比约为 2.5∶1，叶柄长度占总叶长比例小于 10%的叶芥为大叶芥；长宽比约 1.8∶1，叶柄长接近叶长的 40%的叶芥称为小叶芥；叶片长宽比约 0.8∶1，叶柄长占叶长比例大于 60%的称为长柄芥，而花叶芥叶片长宽比约 2.5∶1，叶柄长为叶长的 20%左右；等等。

在 353 份种质中，叶柄属于白色的有 1 份，白绿的 120 份，绿的 62 份，浅绿的 166 份，紫的 3 份，紫红的 1 份。

在 865 份种质中，叶柄为扁圆的种质 220 份，宽厚的 244 份，细窄的 116 份，圆的 135 份，半圆的 29 份，扁弧的 31 份，其他的 90 份。

叶柄厚差异也较大，在 289 份种质中，叶柄厚最小值为 0.2 cm，最大值为 4.0 cm，其中<0.5 cm 的有 57 份，0.5～1.0 cm 的有 118 份，1.1～1.5 cm 的有 86 份，1.6～2.0 cm 的有 19 份，>2 cm 的有 9 份。

在叶瘤芥变种中，叶柄或中肋上正面着生一个卵形或乳头状凸起肉瘤，肉瘤纵长 4～6 cm，横径 4～5 cm。

叶用芥菜按结球性分为结球和不结球两类，对 285 份种质的观察，不结球的有 272 份，结球的仅有 13 份。

不同品种的单株重差异悬殊，对 801 份种质的初步调查发现，单株重分布在 15～5 500 g之间，其中<500 g 的 217 份，500～1 000 g 的 215 份，1 001～1 500 g 的 142 份，1 501～2 000 g 的 95 份，2 001～2 500 g 的 50 份，2 501～3 000 g 的 27 份，3 001～3 500 g 的 21 份，3 501～4 000 g 的 18 份，>4 000 的 16 份。

不同品种芥辣味有浓淡之分，在 876 份种质中，芥辣味浓的种质 402 份，中等的种质 262 份，淡的种质 212 份。

不同的种质适合不同的用途，对 878 份种质的初步调查表明，适合熟食的种质 259 份，熟食腌制兼用的种质 158 份，腌制的种质 401 份，其他用途的种质 60 份。

2. 茎用芥菜　对 142 份茎用芥菜种质的初步观察，发现生长期分布在 80～200 d 之间，其中生长期<90 d 的 4 份，90～120 d 的 4 份，121～140 d 的 12 份，141～160 d 的 56 份，161～180 d 的 55 份，>180 d 的 11 份。

179 份种质的株高分布在 19.3～96.0 cm 之间，其中<30.0 cm 的 2 份，30.0～40.0 cm 的 17 份，40.1～50.0 cm 的 46 份，50.1～60.0 cm 的 60 份，60.1～70.0 cm 的 34 份，70.1～80.0 cm 的 10 份，>80 cm 的 10 份。

178 份种质的叶形主要有 4 种，其中椭圆形 126 份，长椭圆形 18 份，倒卵圆形 14 份，倒卵形 11 份，其他 9 份。

在 174 份种质中，叶缘深锯齿种质 12 份，锯齿 43 份，浅锯齿 51 份，波状 25 份，全缘 24 份，其他 19 份。

叶面亦是皱缩程度不同，在 176 份种质中，叶面皱缩种质有 12 份，多皱 16 份，中皱 35 份，微皱 107 份，平滑 6 份。

叶面蜡粉有多有少，在 319 份种质中，蜡粉多的有 4 份，中的 38 份，少的 131 份，无蜡粉 146 份。

在初步观察的 177 份种质中，叶深绿种质 37 份，绿 106 份，浅绿 32 份，紫 2 份。

对 130 份种质的叶柄特征观察显示，叶柄宽厚的有 40 份，窄短的有 53 份，窄细的 10 份，其他 27 份。

在芥菜的 16 个变种中，多数变种的茎不膨大，保持短缩状态，直到开花结实时抽出高大薹茎。而笋子芥、茎瘤芥、抱子芥 3 个变种其短缩茎上着生功能叶的一段，特化为肥大的肉质茎。肉质茎的形状多种，在 176 份种质中，扁圆肉质茎 45 份，棍棒形 32 份，近圆形 21 份，圆锥形 5 份，长圆形 6 份，纺锤形 45 份，长纺锤形 7 份，其他 15 份。

肉质茎皮色从白色到浅绿。在被调查的 172 份种质中，白色肉质茎 1 份，白绿色 3 份，绿色 87 份，绿白色 5 份，浅绿色 76 份。

对 165 份种质的肉质茎纵径的初步调查显示，最小值为 7.0 cm，最大值为 55.0 cm，其中<10.0 cm 的 34 份，10.0～20.0 cm 的 83 份，20.1～30.0 cm 的 33 份，30.1～40.0 cm 的 13 份，≥40.0 cm 的 2 份。肉质横径最小值为 2.5 cm，最大值为 21.5 cm，其中<5.0 cm 的 7 份，5.0～10.0 cm 的 73 份，10.1～15.0 cm 的 70 份，15.1～20.0 cm 的 11 份，>20.0 cm的 4 份。

单个肉质茎重的差异很大，在 167 份种质中，最小肉质茎重为 80 g，最大肉质茎重为 2 500 g，其中<200 g 的 6 份，200～400 g 的 33 份，401～600 g 的 70 份，601～800 g 的 36 份，801～1 000 g 的 11 份，>1 000 g 的 11 份。

肉质茎芥辣味浓淡有别，在 172 份种质中，味浓的种质 42 份，味中等的种质 84 份，味淡的种质 46 份。

肉质茎因质地、风味等的不同，适合的用途不同。在 176 份种质中，适合熟食的 69 份，加工的 79 份，熟食加工兼用的 2 份，熟食腌制兼用的 3 份，腌制的 9 份，鲜食的 14 份。

3. 根用芥菜 在 146 份根用芥菜种质中，生长期分布在 58～190 d 之间，其中<70 d 的 3 份，70～100 d 的 77 份，101～130 d 的 26 份，131～150 d 的 36 份，>150 d 的 4 份。

对 256 份根芥种质的初步观察，株高分布在 10.0～130.0 cm 之间，其中<20.0 cm 的有 3 份，20.0～40.0 cm 的有 57 份，40.1～60.0 cm 的有 126 份，60.1～80.0 cm 的有 67 份，>80.0 cm 的有 6 份。

在 235 份种质中，叶形长卵形的种质 51 份，长椭圆形 68 份，椭圆形 52 份，披针形 6 份，倒卵形 24 份，倒卵圆形 11 份，卵圆形 8 份，其他 15 份。

叶缘以深锯齿较多。在 248 份种质中，深锯齿的 70 份，锯齿的 8 份，浅锯齿的 63

份，波状的 33 份，全缘的 17 份，其他 57 份。

叶面皱缩程度差异较大。在 249 份种质中，皱缩种质 39 份，多皱 8 份，中皱 14 份，微皱 145 份，较平的 23 份，平滑的 20 份。

叶片颜色多种。在 262 份种质中，深绿叶色种质 111 份，绿色 134 份，浅绿色 11 份，灰绿色 2 份，黄绿色 2 份，绿紫色 1 份，紫红色 1 份。

在芥菜的 16 个变种中，唯有大头芥变种的主根特化为肥大的肉质根。肉质根地上和地下皮色多样，主要有白绿、浅绿、绿、深绿等。肉质根形状多种，在 258 份种质中，肉质根形状为圆锥形的种质 189 份，圆柱形的 41 份，近圆形的 4 份，圆球形的 7 份，圆筒形的 6 份，其他形状的 11 份。

在 248 份种质中，肉质根长分布在 1.6～20.0 cm 之间，其中＜7.0 cm 的 2 份，7.0～10.0 cm 的 32 份，10.1～15.0 cm 的 150 份，15.1～20.0 cm 的 62 份，＞20.0 cm 的 2 份。肉质根粗分布在 3.5～14.0 cm 之间，其中＜5.0 cm 的 4 份，5.0～11.0 cm 的 225 份，＞11.0 cm的 196 份。单根重分布在 50～2 500 g 之间，其中＜100 g 的 4 份，100～300 g 的 58 份，301～500 g 的 105 份，501～700 g 的 60 份，701～ 1 000 g 的 14 份，＞1 000 g 的 7 份。

肉质根芥辣味浓淡不同，252 份种质中，浓的 160 份，中的 61 份，淡的 31 份。

在 246 份种质中，适合加工的 28 份，适合腌制的 181 份，适合鲜食的 12 份，适合干制的 3 份，适合其他用途的 22 份。

4. 薹用芥菜　薹用芥菜一般株高为 45～50 cm，开展度 60～70 cm。叶倒披针形、披针形或倒卵形，叶长 36～60 cm，宽 4～27 cm；绿色或深绿色，叶面平滑，无刺毛，无蜡粉，叶缘具不等的锯齿；叶柄长 0.5～4.0 cm，宽 1.0～4.0 cm，横断面近圆形或扁圆形，叶片长宽比约为（2～8）∶1。薹芥又分为顶芽生长快、侧薹不发达的单薹型和顶芽、侧芽生长均较快，侧薹发达的多薹型两种类型。单株分枝 1～9 个。

此外，芥菜的花、长角果和种子形态变异也较大。在 16 个变种中，唯有白花芥菜变种的花冠颜色表现为白色或乳白色，其余变种的花冠颜色均为黄色或鲜黄色。长角果身长一般为 3～4 cm，喙长为 0.4～1.0 cm，柄长 1.2～2.5 cm。种子颜色有褐色、红褐色、暗褐色等，种子形状椭圆形或圆形。

（三）基于分子标记的遗传多样性

乔爱民、雷建军等（1998）利用 RAPD 分子标记对芥菜 16 个变种进行了分析，从 60 个随机引物中筛选出 27 个有效引物，共扩增出 336 条带。其中 275 条为多态性带，占 81.85%，平均每个引物扩增的 DNA 带数为 12.44 条。利用 19 个有效引物扩增的 240 条 DNA 带对芥菜 16 个变种间的亲缘关系进行聚类分析，将其分为 A、B、C 三组，计算出 16 个变种间的平均遗传距离为 7.34。付杰等（2005）借助 RAPD 标记和微卫星标记对 29 份中国芥菜材料的遗传多样性以及亲缘关系进行了分析和评价，RAPD 标记检测出 73.8%的多态性，而微卫星标记检测出 82.1%的多态性，表明中国芥菜的遗传多样性水平和变异水平很高，能达到 80%以上。宋明等（2009）利用 RAPD 和 ISSR 标记对 28 份芥菜种质资源进行遗传多样性分析，20 个 RAPD 引物共扩增出 162 条清晰的谱带，其中

140 条显示多态性，平均每个引物扩增出 7.0 条多态性谱带。引物多态性信息含量变幅为 70.0%～100.0%，平均为 86.4%。28 份芥菜种质两两间的相似系数分布在 0.55～0.96 之间，其中九头鸟雪里蕻和独稞雪里蕻相似系数最大，为 0.96，表明这两份种质间的亲缘关系最近，遗传相似程度最高；红樱榨菜和阉鸡尾青菜的相似系数最小，为 0.55，表明这两份芥菜种质间的遗传距离最远，遗传相似程度最低。18 个 ISSR 引物共扩增出 143 条清晰的谱带，其中多态性谱带 124 条，平均每个引物扩增出 6.9 条多态性谱带。引物多态性信息含量变幅为 66.7%～100.0%，平均为 86.7%。28 份芥菜种质两两间的相似系数分布在 0.57～0.96 之间，其中九头鸟雪里蕻和独稞雪里蕻相似系数最大，为 0.96，亲缘关系最近，遗传相似程度最高；红樱榨菜和阉鸡尾青菜的相似系数最小，为 0.57，遗传距离最远，遗传相似程度最低。

（李锡香　周光凡　宋江萍）

六、结球甘蓝

结球甘蓝（*Brassica oleracea* L. var. *capitata* L.）传入我国已有 300 多年，现今已遍及全国各地。经长期自然选择和人工选择，形成了在形态和农艺性状上具有明显差异的品种，表现为丰富的遗传多样性。

（一）类型多样性

按栽培季节及熟性分类，结球甘蓝一般可分为春甘蓝、夏甘蓝、秋冬甘蓝及一年一熟大型晚熟甘蓝 4 种类型，有的类型还可以按成熟期早晚再分为早、中、晚熟。

1. 春甘蓝　适于在冬季播种育苗而在春季栽培的类型。该类型品种一般品质较好，但抗病、耐热性较差。按其成熟期又分为早熟春甘蓝和中、晚熟春甘蓝。早熟春甘蓝定植后 40～60 d 可收获，叶球多为圆球形或尖球形。中、晚熟品种春甘蓝定植后 70～90 d 收获，叶球多为扁圆形。

2. 夏甘蓝　指在二季作地区 4～5 月播种，8～9 月收获上市的品种类型。该类型品种一般耐热、抗病性较好，叶色较深，叶面蜡粉较多，多为扁圆形的中熟品种，但近年在高海拔或高纬度的冷凉地区，夏季种植早熟圆球类型品种面积逐年增加。

3. 秋冬甘蓝　适于在 7～8 月播种，秋冬季收获的品种类型。该类型品种一般抗病、耐热性、耐寒性较好，对光照长短不敏感，采种种株开花早，花期 30～40 d，种株高度介于圆球类型与尖球类型之间。按成熟期早晚还可分为早、中、晚熟秋冬甘蓝。早熟品种多为近圆球形，定植后 60 d 左右可收获，中、晚熟品种一般为扁圆球形，定植后 70～90 d 可收获。

4. 一年一熟大型晚熟甘蓝　该类型主要分布于长城以北及青藏高原等高寒地区。由于该地区无霜期短，无明显的夏季，而这一类型品种生育期又较长，因而只能一年一熟。一般 3～4 月播种，10 月收获，是这些地区的主要冬贮蔬菜。

（二）特征特性多样性

刘玉梅等（2003、2005）对 105 份结球甘蓝的植物学性状和生物学特性研究结果表明，结球甘蓝在株型、植株大小、子叶、外叶、叶球、熟性等方面表现出广泛的多样性。

1. 子叶 子叶颜色分为浅绿、绿、深绿、浅紫、紫等多种；子叶花青素含量表现为无、少、中；下胚轴颜色分为黄绿、绿、深绿、淡紫和紫等。

2. 株型 株型可分为直立（夹角≥85°）、半直立（55°≤夹角＜85°）、半开展（30°≤夹角＜55°）和开展（夹角＜30°）等类别。对 63 份具有代表性的结球甘蓝种质资源调查结果表明，株型直立的占 14.3%，半开展的占 71.4%，开展的占 14.3%。

3. 株高 株高可分为极矮、矮、中、高、极高等类别，其相应的株高范围为＜20.0 cm、20.0～25.0 cm、25.1～30.0 cm、30.1～40.0 cm、＞40.0 cm。对 63 份结球甘蓝种质资源调查结果表明，结球甘蓝株高范围为 15.4～59 cm，其中＜20.0 cm、20.0～25.0 cm、25.1～30.0 cm 的各均占 14.3%，30.1～40.0 cm 的占 44.4%，＞40.0 cm 的占 12.7%.

4. 开展度 从植株外叶自然开展程度来看，开展度有小、中、大之类别，其相应的范围为≤50.0 cm、50.1～70.0 cm、＞70.0 cm。对 105 份具有代表性的结球甘蓝种质资源调查结果表明，开展度最小的只有 33.7 cm，最大的达 86.5 cm。＜50.0 cm 有 29 份，占 27.6%；60 份为 50.1～70.0 cm，占 57.1%；＞70.0 cm 的只占 15.3%。

5. 外叶形态特征

（1）外叶数 对 89 份具有代表性的结球甘蓝种质资源调查结果表明，外叶数多在 5～19片之间，其中 5～9 片的占 30.34%，10～14 片的占 49.44%，15～19 片的占 15.73%，大于 20 片的只占 4.49%.

（2）最大外叶大小 对 89 份结球甘蓝种质资源调查结果表明，外叶最长的达 50.1 cm，最短的为 19.1 cm，其中 18.0～25.0 cm 的占 30.61%，25.1～35.0 cm 的占 28.57%，35.1～45.0 cm 的占 34.70%，＞45.0 cm 的只占 6.12%。最大外叶最宽的达 54.1 cm，最窄的为 20.8 cm，其中 20.0～25.0 cm 占 34.70%，25.1～35.0 cm 占 28.57%，35.1～45.0 cm 占 30.61%，＞45.0 cm 的只占 6.12%。最大叶柄长最长的达 6.6 cm，最短的为无柄叶。其中 0～3.0 cm 的占 78.95%，3.1～5.0 cm 的占 15.79%，＞5.0 cm 的只占 5.26%。

（3）外叶叶色 外叶叶色有黄绿、绿、灰绿、蓝绿、红或紫红色。对 48 份结球甘蓝种质资源调查结果表明，叶色黄绿的占 8.69%，叶色绿的占 56.52%，灰绿、蓝绿和紫红色的分别占 15.22%、17.39%和 2.18%。

（4）外叶和叶尖形状 对 54 份结球甘蓝种质资源调查结果表明，外叶形状为竖椭圆、卵圆、圆、横椭圆、倒卵圆的比例分别占总数的 9.43%、1.89%、50.35%、16.09%和 22.24%。叶尖形状为凹、平和凸的分别占总数的 48.53%、44.22%和 7.25%。多数品种叶面光滑无毛，部分品种叶面微皱，皱叶甘蓝叶片特别皱缩。

（5）外叶叶面和叶序 所调查的 54 份具有代表性的结球甘蓝种质资源中，无蜡粉的占 2.0%，少蜡粉的占 36.0%，蜡粉中等的占 34.0%，多蜡粉的占 20.0%，蜡粉极多的占 8.0%。54 份种质资源中，外叶叶面突起差异明显，叶面无突起的占 12.50%，轻突起的占 41.67%，中突起的占 39.58%，强突起的占 6.25%。结球甘蓝的叶序为 2/5 和 3/8，分左旋和右旋两种。

6. 叶球外观性状 叶球颜色有黄绿、绿、灰绿、蓝绿、红色或紫红色。叶球球内颜色有白、浅黄、黄、浅绿、紫等。叶球基部剖面分为凸、平、凹等。根据叶球顶部包被叶覆盖的程度可分为不覆盖、半覆盖和完全覆盖。所调查的 50 份具有代表性的结球甘蓝种质资源中，叶球颜色黄绿的占 8.69%，绿色的占 56.52%，灰绿、蓝绿和紫红色分别占 15.22%、17.39%和 2.18%。叶球内颜色为白、浅黄的分别为 57.5%、37.5%，黄和紫红的均为 2.5%。

7. 叶球形状 按总体形状有扁圆球形、圆球形和尖球形 3 种。扁圆球类型：叶球扁圆，较大；圆球类型：叶球圆球形或近圆形；尖球类型：也称牛心形，叶球顶部为尖形。

根据叶球纵切面的形状，又可细分为扁平（扁圆形）、半平（高扁圆形）、长椭圆形、圆形、宽椭圆形、宽倒卵形、矮尖形、尖形等多种形状。所调查的 50 份具有代表性的结球甘蓝种质资源中，叶球扁平的占 22.0%，半平的占 6.0%，圆形最多占 32.0%，宽椭圆形占 2.0%，矮尖形和尖形的分别占 24.0%和 8.0%，其他形状占 6.0%。

8. 叶球大小 对 89 份具有代表性的结球甘蓝种质资源调查结果表明，单球重最大的有 6.0 kg，最小的只有 0.4 kg，两者相差 14 倍。其中，单球重 0.4～0.7 kg 的占 23.60%，0.8～1.4 kg 占 34.83%，1.5～1.9 kg 占 16.85%，2.0～3.4 kg 占 21.35%，≥3.5 kg 的只占 3.37%。叶球大小是由球高和球宽决定的，89 份种质资源中，球高的变异幅度为 11.3～23.0 cm，球宽的变异幅度为 11.1～30.0 cm，球高为 10.0～14.9 cm 的占 53.93%，15.0～19.9 cm 的占 38.20%，≥20.0 cm 的只占 7.87%。球宽为 10.0～14.9 cm 的占 34.83%，15.0～19.9 cm 的占 29.21%，20.0～24.9 cm 的占 25.84%，≥25.0 cm的占 10.12%。

9. 中心柱长和宽 对 89 份甘蓝种质资源调查结果显示，中心柱长为 4.7～17.3 cm，中心柱宽为 2.7～4.8 cm，中心柱长为 4.0～7.9 cm 的占 60.47%，8.0～11.9 cm 的占 29.07%，≥12.0 cm 的只占 10.46%。中心柱宽为 2.5～3.4 cm 的占 42.22%，3.5～3.9 cm 的占 31.11%，≥4.0 cm 的占 26.67%。

10. 叶球熟性 叶球熟性可分为极早、早、中、晚和极晚等类别。春甘蓝一般为 45～85 d，秋甘蓝一般为 60～100 d，越冬甘蓝一般为 100～180 d。67 份甘蓝种质资源调查结果显示，从定植到叶球成熟为 45.0～54.9 d 的占 25.37%，55.0～69.9 d 的占 22.39%，70.0～84.9 d 的占 10.45%，85.0～99.9 d 的占 23.88%，≥100.0 d 的占 17.91%。

（三）基于分子标记的遗传多样性

李志棋、刘玉梅等（2003）应用 AFLP 技术，对 111 份结球甘蓝材料（其中自交系 52 份，杂种一代 32 份，地方品种 27 份）的遗传多样性研究结果表明：结球甘蓝类群的遗传背景十分宽广，该类群的平均遗传相似系数为 0.7。该类群可进一步分为 5 个亚群。第 1 亚群为抱子甘蓝。在传统的分类中，抱子甘蓝作为一个变种与结球甘蓝在分类上的地位相同，但在本研究中其作为结球甘蓝变种下的一个类群而与传统的分类结果有所区别。第 2 亚群为 3 个来自台湾的育种材料，在形态上表现为叶球大且扁。第 3 亚群共 66 个品种，绝大多数为春甘蓝，少数为春、秋季均可栽培的结球甘蓝，极少数为秋甘蓝。这个亚群又可进一步划分为 4 个次亚群。第 1 次亚群包括国内育成的 8 个一代杂种；第 2 次亚群包括从国外引进的13个一代杂种；第3次亚群包括26个品种，多为国内育成的早熟、圆球春甘蓝自交系或一代杂种；第4次亚群包括19个品种，主要为地方品种。该次亚群又可进一步分为扁球小类群和尖球小类群。第4亚群共24个品种，几乎都为扁球形秋甘蓝，该亚群又可进一步划分为两个次亚群。第1次亚群为从国外种质中选育的自交系；第2次亚群多为国内黑平头类型的地方品种或自交系。第5亚群为10个圆球、结球紧实型甘蓝品种。该亚群又可进一步划分为两个次亚群，一个次亚群为紫甘蓝，另一个次亚群为国外引种的圆球形结球甘蓝。紫甘蓝在传统分类中的地位有两种观点，一种观点认为紫甘蓝作为甘蓝类蔬菜的变种而与结球甘蓝的分类地位相同；另一种观点认为紫甘蓝应为结球甘蓝变种下的一个类群。本研究结果与后者相一致。

李志棋、刘玉梅等（2003）还对52份结球甘蓝自交系进行了系统的分析，进一步明确了各自交系之间的亲缘关系。根据AFLP扩增的DNA多态性，可清楚地将结球甘蓝自交系分为春甘蓝、紫甘蓝、秋甘蓝和来自我国台湾的结球甘蓝4个类群。其中，A类群（春甘蓝自交系）的平均遗传相似系数最高，为0.809，说明春甘蓝自交系的遗传背景相对较狭窄。C类群（秋甘蓝自交系）的平均遗传相似系数最低，为0.732，说明该类群的遗传背景相对较宽。这4个类群之间，春甘蓝自交系与紫甘蓝自交系之间的亲缘关系最近，与秋甘蓝自交系的亲缘关系最远。

杨华等（2006）利用SSR分子标记对上海地区的17份甘蓝进行遗传多样性评价，结果显示甘蓝品种的相似系数在0.63～0.93之间，遗传多样性比较丰富。

（刘玉梅）

七、黄瓜

中国栽培黄瓜（*Cucumis sativus* L.）历史悠久，分布广泛。在长期的自然演化和栽培选择过程中，形成了丰富多样的黄瓜栽培类型和品种。各种类型或品种的生长习性、分枝性、叶形、雌花节位分布、性型、结瓜习性、瓜形、瓜皮色、瓜面斑纹、瓜面刺瘤、熟性、种瓜皮色、种瓜裂纹等形态特征和生物学特性存在明显的差异，表现为丰富的遗传多样性。

（一）类型多样性

我国的黄瓜种质资源主要为华北型和华南型，另外还有少量的加工型黄瓜。

华北型黄瓜主要分布于华北地区，田间表现为生长势中等，喜土壤湿润和天气晴朗的气候条件。根群分布浅，分枝少，不耐移植，不耐干燥。大部分品种耐热性强，较抗白粉病与霜霉病，高抗CMW。雌花节率一般较高，对日照长度不十分敏感。果实细长，呈棍棒形，白刺绿色果，刺瘤密，皮薄，肉质脆嫩，品质好。成熟瓜变黄，无网纹。

华南型黄瓜主要分布于华南地区，田间表现为茎蔓粗，叶片厚而大，根群密而强，较耐旱，能适应低温弱光。雌花节位对温度和日照长度敏感，为短日照植物。果实短而粗，皮硬，味淡，肉质比华北型品种差。多为黑刺，果皮色有绿、白和黄白等。成熟瓜瓜面有网纹。

（二）形态特征和生物学特性多样性

李锡香等（1999）对 1 434 份黄瓜资源的基本信息和重要农艺性状进行分析的结果显示，中国黄瓜资源形态特征和生物学特性表现多样。

1. 生长习性 生长习性分为无限生长、有限生长和矮生 3 种类型。对 1 373 份中国固有地方品种的初步调查表明，无限生长类型 1 364 份，占 99.34%，有限生长类型 5 份，矮生品种 4 份。绝大多数黄瓜品种均为无限生长类型。

2. 分枝性 依据主蔓具有分枝的节位数将其分为强、中、弱。对 1 396 份中国固有地方品种的初步调查表明，黄瓜分枝性表现为强、中、弱的品种分别占调查总数的 31.73%、30.59%和 37.68%。

3. 叶形 主要分为掌状、心脏五角、心脏形、近圆形、长五角形、掌状五角 6 种类型。对 1 430 份中国固有地方品种的初步调查表明，叶形为掌状、心脏五角、心脏形、近圆形、长五角形、掌状五角的品种分别占调查总数的 57.58%、23.82%、9.51%、6.57%、2.03%、0.49%。

4. 叶缘 主要分为全缘、波状、深锯齿和浅锯齿 4 种类型。对 329 份中国固有地方品种的初步调查表明，叶缘为全缘、波状、浅锯齿和深锯齿的品种分别占调查总数的 16.72%、27.66%、53.19%和 2.43%。叶缘浅锯齿品种占半数以上。

5. 第 1 雌花节位 黄瓜第 1 雌花节位可分为低、中、高 3 类，其相应的第 1 雌花节位范围为<5.0 节、5.0～9.0 节、>9.0 节。对 1 329 份中国固有黄瓜地方品种的初步调查表明，表现为低、中、高的品种分别占调查总数的 27.39%、58.77%和 13.84%。半数以上品种的第 1 雌花节位介于第 5 节至第 9 节之间。

6. 结瓜习性 黄瓜的结瓜习性分为主蔓、侧蔓、主/侧蔓。对 347 份中国固有地方品种的初步调查表明，结瓜习性表现为主蔓、侧蔓、主/侧蔓的品种分别占调查总数的 39.19%、3.17%和 57.64%。主/侧蔓结瓜品种占半数以上，绝大多数品种均可于主蔓结瓜。

7. 瓜形 正常商品瓜的形状主要分为长棒形、短棒形、长圆筒形、短圆筒形。对 1 049份中国固有黄瓜地方品种的初步调查表明，瓜形表现为长棒、短棒、长圆筒和短圆筒的品种分别占调查总数的 45.95%、25.26%、18.49%和 10.30%。超过 70%的黄瓜品种的瓜形为棒形。

8. 瓜长 瓜长可分为极短、短、中、长和极长 5 类，其相应的瓜长范围为<16.0 cm、16.0～24.0 cm、24.1～32.0 cm、32.1～40.0 cm、>40.0 cm。对 364 份中国固有黄瓜地方品种的初步调查表明，瓜长表现为极短、短、中、长和极长的品种分别占调查总数的 9.07%、32.14%、40.11%、18.13%和 0.55%。只有极少数黄瓜品种的瓜长大于 40 cm。

9. 瓜粗 瓜粗可分为小、中、大 3 类，其相应的瓜粗范围为<3.0 cm、3.0～4.0 cm、>4.0 cm。对 352 份中国固有黄瓜地方品种的初步调查表明，瓜粗表现为小、中、大的品种分别占调查总数的 3.98%、28.41%和 67.61%。绝大部分黄瓜品种的瓜粗大于 3.0 cm。

10. 瓜把长 按照瓜把长占瓜条总长度的比值分为短、中、长 3 级，其相应的比值范围为<1/7、1/7～1/5、>1/5。对 299 份中国固有黄瓜地方品种的初步调查表明，瓜把长表现为短、中、长的品种分别占调查总数的 50.50%、36.12%和 13.38%。

11. 瓜皮色　指结果盛期正常商品瓜表皮的底色。瓜皮色主要分为白、黄白、绿白、白绿、黄、黄绿、浅绿、绿、深绿 9 类。对 1 395 份中国固有黄瓜地方品种的初步调查表明，瓜皮色表现为白、黄白、绿白、白绿、黄、黄绿、浅绿、绿、深绿的品种分别占调查总数的 2.58%、1.22%、1.58%、1.58%、0.22%、9.75%、18.57%、38.84%、25.66%。80%以上的黄瓜品种的瓜皮色表现为深浅不同的绿色。

12. 瓜肉色　黄瓜瓜肉色主要分为白、白绿、浅绿、绿 4 类。对 339 份中国固有地方品种的初步调查表明，瓜肉色表现为白、白绿、浅绿和绿的品种分别占调查总数的 22.41%、44.54%、29.22%、3.83%。

13. 瓜斑纹类型　正常黄瓜表面的斑纹类型主要分为无、点、条、块。对 773 份中国固有地方品种的初步调查表明，无瓜面斑纹的品种占 24.58%，瓜斑纹类型表现为点、条、块的品种分别占调查总数的 6.99%、67.14%和 1.29%。

14. 瓜斑纹色　正常黄瓜表面的斑纹颜色主要分为白、黄、浅绿、绿。对 544 份瓜面具斑纹的中国固有地方品种的初步调查表明，瓜面斑纹色表现为白、黄、浅绿、绿的品种分别占调查总数的 15.81%、62.68%、3.68%和 17.83%。

15. 瓜棱　正常商品瓜瓜面棱分为无棱、微棱、浅棱和深棱。对 1 235 份中国固有地方品种的初步调查表明，瓜棱表现为无棱、微棱、浅棱和深棱的品种分别占调查总数的 57.49%、11.90%、29.64%、9.07%。超过半数以上的黄瓜品种表现为瓜面无棱。

16. 瓜瘤大小　正常商品瓜表面瘤分为无、小、中、大。对 1 272 份中国固有黄瓜地方品种的初步调查表明，瓜瘤表现为无、小、中、大的品种分别占调查总数的 8.25%、42.14%、24.61%、25.00%。

17. 瓜刺瘤稀密　正常商品瓜瓜刺瘤分为无、稀、中、密 4 级。对 1 210 份中国固有地方品种的初步调查表明，瓜刺瘤稀密表现为无、稀、中、密的品种分别占调查总数的 6.78%、51.32%、15.87%、26.03%。

18. 瓜刺色　正常商品瓜表面瓜刺毛的颜色分为白、棕、褐、黑。对 1 260 份中国固有地方品种的初步调查表明，瓜刺色表现为白、棕、褐、黑的品种分别占调查总数的 62.79%、8.33%、25.63%、3.25%。白刺品种占所有调查品种的半数以上。

19. 瓜面蜡粉　正常商品瓜瓜面蜡粉分为无、少、中、多 4 级。对 1 066 份中国固有地方品种的初步调查表明，瓜面蜡粉表现为无、少、中、多的品种分别占调查总数的 48.68%、31.43%、12.10%、7.79%。

20. 种瓜皮色　正常种瓜表皮的颜色分为乳白、黄白、乳黄、浅黄、黄、橙黄、棕黄、棕、褐、黄褐 10 类。对 1 268 份中国固有地方品种的初步调查表明，种瓜皮色表现为乳白、黄白、乳黄、浅黄、黄、橙黄、棕黄、棕、褐、黄褐的品种分别占调查总数的 1.34%、3.94%、18.93%、8.83%、10.65%、9.07%、15.54%、5.13%、9.15%、17.42%。

21. 种瓜裂纹　种瓜裂纹主要分为长纵裂、短纵裂、粗网和细网 4 类。对 590 份中国固有地方品种的初步调查表明，种瓜无裂纹品种 359 份，占调查总数的 60.85%；种瓜裂纹表现为长纵裂、短纵裂、粗网、细网的品种分别占调查总数的 6.27%、9.66%、

7.80%、15.42%。

22. 熟性 熟性一般分为极早、中早、早、中、中晚、晚、极晚。对1 392中国固有地方品种的初步调查表明，熟性表现为极早、中早、早、中、中晚、晚、极晚的品种分别占调查总数的0.65%、10.34%、33.19%、34.34%、6.82%、14.44%、0.22%。早熟和中熟品种共占调查总数的60%以上。

（三）基于分子标记的遗传多样性

张海英等（1998）从200个引物中筛选出20个RAPD随机引物，对多个生态型的黄瓜材料进行RAPD分析，39.2%的扩增条带表现多态性。每个生态型品种都具有其特有的扩增（缺失）带以区别其他生态型品种。聚类分析可将供试材料分为华北类群、华南类群和欧洲温室类群，从分子水平验证了传统的黄瓜地域分类标准。刘殿林等（2003）利用RAPD技术分析了39份黄瓜材料的遗传差异。结果表明，在172条随机引物中，有49条引物扩增谱带清晰且重复性较好，扩增总片段数达378个，单个引物的扩增片段数为4～12个，片段大小为0.2～3.5 kb。扩增条带的多态性比例为36.24%。不同材料间的遗传距离（D）为0.064～0.592。李锡香等（2004a，2004b）分别利用29个引物和8对引物对66份来源和类型不同的黄瓜种质进行RAPD和AFLP分析，其多态性比率分别为77.08%和66.00%，遗传多样性分析结果表明长江以南黄瓜种质的遗传多样性高于长江以北，华南型种质的遗传多样性高于华北型种质，认为长江流域以南可能是黄瓜的较早或主要的演化地。王志峰等（2004）利用AFLP技术对包括80份山东黄瓜地方品种和24份其他地区品种的遗传关系进行了研究。用11对引物进行选择性扩增，21 %的扩增条带表现多态性。聚类分析结果显示，山东黄瓜地方品种与日本品种和欧美品种分属不同类群或亚类群，山东地方品种分为8组，各组内生态类型基本一致。王佳等（2007）利用8个ISSR引物在46份黄瓜种质中共扩增出42条带，多态性带比例为85.71%，材料间的遗传相似系数的变化范围为0.303 0～0.875 0。

（沈　镝　李锡香）

八、中国南瓜

中国南瓜（*Cucurbita moschata* Duch. ex Poir.）是南瓜属中具有经济价值的5个栽培种之一，别名南瓜、倭瓜、饭瓜，其突出的特点是叶片具白斑、果柄五棱形。中国南瓜在中国南北各地均有分布，栽培零星分散。在中国长期的栽培和演化过程中，形成了丰富的种质资源，其在特征特性等方面表现出丰富的遗传多样性。

（一）特征特性多样性

1. 生长习性 中国南瓜有蔓生和矮生之分。对国家蔬菜种质资源中期库种质资源基本信息数据库978份中国南瓜的生长习性的统计表明，蔓生占99.18%，矮生占0.82%。

2. 分枝性 中国南瓜植株分生侧枝的能力可分为强、中和弱3级。对889份中国南瓜种质的初步调查表明，分枝性强的占52.08%，中的占41.39%，弱的占6.52%。

3. 叶形 南瓜的叶形主要有掌状、掌状五角、心脏形、心脏五角、近圆形和近三角形等。对 966 份中国南瓜叶形的统计，其中近圆形占 1.97%，心脏形占 22.57%，心脏五角占 20.08%，掌状占 30.53%，掌状五角占 23.81%，其他占 1.04%。

4. 叶缘、叶裂刻 南瓜叶片先端边缘波纹的种类有全缘、波状和锯齿。在 309 份中国南瓜种质中，叶缘锯齿的占 65.05%，波状的占 22.33%，全缘的占 12.62%。叶片边缘缺刻分为无、浅、深、全 4 种。对 245 份中国南瓜叶裂刻的初步调查表明，全裂占 0.82%，深裂占 2.86%，浅裂占 69.38%，无裂刻占 26.94%。

5. 结瓜习性 结瓜习性分为仅着生于主蔓、仅着生于侧蔓和主/侧蔓都着生 3 种。对 305 份中国南瓜的结瓜习性的统计表明，主/侧蔓都结瓜的占 67.22%，主蔓结瓜的占 28.85%，侧蔓结瓜的占 3.93%。

6. 瓜形 对 1 024 份中国南瓜的瓜形初步调查表明，扁圆占 45.21%，长把梨形占 3.52%，长把圆筒占 1.07%，长颈圆筒占 6.84%，短颈圆筒占 0.98%，长圆筒占 1.56%，葫芦形占 2.73%，近圆占 11.72%，梨形占 3.52%，椭圆占 3.22%，香炉形占 1.46%，哑铃形占 1.46%，圆筒占 1.76%，牛腿形占 0.59%，其他形状占 14.36%。

7. 瓜纵径、瓜横径、瓜肉厚 327 份中国南瓜种质的商品瓜纵径大多在 6.0～70.0 cm 之间，个别瓜可达 100 cm。325 份中国南瓜种质的商品瓜横径在 4.5～60.0 cm 之间。312 份中国南瓜种质的商品瓜肉厚多在 1.0～12.0 cm 之间。

8. 商品瓜皮色 商品瓜皮色主要包括乳白、红、浅黄、黄、褐、浅绿、绿、深绿和黑等颜色。对 442 份中国南瓜的商品瓜皮色初步调查表明，褐色占 2.04%，黑色占 6.33%，红色占 2.49%，黄色占 6.33%，绿色占 73.98%，浅绿色占 0.69%，深绿色占 2.26%，乳白色占 1.81%，其他颜色占 4.07%。

9. 商品瓜瓜面斑纹、斑纹色 斑纹主要包括无、条、块、网几种类型，斑纹的颜色主要有浅绿、绿、深绿等色。在 47 份中国南瓜种质中，商品瓜斑纹居于前两位的分别是条纹占 63.8%，网状占 29.8%。在 59 份中国南瓜种质中，商品瓜斑纹色为浅绿者占 61.0%，深绿占 10.2%，绿白占 6.8%。

10. 老瓜皮色、斑纹、斑纹色 南瓜老瓜表皮的底色主要有暗绿、橙红、橙黄、褐、红褐、黄、黄白、黄褐、绿、墨绿、土黄、土棕黄和棕黄等颜色，对 1 000 份中国南瓜老瓜皮色初步调查数据的分析表明，橙黄占 20.0%，黄褐占 14.0%，棕黄占 13.3%，土黄占 9.3%，橙红占 9.2%，土棕黄占 8.3%，墨绿占 4.6%，黄白占 3.8%，红褐占 2.9%，黄占 2.7%，绿占 2.3%，褐占 2.2%，暗绿占 1.1%，其他颜色占 6.3%。老瓜瓜面斑纹主要有无、点、条、块和网等类型，在 661 份中国南瓜种质中，老瓜斑纹为块斑的占 21.9%，网纹的占 19.8%，条纹的占 15.3%，条斑的占 10.4%。老瓜瓜面斑纹的颜色主要有浅红、红、深红、浅黄、黄、橙黄、橙红、浅褐、浅绿、绿、深绿等类型，对 578 份老瓜斑纹色的初步调查表明，以橙黄为主，占 22.5%，浅绿占 10.2%，绿占 10%，浅褐占 7.3%，深绿占 4.8%，黄占 4.5%，黄褐占 4.3%，浅黄占 4.3%，橙红占 3.8%，土黄占 3.6%，灰绿占 2.6%，黄绿占 2.3%，暗绿占 1.4%，白占 1.4%。

11. 老瓜肉色 老瓜肉色有黄绿、浅黄、黄、金黄和橙黄等。对 318 份中国南瓜种质老瓜肉色的数据分析表明，黄占 32.08%，橙黄占 23.27%，浅黄占 22.01%，金黄占 20.13%，白占 0.31%，黄绿占 0.31%，其他占 1.89%。

12. 单瓜重、品质 990份中国南瓜种质的单瓜重在150～20 000 g之间。中国南瓜的品质一般分为上、中和下3种，对316份中国南瓜种质品质的初步调查表明，上占37.0%，中占56.1%，下占6.9%。

13. 熟性 南瓜种质的熟性分为极早、中早、早、中、中晚、晚和极晚7个等级。对999份中国南瓜熟性数据分析表明，极早熟占0.1%，中早熟占7.3%，早熟占17.9%，中熟占44.1%，中晚熟占11.1%，晚熟占18.9%，极晚熟占0.6%。

（二）基于分子标记的遗传多样性

蔡宝炎等（2006）利用12对RAPD随机引物，对32份中国南瓜种质进行扩增，发现扩增出的112条带中具多态性的79条，多态条带比率为70.5%。RAPD分析供试材料在相似系数0.53处可划分为2个类群。赵福宽等（2006）以不同来源地、不同生态型的南瓜种质资源为试材，用长度为10个碱基的寡核苷酸作RAPD引物进行PCR扩增反应。从260个随机引物中筛选出26个多态性引物，对76份南瓜种质资源进行扩增，共扩增出255条带，其中多态性带为207条，多态性百分率为81.18%，表明南瓜种质资源遗传多样性丰富。

（邱　杨　宋江萍　李海真）

九、西葫芦

西葫芦又称美洲南瓜（*Cucurbita pepo* L.），别名搅瓜、茭瓜、白瓜等。西葫芦分为3个亚种，它们是*Cucurbita pepo* ssp. *fraterna*、*C. pepo* ssp. *ovifera*和*C. pepo* ssp. *pepo*。目前，中国栽培的西葫芦品种，主要包括在最后一亚种内。国家蔬菜种质资源中期库收集保存西葫芦种质403份。中国西葫芦种质资源在特征特性上表现出明显的多样性。

（一）类型多样性

1. 生长习性 西葫芦生长习性分为矮生类型、半蔓生类型和蔓生类型3种。在编入《中国蔬菜品种资源目录》的378份西葫芦种质资源中，矮生类型185份，占总份数的48.94%；半蔓生类型66份，占总份数的17.46%；蔓生类型127份，占总份数的33.60%。

（1）矮生类型 一般节间短，蔓长30～60 cm，早熟。以食用嫩瓜为主，主要品种有分布各地的一窝猴西葫芦、花叶西葫芦和早青一代、阿太一代等选育品种。国内稀有的碟形西葫芦、橡树果西葫芦、长颈西葫芦等也都为矮生类型。

（2）半蔓生类型 节间稍长，蔓长60～100 cm，为中早熟品种，如山东济宁西葫芦、河南滑县西葫芦等。

（3）蔓生类型 节间长达10 cm以上，蔓长超过100 cm，甚至达500 cm，晚熟，以食用老熟瓜或种子，生育期长，适于夏季栽培。主要品种有笨西葫芦、甘肃定西长蔓番瓜、沭阳搅瓜，以及籽用黑龙江延寿角瓜、张掖裸仁西葫芦等。适宜雕刻的圆形西葫芦和部分橡树果形西葫芦，以及观赏用西葫芦等都是蔓生类型。

2. 熟性　西葫芦的熟性分为极早、中早、早、中、中晚、晚、极晚 7 种类型。对 350 份西葫芦种质资源初步调查统计发现，极早熟占 1.71%，中早熟占 14.86%，早熟占 43.43%，中熟占 23.71%，中晚熟占 6.29%，晚熟占 9.71%，极晚熟占 0.29%。研究发现，西葫芦品种熟性与植株生长习性和主蔓上第 1 雌花节位密切相关，一般情况下，早熟品种着生于 3～8 节，中熟品种 9～10 节，晚熟品种 10 节以上。对《中国蔬菜品种资源目录》西葫芦品种资源的统计，矮生类型早熟品种占多数，第 1 雌花在 6 节以下的占矮生品种总数的 56.55%，平均为 6.38 节。半蔓生类型平均为 8.01 节。蔓生类型为 9.58 节，10 节以上占蔓生品种总数的 45.31%。

3. 果实用途　主要分为菜用和籽用两种。

（1）菜用型　在菜用型西葫芦中，以嫩瓜为主要食用对象的品种，一般单株结瓜多、生长快，瓜肉质地致密、脆嫩、品质佳，以矮生类型为多。食用老熟瓜的品种，单株结瓜 1～2 个，瓜大，肉质面而甜，种子少。如搅瓜肉厚，组织呈纤维状，以老瓜供食。

（2）籽用型　以种子供食用的品种，一般瓜大，单瓜重 2～3 kg，单瓜种子 300～500 粒，种子大而饱满。裸仁西葫芦是西葫芦的一个突变体，种皮软而薄，不去种皮就可食用和加工，增强了适食性。中国已有多个裸仁西葫芦品种，如张掖裸仁西葫芦、熊岳裸仁金瓜等。

（二）特征特性多样性

1. 结瓜习性　西葫芦植株结瓜习性有雌花或果实仅着生在主蔓、仅着生在侧蔓和主/侧蔓都着生 3 种类型。对 105 份西葫芦种质结瓜习性初步调查显示，主/侧蔓都结瓜的占 80.64%，主蔓结瓜的占 17.46%，侧蔓结瓜的占 1.90%。

2. 分枝性、生长势　西葫芦分枝性和生长势均可分为强、中、弱。对 339 份西葫芦分枝性初步调查发现，其中强占 19.76%，中占 32.75%，弱占 47.49%。对 114 份西葫芦生长势初步调查发现，其中强占 59.65%，中占 35.09%，弱占 5.26%。

3. 叶形　西葫芦的叶形主要有掌状、掌状五角、心脏形、心脏五角等。对 385 份西葫芦叶形的初步调查表明，掌状五角占 44.93%，掌状占 23.38%，心脏形占 10.39%，心脏五角占 7.53%，其他形状占 13.77%。

4. 叶缘、叶裂刻　西葫芦叶片先端边缘有全缘、波状和锯齿 3 种。对 106 份西葫芦叶缘的初步调查表明，锯齿占 80.18%，波状占 10.38%，全缘占 9.44%。叶片边缘缺刻分为无、浅、深、全 4 种。对 95 份西葫芦的叶裂刻的初步调查表明，全裂占 1.05%，深裂占 48.42%，浅裂占 40.00%，无裂刻占 10.53%。

5. 瓜形　对中国栽培的 382 份西葫芦种质的初步调查显示，筒形瓜 305 份，占总份数 79.8%，其中长筒形 138 份，占总份数 36.1%，筒形 94 份占 24.6%，短筒形 73 份占 19.2%。圆形瓜 65 份，占总份数 17.3%，其中椭圆 34 份占 8.9%，扁圆 19 份占 5.0%，近圆 9 份占 2.4%，倒卵形 3 份占 0.8%。其他如棒形瓜 8 份占总份数 2.1%，长颈瓜 4 份占 0.8%。

6. 瓜纵径、瓜横径、瓜肉厚　在 112 份西葫芦种质中，商品瓜纵径分布在 5.5～58.0 cm 之间，横径在 6.5～40.0 cm 之间。109 份种质的商品瓜肉厚在 1.3～6.9 cm 之间。

7. 商品瓜皮色、老瓜皮色 商品瓜皮色一般有深绿、绿、黄绿、浅绿、绿白、浅绿白、乳白、白、黄、金黄等颜色。对 380 份西葫芦商品瓜皮色的初步调查统计发现，深绿占 13.42%，绿占 21.84%，黄绿占 6.05%，浅绿占 21.32%，绿白占 11.32%，浅绿白占 5.79%，乳白占 5.53%，白占 4.74%，黄占 2.37%，金黄占 1.32%，其他颜色占 6.30%。

老瓜皮色分为橙黄、褐、黄、黄白、浅黄、绿、深绿、棕黄、乳白等。对 153 份西葫芦老瓜皮色的初步调查发现，橙黄占 8.50%，褐占 8.50%，黄占 24.84%，黄白占 7.84%，浅黄占 4.58%，绿占 2.61%，深绿占 3.92%，棕黄占 0.65%，乳白占 27.45%，其他颜色占 11.11%。

8. 商品瓜瓜面斑纹、斑纹色 商品瓜瓜面斑纹分为无、点、条、块、网几种类型，斑纹的颜色主要有白、浅绿、绿、深绿等色。275 份西葫芦种质的商品瓜斑纹类型数据统计表明，无斑纹的占 21.8%，细纹占 12.0%，条 17.8%，网纹占 11.2%，块斑的占 12.0%，点斑的占 20.2%。在 256 份西葫芦种质中，斑纹色为白的占 32.42%，绿白占 1.17%，黄占 5.08%，黄白占 1.56%，白绿占 4.3%，浅绿占 12.89%，绿占 12.89%，深绿占 3.13%，无斑纹的占 20.31%，其他颜色占 6.25%。

9. 单果重 西葫芦的嫩瓜单瓜重一般为 100～500 g。适于采收嫩瓜的品种，瓜老熟后一般单瓜重 1.5～2.0 kg。食用老瓜或种子的品种单瓜重一般为 2～3 kg，大型品种达 7.4 kg。

10. 种子发育及数量 食用西葫芦嫩瓜的品种要求种子少且发育慢，瓜膨大快。籽用品种则要求结籽多、籽粒大、饱满，籽用西葫芦单瓜采籽量一般在 200～300 粒，多者能达到 500 粒。

（戚春章　邱　杨）

十、普通丝瓜

普通丝瓜［*Luffa cylindrica*（Linn.）Roem.］是丝瓜属（*Luffa* Mill.）的一个栽培种。普通丝瓜在我国分布广泛，尤其在长江流域及其以北各省份栽培较多。在长期的演化过程中，各品种间在形态特征和生物学特性上，表现出明显的差异，具有丰富的遗传多样性。

（一）特征特性多样性

1. 叶横径和叶纵径 对 102 份普通丝瓜材料的田间调查表明，叶横径相应的范围为＜19 cm，19～22.9 cm，23～26.9 cm，27～29.9 cm，≥30 cm，分别占调查总数的比率为 1.3%、33.8%、52.3%、11.3%、1.3%。叶纵径相应的范围为＜24 cm，24～28.9 cm，29～34.9 cm，35～36.9 cm，≥37 cm，分别占调查总数的比率为 2.5%、15.0%、63.7%、11.3%、7.5%。

2. 第一雌花节位 对 102 份丝瓜材料调查表明，各品种间第一雌花节位存在明显差异，将其分为很低、低、中、高、很高 5 个等级，其相应的范围为＜5 节，5～6.9 节，7～9.9节，10～14.9 节，≥15.0 节，分别占调查总数的比率为 1.0%、13.1%、43.9%、33.6%、8.4%。

3. 雌、雄花蕾分布　雌、雄花蕾着生状况可以以无性节、有雄节、纯雄节、有雌节、纯雌节和双性节（同时存在雌、雄花蕾）6 个指标来衡量。对 78 份丝瓜品种 30 节内的雄、雌花蕾着生状况调查表明：全部材料均存在无性节，相应的范围在 1.2～15 节，多数材料集中在 1～5 节。有雄节的相应范围在 0.3～28.4 节，纯雄节的相应范围在 0.3～21 节，74 份材料不同程度（0.3～18 节）地出现多雄节。78 份材料中均存在有雌节，其相应范围在 1～26.2 节。纯雌节分布的相应范围在 0.2～15.3 节，74 份材料都有单雌节存在，占纯雌节的 92.16%。双性节的范围在 0.5～25 节，以多雄＋单雌节最常见，在所有材料中均出现。

4. 叶柄长　对 102 份丝瓜材料的调查表明，叶柄长可划分为 5 个等级，即很短、短、中、长、很长。其相应的范围为＜13.0 cm，13.0～14.9 cm，15.0～19.9 cm，20.0～31.9 cm，≥32.0 cm，分别占总数的比率为 6.3%、21.3%、43.8%、22.5%、6.3%。

5. 茎粗　在 102 份材料中，茎粗分为很小、小、中、大、很大 5 个等级，其相应的范围为＜0.5 cm，0.5～0.59 cm，0.6～0.69 cm，0.7～0.79 cm，≥0.8 cm，分别占总数的比率为 3.8%、25%、41.3%、22.5%、7.5%。

6. 分枝数　在 102 份材料中，分枝数分为很少、少、中、多、很多 5 个级别，其相应的范围为＜3 个，3～4.9 个，5～7.9 个，8～9.9 个，≥10 个，分别占总数的比率为 3.9%、10.8%、49.0%、24.5%、11.8%。

7. 雄、雌花直径　在 102 份材料中，雄、雌直径分为很小、小、中、大、很大等 5 个等级。雄花直径相应的范围为＜7 cm，7～7.9 cm，8～8.9 cm，9～9.9 cm，≥10 cm，分别占总数的比率为 8.8%、22.5%、36.3%、23.8%、8.8%。雌花直径相应的范围为＜8.9 cm，9～9.5 cm，9.6～10.9 cm，11～11.9 cm，≥12 cm，分别占总数的比率为 11.4%、22.8%、38%、19%、8.9%。同一材料内雄、雌花直径的大小是一致的。

8. 瓜长　在 102 份普通丝瓜材料中，分为很短、短、中、长、很长 5 个级别，瓜长相应的范围为＜15 cm，15.1～19.9 cm，20～29.9 cm，30～39.9 cm，≥40 cm，分别占总数的比率为 5.0%、32.7%、47.5%、10.9%、4.0%。

9. 瓜粗　在 102 份普通丝瓜材料中，分为很短、短、中、粗、很粗 5 个级别，瓜粗相应的范围为＜2.3 cm，2.3～2.9 cm，3.0～3.9 cm，4.0～4.9 cm，≥5.0 cm，分别占总数的比率为 5.0%、25.7%、62.4%、6.9%、1.0%。

10. 瓜形　在 102 份材料中，分为短棒形、中棒形、长棒形和短圆筒形、中圆筒形、长圆筒形 6 个级别，棒形相应的瓜长范围为＜20 cm，20～40 cm，＞40 cm，圆筒形相应的范围为＜20 cm，20～40 cm，＞40 cm。

11. 单瓜重　在 102 份普通丝瓜材料中，分为很小、小、中、大、很大 5 个级别，其相应的范围为＜80.0 g，80.0～99.9 g，100.0～199.9 g，200.0～299.9 g，≥300.0 g，分别占总数的比率为 5.0%、11.9%、74.2%、6.9%、2.0%。

12. 瓜面手感、瓜皮皱缩和茸毛　对 102 份国内普通丝瓜材料的调查表明，瓜面手感分为光滑、有棱感、棱明显，各占总数的比例为 20.6%、57.8%、21.6%。瓜皮皱缩分为不皱、皱、极皱，各占总数的比例为 96.0%、2.0%、2.0%，普通丝瓜的瓜皮以平滑不皱的占绝对多数。茸毛分为密、中、疏 3 级，各占总数的比例是 29.4%、

27.5%、43.1%。

13. 凸纹数、凹纹数、凸瘤多寡、凹纹色和凸纹色 对102份普通丝瓜材料的调查表明，凸纹和凹纹相间生长，条数相同，以10条最多。凸纹色和凹纹色均分成5级，分别为黄白、淡绿、绿、深绿、墨绿。在凹纹色中，各占总数的比例是2.9%、4.9%、52.9%、38.2%、1.1%；在凸纹色中，各占总数的比例是1.0%、1.0%、13.7%、36.3%、48.0%。一般情况下，同一品种凸纹色比凹纹色深，凸纹色以墨绿色最多，深绿色次之，而凹纹色以绿色最多，深绿色次之。瓜皮表面凸瘤分为多、中、少3级，各占总数的比例是28.4%、36.3%、35.3%。

14. 叶色 对102份国内普通丝瓜材料的调查表明，叶色分为绿、深绿和墨绿色，绿色占38.2%，深绿色为主占51.0%，墨绿色占10.8%，主要以绿色和深绿色为主。

15. 雌、雄花色 对102份普通丝瓜材料的调查表明，雌、雄花色分为鲜黄、黄和黄白3级，主要以黄色为主，黄白色的极少。

16. 瓜皮色 对102份丝瓜材料的调查表明，瓜皮色分成黄白、黄绿、浅绿、绿、深绿5级，瓜皮色特别浅和特别深的品种都较少，主要以绿和深绿为主（71.6%）。

（二）基于分子标记的遗传多样性

苏小俊等（2009）应用ISSR标记对来源于不同地区的43份丝瓜种质资源的亲缘关系进行分析，9个引物共扩增出60条谱带，平均每个引物扩增出6.67条带，其中多态性带47个，多态性位点百分率为78.3%。丝瓜种质间遗传相似系数变化范围在0.37～0.98之间。

谢丽玲（2007）以RAPD技术分析丝瓜属作物遗传差异性，结果表明，参试的普通丝瓜遗传差异性较低，遗传背景较窄，其遗传组成较相近。

（袁希汉）

十一、瓠瓜

瓠瓜［*Lagenaria sicetai*（Molina）Standl］是葫芦属的一个栽培种，在中国的栽培已有2 500多年历史，类型和品种十分丰富，被列入《中国蔬菜品种资源目录》的瓠瓜种质资源共242份。不同品种瓠瓜形态特征各异，丰富多样。

（一）用途多样性

1. 菜用 瓠瓜食用嫩瓜，开花后10～15 d即可采摘食用，可食率为90%。菜用瓠瓜多为长柱形或筒形，皮较薄，果肉多汁，适宜食用，成熟果不能作容器。

2. 容器和工具用 部分瓠瓜种质老熟果果皮木质厚而坚硬，如短颈种梨形瓜，老熟瓜纵向锯开成两个瓢，适宜用作舀水的工具；圆形瓜果柄周围切开成盖，是一装物的罐子；细腰瓜上部开口灌水，便于外出携带。

3. 观赏、装饰用 瓠瓜是美化环境很适宜的植物。其抗逆性强，对旱、涝、气温变化耐性强，病虫害少。果实形状各异，且在植株上留的时间长，很适合在农业观光园、公园等公共场所栽培，很有观赏性和装饰性。

4. 作砧木用 部分瓠瓜种质对西瓜枯萎病免疫，选择适宜的瓠瓜种质作砧木和西瓜嫁接，能免除西瓜枯萎病危害。

（二）特征特性多样性

1. 植株多样性 瓠瓜植株均为蔓生，生长势旺盛。对 241 份种质基本农艺性状数据的统计显示，植株分枝性强的种质占多数，有 193 份，中等的有 44 份，弱的有 4 份。

在 240 份种质中，叶形掌状者和心脏形者占绝大多数，掌状叶形种质 121 份，近圆形的 22 份，心脏形 97 份。叶缘以全缘、浅锯齿和波状为主，在 55 份种质中，深锯齿仅 1 份，波状 21 份，浅锯齿 16 份，全缘 17 份。

植株结瓜习性以侧蔓和主侧蔓兼有为主，对 58 份种质的初步调查数据的统计表明，主蔓结瓜者仅 2 份，侧蔓结瓜的 31 份，主侧蔓结瓜的 25 份。

瓠瓜品种间生长期差异悬殊。对 171 份瓠瓜种质的调查统计表明，生长期分布在 40～210 d之间，其中生长期＜50 d 的有 8 份，50～60 d 的有 12 份，61～70 d 的有 21 份，71～80 d 的有 26 份，81～90 d 的有 25 份，91～100 d 的有 31 份，101～150 d 的有 43 份，151～200 d 的有 4 份，＞200 d 的仅有 1 份。

2. 果形多样性 瓠瓜果实形状多种多样，按照果形的典型性，将瓠瓜品种分为不同的类型。

（1）长条瓠 果形细长，棒形，一般上下粗细均匀，直或弯曲，或瓜底部较粗、果柄处较细，如合肥线瓠、南京面条瓠、银川长腿瓠、江苏棒槌瓠等。

（2）筒形瓠 果形短，粗细均匀或底部粗，往上逐渐变细，如九江麦瓠、衢州白瓠等。

（3）瓢瓠 分短颈瓠和长颈瓠。短颈瓠呈梨形，下部球形，上部较小，果纵切后成瓢，故称瓢瓠。长颈瓠下部也是球形，球上部变成为细筒，球横径为筒横经的数倍，而筒纵径又是球径的数倍，果纵切后成勺形，如连城小勺瓠。

（4）圆瓠 果实近圆形、扁圆形、椭圆形、卵圆形，如株洲柿饼瓠、浙江圆葫芦、兰州鸡蛋葫芦、长乐坛瓠等。

（5）细腰瓠 比较典型的是上下呈两个球，上端球比下端球小，连接处细，俗称葫芦形。葫芦的变化在于上端球大小和形状变化，有的上下球相差无几，有的相差很大，有的上球圆锥形，有的接近梨形。各种果形之间，都有过渡类型。通过对 242 份瓠瓜种质的果形数据的统计，结果显示，扁圆形果实仅有 4 份，梨形果实 33 份，长把圆筒形果实 27 份，长棒形果实 37 份，长圆筒形果实 33 份，短圆筒形果实 11 份，纺锤形果实 12 份，葫芦形果实 44 份，其他果形的有 41 份。

3. 果实大小 对中期库保存的 58 份瓠瓜种质的瓜纵径数据统计表明，瓜纵径分布在 6.4～85.0 cm 之间，其中＜20.0 cm 的有 10 份，20.0～40.0 cm 的有 27 份，40.1～60.0 cm 的有 17 份，60.1～80.0 cm 的有 3 份，＞80.0 cm 的仅 1 份。55 份种质的瓜横径分布在 5.0～35.0 cm之间，其中＜10.0 cm 的有 25 份，10.0～20.0 cm 的有 20 份，20.1～30.0 cm 的有 9 份，＞30.0 cm 的有 1 份。

240 份种质的单瓜重分布在 60～7 500 g 之间，其中＜500 g 的有 19 份，500～1 000 g

的有 48 份，1 001～2 000 g 的有 81 份，2 001～4 000 g 的有 69 份，4 001～6 000 g 的有 17 份，>6 000 g 的有 6 份。

4. 果色及其表面特征　瓠瓜嫩瓜皮色有白绿、浅绿、绿、深绿等以绿为基础的颜色，同时还有斑点或斑块。老瓜的皮色有乳白、灰白、白绿、灰绿、绿、灰褐、褐、黄等色，有的布满浅色细网纹。

对种质库 239 份种质的商品瓜皮色的统计表明，深绿皮色种质 2 份，绿色 56 份，浅绿色 123 份，白绿色 56 份，黄色 1 份，乳白色 1 份。在 153 份种质中，商品瓜斑纹为点的有 11 份，花斑 30 份，块斑 9 份，条斑 4 份，网纹 5 份，无斑纹 74 份。在 145 份种质中，商品瓜斑纹色深绿者 5 份，绿色 28 份，白绿色 6 份，浅绿白 27 份，浅绿 18 份，白色 10 份，乳白色 1 份，无花斑的 50 份。

对 201 份种质老瓜皮色的统计显示，绿色种质 41 份，白绿色 12 份，绿白色 3 份，橙黄色 7 份，黄色 10 份，浅黄色 22 份，褐色 39 份，浅灰褐色 8 份，乳白色 46 份，其他 13 份。

果实表面因品种不同也表现明显不同。在 223 份种质中，瓜面绒毛多的 105 份，中等的 57 份，少的 50 份，无绒毛者 21 份。在 202 份种质中，瓜面蜡粉多的 11 份，中等的 13 份，少的 45 份，无蜡粉的 133 份。

（戚春章　李锡香　向长萍）

十二、冬瓜

冬瓜（*Benincasa hispida* Cogn.）栽培集中于中国、印度、泰国、越南、菲律宾、印度尼西亚等国。中国的冬瓜栽培遍及全国，且栽培历史久远，在特征特性方面表现出较丰富的遗传多样性。

（一）类型多样性

1. 早熟、中熟和晚熟　冬瓜分早熟、中熟和晚熟 3 种类型，在同一地区、同一季节栽培，不同类型成熟期早晚有明显区别。

（1）早熟冬瓜　植株生长势较弱，通常在主蔓 5～10 节发生第 1 雌花，以后每隔 2～5 节发生 1 朵雌花，或连续 2 朵雌花。果实近圆形、短圆柱形居多，单瓜重一般小于5 kg，有的不足 1 kg。从雌花开花授粉到种子成熟需 25～30 d。一般不耐热，综合抗病性差。如北京一串铃冬瓜、成都五叶子冬瓜、南京一窝蜂冬瓜等。

（2）中熟冬瓜　植株生长势较强，一般在主蔓 10～18 节发生第 1 雌花，以后每隔 5～7节发生 1 朵雌花或连续 2 朵雌花。果实短圆柱形、圆柱形或长圆柱形，单瓜重大于 5 kg，最大果可达 50 kg。从雌花开花授粉到种子成熟需 35～40 d。一般较耐热，综合抗病性较强。如广东青皮冬瓜、灰皮冬瓜，成都粉皮冬瓜，上海白皮冬瓜，北京车头冬瓜等。

（3）晚熟冬瓜　植株生长势强，一般在主蔓 18～25 节发生第一雌花，以后每隔 5～7 节发生 1 朵雌花，很少连续发生雌花，单瓜重 5 kg 以上，最大果可达 64 kg，甚至超过 100 kg，生长期长，耐热。如湖南粉皮冬瓜、广西融安青皮冬瓜、江西扬子洲冬瓜等。

按照熟性的早晚划分，在中期库 295 份种质中，属于晚熟的 86 份，中熟的 76 份（其中，中晚熟 19 份，中早熟 6 份，中熟 51 份），早熟的 133 份。

2. 小果型、中果型和大果型

（1）小果型　单瓜重 5 kg 以下，如北京一串铃冬瓜、杭州冬瓜等，单瓜重都在 1.5 kg左右。小果型冬瓜都为早熟种，单株结果多，从定植到采摘第 1 个嫩瓜 50～70 d，随收随上市。

（2）中果型　单瓜重 5～15 kg，一般为中熟种，也有晚熟种，采收老熟果，生育期 120～150 d。市场上供应的以中果型居多。

（3）大果型　单瓜重 15 kg 以上，一般为晚熟种，也有中熟种。有些特大型果，如株洲龙泉冬瓜单瓜重达 50 kg，江西金水 1 号单瓜重达 100 kg。大果型品种生育期 150 d 以上，甚至达 200 d。

（二）特征特性多样性

1. 植株生长和分枝习性　冬瓜资源基本上以蔓生为主，植株生长势和分枝性有强弱之分。对 292 份种质的初步调查数据的统计表明，分枝性强的有 194 份，中等的有 80 份，弱的有 18 份。在 50 份资源中，生长势强的有 36 份，中等的有 12 份，弱的有 2 份。

2. 叶部特征　冬瓜有多种叶形，对 294 份冬瓜种质叶形的初步调查数据的统计显示，近圆形的有 1 份，椭圆形的 1 份，心脏形的 48 份，心脏五角的 2 份，掌状的 148 份，掌状浅裂的 51 份，掌状深裂的 10 份，掌状五角的 22 份，掌状五裂的 11 份。

叶缘有全缘、波状和锯齿；叶裂刻深浅不一。在 49 份种质中，深锯齿的 2 份，波状的 13 份，浅锯齿的 21 份，全缘的 13 份。在 44 份种质中，叶深裂的 4 份，浅裂的 29 份，无裂刻的 11 份。

3. 开花结果特性　冬瓜的首雌花节位与熟性密切相关。290 份冬瓜种质的雌首花节位分布在 3～38 节之间，其中≤6 节的有 6 份，7～9 节的有 8 份，10～12 节的有 23 份，13～15节的有 45 份，16～18 节的有 60 份，19～21 节的有 71 份，22～24 节的有 36 份，25～27 节的有 27 份，28～30 节的有 10 份，＞30 节的有 4 份。

在 50 份种质中，主蔓结瓜的有 18 份，侧蔓结瓜的有 6 份，主/侧蔓均结瓜的有 26 份。

4. 果形多样性　冬瓜果形有 6 种基本形状：

（1）柿饼形　果扁圆，有纵向棱沟，如剥去皮的橘子，如北京柿饼冬瓜。

（2）圆形　分近圆、扁圆、椭圆等，北京一串铃冬瓜呈扁圆形，杭州早冬瓜呈近圆形，绍兴冬瓜、广东小青皮为椭圆形。

（3）圆筒形　纵径短的为短圆筒形，如四川绵阳米冬瓜；济南青皮冬瓜为长圆筒形，江西吉安白皮冬瓜、湘潭撑棚冬瓜等纵径超过 1 m，甚至达 1.5 m，也称长筒形。

（4）琵琶形　也称牛腿形，果下端大，从中部往果柄处逐渐变细，如中国乐器琵琶，广西百色猪肚冬瓜、南京马群冬瓜属此类。

（5）细腰冬瓜　果筒形，中部稍细或圆筒中部凹进，如唐山青皮冬瓜、北京枕头冬瓜。

通过对国家蔬菜种质资源中期库保存的291份冬瓜资源的统计分析，果形为扁圆形的种质11份，炮弹形的3份，椭圆形的5份，长弯柱形的2份，长圆形的1份，长圆筒形的136份，圆筒形的37份，短圆筒形的84份，长圆柱形的1份，方扁圆形的1份，近圆形的5份，卵圆形的5份。其中，长短圆筒形果实占75.6%。

5. 果皮色和表面特征 绿色是冬瓜皮色的基本颜色，对295份冬瓜种质商品瓜皮色的分类统计，其中白绿的2份，粉白色的32份，黄绿的1份，灰绿的25份，绿色的94份，绿白的12份，深绿的30份，浅绿的51份，青绿的48份。

在184份商品瓜中，表面斑纹有点斑的88份，斑块的10份，网纹斑的1份，无斑纹的85份。在149份种质中，斑纹白色的1份，白绿的5份，黄绿的4份，绿的1份，浅绿的58份，青绿的1份，深绿的40份，其他无色。

在158份种质中，老瓜皮色为褐色的1份，黄色的4份，黄绿的3份，灰色的4份，灰白的1份，灰绿的1份，绿色的123份，绿白的1份，乳白的20份。

冬瓜瓜面多较平，在89份种质中，瓜面无棱的20份，较平的41份，有棱的28份。瓜面刺毛有多又少，在140份种质中，刺毛多的69份，中等的22份，少的43份，无刺毛的6份。瓜面刺毛色多为白色，在45份种质中，刺毛白色的38份，褐色的1份，黄色的5份，墨绿的1份。

成熟的冬瓜果皮外蜡粉多少分为无、少、中、多4级，对《中国蔬菜品种资源目录》中冬瓜种质资源的统计，多粉品种196份，占总份数66.4%；中粉品种29份，占9.8%；少粉45份，占15.2%；无蜡粉的20分，占6.6%；覆盖蜡粉不详的6份，占2.0%。

6. 瓜大小和瓜横切面形状 对50份种质的统计表明，瓜纵径最小值为15.0 cm，最大值为90.2 cm；瓜横径最小值为10.0 cm，最大值为50.0 cm。在48份种质中，瓜肉厚最小值为2.2 cm，最大值为8.0 cm。在293份种质中，单瓜重最小为1 500 g，最大为46 000 g。

对243份种质的瓜横切面形状的统计显示，圆形的有220份，近圆形的3份，椭圆形的2份，三角形的7份，扁圆形的4份，其他形状的7份。

7. 熟性 对231份冬瓜种质始收天数的统计，其分布在50～225 d之间，其中<70 d的5份，70～89 d的28份，90～109 d的81份，110～129 d的69份，130～149 d的26份，≥150 d的22份。

8. 果实品质 冬瓜果实肉质和风味差异较大。在289份种质中，致密的147份，疏松的118份，软的18份，粗硬的2份，松的4份。在272份种质中，味道淡的98份，浓的54份；甜的11份，微甜的4份，甜度中等的65份；酸味中等的65份，酸的2份，微酸的4份。

（戚春章　李锡香）

十三、西瓜

西瓜［*Citrullus lanatus*（Thunb.）Matsum. et Nakai］原产非洲，传入中国后，在长期的栽培过程中逐渐形成了许多适应当地气候的地方品种和新变种——籽瓜。中国栽培西瓜的形态特征和生物学特性品种间存在明显的差异，表现出丰富的遗传多样性。

（一）类型多样性

1. 普通西瓜和籽瓜　根据食用对象的不同，中国栽培西瓜可分为普通西瓜和籽瓜 2 个变种。普通西瓜即一般的鲜食西瓜，含糖量较高，汁多味甜，主要食用对象为果肉（瓜瓤），为中国主要的栽培西瓜。籽瓜原产中国西北地区，俗称打瓜、洗籽瓜、瓜子瓜等，食用对象为种子，可分为黑籽瓜和红籽瓜两种，现主要分布在西北地区及其南方部分地区。籽瓜种子大或极大，千粒重 250 g 以上，种仁肥厚，味美，供食用，单瓜种子数可达 200 余粒，单瓜产籽 65 g 左右。

2. 生态地理类型　中国栽培西瓜地方品种根据地域气候条件的差异，可划分为 3 个生态地理型，即华北生态地理型、华南生态地理型、西北生态地理型，不同生态地理型西瓜在生理生态和气候适应性上存在较大差异，呈现生态地理类型多样化。

3. 早熟、中熟和晚熟西瓜　中国栽培西瓜可分为早熟、中熟、晚熟 3 个类型。

（1）早熟西瓜　全生育期在 100 d 以内，果实发育期在 30 d 以内的品种为早熟西瓜。

（2）中熟西瓜　中熟西瓜果实发育期在 30～35 d，大部分中国栽培西瓜为中熟品种。

（3）晚熟西瓜　晚熟西瓜果实发育期在 35 d 以上，多为地方品种和杂交一代品种，固定品种较少。

（二）特征特性多样性

1. 性型　西瓜多为雌雄异花同株，少数栽培西瓜为雄花两性花同株。雄花两性花同株主要存在于部分中国新疆和俄罗斯引进的西瓜品种中。

2. 叶片形态　叶片颜色有黄、黄绿、灰绿、绿、深绿等类型；叶脉颜色有浅黄、浅绿、灰绿等类型；叶片缺刻有无缺刻、一对缺刻、二对缺刻、三对缺刻、四对缺刻等类型；叶片缺刻级数分为一级缺刻、二级缺刻、三级缺刻；叶片缺刻深浅有中等缺刻、深度缺刻；裂片形状有圆、中、尖等。

3. 果实形状　果实形状有圆形、椭圆形、橄榄形、柱状等类型。对 1 360 份西瓜种质调查表明，果实形状为上述类型的种质分别占 70.29％、26.03％、3.46％、0.22％。

4. 果实大小　一般栽培西瓜单瓜重多在 2～10 kg 之间，大者 15～20 kg，小者 0.5～1 kg，呈现丰富的多样化特性。对 1 079 份种质资源调查表明，在郑州栽培条件下，单瓜重＜2.0 kg、2.0～3.9 kg、4.0～5.9 kg、6.0～7.9 kg、≥8.0 kg 的种质分别为 10.28％、39.20％、37.16％、11.31％和 2.05％。

5. 果皮底色　果皮底色分为黄白、浅黄、黄、绿白、浅绿、绿、黄绿、深绿、灰绿、墨绿等。对 1 207 份种质资源调查表明，果皮底色符合上述颜色类型的种质分别为 0.50％、0.17％、0.41％、5.30％、33.97％、29.91％、6.21％、11.93％、5.63％和 5.97％。

6. 果皮覆纹色　西瓜果皮覆纹颜色分为浅黄、黄、深黄、浅绿、绿、浓绿、墨绿等。对 719 份种质资源调查表明，果皮覆纹颜色符合上述类型的种质分别为 0.28％、0.56％、0.70％、2.64％、12.93％、46.87％和 36.02％。

7. 果皮覆纹形状　西瓜果皮覆纹形状可分为网纹、齿条、条带、放射条、斑点、斑条、斑块等类型。对 478 份中国西瓜种质资源调查表明，果皮覆纹形状符合上述类型的种质分别为 41.22%、35.56%、20.08%、2.09%、0.42%、0.21%和 0.42%。

8. 果肉颜色　西瓜果肉颜色分为白、乳白、浅黄、黄、黄绿、橙黄、粉红、桃红、红、橘红、大红等颜色。对 1 230 份种质资源调查表明，果肉颜色符合上述颜色类型的种质分别为 4.63%、0.24%、2.44%、6.10%、0.08%、2.44%、26.18%、0.81%、43.26%、0.65%和 13.17%。

9. 果肉质地　西瓜果肉质地分为软、沙、酥脆、脆、硬等类型。对 1 010 份种质资源调查表明，果肉质地符合上述类型的种质分别为 6.33%、4.26%、5.74%、77.43%和 6.24%。

10. 果肉可溶性固形物含量　对 1 323 份中国西瓜种质资源调查表明，果肉可溶性固形物含量<7.0%、7.0%～9.9%、10.0%～11.9%、≥12.0%的种质分别为 30.99%、45.20%、22.98%和 0.83%。

11. 种子形状　西瓜种子扁平，形状分为椭圆形和卵圆形两种类型，以卵圆形居多。

12. 种子表面光滑度　分为光滑、粗糙、裂纹、刻裂等类型，其中大部分西瓜种质种子表面粗糙，少数为裂纹、刻裂和光滑。

13. 种皮底色　成熟西瓜种子晾干后的颜色，分为白、灰白、黄白、灰黄、黄、红黄、浅红、红、红褐、灰褐、黑、绿、灰绿等颜色。

14. 种皮覆纹特征　成熟西瓜种子晾干后种子表面覆盖的斑点、斑块或其他形状的覆纹，分为种脐黑斑、灰褐色斑点、灰褐色斑纹、黄红色斑块、黄褐色斑块、黑色斑块、白色斑块等。

15. 种皮厚度　分为薄、较厚、厚、极厚，其中黏籽西瓜种皮厚度为薄，普通二倍体栽培西瓜种皮厚度为较厚，三倍体或四倍体西瓜种皮厚度为厚，饲料西瓜种皮厚度为极厚。

16. 种子千粒重　西瓜种质间的种子千粒重变化幅度非常大，如西瓜种质 Tomato seed 种子千粒重仅为 6 g，而皋兰籽瓜种子千粒重接近 300 g。对 1 385 份种质调查表明，千粒重<50.0 g、50.0～99.9 g、100.0～149.9 g、150.0～199.9 g、≥200.0 g 的种质分别为 43.32%、41.30%、13.57%、1.16%和 0.65%。

（三）基于分子标记的遗传多样性

赵虎基等（1999）用 RAPD 标记对籽用西瓜的 12 个品种（系）和西瓜种内其他变种的 4 个品种（系）进行遗传多样性的检测，结果表明，选出的 14 个随机引物均能扩增出多态性片段，反映了不同品种（系）的遗传差异。李艳梅等（2007）利用 AFLP 指纹图谱分析技术对 57 个西瓜材料进行基因组 DNA 多态性分析，结果表明，18 对 AFLP 引物共产生 709 条 DNA 带，平均每个引物组合扩增出 39.4 条带，其中 440 条为多态性带，占总条带数的 61.4 %，并根据 DNA 谱带计算品种间遗传相似系数，其变化范围在 0.24～0.99之间，平均相似系数为 0.70。

（刘君璞　王吉明）

十四、甜瓜

中国甜瓜（*Cucumis melo* L.）栽培历史悠久，分布广泛，类型繁多，形态特征和生物学特性上品种间存在明显的差异，表现出丰富的遗传多样性。

（一）类型多样性

1. 薄皮和厚皮甜瓜 中国栽培甜瓜有薄皮甜瓜和厚皮甜瓜2个亚种。薄皮甜瓜果实小，果肉厚度不超过2.5 cm，根据果实形态与用途，又可分为越瓜和梨瓜两个变种。越瓜又称梢瓜，果实含糖量低，常作菜用；梨瓜又称香瓜，含糖量高，瓜瓤与汁液极甜，可以连皮带瓤一起食用。厚皮甜瓜生长势较旺，叶片较大，叶色浅绿，果型较大，单瓜重多2～5 kg，果皮较厚，多数有网纹，肉厚2.5 cm以上，含糖量12%～17%，种子较大，品质好，耐贮运，晚熟品种可贮藏3～4个月以上。厚皮甜瓜对环境条件要求较严，喜干燥、炎热、温差大、强日照，抗病性、适应性较差。

2. 早熟、中熟和晚熟甜瓜 大部分薄皮甜瓜的全生育期在80～90 d，一些品种如窝里围、盛开花、一窝蜂、十棱黄金瓜等全生育期只有70～80 d，为早熟甜瓜。厚皮甜瓜，全生育期在90 d以内的为早熟甜瓜，如恰尔其里甘、卡拉其里甘等品种在新疆全生育期为80 d左右；全生育期在90～100 d的为中熟甜瓜；全生育期在100 d以上的品种为晚熟甜瓜，如中国新疆的冬甜瓜品种群某些品种全生育期超过120 d。

（二）特征特性多样性

1. 性型 甜瓜的花型有雌花、雄花、两性花，构成了甜瓜性型的多样化，可分为雄花两性花同株、雌花两性花同株、雌雄异花同株、两性花株、雌花雄花两性花同株、雄性株和雌性株。绝大部分中国栽培甜瓜为雄花两性花同株，少数栽培甜瓜为雌雄异花同株，极少数栽培甜瓜为两性花株及其他性型。

2. 果实形状 甜瓜果实形状有圆球形、长圆球形、扁圆形、椭圆形、卵圆形、纺锤形、梨形等。对687份种质资源调查表明，果实形状为上述类型的种质分别为16.45%、9.02%、5.39%、28.38%、25.76%、0.44%和8.44%。

3. 果实表面特征 果皮分光滑与不光滑、有棱沟与无棱沟、有网纹与无网纹等表面特征，其中有棱沟又分大棱沟、小棱沟和密集的细棱，网纹又可分为裂纹、突纹、瘤状纹等类型。

4. 果实大小 甜瓜果实大小可用单瓜重表示，薄皮甜瓜的单瓜重一般为200～500 g，厚皮甜瓜单瓜重1～5 kg，最大甚至可达10 kg以上。对252份薄皮甜瓜种质资源调查表明，单瓜重为<0.20 kg、0.20～0.39 kg、0.40～0.59 kg、0.60～0.79 kg、0.80～0.99 kg、≥1.00 kg的种质分别为1.19%、16.27%、31.25%、22.91%、13.89%和13.49%。对403份厚皮甜瓜种质资源调查表明，单瓜重为<0.20 kg、0.20～0.39 kg、0.40～0.59 kg、0.60～0.79 kg、0.80～0.99 kg、1.00～1.99 kg、2.00～2.99 kg、3.00～3.99 kg、4.00～4.99 kg、5.00～5.99 kg、≥6.00 kg的种质分别为0.50%、2.73%、5.96%、5.46%、4.96%、34.49%、28.29%、12.90%、2.48%、1.49%和0.74%。

5. 果皮颜色 甜瓜果皮底色分为白色、乳白色、绿白色、灰白色、浅黄色、黄色、深黄色、橘红色、浅绿色、黄绿色、绿色、灰绿色、深绿色、墨绿色、黄褐色、红褐色、灰褐色等颜色；覆色分为绿白色、灰白色、浅黄色、黄色、深黄色、橘红色、浅绿色、黄绿色、绿色、灰绿色、深绿色、墨绿色、黄褐色、红褐色、灰褐色等，覆色还呈现出不同的分布形状，如斑点、斑块、斑条、条带等。此外，有的甜瓜成熟果实向阳面还呈现一层淡淡的白色、黄色或红色等晕色。

6. 果脐形态 果脐大小分为小（<0.5 cm）、中（0.5～1.0 cm）、大（>1.0 cm）；果脐凸凹分为凸、平、凹；果脐形状分为圆形、多角形和放射状等多种形状。

7. 果肉颜色 不同种质的甜瓜果肉有多种颜色，有不同程度的绿色、白色、橙红、黄色等。有的甜瓜果肉具两种或两种以上颜色，从外往里如绿→白、绿→橙→红等。

8. 果肉可溶性固形物含量 薄皮甜瓜可溶性固形物含量为8%～10%，厚皮甜瓜为12%～16%，最高可达20%。对249份薄皮甜瓜种质资源调查表明，果肉可溶性固形物含量<7.0%、7.0%～9.9%、10.0%～11.9%、12.0%～14.9%、>15.0%的种质分别为25.70%、44.19%、13.65%、14.86%和1.60%；对404份厚皮甜瓜种质资源调查表明，果肉可溶性固形物含量<7.0%、7.0%～9.9%、10.0%～11.9%、12.0%～14.9%、≥15.0%的种质分别为13.36%、23.27%、20.79%、38.37%和4.21%。

9. 果肉质地 甜瓜果肉质地分为硬、脆、软、面等，其中大部分栽培甜瓜品种的果肉质地为脆和软，少数为面。

10. 香气 多数甜瓜成熟后具有不同程度的香气，少数甜瓜如白兰瓜和蛇甜瓜没有香气。香气分为芳香、醇香和异香等，一些橙黄肉或橘红肉的硬皮甜瓜具有令人不愉快的异香味。

11. 叶片形态 甜瓜叶片形状有圆形、心脏形、三角形、五角形等类型；叶片缺刻有无缺刻、浅缺刻、深缺刻；叶片尖端形状有锐尖、中、钝尖；叶缘分为无锯齿、中锯齿、多锯齿等。

12. 种子形状 分为椭圆形、卵圆形和梨籽形，大部分为卵圆形，少数为椭圆形，极少数为梨籽形。

13. 种子颜色 甜瓜成熟种子颜色分为白、黄白、黄、黄褐、红褐等。对458份中国甜瓜种质资源调查表明，为上述类型的种质分别为20.74%、34.73%、34.71%、5.89%和3.93%。

14. 种子大小 通常厚皮甜瓜的种子长10.0～15.0 mm，宽4.0～5.0 mm，厚1.6 mm，而薄皮甜瓜种子长5.0～7.5 mm，宽2.5～3.1 mm，厚皮甜瓜种子普遍比薄皮甜瓜种子大。

15. 种子千粒重 厚皮甜瓜种子千粒重一般为20～80 g，而薄皮甜瓜种子千粒重为6～25 g。对244份中国薄皮甜瓜千粒重调查表明，种子千粒重为6.0～9.9 g、10.0～14.9 g、15.0～19.9 g、20.0～25.0 g的种质分别为6.97%、59.01%、31.97%和2.05%；对220份中国厚皮甜瓜千粒重调查表明，种子千粒重为20.0～29.9 g、30.0～39.9 g、40.0～49.9 g、50.0～59.9 g、60.0～80.0 g的种质分别为14.09%、16.36%、26.83%、30.45%和12.27%。

（三）基于分子标记的遗传多样性

盛云燕（2006）对来自中国7省份的46份薄皮甜瓜进行了SSR标记检测，46对特异引物获得了稳定的、丰富的多态性条带，187条带中有130条带具有多态性（占69.52%），平均每个引物可扩增出3.729条带。姚国新等（2006）应用17条随机引物对包括19份中国栽培甜瓜地方品种在内的41份甜瓜种质进行了RAPD标记分析，结果表明甜瓜存在较大的遗传差异，其遗传距离的变异幅度在0.06～0.48之间，平均为0.31，厚皮甜瓜种质之间的遗传距离比薄皮甜瓜的大，而且厚皮甜瓜不同种质之间也存在较大的遗传距离。程振家等（2007）利用AFLP分子标记对包括27份中国栽培甜瓜在内的48份甜瓜材料遗传多样性和亲缘关系进行了研究，64对引物中筛选出了10对进行选择性扩增，共扩增出423条带，其中多态性条带172条，多态率为40.66 %，聚类分析将供试材料分成了两大类群，即厚皮甜瓜类群和薄皮甜瓜类群，并进一步将厚皮甜瓜类群分成了4个亚类，与甜瓜传统分类结果基本一致。

（刘君璞　王吉明）

十五、番茄

番茄（*Lycopersicon esculentum* Miller）为多年生草本植物，但生产上多作一年生栽培。现在食用的番茄以普通番茄类群中的普通番茄变种居多数，其次为樱桃番茄。番茄经长期的自然和人工选择形成了特征特性各异的许多类型和品种，它们在形态特征和生物学性状等方面有着明显的差异，表现出丰富的遗传多样性。

（一）类型多样性

随着市场的需要和生产的发展，使番茄的品种类型向着适于露地栽培、保护地栽培和加工专用栽培的方向发展。

1. 露地番茄　其熟性上有早、中、晚的不同。早熟性表现为成熟早和早期产量高，这与花序节位低、现蕾早、开花早、果实发育早有关。大多数早熟品种的植株为有限生长类型。

2. 保护地番茄　具有耐寡光照、耐低温、结果习性好、植株生长势强等适宜在冬春季保护地条件下生长的特性。大多数保护地番茄为中、晚熟品种，无限生长类型。

3. 加工番茄　其果实可溶性固形物和番茄红素含量高（可溶性固形物含量5%～5.5%，番茄红素含量每100 g鲜重8 mg左右）、抗裂（成熟果硬度在0.36 kg/cm^2 左右）、耐运输。植株通常为矮生性具中等高度的有限生长类型，茎秆坚硬不易倒伏、不需要支架，叶片较小，株型紧凑，适宜密植，成熟期一致，一次性收获一般能获得总产量的85%～90%。果梗无节或果实易与花萼分离，适合机械化采收。

（二）形态特征多样性

1. 植株与茎　番茄的株型主要有蔓性、半蔓性、直立3种。对国家蔬菜种质资源中期库1 884份种质的初步调查数据分析表明，其中蔓性的1 213份，半蔓性的574份，直立的 94 份，还有 3 份矮生种质。

番茄幼苗茎的颜色有紫色和绿色 2 种，其大部分品种为紫茎。番茄的茎属典型的合轴分枝生长，分为无限生长和有限生长两大类型，早熟品种大多为有限生长类型，中、晚熟品种多为无限生长类型。在种质库 1 875 份种质中，属于无限生长的 1 117 份，有限生长的 758 份。

2. 叶 普通番茄的叶形有羽状普通叶、二回羽状复宽叶、二回羽状复细叶、薯叶 4 种类型。在 1 881 份种质中，属于前三种的普通叶种质 1 788 份，薯叶种质的仅 93 份。

叶色大致分为浅绿、绿、深绿等多种。在 1 899 份种质中，深绿色种质 482 份，绿色种质 1 202 份，灰绿种质 1 份，黄绿种质 37 份，浅绿种质 177 份。叶色和叶形呈现的多种组合，表现出丰富的遗传多样性。

3. 花 番茄一般为总状花序，每个花序上花的数目有差异，既有一个花序只着生一朵小花的单花番茄，也有着生几十朵甚至上百朵的大型花序，普通番茄每个花序有 3～10 朵小花，樱桃番茄为 15～30 朵。番茄总状花序的分枝又可分为花梗只着生一朵花的单花、花梗单一的单式花序、具两个分枝的双歧花序和多个分枝的多歧花序（复花序）4 种。

番茄的首花节位与品种熟性密切相关。对种质库 1 877 份资源的分析显示，首花节位分布在 3～15 节，其中首花节位＜5 节的种质有 33 份，5～10 节的有 1 750 份，11～15 节的有 93 份，＞15 节的仅有 1 份。

4. 果实 果形有扁平、扁圆、圆形、高圆、长圆、卵圆、桃形、梨形、长梨形等多种，在种质库 1 903 份番茄种质中，圆形的 838 份，近圆形的 15 份，扁圆形的 704 份，长圆形的 133 份，桃形的 85 份，梨形的 40 份，卵形的 30 份，椭圆形的 14 份，其他形状的 44 份。

果色由不同的果皮颜色和果肉颜色综合而成，成熟果实的果色有黄白、浅黄、黄、橘黄、绿、粉红、红、深红、黄底绿条（底色为黄色的果面散布着绿色条与条斑）等多种。在种质库 1 904 份种质中，果皮色为红色的种质 1 106 份，粉红的 398 份，橘红的 130 份，橘黄的 96 份，黄色的 118 份，浅黄的 8 份，绿色的 4 份，乳白的 22 份，黑紫红 1 份，其他的 21 份。不同品种的果肩色不同，在中期库 664 份种质中，果肩色为深绿的种质 7 份，绿色的 368 份，浅绿的 5 份，黄绿的 13 份，黄色的 4 份，乳白的 5 份，白绿的 1 份，橘黄的 1 份，绿黄的 1 份，深红的 1 份，无果肩色的 258 份。在 1 880 份种质中，果肉色为红色的种质 938 份，橘红的 17 份，粉红的 718 份，橘黄的 11 份，黄色的 132 份，浅黄的 25 份，其他的 39 份。

番茄果实大小变化范围较大，小果型的樱桃番茄为 10～20 g，大果型的鲜食番茄通常在 100～150 g，个别单果重可达 1 000 g。种质库 1 896 份种质的单果重分布在 10～400 g 之间，其中＜50 g 的 242 份，50～100 g 的 584 份，101～150 g 的 595 份，151～200 g 的 356 份，201～250 g 的 85 份，251～300 g 的 25 份，301～350 g 的 7 份，＞350 的 2 份。种质库有果纵径记录的 728 份种质的果实纵径分布在 1.4～10.0 cm 之间，其中＜2.0 cm 的 6 份，2.0～4.0 cm 的 82 份，4.1～6.0 cm 的 475 份，6.1～8.0 cm 的 148 份，8.1～10.0 cm 的 15 份，＞10.0 cm 的 2 份。果横径分布在 1.4～11.0 cm 之间，其中＜2.0 cm 的 8 份，2.0～4.0 cm 的 113 份，4.1～6.0 cm 的 299 份，6.1～8.0 cm 的 271 份，8.1～

10.0 cm 的 36 份，>10.0 cm 的 1 份。

另外，果面特征、果实心室数、果肉厚度等性状均存在丰富的遗传多样性。在种质库 1 899 份种质中，果面具棱沟的种质 182 份，浅棱沟的 2 份，平滑的 1 715 份。不同品种果脐大小有别，在 1 841 份种质中，大果脐的 137 份，中果脐 466 份，小果脐 1 238 份。702 份种质的心室数分布在 1～13 个之间，其中≤2 个的 1 份，3～4 个的 267 份，5～6 个的 285 份，7～8 个的 110 份，9～10 个的 25 份，>10 个的 14 份。品种之间的裂果性差异较大，在 753 份种质中，不易裂果的 533 份，较易裂果的 170 份，易裂果的 50 份。

5. 种子 番茄种子呈扁平短卵形或心脏形，普通番茄的种子千粒重约 3 g，且因品种、类型不同而存在差异。普通番茄品种的种子一般长 4.0 mm、宽 3.0 mm、厚 0.8 mm。在种子的实际生产中，往往中小型果品种的种子量要多于大果型的种子量，如据资料表明，中、小果型品种，100～150 kg 鲜果可采收 0.5 kg 种子，而大果型品种需 250～300 kg 的鲜果才能采收 0.5 kg 的种子。

（三）生长期与熟性多样性

番茄品种的生长期因品种不同差异较大，种质库 950 份种质的生长期分布在 33～135 d 之间，其中≤40 d 的 2 份，41～50 d 的 54 份，51～60 d 的 273 份，61～70 d 的 387 份，71～80 d 的 126 份，81～90 d 的 53 份，91～100 d 的 24 份，101～110 d 的 13 份，111～120 d 的 10 份，121～130 d 的 4 份，>130 d 的 4 份。

在有熟性记录的 1 839 份种质中，极晚熟种质 4 份，中晚熟 191 份，晚熟 242 份，中熟 763 份，中早熟 261 份，早熟 349 份，极早熟 29 份。

（四）基于分子标记的遗传多样性

利用分子标记研究栽培番茄内不同品种和材料之间的多态性的报道相对较少。朱海山等（2004）用 RAPD 技术检测了 27 份番茄材料的遗传多样性，除 1 份野生资源外，栽培品种间的遗传背景十分狭窄。栾雨时等（1999）用放射性同位素 γ-^{32}P-ATP 标记人工合成的简单重复序列（GATA），与经 DraI 酶切的 8 个番茄品种的 DNA 进行 Southern 杂交，得到的 DNA 指纹在品种间差异较大，在品种内单株间无差异。经统计计算，任意两个品种间具有完全相同 DNA 指纹的概率为 0.011%，呈现了高度的品种特异性。于拴仓等（2005）采用 RAPD、RGA 和 SRAP 分子标记技术将 10 个樱桃番茄品种区分开来。王日升等（2006）利用 7 个 SSR 标记检测了 11 个栽培品种的遗传多样性，结果 SSR 标记和形态标记均可依果肉颜色和果实大小将供试材料分组，即黄色和红色果肉，小番茄、大中果型的混合型。两种方法对栽培品种遗传多样性的评价相近。

（朱德蔚　杜永臣　王孝宣　高建昌　国艳梅）

十六、茄子

茄子（*Solanum melongena* L.）为茄属的一年生草本蔬菜。茄子在中国长期栽培驯化过程中，随各地生态环境和消费习惯的不同，形成了众多相对稳定的品种类型，相同类型茄子品种的分布范围和栽培面积局限性很大，在果实形态特征、植株生物学特性及生态适应性上存在明显差异，表现出丰富的遗传多样性。

（一）类型多样性

依照经典的 Bailey（1929）分类系统，我国茄子主要分为 3 大类型和多个亚类型。

1. 圆茄（var. *esculentum* Nees） 植株高大，生长旺盛，茎直立粗壮，叶宽而较厚。依据果形、果皮色、果肉色、萼片色及萼片下果皮色分为 5 个亚类型。

（1）紫黑圆茄 果实圆形或扁圆形，果皮紫黑色，萼片紫黑色，萼片下果皮为绿色或浅绿色，果肉白绿色。

（2）紫红圆茄 果实圆形或扁圆形，果皮紫红色，萼片紫红色，萼片下果皮为白色，果肉白色。

（3）绿圆茄 果实圆形或卵圆形，果皮绿或白绿色，萼片绿色，果肉白绿色。

（4）白圆茄 果实圆形，果皮白色，萼片绿色，萼片下果皮为白色，果肉白色。

（5）卵圆茄 果实卵圆形，果实巨大，果皮多为黑紫、紫或绿色，萼片多为绿色或紫色，萼片下果皮为紫或绿色，果肉白色。

2. 长茄（var. *serpentinum* Bailey） 植株中等，叶较圆茄的小，果实长棒或长条形，果皮较薄，肉质较松软柔嫩，果皮色有黑紫、红紫、绿、白绿、白等颜色，单株结果数较多，单果重小。依据果形分为 3 个亚类型。

（1）尖顶长茄（俗称鹰嘴茄） 果实长棒形，果顶突起尖顶，果皮色黑紫或紫红色。

（2）圆顶长茄 果实长棒形，果顶圆润，果皮色黑紫、紫红、绿色及白色。

（3）线茄 果实细长条形，果顶尖，果皮多为紫红色，果长在 35 cm 以上。

3. 簇生茄（var. *depressum* Bailey） 植株矮小，茎叶细小，花多为簇生，着果节位低，果小，果实卵形或长卵形，果皮色有黑紫、紫红或白色，皮厚种子较多，品质较差，抗逆性较强，西南地区栽培较多。

（二）特征特性多样性

中国栽培种茄子形态特征和生物学特性差异显著，特别是始花节位、植株高度、植株开展度、单果重及熟性等存在十分丰富的多样性。

1. 始花节位 对国家蔬菜种质资源中期库种质资源基本信息数据库 400 份茄子地方品种始花节位的数据统计表明，始花节位主要在 4～12 片叶范围内，其中 4～7 片叶始花节位的品种占 15%，8～10 片叶始花节位的品种占 76%，11～12 片叶始花节位的品种占 19%。长茄的始花节位相对于圆茄和簇生茄较高。

2. 植株高度和开展度 传统中国栽培种茄子的株高为 35～165 cm，其中株高为 35～80 cm 的品种占 51%，株高为 81～120 cm 的品种占 40%，株高为 121～165 cm 的品种占 9%。近年来从国外引进的适宜温室长季节栽培的绿萼茄子品种株高可以达到 200 cm 以上。栽培种茄子植株开展度范围一般为 30～100 cm，其中植株开展度≤30 cm 的品种占 2.5%，31～100 cm 的品种占 96%，植株开展度>100 cm 的品种只占 1.5%。

3. 单果重 对上述 400 份中国茄子地方品种性状的初步调查统计结果表明，单果重的变化范围主要为 25～1 000 g，小于 25 g 或大于 1 000 g 的品种稀少。现有的栽培种茄子单果重在 25～200 g 范围内的品种占 46%，201～400 g 范围内的品种占 35%，401～600 g 范围内的品种占 11%，单果重>600 g 的品种占 8%。

4. 熟性　对 400 份茄子地方品种熟性数据的统计结果显示，植株定植期至首次采收时间在 30～50 d 范围内的品种占 22%，51～80 d 的品种占 57%，81～120 d 的品种占 21%。但是，中国地域辽阔，各地气候和栽培条件差异很大，受环境和栽培条件的影响，生产实践中很难用从播种到采收或从定植到采收的日期进行品种熟性的确定，通常以主茎子叶节到门茄之间叶片数的多少（始花节位），划分早熟、中熟和晚熟品种。①早熟品种，主茎生长至 5～6 片叶时顶芽形成花芽，并发育成门茄的品种。此类品种多数植株矮小，果实相对较小。②中熟品种，主茎生长至 8～9 片叶时顶芽形成花芽，并发育成门茄的品种。③晚熟品种，主茎生长至 10 片叶以上时顶芽形成花芽，并发育成门茄的品种。此类品种多数植株高大，果实也相对较大。

（三）生态型多样性

中国茄子可分为 7 个主栽类型的生态区，每个生态区都有与之相应的品种类型，各生态类型的差异明显。

1. 中原圆茄生态区　以圆果形品种为主，除河南以栽培绿皮茄子品种为主外，这一区域内栽培的茄子主要是紫皮茄子品种，只是果皮色深浅有差异。植株生长势强，门茄在第 6～9 片叶处着生，单果重 350～800 g，肉质细腻。

2. 东北长茄生态区　主要以长果形、果顶尖突（俗称鹰嘴茄）的黑紫色果皮茄子品种为主。株型直立，株高 90～110 cm，连续结果性强，果实长棒形，果长 25～30 cm，横径 3～4 cm，单果重 150～220 g，果皮紫黑、光亮，果肉细嫩。

3. 华东长茄生态区　主要以紫色果皮的长果形茄子为主。其中，浙江主要栽培长条形（线形、蛇形）、白色果肉、紫红色果皮品种，果长 30～40 cm，横径 2.4～2.8 cm，平均单果重 50～80 g，皮薄，肉质洁白而糯。

4. 华南长茄生态区　主要以紫红色果皮的长果形（果顶圆，无突起）茄子品种为主。果实长棒形，果皮紫红色，光泽度好，果长 28～38 cm，横径 4～6 cm，单果重 200～300 g，果肉白色紧密，品质优。

5. 西南长茄生态区　主要以紫黑或紫红色果皮的棒形（果顶突起）茄子品种为主。株高 70～100 cm，单果重 150～230 g，果长 16～25 cm，横径 3～6 cm，果肉细嫩，品质好。

6. 华中圆、长茄生态区　湖北以紫色果皮的长棒形茄子品种为主，其余大部分地区多为圆形或卵圆形紫红色品种。圆茄单果重 350～500 g，长茄单果重 200～260 g。

7. 西北圆茄生态区　主要以紫色或绿色果皮的卵圆或高圆、大果型茄子品种为主，单果重 500～1 100 g。

（四）基于分子标记的遗传多样性

用 RAPD、ISSR 及 AFLP 标记分析茄子遗传多样性的结果表明，我国茄子遗传多样性非常丰富。但是，相同类型品种间的遗传基础相对较狭窄。

王秋锦等（2007）用RAPD分子标记技术对来自不同国家的34份茄子品种进行遗传多样性分析，从120条RAPD引物中筛选出有效的22条引物分别对34份茄子品种进行扩增，共检测出232个等位基因位点，每条引物平均检测出10.5个，其中192个为多态位点，多态位点比率为82.76%。POPGENE结果分析表明，Nei's基因多样性指数（*H*）为0.275 6，Shannon's指数为0.414 5，显示出比较丰富的遗传多样性。冉进等（2007）利用RAPD技术对来源于国内外的53份茄子种质资源进行了遗传多样性分析，从80个引物中筛选出9个多态性引物，共扩增出81条带，其中有46条多态性条带，占56.79%，材料间遗传相似系数为0.72～0.99，表明参试种质遗传基础比较狭窄。陈杰等（2008）利用57个RAPD引物标记对16份茄子材料进行遗传亲缘关系分析，这些引物扩增出274条多态性片段，多态性位点百分率达49.73%。

毛伟海等（2006）用ISSR标记法对南方长茄资源的遗传多样性进行分析，从100个ISSR引物中共筛选出12个多态性明显、条带清晰、反应稳定的引物，对57个样品DNA进行扩增，共扩增出l16条谱带，平均每个引物扩增出9.67条带，其中多态性位点84个（71.0%）。品种间遗传相似系数为0.51～0.98，表明茄子栽培种内品种间的遗传基础相对较狭窄。

（连　勇　刘富中　陈钰辉）

十七、辣椒

辣椒（*Capsicum annuum* L.），又称一年生辣椒，在中国不同生态条件下经长期自然和人工选择，形成了特征特性各异的众多地方品种，从而丰富了中国辣椒的遗传多样性。

（一）变种和类型多样性

李佩华（1994）在对中国辣椒的初步研究中，将一年生辣椒以果实的不同形态特征为主要分类依据，将其归属为6个变种。

1. 长角椒（var. *longum* Sent.） 果形有牛角形、长圆锥形、羊角形3种。果形指数3～5，果基花萼多数平展。植株高矮不一，株型较开展，分枝性较强。单株结果多，果梗下弯，果实下垂，果面光滑或有浅棱，部分品种有浅皱或多皱。果顶先端渐尖，有时呈小钩状、钝状，少数品种平或略凹。果实含水量中等，味微辣或辣，宜鲜食或兼加工用。

2. 指形椒（var. *dactylus* M.） 该变种有长指形、指形、短指形3种果形，果形指数在5以上，果基部花萼下包或浅下包，果肉薄，为中国辣椒重要种质资源。植株矮至高大，株型较开展，分枝性较强。单株结果率高，果实下垂或直立，果顶先端渐尖，有时呈小钩状或呈钝状（短指形为多）。果实含水量少，辛辣味强，宜加工干制。

3. 灯笼椒（var. *grossum* Sent.） 该变种有长灯笼形、方灯笼形、宽锥形和扁圆形4种果形，果形指数1～2，果大、肉厚，味甜居多，也是重要的辣椒种质资源组成部分。植株矮至中等，直立、紧凑。单株结果少，果柄多下弯，少直立。果面光滑有纵沟，浅至深。果顶略凸，平或下凹（浅至深）。果基部梗洼处多内陷，花萼平展。多为鲜食炒菜用。

4. 短锥椒（var. *breviconoideum* Haz.） 植株矮至中高，结果多或中等。果实下垂，中小圆锥形或中小圆锥灯笼形，果顶钝尖或有凹陷，果面光滑有纵沟，有的品种有许多较深的横向皱褶似螺旋状，或有凹凸。果形指数 2 左右，果肉较薄，多汁，质软，味微辣或辣，可鲜食。

5. 樱桃椒（var. *cerasiforme* Irish） 植株中等高，结果多。果实直立或斜生，果小，大多为近小圆球形，呈樱桃状，少数为小宽锥形似鸡心，又称鸡心椒。果色有红色、黄色或微紫色，果基部花萼平展，果顶平。辛辣味极强，多用于制干椒或切碎腌渍，也可作观赏植物栽培。

6. 簇生椒（var. *fasciculatum* Sturt.） 植株矮或高大，株高 45～90 cm，枝条密生，叶狭长。果实簇生，果色鲜红至深红色，每簇果实 2～10 余个，果小，短指形或短锥形。果肉薄，辣味浓。耐热，耐病毒病。宜制干调味椒。

因特征特性和用途不同，辣椒又有不同类型之分：

1. 甜椒、微辣椒和辛辣椒（辣或极辣） 辣椒因其果实辣椒素含量的高低而形成辣味不同的品种类型。

（1）甜椒 其果实的辣椒素含量极微，偶有辣气，但味甜。绝大多数属灯笼椒变种（var. *grossum* Sent.）。主要用作鲜食，少数速冻。据对列入《中国蔬菜品种资源目录》的 1 912 份（下同）辣椒品种的统计，其中有甜椒 270 份，约占列入目录辣椒总份数的 14.12%。

（2）微辣椒 其果实含有微量辣椒素，味微辣，少数近中等辛辣。多属短锥椒变种（var. *breviconoideum* Haz.）中的微辣品种以及长角椒变种（var. *longum* Sent.）中的肉厚、含水量大的菜用品种。主要作鲜食用，或兼作加工用。据对 1 912 份辣椒品种的统计，其中有微辣椒 474 份，约占总份数的 24.79%。

（3）辛辣（辣或极辣）椒 其果实辣椒素含量高，辛辣味强。多属指形椒（var. *dactylus* M.）、樱桃椒（var. *cerasiforme* Irish）和簇生椒（var. *fasciculatum* Sturt.）变种，还有长角椒变种中辣味较强的品种。一般果实含水量少，辛辣味强，适于加工干制，也可腌渍。据对 1 912 份辣椒品种的统计，其中有辛辣椒 267 份，约占总份数的 14.44%。

2. 鲜食辣椒、干制辣椒和加工辣椒 辣椒因其果实用途的不同而形成具有不同特点的品种类型。

（1）鲜食辣椒 多属甜椒、长角椒和短锥椒变种，一般果实较大，肉厚或稍薄（比辛辣椒厚），质脆，含水量较大，味甜或微辣，少数辛辣。

（2）干制辣椒 多属指形椒和簇生椒变种，一般果实较小，肉薄，含水量少，果皮薄，易干燥。果面红色至深红色，色泽鲜艳，辣椒素含量高，辛辣味浓，含油率高。

（3）加工辣椒 辣椒有多种采用不同方法加工的产品，因而又形成了适于不同加工目的和各有特色的品种类型。①用于腌渍（整果或剁碎）的类型，多属甜椒、长角椒中的中小型果品种以及指形椒、短锥椒、樱桃椒变种中的某些品种。②用于脱水的类型，多属甜椒变种。果实较大，肉厚，耐贮运，味甜，质脆，品质优，加工后色泽好。③用于制粉的类型，多属指形椒变种。果实中等大小，肉厚，含水量少，易干燥，辣椒红素或辣椒素含量高，色泽鲜艳，味辛辣或甜。④用于制酱的类型，多属指形椒、簇生椒变种。辣椒素含量较高，味辛辣或微辣，色泽鲜艳。⑤用于深加工的类型，多属指形椒、簇生椒变种。经深加工可提取出辣椒红素、辣椒碱、辣椒油等产品。果实干物质含量高，富含辣椒素和辣椒红素，富含油脂。

3. 保护地栽培和露地栽培品种类型 依据适于不同栽培方式的园艺性状，可将辣椒品种区分为露地栽培辣椒和保护地辣椒。

（1）保护地栽培品种类型 多适于在塑料拱棚、日光温室等设施中进行春提前、秋延后或长季节栽培。①适于春提前栽培的类型，多为早熟或中早熟，抗寒性强，抗病。产品用于鲜食。②适于秋延后栽培的类型，一般果形较大，肉厚，耐贮运。耐热、抗病，越夏能力强，尤其抗日灼病。产品用于鲜食。③适于长季节栽培的类型，主要为甜椒。果实多为大果型灯笼形，肉厚。植株生长势强，连续结果性好，果实商品率高。抗病，丰产。产品用于鲜食。

（2）露地栽培品种类型 多适于在露地进行春季早熟栽培、春播越夏恋秋栽培或秋冬季栽培（南方冬季温暖地区）。①春季早熟栽培类型，一般植株较矮或中等高，生长期较短，早熟，结果早、果实膨大速度快、早期产量高。产品用于鲜食。②春播越夏恋秋栽培类型，中晚熟或晚熟。耐热、抗涝、抗病，尤其抗日灼病。植株越夏能力强，越夏后植株恢复生长快，结果好，商品率高。产品用于鲜食、干制或加工。③秋冬季栽培类型（南方冬季温暖地区），中早熟。植株中等高，抗倒伏（台风），适于广东、海南等省南菜北运基地种植。抗病，丰产。产品用于鲜食。

（二）特征特性多样性

辣椒不同变种和品种间，其植株、茎、叶、花、果实以及生物学特性存在着显著的差异。

1. 株高 据对 1 912 份辣椒品种的统计，株高一般在 40～70 cm，早熟品种最矮的为 22 cm，晚熟品种最高的为 110 cm（由国外引入品种最高可达 150 cm）。

2. 株型 植株分为开展、半直立、直立 3 种类型。其第一分枝在主枝上开张的夹角大于 90°的为开展型；开张的夹角在 45°～90°之间的为半直立型；开张的夹角小于 45°的为直立型。

3. 分枝类型和分枝性 辣椒植株分枝分有限生长和无限生长两种类型。有限生长型：由下部腋芽萌发分枝，因分枝的顶芽形成簇生花芽而使分枝封顶，一般植株较矮，结果多而小，早熟。无限生长型：多二杈或三杈分枝，当主茎长出 7～18 片叶时主茎顶端形成花芽，由花芽下部的叶腋再萌生 2～3 个腋芽，腋芽的顶端又形成花芽……，从而使植株持续不断生长，一般植株较高，多中、晚熟。

4. 茎的颜色和茸毛的着生 辣椒主茎的颜色有黄绿、浅绿、绿、深绿、绿底带紫条纹和紫色。茎表面无茸毛或被茸毛，有茸毛者，又分着生稀疏、密被或着生中等 3 种情况。

5. 叶形、叶色和叶面状态 辣椒叶形有卵形、长卵形和披针形。一般甜椒类型品种的叶片较大，辛辣椒的叶片较小。叶缘分全缘、波状或锯齿状。叶面平滑、皱或微皱；被茸毛或无茸毛，被茸毛者又分着生稀疏、密被和着生中等 3 种情况。叶色有黄绿、浅绿、绿、深绿和紫色。

6. 花及其着生状态和始花节位　辣椒花的颜色也有多种。其花冠的颜色有白、浅绿和紫色，其花药的颜色分白、浅黄、黄、浅蓝、蓝和紫色，其花柱的颜色为白、蓝或紫色。花的着生状态分下垂、侧生和直立 3 种情况。一般早熟品种其始花节位多在 4～7 节，晚熟品种多在 14～17 节。

7. 果形、果色和果基、果肩、果面、果顶的状态　辣椒果实的形状极其多样，大致可归纳为：圆球形、灯笼形（又分扁灯笼形、方灯笼形、长灯笼形）、圆锥形（又分短圆锥形、长圆锥形）、牛角形（又分短牛角形、长牛角形）、羊角形（又分短羊角形、长羊角形）、指形（又分短指形、长指形）以及线形。据对 1 912 份辣椒品种的统计，圆球形约占列入目录总数的 0.47%，灯笼形约占 19.67%，圆锥形约占 32.68%，牛角形约占 1.83%，羊角形约占 31.85%，指形约占 10.31%，线形约占 3.19%。

辣椒青熟果的颜色有黄白、乳黄、黄绿、浅绿、绿、深绿、墨绿、紫色或紫黑色，老熟果则为橙黄、橘红、鲜红、暗红或紫红色。果面有棱沟（又分浅、中等或深棱沟）或无棱沟，光滑、有微皱或皱，有光泽或无光泽。果肩部位的形状分有果肩（又分凸起、微凹近平和凹陷）或无明显果肩。果顶部位的形状有细尖、钝圆、凹、凹陷带尖。果基部宿存花萼的形态有平展、浅下包或下包。果肉厚度有薄、中、厚之分。

8. 单果重　据对列入《中国蔬菜品种志》(2001) 的辣椒品种单果重统计，其中属于一年生辣椒的 75 份灯笼椒变种，其最大单果重为 750.0 g，最小为 12.0 g；27 份短锥椒变种，其最大单果重为 75.0 g，最小为 5.0 g；63 份长角椒变种，其最大单果重为 150.0 g，最小为 2.5 g；44 份指形椒变种，其最大单果重为 30.0 g，最小为 3.0 g；6 份樱桃椒变种，其最大单果重为 16.0 g，最小为 1.0 g；7 份簇生椒变种，其最大单果重为 6.0 g，最小为 1.0 g。

9. 熟性　辣椒的熟性一般以幼苗定植至果实商品成熟所需的天数进行区分，所需天数少于 31 d 的为极早熟品种，31～35 d 的为早熟品种，36～50 d 的为中熟品种，51～55 d 的为晚熟品种，55 d 以上的为极晚熟品种。

10. 辣椒素与维生素 C 含量　根据辣椒素含量的高低又可将辣椒分为无辣味（甜或淡，辣椒素含量约在 0.01%以下，偶有辣气，但食用时感觉不到辣味）、微辣（微含辣椒素，含量在 0.02%～0.10%，辣味较轻）、辣（含稍多的辣椒素，含量在 0.11%～0.28%，辣味明显，有刺激性）、极辣（富含辣椒素，含量在 0.29%～0.39%或更高，辣味重，刺激性强）。一般大果型甜椒（灯笼椒变种）辣椒素含量甚微，朝天椒（簇生椒变种）平均为 0.219%，牛角椒（长角椒变种）平均为 0.146%，菜椒（长角椒变种）平均为 0.011 6%。

辣椒是维生素 C 含量较高的蔬菜之一，一般辛辣类型辣椒维生素 C 的含量要比甜椒类型的高，红辣椒（生理成熟果）要比青辣椒（商品成熟果）高。一般鲜甜椒（灯笼椒变种）每 100 g 果实维生素 C 含量为 72 mg，鲜尖辣椒为 62 mg，鲜红小辣椒 144 mg（《中国干制辣椒》，1995）。

（三）基于分子标记的遗传多样性

雷进生（2005）筛选出 19 条 RAPD 引物对 67 份不同类型的辣椒材料进行标记分析，

共扩增出的 134 条带中，多态性带有 113 条，多态带比率为 84.33%，Shannon's 多样性信息指数为 0.468 2，基因多样性指数为 0.307 3。马艳青（2001）对来自世界各地的 46 份材料进行 RAPD 多态性分析，供试的 46 份品种地域之间遗传差异较大，用 9 个随机引物对 46 份材料进行随机扩增产生的 106 条稳定谱带中，多态性条带占到 94 条，占总扩增条带数目的 88.68%，而各材料所共有的带只有 12 条，这表明辣椒品种之间具有丰富的 RAPD 多态性，品种间存在着丰富的遗传变异，辣椒种质资源有较大的遗传多样性。贺洁（2007）用 RAPD 和 AFLP 标记对来自不同地区的 22 份朝天椒自交系材料的亲缘关系进行分析。32 个 RAPD 引物均有多态性，共产生 204 个位点，其中 104 个等位位点有多态性，占 50.98%，每个引物可扩增出 3～10 个位点，平均每个引物产生 6.4 个等位位点，32 个引物的多态性信息含量（PIC）平均为 0.612 6，22 份朝天椒材料在全基因组水平遗传距离（GD）分布范围在 0.038 5～0.609 0 之间。而 9 对 AFLP 引物均有多态性，共产生 724 个位点，其中 107 个等位位点有多态性，占 14.78%，每对引物可扩增出 40～99 个位点，平均每对引物产生 80.4 个等位位点，9 对引物等位位点多态性信息含量（PIC）平均为 0.263 1，22 份朝天椒材料的遗传距离（GD）分布范围在 0.027 8～0.676 7 之间。

蒋向辉等（2007）利用 RAPD 标记对 9 个湖南地方观赏辣椒材料进行多样性分析，在 9 份材料中共检测到 41 个等位基因，每一位点的等位基因变幅为 2～6 个，平均 4.1 个。其中有效等位基因 22 个，有效等位基因频率 53.7%，每一位点的有效等位基因变幅为 1～3 个，平均 2.2 个，多态位点百分率为 10.0%，遗传距离为 0.94～1.72，表明供试的 9 个地方观赏辣椒材料的遗传多样性比较丰富。任羽等（2008）利用 30 个 SRAP 引物组合对 31 个辣椒自交系的遗传关系进行研究，其中有 27 个引物组合可以获得多态性扩增，显示了较高的多态性。27 个引物组合共扩增出 310 条多态性带，平均每个引物组合产生 11.5 条多态性带，31 个自交系间的相似系数为 0.133～0.997。程云（2005）用 RAPD 标记对 16 份植物学性状或形态差异比较大的材料进行遗传分析，结果显示 16 份材料间的平均遗传距离为 0.047 1，平均相似系数为 0.529，并认为这批辣椒材料的遗传变异比较大，多样性相对丰富。

（郭家珍　毛胜利）

十八、长豇豆

长豇豆亚种 [*Vigna unguiculata*（L.）Walp. ssp. *sesquipedalis*（L.）Verdc.] 是豇豆的栽培亚种之一，在中国栽培十分广泛，全国各地（除高寒地区）均有种植。中国的长豇豆种质资源十分丰富，经过长期自然选择和人工选择，形成了矮生型、半蔓生型和蔓生型等多种类型。长豇豆不同种质间形态特征和生物学特性存在明显差异，表现出丰富的遗传多样性。

（一）生长习性多样性

长豇豆根据生长习性分为矮生型、半蔓生型及蔓生型 3 个类型。

1. 矮生型　极少，其主蔓生长到一定高度（30～50 cm）时似退化状，蔓变细弱，少数矮生型长豇豆为顶花芽，呈自封顶。主蔓短缩，近基部花序可结荚，上部花序随着主蔓变细弱而呈无效花序。主蔓分枝能力强，有侧蔓2～5条不等，也可开花结荚。对1 205份长豇豆资源的初步调查表明，矮生型种质只有7份，占0.58%。

2. 蔓生型　最多，在适宜环境下可无限生长，其主蔓生长明显，长势强，可长至3～5 m。分枝较少，长势不及主蔓。对1 205份长豇豆资源的调查表明，蔓生型种质有1 037份，占86.06%。

3. 半蔓生型　介于两者之间，侧蔓多而发达，无顶花芽，常呈匍匐状生长。对1 205份长豇豆资源的调查表明，半蔓生型种质有161份，占13.36%。

（二）特征特性多样性

1. 花序柄长短　长豇豆花序柄长度划分为短、中、长等类别，其相应的长度范围为<20.0 cm，20.0～29.9 cm，≥30.0 cm。对193份长豇豆资源的调查表明，花序柄长短表现为短、中、长类别的种质分别占16.06%、71.50%、12.44%，花序柄长度多为20.0～29.9 cm。

2. 第1花序节位　长豇豆第1花序节位的高低分为低、中、高3类，其相应的范围为<5节，5～9.9节，≥10节。对198份长豇豆资源的调查表明，第1花序节位表现为低、中、高等类别的种质分别占10.61%、52.02%、37.37%。

3. 株高　矮生型的株高从35 cm到80 cm不等，而蔓生品种在适宜环境下，可无限生长，主蔓可达3～5 m。

4. 顶生小叶形状　长豇豆第1对真叶为对生单叶，呈近心脏形，顶部钝尖。长豇豆三出复叶的顶生小叶形状，主要有戟形、三角形、不正菱形等。三出复叶的两边小叶形状与顶生小叶相似，但略偏心生长。

5. 熟期　熟期划分为极早熟、早熟、中早熟、中熟、中晚熟、晚熟等类别。对1172份长豇豆资源的调查表明，熟期表现为极早熟、早熟、中早熟、中熟、中晚熟、晚熟等类别的种质分别占11.52%、31.57%、26.45%、19.54%、5.80%、5.12%，早熟、中早熟和中熟品种总计占种质的77.56%。

6. 豆荚形状　以豆荚的圆扁、长短与曲直综合划分为8种荚形，分别为长扁条、短扁条、大旋曲、小旋曲、长圆条、短圆条、弯圆条、箭形等类别。对1 164份长豇豆资源的调查表明，豆荚形状表现为长扁条、短扁条、大旋曲、小旋曲、长圆条、短圆条、弯圆条、箭形等类别的种质分别占0.09%、3.01%、5.33%、10.91%、29.12%、36.85%、14.43%、0.26%，近66%的豆荚为圆条形。

7. 豆荚长度　豆荚长度分为极短、短、较短、中、较长、长等6类，其相应的长度范围分别为<20.0 cm、20.0～29.9 cm、30.0～39.9 cm、40.0～49.9 cm、50.0～59.9 cm、≥60.0 cm。对1 195份长豇豆资源的调查表明，豆荚长度表现为极短、短、较短、中、较长、长等类别的种质分别占8.45%、19.33%、22.85%、25.10%、16.99%和7.28%。<20.0 cm的极短荚和≥60.0 cm的长荚各不足10%，另外4级则都大于16%。

8. 豆荚横切面形状　豆荚横切面形状分为厚荚、圆荚、中圆、扁圆、扁、特扁6个类别。对1 186份长豇豆资源的调查表明，豆荚横切面形状表现为厚荚、圆荚、中圆、扁圆、扁、特扁类别的种质分别占7.00%、38.27%、36.34%、10.88%、5.23%和

2.28%，其中近75%的种质为圆荚和中圆荚。

9. 豆荚宽 荚宽分为极细、细、中细、中宽、宽、特宽6个级别，其相应的大小范围为<5.0 mm、5.0～5.9 mm、6.0～6.9 mm、7.0～7.9 mm、8.0～8.9 mm、≥9.0 mm。对1 193份长豇豆资源的调查表明，荚宽表现为极细、细、中细、中宽、宽、特宽等类别的种质分别占0.75%、6.71%、26.91%、45.18%、17.52%和2.93%，近45%种质的荚宽介于7.0～7.9 mm。

10. 豆荚主色 豆荚主色可分为乳青、乳白、青、深绿、白绿、黄绿、浅绿、绿、紫红、紫青、血牙红和大红等12类。对1 127份长豇豆资源的调查表明，上述的豆荚主色的种质分别占0.18%、0.35%、2.75%、5.68%、8.87%、14.11%、26.44%、34.43%、5.86%、0.09%、0.89%和0.35%，浅绿和绿色的种质占了近61%。

11. 荚面光滑度 荚面光滑度可分为光滑、中等、粗糙3类。对149份长豇豆资源的调查表明，荚面光滑度表现为光滑、中等、粗糙等类型的种质分别占38.93%、53.69%、7.38%。

12. 单荚重 单荚重分为极轻、轻、中、较重、重和特重等类别，其相应的大小范围为<5.0 g、5.0～10.0 g、10.0～14.9 g、15.0～19.9 g、20.0～24.9 g、≥25.0 g。对1 172份长豇豆资源的调查表明，单荚重表现为极轻、轻、中、较重、重和特重等类别的种质分别占9.90%、32.76%、14.02%、19.19%、23.70%和0.43%。近90%种质的单荚重介于5～25 g。

13. 百粒重 百粒重分为极轻、轻、中、较重、重和特重等6类，其相应的大小范围为<8.0 g、8.0～10.9 g、11.0～13.9 g、14.0～16.9 g、17.0～19.9 g、≥20.0 g。对202份长豇豆资源的调查表明，相应百粒重类别的种质分别占0.99%、12.37%、49.01%、29.21%、7.43%和0.99%。近80%种质的百粒重介于11～17 g。

14. 种子长度 种子长度分为极短、短、较短、中、较长、长6个级别，其相应的大小范围为<7.0 mm、7.0～7.9 mm、8.0～8.9 mm、9.0～9.9 mm、10.0～10.9 mm、≥11.0 mm。对198份长豇豆资源的调查表明，种子长度表现为极短、短、较短、中、较长、长等类别的种质分别占2.53%、4.04%、3.54%、27.27%、45.95%和16.67%。

15. 种皮主色 种皮主色可分为乳白、白、黄白、褐、浅褐、茶褐、红褐、褐黄、棕、棕黄、土黄、红色、蓝花和黑等14类。对1 172份长豇豆资源的调查表明，相应的种皮主色的种质分别占0.34%、2.14%、1.03%、0.86%、0.17%、9.13%、29.27%、8.71%、21.85%、6.23%、0.26%、0.34%、0.09%、19.63%，其中红褐色、棕色和黑色三者最多，占种质的70.75%。

16. 种皮斑纹 种皮斑纹可分为点、块、条、网纹等4类。对1 148份长豇豆资源的调查表明，种皮斑纹表现为点、块、条、网纹等类型的种质分别占0.87%、1.74%、95.56%、1.83%。条状斑纹占了种质总数的近96%。

17. 斑纹颜色 斑纹颜色分为白、一端白、浅褐、茶褐、褐和黑等类别。对973份长豇豆资源的调查表明，斑纹颜色表现为白、一端白、浅褐、茶褐、褐和黑等类别的种质分别占0.31%、0.21%、23.74%、0.10%、54.16%、21.48%。

（三）基于分子标记的遗传多样性

陈禅友等（2008）从 30 条随机引物（RAPD）中筛选出 23 条有效引物对 40 份长豇豆种质进行了扩增，共得到 140 条多态性条带，平均每条引物扩增出 6.13 条带，多态性条带数为 6.09。平均每个品种显示多态性扩增带 64.35 条（变幅为 26～82），其变异系数为 15.62 %；平均每条带出现的品种数为 18.39 个（变幅为 1～39），频率为 0.46（变幅为 0.30～0.98），其变异系数为 71.45 %。品种间 RAPD 扩增条带数目有别，其位点变异更大，说明供试品种间 DNA 序列存在不同程度的差异。根据长豇豆品种 DNA 分子的 RAPD 标记系统树图，可将供试长豇豆品种分为 5 个类群，从而揭示了由于自然和人工选择、地理隔离歧化及人工杂交强化基因重组等共同作用而形成的品种基因组差异的现实。

Xu et al.（2009）用 14 对多态性 SSR 标记对 37 份中国长豇豆的遗传变异进行了研究，共检测出 62 个等位位点。聚类分析清楚地将育成品种与地方品种区分为两大类群，而类群间和各类群内的材料间则没有或只有较弱的地域关联性。这表明中国长豇豆材料的育种亲本同质性强，遗传物质相互交叉。37 份材料的平均遗传相似性为 75.5%，大大高于普通豇豆 44.0%的遗传相似性（Li et al.，2001），表明长豇豆比普通豇豆的遗传基础更加狭窄。中国育成长豇豆的遗传多样性远远不及地方品种。

（李国景）

十九、芋

芋［*Colocasia esculenta*（L.）Schott］在中国栽培历史悠久，由于生态条件及各地的栽培和消费习惯不同，形成了叶柄用芋、球茎用芋和花用芋。其中，球茎用芋又分为魁芋、魁子兼用芋、多子芋和多头芋等不同类型，表现出丰富的遗传多样性。

（一）类型多样性

1. 叶柄用芋、球茎用芋和花用芋　按食用器官分，叶柄用芋以无涩味的叶柄为产品，球茎不发达或品质低劣，不能食用。球茎用芋以肥大的球茎为产品，是最主要的栽培类型。花用芋以花序和花序柄作为食用器官。在国家种质武汉水生蔬菜资源圃保存栽培芋种质 315 份，以球茎用芋最多，303 份，占 96.2%；花用芋 9 份，占 2.9%；叶柄用芋 3 份，占 0.9%。

2. 魁芋、魁子兼用芋、多子芋和多头芋　球茎用芋各种类型芋形态特征差异明显。

（1）魁芋　植株高大，以食母芋为主，母芋重占球茎总重量的一半以上，品质优于子芋。此类芋淀粉含量高，肉质粉，细软，香味浓，品质好。魁芋可分为匍匐茎魁芋、长魁芋、粗魁芋。匍匐茎魁芋母芋大，具 30 cm 左右的匍匐茎，顶端略膨大形成子芋，子芋不宜食用，仅作繁殖用。长魁芋母芋圆柱形，子芋具明显的长柄或短柄，可以食用。粗魁芋母芋椭圆形至圆球形，无明显的柄。在粗魁芋中，母芋肉质纤维色为紫色者为槟榔芋，白色者为面芋。

（2）魁子兼用芋　母芋重略小于子芋、孙芋总重，都可食用。母芋呈圆柱形或椭圆形，子芋呈棒槌形至长卵形。

（3）多子芋　母芋重量小于子芋、孙芋总重。母芋、子芋、孙芋等彼此易分离，子芋、孙芋等无柄。

（4）多头芋　球茎丛生，母芋、子芋、孙芋连结成块，无明显差别。多头芋根据芋形状分为长形多头芋和平头多头芋。

303 份球茎用芋中，以多子芋最多，252 份，占 83.2%；魁芋 31 份，占 10.2%；魁子兼用芋 7 份，占 2.3%；多头芋 13 份，占 4.3%。

（二）形态特征和农艺性状多样性

1. 叶柄中下部颜色、叶心色斑颜色、母芋芽色　叶柄中下部颜色有黄绿色、淡绿色、绿色、深绿色、乌绿色、紫红色、紫黑色等。叶心色斑颜色有绿色、紫红色等。母芋芽色有白色、黄白色、淡红色、淡紫红色、紫红色等。在 315 份栽培芋中，叶柄中下部颜色黄绿色的 1 份，占 0.3%；淡绿色 12 份，占 3.8%；绿色 137 份，占 43.5%；深绿色 32 份，占 10.2%；乌绿色 67 份，占 21.3%；紫红色 10 份，占 3.2%；紫黑色 56 份，占 17.7%。叶心色斑颜色绿色 217 份，占 68.9%；紫红色 98 份，占 31.1%。母芋芽色白色 232 份，占 73.7%；淡红至紫红色 83 份，占 26.3%。

2. 叶柄长　花用芋叶柄长 75.0～118.3 cm，平均值 91.6 cm，变异系数 18.74。叶用芋叶柄长 99.0～137.5 cm，平均值 116.6 cm，变异系数 16.69。球茎用芋叶柄长 76.7～173.7 cm，平均值 115.3 cm，变异系数 13.51。花用芋叶柄长平均值最小，叶用芋和球茎用芋叶柄长平均值几乎相等。

3. 叶片长、叶片宽、叶形

（1）叶片长　花用芋叶片长 33.0～46.5 cm，平均值 38.3 cm，变异系数 11.24。叶用芋叶片长 54.3～55.7 cm，平均值 55.2 cm，变异系数 1.47。球茎用芋叶片长 19.8～73.0 cm，平均值 49.4 cm，变异系数 16.44。花用芋叶片长平均值最小，叶用芋叶片长平均值最大，球茎用芋居中。

（2）叶片宽　花用芋叶片宽 24.0～42.8 cm，平均值 30.9 cm，变异系数 18.71。叶用芋叶片宽 40.3～47.7 cm，平均值 43.8 cm，变异系数 8.50。球茎用芋叶片宽 19.0～56.7 cm，平均值 38.3 cm，变异系数 17.90。花用芋叶片宽平均值最小，叶用芋最大，球茎用芋居中。

（3）叶形　芋的叶形有箭形、卵形、心形 3 种。叶用芋的叶形一般为心形，花用芋一般为卵形，球茎用芋一般为心形或卵形。野芋（*C. esculenta* var. *antiquorum* Schott）的叶形一般为箭形。

4. 单株母芋、子芋、孙芋数量

（1）单株母芋数量　花用芋和叶用芋单株母芋数量为 1 个，球茎用芋单株母芋数量在不同类型间存在差异，数量为 1～3 个。

（2）单株子芋数量　球茎用芋中，魁芋单株子芋数量 5～18 个，平均 9.4 个，变异系数 42.07；魁子兼用芋单株子芋数量 6.0～13.5 个，平均 11.1 个，变异系数 24.95；多子芋单株子芋数量 2.3～25.5 个，平均 9.1 个，变异系数 32.61。单株子芋数量平均值从大到小依次为魁子兼用芋、魁芋、多子芋。

（3）单株孙芋数量 球茎用芋中，魁芋单株孙芋数量 2.5～13.0 个，平均值 8.0 个，变异系数 37.05；魁子兼用芋单株孙芋数量 2.0～20.0 个，平均值 9.7 个，变异系数 61.35；多子芋单株孙芋数量 0～32.0 个，平均值 9.5 个，变异系数 49.69。单株孙芋数量平均值从大到小依次为魁子兼用芋、多子芋、魁芋。

5. 单株母芋、子芋、孙芋重量

（1）单株母芋重量 球茎用芋中，魁芋单株母芋重量 170.0～1 050.0 g，平均值 574.6 g，变异系数 40.33；魁子兼用芋单株母芋重量 230.0～925.0 g，平均值 490.4 g，变异系数 44.11；多子芋单株母芋重量 100.0～1 225.0 g，平均值 460.5 g，变异系数 39.60；多头芋单株母芋重量 200.0～1 350.0 g，平均值 681.6 g，变异系数 46.91。单株母芋重量平均值从大到小依次为多头芋、魁芋、魁子兼用芋、多子芋。

（2）单株子芋重量 球茎用芋中，魁芋单株子芋重量 100.0～700.0 g，平均值 360.5 g，变异系数 48.43；魁子兼用芋单株子芋重量 160.0～825.0 g，平均值 415.3 g，变异系数 55.38；多子芋单株子芋重量 100.0～1 083.3 g，平均值 446.0 g，变异系数 37.74。单株子芋重量平均值从大到小依次为多子芋、魁子兼用芋、魁芋。

（3）单株孙芋重量 球茎用芋中，魁芋单株孙芋重量 15.0～525.0 g，平均值 147.0 g，变异系数 90.98；魁子兼用芋单株孙芋重量 30.0～475.0 g，平均值 166.1 g，变异系数 90.94；多子芋单株孙芋重量 17.5～825.0 g，平均值 248.4 g，变异系数 63.53。单株孙芋重量平均值从大到小依次为多子芋、魁子兼用芋、魁芋。

6. 单个母芋、子芋、孙芋重量

（1）母芋重量 球茎用芋中，魁芋单个母芋重量 170.0～1 050.0 g，平均值 573.6 g，变异系数 40.70；魁子兼用芋单个母芋重量 230.0～925.0 g，平均值 449.5 g，变异系数 49.84；多子芋单个母芋重量 100.0～1 131.3 g，平均值 383.5 g，变异系数 46.91。单个母芋重量平均值从大到小依次为魁芋、魁子兼用芋、多子芋。

（2）子芋重量 球茎用芋中，魁芋单个子芋重量 13.3～104.6 g，平均值 41.8 g，变异系数 51.82；魁子兼用芋单个子芋重量 19.4～78.6 g，平均值 39.2 g，变异系数 59.71；多子芋单个子芋重量 12.2～120.0 g，平均值 51.9 g，变异系数 37.91。单个子芋重量平均值从大到小依次为多子芋、魁芋、魁子兼用芋。

（3）孙芋重量 球茎用芋中，魁芋单个孙芋重量 5.0～105.0 g，平均值 20.9 g，变异系数 1.22；魁子兼用芋单个孙芋重量 2.3～33.3 g，平均值 18.7 g，变异系数 56.19；多子芋单个孙芋重量 2.0～94.3 g，平均值 26.6 g，变异系数 52.39。单个孙芋重量平均值从大到小依次为魁芋、多子芋、魁子兼用芋。

7. 母芋长度、宽度、芋形指数

（1）母芋长度 球茎用芋中，魁芋母芋长度 10.1～21.0 cm，平均值 13.2 cm，变异系数 21.11；魁子兼用芋母芋长度 7.5～13.9 cm，平均值 11.2 cm，变异系数 21.65；多子芋母芋长度 4.7～17.8 cm，平均值 7.5 cm，变异系数 21.95；多头芋母芋长度 4.6～12.9 cm，平均值 7.7 cm，变异系数 44.84。母芋长度平均值从大到小依次为魁芋、魁子兼用芋、多头芋、多子芋。

（2）母芋宽度 球茎用芋中，魁芋母芋宽度 5.4～10.4 cm，平均值 8.1 cm，变异系数 14.90；魁子兼用芋母芋宽度 5.7～8.6 cm，平均值 7.0 cm，变异系数 14.42；多子芋母芋宽度 4.1～10.5 cm，平均值 7.3 cm，变异系数 15.04。母芋宽度平均值从大到小依次为魁芋、多子芋、魁子兼用芋。

（3）母芋芋形指数　球茎用芋中，魁芋母芋芋形指数为 1.15～2.44，平均值 1.64，变异系数 17.79；魁子兼用芋母芋芋形指数为 1.06～1.98，平均值 1.62，变异系数 21.58；多子芋母芋芋形指数为 0.75～2.22，平均值 1.03，变异系数 21.40。母芋芋形指数平均值从大到小依次为魁芋、魁子兼用芋、多子芋。

8. 子芋长度、宽度、芋形指数、形状

（1）子芋长度　球茎用芋中，魁芋子芋长度为 6.7～13.7 cm，平均值 9.4 cm，变异系数 17.95；魁子兼用芋子芋长度为 7.0～11.3 cm，平均值 9.2 cm，变异系数 16.45；多子芋子芋长度为 3.3～11.0 cm，平均值 6.5 cm，变异系数 19.76。子芋长度平均值从大到小依次为魁芋、魁子兼用芋、多子芋。

（2）子芋宽度　球茎用芋中，魁芋子芋宽度为 1.8～4.7 cm，平均值 3.2 cm，变异系数 26.93；魁子兼用芋子芋宽度为 2.8～5.6 cm，平均值 4.1 cm，变异系数 25.21；多子芋子芋宽度 2.7～6.1 cm，平均值 4.3 cm，变异系数 15.97。子芋宽度平均值从大到小依次为多子芋、魁子兼用芋、魁芋。

（3）子芋芋形指数　球茎用芋中，魁芋子芋芋形指数为 1.55～4.90，平均值 3.14，变异系数 31.22；魁子兼用芋子芋芋形指数为 1.62～2.97，平均值 2.36，变异系数 24.51；多子芋子芋芋形指数为 0.88～3.36，平均值 1.54，变异系数 23.73。子芋芋形指数平均值从大到小依次为魁芋、魁子兼用芋、多子芋。

（4）子芋形状　芋的形状与芋形指数有关。子芋的形状有棒槌形、长卵形、倒圆锥形、卵圆形、圆球形等。魁芋、魁子兼用芋的子芋具长柄或短柄，呈棒槌形或长卵圆形。多子芋的子芋形状一般为长卵形、倒圆锥形、卵圆形或圆球形，其中，红芽绿柄多子芋多为长卵形，白芽绿柄多子芋多为倒圆锥形或卵圆形，红芽紫柄多子芋多为卵圆形或圆球形。

9. 孙芋长度、宽度、芋形指数、形状

（1）孙芋长度　球茎用芋中，魁芋孙芋长度为 2.0～7.8 cm，平均值 3.6 cm，变异系数 41.84；魁子兼用芋孙芋长度为 2.4～6.8 cm，平均值 4.9 cm，变异系数 39.10；多子芋孙芋长度为 2.0～9.0 cm，平均值 5.0 cm，变异系数 24.74。孙芋长度平均值从大到小依次为多子芋、魁子兼用芋、魁芋。

（2）孙芋宽度　球茎用芋中，魁芋孙芋宽度为 1.6～3.4 cm，平均值 2.2 cm，变异系数 25.21；魁子兼用芋孙芋宽度为 1.5～3.4 cm，平均值 2.7 cm，变异系数 26.06；多子芋孙芋宽度为 1.7～5.7 cm，平均值 3.3 cm，变异系数 20.08。孙芋宽度平均值从大到小依次为多子芋、魁子兼用芋、魁芋。

（3）孙芋芋形指数　球茎用芋中，魁芋孙芋芋形指数为 0.76～4.10，平均值 1.51，变异系数 52.79；魁子兼用芋孙芋芋形指数为 1.29～2.09，平均值 1.72，变异系数 18.19；多子芋孙芋芋形指数为 0.75～2.37，平均值 1.49，变异系数 21.24。孙芋芋形指数平均值从大到小依次为魁子兼用芋、魁芋、多子芋。

（4）孙芋形状　芋的形状与芋形指数有关。孙芋的形状有长卵形、卵圆形、圆球形等。魁芋、魁子兼用芋的孙芋多为长卵形或卵圆形，多子芋的孙芋多为卵圆形或圆球形。

（三）基于分子标记的遗传多样性

龙雯虹等（2001）利用 RAPD 标记对 10 份云南省有代表性的芋植株进行多态性分析，从 24 个引物中筛选出 18 个能扩增出多态性产物的引物，再用其中 13 个引物对这 10 份材料进行扩增，每个引物可扩增出 2～12 条带，共扩增 82 条带，其中 50 条带（占 60.98%）在材料间表现多态性，而 32 条带为共有带。沈镝等利用 RAPD 标记对 28 份云南省芋种质进行多态性分析，从 19 个引物产生的谱带中共获得 183 个位点，其中 161 个位点具有多态性，多态率高达 88.5%。平均每个引物获得 9.6 个扩增位点，其中具有多态性的位点为 8.5 个。表明云南省芋种质资源存在极为丰富的遗传多样性。

沈镝等（2005）采用荧光标记引物的 AFLP 分子标记技术，用筛选的“3＋2”引物组合，对 48 份云南芋种质进行遗传多样性分析，3 对引物共扩增出 184 个 DNA 位点，平均每对引物可检测出 56.3 个多态性位点，多态性位点高达 91.8%。表明云南芋种质在 DNA 分子水平上表现出极为丰富的遗传多样性。

（黄新芳　柯卫东）

二十、大蒜

大蒜为（*Allium sativum* L.）为葱属（*Allium*）一二年生草本植物。中国种植大蒜已有 2 000 年的历史，由于生态环境差异大，在长期的选择和演化过程中，形成了丰富的遗传多样性。

（一）类型多样性

栽培大蒜按抽薹特性可分为完全抽薹类型、不完全抽薹类型和不抽薹类型。按鳞茎皮色分为紫皮和白皮两种。按叶质分为硬叶和软叶类型。

（二）特征特性多样性

1. 株高和株幅　对 232 份大蒜资源的调查表明，各种质间株高和株幅存在较大差异，株高范围为 8.3～92.3 cm，株幅范围为 11.2～61.5 cm。

2. 叶长和叶宽　调查表明，232 份大蒜资源的叶长范围为 6.15～63.90 cm，叶宽范围为 0.44～24.26 cm。

3. 叶片数　在 232 份大蒜资源中，叶片数最少的只有 3 片，最多的有 16 片。

4. 假茎高和假茎粗　对 232 份大蒜资源调查表明，假茎高度分布在 5.15～77.70 cm，假茎粗范围分布在 0.52～13.41 cm。

5. 薹茎长、薹粗和单薹重　对 232 份大蒜资源调查表明，薹茎长分布在 0.48～62.30 cm；薹基部粗分布在 0.30～2.30 cm，薹中部粗分布在 0.20～1.00 cm；单薹重为 1.47～45.90 g。

6. 花苞长和花苞宽　对 232 份大蒜资源的调查表明，花苞长为 0.7～37.1 cm，花苞宽为 0.53～1.82 cm。

7. 鳞茎高、鳞茎横径和鳞茎重 对 232 份大蒜资源的调查表明，鳞茎高分布在 2.78～4.93 cm，鳞茎横径分布在 2.93～7.60 cm，鳞茎重分布在 0.8～64.2 g。

8. 鳞芽数 在 232 份大蒜资源中，鳞芽数最少只有 1 个，最多的有 26 个。

9. 株型 大蒜资源株型分为直立、半直立、开展 3 种。在 232 份大蒜种质中，直立型 27 份，占 11.63%；半直立型 130 份，占 56.03%；开展型 85 份，占 36.64%。

10. 叶片挺直度 对 232 份大蒜资源调查发现，叶片挺直度分为下垂、半下垂、挺直 3 种类型，其中挺直类型 32 份，占 13.79%；半下垂类型 153 份，占 65.95%；下垂类型 47 份，占 20.26%。

11. 抽薹性 大蒜抽薹性分为不抽薹、半抽薹、完全抽薹 3 种类型，对 232 份大蒜种质资源进行调查发现，其中不抽薹 45 份，占 19.4%，半抽薹 10 份，占 4.3%；完全抽薹为 177 份，占 76.3%。

12. 花苞饱满度 大蒜花苞饱满度分为瘪、较瘪、饱满 3 种。对 232 份大蒜资源调查表明，花苞瘪的有 55 份，占 23.71%；较瘪的 90 份，占 38.79%；饱满的 87 份，占 37.50%。

13. 鳞茎形状 大蒜的鳞茎形状有扁圆球、近圆球、高圆球 3 种类型，对 232 份大蒜种质资源的调查发现，鳞茎为扁圆球的 65 份，占 28.02%；近圆球的 92 份，占 39.65%；高圆球的 75 份，占 32.33%。

14. 鳞芽排列 成熟大蒜鳞茎鳞芽的空间排列方式分为规则多轮、规则二轮、规则单轮、独头、不规则 5 种类型。在 232 份大蒜种质资源中，规则多轮的 73 份，占 31.47%；规则二轮的 76 份，占 32.75%；规则单轮的 58 份，占 25.00%；独头资源 5 份，占 0.86%；不规则资源 20 份，占 8.62%。

（三）基于分子标记的遗传多样性

徐培文（2002）用筛选出的引物对 80 份来自澳大利亚、泰国和我国 17 个省（自治区、直辖市）的大蒜种质进行 RAPD 测定，所得 RAPD 带谱具有良好的多态性和特异性。RAPD 带谱差异与其农艺学性状差异吻合。陈昕等（2005）通过 RAPD 和 ISSR 两种分子标记技术，对中国 4 个不同地区 10 个大蒜品种进行了研究，从 30 个 RAPD 引物当中，筛选出 11 个具有多态性的引物，共扩增出多态性带 224 条，多态性条带比例为 41.18%。从 12 个 ISSR 引物中筛选出 5 个具多态性的 ISSR 引物，共扩增出多态性带 121 条，多态性条带比例为 50.21%。采用 UPGMA 进行聚类分析，得到与生物学分类地位基本一致的结果。

（王海平 李锡香 徐培文）

二十一、大葱

葱（*Allium fistulosum* L. var. *giganteum* Makino）为葱属（*Allium* L.）中以叶鞘组成的肥大假茎和嫩叶为产品的一个栽培种，包括 3 个变种，即大葱、分葱和楼葱。中国栽培面积最大的为大葱，栽培历史悠久。中国大葱种质资源丰富，全国约有 400 多个地方品种，国家农作物种质资源库收集保存大葱种质资源 236 份，对其基本农艺性状数据资料的统计分析表明，中国大葱在主要形态特征上具有丰富的遗传多样性。

（一）类型多样性

依假茎的形态，大葱可分为长葱白型、短葱白型和鸡腿葱白型。中国北方栽培的大葱，按葱白（假茎）的不同类型区分其分布区域，其主栽区大致是：黄河下游的华北平原以长葱白型为主；黄河中游和东北平原以短葱白型为主；鸡腿葱白型（假茎基部膨大的类型）的分布则没有明显的生态区域。

（二）特征特性多样性

1. 株高和株幅　对 231 份大葱种质资源的统计表明，其株高范围为 20～130 cm。株高在 50 cm 以下的 31 份，占 13.42%；51～70 cm 的 102 份，占 44.15%；71～90 cm 的 57 份，占 24.68%；91～130 cm 的 41 份，占 17.75%。大葱种质的株幅范围为 5～60 cm。

2. 叶长和叶宽　231 份大葱种质的叶长范围为 15～72 cm，叶宽范围则为 0.49～3.50 cm。

3. 假茎长和假茎粗　在 231 份大葱种质中，假茎长范围为 4.1～65.0 cm，假茎粗范围为 0.6～5.0 cm。

4. 单株重　对 215 份大葱种质的调查表明，单株重为 2.6～625 g，其中 100～300 g 的种质有 119 份，占 55.35%；小于 100 g 或大于 300 g 的有 96 份，占 44.65%。

5. 分蘖性　商品器官收获期按植株（丛）分蘖小葱株数多少分为无、很弱、弱、中、较强、强。对 224 份大葱种质的数据统计表明，无分蘖的 55 份，占 24.6%；分蘖很弱的 2 份，占 0.9%；分蘖弱的 102 份，占 45.5%；分蘖中等的 39 份，占 17.4%；分蘖较强的 3 份，占 1.3%；分蘖强的 23 份，占 10.3%。

6. 叶色　在 231 份大葱种质中，叶色有黄绿、灰绿、绿、浅绿、深绿，其中灰绿种质 1 份，黄绿 4 份，浅绿 6 份，绿 75 份占 32.5%，深绿 145 份占 62.8%。

7. 叶面蜡粉　对 231 份大葱种质的数据统计分析表明，蜡粉多的 122 份，占 52.8%；中等的 66 份，占 28.6%；少的 38 份，占 16.5%；无蜡粉的 5 份，占 2.2%。

8. 假茎形状和颜色　假茎形状主要有直筒、近纺锤、圆锥、鸡腿形 4 种类型。在 231 份大葱种质中，直筒类型占绝大多数，为 183 份，近纺锤 1 份，圆锥 31 份，鸡腿形 11 份。假茎色可分为白、白绿、浅褐、紫红 4 种颜色，其中白色资源 152 份占多数，白绿的 66 份，浅褐的 1 份，紫红的 9 份。

9. 辛辣味　在 209 份大葱种质中，辛辣味淡的 14 份，中等的 94 份，浓的 101 份。

10. 叶片挺直度和叶姿　商品器官收获期，叶片挺直度分为下垂、半下垂、挺直 3 种类型。根据叶片是否弯曲，将葱的叶姿分为直、弯 2 种。

另外，大葱的叶节紧密程度有疏、中、密之分。假茎基部膨大的程度分无、弱、中、强 4 个级别。假茎的弯曲程度可分为直、微弯、中度弯曲、重度弯曲 4 种类型。花苞欲开时，花薹膨大的形状有直筒、圆锥、纺锤 3 种类型。盛花期，完全开放的花球的形状有扁球、圆球、高球 3 种类型。

陈运起等（2006）通过对单株重、株高、葱白长、葱白直径、叶长、叶宽、光合叶片数、叶鞘间距、葱白指数、叶形指数、葱白长与株高比值 11 个主要数量性状的聚类分析，将 23 个棒状大葱品种分为高细型、高粗型、矮细型、矮粗型 4 个类型。

（王海平　宋江萍　张启沛）

二十二、韭菜

普通韭（*Allium tuberosum* Rottl. ex Spreng.）的栽培最为普遍。普通韭菜在中国已有 3 000 年的栽培历史。由于中国疆域辽阔，气候多样，加之韭菜适应性很强，南北均可种植，各地在长期的栽培过程中，经自然和人工选择形成了特征特性各异的许多地方品种。普通韭在形态特征和生物学特性等方面有着明显的差别，表现了丰富的遗传多样性。

（一）类型多样性

1. 叶用韭、薹用韭、叶薹兼用韭　韭菜主要以叶片、花薹或肥大的弦状贮藏根为食用器官。叶用韭以叶身和由叶鞘层层抱合而成的假茎供食，一般具有肥厚的叶身、茁壮的假茎、较高的单株重，以及浓郁的辛香味。薹用韭以肥嫩的花茎和花序供食，具有分蘖力较强、分蘖较早，所抽生的花薹较多、抽薹率高、抽薹较整齐，花茎长而肥粗、单薹重较大、花薹产量高、质地柔嫩、品质好等特点。叶薹兼用韭的叶片和花薹均可食用，南北各地均有分布，既具有叶用韭叶片和植株的特点，也具有能达到一定商品质量要求的花薹。

2. 适于生产青韭、韭黄、五色韭的类型　叶用韭中适于生产青韭的类型，以绿色的叶身和假茎为产品，适于一般的露地或保护地栽培，多具有较旺的生长势，宽厚的叶片、鲜绿的叶色、较粗的青白色假茎和柔嫩的品质，并具有较大的单株重量，较强的分蘖力，以及较强的耐热力、抗寒性或浅休眠（休眠期短）等特点。适于生产韭黄的类型，以黄白色的叶身和假茎为产品，适于南方春夏季或北方冬春季保护地软化（黑暗环境下）栽培，软化后的产品多具有鹅黄的叶色、白或乳白色的假茎，并具有生长快、分蘖多、茎盘小，适合密植“囤栽”（密集囤植），辛辣味浓，较耐寒或耐热等特点。适于生产五色韭的类型，以色彩缤纷的叶身和假茎为产品，一般适于进行传统的麦糠、草苫等早春简易覆盖栽培，在较低温度下形成的产品，其叶身从叶尖以下渐次显现紫、红、绿 3 种颜色，其假茎显现红色和白色或鹅黄色和白色，俗称“五色韭”（也称“四色韭”）。

（二）形态特征多样性

1. 植株　据对列入《中国蔬菜品种志》（2001）的 86 个普通韭菜品种（包括宽叶和窄叶类型）的统计结果，最高株高为 55 cm，最低为 24 cm，其中＞50 cm 的约占总数的 1.08%，41～50 cm 的约占 13.95%，31～40 cm 的约占 53.49%，21～30 cm 的约占 31.40%，≤20 cm 的占 0.8%。由调查可见，大多数普通韭菜品种的株高在 25～45 cm 之间。

2. 叶片　韭菜的叶身有长宽条、短宽条、长窄条和短窄条 4 种叶形。叶面有鹅黄、浅绿、黄绿、灰绿、绿、深绿、红色或紫色等多种颜色，被蜡粉或不被蜡粉。叶身横切面呈扁圆、扁平或“V”字形。叶尖分为锐尖、尖、钝尖。叶片的生长有直立、斜生或下弯

3 种状态（指产品成熟时状态）。

据对列入《中国蔬菜品种志》(2001) 的 92 个普通韭菜品种（包括 63 个宽叶类型和 29 个窄叶类型）的统计，普通韭的叶宽主要分布在 0.3～1.4 cm，叶长在 20～45 cm。在 92 份种质中，叶长 20 cm 以下的种质 8 份，21～25 cm 的 14 份，26～30 cm 的 25 份，31～35 cm的 22 份，36～40 cm 的 15 份，41～45 cm 的 6 份，46 cm 以上的 2 份；叶宽 0.3～0.4 cm的种质 8 份，0.5～0.6 cm 的 14 份，0.7～0.8 cm 的 23 份，0.9～1.0 cm 的 27 份，1.1～1.2 cm 的 11 份，1.3～1.4 cm 的 5 份，1.5～1.6 cm 的 3 份，1.7～1.8 cm 的 1 份。

3. 假茎、花薹和种子　韭菜假茎的粗细、长短在不同品种间各有差异，表面为白色、白绿、浅绿、紫红或浅紫色。花薹的粗细和单薹重，不同品种间也有较大的差异，花薹内部结构或中空，或实心，或具厚壁导管。花（花冠）呈白色、浅绿色或粉红色。种子成熟时为黑色或黄色。

（三）生物学特性多样性

韭菜为多年生宿根蔬菜，栽培周期一般在 4～5 年以上，其生育周期大致可分为营养生长期、生殖生长期、老衰期。在进入营养生长盛期后，其植株的分蘖特性、休眠特性、抗寒能力、熟性等在不同品种间存在显著的差异。

1. 分蘖特性　分蘖力弱的品种每年只能分蘖 1～2 次，其所增加的分蘖株数仅为 2～4 株，而分蘖力强的品种每年至少能分蘖 3 次，其所增加的分蘖株数可高达 8～9 株，甚至更多。分蘖力通常分强、中、弱 3 级，定植后两年平均单株年分蘖数≥6 为强，4≤平分蘖数＜6 为中，＜4 为弱。

2. 休眠特性　一般可分为长（深）休眠品种和短（浅）休眠品种两种类型。长休眠韭菜品种在进入秋冬季节后，当露地气温下降到－7～－6 ℃时，地上部逐渐枯萎，植株遂进入休眠状态，期间如果不进行保护地生产，则这一状态将一直持续到翌年早春（华北地区大致是在 3 月上旬）植株开始返青，此时休眠才告结束。而汉中冬韭、阜丰 1 号（F_1）、平韭 4 号等品种，其地上部抗寒性很强，冬前“回根”比一般品种要晚、早春“起身”（返青）又比一般品种要早，其休眠期较短，平韭 4 号在河南当地几乎没有明显的休眠期。

3. 抗寒性和熟性　普通韭菜一般品种的地上部叶只能耐－7～－6 ℃的低温，但有的品种却能耐更低的温度；其地下部根状茎，一般品种都能耐－10 ℃以下的低温，有的品种最低能耐－40 ℃的低温。从地域分布来看，通常南方地区（不包括蔬菜多主作区）多地上部抗寒的品种，常称为“雪韭”，而北方地区则多地下部抗寒的品种，常称为“懒韭”（深休眠）。

韭菜的熟性分为极早熟（从播种到始收在 100 d 以下）、早熟（从播种到始收 100～150 d）、中熟（从播种到始收 151～175 d）、晚熟（从播种到始收 176～185 d）和极晚熟（从播种到始收在 185 d 以上）5 级。

（王德槟）

二十三、菠菜

菠菜（*Spinacia oleracea* L.）传入中国已有 1 300 多年的历史，现南北各地普遍栽培。通过在我国复杂多样的气候环境条件下的长期栽培和人工选择，以及不断的引进资源，中国菠菜种质资源在数量性状和质量性状方面呈现丰富的多样性。

（一）类型多样性

菠菜按种子是否有刺，分为有刺和无刺 2 个变种。有刺变种的种子呈棱形，有 2～4 个刺。叶较小而薄，戟形或箭形，先端尖锐，故又称尖叶菠菜。无刺变种的种子为不规则的圆形，无刺。叶片肥大，多皱褶，椭圆形或卵圆形，先端钝圆，叶基心脏形，叶柄短，又称圆叶菠菜。

按叶形分为尖叶型、钝尖叶型、圆叶型和条叶型 4 大类。尖叶型植株的叶片均有很长叶柄，叶尖锐尖，叶片上半部呈锐角三角形，下半部叶缘均裂；圆叶型植株的叶片叶柄均较短，叶尖圆形，叶片上半部呈半圆形，下半部无裂刻；钝尖叶型植株的叶片与尖叶型相似，只是叶尖较钝，介于圆叶和尖叶之间；条叶型植株的叶柄较长，叶片狭长，长椭圆形。

按对温度的适应性，又可分为春播栽培类型、秋播栽培类型和越冬栽培类型。

（二）数量性状多样性

对蔬菜种质资源中期库中的 317 份菠菜资源基本农艺性状的数据统计表明，中国菠菜资源在株高、株幅、叶长、叶宽、叶柄长等数量性状上均存在很明显的变异。

1. 株高和株幅 对我国 317 份地方品种资源株高的统计表明，株高变异范围为 8.5～70 cm。其中，株高 20 cm 以下的 83 份，占 26.18%；21～30 cm 的 138 份，占 43.53%；31～40 cm 的 40 份，占 12.62%；41～50 cm 的 32 份，占 10.09%；51 cm 以上的 24 份，占 7.57%。株幅的变异范围则为 6～76 cm。

2. 叶长和叶宽 对我国 317 份地方品种资源叶长和叶宽的统计表明，叶长分布范围为 4.6～48.0 cm，叶宽则分布在 3.2～22.0 cm。

3. 叶柄长和叶柄宽 我国 317 份地方品种资源的叶柄长的变异范围在 0.8～41.5 cm，叶柄宽的范围在 0.2～1.3 cm。

4. 单株重 对国家蔬菜种质资源中期库中 317 份菠菜资源的统计表明，菠菜的单株重范围在 7.1～300.0 g 左右。

5. 种子千粒重 317 份菠菜资源的种子千粒重在 2.86～26.71 g。

（三）质量性状多样性

对国家蔬菜种质资源中期库保存的 316 份菠菜种质的数据统计表明，我国菠菜资源在株型、叶片挺直度、叶形、叶尖、叶基、叶面、种子类型等质量性状上存在明显差异。

1. 株型 菠菜的株型分为直立、半直立、开展 3 种。

2. 叶片挺直度 叶片挺直程度分为下垂、半下垂、挺直。

3. 叶形 菠菜植株中部完全伸展叶片的形状有近圆形、卵圆形、椭圆形、戟形、箭形、披针形 6 种。对 300 份种质的统计表明，戟形 176 份，占 55.52%；箭形 52 份，占 16.4%；椭圆形 24 份，占 7.57%；近圆形、披针形各 7 份，卵形 34 份。

4. 叶面褶皱 国家蔬菜种质资源中期库中 317 份菠菜资源的叶面褶皱度可分为平滑、微皱、皱、多皱 4 种类型，其中叶面平滑种质 194 份，占 61.2%；微皱 105 份，占 33.1%；皱 9 份，占 2.8%；多皱 9 份，占 2.8%。

5. 叶色 在 317 份菠菜资源中，叶色有黄绿、浅绿、绿、深绿 4 种颜色。其中黄绿的 26 份，绿的 123 份，浅绿的 27 份，深绿的 151 份。

此外，菠菜种质资源的叶尖可分为锐尖、尖、圆 3 种类型，叶基可分为凹、平、凸 3 种类型，叶面光泽分有或无两种类型。在品质性状如粗纤维含量、维生素 C 含量、粗蛋白含量、叶酸含量、草酸含量、锌含量、铁含量、钾含量以及抗逆和抗病虫等性状方面均存在不同程度的变异。

(四) 基于分子标记的遗传多样性

张南（2007）通过形态标记和 RAPD 分子标记，将 24 份菠菜种质共分成 5 个组群，其中第 5 组群又可再分成 4 个亚组。从形态上看，各组圆叶类型、尖叶类型和中间变种类型的菠菜种质能够较为明显地区分开；从各组群种质的来源地来看，大多数同一地域的种质被聚合到一起。聚类分析表明，分子标记与形态学标记的分类方法基本一致。在分子标记中，从 120 条 10 碱基随机引物中筛选出 24 条能产生稳定性、可重复性好的 DNA 产物的引物，对 24 份菠菜种质基因组 DNA 的扩增，大多数 RAPD 标记在菠菜种质间表现出多态性。

（王海平 宋江萍 汪李平）

二十四、莴苣

莴苣（*Lactuca sativa* L.）于公元 5 世纪传入中国，经过在中国的长期栽培，又演化出茎用莴笋。中国已收集保存较丰富的莴苣资源，它们在叶片形态、颜色、叶球大小、紧实度、品质等方面表现出丰富的遗传多样性。

(一) 类型多样性

根据莴苣产品器官不同可分为叶用莴苣（生菜）和茎用莴苣（莴笋）两大类。

1. 叶用莴苣 有直立莴苣、皱叶莴苣和结球莴苣 3 个变种。

（1）直立莴苣 叶长、直立，全缘或有锯齿，叶片厚，肉质较粗，风味较差，一般不结球，但心叶卷成圆筒状。

（2）皱叶莴苣 又称散叶莴苣，主要特征是不结球，基生叶长卵圆形，叶柄较长，叶缘波状有缺刻或深裂，叶面皱缩。

（3）结球莴苣 顶生叶形成叶球，呈圆球形或扁圆形，球叶的质地特别脆嫩。结球莴苣根据叶片质地，又分作皱叶结球莴苣、酪球莴苣、直立结球莴苣、拉丁莴苣 4 种类型。皱叶结球莴苣（软叶结球莴苣），叶球大，质脆，结球紧实，外叶绿色，球叶白或浅黄色，生长期 90 d 左右，适于露地栽培。酪球莴苣（脆叶结球莴苣），叶球小而松散，叶片宽阔，微皱缩，质地柔软，生长期短，适于保护地栽培。直立结球莴苣，叶球圆锥形，外叶浓绿或淡绿，中肋粗大，球叶细长，淡绿色，表面粗糙。拉丁莴苣，形成松散的叶球（与酪球莴苣相似），叶片细长（与直立结球莴苣相似）。

2. 茎用莴苣 基叶狭窄披针形，花茎基部膨大成为食用部分。茎用莴苣根据莴笋叶片形状分为尖叶和圆叶两个类型；根据莴笋叶片颜色分为白叶莴笋、绿叶莴笋和紫叶莴笋；根据莴笋茎的颜色分为白笋（外皮绿白）、青笋（外皮浅绿）、紫皮笋（外皮紫绿色）3 种类型。

（二）特征特性多样性

1. 株高、株幅 178 份叶用莴苣种质的株高分布在 10～60 cm，177 份叶用莴苣种质株幅多分布在 10～70 cm。501 份茎用莴苣种质的株高分布在 18.5～100 cm，473 份茎用莴苣种质的株幅分布在 14～75 cm。

2. 叶形、叶尖、叶基部形状 莴苣莲座叶的形状主要有扁圆、近圆、椭圆、长椭圆、卵形、倒卵、匙形、披针形和提琴形。叶尖形状主要有锐尖、尖、钝尖和圆形。叶基部形状主要有心脏形、楔形和圆形。对 138 份叶用莴苣的叶形数据的统计表明，倒卵形占 19.57%，卵形占 15.94%，匙形占 13.04%。对 493 份茎用莴苣的叶形数据分析表明，披针形最多，占 35.50%，倒卵形占 31.84%，椭圆形占 9.94%。

3. 叶缘、叶裂刻、叶面皱褶、叶面光泽 莴苣叶缘主要有全缘、钝齿、细锯齿、重锯齿和不规则锯齿。叶裂刻主要有无缺裂、浅裂和深裂。叶面褶皱度主要有平滑、微皱、皱和多皱。莲座叶正面光泽分为有光泽和无光泽两种。对 177 份叶用莴苣的叶面褶皱数据的统计表明，微皱占 44.4%，多皱占 21.4%，平滑占 18.1%。对 500 份茎用莴苣的叶面褶皱数据的统计表明，微皱占 59.6%，平滑占 16.0%。

4. 叶长、叶宽、叶色 莴苣叶长、叶宽有明显的区别。69 份叶用莴苣种质叶长分布在 10～57 cm，67 份叶用莴苣种质叶宽分布在 3～34 cm。164 份茎用莴苣种质的叶长分布在 13.4～45 cm，叶宽分布在 3.6～20 cm。莴苣叶色即莲座叶片正面的颜色极为丰富，主要有浅绿、黄绿、绿、深绿和紫红。对 177 份叶用莴苣的叶色数据的统计表明，绿色占 36.7%，浅绿色占 24.9%，黄绿色占 14.7%。对 500 份茎用莴苣的叶色数据的统计显示，绿色占 40.0%，浅绿色占 37.4%，深绿色占 5.6%，黄绿色占 5.4%。

5. 叶柄色 叶用莴苣的叶柄色主要有白、白绿、黄绿、绿、浅绿和浅紫。对 70 份叶用莴苣的叶柄色的分类统计表明，白绿色占 37.1%，浅绿色占 44.3%。茎用莴苣的叶柄色主要有绿、白绿、浅绿、绿白、绿带紫和白。对 168 份茎用莴苣的叶柄色的分类统计表明，白绿色占 42.3%，浅绿色占 38.7%。

6. 单株重 叶用莴苣的单株重差异明显。161 份叶用莴苣种质的单株重多在 18～800 g，个别可达到 1 300 g。

7. 结球性、叶球形状 结球性是部分叶用莴苣的特性，主要分为结球、半结球和散生 3 种类型。对 155 份叶用莴苣种质的统计显示，散生的有 138 份，占 88.4%。叶球的形状主要有扁圆、近圆和高圆 3 种。

8. 茎叶叶形、茎叶基部形状　肉质茎中部叶片的形状主要有线形、矛尖形、椭圆形和卵形。肉质茎中部叶片基部形状主要有心脏形、镞形和戟形。

9. 肉质茎形状、皮色、肉色　茎用莴苣肉质茎的形状主要有棍棒、长棒、短棒、纺锤、圆锥、倒圆锥、长圆锥、鸡腿形、圆柱、长圆筒形等。在486份种质中，棍棒形126份，占25.9%；长棒形104份，占21.4%；短棒85份，占17.5%；纺锤形51份，占10.5%；倒圆锥形35份，占7.2%。肉质茎皮色有浅绿、白绿、绿、白、紫红、褐、红绿、黄绿、绿带紫、浅红、浅黄、浅黄绿、浅紫、乳白、深绿、紫、紫绿。在487份种质中，浅绿228份，占46.8%；白绿122份，占25.1%；绿66份，占13.6%。肉质茎肉色有浅绿、绿、白绿、黄白、白、翠绿、黄绿、绿白、浅黄、浅黄绿、青绿、乳白、深绿。在483份种质中，浅绿297份，占61.5%；白绿76份，占15.7%；黄白68份，占14.1%；绿45份，占9.3%。

10. 肉质茎单茎重、质地　茎用莴苣肉质茎单茎重差异明显，472份茎用莴苣种质的单茎重分布在50～1 000 g。

肉质茎肉质分为致密、脆嫩、艮硬、疏松、较脆5种类型。在455份种质中，脆嫩的280份，占61.5%；致密的134份，占29.5%；疏松的22份，占4.8%。

11. 熟性　茎用莴苣熟性分为早熟、中熟、晚熟3类。茎用莴苣从播种至采收175 d以下的为早熟品种，生育期为175～190 d的为中熟品种，190 d以上的为晚熟品种。中国现有莴笋种质资源中早熟、中熟、晚熟品种所占的比例分别为45.1%、30.5%和24.4%。叶用莴苣从定植至采收在50 d以下的为早熟品种，50～80 d的为中熟品种，80 d以上的为晚熟品种。中国现有生菜种质资源中早熟、中熟、晚熟品种所占的比例分别为61.1%、13.9%和25%。

（邱　杨　宋江萍　黄丹枫）

二十五、芹菜

芹菜（*Apium graveolens* L.）有叶用芹菜（var. *dulce* DC.）和根用芹菜（var. *rapaceum* DC.）两个变种。欧美国家的叶用芹菜植株多矮壮粗大，叶柄宽厚，通常称为西芹；中国的叶用芹菜植株较高，叶柄细长且窄，香气浓，称为本芹。根用芹菜在欧美国家有一定的栽培面积，在中国很少栽培。芹菜的遗传多样性主要表现在形态特征上的差异。

（一）形态特征多样性

1. 株高　芹菜植株高的达120 cm，矮的不足30 cm，如浙江仙居县青秆芹株高120 cm，海南定安县白骨芹株高仅为27 cm。209份资源的调查结果为，植株高的41份，中等的73份，矮的95份。

2. 植株的侧芽数　植株的侧芽数多少，不同品种间差异较大。有的品种无侧芽数或很少，如西芹文图拉；有的品种侧芽数很多，如河北大名县的一串铃芹菜、河南延津县延津芹菜，侧芽数多在40根。

3. 叶簇形态　根据不同品种的植株叶片抱合的角度可划分为5种形态：

（1）直立　叶片近直立，外周叶柄与地面夹角呈近 90°。如河南襄阳实秆青芹菜、非洲赞比亚芹菜。

（2）直立—半直立　外周叶片略倾斜、展开，与地面夹角呈 60°～80°。如山西长治市长治芹菜、河南登封市登封芹菜。

（3）半直立　外周叶片倾斜、展开，与地面夹角呈 40°～50°。如河北徐水本地实芹、广东炭陂香芹。

（4）半直立—匍匐　外周叶片较倾斜，展开幅度大，与地面夹角呈 10°～30°。如河南焦作市焦作白芹、黄心芹。

（5）匍匐　外周叶片较大倾斜，大幅度展开，与地面夹角小于 10°。如四川内江市高桩芹。

4. 叶簇叶片数　芹菜叶簇叶片数一般在 35～40 片，去掉早期脱落叶片，从外叶到心叶一般为 10～20 片。荷兰西芹 TS 123 叶片数为 23 片，而湖南沅陵县圆叶芹菜叶片数只有 9 片。

5. 叶簇颜色　叶簇颜色（不包括叶柄）分为极浅绿、浅绿、中绿、深绿和黄色。

6. 叶片光泽　芹菜叶片的亮度可分为 3 种类型：暗、无光，如红秆芹；亮，如白药芹；油亮、反光，如开封玻璃脆。

7. 叶片起包　芹菜叶片表面有的光滑，有的起包，表现为凹凸不平。

（1）无或非常轻微　叶片表面光滑、平整，无或极轻微凹凸，如山东邑县芹菜。

（2）轻微　有少许凹凸，如台湾黄芹。

（3）中等　有凹凸，如山西古城营实心芹。

（4）突出　凹凸明显，如山东恒台实心芹。

8. 末端小叶形状　一般小叶长大于宽，呈细长形，如江苏连云港市实心芹（7 cm×5 cm）；小叶长等于宽，呈正方形，如浙江象山县玉芹（5 cm×5 cm）；小叶宽大于长，呈扁长形，如河南项城实秆芹（6 cm×8 cm）。

9. 小叶叶缘锯齿形状　复叶上小叶叶片边缘齿状突出物形状、密度不尽相同。在形状上有：尖锐，齿形较窄，齿尖锐利，如福建福州市半青芹菜；圆钝，齿形较宽，齿尖圆钝，如山东恒台实心芹。叶缘锯齿密度有稀、中、密之分。小叶裂片间距又有分离、接触、重叠之不同。

10. 叶柄颜色　芹菜叶柄颜色有绿色、黄色、白色和紫色。

（1）绿色　叶柄、叶簇均为绿色，绿色深浅又有深绿色、绿色、中绿色和浅绿色不同。本芹品种中绿色者占绝大多数。

（2）黄色　叶柄为黄色，叶簇多数为淡绿色，但也有少数品种叶簇也为黄色。

（3）白色　叶柄为白色，叶簇为绿色或淡绿色。著名品种有法国圣洁白芹。白芹在中国主要分布于云南、贵州、四川、广西等省、自治区，这些品种的特点是植株较矮，叶柄细长，大多数中空，纤维较多，药香味较浓。

（4）紫色　外周叶柄绿色中带有暗紫色，内部叶柄为紫色或紫红色。

11. 叶柄长度、宽度　总体上本芹叶柄长于西芹叶柄。叶柄长的品种如新疆莎车县实心芹，叶柄长度为 60 cm，河南郸城实秆芹，叶柄长度为 55 cm。叶柄短的品种如日本白茎芹，叶柄长度为 17 cm，非洲赞比亚西芹，叶柄长度为 18 cm。

总体上讲，西芹叶柄宽于本芹，优良西芹品种美国文图拉叶柄宽度达 2.0 cm。本芹叶柄宽度一般在 1.0 cm，叶柄较窄的品种如四川成都种都雪白芹，叶柄宽度仅为 0.6 cm。

12. 叶柄筋的突起　不同品种的叶柄筋条数不同，突显的轻重不同。在生产上，将叶柄筋条数少、突显不明显、表皮光滑的称为细皮品种；叶柄筋条数多、突显明显、表皮粗糙的称为糙皮品种。优良细皮品种有河北无丝芹，传统的糙皮品种有北京大糙皮。

13. 叶柄腹沟　叶柄腹面分为 3 个类型：平直类型，该类型品种叶柄腹面较平展，叶柄横断面腹面端为直线形，如法国圣洁白芹。轻凹类型，该类型品种叶柄腹面有轻微凹陷，叶柄横断面腹面端为浅弧形，如美国文图拉。重凹类型，该类型品种叶柄腹面有较深凹陷，叶柄横断面腹面端为深弧形，如意大利夏芹。

14. 叶柄横断面空腔　芹菜叶柄横断面空腔有空心和实心之分。西芹绝大多数为实心品种，本芹有空心品种和实心品种，其中空心品种较多。据调查，在 209 份本芹品种中，叶柄空心的 147 份，叶柄实心的 57 份，半空半实的 5 份。

（张德纯）

二十六、莲

莲（*Nelumbo nucifera* Gaertn.）在中国的分布很广，种植历史已有 2 700 多年。莲长期在不同的人工和自然生态环境生长，经过自然选择和人工选择，使现有资源无论在形态上、生长发育习性上，还是在生态适应性上都表现出明显的多样性。

（一）生态型多样性

按对不同气候带的适应性，分为 3 个生态型：寒带莲、温带莲和热带莲。

1. 寒带莲生态型　包括我国吉林、黑龙江及俄罗斯南部地区的莲，多为野生状态。该生态型莲资源在武汉地区植株矮小，只有浮叶或少数立叶，立叶高度 50 cm 左右，不现蕾开花；根状茎在 5 月中、下旬膨大，一般 3 节，根状茎直径 3 cm 左右。

2. 温带莲生态型　分布于北纬 13°～43°，涵盖我国广大栽培区。该生态型遗传多样性在 3 个生态型中最丰富，花期在 5 月下旬至 9 月上、中旬，结藕期在 6 月下旬至 8 月下旬。目前，我国栽培的子莲和藕莲品种都属于该生态型。

3. 热带莲生态型　分布于北纬 13°以南的地区，主要表现为生育期长，在环境条件适宜时，可以不断生长而没有休眠期。在武汉地区花期在 5 月下旬至 11 月中、下旬，根状茎不膨大或略微膨大成藕。我国近年从东南亚地区引进，其花形、花色等都十分丰富。

在国家种质武汉水生蔬菜资源圃保存的 533 份莲资源中，寒带莲为 7 份，占 1.31%；温带莲 514 份，占 96.44%；热带莲 12 份，占 2.25%。

（二）类型多样性

在园艺学上将栽培品种分为藕莲、子莲和花莲 3 个类型。

1. 藕莲　主要以采收膨大的根状茎（藕）为食用器官。一般而言，藕的节间粗度 4.5～8.0 cm，节间数 4～7 节，每公顷产藕 11 250～45 000 kg。无花或花少数，通常白色单瓣。

在我国除西藏、内蒙古等少数省份外，都有藕莲的栽培。

2. 子莲 主要以采收果实（莲子）为食用器官。每公顷花数 60 000～90 000 朵，单个花托的平均心皮数在 20 个以上，去皮干燥后的单果重在 1 g 左右。花通常红色，少白色，单瓣。我国子莲的传统产区在江西的广昌县、福建的建宁县和湖南的湘潭市。目前我国长江中下游地区都有子莲的栽培。

3. 花莲 主要以观赏花为目的。花蕾的形状有狭卵形、卵形和卵圆形；花色有纯白色、洒锦色、白爪红、粉红色、红色、紫红色等；花型有单瓣、半重瓣、重瓣、重台和千瓣；株型有大型、小型等。

在国家种质武汉水生蔬菜资源圃保存的 533 份莲资源中，藕莲品种 225 份，占 42.21%；子莲 37 份，占 6.94%；花莲 216 份，占 40.53%。

（三）特征特性多样性

根据国家种质武汉水生蔬菜资源圃调查结果可以看出，莲的形态特征和生物学特性差异较大。

1. 叶

（1）叶片光滑度 对 202 份藕莲资源调查表明，其中叶片表面光滑者占 45.54%，表皮粗糙者占 54.46%。37 份子莲中为光滑的种质占 91.89%，为粗糙的种质占 8.11%。12 份国外莲资源叶正面均为光滑。

（2）叶柄高及叶片大小 莲叶柄的高度就是通常说的株高，218 份藕莲种质的叶柄高、叶片大小差异较大，藕莲叶柄高在 90～207 cm，平均 156 cm，标准差 18.8 cm，变异系数 12.06%；叶柄粗在 0.9～1.9 cm，平均 1.5 cm，标准差 0.18 cm，变异系数 12.00%，叶柄越高，叶柄就越粗。叶片长半径在 24.6～39.0 cm，平均叶片长半径 31.6 cm，标准差 2.72 cm，变异系数 8.61%。叶片短半径在 17.1～30.4 cm，平均叶片短半径 22.8 cm，标准差 2.25 cm，变异系数 9.87%。

37 份子莲种质的叶柄高在 113.2～183.9 cm，平均叶柄高 146.9 cm，标准差 16.93 cm，变异系数 11.52%。叶柄粗 1.0～1.7 cm，平均叶柄粗 1.3 cm，标准差 0.16 cm，变异系数 12.31%。叶片长半径 23.2～34.6 cm，平均叶片长半径 29.9 cm，标准差 2.53 cm，变异系数 8.45%；叶片短半径 18.8～27.3 cm，平均叶片短半径 22.7 cm，标准差 2.25 cm，变异系数 9.89%。

2. 花

（1）花蕾 花蕾的形状有狭卵形、卵形和卵圆形。藕莲、子莲花蕾一般为狭卵形或卵形，花莲则有各种形状。

（2）花色 有纯白色、洒锦色、白爪红、粉红色、红色、紫红色等。藕莲以白花居多，少红花；子莲以红花居多，少白花；花莲有各种花色。

（3）花型 有单瓣、半重瓣、重瓣、重台和千瓣。半重瓣、重瓣、重台和千瓣品种多为花莲类型，藕莲、子莲多为单瓣。37 份子莲中单瓣的种质 35 份，占 94.59%；重瓣的种质 2 份，占 5.41%。花莲有各种花型。

（4）雄蕊附属物颜色 有红色、白色，多数莲的雄蕊附属物为白色，仅少数子莲雄蕊附属物为红色，可以作为标记性状。37 份子莲中雄蕊附属物为白色的种质 31 份，占 83.78%；为红色的种质 6 份，占 16.22%。

（5）花冠直径　37 份子莲种质花冠直径为 16.5～26.9 cm，平均花冠直径 22.4 cm，标准差 2.14 cm，变异系数 9.55%。12 份国外莲资源的花冠直径在 15.4～30.1 cm，平均花冠直径 23.0 cm，标准差 4.90 cm，变异系数 21.30%。

3. 花托

（1）花托形状　有喇叭形、倒圆锥形、伞形、扁圆形和碗形。藕莲通常碗形，子莲有伞形、扁圆形。

（2）花托顶面形态　有凹、平和凸 3 种，多数藕莲种质资源的花托顶面为平。37 份子莲中花托顶面为凹的种质 1 份，占 2.70%；为平的种质 35 份，占 94.60%；为凸的种质 1 份，占 2.70%。12 份国外资源中花托顶面为凹的种质 2 份，占 16.67%；为平的种质 10 份，占 83.33%。

（3）花托大小　一般心皮数越多，花托越大。37 份子莲的花托直径为 7.5～11.6 cm，平均花托直径 9.8 cm，标准差 1.01 cm，变异系数 10.23%；花托高为 3.6～5.4 cm，平均花托高 4.7 cm，标准差 0.38 cm，变异系数 8.12%。12 份国外莲资源花托直径为 7.6～10.1 cm，平均花托直径 8.8 cm，标准差 0.88 cm，变异系数 10.09%；花托高为 3.3～5.3 cm，平均花托高 4.2 cm，标准差 0.61 cm，变异系数 14.48%。

4. 心皮数和结实率　37 份子莲的心皮数为 13.0～30.0 个，平均心皮数 21.6 个，标准差 3.57 个，变异系数 16.55%；结实率为 36.04%～88.50%，平均结实率 70.45%，标准差 14.50%，变异系数 20.59%。

11 份国外莲资源的心皮数为 11.3～26.5 个，平均心皮数 17.3 个，标准差 4.49 个，变异系数 25.92%；结实率为 26.1%～90.6%，平均结实率 68.3%，标准差 19.73%，变异系数 28.91%。

5. 果实

（1）果实形状　有圆柱形、卵形、圆球形、椭圆形和纺锤形，藕莲多为椭圆形，子莲多为圆球形。

（2）果实颜色　有黄褐色、紫褐色、黑褐色和黑色，子莲、藕莲以黑褐色、黑色为主。

（3）内果皮颜色　鲜食果实的内果皮颜色有白色和红色两种。37 份子莲中为白色的种质 15 份，占 40.54%；为红色的种质 22 份，占 59.46%。12 份国外莲资源的内果皮颜色均为白色。

（4）果实大小　37 份子莲的果实长为 1.4～1.8 cm，平均果实长 1.6 cm，标准差 0.08 cm，变异系数 4.97%。果实宽为 1.0～1.4 cm，平均果实宽 1.2 cm，标准差 0.09 cm，变异系数 7.50%。壳莲百粒重为 79.51～158.21 g，平均壳莲百粒重 127.1 g，标准差 19.50 g，变异系数 15.35%。

11 份国外莲资源的果实长为 1.3～1.6 cm，平均果实长 1.5 cm，标准差 0.12 cm，变异系数 7.83%。果实宽为 1.1～1.3 cm，平均果实宽 1.2 cm，标准差 0.08 cm，变异系数 6.45%。壳莲百粒重在 83.8～151.4 g，平均壳莲百粒重 118.3 g，标准差 24.19 g，变异系数 20.44%。子莲百粒重最大。

6. 藕（茎）

（1）藕头形状　有圆钝和锐尖两种。218 份藕莲中为圆钝的种质 137 份，占 62.84%；为锐尖的种质 81 份，占 37.16%。子莲种质藕头形状均为锐尖。

（2）藕表皮颜色　有白色和黄白色两种。218 份藕莲种质中表皮为白色的种质 101 份，占 46.33%；表皮为黄白色的种质 117 份，占 53.67%。

（3）藕肉颜色　有白色和黄白色两种。218 份藕莲种质中藕肉为白色的种质 56 份，占 25.69%；藕肉为黄白色的种质 126 份，占 74.31%。

（4）节间形状　有短筒形、长筒形、中筒形、长条形和莲鞭形，藕莲的节间形状主要为短筒形、中筒形和长筒形。218 份藕莲种质中为短筒形的种质 57 份，占 26.15%；为中筒形和长筒形的种质 144 份，占 66.05%；为长条形的种质 17 份，占 7.80%。子莲都是长条形。

（5）顶芽颜色　有玉黄色和紫红色，莲种质的顶芽多为玉黄色，仅来自江苏的 4 份资源顶芽紫红色。

（6）藕大小　218 份藕莲整藕重在 0.32～2.50 kg，平均整藕重 1.03 kg，标准差 0.38 kg，变异系数 36.89%。主藕长在 43.9～102.1 cm，平均主藕长 68.7 cm，标准差 9.53 cm，变异系数 13.87%。藕莲主藕一般为 4～6 节。主藕重在 0.28～1.63 kg，平均主藕重 0.76 kg，标准差 0.24 kg，变异系数 31.58%。节间长度在 8.7～21.3 cm，平均节间长度 13.6 cm，标准差 2.16 cm，变异系数 15.88%。节间粗度在 3.7～7.4 cm，平均节间长度 5.8 cm，标准差 0.77 cm，变异系数 13.28%。节间重在 0.09～0.39 kg，平均节间重 0.23 kg，标准差 0.06 kg，变异系数 26.09%。

（三）基于分子标记的遗传多样性

郭宏波等（2004）利用 17 条 RAPD 随机引物对 32 份典型性藕莲种质资源进行了分析，共扩增出 DNA 谱带 207 条，其中多态性带 193 条，多态性带的比例为 93.23%。平均每条引物扩增出 12.18 条带和 11.35 条多态性带。

郑宝东等（2006）利用 RAPD 技术对我国不同地区 22 份子莲资源的遗传多样性进行了研究，14 条随机引物共扩增出 109 条带，其中多态性带 83 条，多态性带比例为 76.1%。随后 Guo et al.（2007）采用 RAPD 技术和主成分分析（PCA）方法对来自国家种质武汉水生蔬菜资源圃中 65 份花莲资源的遗传多样性进行了评估，发现在扩增的 195 条带中有 173 条呈现多态性（多态率 88.72%），Nei's 基因多样性指数（H）为 0.30，Shannon's 多样性信息指数为 0.46。为弄清藕莲中特殊资源——千瓣莲（柯卫东等，2005）的遗传关系，郭宏波和柯卫东（2008）运用 RAPD 技术对 6 份千瓣莲资源进行了遗传多样性评估，16 条引物共扩增出 141 条带，其中多态性带 81 条（多态率 57.45%），参试品种间存在较大分化，欧氏遗传距离为 10.46～13.73，因此存在较高遗传多样性。

从上述研究进展可看出，莲资源具有丰富的遗传多样性，3 种类型中以花莲多样性最高，藕莲最低。

（柯卫东　彭　静）

二十七、茭白

茭白（*Zizania latifolia* Turcz.）是禾本科菰属的一种水生草本植物。

作为蔬菜用的“茭白”，是茭白与菰黑粉菌（*U. esculenta* P. Henn.）互作的结果，因而茭白品种发生变异的可能性比一般单纯的无性繁殖作物高。在不同环境条件下，经过长期的自然选择和人工选择，现有茭白种质资源表现了丰富的遗传多样性。

（一）类型多样性

根据结茭习性，栽培茭白分为单季茭白和双季茭白。在国家种质武汉水生蔬菜资源圃内，单季茭白种质约占 80%，双季茭白种质约占 20%。单季茭白种质仅在秋季形成膨大的肉质茎。双季茭白种质不仅可以在秋季形成膨大的肉质茎，而且能在春夏季形成膨大的肉质茎。双季茭种质又分为低温型和高温型两类。2002 年，在武汉对 36 份双季茭种质的秋茭孕茭观察结果表明，有 28 份采收始期在 9 月 25 日以前，基本可以归为高温型，占 77.8%；有 8 份采收始期在 10 月 4 日以后，基本可以归为低温型，占 22.2%。

（二）形态特征和农艺性状多样性

1. 株高　对 154 份栽培茭白的株高调查结果表明，株高平均 240.8 cm，最高 289.0 cm，最矮 160.0 cm，标准差 19.0 cm，变异系数 7.9%。200.0 cm 以下的 4 份，占 2.6%；200.0～250.0 cm 的 106 份，占 68.8%；250.0 cm 以上的 44 份，占 28.6%。

2. 叶片长、叶片宽及叶鞘长　对 154 份栽培茭白的调查结果表明，叶片长度平均为 177.8 cm，标准差 13.3 cm，变异系数 7.5%。叶片长 140～150 cm 者 5 份，占 3.2%；151～160 cm 者 16 份，占 10.4%；161～170 cm 者 24 份，占 15.6%；171～180 cm 者 44 份，占 28.6%；181～190 cm 者 43 份，占 27.9%；191～200 cm 者 22 份，占 14.3%；200 cm 以上者 1 份，占 0.6%。叶片宽平均为 4.0 cm，标准差为 0.5 cm，变异系数 12.6%。叶片宽不超过 3 cm 者 6 份，占 3.9%；3.1～3.5 cm 者 19 份，占 12.3%；3.6～4.0 cm 者 54 份，占 35.1%；4.1～4.5 cm 者 55 份，占 35.7%；4.6～5.0 cm 者 19 份，占 12.3%；超过 5.0 cm 者 1 份，占 0.6%。

叶鞘长平均值为 65.0 cm，标准差为 8.3 cm，变异系数 12.7%。叶鞘长不超过 55 cm 者 4 份，占 2.6%；46～55 cm 者 12 份，占 7.8%；56～65 cm 者 62 份，占 40.3%；66～75 cm 者 61 份，占 39.6%；76～85 cm 者 14 份，占 9.1%；超过 85 cm 者 1 份，占 0.6%。

3. 薹管高　对 154 份栽培茭白的调查结果表明，最矮者 10 cm，最高者 60 cm，薹管平均高 19.8 cm，标准差 8.0 cm，变异系数 40.2%。薹管高不超过 15 cm 者 92 份，占 59.7%；15～25 cm 者 34 份，占 22.1%；26～35 cm 者 21 份，占 13.6%；36～45 cm 者 5 份，占 3.2%；45 cm 以上者 2 份，占 1.3%。

4. 肉质茎形状　肉质茎形状以笋形为主，其次还有纺锤形、蜡台形、长条形等。根据对 152 份茭白种质的秋茭肉质茎形状的调查，笋形 95 份，占 62.5%；纺锤形 31 份，占 20.4%；蜡台形 16 份，占 10.5%；长条形 10 份，占 6.6%。

5. 肉质茎重量 依据对 136 份茭白秋茭肉质茎单重的调查，最小值为 30 g，最大值为 125 g。平均单重为 63.3 g，标准差为 18.8 g，变异系数为 29.7%。其中单重不超过45 g的 27 份，占 19.9%；46～60 g 的 41 份，占 30.1%；61～75 g 的 36 份，占 26.5%；76～90 g 的 25 份，占 18.4%；91～105 g 的 2 份，占 1.5%；106～125 g 的 5 份，占 3.7%。

6. 肉质茎长和直径 据对 140 份茭白资源的净茭肉质茎统计，净茭长度最短 8.3 cm，最长 33 cm，平均为 19.6 cm，标准差 5.6 cm，变异系数 28.3%。其中长不超过 10.0 cm 的 6 份，占 4.3%；10.0～15.0 cm 的 26 份，占 18.6%；15.1～20.0 cm 的 46 份，占 32.9%；20.1～25.0 cm 的 39 份，占 27.9%；25.1～30.0 cm 的 18 份，占 12.9%；大于 30.0 cm 的 5 份，占 3.7%。

肉质茎直径最小者 2.1 cm，最大者 5.5 cm，平均 3.6 cm，标准差 0.52 cm，变异系数 14.4%。其中直径 3.0 cm 以下者 15 份，占 10.7%，3.0～4.0 cm 者 103 份，占 73.6%；4.1～5.0 cm 者 21 份，占 15.0%；大于 5.0 cm 者 1 份，占 0.7%。

7. 净茭皮色、净茭表皮光滑度及冬孢子堆 依据对 154 份资源的调查结果，净茭皮色中 59 份为白色，占 38.3%；83 份为浅绿色，占 53.9%；11 份为绿色，占 7.1%；1 份为绿黄色，占 0.6%。净茭表皮光滑度中 93 份为光滑，占 60.4%；50 份为微皱，占 32.5%；11 份表现为皱，占 7.1%。肉质质地中 34 份为致密，占 22.1%；101 份为较致密，占 65.6%；19 份为疏松，占 12.3%。

就冬孢子堆而言，有的种质不形成冬孢子堆而仅有菌丝团，有的仅有零星分布的冬孢子堆，有的冬孢子堆较多（尚有商品性），有的则充满冬孢子堆（灰茭，无商品性）。依据 152 份资源的冬孢子堆形成情况的评价结果，其中 98 份无冬孢子堆，占 63.6%；34 份为少冬孢子堆，占 22.3%；11 份为中冬孢子堆，占 7.2%；9 份为多冬孢子堆，占 5.9%。

8. 采收始期 依据 2002 年在武汉对 148 份种质的秋茭始采期的观察，始收期 9 月 15 日前者 46 份，占 31.08%；9 月 16～25 日者 52 份，占 35.14%；9 月 26 日至 10 月 5 日者 29 份，占 19.59%；10 月 6～15 日者 17 份，占 11.49%；10 月 16 日及其以后者 4 份，占 2.7%。始采期早者在 8 月 31 日，晚者在 10 月 21 日，相差 50 d。

（刘义满　柯卫东）

参考文献

蔡宝炎，2006. 32 份中国南瓜种质资源的遗传多样性研究［D］. 武汉：华中农业大学 .

曹家树，曹寿椿，缪颖，等，1997. 中国白菜各类群的分支分析和演化关系研究［J］. 园艺学报，24（1）：35－42.

曹寿椿，郝秀明，1990. 不结球白菜品质鉴定及性状相关的初步研究Ⅰ. 风味品质鉴定及与营养成分含量的相关［M］//中国园艺学会 . 中国园艺学会第六届年会论文集 . 北京：万国学术出版社 .

曹寿椿，李式军，1980. 白菜地方品种的初步研究Ⅰ. 形态学观察与研究［J］. 南京农学院学报（2）：

32－38.
曹寿椿，李式军，1981. 白菜地方品种的初步研究Ⅱ. 主要生物学特性的研究［J］. 南京农学院学报（1）：67－77.
曹寿椿，李式军，1982. 白菜地方品种的初步研究 Ⅲ. 不结球白菜品种的分类研究［J］. 南京农学院学报（2）：30－37.
曹永生，张贤珍，龚高法，等，1995. 中国主要农作物种质资源地理分布图集［M］. 北京：中国农业出版社.
陈禅友，潘磊，胡志辉，等，2008. 长豇豆品种资源的 RAPD 分析［J］. 武汉：江汉大学学报（自然科学版），36（4）：77－83.
陈杰，李怀志，庄天明，等，2008. 茄子栽培种与野生种质资源遗传关系的 RAPD 分析［J］. 上海农业大学学报（农业科学版），26（2）：165－167.
陈文炳，张谷曼，1997. 中国芋酯酶同工酶类型及品种群分类［J］. 福建农业大学学报，26（4）：421－426.
陈昕，周涵韬，杨志伟，等，2005. 大蒜种质资源遗传多样性的分子标记研究［J］. 厦门大学学报（自然科学版），44：144－149.
陈运起，高莉敏，刘洪星，2006. 大葱部分种质资源数量性状聚类分析［J］. 中国蔬菜（8）：25－26.
程云，2005. 辣椒材料亲缘关系的 RAPD 和形态学分析［D］. 成都：四川农业大学.
程兆熊，1985. 中华园艺史［M］. 台湾：台湾商务印书馆.
程振家，王怀松，张志斌，等，2007. 甜瓜遗传多样性的 AFLP 分析［J］. 西北植物学报（2）：244－248.
党永华，吴金娥，1997. 陕西茄子品种资源生态分析［J］. 长江蔬菜（5）25－26.
段立珍，汪建飞，赵建荣，2007. 比色法测定菠菜中草酸含量的条件研究［J］. 35（3）：632－633，643.
范双喜，2003. 蔬菜栽培学［M］. 北京：中国农业大学出版社.
付杰，2005. 中国芥菜遗传多样性与亲缘关系研究［D］. 杭州：浙江大学.
高金龙，李春燕，李育军，等，2008. 我国长豇豆育种现状及育种策略［J］. 长江蔬菜（学术版），11b：1－3.
郭宏波，柯卫东，李双梅，等，2004. 不同类型莲资源的 RAPD 聚类分析［J］. 植物遗传资源学报，5（4）：328－332.
郭宏波，柯卫东 . 2008. 千瓣莲品种资源的 RAPD 分析［J］. 中国农学通报，24（4）：66－68.
郭军，许勇，寿森炎，等，2002. 西瓜种质资源遗传亲缘关系的 RAPD 分析［J］. 植物遗传资源学报（1）：7－13.
韩建明，侯喜林，徐海明，等，2007. 不结球白菜种质资源 SRAP 遗传分化分析［J］. 作物学报，33（11）：1862－1868.
韩建明，侯喜林，徐海明，等，2008. 不结球白菜种质资源遗传多样性 RAPD 分析［J］. 南京农业大学学报，31（3）：31－36.
韩建明，2007. 不结球白菜种质资源遗传多样性和遗传模型分析及 *bcDREB2* 基因片段克隆［D］. 南京：南京农业大学.
韩太利，李可峰，谭金霞，2008. 利用形态学与 AFLP 标记研究栽培萝卜种质亲缘关系［J］. 中国蔬菜（9）：15－18.
何晓莉，罗剑宁，罗少波，等，2006. 丝瓜主要生理特性研究进展［J］. 广东农业科学（8）：114－116.
侯喜林，2003. 不结球白菜育种研究新进展［J］. 南京农业大学学报，26（4）：111－115.
贺洁，2007. RAPD 标记和 AFLP 标记在朝天椒遗传多样性上的应用及比较［D］. 郑州：河南大学.
胡昌炽，1944. 蔬菜学各论［M］. 台湾：中华书局.

黄新芳，柯卫东，李峰，等，2008. 多子芋 3 个品种群球茎质量和数量的差异显著性及变异性比较 [J]. 植物遗传资源学报，9 (1)：73-78.
黄新芳，柯卫东，刘义满，等，2006. 芋种质资源描述规范和数据标准 [M]. 北京：中国农业出版社.
黄新芳，柯卫东，叶元英，等，2002. 多子芋叶柄及芽色的多样性及芋形观察 [J]. 中国蔬菜 (6)：13-15.
黄新芳，柯卫东，叶元英，等，2005. 中国芋种质资源研究进展 [J]. 植物遗传资源学报，6 (1)：119-123.
贾蕊，安会梅，朱若华，2006. 衍生荧光法测定蔬菜样品中痕量叶酸含量的研究和应用 [J]. 首都师范大学学报，27 (1)：59-62.
蒋名川，1989. 中国韭菜 [M]. 北京：农业出版社.
蒋向辉，佘朝文，谷合勇，等，2007. 湖南 9 个地方观赏辣椒品种形态标记与 RAPD 标记的比较研究 [J]. 江苏农业科学 (6)：119-122.
柯卫东，傅新发，黄新芳，等，2000. 莲藕部分种质资源数量性状的聚类分析与育种应用 [J]. 园艺学报，27 (5)：374-376.
柯卫东，黄新芳，刘玉平，等，2005. 云南省部分地区水生蔬菜种质资源考察 [J]. 中国蔬菜 (2)：31-33.
柯卫东，孔庆东，余家林，1997. 双季茭白品种资源材料的系统聚类分析 [J]. 华中农业大学学报，16 (6)：599-602.
柯卫东，李峰，黄新芳，等，2007. 水生蔬菜种质资源研究及利用 [J]. 中国蔬菜 (增刊)：72-75.
柯卫东，李峰，刘义满，等，2005. 莲种质资源描述规范和数据标准 [M]. 北京：中国农业出版社.
柯卫东，李峰，刘玉平，2003. 中国莲资源及育种研究综述 [J]. 长江蔬菜 (4)：5-9，(5)：5-8.
孔庆东，柯卫东，杨保国，1994. 茭白资源分类初探 [J]. 作物品种资源 (4)：1-4.
孔秋生，李锡香，向长萍，等，2004. 萝卜种质资源亲缘关系的 RAPD 分析 [J]. 植物遗传资源学报，5 (2)：156-160.
孔秋生，李锡香，向长萍，等，2005. 栽培萝卜种质亲缘关系的 AFLP 分析 [J]. 中国农业科学，38 (5)：1017-1023.
雷进生，2005. 观赏辣椒种质资源遗传多样性研究 [D]. 武汉：华中农业大学.
李国强，2008. 大白菜核心种质的构建与评价 [D]. 北京：中国农业科学院.
李家文，1980. 大白菜的分类学与杂交育种 [D]. 天津农业科学 (2)：1-9.
李家文，1981. 中国蔬菜作物的起源与变异 [J]. 中国农业科学，14 (1)：90-95.
李佩华，1994. 辣椒 [M]//中国农学会遗传资源分会. 中国作物遗传资源. 北京：中国农业出版社.
李朴，1963. 蔬菜分类学 [M]. 台湾：台湾商务印书馆.
李锡香，杜永臣，沈镝，等，2006. 番茄种质资源描述规范和数据标准 [M]. 北京：中国农业出版社.
李锡香，方智远，刘玉梅，等，2007. 甘蓝种质资源描述规范和数据标准 [M]. 北京：中国农业出版社.
李锡香，沈镝，胡鸿，2008. 叶用和薹 (籽) 用芥菜种质资源描述规范和数据标准 [M]. 北京：中国农业出版社.
李锡香，沈镝，宋江萍，等，1999. 中国黄瓜种质资源的来源及遗传多样性表现 [J]. 中国种业 (3)：29-30.
李锡香，沈镝，王海平，2008. 不结球白菜种质资源描述规范和数据标准 [M]. 北京：中国农业出版社.
李锡香，沈镝，2008. 萝卜种质资源描述规范和数据标准 [M]. 北京：中国农业出版社.
李锡香，沈镝，2008. 根用和茎用芥菜种质资源描述规范和数据标准 [M]. 北京：中国农业出版社.
李锡香，孙日飞，冯兰香，等，2008. 大白菜种质资源描述规范和数据标准 [M]. 北京：中国农业出版社.

李锡香，王海平，2007. 莴苣种质资源描述规范和数据标准［M］. 北京：中国农业出版社 .
李锡香，晏儒来，向长萍，等，1994. 神农架及三峡地区菠菜种质资源品质评价［J］. 中国种业（2）：29－31.
李锡香，张宝玺，沈镝，2006. 辣椒种质资源描述规范和数据标准［M］. 北京：中国农业出版社 .
李锡香，朱德蔚，杜永臣，等，2004a. 黄瓜种质资源遗传多样性及其亲缘关系的 AFLP 分析［J］. 园艺学报，31（3）：309－314.
李锡香，朱德蔚，杜永臣，等，2004b. 黄瓜种质资源遗传多样性的 RAPD 鉴定与分类研究［J］. 植物遗传资源学报，5（2）：147－152.
李锡香，朱德蔚，杜永臣，等，2005. 黄瓜种质资源描述规范和数据标准［M］. 北京：中国农业出版社 .
李锡香，朱德蔚，沈镝，等，2006. 茄子种质资源描述规范和数据标准［M］. 北京：中国农业出版社 .
李锡香，朱德蔚，沈镝，等，2007. 南瓜种质资源描述规范和数据标准［M］. 北京：中国农业出版社 .
李锡香，朱德蔚，王海平，等，2006. 大蒜种质资源描述规范和数据标准［M］. 北京：中国农业出版社 .
李锡香，2004. 蔬菜种质资源//方智远，侯喜林 . 蔬菜学 . 南京：江苏出版社 .
李艳梅，段会军，马峙英，2007. 西瓜种质资源的遗传多样性及亲缘关系的 AFLP 分析［J］. 华北农学报，22（增刊）：177－180.
李志棋，2003. 应用 AFLP 标记技术研究甘蓝类蔬菜遗传多样性及亲缘关系［D］. 北京：中国农业科学院 .
刘殿林，杨瑞环，哈玉洁，等，2003. 不同来源黄瓜遗传亲缘关系的 RAPD 分析［J］. 华北农学报，18（3）：50－54.
刘洪炯，1997. 陕西省茄子种质资源研究及利用［J］. 山西农业科学，25（3）：24－27.
刘后利，1984. 几种芸薹属油菜的起源与进化［J］. 作物学报，10（1）：9－18.
刘佩瑛，1996. 中国芥菜［M］. 北京：中国农业出版社 .
刘宜生，1998. 中国大白菜［M］. 北京：中国农业出版社 .
刘义满，柯卫东，黄新芳，等，2006. 茭白种质资源描述规范和数据标准［M］. 北京：中国农业出版社.
刘义满，柯卫东，2007. 菰米・茭儿菜・茭白史略［J］. 中国蔬菜（增刊）：142－143.
龙雯虹，许明辉，张应华，2001. 云南芋头种质资源 RAPD 分子标记的初步研究［J］. 云南农业大学学报，16（4）：274－279.
吕启愚，等，1987. 冬瓜、南瓜、苦瓜、丝瓜［M］. 北京：北京出版社 .
栾雨时，安利佳，黄百渠，等，1999. 用 SSR 探针进行番茄品种的 DNA 指纹分析［J］. 园艺学报，26（1）：51－53.
马燕青，2001. 辣椒种质资源的 RAPD 技术体系建立及其应用研究［D］. 长沙：湖南农业大学 .
毛伟海，杜黎明，包崇来，等，2006. 我国南方长茄种质资源的 ISSR 标记分析［J］，园艺学报，33（5）：1109－1112.
普迎冬，杨永平，许建初，等，1999. 云南芋头种质资源及利用［J］. 作物品种资源（1）：1－4.
乔爱民，刘佩瑛，雷建军，等，1998. 芥菜 16 个变种的 RAPD 研究［J］. 植物学报，40（10）：915－921.
冉进，宋明，房超，等，2007. 茄子（*S. melongena* L.）种质资源遗传多样性的 RAPD 分析［J］. 西南农业学报，20（4）：694－697.
任羽，张银东，尹俊梅，等，2008. 应用 SRAP 分子标记评价辣椒自交系的遗传关系［J］. 热带作物学报，29（1）：12－14.
山东农学院，1960. 蔬菜栽培学：中卷［M］. 北京：农业出版社 .
沈镝，朱德蔚，李锡香，等，2003. 云南芋种质资源遗传多样性的 RAPD 分析［J］. 植物遗传资源学报，4（1）：27－23.

沈镝，朱德蔚，李锡香，等，2005. 云南芋种质资源遗传多样性的 AFLP 分析 [J]. 园艺学报，32 (3)：449 - 453.

沈镝，2000. 云南部分芋资源的遗传多样性分析 [J]. 北京：中国农业科学院 .

盛云燕，2006. 甜瓜 SSR 标记与其杂种优势的研究 [D]. 哈尔滨：东北农业大学 .

宋明，刘婷，汤青林，等，2009. 芥菜种质资源的 RAPD 和 ISSR 分析 [J]. 园艺学报，36 (6)：835 - 842.

苏小俊，陈劲枫，袁希汉，等，2007. 普通丝瓜种质资源部分数量性状的鉴定和评价 [J]. 江苏农业科学 (4)：110 - 112.

苏小俊，徐海，袁希汉，等，2007. 普通丝瓜种质资源部分质量性状的鉴定和评价 [J]. 江苏农业科学 (3)：98 - 99.

苏小俊，袁希汉，高军，等，2008. 普通丝瓜雌雄性别分化的特点和表现形式 [J]. 江苏农业科学 (5)：129 - 132.

苏小俊，袁希汉，徐海，等，2007. 普通丝瓜两性花现象的研究 [J]. 安徽农业科学，35 (29)：9217.

汪呈因，1948. 植物栽培之起源 [M]. 台湾：徐氏基金会出版 .

汪隆植，何启伟，2005. 中国萝卜 [M]. 北京：科技文献出版社 .

汪雁峰，张渭章，高迪明，1997. 千份豇豆种质资源十大农艺性状的鉴定与分析 [J]. 中国蔬菜 (2)：15 - 18.

汪雁峰，2004. 豇豆 [M]. 北京：中国农业科学技术出版社 .

王海平，李锡香，2006. 大葱、分葱、楼葱种质资源描述规范和数据标准 [M]. 北京：中国农业出版社 .

王海平，李锡香，2008. 菠菜种质资源描述规范和数据标准 [M]. 北京：中国农业出版社 .

王佳，徐强，缪旻珉，等，2007. 黄瓜种质资源遗传多样性的 ISSR 分析 [J]. 分子植物育种，5 (5)：677 - 682.

王景义，1994. 大白菜 [M]//中国作物遗传资源 . 北京：中国农业出版社 .

王佩芝，李锡香，王述民，等，2006. 豇豆种质资源描述规范和数据标准 [M]. 北京：中国农业出版社.

王秋锦，高杰，孙清鹏，等，2007. 茄子品种遗传多样性的 RAPD 检测与聚类分析 [J]. 植物生理学通讯，43 (6)：1035 - 1039.

王日升，李杨瑞，杨丽涛，等，2006. 番茄栽培品种 SSR 标记和形态标记的遗传多样性分析 [J]. 热带亚热带植物学报，14 (2)：120 - 125.

王志峰，孙日飞，孙小镭，等，2004. 山东省黄瓜地方品种资源亲缘关系的 AFLP 分析 [J]. 园艺学报，31 (1)：103 - 105.

魏文麟，林碧峰，林峰，1988. 福建省的芋种质资源 [J]. 福建果树 (1)：41 - 42.

闻凤英，张 斌，刘晓晖，等，2006. 大白菜种质资源抽薹性及其遗传性的研究 [J]. 华北农学报，21 (5)：68 - 71.

吴耕民，1914. 蔬菜园艺学 [M]. 北京：中国农业书社 .

吴细卿，1994. 芹菜 [M]//中国作物遗传资源 . 北京：中国农业出版社 .

夏军辉，2007. 丝瓜种质资源遗传多样性研究 [D]. 武汉：华中农业大学 .

谢丽玲，2007. 丝瓜属作物遗传差异性之分析 [D]. 台湾：台湾大学 .

徐鹤林，李景富，2007. 中国番茄 [M]. 北京：中国农业出版社 .

徐培文，曲士松，黄宝勇，等，2002. 应用 RAPD 技术分析大蒜种质遗传特性和检测蒜种纯度的研究 [J]. 山东农业科学 (1)：7 - 12.

徐志红，徐永阳，刘君璞，等，2008. 甜瓜种质资源遗传多样性及亲缘关系研究 [J]. 果树学报 (4)：552 - 558.

颜纶泽，1976. 蔬菜大全 [M]. 台湾：台湾商务印书馆 .

杨以耕，陈材林，刘念慈，等，1989. 芥菜分类研究［J］. 园艺学报，16（2）：114-121.
姚国新，刘玲，郭永强，等，2006. 利用RAPD标记分析甜瓜种质资源遗传多样性［J］. 首都师范大学学报（5）：56-67.
于拴仓，柴敏，姜立纲，2005. 主要樱桃番茄品种的分子鉴别［J］. 华北农学报（5）：42-46.
余诞年，吴定华，陈竹君，1999. 番茄遗传学［M］. 长沙：湖南科学技术出版社.
袁华玲，刘才宇，1999. 安徽省茄子地方种质资源研究［J］. 安徽农业科学，27（1）：48-50.
曾维华，2002. 茄子传入我国的时间［J］. 文史杂志（3）：66-67.
张海英，王永健，许勇，等，1998. 黄瓜种植资源遗传亲缘关系的RAPD分析［J］. 园艺学报，25（4）：345-349.
张继波，2002. 芹菜新品种高产栽培技术［M］. 北京：台海出版社.
张南，2007. 菠菜种质资源遗传多样性及耐寒性鉴定［D］. 东北农业大学.
张振贤，2003. 蔬菜栽培学［M］. 北京：中国农业大学出版社.
张志，1982. 芋的起源、演变和分类［J］. 江西农业科技（7）：24-25，31.
章厚朴，1988. 中国的蔬菜［M］. 北京：人民出版社.
赵福宽，李海英，赵晓萌，2006. 南瓜种质资源亲缘关系的RAPD分析［J］. 分子植物育种，4（3）：45-50.
赵虎基，乐锦华，李红霞，等，1999. 籽用西瓜品种系间亲缘关系的分析［J］. 果树学报（3）：235-238.
赵有为，1999. 中国水生蔬菜［M］. 北京：中国农业出版社.
郑宝东，郑金贵，曾绍校，2006. 中国莲子种质资源遗传多样性的RAPD分析［J］. 中国食品学报，6（1）：138-143.
中国科学院武汉植物研究所，1987. 中国莲［M］. 北京：科学出版社.
中国科学院中国植物志编辑委员会，1979. 中国植物志：第13卷［M］. 北京：科学出版社.
中国科学院中国植物志编辑委员会，1980. 中国植物志：第14卷［M］. 北京：科学出版社.
中国科学院中国植物志编辑委员会，2004. 中国植物志：第35卷［M］. 北京：科学出版社.
中国农学会遗传资源学会，1994. 中国作物遗传资源［M］. 北京：中国农业出版社.
中国农业百科全书·蔬菜卷编委会，1990. 中国农业百科全书·蔬菜卷［M］. 北京：农业出版社.
中国农业科学院蔬菜花卉研究所，1992. 中国蔬菜品种资源目录：第一册［M］. 北京：万国学术出版社.
中国农业科学院蔬菜花卉研究所，1998. 中国蔬菜品种资源目录：第二册［M］. 北京：气象出版社.
中国农业科学院蔬菜花卉研究所，2001. 中国蔬菜品种志：上卷［M］. 北京：中国农业科技出版社.
中国农业科学院蔬菜花卉研究所，2001. 中国蔬菜品种志：下卷［M］. 北京：中国农业科技出版社.
中国农业科学院蔬菜花卉研究所，2008. 中国蔬菜栽培学：第2版［M］. 北京：中国农业出版社.
中国农业科学院郑州果树研究所，等，2000. 中国西瓜甜瓜［M］. 北京：中国农业出版社.
中华人民共和国农业部，2006. 中国农业统计资料（2007）［M］. 北京：中国农业出版社.
中华人民共和国农业部，2007. 中国农业统计资料（2008）［M］. 北京：中国农业出版社.
钟惠宏，2004. 中国蔬菜实用技术大全：北方卷［M］. 北京：科学技术出版社.
朱海山，张宏，毛昆明，等，2004. 云南番茄地方主栽品种及野生种的遗传多样性研究［J］. 云南农业大学学报，19（4）：373-377.
庄灿然，1995. 中国干制辣椒［M］. 北京：中国农业科技出版社.
庄飞云，赵志伟，李锡香，等，2006. 中国地方胡萝卜品种资源的核心样品构建［J］. 园艺学报，33（7）：46-51.
邹学校，2002. 中国辣椒［M］. 北京：中国农业出版社.

星川清亲，1981. 栽培植物的起源与传播 [M]. 河南：河南科学技术出版社.

加藤·彻，1985. 蔬菜生物生理学基础 [M]. 北京：农业出版社.

H N 瓦维洛夫，1982. 主要栽培植物的世界起源中心 [M]. 董玉琛，译. 北京：农业出版社.

Guo H B, Li S M, Peng J, Ke W D, 2007. Genetic diversity of Nelumbo revealed by RAPD [J]. Genetic Resources and Crop Evolution, 54: 741 - 748.

Li C D, Fatokun C A, Ubi B, et al, 2001. Determining genetic similarities and relationships among cowpea breeding lines and cultivars by microsatellite markers [J]. Crop Sci., 41: 189 - 197.

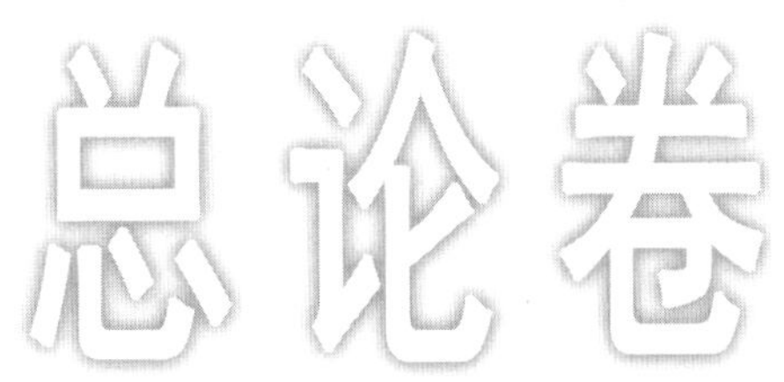

第二十一章

果树作物多样性

果树作物是指为人类提供果实的多年生植物。果树的果实除水果外还有干果，即多年生木本油料（如核桃）和多年生木本粮食（如板栗）。果树的类型很多，按门类可分为裸子植物果树和被子植物果树。裸子植物果树只有银杏科的银杏和红豆杉科的香榧。被子植物果树可分为单子叶植物果树（如椰子、枣椰子、菠萝、香蕉等）和双子叶植物果树（如杨梅、核桃、榛、栗、苹果、梨、桃、李、柑橘等）。按树性又分为乔木、灌木和蔓性果树。乔木果树又分为高大乔木（如椰子、银杏等）、乔木（如苹果、梨、板栗、核桃等）和小乔木果树（如番木瓜、杨桃等）；灌木果树又分成灌木（如扁桃、无花果）和小灌木果树（如石榴）；蔓性果树有葡萄、猕猴桃等。按气候型划分为落叶果树和常绿果树。落叶果树又分为落叶性木本类：如乔木性果树、蔓性果树和灌木性小果树。常绿果树分为常绿性木本类：包括柑橘类、荔枝类（荔枝、龙眼）、椰子类（椰子、枣椰子）、壳果类（腰果、香榧）；多年生常绿草本类：包括乔性草本（如番木瓜、香蕉）、矮性草本（菠萝、草莓）。笔者认为按果树的构造和生物学特性划分果树类型比较合适，可划分为：

落叶果树：

（1）仁果类　包括苹果、梨、榅桲、木瓜、山楂等。

（2）核果类　包括桃、李、杏、樱桃、梅等。

（3）浆果类　包括葡萄、无花果、醋栗、穗醋栗、杨梅、越橘、猕猴桃等。

（4）坚果类　包括核桃、板栗、榛子、香榧、银杏、扁桃、阿月浑子等。

常绿果树：

（1）亚热带果树　包括柑橘、荔枝、龙眼、枇杷、杨梅、黄皮、橄榄、油橄榄等。

（2）热带果树　包括菠萝、香蕉、芒果、番木瓜、番石榴、番荔枝、杨桃、油梨、椰子、枣椰子等。

第一节　果树作物物种多样性

世界果树作物极为丰富，种类繁多，根据日本果树分类学家田中长三郎统计，全世界果树种类包括原生种、栽培种和野生种在内，有 134 科，659 属，2 792 个种，110 个变种。中国分类学家俞德浚教授统计，中国果树种类为 59 科，158 属，670 余种。据 20 世纪 50 年代中国果树资源调查资料和有关文献记载，中国的果树种类约 241 种以上，品种不下万余份，分属 41 科 77 属。

据本书统计，中国有果树作物 87 个树种，包括苹果、梨、山楂、桃、李、杏、樱桃、枣、草莓、猕猴桃、葡萄、柿、板栗、核桃、榛子、银杏、扁桃、阿月浑子、榅桲、木瓜、山核桃、长山核桃、树莓、果莓、醋栗、穗醋栗、越橘、蔷薇果、枸子、刺梨、沙棘、文冠果、石榴、无花果、花楸。常绿果树有宽皮柑橘、橙、柚、枳、金弹、枇杷、龙眼、荔枝、香蕉、菠萝、芒果、椰子、杨梅、黄皮、橄榄、洋蒲桃、毛柿、红毛榴梿、牛油果、文丁果、金星果、神秘果、面包果、人心果、红毛丹、油橄榄、油梨、罗汉果、浩浩芭、第伦桃、罗望子、榴梿、杨桃、番荔枝、余甘子、火把果、海枣、油瓜、腰果、香榧、莽吉柿、番石榴、尖蜜拉、木菠萝、番木瓜、果松、枳椇、杨梅、果桑、苹婆、蛋黄果、西番莲（其中果桑与经济作物的桑树重复），它们隶属 41 个科，77 个属，涉及 644 个物种（栽培种 143 个，野生近缘种 501 个），详见表 21 - 1。

第二节　主要果树作物的遗传多样性

果树作物的性状，特别是果实主要经济性状包括果实形状、大小、颜色、果实肉质和风味，品种间表现多种多样，差异显著，形态和生物学特性亦表现多种多样。

一、苹果

苹果（*Malus pumila* Mill.）是苹果属（*Malus* Mill.）植物的代表种和主要栽培种。苹果属植物全世界有 41 个种，原产中国的有 29 个种。苹果是重要的栽培果树，主要分布于欧洲、亚洲和北美洲的温带地区，中国西洋苹果自引入至今只有百年历史，但生产发展迅猛，栽培面积和产量均居世界首位。原产中国苹果目前栽培极少，西洋苹果品种繁多，国家资源圃保存苹果品种近 800 多个，其果实主要经济性状包括果实大小、形状、色泽、肉质、风味、品质等差异显著，其他形态特征及生物学特性亦各种各样，表现出苹果的遗传多样性。中国目前生产上主要栽培的是西洋苹果，其遗传多样性主要表现在：

（一）果实主要经济性状的遗传多样性

1. 单果重　苹果单果重差别很大，分极小（＜25.0 g）、很小（25.0～50.0 g）、小（50.1～80.0 g）、较小（80.1～110.0 g）、中等（110.1～150.0 g）、较大（150.1～180.0 g）、大（180.1～200.0 g）、很大（200.1～250.0 g）、极大（＞250.0 g）。

2. 果实形状　果实形状各异，有近圆形、扁圆形、长圆形、椭圆形、卵圆形、圆锥形、短圆锥形、长圆锥形、圆柱形、偏斜形之分。

3. 果实表面颜色　底色分绿色、淡绿色、黄绿色、黄白色、淡黄色、黄色、金黄色，覆色有橙红、淡红、红色、浓红、暗红、淡紫色、紫色、褐红。

4. 色相　表现片红和条红两大类。

表 21-1　中国果树作物的物种多样性

序号	作物	科	属	栽培种	野生近缘种
1	苹果	蔷薇科 Rosaceae	苹果属 *Malus* Mill.	苹果 *M. pumila* Mill. 花红 *M. asiatetica* Nakai 楸子 *M. prunifolia*（Willd.）Borkh.	**中国原产的野生种** 山荆子 *M. baccata*（L.）Borkh. 毛山荆子 *M. manshurica* Komarov 丽江山荆子 *M. rockii* Rehder 锡金海棠 *M. sikkimensis*（Hook. f.）Koehne 湖北海棠 *M. hupehensis*（Pamp.）Rehd. 新疆野苹果 *M. sieversii*（Led.）Roem 三叶海棠 *M. sieboldii*（Reg.）Rehder 陇东海棠 *M. kansuensis*（Batal.）Schneid. 山楂海棠 *M. komarovii*（Sarg.）Rehd. 变叶海棠 *M. toringoides*（Rehd.）Hughes 花叶海棠 *M. transitoria*（Batal.）Schneid. 川滇海棠 *M. prattii*（Hemsl.）Schneid. 沧江海棠 *M. ombrophla* Hand. Mazz. 河南海棠 *M. honanensis* Rehd. 滇池海棠 *M. yunnanensis*（Fr.）Schneid. 台湾海棠 *M. formosana* Kawak. et Koidz. [*M. doumeri*（Boig.）Chev.] 尖嘴林檎 *M. melliana*（Hand. -Mazz.）Rehd. **国外引进的野生种** 森林苹果 *M. sylvestris*（L.）Mill. 东方苹果 *M. orientalis* Uglitz. 褐海棠 *M. fusca*（Raf.）Schneid. 草原海棠 *M. ioensis*（Wood.）Brit. 窄叶海棠 *M. angustifolia*（Ait.）Michx. 三裂叶海棠 *M. trilobata*（Labill.）Schneid. 乔劳斯基海棠 *M. tschomoskii*（Maxim.）Schneid.

（续）

序号	作物	科	属	栽培种	野生近缘种
1	苹果	蔷薇科 Rosaceae	苹果属 *Malus* Mill.		佛罗伦萨海棠 *M. florentina*（Zuccagni）Schneid. 朱眉海棠 *M. zumi*（Matsum）Reh. 多花海棠 *M. floribunda* Siebold. 野香海棠 *M. coronaria*（L.）Mill. 大鲜果 *M. soulardii*（Bailey）Brit. **国内发表的苹果属新种** 小金海棠 *M. xiaojinensis* Chen et Jiang 金县山荆子 *M. jinxianensis* Hong et Deng 稻城海棠 *M. daochengensis* C. L. Li 昭觉山荆子 *M. zhaojaoensis* Jiang 保山海棠 *M. baoshanensis* G. T. Deng 马尔康海棠 *M. maerkangensis* Cheng. Zeng et Jin
2	梨	蔷薇科 Rosaceae	梨属 *Pyrus* L.	秋子梨 *P. ussuriensis* Maxim. 白梨 *P. bretschneideri* Rehd. 砂梨 *P. pyrifolia*（Burm.）Nakai 西洋梨 *P. communis* Lim.	**中国原产的野生种** 豆梨 *P. calleryana* Decne. 杜梨 *P. betulaefolia* Bunge 褐梨 *P. phaeocarpa* Rehd. 新疆梨 *P. sinkiangensis* Yü 麻梨 *P. serrulata* Rehd. 川梨 *P. pashia* Buch. -Ham. 滇梨 *p. seudopashia* Yü 木梨 *P. xerophila* Yü 杏叶梨 *P. armeniacaefolia* Yü 河北梨 *P. hopeiensis* Yü **国外原产的野生种** 雪梨 *P. nivalis* Jacg 扁桃叶形梨 *P. amygdaliformis* Vill 俄罗斯梨 *P. rossica* Danilov

（续）

序号	作物	科	属	栽培种	野生近缘种
2	梨	蔷薇科 Rosaceae	梨属 *Pyrus* L.		高加索梨 *P. caucasica* Fed 胡颓子梨 *P. elaeagriflia* Pall. 柳叶梨 *P. salicifolia* Pall. 中亚细亚梨 *P. asiaemediae* M. Pop. 考尔欣斯基梨 *P. korshynkyi* Litv. 布哈尔梨 *P. bucharica* Litv. 异叶形梨 *P. regelii* Rehd. 土库曼梨 *P. turkomanica* Maleev. 鲍西梨 *P. boissieriana* Buhse
3	山楂	蔷薇科 Rosaceae	山楂属 *Crataegus* L.	山楂 *C. pinnatifida* Bunge. 云南山楂 *C. scabrifolia*（Franch）Rehd.	**中国原产的野生种** 伏山楂 *C. brettschneideri* Schneid. 湖北山楂 *C. hupehensis* Sarg. 陕西山楂 *C. shensiensis* Pojark. 野山楂 *C. cuneata* Sieb. et Zucc. 山东山楂 *C. shandongensis* F. Z. Li et W. D. Peng 华中山楂 *C. wilsonii* Sarg. 滇西山楂 *C. oresbia* W. W. Smith 橘红山楂 *C. aurantia* Pojark 毛山楂 *C. maximowiczii* Schneid. 北票山楂 *C. beipiaogensis* Tung et X. J. Tian 虾夷山楂 *C. jozana* Schneid. 辽宁山楂 *C. sanguiea* Pall. 福建山楂 *C. tang-chungchangii* Matcalf. 黄果山楂 *C. wattiana* Hemsl. et Lace. 光叶山楂 *C. dahurica* Koehne ex Schneid. 中甸山楂 *C. chungtienensis* W. W. Smith 甘肃山楂 *C. kansuensis* Wils.

（续）

序号	作物	科	属	栽培种	野生近缘种
3	山楂	蔷薇科 Rosaceae	山楂属 *Crataegus* L.		阿尔泰山楂 *C. altaica*（Loud.）Lange. 裂叶山楂 *C. remotilobata* Popov 准噶尔山楂 *C. songorica* K. Koch 绿肉山楂 *C. chlorosarca* Maxim.
4	桃	蔷薇科 Rosaceae	桃属 *Amygdalus* Linn.	普通桃 *A. persica*（L.）Batsch.	山桃 *A. davidiana* Carr. Franch 新疆桃 *A. ferganensis* Kost. et Riab. 甘肃桃 *A. kansuensis* Rehd. 光核桃 *A. mira* Koehne
5	李	蔷薇科 Rosaceae	李属 *Prunus* L.	中国李 *P. salicina* Lindl. 欧洲李 *P. domestica* L. 美洲李 *P. americana* Marsh 杏李 *P. simonii* Carr.	乌苏里李 *P. ussuriensis* Kov. et Kost. 樱桃李 *P. cerasifera* Enrhart 加拿大李 *P. nigra* Ait. 黑刺李 *P. spinosa* L.
6	杏	蔷薇科 Rosaceae	杏属 *Armeniaca* Mill. （李属 *Prunus* L.）	普通杏 *A. vulgaris* Lam. 紫杏 *A. dasycarpa*（Ehrh.）Borkh. 李梅杏 *A. limeisis* Zang J. Y. et Wang Z. M.	西伯利亚杏 *A. sibirica*（L.）Lam 辽杏 *A. mandshurica*（Maxim.）Skv. 藏杏 *A. holosericea*（Betal.）Kost. 志丹杏 *A. zhidanensis* C. Z. Qiao 政和杏 *A. zhengheensis* Zhang J. Y. et Lu M. N.
7	樱桃	蔷薇科 Rosaceae	樱属 *Cerasus* Mill. （李属 *Prunus* L.）	中国樱桃 *C. pseudocerasus*（Lindl.）G. Don 欧洲甜樱桃 *C. avium*（L.）Moench.	日本早樱 *C. subhirtella*（Miq.）Sok. 多毛樱桃 *C. polytricha*（Koehne）Yü et Li 草原樱桃 *C. fruticosa* Pall. 欧洲酸樱桃 *C. vulgaris* Mill.

（续）

序号	作物	科	属	栽培种	野生近缘种
7	樱桃	蔷薇科 Rosaceae	樱属 *Cerasus* Mill. （李属 *Prunus* L.）	毛樱桃 *C. tomentosa*（Thunb.）Wall.	光叶樱桃 *C. glabra*（Pamp.）Yü et Li 刺毛樱桃 *C. setulosa*（Batal.）Yü et Li 尖尾樱桃 *C. caudata*（Franch.）Yü et Li 托叶樱桃 *C. stipulacea*（Maxim.）Yü et Li 川西樱桃 *C. trichostoma*（Koehne）Yü et Li 山楂樱桃 *C. crataegifolius*（Hand.-Mazz.）Yü et Li 偃樱桃 *C. mugus*（Hand.-Mazz.）Yü et Li 华中樱桃 *C. conradinae*（Koehne）Yü et Li 钟花樱桃 *C. campanulata*（Maxim.）Yü et Li 高盆樱桃 *C. arasoides*（D. Don）Sok. 红毛樱桃 *C. rufa* Wall. 毛柱郁李 *C. pogonostyla*（Maxim.）Yü et Li 毛叶欧李 *C. dictyoneura*（Diels）Yü et Li 欧李 *C. humilis*（Bge.）Sok. 麦李 *C. glandulosa*（Thunb.）Lois. 郁李 *C. japonica*（Thunb.）Lois.
8	枣	鼠李科 Rhamnaceae	枣属 *Ziziphus* Mill.	枣 *Z. jujuba* Mill.	酸枣 *Z. spinosa* Hu 毛叶枣 *Z. mauritiana* Lam 蜀枣 *Z. xiangchengensis* Y. L. Chen et P. K. Chou 大果枣 *Z. mairei* Dode 山枣 *Z. montana* W. W. Smith 小果枣 *Z. oenoplia* Mill. 球枣 *Z. laui* Merr. 滇枣 *Z. incurve* Roxb. 褐果枣 *Z. fungii* Merr. 毛果枣 *Z. attopensis* Pierre 皱枣 *Z. rugosa* Lam. 毛脉枣（毛脉野枣）*Z. pubinervis* Rehd.

（续）

序号	作物	科	属	栽培种	野生近缘种
9	柿	柿科 Ebenaceae	柿属 *Diospyros* L.	柿 *D. kaki* L. f. （*D. chinensis* Bl.；*D. schitze* Bge.；*D. roxburghii* Carr.） 油柿 *D. oleifera* Cheng （*D. kaki* L. f. var. *sylvestris* Makino） 君迁子 *D. lotus* L. 罗浮柿 *D. morrisiana* Hance 毛柿 *D. strigosa* Hemsl. 老鸦柿 *D. rhombifolia* Hemsl. 乌柿 *D. cathayensis* A. N. Steward.	粉叶柿 *D. glaucifolia* Metcalf 瓶兰花 *D. armata* Hemsl. 山柿 *D. montana* Roxb. 光叶柿 *D. diversilimba* Merr. et Chun 囊萼柿 *D. inflata* Merr. et Chun 圆萼柿 *D. metcalfii* Chun et L. Chen 琼南柿 *D. howii* Merr. et Chun 小果柿 *D. vaccinioides* Lindl. 岩柿 *D. dumetorum* W. W. Smith 贵阳柿 *D. esquirolii* Levl. 云南柿 *D. yunnanensis* Rehd. et Wils. 大理柿 *D. balfouriana* Diels. 景东君迁子 *D. kintungensis* C. Y. Wu 红柿 *D. oldhami* Maxim. 山橄榄柿 *D. aiderophylla* Li 五蒂柿 *D. coralline* Chun et L. Chen 黑皮柿 *D. nigrocortex* C. Y. Wu 腾冲柿 *D. forrestii* Anth. 琼岛柿 *D. maclurei* Merr. 老君柿 *D. fengii* C. Y. Wu 瓣果柿 *D. lobata* L. 过布柿 *D. susarticulata* Lec. 长苞柿 *D. longibracteata* Lec. 西畴君迁子 *D. sichourensis* C. Y. Wu 黑柿 *D. nitida* Merr. 兰屿柿 *D. kotaensis* T. Yamazaki 青茶柿 *D. rubra* Lec.

（续）

序号	作物	科	属	栽培种	野生近缘种
9	柿	柿科 Ebenaceae	柿属 *Diospyros* L.		美脉柿 *D. caloneura* C. Y. Wu 延平柿 *D. tsangii* Merr. 岭南柿 *D. tutcheri* Dunn 保亭柿 *D. potingensis* Merr. et Chun 梵净山柿 *D. fanjingshanica* S. Lee 贞丰柿 *D. zhenfengensis* S. Lee 龙胜柿 *D. longshengensis* S. Lee 黑毛柿 *D. atrotricha* H. W. Li 点叶柿 *D. puntilimba* C. Y. Wu 单子柿 *D. unisemina* C. Y. Wu 乌材 *D. eriantha* Champ. ex Benth 湘桂柿 *D. xiangguiensis* S. Lee 崖柿 *D. chunii* Metc. et L. Chen 海南柿 *D. hainanensis* Merr. 苏门答腊柿 *D. tparaioles* King et Gannble 红枝柿 *D. ehretioides* Wall. ex A. DC. 六花柿 *D. hexamera* C. Y. Wu 异萼柿 *D. anisocalyx* C. Y. Wu 信宜柿 *D. sunyiensis* Chun et L. Cheng 川柿 *D. sutchuensis* Yang 苗山柿 *D. miaoshanica* S. Lee 56. 网脉柿 *D. reticulinervis* C. Y. Wu 海边柿 *D. maritime* Bl. 象牙树 *D. ferrea*（Willd.）Bakh. 傣柿 *D. kerrii* Craib.
10	板栗	山毛榉科 Fagaceae	栗属 *Castanea* Mill.	中国栗 *C. mollissima* Bl.	茅栗 *C. sequinii* Dode

（续）

序号	作物	科	属	栽培种	野生近缘种
11	核桃	胡桃科 Juglandaceae	核桃属 *Juglans* L.	核桃 *J. regia* L.	野核桃 *J. cathayensis* Dode 河北核桃 *J. hopeiensis* Hu 吉宝核桃 *J. sieboldiana* Max. 心形核桃 *J. cordiformis* Max. 黑核桃 *J. nigra* L.
12	榛子	榛科 Corylaceae	榛属 *Corylus* L.	平榛 *C. heterophylla* Fisch.	毛榛 *C. mandshurica* Maxim. 川榛 *C. kweichowensis* Hu 华榛 *C. chinensis* Franch. 绒苞榛 *C. fargesii* Schneid. 滇榛 *C. yunnanensis* A. Camus 刺榛 *C. ferox* Wall. 维西榛 *C. wangii* Hu 欧洲榛 *C. avellana* L. 大果榛 *C. maxima* Mill. 尖榛 *C. cornuta* Marshall
13	银杏	银杏科 Ginkgoaceae	银杏属 *Ginkgo* L.	银杏 *G. biloba* L.	
14	草莓	蔷薇科 Rosaceae	草莓属 *Fragaria* L.	凤梨草莓 *F. ananassa* Duch.	野草莓 *F. vesca* L. 东方草莓 *F. orientalis* Lozinsk. 西南草莓 *F. moupinensis*（Franch.）Card. 黄毛草莓 *F. nilgerrensis* Sclecht 五叶草莓 *F. pentaphylla* Lozinsk. 裂萼草莓 *F. daltoniana* Gay 纤细草莓 *F. gracilis* Lozinsk. 西藏草莓 *F. nubicola*（Hook. f.）Lindi. ex Lacaita

（续）

序号	作物	科	属	栽培种	野生近缘种
15	葡萄	葡萄科 Vitaceae	葡萄属 *Vitis* L.	欧亚种葡萄 *V. vinifera* L. 山葡萄 *V. amurensis* Rupr. 葛藟葡萄 *V. flexuosa* Thunb. 网脉葡萄 *V. wilsonae* Veitch（*V. reticulata* Pamp.） 桦叶葡萄 *V. betulifolia* Diels & Gilg 秋葡萄 *V. romaneti* Roman. 刺葡萄 *V. davidii*（Roman. du Caill.）Foëx. （*V. armata* Diels & Gilg） 变叶葡萄 *V. piasezkii* Maxim. 蘡薁 *V. bryoniaefolia* Bge. [*V. adstricta* Hance; *V. bryoniaefolia* Bge. var. *mairei*（Lévl.）W. T. Wang] 美洲种葡萄 *V. labrusca* L.	毛葡萄 *V. heyneana* Roem. &Schult. （*V. quinquangularis* Rehd.；*V. lanata* Roxh.；*V. pentagona* Diels & Gilg） 华东葡萄 *V. pseudoreticulata* W. T. Wang 浙江蘡薁 *V. zhejiang-adstricta* P. L. Qiu 湖北葡萄 *V. silvestrii* Pamp. 武汉葡萄 *V. wuhanensi* C. L. Li 温州葡萄 *V. wenchouensis* C. Ling ex W. T. Wang 井冈葡萄 *V. jinggangensis* W. T. Wang 红叶葡萄 *V. erythrophylla* W. T. Wang 乳源葡萄 *V. ruyuanensis* C. L. Li 蒙自葡萄 *V. mengziensis* C. L. Li 凤庆葡萄 *V. fengqingensis* C. L. Li 河口葡萄 *V. hekouensis* C. L. Li 狭叶葡萄 *V. tsoii* Merr. 绵毛葡萄 *V. retordii* Roman. 龙泉葡萄 *V. longquanensis* P. L. Qiu 麦黄葡萄 *V. bashanica* P. C. He 庐山葡萄 *V. hui* Cheng 陕西葡萄 *V. shenxiensis* C. L. Li 云南葡萄 *V. yunnanensis* C. L. Li 东南葡萄 *V. chunganensis* Hu 罗城葡萄 *V. luochengensis* W. T. Wang 闽赣葡萄 *V. chungii* Metcalf.
16	树莓 （山莓）	蔷薇科 Rosaceae	悬钩子属 *Rubus* L.	树莓 *R. corchorifolius* L. 欧洲红树莓 *R. idaeus* L.	酒树莓 *R. phoenicolasis* axim. 刺萼悬钩子 *R. alexeterius* Focke 周毛悬钩子 *R. amphidasys* Focke 北悬钩子 *R. arcticus* L.

（续）

序号	作物	科	属	栽培种	野生近缘种
16	树莓	蔷薇科	悬钩子属	美洲红树莓	西南悬钩子 *R. assamensus* Focke
	（山莓）	Rosaceae	*Rubus* L.	*R. strigosus* Michx.	橘红悬钩子 *R. aurantiacus* Focke
				糙树莓（黑树莓）	竹叶悬钩子 *R. bambusarus* Focke
				R. occidentalis L.	寒莓 *R. buergeri* Miq.
				俯花莓	兴安悬钩子 *R. chamaemorus* L.
				R. mutans Wall.	长序莓 *R. chiliadenus* Focke
				三色莓	华西悬钩子 *R. chinensis* Franch.
				R. tricolor Focke	毛萼莓 *R. chroosepalus* Focke
				鸡爪茶	网纹悬钩子 *R. cindidodictyus* Card.
				R. henryi Hemsl. et Ktze.	矮生悬钩子 *R. clivicola* Walker
				高粱泡	蛇泡筋 *R. sochinchinensis* Tratt
				R. lambertianus Ser.	华中悬钩子 *R. cockburnianus* Hemsl.
				乌泡子	小柱悬钩子 *R. columellaris* Tutcher
				R. parkeri Hance	椭圆悬钩子 *R. ellipticus* Smith
				香花悬钩子	桉叶悬钩子 *R. eucalyptus* Focke
				R. odoratus L.	大红泡 *R. eustephanus* Focke
				悬钩子	峨眉悬钩子 *R. fabesi* Focke
				R. palmatus Thunb.	黔贵悬钩子 *R. feddei* Levl. et Vanit.
				牛叠肚	攀枝莓 *R. flagelliflorus* Focke
				R. crataegifolius Bge.	弓茎悬钩子 *R. flosaulosus* Focke
				插田泡	凉山悬钩子 *R. forkeanus* Kurcz
				R. coreanus Miq.	台湾悬钩子 *R. focmosensis* Ktze.
				茅莓	莓叶悬钩子 *R. fragarioides* Bertol.
				R. parvifolius L.	光果悬钩子 *R. glabricarpus* Cheng
				美洲黑莓	大序悬钩子 *R. grandipaniculatus* Yu et Lu
				R. allegheniensis Porter.	中南悬钩子 *R. grayanus* Metcalf
				欧洲木莓	江西悬钩子 *R. gressittii* Metcalf
				R. caesius L.	华南悬钩子 *R. hanceanus* Ktze.

（续）

序号	作物	科	属	栽培种	野生近缘种
16	树莓 （山莓）	蔷薇科 Rosaceae	悬钩子属 *Rubus* L.	覆盆子 *R. idaeus* L.	戟叶悬钩子 *R. hastifolius* Levl. et Vanit 蓬蘽 *R. hirsutus* Thunb. 湖南悬钩子 *R. hunnanensis* Hand. -Mazz. 宜昌悬钩子 *R. ichangensis* Hemsl. et Ktze. 陷脉悬钩子 *R. impressonervus* Metcalf 白叶莓 *R. innominatus* S. Moore 红花悬钩子 *R. inopertus*（Diels）Focke 紫色悬钩子 *R. irritans* Focke 蒲桃叶悬钩子 *R. jambosoides* Hance 金佛山悬钩子 *R. jinfushanensis* Yu et Lu 绿叶悬钩子 *R. komarowii* Nakai 牯岭悬钩子 *R. kulinganus* Bailey 绵果悬钩子 *R. lasiostylus* Focke 多毛悬钩子 *R. lasiotrichos* Focke 白花悬钩子 *R. leucanthus* Hance 绢毛悬钩子 *R. lineatus* Reinw. 五裂悬钩子 *R. lobatus* Yu et Lu 角裂悬钩子 *R. lobophyllus* Shih ex Metcalf 光亮悬钩子 *R. lucens* Focke 黄色悬钩子 *R. lutescens* Franch. 细瘦悬钩子 *R. macilentus* Camb. 棠叶悬钩子 *R. malifolius* Focke 喜阴悬钩子 *R. mesogaeus* Focke 大乌泡悬钩子 *R. multibracteatus* Levl. 红泡刺藤 *R. nivus* Thunb. 太平莓 *R. pacificus* Hance 圆锥悬钩子 *R. paniculatus* Smith 匍匐悬钩子 *R. pectinarioides* Hara

（续）

序号	作物	科	属	栽培种	野生近缘种
16	树莓（山莓）	蔷薇科 Rosaceae	悬钩子属 *Rubus* L.		梳齿悬钩子 *R. pectinaris* Focke 黄泡子 *R. pectinellus* Maxim. 盾叶梅 *R. peltatas* Maxim. 梨叶悬钩子 *R. pirifolius* Smith 掌叶悬钩子 *R. pentagonus* Wall. ex Focke 羽萼悬钩子 *R. pinnatisepalus* Hemsl. 五叶鸡爪茶 *R. playfairianus* Hemsl. 陕西悬钩子 *R. piluliferus* Focke 菰帽悬钩子 *R. pileatus* Focke 早花悬钩子 *R. preptantus* Focke 针刺悬钩子 *R. pungens* Camb. 锈毛莓 *R. reflexus* Ker. 空心泡 *R. rosaefolius* Smith 红刺悬钩子 *R. rubrisetulosus* Card. 库页悬钩子 *R. sachalinensis* Levl. 石生悬钩子 *R. saxatilis* L. 川莓 *R. setchuenensis* Bureau et Franch. 贵滇悬钩子 *R. shihae* Metc. 单茎悬钩子 *R. simplex* Focke 直立悬钩子 *R. stans* Focke 紫红悬钩子 *R. subinopertus* Yu et Lu 美饰悬钩子 *R. subornatus* Focke 密刺悬钩子 *R. subtibetanus* Hand. -Mazz. 红腺悬钩子 *R. sumatranus* Miq. 木莓 *R. swinhoei* Hance 灰白悬钩子 *R. tephrodes* Hance 西藏悬钩子 *R. thibetanus* Franch. 三花悬钩子 *R. trianthus* Focke

（续）

序号	作物	科	属	栽培种	野生近缘种
16	树莓 （山莓）	蔷薇科 Rosaceae	悬钩子属 *Rubus* L.		三对叶悬钩子 *R. trijugus* Focke 光滑悬钩子 *R. tsangii* Merr. 大苞悬钩子 *R. wangii* Metc. 大花悬钩子 *R. wardii* Merr. 黄果悬钩子 *R. xanthocarpus* Franch. 黄脉悬钩子 *R. xanthoneurus* Focke
17	猕猴桃	猕猴桃科 Actinidiaceae	猕猴桃属 *Actinidia* Lindl.	中华猕猴桃 *A. chinensis* Planch. 软枣猕猴桃 *A. arguta*（Sieb. &Zucc.） Planch. ex Miq. 狗枣猕猴桃 *A. kolomikta* Maxim. 葛枣猕猴桃 *A. polygana*（Sieb. et Zucc.） Maxim. 美味猕猴桃 *A. deliciosa*（A. Chev.） C. F. Liang et A. R. Ferguson	**中国原产** 毛花猕猴桃 *A. erantha* Benth. 阔叶猕猴桃 *A. latifolia*（Gardn. et Champ） Merr. 灰毛猕猴桃 *A. cinerascins* C. F. Liang 革叶猕猴桃 *A. coriacea* Dunn 粉毛猕猴桃 *A. farinose* C. F. Liang 光叶猕猴桃 *A. glabra* L. 圆果猕猴桃 *A. golbosa* C. F. Liang 广西猕猴桃 *A. kwangsiensis*（Li） C. F. Liang 小叶猕猴桃 *A. lanceolata* Dunn 两广猕猴桃 *A. liangguangensis* C. F. Liang 尾叶猕猴桃 *A. longicauda* F. Chun 大籽猕猴桃 *A. macrosperma* C. F. Liang 海棠猕猴桃 *A. maloides* Li 黑蕊猕猴桃 *A. melanandra* Franch. 梅叶猕猴桃 *A. mumoides* C. F. Liang 沙巴猕猴桃 *A. petelotti* Diels 疏毛猕猴桃 *A. pilosula*（Fin. et Gagn.） Stapf ex Hand. -Mxzz. 对萼猕猴桃 *A. valvata* Dunn 紫果猕猴桃 *A. purpurea*（Rehd.） C. F. Liang

（续）

序号	作物	科	属	栽培种	野生近缘种
17	猕猴桃	猕猴桃科 Actinidiaceae	猕猴桃属 *Actinidia* Lindl.		红毛猕猴桃 *A. rufotricha* C. Y. Wu 刺毛猕猴桃 *A. setosa*（Li）C. F. Liang et A. R. Ferguson 安息香猕猴桃 *A. styracifolia* C. F. Liang 栓叶猕猴桃 *A. suberfolia* C. Y. Wu 四萼猕猴桃 *A. tetramera* Maxim. 河南猕猴桃 *A. henanensis* C. F. Liang 黄毛猕猴桃 *A. fulvicoma* Hance 繁花猕猴桃 *A. persicina* R. H. Huang et S. M. Wang **国外引进** 白背叶猕猴桃 *A. hypoleuca* Nakai 山梨猕猴桃 *A. rufa*（Sieb. et Zucc.）Planch. ex Miq.
18	穗醋栗	茶藨子科 Grossulariaceae	茶藨子属 *Ribes* L.	黑果茶藨 *R. nigrum* Linn. 红果茶藨 *R. rubrum* L.（*R. sylvestre* Syme）	东北茶藨 *R. manschricum* Kom. 水葡萄茶藨 *R. procumbens* Pall. 普通欧洲穗醋栗 *R. vulgare* Lam. 石穗醋栗 *R. petraeum* Wulf. 黄花穗状醋栗 *R. aureum* Pursh 少花茶藨 *R. paaciflorum* Turcz. 阿尔丹茶藨 *R. dikuscha* Fisch. 红花茶藨 *R. longeracemosum* Fr.
19	醋栗	茶藨子科 Grossulariaceae	醋栗属 *Grossuloria* Mill.	欧洲醋栗 *G. reclinata* Mill. 美洲醋栗 *G. hirtellum*（Mich）Spach. 阿尔泰醋栗 *G. cuicularis*（Smith）Spach.	醋栗 *G. burejensis* Berger
20	榅桲	蔷薇科 Rosaceae	榅桲属 *Cydonia* Mill.	榅桲 *C. oblonga* Mill.	

（续）

序号	作物	科	属	栽培种	野生近缘种
21	沙棘	胡颓子科 Elaeagnaceae	沙棘属 *Hippohae* L.	沙棘 *H. rhamnoides* L.	柳叶沙棘 *H. salicifolia* D. Don 西藏沙棘 *H. thibetana* Schlecht. 棱果沙棘 *H. goniocarpa* Lian. X. L. Chen et K. Sun 肋果沙棘 *H. neurocarpa* S. W. Liu et T. N. He.
22	木瓜	蔷薇科 Rosaceae	木瓜属 *Chaenomeles* Lindl.	木瓜 *C. sinensis*（Thouin）Koehe	皱皮木瓜 *C. speciosa*（Sweet）Nakai 毛叶木瓜 *C. cathayensis*（Hemsl.）Schneid. 日本木瓜 *C. japonica*（Tumb.）Lindl. 西藏木瓜 *C. thibetica* Yü
23	越橘	石楠科 Ericaceae	越橘属 *Vaccinium* L.	越橘 *V. vitis-idaea* L.	蔓越橘 *V. oxycoccos* L. 北高越橘 *V. corymbosum* L. 矮灌越橘 *V. pennsylvanicum* L. 兔眼越橘 *V. ashei* Reade 大果蔓越橘 *V. macrocarpon* Ait. 笃斯越橘 *V. uliginosum* L.
24	山核桃	胡桃科 Juglandaceae	山核桃属 *Carya* Nutt.	山核桃 *C. cathayensis* Sarg.	湖南山核桃 *C. hunanensis* Cheng et R. H. Chang 越南山核桃 *C. tonkiensis* Lecomte 贵州山核桃 *C. kwoichowensis* Kuang et A. M. Lu
25	长山核桃	胡桃科 Juglandaceae	山核桃属 *Carya* Nutt.	长山核桃 *C. illinoensis* K. Koch	
26	阿月浑子	漆树科 Anacaraiaceae	黄连木属 *Pistacia* L.	阿月浑子 *P. vera* L.	清香木 *P. weinmannifolia* Poiss. ex Franch.
27	蔷薇果	蔷薇科 Rosaceae	蔷薇属 *Rosa* L.	蔷薇果 *R. bella* Rehd. et Wils.	
28	果梅	蔷薇科 Rosaceae	杏属 *Armeniaca* Nill.	果梅 *A. mume* Sieb.	

（续）

序号	作物	科	属	栽培种	野生近缘种
29	栒子	蔷薇科 Rosaceae	栒子属 *Cotoneaster* Medik.	水栒子 *C. multiflorus* Bge.	毛叶水栒子 *C. submultiflorus* Popov 黑果栒子 *C. melanocarpus* Lodd. 灰栒子 *C. acutifolius* Turcz. 西南栒子 *C. franchetii* Bois. 黄杨叶栒子 *C. buxifolius* Lindl. 平枝栒子 *C. horizontalis* Dcne. 柳叶栒子 *C. salicifolius* Franch. 麻核栒子 *C. foveolatus* Rehd. et Wils. 川康栒子 *C. ambiguous* Rehd. et Wils. 毡毛栒子 *C. pannosus* Franch. 尖叶栒子 *C. acuminatus* Lindl.
30	沙枣	胡颓子科 Elaeagnaceae	胡颓子属 *Elaeagnus* L.	沙枣 *E. angustifolia* L.	
31	刺梨	蔷薇科 Rosaceae	蔷薇属 *Rosa* L.	刺梨 *R. roxburghii* Tratt.	
32	扁桃	蔷薇科 Rosaceae	扁桃属 *Amygdalus* L.	普通扁桃 *A. communis* L.	
33	无花果	桑科 Moraceae	无花果属（榕属） *Ficus* L.	无花果 *F. carica* L.	馒头果 *F. auriculata* Lour. 爱玉子 *F. awkeotsang* Makino 天仙果 *F. erecta* Thunb. 薜荔 *F. pumila* L. 地瓜 *F. tikoua* Bur.
34	石榴	安石榴科 Punicaceae	石榴属 *Punica* L.	石榴 *P. granatum* Linn.	

（续）

序号	作物	科	属	栽培种	野生近缘种
35	枇杷	蔷薇科 Rosaceae	枇杷属 *Eriobotrya* Lindl.	枇杷 *E. japonica*（Thunb.）Lindl.	栎叶枇杷 *E. prinoides* Rehd. ex Wils. 麻栗坡枇杷 *E. malipoensis* Kuan 腾越枇杷 *E. tengyuehensis* W. W. Smith 怒江枇杷 *E. salwinensis* Hand. -Mazz. 香花枇杷 *E. fragrans* Champ. 大花枇杷 *E. cavaleriei*（Lévl.）Rehd. （*E. grandiflora* Rehd. ex Wils.；*E. rackloi* hand. -Mazz.） 小叶枇杷 *E. seguinii*（Lévl.）Card. ex Guillaumin 倒卵叶枇杷 *E. obovata* W. W. Smith 南亚枇杷 *E. bengalensis*（Roxb.）Hook. f. 齿叶枇杷 *E. serrata* Vidal 台湾枇杷 *E. deflexa*（Hemsl）Nakai 椭圆枇杷 *E. elliptica* Lindl. 窄叶枇杷 *E. henryi* Nakai
36	荔枝	无患子科 Sapindaceae	荔枝属 *Litchi* Sonn.	荔枝 *L. chinensis* Sonn.	菲律宾荔枝 *L. philippinensis* Radlk.
37	橙	芸香科 Rutaceae	柑橘属 *Citrus* L.	甜橙 *C. sinensis* Osbeck 酸橙 *C. aurandium* Linn.	
38	柚	芸香科 Rutaceae	柑橘属 *Citrus* L.	葡萄柚 *C. paradisii* Macf. 柚 *C. grandis* Osbeck	

（续）

序号	作物	科	属	栽培种	野生近缘种
39	宽皮柑橘	芸香科 Rutaceae	柑橘属 *Citrus* L.	宽皮柑橘 *C. reticulate* Blanco	枸橼 *C. medica* Linn. 黎檬 *C. limonia* Osbeck 来檬 *C. aurantifolia* Swingle 宜昌橙 *C. ichangensis* Swingle 红河大翼橙 *C. hongheensis* Y. L. D. L 蚂蜂橙 *C. hystrix* DC. 道县野橘 *C. daoxianensis* 莽山野橘 *C. mansanensis* 柠檬 *C. limon* Burm. f.
40	金弹	芸香科 Rutaceae	金柑属 *Fortunella* Swingle	金弹 *F. classifolia* Swingle	金山柑 *F. hindisii* Swingle 罗浮 *F. margarita* Swingle 圆金柑 *F. japonica* Swingle 长寿金柑 *F. obovata* Tanaka 长叶金柑 *F. polyandra* Tanaka
41	枳	芸香科 Rutaceae	枳属 *Poncirus* Raf.	枳（枸橘） *Poncirus trifoliate* Raf.	
42	龙眼	无患子科 Sapindaceae	龙眼属 *Dimocarpus* Lour.	龙眼 *D. longana* Lour.	灰岩肖韶子 *D. fumatus*（Bl.）Leenh 滇龙眼 *D. yunnanensis*（W. T. Wang）C. Y. Wu et T. L. Ming
43	芒果	漆树科 Anacardiaceae	芒果属 *Mangifera* L.	芒果 *M. indica* L.	泰国芒果 *M. simensis* Warbg. ex Craib 长梗芒果 *M. longipes* Griff. 林生芒果 *M. syvatica* Roxb. 冬芒 *M. hiemalis* J. K. Ling
44	椰子	棕榈科 Palmae	椰子属 *Cocos* L.	椰子 *C. nucufera* L.	

（续）

序号	作物	科	属	栽培种	野生近缘种
45	菠萝	凤梨科 Bromeliaceae	凤梨属 *Ananas* Merr.	菠萝 *A. comosus*（L.）Merr.	苞凤梨 *A. bracteatus*（Lindl.）Schluters 苏德凤梨 *A. ananassoides*（Bak.）L. B. Smith 巴拉圭菠萝 *A. parguazensis* Camargo & L. B. Smith 小凤梨 *A. lucidus* Miller 立叶凤梨 *A. erectifolius* 富滋凤梨 *A. fritzmuelleri* Camargo
46	香蕉	芭蕉科 Musaceae	芭蕉属 *Musa* L.	香蕉 *M. nana* Lour. 大蕉 *M. sapientum* L.	野蕉 *M. balbisiana* Colla 小果野蕉 *M. acuminate* Colla 阿宽蕉 *M. itinerans* Cheesm 芭蕉 *M. bajioo* Sieb. & Zucc. 树头芭蕉 *M. wilsonii* Tutch. 阿希蕉 *M. rubra* Wall. ex Kurz 蕉麻 *M. textilis* Née 红蕉 *M. coccinea* Andr.
47	黄皮	芸香科 Rutaceae	黄皮属 *Clausena* L.	黄皮 *C. lansium*（Lour.）Skeels （*C. wampi* Blanco）	光滑黄皮 *C. lenis* Darke 广西黄皮 *C. kwangsiensis* Huang 云南黄皮 *C. yunnanensis* Huang 细叶黄皮 *C. indica*（Dalz.）Oliv. 假黄皮 *C. excavata* Burm. f. 锈毛黄皮 *C. ferruginea* Huang 小黄皮 *C. emarginata* Huang 齿叶黄皮 *C. dentata*（Willd.）Roem. 川萼黄皮 *C. henryi*（Swingle）Huang 香花黄皮 *C. odorata* Huang

（续）

序号	作物	科	属	栽培种	野生近缘种
48	橄榄	橄榄科 Burseraceae	橄榄属 *Canarium* L.	白榄 *C. album*（Lour.）Raeusch 乌榄（黑榄） *C. pimela* Koen.（*C. nigrum* Engl.）	爪哇橄榄 *C. amboinensis* Hook. 方榄 *C. bengalense* Roxb. 爪哇榄 *C. commune* L. 细齿榄 *C. denticulatum* Blume 非洲橄榄 *C. edule* Hook f. 大花橄榄 *C. grandiflorum* Benn 吕禾榄 *C. luzonicum* Blume 马六甲橄榄 *C. moluccanum* Blume 小榄 *C. nitidum* Bon. 菲律宾榄 *C. cvatum* Engl. 小叶榄 *C. polyphyllum* Ksch. 紫色橄榄 *C. purpuroscens* Benn 红榄 *C. secunclum* Benn 滇榄 *C. strictum* Roxb. 毛叶榄 *C. subulatum* Guill.
49	洋蒲桃 （莲雾）	桃金娘科 Myrtaceae	蒲桃属 *Syzygium* Gaertn.	洋蒲桃 *S. samarangense*（Bl.）Merr. et Perry	
50	毛柿 （台湾柿）	柿科 Ebenaceae	柿属 *Diospyros* L.	毛柿 *D. discolor* Willd.（*D. mobola* Roxb.）	
51	红毛榴莲	番荔枝科 Annonaceae	番荔枝属 *Annona* L.	红毛榴莲（刺果番荔枝） *A. muricata* L.	
52	鳄梨 （牛油果）	樟科 Lauraceae	鳄梨属 *Persea* Mill.	鳄梨 *P. americana* Mill.	
53	文丁果	杜英科 Elaeocarpaceae	文丁果属 *Muntingia* L.	文丁果 *M. colabura* L.	

（续）

序号	作物	科	属	栽培种	野生近缘种
54	金星果	山榄科 Sapotaceae	金叶树属 *Chrysophyllum* L.	金星果 *C. cainito* L.	
55	神秘果	山榄科 Sapotaceae	神秘果属 *Synsepalum* （A. DC.）Daniell	神秘果 *S. dulcificum*（Sch.）Daniell	
56	面包果	桑科 Moraceae	菠萝蜜属 *Artocarpus* J. R. et G. Forst.	面包果 *A. altilis* Fosberg （*A. communis* Forst；*A. incisus* L. F.）	
57	人心果	山榄科 Sapotaceae	人心果属 *Achras* L.	人心果 *A. zapota* L.	
58	红毛丹	无患子科 Sapindaceae	韶子属 *Nephelium* L.	红毛丹 *N. lappaceum* Lim.	
59	油橄榄	木樨科 Oleaceae	齐敦果属 *Olea* L.	油橄榄 *O. europaea* L.	非洲野油橄榄 *O. africana* Mill. 野油橄榄 *O. capensis* Lam. 尖叶木樨榄 *O. cuspidata* Wall. 马岛木樨榄 *O. emarginata* Poir. 异株木樨榄 *O. dioica* Roxb. 加姆里橄榄 *O. gamblei* Clarke 海南野油橄榄 *O. hainanensis* L. 云南木樨榄 *O. yunnanensis* Hand. -Mazz.
60	油梨	樟科 Lauraceae	鳄梨属 *Persea* Mill.	油梨 *P. amencana* Mill.	
61	罗汉果	葫芦科 Cucurbitaceae	罗汉果属 *Siraitia*	罗汉果 *S. grosvenorii*（Swingle）C. Jeffrey	

（续）

序号	作物	科	属	栽培种	野生近缘种
62	浩浩芭	西蒙得木科 Simmondsiaceae	西蒙得木属 *Simmondsia* Jacq.	浩浩芭 *S. chinensis*（Link.）Schneider	
63	第伦桃	五桠果科 Dilleniaceae	五桠果属 *Dillenia* L.	第伦桃 *D. indica* L.	菲律宾第伦桃 *D. philippinensis* Polfe 加达门第伦桃 *D. reifferscheielia* Naves 大花第伦桃 *D. turbinata* Finet et Gagnep. 海南五桠果 *D. hainanensis* Merr.
64	莽吉柿	藤黄科 Guttiferae	山竹子属 *Garcinia* L.	莽吉柿 *G. mangostana* Linn.	多花山竹子 *G. multiflora* Champ. 岭南山竹子 *G. oblongifolia* Champ. 人面果 *G. tinctoria*（DC.）W. F. Wight 单花山竹子 *G. oligantha* Merr.
65	罗望子	苏木科 Caesalqiniaceae	罗望子属 *Tamarindus* L.	罗望子 *T. indica* L.	
66	榴梿	木棉科 Bombacaceae	榴梿属 *Durio* Adans.	榴梿 *D. zibethinus* Murr.	
67	杨桃	杨桃科 Averrhoaceae	杨桃属 *Averrhoa* L.	普通杨桃 *A. carambola* L.	多叶酸杨桃 *A. bilimbi* L.
68	番荔枝	番荔枝科 Annonaceae	番荔枝属 *Annona* L.	番荔枝 *A. squamosa* L.	刺果番荔枝 *A. muricata* L.
69	余甘子	大戟科 Euphorbiaceae	叶下珠属 *Phyllanthus* L.	余甘子 *P. emblica* L.	
70	火把果	蔷薇科 Rosaceae	火棘属 *Pyracantha* Roem.	火把果 *P. angustifolia*（Franch.）Schneid.	细圆齿火棘 *P. cremulata* Roem. 全缘火棘 *P. fortuneana*（Maxim.）Li

（续）

序号	作物	科	属	栽培种	野生近缘种
71	海枣	棕榈科 Palmae	海枣属 *Phoenix* L.	海枣 *P. dactylifera* Linn.	糠椰 *P. banceana* Naud. 长叶刺葵 *P. canariensis* Chaband
72	油瓜	葫芦科 Cucurbitaceae	油瓜属 *Hodgrsonia*	油瓜 *H. macrocarpa*（Blume）Cogn.	*H. heteroclita*（Boxb.）Hook. f. & Thoms. *H. kadam*（Mig.）Lewk. *H. capnicarpa* Ridly
73	腰果	漆树科 Anacardinceae	腰果属 *Anacardium*	腰果 *A. occidentale* L.	
74	香榧	红豆杉科 Taxaceae	榧属 *Torreya* Arn.	香榧 *T. grandis* Fort.	蓖子榧 *T. fargesii* Franch. 长叶榧 *T. jackii* Chun 油榧 *T. uncifera* Sieb. et Zucc. 云南榧 *T. yunnanensis* Cheng et L. K. Fu
75	文冠果	无患子科 Sapindaceae	文冠果属 *Xanthoceras* Bunge	文冠果 *X. sorbifolia* Bunge	
76	番石榴	桃金娘科 Myrtaceae	番石榴属 *Psidium* L.	番石榴 *P. guajava* L.	
77	尖蜜拉	桑科 Moraceae	菠萝蜜属 *Artocarpus* J. R. et G. Forst.	尖蜜拉 *A. champeden*（Lour.）Spreng. [*A. integre*（Thunb.）Merr.]	
78	木菠萝	桑科 Moraceae	菠萝蜜属 *Artocarpus* J. R. et G. Forst.	木菠萝（菠萝蜜） *A. heterophyllus* Lam.	
79	苹婆	梧桐科 Sterculiaceae	苹婆属 *Sterculia* L.	苹婆 *S. nobilis* Smith	红头苹婆 *S. ceramic* R. Br.

（续）

序号	作物	科	属	栽培种	野生近缘种
80	番木瓜	番木瓜科 Caricaceae	番木瓜属 *Carica* L.	番木瓜 *C. papaya*	
81	果松	松科 Pinaceae	松属 *Pinus* L.	食松 *P. edulis* Engelm.	
82	枳椇	鼠李科 Rhamnaceae	拐枣属 *Hovenia* Thunb.	枳椇（拐枣） *H. acerba* Lindl.	北枳椇 *H. dulcis* Thunb. 黄果枳椇 *H. trichocarpa* Chun et Tsiang
83	杨梅	杨梅科 Myricaceae	杨梅属 *Myrica* L.	杨梅 *M. rubra* Sieb. et Zucc.	青杨梅 *M. adenophora* Hance 蜡杨梅 *M. cerifera* L. 毛杨梅 *M. esculenta* Buch. -Ham. 甜杨梅 *M. gale* L. 异叶杨梅 *M. heterophylla* Raf.
84	果桑△	桑科 Maraceae	桑属 *Morus* L.	白桑 *M. alba* L.	有 11 个种见附录 3（序号 415）
85	花楸	蔷薇科 Rosaceae	花楸属 *Sorbus* L.	花楸 *S. pohuashanensis*（Hance.）Hedl. 欧洲花楸 *S. aucuparia* L.	北京花楸 *S. discolor*（Maxim.）Maxim. 水榆花楸 *S. alnifolia*（Sieb. et Zucc.）K. Koch 天山花楸 *S. tianschanica* Rupr.
86	蛋黄果	山榄科 Sapotaceae	蛋黄果属 *Lucuma* Molina	蛋黄果 *L. nervosa* A. DC.	
87	西番莲	西番莲科 Passifloraceae	西番莲属 *Passiflora* Linn.	西番莲 *P. coerulea* L.	黄果西番莲 *P. edulis* f. *flavicarpa* Deg. 紫果西番莲 *P. dulis* Sims

注：带△符号的为作物大类之间重复。

5. 果实表面果点 果实表面果点有大小、疏密之分，果锈有片状、条状、锈斑之别。

6. 果面果粉和蜡质 果面果粉和蜡质存在有无和多少之差别，果梗有长短、粗细之分。

7. 萼片 表现为开闭、宿存、残存和脱落，梗洼有深浅、广狭之分，萼片分直立和反卷。

8. 果实风味 有甜、淡甜、酸甜、酸甜适度、甜酸、微酸和酸，兼用可溶性固形物和糖含量表示之，可溶性糖含量小于8%者为低，9%～9.9%者为中等，10.0%～10.9%者为高，11%以上者为极高。可溶性固形物含量可反映果实品质和栽培水平，中国西北某些地区苹果可溶性固形物曾测得高达27%的水平。

9. 果肉 质地有松软、绵软、松脆、硬脆、硬和硬韧；颜色分白色、绿白、黄白、红色；另有粗细，汁液有多少之分；硬度多以去皮测定的为准，分低（$<4.9\times10^5$ Pa）、中等（$4.9\times10^5\sim9.2\times10^5$ Pa）、高（$9.3\times10^5\sim1.07\times10^6$ Pa）、极高（$>1.08\times10^6$ Pa）。

10. 果心大小 有大、中、小之别。

（二）其他特征特性的遗传多样性

1. 枝干颜色 有灰色、灰褐色、黄褐色、棕褐色、褐色、紫褐色，一年生枝的颜色则表现为绿色、黄绿色、灰褐色、黄褐色。

2. 树冠形状 有近圆、扁圆、半圆、长圆、圆锥、阔圆锥、长圆锥、侧圆锥、纺锤、披伞形，其类型有短枝类型和普通类型。

3. 叶片 形状分为椭圆、阔椭圆、卵圆、近圆、纺锤、裂叶形；颜色有黄绿色、淡绿色、绿色、浓绿色、紫红色等；状态表现平展、多皱、抱合、背卷。

4. 花冠颜色 有白色、粉红色和浓红色之分。

5. 结果习性 分自花结实和自花不实。

6. 自花结实率 分低（<15%）、中等（15%～30%）、高（>30%）。

7. 采前落果性 采前15 d统计落果数量，分轻（<10%）、中（10%～25%）、重（>25%）。

8. 果实贮藏性 指冷藏库贮藏条件下贮存的天数，分极弱（<21 d）、弱（21～60 d）、中等（61～120 d）、强（121～180 d）、极强（>180 d）。

二、梨

梨属植物世界约为60种，中国有13种，其中野生近缘种10种以上。中国是世界梨属植物形成的主要起源地，梨也是栽培历史最久的果树之一，分布很广，其产量和面积均占世界第1位，并以东方梨驰名世界。梨树品种繁多，主要栽培种分属于秋子梨、砂梨、白梨和西洋梨4个种。在国家资源圃中保存梨品种资源700多份，品种间差异明显，表现了遗传多样性。秋子梨（*Pyrus ussuriensis* Maxim.）品种的遗传多样性主要表现在：

（一）果实主要经济性状的遗传多样性

1. 果实大小 表现为大小不一，按单果重分为极小（<30.0 g）、很小（30.0～50.0 g）、

小（50.1～100.0 g）、中等（100.1～200.0 g）、大（200.1～300.0 g）、很大（300.1～400.0 g）、极大（>400.0 g）。

2. 果实形状 果实形状各异，有圆形、扁圆形、长圆形、卵圆形、倒卵圆形、圆锥形、长圆锥形、扁圆锥形、圆柱形、纺锤形、葫芦形、细颈葫芦形和粗颈葫芦形。

3. 果色 底色分为绿色、黄色、绿黄色；覆色则有水红色、浅红色、鲜红色、暗红色、紫红色；着色状态分条红、片红两种类型。

4. 果实内质 差异明显，果心按其横切面直径与果实横切面直径之比，分为小（<1/3）、中（1/3～1/2）、大（>1/2）。

5. 果肉 颜色分为白色、乳白色、淡黄色、乳黄色、白带绿色；质地经后熟1～2周测定，表现为柔软易溶于口、软、沙面、韧、疏松、脆、紧密和硬；硬度（脆肉品种采收时不去皮测定）分为极低（<294 000 N）、低（304 000～588 000 N）、中等（600 000～980 000 N）、高（990 000～1 470 000 N）、极高（>1 470 000 N）；石细胞多少分为极少、少、中等、多、极多。

6. 果实风味 表现为甜、淡甜、酸甜、酸甜适度、甜酸、微酸和酸；香气有浓郁、微香、稍有清香、无香味和有异味等类型。

7. 最适食用期 指最佳食用开始日期至品质开始下降的天数，分为极短（<15 d）、短（15～30 d）、中等（31～60 d）、长（61～90 d）、极长（>90 d）。

8. 果实耐贮性 按贮入窖内至失去固有风味或15%果实腐烂的天数计，分为极弱（<15 d）、弱（15～60 d）、中等（61～120 d）、强（121～180 d）、极强（>180 d）。

（二）其他特征特性的遗传多样性

1. 姿态 梨树的姿态表现为抱合、直立、半开张、开张、下垂，主干特征分别为光滑、纵裂、片状剥落。

2. 一年生枝颜色 有黄绿色、灰褐色、黄褐色、红褐色、褐色、紫褐色、黑褐色之分。

3. 叶片 幼叶颜色不同品种有明显差异，有淡绿色、绿黄色、黄绿色、淡红色、红色、褐红色、暗红色；形状分为圆形、卵圆形、椭圆形和披针形，叶缘呈全缘、圆钝锯齿、锐锯齿和复锯齿。

4. 花蕾颜色 有白色、浅粉红色、粉红色之别。

5. 花瓣相对位置 有分离、邻接、重叠、无序之差别。

6. 早果性 从定植到开花年数，分早、中、晚。

7. 自花结实率 有高、中、低之分。

8. 采前落果 分轻、中、重。

9. 连续结果能力 有强、中、弱之别。

三、山楂

山楂属植物繁多，有1 000多种，广泛分布于北半球。北美分布最多，有800多种，欧洲、非洲仅约有60种。原产中国的山楂也有20多种。山楂种类繁多，但经济栽培的却很少，仅为中国的几个种，其他主要作砧木或供园林观赏。作为果树经济栽培的主要为山楂（*Crataegus pininatifida*）和云南山楂（*C. scabrifolia*）两个种，大果山楂、无毛山楂、热河山楂 3 个变种。山楂中有较多的多倍体和无融合生殖类型。目前经性状鉴定的栽培品种有 156 个，其果实经济性状、形态特征和生物学特性表现多种多样。山楂品种的遗传多样性主要表现在：

（一）果实主要经济性状的遗传多样性

1. 果实大小　最大 12 g 以上，最小 3 g 以下。

2. 果实形状　分近圆形、扁圆形、长圆形、椭圆形、卵圆形、倒卵圆形、方圆形。

3. 果实颜色　分紫红、深红、鲜红、大红、粉红、橙红、土黄、绿黄、黄白、金黄。

4. 果肉　质地分绵、松软、致密、硬；色泽分绿白、淡绿、黄绿、黄白、淡黄、黄色、橙黄、橙红、粉白、粉红、紫红、鲜红。

5. 果实风味　有香甜、淡甜、酸甜、甜酸适口、酸、苦等。

6. 果实耐贮性　依 0～5 ℃冷库贮藏的天数分为极不耐贮（＜15 d）、较不耐贮（15～30 d）、较耐贮（31～90 d）、耐贮（91～180 d）、极耐贮（＞180 d）。

（二）其他特征特性的遗传多样性

1. 树冠形状　有圆锥形、圆头形、扁圆形、半圆形、披散形、丛状形。

2. 一年生枝　有灰白、黄绿、灰褐、黄褐、红褐、紫褐、紫红等颜色。

3. 叶片　形状有卵圆形、广卵圆形、菱状卵形、楔形、卵形、三角状卵形、倒卵形和长椭圆形；叶缘锯齿有细锐、粗锐、钝圆、重锯齿；叶柄颜色有红、紫红、淡红和绿色。

4. 花冠颜色　有白色、淡粉红和粉红；花药有紫、红、粉红、紫红、乳白等颜色。

5. 母枝负荷和连续结果能力　分强、中、弱。

6. 采前落果程度　根据采前无大风落果占总量的百分数，分轻（＜5%）、中（5%～15%）、重（＞15%）。

7. 采收成熟期　分为极早（7 月 30 日以前采收）、早（8 月 1～31 日）、中（9 月 1～30 日）、晚（10 月 1～15 日）、极晚（10 月 15 日以后）。

8. 抗病性　分不抗、低抗、中抗、抗和高抗。

四、桃

中国的桃按植物学分类可分为 6 个种。其经济栽培种为普通桃［*Amygdalus persica* (L.) Batsch.］，共有 4 个变种，即油桃、蟠桃、碧桃、垂枝桃。栽培种桃原产中国，栽培历史悠久，栽培面积和产量均居世界第一，主要品种有 600 余个，其特征特性各异，表现了其遗传多样性。桃的主要栽培种为普通桃及其变种蟠桃、油桃。

（一）果实主要经济性状的遗传多样性

1. 果实大小　最小的不足 40 g，最大的在 160 g 以上。

2. 果实形状 有扁平、扁圆、圆、卵圆、椭圆、尖圆等多种形状。

3. 果实底色 有绿色、白色、乳白、乳黄、黄色、橙黄、红色；覆色呈红色、粉红、紫红。

4. 果实质地 有绵、软溶、硬溶、硬脆。

5. 果肉颜色 有白色、黄色、红色之别。

6. 风味 有酸、甜酸、酸甜适中、酸甜、甜之分。

7. 果核 有离核、半离核和黏核之别。

（二）其他特征特性的遗传多样性

1. 树冠姿态 有下垂、平展、开张、半开展、直立、帚形之别。

2. 一年生枝颜色 有绿色、红色、浓红色。

3. 叶片 多呈狭披针形、宽披针形、长椭圆披针形、卵圆披针形；叶缘有钝锯齿、粗锯齿和细锯齿状；叶色有浅绿、绿、黄绿、红色。

4. 蜜腺形状 分肾形和圆形。

5. 花冠 有菱形和蔷薇形。

6. 花瓣 分单瓣和重瓣；颜色有白色、粉红色和红色。

7. 果枝类型 分花束状枝、短果枝、中果枝和长果枝。

8. 生理落果和采前落果 有轻、中、重之分。

9. 抗逆性 分极弱、弱、中等、强、极强。

10. 抗病性 分不抗、低抗、中等、抗、高抗、免疫。

五、李

全世界李属植物有 30 余种，作为经济栽培的主要有中国李、欧洲李和美洲李，主要分布于北半球温带地区。李（*Prunus salicina* Lindl.）是中国最古老的果树之一，是鲜食和加工兼用的水果。李经过性状鉴定的品种有 233 个，其形态特征和生物学特性表现出多种多样。

（一）果实主要经济性状的遗传多样性

1. 果实大小 品种间差异较大，有极小（<20 g）、很小（20～30 g）、小（31～40 g）、较小（41～45 g）、中等（46～55 g）、较大（56～60 g）、大（61～70 g）、很大（71～80 g）、极大（>80 g）之分。

2. 果实形状 呈扁圆形、圆形、卵圆形、椭圆形、心脏形、长圆形。

3. 果面上的缝合线 表现为平、浅、中深。

4. 果皮颜色 底色分为绿、淡绿、绿黄、淡黄和黄色；覆色分为粉红、红、紫红、蓝和黑色；着色状态呈斑点状、条红和片红。

5. 果肉颜色 有乳白、黄绿、绿色、淡黄、橙黄、红色、紫红色之分。

6. 果肉质地 分松软、松脆、硬脆、硬和硬韧多种。

7. 果实风味 分酸和甜，分别表现淡、中、浓的差别；香气分为无、香、微香、浓香。

8. 裂果现象 表现有极少（<1.0%）、少（1.0%～10.0%）、中（10.1%～20.0%）、多（20.1%～30.0%）、极多（>30.0%）。

（二）其他特征特性的遗传多样性

1. 树姿 表现为直立（<40°）、半开张（40°～59°）、开张（60°～90°）、下垂（>90°）。

2. 一年生枝颜色 分绿色、黄褐色、红褐色。

3. 叶片 形状为披针形、倒披针形、狭披针形、椭圆形、卵形、倒卵形；叶缘呈钝锯齿状、粗锯齿状和细锯齿状；叶色表现为浅绿、绿和深绿。

4. 蜜腺 为圆形、肾形或无。

5. 花瓣 分重瓣和单瓣，花瓣颜色为白色、浅粉红色和深粉红色。

6. 结果年龄 分早（<4 年）、中（4～5 年）、晚（>5 年）。

7. 生理和采前落果 表现为轻、中、重。

8. 抗病虫性 有不抗、低抗、中等、抗、高抗和免疫之别。

六、杏

杏全世界仅 10 个种，中国占 9 个种，野生近缘种和野生种较多。

普通杏（*Armeniaca vulgaris* Lam.）是世界上杏属植物的主要栽培种，有 7 个变种 2 000 余个品种。普通杏的变种有普通杏原变种（*A. vulgaris* var. *vulgaris*）、野杏［*A. vulgaris* var. *ansu*（Maxim）Yü et Lu］、李广杏（*A. vulgaris* var. *glabra* Sun SX）、垂枝杏［*A. vulgaris* var. *pendula*（Jager）Rend.］、花叶杏［*A. vulgaris* var. *variegata*（West.）Zabel］、陕梅杏（*A. vulgaris* var. *meixiamensis* Zhang J. Y. et al.）和熊岳大扁杏（*A. vulgaris* var. *xiongyuesis* Zhang J. Y. et al.）。西伯利亚杏种中有毛杏、辽梅杏、重瓣山杏；辽杏种中有变种光叶辽杏；梅种中有变种厚叶梅、长梗梅和洪平杏。目前经性状鉴定的品种 251 个品种，品种间性状表现差异显著。普通杏的遗传多样性表现如下：

（一）果实主要经济性状的遗传多样性

1. 果实大小 最小不足 20 g，最大可达 80 g 以上，分 9 种大小类型。

2. 果实形状 分扁圆形、圆形、卵圆形、长圆形和心脏形。

3. 果皮颜色 底色分绿白、白、淡黄、黄、橙黄色；覆色有粉红、红色和紫红色。

4. 果肉 肉色有绿、白绿、黄绿、浅黄、橙黄、橙红之分；质地有面、松软、松脆、硬、硬韧之别。

5. 杏仁 有极小、小、中、大、极大之分；仁味分苦仁和甜仁。

6. 果核 分黏核、半离核和离核。

（二）其他特征特性的遗传多样性

1. 树姿 分直立、半开张、开张、下垂。

2. 一年生枝颜色 有绿色、黄褐色、红褐色。

3. 叶片 形状有卵圆形、倒卵圆形、椭圆形、圆形、阔圆形；叶尖有钝尖、急尖、短突尖和长尾尖。

4. 花 花冠颜色有红褐、紫红、紫绿、绿、黄色之分。

5. 雌蕊高低 有极低、低、中、高、极高之别。

6. 果枝 分花束状枝、短果枝、中果枝和长果枝。

7. 生理落果和采前落果 表现为轻、中、重。

8. 采收期 分极早（生育期＜80 d）、早（80～90 d）、中（91～100 d）、晚（101～110 d）。

9. 抗病虫性 分为不抗、低抗、中等、抗、高抗和免疫。

七、枣

世界枣属（*Ziziphus* Mill.）植物有 170 种、12 个变种，中国原产的有 14 个种、9 个变种。栽培种普通枣（*Z. jujuba* Mill.）中就有变种无刺枣（*Ziziphus jujuba* Mill. var. *inermis* Rehd.）、龙爪枣（*Z. jujuba* Mill. var. *tortuosa* Hort.）、葫芦枣（*Z. jujuba* Mill. var. *lageniformis* Nakai）和宿萼枣（*Z. jujuba* Mill. var. *carnosicalleis* Hort.）。目前经性状鉴定的枣品种有 249 个，其形态特征、生物学特性有明显差异，表现出枣的遗传多样性。

（一）果实主要经济性状的遗传多样性

1. 果实大小 分极小（＜5.0 g）、小（5.0～10.0 g）、中等（10.1～15.0 g）、大（15.1～20.0 g）、极大（＞20.0 g）。

2. 果实形状 多种多样，有圆形、扁圆形、卵圆形、长圆形、倒卵圆形、圆柱形、圆锥形、磨盘形、扁柱形等。

3. 果实颜色 分浅红、红、紫红色。

4. 果肉 颜色分白色、浅绿色、绿色；肉质分疏、松、致密、酥脆；汁液有多、中、少之分。

5. 风味 有酸、甜酸、酸甜、甜和极甜。

6. 果核形状 有圆形、椭圆形、纺锤形和倒纺锤形。

（二）其他特征特性的遗传多样性

1. 树冠 呈圆形、圆锥形、圆柱形、主干斜伸形、乱头形、伞形和半圆形。

2. 枣头 有长、中、短和细、中、粗之别。

3. 枣吊 有短、中、长之分；着花数有极少、少、中、多、极多之别；着叶数分多、中、少。

4. 叶 形状有椭圆形、卵圆形、披针形；颜色有浅绿色、绿色和浓绿色；叶缘有钝齿、细齿和重锯齿之别。

5. 早实性（开始结果年数） 分为早（1～2 年）、中（3 年）、晚（≥4 年）。

6. 花朵坐果率 分低（＜1%）、中（1%～2%）、高（＞2%）。

7. 枣吊坐果率　按每个枣吊平均坐果的百分率调查，分为极低（＜25%）、低（25%～50%）、中（50.1%～75%）、高（75.1%～100%）。

8. 采前落果　分轻（＜10%）、中（10%～30%）、重（＞30%）。

9. 根蘖萌发能力　分强、中、弱。

八、柿

柿（*Diospyros kaki* L.）为柿科（Ebenaceae）柿属（*Diospyros* L.）的代表种，全世界柿属植物约有500种，中国有57个种、6个变种。中国柿树栽培面积占世界栽培面积的77.5%，年产量占世界总产量的68.5%，全世界柿品种约有2 000个，其中中国和日本就有800多个品种。柿品种在植物学特征和生物学特性上存在着多种差异。

（一）果实主要经济性状的遗传多样性

1. 果实大小　果实大小不一，分很小（＜30 g）、小（30～75 g）、中（75.1～150 g）、大（150.1～200 g）、极大（＞200 g）。

2. 果实形状　形状各异，呈圆形、椭圆形、卵圆形、圆锥形、心脏形、馒头形、扁圆形、四棱形、扁方形、高方形、纺锤形、方心形、长形、磨盘形、重台形和番茄形。

3. 果皮颜色　分黄色、橙色、红色、暗橙色和黑色。

4. 果实蒂座　形状有圆形、方形、方圆形、四瓣形；蒂色有绿、黄绿、褐绿、微红等色。

5. 果肉质地　分脆、软；软柿肉色又分黄色、暗橙、红橙、红色和黑色。

6. 单宁含量　分极低（＜0.20%）、低（0.20%～0.40%）、中（0.41%～1.00%）、高（1.01%～2.00%）、极高（＞2.00%）。

（二）其他特征特性的遗传多样性

1. 树冠　分圆头形、圆锥形、自然半圆形。

2. 枝条颜色　呈黄、绿、灰黄、棕黄、棕红、黑红色。

3. 叶片　形状有披针形、棱形、纺锤形、长椭圆形、椭圆形、阔椭圆形、倒卵形、阔卵形和心形；叶缘呈平状和平直；叶姿分微内折、平展和背卷。

4. 花　花冠直径分小（＜1.5 cm）、大（1.5～2.5 cm）、极大（＞2.5 cm）；花瓣颜色呈乳黄、黄、深黄、黑之色；花瓣开张度有不开张、半开张、开张和极开张之分；萼片形状呈扁心形、心脏形和长心形；萼片颜色有黄绿、深绿和边缘微红之分；花托形状有扁圆形、斗形、葫芦形和半截椭圆形。

5. 发枝力和成枝力　有强、中、弱之别。

6. 生理落果　分无、少（≤20%）、多（＞20%）。

7. 抗病虫性　分不抗、低抗、中抗、高抗和免疫。

九、核桃

核桃属（*Juglans* L.）约有15个种，中国有9个种，其中核桃（*J. regia* L.）是核桃属中主要栽培种，目前世界上栽培的核桃品种大多属于此种。核桃在中国栽培历史悠久。由于大部分地区历来沿用实生繁殖核桃，形成了繁多的类型和生态型品种群，如新疆生态型、华北山地生态型、秦巴生态型和西藏高原生态型。目前国家资源圃保存核桃品种200多个，经性状鉴定，其特征、特性表现出明显的差异，反映了核桃的遗传多样性。

（一）果实主要经济性状的遗传多样性

1. 核果形状 核果形状不一，有球形、棱形、长圆形、卵形、椭圆形。

2. 果壳色 呈浅褐色、褐色、棕黄色、浅黄色。

3. 果顶果肩 有圆形、尖圆形、钝圆形、平、微凹之别。

4. 缝合线 呈平、隆起、突出、宽窄、蒂合、紧密和松而易裂之分。

5. 种皮颜色 有黄白、淡黄、黄褐、褐色之分。

（二）其他特征特性的遗传多样性

1. 树姿 品种间多种多样，分开张、半开张、直立、紧凑、稀疏、披散。

2. 枝条色 分褐色、灰褐色、银灰色、银白色。

3. 小叶 形状分卵圆形、倒卵圆形、长椭圆形、椭圆形、阔披针形；小叶数有多、中、少之分；叶色呈浓绿、绿、黄绿、浅绿。

4. 花 雌花混合花芽，呈长圆形、三角形和长三角形；柱头有鲜红、微红、黄绿、淡绿色；雄蕊有多、中、少之别和不发育、枯萎之分。

5. 母枝生果枝数 分为少（<1.5枝）、中（1.5～3枝）、多（>3枝）。

6. 单枝结果习性 有单果、单双果、双三果（占1/3以上）、穗状（占1/3以上）。

7. 结果母枝连续结果能力 分弱（<60%）、中（60%～80%）、强（>80%）。

8. 抗病虫性 分不抗、低抗、中等、抗、高抗和免疫。

十、板栗

世界上约有10余个种，原产中国的有3个种。经济栽培种主要有中国板栗、日本栗、欧洲栗和美洲栗，其中以中国板栗（*Castanea mollissima* Bl.）为最古老和驯化最早的果树，其经济价值最大，品质最优。中国板栗由于受栽培历史、自然和社会条件的影响形成多个独特的地方品种和群落，如长江流域品种群、华北品种群、西北品种群、东南品种群、西南品种群和东北品种群，各品种群之间及各品种群内品种之间的特征及生物学特性存在着明显的差别。

（一）果实主要经济性状的遗传多样性

1. 果实 有炒栗和菜栗之分，炒栗有小（<7 g）、中（7～9 g）、大（>9 g）之分。

2. 坚果的色泽 有油亮、明、半明、半毛、多毛等之分。

3. 坚果形状 呈圆形、短圆形、肾形、锥形。

4. 果顶果肩 有缘实、平、浑圆、微凹之分。

5. 茸毛 分布有近果顶、果肩以下和周身是毛之别；色泽分棕黄色、灰白色。

6. 底座接线 分波纹、平直。

7. 熟食品质 果皮剥离分难和易；质地有甜、香、糯性和粗细之分。

（二）其他特征特性的遗传多样性

1. 树姿 分直立、半开张、开张、披垂。

2. 枝干色泽 有红褐色、灰褐色和绿褐色。

3. 叶片 形状分为长椭圆形、阔披针形、披针形；叶姿呈挺立、平展、搭垂和边缘上翻；叶缘锯齿有粗、细之分和深、浅之别；叶背茸毛有稀疏和密被之别。

4. 雌花簇 表现为苞总柄簇集和疏散的区别。

5. 早实性 按成雌花形成能力分早（接后第 2 年成雌花）、中等（接后第 3 年成雌花）、晚（嫁接 3 年后成雌花）。

6. 刺苞 大小分小（<50 g）、中（50～70 g）、大（71～100 g）、特大（>100 g）；苞形分球形、茧形、油篓状；开裂方式表现为先纵裂和瓣裂两种类型；后期刺苞的刺色有焦刺和黄毛状之分。

7. 出实百分率 分为低（<30%）、中（30%～45%）、高（>45%）。

8. 成熟期 按果实发育天数分极早（<75 d）、早（75～82 d）、中早（83～97 d）、中晚（98～105 d）、迟（>105 d）。

9. 抗病虫性 分为不抗、低抗、中等、抗、高抗和免疫。

十一、葡萄

世界葡萄属（*Vitis* L.）植物有 70 多个种，以欧洲、北美、西亚、东亚为主要分布中心，在中亚、东亚分布 40 个种，原产中国的有 38 个种，多为野生近缘种。葡萄栽培历史悠久，主要栽培种为欧亚种和美洲种，其世界栽培面积和产量仅次于柑橘，占世界第 2 位。据估计，世界葡萄品种至少在 5 000 个以上，这些品种主要来源于 *V. uinifera* 和 *V. labrusca* 及其间的杂种。中国现有葡萄品种约 1 300 个，主栽品种约有 110 个。品种间的果实经济性状和形态特征、生物学特性表现多种多样。

（一）果实主要经济性状的遗传多样性

1. 果穗形状 形状不一，有圆柱形、圆锥形、分枝形。

2. 果穗歧肩 呈单歧肩、双歧肩、多歧肩和无歧肩。

3. 果穗重 分为极小（<100 g）、小（100～150 g）、中（151～450 g）、大（451～960 g）、极大（>960 g）。

4. 果穗紧密度 表现为极松、松、中等、紧和极紧。

5. 果穗果粒数 分为极少（<51 粒）、少（52～138 粒）、中等（139～162 粒）、多（163～212 粒）、极多（>212 粒）。

6. 果粒形状 呈卵形、倒卵形、鸡心形、束腰形、弯形、扁圆形、近圆形、长椭圆形、长圆形。

7. 果粒大小 分为极小（<2.0 g）、小（2.1～3.0 g）、中（3.1～4.5 g）、大（4.6～

6.5 g)、极大（>6.5 g）。

8. 果皮颜色 呈黄绿—绿黄、粉红、红、紫红—红紫和蓝黑色。

9. 果肉 质地有溶质、软、较脆、脆、有肉囊之分；色泽程度有无色、弱、中、强之分；硬度有极软、软、中、硬、极硬之别；甜酸度有极甜、甜、酸甜—甜酸、酸、极酸之差别；香味程度有微香、中等和浓香之分；果实糖酸比分极低（<10%）、低（10.1%～20.0%）、中（20.1%～30.0%）、高（30.1%～40.0%）、极高（>40.0%）。

（二）其他特征特性的遗传多样性

1. 枝条 颜色呈黄色、黄褐色、暗褐色、红褐色、紫色；节上茸毛表现为极密、密、中等、疏、极疏和无。

2. 新梢 姿态呈直立、半直立、水平、半下垂和下垂状；茸毛有密、中、疏、极疏和无毛之别。

3. 叶片、幼叶 色泽表现为绿色、黄色、橙黄色、紫红色；叶背茸毛有密、中、疏、极疏和无毛之别；成熟叶片呈肾形、心脏形和近圆形；叶背茸毛特征分刺毛、丝毛、腺毛、混合毛和毡毛。

4. 花型 分两性花（完全花）、雌性花和雄性花。

5. 每结果枝果穗数 分为少（<1.5）、中（1.6～2）、较多（2.1～2.5）、多（>2.5）。

6. 坐果率 花后 7～14 d 调查坐果率，分为极低（<10.0%）、低（20.0%～30.0%）、中（30.1%～50.0%）、高（50.1%～70.0%）、极高（>70.0%）。

7. 不定根形成能力 调查充分成熟木质化枝条正常繁殖下的不定根形成能力，分极低、低、中、高和极高。

8. 抗病虫性 分不抗、低抗、中抗、高抗和免疫。

十二、草莓

草莓属有 50 多个种，其中引为栽培和利用的种却仅有 6 个。凤梨草莓（*Fragaria ananassa* Duch.）为主要栽培种。中国原产 7 个种，多为野生近缘种。草莓主产于亚洲、欧洲和美洲，全世界草莓品种有 2 000 余个，中国从国外引进品种和自育成品种有 200～300 个。经性状鉴定表明，草莓各品种间形态及生物学特性有明显不同。

（一）果实主要经济性状的遗传多样性

1. 果实大小 果实大小不一，分为极小（<5 g）、小（5～10 g）、中（11～15 g）、大（16～20 g）、极大（>20 g）。

2. 果实形状 果实形状各异，有扁球形、圆球形、短圆锥形、圆锥形、长圆锥形、短楔形、楔形、长楔形、纺锤形。

3. 果面 呈平整、棱浅少、棱浅多、棱深少、棱深多。

4. 果实颜色 有白色、橙红、红色、绿色、紫红色之别。

5. 果肉 色泽有白色、橙黄色、橙红色、红色和深红色之分；质地有粗、细和软、韧、汁液多少之别；风味分酸、甜酸、甜酸适中和酸甜。

（二）其他特征特性的遗传多样性

1. 植株形态　分直立型、开张型和中间型。

2. 匍匐茎　抽生能力不同，分一次、二次、三次抽生，茎颜色有无色、浅红色、红色、深红色之别。

3. 叶片　形状呈圆形、椭圆形、长椭圆形、菱形；颜色为黄绿色、绿色、深绿色和蓝绿色；叶面状态分匙状、边向上、平、平尖向下、边向下。

4. 花序　高低有低于叶片、平于叶片、高于叶片之别；花性有单性、双性之分。

5. 结实季节　有一季和四季的差别。

6. 采收期延续天数　分短（12～20 d）、中（21～28 d）、长（>28 d）。

7. 抗病虫性　分不抗、低抗、中抗、抗、高抗和免疫。

十三、猕猴桃

猕猴桃原产中国，为多年生藤本植物，猕猴桃属有 66 个种，约 118 个变种或变型。由于猕猴桃有很高的利用价值，成为 20 世纪人工驯化栽培野生果树最有成就的新兴果树，在世界各地得到迅速发展。其中新西兰是经济栽培猕猴桃最早的国家，但目前栽培品种不多，新西兰和世界其他各国的栽培品种主要有海沃德、布鲁诺等，均属中华猕猴桃（*Actinidia chinensis* Planch.）。中国近年来新选育的品种和类型较多，其品种和类型间性状差异明显，表现出明显的遗传多样性。

（一）果实主要经济性状的遗传多样性

1. 果形　多种多样，有短圆形、梯形、短圆柱形、长圆柱形、圆球形、扁圆形、卵形、椭圆柱形、倒卵形、椭圆形、长椭圆形。

2. 果皮色　分为浅绿色、绿色、深绿色、浅褐色、深褐色、浅红色、红色、紫红色。

3. 果肩形状　有方形、圆形、斜形之分。

4. 果实被毛　类型有短绒毛、长绒毛、硬毛、刚毛、糙毛、毡毛；颜色有较大差异，分为乳白色、浅黄色、黄褐色、褐色、红褐色、灰褐色、暗褐色。

5. 果肉颜色　表现为浅绿色、绿色、翠绿色、深绿色、黄绿色、浅黄色、黄色、金黄色、橙色、浅红色、紫红色。

6. 果实风味　后熟后果肉的味道有涩、苦、酸、微酸、甜酸、酸甜和甜之差别。

（二）其他特征特性的遗传多样性

1. 一年生枝　阳面颜色品种间差异较大，有灰白色、绿白色、灰褐色、黄褐色、褐色、红褐色、紫褐色和紫红色之分；被毛着生密度表现为极稀、稀、中、密、极密。

2. 新稍被毛　类型分为短绒毛、长绒毛、绒毛、硬毛、刚毛、糙毛；颜色分白色、灰白色、灰色、褐色、紫红色。

3. 叶片　形状有披针形、卵圆形、心脏形、阔卵形、倒卵形、阔倒卵形、近扇形；质地分膜质、纸质、厚纸质、半革质、革质；叶缘有粗锯齿、细锯齿、波浪状之别；叶背绒毛表现无、稀、中、密、浓密。

4. 花 花性分雌花、雄花和两性花；花瓣形状呈近圆形、卵圆形、阔卵圆形、椭圆形、长椭圆形；花瓣颜色表现为白色、绿白色、黄白色和黄绿色；花药形状呈近圆形、卵圆形、肾形、长椭圆形、箭头形；花药颜色有黄色、紫色、金色、黑紫色和黑色；子房形状表现为瓶形、椭圆形、近圆形、短圆柱形、长圆柱形、圆球形、长卵形、长倒卵形。

5. 抗病虫性 分为高抗、抗、中抗、感、高感。

十四、穗醋栗

穗醋栗（*Ribes nigrum* L.）又名黑加仑，全世界约有 150 种，适于冷凉气候。中国茶藨子属植物丰富，约有 59 个种，多为近缘野生种。主要栽培种为黑穗醋栗和红穗醋栗，其栽培面积较小。世界穗醋栗品种不多，据统计约在 110 个以上，其中红穗醋栗品种约有 70 个，黑穗醋栗 40 个以上。经对 50 个穗醋栗品种性状鉴定，认为其特征特性亦表现出多种多样。

（一）果实主要经济性状的遗传多样性

1. 浆果大小 果实大小不一，分为极小（＜30.0 g）、小（30.0～70.0 g）、中（70.1～100.0 g）、大（100.1～150.0 g）、极大（＞150.0 g）。

2. 浆果形状 表现为圆形、阔椭圆形、卵形、洋梨形、长圆形、扁圆形。

3. 浆果皮色 分为白色、绿色、淡黄色、粉红色、红色、褐色、蓝黑色和黑色。

4. 果肉 颜色分为白色、淡绿色、淡黄色、淡红色、浅棕色；出汁率有少（＜60%）、中（60%～75%）、多（＞75%）之别；风味分为酸甜、甜酸、酸、极酸；芳香有无、浓、淡之分。

5. 浆果应用途径 可分为生食、加工和兼用。

（二）其他特征特性的遗传多样性

1. 株丛高度 表现为极矮、矮、中等、高和极高。

2. 树姿 分直立、半开张、开张、下垂、匍匐。

3. 枝条 颜色分为灰褐色、黄褐色、棕褐色、褐色；水插不定根生成能力表现为强、中、弱。

4. 叶片 有大、中、小之分；叶裂刻深浅有深裂、中深裂、浅裂之别；叶面状态表现为上卷、平展、下卷。

5. 花 类型分为两性花和单性花；花冠颜色分为白色、黄色、粉红色、紫色。

6. 自花结实能力 分为低（＜40%）、中（40%～60%）、高（＞60%）。

7. 越冬性表现 为极弱（枯死）、弱（重抽干）、中等（枝条抽干较轻）、强（新梢顶端有轻微抽干现象）、极强（无抽干现象）。

十五、柑橘

柑橘类果树能进行生产利用的有枳、金柑和柑橘三属，枳和金柑属均为野生近缘种，枳属仅一种，其类型分早花枳、枣阳小叶枳、旺苍大叶枳、灌云1号枳、无刺枳、飞龙枳、富民枳等，可作柑橘砧木用。金柑属有5个种、1个变种，包括山金柑、罗浮、圆金柑、金弹、长叶金柑，可供加工和观赏用。柑橘属共有13个种，其中中国原产的有9个种。生产上栽培的主要为宽皮柑橘（*Citrus reticulate* Blanco）、甜橙（*C. sinensis* Osbeck）和柚（*C. grandis* Osbeck）等。经性状鉴定的651个品种，其果实经济性状及形态特征和生物学特性表现出明显差异。宽皮柑橘的遗传多样性如下：

（一）果实主要经济性状的遗传多样性

1. 果实大小 果实大小不一，有极小（<10 g）、很小（11～50 g）、小（51～100 g）、中小（101～150 g）、中（151～200 g）、中大（201～250 g）、大（251～500 g）、很大（501～1 000 g）、极大（>1 000 g）之别。

2. 果实形状 分为扁圆形、亚球形、球形、短椭圆形、椭圆形、卵形、倒卵形、梨形、葫芦形、歪斜形。

3. 果面 颜色呈绿色、浅绿色、浅黄色、黄色、浅橙色、橙色、深橙色、红色、紫红色；表面光滑度分为很光滑、光滑、较光滑、中等、较粗、粗、很粗。

4. 果基形状 果基形状各异，有长颈、短颈、圆形、平状、微凹、深凹、低颈、高领、低领和短领之分。

5. 果皮 厚度分为很厚（>2.00 cm）、厚（1.01～2.00 cm）、较厚（0.51～1.00 cm）、中等（0.31～0.50 cm）、较薄（0.21～0.30 cm）、薄（<0.20 cm）；油胞有小（<0.8 mm）、中（0.8～1.5 mm）、大（>1.5 mm）之别；油胞形状分为扁圆形、卵圆形、倒卵圆形、椭圆形、梨形；中果皮颜色分为白色、乳黄色、黄色、浅黄色、粉红色和红色。

6. 囊瓣 有长肾形、肾形和半圆形之别；囊壁厚度有薄、较薄、中等、较厚和厚之分。

7. 果肉 色泽为绿色、白色、黄色、橙黄色、浅橙色、橙色、深橙色、粉红色、紫红色多种多样；汁胞分大、中、小和细长、粗短；质地分为脆嫩、细嫩、细软；果汁含量以出汁率计为少（<35.0%）、较少（35.1%～40.0%）、中等（40.1%～45.0%）、较多（45.1%～50.0%）、多（>50.0%）。

8. 香气 分无、淡、中、浓。

9. 风味 有甜、酸甜、甜酸、酸、极酸和淡、中、浓之别。

10. 通风储藏库条件下出果率达15%的天数 表现为极差（<30 d）、差（31～60 d）、中等（61～90 d）、良（91～120 d）、优（>120 d）。

11. 留树时间（果实熟后不采、不落、不影响品质的时间） 表现为极短（<15 d）、短（16～30 d）、中等（31～45 d）、长（46～60 d）、极长（>60 d）。

（二）其他特征特性的遗传多样性

1. 树型 分灌木型、小乔木型和乔木型。

2. 树姿 呈直立、半开张、开张。

3. 树冠形状 有扁圆形、圆头形、椭圆形。

4. 树干状况 分光滑、有棱、有瘤凸、有皮裂。

5. 枝梢 有软、中、硬之分；嫩梢色泽分淡绿色、绿色、淡紫色、紫红色。

6. 刺分布 分布于骨干枝、春梢和夏秋梢上。

7. 叶片 类型分偶数羽状复叶、奇数羽状复叶、三小叶组复叶和单身复叶；习性表现为常绿、半落叶色和落叶；叶色分黄绿色、淡绿色、绿色和深绿色；嫩叶呈黄绿色、淡绿色、绿色和深绿色、桃红色和紫红色；翼叶形状各异，有倒心脏形、三角形、长倒卵形、倒披针形和线形；叶身有圆形、卵圆形、阔卵形、倒卵形、阔披针形、披针形；叶尖分圆形、钝尖、渐尖、急尖、突尖、长尾状；叶基有圆形、广楔形、楔形、狭楔形、截形和心脏形之分；叶缘有全缘、圆锯齿、锯齿和浅锯齿之别。

8. 花序 有单生花序、间有花序、间有单花、间有丛状。

9. 花 花蕾有大、中、小之分，呈绿色、淡绿色、绿白色、白色、桃红色和紫红色；花蕾形状分扁圆形、圆形、长圆形和圆筒形；花性分正常花、露柱花、雄蕊退化花、雌蕊退化花；花药分三角形、卵圆形、椭圆形；花药色泽分乳白色、淡黄色、黄色和橙黄色、橙色；花粉形状分扁球形、圆球形和长球形；雌蕊子房分扁圆形、球形、椭圆形、圆筒形、卵形。

10. 按大小年产量的效率评价大小年程度 分轻（>80%）、较轻（71%～80%）、中等（61%～70%）、较重（51%～60%）、重（<50%）。

11. 抗病虫性 表现为不抗、低抗、中抗、抗、高抗和免疫。

十六、龙眼

龙眼为无患子科（Sapindaceae）龙眼属（*Dimocarpus*）植物，本属有 20 个种，中国原产 4 个种。龙眼共分三个品种群六类，即红核仔群（红核仔类、车壁类）、油本群（油谭本类、乌龙岭类）、福眼群（福眼类、水涨类），约 100 多个品种。龙眼栽培种（*D. longana* Lour.），经性状鉴定的有 80 个品种，各品种群类和品种间的特征特性均有明显不同。

（一）果实主要经济性状的遗传多样性

1. 果穗 形状各异，果穗着粒有稀、中、密之分。

2. 果实大小 分大（>10 g）、中（8～10 g）、小（<8 g）。

3. 果实形状 分近圆形、圆球形、扁圆形、倒扁圆形、椭圆形、心脏形。

4. 果皮 果皮色分青褐色、绿褐色、黄褐色、红褐色、赤褐色和黑褐色；果皮厚分厚（>1.0 mm）、中（0.8～1.0 mm）、薄（<0.8 mm）。

5. 果肩 呈耸起、平、下斜和高低不平。

6. 果肉 色泽分乳白色、黄白色；质地分软、韧、脆。

7. 可食率 按可食部分百分率分低（<60%）、中（60%～66%）、高（>66%）。

8. 风味 按固形物含量有淡甜（<15%）、甜（15%～20%）、浓甜（>20%）；香气分有香气、无香气和异味。

（二）其他特征特性的遗传多样性

1. 树冠形状　有圆头形、半圆头形、长圆头形、长圆形、扁圆形、披散形之分。

2. 主干颜色　有灰白色、灰褐色、黄褐色、黑褐色之分。

3. 一年生枝　有红褐色、黄褐色、暗褐色、黄绿色之别。

4. 小叶　形状分椭圆状、披针形、卵状长椭圆形和倒卵状椭圆形；对数有 3 对、4 对、5 对、6 对之分。

5. 花穗颜色　呈绿色、铜绿色、红褐色、紫褐色。

6. 花蕾颜色　呈绿色、铜绿色、红褐色、紫褐色。

7. 柱头开裂状　呈眉月双弯形、叉形和亚叉形。

8. 花枝　有疏散、紧密之分。

9. 结果母枝　类型各异，有春梢结果、夏枝结果、春延夏梢结果、春延秋梢结果、春延夏延秋梢结果、夏延秋梢和秋梢结果。

10. 果实成熟期　分特早（8 月中旬以前）、早（8 月中旬）、中（9 月上旬至 9 月中旬）、晚（9 月中旬以后）。

11. 大小年结果程度　表现轻（差幅＜40％）、中（差幅 40％～70％）、重（差幅＞70％）。

12. 抗病虫性　表现为不抗、低抗、中抗、抗、高抗和免疫。

十七、枇杷

枇杷共 30 个种，原产中国的有 14 个种、1 个变种，生产上栽培的仅 1 个种，即原产中国的枇杷［*Eriobotrya japonica*（Thunb.）Lindl.］，因此中国是世界上枇杷栽培最多的国家。枇杷栽培品种分为南亚热带品种群和北亚热带品种群，经性状鉴定的品种 78 个，其特征特性品种间差异明显。

（一）果实主要经济性状的遗传多样性

1. 果穗着生状态　分直立着生、斜生和垂挂状态。

2. 果实大小　分小（＜25 g）、中小（25～30 g）、中（31～35 g）、中大（36～40 g）、大（41～50 g）、极大（＞50 g）。

3. 果实形状　品种间不同，呈扁圆形、圆形、倒卵形、椭圆形和梨形。

4. 果皮颜色　表现有麦秆黄色、橙黄色、橙红色和淡绿色。

5. 果肉　颜色表现为乳白色、淡黄色、黄色、橙黄色、橙红色；肉质有粗硬、中等、柔软及厚、薄之分。

6. 风味　分清甜爽口、甜酸适口、甜多酸少、甜少酸多。

7. 可食率　分低、中、高。

8. 心皮质地　分韧、厚、脆、薄。

（二）其他特征特性的遗传多样性

1. 树姿　表现为直立、开张和下垂。

2. 树冠形状 分扁圆球形、半圆球形、圆球形、圆锥形、高杯形。

3. 树皮颜色 呈灰白色、灰褐色和红褐色。

4. 叶片 形状可分倒卵形、椭圆形、披针形；大小（叶长）表现为大（>12 cm）、中（9～12 cm）、小（<9 cm）；叶缘呈平展、反卷、外卷和波浪形；叶色还有深绿色、绿色和淡绿色。

5. 花穗姿态 表现为直立、平伸和下垂。

6. 果实成熟期 分为极早熟（比标准早熟品种早熟 20 d 以上）、早熟（比标准早熟品种早熟 10～20 d）、中熟（与中熟标准品种相近）、晚熟（比中熟标准品种晚熟 10～20 d）、极晚熟（比标准晚熟品种晚熟 20 d 以上）。

7. 抗病虫性 分为不抗、低抗、中抗、抗、高抗和免疫。

十八、香蕉

芭蕉属植物共有 50 余种，常见的栽培种为香蕉（*Musa nana* Lour.）和大蕉（*Musa sapientum* L.）。食用香蕉起源于东亚和东南亚地区。香蕉品种分为高秆香蕉类型、中秆香蕉类型和矮秆香蕉类型。香蕉通过性状鉴定的有 141 个品种，其不同类型间和品种间的特征特性表现明显不同。

（一）果实主要经济性状的遗传多样性

1. 果实大小 分为小（<100 g）、中（100～120 g）、大（121～180 g）、特大(>180 g)。

2. 果实形状（以果实横断面形状为准） 有圆平、有角、棱角显著三个类型。

3. 果身 有直立、微弯和弯之别。

4. 果指 分短（<15 cm）、中（15～18 cm）、较长（18～20 cm）、长（>20 cm）。

5. 果穗 有无颈、稍收缩和果颈长之分。

6. 果皮颜色 分黄色、鲜黄色和红色。

7. 果肉 颜色分乳白色、黄色、橙黄色；质地有软、韧、脆之别。

8. 风味 有清甜、甜、淡甜、甜酸适中、甜酸、酸度大的区别。

9. 香气 有有香气、异味和无香气之分。

（二）其他特征特性的遗传多样性

1. 树姿 表现为直立、开张和下垂。

2. 假茎颜色 分黄绿色、青绿色、深绿色和紫红色。

3. 叶片 形状分长圆形、卵圆形、长椭圆形；长度分短（<1.8 m）、中（1.8～2.2 m）、长（>2.2 m）；宽窄分窄（<70 cm）、中（70～80 cm）、宽（>80 cm）。

4. 雄花苞片形状 各品种间差异明显，有伸开不反卷、伸开后反卷之分，也有倒披针形、倒卵形和阔卵形之别。

5. 抗逆性（包括对高温、干旱、高湿的抗性） 表现为极弱、弱、中等、强和极强。

6. 抗病性 各品种间对巴拿马枯萎病、小叶斑病、束顶病、花叶病等有不抗、低抗、中抗、抗、高抗和免疫的差异。

十九、荔枝

荔枝为无患子科（Sapindaceae）荔枝属（*Litchi* Sonn.）植物，本属有 2 个种，即荔枝（*L. chinensis* Sonn.）和菲律宾荔枝（*L. philippinensis* Radik.）。荔枝起源于中国，目前在海南、云南和广西仍有野荔枝分布。世界上亚洲、美洲、非洲都有荔枝栽培，以亚洲为主要产区，中国荔枝无论产量和面积都占世界第 1 位。荔枝栽培品种分成三大类型和七个品种群，即：①果皮片峰尖刺型，包括桂味品种群、妃子笑品种群和进奉品种群；②果皮片峰毛突型，包括三月红品种群和黑叶品种群；③果皮片峰平滑型，包括糯米糍品种群和淮枝品种群。荔枝经鉴定的 97 个品种，其类型和品种群间、品种间表现出明显的差异。

（一）果实主要经济性状的遗传多样性

1. 果实大小 分为极小（<12 g）、小（12.1～16 g）、中等（16.1～22 g）、大（22.1～30 g）、极大（>30 g）。

2. 果实形状 呈圆形、卵圆形、椭圆形、心形、短心形。

3. 果实颜色 表现为红色带微绿、淡红色带微黄、淡红色、鲜红色、暗红色。

4. 果实龟裂片 形状分为锥尖状突起、乳头状隆起、隆起、平滑和微凹；果皮龟裂片峰呈锐尖、微尖、楔形、钝和平滑。

5. 果皮厚度 分较厚（>2 mm）、中等（1～2 mm）、较薄（<1 mm）。

6. 果肉 颜色有乳白色、白蜡色、黄蜡色之分；肉质分爽脆、细软、粗糙。

7. 风味 有浓甜、清甜、甜酸适度、酸、极酸、微涩、有异味之别。

8. 可食率 分为低（<70%）、中（70%～80%）、高（>80%）。

（二）其他特征特性的遗传多样性

1. 树姿 分直立、开张、下垂。

2. 主干颜色 分灰色、黄色、黑色。

3. 一年生枝色 分灰色、黄色、黑色。

4. 小叶 对数有 1 对、2 对、3 对、4 对、5 对和 6 对；形状分卵圆形、披针形、椭圆形、长椭圆形、倒卵圆形；颜色分绿色、青绿色和淡绿色；形态分平展、向内卷、波浪纹。

5. 花 花枝状况有疏和密；小花形态有粗大和细小的差异；柱头裂数有一裂、二裂、三裂、四裂之分；柱头形状分平展、微卷裂、卷裂和退化柱头，颜色表现为粉红色、米黄色和黄绿色。

6. 雌雄花相遇期 按同株雌雄花同时开放的天数评价，分相遇、短（<3 d）、长（>3 d）。

7. 早实性 按定植后到结果的年数分为早（<5 年）、中（5～10 年）、晚（>10 年）。

8. 抗病虫性 分不抗、低抗、中抗、抗、高抗和免疫。

（贾敬贤）

参考文献

曹玉芬，等，2006. 梨种质资源描述规范和数据标准［M］. 北京：中国农业出版社 .
胡忠荣，陈伟，李坤明，等，2006. 猕猴桃种质资源描述规范和数据标准［M］. 北京：中国农业出版社.
贾敬贤，等，1993. 果树种质资源目录：第一集［M］. 北京：农业出版社 .
贾敬贤，等，1998. 果树种质资源目录：第二集［M］. 北京：中国农业出版社 .
蒲富慎，贾敬贤，贾定贤，1990. 果树种质资源描述符［M］. 北京：农业出版社 .
王昆，刘凤之，曹玉芬，等，2006. 苹果种质资源描述规范和数据标准［M］. 北京：中国农业出版社 .

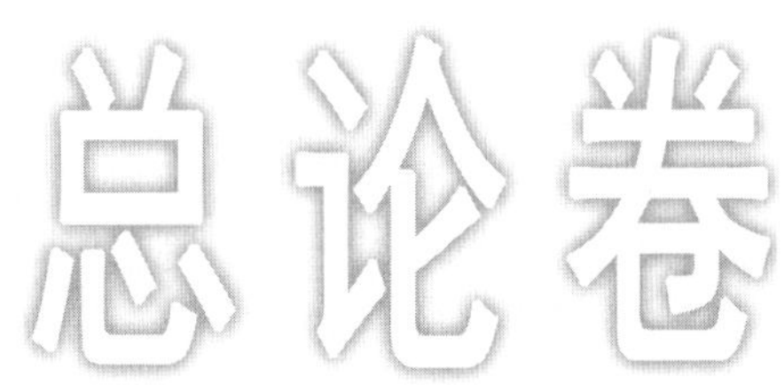

第二十二章

饲用及绿肥作物多样性

中国地域辽阔，自然条件复杂，草地类型多样，饲用植物物种多样性程度高，其种类为世界上最丰富的国家之一。全国草地和草地饲用植物资源调查研究表明，可被家畜采食或饲喂家畜的饲用植物有6704种（包括亚种、变种和变型），隶属于5门、246科、1545属。其中，地衣、苔藓、蕨类及裸子植物门的种类少，饲用价值不大。在饲用植物中，绝大多数种类属于被子植物门，饲用和经济利用价值大，有177科、1391属、6262种，分别占科、属、种总数的71.95%、90.03%和93.40%。在被子植物中，豆科和禾本科种类最多，饲用和经济利用价值最大。豆科有123属、1231种，分别占被子植物属数和种数的8.84%和19.66%；禾本科有209属、1127种，分别占被子植物属数和种数的15.03%和18.00%；其他为175科、1059属、3904种，分别占被子植物属数和种数的76.13%和62.34%。

中国特有的饲用植物种类也不少。据考证和研究，仅在优良饲用植物中，禾本科的特有种就有118种（包括亚种、变种和变型），如沙芦草、华雀麦、中华羊茅、华山新麦草、毛披碱草、异颖草等；豆科的特有种有44种，如阿拉善苜蓿、细叶扁蓿豆、峨眉葛藤等；菊科有13种，藜科有14种，蓼科有3种，百合科有5种。这些特有种大多数都自然分布于青藏高原和云贵高原。

饲用作物的类型很多。按生活型可分为多年生草本植物、一年生或越年生草本植物、灌木植物、半灌木植物、小半灌木植物。依据植株根系入土深浅，可分为深根系类型、浅根系类型。依据枝条着生的部位和植株高矮分为上繁株丛类型、下繁株丛类型。依据对水分适应关系可分为水生类型、湿生类型、旱生类型。

饲用作物的利用类型可分为两类：一是饲草作物（栽培牧草），以收获茎（秆）叶为主而饲喂家畜或家禽的栽培饲用植物。主要用于大田种植，建立人工草地，也用于天然草地补播改良，建立半人工草地。依据牧草自身的植物学特点不同，其利用方式也不同，可分为刈割型牧草、放牧型牧草和刈割放牧兼用型牧草。二是饲料作物（饲用型食用作物），以收获籽粒、块根、块茎和青叶等为主饲喂家畜或家禽的栽培饲用作物。既是人类食用的粮食与蔬菜园艺类作物，又是用于饲喂家畜的饲料作物，包括饲用禾谷类作物、饲用豆类作物、饲用块根、块茎类作物，饲用叶菜类作物，以及饲用瓜果类作物。

绿肥作物依据植物学划分，可分为两个类型：一是豆科绿肥作物，种类多，如草木樨、田菁、菽麻、紫云英、毛苕子等。二是非豆科绿肥作物，种类较少，如肥田萝卜、油白菜、水葫芦、水浮莲等。

第一节　饲用及绿肥作物物种多样性

饲用及绿肥作物均来源于野生植物。饲用及绿肥作物的物种多样性是饲用及绿肥作物遗传多样性的源泉，也是研究和认识饲用及绿肥作物多样性的重要内容。

中国通过栽培驯化和选育以及国外引种，形成了多种多样的饲用及绿肥作物。其物种繁多，组成复杂，物种多样性程度高。据初步统计，栽培驯化及国外引种的饲用及绿肥作物共有 96 个种（其中与其他作物大类间重复的有 16 种），隶属 18 个科、96 个属，涉及 211 个栽培种及 207 个野生近缘种（表 22 - 1）。其中种类最多的为禾本科，有 37 属、91 个栽培种及 96 个野生近缘种。其次是豆科，有 33 属、77 个栽培种及 88 个野生近缘种。还包括菊科、藜科、蓼科等 16 科、26 属、43 个栽培种和 23 个野生近缘种。在 96 个属饲用及绿肥作物中，不同属的栽培种数不尽相同，有的属只有 1 个栽培种，有的属多达 8 个栽培种。

第二节　主要饲用及绿肥作物的遗传多样性

饲用及绿肥作物共 96 种，涉及 211 个栽培种，本节主要介绍无芒雀麦、狗牙根、苇状羊茅、羊草、多年生黑麦草、百喜草、草地早熟禾、沙打旺、紫花苜蓿、白三叶、紫云英、黄花草木樨和箭筈豌豆等 13 个栽培种的遗传多样性。

一、无芒雀麦

无芒雀麦（*Bromus inermis* Leyss.）是自然分布于欧亚大陆草原区的优良饲用植物。在中国的东北、华北、西北、西南及山东和江苏诸省区海拔 1 000～3 500 m 的地区都有自然分布，分布广、生态幅度宽、生态类型多样。经 200 多年的栽培和选育，已育成近百个栽培品种，成为世界著名的栽培牧草。自 20 世纪 20 年代以来，中国一方面从国外引进无芒雀麦品种，另一方面各地区驯化栽培和培育出一些地方品种。不同的品种或生态型，在不同的栽培条件下，其植物学形态特征、生态学特性等都有所差异。

（一）形态特征差异

无芒雀麦的不同品种或生态型，在形态特征上表现出较大的变化。株高一般在100 cm 左右，最低 50 cm 左右，最高达 150 cm。叶片条形，长 5～25 cm，宽 5～10 mm。圆锥花序紧缩或开展，长 10～20 cm，分枝着生的小穗一般为 2～3 枚，最少 1 枚，最多 5 枚；小穗长一般 20 mm 左右，最短为 10 mm，最长达 25 mm，通常为黄色，极少数为紫色，每小穗一般具 7 花左右，最少 4 花，最多 10 花，外稃通常无芒，少数具 1～2 mm 的短芒，最长达 4～5 mm。颖果长 7～9 mm，千粒重 3.2～4.0 g。

表 22-1　中国饲用及绿肥作物物种多样性

序号	作物名称	科	属	栽培种	野生近缘种
1	冰草	禾本科 Gramineae	冰草属 *Agropyron* Gaertn.	扁穗冰草 *A. cristatum*（L.）Gaertn. 沙生冰草 *A. desertorum*（Fisch.）Schult. 沙芦草 *A. mongolicum* Keng 西伯利亚冰草 *A. sibiricum*（Willd.）Beauv.	光穗冰草 *A. pectiniforme* Roem. et Schult. [*A. cristatum* var. *pectiniforme*（Roem. et Sctwlt.）H. L. Yang] 根茎冰草 *A. michnoi* Roshev.
2	剪股颖	禾本科 Gramineae	剪股颖属 *Agrostis* L.	小糠草 *A. gigantea* Roth	歧序剪股颖 *A. divaricatissima* Mez 西伯利亚剪股颖 *A. sibirica* V. Petr. 细弱剪股颖 *A. tenuis* Sibth.
3	看麦娘	禾本科 Gramineae	看麦娘属 *Alopecurus* L.	草地看麦娘 *A. pratensis* L. 苇状看麦娘 *A. arundinaceus* Poir.	短穗看麦娘 *A. brachystachyus* Bieb. 喜玛拉雅看麦娘 *A. himalaicus* Hook. f.
4	燕麦△	禾本科 Gramineae	燕麦属 *Avena* L.	燕麦 *A. sativa* L.	野燕麦 *A. fatua* L. 南燕麦 *A. meridionalis*（Malz.）Roshev. 另有 7 个种见附录 3（序号 448）
5	地毯草	禾本科 Gramineae	地毯草属 *Axonopus* Beauv.	类地毯草 *A. affinis* A. Chase 地毯草 *A. compressus*（Sw.）Beauv. 壮丽草 *A. scoparius*（Flugge）Hitchc.	
6	白羊草 （孔颖草）	禾本科 Gramineae	孔颖草属 *Bothriochloa* Kuntze	白羊草 *B. ischaemum*（L.）Keng	臭根子草 *B. bladhii*（Retz.）S. T. Blake （*B. intermedia* A. Camus） 孔颖草 *B. pertusa*（L.）Camus
7	臂形草	禾本科 Gramineae	臂形草属 *Brachiaria* Griseb.	珊状臂形草 *B. brizantha* Stapf 俯仰臂形草 *B. decumbens* Stapf 网脉臂形草 *B. dictyoneura* Stapf 巴拉草 *B. mutica*（Forsk.）Stapf 刚果旗草 *B. ruziensis* Germain et Evrard	臂形草 *B. erucaeformis*（J. E. Smith.）Griseb. 多枝臂形草 *B. ramosa*（L.）Stapf 尾稃臂形草 *B. urochloaoides* S. L. Chen et Y. X. Jin 毛臂形草 *B. villosa*（Lam.）A. Camus

（续）

序号	作物名称	科	属	栽培种	野生近缘种
8	雀麦	禾本科 Gramineae	雀麦属 *Bromus* L.	草地雀麦 *B. biebersteinii* Roem. et Schult. 扁穗雀麦 *B. catharticus* Vahl. 无芒雀麦 *B. inermis* Leyss. 雀麦 *B. japonica* Thumb. ex Murr. 山地雀麦 *B. marginatus* Nees ex Steud. 耐酸草 *B. pumpellianus* Scribn.	毗邻雀麦 *B. confinis* Nees ex Steud. 密丛雀麦 *B. benekenii*（Lge.）Trim. 沙地雀麦 *B. ircutensis* Kom. 西伯利亚雀麦 *B. sibiricus* Drob.
9	虎尾草	禾本科 Gramineae	虎尾草属 *Chloris* Sw.	盖氏虎尾草 *C. gayana* Kunth 虎尾草 *C. virgata* Sw.	异序虎尾草 *C. anomala* B. S. Sun et Z. H. Hu 孟仁草 *C. barbata* Sw.（*C. inflata* Link） 台湾虎尾草 *C. formosana*（Honda）Keng
10	狗牙根	禾本科 Gramineae	狗牙根属 *Cynodon* Rich	狗牙根 *C. dactylon*（L.）Pers.	弯穗狗牙根 *C. arcuatus* J. S. Presl. ex Presl.
11	鸭茅	禾本科 Gramineae	鸭茅属 *Dactylis* L.	鸭茅 *D. glomerata* L.	
12	马唐	禾本科 Gramineae	马唐属 *Digitaria* Hall.	十字马唐 *D. cruciata*（Nees）A. Camus 俯仰马唐 *D. decumbens* Stent. 马唐 *D. sanguinalis*（L.）Scop. 南非马唐 *D. smutsii* Stent.	升马唐 *D. ciliaris*（Retz.）Koel. 毛马唐 *D. chrysoblephara* Fig. et De Not. 止血马唐 *D. ischaemum*（Schreb.）Schreb. ex Muhl.
13	稗	禾本科 Gramineae	稗属 *Echinochloa* Beauv.	稗 *E. crusgalli*（L.）Beauv. 湖南稷子 *E. frumentacea*（Roxb.）Link [*E. cusgalli*（L.）Beauv. var. *frumentacea*（Roxb.）W. F. Wight]	长芒稗 *E. caudata* Roshev. [*E. cusgalli*（L.）Beauv. var. *caudate*（Roshev.）Keng] 孔雀稗 *E. crusparonis*（H. B. K.）Schult. [*E. cusgalli*（L.）Beauv. var. *cruspavonis*（H. B. K.）Hitchc.] 旱稗 *E. hispidula*（Retz.）Nees [*E. cusgalli*（L.）Beauv. var. *hispidula*（Retz.）Honda] 无芒稗 *E. spiralis* Vasing. [*E. crusgalli*（L.）Beauv. var. *mitis*（Pursh）Peterm.]

（续）

序号	作物名称	科	属	栽培种	野生近缘种
13	稗	禾本科 Gramineae	稗属 *Echinochloa* Beauv.		西来稗 *E. zelayense*（H. B. K.）Schult. [*E. crusgalli*（L.）Beauv. var. *zelayensis*（H. B. K.）Hitchc.] 硬稃稗 *E. glabrescens* Munro ex Hook. f. 另有 6 个种见附录 3（序号 461）
14	披碱草	禾本科 Gramineae	披碱草属 *Elymus* L.	披碱草 *E. dahuricus* Turcz. 垂穗披碱草 *E. nutans* Griseb. 老芒麦 *E. sibiricus* L.	黑紫披碱草 *E. atratus*（Nevski）Hand. -Mazz. 短芒披碱草 *E. breviaristatus*（Keng）Keng f. 圆柱披碱草 *E. cylindricus*（Franch.）Honda 无芒披碱草 *E. submuticus*（Keng）Keng f. 另有 30 个种见附录 3（序号 463）
15	偃麦草	禾本科 Gramineae	偃麦草属 *Elytrigia* Desv.	长穗偃麦草 *E. elongata*（Host）Nevski 中间偃麦草 *E. intermedia*（Host）Nevski 偃麦草 *E. repens*（L.）Nevski 史氏偃麦草 *E. smithii*（Rydb.）Nevski 毛偃麦草 *E. trichophora*（Link）Nevski	曲芒偃麦草 *E. aegilopoides*（Drob.）N. R. Cui 多花偃麦草 *E. elongatiformis*（Drob.）Nevski 费尔干偃麦草 *E. ferganensis*（Drob.）Nevski 另有 12 个种见附录 3（序号 464）
16	假俭草	禾本科 Gramineae	蜈蚣草属 *Eremochloa* Büse	假俭草 *E. ophiuroides*（Munro）Hack.	西南马陆草 *E. bimaculata* Hack. 蜈蚣草 *E. ciliaris*（L.）Merr. 马陆草 *E. zeylanica* Hack.
17	苇状羊茅	禾本科 Gramineae	羊茅属 *Festuca* L.	苇状羊茅 *F. arundinacea* Schreb. 草甸羊茅 *F. pratensis* Huds. 紫羊茅 *F. rubra* L. 中华羊茅 *F. sinensis* Keng ex S. L. Lu	寒生羊茅 *F. kryloviana* Reverd. 羊茅 *F. ovina* L. 沟羊茅 *F. rupicola* Heuff. [*F. valesiaca* Schleich ex Gaud. subsp. *sulcata*（Hack.）Schinz. et R. Keller.]
18	牛鞭草	禾本科 Gramineae	牛鞭草属 *Hemarthria* R. Br.	牛鞭草 *H. altissima*（Poir.）Stapf et C. E. Hubb. 扁穗牛鞭草 *H. compressa*（L. f.）R. Br.	长花牛鞭草 *H. longiflora*（Hook. f.）A. Camus 小牛鞭草 *H. protensa* Steud.（*H. humilis* Keng）

（续）

序号	作物名称	科	属	栽培种	野生近缘种
19	大麦△	禾本科 Gramineae	大麦属 *Hordeum* L.	短芒大麦草 *H. brevisubulatum*（Trin.）Link 大麦 *H. vulgare* L.	布顿大麦草 *H. bogdanii* Wilensky 糙稃大麦草 *H. turkestanicum* Nevski 紫大麦草 *H. violaceum* Boiss. et Huet. 另有 23 个种见附录 3（序号 468）
20	羊草	禾本科 Gramineae	赖草属 *Leymus* Hochst.	羊草 *L. chinensis*（Trin.）Tzvel.	窄颖赖草 *L. angustus*（Trin.）Pilger 宽穗赖草 *L. ovatus*（Trin.）Tzvel. 赖草 *L. secalinus*（Georgi）Tzvel. 天山赖草 *L. tianschanius*（Drob.）Tzvel. 另有 115 种见附录 3（序号 469）
21	黑麦草	禾本科 Gramineae	黑麦草属 *Lolium* L.	一年生黑麦草 *L. multiflorum* Lam. 多年生黑麦草 *L. perenne* L.	田野黑麦草 *L. arvense* With. 疏花黑麦草 *L. remotum* Schrank 硬直黑麦草 *L. rigidum* Gaud.
22	糖蜜草	禾本科 Gramineae	糖蜜草属 *Melinis* Beauv.	糖蜜草 *M. minutiflora* Beauv.	
23	大黍	禾本科 Gramineae	黍属 *Panicum* L.	大黍 *P. maximum* Jacq.	短叶黍 *P. brevifolium* L. 发枝稷 *P. trichoides* Sw.
24	雀稗	禾本科 Gramineae	雀稗属 *Paspalum* L.	毛花雀稗 *P. dilatatum* Poir. 百喜草 *P. notatum* Flügge 圆果雀稗 *P. orbiculare* Forst. 宽叶雀稗 *P. wettsteinii* Hackel	两耳草 *P. conjugatum* Berg. 双穗雀稗 *P. paspaloides*（Michx.）Scribn. 皱稃雀稗 *P. plicatulum* Michx. 雀稗 *P. thunbergii* Kunth ex Steud. 海雀稗 *P. vaginatum* Sw.
25	狼尾草	禾本科 Gramineae	狼尾草属 *Pennisetum* Rich.	美洲狼尾草 *P. americarum*（L.）Leeke 东非狼尾草 *P. cladestinum* Hochst. ex Chiov. 珍珠粟 *P. glaucum*（L.）R. Br. 多穗狼尾草 *P. polystachyon*（L.）Schult. 象草 *P. purpureum* Schum.	狼尾草 *P. alopecuroides*（L.）Spreng. 双穗狼尾草 *P. dispeculatum* Chia 白草 *P. centrasiaticum* Tzvel.

（续）

序号	作物名称	科	属	栽培种	野生近缘种
26	虉草	禾本科 Gramineae	虉草属 *Phalaris* L.	球茎虉草 *P. aguatica* L. 虉草 *P. arundinacea* Linn. 金丝虉草 *P. canariensis* L.	
27	猫尾草	禾本科 Gramineae	梯牧草属 *Phleum* L.	猫尾草 *P. pratense* L. 密丛猫尾草 *P. bertolonii* DC. [*P. pratense* L. subsp. *bertolonii*（DC.）Bornm.]	高山猫尾草 *P. alpinum* L. 假猫尾草 *P. phleoides*（L.）Karst.
28	早熟禾	禾本科 Gramineae	早熟禾属 *Poa* L.	加拿大早熟禾 *P. compressa* L. 冷地早熟禾 *P. crymophila* Keng ex C. Ling 草地早熟禾 *P. pratensis* L. 普通早熟禾 *P. trivialis* L.	扁秆早熟禾 *P. anceps*（Gaud. ex Griseb.）Bor 细叶早熟禾 *P. angustifolia* L. 狭颖早熟禾 *P. angustiglumis* Roshev. 高原早熟禾 *P. alpigena*（Bulytt）Lindm. 湿地早熟禾 *P. irrigata* Lindm. 砾沙早熟禾 *P. sabulosa*（Roshev.）Turcz. ex Roshev.
29	新麦草	禾本科 Gramineae	新麦草属 *Psathyrostachys* Nevski	新麦草 *P. juncea*（Fisch.）Nevski	华山新麦草 *P. huashanica* Keng ex P. C. Kuo 单花新麦草 *P. kronenburgii*（Hack.）Nevski 毛穗新麦草 *P. lanuginose*（Trin.）Nevski 紫药新麦草 *P. hyalantha*（Rupr.）Tzvel. [*P. juncea*（Fisch.）Nevski subsp. *hyalantha*（Rupr.）Tzvel.] 脆轴新麦草 *P. fragilis*
30	碱茅	禾本科 Gramineae	碱茅属 *Puccinellia* Parl.	朝鲜碱茅 *P. chinampoensis* Ohwi 小花碱茅 *P. tenuiflora*（Griseb.）Scribn. et Merr.	鳞茎碱茅 *P. bulbosa*（Grossh.）Grossh. 德格碱茅 *P. degeensis* L. Liu 吉隆碱茅 *P. gyirongensis* L. Liu 科氏碱茅 *P. koeieana*（Grossh.）Grossh. 沼泞碱茅 *P. limosa*（Schur.）Holmb. 柔枝碱茅 *P. manchuriensis* Ohwi 纤细碱茅 *P. tenuissima* Litv. et Krcez.

（续）

序号	作物名称	科	属	栽培种	野生近缘种
31	鹅观草	禾本科 Gramineae	鹅观草属 *Roegneria* C. Koch.	纤毛鹅观草 *R. ciliaris*（Trin.）Nevski 多秆鹅观草 *R. multiculmis* Kitag.	毛叶鹅观草 *R. amurensis*（Drob.）Nevski 毛花鹅观草 *R. hirtiflora* C. P. Wang et H. L. Yang 竖立鹅观草 *R. japonensis*（Honda）Keng 毛秆鹅观草 *R. pubicaulis* Keng 另有 53 个种见附录 3（序号 481）
32	黑麦△	禾本科 Gramineae	黑麦属 *Secale* L.	黑麦 *S. cereale* L.	有 4 个种，参见附录 3（序号 482）
33	狗尾草	禾本科 Gramineae	狗尾草属 *Setaria* Beauv.	非州狗尾草 *S. anceps* Stapf ex Massey 粟 *S. italica* L.	莠狗尾草 *S. geniculata*（Lam.）Beauv. 金色狗尾草 *S. glauca*（L.）Beauv. 棕叶狗尾草 *S. palmifolia*（Koen.）Stapf 皱叶狗尾草 *S. plicata*（Lam.）T. Cooke
34	高粱△	禾本科 Gramineae	高粱属 *Sorghum* Moench	高粱 *S. bicolor*（L.）Moench 蒋森草 *S. halepense*（L.）Pers. 拟高粱 S. *propinquum*（Kunth）Hitchc. 苏丹草 *S. sudanense*（Piper）Stapf	光高粱 *S. nitidum*（Vahl）Pers. 另有 15 个种见附录 3（序号 485）
35	米草	禾本科 Gramineae	米草属 *Spartina* Schreb. ex J. F. Gmel.	大米草 *S. anglica* Hubb.	
36	玉米△	禾本科 Gramineae	玉蜀黍属 *Zea* L.	玉米 *Z. mays* L.	有 3 个种，参见附录 3（序号 487）
37	结缕草	禾本科 Gramineae	结缕草属 *Zoysia* Willd.	结缕草 *Z. japonica* Steud. 沟叶结缕草 *Z. matrell*（L.）Merr. 中华结缕草 *Z. sinica* Hance 细叶结缕草 *Z. tenuifolia* Willd. et Trin.	大穗结缕草 *Z. macrostachya* Franch. et Sav.

（续）

序号	作物名称	科	属	栽培种	野生近缘种
38	合萌	豆科 Leguminosae	合萌属 *Aeschynomene* L.	美洲合萌 *A. americana* L. 合萌 *A. indica* L.	
39	链荚豆	豆科 Leguminosae	链荚豆属 *Alysicarpus* Neck. ex Desv.	链荚豆 *A. vaginalis*（L.）DC.	柴胡叶链荚豆 *A. bupleurifolius*（L.）DC. 皱叶链荚豆 *A. rugosus*（Willd.）DC. 云南链荚豆 *A. yunnanensis* Yang et Huang
40	紫穗槐	豆科 Leguminosae	紫穗槐属 *Amorpha* L.	紫穗槐 *A. fruticosa* L.	
41	紫云英	豆科 Leguminosae	黄芪属 *Astragalus* L.	沙打旺 *A. adsurgens* Pall. 鹰嘴紫云英 *A. cicer* L. 紫云英 *A. sinicus* L.	灰叶黄芪 *A. discolor* Bunge ex Maxim. 单叶黄芪 *A. efoliolatus* Hand. -Mazz. 房县黄芪 *A. fangensis* Simps. 白花黄芪 *A. galactites* Pall. 糙叶黄芪 *A. scaberrimus* Bunge 蜀西黄芪 *A. souliei* Simps. 四川黄芪 *A. sutchuenensis* Franch. 洞川黄芪 *A. tungensis* Simps. 文县黄芪 *A. wenxianensis* Y. C. Ho 巫山黄芪 *A. wushanicus* Simps. 扬子黄芪 *A. yangtzeanus* Simps.
42	毛蔓豆	豆科 Leguminosae	毛蔓豆属 *Calopogonium* Desv.	蓝花毛蔓豆 *C. caeruleum* Benth. 毛蔓豆 *C. mucunoides* Desv.	
43	锦鸡儿	豆科 Leguminosae	锦鸡儿属 *Caragana* Fabr.	中间锦鸡儿 *C. intermedia* Kuang et H. C. Fu 柠条锦鸡儿 *C. korshinskii* Kom. 小叶锦鸡儿 *C. microphylla* Lam.	沙地锦鸡儿 *C. davazamcii* Sancz. 二连锦鸡儿 *C. erenensis* Liou f. 金州锦鸡儿 *C. litwinowii* Kom. 北京锦鸡儿 *C. pekinensis* Kom. 秦晋锦鸡儿 *C. purdomii* Rehd. 另有 23 个种见附录 3（序号 139）

（续）

序号	作物名称	科	属	栽培种	野生近缘种
44	距瓣豆	豆科 Leguminosae	距瓣豆属 *Centrosema* Benth.	距瓣豆 *C. pubescens* Benth.	
45	小冠花	豆科 Leguminosae	小冠花属 *Coronilla* L.	小冠花 *C. emerus* L. 多变小冠花 *C. varia* L.	
46	猪屎豆	豆科 Leguminosae	猪屎豆属 *Crotalaria* L.	大叶猪屎豆 *C. assamica* Benth. 菽麻 *C. juncea* L.	吊裙草 *C. retusa* L.
47	山蚂蝗	豆科 Leguminosae	山蚂蝗属 *Desmodium* Desv.	圆锥山蚂蝗 *D. elegans* DC. 假地豆 *D. heterocarpum*（L.）DC. 绿叶山蚂蝗 *D. intortum*（Mill.）Fawc. et Rondle	大叶山蚂蝗 *D. gangeticum*（L.）DC. 异叶山蚂蝗 *D. heterophyllum*（Willd.）DC. 三点金 *D. triflorum*（L.）DC.
48	大豆△	豆科 Leguminosae	大豆属 *Glycine* Willd.	秣食豆 *G. max*（L.）Merr.	宽叶大豆 *G. gracilis* Skv. 野大豆 *G. soja* Sieb. et Zucc. 另有 22 个种参见附录 3（序号 143）
49	岩黄芪	豆科 Leguminosae	岩黄芪属 *Hedysarum* L.	塔落岩黄芪 *H. laeve* Maxim. 细枝岩黄芪 *H. scoparium* Fisch. et Mey.	山竹岩黄芪 *H. fruticosum* Pall. 木岩黄芪 *H. lignosum* Trautv. [*H. fruticosum* Pall. var. *lignosum*（Trautv.）Kitag.] 蒙古岩黄芪 *H. mongolicum* Turcz. [*H. fruticosum* Pall. var. *mongolicum*（Turcz.）Turcz.] 红花岩黄芪 *H. multijugum* Maxim.
50	多花木蓝	豆科 Leguminosae	木蓝属 *Indigofera* L.	多花木蓝 *I. amblyantha* Craib	马棘 *I. pseudotinctoria* Matsum. 陕甘木蓝 *I. hosiei* Craib
51	鸡眼草	豆科 Leguminosae	鸡眼草属 *Kummerowia* Schindl.	鸡眼草 *K. striata*（Thunb.）Schindl.	长萼鸡眼草 *K. stipulacea*（Maxim.）Makino

（续）

序号	作物名称	科	属	栽培种	野生近缘种
52	山黧豆	豆科 Leguminosae	山黧豆属 *Lathyrus* L.	山黧豆 *L. sativus* L.	三脉山黧豆 *L. komarovii* Ohwi 牧地山黧豆 *L. pratensis* L. 五脉山黧豆 *L. qiunquenervius*（Miq.）Litv. 玫红山黧豆 *L. tuberosus* L.
53	胡枝子	豆科 Leguminosae	胡枝子属 *Lespedeza* Michx.	胡枝子 *L. bicolor* Turcz. 截叶胡枝子 *L. cuneata*（Dum.-Cours.）G. Don 兴安胡枝子 *L. dahurica*（Laxm.）Schindl.	大叶胡枝子 *L. davidii* Franch. 春花胡枝子 *L. dunnii* Schindl. 光叶胡枝子 *L. juncea*（L. f.）Pers. 展枝胡枝子 *L. patens* Nakai 牛枝子 *L. potaninii* Vass. 路生胡枝子 *L. viatorum* Champ. ex Benth. 细梗胡枝子 *L. virgata*（Thunb.）DC. 南湖胡枝子 *L. wilfordi* Rick.
54	百脉根	豆科 Leguminosae	百脉根属 *Lotus* L.	百脉根 *L. corniculatus* L. 细叶百脉根 *L. tenuis* Waldst. et Kit. ex Willd. 湿地百脉根 *L. uliginosus* Schkuhr	高原百脉根 *L. alpinus*（Ser.）Schleich. ex Ramond 光叶百脉根 *L. japonicus*（Regel）K. Larsen （*L. corniculatus* L. var. *japonicus* Regel） 密叶百脉根 *L. krylovii* Schischk. et Serg.
55	羽扇豆	豆科 Leguminosae	羽扇豆属 *Lupinus* L.	黄花羽扇豆 *L. luteus* L.	
56	大翼豆	豆科 Leguminosae	大翼豆属 *Macroptilium* （Benth.）Urb.	大翼豆 *M. atropurpureum*（DC.）Urb. 紫花豆 *M. lathyroides*（L.）Urb.	
57	苜蓿	豆科 Leguminosae	苜蓿属 *Medicago* L.	褐斑苜蓿 *M. arabica* Huds. 阿歇逊氏苜蓿 *M. aschersoniana* Urb. 黄花苜蓿 *M. falcata* L. 天蓝苜蓿 *M. lupulina* L.	阿拉善苜蓿 *M. alaschanica* Vass. 小苜蓿 *M. minima*（L.）Grufb. 小花苜蓿 *M. rivularis* Vass. 扭果苜蓿 *M. schishkinii* Sumn.

（续）

序号	作物名称	科	属	栽培种	野生近缘种
57	苜蓿	豆科 Leguminosae	苜蓿属 *Medicago* L.	圆苜蓿 *M. orbicularis*（L.） Bart. 金花菜 *M. polymorpha* L. 紫花苜蓿 *M. sativa* L. 杂种苜蓿 *M. varia* Martyn	大花苜蓿 *M. trautvetteri* Sumn.
58	扁蓿豆	豆科 Leguminosae	扁蓿豆属 *Melilotoides* Heist. ex Fabr.	扁蓿豆 *M. ruthenica*（L.） Sojak.	青海扁蓿豆 *M. archiducis-nocolai*（Sirj.） Yakovl. 帕米尔扁蓿豆 *M. pamirica*（Boriss.） Sojak. 阔荚扁蓿豆 *M. platycarpos*（L.） Sojak. 毛荚扁蓿豆 *M. pubescens*（Edgew. ex Baker） Yakovl.
59	草木樨	豆科 Leguminosae	草木樨属 *Melilotus* Miller	白花草木樨 *M. alba* Medic. ex Desr. 细齿草木樨 *M. dentata*（Waldst. et Kit.） Pers. 黄花草木樨 *M. officinalis*（L.） Pall.	印度草木樨 *M. indica*（L.） All.
60	驴食草	豆科 Leguminosae	驴食草属 *Onobrychis* Miller	红豆草（驴食草）*O. viciaefolia* Scop.	美丽红豆草 *O. pulchella* Schrenk 顿河红豆草 *O. taneitica* Spreng
61	棘豆	豆科 Leguminosae	棘豆属 *Oxytropis* D C.	紫花棘豆 *O. subfalcata* Hance	蓝花棘豆 *O. coerulea*（Pall.） DC. 线叶棘豆 *O. filiformis* DC.
62	豌豆△	豆科 Leguminosae	豌豆属 *Pisum* L.	豌豆 *P. sativum* L.	野豌豆 *P. fulvum* Sibth et Sm. 饲用豌豆 *P. arvense* L.
63	葛藤	豆科 Leguminosae	葛属 *Pueraria* D C.	葛藤 *P. lobata*（Willd.） Ohwi 越南葛藤 *P. montana*（Loar.） Merr. [*P. lobata*（Willd.） Ohwi var. *montana*（Loar.） Van der Maesen] 爪哇葛藤 *P. phaseoloides*（Roxb.） Benth.	密花葛藤 *P. alopecuroides* Craib 黄毛萼葛藤 *P. calyeina* Franch. 粉葛藤 *P. thomsonii* Benth. [*P. lobata*（Willd.） Ohwi var. *thomsonii*（Benth.） Van der Maesen] 苦葛藤 *P. peduncularis*（Grah. ex Benth.） Benth. 小花野葛藤 *P. stricta* Kurz 喜马拉雅葛藤 *P. wallichii* DC.

（续）

序号	作物名称	科	属	栽培种	野生近缘种
64	田菁	豆科 Leguminosae	田菁属 *Sesbania* Scop.	田菁 *S. cannabina*（Retz.）Poir. 大花田菁 *S. grandiflora*（L.）Pers.	刺田菁 *S. bispinosa*（Jacq.）W. F. Wight 沼生田菁 *S. javanica* Miq. 印度田菁 *S. sesban*（L.）Merr. 元江田菁 *S. atropurpurea* Taub. [*S. sesban*（L.）Merr. var. *bicolor*（Wight et Arn.）F. W. Andrew]
65	苦豆子△	豆科 Leguminosae	槐属 *Sophora* L.	苦豆子 *S. alopecuroides* L.	
66	柱花草	豆科 Leguminosae	笔花豆属 *Stylosanthes* Sw.	头状柱花草 *S. capitata* Vog. 圭亚那柱花草 *S. guianensis*（Aubl.）Sw. 有钩柱花草 *S. hamata*（L.）Taub. 矮柱花草 *S. humilis* H. B. K. 粗糙柱花草 *S. scabra* Vog. 合轴柱花草 *S. sympodialis* Sw.	
67	车轴草（三叶草）	豆科 Leguminosae	车轴草属 *Trifolium* L.	埃及三叶草 *T. alexandrinum* L. 草莓三叶草 *T. fragiferum* L. 杂种三叶草 *T. hybridum* L. 绛三叶草 *T. incarnatum* L. 红三叶草 *T. pratense* L. 白三叶草 *T. repens* L. 地三叶草 *T. subterraneum* L.	大花三叶草 *T. eximium* Steph. ex DC. 延边三叶草 *T. gordejevi*（Kom.）Z. Wei 野火球 *T. lupinaster* L.
68	胡卢巴	豆科 Leguminosae	胡卢巴属 *Trigonella* L.	胡卢巴 *T. foenum-graecum* L.	
69	野豌豆	豆科 Leguminosae	野豌豆属 *Vicia* L.	山野豌豆 *V. amoena* Fisch. ex DC. 肋脉野豌豆 *V. costata* Ledeb. 广布野豌豆 *V. cracca* L.	窄叶野豌豆 *V. angustifolia* L. 察隅野豌豆 *V. bakeri* Ali 大龙骨野豌豆 *V. megalotropis* Ledeb.

（续）

序号	作物名称	科	属	栽培种	野生近缘种
69	野豌豆	豆科 Leguminosae	野豌豆属 *Vicia* L.	蚕豆 *V. faba* L. 箭筈豌豆 *V. sativa* L. 毛苕子 *V. villosa* Roth.	绢毛山野豌豆 *V. pseudocracca* Liou et Fu（*V. amoena* Fisch. ex D C. var. *sericea* Kitag.） 野豌豆 *V. sepium* L. 细叶野豌豆 *V. tenuifolia* Roth.
70	豇豆	豆科 Leguminosae	豇豆属 *Vigna* Savi	赤豆 *V. angularis*（Willd.）Ohwi et Ohashi	小赤豆 *V. ambellata*（Thumb.）Ohwi et Ohashi 卷毛赤豆 *V. reflexo-pilosa* Hayata
71	蒿	菊科 Compositae	蒿属 *Artemisia* L.	黑沙蒿 *A. ordosica* Krasch. 白沙蒿 *A. sphaerocephala* Krasch. 伊犁蒿（伊犁绢蒿）*A. transiliensis* Poljak.［*Seriphidium transiliense*（Poljak.）Poljak］	纤细蒿（纤细绢蒿）*A. gracilescens* Krasch. et Iljin［*S. gracilescens*（Krasch. et Iljin）Poljak.］ 盐蒿 *A. halodendron* Turcz. ex Bess. 新疆蒿（新疆绢蒿）*A. kaschgarica* Krasch.［*S. kaschgaricum*（Krasch.）Poljak.］ 柔毛蒿 *A. pubescens* Ledeb. 猪毛蒿 *A. scoparia* Waldst. et Kit. 白茎蒿（白茎绢蒿）*A. terrae-albae* Krasch.［*S. terr-albae*（Krasch.）Poljak.］
72	菊苣	菊科 Compositae	菊苣属 *Cichorium* L.	菊苣 *C. intybus* L.	
73	泽兰	菊科 Compositae	泽兰属 *Eupatorium* L.	飞机草（泽兰）*E. japonium* Thunb.	
74	山莴苣	菊科 Compositae	莴苣属 *Lactuca* L.	山莴苣 *L. indica* L.	高莴苣 *L. elata* Hemsl. 毛脉山莴苣 *L. raddeana* Maxim. 翼柄山莴苣 *L. triangulata* Maxim.
75	松香草	菊科 Compositae	松香草属 *Silphium* L.	松香草 *S. perfoliatum* L.	

（续）

序号	作物名称	科	属	栽培种	野生近缘种
76	肿柄菊	菊科 Compositae	肿柄菊属 *Tithonia* Desf. ex Juss.	肿柄菊 *T. diversifolia* A. Gray	
77	甜菜△	藜科 Chenopodiaceae	甜菜属 *Beta* L.	饲用甜菜 *B. vulgaris* L.	有 11 个种，参见附录 3（序号 226）
78	驼绒藜	藜科 Chenopodiaceae	驼绒藜属 *Ceratoides*（Tourn.）Gagnebin	华北驼绒藜 *C. arborescens*（Losinsk.）Tsien. et C. G. Ma 驼绒藜 *C. latens*（J. F. Gmel.）Reveal et Holmgren	垫状驼绒藜 *C. compacta*（Losinsk.）Tsien. et C. G. Ma 心叶驼绒藜 *C. ewersmanniana*（Stschegl. ex Losinsk.）Botsch. et Ikonn. 内蒙驼绒藜 *C. intramongolica* H. C. Fu，J. Y. Yang et S. Y. Zhao
79	地肤	藜科 Chenopodiaceae	地肤属 *Kochia* Roth	木地肤 *K. prostrata*（L.）Schrad. 扫帚菜 *K. scoparia*（L.）Schrad.	尖翅地肤 *K. odontoptera* Schrenk 黑翅地肤 *K melanoptera* Bunge
80	沙拐枣	蓼科 Polygonaceae	沙拐枣属 *Calligonum* L.	乔木状沙拐枣 *C. arborescens* Litv. 头状沙拐枣 *C. caput-medusae* Schrenk 沙拐枣 *C. mongolicum* Turcz.	阿拉善沙拐枣 *C. alaschanicum* A. Los. 中国沙拐枣 *C. chinense* A. Los. 白皮沙拐枣 *C. leucocladum*（Schrenk）Bunge 昆仑沙拐枣 *C. roborovskii* A. Los. 红皮沙拐枣 *C. rubicundum* Bunge
81	酸模	蓼科 Polygonaceae	酸模属 *Rumex* L.	巴天酸模 *R. patientia* L.	皱叶酸模 *R. crispus* L. 天山酸模 *R. tianshanicus* A. Los.
82	蒙古扁桃	蔷薇科 Rosaceae	李属 *Prunus* L.	蒙古扁桃 *P. mongolica* Maxim.	柄扁桃 *P. pedunculata*（Pall.）Maxim.
83	聚合草	紫草科 Boraginaceae	聚合草属 *Symphytum* L.	聚合草 *S. peregrinum* L.	

（续）

序号	作物名称	科	属	栽培种	野生近缘种
84	马蔺△	鸢尾科 Iridaceae	鸢尾属 *Iris* L.	马蔺 *I. longispatha* Fisch. [*I. lactea* Pall. var. *chinensis*（Fisch.）Koidz.]	大苞鸢尾 *I. bungei* Maxim. 白花马蔺 *I. lactea* Pall. 细叶鸢尾 *I. tenuifolia* Pall.
85	水花生	苋科 Amaranthaceae	莲子草属 *Alternanthera* Forsk.	水花生 *A. philoxeroides*（Mart.）Griseb.	
86	苋△	苋科 Amaranthaceae	苋属 *Amaranthus* L.	红苋（尾穗苋）*A. caudatus* L. 绿穗苋 *A. hybridus* L. 千穗谷 *A. hypochondriacus* L. 繁穗苋 *A. paniculatus* L.	反枝苋 *A. retrofexus* L. 刺苋 *A. spinosus* L. 另有 6 个种见附录 3（序号 236）
87	胡萝卜△	伞形科 Umbelliferae	胡萝卜属 *Daucus* L.	饲用胡萝卜 *D. carota* L.	
88	芸薹△	十字花科 Cruciferae	芸薹属 *Brassica* L.	小白菜 *B. chinensis* L. 芥菜 *B. juncea*（L.）Czern. et Coss. 芜菁 *B. rapa* L. 饲用甘蓝 *B. subspontanea* Lizy.	
89	萝卜△	十字花科 Cruciferae	萝卜属 *Raphanus* L.	饲用萝卜 *R. sativus* L.	长角萝卜 *R. caudatus* L. 野萝卜 *R. raphanistrum* L.
90	甘薯△	旋花科 Convolvulaceae	番薯属 *Ipomoea* L.	蕹菜 *I. aquatica* Forsk. 甘薯 *I. batatas*（L.）Lam. 五爪金龙 *I. cairica*（L.）Sweet	厚藤 *I. pes-caprae*（L.）Sweet 另有 28 个种见附录 3（序号 232）
91	西瓜△	葫芦科 Cucurbitaceae	西瓜属 *Citrullus* Schrad. ex Eckl. et Zeyh.	饲用西瓜 *C. lanatus*（Thunb.）Mansfeld	有 4 个种，参见附录 3（序号 44）

（续）

序号	作物名称	科	属	栽培种	野生近缘种
92	饲用南瓜	葫芦科 Cucurbitaceae	南瓜属 *Cucurbita* L.	黑籽南瓜 *C. ficifolia* Duch. 印度南瓜 *C. maxima* Duch. 饲用南瓜 *C. moschata*（Duch. ex Lam.）Proiret 美国南瓜 *C. pepo* L.	
93	骆驼蓬	蒺藜科 Zygophyllaceae	骆驼蓬属 *Peganum* L.	骆驼蓬 *P. harmala* L.	匍根骆驼蓬 *P. nigellastrum* Bunge
94	凤眼蓝	雨久花科 Pontederiaceae	凤眼蓝属 *Eichhornia* Kunth	水葫芦 *E. crassipes*（Mart.）Solms.	
95	大薸	天南星科 Araceae	大薸属 *Pistia* L.	水浮莲 *P. stratiotes* L.	
96	满江红	满江红科 Azollaceae	满江红属 *Azolla* Lam.	满江红 *A. imbricata*（Roxb.）Nakai	

注：带△符号的为作物大类之间重复者。

（蒋尤泉　赵来喜　徐春波）

（二）生态学特性差异

在生长发育特性上，无芒雀麦属半冬性饲用作物。播种当年一般进行营养生长，只在个别地区能形成极少的生殖枝，开花和结实。生育期和生长期随品种及栽培地区和环境不同而有较大差异。在中温带半干旱地区，生育期一般在 100 d 左右，最短 95 d，最长 115 d；生长期达 196～216 d；在暖温带半湿润地区，生育期 91～106 d，而生长期达 260～280 d。在繁殖特性上，为两性花，异花授粉，开花期 15～20 d，也就是说，从始花期到 50%植株开花，最少要 15 d，最长需要 20 d，这表明无芒雀麦的野生性状仍然十分明显。在生态学特性上，无芒雀麦在低温胁迫下，是一种耐寒性很强的牧草，但耐寒的程度有差异。有的品种在－30～－28 ℃下能安全越冬，有的品种在冬季积雪覆盖、－40～－30 ℃下也能安全越冬，有的甚至在极端最低温度－48 ℃条件下，越冬率也能达到 83%。

无芒雀麦要求最适的降水量为 400～600 mm，年均温 3～10 ℃，≥0 ℃的积温为 2 700～4 000 ℃。同一品种在不同的地区和栽培条件下，产草量不一样。不同的品种或生态型，在同一地区和相同栽培条件下，产草量表现出明显差异。据报道（陈立波、陈凤林等，1993），来自国内外不同地区的 15 个品种和材料，在内蒙古呼和浩特地区的引种试验（1987—1989）表明，产草量有明显差异。有 6 份材料产干草 3 535.5～4 402.5 kg/hm^2，有 7 份材料产干草 4 503.0～5 869.5 kg/hm^2，有 2 份材料产干草 7 303.5～7 336.5 kg/hm^2。产草量的不同表明与产草量相关的性状也有明显差异。

（三）基于分子标记的遗传多样性

李万良分析了来自不同地区（内蒙古和北京）的无芒雀麦种子在相同条件下形成的 1 周龄幼苗，其过氧化物酶同工酶谱有一些差异，而种的标志带比较稳定。

刘娟对 16 份内蒙古地区无芒雀麦种质材料的种子醇溶蛋白的研究表明，在种群水平上 16 份材料的居群间总遗传多样性指数（*Ht*）为 0.275 5，种源内平均遗传多样性指数（*Hs*）为 0.155 5。在 16 个种源间，各指标有较大的差异，多态性条带数（*Bp*）变幅为 10～22，多态性条带百分率（*P*）变幅为 30.30%～66.67%，平均等位基因数（*Na*）变幅为 1.303 0～1.666 7，平均有效等位基因数（*Ne*）变幅为 1.148 1～1.380 7，Nei's 基因多样性指数（*H*）变幅为 0.091 7～0.221 6，Shannon's 信息指数（*I*）变幅为 0.144 4～0.331 5。各种源间的遗传分化系数 *Gst* 为 0.435 4，无芒雀麦种源间的遗传变异占总变异的 43.54%。可见，种源内遗传变异是无芒雀麦遗传多样性的主要来源。16 份材料各种源间 Nei's 遗传距离（genetic distance，GD）的变异范围为 0.012 7～0.435 1，遗传一致性（genetic identity，GI）的变异范围为 0.647 2～0.987 3。

（蒋尤泉　赵来喜）

二、狗牙根

狗牙根［*Cynodon dactylon*（L.）Pers.］是放牧型牧草，又是草坪草，早期用作饲草而栽培，近代主要用作草坪草而栽植。全世界已选育出 50 多个狗牙根品种，美国占2/3

以上。我国栽培的时间较晚，21 世纪初，选育出狗牙根地方品种有 4 个。不同品种在形态特征、生态学特性上有所变化和差异。

（一）形态特征的差异

狗牙根是一种植株矮小，匍匐状根茎发达的植物。株高 10～30 cm，一般高度 20 cm 左右，最高超过 30 cm（如 Suwanee 和 McCaleb 品种）。叶片披针形，长 6～10（～12）cm，宽 1～3 mm，在草坪草中也有长 1～5 cm 的，叶色淡绿、绿或深绿。穗状花序一般 3～4 枚，最少 2 枚，最多 5～6 枚成指状排列于茎顶，穗长最短 2～3 cm，一般 4～5 cm，最长 6～7 cm，小穗长 2.0～2.5 mm，种子细小，千粒重 0.14～0.27 g。与其他高大禾草相比，形态特征变化还是相对明显的。在中国，狗牙根自然分布的范围广，生境复杂而多样，植株外形、物候期、抗逆性等方面都有所不同。据调查和研究（刘建秀等，1998），狗牙根的外部性状呈地带性规律变化，随纬度增加，植株越直立、粗壮，叶色越趋于浅淡，根系入土越深，生殖枝渐高，花序渐长，具有明显的遗传多样性。

（二）生态学特性差异

在生长发育特性上，同一品种在不同地区其生长发育节律都有差异。据引种试验表明，栽培品种 Tifway 在亚热带的重庆 3 月初返青，12 月初枯黄，生长期达 290 d；在中温带的新疆乌鲁木齐 5 月初返青，11 月枯黄，生长期仅 180 d。在同一地区的不同品种，其生长发育期也有差异。如在乌鲁木齐，新农 1 号品种于 4 月下旬返青，10 月中旬枯黄，生长期为 170 d。

在繁殖特性上，普通狗牙根是一种具匍匐状根茎，两性花，异花授粉植物，既有无性繁殖能力，利用茎枝进行繁殖；也有有性繁殖能力，能结实收到种子。据报道（G. W. Burton 等，1992），在美国南部狗牙根种子生产田中，每年可收获 2 次，可生产种子 600 kg/hm^2 左右。通过改良后的狗牙根品种，依据繁殖方式不同分为两种类型。

无性繁殖类型：世界上大多数狗牙根品种都属于这一类型。既有饲用型品种，又有草坪草品种，如 Coastal、Coastcoss-1、Suwanee、Midland、Tifton44 等。由二倍体（$2n=2x=18$）非洲狗牙根（*C. transvaalensis*）与四倍体（$2n=4x=36$）普通狗牙根（*C. dactylon*）品种或生态型杂交，育成的三倍体（$2n=3x=27$）Tif 系列品种，如 Tifine、Tifgreen、Tifway、Tifwarf 等，还有中国引种选育出的兰引 1 号，一般都不结实，难以收到种子。

有性繁殖类型：这一类型的品种能结实，产生种子。既有饲用型品种，也有草坪草品种，如 Cheyenen、Sahara、Primavena、Sunderid、Sonesta 等。

在生态学特性上，狗牙根是一种喜温暖和湿润气候的禾草。一般来说，在冬季低温胁迫下，抗寒性较差。但是，不同的来源和不同的品种，抗寒性程度也有差异。Brooking 品种能忍受－17 ℃低温，Midiron 品种和 Tifgreen 品种半致死低温分别为－11 ℃和－7 ℃（刘玲珑等，2000）。狗牙根品种抗寒性试验表明（孙宗玖等，2003），在乌鲁木齐冬季极端低温－25.6 ℃时，在除去地面积雪条件下，新农 1 号狗牙根的越冬率达 95%，喀什狗牙根仅为 50%，引进品种全部冻死。

(三) 基于生化和分子标记的遗传多样性

刘建秀等（1997）用酯酶同工酶对华东地区野生狗牙根的遗传变异进行了研究，发现居群内变异大于居群间变异。马亚丽对新疆7个狗牙根材料进行过氧化物酶、酯酶、酸性磷酸酯酶以及超氧化物歧化酶四种同工酶电泳酶谱，显示出较为丰富的多态性差异。付玲玲利用10个寡核苷酸引物对16个狗牙根居群进行扩增，总的多态位点高达93.10%，居群间遗传相似系数为0.345 7～0.861 1。刘伟等利用11条ISSR引物对西南区42份野生狗牙根和3份栽培品种的遗传多样性进行研究，共产生82条扩增片段，每条引物能产生5～10条，平均为7.45条，有58条具有多态性，占70.9%，平均每个ISSR标记能产生5.27条多态性片段，材料间的遗传相似系数变化范围为0.69～0.98。其中，42份野生狗牙根间的遗传相似系数变化范围为0.77～0.98，表明西南区野生狗牙根具有较丰富的遗传多样性，与栽培品种有较大的遗传异质性。王赞等利用POD对12份攀西地区野生狗牙根遗传多样性进行检测的结果表明，攀西地区野生狗牙根蛋白质多样性程度较高，居群间蛋白质图谱与地理分布和生境有一定关系。

王志勇、刘建秀利用23条ISSR引物对33份国内外野生狗牙根种质和来自中国、澳大利亚、美国的22份狗牙根品种的研究表明，共扩增出236条谱带，平均每个引物扩增10.26条，多态性条带比率（PPB）达86.86%。国内与国外种源水平上的PPB分别为82.63%和81.78%，表明国内狗牙根种源变异略高于国外品种的变异。种源间遗传相似系数（genetic similarity coefficient，GSC）为0.576 3～0.966 1，国内狗牙根种源GSC为0.576 3～0.966 1；国外（美国品种和1份印度种质）种质GSC相对较低，在0.597 5～0.915 3。55个狗牙根种源间平均Nei's基因多样性指数（*He*）为0.266 9，Shannon's信息指数（*I*）为0.407 0。

刘伟等利用10个RAMP引物组合对西南横断山区25份野生狗牙根材料的研究表明，材料间RAMP标记多态性较高，共扩增出的56条条带，片段大小为180～2 000 bp，39条具多态性，PPB为69.64%。每个引物组合可扩增出2～6条多态性带，平均3.9条，遗传相似系数（GSC）变化范围为0.666 7～0.947 4，平均为0.812 9。

易杨杰等利用14对SRAP引物组合对中国四川、重庆、贵州、西藏四省、自治区的32份野生狗牙根材料的研究表明，共得到132条多态性条带，多态性位点百分率为79.8%，平均每对引物扩增出多态性条带9.4条，扩增的DNA片段集中在100 bp至1 000 bp之间；材料间的遗传相似系数范围为0.591～0.957，变幅为0.366，平均为0.759；类群内遗传变异占总变异的65.56%，而类群间遗传变异占总变异的34.44%。郑玉红等利用15条RAPD引物对中国不同地区的6份狗牙根优良选系的研究表明，共扩增出多态性条带415条，多态性位点百分率达到59.02%～75.49%，遗传相似系数为0.408～0.672。

（蒋尤泉　赵来喜）

三、苇状羊茅

苇状羊茅（*Festuca arundinacea* Schreb.），又名高羊茅、苇状狐茅等，是一种饲草和草坪兼用型的冷季型禾草。该草种起源于地中海南北两岸，在欧洲大部分地区、北非的突尼斯以及西亚、中亚和西伯利亚有野生分布，我国新疆亦有野生种分布。19 世纪末，人们开始对这一物种进行研究，现已被成功引种到其起源地之外的广大地区，如南北美洲、新西兰、澳大利亚和中南非洲甚至亚洲的一些地区。自 20 世纪 70 年代引入我国以来，苇状羊茅已经在黄河流域和长江流域各省份普遍栽培，成为我国北方暖温带地区及南方亚热带地区的主要草种。

（一）形态特征的差异

苇状羊茅是禾本科羊茅属多年生草本植物，寿命较长，繁茂期多在栽培后的 3～4 年。植株较粗壮，秆成疏丛，直立。株高 80～160 cm，茎粗约 3 mm，基部可达 5 mm，具 4～5 节。叶舌膜质，长 0.5～1 mm。叶片扁平，呈带状或条形，边缘内卷，先端长渐尖，有光泽，较粗糙，叶脉明显，长 10～30 cm，基生者长达 60 cm，宽 0.6～1 cm。圆锥花序疏松开展，长 20～35 cm，多分枝，宽大，松散或窄而短。小穗卵形，长 10～18 mm，4～5 小花，常淡紫色，成熟后呈麦秆黄色；颖窄披针形，有脊，第一颖具 1 脉，长 3.5～6 mm，第二颖具 3 脉，长 5～7 mm；外稃披针形，具 5 脉，顶端无芒或具小尖头，第一外稃长 8～9 mm，内稃稍短于外稃，脊上具短纤毛；花药条形，长约 4 mm，子房顶端无毛；颖果，长约 3.5 mm，千粒重 1.8～2.5 g。

苇状羊茅在育种家长期选择的过程中，分化为两大类型：牧草型苇状羊茅和草坪型苇状羊茅。前者大多为生长发育迅速，植株高大，草层稀疏，茎节间较长，基部叶和茎上叶多为细长而下披，颜色暗绿色；后者多为生长发育缓慢的晚熟品种，茎节间短，叶片和茎的夹角小，呈直立上冲型。

（二）生态学特性差异

苇状羊茅是适应性最广泛的植物之一，能在多种气候条件下和生态环境中生长。抗寒、耐热、耐干旱、耐潮湿，在冬季－15 ℃的条件下可安全越冬，夏季可耐 38 ℃的高温，在长江流域也能很好地越夏。种子在气温 22～25 ℃下，5 cm 深的土壤温度稳定在 10 ℃左右时，播种 5～6 d 后就发芽出苗。幼苗随温度的升高而迅速生长，当年可有分蘖 3～5 个，最高达 10 个以上。高温并伴有热风时生长减慢或停止，少数叶尖有黄萎现象；气温下降则迅速恢复生长。春、秋气候较为冷凉时，生长旺盛。因此，它比一般牧草具有更广泛的适应性。除沙土和轻质壤土外，苇状羊茅可在多种类型的土壤上生长，有一定的耐盐能力，可耐 pH4.7～9.5 的土壤酸碱度，也能在瘠薄干旱的陡坡地上生长，起到保持水土作用。

（三）农艺性状差异

苇状羊茅枝叶繁茂，生长迅速，再生性强，每年可生长 270～280 d。在中等肥力的土壤条件下，一年可刈割 3～4 次，鲜草产量 37 500～67 500 kg/hm^2，高者可达 97 500 kg/hm^2，鲜干比约 3∶1。抽穗期粗蛋白含量 14.0%～15.5%，粗纤维含量 23%～28%。一般种子产量 375～750 kg/hm^2，最高可达 1 200 kg/hm^2。

(四) 基于生化和分子标记的遗传多样性

由于苇状羊茅为高度异交的异源六倍体植物，一般采取混合单株法分析品种间的遗传关系，采用单株分析法研究群体内和群体间的遗传变异。范莉英等应用种子蛋白 SDS - PAGE 电泳图谱对苇状羊茅品种进行了鉴别与聚类研究，供试的 23 个品种共电泳出 44 条条带，多态性条带比率为 79.5%，依据品种的特异带型可以准确地鉴定出亲缘关系较近的品种，聚类分析能有效地反映出供试品种的系谱关系和遗传差异。Xu 等对苇状羊茅的 RFLP 分析表明，每个品种至少要随机抽取 16 个单株才能保持品种间的足够的遗传多样性；草坪型品种与牧草型品种间存在较大的遗传分化。Mian 等分析了 18 个苇状羊茅居群的 AFLP 多样性，发现 KY - 31 材料和其衍生栽培品种明显区别于美国南方大平原材料，后者为苇状羊茅育种提供了又一具有丰富变异的资源。王小利等利用 20 个 RAPD 引物对国内外 23 份苇状羊茅材料进行分析，共扩增出 306 条条带，其中多态性带比率为 87.91%；聚类分析结果表明，供试苇状羊茅材料之间的遗传多样性较低，相似性集中在 53.79%～85.53%，材料之间的聚类关系与表型特征呈现不完全的相关性。田志宏等利用 RAPD 标记对从国外引进的 15 个坪用型苇状羊茅品种的遗传多样性进行了研究，12 个引物共扩增出 85 条条带，多态性带占 69.41%，不同品种间遗传相似系数变化范围为 0.373～0.932，坪用性状表现相近的品种有聚类在一起的趋势。

（张新全　马　啸）

四、羊草

羊草 [*Leymus chinensis* (Trin.) Tzvel.]，又称碱草。中国人工种植羊草已有近半个世纪的历史，历经栽培繁衍，形成了栽培羊草种，并培育出了羊草优良新品种。由于我国地域辽阔，地形复杂，羊草各种植地区之间气候、土壤和农业生产条件相差较大，羊草经自然选择和人工选择，形成了各品种的特征特性差异，尤其是在形态特征和农艺性状方面的差异，从而产生了对当地生存条件的适应性，形成了不同的生态型。因此，栽培羊草的遗传多样性还是比较明显的。

(一) 形态特征差异

中国栽培羊草品种形态特征差异较大。例如，植株高度一般在 70～130 cm，最低的只有 50 cm，最高的可达 170 cm。叶片长度一般为 8～40 cm，最短的只有 6 cm，最长的可达 42 cm；叶片宽度 2～10 mm，最窄的只有 1.5 mm，最宽的可达 11 mm。有宽叶、窄叶类型；叶色有灰色、灰绿色、黄绿色；叶表皮毛有密生、稀生和无毛之分。穗长一般为 13～20 cm，最短的只有 8 cm，最长的可达 26 cm。穗状花序有以下几种类型：小穗全部单生，每个小穗有 3～7 朵小花；小穗下部或上部单生，中部或中下部对生，每节有 1～2 个小穗，每小穗有 3～7 朵小花；小穗全部对生，有的节间缩短，呈圆锥状，每节有 2 个小穗，每小穗有 3～9 朵小花。所以穗型分为单生型、复生型和圆锥型三种类型。羊草的花药有黄色、紫色、斑色三种。籽粒大小以千粒重表示，其差异也很显著，一般为 1.5～3 g，最轻的只有 1.2 g，最重的可达 3.3 g。

（二）农艺性状差异

中国羊草种质资源农艺性状差异显著，比较多样。播种时期长，一般从4月中、下旬开始至8月上、中旬均可播种，最适宜的播种时期为5月下旬至6月下旬。从羊草的外部形态、穗型和叶片色泽上来看，可将其分为四个类型，即黄绿色小穗型、黄绿色大穗多小穗型、灰绿色小穗型和灰绿色大穗多小穗型。结实率很低，品种间差异较大，一般在30％～50％，最低的只有25％，最高的才达到60％。种子成熟期很不一致，分成熟早的和成熟晚的。

（三）生态类型差异

羊草主要分为盐土型和碱土型两大类，不同类型的羊草具有一定的主要分布区域。根据羊草的叶色又可分为两种生态型，即生长在盐土型上的羊草叶子呈黄绿色，又称黄绿型羊草，其叶子较宽、厚，质较硬，无蜡质层，表皮毛长而稀，机械组织发达；而碱土型的羊草叶子呈灰绿色，又称灰绿型羊草，其叶子较窄、薄，质较软，表皮毛短而密，机械组织不发达。

（武保国　王照兰）

五、多年生黑麦草

多年生黑麦草（*Lolium perenne* L.）是世界温带地区最重要的禾本科牧草之一，为天然二倍体植物（$2n=2x=14$），现已培育出多个四倍体品种（$2n=4x=28$）。原产南欧、北非和亚洲西南部，欧洲已有近400年栽培历史，英国、澳大利亚、日本、新西兰及北美等国家已广泛种植。自20世纪40年代引入我国以来，在长江流域的中高山地区及云贵高原等地已有大面积栽培。近年来，随着我国南方草山的开发，多年生黑麦草在人工草地建植中已成为主要混播草种。

（一）形态特征差异

多年生黑麦草是禾本科黑麦属多年生疏丛型草本植物。具细弱根状茎，须根发达，根系浅，主要分布于15 cm深的土层中。秆丛生，茎直立，株高30～100 cm，具3～4节，基部节上生根。单株分蘖50～60个，多者可达100个以上。叶片长5～20 cm，宽3～6 mm。穗状花序直立或稍弯，长20～30 cm，宽5～8 mm；每穗有小穗15～25个，小穗长10～14 mm，每小穗有花5～11枚，结实3～5粒。第一颖常常退化，第二颖为小穗长的1/3，有脉纹3～5条，长6～12 mm。外稃长4～7 mm。颖果梭形，长约为宽的3倍。种子千粒重1.5～3.5 g。

（二）农艺性状多样性

多年生黑麦草生长发育迅速，生育期100～110 d，全年生长天数250 d左右。再生性好，分蘖力强，据测定分蘖平均50～60个。为上繁草，可放牧、刈割后青饲或晒制干草均可。刈割的最适期为孕穗期或抽穗期。在中等肥力的土壤条件下，一年可割草3～4次。

刈割后的再生枝条超过刈割前的分蘖总数。播种第一年生长快、产量高，适宜作3～4年短期草地利用。一般产鲜草45 000～60 000 kg/hm²，多者可达90 000～120 000 kg/hm²，鲜干比约3∶1。一般产种子750～1 200 kg/hm²，高者可达1 500 kg/hm²。多年生黑麦草抽穗期粗蛋白含量16.5%～21.5%，粗纤维含量19%～23%，粗脂肪含量3.8%～5.4%。四倍体品种在分蘖节、株高、叶片宽度、千粒重、持久性、鲜草产量上一般高于二倍体品种，而营养品质并无明显差异。

各地栽培利用的多年生黑麦草品种主要包括晚熟和早熟两个类型。前者拔节缓慢，但分蘖能力强，适于建植草坪和放牧场；后者生长发育较快，株型较直立，易于机械收获，适于建植刈割草场。

（三）基于分子标记的遗传多样性

多年生黑麦草具有自交不亲和性和异花授粉的繁育系统，故而其品种均是异质杂合群体。宁婷婷等用RAPD技术分析14个多年生黑麦草引进品种和2个多花黑麦草品种，61个引物共扩增出408条带，多态条带比率为89.95%，品种间的遗传多样性较低，相似系数分布于0.45～0.94，多花黑麦草2个品种没有单独聚成一类，而是与多年生黑麦草品种混合聚在一起，聚类结果与形态特征没有明确的对应关系。冯霞等用RAPD标记分析了品种Derby的体细胞无性系的变异，不同再生植株无性系扩增出不同数量的特异性多态带，再生植株的多态性条带比率为5.8%～15.4%，再生植株群体在分子水平也广泛存在体细胞无性系变异。

（张新全　马　啸）

六、百喜草

百喜草（*Paspalum notatum* Flügge），属禾本科雀稗属多年生匍匐性草本植物。目前全球热带、亚热带地区几乎都引种栽培了这一植物。美国自1913年引种以来，已经覆盖了美国东南部几百万公顷的草地。中国台湾于1953年引种，被确定为水土保持首选草种，进行大面积推广，目前已成为岛内分布最广、用途最多、使用频率最高的草种。江西、四川、云南、贵州等8省、自治区栽培用于饲草、公路护坡和水土保持。

（一）形态特征差异

百喜草根为须根，随着横走茎的蔓延，每节触土生根，根系的水平分布65～80 cm，垂直分布深度1 m以上，根粗1～2 cm。茎有短而粗壮的木质匍匐茎，茎节能生根入土，株高30～75 cm。叶片长12～22 cm，宽3～10 mm；叶鞘绿色或紫红色，其长度约为叶长的1/3；叶缘常有茸毛，大部分品种叶面均有光滑的蜡质，部分品系叶面有茸毛。颖果卵圆形，千粒重2.8～2.9 g。

（二）生态特性差异

百喜草喜热带、亚热带温暖湿润环境。生长温度为6～45 ℃，最适生长温度28～33 ℃，生长初期遇低温，生长速度缓慢。适于年降水量不少于750 mm，水量分布均匀、旱季较短的地区，最适降水量（1 500±568）mm。适应各类土壤，pH 5.5～8.9 都能适应，最适宜在 pH 5.5～6.5 的沙质土壤上生长。百喜草产量不高，可收种子 110～350 kg/hm^2。耐 45～60 ℃高温和－14～－13 ℃低温。

百喜草可自花和异花授粉，异花授粉增加了种质的杂合性，但百喜草有性生殖种质大都收集在相同的地域，其遗传基础相对狭窄，需要进一步扩大不同地域百喜草种质资源的收集。

百喜草草地利用年限达 7～8 年，适口性好，牛、羊、鹅、兔等均喜食。年产鲜草 30 000～37 500 kg/hm^2，供草期集中在 4～9 月。

（三）农艺性状多样性

百喜草宽叶种不耐寒，不适于冬天种植，叶柔而高产，适合作饲料；但种子发芽率很低，低于 2%，一般只宜无性繁殖。窄叶种较耐寒，走茎生长迅速，固土力强，适于水土保持（也可作饲料）；种子发芽率平均为 50%左右，种子和分蘖苗均可繁殖。

（杨春华）

七、草地早熟禾

在自然界，草地早熟禾（*Poa pratensis* L.）是一种根茎型多年生牧草。由于繁殖方式多样、繁殖能力强，因此自然分布广，生态型和变异类型多样。经长期栽培和选育，目前全世界已培育出栽培品种 130 多个，其中，草坪草品种就有 100 多个，多数栽培品种都是高度无融合生殖单株后代。在这些品种中，有饲用的刈草型品种和放牧型品种，也有草坪草不同用途的品种。形态特征、生态学特性都有明显的变化和差异。

（一）形态特征差异

草地早熟禾有饲用刈草型、放牧型及草坪草型不同用途的品种类型，在形态特征上的变化主要表现于地下横走根茎、植株茎秆、株丛、叶片等器官的性状方面。

1. 饲用刈草型　草地早熟禾的地下横走根茎为长根茎型，长一般在 75 cm 左右，最长达 100 cm 以上，根茎节较稀疏。株高一般 60～80 cm，最低 50 cm 左右，最高达 105 cm 以上。株丛以生殖枝和营养枝为主，叶片在茎秆上的分布较均匀，叶片长一般 20 cm 左右，最短 10 cm 以下，最长 30 cm 以上，宽（2～）3～5 mm。圆锥花序长（6～）10～20 cm，小穗长 4～6 mm，含 3～4 花。种子千粒重 3～4 mg。

2. 饲用放牧型　为短根茎型，长 50～75 cm，节较密集，较多，分蘖力强，一般可分蘖 40～65 个，最多达 120 个，繁殖力强，耐践踏。株高一般 40～50 cm，最低 30 cm 左右，最高达 60 cm，株丛密集，以短营养枝为主，叶片集中在下部，耐牧性强。

3. 草坪草型　一般也可用作放牧型牧草。为短根茎型，根茎多节、密集，分蘖力强，易形成草皮，耐践踏。植株低矮，纤细柔嫩，株丛密集，营养枝多，叶片短而宽，集中在下部。种子千粒重 1.5～3.0 mg。株高与叶片大小随品种不同而变化，据报道（王建光等，2002），5 个草坪草品种在呼和浩特的品种比较试验表明，在播种第二年的结实期，植株最高者 34.8 cm，最低者 13.8 cm，一般 15.7～17.4 cm；叶片最长 22.8 cm、宽

0.27 cm，最短 11.2 cm、宽 0.35 cm，一般长 11.3～13.2 cm、宽 0.33～0.34 cm；叶色由淡绿、绿、暗绿到深绿。

（二）生态特性差异

草地早熟禾为冷季型禾草。在生长发育特性上，不同品种的生长发育节律、生育期、生长期（绿色期）也有差异。据报道（李敏、林英等，2002），在暖温带半湿润地区的大连，不同品种的绿色期差异明显，Nuglade 为 263 d，Merit 为 268 d，Indigo 为 269 d，Eclipse与 Conni 均为 275 d，Midnight 为 278 d，Fylking 达 281 d。Wabash 品种在中温带的锡林浩特，生育期与生长期分别为 114 d 和 210 d；在暖温带的北京分别为 85 d 与 270～280 d。

在繁殖特性上，草地早熟禾的地下横走根茎发达，具有很强的无性繁殖能力。同时，在繁殖方式上，又具有有性生殖特性和无融合生殖特性。多数栽培品种都是高度无融合生殖单株的后代（希斯等，1992）。不同品种的无融合率也不一样，据报道（赵桂琴、曹致中，1998），Wabash 的无融合率为 65%，Kentucky 的为 54%，Fylking 的为 48%。

草地早熟禾对温度的适应幅度较广。一方面对低温具有很强的抵抗能力，一般来说，在－38 ℃的低温下可以安全越冬，越冬率达 95%～98%（贾慎修，1987）。甚至有的品种在－40 ℃严寒下也能安全越冬。草地早熟禾在春季返青后，幼苗能忍受－5～6 ℃的持续春寒（肖文一，1986）。品种和原产地不同，抗寒性有明显差异。另一方面，不同品种对高温的反应有差异，但是都能安全越夏（李敏等，1986；吕世海等，1998）。一般适应于中性和微酸性土壤生长，但不同品种也有差异。

（三）基于分子标记的遗传多样性

在草地早熟禾 DNA 分子标记遗传多样性方面，国内多集中于 RAPD 标记的研究。宁婷婷等选用 28 个随机引物对 15 份草地早熟禾品种和 1 个加拿大早熟禾品种进行 RAPD 分析表明，25 个引物共扩增出 218 条带，多态性条带比率为 89.91%，草地早熟禾品种之间的遗传多样性较低，相似性集中在 60.76% ～98.52%。加拿大早熟禾的一个品种单成一支，与其他草地早熟禾品种的相似性较低，品种之间的聚类关系与表型特征呈现不完全相关性。田志宏、邱永福等采用 RAPD 分子标记技术对从美国引进的 12 份草地早熟禾品种的遗传多样性进行分析表明，从 60 个随机引物中筛选的 17 个有效引物共扩增出 104 条带，其中多态性条带 65 条，占总带数的 62.5%，平均每个引物扩增出多态性带 3.82 条，其片段大小为 500～2 000 bp，品种间相似系数变化也很大，为 0.362～0.971，若以相似系数 0.700 为标准，它可聚成 5 类，其中新哥来德（NuGlade）、解放者（Liberator）、浪潮（Impact）、午夜（Midnight）、自由Ⅱ（FreedomⅡ）、超级伊克利（Total-eclipse）和纳苏（Nassau）共 7 个品种聚为一类，兰神（Nublue）和美洲王（America）聚为一类，其余品种各自为一类。高丽娜等采用 RAPD 标记对 32 份草地早熟禾品种遗传多样进行分析表明，46 个引物共扩增出 197 条扩增片段，其中多态性带数为 195 条，占 98.5%；每个引物扩增出 1～9 条多态性带，平均每条引物扩增出 4.3 条；遗传相似性计算结果表明，不同品种之间具较大的异质性，32 个品种被分配到 5 个组群中，其中欧美引进品种的亲缘关系较近，遗传基础较为狭窄。

（蒋尤泉　徐春波）

八、沙打旺

沙打旺（*Astragalus adsurgens* Pall.）是由野生直立黄芪在我国黄河下游故道地区（河南、山东、江苏北部等）被长期栽培驯化而形成的栽培类群。目前，为我国特有的栽培饲用植物和绿肥植物。直立黄芪自然分布广泛，对环境适应性强，形态变异较大（傅坤俊，1993）。沙打旺经栽培和选育，于 20 世纪初已选育出 5 个栽培品种在生产上应用，并在形态特征、生态学特性等性状上有明显的变化和差异，表现出遗传的多样性。

（一）形态特征差异

沙打旺于形态上主要表现在经济性状的变化。根为主根系，主根粗壮，一般入土深 2 m 左右，最浅 1 m，最深达 6 m；侧根发达，水平分布一般为 1～1.5 m，最长达 3.7 m；根着生根瘤数量多，单株根系结瘤数可达 500 多个。茎直立或近直立，高一般为 100～170 cm，最低 60 cm，最高可达 230 cm。沙打旺为根颈丛生型植物，从根颈分枝，一般十几个至数十个，多者上百个。叶片长 20～35 mm，宽 5～15 mm。总状花序一般长 8～10 cm，最短 2～5 cm，最长达 15 cm；每一花序一般含小花 40～70 朵，最少 17 朵，最多达 135 朵，花冠蓝紫色或紫红色。荚果长 7～18 cm，含种子数粒至数十粒，种子千粒重1.4～1.8 g。

（二）生态特性差异

沙打旺喜温暖气候，在生长发育过程中要求较高的温度。种子萌发最适宜的温度为 20～31 ℃，最低 3～5 ℃，最高 38～40 ℃；最适的土壤含水量为 10%～20%，最低 4%～5%。生育期一般为 180～210 d，最短 160 d，最长 220 d。在原产地江苏北部的淮阴、涟水一带，播种当年就可开花结实，收获种子。

在繁殖特性上，沙打旺可进行有性繁殖，也可进行无性繁殖。为异花授粉植物，虫媒花，以蜜蜂传粉为主。利用茎或枝节扦插进行无性繁殖，一般成活率达 81.3%（闵继淳，1981）。此外，适应土壤 pH 幅度较广，最适宜在土壤 pH 6～8 的环境下生长，在 pH 9.5～10.0 的条件下也能正常生长。

（三）栽培生态类型

1. 晚熟生态类型　沙打旺是适应暖温带半湿润气候条件所形成的栽培类群。性喜温暖气候，生育期较长，从出苗（返青）到种子成熟，通常需要 180～210 d，一般在 11 月份种子才能成熟，属晚熟类型。据苏盛发等（1986）报道，该类型在区域性试验中作为对照，播种当年从出苗至现蕾期需要 103 d，至初花期 121 d，至盛花期 133 d；单株成穗数 4.86 个，成穗率 33.67%，收获种子约 167.45 kg/hm^2；在初花期收获干草 6 105.75 kg/hm^2；在初花期茎叶营养成分中，粗蛋白含量 16.82%，粗脂肪 2.15%，粗纤维 37.00%。第二年从返青至现蕾期 107 d，至初花期 129 d，至盛花期 136 d；单株成穗数 11.77 个，成穗率 39.81%；收获种子 261.60 kg/hm^2；在初花期收获干草 11 244.75 kg/hm^2；在初花期茎叶营养成分中，粗蛋白含量 13.03%，粗脂肪 1.46%，粗纤维 36.00%。普遍表现出适应广和抗逆性强、抗风沙、抗寒、抗旱、耐盐碱和耐瘠薄等特点。

2. 早熟生态类型 早熟沙打旺是我国选育出的第一个早熟类型的品种。在区域性试验中，与对照的晚熟沙打旺类型相比，具有明显的优良性状。

（1）早熟性状明显 普通沙打旺具有无限开花习性，早开的花早成熟，晚开的花迟成熟或不能成熟。早熟沙打旺品种播种当年从出苗至现蕾期仅 83 d，至初花期 100 d，至盛花期 109 d，分别比晚熟类型提前 20 d、21 d 和 24 d。在无霜期越短的地区，提前的天数越多，有的达 30 d 以上。第二年从返青至现蕾期为 90 d，至初花期 109 d，至盛花期 116 d，分别比晚熟类型提前 17 d、20 d 和 20 d，有的达 25 d。由于缩短了生育期，因此在无霜期 120 d 以上，≥10 ℃的活动积温 2 500 ℃的地区都可以开花结实，收获到成熟的种子。

（2）种子产量明显提高 早熟沙打旺品种的种子产量显著地高于晚熟类型。主要是由于现蕾、开花早，增加了单株成穗数，提高了成穗率。播种当年单株成穗数 15.26 个，比对照多 2.14 倍，成穗率 56.85%，比对照提高了 23.18%。种子产量高达 452.63 kg/hm^2，比对照提高了 178.6%。第二年单株成穗数 25.14 个，比对照多 1.14 倍，成穗率 60.93%，比对照高 21.12%；种子产量 468.68 kg/hm^2。而且种子增产的潜力还很大，若在无霜期长、栽培条件好的地区增产的幅度还更大。在无霜期短、环境条件差的地区，增产的百分率会越高。

（3）营养成分含量有所提高 生长第一年初花期粗蛋白含量 18.31%，比对照提高 1.49%，赖氨酸含量 0.76%，比对照提高 0.22%。生长第二年粗蛋白、粗脂肪含量分别比对照高 0.49%和 0.30%。初花期的营养价值略高于晚熟类型。

（4）其他经济性状 早熟沙打旺品种的植株高度、果穗长度、单穗荚数、单荚粒数、千粒重、产草量等经济性状与晚熟品种相比，均差别不大。此外，我国还选育出龙牧 2 号、黄河 2 号、杂花和彭阳早熟沙打旺品种，各具不同优良性状，但都属于早熟生态类型。

（四）基于分子标记的遗传多样性

李瑞芬等利用储藏蛋白电泳技术对 4 份野生沙打旺、4 份沙打旺育成品种和 5 份沙打旺地方材料进行的研究表明，沙打旺品种（材料）总基因多样性为 0.238，品种（材料）平均基因多样性为 H_S=0.211；野生沙打旺的遗传变异 87.2%存在于材料内，12.8%存在于材料间；地方材料的遗传变异 96.0%存在于材料内，4.0%存在于材料间；而育成品种的遗传变异 97.6%存在于品种内，2.4%存在于品种间；13 份沙打旺品种（材料）的基因分化系数 Gst=0.113，即沙打旺的遗传变异主要存在于品种（材料）内（88.7%）。李瑞芬等利用 11 个 RAPD 引物对这 13 份沙打旺品种（材料）的研究表明，共扩增出 58 条清晰的带谱，平均每个引物扩增出 5.3 条带，每份品种（材料）平均扩增出 4.5 条带，变幅为 2～8 条，扩增出的 DNA 片段大小为 220～2 300 bp。在扩增出的 58 个位点中，有些位点在某些材料中是单态的，而在另一些材料中，则是多态的。野生沙打旺平均基因多样性和总基因多样性（H_{S3}＝0.620 8，H_{T3}＝0.693 5）高于育成品种（H_{S1}＝0.489 8，H_{T1}＝0.541 4）和沙打旺地方材料（H_{S2}＝0.573 6，H_{T2}＝0.632 1）。野生沙打旺群体间的基因分化系数（Gst_3＝0.104 9）高于育成品种间（Gst_1＝0.095 3）和地方材料间（Gst_2＝0.092 5)的基因分化系数。

（蒋尤泉 德 英）

九、紫花苜蓿

紫花苜蓿（*Medicago sativa* L.）又名苜蓿、紫苜蓿等，为最著名的饲用作物，被誉为“牧草之王”。苜蓿从中亚引入中国栽培，已有悠久的历史，栽培分布区广，自然条件多样，已形成许多生态类型和地方品种。苜蓿的野生近缘植物，如黄花苜蓿（*M. falcate* L.）和扁蓿豆［又名花苜蓿，*M. ruthenica*（L.）Trautv.］等，在中国的自然分布区也十分广泛，生态及变异类型多样。特别是苜蓿与黄花苜蓿杂交所产生的杂花类型和品种，扩大了苜蓿的遗传基础，丰富了苜蓿的遗传多样性，形态特征、生态学特性都出现了明显变化和差异，对苜蓿的进化产生了巨大的影响。

（一）形态特征差异

1. 根 苜蓿为直根系植物，主根发达，一般入土深 6 m 左右，浅的 1～2 m，最深达 10 m 以上。根瘤多集中在 5～30 cm 土层中的侧根上。分支类型以根颈丛生型为主，此外，还有根蘖型如润布勒苜蓿、甘农 2 号杂花苜蓿等，以及根茎型和分支根型（耿华珠等，1995）。

2. 茎 根颈发出的分枝一般 40～50 条，少的 25 条左右，多的达 100 余条。株丛有直立型、半直立型和匍匐型。据调查（吴永敷，1979），草原 1 号杂花苜蓿在结荚期直立型占 29.5%，半直立型占 53.3%，平卧匍匐型占 17.2%。株丛高一般 80～120 cm，最低 50 cm 左右，最高达 150 cm 左右。

3. 叶 苜蓿一般为三出复叶，但变化较大，既有 4～7 片小叶组成的复叶，也有 17 片小叶组成的复叶。叶片形状有长卵形、长倒卵状椭圆形和线状卵形等，其大小分大叶型、中叶型和小叶型，叶片长一般为 10～25 mm，小的 5 mm，大的 40 mm 或更长；宽一般 10 mm 左右，窄的 3 mm，宽的 12 mm 以上。新疆大叶苜蓿叶片长 10～45 cm，宽 3～20 cm。

4. 花 总状花序长一般为 2～2.5 cm，最短 1 cm 左右，最长达 8 cm 。每一花序含小花一般 15～20 朵，最少 8 朵左右，最多达 40 朵。分紫花型、黄花型和杂花型苜蓿，杂花型苜蓿花色多变，有紫色、深蓝色、黄色、黄绿色、淡黄色、白色等。

5. 荚果及种子 紫花苜蓿品种的荚果为螺旋形，一般 1～3 圈，多者为 5 圈；黄花苜蓿品种为镰刀型；杂花苜蓿品种既有螺旋形、镰刀型，也有环形，如草原 1 号杂花苜蓿品种，荚果螺旋形占 49.0%，镰刀型占 25.5%和环形占 25.5%。种子肾形占 21.2%，中间形占 64.9%，菱形占 13.9%；颜色有黄色和棕色；千粒重一般为 1.5～2.0 g，最高达2.4 g。

（二）生态特性差异

不同的苜蓿品种适宜种植的地区不同，如新疆大叶苜蓿适宜在南疆、甘肃河西和宁夏灌区种植；陇东苜蓿适宜在黄土高原及北方地区种植；关中苜蓿适宜在陕西渭水流域及渭北旱塬、华北平原等地区种植；沧州苜蓿适宜在河北长城以南平原区和低山丘陵区种植；准格尔苜蓿适宜在内蒙古中西部及陕北地区种植；肇东苜蓿适宜在东北北部和内蒙古东部种植；淮阴苜蓿适宜在江淮地区及长江中下游地区种植。

苜蓿不同品种或生态型在生长发育过程中要求的温度不同。例如，在河北保定地区，晋南苜蓿为早熟品种，要求≥10 ℃的有效积温为 2 250 ℃左右；新疆大叶苜蓿为中熟品种，要求≥10 ℃的有效积温为 2 500 ℃左右；蔚县苜蓿为晚熟品种，要求≥10 ℃的有效积温为 2 600 ℃左右。不同品种生长发育快慢和干物质增长率对温度要求也有所不同，例如，淮阴苜蓿在 12.9～23.3 ℃时生长发育最快，日均温在 20.4 ℃时干物质增长率最高；晋南苜蓿在 14.5～24.5 ℃时生长发育最快，日均温在 23.3 ℃时干物质增长率最高。

我国地方品种和育成品种，在低温胁迫下，抗寒性也不一样。这与品种的原产地有密切关系，原产地纬度越高、海拔越高的地方品种越抗寒，杂种苜蓿一般也抗寒。北疆苜蓿在冬季极端最低气温－49～－42.3 ℃、图牧 2 号苜蓿在－45 ℃、草原 1 号苜蓿在－43 ℃，以及有积雪覆盖条件下都能安全越冬。肇东苜蓿在－33 ℃、无积雪覆盖条件下也能安全越冬，越冬率达 90%以上。淮阴苜蓿在 40 ℃高温条件下能安全越夏。在水分胁迫下，不同品种的抗旱性也不一样。陇东苜蓿、陕北苜蓿、甘农 1 号苜蓿等品种抗旱性最强。据报道（云岚、米福贵等，2004），在水分胁迫下，对苜蓿品种幼苗地上部相对损伤率、细胞膜相对透性、游离脯氨酸含量和 POD 活性等指标进行测定，经综合评价表明，在苗期敖汉苜蓿抗旱性最强，草原 3 号苜蓿较强，草原 1 号和 2 号苜蓿中等，从国外引进的阿尔冈金苜蓿最弱。同时，敖汉苜蓿抗风沙性最强，沧州苜蓿、中牧 1 号苜蓿等抗盐碱性最强；中兰 1 号苜蓿抗病性（高抗霜霉病，中抗褐斑病和锈病）最强。

苜蓿的产量、饲用价值随品种不同、自然条件不同、经营管理水平不同和生长发育阶段不同而有差异。无棣苜蓿平均产干草 7 500 kg/hm^2，产种子 300 kg/hm^2；晋南苜蓿产干草 8 500～9 000 kg/hm^2，产种子 375～600 kg/hm^2；沧州苜蓿产干草 14 500～15 600 kg/hm^2，产种子 255～285 kg/hm^2。据报道（李红、罗新义等，2002），在黑龙江西部半干旱地区，肇东苜蓿干草产量 9 825.7 kg/hm^2，公农 1 号苜蓿 8 799.1 kg/hm^2，草原 2 号苜蓿 7 612.3 kg/hm^2，敖汉苜蓿 6 253.4 kg/hm^2，从国外引进的润布勒苜蓿 6 035.0 kg/hm^2，阿尔冈金苜蓿 5 712.8 kg/hm^2。

苜蓿不同品种的营养成分也有差异。在初花期，淮阴苜蓿、沧州苜蓿、肇东苜蓿和准格尔苜蓿的粗蛋白质含量分别占干物质量的 22.69%、19.63%、17.63%和 15.03；粗脂肪含量分别占干物质量的 3.67%、1.46%、3.25%和 1.69%；粗纤维含量分别占干物质量的 33.44%、28.73%、38.51%和 38.44%。在南京江浦栽培的晋南苜蓿、公农 1 号苜蓿和淮阴苜蓿，初花期的粗蛋白质含量分别占干物质量的 19.62%、20.01%和 20.42%，粗纤维含量分别占干物质量的 33.42%、34.46%和 30.99%。

（三）苜蓿类型差异

1. 紫花类型　紫花苜蓿，茎直立或斜升，花紫色、淡紫色或深紫色，荚果螺旋形，性喜温暖气候，$2n=32$。自中亚引进长期栽培后，已形成许多地方品种，主要有关中苜蓿、陕北苜蓿、陇东苜蓿、新疆大叶苜蓿、敖汉苜蓿、肇东苜蓿、晋南苜蓿、蔚县苜蓿、沧州苜蓿、淮阴苜蓿等。在田边、路旁、旷野常有逸生种出现。

2. 黄花类型　黄花苜蓿，茎平卧或斜升，花黄色或淡黄色，荚果镰刀型，$2n=16$，32。自然分布于东北、华北和西北各省、自治区。生于海拔 1 000～3 500 m 的山地草原、草甸草原、林缘草甸及平原绿洲，分布十分广泛，变异类型多样。黄花苜蓿虽然栽培历史不如紫花苜蓿悠久，生产性能不如紫花苜蓿高，但是适应性更广、抗逆性更强，特别是抗寒性和抗旱性强，是改良紫花苜蓿最有价值的近缘种，对苜蓿育种和进化具有重大影响。

3. 杂花类型　主要指紫花苜蓿与黄花苜蓿的天然杂交和人工杂交所形成的花色多种多样的杂花生态型和品种。在我国新疆黄花苜蓿与紫花苜蓿自然杂交十分普遍。据报道（耿华珠等，1995），自然杂交后代经分离和基因重组，表现出的以下主要类型。

（1）植株直立，花紫色，荚果螺旋状，2～4 圈。

（2）植株直立或斜升，花深紫色、蓝色，荚果螺旋状，1～2 圈。

（3）植株斜升，花黄绿色、黄色带紫色、蓝色、白色，荚果螺旋状（1～2 圈）和镰刀状。

（4）植株斜升，花淡黄色、金黄色，荚果螺旋状，0.5～2 圈。

（5）植株平卧，花黄色，荚果镰刀状。

这些表现型反映出了多变苜蓿（又名杂花苜蓿，*M. varia* Martyn）不同变异类型的多样，且是具有较大利用潜力的种质资源。目前，我国利用紫花苜蓿与黄花苜蓿自然杂交和人工杂交已育成草原 1 号苜蓿、草原 2 号苜蓿、甘农 1 号杂花苜蓿、甘农 2 号杂花苜蓿、新牧 1 号杂花苜蓿、新牧 3 号杂花苜蓿、图牧 1 号杂花苜蓿等多个品种，并在生产上推广应用。

（四）基于分子标记的遗传多样性

李拥军等利用 RAPD 技术对 18 个中国紫花苜蓿地方品种进行的遗传多样性研究表明，紫花苜蓿品种内具有明显的多态性，18 个紫花苜蓿地方品种内平均多态位点比例和基因多样性大，说明我国紫花苜蓿品种的杂合性较高，品种内的变异幅度较大。同时表明紫花苜蓿品种的遗传结构与其地理分布和来源有直接关系。胡宝忠运用 RAPD 技术对 11 份紫花苜蓿种质资源的遗传多样性研究表明，用 43 个随机引物对紫花苜蓿的 11 个样本的核 DNA 进行了 RAPD 扩增，共检出 440 条扩增片段，多态性片段 331 条，占 70.68%。43 个随机引物对 11 个样本扩增出 2～17 条带，平均每个引物扩增 10.23 条带。11 个紫花苜蓿样本间的遗传距离变异范围为 0.098 1～0.315 2。蒿若超等利用 RAPD 分子标记对 53 份紫花苜蓿种质资源的遗传多样性研究表明，35 个 RAPD 标记扩增共得到 306 条带，其中多态性条带 288 条，多态位点比率为 94.12%，说明这 53 份苜蓿种质资源具有较高遗传多样性，53 份苜蓿种质资源的 Shannon's 多样性指数和 Nei's 指数变化规律一致。53 份苜蓿种质资源间的遗传距离变异范围为 0.136 3～0.661 0。以 λ_{CD}＝0.275 为标准将 53 份苜蓿种质资源划分为 7 个组群。刘振虎首次应用 AFLP 分子标记技术对我国北方苜蓿分布区 12 个省份的具有代表性的紫花苜蓿种群 40 份材料进行的遗传多样性研究表明，40 个中国苜蓿种群的 AFLP 标记图谱显示了较高的多态性，从筛选出的 4 对 AFLP 引物组合（分别是 E35/M50、E35/M49、E38/M62 和 E40fM47）中共得到 177 条清晰的显带，其中 97 条呈多态性，平均每对引物扩增出 44.3 条带，多态性带的比例达 54.8%。采用 Nei's 的遗传相似系数和遗传距离矩阵得到种群间的遗传距离范围为 0.548～0.802。聚类结果表明，起源及分布区较近的品种（系）具有优先聚类的趋势。

（蒋尤泉　徐春波）

十、白三叶

白三叶（*Trifolium repens* L.）又名白车轴草，是三叶草属中栽培利用较多的种之一。原产于欧洲和小亚细亚，为世界上分布最广的一种豆科牧草，从北极圈边缘至赤道高海拔地区均有分布。现广泛分布于温带及亚热带等高海拔地区，尤其适于在海洋性气候带种植。中国自 20 世纪 20 年代引种以来，已遍布全国各地栽培，尤以长江以南地区大面积种植，是南方广为栽培的当家豆科牧草。白三叶产量低，但品质极好，多年生，有匍匐茎，能蔓延生长，又能以种子自行繁殖，耐牧性很强，为最适于放牧利用的豆科牧草，也是城市、庭院绿化与水土保持的优良草种。

（一）形态特征差异

白三叶一般生存 8～10 年。株丛基部分枝较多，通常可分枝 5～10 个。茎细长，长 30～60 cm，匍匐生长，侵占性强，有的单株占地面积可达 1 m^2 以上。掌状三出复叶，叶柄细长直立，长 15～25 cm。小叶长 1.2～3 cm，宽 0.4～1.5 cm，叶面中央具 V 形白斑。总状花序，花小而多，一般 20～40 朵，多的可达 150 朵。荚细狭长而小，每荚含种子1～7 粒，常为 3～4 粒。种子心脏形，黄色或棕黄色，细小，千粒重 0.5～0.7 g。

（二）生态特性差异

白三叶在初花期即可刈割，可收鲜草 11 250～15 000 kg/hm^2，第 2 年可刈割多次，鲜草产量可达 37 500～45 000 kg/hm^2，高者可达 75 000 kg/hm^2 以上。白三叶草层低矮，花期长达 2 个月，种子成熟不一致。可收种子 150～225 kg/hm^2。

（三）品种及其类型

白三叶一般按叶片大小分为三类：小叶型、中间型和大叶型。不同栽培品种和类型的种子是难以区分的。

1. 小叶型白三叶　也称野生型白三叶，抗逆性强，耐刈耐牧，株矮叶小，可用于放牧、水土保持和草坪观赏。在重牧下，小型植株通过选择而存活下来。但小叶型品种的饲草产量较低，因此在改良牧场时很少种植。

2. 中间型白三叶　中叶型白三叶应用较广，我国也以此为多，抗性、株型和生产性能介于小叶型和大叶型之间，再生期较长。因其开花多，有利于落籽自生，即使在低牧情况下也是如此。

3. 大叶型白三叶　也称拉丁诺白三叶，原产意大利。株高叶大，叶比野生型大 1～5 倍，产量高，要求水肥条件也高。抗逆性差，不耐牧，适于青刈利用。

小叶型、中间型、大叶型白三叶植株间杂交是亲和的，杂种一代植株为双亲的中间型。种子生产田必须与其他白三叶隔离，以保持品种的纯度。

(四) 基于生化、分子标记的遗传多样性

周正贵等对白三叶幼苗的根、叶柄和叶进行超氧化物歧化酶（SOD）、过氧化物酶（POD）和过氧化氢酶（CAT）同工酶电泳分析，发现白三叶幼苗中有大量的抗氧化酶类表达，白三叶幼苗抗氧化酶系统的三种同工酶存在空间表达差异。帅素容等采用聚丙烯酰胺凝胶电泳法对拉丁诺白三叶和其他几个品种的过氧化物酶与酯酶同工酶进行了检测，并根据酶带的形态特征进行了比较，发现拉丁诺白三叶和其他 6 个品种间有一定的同源性，但其遗传组成存在明显差异，在过氧化物酶与酯酶两位点已形成独特的遗传结构。另外，还对引自德国的 8 个品种与在中国西部收集的 7 个地方品种的酯酶和过氧化物酶同工酶比较发现：在过氧化物酶同工酶位点，德国白三叶品种与中国西部白三叶地方品种之间遗传差异甚小，表现出相当高的同源性；在酯酶同工酶位点，德国各品种间、中国西部地方品种间及中德品种间都表现出较大的差异，且德国白三叶在酯酶同工酶位点有其独特的遗传基础。安晓珂利用 RAPD 标记技术对采集自内蒙古、新疆的野生野火球、白三叶和红三叶 3 种材料进行种内和种间遗传多样性分析，利用 7 个引物扩增的总带数为 121 条，其中多态性条带为 117 条，多态性比率为 96.7%。其中白三叶的多态性条带 88 条，其多态性比率为 72.7%，由此说明我国白三叶种质具有丰富的遗传多样性。

（张新全　马　啸）

十一、紫云英

紫云英（*Astragalus sinicus* L.）亦称红花草、铁马豆等，为豆科一年生或越年生植物。紫云英原产于中国，主要用作稻田绿肥，也用作牲畜饲料，尤其是猪饲料。经自然选择和人工选择，形成了各品种的特征特性差异，从而产生了对当地生态条件的适应性，形成了不同的生态型。

(一) 形态特征差异

中国栽培紫云英品种形态特征差异较大。

1. 株高　紫云英盛花期的株高，88 个品种（系）3 年的平均值为 72.96 cm，为成熟期株高的 75.73%。其中特早熟品种的株高为（64.49±9.8）cm，早熟品种为（70.88±4.83）cm，中熟品种为（73.73±3.94）cm，晚熟品种为（76.69±2.04）cm。4 种熟期品种的平均株高如以特早熟为 100 cm，则早、中、晚熟品种的平均株高分别为 109.9 cm、114.3 cm 和 118.9 cm。

2. 茎粗　盛花期的茎粗平均为（0.39±0.13）cm，其中特早熟品种为（0.38±0.03）cm，

早熟品种为（0.39±0.05）cm，中熟品种为（0.39±0.02）cm，晚熟品种为（0.39±0.03）cm。

3. 分枝数 盛花期的分枝数平均为（1.51±0.37）个，为成熟期的129.1%，其中特早熟品种为（1.67±0.14）个，早熟品种为（1.59±0.21）个，中熟品种为（1.48±0.23）个，晚熟品种为（1.47±0.24）个。以特早熟品种的分枝数较多，依次为早熟、中熟、晚熟品种。

4. 单株结荚数 成熟期的单株结荚数平均为（22.96±7.93）个，平均每个有效花序有4.67个荚。不同熟期品种的单株结荚数差异较小，都在（22.60±2.40）个荚之间。

5. 千粒重 品种间差异较小，变异系数为2.6%，平均值为（3.43±0.09）g，其中早熟品种为（3.44±0.34）g，中熟品种为（3.46± 0.27）g，晚熟品种为（3.56±0.30）g。

（二）农艺性状差异

中国紫云英资源农艺性状差异显著，也较多样。例如，各品种整个开花期的开花数目虽都具有正态分布的特点，但品种之间的开花期不尽相同。在杭州调查898个品种（系）的盛花期，平均盛花期为4月10日，品种间的变异系数为17.4%。其中，特早熟种的盛花期为4月5日（4月3～7日），早熟种的盛花期为4月8日（4月6～10日），中熟种的盛花期为4月11日（4月10～12日），晚熟种的盛花期为4月14日（4月12～16日）。各品种类型平均盛花期都相差3 d左右。

（武保国　于林清）

十二、黄花草木樨

黄花草木樨［*Melilotus officinalis*（L.）Pall.］又称黄香草木樨、香草木樨、香马料。黄花草木樨原产欧洲，在地中海沿岸、中东、西亚、中亚及西伯利亚等地均有分布。我国于1943年从美国引入黄花草木樨，开始在甘肃天水水土保持试验站试种，结果表现较好，随即推广全国种植。20世纪50～70年代成为全国种植最多、分布最广的一种优良绿肥、饲草和水土保持的草种。目前，我国选育而成的二年生黄花草木樨优良品种主要有：天水黄花草木樨、80-20、80-21、80-22、80-28等；一年生黄花草木樨优良品种主要有：太仓、太古、天兰、80-80、80-71、80-79等。

（一）形态特征差异

中国栽培黄花草木樨品种形态特征差异较大。例如，植株高度一般1～2 m，最低的只有0.4 m，最高的可达3 m。叶片长度一般15～25 mm，最短只有12 mm，最长的可达30 mm；叶片宽度一般5～13 mm，最窄的只有4 mm，最宽的可达17 mm。叶形有倒卵形、矩圆形、倒披针形。根长一般60～120 cm，最短的只有40 cm，最长的可达150 cm。播种后5～7 d便可发芽出苗，有的播后15～90 d仍在陆续出苗。原因是种子中含不易发芽的硬皮种（俗称硬实种）较多，尤其新鲜种子比陈种子含有量还要多些，一般为10%～40%。多分枝，一般一株能发生6～7个分枝。黄花草木樨为陆续开花，分早花、中花、晚花。籽粒千粒重差别也较显著，一般为 2～2.5 g，最轻的只有 1.8 g，最重的可达 2.9 g。

（二）类型的差异

黄花草木樨品种有一年生和二年生之分，一年生的当年可开花结实。二年生黄花草木樨播种当年不开花结实，第 2 年 4 月中旬返青，6 月底现蕾，8 月种子成熟。

黄花草木樨品种的生育期长短不同，可分为早熟型、中熟型、中晚熟型和晚熟型。

（三）绿肥价值差异

黄花草木樨主要用作饲草和绿肥，品种间的肥分含量有一定差异。通常鲜物含氮（N）量为 0.52%～0.70%，含磷（P_2O_5）量为 0.04%～0.48%，含钾（K_2O）量为 0.19%～0.60%。

（四）生产能力的差异

黄花草木樨不同品种生产能力不尽相同，播种当年植株干草产量每公顷一般为 3 800～6 000 kg，第 2 年高产品种每公顷产干草达 15 000 kg，低产品种仅 7 500 kg 左右，相差 1 倍。种子产量一般每公顷为 750～1 500 kg。

（武保国　于林清）

十三、箭筈豌豆

中国是箭筈豌豆（*Vicia sativa* L.）的重要自然分布区之一，而且分布范围广。在分布区复杂的地理环境影响下，以及经过长期的国内外引种栽培和人工选育，形成了许多在抗逆性、生产性能、生育期及枝条长短、叶片大小、结实率、种皮颜色等形态特征和生物学特性上有明显差异的种质类型、品系或品种，表现出丰富的遗传多样性。

（一）形态特征差异

箭筈豌豆的不同野生种质、品系和品种，形态特征和生物学特性存在较大变异。茎长一般 80～120 cm；羽状复叶的小叶数 8～16 枚，小叶形状有椭圆形、长圆形至倒卵形，小叶长 9～25 mm，小叶宽 3～10 mm；荚果长 4～6 cm，荚果内种子数 4～8 粒；千粒重 50～60 g。种子色泽因品种而不同，有乳白、黑色、灰色和灰褐色，具有大理石花纹。

王彦荣等对从国际干旱农业研究中心引进的 4 个春箭筈豌豆品系 2505、2556、2560 和 2566 的原种及其选育后代 2505－3、2556－3、2560－3、2566－3 进行研究表明：各新品系较原种最大的形态特性差异是千粒重，平均增加 66%左右；出苗 1 月左右的幼苗茎基部颜色仅 2566－3 品系为绿色，其他品系或品种的茎基皆明显披带紫色；叶片形状唯 2556 品系为椭圆形，其余均为条形；叶片大小在选育各代间无明显变化，但品系间差异显著；各品系的叶片宽为 2.1～4.0 mm，叶长、宽比以 2556 最小，为 5.8（苗期）和 3.0（结荚初期），其他三品系间差异不显著；品系 2566 的花为白色，其他品系都为紫红色；种皮特征 2560 为杂色，即不同颜色或花纹的种子混合，其他品系带斑纹，但底色与斑纹因品系而异；不同品系间播种至初花期的天数以及播种至盛花期的天数呈相同趋势，即品系 2505＜2560＜2566＜2556。另有研究报道，不同品种在花序、开花、结荚等数量，根瘤分布位置、数量和大小，以及主根的长和粗、侧根数量及长度等方面均有所差异。

（二）农艺性状差异

箭筈豌豆的生育期取决于品种和自然条件。根据其生育期长短可分为早熟（100 d 左右）、中熟（120 d 左右）和晚熟（150 d 左右）3 个类型。

王赟文等对从国际干旱农业研究中心引进的 11 个箭筈豌豆品系研究表明，引进的春箭筈豌豆 11 个品系干草产量为 2 943.5～11 398.0 kg/hm^2，各品系间的差异较大，最高的品系 2560 与最低的品系 2505 间产量差异达 2.9 倍之多；种子产量为 169.8～1 110.0 kg/hm^2，产量最高的品系 2505 与最低的品系 2604 相差 5.5 倍之多。时永杰等对 66－25、大荚、西牧 333、333/A、879 五个箭筈豌豆品种的比较研究表明：879 箭筈豌豆单株重最高，为 25.4 g，333/A 最低，仅为 9.9 g，与小区鲜草测定结果基本一致。地下根量也是 879 箭筈豌豆最重，每株重 1.5 g，其次为西牧 333，每株重 1.3 g，其他品种均相等，平均重 1.1 g。不同品种鲜干比有明显差异，鲜干比最高的品种为 66－25 箭筈豌豆，鲜干比达 28.8%；最低的为 879，仅有 20.5%，表明品种不同，其含水量亦有差异。茎叶比同样因品种而异，但大致为 2∶1；有效分枝数以大荚箭筈豌豆最多，每株 2.3 个；其次为 66－25、西牧 333 与 879 箭筈豌豆，分别为 2.1、2.0 和 2.1 个；333/A 最少，只有 1.8 个。结荚层数以 879 最多，每株 7.2 层，其次为西牧 333，4.0 层，其他品种相差不大；每株粒重 879 居首位，为 10.7 g，西牧 333 第二，为 4.9 g，333/A 最低，仅 3.3 g；千粒重以大荚最重，为 99.6 g，其他品种相差不大，为 57.4～66.5 g。5 个品种田间出苗率最高的是大荚箭筈豌豆（49.7%），333/A 箭筈豌豆发芽率和出苗率均次之，分别为 73.3%和 46.9%；66－25 箭筈豌豆两者均为最低，分别为 24.0%和 32.9%。

（王照兰　武保国）

参考文献

安晓珂，2008. 三叶草属三种植物遗传多样性的 RAPD 分析 [D]. 北京：中国农业科学院.
白静仁，李向林，1999. 亚热带山地多年生黑麦草及选育材料生产性能的评价 [J]. 草业科学，16 (4)：66－70.
曹致中，2002. 优质苜蓿栽培与利用 [M]. 北京：中国农业出版社.
陈宝书，2001. 牧草及饲料作物栽培学 [M]. 北京：中国农业出版社.
陈立波，陈凤林，等，1993. 16 份无芒雀麦材料的引种试验 [J]. 中国草地 (2)：55－59.
陈立波，陈凤林，等，1993. 饲用禾草新品种——锡林郭勒无芒雀麦 [J]. 中国草地 (3)：79－80.
陈山，等，1994. 中国草地饲用植物 [M]. 沈阳：辽宁民族出版社.
崔鸿宾，1998. 中国植物志：42 卷 [M]. 北京：科学出版社.

杜威 D R，云锦凤，1985. 关于采用染色体组分类系统划分中国小麦族多年生类群的建议 [J]. 中国草原 (3)：6-11.
范莉英，李德英，李敏，2006. 应用种子蛋白电泳图谱对高羊茅品种进行鉴别与聚类研究 [J]. 草业学报，5 (4)：5-10.
冯霞，孙振元，韩蕾，等，2006. 多年生黑麦草体细胞无性系变异分析 [J]. 核农学报，20 (1)：49-50.
付玲玲，2003. 狗牙根种质资源的 RAPD 分析 [D]. 兰州：甘肃农业大学.
高丽娜，陈雅君，高丽娟，等，2007. 草地早熟禾种质资源遗传多样性的 RAPD 鉴定与分类研究 [J]. 东北农业大学学报，38 (3)：325-329.
耿华珠，等，1995. 中国苜蓿 [M]. 北京：中国农业出版社.
郭孝，张莉，1998. 多年生牧草引种试验 [J]. 中国草地 (1)：15-17.
郭孝，张莉，1998. 苇状羊茅生产性能的综合研究 [J]. 草业科学，15 (2)：24-26.
蒿若超，张月学，等，2007. 利用 RAPD 分子标记研究苜蓿种质资源遗传多样性 [J]. 草业科学，24 (8)：69-73.
洪绂曾，等，1989. 中国多年生栽培草种区划 [M]. 北京：中国农业科技出版社.
胡宝忠，刘娣，等，2000. 中国紫花苜蓿地方品种随机扩增多态 DNA 的研究 [J]. 植物生态学报，24 (4)：697-701.
呼天明，王培，姚爱兴，2001. 多年生黑麦草、白三叶人工草地饲用价值及其与环境的关系 [J]. 草地学报，9 (2)：87-91，105.
胡晓艳，呼天明，2003. 苇状羊茅的引种选育研究进展 [J]. 中国种业 (12)：19-20.
胡跃高，董会庆，1991. 苇状羊茅的育种 [J]. 草原与草坪 (1)：6-10.
怀特 R O，等，1988. 禾本科牧草 [M]. 北京：中国农业科技出版社.
贾慎修，1987. 中国饲用植物志：第一册 [M]. 北京：农业出版社.
蒋尤泉，李临杭，等，2003. 饲用植物种质资源 [M] //刘旭. 中国生物种质资源科学报告. 北京：科学出版社.
蒋尤泉，李临杭，等，2005. 中国饲用及绿肥作物遗传资源本底现状与保护对策 [M] //薛达元. 中国生物遗传资源现状与保护. 北京：中国环境科学出版社.
焦彬，1986. 中国绿肥 [M]. 北京：农业出版社.
匡崇义，薛世明，奎嘉祥，等，2005. 不同气候带的多年生黑麦草品比试验研究 [J]. 青海草业，14 (1)：6-10，12.
兰剑，张丽霞，邵生荣，等，2003. 草坪型多年生黑麦草主要生长发育特性的研究 [J]. 草业科学，20 (5)：43-45.
李国怀，伊华林，夏仁学，2005. 百喜草在我国南方生态农业建设的应用效应 [J]. 中国生态农业学报，13 (4)：197-199.
李红，罗新义，等，2002. 黑龙江省西部半干旱区牧草引种筛选研究初报 [J]. 中国草地 (3)：24-27.
李敏，1993. 苇状羊茅品种比较试验 [J]. 草业科学，10 (6)：49-53.
李敏，林瑛，等，2002. 适宜大连市栽培的草坪草中 [M] //陈佐忠. 新世纪新草坪. 北京：中国农业出版社.
李敏，徐琳，1986. 冷地早熟禾、草地早熟禾几个优良品种特征特性的研究 [J]. 中国草原与牧草 (6)：52-54.
李瑞芬，李聪，苏加楷，2001. 异交植物沙打旺遗传多样性的研究——种子贮藏蛋白和 RAPD 标记[J]. 自然科学进展，11 (12)：1274-1281.

李万良，1990. 禾本科牧草的同工酶分析 [J]. 广西植物，10 (3)：233-240.
李拥军，等，1998. 苜蓿地方品种遗传多样性的研究——RAPD 标记 [J]. 草地学报，6 (2)：105-114.
李振忠，王晓明，1999. 南方苇状羊茅草地建植及利用研究 [J]. 草业科学，16 (1)：27-31.
梁天刚，蒋文兰，樊晓东，2001. 北大营示范场黑麦草引种与品比试验研究 [J]. 草业学报，10 (4)：77-84.
林多胡，顾荣申，2000. 中国紫云英 [M]. 福州：福建科学技术出版社.
刘建秀，等，1998. 华东地区狗牙根外部形态变异规律研究 [M] //中国草原学会. 中国草地科学进展. 北京：中国农业大学出版社.
刘建秀，等，2002. 我国狗牙根种质资源匍匐性研究 [J]. 中国草地 (2)：36-38.
刘建秀，贺善安，1997. 华东地区暖季型划坪草特征特性及经济 [J]. 中国草地 (4)：62-66.
刘娟，2008. 内蒙古地区 23 份雀麦属多年生牧草表型及醇溶蛋白多样性分析 [D]. 兰州：甘肃农业大学.
刘玲珑，等，2000. 狗牙根种质资源及抗寒性研究进展 [J]. 中国草地 (6)：45-50.
刘士余，左长清，朱金兆，2007. 地被物对土壤水分动态和水量平衡的影响研究 [J]. 自然资源学报，22 (3)：424-433.
刘伟，张新全，李芳，等，2008. 西南横断山区野生狗牙根遗传多样性的 RAMP 分析 [J]. 种子，27 (10)：56-59.
刘伟，张新全，李芳，等，2007. 西南区野生狗牙根遗传多样性的 ISSR 标记与地理来源分析 [J]. 草业学报，16 (3)：55-61.
柳小妮，曹致中，2002. 几种早熟禾耐热性的研究 [J]. 中国草地 (3)：40-45.
刘振虎，2004. 中国苜蓿品种资源遗传多样性研究 [J]. 北京：北京林业大学.
吕会刚，张玉发，等，2001. 苜蓿品比试验初报 [M] //洪绂曾，任继周. 草业与西部大开发. 北京：中国农业出版社.
吕世海，张伟，1998. 亚热带气候区草地早熟禾品种适应性研究 [J]. 中国草地 (2)：45-47.
马丽，2005. 浅谈草木樨的综合利用 [J]. 新疆畜牧业 (4)：56-57.
马啸，张新全，周永红，等，2006. 高羊茅的分子标记应用进展 [J]. 草业学报，15 (2)：1-8.
马亚丽，2006. 7 份新疆狗牙根材料遗传多样性及坪用性研究 [D]. 乌鲁木齐：新疆农业大学.
莫世鳌，1991. 我国草木樨的引种推广经过 [J]. 草业科学，8 (3)：66-67.
宁婷婷，张再君，金诚赞，等，2005. 用 RAPD 分析多年生黑麦草品种间遗传多样性 [J]. 武汉植物学研究 (1)：21-23.
宁婷婷，张再君，金诚赞，等，2005. 早熟禾品种间遗传多样性分析 [J]. 遗传，27 (4)：605-610.
蒲翔，1995. 多年生黑麦草在副热带低山区的生态适应性及生产潜力 [J]. 四川草原 (1)：41-46.
钱德杞，等，1982. 遗传学基础和育种原理 [M]. 北京：农业出版社.
曲仲湘，吴玉树，等，1983. 植物生态学：第二版 [M]. 北京：高等教育出版社.
全国牧草品种审定委员会，1999. 中国牧草登记品种集 [M]. 北京：中国农业大学出版社.
沈林洪，陈晶萍. 黄炎和，2001. 百喜草特性的研究 [J]. 福建水土保持，13 (2)：52-56.
沈益新，梁祖铎，1993. 两个黑麦草种生产性能的比较 [J]. 南京农业大学学报，16 (1)：78-83.
盛诚桂，张宇和，1979. 植物的“驯服”[M]. 上海：上海科技出版社.
时永杰，杜天庆，2001. 黄土高原半干旱山区箭筈豌豆品种比较研究 [J]. 干旱地区农业研究，19 (1)：93-96.
时永杰，侯采云，2003. 甘肃省中部半干旱山区箭筈豌豆主要经济性状的研究 [J]. 中兽医医药杂志

(4)：64-67.
帅素容，张新全，毛凯，1998. 德国白三叶品种与中国西部白三叶地方品种同工酶比较研究［J］. 草业科学，15（2）：9-13.
帅素容，张新全，毛凯，等，1998. 勒代诺白三叶与六个白三叶品种的同工酶比较研究［J］. 草地学报（2）：55-58.
苏盛发，汪仁，等，1986. 早熟沙打旺品种选育报告［J］. 中国草原（1）：41-48.
谈家桢，等，1981. 基因和遗传［M］. 北京：科学普及出版社.
田志宏，邱永福，严寒，等，2006. 用 RAPD 标记分析草地早熟禾遗传多样性［J］. 草地学报，14（2）：120-123，128.
田志宏，邱永福，严寒，等，2007. 用 RAPD 标记分析高羊茅的遗传多样性［J］. 草业学报，16（1）：58-63.
王赟文，南志标，王彦荣，等，2001. 高山草原条件下一年生豆科牧草生产性能的评价［J］. 草业学报，10（2）：47-55.
王春江，吴敦亮，1981. 沙打旺生物—生理学特性的研究［J］. 中国草原（1）：51-54.
王栋原，1989. 牧草学各论：第一版［M］. 南京：江苏科学技术出版社.
王建光，郭建军，2002. 草地早熟禾国产品种与进口品种在内蒙古地区的品比研究［M］//陈佐忠，等. 新世纪新草坪. 北京：中国农业出版社.
王克平，1984. 羊草物种分化的研究——Ⅰ野生种群的考察［J］. 中国草原（2）：32-36.
王克平，1985. 羊草物种分化的研究——Ⅱ试验地种群对比［J］. 中国草原（2）：43-44.
王小利，刘正书，牟琼，等，2007. 高羊茅遗传多样性 RAPD 分析（简报）［J］. 草业学报，16（4）：82-86.
王彦荣，南志标，聂斌，等，2005. 几种抗寒春箭筈豌豆新品系的形态特异性比较［J］. 草业学报，14（2）：28-32.
王赞，毛凯，吴彦奇，等，2004. 攀西地区野生狗牙根遗传多样性研究［J］. 草地学报，12（2）：120-123.
王志勇，刘建秀，2008. 狗牙根种质资源遗传多样性与亲缘关系的 ISSR 分析［C］//中国植物学会七十五周年年会论文摘要汇编（1933—2008）.
吴敦亮，1986. 早熟沙打旺栽培效益的研究［J］. 中国草原（4）：30-32.
吴永敷，1979. 黄花苜蓿与紫花苜蓿种内杂交育种研究报告［J］. 中国草原（1）：27-33.
吴增禄，等，1980. 十种紫花苜蓿品种生物学特性及经济性状的初步研究［C］//中国草原学会第一次学术讨论会论文集：下集.
席冬梅，陈勇，彭洪清，2005. 多花黑麦草不同生长期营养价值评定［J］. 草原与草坪（2）：62-64.
希斯 M E，巴恩 R F，等，1992. 牧草—草地农业科学［M］. 黄文惠，苏加楷，等，译. 北京：农业出版社.
肖文一，洪锐民，等，1986. 优良草坪草—草地早熟禾［J］. 中国草地（4）：63-66.
杨允菲，傅林谦，1996. 亚热带中山地区苇状羊茅无性系的生长与生产特征［J］. 草业科学，13（6）：5-8.
伊万诺夫 A P，1960. 放牧和割草地的改良和利用［M］. 内蒙古畜牧兽医学院翻译室，译. 呼和浩特：内蒙古人民出版社.
易显凤，赖志强，吴佳海，2008. 苇状羊茅在广西的适应性试验报告［J］. 热带农业科学，28（4）：47-49.
易杨杰，张新全，黄琳凯，等，2008. 野生狗牙根种质遗传多样性的 SRAP 研究［J］. 遗传，30（1）：94-100.

易永艳，江生泉，李德荣，2006. 百喜草不同生育期营养成分变化及动态研究［J］. 江西农业大学学报，28（5）：58-61.

云岚，米福贵，等，2004. 六个苜蓿品种幼苗对水分胁迫的相应及其抗旱性［J］. 中国草地（2）：15-20.

张保烈，张士义，1992. 关于我国草木樨属植物资源初步整理［J］. 草业科学，9（4）：63-65.

张新全，蒲朝龙，周寿荣，等，1999. 川引拉丁诺品种选育及栽培利用［J］. 中国草地（2）：34-37.

赵桂琴，曹致中，1998. 草地早熟禾无融合生殖细胞学鉴定初探［M］//中国草原学会. 中国草地科学进展. 北京：中国农业大学出版社.

郑玉红，等，2003. 我国狗牙根种质资源多样性——Ⅰ同工酶分析［J］. 中国草地（5）：52-57.

郑玉红，刘建秀，陈树元，2005. 中国狗牙根（*Cynodon dactylon*）优良选系的 RAPD 分析［J］. 植物资源与环境学报，14（2）：6-9.

中国饲用植物志编辑委员会，1987. 中国饲用植物志：第一卷［M］. 北京：农业出版社.

周莫华，李维俊，1985. 苇状羊茅在湖北高温干旱区的发展前景［J］. 中国草地学报（4）：71-74.

周正贵，王燕萍，吴丽莉，等，2008. 白三叶幼苗抗氧化酶类的电泳研究［J］. 贵州农业科学，36（1）：43-45.

周芝昕，杨明海，陈晋国，等，1989. 苇状羊茅引种试验报告［J］. 草业科学，6（1）：33-35.

Droushiotis D N，1984. Effect of variety and harvesting stage on forage production of wetches in a low rainfall environment［J］. Field Crop Res.（10）：49-55.

Duke J A，1981. Handbook of LEGUMES of world economic importance［M］. New York and London：Plenum Press.

Mian M A R，Hopkins A A，Zwonitzer J C，2002. Determination of genetic diversity in tall fescue with AFLP markers［J］. Crop Science（42）：944-950.

Shashikumar K et al，1993. Cultivar and winter cover effects on Bermuda-grass cold acclimation and crown moisture content［J］. Crop Science（Vol. 33）：813-817.

Xu W W，Sleper D A，Krause G F，1994. Genetic diversity of tall fescue germplasm based on RFLPs［J］. Crop Science（34）：246-252.

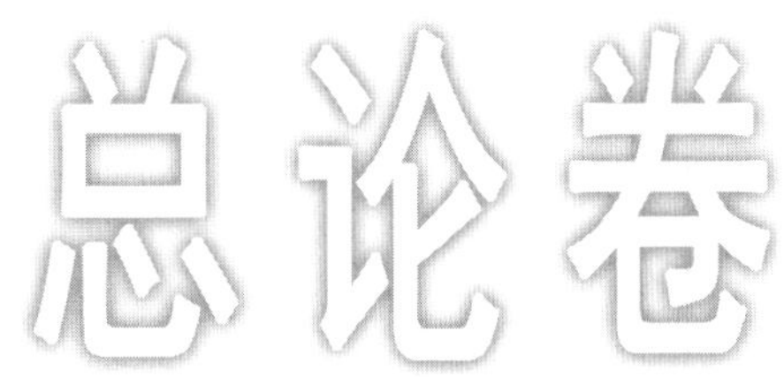

第二十三章

花卉作物多样性

花卉作物的范围大体可分为三个层面：第一个层面是商品花卉，包括切花、盆花、盆栽观叶植物。如果以荷兰阿斯米尔花卉拍卖市场上市的花卉为例，目前流通的大概有1 600种（或品种）。我国北京玉泉营花卉市场流通的有 420 种（张廷华等，2006）。第二个层面是园林植物，指在各类园林绿地中人工栽培的、具有一定观赏价值或生态价值的植物，包括一、二年生花卉（花坛）、多年生花卉（花境、地被）、球根花卉（花坛、花境、地被）、乔木、灌木、藤本等。英国皇家园艺学会的《园林植物百科全书》共收集有 15 000 种。我国各个苗圃销售的多年生花卉和苗木约 446 种（徐树杰等，2008）。中华人民共和国林业行业标准《花卉名称》（LY/T 1576—2000）收录有花卉名称 4 707 种。第三个层面暂称“绿化植物”，即在园林植物之外，还包括防护植物和经济植物，以及具有一定观赏价值或生态价值，能人工繁殖栽培的野生植物资源，这一层面所包括的种类还是一个未知数。

中国观赏植物遗传资源本底编目包含 2 833 种中国原产的观赏植物，但陈俊愉院士（2001）估计，在我国原产的 30 000 多种高等植物中，有观赏价值的园林植物大约有6 000 种，约占 1/5。我国的花卉作物以蔷薇科、菊科、豆科、山茶科、景天科、杜鹃花科、报春花科、秋海棠科、木樨科、玄参科、唇形科、木兰科、毛茛科、百合科、禾本科、兰科、石蒜科、鸢尾科等 18 个科为主，种类比较丰富。

第一节　花卉作物物种多样性

花卉作物的物种多样性非常丰富。我国的花卉作物，包括切花、盆花、观叶植物、花坛（一、二年生）花卉、宿根花卉、球根花卉、园林苗木、地被植物、水生植物等各个类别，常见栽培种在 1 000～1 200 个之间。但是花卉作物“种类”的含义与其他作物不一样，有的是一种（或变种，如水仙花）；有的是某个属的几个种，如牡丹、樱花；有的是某个属的大多数种，如杜鹃花、山茶花；有的是某属部分种的杂交种，如月季、百合。中国花卉作物物种多样性（表 23 - 1）共收录了花卉作物种类 136 个（其中与其他作物大类间重复 8 个），涉及 223 个栽培种、659 个野生近缘种。其中部分作物种类是一个种，或是未按杂交种定名的杂交种，如菊花、牡丹；另一些种类下包含了同属的几个种，如兰花，包括了兰科兰属（*Cymbidium*）的春兰、蕙兰、建兰、墨兰、寒兰和大花蕙兰（杂交种），但不包括兰科的热带兰，如蝴蝶兰、卡特兰、石斛兰、兜兰等，后者作为不同的作物种类处理。

表 23-1 中国花卉作物物种多样性

序号	作物名称	科	属	栽培种	野生近缘种
1	梅花	蔷薇科 Rosaceae	李属 *Prunus* L.	梅花 *P. mume*（Sieb.）Sieb. et Zucc.	东北杏 *P. mandshurica* Koehne 山杏 *P. sibirica* L. 毛樱桃 *P. tomentosa* Thunb.
2	桃花△	蔷薇科 Rosaceae	桃属 *Amygdalus* Linn.	桃花 *A. persica*（L.）Batsch.	山桃 *A. davidiana* Franch. 新疆桃 *A. ferganensis kost. et Rjab.* 甘肃桃 *A. kansuensis* Rehd. 光核桃 *A. mira* Koehne
3	樱花	蔷薇科 Rosaceae	李属 *Prunus* L.	樱花 *P. serrulata* Lindl. 东京樱花 *P. yedoensis* Matsum. 日本晚樱 *P. lannesiana* Wils.	高盆樱（云南樱花）*P. cerasoides*（D. Don）Sok. 山楂叶樱 *P. crataegifolius* Hand. -Mazz. 华中樱 *P. conradinae* Koe. 尾叶樱 *P. dielsiana* Schneid. 麦李 *P. glandulosa* Thunb. 郁李 *P. japonica* Thunb. 冬樱花 *P. majestica* Koehne 黑腺樱 *P. maximowiczii*（Rupr.）Kom. 偃樱 *P. mugus* Hand. -Mazz. 大山樱 *P. sargentii* Rend. 崖樱 *P. scopulorum* Koehne 大叶早樱 *P. subhirtella* Miq.
4	榆叶梅	蔷薇科 Rosaceae	李属 *Prunus* L.	榆叶梅 *P. triloba* Lindl.	
5	牡丹	芍药科 Paeoniaceae	芍药属 *Paeonia* L.	牡丹 *P. suffruticosa* Andr.	紫牡丹 *P. delavayi* Franch. 矮牡丹 *P. jishanensis* T. Hong et W. Z. Zhao 大花黄牡丹 *P. ludlowii*（Stern et Taylor）D. Y. Hong 杨山牡丹 *P. ostii* T. Hong et J. X. Zhang

（续）

序号	作物名称	科	属	栽培种	野生近缘种
5	牡丹	芍药科 Paeoniaceae	芍药属 *Paeonia* L.		卵叶牡丹 *P. qiui* Y. L. Pei et D. Y. Hong 紫斑牡丹 *P. rockii* T. Hong et J. J. Li 川牡丹 *P. szechuanica* Fang
6	芍药	芍药科 Paeoniaceae	芍药属 *Paeonia* L.	芍药 *P. lactiflora* Pall.	新疆芍药 *P. anomala* L. 多花芍药 *P. emodi* Wallich ex Royle 块根芍药 *P. intermedia* C. A. Meyer 美丽芍药 *P. mairei* Lévl. 草芍药 *P. obovata* Maxim. 白花芍药 *P. sterniana* H. R. Fletcher
7	菊花	菊科 Compositae	菊属 *Chrysanthemum* L.	菊花 *C. morifolium*（Ramat.）Tzvel.	银背菊 *C. argyrophyllum*（Ling）Ling et Shih 阿里山菊 *C. arisanense*（Hayata）Ling et Shih 小红菊 *C. chanetti*（Levl.）Shih 异色菊 *C. dichrum* Shih 拟亚菊 *C. glabriusculum*（W. W. Smith）Shih 黄花小山菊 *C. hypargyrum*（Diels）Ling et Shih 野菊 *C. indicum*（L.）Des Moul. 甘菊 *C. lavandulaefolium*（Fisch.）Ling et Shih 细叶菊 *C. meximowiczii*（Komar.）Tzvel. 蒙菊 *C. mongolicum*（Ling）Tzvel. 楔叶菊 *C. naktongense*（Nakai）Tzvel. 菊花脑 *C. nankingense* Hand. 小山菊 *C. oreastrum*（Hance）Ling et Shih 委陵菊 *C. potentilloides*（Hand.-Mazz.）Shih 菱叶菊 *C. rhombifolium* Ling et Shih 毛华菊 *C. vestitum*（Hemsl.）Ling ex Shih 紫花野菊 *C. zawadskii*（Herb.）Tzvel.

（续）

序号	作物名称	科	属	栽培种	野生近缘种
8	兰花	兰科 Orchidaceae	兰属 *Cymbidium* Sw.	春兰 *C. goeringii*（Rchb. f.）Rchb. f. 蕙兰 *C. faberi* Rolfe 建兰 *C. ensifolium*（L.）Sw. 墨兰 *C. sinense*（Jackson ex Andr.）Willd. 寒兰 *C. kanran* Makino 大花蕙兰 *C. hybrids* Hort.	夏凤兰 *C. aestivum* Z. J. Liu et S. C. Chen 纹瓣兰 *C. aloifolium*（L.）Sw. 硬叶兰 *C. bicolor* Lindl. 昌宁兰 *C. changningense* Z. J. Liu et S. C. Chen 垂花兰 *C. cochleare* Lindl. 莎叶兰 *C. cyperifolium* Wall. ex Lindl. 冬凤兰 *C. dayanum* Rchb. f. 落叶兰 *C. defoliatum* Y. S. Wu S. C. Chen 地旺兰 *C. devonianum* Paxt. 独占春 *C. eburneum* Lindl. 莎草兰 *C. elegans* Lindl. 长叶兰 *C. erythraeum* Lindl. 飞霞兰 *C. fiexiaense* F. C. Li 金蝉兰 *C. gaoligense* Z. J. Liu et S. C. Chen 多花兰 *C. floribundum* Lindl. 虎头兰 *C. hookerianum* Rchb. f. 美花兰 *C. insigne* Rolfe 黄蝉兰 *C. iridioides* D. Don 兔耳兰 *C. lancifolium* Hook. 碧玉兰 *C. lowianum*（Rchb. f.）Rchb. f. 大根兰 *C. macrorhizon* Lindl. 大雪兰 *C. mastersii* Griff. 细花兰 *C. micranthum* Z. J. Liu et S. C. Chen 马关兰 *C. msgusnense* F. Y. Liu 多根兰 *C. multiradicatum* Z. J. Liu et S. C. Chen 珍珠矮 *C. nanulum* Y. S. Wu et S. C. Chen 黑脉寒兰 *C. nigrovenium* Z. J. Liu et J. N. Zhang 峨眉春蕙 *C. omeiense* Y. S. Wu et S. C. Chen

（续）

序号	作物名称	科	属	栽培种	野生近缘种
8	兰花	兰科 Orchidaceae	兰属 *Cymbidium* Sw.		少叶硬叶兰 *C. paucifolium* Z. J. Liu et S. C. Chen 显脉四季兰 *C. prompovenium* Z. J. Liu et J. N. Zhang 邱北冬蕙兰 *C. qiubeiense* K. M. Feng et H. Li 五裂红柱兰 *C. quinquelobum* Z. J. Liu et S. C. Chen 二叶兰 *C. rhizomatosum* Z. J. Liu et S. C. Chen 福兰 *C. rigidum* Z. J. Liu et S. C. Chen 单氏虎头兰 *C. sanderae* Sander ex Rolfe 果香兰 *C. suavissimum* Sander ex C. Curtis 斑舌兰 *C. tigrinum* Parish ex Hook. 菅草兰 *C. tortisepalum* Fukuyama 西藏虎头兰 *C. tracyanum* L. Castle 文山红柱兰 *C. wenshanense* Y. S. Wu et F. Y. Liu 短叶虎头兰 *C. wilsonii*（Rolfe ex Cook）Rolfe 线叶建兰 *C. yongfuense* Z. J. Liu et J. N. Zhang
9	月季	蔷薇科 Rosaceae	蔷薇属 *Rosa* L.	月季 *R. hybrids* Hort. （指该属人工培育的杂交种）	美蔷薇 *R. bella* Rehd. et E. H. Wils. 小檗叶蔷薇 *R. berberifolia* Pall. 硕苞蔷薇 *R. bracteata* Wendl. 复伞房蔷薇 *R. brunonii* Lindl. 洋蔷薇 *R. centifolia* L. 伞房蔷薇 *R. corymbulosa* Rolfe 刺玫蔷薇 *R. davurica* Pall. 异味蔷薇 *R. foetida* Herrm. 巨花蔷薇 *R. gigantia* Collett ex Crép. 绣球蔷薇 *R. glomerata* Rehd. et Wils. 软条七蔷薇 *R. henryi* Bouleng. 黄蔷薇 *R. hugonis* Hemsl. 金樱子 *R. laevigata* Michx.

（续）

序号	作物名称	科	属	栽培种	野生近缘种
9	月季	蔷薇科 Rosaceae	蔷薇属 *Rosa* L.		疏花蔷薇 *R. laxa* Retz. 华西蔷薇 *R. moyesii* Hemsl. et Wils. 野蔷薇 *R. muliflora* Thunb. 香水月季 *R. odorata* Sweet. 峨眉蔷薇 *R. omeiensis* Rolfe 樱草蔷薇 *R. primula* Boulenger 悬钩子蔷薇 *R. rubus* Levl. et Vant. 缫丝花 *R. roxburghii* Tratt. 刚毛蔷薇 *R. setigera* Michx 密刺蔷薇 *R. spinosissima* L. 光叶蔷薇 *R. wichuraiana* Crép.
10	玫瑰	蔷薇科 Rosaceae	蔷薇属 *Rosa* L.	玫瑰 *R. rugosa* Thunb.	
11	黄刺玫	蔷薇科 Rosaceae	蔷薇属 *Rosa* L.	黄刺玫 *R. xanthina* Lindl.	
12	木香	蔷薇科 Rosaceae	蔷薇属 *Rosa* L.	木香 *R. banksiae* Aiton	
13	杜鹃花	杜鹃花科 Ericaceas	杜鹃花属 *Rhododendron* L.	马缨花 *R. delavayi* Franch. 大喇叭杜鹃 *R. excellens* Hemsl. et Wils. 羊踯躅 *R. molle*（Blum）G. Don 迎红杜鹃 *R. mucronulatum* Turcz. 叶状苞杜鹃 *R. redowkianum* Maxim. Prim. et Hutch. 映山红 *R. simisii* Pl. 炮仗杜鹃 *R. spinuliferum* Franch. 糙毛杜鹃 *R. trichocladum* Franch. 红马银花 *R. vialii* Delavay et Franch.	毛肋杜鹃 *R. augustinii* Hemsl. 云锦杜鹃 *R. fortunei* Lindl. 皋月杜鹃 *R. indicum*（Linn.）Sweet 满山红 *R. mariesii* Hemsl. et Wils. 照山白 *R. micranthum* Turcz. 白花杜鹃 *R. mucronatum*（Blume）G. Don 钝叶杜鹃 *R. obtusum*（Lindl.）Planch. 马银花 *R. ovatum*（Lindl.）Planch. ex Maxim. 锦绣杜鹃 *R. pulchrum* Sweet

（续）

序号	作物名称	科	属	栽培种	野生近缘种
14	茶花	山茶科 Theaceae	山茶属 *Camellia* L.	山茶 *C. japonica* L. 金花茶 *C. nitidissima* Chi 滇山茶 *C. reticulata* Lindl. 茶梅 *C. sasanqua* Thunb.	浙江红山茶 *C. chekiangoleosa* Hu 尖连蕊茶 *C. cuspidata*（Kochs）Wright 尖萼红山茶 *C. edithae* Hance 毛柄连蕊茶 *C. fraterna* Hance 大苞山茶 *C. granthamiana* Chang et Yu 长瓣短柱茶 *C. grijsii* Hance 岳麓连蕊茶 *C. handelii* Sealy 香港红山茶 *C. hongkongensis* Seem. 西南红山茶 *C. pitardii* Cohen-Stuart 多齿红山茶 *C. polyodonta* How 玫瑰连蕊茶 *C. rosaeflora* Hook. 怒江红山茶 *C. saluenensis* Stapf ex Been 南山茶 *C. semiserrata* Chi 陕西短柱茶 *C. shensiensis* Chang 云南连蕊茶 *C. tsaii* Hu 单体红山茶 *C. uraku*（Mak.）Kitamura 五柱滇山茶 *C. yunnanensis*（Pitard）Coh. St.
15	桂花	木樨科 Oleaceae	木樨属 *Osmanthus* L.	桂花 *O. fragrans* Lour.	红柄木樨 *O. armatus* Diels 狭叶木樨 *O. attenuatus* P. S. Green 宁波木樨 *O. cooperi* Hemsl. 山桂花 *O. delavayi* Franch. 离瓣木樨 *O. didymopetalus* P. S. Green 无脉木樨 *O. enervius* Masmune et Mori 石山桂花 *O. fordii* Hemsl. 海南桂 *O. hainanensis* P. S. Green 柊树 *O. heterophyllus* P. S. Green 厚边木樨 *O. marginatus* Hemsl.

（续）

序号	作物名称	科	属	栽培种	野生近缘种
15	桂花	木樨科 Oleaceae	木樨属 *Osmanthus* L.		牛矢果 *O. matsumuranus* Hayata 网脉木樨 *O. reticulatus* P. S. Green 细齿桂 *O. serrulatus* Rehd. 平叶桂 *O. venosus* Pampan 野桂花 *O. yunnanensis* P. S. Green
16	百合	百合科 Liliaceae	百合属 *Lilium* L.	麝香百合 *L. longiflorum* Thunb. 卷丹 *L. lancifolium* Thunb. 王百合 *L. regale* Wilson	滇百合 *L. bakerianum* Coll. et Hemsl. 野百合 *L. brownii* F. E. Brown 渥丹 *L. concolor* Salisb. 毛百合 *L. dauricum* Ker-Gawl. 台湾百合 *L. formosanum* Wallace 湖北百合 *L. henryi* Baker 淡黄花百合 *L. sulphureum* Baker ex Hook. f. 大理百合 *L. taliense* Franch.
17	丁香	木樨科 Oleaceae	丁香属 *Syringa* L.	什锦丁香 *S. chinensis* Willd. 蓝丁香 *S. meyeri* Schneid. 小叶丁香 *S. microphylla* Diels. 华北紫丁香 *S. oblate* L. 北京丁香 *S. pekinensis* Rupr. 花叶丁香 *S. persica* L. 巧玲花 *S. pubecens* Turcz. 暴马丁香 *S. reticulate*（Blume）Hara var. *amurensis*（Rupr.）Pringle 欧洲丁香 *S. vulgaris* L.	朝鲜丁香 *S. dilatata* Nakai 秦岭丁香 *S. giraldiana* Schneid. 匈牙利丁香 *S. josikaea* Jacq. f. ex Kchb. 光萼丁香 *S. julianae* C. K. Schneid. 西蜀丁香 *S. komarowii* C. K. Schneid. 皱叶丁香 *S. mairei*（Lévl.）Rehd. 羽叶丁香 *S. pinnatifolia* Hemsl. 松林丁香 *S. pinetorum* W. W. Smith 山丁香 *S. potanini* Schneid. 华丁香 *S. protolanciniata* P. S. Green et M. C. Chang 垂丝丁香 *S. reflexa* C. K. Schneid. 日本丁香 *S. reticlata*（Bl.）Hara 四川丁香 *S. sweginzowii* Koehne et Lingelsh 藏南丁香 *S. tibetica* P. Y. Bai

（续）

序号	作物名称	科	属	栽培种	野生近缘种
17	丁香	木樨科 Oleaceae	丁香属 *Syringa* L.		毛丁香 *S. tomentella* Bur. et Franch. 关东丁香 *S. velutina* Kom. 红丁香 *S. villosa* Vahl. 辽东丁香 *S. wolfii* Schneid. 云南丁香 *S. yunnanensis* Franch.
18	玉兰	木兰科 Magnoliaceas	木兰属 *Magnolia* L.	紫玉兰 *M. liliflora* Desr. 二乔玉兰 *M.* ×*soulangeana* Soul. -Bod. 玉兰 *M. denudata* Destr. 荷花玉兰 *M. grandiflora* L.	**玉兰亚属 Subgen. *Yulania*（Spach）Reichenbach.** 天目木兰 *M. amoena* Cheng 望春玉兰 *M. biondii* Pampan 滇藏木兰 *M. campbelii* Hook. f. et Thoms. 黄山木兰 *M. cylindrica* Wils. 光叶木兰 *M. dawsoniana* Rehd. et Wils. 凹叶木兰 *M. sargentiana* Rehd. et Wils. 武当木兰 *M. sprengeri* Pampan（*M. diva* Stapf） 星花木兰 *M. stellata*（Sieb. et Zucc.）Maxim. 宝华玉兰 *M. zenii* Cheng **木兰亚属 Subgen. *Magnolia* Dandy** 绢毛木兰 *M. albosericea* Chun et C. Tsoong 香港木兰 *M. championii* Benth. 夜香木兰 *M. coco*（Lour.）D C. 山玉兰 *M. delavayi* Franch. 毛叶玉兰 *M. globosa* Hook. f. et Thoms. 大叶玉兰 *M. henryi* Dunn. 厚朴 *M. officinalis* Rehd. et Wils. 长叶木兰 *M. paenetalauma* Dandy 长喙厚朴 *M. rostrata* W. W. Smith 天女花 *M. sieboldii* K. Koch 圆叶玉兰 *M. sinensis*（Rehd. et Wils.）Stapf 西康玉兰 *M. wilsonii*（Finet et Gagnep.）Rehd.

（续）

序号	作物名称	科	属	栽培种	野生近缘种
19	荷花	睡莲科 Nymphaceae	莲属 *Nelumbo* A.	荷花（莲）*N. nucifera* Gaertn.	
20	蜡梅	蜡梅科 Calycanthaceae	蜡梅属 *Chimonanthus* Lindl.	蜡梅 *C. praecox*（L.）Link	西南蜡梅 *C. campanulatus* R. H. Chang et C. S. Ding 亮叶蜡梅 *C. nitens* Oliv. 柳叶蜡梅 *C. salicifolius* S. Y. Hu
21	紫薇	千屈菜科 Lythraceae	紫薇属 *Lagerstroemia* L.	紫薇 *L. indica* L. 大花紫薇 *L. speciosa*（L.）Pers.	尾叶紫薇 *L. caudata* Chun et How ex S. Lee et L. Lau 川黔紫薇 *L. excelsa*（Dode）Chun ex S. Lee et L. Lau 广东紫薇 *L. fordii* Oliv. et Koehne 小花紫薇 *L. micrantha* Merr. 狭瓣紫薇 *L. stenopetala* Chun 南紫薇 *L. subcostata* Koehne 网脉紫薇 *L. suprareticulata* S. Lee et L. Lau 绒毛紫薇 *L. tomentosa* Presl 西双紫薇 *L. venusta* Wall. ex Clarke 毛紫薇 *L. villosa* Wall. ex Kurz
22	海棠花	蔷薇科 Rosaceae	苹果属 *Malus* Mill.	海棠花 *M. spectabilis*（Ait.）Borkh. 西府海棠 *M. micromalus* Makino 垂丝海棠 *M. halliana* Koehne	山荆子 *M. baccata*（L.）Borkh. 湖北海棠 *M. hupehensis*（Pamp.）Rehd. 尖嘴林檎 *M. melliana*（Hand.-Mazz.）Rehd. 三叶海棠 *M. sieboldii*（Regel）Rehd. 新疆野苹果 *M. sieversii*（Ledeb.）Roem. 森林苹果 *M. sylvestris* Mill. 花叶海棠 *M. transitoria*（Batal.）Schneid.

（续）

序号	作物名称	科	属	栽培种	野生近缘种
23	香石竹	石竹科 Caryophyllaceae	石竹属 *Dianthus* L.	香石竹 *D. caryophyllus* L.	
24	石竹	石竹科 Caryophyllaceae	石竹属 *Dianthus* L.	石竹 *D. chinensis* L. 须苞石竹 *D. barbatus* L. 常夏石竹 *D. plumarius* L.	瞿麦 *D. superbus* L.
25	报春花	报春花科 Primulaceae	报春花属 *Primula* L.	报春花 *P. malacoides* Franch. 鄂报春 *P. obconica* Hance 藏报春 *P. sinensis* Sabine ex Lindl.	杂色钟报春 *P. alpicola*（W. W.） Stapf 霞红灯台报春 *P. beesiana* Forr. 橘红灯台报春 *P. bulleyana* Forr. 球花报春 *P. denticulata* Smith 小报春 *P. forbesii* Franch. 粉被灯台报春 *P. pulverulenta* Duthie 钟花报春 *P. sikkimensis* Hook. 翠南报春 *P. sieboldii* E. Morren 凉山灯台报春 *P. stenodonta* Balf. f. ex W. W. Smith et Fletcher
26	石蒜	石蒜科 Amaryllidaceae	石蒜属 *Lycoris* Herb.	石蒜 *L. radiata*（L'Her.） Herb. 忽地笑 *L. aurea*（L'Her.） Herb. 中国石蒜 *L. chinensis* Traub	乳白石蒜 *L. albiflora* G. Koidz. 安徽石蒜 *L. anhuiensis* Y. Hsu et Q. J. Fan 短蕊石蒜 *L. caldwellii* Traub 广西石蒜 *L. guangxiensis* Y. Hsu et Q. J. Fan 江苏石蒜 *L. houdyshelii* Traub 香石蒜 *L. incarnate* Comes ex C. Sprenger 长筒石蒜 *L. longituba* Y. Hsu et Q. J. Fan 玫瑰石蒜 *L. rosea* Traub et Moldenke 陕西石蒜 *L. shaanxiensis* Y. Hsu et Z. B. Hu 换锦花 *L. sprengeri* Comes ex Baker 鹿葱 *L. squamigera* Maxim. 麦秆石蒜 *L. straminea* Lindl.

（续）

序号	作物名称	科	属	栽培种	野生近缘种
27	鸢尾	鸢尾科 Iridaceae	鸢尾属 *Iris* L.	鸢尾 *I. tectorum* Maxim. 德国鸢尾 *I.* ×*germanica* L. 燕子花 *I. laevigata* Fisch. 黄菖蒲 *I. pseudacorus* L. 马蔺 *I. lactea* var. *chinensis*（Fisch.）Koidz.	中亚鸢尾 *I. bloudowii* Ledeb. 西南鸢尾 *I. bulleyana* Dykes 大苞鸢尾 *I. bungei* Maxim. 金脉鸢尾 *I. chrysographes* Dykes 西藏鸢尾 *I. clarkei* Baker ex Hook. 高原鸢尾 *I. collettii* Hook. f. 扁竹兰 *I. confusa* Sealy 弯叶鸢尾 *I. curvifolia* Y. T. Zhao 尼泊尔鸢尾 *I. decora* Wall. 长葶鸢尾 *I. delavayi* Mich. 野鸢尾 *I. dichotoma* Pall. 玉蝉花 *I. ensata* Thunb. 黄金鸢尾 *I. flavissima* Pall. 台湾鸢尾 *I. formosana* Ohwi 云南鸢尾 *I. forrestii* Dykes 锐果鸢尾 *I. goniocarpa* Baker 喜盐鸢尾 *I. halophila* Pall. 蝴蝶花 *I. japonica* Thunb. 库门鸢尾 *I. kemaonensis* D. Don ex Royle 薄叶鸢尾 *I. leptohpylla* Maxim. 长白鸢尾 *I. mandshurica* Maxim. 红花鸢尾 *I. milesii* Baker ex M. Foster 小黄花鸢尾 *I. minutoaurea* Makino 水仙花鸢尾 *I. narcissiflora* Diels 香根鸢尾 *I. pallida* Lamarck 甘肃鸢尾 *I. pandurata* Maxim. 多斑鸢尾 *I. polysticta* Diels

（续）

序号	作物名称	科	属	栽培种	野生近缘种
27	鸢尾	鸢尾科 Iridaceae	鸢尾属 *Iris* L.		卷鞘鸢尾 *I. potaninii* Maxim. 小鸢尾 *I. proantha* Diels 长尾鸢尾 *I. rossii* Baker 紫苞鸢尾 *I. ruthenica* Ker-Gawl. 溪荪 *I. sanguinea* Donn ex Horn. 膜苞鸢尾 *I. scariosa* Willd. ex Link. 山鸢尾 *I. setosa* Pall. ex Link. 四川鸢尾 *I. sichuanensis* Y. T. Zhao 小花鸢尾 *I. speculatrix* Hance 细叶鸢尾 *I. tenuifolia* Pall. 粗根鸢尾 *I. tigridia* Bunge 扇形鸢尾 *I. wattii* Baker ex Hook. f. 黄花鸢尾 *I. wilsonii* C. H. Wright
28	郁金香	百合科 Liliaceae	郁金香属 *Tulipa* L.	郁金香 *T. gesneriana* L.	阿尔泰郁金香 *T. altaica* Pall. ex Spreng. 皖郁金香 *T. anhuiensis* X. S. Sheng 高柔毛郁金香 *T. buhseana* Boiss. 克鲁西郁金香 *T. clusiana* DC. 毛蕊郁金香 *T. dasytemon* Regel 老鸦瓣 *T. edulis* Baker 二叶郁金香 *T. erythronioides* Baker 异叶郁金香 *T. heterophylla*（Regel）Baker 异瓣郁金香 *T. heterpetala* Ledeb. 伊犁郁金香 *T. iliensis* Regel 迟花郁金香 *T. kolpakovskiana* Regel 垂蕾郁金香 *T. patens* Agardh. ex Schult. 准噶尔郁金香 *T. schrenkii* Regel 新疆郁金香 *T. sinkiangensis* Z. M. Mao

（续）

序号	作物名称	科	属	栽培种	野生近缘种
28	郁金香	百合科 Liliaceae	郁金香属 *Tulipa* L.		塔城郁金香 *T. tabagataica* D. Y. Tan et X. Wei. 埃尔达郁金香 *T. tarda* Stapf 天山郁金香 *T. tianshanica* Regel 土耳其斯坦郁金香 *T. turkestanica* Regel
29	金鱼草	玄参科 Scrophulariaceae	金鱼草属 *Antirrhinum* L.	金鱼草 *A. majus* L.	匍生金鱼草 *A. asarina* L. 毛金鱼草 *A. molle* L.
30	翠菊	菊科 Compositae	翠菊属 *Callistephus* Cass.	翠菊 *C. chinensis* Nees.	
31	风铃草	桔梗科 Campanulaceae	风铃草属 *Campanula* L.	风铃草 *C. medium* L.	丛生风铃草 *C. glomerata* L. 紫斑风铃草 *C. punctata* Lam.
32	鸡冠花	苋科 Amaranthaceae	青葙属 *Celosia* L.	鸡冠花 *C. cristata* L.	台湾青葙 *C. taitoensis* Hayata
33	凤仙花	凤仙花科 Balsminaceae	凤仙花属 *Impatiens* L.	凤仙花 *I. balsamina* L. 新几内亚凤仙 *I. hawkeri* Bull. 非洲凤仙 *I. wallerana* Hook. f.	大叶凤仙 *I. apalophylla* Hook. f. 包氏凤仙 *I. balfourii* Hook. f. 紫凤仙 *I. glandulifera* Royle 水金凤 *I. noli-tangere* L. 窄萼凤仙花 *I. stenosepala* Pritz. ex Diels
34	大花牵牛	旋花科 Convolvulaceae	甘薯属 *Ipomoea* L. （牵牛属 *Pharbitis* Choisy）	大花牵牛 *I. nil*（L.） Roth [*P. nil*（L.） Choisy]	
35	茑萝	旋花科 Convolvulaceae	茑萝属 *Quamoclit* Moench	羽叶茑萝 *Q. pennata*（Desr.） Bojer.	圆叶茑萝 *Q. coccinea*（L.） Moench

（续）

序号	作物名称	科	属	栽培种	野生近缘种
36	矮牵牛	茄科 Solanaceae	碧冬茄属 *Petunia* Juss.	矮牵牛 *P.* ×*hybrida* Vilm.	
37	一串红	唇形科 Labiatae	鼠尾草属 *Salvia* L.	一串红 *S. splendens* Ker-Gawl.	朱唇 *S. coccinea* L. 黄花鼠尾草 *S. flava* Forrest ex Diels. 丹参 *S. miltiorrhiza* Bunge 林地鼠尾草 *S. nemorosa* L. 药用鼠尾草 *S. officinalis* L.
38	瓜叶菊	菊科 Compositae	千里光属 *Senecio* L.	瓜叶菊 *S. cruentus*（Masson ex L'Herit）DC.	
39	万寿菊	菊科 Compositae	万寿菊属 *Tagetes* L.	万寿菊 *T. erecta* L. 香叶万寿菊 *T. lucida* Cav. 孔雀草 *T. patula* L. 细叶万寿菊 *T. tenuifolia* Cav.	
40	向日葵△	菊科 Compositae	向日葵属 *Helianthus* L.	向日葵 *H. annuus* L.	狭叶向日葵 *H. angusetifolius* L. R. 瓜叶葵 *H. cucumerifolius* Torr. et Gray R. 宿根向日葵 *H. decapetalus* L. R. 柳叶向日葵 *H. salicifolius* A. Dietr. 另有 9 个种见附录 3（序号 325）
41	三色堇	堇菜科 Violaceae	堇菜属 *Viola* L.	三色堇 *V. tricolor* L. var. *hortensis* DC.	香堇 *V. odorata* L. R. 紫花地丁 *V. philippica* Cav. R. 早开堇菜 *V. prionantha* Bunge
42	百日草	菊科 Compositae	百日草属 *Zinnia* L.	百日草 *Z. elegans* Jacp. 小白日草 *Z. angustifolia* H. B. K. （*Z. haageana* Regel R.）	

（续）

序号	作物名称	科	属	栽培种	野生近缘种
43	蜀葵	锦葵科 Malvaceae	蜀葵属 *Althaea* L.	蜀葵 *A. rosea*（L.）Cavan.	裸花蜀葵 *A. nudiflora* Lindl. 药蜀葵 *A. officinalis* L.
44	花烛	天南星科 Araceae	花烛属 *Anthurium* Schott	花烛 *A. andraeanum* Linden 水晶花烛 *A. crystallinum* L. et Andre 火鹤花 *A. scherzerianum* Schott	
45	耧斗菜	毛茛科 Ranunculaceae	耧斗菜属 *Aquilegia* L.	耧斗菜 *A. vulgaris* L. 华北耧斗菜 *A. yabeana* Kitag.	暗紫耧斗菜 *A. atrovinosa* M. Pop. ex Gamajun 无距耧斗菜 *A. ecalcarata*（Maxim.）Sprague et Hutch. 红花耧斗菜 *A. formosa* Fisch. 秦岭耧斗菜 *A. incurvata* P. K. Hsiao 白山耧斗菜 *A. japonica* Nakai et Hara 白花耧斗菜 *A. lactiflora* Kar. et Kir 腺毛耧斗菜 *A. moorcroftian* Wall. 尖萼耧斗菜 *A. oxysepala* Trautv. et Mey. 小花耧斗菜 *A. parviflora* Ledeb. 绿花耧斗菜 *A. viridiflora* Pall.
46	荷兰菊	菊科 Compositae	紫菀属 *Aster* L.	荷兰菊 *A. novi-belgii* L.	高山紫菀 *A. alpinus* L. 雅美紫菀 *A. amellus* L. 圆苞紫菀 *A. niucckii* Regel. 缘毛紫菀 *A. souliei* Franch. 东俄洛紫菀 *A. tongolensis* Franch.
47	秋海棠	秋海棠科 Begoniaceae	秋海棠属 *Begonia* L.	四季秋海棠 *B. semperflorens* Link. et Otto. 铁十字秋海棠 *B. masoniana* Irmsch. 银星秋海棠 *B.* ×*argenteo-guttata* Lemoine 丽格秋海棠 *B.* ×*elatior* Hort. 球根秋海棠 *B. tuberhybrida* Voss.	绒叶秋海棠 *B. cathyana* Hemsl. 秋海棠 *B. evansiana* Andr.（*B. gandis* Dryand.） 蟆叶秋海棠 *B. rex* Putz 中华秋海棠 *B. sinensis* A. DC.

（续）

序号	作物名称	科	属	栽培种	野生近缘种
48	铁线莲	毛茛科 Ranunculaceae	铁线莲属 *Clematis* L.	铁线莲 *C. florida* Thunb.	大叶铁线莲 *C. heracleifolia* DC. 全缘叶铁线莲 *C. integrifolia* L. 毛叶铁线莲 *C. lanuginosa* Lindl. 长瓣铁线莲 *C. macroptala* Ledeb. 山铁线莲 *C. montana* Buch. -Ham. ex DC. 转子莲 *C. patens* Morr. et Decne. 甘青铁线莲 *C. tangutica*（Maxim.） Korsh 圆锥铁线莲 *C. terniflora* DC.
49	君子兰	石蒜科 Amaryllidaceae	君子兰属 *Clivia* Lindl.	君子兰 *C. miniata* Regel 垂笑君子兰 *C. nobilis* Lindl.	
50	大花飞燕草	毛茛科 Ranunculaceae	翠雀属 *Delphinium* L.	大花飞燕草 *D. grandiflorum* L.	唇花翠雀 *D. cheilanthum* Fisch. ex DC. 丽江翠雀 *D. likiangense* Franch. 康定翠雀 *D. tatsienense* Franch.
51	倒挂金钟	柳叶菜科 Onagraceae	倒挂金钟属 *Fuchsia* L.	倒挂金钟 *F. hybrida* Hort. ex Sieb. et Voss.	
52	大花龙胆	龙胆科 Gentianaceae	龙胆属 *Gentiana* L.	大花龙胆 *G. szechenyii* Kanitz.	五岭龙胆 *G. davidii* Franch. 华南龙胆 *G. loureiri*（G. Don） Griscb. 条叶龙胆 *G. manshurica* Kitag. 滇龙胆 *G. rigescens* Franch. ex Hemsl. 龙胆 *G. scabra* Bunge 华丽龙胆 *G. sino-ornata* Balf. f. 三花龙胆 *G. triflora* Pall.
53	黄花菜△	百合科 Liliaceae	萱草属 *Hemerocallis* L.	黄花菜 *H. citrina* Barini	大苞萱草 *H. middendorfii* Trautv. et C. A. Mey.

（续）

序号	作物名称	科	属	栽培种	野生近缘种
54	非洲菊	菊科 Compositae	大丁草属 *Gerbera* L. ex Cass.	非洲菊 *G. jamesonii* H. Bolus ex Hook. f.	
55	玉簪	百合科 Liliaceae	玉簪属 *Hosta* Tratt.	玉簪 *H. plantaginea*（Lam.） Aschers. 紫玉簪 *H. sieboldii*（Paxt.） J. Ingram [*H. albomarginata*（Hook.） Ohwi] 紫萼 *H. ventricosa* Stearn	东北玉簪 *H. ensata* F. Maekawa 波叶玉簪 *H. undulata*（Otto et A. Dietr.） L. H. Bailey
56	补血草	蓝雪科 Plumbaginaceae	补血草属 *Limonium* Mill.	深波叶补血草 *L. sinuatum*（L.） Mill. R. 二色补血草 *L. bicolor* O. Kuntze	黄花补血草 *L. aureum*（L.） Hill. 珊瑚补血草 *L. coralloides*（Tausch） Lincz. 曲枝补血草 *L. flexuosum*（L.） O. Kuntze 大叶补血草 *L. gmelinii*（Willd.） O. Kuntze 中华补血草 *L. sinense*（Girard） Kuntze
57	睡莲	睡莲科 Nymphaeaceae	睡莲属 *Nymphaea* L.	睡莲 *N. tetragona* Georgi 黄睡莲 *N. mexicana* Zucc.	白睡莲 *N. alba* L. 延药睡莲 *N. stellata* Willd.
58	天竺葵	牻牛儿苗科 Geraniaceae	天竺葵属 *Pelargonium* L'Hérit. ex Ait.	天竺葵 *P. hortorum* Bailey 大花天竺葵 *P. domesticum* Bailey 香叶天竺葵 *P. graveolens* L'Herit	菊叶天竺葵 *P. radula*（Cav.） L'Herit 马蹄纹天竺葵 *P. zonale* Ait.
59	福禄考	花荵科 Polemoniaceae	福禄考属 *Phlox* Linn.	宿根福禄考 *P. paniculata* L. 福禄考 *P. drummondii* Hook. 丛生福禄考 *P. subulata* Linn.	
60	鹤望兰	旅人蕉科 Strelitziaceae	鹤望兰属 *Strelitzia* Banks.	鹤望兰 *S. reginae* Aiton	
61	桔梗△	桔梗科 Campanulaceae	桔梗属 *Platycodon* A. DC.	桔梗 *P. grandiflorus* A. DC.	

（续）

序号	作物名称	科	属	栽培种	野生近缘种
62	银莲花	毛茛科 Ranunculaceae	银莲花属 *Anemone* L.	欧洲银莲花 *A. coronaria* L.	银莲花 *A. cathayensis* Kitag 展毛银莲花 *A. demissa* Hook. f. et Thoms. 菟丝状银莲花 *A. eranthoides* Rgl. 鹅掌草 *A. flaccida* Friedrich Schmidt 打破碗花花 *A. hupehensis* Lemoine 水仙银莲花 *A. narcissiflora* L. 草玉梅 *A. rivularis* Buch. -Ham. ex DC. 雪花银莲花 *A. silverstris* L. 大火草 *A. tomentosa*（Maxim.） Pei 匙叶银莲花 *A. trullifolia* Hook. f. et Thoms.
63	花叶芋	天南星科 Araceae	花叶芋属 *Caladium* Vent.	花叶芋 *C. bicolor*（Ait.） Vent.	
64	美人蕉	美人蕉科 Cannaceae	美人蕉属 *Canna* L.	大花美人蕉 *C. generalis* Bailey	蕉藕 *C. edulis* Ker-Gawl. 柔瓣美人蕉 *C. flaccida* Salisb. 粉美人蕉 *C. glauca* L. 兰花美人蕉 *C. orchiodes* Bailey 紫叶美人蕉 *C. warscewiczii* A. Dietr.
65	仙客来	报春花科 Primulaceae	仙客来属 *Cyclamen* L.	仙客来 *C. persicum* Mill.	
66	大丽花	菊科 Compositae	大丽花属 *Dahlia* Cav.	大丽花 *D. pinnata* Cav.	红大丽花 *D. coccinea* Cav.
67	唐菖蒲	鸢尾科 Iridaceae	唐菖蒲属 *Gladiolus* L.	唐菖蒲 *G. hybrids* Hort.	

（续）

序号	作物名称	科	属	栽培种	野生近缘种
68	朱顶红	石蒜科 Amaryllidaceae	朱顶红属 *Hippeastrum* Herb.	朱顶红 *H. vittatum*（L' Her.） Herb.（*A. vittata* L' Her.）	短筒朱顶红 *H. reginae*（L.）Herb.（*A. reginae* L.） 网纹朱顶红 *H. reticulatum*（L'Her.）Herb.（*A. reticulata* L'Her.）
69	风信子	百合科 Liliaceae	风信子属 *Hyacinthus* L.	风信子 *H. orientalis* L. 短叶风信子 *H. azureus* Baker 罗马风信子 *H. romanus* L.	
70	水仙	石蒜科 Amaryllidaceae	水仙属 *Narcissus* L.	中国水仙 *N. tazetta* var. *chinensis* Roem.	
71	花毛茛	毛茛科 Ranunculaceae	毛茛属 *Ranunculus* L.	花毛茛 *R. asiaticus* L.	长叶毛茛 *R. lingua* L. 匍枝毛茛 *R. repens* L. 红萼毛茛 *R. rubrocalyx* Regel ex Kom.
72	马蹄莲	天南星科 Araceae	马蹄莲属 *Zantedeschia* Spreng.	马蹄莲 *Z. aethiopica*（L.）Spreng.	
73	彩色马蹄莲	天南星科 Araceae	马蹄莲属 *Z. antedeschia* K. Spreng.	银星马蹄莲 *Z. albo-maculata*（Hook. f.）Baill. 黄花马蹄莲 *Z. elliottiana* Engl. 红花马蹄莲 *Z. rehmannii* Engl.	
74	铁线蕨	铁线蕨科 Adiantaceae	铁线蕨属 *Adiantum* L.	铁线蕨 *A. capillus-venetis* L.	鞭叶铁线蕨 *A. caudatum* L. 白背铁线蕨 *A. davidii* Franch. 扇叶铁线蕨 *A. flabellulatum* L. 掌叶铁线蕨 *A. pedatum* L. 秀丽铁线蕨 *A. raddianum* K. Presl.
75	铁角蕨	铁角蕨科 Aspleniaceae	铁角蕨属 *Asplenium* L.	铁角蕨 *A. trichomanes* L.	华南铁角蕨 *A. austrochinense* Ching 剑叶铁角蕨 *A. ensioforme* Wall. 胎生铁角蕨 *A. indicum* Sledge

（续）

序号	作物名称	科	属	栽培种	野生近缘种
75	铁角蕨	铁角蕨科 Aspleniaceae	铁角蕨属 *Asplenium* L.		倒挂铁角蕨 *A. normale* Don 北京铁角蕨 *A. pekinense* Hance 长叶铁角蕨 *A. prolongatum* Hook. 华中铁角蕨 *A. sarelii* Hook. 对开铁角蕨 *A. scolopendrium* L. 三翅铁角蕨 *A. tripteropus* Nakai 半边铁角蕨 *A. unilaterale* Lam. 狭翅铁角蕨 *A. wrightii* Eaton ex Hook.
76	巢蕨	铁角蕨科 Aspleniaceae	巢蕨属 *Neottopteris* J. Sm.	巢蕨 *N. nidus*（L.）J. Sm.	狭基巢蕨 *N. antrophyoides*（Christ）Ching 大鳞巢蕨 *N. antiguum* Makino
77	肾蕨	肾蕨科 Nephrolepidaceae	肾蕨属 *Nephrolepis* Schott.	肾蕨 *N. auriculata*（L.）Presl. 高大肾蕨 *N. exaltata*（L.）Schott.	长叶肾蕨 *N. biserrata*（Sw.）Schott. 蜈蚣草 *N. cordifolia*（L.）Presl.
78	鹿角蕨	鹿角蕨科 Platyceriaceae	鹿角蕨属 *Platycerium* Desv.	鹿角蕨（二叉鹿角蕨） *P. bifurcatum*（Cav.）C. Chr.	安哥拉鹿角蕨 *P. angolense* Welw. ex Bak. 大鹿角蕨 *P. grande* John Sm. ex K. Presl. 长叶鹿角蕨 *P. wallichii* Hook.
79	凤尾草	凤尾蕨科 Pteridaceae	凤尾蕨属 *Pteris* L.	凤尾草（井栏边草）*P. multifida* Poir.	狭眼凤尾蕨 *P. biaurita* L. 岩凤尾蕨 *P. deltodon* Bak. 剑叶凤尾蕨 *P. ensiformis* Burm. 溪边凤尾蕨 *P. excelsa* Gaud. 金钗凤尾蕨 *P. fauriei* Hieron. 半边旗 *P. semipinnata* L. 蜈蚣草（舒筋草）*P. vittata* L.

（续）

序号	作物名称	科	属	栽培种	野生近缘种
80	卷柏	卷柏科 Selaginellaceae	卷柏属 *Selaginella* Beauv.	卷柏 *S. tamariscina*（Beauv.）Spring 翠云草 *S. uncinata*（Desv.）Spring	薄叶卷柏 *S. delicatula*（Desv.）Alston 深绿卷柏 *S. doederleinii* Hieron 兖州卷柏 *S. involvens*（Sw.）Spring 细叶卷柏 *S. labordei* Hieron. 江南卷柏 *S. moellendorfii* Hieron 黑顶卷柏 *S. picta* A. Br. 垫状卷柏 *S. pulvinata*（Hook. et Grev.）Maxim. 粗茎卷柏 *S. superba* Alston
81	芦荟	百合科 Liliaceae	芦荟属 *Aloe* L.	芦荟 *A. vera* var. *chinensis*（Haw.）Berg. 库拉索芦荟 *A. vera* L.	树芦荟 *A. arborescens* Mill. 皂质芦荟（花叶芦荟）*A. saponaria* Haw. 斑叶芦荟（翠花掌）*A. variegate* L.
82	金琥	仙人掌科 Cactaceae	金琥属 *Echinocactus* Link & Otto.	金琥 *E. grusonii* Hildm.	太平球 *E. horizonthalonius* Lem. 大金琥 *E. ingens* Zucc. 绫波 *E. texebsus* Hopffer 鬼头球 *E. visnaga* Hook.
83	昙花	仙人掌科 Cactaceae	昙花属 *Epiphyllum* Haw.	昙花 *E. oxypetalum*（DC.）Haw.	
84	瑞云球	仙人掌科 Cactaceae	裸萼球属 *Gymnocalycium* Pfeiff.	瑞云球 *G. mihanovichii*（Friě et Gurke）Britt. et Rose	翠晃锦 *G. anistsii*（K. Schum.）Britt. et Rose 绯花玉 *G. baldianum*（Speg.）Speg. 罗星球 *G. bruchii*（Speg.）Backeb. et F. M. Knuth. 丽蛇球 *G. damsii* Britt. et Rose 蛇龙球 *G. denudatum* Pfeiff. 红蛇球 *G. mostii*（Gürke）Britt. et Rose 多花玉 *G. multiflorum*（Hook.）Britt. et Rose 长刺龙头 *G. quehlianum*（F. A. Haage）Vaup. ex Hosseus

（续）

序号	作物名称	科	属	栽培种	野生近缘种
85	长寿花	景天科 Crassulaceae	伽蓝菜属 *Kalanchoe* Adans.	长寿花 *K. blossfeldiana* V. Poelln. 落地生根 *K. pinnata*（Lam.）Pers.	
86	仙人掌	仙人掌科 Cactaceae	仙人掌属 *Opuntia* Mill.	仙人掌 *O. dillenii*（Ker-Gawl.）Haw.	
87	景天	景天科 Sedumaceae	景天属 *Sedum* L.	费菜 *S. aizoon* L. 佛甲草 *S. lineare* Thunb. 垂盆草 *S. sarmentosum* Bunge 八宝 *S. spectabile* Boreau.	
88	蟹爪 （蟹爪兰）	仙人掌科 Opuntiaceae	蟹爪属 *Zygocactus* K. Schum.	蟹爪（蟹爪兰） *Z. truncatus*（Haw.）K. Schum.	
89	卡特兰	兰科 Orchidaceae	卡特兰属 *Cattleya* Lindl.	卡特兰 *C. labiata* Lindl.	
90	杓兰	兰科 Orchidaceae	杓兰属 *Cypripedium* L.	杓兰 *C. caleolus* L.	白唇杓兰 *C. cordigerum* D. Don. 对叶杓兰 *C. debile* Rchb. f. 雅致杓兰 *C. elegans* Rchb. f. 毛瓣杓兰 *C. fargesii* Franch. 华西杓兰 *C. farreri* W. W. Smith 大叶杓兰 *C. fasciolatum* Franch. 黄花杓兰 *C. flavum* P. F. Hunt et Summerh. 玉龙杓兰 *C. forrestii* Cribb 毛杓兰 *C. franchetii* Wilson 紫点杓兰 *C. guttatum* Sw. 绿花杓兰 *C. henryi* Rolfe 高山杓兰 *C. himalaican* Rolfe 扇脉杓兰 *C. japonicum* Thunb.

（续）

序号	作物名称	科	属	栽培种	野生近缘种
90	杓兰	兰科 Orchidaceae	杓兰属 *Cypripedium* L.		丽江杓兰 *C. lichiangene* S. C. Chen 波密杓兰 *C. ludlowii* Cribb 大花杓兰 *C. macranthum* Sw. 斑叶杓兰 *C. margaritaceum* Franch. 小花杓兰 *C. micranthum* Franch. 巴郎山杓兰 *C. palangshanense* T. Tang et F. T. Wang 离萼杓兰 *C. plectrochilon* Franch. 宝岛杓兰 *C. segawai* Masamune 山西杓兰 *C. shanxiense* S. C. Chen 褐花杓兰 *C. smithii* Schltr. 暖地杓兰 *C. subtropicum* S. C. Chen et K. Y. Lang 西藏杓兰 *C. tibeticum* King ex Rolfe 宽口杓兰 *C. wardii* Rolfe 乌蒙杓兰 *C. wumengense* S. C. Chen 云南杓兰 *C. yunnanense* Franch.
91	石斛兰	兰科 Orchidaceae	石斛属 *Dendrobium* Swartz.	石斛 *D. nobile* Lindl.	钩状石斛 *D. aduncum* Wall ex Lindl. 兜唇石斛 *D. aphyllum*（Roxb.）C. E. Fischer 矮石斛 *D. bellatulum* Rolfe 长苏石斛 *D. brymerianum* Rchb. f. 翅萼石斛 *D. cariniferum* Rchb. f. 玫瑰石斛 *D. chrepidatum* Lindl. ex Paxt. 束花石斛 *D. chrysanthum* Lindl. 迭鞘石斛 *D. chryseum* Rolfe 鼓槌石斛 *D. chrysotoxum* Lindl. 晶帽石斛 *D. chrystallinum* Rchb. f. 密花石斛 *D. densiflorum* Lindl. 齿瓣石斛 *D. devonianum* Paxt.

（续）

序号	作物名称	科	属	栽培种	野生近缘种
91	石斛兰	兰科 Orchidaceae	石斛属 *Dendrobium* Swartz.		串珠石斛 *D. falconeri* Hook. 流苏石斛 *D. fimbriatum* Hook. 棒节石斛 *D. findlayanum* Par. et Rchb. f. 曲轴石斛 *D. gibsonii* Lindl. 杯鞘石斛 *D. gratiosissimum* Rchb. f. 海南石斛 *D. hainanense* Rolfe 细叶石斛 *D. hancockii* Rolfe 苏瓣石斛 *D. harveyanum* Rchb. f. 疏花石斛 *D. henryi* Schltr. 重唇石斛 *D. hercoglossum* Rchb. f. 尖刀唇石斛 *D. heterocarpum* Wall. ex Lindl. 金耳石斛 *D. hookerianum* Lindl. 高山石斛 *D. infundiulum* Lindl. 聚石斛 *D. lindleyi* Stended 喇叭唇石斛 *D. lituiflorum* Lindl. 美花石斛 *D. loddigesii* Rolfe 长距石斛 *D. longicornu* Lindl. 细茎石斛 *D. moniliforme*（L.）Sw. 杓唇石斛 *D. moschatum*（Ham. -Buch.）Sw. 紫瓣石斛 *D. parishii* Rchb. 肿节石斛 *D. pendulum* Roxb. 报春石斛 *D. primulinum* Lindl. 具槽石斛 *D. sulcatum* Lindl. 球花石斛 *D. thyrsiflorum* Rchb. f. 翅梗石斛 *D. trigonopus* Rchb. f. 大苞鞘石斛 *D. wardianum* Warner 广东石斛 *D. wilsonii* Rolfe

（续）

序号	作物名称	科	属	栽培种	野生近缘种
92	兜兰	兰科 Orchidaceae	兜兰属 *Paphiopedilum* Pfitz.	杏黄兜兰 *P. armeniacum* S. C. Chen et F. Y. Liu	卷萼兜兰 *P. appletonianum*（Gower）Rolfe 小叶兜兰 *P. barbigerurn* T. Tang et F. T. Wang 巨瓣兜兰 *P. bellatulum*（Rchb. f.）Stein 同色兜兰 *P. concolor*（Batem.）Pfitzer 长瓣兜兰 *P. dianthum* T. Tang et F. T. Wang 白花兜兰 *P. emersonic* Koopowitz et Cribb 亨利兜兰 *P. henryanum* Braem. 带叶兜兰 *P. hirsutissimum*（Lindl. ex Hook.）Stein 波瓣兜兰 *P. insigne*（Wall. ex Lindl.）Pfitz. 麻栗坡兜兰 *P. malipoense* S. C. Chen 虎斑兜兰 *P. markianum* Fowlie. 硬叶兜兰 *P. micranthum* T. Tang et F. T. Wang 飘带兜兰 *P. parishii*（Rchb. f.）Stein 紫纹兜兰 *P. purpuratum*（Lindl.）Stein 秀丽兜兰 *P. venustum*（Wall. ex Sims）Pfitz. 紫毛兜兰 *P. villosum*（Lindl.）Pfitz. 彩云兜兰 *P. wardii* Summerh.
93	蝴蝶兰	兰科 Orchidaceae	蝴蝶兰属 *Phalaenopsis* Blume.	蝴蝶兰 *P. amabilis*（L.）Blume	小兰屿蝴蝶兰（桃红蝴蝶兰）*P. equestris*（Schltr.）Rchb. f. 海南蝴蝶兰 *P. hainanensis* T. Tang et F. T. Wang 版纳蝴蝶兰 *P. mannii* Rchb. f. 滇西蝴蝶兰 *P. stobartiana* Rchb. f. 华西蝴蝶兰 *P. wilsonii* Rolfe
94	米兰	楝科 Meliaceae	米仔兰属 *Aglaia* Lour.	米兰 *A. odorata* Lour.	大叶米兰 *A. elliptifolia* Merr. 台湾米兰 *A. formosana*（Hayata）Hayata

（续）

序号	作物名称	科	属	栽培种	野生近缘种
95	羊蹄甲	豆科 Leguminosae	羊蹄甲属 *Bauhinia* L.	红花羊蹄甲 *B. blakeana* S. T. Dunn. 羊蹄甲（紫羊蹄甲）*B. purpurea* L. 洋紫荆（红花紫荆）*B. variegata* L.	白花羊蹄甲 *B. acuminata* L. 蟹钳叶羊蹄甲 *B. carcinophylla* Merr. 中越羊蹄甲 *B. clemensiorum* Merr. 耐看羊蹄甲 *B. lakhonensis* Gagnepain 黄花羊蹄甲 *B. tomentosa* L. 圆叶羊蹄甲 *B. wallichii* Macbride
96	叶子花	紫茉莉科 Nyctaginaceae	叶子花属 *Bougainvillea* Comm ex Juss.	叶子花 *B. spectabilis* Willd.	光叶子花 *B. glabra* Choisy
97	夏蜡梅	蜡梅科 Calycanthaceae	夏蜡梅属 *Calycanthus* L.	夏蜡梅 *C. chinensis* Cheng et S. Y. Chang	
98	紫荆	豆科 Leguminosae	紫荆属 *Cercis* L.	紫荆 *C. chinensis* Bunge	加拿大紫荆 *C. canadensis* L. 黄山紫荆 *C. chingii* Chun 岭南紫荆 *C. chuniana* Metc. 巨紫荆 *C. gigantean* Cheng et Keng f. 湖北紫荆 *C. glabra* Pampan. 少女紫荆 *C. pauciflora* Li 垂丝紫荆 *C. racemosa* Oliv. 云南紫荆 *C. yunnanensis* Hu et Cheng
99	贴梗海棠	蔷薇科 Rosaceae	木瓜属 *Chaenomeles* Lindl.	贴梗海棠 *C. speciosa*（Loisel.）Koidz.	日本贴梗海棠（倭海棠）*C. japonica*（Thunb.）Lindl. et Spach 西藏木瓜 *C. thibetica* Yu
100	瑞香	瑞香科 Thymelaeaceae	瑞香属 *Daphne* L.	瑞香 *D. odora* Thunb.	尖瓣瑞香 *D. acutiloba* Rehd. 橙黄瑞香 *D. aurantiaca* Diels 短瓣瑞香 *D. feddei* Levl.

（续）

序号	作物名称	科	属	栽培种	野生近缘种
100	瑞香	瑞香科 Thymelaeaceae	瑞香属 *Daphne* L.		黄瑞香 *D. giraldii* Nitsche 白瑞香 *D. papyracea* Wall. 紫花瑞香 *D. purpurascens* S. C. Huang 凹叶瑞香 *D. retusa* Hemsl.
101	珙桐	珙桐科 Davidiaceae	珙桐属 *Davidia* Baill.	珙桐（鸽子树）*D. involucrate* Baill.	
102	一品红	大戟科 Euphorbiaceae	大戟属 *Euphorbia* L.	一品红 *E. pulcherrima* Willd. ex Klotzsch	
103	虎刺梅	大戟科 Euphorbiaceae	大戟属 *Euphorbia* L.	铁海棠（虎刺梅）*E. milii* Ch. des Moulins	
104	连翘△	木樨科 Oleaceae	连翘属 *Forsythia* Vahl.	连翘 *F. suspensa*（Thunb.） Vahl. 金钟花 *F. viridissima* Lindl.	秦岭连翘 *F. giraldiana* Lingelsh. 东北连翘 *F. mandshurica* Uyeki 卵叶连翘 *F. ovata* Nakai 另有 1 个种见附录 3（序号 588）
105	栀子△	茜草科 Rubiaceae	栀子属 *Gardenia* Ellis.	栀子 *G. jasminoides* Ellis.	有 2 个种，参见附录 3（序号 529）
106	木槿	锦葵科 Malvaceae	木槿属 *Hibiscus* L.	木芙蓉 *H. mutabilis* L. 木槿 *H. syriacus* L.	大花秋葵 *H. moscheutos* L. 庐山芙蓉 *H. paramutabilis* L. H. Bailey 大花木槿 *H. sinosyriacus* Bailey 黄槿 *H. tiliaceus* L.
107	扶桑	锦葵科 Malvaceae	木槿属 *Hibiscus* L.	扶桑 *H. rosa-sinensis* L.	吊灯花 *H. schizopetalus* Hook. f.

（续）

序号	作物名称	科	属	栽培种	野生近缘种
108	八仙花	虎耳草科 Saxifragaceae	八仙花属 *Hydrangea* L.	八仙花 *H. macrophylla*（Thunb.）Seringe	伞形八仙花 *H. angustipetala* Hayata 蔓性八仙花 *H. anomala* D. Don 马桑八仙花 *H. aspera* D. Don 东陵八仙花 *H. bretschneideri* Dippel 圆锥八仙花 *H. paniculata* Sieb. 腊莲八仙花 *H. strigosa* Rehd.
109	茉莉	木樨科 Oleaceae	素馨属 *Jasminum* L.	茉莉 *J. sambac*（L.）Aiton	红素馨 *J. beesianum* Forrest et Diels 黄素馨 *J. giraldii* Diels 素馨花 *J. grandiflorum* L. 小黄馨 *J. humile* L. 云南素馨 *J. mesnyi* Hance 毛茉莉 *J. multiflorum*（Burm. f.）Andr. 多花素馨 *J. polyanthum* Franch.
110	迎春	木樨科 Oleaceae	素馨属 *Jasminum* L.	迎春花 *J. nudiflorum* Lindl.	探春 *J. floridum* Bunge 浓香探春 *J. odoratissimum* L. 素方花 *J. officinale* L.
111	绣线菊	蔷薇科 Rosaceae	绣线菊属 *Spiraea* L.	麻叶绣线菊 *S. cantoniensis* Lour. 粉红绣线菊 *S. japonica* L. f. 笑靥花 *S. prunifolia* Sieb. et Zucc. 绣线菊 *S. salicifolia* L.	耧斗菜叶绣线菊 *S. aquilegifolia* Pall. 藏南绣线菊 *S. bella* Sims 绣球绣线菊 *S. blumei* G. Don 草石蚕叶绣线菊 *S. chamaedryfolia* L. 中华绣线菊 *S. chinensis* Maxim. 粉叶绣线菊 *S. compsophylla* Hand. -Mazz. 毛花绣线菊 *S. dasyantha* Bge. 华北绣线菊 *S. fritschiana* Schneid. 翠蓝绣线菊 *S. henryi* Hemsl. 疏毛绣线菊 *S. hirsutea*（Hemsl.）Schneid.

（续）

序号	作物名称	科	属	栽培种	野生近缘种
111	绣线菊	蔷薇科 Rosaceae	绣线菊属 *Spiraea* L.		金丝桃叶绣线菊 S. *hypericifolia* L. 欧亚绣线菊 S. *media* Schmidt 蒙古绣线菊 S. *mongolica* Maxim. 新高山绣线菊 S. *morrisonicola* Hayata 平卧绣线菊 S. *prostrata* Maxim. 柔毛绣线菊 S. *pubescens* Turcz. 紫花绣线菊 S. *purpurea* Hand. -Mazz. 绢毛绣线菊 S. *sericea* Turcz. 珍珠绣线菊 S. *thunbergii* Sieb. ex Blume 毛果绣线菊 S. *trichocarpa* Nakai 三桠绣线菊 S. *trilobata* L. 鄂西绣线菊 S. *veitchii* Hemsl.
112	荚蒾	忍冬科 Caprifoliaceae	荚蒾属 *Viburnum* L.	荚蒾 V. *dilatatum* Thunb. 木本绣球 V. *macrocephalum* Fort. 天目琼花 V. *sargentii* var. *calvescens* Rehd.	珊瑚树 V. *awabuki* K. Koch 桦叶荚蒾 V. *betulifolium* Batal. 暖木条荚蒾 V. *burejaeticum* Regel et Herder 水红木 V. *cylindricum* Buch. -Ham. 香荚蒾 V. *farreri* Stearn（V. *fragrans* Bge.） 臭荚蒾 V. *foetidum* Wall. 蒙古荚蒾 V. *mongolicum*（Pall.）Rehd. 欧洲荚蒾 V. *opulus* L. 雪球荚蒾 V. *plicatum* Thunb. 皱叶荚蒾 V. *rhytidophyllum* Hemsl. 陕西荚蒾 V. *schensianum* Maxim. 常绿荚莲 V. *sempervirens* K. Koch
113	紫藤	豆科 Leguminosae	紫藤属 *Wisteria* Nutt.	紫藤 W. *sinensis* Sweet.	短梗紫藤 W. *brevidentata* Rehd. 多花紫藤 W. *floribunda*（Willd.）DC. 白花紫藤 W. *venusta* Rehd. et E. H. Wils. 藤萝 W. *villosa* Rehd. et Wils.

（续）

序号	作物名称	科	属	栽培种	野生近缘种
114	金盏菊	菊科 Compositae	金盏菊属 *Calendula* L.	金盏菊 *C. officinalis* L. 小金盏菊 *C. arvensis* L.	
115	紫茉莉	紫茉莉科 Nyctaginaceae	紫茉莉属 *Mirabilis* L.	紫茉莉 *M. jalapa* L.	
116	艳山姜	姜科 Zingiberaceae	山姜属 *Alpinia* Roxb.	艳山姜 *A. zerumbet*（Pers.）Burtt et Smith	华山姜 *A. chinensis*（Retz.）Rosc. 山姜 *A. japonica*（Thunb.）Miq. 高良姜 *A. offcinarum* Hance 宽唇山姜 *A. platychilus* K. Schum
117	彩叶草	唇形科 Labiatae	锦紫苏属 *Coleus* Lour.	彩叶草 *C. blumei* Benth.	
118	文竹	百合科 Liliaceae	天门冬属 *Asparagus* L.	文竹 *A. plumosus* Bak. 天门冬 *A. sprengeri* Regel	
119	晚香玉	石蒜科 Amaryllidaceae	晚香玉属 *Polianthes* L.	晚香玉 *P. tuberosa* L.	
120	铃兰	百合科 Liliaceae	铃兰属 *Convallaria* L.	铃兰 *C. majalis* L.	
121	荷包牡丹	罂粟科 Papaveraceae	荷包牡丹属 *Dicentra* Bernh.	荷包牡丹 *D. spectabilis*（L.）Hutchins.	大花荷包牡丹 *D. macrantha* Oliv.
122	贝母兰	兰科 Orchidaceae	贝母兰属 *Coelogyne* Lindl.	贝母兰 *C. cristata* Lindl.	流苏贝母兰 *C. fimbriata* Lindl. 栗鳞贝母兰 *C. flaccida* Lindl. 长鳞贝母兰 *C. ovalis* Lindl.
123	合欢	豆科 Leguminosae	合欢属 *Albizia* Durazz.	合欢 *A. julibrissin* Durazz.	山槐 *A. kallkora* Prain

（续）

序号	作物名称	科	属	栽培种	野生近缘种
124	金银花△	忍冬科 Caprifoliaceae	忍冬属 *Lonicera* L.	金银花 *L. japonica* Thunb.	巴东忍冬 *L. acuminata* Wall. 贯月忍冬 *L. sempervirens* L 盘叶忍冬 *L. tragophylla* Hemsl 另有 3 个种见附录 3（序号 776）
125	南天竹	小檗科 Berberidaceae	南天竹属 *Nandina* Thunb.	南天竹 *N. domestica* Thunb.	
126	金莲花△	毛茛科 Ranunculaceae	金莲花属 *Trollius* L.	金莲花 *T. chinensis* Bunge	阿尔泰金莲花 *T. altaicus* C. A. Mey. 川陕金莲花 *T. buddae* Schipcz. 准噶尔金莲花 *T. dschungaricus* Regel 长白山金莲花 *T. japonicus* Miq. 另有 2 个种见附录 3（序号 539）
127	猬实	忍冬科 Caprifoliaceae	猬实属 *Kolkwitzia* Graebn.	猬实 *K. amabilis* Graebn.	
128	千日红	苋科 Amaranthaceae	千日红属 *Gomphrena* L.	千日红 *G. globosa* L.	伏千日红 *G. decumbens* Jacq. 细叶千日红 *G. haageana* Klotzsch.
129	苏铁	苏铁科 Cycadaceae	苏铁属 *Cycas* L.	苏铁 *C. revolute* Thunb.	海南苏铁 *C. hainanensis* C. J. Chen 攀枝花苏铁 *C. panzhihuaensis* L. Zhou et S. Y. Yang 篦齿苏铁 *C. pectinata* Griff. 华南苏铁 *C. rumphii* Miq. 云南苏铁 *C. siamensis* Miq. 台湾苏铁 *C. taiwaniana* Carruth.

（续）

序号	作物名称	科	属	栽培种	野生近缘种
130	雏菊	菊科 Compositae	雏菊属 *Bellis* L.	雏菊 *B. perennis* L.	
131	桂竹香	十字花科 Cruciferae	桂竹香属 *heiranthus* L.	桂竹香 *C. cheiri* L.	
132	虞美人	罂粟科 Papaveraceae	罂粟属 *Papaver* L.	虞美人 *P. rhoeas* L.	
133	流苏树	木樨科 Oleaceae	流苏树属 *Chionanthus* L.	流苏树 *C. retusus* Lindl. et Paxt.	
134	大岩桐	苦苣苔科 Gesneriaceae	大岩桐属 *Sinningia* Nees.	大岩桐 *S. speciosa*（Lodd.）Hiern.	
135	二月蓝	十字花科 Cruciferae	诸葛菜属 *Orychophragmus* Bunge	二月蓝（诸葛菜）*O. violaceus*（L.）O. E. Schulz	
136	一叶兰	百合科 Liliaceae	蜘蛛抱蛋属 *Aspidistra* Ker-Gawl.	一叶兰（蜘蛛抱蛋）*A. elatior* Blume.	丛生蜘蛛抱蛋 *A. caespitosa* Pei 九龙盘 *A. lurida* Ker-Gawl. 卵叶蜘蛛抱蛋 *A. typica* Baill.

注：带△符号的为作物大类之间重复者。

（费砚良　葛　洪　刘青林　赵伶俐　郭　宁）

第二节 主要花卉作物的遗传多样性

遗传多样性是指种内变种、变型、品种的多样性。对花卉作物来说，首先要确定栽培种的界限。如梅花是否包括杏梅和美人梅，牡丹是否包括以紫斑牡丹为主要种源、牡丹参与杂交起源的西北牡丹品种群。这些问题在花卉领域基本上都有定论，前者分别包括在梅花和牡丹之内，作为遗传多样性对待。还有更为特殊的问题，那就是现代月季和百合等是指来源于很多种杂交获得的杂种复合体，只有"属名＋品种名"，如月季品种'和平' *Rosa* 'Peace',百合品种'雪后' *Lilium* 'Snow Queen'，没有种名，其遗传多样性的研究也是以整个杂种复合体为对象的。但是按照遗传多样性的严格定义和其他作物的习惯，这些应该作为"物种多样性"对待。这些杂种复合体很难以其中任何一个种（如月季花、麝香百合）来代表所谓的"月季"或"百合"。因此，本节花卉作物的遗传多样性仍是以观赏园艺的研究习惯为基础，参照本卷其他作物进行叙述，有些种类也包括了部分的"物种多样性"。

一、梅花

梅花（*Prunus mume* Sieb. et Zucc.）主要是指真梅系的梅花，也包括杏梅系（杏与梅的杂交种）和樱李梅系（紫叶李与梅花的杂交种）的杂交种。梅花特产中国，现有近400个品种，分属11个品种群，在形态特征、观赏性状和分子标记等方面均存在丰富的多样性。

（一）形态多样性

1. 树冠 梅花的自然树冠可分为广椭圆形、圆形、扁圆形、卵形、倒卵形、伞形（垂枝梅）和不规则形等多种类型。

2. 主干与枝条 梅花的主干一般从颜色、皱纹（深度、数量）、皮孔（数量、直径）等三个方面来描述。其中主干颜色有紫褐灰、灰褐、黄褐、紫褐、和复色；主干皱纹深度分为浅、中、深，皱纹数量分为少、中、多；主干皮孔数量分为少、中、多，皮孔孔径分为小、中、大。梅花的枝条依大小可分为大枝、小枝和枝刺。大枝姿态有直上、斜出、垂枝和曲枝；小枝直径分细、中、粗，小枝姿态分直上、斜出、横伸、下垂和曲枝，小枝颜色有纯绿、绿底紫褐晕、紫褐微显绿底、斑纹。枝刺（针枝）分无、少、中、多。

3. 叶 叶色有绿色或紫色，幼叶有淡绿、粉红及紫红等色，是区分品种的依据之一。

4. 花枝、花梗、花芽与花蕾 梅花的花枝依据长短可分为束花枝（<3 cm）、刺花枝（3～5 cm）、短花枝（5～10 cm）、中花枝（11～25 cm）和长花枝（>25 cm）。花梗比较短，不同品种之间有所差异，可分为短（<2 mm）、中（2～4 mm）、长（>4 mm）。

梅花的花芽比叶芽肥大，可单生或2、3、4、5并生，有的与叶芽并生。每节着花数有1～5朵，着花状况分为稀疏、较稀疏、较繁密、繁密、极繁密。梅花花蕾的形状与花瓣数有关，有卵形、阔卵形、球形、扁球形、倒卵形；花蕾颜色与外轮花瓣背面的颜色相关，有白、淡黄、黄、粉、粉红、红、紫红、紫、复色等多种颜色。花蕾中孔的无、少、中、多、全（全部有空）反映了花瓣的数量和相对长度。柱头的长短则与花蕾中柱头外露的无、少、中、多、全有关。

5. 花朵　梅花的花朵在花径、花态、花萼、花瓣、雄蕊、雌蕊、花香等各个方面表现了丰富的多样性。梅花的花径可分为小（<2.0 cm）、中（2.1～3.5 cm）、大（>3.5 cm）；梅花的花态（花型）可分为碟型、浅碗型、碗型。

梅花的萼片一般从数量、着生状态、颜色、膜萼、瓣萼、萼瓣等几个方面描述。其中萼数有 5、6、7、>7 枚之分，萼片着生状态分平展、略反曲、反曲、强烈反曲，萼色有绿（绿萼型）、绿底绛紫、酱紫（朱砂型）、褐红（杏梅类）之别，膜萼分无、有，瓣萼（萼彩化部分<1/2）分无、少（<2）、多（>2），萼瓣（萼彩化部分>1/2）分无、少（<2）、多（>2）。

梅花的花瓣在外瓣形状、花瓣数量、花瓣颜色、花瓣表面、瓣爪、雄蕊变瓣等方面表现了非常丰富的多样性。外瓣形状有长圆形、圆形、扁圆形、阔卵圆形、阔倒卵形、倒卵形、匙形、扇形；花瓣数量有单瓣（5～7 枚）、复瓣（8～14 枚）、重瓣（15～40 枚）、极重瓣（>41 枚）；花瓣颜色（背面）有白、乳黄、淡黄、淡粉、粉红、红、肉红、紫红、洒金；花瓣表面分平展、较皱或波皱；瓣爪分无、短或长；雄蕊变瓣（花丝 1/2 以上变瓣）分无、少或多。

雄蕊的多样性主要体现在相对长度短于花瓣、等于花瓣、长于花瓣或长短不一，着生状态有四射、辐射、抱心，花丝颜色有玉白、淡酒红、红色。包满珠等（1995）对花粉活力研究的结果表明，'银红台阁'、'寒红'、'小绿萼'等 13 个品种花粉完全败育。雌蕊数目为 0、1、2、3 或>3，花心正常、台阁状或台阁。

梅花的花香可分为不香、淡香、清香、甜香、浓香。

（二）观赏性状多样性

中国梅花品种已经正式发表的有 323 个（陈俊愉，1989、1996），近年新选育的品种有 20 个左右，共计 350 个左右。中国的果梅品种包括白梅类 13 个、青梅类 104 个、红梅类 80 个，另有引进品种 7 个，合计 204 个（褚孟嫄，1999）。梅花、果梅品种计 550 多个。近代日本梅花品种记载的有 318 个（《梅花集》，1963），目前已经确认的有 231 个（《最新园艺大辞典》，1976），其中最新记载的主要品种有 87 个（渡边达三，1993）。对此，无锡、北京先后引进过不少日本梅花品种，估计现存的有 100 个左右。

品种分类系统的研究反映了品种的遗传多样性。陈俊愉（1999）的中国梅花种系、类、型分类最新修正体系将梅花品种分为 3 种系 5 类 18 型；日本将梅花和果梅分为 3 系统 7（8）性。但根据《国际栽培植物命名法规》（2004 年，第 7 版），品种分类只能用品种群（Group，Gp.）一级。据此，陈俊愉等（2008）将梅花品种分为 11 个品种群。

1. 单瓣品种群（Single Flowered Gp.）　单瓣，如'小红长须'。

2. 宫粉品种群（Pink Double Gp.）　花重瓣，红色，如'浅桃宫粉'。

3. 玉蝶品种群（Alboplena Gp.）　花重瓣，白色，如'三轮玉蝶'。

4. 黄香品种群（Flavescens Gp.）　花淡黄色，单瓣至重瓣，如'曹王黄香'。

5. 绿萼品种群（Green Calyx Gp.）　萼绿色，单瓣至重瓣，如'金钱绿萼'。

6. 洒金品种群（Versicolor Gp.）　花二色，单瓣至重瓣，如'晚跳枝'。

7. 朱砂品种群（Cinnabar Purple Gp.） 花紫红，单瓣至重瓣，如‘白须朱砂’。
8. 垂枝梅品种群（Pendulous Mei Gp.） 垂枝，如‘锦红垂枝’。
9. 龙游梅品种群（Tortuous Dragon Gp.） 曲枝，如‘龙游’。
10. 杏梅品种群（Apricot Mei Gp.） 小枝古铜色，如‘丰后’。
11. 樱李梅品种群（Blireiana Gp.） 叶片紫红色，如‘美人梅’。

（刘青林）

二、牡丹

牡丹（*Paeonia suffruticosa* Andr.）主要包括中原牡丹、西北牡丹、江南牡丹和西南牡丹4个品种群，参与杂交的原种除了牡丹之外，还包括紫斑牡丹、矮牡丹、杨山牡丹和卵叶牡丹等原始种。牡丹特产中国，现已传遍日本、美国及欧洲等多个国家。中国牡丹现有800多个品种，在形态特征、花型花色、生态类型和分子标记等方面表现出了丰富的多样性。

（一）形态多样性

1. 根 栽培牡丹一般是通过分株、嫁接等方法反复繁殖、栽培的，其根系从来源上讲应为不定根组成，并在不同的品种群或品种中表现不同。如西北牡丹根系形态变化不大，肉质粗根较少，但长可达0.8～1.0 m以上，须根较多。中原牡丹根系形态变化较大，可分为直根型、披根型、中间型等3种类型（喻衡，1980）。

牡丹初生木质部脊的数目不等，有些种类为2条，有的为3条，分别为二原型或三原型，仅中原品种‘二乔’有四原型的趋势。牡丹有些品种初生木质部全由厚壁管状细胞组成，有些品种则薄壁细胞占相当大的比例，中间零星分布一些导管。

牡丹根次生木质部的纤维数量因种类不同而有差异，常集中在近中央部位，向外逐渐减少，而导管数量增加。木射线在横切面上由一至多列径向排列的薄壁细胞组成，其细胞形状、大小及细胞列数，不同种类间有一定差异。

2. 茎 牡丹茎木本，植株高1.0～3.5 m。合轴状分枝，栽培类群分枝明显增多。在中原牡丹中，品种间枝条形态与分枝习性有明显差异，大体有单枝型、丛枝型两种类型。

3. 叶 根据复叶长、宽及小叶形状可分为6类：大型圆叶、大型长叶、中型圆叶、中型长叶、小型圆叶、小型长叶等（王莲英，1997）。

叶片的海绵组织细胞形状不规则，排列疏松，细胞层数因品种而异，有时差异较大，与叶片厚度直接相关。叶肉组织中，栅栏组织与海绵组织的相对厚度也因品种而异，反映出与其生长环境有关。

4. 花 牡丹花梗（柄）或长或短，或粗或细，或直立或下垂，不同种类间有明显差异，并常常与生长（或栽培）环境有密切关系。花梗顶端的花托膨大形成杯状或盘状的花盘，革质或肉质。

萼片大小不等，栽培品种形状常发生变异，并伴有不同程度的彩化（外彩瓣）。花瓣具白、粉、红、紫、黑、蓝、黄、绿和复色共9个色系，在重瓣系列品种中更是色彩纷呈，变化万千。在一些栽培品种中，心皮常因退化或瓣化，形成的花瓣形态特殊，常称为内彩瓣。

牡丹花型可分为单瓣型、荷花型、菊花型、蔷薇型、托桂型、金环型、皇冠型、绣球型、千层台阁型和楼子台阁型 10 种类型。

5. 果实和种子　蓇葖果长圆形，密生黄褐色硬毛。牡丹种子为黑色或棕黑色的椭圆形或卵状球形。

（二）观赏性状多样性

周家琪先生早年对牡丹花形分类的研究（周家琪，1962），奠定了我国近代牡丹品种分类的基础。成仿云、陈德忠（1998）根据紫斑牡丹育种和生产实践，本着品种分类要为生产实践和科学研究服务的目的，尝试着提出了一个“色型兼备、科学实用”的品种分类方案，并对其进一步进行简化（成仿云，2005）。中国牡丹主要可分为以下 4 个品种群。

1. 中原牡丹品种群　花色丰富多彩，花型变化多姿，植株较矮，叶形多变，绝大多数品种花盘（俗称房衣）、花丝呈紫红色。分布极广，适应性强，既有耐寒耐旱的类型，也有耐湿耐热的种类。如‘姚黄’、‘魏紫’、‘冠世墨玉’、‘珊瑚台’。

2. 西北牡丹品种群　突出特点是植株高大，普遍在 1 m 以上，常常可以达 2 m 以上，能够培养为独干小乔木状；其次是着花繁茂，花头直立，花香浓郁，花瓣基部有变化万千的紫斑；其三是生长旺盛，抗逆性强，病虫害少。

3. 江南牡丹品种群　有很强的抗湿热性，是我国牡丹南移的重要种质资源。

4. 西南牡丹品种群　特点是植株高大，枝叶稀疏，重瓣性强，较耐湿热。

（三）生态类型多样性

牡丹原种为典型的温带植物，大多喜温耐寒，宜高燥惧湿热，喜光亦稍耐半阴，这些习性基本上为栽培牡丹所继承。以中国为中心的牡丹栽培品种是从分布于黄土高原—秦巴山地—川西北高原一带的牡丹族野生种起源的，但是随着栽培范围扩大，具有不同种源背景的品种群，由于长期适应不同气候条件的结果，生境及其适应性发生了一定的变化（李嘉珏等，1999）。

1. 温暖湿润生态型　包括中原品种群、西南牡丹品种群的云贵高原品种亚群。中心产区海拔 50～350 m，气候具暖温带特征，夏季高温多雨，雨热同季；冬季严寒晴燥。这一带年平均温度 13.0～14.5 ℃，绝对最低温度－21～－18 ℃，≥10 ℃的积温>4 000 ℃。年降水量 500～800 mm，属湿润至半湿润区。光照充足。土壤以黄土性土为主，土层深厚，适于深根性牡丹的生长。其中菏泽市土壤皆为黄河泛滥沉积而成的石灰性冲积土，pH 7.8～8.3，最适牡丹生长的土壤类型为壤质粉土、粉沙质壤土（两合土）等，后者土壤颗粒粗细均匀，质地疏松，保水保肥，耕性良好。洛阳土壤亦主要为黄土性冲积土或黄土母质上发育的土壤，pH 7.0～7.3，地下水位较低，亦适于牡丹生长。从现有栽培分布看，该品种群属温暖湿润生态型，在北京至呼和浩特一线以北，大部分品种越冬困难，在年降水量 1 000 mm 以上夏季湿热地区，大多数品种亦不能适应。云贵高原品种亚群主要分布在云南丽江、大理一带，海拔较高，但气候温暖湿润，生长期较长，与彭州一带有较大差别。当地牡丹对温暖多湿气候较为适应，属温暖湿润生态型。

2. 冷凉干燥生态型　指西北品种群。集中分布区海拔较高，一般从 1 100～2 500 m，最高可达 2 900 m。气候属中温带，冷凉干燥。分布区年均温度为 5～12 ℃，绝对最低温度－29.6 ℃（临洮）或更低，≥10 ℃积温为 1 584～3 825 ℃。年降水量 300～600 mm，分别属半干旱、半湿润地区。光照充足。土壤为黄土性冲积土或黄土母质上发育的灰钙土、黑垆土等，pH 为 8.0～8.9。该品种群对偏低的气温及大气干燥有较广的适应性，耐寒性、耐旱性均超过中原牡丹。有些品种能在海拔较高、积温偏低、无霜期短的地方生长开花，与这些地区光照充足，昼夜温差大，利于光合产物的积累有关。不过，品种及花色丰富的地区仍集中在海拔 1 400～2 200 m 之间。

3. 高温多湿生态型 包括江南品种群和西南牡丹品种群的彭州品种亚群。分布于长江中下游，这一带海拔较低（5～100 m），属北亚热带气候，夏季炎热湿润，冬季较为干燥寒冷，其年均温在 11.5～17.0 ℃，≥10 ℃积温 5 000 ℃左右。光照较为充足，年降水量 1 100～1 660 mm，大气相对湿度 80%左右，降水多而湿度大。据对安徽铜陵牡丹主产区不同类型土壤的测定，一种为鸡肝土，属重壤土，pH 为 7.85；一种为麻沙土，属沙壤土，pH 为 5.63。在鸡肝土上牡丹生长较慢，但寿命较长，抗病性也较强。该品种群根系较浅，对湿热气候环境较为适应，属高温多湿生态型。彭州品种亚群分布于四川盆地西北缘，海拔 500 m 左右。属中亚热带北缘，多雨湿润，冬季温暖，夏季高温，年均温约 16.0 ℃，绝对最低温度约－6.0 ℃，年降水量 1 200 mm，年均相对湿度 80%左右。与其他产区比较，日照（约 1 200 h）偏少。土壤为山地黄壤及潮土（平原一带）。该品种群根系亦较浅，对湿热气候有较强适应性，亦属高温多湿生态型。

（刘青林　刘　青）

三、菊花

菊花（*Chrysanthemum morifolium*）是中国起源的世界名花，在 1 600 多年的栽培史、应用史中形成了大量色彩丰富、姿态各异的栽培菊花品种。菊花品种大体可分为观赏菊和经济菊两大类，经济菊主要有杭白菊、杭黄菊、亳菊、滁菊、贡菊、梨香菊等品种，这类品种可作药用或提炼香精，有较高经济价值，但观赏品质相对较差。观赏菊花品种极其丰富，全世界约有 2 万～3 万个，我国有 3 000 多个。

（一）观赏性状多样性

中国菊花种质资源丰富，形态特征差异很大。

1. 植株习性及株高 地上茎直立或匍匐。矮型菊株高一般 20～50 cm，中型菊 50～100 cm，高型菊 100 cm 以上。最矮的仅有 15 cm 左右，最高可达 180 cm，最高与最矮的相差 10 倍多。

2. 叶 菊花植株中部成熟叶可分为正叶、深刻正叶、长叶、深刻长叶、圆叶、葵叶、蓬叶、反转叶及柄附叶等 9 类，不同品种类型的叶片一般具有一定的特征，是品种鉴别的主要依据之一。

3. 花 依据菊花花序直径的大小可分为大、中、小菊 3 类，最小花序直径仅 1 cm，大型菊花花序直径有的可达 18 cm 以上。根据舌状花花瓣的形状，可分为平瓣、匙瓣、管瓣、桂瓣、畸瓣 5 类，管状花变化相对较小。小菊系包括舌状花类平瓣型、蓟瓣型、匙瓣型、蜂窝型、管瓣型以及筒状花类小（托）桂型共6个花型；大中菊系包括舌状花类宽瓣型、荷花型、芍药型、反卷型、莲座型、卷散型、舞莲型、圆球型、圆盘型、翎管型、松针型、垂珠型、舞环型、龙爪型、毛刺型以及筒状花类大（托）桂型共16个花型。花色有黄色（浅黄、深黄、金黄、橙黄、棕黄、泥金、黄绿）、白色（乳白、粉白、银白、绿白、灰白）、绿色（豆绿、黄绿、草绿）、紫色（雪青、浅紫、红紫、墨紫、青紫）、红色（大红、朱红、墨红、橙红、棕红、肉红）、双色（花瓣正面与背面颜色）和间色（花序上有不同颜色的花瓣或花瓣上左右色不同）。

（二）生育特性差异明显

根据菊花开花季节及其对日照长短的反应，可将菊花分为以下4类。

1. 夏菊　花期6～9月，日照中性，10℃以上花芽分化，如‘精云’、‘优香’、‘岩白扇’等。

2. 秋菊　花期10～11月，花芽分化与花蕾发育皆需要短日照，15℃以上花芽分化。根据具体开花时间将秋菊又分为早、中、晚3类。早秋菊10月20日以前开花，中秋菊10月20日至11月10日开花，晚秋菊11月10日以后开花。秋菊品种最多，如‘白秀芳’、‘黄秀芳’、‘神马’等切花菊品种，以及许多盆栽和地被菊品种。

3. 寒菊（冬菊）　花期12月至翌年1月，花芽分化与花蕾发育亦需要短日照，10℃左右花芽分化，如‘十丈竹帘’、‘十丈金帘’等。

4. 四季菊　四季开花，花芽分化及花蕾发育日照反应均为中性，对温度要求不是十分严格，如‘五九菊’等。

（葛　红　王甜甜　赵　滢）

四、春兰

中国是最早人工栽培兰花的国家，经过2 000多年的栽培与应用，形成了独特的兰花品种和兰文化。中国的兰花种质资源丰富，兰属（*Cymbidium*）约有29个种，常见的栽培类群有春兰（*C. goeringii*）、蕙兰（*C. faberi*）、建兰（*C. ensifolium*）、墨兰（*C. sinense*）、寒兰（*C. kanran*）和大花蕙兰（*C. hybrids*），现以春兰为例，介绍遗传多样性。

（一）观赏性状多样性

1. 叶　带形叶片，4～6枚，薄革质。一般兰叶可分为立叶或直立叶、半直立或弧曲、弯垂3类姿态。叶片上具有的白、绿、红、紫或黄色的条纹、冠、斑点或图称之为叶艺。根据斑、点、线的大小及其在叶片上的位置将叶艺分成线艺、水晶艺和图斑艺3大类。线艺类型多，按白色、黄色条纹或条斑出现在叶的不同部位及排列情况又有“爪”“覆轮”“缟”“中斑”“绯斑”“切斑”“晃”“虎斑”“纱锦”等称谓。水晶艺又可分为“龙”“虎”“凤”3大类型。

2. 花　兰花的花序多是总状花序，春兰的花一般为1～2朵。兰花的花型独特，花瓣的颜色、质地、脉纹，唇瓣的形状、颜色、斑点和裂纹等变化多样。春兰按瓣型可分为梅瓣、荷瓣、水仙瓣和蝶瓣4类。春兰花色分浅黄绿色、绿白色或黄白色，有一种特殊的幽香。

(二) 生态型差异明显

1. 生活方式 兰花按生活方式可分为地生、附生和腐生。春兰属于地生兰，多生长于排水良好和较荫蔽的土壤中，根上或多或少都有丝状根毛，其花序直立，花朵开放于叶梢之上，花芽生长有明显的休眠期。

2. 生长发育 兰属兰花属于合轴生长类型，不同方式繁殖出的兰花适应环境的能力和生长发育速度不同。分株繁殖出的兰花生长发育速度快，一般当年或第二年可开花；而用组织培养出来的兰花，适应环境的能力弱，生长发育速度慢。

3. 花期 兰属兰花的花期，全年都有。春兰的群体花期 2～3 个月，不同春兰品种开花持续的时间长短也不同，如‘春剑’为 15 d，‘仙殿白墨’30 d。

（葛 红 王甜甜 赵 滢）

五、月季

现代月季（*Rosa* cvs.，简称月季）是由原产中国、西亚和欧洲的 15 种蔷薇属植物杂交而成的杂种复合体，种源复杂，品种丰富，全世界有 25 000 多个品种，中国栽培的约有 2 000 个品种，其中自育品种约 300 个。月季的遗传多样性主要体现在株型、花色、花型、花期等形态特征和观赏特性上，在染色体和分子水平也有丰富的遗传多样性。

(一) 形态多样性

1. 植株 现代月季是若干种蔷薇属植物经过多年的反复杂交而成，其植株形态及各部分器官形态也相应具有了多样性。

(1) 株型 分为矮丛、灌丛、藤本 3 类。所有月季都是灌木，没有主干，一般高 3～4 m，藤本月季为 3～5 m，在气候湿润的地区甚至更高。

(2) 皮刺 皮刺是识别月季种类的重要标志之一。刺的形态可以是一致的或是不同的，笔直的或多少有些弯曲，有钝钩状、尖针状、基部膨大或基部成三角状，甚至是翅状。越往茎干基部，刺越多，有时混有硬毛。

(3) 叶片及托叶 除小檗叶蔷薇单叶外，月季都为奇数羽状复叶。在多数月季种类中，叶片或薄或坚韧似皮革，或有光泽或暗淡，或浅绿或深绿。在栽培月季中，幼嫩叶片呈红色或青铜色。

大多数月季都有托叶，只有少数没有。托叶顶部是叶耳。托叶各式各样的轮廓线组成了托叶的各种类型。

2. 花

(1) 花序 杂种香水月季一般每个花枝着一朵花，丰花月季、小姐妹月季、攀缘月季、灌木月季等一个花序上可着花 50～100 朵。大多为伞房花序、复伞花序或总状花序。

(2) 花托 花托（或托杯）长在茎的上部，花朵从花托中长出。月季的花托分为两种：一种是在皮层下面有一层厚的髓，顶部产生盘状珠托，不分泌蜜露，只有一条很浅的为花柱而开的隧道，如‘Caninae’‘Gallicanae’系列品种。另一种髓层和盘状珠托发育较差，但中心开张程度大，例如 *R. pimpinellifolia*、‘Villosa’等。

(3) 花蕾　花蕾的形状由花瓣的数量决定，花瓣越短越多，花苞越短越紧密。一般认为细长漂亮的花苞受欢迎，分细长型、突出型、卵型、壶型、球型。

(4) 花萼　正常的月季有 5 枚花萼，从花萼的 2/5 处开始部分重叠。这 5 枚花萼又有不同的形态，其中两枚有须，两枚上部平整。最简单的花萼是披针形，全缘，基部加宽。

(5) 花型　月季的花型有平瓣型、杯状型、球型、高心型、壶型、莲座型、四心型、绒球型。

(6) 花瓣　栽培月季花瓣 5～10 枚称单瓣，11～20 枚为半重瓣，21～40 枚为重瓣，40 枚或以上为完全重瓣。重瓣花是从雄蕊发育来，也有从雌蕊发育的，而且经常能观察到从雄蕊或雌蕊发育成花瓣的过渡状态。花瓣的形状有圆形、倒卵形。花瓣的形状和数量是月季品种分类的特征依据。

(7) 花色　根据《Modern Roses 12》，现代月季的花色可分为红、粉、橙、黄、白、紫及复色。其中红色系包括暗红、大红；粉色系包括深粉红色、浅粉色、玫瑰色、橘粉色；橙色系包括橙色、橙红、杏黄；黄色系包括黄褐色、赤褐色、浅黄、暗黄、深黄；白色系包括白色、乳白色；紫色系包括淡紫色和紫红色；复色系指花瓣表里颜色不一致的品种。

(8) 雄蕊和雌蕊　月季雄蕊多数，20～100 枚，差异很大，在花瓣基部以圆盘形排列。雌蕊多数，或散形或与花柱联合成柱形，从花托突出延伸。

3. 果实和种子　月季果实为聚合瘦果，着生萼冠筒内。萼冠筒熟时呈红、黄、橙、紫等色，称蔷薇果（月季果实）。果型变化较大，有球型、近球型、纺锤型、瓶型或复合型。果实光秃或有刺毛或刺。

瘦果通常被称为种子，其实是坚果。果实的大小决定瘦果的大小和数量，坚果的颜色通常为稻草黄。

（二）观赏性状多样性

品种分类是观赏性状多样性的最佳体现。月季的园艺分类方法各国不尽相同，其中最具权威性的是英国皇家月季协会提出的，1976 年经世界月季联合会修改，于 1979 年确立的月季园艺分类法，按照时代、藤本与否、开花习性（一季开花与四季开花）、株型（灌丛、矮丛、蔓性、藤本）、花型（大花、簇花、微型）等标准分类。既反映了月季品种类型间的血统联系，又反映了月季品种类型间的形态差别，是一个较为完善的分类方法。此法被多数国家采用，1988 年中国花卉协会月季分会决定采用此法。目前习惯上划分为 4 大系统。

1. 杂种香水月季（hydrid tea，HT）　19 世纪中期，用香水月季和杂交长春月季杂交育成。特点是矮丛灌木，植株紧凑，大而挺拔，枝条粗壮而长，高 60～150 cm。花单生，花大，重瓣，花型优美，花色丰富，花蕾秀美，芳香浓郁，四季开花。演化发展到今天的杂种香水月季系统已经有 100 多年的历史，在最近 50 年中发展特别快，在现代月季中占统治地位。

2. 聚花月季（floribunda，Fl.）　又称丰花月季。由野蔷薇与小月季花（*R. chinensis* var. *minima*）等杂交，育成了小姊妹月季（polyantha rose）；小姊妹月季与杂种香水月季杂交，成为杂种小姊妹月季（hybrid polyantha rose）；杂种小姊妹月季再与杂种香水月季等杂交，育成了丰花月季。它继承了双亲的优点，既有杂种香水月季的花色丰富、花型优美和花形大的特点，又有小姊妹月季的耐寒性强、开花多、聚成花簇的优良特性。植株一般为扩张型，分枝力强，树型优美，中小花聚簇成团，四季开花，群体效果好，是现代月季中的后起之秀。其不足之处是许多品种不香或仅带微香。

3. 微型月季（miniature，Min.） 法国蔷薇、突厥蔷薇、百叶蔷薇等欧洲蔷薇都有微型自然变异。微型月季植株矮小，株高和伸展宽度 20 cm 左右，枝条细小；花小，直径 1～3 cm；叶、刺都比其他月季小得多；但色彩丰富，花形优美，多花、勤开，常成束状，多重瓣，并具有芳香和十分耐寒的特性。微型月季品种近年发展迅速。

4. 藤本月季（climbing，Cl.） 又名藤月季。一是杂种香水月季、聚花月季、微型月季发生藤本突变，产生与自己亲本其他性状大致相同的藤本月季；二是野蔷薇、光叶蔷薇等与杂种香水月季等杂交产生藤本月季。藤本月季枝条粗长，可达 4～6 m，有的近 10 m。花多朵聚生成束开放，抽新枝能力强，若诱导、修剪得当，则能繁花似锦。有一季开花的，也有两季或四季开花的。抗病性较强。

（刘青林　耿雪芹）

六、杜鹃花

杜鹃花（*Rhododendron simisii*）的种类和品种都非常丰富，该属全世界约有 1 140 种，中国产 560 多种。全世界约有品种 28 000 个，中国有栽培品种 400～500 个。英国皇家园艺学会在进行国际杜鹃花品种登录时，将 28 000 多个品种分为越橘杜鹃花（vireya rhododendron，680 个品种）、常绿杜鹃花（everygree azalea）、落叶杜鹃花（decidous azalea，12 989 个品种）、杂种高山杜鹃花（azaleodendron，108 个品种）、有鳞高山杜鹃花（lepidote rhododendron）、无鳞高山杜鹃花（elepidote rhododendron，14 298 个品种）等 6 个品种群。

我国原产杜鹃花虽在形态特征、观赏性状、生态类型等方面有丰富的物种多样性，且多体现在春鹃、夏鹃、东鹃、西鹃等杂交种上，但任何一个种下的遗传（品种）多样性相对贫乏。西鹃是由中国原产的杜鹃花（又名映山红）与日本的皋月杜鹃（*R. indicum*）和毛白杜鹃（*R. mucronatum*）等多种杜鹃、多次杂交而成的杂交种，最早于 1850 年在比利时育成，又称比利时杜鹃（*R. hybridum*）。西鹃于 1892 年引入日本，20 世纪初我国丹东、上海、青岛和无锡等地又从日本引入，60～70 年代又培育出许多新品种，目前已经成为我国重要的年宵盆花（王丽芸，1983）。西鹃多为重瓣，色艳、花大，是栽培类型中最美丽的一种，品种繁多，超过 2 000 个。现以映山红（*R. simisii*）及其作为主要杂交亲本的西鹃为例，介绍杜鹃花的遗传多样性。

（一）形态多样性

1. 株型 映山红在北方为落叶灌木，在云南为常绿灌木，为我国中南和西南地区典型的酸性土指示植物。西鹃的株型较矮，0.6～1 m，生长较缓慢，栽培数十年的冠径可达 1 m 左右，常绿性。

2. 叶　叶纸质，卵形、椭圆状卵形或倒卵形，春生叶较小，夏生叶较大，长 3～5 cm，宽 2～3 cm，先端锐尖，基部楔形，表面疏生糙毛，平伏叶面，背面糙毛较密。叶柄长 3～5 mm，密生糙毛。西鹃的叶片厚实，深绿色，集生枝顶，叶面毛少，叶片的大小、形状变化较大。

3. 枝条　西鹃当年生枝与花色有相关性，即开红色花的枝条为红色；白、淡粉及桃红色花的枝条为绿色。

4. 花　顶生，2～6 朵。花萼长 4 mm，深 5 裂，密生糙毛，边缘有纤毛。花冠宽漏斗型，长 4～5 cm，呈玫瑰红、鲜红、深红、紫红等色，5 裂，上面 3 裂片有深红色斑点，裂片宽卵形。花梗长 5～10 mm，密生糙毛。雄蕊常为 10 个，偶有 8 或 9 个，长与花冠相等，花丝中部以下有绒毛，花药紫色。雌蕊伸出花冠外，子房有糙毛，花柱光滑。西鹃花形为张开式喇叭形或浅漏斗形，有时为盘状、碟状等，花蕊瓣化为花瓣，花冠直径一般为 6～8 cm，偶有 10 cm 以上的；花色有白、红、玫瑰红、粉、紫、橙红等。

(二) 观赏性状多样性

1. 叶片大小　大叶杜鹃成叶长＞3 cm，如‘贵妃醉酒’；中叶杜鹃成叶长 2.5～3 cm，如‘白牡丹’；小叶杜鹃成叶长＜2.5 cm，如‘小紫凤’。

2. 花径　大花杜鹃花径＞7 cm，如‘富贵姬’；中花杜鹃花径 5～7 cm，如‘五宝’；小花杜鹃花径＜5 cm，如‘粉妆楼’。

3. 花色　红色系，如‘玉女’；粉色系，如‘粉玫瑰’；紫色系，如‘大紫凤’；黄色系，如‘光芒万丈’；白色系，如‘白牡丹’；复色系，如‘四海波’。

4. 花型

(1) 单瓣类　花瓣 1 轮，花萼、雌雄蕊正常。分单瓣型、裂瓣型。

(2) 套瓣类　花瓣 2 轮，外轮为花萼瓣化而成，雌雄蕊正常。分裙型和夹套型。

(3) 半重瓣类　花瓣 1～2 轮，雄蕊部分瓣化。只有半重瓣型。

(4) 重瓣类　花瓣 2 轮以上，雄蕊全部瓣化。分拖珠型、皇冠型、牡丹型和扭瓣型。

(三) 花期多样性

杜鹃花之所以能在圣诞节、元旦、春节开花，得益于我国原产的映山红的早花基因资源。事实上，比利时杜鹃回到云南洱源，又变成了四季开花。在长江以北地区，于 4 月中、下旬开花，在温室中栽培可提前至 12 月。在昆明每年可开花 3～4 次，通常一年四季均可开花。比利时杜鹃按花期分为 3 类：

1. 春鹃　花期 3～4 月，如‘紫凤朝阳’。

2. 春夏鹃　花期 4～5 月，如‘观音杯’。

3. 夏鹃　花期 5～6 月，如‘石榴红’。

（刘青林　刘　青）

七、山茶花

山茶属有 119 种（280 种，张宏达，1998），我国原产有 98 种（238 种），占世界总数的 82.3%（85.0%）。茶花包括山茶花（*Camellia japonica*）、滇山茶、茶梅和金花茶，品种在 22 000 个以上，国内栽培近 1 000 个。其中山茶花的栽培最为普遍，在株型、花色、花型等方面表现了比较丰富的遗传多样性。

（一）形态多样性

1. 株型 常绿灌木或小乔木，枝条黄褐色，小枝呈绿色或绿紫色至紫褐色。

2. 叶片 叶互生，多革质，椭圆形、长椭圆形、卵形至倒卵形，先端渐尖或急尖，基部楔形至近半圆形，边缘有锯齿，叶片下面为深绿色，多数有光泽，背面较淡，叶片光滑无毛。多具柄，有柔毛或无毛。

3. 花朵 单瓣，花瓣 1～2 轮，瓣数 5～7 枚，花型有喇叭型、玉兰型；复瓣，花瓣 3～5轮，瓣数 20～50 枚，花型有五星型、荷花型、松球型；重瓣，花瓣 50 枚以上，花型有托桂型、芍药型、牡丹型、蔷薇型等。花冠红色、黄色或白色。

4. 果实与种子 蒴果圆球形，2～3 室，每室有种子 1～2 粒。

（二）观赏性状多样性

国际茶花协会（International Camellia Society，ICS）按起源将茶花分为 8 类，其中山茶花类（japonicas forms）以山茶花为种源，起源于日本和中国。以原产中国的山茶花为例，观赏性状的主要变化是花型。根据花瓣的多寡、花型、雌雄蕊和萼片的发育情况等将其分为 3 类、12 型。

1. 单瓣类 花瓣 1～2 轮，5～7 枚，基部连生，多呈筒状，雌雄蕊发育正常，能结实。仅单瓣型 1 型。

2. 复瓣类 花瓣 3～5 轮，20～50 枚，有时雄蕊瓣化，偶能结实。有半曲瓣型、五星型、松球型和荷花型等 4 型。

3. 重瓣类 花瓣 50 枚以上，雄蕊大部分瓣化。有托桂型、菊花型、芙蓉型、皇冠型、绣球型、放射型和蔷薇型等 7 型。

（刘青林　刘　青）

八、荷花

荷花（*Nelumbo nucifera*）包括荷花原种及其亚种美洲黄莲（subsp. *lutea*），是原产中国的古老花卉，中国是世界荷花的分布和栽培中心。荷花按其用途可分为藕莲、子莲和花莲三类，在漫长的栽培、应用过程中形成了大量色彩丰富、形态各异的品种，其中花莲品种更是丰富，目前我国有 600 余个花莲品种。

（一）观赏性状多样性

中国荷花种质资源丰富，形态特征差异很大。

1. 体型与叶片 碗莲品种体型小，立叶高 4～29 cm，但高大型‘黑龙江红莲’立叶高 150～182 cm，最高与最矮相差约 45 倍。小体型花柄高 5～30 cm，高大型花柄高 170～210 cm，最高与最矮的相差 40 多倍；小体型叶径 8～24 cm，高大型叶径 45～65 cm，相差约 8 倍。

2. 花型　花型有少瓣、复瓣、重瓣、重台、千瓣等；花瓣数差别很大，从 15～17 瓣的‘古代莲’到‘千瓣莲’的 1 690～2 027 枚，甚至可达 4 000 枚，相差 100～200 倍。

3. 花蕾　花蕾有狭长桃形、长桃形、桃形和圆桃形，并有颜色差异。

4. 花色　有深红、玫瑰红、粉红、淡绿、纯白、白底红边，或中间泛白、瓣基黄色、顶部红色、红尖、洒红斑、红绿斑等。

5. 花径　花径因品种而有别，大、中型品种的花径 10～27 cm，个别者（如‘黑龙江红莲’）可达 30 cm，小型品种则为 6～14 cm。

（二）生态类型多样性

荷花是古老的植物，全球分布较广。中国是荷花的世界分布中心和栽培中心，品种资源极为丰富。目前已知荷花在我国的地理分布：南起海南岛（北纬 18°12′），北达黑龙江富绵（北纬 48°12′），东接台湾（东经 121°17′），西至新疆天山北麓（东经 85°18′）。垂直分布可达海拔2 000 m以上，黑龙江、云南、广东等省都发现有野生荷花或由野生种进化而来的性状优良的荷花。荷花在热带地区生态环境下，终年生长。近年来，通过对荷花种质资源的收集、观察发现当今荷花自然形成了温带型和热带型两个不同的荷花生态类型。

1. 温带型　有明显的年生长发育周期，最终地下茎膨大成藕而休眠，即使移种至热带地区种植，仍然地下茎膨大长藕。品种丰富，如‘西湖红莲’‘洪湖红莲’‘粉千叶’‘出水芙蓉’‘东湖白莲’‘玉碗’‘一丈青’‘白仙子’等。

2. 热带型　一年四季生长，开花不绝。地下茎不膨大成藕，即使引入亚热带的广东沿海或经实生选育，地下茎仍为鞭状。如‘至高无上’‘粉红凌霄’‘冬红花’‘红十八’‘雪里红花’‘傲霜’‘奖杯’‘晓雪’等。

（葛　红　王甜甜　赵　滢）

九、桂花

桂花（*Osmanthus fragrans*）是我国的传统名花，现有品种 160 多个。在形态特征、花期、花色等方面均表现出多样性。

（一）形态多样性

1. 树型　桂花为阳性常绿阔叶灌木或小乔木，枝叶常集中分布在树冠表层。树冠形态有球形、扁球形、卵圆形、卵形、圆柱形等，与树龄和品种有很大的关系。

2. 根　桂花属浅根性树种，无明显的主根，但侧根和须根均很发达。平地生长的桂花，根系分布较为匀称；但在坡地，其根系分布因坡位不同而有所差异。

3. 芽　通常为叠生芽，被有鳞片，多为绿色，有的呈暗紫红色，着生于枝梢和对生的叶腋之间。叠生芽分为枝芽、叶芽、花芽 3 种类型。其数目，常与品种有关，一般的栽培品种如金桂和银桂等，叠生芽较多，有 2～4 枚。此外，每节着生叠生芽的数目还与该节具叶与否有关。带叶的节上，叠生芽的芽数多，芽体大；反之，芽数少，芽体也较小。

4. 枝　桂花的大枝斜生，小枝粗壮或柔细披散平展。根据枝条的伸展形态可以分为直立型、开张型、半开张型、扭曲型等。桂花新抽出的枝条呈紫红色或褐红色，少数呈现黄绿色或绿色。

5. 叶 桂花为单叶对生，革质，厚薄不等。叶面具光泽或稍具光泽，叶表呈绿色或深绿色，叶背一般为淡绿色，新叶绛红色、深红色或乳黄色。桂花的叶形多样，有披针形、倒披针形、卵状披针形、长椭圆形、椭圆形及卵形、倒卵形等。叶先端渐尖、钝尖、急尖；叶全缘、具锯齿或上半部疏生锯齿。叶片大小因品种、树龄和生长环境而异，一般幼年树、秋梢或生长在土质较肥沃处的叶形较大，成年树、春梢或生长在土质较瘠薄处的叶形较小。桂花枝条着生叶片数随品种不同而有差异。秋桂类每根枝条着生叶片 3～4 对，多数 3 对；四季桂类每根枝条着生叶片 2～3 对，多数 2 对。

6. 花 花冠颜色因品种而异，有乳白、黄白、金黄、淡黄、乳黄和橙红诸色，随着开花物候期的进展，同一品种的花色会出现淡—浓—淡—枯焦的变化。花冠裂片形状有条形、卵形、椭圆形、圆形、倒卵形等。桂花花器官在长期的系统发育过程中，多数种群的雌蕊退化，因此出现了众多的假单性“雄株”和为数不多的雌蕊能完全发育的“雌株”。

7. 果实 桂花的结实性与品种有关。籽桂结果较多，且果形大小较均匀；月月桂结果不多，果形大小也不够均匀。广西桂林栽培的桂花能结实，而苏州、上海等地栽培的桂花品种，如金桂、银桂、丹桂品种群中大部分品种的花部器官发育不健全，雄蕊缩小、雌蕊柱头退化、花柱短小、子房萎缩，通常不能结实。只有籽桂和月月桂等品种，花部器官发育正常，能够结实。

（二）观赏性状多样性

品种分类是观赏性状多样性的直接体现。在《中国桂花品种图志》（2008）中向其柏等将 166 个桂花品种，按照开花季节、花序类型和花色的不同分为 4 个品种群。

1. 四季桂品种群（Asiaticus Group，18 个品种） 植株低矮，为丛生灌木状。叶片二型。花白色至橙黄，花期长，以春季和秋季为盛花期。

2. 银桂品种群（Albus Group，60 个品种） 植株较高大，多为中小乔木，有明显主干。叶片一型。花色较浅，呈银白、乳白、绿白、乳黄或黄白色，花期 8～11 月。

3. 金桂品种群（Luteus Group，49 个品种） 植株较高大，多为中小乔木，有明显的主干。叶片一型。花色为淡黄色、金黄色至深黄色，花期 8～11 月。

4. 丹桂品种群（Aurantiacus Group，39 个品种） 植株较高大，多为中小乔木，有明显的主干。叶片一型。花色深，呈浅橙黄色、橙黄色至橙红色或深橙红色，花期 8～11 月。

（刘青林　刘　青）

十、百合

百合（*Lilium* cvs.）是 20～30 个原始种杂交而成的杂种复合体，泛指百合属各种及其品种，现有品种 5 000～6 000 个，我国主栽品种 30 个左右，分属亚洲百合杂种系（品种群）、东方百合杂种系、麝香百合杂种系及其他杂种系。自育品种 10 多个。在形态特征、花色、花期等方面，百合表现了丰富的多样性。

（一）形态多样性

1. 鳞茎　多为球形、扁球形、卵形、长卵形、椭圆形、圆锥形等，土壤质地、栽培技术、鳞茎年龄等影响其形状。鳞茎的颜色随种类、品种而异，有白色、黄白色、黄色、橙红色、紫红色等。鳞茎的大小因种类、品种不同存在着很大的差异。鳞茎的大小与花蕾数目密切相关，鳞茎越大，花蕾数越多。鳞片为椭圆形、披针形至矩圆状披针形，有节或无节。

2. 叶　百合叶披针形、矩圆状披针形、矩圆状倒披针形、条形或椭圆形，先端渐尖，无柄或有短柄，全缘。叶大小因栽培条件、品种而异；叶片数目随品种、栽培条件、处理时间而异；叶黄绿色、绿色、浓绿，具光泽；质地柔软。

3. 子球和珠芽　绝大多数百合在茎根附近产生子球，其数目随品种、栽培条件而异。珠芽的形状为球形或卵球形，周径 0.5～1.5 cm。

4. 花　花形多样，主要有喇叭形、漏斗形、杯形、球形、椭圆形。花色极为丰富，有白色、粉色、粉红色、红色、黄色、橙红色、紫红色、紫色、杂色等；斑点或斑块的颜色有黑色、红褐色、红色、紫红色、黑褐色等；花粉的颜色有黄色、红色、红褐色、紫褐色等。

（二）观赏性状多样性

英国皇家园艺学会（RHS）和北美百合学会（NALS）提出了百合园艺学分类系统（horticultural classification）。依据杂交亲本、亲缘关系、花色和花姿等特征，将栽培品种划分为亚洲、欧洲、白花、麝香、喇叭形、东方以及其他杂种系和原种等 9 大系（The International Lily Register and Checklist 2007 First Supplement，2009）。其中我国主要栽培的有以下杂种系。

1. 亚洲百合杂种系（asiatic hybrids）　又称朝天百合，由分布在亚洲地区的百合种类及其种间杂交产生，主要的亲本有朝鲜百合（*L. amabile* Palibin）、鳞茎百合（*L. bulbiferum* var. *croceum* Pers.）、大花卷丹［*L. leichtlinii* Hook. f. var. *maximowiczii* (Regel) Baker］、山丹（*L. pumilum* DC.）、川百合（*L. davidii* Duchartre）等。

2. 麝香百合杂种系（longiflorum hybrids）　由麝香百合（*L. longiflorum* Thunb）、台湾百合（*L. formosanum* Wallace）等杂交产生。花为喇叭型，平伸，易被病毒感染。根据花期分为早花类、中花类和晚花类。

3. 东方百合杂种系（oriental hybrids）　由天香百合（*L. auratum* Lindley）、鹿子百合（*L. speciosum* Thunb.）、红花百合（*L. rubellum* Baker）、日本百合（*L. japonicum* Thunberg ex Houttuyn）等组成，包括它们与湖北百合间杂交选育而来的品种。根据花型将其分为 4 类：喇叭花型、碗花型、花朵平伸型、花朵反卷型。

4. 其他杂种系（other hybrids）　所有上述未提及的百合类型都包括在内，但品种很少。在 1996 年的“亚洲及太平洋地区国际研讨会”中指出，将不同品系间的杂交种归入这一类型，如 L/A（麝香百合杂种系与亚洲杂种系间的杂交种）、O/A、A/T、L/O、O/T。

（刘青林　刘　青）

十一、玉兰

玉兰（*Magnolia denudate*）属木兰科木兰属玉兰亚属，国外已知品种1 000多个，国内现有品种30多个。在形态特征、观赏性状上玉兰均表现出丰富的多样性。

（一）形态多样性

1. 树型 高大直立的类型有‘塔形’玉兰、‘红脉’二乔玉兰、‘玉灯’玉兰；灌木型有‘红霞’玉兰、‘紫霞’玉兰、‘红运’玉兰、‘红元宝’玉兰；矮化灌木有‘常春’二乔、‘丹馨’玉兰；矮化乔木有矮化‘玉灯’。

2. 叶形 同一种的不同个体或同一植株叶片的形状、大小在植物的不同生长时期、不同部位及不同生境条件下都存在差异。‘鸡公’玉兰的叶就存在着从圆形到三角形、从全缘到顶端凹裂的8种变异，‘玉灯’玉兰的叶也有凹叶类型，且性状较稳定。

3. 花蕾着生位置 野外采集的白玉兰标本中都有腋生花的出现；栽培中的腋花品种有‘丹馨’玉兰、矮化‘玉灯’（*M. denudata*‘Yudeng No. 1’）。

4. 花被片数 玉兰的花被片多为9（包括萼片状花被片）枚，花被片内外同形。由于“雄蕊瓣化”现象的广泛存在，形成许多多瓣变异类型，‘玉灯’玉兰的花被片有11～33瓣之多。

（二）观赏性状多样性

孙军等（2008）将37个玉兰品种（1个原品种、26个新品种、8个新改良组合品种和2个新组合品种）分为10个品种群（1个原品种群、9个新品种群）。

1. 玉兰品种群（Denudata Group） 单花花被片9枚，外面中、基部紫红色；子房无毛。有10个品种。

2. 鹤山玉兰品种群（Heshanensis Group） 叶芽被白色长柔毛，叶脉和叶背面被白色长柔毛。仅有1个品种。

3. 多被玉兰品种群（Duobeiyulan Group） 单花花被片12～18枚，白色，外面中、基部具不同程度的紫色、紫红色条纹或晕；子房无毛。有4个品种。

4. 白花多被玉兰品种群（Baihua Duobei Group） 单花花被片9～21枚，白色；子房无毛。仅有1个品种。

5. 塔形玉兰品种群（Pyramidalis Group） 树冠塔形，侧枝细、少，与主干呈25°～30°角着生；小枝细，直立向上生长。有2个品种。

6. 紫花玉兰品种群（Zihuayulan Group） 单花具花被片9枚，花淡紫色至浓紫色；子房无毛。有3个品种。

7. 白花玉兰品种群（Elongata Group） 单花具花被片9枚，白色。仅1个品种。

8. 毛玉兰品种群（Pubescens Group） 单花花被片外面中、基部紫红色或紫红色脉纹；子房被短柔毛。有9个品种。

9. 黄花玉兰品种群（Flava Group） 花浅黄色至黄色；子房被短柔毛。有4个品种。

10. 豫白玉兰品种群（Yubai Group） 花白色；子房鲜绿色，被短柔毛。有3个品种。

（刘青林 刘 青）

十二、香石竹

香石竹（*Dianthus caryophyllus*）是石竹科石竹属的多年生亚灌木花卉，杂交起源，国内常见栽培品种30多个。在形态特征、观赏性状和分子水平表现出丰富的多样性。

（一）形态多样性

1. 株型　按植株的高度分为，高秆与矮秆。茎为圆筒形或呈棱角形，基部木质化，茎节明显无毛。枝上被白色蜡粉，呈绿色或灰蓝绿色。

2. 叶　叶对生，质厚，呈龙骨状，正反两面有白粉，并有3～5条脉。叶形为线性，长20 cm左右，叶先端常向背面微弯或反卷。

3. 花朵　按着花方式和栽培形式可以分为常花香石竹（独头香石竹，standard carnation）和聚花香石竹（多花、小花香石竹，spray carnation）。香石竹的花瓣五枚至几十枚不等，连生，分为单瓣花和重瓣花；花瓣边缘具有不规则缺刻，将花瓣分为齿边、浅齿边、深齿边、细齿边、宽齿边、平边。

（二）观赏性状多样性

以品种分类为例，介绍观赏性状的多样性。

1. 用途　香石竹品种以用途可分为标准香石竹、聚花香石竹和盆花香石竹，或者分为花境香石竹（border carnation）、长春香石竹（perpetual-flowaring carnation）、香石竹（malmaison）、古典香石竹（old-fashined pinks）、现代香石竹（modern）和高山石竹（alphine）等。

2. 花径　分为大花型（8～10 cm）、中花型（5～8 cm）、小花型（3～5 cm）、微花型（<3 cm）。

3. 花色　香石竹花色丰富，可分为纯色（clove）、双色（flake）、异色（bizarre）和斑纹（picotee）。纯色香石竹花瓣无杂色，主要有白、桃红、玫瑰红、大红、深红至紫、乳黄至黄、橙等色；双色香石竹在一种底色上只有一种异色自瓣基向边缘散布；异色香石竹在一种底色上有2种以上不同的色彩，自瓣基直接向边缘散布斑点或斑痕；斑纹香石竹花瓣边缘有一圈异色，其余为纯色。

（刘青林　刘　青）

参考文献

陈俊愉，2001. 中国花卉品种分类学［M］. 北京：中国林业出版社.

费砚良，刘青林，葛红，2008. 中国作物及其野生近缘植物·花卉卷［M］. 北京：中国农业出版社.

高连明，张长芹，王中仁，2000. 九种杜鹃属植物的遗传分化研究［J］. 广西植物，20（4）：377-382.

郭志刚，张伟，2001. 菊花 [M]. 北京：中国林业出版社，清华大学出版社 .
韩远董，袁美芳，王俊记，2008. 部分桂花栽培品种的分析 [J]. 园艺学报，35 (1)：137 - 142.
洪德元，潘开玉，1999. 芍药属牡丹级的分类历史及其回顾 [J]. 植物分类学报，37 (4)：351 - 368.
李依环，潘远智，陈延启，2008. 荷花种质资源遗传多样性研究进展 [J]. 四川林业科技，29 (4)：66 - 70.
刘荷芬，2008. 玉兰属植物起源与地理分布 [J]. 河南科学，26 (8)：924 - 927.
刘永刚，刘青林，2004. 月季遗传资源的评价与利用 [J]. 植物遗传资源学报，5 (1)：87 - 901.
闵天禄，1999. 山茶属的系统大纲 [J]. 云南植物研究，21 (2)：149 - 159.
苏雪痕，李湛东，2000. 花卉名称：LY/T1576—2000 [M]. 北京：中国标准出版社 .
孙军，赵东欣，傅大立，2008. 玉兰种质资源与分类系统的研究 [J]. 安徽农业科学，36 (5)：1826 - 1829.
王丽芸，1983. 丹东杜鹃花的品种分类与栽培 [J]. 北京林学院学报 (1)：71 - 80.
王其超，张行言，2006. 热带型荷的发现与荷花品种分类系统 [J]. 中国园林，19 (6)：82 - 85.
徐树杰，刘青林，2008. 我国园林苗圃及苗木种类网上调查初报 [J]. 现代园林 (5)：58 - 63.
薛守纪，1999. 菊花 [M]. 北京：中国林业出版社 .
袁涛，王莲英，2002. 根据花粉形态探讨中国栽培牡丹的起源 [J]. 北京林业大学学报，24 (1)：5 - 13.
张廷华，刘青林，2006. 北京玉泉营花乡花卉市场调查初报 [M]//张启翔 . 中国观赏园艺进展 2006. 北京:中国林业出版社 .
张佐双，朱秀珍，2006. 中国月季 [M]. 北京：中国林业出版社 .
American Rose Society，2007. Modern Roses 12 [M]. Shreveport，Louisiana：The American Rose Society.
Brickell C，1996. RHS A - Z Encyclopedia of Garden Plants [M]. London：Dorling Kindersley.
Chen J，Chen R，2008. A revised classification system for cultivars of *Prunus mume* [J]. Acta Horticulturae，2008，799：67 - 68.
Staff of the L. H. Bailey Hortorium Cornell University，1976. Hortus Third [M]. New York：Macmillan.

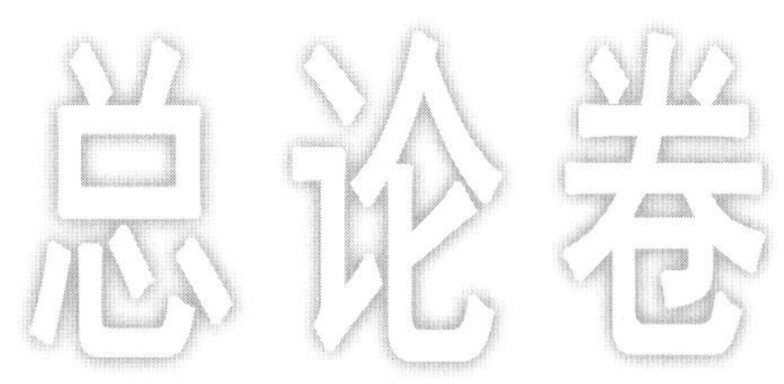

第二十四章

药用作物多样性

凡用于治疗和预防疾病的物质，一般统称为“药物”。就来源而言，药物可分为天然药物、化学药物和生物制品三大类。天然药物是指人类在自然界中发现并可直接供药用的植物、动物和矿物，以及基本不改变其药理化学属性的加工品。“中药”“草药”“民族药”除极少数为人工合成药外，绝大多数均属天然药物的范畴。

中药是广义的概念，包括传统中药、民间药（草药）和民族药。传统中药是指在全国范围内广泛使用，并作为商品在中药市场流通，载于中医药典籍，以传统中医药学理论阐述药理作用并指导临床应用，有独特的理论体系和使用形式，加工炮制比较规范的天然药物及其加工品。民间药是指草药医生或民间用以防治疾病的天然药物及其加工品，通常根据经验辨证施用，一般是自种、自采、自制、自用，少见或不见于典籍，而且应用地区局限，缺乏比较系统的医药理论及统一的加工炮制规范。民族药则指我国除汉族外，各少数民族在本民族区域内使用的天然药物，有独特的医药理论体系，以民族医药理论或民族用药经验为指导，多为自采、自用。

药用作物即为栽培的药用植物。本章主要阐述药用作物的多样性，以表格的形式表述药用作物的物种多样性，并从形态特征、化学成分和分子标记等多方面来叙述主要药用作物的遗传多样性。

第一节　药用作物物种多样性

早在远古时期，我们的祖先在采集食物的过程中，经过无数次的口尝身受，逐步认识到哪些植物可以食用，哪些植物可以治疗疾病，初步积累了一些植物药的知识，形成了原始的食物疗法和药物疗法。春秋时期，利用天然药物的种类有 100 多种，其中包括许多药用植物，如甘草、贝母、枸杞子、苍耳子、益母草等。战国时期，据《山海经》记载，药物已多达 124 种，其中药用植物 51 种。秦汉时期，国家统一，经济发达，为汇集整理先秦时期大量蕴积的药物开发利用经验创造了良好的条件。《神农本草经》全书记载药物 365 种，其中药用植物 252 种。明代是我国古代历史上中药资源开发利用的鼎盛时期，举世闻名的《本草纲目》收载药物 1 892 种，并记述了荆芥、麦冬等 180 多种药用植物的栽培方法。清代《植物名实图考》收载了 1 714 种药用植物。

中华人民共和国成立后，开展了三次中药资源普查。据第三次全国中药资源普查，我国有 12 807 种药用动物、植物、矿物，其中药用植物 11 146 种（包括 9 933 种及 1 213 种下单位）。藻类、菌类、地衣类属低等植物，药用资源有 92 科、179 属、463 种；苔藓类、蕨类、种子植物类高等植物，药用资源有 293 科、2 134 属、10 553 种，其中种子植物占 90%以上。现今我国已知有种子植物 237 科、2 988 属、25 743 种，其中药用种类有 223 科、1 984 属、10 153 种。在种子植物中药用的裸子植物有 10 科、27 属、126 种。80%的药用资源种属于针叶树种，其中最重要的是松科，另外还有柏科、三尖杉科、杉科、红豆杉科。裸子植物非针叶类型的科中药用资源发布比较多的科有：麻黄科、苏铁科、买麻藤科和银杏科等。

被子植物中药用种类有 213 科、1 957 属、10 027 种。其中双子叶植物 179 科、1 606 属、8 598 种，种类发布较多的科有：菊科、豆科、唇形科、毛茛科、蔷薇科、伞形科、玄参科、茜草科、大戟科、虎耳草科、罂粟科、杜鹃花科、蓼科、报春花科、小蘗科、荨麻科、苦苣苔科、樟科、五加科、萝摩科、桔梗科、龙胆科、石竹科、葡萄科、忍冬科、马鞭草科、芸香科等 27 个科，其药用物种属达到 100 种以上；单子叶植物有 34 科、351 属、1 429 种，种类较多的科有：百合科、兰科、禾本科、莎草科、天南星科、姜科等 6 个科。

由于历史文化、地理环境和社会发展水平等多种原因，各地区的中药资源开发利用程度和应用存在着很大的差异，形成了具有不同内涵、相对独立又相互联系的三个部分，即中药、民间药和民族药。全国用于饮片和中成药的药材有 1 000～1 200，其中植物药 800～900种，根据药用部位来分，根和根茎类药材 200～250 种，种子果实类药材 180～230 种，全草类药材 160～180 种，花类药材 60～70 种，叶类药材 50～60 种，皮类药材 30～40 种，藤木类药材 40～50 种，菌类药材 20 种左右。

我国现有商品药材 1 000 余种，仅占全部中药资源的 10%以上，其余 85%以上的物种都属于民间药和民族药。民族药发源于少数民族地区，具有鲜明的地域和民族传统，据初步统计，全国 55 个少数民族，近 80%的民族有自己的药物，民族药有 4 000 种左右。其中有独立的民族医药体系的约占 1/3，主要为藏药、蒙药、维药、傣药和壮药等。民间药也称草药，多在民间使用，是中药资源应用的初级阶段，也是商品药材产生的基础和源泉，据统计我国民间药约有 7 000 种。

药用作物即指栽培的药用植物，《中药材规范化种植（养殖）技术指南》中介绍的以规范化种植的药用作物有 127 种，其中根及根茎类 62 种，全草类 20 种，果实种子类 24 种，花类 8 种，茎皮类 6 种，其他类 7 种。另有野生抚养和引种驯化的 27 种。

本章共介绍药用作物 155 种（其中与其他作物大类之间重复的有 18 种），隶属 66 科、136 属，涉及栽培物种 210 个，野生近缘物种 329 个，这充分显示出我国药用作物的物种多样性，详细情况见表 24 - 1。

表 24 - 1　中国药用作物物种多样性

序号	作物名称	科	属	栽 培 种	野生近缘种
1	人参	五加科 Araliaceae	人参属 *Panax* L.	人参 *Panax ginseng* C. A Meyer	竹节参 *Panax japonicus* C. A. Mey
2	三七	五加科 Araliaceae	人参属 *Panax* L.	三七 *Panax notoginseng*（Burk）F. H. Chen	参三七 *Panax pesudo - ginseng* Wall. 屏边三七 *Panax stipuleanatus* Tsai et Feng ex C. Chow 姜状三七 *Panax zingiberensis* C. Y. Wu et Feng ex C. Chow
3	大黄	蓼科 Polygonaceae	大黄属 *Rheum* L.	掌叶大黄 *Rheum palmatum* L. 唐古特大黄 *Rheum tanguticum* Maxim. ex Balf. 药用大黄（大黄）*Rheum officinale* Baill.	西藏大黄 *Rheum tibeticum* Maxim. ex Hook. f. 天山大黄 *Rheum wittrocki* Lundstr.
4	薯蓣（山药）	薯蓣科 Dioscoreaceae	薯蓣属 *Dioscorea* L.	薯蓣（山药）*Dioscorea opposita* Thunb.	参薯 *Dioscorea alata* L. 山葛薯 *Dioscorea chingii* Prain et Burkill 山薯 *Dioscorea fordii* Prain et Burkill 黏山药 *Dioscorea hemsleyi* Prain et Burkill 日本薯蓣 *Dioscorea japonica* Thunb. 褐苞薯蓣 *Dioscorea persimilis* Prain et Burkill
5	川牛膝	苋科 Amaranthaceae	杯苋属 *Cyathula* Bl.	川牛膝 *Cyathula officinalis* Kuan	绒毛杯苋 *Cyathula tomentosa*（Roth）Moq.
6	川芎	伞形科 Umbelliferae	藁本属 *Ligusticum* L.	川芎 *Ligusticum chuanxiong* Hort.	尖叶藁本 *Ligusticum acuminatum* Franch. 短叶藁本 *Ligusticum brachy* Franch. 美脉藁本 *Ligusticum calophlebium* Franch. 羽苞藁本 *Ligusticum daucoides*（Franch.）Franch. 丽江藁本 *Ligusticum delavayi* Franch. 异色藁本 *Ligusticum discolor* Franch. 辽藁本 *Ligusticum jeholense*（Nakai et Kitag.）Nakai et Kitag.

（续）

序号	作物名称	科	属	栽 培 种	野生近缘种
6	川芎	伞形科 Umbelliferae	藁本属 *Ligusticum* L.		蕨叶藁本 *Ligusticum pteridophy* Franch. 藁本 *Ligusticum sinense* Oliv. 细叶藁本 *Ligusticum tenuissimum*（Nakai）Kitag.
7	粗叶榕 （五爪龙）	桑科 Moraceae	榕属 *Ficus* L.	粗叶榕 *Ficus simplicissima* Lour.	天仙果 *Ficus beecheyana* Hook. et Arn. 水同木 *Ficus religiosa* L. 地瓜 *Ficus tikoua* Bur. 笔管榕 *Ficus wightiana* Wall.
8	天门冬	百合科 Liliaceae	天门冬属 *Asparagus* L.	天门冬 *Asparagus cochinchinensis*（Lour.）Merr.	山文竹 *Asparagus acicularis* Wang et S. C. Chen 折枝天门冬 *Asparagus angulofractus* Iljin 攀援天门冬 *Asparagus brachyphyllus* Turcz. 兴安天门冬 *Asparagus dauricus* Fisch. ex Link 羊齿天门冬 *Asparagus filicinus* Buch. - Han. ex D. Don 戈壁天门冬 *Asparagus gobicus* Ivan. ex Grubov 甘肃天门冬 *Asparagus kansuensis* Wang et Tang 短梗天门冬 *Asparagus lycopodineus* Wall. ex Baker 密齿天门冬 *Asparagus meioclados* Levl. 多刺天门冬 *Asparagus myriacanthus* Wang et S. C. Chen 滇南天门冬 *Asparagus subscandens* Wang et S. C. Chen 西藏天门冬 *Asparagus tibeticus* Wang et S. C. Chen 曲枝天门冬 *Asparagus trichophyllus* Bunge
9	天麻	兰科 Orchidaceae	天麻属 *Gastrodia* R. Br.	天麻 *Gastrodia elata* Bl.	
10	木香 （风毛菊）	菊科 Compositae	木香属 *Aucklandia* Falc.	木香（风毛菊）*Aucklandia lappa* Decne.	

（续）

序号	作物名称	科	属	栽培种	野生近缘种
11	太子参	石竹科 Caryophyllaceae	孩儿参属 *Pseudostellaria* Pax	孩儿参 *Pseudostellaria heterophylla*（Miq.）Pax ex Rax et Hoffm.	蔓假繁缕 *Pseudostellaria davidii*（Franch.）Pax 矮小孩儿参 *Pseudostellaria maximowicziana*（Franch. et Sav.）Pax 细叶孩儿参 *Pseudostellaria sylvatica*（Maxim.）Pax ex Rax et Hoffm.
12	牛膝	苋科 *Amaranthaceae*	牛膝属 *Achyranthes* L.	牛膝 *Achyranthes bidentata* Bl.	柳叶牛膝 *Achyranthes longifolia*（Makino）Makino
13	丹参	唇形科 Labiatae	鼠尾草属 *Salvia* L.	丹参 *Salvia miltiorrhiza* Bge.	南丹参 *Salvia bowleyana* Dunn 白花丹参 *Salvia. miltiorrhuza* Bunge f. *alba* C. Y. Wu 栗色鼠尾草 *Salvia castanea* Diels 雪山鼠尾草 *Salvia evansiana* Hand. - Mszz. 荞麦地鼠尾草 *Salvia kiaometiensis* Lévl. 洱源鼠尾草 *Salvia lankongensis* C. Y. Wu 甘溪鼠尾草 *Salvia przewalskii* Maxim. 皖鄂丹参 *Salvia paramiltiorrhiza* H. W. Li et X. L. Huang 浙皖丹参 *Salvia sinica* Migo
14	巴戟天	茜草科 Rubiaceae	巴戟天属 *Morinda* L.	巴戟天 *Morinda officinalis* How.	百眼藤 *Morinda parvifolia* Benth. ex DC. 羊角藤 *Morinda umbellata* L.
15	玉竹	百合科 Liliaceae	黄精属 *Polygonatum* Mill.	玉竹 *Polygonatum odoratum*（Mill.）Druce 毛筒玉竹 *Polygonatum inflatum* Kom. 小玉竹 *Polygonatum humile* Fisch. ex. Maxim 热河黄精 *Polygonatum macropodium* Turcz. 新疆黄精 *Polygonatum roseum*（Ledeb.）Kunth 康定玉竹 *Polygonatum pratii* Baker	

（续）

序号	作物名称	科	属	栽 培 种	野生近缘种
16	甘草	豆科 Leguminosae	甘草属 *Glycyrrhiza* L.	甘草 *Glycyrrhiza uralensis* Fisch. 光果甘草 *Glycyrrhiza glabra* L. 涨果甘草 *Glycyrrhiza inflata* Bat.	刺果甘草 *Glycyrrhiza pallidiflora* Maxim. 黄甘草 *Glycyrrhiza korshiskyi* G. Hrig. 粗毛甘草 *Glycyrrhiza aspera* Pall.
17	龙胆	龙胆科 Gentianaceae	龙胆属 *Gentiana* L.	龙胆（粗糙龙胆）*Gentiana scabra* Bunge	东北龙胆 *Gentiana manshurica* Kitag. 三花龙胆 *Gentiana triflora* Pall. 坚（川）龙胆 *Gentiana rigescens* Franch.
18	平贝母	百合科 Liliaceae	贝母属 *Fritillaria* L.	平贝母 *Fritillaria ussuriensis* Maxim.	砂贝母 *Fritillaria karelinii*（Fisch.）Barker
19	珊瑚菜 （北沙参）	伞形科 Umbelliferae	珊瑚菜属 *Glehnia* Fr. Schmidt	珊瑚菜 *Glehnia littoralis* Fr. Schmidt ex Miq.	
20	白及	兰科 Orchidaceae	白及属 *Bletilla* Rchb. f.	白及 *Bletilla striata*（Thunb.）Reichb. f.	小白及 *Bletilla formosana*（Hayata）Schlecht. 黄花白及 *Bletilla ochracea* Schlecht. 中华白及 *Bletilla sinensis*（Rolfe）Schlecht.
21	白术	菊科 Compositae （Asteraceae）	苍术属 *Atractylodes* DC.	白术 *Atractylodes macrocephala* Koidz.	
22	芍药△ （白芍）	芍药科 Paeoniaceae	芍药属 *Paeonia* L.	芍药 *Paeonia lactiflora* Pall.	有 6 个种，参见附录 3（序号 548）
23	白芷	伞形科 Umbelliferae	当归属 *Angelica* L.	兴安白芷 *Angelica dahurica*（Fisch. ex Hoffm.）Benth. et Hook. f.	紫花前胡 *Angelica decursiva*（Miq.）Franch. et Sav. 福参 *Angelica morii* Hayata 拐芹 *Angelica polymorpha* Maxim. 紫茎独活 *Angelica porphyrocaulis* Nakai et Kitag
24	独角莲 （白附子）	天南星科 Araceae	犁头尖属 *Typhonium* Schott	独角莲 *Typhonium giganteum* Engl.	犁头尖 *Typhonium divaricatum*（L.）Decne. 金慈姑 *Typhonium trilobatum*（L.）Schott

（续）

序号	作物名称	科	属	栽培种	野生近缘种
25	玄参	玄参科 Scrophulariaceae	玄参属 *Scrophularia* L.	玄参 *Scrophularia ningpoensis* Hemsl.	大果玄参 *Scrophularia macrocarpa* Tsoong 长梗玄参 *Scrophularia fargesii* Franch. 丹东玄参 *Scrophularia kakudensis* Franch.
26	半夏	天南星科 Araceae	半夏属 *Pinellia* Tenore	半夏 *Pinellia ternata*（Thunb.）Breit.	滴水珠 *Pinellia cordata* N. E. Br. 石蜘蛛 *Pinellia integrifolia* N. E. Br. 虎掌 *Pinellia pedatisecta* Schoot
27	地黄	玄参科 Scrophulariaceae	地黄属 *Rehmannia*	地黄 *Rehmannia glutinosa* Libosch.	天目地黄 *Rehmannia chingii* Li 湖北地黄 *Rehmannia henryi* N. E. Brown 裂叶地黄 *Rehmannia piasezkii* Maxim.
28	西洋参	五加科 Araliaceae	人参属 *Panax*	西洋参 *Panax quinquefolium* L.	
29	百合△	百合科 Liliaceae	百合属 *Lilium* L.	卷丹 *Lilium lancifoliun* Thunb. 百合 *Lilium brownie* F. E. Brown var. *viridulun* Baker 细叶百合 *Lilium pumilum* DC.	有 15 个种，参见附录 3（序号 267～270）
30	当归	伞形科 Umbelliferae	当归属 *Angelica* L.	当归 *Angelica sinensis*（Oliv.）Diels	
31	延胡索	罂粟科 Papaveraceae	紫堇属 *Corydalis* Vent.	延胡索 *Corydalis yanhusuo* W. T. Wang	地丁草 *Corydalis bungeana* Turcz. 夏天无 *Corydalis decumbens*（Thunb.）Pers. 紫堇 *Corydalis edulis* Maxim. 黄堇 *Corydalis pallida*（Thunb.）Pers. 对叶元胡 *Corydalis ledebouriana* Kar et Kir. 断肠草 *Corydalis pterygopetala* Hand. - Mazz. 石生黄连 *Corydalis saxicola* Bunting

（续）

序号	作物名称	科	属	栽 培 种	野生近缘种
31	延胡索	罂粟科 Papaveraceae	紫堇属 *Corydalis* Vent.		岩黄连 *Corydalis thalictrifolia* Franch. 岩莲 *Corydalis wumungensis* C. Y. Wu
32	伊贝母	百合科 Liliaceae	贝母属 *Fritillaria* L.	新疆贝母 *Fritillaria walujewii* Regel 伊犁贝母 *Fritillaria pallidiflora* Schrenk	
33	防己	防己科 Menispermaceae	千金藤属 *Stephania* Lour.	粉防己（石蟾蜍）*Stephania tetrandra* S. Moore	白线薯 *Stephania brachyandra* Diels 金线吊乌龟 *Stephania cepharantha* Hayata ex Yamam. 一文钱 *Stephania delavayi* Diels 血散薯 *Stephania dielsiana* C. Y. Wu 地不容 *Stephania epigaea* H. S. Lo 千金藤 *Stephania japonica*（Thunb.）Miers 汝兰 *Stephania sinica* Diel.
34	防风	伞形科 Umbelliferae	防风属 *Saposhnikovia* Schischk.	防风 *Saposhnikovia divaricata*（Turz.）Schischk.	
35	麦冬	百合科 Liliaceae	沿阶草属 *Ophiopogon* Ker - Gawl.	麦冬 *Ophiopogon japonicus*（Thunb.）Ker - Gawl. 沿阶草 *Ophiopogon boodinieri* Lévl.	连药沿阶草 *Ophiopogon bockianus* Diels
36	远志	远志科 Polygalaceae	远志属 *Polygala* L.	远志 *Polygala tenuifolia* Willd.	和合草 *Polygala subopposita* S. K. Chen 小扁豆 *Polygala tatarinowii* Regel 瓜子金 *Polygala japonica* Houtt. 荷包山桂花 *Polygala arillata* Buch. - Ham.
37	苍术	菊科 Compositae（Asteraceae）	苍术属 *Atractylodes* DC.	茅苍术（苍术）*Atractylodes lancea*（Thunb.）DC. 北苍术 *Atractylodes chinensis*（DC.）Koidz.	

（续）

序号	作物名称	科	属	栽培种	野生近缘种
38	何首乌	蓼科 Polygonaceae	蓼属 *Polygonum* L.	何首乌 *Polygonum multiflorum* Thunb.	两栖蓼 *Polygonum amphibium* L. 萹蓄 *Polygonum aviculare* L. 火炭母 *Polygonum chinense* L. 虎杖 *Polygonum cuspidatum* Sieb. et Zucc. 酸模叶蓼 *Polygonum lapathifolium* L. 红蓼 *Polygonum orientale* L. 杠板归 *Polygonum perfoliatum* L. 九牯牛 *Polygonum rude* Meissn. 赤胫散 *Polygonum runcinatum* Buch. - Ham.
39	乌头 （附子）	毛茛科 Ranunculaceae	乌头属 *Aconitum* L.	乌头 *Aconitum carmichaeli* Debx.	细叶黄乌头 *Aconitum barbatum* Pers. 敦化乌头 *Aconitum dunhuaense* S. H. Li 伏毛铁棒锤 *Aconitum flavum* Hand. - Mazz. 黄草乌 *Aconitum vilmorinianum* Kom.
40	菘蓝 （板蓝根）	十字花科 Cruciferae （Brassicaceae）	菘蓝属 *Isatis* L.	菘蓝 *Isatis indigotica* Fort.	长圆果菘蓝 *Isatis oblongata* DC.
41	刺五加	五加科 Araliaceae	五加属 *Acanthopanax* Miq.	刺五加 *Acanthopanax senticosus*（Rupr. et Maxim.）Harms	五加 *Acanthopanax gracilistylus* W. W. Smith 刚毛白簕 *Acanthopanax setosus*（Li）Shang 白簕 *Acanthopanax trifoliatus*（L.）Merr.
42	郁金	姜科 Zingiberaceae	姜黄属 *Curcuma* Linn.	广西莪术 *Curcuma kwangsisnsis* S. G. Lee et C. F. Liang 温郁金 *Curcuma wenyujin* Y. H. Chen et C. Ling 姜黄 *Curcuma longa* L. 蓬莪术 *Curcuma phaeocaulis* Val.	莪术 *Curcuma aeruginosa* Roxb. 狭叶姜黄 *Curcuma angustifolia* Roxb.

（续）

序号	作物名称	科	属	栽培种	野生近缘种
43	明党参	伞形科 Umbelliferae	明党参属 *Changium* Wolff	明党参 *Changium smyrnioides* Wolff	
44	金荞麦	蓼科 Polygonaceae	荞麦属 *Fagopyrum* Mill.	金荞麦 *Fagopyrum dibotrys*（D. Don）Hara	细梗荞麦 *Fagopyrum gracilipes*（Hemsl.）Dammer.
45	泽泻	泽泻科 Alismataceae	泽泻属 *Alisma* L.	泽泻 *Alisma orientalis*（Sam.）Juzep.	
46	重齿毛当归（独活）	伞形科 Umbelliferae	当归属 *Angelica* L.	重齿毛当归 *Angelica pubescens* Maxim. f. *biserrata* Shan et Yuan	杭白芷 *Angelica dahurica*（Fisch. ex Hoffm.）Bebth. et Hook. f. var. *formosana*（Boiss）Shan et Yuan
47	前胡	伞形科 Umbelliferae	前胡属 *Peucedanum* L.	白花前胡 *Peucedanum praeruptorum* Dunn	刺尖前胡 *Peucedanum elegans* Kom. 石防风 *Peucedanum terebinthaceum*（Fisch.）Fisch. ex Trevir. 长前胡 *Peucedanum turgeniifolium* Wolff
48	秦艽	龙胆科 Gentianaceae	龙胆属 *Gentiana* L.	秦艽（大叶秦艽）*Gentiana macrophylla* Pall. 麻花秦艽 *Gentiana straminea* Maxim. 小秦艽（兴安秦艽）*Gentiana dahurica* Fisch. 粗茎秦艽 *Gentiana crassicaulis* Duthie ex Burk.	高山龙胆 *Gentiana algida* Pall. 刺芒龙胆 *Gentiana aristata* Maxim. 贵州龙胆 *Gentiana esquirolii* Levl 菊花参 *Gentiana sarcorrhiza* Ling et Ma ex T. N. Ho 矮龙胆 *Gentiana wardii* W. W. Smith
49	宽叶缬草	败酱科 Valerianaceae	缬草属 *Valeriana* L.	宽叶缬草 *Valeriana officinalis* Linn. var. *latifolia* Miq.	蜘蛛香 *Valeriana jatamansi* Jones 新疆缬草 *Valeriana fedtschenkoi* Coincy
50	桔梗	桔梗科 Campanulaceae	桔梗属 *Platycodon* A. DC.	桔梗 *Platycodon grandiflorum*（Jacq.）A. DC.	
51	柴胡	伞形科 Umbelliferae	柴胡属 *Bupleurum* L.	柴胡 *Bupleurum chinense* DC. 狭叶柴胡（红柴胡）*Bupleurum scorzonerifolium* Willd.	柴首 *Bupleurum chaishoui* Shan et Sheh 北柴胡 *Bupleurum chinense* DC. 密花柴胡 *Bupleurum densiflorum* Rupr. 黑柴胡 *Bupleurum smithii* Wolff

（续）

序号	作物名称	科	属	栽培种	野生近缘种
52	党参	桔梗科 Campanulaceae	党参属 *Codonopsis* Wall.	党参 *Codonopsis pilosula*（Franch.）Nannf. 川党参 *Codonopsis tangshen* Oliv.	鸡蛋参 *Codonopsis convolvulacea* Kurz. 川鄂党参 *Codonopsis henryi* Oliv. 抽葶党参 *Codonopsis subscaposa* Kom. 管花党参 *Codonopsis tubulosa* Kom.
53	高良姜	姜科 Zingiberaceae	山姜属 *Alpinia* Roxb.	高良姜 *Alpinia officinarum* Hance	云南草蔻 *Alpinia belpharocalyx* K. Schum. 香姜 *Alpinia coriandriodora* D. Fang 山姜 *Alpinia japonica*（Thunb.）Miq. 草豆蔻 *Alpinia katsumadai* Hayata 益智 *Alpinia oxyphylla* Miq. 箭杆风 *Alpinia stachyoides* Hance
54	浙贝母	百合科 Liliaceae	贝母属 *Fritillaria* L.	浙贝母 *Fritillaria thunbergii* Miq.	
55	黄芩	唇形科 Labiatae	黄芩属 *Scutellaria* L.	黄芩 *Scutellaria baicalensis* Georgi	异色黄芩 *Scutellaria discolor* Wall. ex Benth. 岩藿香 *Scutellaria franchetiana* Lévi. 韩信草 *Scutellaria indica* L. 石蜈蚣 *Scutellaria sessilifolia* Hemsl. 假活血草 *Scutellaria tuberifera* C. Y. Wu. et C. Chen
56	黄芪	豆科 Leguminosae	紫云英属 *Astragalus* L.	蒙古黄芪 *Astragalus membranaceus* var. *mongolicus*（Bge.）Hsiao	直立黄芪 *Astragalus adsurgens* Pall. 地八角 *Astragalus bhotanensis* Baker 华黄芪 *Astragalus chinensis* L. f. 无毛黄芪 *Astragalus severzovii* Bunge
57	黄连	毛茛科 Ranunculaceae	黄连属 *Coptis* Salisb.	黄连 *Coptis chinensis* Franch. 三角叶黄连 *Coptis deltoidea* C. Y. Cheng et Hsiao 云南黄连 *Coptis teeta* Wall.	峨眉野连 *Coptis omeiensis*（Chen）C. Y. Cheng et Hsiao 五裂黄连 *Coptis quinquesecta* W. T. Wang

（续）

序号	作物名称	科	属	栽 培 种	野生近缘种
58	黄精	百合科 Liliaceae	黄精属 *Polygonatum* Mill.	黄精 *Polygonatum sibirium* Red. 滇黄精 *Polygonatum kingianum* Coll. et Hemsl. 多花黄精 *Polygonatum cyrtonema* Hua	五叶黄精 *Polygonatum acuminatifolium* Kom 互卷黄精 *Polygonatum alternicirrhosum* Hand. - Mazz. 阿里黄精 *Polygonatum arisanense* Hayata 棒丝黄精 *Polygonatum cathcartii* Baker 鄂西黄精 *Polygonatum cirrhifolium*（Wall.）Royle 重叶黄精 *Polygonatum curvistylum* Hua 长梗黄精 *Polygonatum filipes* Merr. 庐山黄精 *Polygonatum lasianthum* Maxim. 节根黄精 *Polygonatum nodosum* Hua 格脉黄精 *Polygonatum tessellatum* Wang et Tang 小黄精 *Polygonatum uncinatum* Diels 湖北黄精 *Polygonatum zanlanscianense* Pamp
59	葛△ （葛藤）	豆科 Leguminosae	葛属 *Pueraria* DC.	野葛 *Pueraria lobata*（Willd.）Ohwi	甘葛藤 *Pueraria thomsonii* Benth. 云南葛藤 *Pueraria peduncularis*（Grah. ex Benth.）Benth. 三裂叶野葛 *Pueraria phaseoloides*（Roxb.）Benth. 另有 4 个种见附录 3（序号 118）
60	紫草	紫草科 Boraginaceac	紫草属 *Lithospermum* L.	紫草 *Lithospermum erythrorhizon* Sieb. et Zucc. 内蒙紫草 *Lithospermum guttata*（Bunge）Johst. （*Arnebia guttata* Bunge）	田紫草 *Lithospermum arvense* L. 云南紫草 *Lithospermum hancockianum* Oliv. 小花紫草 *Lithospermum officinate* L.
61	紫菀	菊科 Compositae （Asteraceae）	紫菀属 *Aster* L.	紫菀 *Aster tataricus* L. f.	小舌紫菀 *Aster albescens*（DC.）Hand. - Mazz. 白舌紫菀 *Aster baccharoides*（Benth.）Steetz. 短舌紫菀 *Aster sampsonii*（Hance）Hemsl.
62	雷公藤	卫矛科 Celastraceae	雷公藤属 *Tripterygium* Hook. f.	雷公藤 *Tripterygium wilfordii* Hook. f.	火把花 *Tripterygium hypoglaucum* Lévi. Hutch.

（续）

序号	作物名称	科	属	栽培种	野生近缘种
63	广金钱草	豆科 Leguminosae	山蚂蝗属 *Desmodium* Desv.	广金钱草 *Desmodium styracifolium*（Osb.）Merr.	小槐花 *Desmodium caudatum*（Thunb.）DC. 小叶三点金草 *Desmodium microphyllum*（Thunb.）DC.
64	广藿香	唇形科 Labiatae	刺蕊草属 *Pogostemon* Desf.	广藿香 *Pogostemon cablin*（Blanco）Benth.	水珍珠菜 *Pogostemon auricularius*（L.）Hassk.
65	艾纳香	菊科 Compositae （Asteraceae）	艾纳香属 *Blumea* DC.	艾纳香 *Blumea blasamifera*（L.）DC. 假东风草 *Blumea riparia*（Bl.）DC.	七里明 *Blumea clarkei* Hook. f. 节节红 *Blumea fistulosa*（Roxb.）Kurz 毛毡草 *Blumea hieraciifolia*（D. Don）DC. 见霜黄 *Blumea lacera*（Burm. f.）DC. 六耳铃 *Blumea laciniata*（Roxb.）DC. 东风草 *Blumea megacephala*（Rander.）Chang et Y. Q. Tseng 拟毛毡草 *Blumea sericans*（Kurz）Hook. f.
66	石斛	兰科 Orchidaceae	石斛属 *Dendrobium* Sw.	环草石斛 *Dendrobium loddigesii* Rolfe 铁皮石斛 *Dendrobium candidum* Wall. ex Lindl. 马鞭石斛 *Dendrobium fimbriatum* Hook. var. *oculatum* Hook. 黄草石斛 *Dendrobium chrysanthum* Wall. 金钗石斛（石斛）*Dendrobium nobile* Lindl.	矮石斛 *Dendrobium bellatulum* Rolfe
67	白花蛇舌草	茜草科 Rubiaceae	耳草属 *Hedyotis* L.	白花蛇舌草 *Hedyotis diffusa* Willd.	金草 *Hedyotis acutangula* Champ. 耳草 *Hedyotis auricularia* L. 双花耳草 *Hedyotis biflora*（L.）Lam. 牛白藤 *Hedyotis hedyotidea*（DC.）Merr. 凉喉茶 *Hedyotis scandens* Rixb.

（续）

序号	作物名称	科	属	栽 培 种	野生近缘种
68	碎米桠 （冬凌草）	唇形科 Labiatae	香茶菜属 *Isodon*（Schrad. ex Benth.）Spach	碎米桠（冬凌草）*Isodon rubescens*（Hemsl.）Hara	香茶菜 *Isodon amethystoides*（Benth.）C. Y. Wu et Hsuan 皱叶香茶菜 *Isodon rugosa*（Wall.）Codd. 溪黄草 *Isodon serra*（Maxim.）Kudo 牛尾草 *Isodon ternifolius*（D. Don）Kudo 不育红 *Isodon yunnanensis*（Hand. - Mazz.）Hara
69	短葶飞蓬 （灯盏草）	菊科 Compositae （Asteraceae）	飞蓬属 *Erigeron* L.	灯盏草（短葶飞蓬）*Erigeron breviscapus*（Vant.）Hand. - Mazz.	飞蓬 *Erigeron acris* L. 长茎飞蓬 *Erigeron elongatus* Ledeb.
70	相思子 （鸡骨草）	豆科 Leguminosae	相思子属 *Abrus* Adans.	相思子 *Abrus cantoniensis* Hance	广东相思子 *Abrus fruticulosus* Wall. ex Wight et Arn 毛相思子 *Abrus mollis* Hance
71	台湾开唇兰 （金线莲）	兰科 Orchidaceae	开唇兰属 *Anoectochilus* Bl.	台湾开唇兰（金线莲）*Anoectochilus formosanus* Hayata	峨眉开唇兰 *Anoectochilus emeiensis* K. Y. Lang 艳丽开唇兰 *Anoectochilus moulneinensis*（Parish et Reichb. f.）Seiden f. 花叶开唇兰 *Anoectochilus roxburghii*（Wall.）Lindl.
72	草珊瑚 （肿节风）	金粟兰科 Chloranthaceae	草珊瑚属 *Sarcandra* Gardn.	草珊瑚 *Sarcandra glabra*（Thunb.）Nakai	海南草珊瑚 *Sarcandra hainanensis*（Pei）Swamy et Bailey
73	细辛	马兜铃科 Aristolochiaceae	细辛属 *Asarum* L.	北细辛 *Asarum heterotropoides* Fr. var. *mandshuricum*（Maxim.）Kitag.	川北细辛 *Asarum chinense* Franch. 大叶马蹄香 *Asarum maximum* Hensl. 山慈菇 *Asarum sagittarioides* C. F. Liang 细辛 *Asarum sieboldii* Miq.
74	荆芥	唇形科 Labiatae	荆芥属 *Nepeta* L.	荆芥 *Schizonepeta tenuifolia* Briq. （*Nepeta cataria* L.）	蓝花荆芥 *Nepeta coerulescens* Maxim. 心叶荆芥 *Nepeta fordii* Hemsl. 康藏荆芥 *Nepeta parttii* Lévl.

（续）

序号	作物名称	科	属	栽培种	野生近缘种
75	香薷	唇形科 Labiatae	香薷属 *Elsholtzia* Willd.	海州香薷 *Elsholtzia splendens* Nakai ex F. Maekawa	四方蒿 *Elsholtzia blanda* Benth. 吉笼草 *Elsholtzia communis*（Coll. et Hemsl.）Diels. 野苏子 *Elsholtzia flava*（Benth.）Benth.
76	穿心莲	爵床科 Acanthaceae	穿心莲属 *Andrographis* Wall.	穿心莲 *Andrographis paniculata*（Burm. f.）Nees	疏花穿心莲 *Andrographis laxiflora*（Bl.）Lindau
77	绞股蓝	葫芦科 Cucurbitaceae	绞股蓝属 *Gynostemma* Bl.	绞股蓝 *Gynostemma pentaphyllum*（Thunb.）Makino	缅甸绞股蓝 *Gynostemma burmanicum* King ex Chakr. 光叶绞股蓝 *Gynostemma laxum*（Wall.）Cogn.
78	益母草	唇形科 Labiatae	益母草属 *Leonurus* L.	益母草 *Leonurus japonicus* Houtt.	錾菜益母草 *Leonurus pesudomacrathus* Kitag.
79	麻黄	麻黄科 Ephedraceae	麻黄属 *Ephedra* Tourn ex L.	草麻黄 *Ephedra sinica* Stapf 中麻黄 *Ephedra intermedia* Schrenk ex C. A. Mey. 木贼麻黄 *Ephedra equisetina* Bunge	矮麻黄 *Ephedra minuta* Florin 单子麻黄 *Ephedra monosperma* Gmel. ex Mey. 细子麻黄 *Ephedra regeliam* Florin
80	淫羊藿	小檗科 Berberidaceae	淫羊藿属 *Epimedium* L.	淫羊藿 *Epimedium brevicornum* Maxim. 箭叶淫羊藿 *Epimedium sagittatum*（Sieb. et Zucc.）Maxim. 柔毛淫羊藿 *Epimedium* pubescens Maxim. 巫山淫羊藿 *Epimedium wushanense* T. S. Ying 朝鲜淫羊藿 *Epimedium koreanum* Nakai 粗毛淫羊藿 *Epimedium acumianatum* Franch.	单叶淫羊藿 *Epimedium sinplicifolium* T. S. Ying 四川淫羊藿 *Epimedium sutchuenense* Franch.
81	狭基线纹香茶菜（溪黄草）	唇形科 Labiatae	香茶菜属 *Rabdosia*（Bl.）Hassk.	狭基线纹香茶菜 *Rabdosia lophanthoides*（Buch. －Ham. ex D. Don）Hara var. *gerardiana*（Benth.）Hara	

（续）

序号	作物名称	科	属	栽 培 种	野生近缘种
82	薄荷	唇形科 Labuatae	薄荷属 *Mentha* L.	薄荷 *Mentha haplocalyx* Briq.	圆叶薄荷 *Mentha rotundifolia*（L.）Huds.
83	山茱萸	山茱萸科 Cornaceae	山茱萸属 *Cornus* Nakai	山茱萸 *Cornus officinalis* Sieb. et Zucc.	川鄂山茱萸 *Cornus chinensis*（Wanger.）Hutch.
84	木瓜△	蔷薇科 Rosaceae	木瓜属 *Chaenomeles* Lindl.	贴梗海棠 *Chaenomeles speciosa*（Sweet）Nakai	西藏木瓜 *Chaenomeles thibetica* Yu 另有 2 个种见附录 3（序号 704、705）
85	五味子	木兰科 Magnoliaceae	五味子属 *Schisandra* Michx.	五味子 *Schisandra chinensis*（Turcz.）Baill.	铁箍散 *Schisandra propinqua*（Wall.）Baill. var. *sinensis* Oliv. 满山香 *Schisandra sphaerandra* Stapf
86	车前子	车前科 Plantaginaceae	车前属 *Plantago* L.	车前 *Plantago asiatica* L. 平车前 *Plantago depressa* Willd.	
87	柚△ （化橘红）	芸香科 Rutaceae	柑橘属 *Citrus* L.	柚 *Citrus grandis*（L.）Osbeck	香橙 *Citrus junos* Tanaka 柠檬 *Citrus limon*（L.）Burm. f.
88	白扁豆	豆科 Leguminosae	镰扁豆属 *Dolichos* L.	扁豆 *Dolichos lablab* L.	大麻药 *Dolichos tenuicaulis*（Baker）Craib
89	栝楼 （瓜蒌）	葫芦科 Cucurbitaceae	栝楼属 *Trichosanthes* L.	栝楼 *Trichosanthes kirilowii* Maxim. 双边栝楼 *Trichosanthes rosthornii* Harms	王瓜 *Trichosanthes cucumeroides*（Ser.）Maxim.
90	肉豆蔻	肉豆蔻科 Myristicaceae	肉豆蔻属 *Myristica* Gronov.	肉豆蔻 *Myristica fragrans* Houtt.	
91	连翘	木樨科 Oleaceae	连翘属 *Forsythia* Vahl	连翘 *Forsythia suspensa*（Thunb.）Vahl	秦连翘 *Forsythia giraldiana* Lingelsh 丽江连翘 *Forsythia likiangensis* Lingelsh 金钟花 *Forsythia viridissima* Lindl

（续）

序号	作物名称	科	属	栽 培 种	野生近缘种
92	吴茱萸	芸香科 Rutaceae	吴茱萸属 *Evodia*（*Euodia*） J. R. et G. Forst	吴茱萸 *Evodia rutaecarpa*（Juss.）Benth.	三叉苦 *Evodia lepta*（Spreng.）Merr.
93	佛手	芸香科 Rutaceae	柑橘属 *Citrus* L.	佛手 *Citrus medica* L. var. *sarcodactylis*（Noot.）Swingle	
94	罗汉果△	葫芦科 Cucurbitaceae	罗汉果属 *Siraitia* Merr.	罗汉果 *Momordica grosvenori* Swingle［*Siraitia grosvenorii*（Swingle）Jeffrey ex Lu et Z. Y. Zhang］	翅子罗汉果 *Siraitia siamensis*（Craib）C. Jeffrey ex Zhong et D. Fang
95	胡椒△	胡椒科 Piperaceae	胡椒属 *Piper* L.	胡椒 *Piper nigrum* L.	蒌叶 *Piper betle* L. 短蒟 *Piper mullesua* D. Don 岩参 *Piper putbicatulum* C. DC. 另有 31 个种见附录 3（序号 711）
96	橙△ （枳壳）	芸香科 Rutaceae	柑橘属 *Citrus* L.	酸橙 *Citrus aurantium* L.	宜昌橙 *Citrus ichangensis* Swingle 香橼 *Cirtus medica* L.
97	栀子	茜草科 Rubiaceae	栀子属 *Gardenia* Ellis	栀子 *Gardenia jasminoides* Eills	海南栀子 *Gardenia hainanensis* Merr. 大黄栀子 *Gardenia sootepensis* Hutch.
98	枸杞	茄科 Solanaceae	枸杞属 *Lycium* L.	枸杞 *Lycium chinense* Mill. 宁夏枸杞 *Lycium barbarum* L.	黑果枸杞 *Lycium ruthenicum* Murr. 截萼枸杞 *Lycium truncatum* Y. C. Wang
99	阳春砂 （砂仁）	姜科 Zingiberaceae	砂仁属 *Amomum* Roxb.	阳春砂 *Amomum villosum* Lour.	海南砂仁 *Amomum longiligulare* T. L. Wu 香豆蔻 *Amomum subulatum* Roxb. 草果 *Amomum tsaoko* Crevost et Lemarie

（续）

序号	作物名称	科	属	栽 培 种	野生近缘种
100	莲△	睡莲科 Nymphaeaceae	莲属 *Nelumbo* Adans.	中国莲 *Nelumbo nucifera* Gaertn. 美国黄莲 *Nelumbo pentapetala* (Walter) Fernald (=*N.* lutea Pers.)	
101	夏枯草	唇形科 Labiatae	夏枯草属 *Prunella* L.	夏枯草 *Prunella vulgaris* L.	山菠菜 *Prunella asiatica* Nakai 硬毛夏枯草 *Prunella hispida* Benth.
102	蔓荆	马鞭草科 Verbenaceae	牡荆属 *Vitex* L.	三叶蔓荆（蔓荆）*Vitex trifolia* L.	黄荆 *Vitex negundo* L.
103	槟榔	棕榈科 Palmae	槟榔属 *Areca* L.	槟榔 *Areca catechu* L.	
104	酸枣△	鼠李科 Rhamnaceae	枣属 *Ziziphus* Mill.	酸枣 *Ziziphus jujuba* Mill. var. *spinosa* (Bunge) Hu ex H. F. Chou	印度枣 *Ziziphus incurva* Roxb. 滇刺枣 *Ziziphus mauritiana* Lam.
105	华东覆盆子（掌叶覆盆子）	蔷薇科 Rosaceae	悬钩子属 *Rubus* L.	华东覆盆子 *Rubus chingii* Hu	腺毛莓 *Rubus adenophrus* Rolfe 蛇泡藤 *Rubus cochinchinensis* Tratt. 白薷 *Rubus doyonensis* Hand. - Mazz. 桉叶悬钩子 *Rubus eustephanus* Focke
106	薏苡△	禾本科 Gramineae	薏苡属 *Coix* L.	薏苡 *Coix lacryma - jobi* L. var. *ma - yuen* (Roman) Stafp	川谷 *Coix mayuen* Roman.
107	番樱桃（丁香）	桃金娘科 Myrtaceae	番樱桃属 *Eugenia* L.	丁香（番樱桃）*Eugenia caryophyllata* Thunb.	
108	红花	菊科 Compositae (Asteraceae)	红花属 *Carthamus* L.	红花 *Carthamus tinctorius* L.	

（续）

序号	作物名称	科	属	栽培种	野生近缘种
109	西红花	鸢尾科 Iridaceae	番红花属 *Crocus* L.	番红花 *Crocus sativus* L.	西番红花 *Crocus alatavicus* Regel et Sem.
110	望春玉兰（辛夷）	木兰科 Magnoliaceae	木兰属 *Magnolia* L.	望春玉兰 *Magnolia biondii* Pamp. 玉兰 *Magnolia Denudata* Desr. 武当玉兰 *Magnolia sprengeri* Pamp.	龙女花 *Magnolia wilsonii*（Finet et Gagnep.）Rehd. f. *taliensis*（W. W. Smith）Rehd.
111	金银花	忍冬科 Caprifoliaceae	忍冬属 *Lonicera* L.	忍冬（金银花）*Lonicera japonica* Thunb. 红腺忍冬 *Lonicera hypoglauca* Miq. 山银花 *Lonicera confusa* DC. 毛花柱忍冬（水忍冬）*Lonicera dasystyla* Rehd.	西南忍冬 *Lonicera bournei* Hemsl. 苦糖果 *Lonicera fragrantissima* Lindl. et Paxct. subsp. *standishii*（Carr.）Hsu et H. J. Wang 柳叶忍冬 *Lonicera lanceolate* Wall.
112	菊花△	菊科 Compositae（Asteraceae）	菊属 *Dendranthema*（DC.）Des Moul.（*Chrysanthemum* L.）	菊花 *Dendranthema morifolium* Ramat.	小江菊 *Dendranthema chanetii*（Levl.）Shih 甘菊 *Dendranthema lavandulaefolium*（Fisch. ex Trautv.）Ling et Shin 蒙菊 *Dendranthema mongolicum*（Ling）Tzvel.
113	野菊花	菊科 Compositae	菊属 *Dendranthema*（DC.）Des Moul.（*Chrysanthemum* L.）	野菊花 *Dendranthema indicum*（L.）Des Moul.	
114	款冬	菊科 Compositae（Asteraceae）	款冬属 *Tussilago* L.	款冬 *Tussilago farfara* L.	
115	肉桂△	樟科 Lauraceae	樟属 *Cinnamomum* Trew.	肉桂 *Cinnamomum cassia* Presl.	毛桂 *Cinnamomum appelianum* Schewe 米槁 *Cinnamomum migao* H. W. Li 银木 *Cinnamomum septentrionale* Hand. - Mazz. 另有 25 个种见附录 3（序号 551）

（续）

序号	作物名称	科	属	栽 培 种	野生近缘种
116	杜仲	杜仲科 Eucommiaceae	杜仲属 *Eucommia* Oliv.	杜仲 *Eucommia ulmoides* Oliv.	
117	牡丹△	芍药科 Paeoniaceae	芍药属 *Paeonia* L.	牡丹 *Paeonia suffruticosa* Andr.	川牡丹 *Paeonia szechuanica* Frang. 另有 7 个种见附录 3（序号 547）
118	白木香 （沉香）	瑞香科 Thymelaeacaeae	沉香属 *Aquilaria* Lam.	白木香 *Aquilaria sinensis*（Lour.）Gilg	
119	厚朴	木兰科 Magnoliaceae	木兰属 *Magnolia L.*	厚朴 *Magnolia officinalis* Rehd. et Wils.	
120	黄檗 （黄柏）	芸香科 Rutaceae	黄檗属 *Phellodendron* Pupr.	黄檗 *Phellodendron amurense* Rupr. 黄皮树 *Phellodendron chinense* Schneid	
121	盐肤木 （五倍子）	漆树科 Anacardiaceae	盐肤木属 *Rhus*（Tourn.）L.	盐肤木（五倍子）*Rhus chinensis* Mill.	
122	冬虫 夏草菌	麦角菌科 Clavicipitaceae	虫草属 *Cordyceps*（Fr.）Link	冬虫夏草菌 *Cordyceps sinensis*（Berk.）Sacc.	大蝉花 *Cordyceps cicadae* Sching 凉山虫草 *Cordyceps liangshanensis* Zang，Hu et Liu 蛹虫草 *Cordyceps militaris*（L.）Link
123	灵芝	多孔菌科 Polyporaceae	灵芝属 *Ganoderma* Karst.	灵芝 *Ganoderma lucidum*（Leyss ex Fr.）Karst.	树舌 *Ganoderma applanatum*（Pers. ex Wall.）Pat. 热带灵芝 *Ganoderma tropicum*（Jungh.）Bres.
124	芦荟△	百合科 Liliaceae	芦荟属 *Aloe* L.	库拉索芦荟 *Aloe vera* L. 好望角芦荟（开普芦荟）*Aloe ferox* Mill.	有 3 个种，参见附录 3（序号 276）
125	茯苓	多孔菌科 Polyporaceae	卧孔菌属 *Poria* Pers. ex Gray	茯苓 *Poria cocos*（Schw.）Wolf	树皮生卧孔菌 *Poria corticola*（Fr.）Caoke 黄白卧孔菌 *Poria subacida*（Fr.）Sacc.

（续）

序号	作物名称	科	属	栽培种	野生近缘种
126	银杏△	银杏科 Ginkgoaceae	银杏属 *Ginkgo* L.	银杏 *Ginkgo biloba* L.	
127	猪苓	多孔菌科 Polyporaceae	多孔菌属 *Polyporus* (Mich.) Fr. et Fr.	猪苓 *Polyporus umbellatus* (Pers.) Fr.	雷丸 *Polyporus mylittae* Cook. et Mass. 雅致多孔菌 *Polyporus elegansi* (Bull.) Fr.
128	川贝母	百合科 Liliaceae	贝母属 *Fritillaria* L.	川贝母 *Fritillaria cirrhosa* D. Don 暗紫贝母 *Fritillaria unibracteata* Hsiao et K. C. Hsia 甘肃贝母 *Fritillaria przewalskii* Maxim. 梭砂贝母 *Fritillaria delavayi* Franch.	康定贝母 *F. cirrhosa* D. Don var. *cirrhosa* Franch.
129	肉苁蓉	列当科 Orobanchaceae	肉苁蓉属 *Cistanche* Hoffmgg. et Link	肉苁蓉 *Cistanche deserticola* Y. C. Ma	迷肉苁蓉 *Cistanche ambigua* (Bunge) G. Beck 沙苁蓉 *Cistanche sinensis* G. Beck
130	苦豆子	豆科 Leguminosae	槐属 *Sophora* L.	苦豆子 *Sophora alopecuroides* L.	白刺花 *Sophora davidii* (Franch.) Kom. ex Pavol 苦参 *Sophora flavescecs* Ait.
131	金莲花	毛茛科 Ranunculaceae	金莲花属 *Trollius* L.	中华金莲花 *Trollius chinensis* Bge.	阿尔泰金莲花 *Trollius altaicus* C. A. Mey. 宽瓣金莲花 *Trollius asiaticus* L. 川陕金莲花 *Trollius buddae* Schipcz. 毛茛金莲花 *Trollius ranunculoides* Hemsl.
132	锁阳	锁阳科 Cynomoriaceae	锁阳属 *Cynomorium* L.	锁阳 *Cynomorium songaricum* Rupr.	
133	一点红	菊科 Compositae	一点红属 *Emilia* Cass.	一点红 *Emilia sonchifolia* (L.) DC.	细红背叶 *Emilia prenanthoides* DC.

（续）

序号	作物名称	科	属	栽 培 种	野生近缘种
134	儿茶	豆科 Leguminosae	金合欢属 *Acacia* Mill.	儿茶 *Acacia catechu*（L. f.）Willd.	阔叶金合欢 *Acacia delavayi* Franch. 藤金合欢 *Acacia sinuata*（Lour.）Merr.
135	千年健	天南星科 Araceae	千年健属 *Homalomena* Schott	千年健 *Homalomena occulta*（Lour.）Schott	大千年健 *Homalomena gigantea* Engl.
136	山奈	姜科 Zingiberaceae	山奈属 *Kaempferia* L.	山奈 *Kaempferia galanga* L.	苦山奈 *Kaempferia marginata* Marey 海南三七 *Kaempferia rotunda* L.
137	巴豆	大戟科 Euphorbiaceae	巴豆属 *Croton* L.	巴豆 *Croton tiglium* L.	鸡骨香 *Croton crassifolius* Geisel. 光叶巴豆 *Croton laevigatus* Vahl 荨麻叶巴豆 *Croton urticifolius* Y. T. Chang et Q. T. Chen.
138	凤尾草△	凤尾蕨科 Pteridaceae	凤尾蕨属 *Pteris* L.	凤尾草 *Pteris multifida* Poir.	大叶井边草 *Pteris cretica* L. 狭叶凤尾蕨 *Pteris henryi* Christ 凤尾蕨 *Pteris nervosa* Thunb. 半边旗 *Pteris semipinnata* L. 蜈蚣草 *Pteris vittata* L.
139	红豆杉	红豆杉科 Taxaceae	红豆杉属 *Taxus* L.	红豆杉 *Taxus chinensis* Rehd.	东北红豆杉 *Taxus cuspidata* Sieb. et Zucc. 云南红豆杉 *Taxus yunnanensis* Cheng et L. K. Fu
140	苏木	豆科 Leguminosae	云实属 *Caesalpinia* L.	苏木 *Caesalpinia sappan* L.	云实 *Caesalpinia decapetala*（Roth）Alston. 金凤花 *Caesalpinia pulcherrima*（L.）Sw. 春云实 *Caesalpinia vernalis* Champ.
141	羌活	伞形科 Umbelliferae	羌活属 *Notopterygium* de Boiss.	羌活 *Notopterygium incisum* Ting ex H. T. Chang 宽叶羌活 *Notopterygium forbesii* Boiss.	
142	阿魏	伞形科 Umbelliferae	阿魏属 *Ferula* L.	新疆阿魏 *Ferula sinkiangensis* K. M. Shen 阜康阿魏 *Ferula fukanensis* K. M. Shen	硬阿魏 *Ferula bungeana* Kitag.

（续）

序号	作物名称	科	属	栽 培 种	野生近缘种
143	知母	百合科 Liliaceae	知母属 *Anemarrhena* Bunge	知母 *Anemarrhena asphodeloides* Bge.	
144	胖大海	梧桐科 Sterculiaceae	苹婆属 *Sterculia* L.	胖大海 *Sterculia lychnophora* Hance	粉苹婆 *Sterculia euosma* W. W. Smith 苹婆 *Sterculia nobilis* W. W. Smith
145	贯叶连翘	藤黄科 Guttiferae	金丝桃属 *Hypericum* L.	贯叶连翘（贯叶金丝桃）*Hypericum perforatum* L.	湖南连翘 *Hypericum ascyron* L. 赶山鞭 *Hypericum attenuatum* Choisy 黄花香 *Hypericum beanii* N. Robson 地耳草 *Hypericum japonicum* Thunb. 金丝梅 *Hypericum patulum* Thunb. 元宝草 *Hypericum sampsonii* Hance 遍地金 *Hypericum wightianum* Wall. ex Wight et Arn.
146	胡卢巴△	豆科 Leguminosae	胡卢巴属 *Trigonella* L.	胡卢巴 *Trigonella foeun-graecum* L.	花苜蓿 *Trigonella ruthenica* L.
147	鸦胆子	苦木科 Simaroubaceae	鸦胆子属 *Brucea* J. F. Mill.	鸦胆子 *Brucea javanica*（L.）Merr.	柔毛鸦胆子 *Brucea mollis* Wall.
148	重楼	百合科 Liliaceae	重楼属 *Paris* L.	重楼（滇重楼）*Paris polyphylla* var. *yunnanensis*（Franch.）Hand. - Mazz	球药隔重楼 *Paris fargesii* Franch. 北重楼 *Paris verticillata* M. Bieb. 花叶重楼 *Paris iolacea* Lévl.
149	射干	鸢尾科 Iridaceae	射干属 *Belamcanda* Adans.	射干 *Belamcanda chinensis*（L.）DC.	
150	益智	姜科 Zingiberaceae	山姜属 *Alpinia* L.	益智 *Alpinia oxyphylla* Miq.	云南草寇 *Alpinia belpharocalyx* K. Schum. 香姜 *Alpinia coriandriodora* D. Fang 山姜 *Alpinia japonica*（Thunb.）Miq. 草豆蔻 *Alpinia katsumadai* Hayata 箭杆风 *Alpinia stachyoides* Hance

（续）

序号	作物名称	科	属	栽 培 种	野生近缘种
151	黄山药	薯蓣科 Dioscoreaceae	薯蓣属 *Dioscorea* L.	黄山药 *Dioscorea panthaica* Prain et Burkill	
152	银柴胡	石竹科 Caryophyllaceae	繁缕属 *Stellaria* L.	银柴胡 *Stellaria dichotoma* L. var. *lanceolata* Bge.	雀舌草 *Stellaria alsine* Grimm. 繁缕 *Stellaria media*（L.）Cyr.
153	新疆紫草	紫草科 Boraginaceac	软紫草属 *Arnebia* Forsk.	新疆紫草 *Arnebia euchroma*（Royle）Johnst.	
154	新疆雪莲	菊科 Compositae（Asteraceae）	风毛菊属 *Saussurea* DC.	新疆雪莲（雪莲花）*Saussurea involucrata* Kar. et Kir.	风毛菊 *Saussurea japonica*（Thunb.）DC. 光叶风毛菊 *Saussurea acrophila* Diels 川西风毛菊 *Saussurea dzeurensis* Franch. 绵毛雪莲 *Saussurea aster* Hemsl.
155	鱼腥草	三白草科 Saururaceae	蕺菜属 *Houttuynia* Thunb.	蕺菜（鱼腥草）*Houttuynia cordata* Thunb.	

注：带△符号的为作物大类之间重复者。

第二节　主要药用作物的遗传多样性

药用作物种类繁多，现将白芷、半夏、丹参、党参、地黄、甘草、黄芪、浙贝母、红花、菊花、阳春砂的遗传多样性介绍如下。

一、白芷

白芷为伞形科植物白芷［*Angelica dahurica*（Fisch. ex Hoffm.）Benth. et Hook. f.］的根。杭白芷［*A. dahurica*（Fisch. ex Hoffm.）Benth. et Hook. f. var. *formosana*（Boiss）Shan et Yuan］以其根为药，亦称白芷。关于白芷的分类，一直存在较多争议。研究表明，祁白芷、禹白芷、杭白芷和川白芷属于同一种群，只是因产地不同而得名。

（一）形态特征多样性

川白芷主产于四川遂宁，该地产白芷量大质优。此外，四川安岳、达县、渠县、南充以及重庆南川等地也有生产。杭白芷主产于浙江，现产地已由杭州迁移至磐安、东阳一带，栽种面积很小。祁白芷主产于河北安国，产量较小；禹白芷主产于河南禹州，栽培面积不大。亳白芷栽培历史不长，最早多是从河南禹州、河北安国引种，少数从浙江引种。亳白芷发展较快，现栽培面积较大，主要用于香料。山东菏泽近年发展栽培白芷，现已形成一定规模，从亳州引种，与亳白芷是一个系列。

黄璐琦对川白芷、杭白芷、祁白芷（河北安国）、禹白芷4种栽培白芷及其3种近缘植物兴安白芷（*A. dahurica* Benth. et Hook）、台湾白芷（*A. dahurica* var. *formasana* Yen）和雾灵当归（*A. porphyrocaulis* Nakai et Kitagawa）的形态和果实解剖特征进行研究。将川白芷、杭白芷、祁白芷、禹白芷和台湾白芷归为同一组，其主要特征是花瓣淡黄绿色，分果背棱隆起呈峰状，有延伸的短翅。从形态、解剖特征来看，川白芷、杭白芷、祁白芷、禹白芷4类栽培白芷之间没有明显的区别。

郭丁丁对收集于种质资源圃中白芷药材进行了HPLC指纹图谱分析。不同白芷样品的HPLC指纹图谱非常相似。兴安白芷与栽培白芷的指纹图谱间差异以及不同居群点栽培白芷指纹图谱间差异主要体现在香豆素类成分各组分的比例和量上。不同居群点样品种植于同一环境后，其化学成分随产地及栽培方法的一致而趋同，表明白芷中香豆素类成分与产地环境密切相关，产地生境或栽培技术可能是决定其质量的关键因素。

在花粉形态上，杭白芷、祁白芷与3个野生近缘种之间存在着相当的一致性，如花粉极面观均为近圆形，赤道面观均为类圆形，萌发孔均为边萌发孔，外壁纹饰均为网状纹，体积大小指数均在19～24之间，这些都说明它们的亲缘关系相当近。同时，彼此之间在萌发孔沟、外壁纹饰等方面也存在着一些细微的区别。川白芷、杭白芷、祁白芷、禹白芷均为二倍体植物，核型基本一致，各对染色体相对长度较为一致，不存在细胞分类学上的差别。

（二）基于分子标记的遗传多样性

黄璐琦等用RAPD分子标记对兴安白芷、祁白芷及杭白芷的基因组DNA进行了分析，发现祁白芷、杭白芷应属同一类群，与兴安白芷有一定区别。此外，对川白芷、杭白芷、祁白芷、禹白芷、兴安白芷、台湾白芷、雾灵当归、黑水当归及芷叶白芷等进行了RAPD分析，并对叶绿体TREK和*RB*基因进行了PCR－RFLP的分析，结果认为川白芷、杭白芷、祁白芷、禹白芷和台湾白芷可划分为一类，兴安白芷和雾灵当归为一类，并认为4类栽培白芷虽然在药材性状和质量上有一定差别，但应属于同一种。中药白芷的野生种质来源应当是伞形科当归属植物*A. dahurica*的近缘野生种类，包括原变种兴安白芷*A. dahurica* Benth. et Hook. f. ex Franch. et. Sav. 和变种台湾白芷*A. dahurica* var. *formasana*（de Boiss.）Yen。

二、半夏

半夏为天南星科半夏属多年生草本植物半夏［*Pinellia ternata*（Thunb.）Bneit.］的块茎，具有燥湿化痰、降逆止呕、清痞散结等功效。半夏属植物全世界约9种，中国产7种，除半夏外，其余6种为中国特有。我国半夏资源分布广泛，除内蒙古、吉林、黑龙江、新疆、青海、西藏外，其余省份均有分布。

（一）特征特性多样性

Engeler早在1920年就根据我国和日本半夏标本的叶形变化将其分为4个变种：*P. ternata*（Thumb）Breit. var. *vulgaris*、*P. ternata*（Thumb）Breit. var. *angustata*（产于日本）、*P. ternata*（Thumb）Breit. var. *subpandurata*（小叶形似提琴，产于北京）和*P. ternata*（Thumb）Breit. var. *giraidiana*（产于云南）。1935年裴鉴在《中国药用植物图志（一）》中沿用了Engeler之说。据报道，不同的半夏自然居群，其叶形的变化极大，且无规律可循，甚至在同一居群中也可见多种叶形，故不能单纯依据叶形来划分半夏的变种或研究其生物学特性。

具有丰富的形态变异是半夏的一个重要特点。生长于不同环境或同一生态环境的不同居群甚至同一居群的不同个体间，各器官（包括根、球茎、珠芽、叶片、叶柄等）在形态上都存在着丰富的变异类型，其中以叶、球茎和珠芽的变异更为明显。对于叶和球茎的变异已有较多报道，如根据半夏的叶形，有桃叶型、柳叶型之分。近年来，半夏珠芽变异也引起研究者的重视。半夏珠芽变异主要表现在珠芽数量、珠芽着生位置和芽眼数量的变异等方面。据赵忠堂等研究，不同类型的半夏所形成珠芽数量差异较大，以线形叶型半夏的珠芽数量最多，芍药叶型半夏的珠芽数量最少。同时，半夏珠芽的多少与种茎大小呈正相关，即同一类型的半夏，种茎越大，形成的珠芽数越多，珠芽在产量中所占比例也越大。还有一类无论是叶柄还是叶端均不结珠芽的“新居群”。半夏珠芽正常着生位置在叶柄下部内侧，但有的半夏除在正常位置着生珠芽外，在叶端也可着生一枚珠芽。据彭延弟等观察，叶端着生珠芽的多为野生的芍药叶型半夏，在椭圆叶型、披针叶型和竹叶叶型半夏上偶尔也有，但这类半夏遗传性状不稳定。至于芽眼数量的变异，正常情况下，一枚半夏珠芽上只有一个芽眼，但有时也可见到双芽眼或多芽眼。双芽眼或多芽眼的形成是由于在珠芽一侧出现尖状突起所致。对半夏珠芽形态变异的研究不仅有助于揭示半夏种内各类型间的演化关系，也有助于弄清半夏属各种间的系统关系。郭巧生等曾将珠芽变异与其他性状相结合，对主要引自长江中下游地区的 15 个半夏居群的 16 个主要形态性状进行模糊聚类分析，结果将 15 个居群分成 4 个类型，即叶柄上均具双珠芽但叶形和块茎形状变异较小的双珠芽型、叶柄上均只着生单珠芽但叶形和块茎形状变异较大的普通型、叶柄上具单珠芽但着生位置较低且块茎呈矩圆形的长茎型和叶柄上具单珠芽但居群内常有双珠芽个体出现的复合型。

半夏是一个广布种，具很大生态幅，遗传差异十分明显。据 Shoyama 等报道，半夏种内各群居普遍存在着染色体的复合多倍现象，不同居群的染色体数目为 $2n=25$、72、96、104、108、115、116、118、125。侯典云研究认为半夏遗传背景极为复杂，同一居群半夏染色体数目各异，不同居群半夏染色体数目也有相同。$2n=92$、100 可能是基数分别为 23 和 10 的四倍体和十倍体，是半夏属新发现的染色体基数。而 $2n=75$、76 则是基数为 13 的非整倍体。半夏为广泛分布的植物，在海拔 2 500 m 以下的我国大部分地区都能生长，从山地灌丛到热带雨林均有，生态环境多样化。对于以无性繁殖为主的半夏来说，由于受环境条件的影响，不同自然居群的半夏存在一定的种内差异。半夏染色体从四倍体到十二倍体，存在较明显的染色体倍性变异。对于多倍现象普遍存在的高等植物来说，像半夏属这样广泛分布的植物，其染色体复合多倍现象与其复杂的地理分布和生态环境有着密不可分的关系。染色体数目的丰富变异决定了半夏的遗传多样性。

（二）化学成分多样性

李婷等对 17 个不同产地半夏的总生物碱进行了测定，平均含量为 0.044 9%，不同产地半夏总生物碱含量差异较大。其中最高是重庆产的野生半夏，总生物碱平均含量为 0.072 7%，最低是河南产半夏，为 0.029 8%，相差约 3 倍。四川产半夏总生物碱含量为 0.030 3%～0.068 4%，平均为 0.048 9%。

（三）基于生化标记的遗传多样性

近年来，借助同工酶技术进行半夏遗传多样性研究日渐增多。张袖丽等通过分析安徽产半夏属的滴水珠、鹞落坪半夏、虎掌半夏 3 个居群共 6 个分类群植株的叶和球茎的 EST、MDH、ADH、SOD 同工酶，认为叶和球茎的 EST、MDH 的谱带可以作为鉴定原植物及其产地的生化指标。郭巧生等对栽培在同一生境下的 16 个半夏居群同一生长期叶片中酯酶（EST）和超氧化物歧化酶（SOD）同工酶酶谱进行了比较分析，认为 EST 和 SOD 同工酶酶谱在各居群间甚至同一居群内，除少数共有的特征谱带外都存在着较明显的差异。

（四）基于分子标记的遗传多样性

杜娟等采用 AFLP 方法，选择全国 10 个主要产地的野生或栽培半夏为材料进行了聚类分析，结果表明不同种源半夏之间遗传距离为 0.443～0.654，四川南充与河南信阳的半夏之间的相似性系数最高为 0.654。刘波等以我国 15 个省份 23 个不同居群半夏为研究对象，用 RAPD 标记分析不同居群半夏的遗传多样性，23 组不同居群内个体之间多态性变异率最高的是Ⅰ组，为 73.7%；最低的是 L1 组，变异率为 18.2%；平均为

46.9%。居群间的多态性变异率为 87.4%，不论是居群间还是居群内，变异程度均较大。聚类分析 23 组 77 份材料中部分居群的个体能够较好地聚为一组，如 Q（20、21、22）、R（23、24、25、26、27）、S（28、29、30）3 组。但是来自同一省份不同采集地的半夏居群也有较大的差异，如 L 组的 L1、L2、L3 均不能很好地聚在一组，部分居群的内部表现出较大的差异，这说明无论是自然群体，还是不同的人工栽培区的半夏大部分是一个高度混杂的群体，虽然部分个体的表现型相同，但从遗传物质的组成看，基因型不一致。

三、丹参

丹参（*Salvia miltiorhiza* Bunge）为唇形科鼠尾草属植物，丹参的干燥根及根茎入药。据报道，丹参有 2 个变种，即单叶丹参［*S. miltiorrhiza* Bunge var. *charhommellii*（Lexl.）C. Y. Wu］和白花丹参（*S. miltiorrhiza* var. *alba* C. Y. Wu et H. W. Li）。

（一）特征特性的多样性

舒志明等对不同丹参种质资源的生态适应性进行了评价，认为南丹参在商洛地区的冠幅最大，单株产量、有效成分含量最高，根的优质品率最高，抗根结线虫病能力为中度感病，属 3 级，是最为适应的丹参种质；陕西丹参在冠幅、单株产量、根的优质品率上居第 2 位，有效成分含量居第 4 位，抗根结线虫病能力为高度感染，属 4 级，是一个较为适宜的种质；甘西鼠尾和山东白花的有效成分含量分别居第 2、第 3 位，山东白花高抗根结线虫病，属 1 级，甘西鼠尾抗根结线虫病为中度感染，属 3 级，这两个种质也是较为适宜的种质。61-2-22、毛地黄鼠尾、辽宁丹参、三叶丹参在冠幅、单株产量、有效成分含量上均较低，不适宜在商洛地区种植；三叶丹参是一个高抗根结线虫病的种质，可以作为抗病育种的种质资源来利用。

不同丹参种质资源的花粉粒表面结构特征有一定的差异。毛地黄鼠尾花粉粒扁球形，表面粗糙，有大网套小网状纹饰，网眼较深而大，有 6 条纹沟沿短轴方向近环状；甘西鼠尾花粉粒呈扁球形，表面粗糙，有 6 条纹沟，纹沟较浅，纹沟间由大网隔开，大网内套小网，有网眼且较浅而小；三叶丹参花粉粒近圆球形，表面粗糙，有大网套小网状纹饰，网眼浅而大，有 6 条纹沟近环状；辽宁丹参花粉粒近球形，表面有大网套小网状纹饰，网眼极小，有 6 条纹沟；南丹参花粉粒长椭球形，表面粗糙，有大网套小网状纹饰，网眼小，有 8 条纹沟，沿长轴方向 2 条，垂直长轴方向 6 条，纹沟大而深；陕西丹参花粉粒近椭球形，表面粗糙，有大网套小网状纹饰，网眼较深且大，有 6 条纹沟沿长轴垂直方向，纹沟内分布有网状纹饰；山东白花花粉粒近长椭球形，表面粗糙，有大网套小网状纹饰，网眼极小而密，有 8 条纹沟，沿长轴方向 2 条，与长轴垂直方向 6 条，沟内分布有致密的网状纹饰，纹沟宽。不同丹参种质花粉粒外部结构差异可以用来区别不同的丹参种质资源。

舒志明等研究表明，不同丹参种质根结构差异较大，其主要区别在于初生木质部的形状排列、髓腔的有无、原生木质部在次生木质部中的数目和形状，可根据这些特征来区分不同的丹参种质。毛地黄鼠尾初生木质部和原生木质部被次生木质部挤压，在根中部初生木质部凌乱，原生木质部呈四条不规则的带状，无髓和髓腔。甘西鼠尾初生木质部有二束呈二原型，初生木质部被次生木质部挤压，原生木质部呈 3 条较宽的带状分布于初生木质部的外围和次生木质部中，髓腔极小。三叶鼠尾根部木心髓腔极小，初生木质部有五束呈五原型，初生木质部被次生木质部挤压使初生木质部和原生木质部呈五星条带状分布。辽宁丹参初生木质部有四束呈四原型，原生木质部和初生木质部被次生木质部挤压分开，初生木质部被挤压成近卵形，位于中部，髓腔极小，原生木质部角端被次生木质部挤压而与初生木质部分开，位于初生木质部的四周外围四角处。南丹参初生木质部有三束呈三原型，初生木质部被次生木质部挤压到中部，无髓和髓腔，原生木质部被次生木质部挤压呈 3 条带状，不均匀的分布与初生木质部的外围。陕西丹参初生木质部有四束呈四原型，初生木质部被次生木质部挤压到中部，有髓和髓腔，且髓腔大，中空，原生木质部被次生木质部挤压呈 4 条带状，位于初生木质部四周及次生木质部中，呈不均匀分布。山东白花初生木质部和原生木质部一起被次生木质部挤压到中部，只有少量的原生木质部小面积的零散分布于次生木质部中，在初生木质部的外围有巨大的空腔。

（二）基于分子标记的遗传多样性

温春秀等利用 AFLP 分子标记技术对 55 份丹参种质资源遗传多样性进行了分析，经聚类，55 份种质明显分为 4 组，第 1 组包括的种质最多，共有 28 个，主要包括了河北安国、甘肃、河南、山东和陕西等地的丹参种质，种质在相似系数为 0.71 时可分为 18 个亚组；第 2 组包括 3 个种质，为河北种质 C3、C5 和山东种质 C6，分为 2 个亚组；第 3 组包括 10 个种质，按照相似系数为 0.65 时分为 6 个亚组，包括河南、陕西、山东和四川中江种质；第 4 组有 13 个种质，主要是山东种质和河南种质，分为 6 个亚组。研究表明丹参种质资源变异丰富，即使是同一地区的种质也存在极大的遗传差异，它们之间的相似系数仅为 0.23～0.76，且组内的遗传相似系数高于组间的遗传相似系数。

王冰等利用 AFLP 分子标记技术对 27 个不同居群的丹参进行了分析，以相似系数 0.72 为阈值，可将 27 份资源分为 8 个组，其中天士力居群最先与其他居群分开，表明它与其他丹参居群之间的亲缘关系较远，其他 7 组大致按地域聚在一起。第 1 组为浙江绍兴的 2 个居群和江苏射阳的 2 个居群；第 2 组为河南方城和安徽亳州的 2 个居群；第 3 组为四川的 2 个居群；第 4 组比较复杂，由陕西的 2 个居群、山东济南和河南内乡的居群组成；第 5 组为湖北的 2 个居群；第 6 组由华东地区的 6 个居群组成；第 7 组则由陕西的 2 个居群和山西的 3 个居群组成。

四、党参

党参为桔梗科党参属植物党参［*Codonopsis pilosula*（Franch.）Nannf.］、素花党参［*C. pilosula* Nannf. var. *modesta*（Nannf.）L. T. Shen］和川党参（*C. tangshen* Oliv.）的干燥根。党参主要分布于华北、东北、西北部分地区，产于山西长治地区的党参称“潞党”，东北产的称“东党”，山西五台山野生的称“台党”。素花党参主要分布于甘肃、陕西、青海以及四川西北部，甘肃文县、四川平武产者又称“纹党”“晶党”，陕西凤县和甘肃两地产者则称“凤党”。在此仅介绍党参及其变种素花党参的遗传多样性。

(一) 特征特性的多样性

毕红燕等对不同产地党参种质资源的叶色、叶形、蔓色、花冠形状、主蔓数、根侧支数和毛细根等性状进行了观察和测定，根据上述性状将不同产地的党参分为 4 种类型：第一类叶浅绿色、卵形，叶表面无毛与被毛各半，主蔓 2～3 个，根多 2～3 个侧支，毛细根较少，包括渭源、陇西、通渭、陵川、黎城等地的种质；第二类叶浅绿色、卵形，叶表面多无毛，主蔓 2～3 个，根多 1～2 个侧支，毛细根中等或中等偏多，包括平顺、恩施、文县、五台等地的种质；第三类叶浅绿色、卵形，叶表面被毛极多，主蔓 1～3 个，根多 1 个侧支，毛细根中等偏多，包括凤县种质；第四类叶浅绿色、卵形，叶表面被毛极多，主蔓 1 个，根侧支数 1～3 个不等，毛细根多，包括抚松和敦化种质。叶片长度、叶宽、花冠长、花冠直径、单株根鲜重、单株根干重、根长、根粗、折干率等性状的变异程度也不同，地上部分干重变异最大，其次依次是单株根鲜重、干重、根长、根粗、折干率、叶片长度，变异程度最小的为叶宽、花冠长和花冠直径。研究表明吉林抚松种质根鲜重、干重、根粗均最大。

党参多以产地命名，不同产地党参存在一定的变异，但传统鉴定方法无法区分。白效令等通过对潞党参和台党参花粉电镜扫描发现，台党参花粉的极赤比显著高于潞党参，花粉表面纹饰上，台党参花粉的乳头凸起有小孔存在，而潞党参没有，结果表明粉孢性状鉴定可以将种以下级别的种质区分开来。

(二) 化学成分的多样性

糖类是党参的主要成分之一，传统经验认为党参“味甜者佳”。药理研究表明，党参的升血糖作用是其含糖分所致。多年来，研究者多以含糖量为评价指标进行党参品质比较，同种不同年生的党参多糖、单糖含量不同，一般三年生党参大于二年生党参。同种不同产地的党参多糖含量有别，多以道地产区含量高。同产地但不同种的党参多糖含量存在差异，野生与栽培党参多糖含量不同，不同炮制方法党参糖类含量也存在差异。贺玉林利用苯酚-硫酸法测定了党参中多糖及还原糖含量，结果表明揉搓含量高于不揉搓含量。

党参苍术内酯Ⅲ与党参的药理活性有一定的相关性，具有明显的抗炎活性。据报道，党参苍术内酯Ⅲ是党参的特征性成分，党参苍术内酯Ⅲ的含量有一定的专属性，产于山西的含有苍术内酯Ⅲ，而湖北恩施板桥党参、四川巫山庙党参却未检测到。另外，因产地的不同，党参苍术内酯Ⅲ含量存在差异。刘欣等（2006）利用两种方法测定了甘肃白条党参不同产地的苍术内酯Ⅲ含量，甘肃华亭和陇西两县含量最高。王爱娜等测定了山西陵川 1～3年生和甘肃、山西平顺二年生的党参，结果显示，三年生与二年生党参的苍术内酯Ⅲ含量相当，二年生含量大于一年生；同为二年生，三地党参苍术内酯Ⅲ含量依次为山西陵川＞甘肃＞山西平顺，各地含量的差异可能与加工方法及种植管理有关。

潞党党参苷Ⅰ含量随年限增加有降低趋势，三年生与二年生含量相近，栽培年限相同的台党参比潞党参中党参苷Ⅰ含量略低，野生台党参比栽培台党参的含量低。不同地区党参的胆碱含量有差异，山西长治的含量最高为 0.048％，而四川万县的胆碱含量最低为 0.022％。

（三）基于分子标记的遗传多样性

李忠虎等采用 AFLP 的方法对 11 个不同来源地的党参样品进行了遗传多样性分析。用遗传一致性系数和遗传距离对党参种质资源进行聚类，在遗传距离为 0.63 时将党参材料分为 3 个类群。第一个类群包括 7 个不同来源地的党参样品，其中来自甘肃陇西县城关镇和甘肃陇西县首阳镇的白条党参遗传距离最近，为 0.239 2，首先聚在一起，然后与甘肃陇西县渭河乡的白条党参、甘肃华亭县西华乡的党参、甘肃渭源县七圣乡的白条党参、甘肃渭源县莲峰乡的白条党参以及甘肃文县中寨乡的素花党参聚为一类。第二个类群有 3 个党参样品，分别为甘肃甘谷县的白条党参、甘肃甘南山区的野生党参和吉林梅河口市进化镇的轮叶党参。第三个类群只有一个党参样品，即为采自云南红河的鸡蛋参。毕红艳等利用 AFLP 指纹图谱的研究显示，党参具有丰富的多态性，种质水平的多态性较为丰富，多态性位点比率平均水平达到 37.25%。形态性状和遗传多样性研究结果均说明了党参种质资源具有丰富的遗传变异，这为党参的优良种质选育奠定了基础。

五、地黄

地黄（*Rehmannia glutinosa* Libosch.）为玄参科地黄属多年生草本植物，以其块根入药，主产河南、山西、河北、山东。另外，赤野地黄（*R. glutinosa* Libosch. var. *purpurea* Makino）或称笕桥地黄，曾作为地黄的一个变种，原产于杭州笕桥镇，我国现已灭绝，但日本仍栽培入药，并与怀地黄杂交，育出了福知山地黄。

（一）特征特性的多样性

据文献报道，地黄农家品种（或品系）多达 52 个，但目前实际存在的约为 20 多个栽培类型，而且名称混乱。1917 年崔大毛培育出四齿毛新品种，1920 年李开寿培育出抗病虫、抗涝、产量高的“金状元”，其他著名的农家品种还有小黑英、郭里猫、邢疙瘩等。中国医学科学院药用植物研究所于 20 世纪 70 年代初培育出了北京 1 号等系列品种，1985 年河南温县农业科学研究所培育出 85－5 等新地黄杂交品种。

地黄是目前少数几种应用育成品种进行栽培的中药材，但目前只对少数农家品种（如金状元、北京 1 号、北京 2 号、小黑英、邢疙瘩）的形态特征与农艺性状做了比较详细的描述，多数品种（金地黄、白地黄、红薯王、里外青等）仅有简单的描述，有些仅有名称，而未见特征描述，如有性杂交育成的 76－19、沛育 77－5、组培 825、叶繁 824、变异 192、抗育 831、北京 4 号等。另外，有些农家品种可能只是名称的不同而已，如金地黄与金状元、白地黄与白状元、四齿毛与四翅锚。

不同地黄品种叶片的形状差异较大，类型较多，如叶缘有锯齿状和波状，叶形有卵形、长椭圆形和狭长形。从地黄的株型来看，可分为两大类型，即平展型和半直立型。所谓平展型，即叶片的着生方式基本与地面平行，下部叶片紧贴地面，这样的株型不利于密植。而半直立型因叶片的着生与地面保持一定的角度，叶片采光效果比较好，是比较理想的株型。

块根的形状主要有薯状和纺锤状。从块根的大小来看，不同地黄品种之间有明显的差别，人工选育的品种块根较大，产量较高，而许多变异单株及野生种块根较小，细长，产量低，商品规格低（表 24－2、表 24－3）。

表 24－2　地黄种质资源的外观形态特征

品种	叶缘	叶形	株型	品种	叶缘	叶形	株型
9302	波状	长椭圆形	半直立	X4	波状	卵圆形	平展
85－5	波状	长椭圆形	半直立	85－0	波状	狭长形	半直立
小黑英	深裂	长椭圆形	半直立	H1	深裂	长椭圆形	半直立
金状元	波状	卵圆形	半直立	似无名	波状	卵圆形	半直立
H2	波状	长卵圆形	半直立	狮子头	波状	卵圆形	平展
H3	锯齿	长椭圆形	平展	北 1－1	波状	长椭圆形	半直立
H6	锯齿	狭长形	半直立	红薯王	波状	卵圆形	平展
H8	深裂	卵圆形	平展	93－2	波状	卵圆形	平展
H9	锯齿	卵圆形	半直立	无名氏	波状	卵圆形	半直立
H11	锯齿	狭长形	半直立	国林新一代	锯齿	长椭圆形	半直立
H12	齿密	狭长形	半直立	郭里猫	波状	长椭圆形	半直立
北京 1 号	波状	长椭圆形	半直立	82－9	锯齿	椭圆形	平 展
X2	深裂	长椭圆形	半直立	X3	深裂	长椭圆形	半直立

表 24－3　地黄种质资源的根部形态特征

品种	块根形状	块根皮色	肉色	品种	块根形状	块根皮色	肉色
9302	薯状	浅黄色	粉白	85－0	薯状	浅红黄色	黄白色
85－5	薯状	浅黄色	黄白色	H1	纺锤状	浅红黄色	黄白色
小黑英	细长条	浅红黄色	黄白色	似无名	纺锤状	浅黄色	黄白色
金状元	薯状	浅红黄色	黄白色	狮子头	纺锤状	浅红黄色	黄白色
H2	薯状	浅红黄色	黄白色	北 1－1	薯状	浅红黄色	黄白色
H3	薯状	浅黄色	黄白色	红薯王	薯状、疙瘩	浅黄色	黄白色
H6	薯状	浅黄色	粉白	93－2	薯状	浅黄色	黄白色
H8	薯状、疙瘩	浅黄色	粉白	无名氏	纺锤状	浅红黄色	黄白色
H9	细长条	浅黄色	黄白色	国林新一代	纺锤状	浅黄色	黄白色
H11	薯状	浅黄色	黄白色	郭里猫	薯状、疙瘩	浅黄色	黄白色
H12	细长条	浅黄色	黄白色	82－9	纺锤状	淡红黄色	黄白色
北京 1 号	纺锤状	浅黄色	黄白色	X4	纺锤状	浅黄色	粉白
X2	纺锤状	浅黄色	黄白色	X3	纺锤状	浅黄色	黄白色

一般情况下，地黄的萌芽能力较强，但不同品种萌芽能力和苗期生长势有较大的差异，而且与最后的产量有一定的关系，如 85－5、郭里猫和北京 1 号等品种萌芽能力较强，苗期的生长速度也较快，产量也相对较高。而小黑英、H10 等品种生长速度较慢，

产量也相对较低。但也有一些品种例外，如平展型品种 93－2、红薯王等萌芽能力较差，生长速度一般，但产量较高。

从地黄的花色来看，大部分地黄的花色为紫红色，只有 X5 和 X2 的花色为淡黄色，但开紫红色花的地黄其花色的深浅也有所不同，有一定的区别。

不论是叶片长度、叶片宽度、叶片鲜重，还是株高、单株叶片数等性状变异范围都较大，如单株叶片数的变异系数为 33.44，叶片鲜重的变异系数为 27.73。不同品种之间叶片长度、叶片宽度、叶片鲜重、株高、叶片数等都有极显著差异，表明地黄有丰富的遗传多样性（表 24－4）。

表 24－4　地黄种质资源的经济性状

品种	叶片长度（cm）	叶片宽度（cm）	叶片鲜重（g）	叶片数（片）	株高（cm）
9302	23.6	9.4	7.7	36.8	10.4
85－5	27.0	11.1	10.7	29.5	11.4
小黑英	23.3	7.5	6.2	21.5	8.7
金状元	22.7	9.2	8.2	36.7	9.4
H2	23.8	16.0	9.7	37.3	18.1
H3	26.5	9.8	8.2	28.1	8.3
H6	21.8	7.6	5.7	32.7	16.0
H8	24.6	10.0	8.6	42.6	10.5
H9	16.6	7.4	3.8	27.7	5.5
H11	21.9	7.8	6.1	30.3	13.4
H12	20.6	7.0	4.9	46.5	13.9
北京 1 号	20.4	8.5	6.0	26.5	7.6
X2	23.8	9.7	7.4	29.3	9.1
X3	26.7	9.9	9.8	38.6	11.8
X4	23.2	11.1	8.7	33.1	9.8
85－0	22.8	7.3	6.0	27.7	6.6
H1	22.4	7.9	7.5	39.7	18.7
似无名	27.0	10.4	11.8	38.4	10.4
88－1	22.2	10.0	8.2	37.4	11.4
狮子头	20.1	10.4	8.0	31.7	9.8
北 1－1	19.7	8.5	6.9	32.3	11.3
红薯王	22.6	10.3	7.8	34.3	10.1
93－2	21.5	10.2	7.3	26.9	9.8
无名氏	27.1	10.4	12.9	40.9	9.5
国林新一代	22.7	13.5	7.6	34.9	9.5
郭里猫	25.6	10.4	9.1	36.1	13.1
82－9	16.7	7.8	4.3	29.5	8.5
平均值	22.9	9.5	7.7	33.5	11.1
变异系数	12.03	20.73	27.73	33.44	16.79

根据地黄种质资源的叶部形态、株型和块根形状等指标，可把地黄种质资源划分为5种类型。类型Ⅰ：块根薯状，表面有疙瘩，产量高，如国林新一代、85-5、温县1号、郭里猫；类型Ⅱ：块根纺锤状，产量较高，如北京1号、北京4号、大红袍；类型Ⅲ：叶片平展，块根薯状，产量较高，如93-2、82-9、红薯王、狮子头；类型Ⅳ：叶片狭小，块根细长，笼头长，产量低，似野生地黄，如小黑英；类型五：叶色浓绿，卵圆形，块根较小，产量中等，如无名氏。

不同品种之间地上部鲜重有明显的差异，国林新一代的地上部鲜重最大，每株平均鲜重为992 g，85-2的地上部鲜重最小，平均为406 g。不同品种之间块根数有明显的差异，国林新一代的块根数最多，平均单株块根数为7.87个，85-2的块根数最小，平均为5.40个。地黄不同品种间多糖含量差异明显，以北京1号多糖含量最高。

（二）基于分子标记的遗传多样性

王艳等应用RAPD和ISSR分子标记技术对55份地黄材料进行了遗传多样性分析，在遗传相似系数为0.75时，55份地黄材料分为七大类群。第Ⅰ类群包括11份材料，这些材料株型大多为平展型，浅绿色、椭圆形叶，波状叶缘。第Ⅱ类群包括15份材料，这些材料大多表现为平展型，深绿色、椭圆形叶，波状叶缘。第Ⅲ类群包括除来自山东日照的rzh1外的4份材料，这4份材料都是平展型，椭圆形叶，波状叶缘。第Ⅳ类群包括河南博爱、沁阳、登封，山东费县及北京的野生品种和85-5、9302，共20份材料，其中来自地黄道地产区博爱和沁阳的材料很明显地聚在一起。除了登封和费县的2份材料是半直立型外，其余材料都是平展型。第Ⅴ类群包括3个变异类型0517、0526、0537，为平展型，椭圆形叶。第Ⅵ类群仅北京1号1个品种，为半直立型，深绿色、椭圆形叶，波状叶缘。第Ⅶ类群仅金状元1个品种，为半直立型，浅绿色、卵圆形叶，波状叶缘。结果说明野生地黄具有丰富的遗传多样性，同一地域分布的地黄材料亲缘关系较近，不同地理居群的相似性为0.63～0.98，ISSR标记比RAPD标记能检测到地黄种内更高的遗传差异性。

六、甘草

甘草（*Glycyrrhiza uralensis* Fisch.）又称乌拉尔甘草，为我国常用药用植物。

习惯上将甘草按产地划分为东草区、西草区和新疆草区（西北草区）。东草区是以科尔沁沙地为中心，包括内蒙古敖汉、奈曼、翁牛特、巴林右、正镶白、察哈尔右中、阿鲁科尔沁、巴林左、扎鲁特、开鲁等旗县，以及吉林洮南、通榆、长岭等县。西草区以鄂尔多斯高原西部的毛乌素沙地和库布齐沙漠为中心，向西可延伸到巴丹吉林沙漠和河西走廊地区，包括内蒙古的鄂尔多斯市、巴彦淖尔市，宁夏东南部和甘肃及陕西北部的部分旗(县)，该地区生产的甘草药材称为“西甘草”或“西草”，享誉国内外的“梁外草”、“西镇草”、“王爷地草”和“河川草”均产于该区。新疆草区以北疆的西部和西北部地区为主，集中分布于岩著盆地以北河流两岸的沙地上。

（一）特征特性的多样性

魏胜利等（2008）研究了甘草种源种子形态特征与萌发特性的地理变异规律。结果表明，甘草的种子形态特征大致呈现自西向东种粒逐渐增大的经向变异趋势；发芽特性呈现随海拔高度的增加，种子的发芽率和发芽势增加，平均发芽速度加快的垂直变异趋势，并且平均发芽速度呈现自西向东发芽时间逐渐延长的经向变异趋势。冯全民等（1996）认为，不同生态型的内蒙古鄂尔多斯市乌拉尔甘草在千粒重、硬实率、复叶长度、小叶片对数、地下茎和根系形态特征等方面均存在一定差异。佟汉文等对 59 份甘草资源的形态性状进行了分析，结果表明，7 个形态性状在不同种质资源间差异达到了极显著水平，基于形态学指标将甘草分成了以新疆和内蒙古为主的两大类群，各组群之间形态差异明显。杨全等对甘草 8 个形态变异类型的主要农艺性状分别进行方差、相关及逐步多元回归分析。甘草农艺性状变异幅度较大，除横生茎数和侧根数两项农艺性状指标没有显著性差异外，其他农艺性状指标均达到显著或极显著性差异。12 项农艺性状对甘草产量影响大小顺序为：主根直径＞芦头直径＞地茎＞株高＞横生茎数＞小叶长＞小叶宽＞顶叶长＞顶叶宽＞一级侧枝数＞分蘖数＞侧根数。逐步多元回归分析结果表明，株高、地茎、芦头直径、主根直径、横生茎、分蘖数、侧枝数等 7 项农艺性状指标是影响甘草产量高低的主要因子。

（二）化学成分的多样性

植物的物质代谢是在其特定的生态条件下完成的，不同地理环境因温度、土壤等条件的差异，其次生代谢产物会有一定的差异。甘草的有效成分之一甘草酸为甘草的次生代谢产物，早在 20 世纪 50 年代初，楼之岑等研究了我国不同地区乌拉尔甘草有效成分含量，发现产地不同含量各异，特别是甘草酸含量差异较大。曾路等研究发现，山西临县和甘肃敦煌两地乌拉尔甘草的甘草酸含量相差 3 倍以上。林寿全等研究了生态因子对乌拉尔甘草质量影响，认为不同产地的产品不仅有效成分含量上有差别，而且在商品性状上也存在显著差别。王文全发现不同地理种群所产药材的甘草酸含量具有很大差异，居群之间可相差数倍，同一地区不同无性系小居群的变异类型之间甘草酸的含量也存在显著差异。佟汉文以甘草酸含量为指标对 59 份甘草资源的聚类分析表明，内蒙古地区的甘草酸含量最高，平均 1.2％；其次是包括宁夏、青海和内蒙古部分居群的中部地区，平均为 0.90％；新疆的甘草酸含量平均最低，只有 0.49％。

杨全等对乌拉尔甘草 7 个不同变异类型药材中总黄酮、多糖含量进行了分析，结果表明，总黄酮含量变化较大，为 4.28％～6.90％，平均值为 5.01％；含量最高的是绿茎光滑类型，6.90％，最高含量为最低含量的 1.61 倍；紫红茎光滑、茎基紫红光滑、绿茎叶片皱褶、绿茎密刺毛等 4 个类型间的总黄酮含量差异不显著；黄绿茎稀刺毛类型和普通类型的总黄酮含量差异不显著；而绿茎光滑类型的总黄酮含量与其他几个类型的总黄酮含量差异显著。多糖含量差异显著，含量为 7.39％～11.32％，平均值为 9.22％，最高含量为最低含量的 1.53 倍。紫红茎光滑类型、茎基紫红光滑类型的多糖含量显著高于其他类型。

（三）形态及基于生化和分子标记的遗传多样性

佟汉文利用两种同工酶分子标记对 31 份乌拉尔甘草种质资源进行了分析，共检测到 6 个基因位点，多态性位点的百分率达 100％。19 个等位基因有 13 个具有多态性，多态性等位基因比率为 78.95％。按照魏胜利对乌拉尔甘草 3 个生态区的划分，新疆地区等位基因分布频率最高，其次是西北地区，东北地区最低；同工酶 Dice 相似系数平均为 0.75，其中以新疆地区的最低。同工酶等位基因分布频率和 Dcie 相似系数均揭示出新疆地区乌拉尔甘草种质遗传变异丰富，表现出较高的遗传多样性。

佟汉文等以 59 份我国乌拉尔甘草种质资源为材料，从形态、同工酶、DNA（ISSR）3 个层次上，对乌拉尔甘草种质资源遗传多样性进行研究评价。结果表明，从总体上讲乌拉尔甘草遗传多样性较高，这主要是乌拉尔甘草在我国分布较广，并以野生为主，且伴有一定程度的引种所致。我国乌拉尔甘草具有形态、同工酶和 DNA 水平上的广泛多样性，特别是我国东西气候差异较大，生态环境各异，造成了丰富多样的乌拉尔甘草野生种群。孙群等筛选出 18 条 ISSR 多态性引物，对 46 份乌拉尔甘草种质资源进行了遗传多样性分析，18 条引物共扩增出 210 条多态性带，表明我国乌拉尔甘草种质资源遗传变异十分丰富，新疆地区乌拉尔甘草遗传变异最为丰富，其次是西北地区，东北地区遗传变异最低，基于 ISSR 分子标记划分的组群与地域性没有明显关系。葛淑俊等利用 AFLP 分子标记对来自中国甘草主产区的 16 个野生种群共 320 个单株进行遗传多样性研究。Nei's 基因多样性指数为 0.13～0.19，种群总体多样性指数为 0.25；Shannon's 多态性信息指数的变异范围在 0.19～0.28，总体为 0.39；宁夏地区甘草种群遗传多样性水平最高，甘肃酒泉种群的遗传多样性水平最低。AMOVA 分析表明，甘草种群间的遗传变异占总变异的 18.64%，种群内变异占 67.16%。利用 UPGMA 聚类可将供试 16 个群体划分为 3 类，聚类结果表现出明显的地域性。

七、黄芪

黄芪为蝶形花科黄芪属多年生草本植物，这里指的是膜荚黄芪［*Astragalus membranaceus*（Fisch.）Bge.］及其变种蒙古黄芪［*A. membranaceus*（Fisch.）Bge. var. *mongholicus*（Bge.）Hsiao］，其干燥根入药。

（一）特征特性的多样性

膜荚黄芪和蒙古黄芪中存在多个变异类群，在分类上称为黄芪复合体。蒙古黄芪栽培群体中植株的形态有许多不同，如小叶先端有的钝，有的微凹，有的则具小刺尖；叶片颜色有青绿、绿、灰绿及黑绿等多种；有的植株主茎上，部分节的部位生长 2 个或 3 个侧枝，而不同于一节一侧枝，呈互生状态。有的植株茎蔓完全为绿色；有的茎蔓背地一侧完全为红色，向地一侧则或多或少具红色；有的茎蔓上虽有红色，但无论哪一侧都不完全为红。蝶形花的旗瓣先端有的呈淡黄色，有的呈淡红色，有的则呈深红色。果荚在成熟之前，有的纯绿色，有的或多或少地带有深浅不尽相同的红色。种子颜色呈棕、黑、绿色，中间还存在过渡类型。有的种子无花纹，有的种子种纹较少，仅有少量零星散布；有的种纹极多，分布极密。研究发现产于陕西旬邑早花型膜荚黄芪的地上部分抗寒能力高于晚花型膜荚黄芪；早花型膜荚黄芪易感白粉病，晚花型膜荚黄芪稍抗白粉病；晚花型膜荚黄芪品系较抗根腐病，早花型膜荚黄芪与蒙古黄芪对根腐病的抗性最差。而蒙古黄芪对白粉病有极强的抗性，是优良的抗白粉病种质资源。蒙古黄芪中存在着红秆和绿秆之分，膜荚黄芪中存在着叶表面有毛和无毛之分。通过对其花粉、叶表面纹饰、子房柱头电镜扫描观察以及根、叶酯酶同工酶的进一步分析比较，发现红秆、绿秆蒙古黄芪及叶表面有毛、无毛的膜荚黄芪存在明显的差异。

有花植物的花粉形态因其稳定性、保守性和可靠性而在植物分类、系统发育、起源与演化等方面得到广泛应用。黄芪花粉壁的发育属单子叶型，成熟的花粉是二细胞型。膜荚黄芪的花粉粒近圆球形，萌发沟短而宽；蒙古黄芪的花粉粒长球形，萌发沟细。

（二）化学成分的多样性

饶伟文等测定了蒙古黄芪、膜荚黄芪、多序岩黄芪（红芪）、东俄洛黄芪、梭果黄芪、多花黄芪中的异黄酮类成分芒柄花素和毛蕊异黄酮含量，从总异黄酮的含量平均值看，蒙古黄芪高于膜荚黄芪。

（三）基于分子标记的遗传多样性

植物体内许多蛋白质分子数量丰富、受环境影响小、分析简单快捷，能够更好地反映遗传多样性，是一种有用且可靠的遗传标记。白效令等分析，黄芪酯酶同工酶具有共有的特征谱带，并具有种的特异性。生长在恒山上的红秆、绿秆蒙古黄芪及有毛、无毛的膜荚黄芪在同工酶酶谱上存在明显差异。谢小龙等对陇西栽培蒙古黄芪的种子进行了酯酶同工酶分析，认为陇西的栽培蒙古黄芪是一个复杂的异质群体，形态上有丰富多态性。

唐晓晶用 40 条 ISSR 引物进行筛选，确定引物 UBC866 可以作为两种药用黄芪的鉴别引物，蒙古黄芪 716bp 处出现一条单一条带，膜荚黄芪在 716bp 和 1 017bp 处出现两条明显的特异性条带，其中 1 017bp 处的条带为膜荚黄芪的特征性条带，且条带稳定，可重复，成功地鉴别出两个来源的黄芪。

金钟范等利用 RAPD 方法对 19 份膜荚黄芪进行遗传多样性分析，其遗传距离分布在 0.056～0.448，平均遗传距离为 0.256，可见膜荚黄芪遗传多样性不是很丰富。聚类分析表明，19 份材料可划分为 3 个类群，第 1 类群为野生膜荚黄芪；第 2 类群为栽培的华北膜荚黄芪；第 3 类群为栽培的东北膜荚黄芪。栽培的膜荚黄芪之间亲缘关系较近，野生膜荚黄芪和栽培膜荚黄芪之间亲缘关系较远。从上述分子生物学研究可以看出，虽然已经引入分子标记的方法，但研究所用的材料较少，缺乏代表性和说服力，而且未与形态学进行紧密地结合。

八、浙贝母

浙贝母（*Fritillaria thunbergii* Miq.）为百合科多年生草本植物，其干燥鳞茎入药为浙贝母，又名象贝、大贝、珠贝、土贝、元宝贝、苏贝（江苏），具清热散结、化痰止咳、开郁之功，是常用的中药材，著名“浙八味”之一，产地以宁波鄞州区章水镇为主。

（一）特征特性的多样性

浙贝母的栽培品种有细叶浙贝（狭叶种）、大叶浙贝（宽叶种）、轮叶浙贝、二芽浙贝（小二子）、多籽浙贝（多芽种）等多个农家品种，其中以细叶浙贝种植面积最广。王志安对浙贝母大叶、细叶、多籽、建畚、杭贝、海汀、金塘、象山、药试场 9 个农家品种的特性研究表明，大叶、细叶、多籽和建岙4个农家品种生长旺盛，植株高大，株高均在60 cm左右。其中多籽品种多为3秆，即有较高的繁殖率。建岙品种植株矮小，不宜直接利用，但其主秆数较多，平均每株达4.6秆，是较好的高繁殖率材料，可作为杂交育种的亲本利用。9个农家品种的全生育期基本接近，但不同品种的发育进程略有差异，大叶种出苗和枯苗均较迟，而海门和杭贝出苗和枯苗均较早。浙贝母9个农家品种间产量和繁殖率差异较大。大叶、细叶和多籽品种的净产量均较高，多籽品种高达10 710 kg/hm^2。从以上3个品种来看，多籽品种增殖率明显高于大叶和细叶，达145.7%，种用鳞茎重量明显较低，有效地节约了种用成本。建岱品种的繁殖率很高，达157.9%，但其产量较低，不宜直接在生产上利用。抗病性试验结果表明，浙贝母9个农家品种对黑斑病和灰霉病的抗性均不很强，但品种间有一定差异，其中多籽品种对灰霉病的抗性最强，病情指数为24.8；大叶品种对黑斑病的抗性最强，病情指数为28.5。浙贝母农家品种间生物碱含量有较大差异，其中多籽品种和建岙品种较高，分别达0.285%和0.290%，其他品种相对比较接近，在0.200% ～0.240%之间。

（二）基于分子标记的遗传多样性

陆含等对浙贝母的多籽、宽叶、狭叶（浙贝1号）和岭下4个品种的遗传多样性进行了分析，从RAPD的分析结果看，浙贝母的多籽、狭叶、宽叶、岭下4个品种间的相似性较高，相似系数为0.757 5～0.902 3，其中岭下与狭叶贝母2个品种间相似度最高。聚类分析结果表明，浙贝母4个品种中岭下与狭叶贝母的亲缘关系最近，多籽品种与狭叶、宽叶、岭下贝母3个品种亲缘关系相对较远。

九、红花

红花（*Carthamus tinctorius* L.）为菊科植物，其干燥花入药为红花，别名草红花。具有活血通经、散瘀止痛的功效，用于治疗冠心病心绞痛。红花油含有很高的不饱和脂肪酸，其亚油酸的含量高达70%～80%，对人体心血管系统具有较好的保健作用，同时，红花油中含有较多的维生素E（1.46 g/L）。根据各地红花的形态特征，将我国红花分为新甘宁、冀鲁豫、江浙闽和川滇青四个栽培中心。在我国，红花主要分布于河南、四川、云南、新疆等省、自治区。

（一）特征特性的多样性

红花是菊科红花属中唯一的栽培种，其原产地为大西洋东部、非洲西北的加那利群岛及地中海沿岸。我国的红花品种类型独特，经过多年努力，共收集红花资源700多份。同时，有关单位从国外引进红花资源，特别是适合油用的品种，使我国红花种质资源收集总数达到2 800余份。

研究表明，我国红花种质资源有着丰富的多样性。花冠的颜色从白色、浅黄、黄、橘黄、橘红至红色；叶片从无刺至甚多；叶缘从全缘、锯齿至深裂；外部总苞苞片刺的数日从无至很多；头状花序直径9～38 mm；株高30～150 cm；种子千粒重25～105 g；亚油酸含量11.13%～85.60%，油酸6.74%～81.84%，硬脂酸0～5.7%，棕榈酸含量为

0.03%～29.03%。

（二）化学成分的多样性

不同来源红花中红花黄色素 A 的含量相差较大，变幅为 0.39～15.01 mg/g，相差近 40 倍，平均为 10.53 mg/g。来自不同洲的红花材料中红花黄色素 A 含量也存在较大差异，平均含量最高的为欧洲材料，其次为亚洲材料，美洲的最低。来源于同一国家（地区）的材料中，红花黄色素 A 的含量比较接近，如保加利亚的 PI 253511、PI305539；来源于中国的材料中，新红 1 号和新红 4 号植株外形相似，红花黄色素 A 含量接近；重庆南川红花、川红 1 号和简阳红花的植株外形也非常相似，红花黄色素 A 含量较接近。比较国产和引进红花黄色素 A 含量发现，引进红花品种（系）红花黄色素 A 的含量普遍低于国产品种红花黄色素 A 的含量。

不同红花品种间总黄酮及芦丁、山柰酚-3-*O*-芸香糖苷的含量存在显著差异，总黄酮含量为 1.62%～7.90%，以合肥红花、亳州红花、鱼台红花品种最优。芦丁含量为 0.018%～0.140%，以亳州红花、延津大红袍、巨鹿红花品种最优。山柰酚-3-*O*-芸香糖苷的含量为 0.085%～0.895%，以合肥红花、亳州红花、鱼台红花品种最优。红花各品种中芦丁含量均小于山柰酚-3-*O*-芸香糖苷的含量。相关分析结果表明，红花总黄酮含量与山柰酚-3-*O*-芸香糖苷的含量呈正相关（$r=0.853\,5^{**}$）。在新疆、山西同一年份种植时，不同品种间含量存在显著差别，而同一品种总黄酮含量及芦丁、山柰酚-3-*O*-芸香糖苷的含量虽有变化但小于品种间的差异；同一地区不同年份种植时，不同品种间的含量差异规律及同一品种的含量变化规律与同一年份不同地区种植时基本一致。以上分析结果表明，红花品种中黄酮类成分的含量主要由遗传因素决定，而环境因素的影响居次要地位。

（三）基于形态标记的遗传多样性

Patel 等的研究发现，株高、花期、果球籽粒数、百粒重是红花遗传变异的重要来源，株高、单株产量、分枝高度、千粒重等体现了红花全部遗传多样性的 80%。Ghongade 等的研究表明，红花遗传差异与地理分布有关，单株果数、每果粒数、单株一级和二级分枝数、单株产籽量的遗传多样性较大。

（四）基于生化标记的遗传多样性

张宗文等的研究表明，89 份红花品种的 8 个同工酶基因位点中有 7 个表现多态性，25 个等位基因位点中有 15 个表现多态性。刘仁建等对来源于 32 个国家的 53 份红花材料进行了种子醇溶蛋白检测，结果表明，红花亲缘关系远近与地理来源关系不大，中国红花种子醇溶蛋白遗传多样性比较丰富。

（五）基于分子标记的遗传多样性

许多学者采用各种分子标记技术对红花资源遗传多样性进行了评价。郭美丽等对中国 9 省份 22 个红花品种的 RAPD 分析结果表明，红花种内存在一定的遗传变异，我国北方，特别是新疆地区的品种亲缘关系较近，南方品种间遗传差异性较大。张磊等采用 AFLP 技术对中国红花 28 个不同栽培居群在 DNA 水平上的多态性进行研究，结果表明，红花种内存在一定的遗传多样性，基于 AFLP 条带统计的聚类结果和表型特征并不完全一致。此外，杨玉霞等利用 ISSR 标记技术对来自多个国家的 48 份红花的研究发现，红花资源遗传多样性丰富，印度、中东和埃及的材料遗传差异较大，其他材料遗传差异相对较小。赵欢等采用 RAMP 方法对原产于 42 个国家（地区）的 84 份红花材料进行遗传多样性分析，结果表明，材料间 RAMP 标记多态性较高，聚类结果与材料的地理分布有一定关系，来源于亚洲和美洲的材料多样性相对比较丰富，所有来自中国的材料被聚为一大类。

十、菊花（药用菊花）

菊花（*Chrysanthemum morifolium* Ramat.）为菊科菊属植物，其干燥头状花序为常用中药，具有散风清热、平肝明目等功效。我国药用菊花具有悠久的历史。药用菊花分布广泛，类型多样，根据产地的不同，主要有杭菊、贡菊、亳菊、滁菊、怀菊、济菊和祁菊等类型。但是由于经过长期的相互引种栽培，造成了地区间药用菊花类型的混杂。据初步调查，药用菊花种质资源在形态特征、内在质量和产量等方面均有较大差异。

（一）特征特性的多样性

药用菊花不同栽培类型的叶片形态存在差异。叶形上，根据长宽比药用菊花叶片分为卵形或阔卵形，但特种亳菊叶的长度与宽度比较接近；叶尖和叶基上，特种亳菊的叶尖为钝尖，叶基为耳垂形，而其他类型的药用菊花叶尖均为渐尖，叶基为楔形；叶裂形状上，异种大白菊和大白菊为全裂，大亳菊为浅裂，其他类型药用菊花均为深裂；叶裂数上，大洋菊、滁菊、特种亳菊、小白菊、红心菊为 3 裂，其他类型菊花为 2 裂。叶片长度、宽度的最大值都为红心菊，长度和宽度最小的为小亳菊，即 22 个药用菊花类型中，红心菊的叶片最大，小亳菊的叶片最小。

药用菊花不同栽培类型的头状花序形态也存在较大差异。颜色上，药用菊花不同栽培类型舌状花有黄白色、白色、黄色 3 种颜色；管状花多为黄色，但早贡菊和晚贡菊为淡黄绿色，大亳菊为淡黄褐色。管状花性别上，除黄药菊为单性雌花外，其余均为两性花。头状花序直径最大的为大亳菊，最小的为黄药菊；舌状花层数和数目最多的都为大亳菊，最小的都为黄药菊；管状花直径最大的为黄药菊，最小的为济菊；管状花数目最大的为晚小洋菊，最小的为小亳菊；外舌状花最长的为长瓣菊，最短的为黄药菊；外舌状花最宽的为异种大白菊，最窄的为黄药菊；内舌状花最长的为长瓣菊，最短的为早贡菊；内舌状花最宽的为异种大白菊，最窄的为早贡菊；内外舌状花长度比与宽度比最大的都为黄药菊，最小的都为早贡菊。

刘丽等对药用菊花的叶片形状、头状花序中舌状花和管状花的颜色及数目等主要形态性状进行测定，将药用菊花不同栽培类型的植物学性状数据标准化后，再根据类型间平均连锁法进行聚类分析，可将 22 个药用菊花类型分为 7 个类群。第 1 类群包括早贡菊、晚贡菊；第 2 类群包括小亳菊、怀小白菊、怀大白菊、怀小黄菊、济菊、祁菊；第 3 类群为特种亳菊；第 4 类群包括早小洋菊、晚小洋菊、大洋菊、异种大白菊、滁菊、小白菊、红心菊、大白菊、长瓣菊；第5类群为大亳菊；第6类群为杭白菊（小汤黄）、黄菊；第7类群为黄药菊。

（二）化学成分的多样性

徐文斌等对我国不同产区的20个药用菊花栽培类型的药材样品的绿原酸、总黄酮和总挥发油含量进行测定。20个药用菊花栽培类型药材样品中，大洋菊中绿原酸含量较低，小汤黄和小白菊中绿原酸含量接近0.2%，其他类型的药用菊花绿原酸含量均达到了《中华人民共和国药典》的标准，其中祁菊、晚小洋菊、滁菊、小亳菊、大亳菊、怀小黄菊、早贡菊绿原酸含量超过了药典规定的2倍，而晚贡菊的绿原酸含量达到了药典规定含量的3倍。可以看出，亳菊、滁菊、贡菊、怀菊和祁菊的绿原酸含量均比较高，杭菊中只有晚小洋菊、红心菊、大白菊和黄菊较高，其他类型菊花绿原酸含量则相对低些。对同一产区的各类型菊花绿原酸含量也进行了比较。20个类型药用菊花中多数类型总黄酮含量为2%～4%。大洋菊和小汤黄的总黄酮含量小于2%，但都大于1%；滁菊和大亳菊总黄酮含量超过了4%；小亳菊总黄酮含量最高，达到了7.34%。同一产区的各类型菊花总黄酮含量也存在差异。20个供试菊花类型中，杭菊的挥发油含量普遍比较低，而且含油量最低的2个类型异种大白菊和黄菊都属于杭菊；贡菊中黄药菊的挥发油含量相对较高些；亳菊中大亳菊的挥发油含量比较低，小亳菊的挥发油含量比较高。菊花的挥发油颜色多样，有绿色、黄色、蓝色等色。早小洋菊、晚小洋菊、大洋菊的挥发油颜色为黄绿色；小汤黄、早贡菊、晚贡菊、黄药菊、红心菊、黄菊的挥发油颜色为黄色；大亳菊、小白菊的挥发油颜色为棕黄色；异种大白菊、滁菊的挥发油颜色为绿色；小亳菊的挥发油颜色为深绿色；怀小黄菊、祁菊的挥发油颜色为蓝色；怀小白菊、济菊的挥发油颜色为深蓝色；大白菊和长瓣菊的挥发油颜色为蓝绿色。

顾瑶华等对不同品种菊花中绿原酸含量进行了测定，不同品种和不同产地的药用菊花，其绿原酸含量差异较大，其中产自安徽黄山的贡菊绿原酸含量最高，产自安徽亳州的亳菊绿原酸含量最低。

（三）基于分子标记的遗传多样性

徐文斌等用RAPD技术研究了22个类型药用菊花种质资源遗传多样性。22个药用菊花类型间的相似系数变化较大，表明药用菊花不同栽培类型间存在较大的遗传差异。早贡菊和晚贡菊之间的相似系数最高，为0.876；早小洋菊和晚小洋菊间的相似系数为0.818，大白菊和小白菊间的相似系数为0.799，表明两两类型间的亲缘关系比较近。而红心菊、滁菊、早贡菊和晚贡菊、怀小黄菊、黄药菊、济菊、祁菊、黄菊与其他类型间的相似系数相对较小，小于0.71，表明它们与其他类型菊花间的亲缘关系较远。22个药用菊花类型聚类结果表明，在相似系数约为0.68处，22个类型药用菊花可分为11个类群。早小洋菊、晚小洋菊、小汤黄、异种大白菊、大洋菊、小白菊、大白菊、长瓣菊可聚为一类；大亳菊和特种亳菊可聚为一类；小亳菊、怀小白菊和怀大白菊可聚为一类；早贡菊和晚贡菊可聚为一类；而其他类型则不能聚类。其中桐乡产杭菊能与射阳产杭菊聚为一类，表明它们虽然产地不同，但它们之间在亲缘关系上则比较近，然而选育出的菊花类型红心菊不能与其他杭菊聚为一类。黄药菊与另 2 个贡菊类型未被聚为一类，表明黄药菊与另 2 个贡菊类型虽同产于安徽歙县，但它们在遗传物质上存在较大差异，亲缘关系较远。滁菊、怀小黄菊、济菊、祁菊、黄菊都未能聚类，表明它们与其他类型的差异性较大。

十一、阳春砂（砂仁）

姜科植物阳春砂（*Amomum villosum* Lour.）及其变种绿壳砂［*A. villosum* Lour. var. *xanthioides*（Wall. ex Bak.）T. L. Wu et Senjen］的果实入药为砂仁。现介绍阳春砂的遗传多样性。

（一）特征特性的多样性

黄水山等对我国阳春砂进行形态鉴别与品质分析的结果表明，品种之间的经济性状有明显的差别。长泰砂百果重达 69.2 g，百粒种子团重 56.5 g，单果平均籽粒数 41.2 个，种子团占蒴果重的 81.6%，均居首位。广东阳春砂和同安引种的阳春砂百果重相近，分别为 47.0 g 和 47.5 g，百粒种子团重 36.7 g 和 37.3 g，单果平均籽粒数 26.8 个和 21.4 个，种子团占蒴果重的 78.1%和 78.5%。这说明栽培于不同纬度的同一品种，其繁殖体变化不大。广西砂、红壳砂、绿壳砂居中，百果重分别为 33.7 g、25.4 g、37.6 g，百粒种子团重 23.7 g、17.8 g、29.8 g，单果平均籽粒数 26.0 个、35.9 个、36.0 个。长舌砂最差，百果重为 21.7 g，百粒种子团重 11.6 g，籽粒数 12.8 个，种子团仅占蒴果重的 59.0%。可以看出，长泰砂是经济产量最佳的一种，它的百果重是长舌砂的 3 倍多，种子团比长舌砂重 5 倍，比闻名国内外的阳春砂百果重多 22 g，百粒种子团重多 20 g，种子多 1/3。长泰砂果大、仁重、皮薄、种子多，而且株型大，分蘖力强，产量高，是福建长泰挖掘的一个优良品种。

一般认为，阳春砂有大青苗（高脚种）和黄苗仔（矮脚种）两个品种。张丹雁等通过对道地产区广东阳春市阳春砂的调查，提出将阳春砂分为长果型和圆果型两个栽培品种，通过对其植物形态、果实性状及花粉粒特征等方面的比较鉴别，表明两个栽培品种间存在明显差异。近年来，通过对云南西双版纳地区的阳春砂资源考察，发现该地区阳春砂种质资源至少存在圆果型、长果型、小果型 3 种不同的生态类型，3 种不同类型可通过株高、果实形状及大小进行区分，其他性状如花、叶舌颜色、果实颜色等也存在差异。种内变异使栽培群体中出现新类型，经过人工选择、培育，可以选育出新品种。

（二）化学成分的多样性

精油含量是衡量砂仁有效成分的标准之一。广东阳春砂仁精油含量为 3.91%，而长泰砂仁的含量为 3.52%。马洁通过 GC－MS 法测定了西双版纳 16 份不同砂仁种质挥发油的主要成分，不同种质间挥发油中各成分的比例差异较大。

大量研究表明，阳春砂质量优于绿壳砂，而不同产区阳春砂品质差异不大。丁平等对不同产地的阳春砂进行指纹图谱比较研究，云南、广西、福建各样品之间的相似度较高，整体面貌非常相似，且云南引种的阳春砂从指纹图谱相似度上分析更接近广东阳春砂。从指纹图谱的峰差异及整体性评价可看出，不同产地之间药材既有较好的相关性，又有区别。因此要保证药材质量稳定，固定药材的产区是主要手段之一。

（李先恩 周丽莉 祁建军 孙 鹏）

参考文献

白效令，倪娜，王湘，1994. 北岳恒山黄芪的品质优势研究 [J]. 中草药，25 (6)：317-319.

杜娟，马小军，李学东，2006. 半夏不同种质资源 AFLP 指纹系谱分析及其应用 [J]. 中国中药杂志，31 (1)：30-33.

佟汉文，孙宝启，2005. 乌拉尔甘草种质资源遗传多样性研究 [D]. 北京：中国农业大学.

郭巧生，2000. 半夏研究进展 [J]. 中药研究与信息，2 (10)：14-20.

郭巧生，钱大玮，何先元，等，2002. 药用白菊花四个栽培类型内在质量的比较研究 [J]. 中国中药杂志，27 (12)：896-898.

唐晓清，王康才，陈暄，等，2006. 丹参不同栽培农家类型的 AFLP 鉴定 [J]. 药物生物技术学报，13 (3)：182-186.

葛淑俊，李广敏，马峙英，等，2009. 甘草野生种群遗传多样性的 AFLP 分析 [J]. 中国农业科学，42 (1)：47-54.

郭美丽，张芝玉，张汉明，1999. 不同栽培居群红花的授粉特征、同工酶谱及化学成分含量 [J]. 中国药学杂志，34 (11)：728-730.

贺庆，朱恩圆，王峥涛，等，2005. 党参中党参炔苷 HPLC 分析 [J]. 中国中药杂志，40 (1)：56.

黄璐琦，2004. 中药白芷种质资源的系统研究 [J]. 江西中医学院学报，16 (6)：5-7.

李先恩，祁建军，周丽莉，等，2007. 地黄种质资源形态及生物学性状的观察与比较 [J]. 植物遗传资源学报，8 (1)：95-98.

李秀，2002. 云南思茅野生兰科石斛属植物 [J]. 思茅师范高等专科学校学报，18 (3)：273-274.

刘丽，郭巧生，徐文斌，2008. 药用菊花不同栽培类型植物学形态比较 [J]. 中国中药杂志，33 (24)：2891-2895.

彭建明，张丽霞，马洁，2006. 西双版纳引种栽培阳春砂仁的研究概况 [J]. 中国中药杂志，31 (2)：97.

彭锐，范俊安，张艳，2001. 解属药用植物种质资源研究进展 [J]. 时珍国医国药，12 (3)：22-25.

舒志明，2005. 丹参种质资源的收集评价与品种选育 [D]. 杨陵：西北农林科技大学.

孙群，佟汉文，吴波，等，2007. 不同种源乌拉尔甘草形态和 ISSR 遗传多样性研究 [J]. 植物遗传资源学报，8 (1)：56-63.

魏胜利，王文全，张羽，等，2007. 干旱胁迫下不同种源甘草种子萌发特性的地理变异研究 [J]. 中国中药杂志，34 (18)：2308-2010.

魏胜利，王文全，秦淑英，2008. 甘草种源种子形态与萌发特性的地理变异研究 [J]. 中国中药杂志，33 (8)：869-872.

王峥涛，徐国钧，南波恒雄，等，1991. 党参中苍术内酯Ⅲ的 HPLC 分析 [J]. 中国药科大学学报，23 (1)：48.

王艳，李先恩，李学东，等，2008. 野生地黄种内遗传多样性的 RAPD、ISSR 分析 [J]. 中国中药杂志，

33 (22): 2591 - 2594.
王志安，1993. 浙贝母地方品种资源的收集、考评和利用 [J]. 中国中药杂志，18 (7): 404 - 406.
徐文斌，郭巧生，王长林，2006. 药用菊花遗传多样性的 RAPD 分析 [J]. 中国中药杂志，31 (1): 18 - 21.
徐文斌，郭巧生，李彦农，等，2005. 药用菊花不同栽培类型内在质量的比较研究 [J]. 中国中药杂志，30 (21): 1645 - 1647.
杨滨，王敏，曹春雨，等，2004. 中药白芷的分子遗传及其原植物分析 [J]. 中国药学杂志，39 (9): 654.
杨全，王文全，魏胜利，2007. 甘草不同类型间总黄酮、多糖含量比较研究 [J]. 中国中药杂志，32 (5): 445 - 447.
杨全，魏胜利，王文全，2009. 甘草群体形态变异类型研究 [J]. 亚太传统医药，5 (2): 34 - 36.
张戈，郭美丽，李颖，等，2004. 不同品种红花黄酮类成分的 HPLC 含量测定及其遗传稳定性研究[J]. 中草药，35 (12): 1411 - 1414.
张婷，徐珞珊，王峥涛，等，2005. 药用植物束花石斛、流苏石斛及其形态相似种的 PCR - RFLP 鉴别研究 [J]. 药学学报，40 (8): 728 - 733.
张宗文，2000. 红花品种资源的同工酶遗传多样性及分类研究 [J]. 植物遗传资源科学，1 (4): 6 - 13.
张兴国，王义明，罗国安，等，2002. 丹参种质资源特性的研究 [J]. 中草药，33 (8): 742 - 747.
中国药材公司，1995. 中国常用中药材 [M]. 北京 . 科学出版社 .

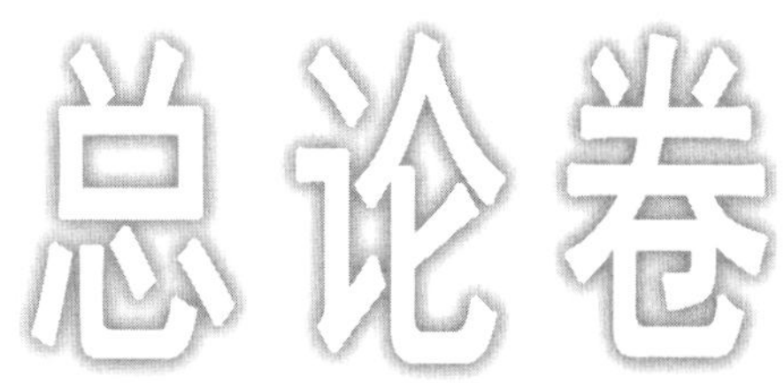

第二十五章

林木作物多样性

中国的生态系统复杂多样，物种极为繁，遗传资源十分丰富，是世界生物多样性大国之一。中国南北跨近 50°，东西跨近 63°，拥有寒温带、温带、暖温带、亚热带和热带多种气候类型，地形和环境十分复杂。根据森林的自然分布及自然地理区划和农业区划，将我国森林分为东北温带针叶林及针阔叶混交林地区、华北暖温带落叶阔叶林及油松侧柏林地区、华东中南亚热带常绿阔叶林及马尾松杉木竹林地区、云贵高原亚热带常绿阔叶林及云南松林地区、华南热带季雨林地区、西南高山峡谷针叶林地区、内蒙古东部森林草原及草原地区、蒙新荒漠半荒漠及山地针叶林地区、青藏高原草原草甸及寒漠地区等 9 个地区、44 个森林区和宜林区（中国森林编辑委员会，1997）。考虑到地区间、地区内综合生态差异，全国至少有 9 500～10 000 个生态立地类型组合（顾万春，2005）。如此独特而复杂的生态系统多样性，造就了特有的高度多样性的植被及森林类型。

中国除具有自身独特的森林植物区系外，还包括东南亚（印度洋）热带、亚热带区系（云南、海南），东亚及日本亚热带区系（福建、台湾），西伯利亚寒带温带区系（东北、西北），中亚、西北植物区系（新疆及青海、甘肃、内蒙古的部分）、北美植物区系等，孕育了十分丰富的森林树种资源。林木作物是指栽培的树和竹藤类植物，可以分为针叶树、阔叶树，或常绿树、落叶树；也可分为乔木、灌木、竹类、藤类。丰富的林木作物多样性为森林资源的培育提供了良好的物质基础，为林业生态建设和产业建设奠定坚实基础。

第一节　林木作物物种多样性

中国现有木本植物约 9 000 种，乔木树种 3 000 余种，灌木和藤本约 6 000 种。在木本植物中，中国特有种约 1 100 种，经济价值高或较高的 1 000 余种。现有树种绝大多数处于野生状态，经过人为栽培或人工干预的约 800 种，列入中国主要造林树种的约 210 种，生产上大面积栽培应用的 20～30 种。

本章介绍 116 种林木作物（其中与其他作物大类之间重复的为 33 种），它们隶属 56 个科、116 个属，涉及 221 个栽培物种及其野生近缘物种 788 个，详见表 25 - 1。其中针叶树种有杉木、柳杉、松树、柏木、罗汉松等 15 个种，共 38 个栽培种，野生近缘种 62 个；

表 25-1 中国林木作物物种多样性

编号	名称	科	属	栽培种	野生近缘种
1	杉木	杉科 Taxodiaceae	杉木属 *Cunninghamia* R. Br.	杉木 *Cunninghamia lanceolata*（Lamb.）Hook.	
2	柳杉	杉科 Taxodiaceae	柳杉属 *Cryptomeria* D. Don	柳杉 *Cryptomeria fortunei* Hooibrenk ex Otto et Dietr.	
3	水杉	杉科 Taxodiaceae	水杉属 *Metasequoia* Miki ex Hu et Cheng	水杉 *Metasequoia glyptostroboides* Hu et Cheng	
4	落羽杉	杉科 Taxodiaceae	落羽杉属 *Taxodium* Rich.	池杉 *Taxodium ascendens* Brongn. 落羽杉 *T. distichum*（L.）Rich. 墨西哥落羽 *T. mucronatum* Tenore	
5	松	松科 Pinaceae	松属 *Pinus* L.	红松 *Pinus koraiensis* Sieb. et Zucc. 华山松 *P. armandii* Franch. 海南五针松 *P. fenzeliana* Hand. - Mzt. 白皮松 *P. bungeana* Zucc. ex Endl. 马尾松 *P. massoniana* Lamb. 油松 *P. tabulaeformis* Carr. 云南松 *P. yunnanensis* Franch. 黄山松 *P. taiwanensis* Hayata 南亚松 *P. latteri* Mason 湿地松 *P. elliottii* Engelm. 火炬松 *P. taeda* L. 加勒比松 *P. caribaea* Morelet 黑松 *P. thunbergii* Parl.	高山松 *Pinus densata* Mast. 赤松 *P. densiflora* Sieb. et Zucc. 萌芽松 *P. echinata* Mill. 喜马拉雅白皮松 *P. gerardiana* Wall. 乔松 *P. griffithii* McClelland 巴山松 *P. henryi* Mast. 卡西亚松 *P. kesiya* Royle ex Gord. 华南五针松 *P. kwangtungensis* Chun ex Tsiang 台湾五针松 *P. morrisonicola* Hayata 偃松 *P. pumila*（Pall.）Regel 喜马拉雅长叶松 *P. roxburghii* Sarg. 西伯利亚红松 *P. sibirica*（Loud.）Mayr. 巧家五针松 *P. squamata* X. W. Li et Hsueh 毛枝五针松 *P. wangii* Hu et Cheng

（续）

编号	名称	科	属	栽 培 种	野生近缘种
6	落叶松	松科 Pinaceae	落叶松属 *Larix* Mill.	黄花落叶松（长白落叶松）*Larix olgensis* Henry 落叶松 *L. gmelinii*（Rupr.）Rupr. 华北落叶松 *L. principis-rupprechtii* Mayr. 新疆落叶松 *L. sibirica* Ledeb. 红杉 *L. potaninii* Batalin 日本落叶松 *L. kaempferi*（Lamb.）Carr.	
7	金钱松	松科 Pinaceae	金钱松属 *Pseudolarix* Gord.	金钱松 *Pseudolarix amabilis*（Nelson）Rehd.	
8	雪松	松科 Pinaceae	雪松属 *Cedrus* Trew	雪松 *Cedrus deodara*（Roxb.）Loud	
9	云杉	松科 Pinaceae	云杉属 *Picea* Dietr.	云杉 *Picea asperata* Mast. 青海云杉 *P. crassifolia* Kom. 红皮云杉 *P. koraiensis* Nakai	川西云杉 *Picea balfouriana* Rehd. et Wils. 日本鱼鳞云杉 *P. jezoensis* Carr. 丽江云杉 *P. likiangensis*（Franch.）Pritz. 白杄 *P. meyeri* Rehd. et Wils. 康定云杉 *P. montigena* Mast. 台湾云杉 *P. morrisonicola* Hayata 大果青杄 *P. neoveitchii* Mast. 西伯利亚云杉 *P. obovata* Ledeb. 紫果云杉 *P. purpurea* Mast. 鳞皮云杉 *P. retroflexa* Mast. 雪岭云杉 *P. schrenkiana* Fisch. et Mey. 长叶云杉 *P. smithiana*（Wall.）Boiss. 喜马拉雅云杉 *P. spinulosa*（Griff.）Henry 青杄 *P. wilsonii* Mast.

（续）

编号	名称	科	属	栽 培 种	野生近缘种
10	冷杉	松科 Pinaceae	冷杉属 *Abies* Mill.	冷杉 *Abies fabri*（Mast.）Craib. 杉松 *A. holophylla* Maxim.	百山祖冷杉 *Abies beshanzuensis* M. H. Wu 察隅冷杉 *A. chayuensis* Cheng et L. K. Gu 秦岭冷杉 *A. chensiensis* Van Tiegh. 苍山冷杉 *A. delavayi* Franch. 锡金冷杉 *A. densa* Griff. ex Parker 黄果冷杉 *A. ernestii* Rehd. 梵净山冷杉 *A. fanjingshanensis* W. L. Huang. Y. L. Tu et S. Z. Fang 巴山冷杉 *A. fargesii* Franch. 中甸冷杉 *A. ferreana* Bordéres－Rey et Gaussen 川滇冷杉 *A. forrestii* C. C. Rogers 长苞冷杉 *A. georgei* Orr 台湾冷杉 *A. kawakamii*（Hayata）T. Ito 臭冷杉 *A. nephrolepis*（Trautv.）Maxim. 怒江冷杉 *A. nukiangensis* Cheng et L. K. Fu 紫果冷杉 *A. recurvata* Mast. 西伯利亚冷杉 *A. sibirica* Ledeb. 喜马拉雅冷杉 *A. spectabilis*（D. Don）Spach 鳞皮冷杉 *A. squamata* Mast. 元宝山冷杉 *A. yuanbaoshanensis* Y. J. Lu et L. K. Fu
11	侧柏	柏科 Cupressaceae	侧柏属 *Platycladus* Spach	侧柏 *Platycladus orientalis*（L.）Franco	
12	柏木	柏科 Cupressaceae	柏木属 *Cupressus* L.	柏木 *Cupressus funebris* Endl. 干香柏 *C. duclouxiana* Hickel	绿干柏 *Cupressus arizonica* Greene 岷江柏木 *C. chengiana* S. Y. Hu

（续）

编号	名称	科	属	栽 培 种	野生近缘种
12	柏木	柏科 Cupressaceae	柏木属 *Cupressus* L.		巨柏 *C. gigantea* Cheng et L. K. Fu 西藏柏木 *C. torulosa* D. don
13	福建柏	柏科 Cupressaceae	柏木属 *Cupressus* L.	福建柏 *Cupressus hodginsii* （Dunn） Henry et Thomas	
14	竹柏	罗汉松科 Podocarpaceae	罗汉松属 *Podocarpus* L. Her. ex Pers.	竹柏 *Podocarpus nagi* （Thunb.） Zoll. et Mor. ex Zoll.	海南罗汉松 *Podocarpus annamiensis* N. E. Gray 小叶罗汉松 *P. brevifolius* （Stapf） Foxw. 兰屿罗汉松 *P. costalis* Presl 长叶竹柏 *P. fleuryi* Hickel 窄叶竹柏 *P. formosensis* Dummer 大理罗汉松 *P. forrestii* Craib et W. W. Smith 鸡毛松 *P. imbricatus* Bl. 罗汉松 *P. macrophyllus* （Thunb.） D. Don 台湾罗汉松 *P. nakaii* Hayata 百日青 *P. neriifolius* D. Don 肉托竹柏 *P. wallichiana* Presl
15	陆均松	罗汉松科 Podocarpaceae	陆均松属 *Dacrydium* Soland.	陆均松 *Dacrydium pierrei* Hickel	
16	银杏△	银杏科 Ginkgoaceae	银杏属 *Ginkgo* L.	银杏 *Ginkgo biloba* L.	
17	杨树	杨柳科 Salicaceae	杨属 *Populus* L.	毛白杨 *Populus tomentosa* Carr. 银白杨 *P. alba* L. 新疆杨 *P. bolleana* Lauche 青杨 *P. cathayana* Rehd.	响叶杨 *Populus adenopoda* Maxim. 阿富汗杨 *P. afghanica* （Ait. et Hemsl.） Schneid. 阿拉善杨 *P. alachanica* Kom. 黑龙江杨 *P. amurensis* Kom.

（续）

编号	名称	科	属	栽培种	野生近缘种
17	杨树	杨柳科 Salicaceae	杨属 *Populus* L.	小青杨 *P. pseudo-simonii* Kitag.	银灰杨 *P. canescens*（Ait.）Smith
				小叶杨 *P. simonii* Carr.	哈青杨 *P. charbinensis* C. Wang et Skv.
				香杨 *P. koreana* Rehd.	缘毛杨 *P. ciliata* Wall.
				大青杨 *P. ussuriensis* Kom.	山杨 *P. davidiana* Dode
				滇杨 *P. yunnanensis* Dode	东北杨 *P. girinensis* Skv.
				二白杨 *P. gansuensis* C. Wang et H. L. Yang	灰叶杨 *P. glauca* Haines
				加杨 *Populus* × *canadensis* Moench	德钦杨 *P. haoana* Cheng et Ch. Wang
				中东杨 *Populus* × *berolinensis* Dipp.	河北杨 *P. hopeiensis* Hu et Chow
				小黑杨 *Populus* × *xiaohei* T. S. Wang et Liang	兴安杨 *P. hsinganica* C. Wang et Skv.
				小钻杨 *Populus* × *xiaozhuanica* W. Y. Hsu et Liang	伊犁杨 *P. iliensis* Drob.
					额河杨 *P.* × *jrtyschensis* C. Y. Yang
				胡杨 *P. euphratica* Oliv.	康定杨 *P. kangdingensis* C. Wang et Tung
					瘦叶杨 *P. lancifolia* N. Chao
					大叶杨 *P. lasiocarpa* Oliv.
					苦杨 *P. laurifolia* Ledeb.
					米林杨 *P. mainlingensis* C. Wang et Tung
					热河杨 *P. mandshurica* Nakai
					辽杨 *P. maximowiczii* Henry
					玉泉杨 *P. nakaii* Skv.
					汉白杨 *P. ningshanica* C. Wang et Tung
					帕米尔杨 *P. pamirica* Kom.
					柔毛杨 *P. pilosa* Rehd.
					灰胡杨 *P. pruinosa* Schrenk
					青甘杨 *P. przewalskii* Maxim.
					长序杨 *P. pseudoglauca* C. Wang et P. Y. Fu

（续）

编号	名称	科	属	栽 培 种	野生近缘种
17	杨树	杨柳科 Salicaceae	杨属 *Populus* L.		梧桐杨 *P. pseudomaximowiczii* C. Wang et Tung 响毛杨 *P. pseudo-tomentosa* C. Wang et Tung 冬瓜杨 *P. purdomii* Rehd. 昌都杨 *P. qamdoensis* C. Wang et Tung 圆叶杨 *P. rotundifolia* Griff. 青毛杨 *P. shanxiensis* C. Wang et Tung 甜杨 *P. suaveolens* Fisch. 川杨 *P. szechwanica* Schneid. 密叶杨 *P. talassica* Kom. 三脉青杨 *P. trinervis* C. Wang et Tung 堇柄杨 *P. violascens* Dode 椅杨 *P. wilsonii* Schneid. 长叶杨 *P. wuana* C. Wang et Tung 乡城杨 *P. xiangchengensis* C. Wang et Tung 亚东杨 *P. yatungensis*（C. Wang et P. Y. Fu）C. Wang et Tung 五瓣杨 *P. yuana* C. Wang et Tung
18	柳	杨柳科 Salicaceae	柳属 *Salix* L.	旱柳 *Salix matsudana* Koidz. 垂柳 *S. babylonica* L. 圆头柳 *S. capitata* Y. L. Chou et Skv. 白柳 *S. alba* L. 红柳 *S. sino-purpurea* C. Wang et Ch. Y. Yang 细枝柳 *S. gracilior* Nakai	班公柳 *Salix bangongensis* C. Wang et C. F. Fang 碧口柳 *S. bikouensis* Y. L. Chou 银叶柳 *S. chienii* Cheng 长柱柳 *S. eriocarpa* Franch. et Sav. 异蕊柳 *S. heteromera* Hand. - Mazz 朝鲜柳 *S. koreensis* Anderss. 筐柳 *S. linearistipularis*（Franch.）Hao 长蕊柳 *S. longistamina* C. Wang

（续）

编号	名称	科	属	栽培种	野生近缘种
18	柳	杨柳科 Salicaceae	柳属 *Salix* L.		白皮柳 *S. pierotii* Miq. 北沙柳 *S. psammophila* C. Wang et C. Y. Yang 青海柳 *S. qinghaiensis* Y. L. Chou 绢果柳 *S. sericocarpa* Anderss. 光果巴郎柳 *S. spheronymphoides* Y. L. Chou 簸箕柳 *S. suchowensis* Cheng 松江柳 *S. sungkianica* Y. L. Chou et Skv. 细穗柳 *S. tenuijulis* Ledeb.
19	泡桐	玄参科 Scrophulariaceae	泡桐属 *Paulownia* Seib. et Zucc.	兰考泡桐 *Paulownia elongata* S. Y. Hu 楸叶泡桐 *P. catalpifolia* Gong Tong 毛泡桐 *P. tomentosa*（Thunb.）Steud. 白花泡桐 *P. fortuneii*（Seem.）Hemsl. 川泡桐 *P. fargesii* Franch.	鄂川泡桐 *Paulownia albiphloea* Z. H. Zhu sp. nov. 南方泡桐 *P. australis* Gong Tong 白桐 *P. kawakamii* Ito 台湾泡桐 *P. taiwaniana* Hu et Cheng
20	桉树	桃金娘科 Myrtaceae	桉属 *Eucalyptus* L'Herit.	窿缘桉 *Eucalyptus exserta* F. Muell. 柠檬桉 *E. citriodora* Hook. f. 蓝桉 *E. globulus* Labill. 大叶桉 *E. robusta* Smith 葡萄桉 *E. botryoides* Smith 赤桉 *E. camaldulensis* Dehnh. 多枝桉 *E. viminalis* Labill.	
21	乌墨	桃金娘科 Myrtaceae	蒲桃属 *Syzygium* Gaertn.	乌墨 *Syzygium cumini*（L.）Skeels 蒲桃 *S. jambos*（L.）Alston	台湾蒲桃 *Syzygium formosanum*（Hayata）Mori 皱萼蒲桃 *S. rysopodum* Merr. et Perry 假多瓣蒲桃 *S. polypetaloideum* Merr. et Perry

（续）

编号	名称	科	属	栽培种	野生近缘种
22	栎	壳斗科 Fagaceae	栎属 *Quercus* L.	麻栎 *Quercus acutissima* Carruth. 栓皮栎 *Q. variabilis* Bl.	槲栎 *Quercus aliena* Bl. 川滇高山栎 *Q. aquifolioides* Rehd. et Wils. 小叶栎 *Q. chenii* Nakai 槲树 *Q. dentata* Thunb. 白栎 *Q. fabri* Hance 大叶栎 *Q. griffithii* Hook. f. et Thoms. 辽东栎 *Q. liaotungensis* Koidz. 矮高山栎 *Q. monimotricha* Hand. - Mazz. 蒙古栎 *Q. mongolica* Fisch. ex Ledeb. 尖叶栎 *Q. oxyphylla*（Wils.）Hand. - Mazz. 光叶高山栎 *Q. pseudosemecarpifolia* A. Camus 刺叶栎 *Q. spinosa* David et Fr.
23	栲	壳斗科 Fagaceae	栲属 *Castanopsis* (D. Don) Spach	青钩栲 *Castanopsis kawakamii* Hayata 刺栲 *C. hystrix* A. DC.	华南栲 *Castanopsis concinna*（Champ. ex Benth）A. DC 南岭栲 *C. fordii* Hance 澜沧栲 *C. mekongensis* A. Camus 桂林栲 *C. chinensis* Hance 密刺栲 *C. densispinosa* Y. C. Hsu et H. W. Jen 甜槠 *C. eyrei*（Champ.）Tutch. 东南栲 *C. jucunda* Hance
24	锥栗△	壳斗科 Fagaceae	栗属 *Castanea* Mill.	锥栗 *Castanea henryi*（Skan）Rehd. et Wils. 板栗 *C. mollissima* Bl. 丹东栗 *C. dandonensis* Lieolishe.	茅栗 *Castanea seguinii* Dode
25	樟	樟科 Lauraceae	樟属 *Cinnamomum* Trew	樟 *Cinnamomum camphora*（L.）Presl 肉桂 *C. cassia* Presl	毛桂 *Cinnamomum appelianum* Schewe 华南桂 *C. austro-sinense* H. T. Chang

（续）

编号	名称	科	属	栽 培 种	野生近缘种
25	樟	樟科	樟属		滇南桂 C. *austro－yunnanense* H. W. Li
		Lauraceae	*Cinnamomum* Trew		钝叶桂 C. *bejolghota*（Buch. －Ham.）Sweet
					猴樟 C. *bodinieri* Levl.
					尾叶桂 C. *caudiferum* Kosterm.
					聚花桂 C. *contractum* H. W. Li.
					云南樟 C. *glanduliferum*（Wall.）Nees
					八角樟 C. *ilicioides* A. Chev.
					大叶樟 C. *iners* Reinw. ex Bl.
					天竺桂 C. *japonicum* Sieb.
					爪哇肉桂 C. *javanicum* Bl.
					野黄桂 C. *jensenianum* Hand. －Mazz.
					兰屿肉桂 C. *kotoense* Kanehira et Sasaki
					软皮桂 C. *liangii* Allen
					油樟 C. *longipaniculatum*（Gamble）N. Chao ex H. W. Li
					长柄樟 C. *longipetiolatum* H. W. Li
					银叶桂 C. *mairei* Levl.
					沉水樟 C. *micranthum*（Hayata）Hayata
					毛叶樟 C. *mollifolium* H. W. Li
					少花桂 C. *pauciflorum* Nees
					屏边桂 C. *pingbienense* H. W. Li
					刀把木 C. *pittosporoides* Hand. －Mazz
					阔叶樟 C. *platyphyllum*（Diels）Allen
					黄樟 C. *porrectum*（Roxb.）Kosterm.
					网脉桂 C. *reticulatum* Hayata
					卵叶桂 C. *rigidissimum* H. T. Chang

（续）

编号	名称	科	属	栽 培 种	野生近缘种
25	樟	樟科 Lauraceae	樟属 *Cinnamomum* Trew		银木 *C. septentrionale* Hang. - Mazz. 香桂 *C. subavenium* Miq. 细毛樟 *C. tenuipilum* Kosterm. 辣汁树 *C. tsangii* Merr. 平托桂 *C. tsoi* Allen 粗脉桂 *C. validinerve* Hance 川桂 *C. wilsonii* Gamble
26	闽楠	樟科 Lauraceae	楠属 *Phoebe* Nees	闽楠 *Phoebe bournei*（Hemsl.）Yang	沼楠 *Phoebe angustifolia* Meissn. 浙江楠 *P. chekiangensis* C. B. Chang 山楠 *P. chinensis* Chun 竹叶楠 *P. faberi*（Hemsl.）Chun 长毛楠 *P. forrestii* W. W. Smith 粉叶楠 *P. glaucophylla* H. W. Li 细叶楠 *P. hui* Cheng ex Yang 湘楠 *P. hunanensis* Hand. - Mazz. 红毛山楠 *P. hungmaoensis* S. Lee 披针叶楠 *P. lanceolata*（Wall. ex Nees）Nees 雅砻山楠 *P. legendrei* Lec. 大果楠 *P. macrocarpa* C. Y. Wu 大萼楠 *P. megacalyx* H. W. Li 小叶楠 *P. microphylla* H. W. Li 小花楠 *P. minutiflora* H. W. Li
27	檫木	樟科 Lauraceae	檫木属 *Sassafras* Trew	檫木 *Sassafras tsumu*（Hemsl.）Hemsl.	台湾檫木 *Sassafras randaiense*（Hayata）Rehd.

（续）

编号	名称	科	属	栽 培 种	野生近缘种
28	海南木莲	木兰科 Magnoliaceae	木莲属 *Manglietia* Bl.	海南木莲 *Manglietia hainanensis* Dandy	香木莲 *Manglietia aromatica* Dandy 桂南木莲 *M. chingii* Dandy 木莲 *M. fordiana*（Hemsl.）Oliv. 滇桂木莲 *M. foreestii* W. W. Smith ex Dandy 红花木莲 *M. insingnis*（Wall.）Bl. 大叶木莲 *M. megaphylla* Hu et Cheng 巴东木莲 *M. patungensis* Hu 乳源木莲 *M. yuyuanensis* Law
29	醉香含笑	木兰科 Magnoliaceae	含笑属 *Michelia* L.	醉香含笑 *Michelia macclurei* Dandy	苦梓含笑 *Michelia balansae*（DC.）Dandy 乐昌含笑 *M. chapaensis* Dandy 紫花含笑 *M. crassipes* Law 含笑 *M. figo*（Lour.）Spreng. 多花含笑 *M. floribunda* Finet et Gagnep. 金叶含笑 *M. foveolata* Merr. ex Dandy 福建含笑 *M. fujianensis* Q. F. Zheng 香子含笑 *M. hedyosperma* Law 深山含笑 *M. maudiae* Dunn 白花含笑 *M. mediocris* Dandy 阔瓣含笑 *M. platypetala* Hand. - Mazz. 石碌含笑 *M. shiluensis* Chun et Y. F. Wu 野含笑 *M. skinneriana* Dunn 川含笑 *M. szechuanica* Dandy 峨嵋含笑 *M. wilsonii* Finet et Gagnep. 云南含笑 *M. yunnanensis* Franch. ex Finet et Gagnep.

（续）

编号	名称	科	属	栽培种	野生近缘种
30	鹅掌楸	木兰科 Magnoliaceae	鹅掌楸属 *Liriodendron* L.	鹅掌楸 *Liriodendron chinense*（Hemsl.）Sarg.	
31	厚朴△	木兰科 Magnoliaceae	木兰属 *Magnolia* L.	厚朴 *Magnolia officinalis* Rehd. et Wils. 望春木兰 *M. biondii* Pamp. 夜香木兰 *M. coco*（Lour.）DC. 山玉兰 *M. delavayi* Franch. 玉兰 *M. denudata* Desr. 紫玉兰 *M. liliflora* Desr. 天女花 *M. sieboldii* K. Koch 二乔玉兰 *M. soulangeana* Soul. - Bod. 武当玉兰 *M. sprengeri* Pamp. 星花木兰 *M. stellata* Maxim.	绢毛木兰 *Magnolia albosericea* Chun et C. H. Tsoong 天目木兰 *M. amoena* Cheng 滇藏木兰 *M. campbellii* Hook. f. et Thoms. 香港木兰 *M. championii* Benth. 黄山木兰 *M. cylindrica* Wils. 康定木兰 *M. dawsoniana* Rehd. et Wils. 椭圆叶玉兰 *M. elliptilimba* Law et Gao 长叶木兰 *M. fistulosa*（Finet et Gagnep.）Dandy 毛叶玉兰 *M. globosa* Hook. f. et Thoms. 大叶玉兰 *M. henryi* Dunn 日本厚朴 *M. hypoleuca* Sieb. et Zucc. 台湾木兰 *M. kachirachirai*（Kanehira et Yamamoto）Dandy 乐东木兰 *M. lotungensis* Chun et C. H. Tsoong 光叶玉兰 *M. nitida* W. W. Smith 长叶玉兰 *M. paenetalauma* Dandy 长喙木兰 *M. rostrata* W. W. Smith 凹叶木兰 *M. sargentiana* Rehd. et Wils. 福贡木兰 *M. shangpaensis* Hu 圆叶玉兰 *M. sinenisis*（Rehd. et Wils.）Stapf 西康玉兰 *M. wilsonii*（Finet et Gagnep.）Rehd. 宝华玉兰 *M. zenii* Cheng

（续）

编号	名称	科	属	栽 培 种	野生近缘种
32	榆	榆科 Ulmaceae	榆属 *Ulmus* L.	榆 *Ulmus pumila* L. 大叶榆 *U. laevis* Pall.	兴山榆 *Ulmus bergmanniana* Schneid. 杭州榆 *U. changii* Cheng 醉翁榆 *U. gaussenii* Cheng 裂叶榆 *U. laciniata*（Trautv.）Mayr 大果榆 *U. macrocarpa* Hance 假春榆 *U. pseudopropinqua* Wang et Li 阿里山榆 *U. uyematsui* Hayata
33	榉树	榆科 Ulmaceae	榉属 *Zelkova* Spach	榉树 *Zelkova schneideriana* Hand. - Mazz.	光叶榉 *Zelkova serrata*（Thunb.）Makino 大果榉 *Z. sinica* Schneid.
34	楸树	紫葳科 Bignoniaceae	梓树属 *Catalpa* L.	楸树 *Catalpa bungei* C. A. Mey.	灰楸 *Catalpa fargesii* Bur. 梓 *C. ovata* G. Don 藏楸 *C. tibetica* Forrest
35	楝树	楝科 Meliaceae	楝属 *Melia* L.	楝树（苦楝）*Melia azedarach* L. 川楝 *M. toosendan* Sieb. et Zucc.	
36	麻楝	楝科 Meliaceae	麻楝属 *Chukrasia* A. Juss.	麻楝 *Chukrasia tabularis* A. Juss.	
37	香椿△	楝科 Meliaceae	香椿属 *Toona* Roem.	香椿 *Toona sinensis*（A. Juss.）Roem. 红楝子 *T. sureni*（Bl.）Merr.	红椿 *Toona ciliata* Roem. 小果红椿 *T. microcarpa*（C. DC.）Harms
38	桃花心木	楝科 Meliaceae	桃花心木属 *Swietenia* Jacq.	桃花心木 *Swietenia mahogani*（L.）Jacq.	
39	非洲楝	楝科 Meliaceae	非洲楝属 *Khaya* A. Juss.	非洲楝 *Khaya senegalensis*（Desr.）A. Juss.	

（续）

编号	名称	科	属	栽 培 种	野生近缘种
40	槐树 （国槐）	豆科 Leguminosae	槐属 *Sophora* L.	槐树 *Sophora japonica* L.	尾野槐 *Sophora benthamii* V. Steen. 白刺花 *S. davidii* (Franch.) Skeels 苦参 *S. flavescens* Ait. 砂生槐 *S. moorcroftiana* (Benth.) Baker 疏节槐 *S. praetorulosa* Chun et T. Chen 锈毛槐 *S. prazeri* Prain 绒毛槐 *S. tomentosa* L. 越南槐 *S. tonkinensis* Gagnep. 短绒槐 *S. velutina* Lindl.
41	刺槐	豆科 Leguminosae	刺槐属 *Robinia* L.	刺槐 *Robinia pseudoacacia* L.	
42	花榈木	豆科 Leguminosae	红豆树属 *Ormosia* G. Jacks.	花榈木 *Ormosia henryi* Prain	喙顶红豆 *Ormosia apiculata* L. Chen 长脐红豆 *O. balansae* Drake 厚荚红豆 *O. elliptica* Q. W. Yao et R. H. Chang 凹叶红豆 *O. emarginata* (Hook. et Arn.) Benth. 肥荚红豆 *O. fordiana* Oliv. 台湾红豆 *O. formosana* Kanehira 光叶红豆 *O. glaberrima* Y. C. Wu 红豆树 *O. hosiei* Hemsl. et Wils. 缘毛红豆 *O. howii* Merr. et Chun 韧荚红豆 *O. indurata* L. Chen 胀荚红豆 *O. inflata* Merr. et Chun ex L. Chen 纤柄红豆 *O. longipes* L. Chen 两广红豆 *O. merrilliana* L. Chen

（续）

编号	名称	科	属	栽培种	野生近缘种
42	花榈木	豆科 Leguminosae	红豆树属 *Ormosia* G. Jacks.		小叶红豆 *O. microphylla* Merr. ex Merr. et L. Chen 南宁红豆 *O. nanningensis* L. Chen 秃叶红豆 *O. nuda*（How）R. H. Chang et Q. W. Yao 茸荚红豆 *O. pachycarpa* Champ. ex Benth. 菱荚红豆 *O. pachyptera* L. Chen 海南红豆 *O. pinnata*（Lour.）Merr. 紫花红豆 *O. purpureiflora* L. Chen 岩生红豆 *O. saxitilis* K. M. Lan 软荚红豆 *O. semicastrata* Hance 亮毛红豆 *O. sericeolucida* L. Chen 单叶红豆 *O. simplicifolia* Merr. et Chun ex L. Chen 槽纹红豆 *O. striata* Dunn 木荚红豆 *O. xylocarpa* Chun ex L. Chen 云南红豆 *O. yunnanensis* Prain
43	降香黄檀	豆科 Leguminosae	黄檀属 *Dalbergia* L. f.	降香黄檀 *Dalbergia odorifera* T. Chen 钝叶黄檀 *D. obtusifolia* Prain 托叶黄檀 *D. stipulacea* Roxb. 南岭黄檀 *D. balansae* Prain	西南黄檀 *Dalbergia assamica* Benth. 两粤黄檀 *D. benthami* Prain 缅甸黄檀 *D. burmanica* Prain 扭黄檀 *D. candenatensis*（Dennst.）Prain 大金刚藤黄檀 *D. dyeriana* Prain ex Harms 黑黄檀 *D. fusca* Pierre 海南黄檀 *D. hainanensis* Merr. et Chun 藤黄檀 *D. hancei* Benth. 蒙自黄檀 *D. henryana* Prain 黄檀 *D. hupeana* Hance

（续）

编号	名称	科	属	栽培种	野生近缘种
43	降香黄檀	豆科 Leguminosae	黄檀属 *Dalbergia*L. f.		滇南黄檀 *D. kingiana* Prain 香港黄檀 *D. millettii* Benth. 含羞草叶黄檀 *D. mimosoides* Franch. 白沙黄檀 *D. peishaensis* Chun et Chen 斜叶黄檀 *D. pinnata*（Lour.）Prain 多体蕊黄檀 *D. polyadelpha* Prain 多裂黄檀 *D. rimosa* Roxb. 上海黄檀 *D. sacerdotum* Prain 毛叶黄檀 *D. sericea* G. Gon 狭叶黄檀 *D. stenophylla* Prain 越南黄檀 *D. tonkinensis* Prain 红果黄檀 *D. tsoi* Merr. et Chun 滇黔黄檀 *D. yunnanensis* Franch.
44	紫穗槐△	豆科 Leguminosae	紫穗槐属 *Amorpha* L.	紫穗槐 *Amorpha fruticosa* L.	
45	小叶锦鸡儿△	豆科 Leguminosae	锦鸡儿属 *Caragana* Fabr.	小叶锦鸡儿 *Caragana microphylla* Lam. 柠条锦鸡儿 *C. korshinskii* Kom. 中间锦鸡儿 *C. intermedia* Kuang et H. C. Fu	刺叶锦鸡儿 *Caragana acanthophylla* Kom. 树锦鸡儿 *C. arborescens*（Amm.）Lam. 二色锦鸡儿 *C. bicolor* Kom. 扁刺锦鸡儿 *C. boisi* C. K. Schneid. 矮脚锦鸡儿 *C. brachypoda* Pojark. 短叶锦鸡儿 *C. brevifolia* Kom. 密叶锦鸡儿 *C. densa* Kom. 川西锦鸡儿 *C. erinacea* Kom. 云南锦鸡儿 *C. franchetiana* Kom.

（续）

编号	名称	科	属	栽培种	野生近缘种
45	小叶锦鸡儿△	豆科 Leguminosae	锦鸡儿属 *Caragana* Fabr.		鬼箭锦鸡儿 *C. jubata*（Pall.）Poir. 甘肃锦鸡儿 *C. kansuensis* Pojark. 白皮锦鸡儿 *C. leucophloea* Pojark. 毛掌叶锦鸡儿 *C. leveillei* Kom. 甘蒙锦鸡儿 *C. opulens* Kom. 北京锦鸡儿 *C. pekinensis* Kom. 秦晋锦鸡儿 *C. purdomii* Rehd. 荒漠锦鸡儿 *C. roborovskyi* Kom. 红花锦鸡儿 *C. rosea* Turcz. 锦鸡儿 *C. sinica*（Buc' hoz）Rehd. 西藏锦鸡儿 *C. spinifera* Kom. 狭叶锦鸡儿 *C. stenophylla* Pojark. 柄荚锦鸡儿 *C. stipitata* Kom. 甘青锦鸡儿 *C. tangutica* Maxim. ex Kom. 毛刺锦鸡儿 *C. tibetica* Kom. 南口锦鸡儿 *C. zahlbruckneri* Schneid.
46	花棒	豆科 Leguminosae	岩黄芪属 *Hedysarum* L.	花棒（细枝岩黄芪）*Hedysarum scoparium* Fisch. et Mey.	木岩黄芪 *Hedysarum lignosum* Trautv. 蒙古岩黄芪 *H. mongolicum* Turcz. 红花岩黄芪 *H. multijugum* Maxim.
47	格木	苏木科 Caesalpiniaceae	格木属 *Erythrophleum* Afzel. ex G. Don	格木 *Erythrophleum fordii* Oliv.	

（续）

编号	名称	科	属	栽 培 种	野生近缘种
48	铁刀木	苏木科 Caesalpiniaceae	决明属 *Cassia* L.	铁刀木 *Cassia siamea* Lam.	神黄豆 *Cassia agnes*（de Wit）Brenan 耳叶决明 *C. auriculata* L. 双荚决明 *C. bicapsularis* L. 长穗决明 *C. didymobotrya* Fresen. 光叶决明 *C. floribunda* Cav. 毛荚决明 *C. hirsuta* L. 望江南 *C. occidentalis* L. 槐叶决明 *C. sophera* L.
49	皂荚△	苏木科 Caesalpiniaceae	皂荚属 *Gleditsia* L.	皂荚 *Gleditsia sinensis* Lam.	小果皂荚 *Gleditsia australis* Hemsl. 华南皂荚 *G. fera*（Lour.）Merr. 野皂荚 *G. microphylla* Gordon ex Y. T. Lee 另有 7 个种见附录 3（序号 559）
50	台湾相思	豆科 Leguminosae	金合欢属 *Acacia* Mill.	台湾相思 *Acacia confusa* Merr. 儿茶 *A. catechu*（L. f.）Willd. 黑荆树 *A. mearnsii* De Wild.	尖叶相思 *Acacia caesia*（L.）Willd. 光叶金合欢 *A. delavayi* Franch. 灰金合欢 *A. glauca*（L.）Moench 钝叶金合欢 *A. megaladena* Desv. 羽叶金合欢 *A. pennata*（L.）Willd. 粉背金合欢 *A. pruinescens* Kurz 藤金合欢 *A. sinuata*（Lour.）Merr. 无刺金合欢 *A. teniana* Harms. 云南相思树 *A. yunnanensis* Franch.
51	南洋楹	含羞草科 Mimosaceae	合欢属 *Albizia* Durazz.	南洋楹 *Albizia falcate* Back. 合欢 *Albizia julibrissin* Durazz.	海南合欢 *Albizia attopeuensis*（Pierre）Nielsen 蒙自合欢 *A. bracteata* Dunn

（续）

编号	名称	科	属	栽培种	野生近缘种
51	南洋楹	含羞草科 Mimosaceae	合欢属 *Albizia* Durazz.		光腺合欢 *A. calcarea* Y. H. Huang 楹树 *A. chinensis*（Osbeck）Merr. 天香藤 *A. corniculata*（Lour.）Druce 白花合欢 *A. crassiramea* Lace 巧家合欢 *A. duclouxii* Gagnep. 山槐 *A. kalkora*（Roxb.）Prain 光叶合欢 *A. lucidior*（Steud.）Nielsen 毛叶合欢 *A. mollis*（Wall.）Boiv. 香合欢 *A. odoratissima*（L. f.）Benth. 藏合欢 *A. sherriffii* Baker 滇合欢 *A. simeonis* Harms
52	青皮象耳豆	含羞草科 Mimosaceae	象耳豆属 *Enterolobium* Mart.	青皮象耳豆 *Enterolobium contortisiliquum*（Vell.）Morong	
53	喜树	蓝果树科 Nyssaceae	喜树属 *Camptotheca* Decne.	喜树 *Camptotheca acuminata* Decne.	
54	壳菜果	金缕梅科 Hamamelideceae	壳菜果属 *Mytilaria* Lecomte	壳菜果 *Mytilaria laosensis* Lecomte	
55	悬铃木	悬铃木科 Platanaceae	悬铃木属 *Platanus* L.	悬铃木 *Platanus acerifolia* Willd.	
56	垂枝桦	桦木科 Betulaceae	桦木属 *Betula* L.	垂枝桦 *Betula pendula* Roth. 白桦 *B. platyphylla* Suk.	红桦 *Betula albo-sinensis* Burk. 华南桦 *B. austro-sinensis* Chun ex P. C. Li 岩桦 *B. calcicola*（W. W. Smith）P. C. Li

（续）

编号	名称	科	属	栽 培 种	野生近缘种
56	垂枝桦	桦木科 Betulaceae	桦木属 *Betula* L.		坚桦 *B. chinensis* Maxim. 硕桦 *B. costata* Trautv. 黑桦 *B. dahurica* Pall. 高山桦 *B. delavayi* Franch. 岳桦 *B. ermanii* Cham. 柴桦 *B. fruticosa* Pall. 贡山桦 *B. gynoterminalis* Hsu et C. J. Wang 甸生桦 *B. humulis* Schrank 香桦 *B. insignis* Franch. 金平桦 *B. jinpingensis* P. C. Li 小叶桦 *B. microphylla* Bunge 扇叶桦 *B. middendorffii* Trautv. et Mey. 油桦 *B. ovalifolia* Rupr. 矮桦 *B. potaninii* Batal 圆叶桦 *B. rotundifolia* Spach 赛里桦 *B. schmidtii* Regel 天山桦 *B. tianschanica* Rupr. 峨嵋矮桦 *B. trichogemma*（Hu）T. Hong 糙皮桦 *B. utilis* D. Don
57	桤木	桦木科 Betulaceae	桤木属 *Alnus* B. Ehrh.	桤木 *Alnus cremastogyne* Burk. 尼泊尔桤木 *A. nepalensis* D. Don	川滇桤木 *Alnus ferdinandi -coburgii* Schneid. 台湾桤木 *A. formosana* Makino 矮桤木 *A. fruticosa* Rupr. 台北桤木 *A. henryi* Schneid. 日本桤木 *A. japonica*（Thunb.）Steud. 毛桤木 *A. lanata* Duthie ex Bean

（续）

编号	名称	科	属	栽培种	野生近缘种
57	桤木	桦木科 Betulaceae	桤木属 *Alnus* B. Ehrh.		辽东桤木 *A. sibirica* Fisch. ex Turcz. 旅顺桤木 *A. sieboldiana* Matsum. 江南桤木 *A. trabeculosa* Hand. -Mazz.
58	枫杨	胡桃科 Juglandaceae	枫杨属 *Pterocarya* Kunth	枫杨 *Pterocarya stenoptera* C. DC.	云南枫杨 *Pterocarya delavayi* Franch. 湖北枫杨 *P. hupehensis* Skan. 华西枫杨 *P. insignis* Rehd. et Wils. 甘肃枫杨 *P. macroptera* Batal. 南江枫杨 *P. nanjiangensis* Yi 水核桃 *P. rhoifolia* Sieb. et Zucc. 越南枫杨 *P. tonkinensis*（Franch.）Dode
59	核桃楸△	胡桃科 Juglandaceae	核桃属 *Juglans* L.	核桃楸 *Juglans mandshurica* Maxim. 核桃 *J. regia* L. 泡核桃 *J. sigillata* Dode	野核桃 *Juglans cathayensis* Dode 麻核桃 *J. hopeiensis* Hu. 另有 3 个种见附录 3（序号 664）
60	美国山核桃△	胡桃科 Juglandaceae	山核桃属 *Carya* Nutt.	美国山核桃 *Carya illinoensis*（Wangenh.）K. Koch 山核桃 *C. cathayensis* Sarg.	大别山山核桃 *Carya dabieshanensis* M. C. Liu et Z. J. Li 湖南山核桃 *C. hunanensis* Cheng et R. H. Chang ex R. H. Chang et A. M. Lu 贵州山核桃 *C. kweichowensis* Kuang et A. M. Lu 越南山核桃 *C. tonkinensis* Lecomt.
61	木麻黄	木麻黄科 Casuarinaceae	木麻黄属 *Casuarina* L.	木麻黄 *Casuarina equisetifolia* L. 细枝木麻黄 *C. cunninghamiana* Miq. 粗枝木麻黄 *C. glauca* Sieb. ex Spreng.	秩氏木麻黄 *Casuarina deplancheana* Miq. 佛勒塞木麻黄 *C. fraseriana* Miq. 虎氏木麻黄 *C. huegeliana* Miq. 山木麻黄 *C. montana* Miq. 方苞木麻黄 *C. quadrivalvis* Labill. 细直枝木麻黄 *C. stricta* Ait.

（续）

编号	名称	科	属	栽 培 种	野生近缘种
62	波罗蜜（木波罗）△	桑科 Moraceae	波罗蜜属 *Artocarpus* J. R. et G. Forst.	波罗蜜 *Artocarpus heterophyllus* Lam. 面包树 *A. altilis*（Park.）Fosb.	野树菠萝 *Artocarpus chaplasha* Roxb. 红桂树 *A. hypargyraea* Hance 云南菠萝蜜 *A. lakoocha* Roxb. 滇光叶桂木 *A. nitidus* Trec. 短绢毛桂木 *A. petelotii* Gagnep. 二色桂木 *A. styracifolius* Pierre 胭脂 *A. tonkinensis* A. Chev. ex Gagnep.
63	桑△	桑科 Moraceae	桑属 *Morus* L.	桑 *Morus alba* L. 鲁桑 *M. multicaulis* Perr.	鸡桑 *Morus australis* Poir. 华桑 *M. cathayana* Hamsl. 光叶榕 *M. macroura* Miq. 蒙桑 *M. mongolica* Schneid. 黑桑 *M. nigra* L. 湘桂桑（长穗桑）*M. wittiorum* Hand. -Mazz. 滇桑 *M. yunnanensis* Kordz.
64	木荷	山茶科 Theaceae	木荷属 *Schima* Reinw. ex Bl.	木荷 *Schima superba* Gardn. et Champ. 峨嵋木荷 *S. wallichii* Choisy	银木荷 *Schima argentea* Pritz. 竹叶木荷 *S. bambusifolia* Hu 钝齿木荷 *S. crenata* Korth. 大花木荷 *S. forrestii* Airy-Shaw 大苞木荷 *S. grandiperulata* H. T. Chang 尖齿木荷 *S. khasiana* Dyer 大萼木荷 *S. macrosepala* H. T. Chang 多苞木荷 *S. multibracteata* H. T. Chang 钝叶木荷 *S. paracrenata* H. T. Chang 小花木荷 *S. parviflora* Cheng et H. T. Chang

（续）

编号	名称	科	属	栽培种	野生近缘种
64	木荷	山茶科 Theaceae	木荷属 *Schima* Reinw. ex Bl.		疏齿木荷 *S. remotiserrata* H. T. Chang 中华木荷 *S. sinensis*（Hemsl.）Airy-Shaw 毛木荷 *S. villosa* Hu
65	油茶△	山茶科 Theaceae	山茶属 *Camellia* L.	油茶 *Camellia oleifera* Abel. 单瓣滇山茶 *C. reticulata* Lindl. f. *simplex* Sealy 茶 *C. sinensis* O. Ktze.	狭叶山茶 *Camellia angustifolia* H. T. Chang 突肋茶 *C. costata* Hu et S. Y. Liang 厚轴山茶 *C. crassicolumna* H. T. Chan 秃房茶 *C. gymnogyna* H. T. Chang 滇缅茶 *C. irrawadiensis* Barua 广西茶 *C. kwangsiensis* H. T. Chang 膜叶茶 *C. leptophylla* S. Y. Liang 多萼红山茶 *C. multiperulata* H. T. Chang 厚短蕊茶 *C. pachyandra* Hu 盘江连蕊茶 *C. pankiangensis* H. T. Chang 肖糙果茶 *C. parafurfuracea* S. Y. Liang 细萼茶 *C. parvisepala* H. T. Chang 五柱茶 *C. pentastyla* H. T. Chang 毛叶茶 *C. ptilophylla* H. T. Chang 五室茶 *C. quinquelocularis* H. T. Chang et S. Y. Liang 四球茶 *C. tetracocca* H. T. Chang 榕江茶 *C. yungkiangensis* H. T. Chang
66	蚬木	椴树科 Tiliaceae	蚬木属 *Excentrodendron* H. T. Chang et R. H. Miau	蚬木 *Excentrodendron hsienmu*（Chun et How）H. T. Chang et R. H. Miau	长蒴蚬木 *Excentrodendron obconicum*（Chun et How）H. T. Chang et R. H. Miau 菱叶蚬木 *E. rhombifolium* H. T. Chang et R. H. Miau 节花蚬木 *E. tonkinense*（A. Chev.）H. T. Chang et R. H. Miau

（续）

编号	名称	科	属	栽培种	野生近缘种
67	紫椴	椴树科 Tiliaceae	椴树属 *Tilia* L.	紫椴 *Tilia amurensis* Rupr.	短毛椴 *Tilia breviradiata*（Rehd.）Hu et Cheng 美齿椴 *T. callidonta* H. T. Chang 华椴 *T. chinesis* Maxim. 毛糯米椴 *T. henryana* Szyszyl. 湖北糯米椴 *T. hupehensis* Cheng ex H. T. Chang 多毛椴 *T. intonsa* Wils. ex Rehd. et Wils. 黔椴 *T. kueichouensis* Hu 亮绿叶椴 *T. laetevirens* Rehd. et Wils. 辽椴 *T. mandshurica* Rupr. et Maxim. 南京椴 *T. miqueliana* Maxim. 蒙椴 *T. mongolica* Maxim. 大叶椴 *T. nobilis* Rehd. et Wils. 矩圆叶椴 *T. oblongifolia* Rehd. 云山椴 *T. obscura* Hand. -Mazz. 粉椴 *T. oliveri* Szyszyl. 峨嵋椴 *T. omeiensis* Fang 少脉椴 *T. paucicostata* Maxim. 淡灰椴 *T. tristis* Chun ex H. T. Chang 椴树 *T. tuan* Szyszyl. 云南椴 *T. yunanaensis* Hu
68	黄檗	芸香科 Rutaceae	黄檗属 *Phellodendron* Rupr.	黄檗 *Phellodendron amurense* Rupr.	黄皮树 *Phellodendron chinense* Schneid.
69	花椒△	芸香科 Rutaceae	花椒属 *Zanthoxylum* L.	花椒 *Zanthoxylum bungeanum* Maxim. 两面针 *Z. nitidum*（Roxb.）DC. 青花椒 *Z. schinifolium* Sieb. et Zucc.	刺花椒 *Zanthoxylum acanthopodium* DC. 椿叶花椒 *Z. ailanthoides* Sieb. et Zucc. 竹叶花椒 *Z. armatum* DC.

（续）

编号	名称	科	属	栽 培 种	野生近缘种
69	花椒△	芸香科 Rutaceae	花椒属 *Zanthoxylum* L.		岭南花椒 *Z. austrosinense* Huang 簕欓花椒 *Z. avicennae*（Lam.）DC. 贵州花椒 *Z. esquirolii* Levl. 小花花椒 *Z. micranthum* Hemsl. 朵花椒 *Z. molle* Rehd. 墨脱花椒 *Z. motuoense* Huang 尖叶花椒 *Z. oxyphyllum* Edgew. 川陕花椒 *Z. piasezkii* Maxim. 微柔毛花椒 *Z. pilosulum* Rehd. et Wils. 柄果花椒 *Z. podocarpum* Hemsl. 大叶臭花椒 *Z. rhetsoides* Drake 野花椒 *Z. simulans* Hance 狭叶花椒 *Z. stenophyllum* Hemsl.
70	臭椿	苦木科 Simaroubaceae	臭椿属 *Ailanthus* Desf.	臭椿 *Ailanthus altissima*（Mill.）Swing. et T. B. Chao	常绿臭椿 *Ailanthus fordii* Nooteboom 毛臭椿 *A. giraldii* Dode 广西臭椿 *A. guangxiensis* S. L. Mo 毛叶南臭椿 *A. triphysa*（Dennst.）Alston 刺臭椿 *A. vilmoriniana* Dode
71	元宝槭	槭树科 Aceraceae	槭属 *Acer* L.	元宝槭 *Acer truncatum* Bunge	锐角槭 *Acer acutum* Fang 阔叶槭 *A. amplum* Rehd. 青皮槭 *A. cappadocicum* Gled. 梓叶槭 *A. catalpifolium* Rehd. 黔桂槭 *A. chingii* Hu 梧桐槭 *A. firmianioides* Cheng

（续）

编号	名称	科	属	栽 培 种	野生近缘种
71	元宝槭	槭树科 Aceraceae	槭属 *Acer* L.		黄毛槭 *A. fulvescens* Rehd. 细叶槭 *A. leptophyllum* Fang 长柄槭 *A. longipes* Franch. ex Rehd. 庙台槭 *A. miaotaiense* P. C. T. Soong 色木槭 *A. mono* Maxim. 纳雍槭 *A. nayongense* Fang 巴山槭 *A. pashanicum* Fang et Soong 薄叶槭 *A. tenellum* Pax 察隅槭 *A. tibetense* Fang 羊角槭 *A. yangjuechi* Fang et P. L. Chiu
72	荔枝△	无患子科 Sapindaceae	荔枝属 *Litchi* Sonn.	荔枝 *Litchi chinensis* Sonn.	有 1 个种见附录 3（序号 667）
73	文冠果△	无患子科 Sapindaceae	文冠果属 *Xanthoceras* Bunge	文冠果 *Xanthoceras sorbifolia* Bunge	
74	扁桃杧果	漆树科 Anacardiaceae	杧果属 *Mangifera* L.	扁桃杧果 *Mangifera persiciformis* C. Y. Wu et T. L. Ming	长梗杧果 *Mangifera longipes* Griff. 林生杧果 *M. sylvatica* Roxb.
75	黄连木	漆树科 Anacardiaceae	黄连木属 *Pistacia* L.	黄连木 *Pistacia chinensis* Bunge 阿月浑子 *P. vera* L.	清香木 *Pistacia weinmannifolia* J. Poisson ex Franch.
76	腰果△	漆树科 Anacardiaceae	腰果属 *Anacardium* L.	腰果 *Anacardium occidentale* L	
77	漆△	漆树科 Anacardiaceae	漆树属 *Toxicodendron* （Tourn.）Mill.	漆 *Toxicodendron verniciflum*（Stokes）F. A. Barkl.	小漆树 *Toxicodendron delavayi*（Franch.）F. A. Barkl. 黄毛漆 *T. fulvum*（Craib）C. Y. Wu et T. L. Ming 裂果漆 *T. griffithii*（Hook. f.）O. Kuntze

（续）

编号	名称	科	属	栽培种	野生近缘种
77	漆△	漆树科 Anacardiaceae	漆树属 *Toxicodendron* （Tourn.）Mill.		野漆 *T. succedaneum*（L.）O. Kuntze 木蜡树 *T. sylvestre*（Sieb. et Zucc.）O. Kuntze 毛漆树 *T. trichocarpum*（Miq.）O. Kuntze 绒毛漆 *T. wallichii*（Hook. f.）O. Kuntze
78	水曲柳	木樨科 Oleaceae	梣属 *Fraxinus* L.	水曲柳 *Fraxinus mandshurica* Rupr. 美国白蜡树 *F. americana* L. 天山梣 *F. sogdiana* Bunge 绒毛梣 *F. velutina* Torr. 白蜡树 *F. chinensis* Roxb.	狭叶梣 *Fraxinus baroniana* Diels 小叶梣 *F. bungeana* DC. 锈毛梣 *F. ferruginea* Lingelsh. 多花梣 *F. floribunda* Wall. ex Roxb. 光蜡树 *F. griffithii* C. B. Clarke 湖北梣 *F. huphensis* Chu，Shang et Su 苦枥木 *F. insularis* Hemsl. 白枪杆 *F. malacophylla* Hemsl. 秦岭梣 *F. paxiana* Lingelsh. 象蜡树 *F. platypoda* Oliv. 楷叶梣 *F. retusifoliolata* Feng ex P. Y. Bai 花曲柳 *F. rhynchophylla* Hance 宿柱梣 *F. stylosa* Lingelsh. 三叶梣 *F. trifoliolata* W. W. Smith 椒叶梣 *F. xanthoxyloides*（G. Don）DC.
79	油橄榄△	木樨科 Oleaceae	木樨榄属 *Olea* L.	油橄榄 *Olea europaea* L.	滨木樨榄 *Olea brachiata*（Lour.）Merr. ex G. W. Groff 尾叶木樨榄 *O. caudatilimba* Chia 广西木樨榄 *O. guangxiensis* Miao 海南木樨榄 *O. hainanensis* Li 疏花木樨榄 *O. laxiflora* Li 狭叶木樨榄 *O. neriifolia* Li

（续）

编号	名称	科	属	栽培种	野生近缘种
79	油橄榄△	木樨科 Oleaceae	木樨榄属 *Olea* L.		小叶木樨榄 *O. parvilimba*（Merr. et Chun）Miao 红花木樨榄 *O. rosea* Craib 方枝木樨榄 *O. tetragonoclada* Chia 另有 8 个种见附录 3（序号 586）
80	轻木	木棉科 Bombacaceae	轻木属 *Ochroma* Swartz	轻木 *Ochroma lagopus* Swartz	
81	红花天料木	天料木科 Samydaceae	天料木属 *Homalium* Jacq.	红花天料木 *Homalium hainanense* Gagnep.	短穗天料木 *Homalium breviracemosum* How et Ko 斯里兰卡天料木 *H. ceylanicum*（Gardn.）Benth. 天料木 *H. cochinchinense*（Lour.）Druce 阔瓣天料木 *H. kainantense* Masam. 广西天料木 *H. kwangsiense* How et Ko 毛天料木 *H. mollissimum* Merr. 广南天料木 *H. paniculiflorum* How et Ko 显脉天料木 *H. phanerophlebium* How et Ko 柳叶天料木 *H. saliaefilium* How et Ko 海南天料木 *H. stenophyllum* Merr. et Chun
82	银桦	山龙眼科 Proteaceae	银桦属 *Grevillea* R. Br.	银桦 *Grevillea robusta* A. Cunn. ex. R. Br.	红花银桦 *Grevillea banksii* R. Br. 黄银桦 *G. obtusifolia* Meissn.
83	青梅	龙脑香科 Dipterocarpaceae	青梅属 *Vatica* L.	青梅 *Vatica mangachagpoi* Blanco	广西青梅 *Vatica guangxiensis* X. L. Mo 版纳青梅 *V. xishuangbannaensis* G. D. Tao et J. H. Zhang
84	坡垒	龙脑香科 Dipterocarpaceae	坡垒属 *Hopea* Roxb.	坡垒 *Hopea hainanensis* Merr. et Chun	狭叶坡垒 *Hopea chinensis* Hand. -Mazz. 铁凌 *H. exalata* W. T. Lin，Yang et Hsue

（续）

编号	名称	科	属	栽培种	野生近缘种
85	海南榄仁	使君子科 Combretaceae	诃子属 *Terminalia* L.	海南榄仁 *Terminalia hainanensis* Exell	银叶诃子 *Terminalia argyrophylla* Pott. et Prain 诃子 *T. chebula* Retz. 滇榄仁 *T. franchetii* Gagnep. 错枝榄仁 *T. intricata* Hand. -Mazz. 千果榄仁 *T. myriocarpa* Van Huerck et Muell. -Arg.
86	海棠果	山竹子科 Clusiaceae	胡桐属 *Calophyllum* L.	海棠果 *Calophyllum inophyllum* L.	薄叶红厚壳 *Calophyllum membranaceum* Gardn. et Champ. 滇南红厚壳 *C. polyanthum* Wall. ex Choisy
87	团花	茜草科 Rubiaceae	团花属 *Anthocephalus* A. Rich.	团花 *Anthocephalus chinensis* A. Rich. ex Walp.	
88	苦梓	马鞭草科 Verbenaceae	石梓属 *Gmelina* L.	苦梓 *Gmelina hainanensis* Oliv.	云南石梓 *Gmelina arborea* Roxb. 亚洲石梓 *G. asiatica* L. 石梓 *G. chinensis* Benth. 小叶石梓 *G. delavayana* P. Dop 越南石梓 *G. lecomtei* P. Dop 四川石梓 *G. szechuanensis* K. Yao
89	柚木	马鞭草科 Verbenaceae	柚木属 *Tectona* L. f.	柚木 *Tectona grandis* L. f.	
90	竹	禾本科 Gramineae	刚竹属 *Phyllostachys* Sieb. et Zucc.	孟宗竹（毛竹）*Phyllostachys edulis*（Carr.）H. de Lehaie	黄苦竹 *Phyllostachys angusta* McClure 乌芽竹 *P. atrovaginata* C. S. Chao et H. Y. Chou

（续）

编号	名称	科	属	栽 培 种	野生近缘种
90	竹	禾本科 Gramineae	刚竹属 *Phyllostachys* Sieb. et Zucc.	淡竹 *P. glauca* McClure 桂竹（刚竹）*P. bambusoides* Sieb. et Zucc.	人面竹 *P. aurea* Carr. ex A. et C. Riv. 黄槽竹 *P. aureosulcata* McClure 容城竹 *P. bissetii* McClure 毛壳花哺鸡竹 *P. circumpilis* C. Y. Yao et S. Y. Chen 角竹 *P. fimbriligula* Wen 贵州刚竹 *P. guizhouensis* C. S. Chao et J. Q. Zhang 红壳雷竹 *P. incarnata* Wen 假毛竹 *P. kwangsiensis* W. Y. Hsiung et al. 台湾桂竹 *P. makinoi* Hayata 美竹 *P. mannii* Gamble 浙江淡竹 *P. meyeri* McClure 篌竹 *P. nidularia* Munro 安吉金竹 *P. parvifolia* C. D. Chu et H. Y. Chou 灰水竹 *P. platyglossa* Z. P. Wang et Z. H. Yu 高节竹 *P. prominens* W. Y. Xiong 沙竹 *P. propinqua* McClure 芽竹 *P. robustiramea* S. Y. Chen et C. Y. Yao 红后竹 *P. rubicunda* Wen 红边竹 *P. rubromarginata* McClure 金竹 *P. sulphurea*（Carr.）A. et C. Liu 乌竹 *P. varioauriculata* S. C. Li et S. H. Wu 硬头青竹 *P. veitchiana* Rebdle 绿粉竹 *P. viridi-glaucescens*（Carr.）A. et C. Riv

（续）

编号	名称	科	属	栽培种	野生近缘种
91	簕竹	禾本科 Gramineae	簕竹属 *Bambusa* Retz. corr. Schreber	青皮竹 *Bambusa textilis* McClure 撑篙竹 *B. pervariabilis* McClure 粉单竹 *B. chungii* McClure 簕竹 *B. blumeana* J. A. et J. H. Schult. f.	花竹 *Bambusa albo -lineata* Chia 狭耳坭竹 *B. angustiaurita* W. T. Lin 妈竹 *B. boniopsis* McClure 单竹 *B. cerosissima* McClure 牛角竹 *B. corigera* McClure 吊罗坭竹 *B. diaoluoshanensis* Chia et H. L. Fung 坭簕竹 *B. dissemulator* McClure 料慈竹 *B. distegia*（Keng et Keng f.）Chia et H. L. Fung 长枝竹 *B. dolichoclada* Hayata 蓬莱黄竹 *B. duriuscula* W. T. Lin 大眼竹 *B. eutuldoides* McClure 小簕竹 *B. flexuosa* Munro 鸡窦坭竹 *B. funghomii* McClure 水黄竹 *B. gibba* McClure 桂单竹 *B. guangxiensis* China et H. L. Fung 乡土竹 *B. indigena* Chia et H. L. Fung 油簕竹 *B. lapidea* McClure 马岭竹 *B. malingensis* McClure 孝顺竹 *B. multiplex*（Lour.）Raeuschel ex Schult. f. 黄竹仔 *B. mutabilis* McClure 石竹仔 *B. piscaporum* McClure 甲竹 *B. remotiflora* Kuntze 木竹 *B. rutila* McClure 锦竹 *B. subaequalis* H. L. Fung et C. Y. Sia 马甲竹 *B. tulda* Roxb. 青杆竹 *B. tuldoides* Munro

（续）

编号	名称	科	属	栽 培 种	野生近缘种
92	慈竹	禾本科 Gramineae	慈竹（绿竹）属 *Sinocalamus* McClure	慈竹 *Sinocalamus affinis*（Rendle）McClure	孖竹 *Sinocalamus recto-cuneatus* W. T. Lin 疙瘩竹 *S. yunnanensis* Hsueh f.
93	茶秆竹	禾本科 Gramineae	矢竹属 *Pseudosasa* Makino ex Nakai	茶秆竹 *Pseudosasa amabilis*（McClure）Keng f.	尖箨茶秆竹 *Pseudosasa acutivagina* Wen et S. C. Chen 空心竹 *P. aeria* Wen 托竹 *P. cantori*（Munro）Keng f. 纤细茶秆竹 *P. gracilis* S. L. Chen et G. H. Sheng 笔秆竹 *P. guanxianensis* Yi 彗竹 *P. hindsii*（Munro）C. D. Chu et C. S. Chao 庐山茶秆竹 *P. hita* S. L. Chen et G. Y. Sheng 矢竹 *P. japonica*（Sieb. et Zucc.）Makino 长鞘茶秆竹 *P. longivaginata* H. R. Zhao et Y. L. Yang 广竹 *P. longligula* Wen 鸡公山茶秆竹 *P. maculifera* J. L. Lu 江永茶秆竹 *P. magilaminaria* B. M. Yang 长舌茶秆竹 *P. nanunica*（McClure）Z. P. Wang et G. H. Ye 斑箨茶秆竹 *P. notata* Z. P. Wang et G. H. Ye 面秆竹 *P. orthotropa* S. L. Chen et Wen 少花茶秆竹 *P. pallidiflora*（McClure）S. L. Chen et G. Y. Sheng 近实心茶秆竹 *P. subsolida* S. L. Chen et G. Y. Sheng 截平茶秆竹 *P. truncatula* S. L. Chen et G. Y. Sheng 矢竹仔 *P. usawai*（Hayata）Makino et Nemoto 笔竹 *P. viridula* S. L. Chen et G. Y. Sheng 武夷山茶秆竹 *P. wuyiensis* S. L. Chen et G. Y. Sheng 岳麓山茶秆竹 *P. yuelushanensis* B. M. Yang

（续）

编号	名称	科	属	栽培种	野生近缘种
94	翅果油树	胡颓子科 Elaeagnaceae	胡颓子属 *Elaeagnus* L.	翅果油树 *Elaeagnus mollis* Diels 沙枣 *E. angustifolia* L.	窄叶木半夏 *Elaeagnus angustata*（Rehd.）C. Y. Chang 佘山羊奶子 *E. argyi* Levl. 多毛羊奶子 *E. grijsii* Hance 贵州羊奶子 *E. guizhouensis* C. Y. Chang 景东羊奶子 *E. jingdongensis* C. Y. Chang 江西羊奶子 *E. jiangxiensis* C. Y. Chang 银果牛奶子 *E. magna* Rehd. 小花牛奶子 *E. micrantha* C. Y. Chang 木半夏 *E. multiflora* Thunb. 南川胡颓子 *E. nanchuanensis* C. Y. Chang 尖果沙枣 *E. oxycarpa* Schlecht. 星毛羊奶子 *E. stellipila* Rehd. 牛奶子 *E. umbellata* Thunb. 巫山胡颓子 *E. wushanensis* C. Y. Chang
95	沙棘△	胡颓子科 Elaeagnaceae	沙棘属 *Hippophae* L.	沙棘 *Hippophae rhamnoides* L.	肋果沙棘 *Hippophae neurocarpa* S. W. Liu et T. N. He 柳叶沙棘 *H. salicifolia* D. Don 西藏沙棘 *H. thibetana* Schlecht. 另有 1 个种见附录 3（序号 624）
96	毛梾	山茱萸科 Cornaceae	梾木属 *Cornus* L.	毛梾 *Cornus walteri* Wanger.	
97	扁桃△	蔷薇科 Rosaceae	桃属 *Amygdalus* L.	扁桃 *Amygdalus communis* L.	山桃 *Amygdalus davidiana*（Carr.）C. de Vos ex Henry 新疆桃 *A. ferganensis*（Kost. et Rjab.）Yu et Lu 甘肃桃 *A. kansuensis*（Rehd.）Skeels 矮扁桃 *A. nana* L. 长梗扁桃 *A. pedunculata* Pall. 西康扁桃 *A. tangutica*（Batal.）Korsh.

（续）

编号	名称	科	属	栽培种	野生近缘种
98	油棕△	棕榈科 Palmae	油棕属 *Elaeis* Jacq.	油棕 *Elaeis guineensis* Jacq.	
99	椰子△	棕榈科 Palmae	椰子属 *Cocos* L.	椰子 *Cocos nucifera* L.	
100	蝴蝶果	大戟科 Euphorbiaceae	蝴蝶果属 *Cleidiocarpon* Airy-Shaw	蝴蝶果 *Cleidiocarpon cavaleriei*（Levl.）Airy-Shaw	
101	棕榈△	棕榈科 Palmae	棕榈属 *Trachycarpus* H. Wendl.	棕榈 *Trachycarpus fortunei*（Hook.）H. Wendl.	山棕榈 *Trachycarpus martianus*（Wall.）H. Wendl. 龙棕 *T. nana* Becc. 另有 3 个种见附录 3（序号 599）
102	蒲葵△	棕榈科 Palmae	蒲葵属 *Livistona* R. Br.	蒲葵 *Livistona chinensis*（Jacq.）R. Br	大叶蒲葵 *Livistona saribus*（Lour.）Merr. ex A. Chev. 美丽蒲葵 *L. speciosa* Kurz 另有 5 个种见附录 3（序号 600）
103	槟榔△	棕榈科 Palmae	槟榔属 *Areca* L.	槟榔 *Areca catechu* L.	
104	油桐△	大戟科 Euphorbiaceae	油桐属 *Vernicia* Lour.	油桐 *Vernicia fordii*（Hemsl.）Airy-Shaw 木油桐 *V. montana* Lour.	
105	乌桕	大戟科 Euphorbiaceae	乌桕属 *Sapium* P. Br.	乌桕 *Sapium sebiferum*（L.）Roxb.	浆果乌桕 *Sapium baccatum* Roxb. 济新乌桕 *S. chihsinianum* S. Lee 山乌桕 *S. discolor*（Champ. ex Benth.）Muell. -Arg. 白木乌桕 *S. japonicum*（Sieb. et Zucc.）Pax et Hoffm.

（续）

编号	名称	科	属	栽 培 种	野生近缘种
106	橡胶树△	大戟科 Euphorbiaceae	橡胶树属 *Hevea* Aubl.	橡胶树 *Hevea brassiliensis*（H. B. K.）Muell. -Arg.	
107	榧树△ （香榧）	红豆杉科 Taxaceae	榧树属 *Torreya* Arn.	榧树 *Torreya grandis* Fort. ex Lindl.	巴山榧树 *Torreya fargesii* Franch. 长叶榧树 *T. jackii* Chun 另有 3 个种见附录 3（序号 566）
108	枣△	鼠李科 Rhamnaceae	枣属 *Ziziphus* Mill.	枣 *Ziziphus jujuba* Mill.	酸枣 *Ziziphus acidojujuba* C. Y. Cheng et M. J. Liu 毛果枣 *Z. attopensis* Pierre 褐果枣 *Z. fungii* Merr. 印度枣 *Z. incurva* Roxb. 球枣 *Z. laui* Merr. 大果枣 *Z. mairei* Dode 山枣 *Z. montana* W. W. Smith 小果枣 *Z. oenoplia*（L.）Mill. 毛脉枣 *Z. pubinervia* Rehd. 皱枣 *Z. rugosa* Lam. 蜀枣 *Z. xiangchengensis* Y. Chen et P. K. Chou
109	柿△	柿树科 Ebenaceae	柿属 *Diospyros* L.	柿 *Diospyros kaki* Thunb.	异萼柿 *Diospyros anisocalyx*. C. Y. Wu 美脉柿 *D. caloneura* C. Y. Wu 崖柿 *D. chunii* Metc. et L. Chen 五蒂柿 *D. corallina* Chun et L. Chen 岩柿 *D. dumetorum* W. W. Smith 红枝柿 *D. ehretioides* Wall. ex A. DC. 乌材 *D. eriantha* Champ. ex Benth. 老君柿 *D. fengii* C. Y. Wu

（续）

编号	名称	科	属	栽 培 种	野生近缘种
109	柿△	柿树科 Ebenaceae	柿属 *Diospyros* L.		象牙树 *D. ferrea*（Willd.）Bakh. 海南柿 *D. hainanensis* Merr. 琼南柿 *D. howii* Merr. et Chun 囊萼柿 *D. inflata* Merr. et Chun 景东君迁子 *D. kintungensis* C. Y. Wu 长苞柿 *D. longibracteata* Lecomte 琼岛柿 *D. maclurei* Merr. 海边柿 *D. maritima* Bl. 圆萼柿 *D. metcalfii* Chun et L. Chen 黑皮柿 *D. nigrocortex* C. Y. Wu 黑柿 *D. nitida* Merr. 红柿 *D. oldhami* Maxim. 异色柿 *D. philippinensis*（Desr.）Gurke 保亭柿 *D. potingensis* Merr. et Chun 点叶柿 *D. punctilimba* C. Y. Wu 网脉柿 *D. reticulinervis* C. Y. Wu 青茶柿 *D. rubra* Lecomte 西畴君迁子 *D. sichourensis* C. Y. Wu 山榄叶柿 *D. siderophylla* H. L. Li 信宜柿 *D. sunyiensis* Chen et L. Chen 过布柿 *D. susarticulata* Lecomte 延平柿 *D. tsiangii* Merr. 岭南柿 *D. tutcheri* Dunn 单子柿 *D. unisemina* C. Y. Wu 小果柿 *D. vaccinioides* Lindl. 湘桂柿 *D. xiangguiensis* S. Lee 云南柿 *D. yunnanensis* Rehd. et Wils.

（续）

编号	名称	科	属	栽 培 种	野生近缘种
110	乌榄	橄榄科 Burseraceae	橄榄属 *Canarium* L.	乌榄 *Canarium pimela* Koenig	方榄 *Canarium bengalense* Roxb. 小叶榄 *C. parvum* Leenh. 滇榄 *C. strictum* Roxb. 毛叶榄 *C. subulatum* Guill. 越榄 *C. tonkinense* Engl.
111	八角△	八角科 Illiciaceae	八角属 *Illicium* L.	八角 *Illicium verum* Hook. f.	台湾八角 *Illicium arborescens* Hayata 短柱八角 *I. brevistylum* A. C. Smith 地枫皮 *I. difengpi* K. I. B. et K. I. M. 红花八角 *I. dunnianum* Tutch. 红茴香 *I. henryi* Diels 披针叶茴香 *I. lanceolatum* A. C. Smith 大八角 *I. majus* Hook. f. et Thoms. 小花八角 *I. micranthum* Dunn 少药八角 *I. oligandrum* Merr. et Chun 短梗八角 *I. pachyphyllum* A. C. Smith 野八角 *I. simonsii* Maxim. 厚皮香八角 *I. ternstroemioides* A. C. Smith
112	杜仲△	杜仲科 Eucommiaceae	杜仲属 *Eucommia* Oliv.	杜仲 *Eucommia ulmoides* Oliv.	
113	宁夏枸杞△	茄科 Solanaceae	枸杞属 *Lycium* L.	宁夏枸杞 *Lycium barbarum* L.	柱筒枸杞 *Lycium cylindricum* Kuang et A. M. Lu 新疆枸杞 *L. dasystemum* Pojark. 黑果枸杞 *L. ruthenicum* Murr. 截萼枸杞 *L. truncatum* Y. C. Wang 云南枸杞 *L. yunnanense* Kuang et A. M. Lu

（续）

编号	名称	科	属	栽 培 种	野生近缘种
114	火绳树	梧桐科 Sterculiaceae	火绳树属 *Eriolaena* DC.	火绳树 *Eriolaena spectabilis*（DC.）Planch. ex Mast.	南火绳 *Eriolaena candollei* Wall. 光叶火绳 *E. glabrescens* A. DC. 桂火绳 *E. kwangsiensis* Hand. -Mazz. 五室火绳 *E. quinquelocularis*（Wight et Arn.）Wight
115	梭梭	藜科 Chenopodiaceae	梭梭属 *Haloxylon* Bunge	梭梭 *Haloxylon ammodendron*（C. A. Mey.）Bunge 白梭梭 *H. persicum* Bunge ex Boiss. et Buhse	
116	柽柳	柽柳科 Tamaricaceae	柽柳属 *Tamarix* L.	柽柳 *Tamarix chinensis* Lour. 多枝柽柳 *T. ramosissima* Ledeb.	白花柽柳 *Tamarix androssowii* Litv. 密花柽柳 *T. arceuthoides* Bunge 甘蒙柽柳 *T. austromongolica* Nakai 长穗柽柳 *T. elongata* Ledeb. 翠枝柽柳 *T. gracilis* Willd. 刚毛柽柳 *T. hispida* Willd. 盐地柽柳 *T. karelinii* Bunge 多花柽柳 *T. hohenackeri* Bunge 短穗柽柳 *T. laxa* Willd. 细穗柽柳 *T. leptostachys* Bunge 沙生柽柳 *T. taklamakaensis* M. T. Liou

注：带△符号的为作物大类之间重复者。

（郑勇奇　张川红）

阔叶树种有杨树、柳树、泡桐、水曲柳、银桦、柚木、臭椿、桤木等 74 个种，共 138 个栽培种，野生近缘种 464 个；竹类有簕竹、慈竹、矢竹等 4 个种，共 9 个栽培种，野生近缘种 75 个；灌木树种有沙棘、梭梭、柽柳等 7 个种，共 12 个栽培种，野生近缘种 64 个；经济林树种有杜仲、枸杞、枣、橡胶树、柿、八角等 21 个种，共 24 个栽培种，野生近缘物种 123 个。

第二节 主要林木作物的遗传多样性

我国主要的林木作物有 200 多种，而在生产中大面积栽培应用的只有几十种。大多数林木作物的栽培历史悠久，分布地域广泛，在长期的生育过程中，由于自然杂交和人工选择，出现形态变异和地理生态变异，在树皮、叶、芽、花、果等方面表现出不同的特点，并划分为不同的形态变异类型。

现将林业生产上成功栽培、潜在利用价值高的树种，如毛白杨、国槐、白花泡桐、白榆、杉木、杜仲、油松、侧柏、苦楝等 20 种林木作物的遗传多样性介绍如下。

一、毛白杨

毛白杨（*Populus tomentosa* Carr.）是我国特有的乡土树种，主要分布在我国黄淮海流域约 100 万 km^2 范围内，现已在我国北方，尤其是在黄河中下游地区的林业生产和生态建设中占有重要地位。毛白杨分布广，栽培历史悠久，在长期不同环境条件的影响下，因自然选择和人工选择形成了各种不同的自然类型，加之长期用无性繁殖，这些优良类型被保存下来。

（一）自然变异类型

1. 箭杆毛白杨（雄株） 分布较广泛，北起河北北部，南达江苏、浙江，东起山东，西至甘肃东南部，都有分布和栽培。主要形态特征：有明显的中央主干，树干通直；树冠窄，圆锥形，侧枝与主干呈 40°～45°夹角，枝层明显，分布均匀；皮孔菱形，多为单生或少数横向连生。

2. 易县毛白杨（河北毛白杨）（雄株）（var. *hopeinica*） 以河北易县分布最集中，河南、山东、北京等地大量引种栽培，生长良好。主要形态特征：树冠较小，二级侧枝不发达；树干高大通直，皮孔大、菱形、散生，少数连生；长枝叶近圆形；雌蕊柱头粉红色或灰白色，2 裂，每裂 2～3 个杈，呈羽毛状。

3. 塔形毛白杨（抱头毛白杨）（var. *fastigiata*） 1973 年山东夏津县群众进行林木选优时发现，主要分布于山东的夏津、武城、苍山三县，以夏津县最多。山东的临沂地区及河北的故城、清河也有少量分布。抱头毛白杨主要特征：树干通直，尖削度小，有明显的主干；侧枝短，分枝角度小，一般为 25°左右，极少超过 30°；树冠窄，一般树高 20 m 左右的树，冠幅为 2～2.5 m；皮孔近于菱形或圆形，数量较少，散生；枝叶稠密，叶深绿色有光泽。

4. 截叶毛白杨（var. *truncata*） 截叶毛白杨树体高大，树冠浓密，树干通直，树皮灰绿色，平滑。短枝和长枝基部叶片阔卵形，叶基通常为截形，初出叶表面绒毛稀疏，仅叶脉上稍多，叶背绒毛脱落早。皮孔为菱形，较小，多为两个以上横向连生，呈线性。树干与侧枝分枝角度较小，一般为 40°～65°。

5. 河南毛白杨（圆叶毛白杨）（var. *honanica*）　河南毛白杨分布范围较小，多分布河南中部一带土、肥、水条件较好地。山东、河北等省有零星分布。河南毛白杨主要特征：树干微弯；皮孔近圆点形，小而多，散生或横向连生为线状，兼有大的菱形皮孔；叶三角状宽圆形、圆形，先端短尖。雄花序粗大，花药橙黄色，初微有红晕，花粉多；苞片灰色或灰褐色，花盘掌状盘形，边缘呈三角状缺刻；雌蕊柱头浅黄色，裂片很大为显著特征，花长漏斗形。花期较箭杆毛白杨早 5～10 d。

6. 小叶毛白杨（var. *microphylla*）　小叶毛白杨分布范围较小，主要分布在河南中部地区。小叶毛白杨树冠浓密，侧枝较细，枝层明显。皮孔菱形，大小中等，介于截叶毛白杨和毛白杨（原变种）之间。短枝叶较小，卵圆形、近圆形或心形，先端短尖；长枝叶缘重锯齿。雌花序较细短，蒴果结籽率达 30%以上。

7. 京西毛白杨　京西毛白杨树冠宽卵形，较大；侧枝斜生，较粗；树干端直，树皮灰色或灰褐色，皮孔菱形、大、多纵裂；短枝叶三角状心形，先端长渐尖，缘具齿牙状缺刻；长枝叶三角状宽卵形，较大，先端尖；雄花序粗大，花药鲜枣红色，花粉很少；苞片大，棕色。

8. 密枝毛白杨　密枝毛白杨树冠浓密，侧枝多而细，短枝叶较小，卵形、椭圆状卵形、三角状卵形、圆卵形，先端三角状渐尖，短尾尖。

9. 密孔毛白杨（var. *multilenticellia* Yu Nung）　密孔毛白杨树干稍弯曲，中央主干不明显，树皮粗糙，皮孔小而密，横向连生。短枝叶卵圆形或三角状卵圆形，基部多截形，边缘具内曲粗腺齿，叶柄先端多具 1～2 腺体。花药鲜黄色，具少数红色腺点，有大量花粉，花期早。

（二）特征特性多样性

1. 雌雄株形态变异

（1）雌株　3～10 年生树冠为卵圆形，10 年以后逐渐变为圆形，树冠浓密圆满。树皮灰白色，侧枝多，分枝角度大，花枝较长。花序较短，稀疏。果穗绿色，挂在枝上，成熟后飞散带白色絮状毛的种子。

（2）雄株　15 年生以前树冠为圆锥形，以后逐渐变为椭圆形。树皮青白色，侧枝较少、较粗，分枝角度较小。花枝较短，多为 6～15 cm，幼树叶片较大。花序较长，密集。

2. 树型变异　由于侧枝的多少、粗细不等，使树冠形成浓密型和稀疏型；由于主干和侧枝的分枝角度大小不同，有的在 50°～80°之间，有的在 40°左右，又使树冠形成窄冠型和宽冠型。

3. 树皮变异　毛白杨树皮形态的变异，主要表现在皮孔的形状、大小、多少和排列的方式，以及树皮的颜色和开裂程度等方面。皮孔的形状有菱形、圆形或椭圆形等。皮孔的排列方式有的是单生，有的是两个或两个以上横向连生而呈线状。皮孔长 0.2～2.2 cm，最大的皮孔是山西种源，最小的皮孔是陕西种源。树皮的颜色为灰绿色、灰白色，老树皮灰褐色，树基部纵裂。

4. 叶片变异 叶片变异主要表现在叶片的大小、形状和叶质地的薄厚、颜色以及茸毛的有无、多少等方面。

（1）叶长 叶长在各种源间变异幅度为 4.6～14.1 cm，最长叶片为山西种源，最短叶片为河北种源。叶长在种源内无性系之间变异幅度大，如河北种源内无性系叶长变异幅度为 4.6～13.5 cm，河南种源内无性系叶长变异幅度为 5.4～13.9 cm。

（2）叶宽 叶宽在各种源间变异幅度为 3.9～14.2 cm，最大值出现在河南种源，最小值出现河北种源，变异系数为 19.7%。叶宽在种源内无性系之间变异幅度大，如河北种源内无性系叶长变异幅度为 4.6～13.5 cm，河南种源内无性系叶长变异幅度为 5.4～13.9 cm。

5. 花序与果实 雄花序的变异表现在花序的粗细、长度，花药的颜色以及雄蕊的数目等方面；雌花序的变异表现在花序的大小、柱头的形状、子房的大小等方面。果实的形态变异主要表现在形状方面，多数为卵形。

6. 树高和胸径 毛白杨树高和胸径的变异幅度分别为 5.7～21.2 m 和 5.9～30.4 cm，种源间在树高高生长和粗生长方面差异也较明显。

（三）基于生化与分子标记的遗传多样性

杨自湘等（1990）对毛白杨种内过氧化物同工酶变异研究结果表明，采自漳河林场毛白杨收集圃的 105 份毛白杨无性系试材（来源于 6 个省份、15 个地区）共分离出 8 种酶谱，河南新乡、焦作、郑州一带酶谱类型较多，共有 5 种，且形态特征较为复杂，可认为河南中部新乡、焦作、郑州一带为毛白杨起源地之一，同时也是遗传多样性富集区。河北易县来源的毛白杨酶谱比较独特，值得重视。

何承忠（2005）对来自北京、河北、山东、河南、山西、陕西、甘肃、安徽和江苏 9 个种源的 263 个无性系的研究表明，毛白杨种源间、种源内无性系之间的 DNA 双酶切片段长度差异较大，9 对引物共检测到 AFLP 标记 712 个，其中多态性标记 464 个，多态带百分率 65.17%，毛白杨种群的平均位点等位基因数（*Na*）为 1.991，平均有效等位基因数（*Ne*）为 1.479，Nei's 基因多样性指数为 0.289，Shannon's 多态性信息指数为 0.445。9 个种源的平均多态性条带数为 280.7 条，平均多态带百分率为 60.49%，平均 Nei's 基因多样性指数为 0.191，Shannon's 信息指数为 0.290。AFLP 结果显示，毛白杨遗传多样性的 75.23%分布于种源内（Gst=0.247 7），各种源间差异显著。

（李文英）

二、旱柳

全世界有 520 多种柳树，我国分布有 257 种、122 个变种。柳树天然分布区的生态条件复杂，生态多样性和遗传多样性十分丰富。旱柳（*Salix matsudana* Koidz.）有旱垂柳、旱快柳等变种，馒头柳、绦柳、龙爪柳、漳河柳等不同变型（王战等，1984），竹竿柳、青皮旱柳、白皮旱柳等地方栽培品种。

（一）自然变异类型

旱柳变异类型较多，馒头柳和钻天柳是两个典型的优良类型。馒头柳为中、小乔木，树冠圆卵形，多作为行道树。钻天柳树干端直，侧枝细，分枝角度小，冠幅小，生长快，为优良用材树种。

可划分为黑皮柳、黄皮大叶柳、黄皮小叶柳和柴柳 4 个类型（曹耀莲等，1980）。

常见的旱柳变型有以下 3 种（中国树木志编辑委员会，1982）：

1. 馒头柳（f. *umbraculifera* Rehd.）　分密枝，端梢齐整，形成半圆形树冠，状如馒头。北京园林常见栽培。

2. 绦柳（f. *pendula* Schneid.）　枝条细长下垂，小枝黄色，叶无毛。华北园林中习见栽培，常被误认为垂柳。

3. 龙爪柳［f. *tortuosa*（Vilm.）Rehd.］　枝条扭曲向上，生长势较弱，树体小，寿命短。各地均有栽培。

（二）特征特性多样性

旱柳各类型叶片的栅栏组织和海绵组织厚度比值（简称栅海比值，下同）及单位面积上的气孔数、叶面积等都有明显差异。黑皮柳、黄皮大叶柳、黄皮小叶柳和柴柳 4 个类型的栅海比值变化在 10.2～15.5 之间，单位面积上的气孔数为 129～181 个/mm^2。

从叶的解剖结构看，旱柳是一个中性树种，其栅栏组织非常发达，又有发达的维管束及维管束鞘伸展区，叶表面还具有发达的角质层，气孔小而密，具有耐旱特征。由于各类型栅海比值不同，其抗旱性能也有差异，栅海比越大，抗旱性能越强。据此 4 种旱柳类型的抗旱顺序为：柴柳＞黄皮小叶柳＞黑皮柳＞黄皮大叶柳。

渠道旁、淤沙滩地、沙地等不同立地条件下 4 个旱柳类型之间的生长差异显著。其生长量大小次序为：黄皮大叶柳＞黑皮柳＞黄皮小叶柳＞柴柳。相同立地条件下，7 年生旱柳不同类型的胸径、椽长、材积总生长量次序是：黄皮大叶柳＞黑皮柳＞黄皮小叶柳＞柴柳（曹耀莲等，1980）。

（郑勇奇）

三、白榆

白榆（*Ulmus pumila* Linn.）是我国典型的温带落叶阔叶树种，也是榆科中分布最广、面积最大、经济价值最高的树种。白榆生长快，材质好，用途广，适应性强，是我国北方地区重要的造林用材树种。由于地理隔离、自然选择等原因，种内群体遗传复杂多样，形成了丰富的种内变异类型，为选择利用提供了广阔的前景。

（一）自然变异类型

白榆是两性花，风媒授粉，往往以天然杂种延续后代。白榆的生物型都是异质合子，因此构成了白榆植株的多样性。根据形态变异分有 10 个自然类型，如钻天白榆、粗皮白榆、大叶榆、垂枝白榆等。

1. 钻天榆类型 树干通直圆满，冠内有明显的主干。树冠窄椭圆形或长卵形，顶端生长势强，冠高比约为 1∶1.93，枝干比约为 1∶2.9。分枝角小，下部 30°～35°，上部 20°～30°。小枝短，青灰色。叶圆卵形，重锯齿稍尖，基部偏楔形。干皮通裂，稍粗。生长较快，材质微脆。

2. 塔榆类型 树干直，树冠广圆锥状塔形，冠高比约为 1∶2.33，枝干比约为 1∶1.66。顶端生长势强，主干往往到顶。下部分枝角 45°～85°，上部 30°～45°。叶卵形，重锯齿稍钝。树皮青灰色，细长条浅裂。生长快。材性绵韧，不易折，是建筑良材。

3. 密枝榆类型 树干直，树冠卵形，冠高比约为 1∶2.45，枝干比约为 1∶2.25。多二叉分枝，也有具顶端优势的总状分枝，小枝稠密，当年有大量二次分枝。叶片密集，枝叶茂盛，故得名密枝榆。分枝角 45°～85°。叶卵形。树皮细长条浅裂，青灰色。生长快，耐干旱瘠薄。

4. 大叶榆类型 树干较直，树冠倒卵形或卵圆形，冠高比约为 1∶1.88，枝干比约为 1∶1.77。多二叉分枝，小枝长，有少量二次分枝。叶长卵形，基部半耳形极偏，叶长达 10 cm 以上，为极显著特征。树皮细浅裂，生长稍缓。

5. 小叶榆类型 主干多弯曲，树冠扁卵圆形，冠高比（1∶2.5）～（1∶1.5），枝干比（1∶2）～（1∶1.7）。分枝角 30°～50°，分枝很不规则，呈二叉或伞状分枝。叶卵形或披针形，叶小，比大叶形叶片小一半，最小的叶子长仅 2 cm 左右。生长极慢，该类型又可按皮的粗细分为两种。

（1）粗皮小叶榆类型 树皮粗深裂，开裂早，10 年生以上树皮呈青灰色粗龟裂。树冠宽大，干矮弯曲，材质脆。

（2）细皮小叶榆类型 树皮细浅裂，幼龄树皮光滑，呈灰色。树干较直，材质极绵。

6. 鸡爪榆类型 树干弯曲，树冠卵圆形，冠高比约为 1∶1.75，枝干比约为 1∶1.38。分枝角 40°～70°。小枝弯曲下垂成鸡爪形，群众称之为鸡爪榆。树皮粗而深裂。生长缓慢，材质极脆，是白榆中材质最差的一个类型。

7. 垂枝榆类型 树干较直或稍弯，树冠伞形，冠高比约为 1∶1.79，枝干比约为 1∶1.13，分枝角 40°～80°。1～3 年生枝细长柔软下垂，小枝年生长量在 68 cm 左右。叶较小，阔椭圆形，叶尖钝。树皮呈片状开裂。生长较快，材质一般。

8. 粗皮榆类型 树干多弯曲，树冠倒卵形，冠高比约为 1∶1.93，枝干比约为 1∶1.81。二叉分枝明显，一级分枝粗大，分枝角 40°～60°，斜向上生长构成双头型。树皮粗而深裂，开裂早。叶长卵形，先端尖，基部楔形。材质脆，弹性差而易折，群众称之为脆榆。

9. 细皮榆类型 树干通直，树冠倒卵形，冠高比约为 1∶1.83，枝干比约为 1∶1.88。二叉分枝成双头型。树皮细，长条状浅裂，幼树时光滑呈灰色，10 年生树木干皮多中下部浅裂，15 年生以上大树通身浅裂，大侧枝仍很光滑。材质绵，弹性好，群众称之为绵榆。

10. 光皮榆类型 与细皮榆相似，其不同点就是干皮光滑，15 年生树皮仍很光滑，仅基部有极浅开裂，树皮薄，形似杨树。树干直，材质绵，抗压力强。

（二）特征特性多样性

白榆自然类型形态特征的变异是普遍的，也是十分复杂的。但常见的概括起来有主干形状和高低、树皮开裂状况、分枝习性、叶片大小等变异。

1. 主干　主干的高度和通直度，是白榆最重要的用材经济指标。白榆干型的遗传力较高，也受环境条件（如立地条件、林分密度等）、修枝抚育、病虫为害或机械损伤等因素的影响，在相似的环境条件、同样营林措施、同龄林分内，干型差异大。主要有：

（1）主干高大、圆满，冠内主干明显　即成龄树（一般 15 年左右）的主干通直、高大，树冠内有清晰可见的主干，干枝比常≤3∶1。

（2）主干通直、圆满、较高，冠内主干不明显　主干通直、较高，成龄树冠内隐约有或无明显主干，干枝比≥3∶1。具有此种主干的植株，一般胸径生长较快。

（3）主干微弯、较矮，冠内无主干或主干不明显　主干微弯、低矮，成龄树冠内各大侧枝基径相等，冠内无主干，干枝比大于 3∶1 以上。

（4）主干弯曲，冠内无主干　树冠内无主干，树干低矮弯曲。

2. 冠型和分枝习性　树冠是由枝条组成的，由于枝条的长短和分枝习性不同而形成了各种冠型。白榆为合轴分枝，幼龄时期多为羽状分枝，成熟白榆的分枝方式变异较大，主要有以下 7 种。

（1）立枝型　主、侧枝均斜向上直立，与主干构成 20°～40°角，如立枝白榆。

（2）垂枝型　大枝平伸或稍斜生，1～3 年生枝条柔软下垂，形似垂柳。

（3）稀生型　枝条在大枝上稀疏分散，着生节间较长，如稀枝白榆。

（4）曲枝型　大枝斜生，1～3 年生枝条弯曲、下垂。

（5）密枝型　枝条在大枝上分散密集着生，节间短，数量多，构成较密的树冠。

（6）扫帚型　枝条常着生在大枝上部约 1/3 处，枝条数目随着分枝级数增加而增加，形似扫帚。

（7）鸡爪型　枝条在大枝先端集结伸出 5～8 根，形似“鸡爪”。

3. 树皮　树皮形态因树龄和环境条件不同而有差异，在同龄条件下，其开裂方式、裂沟深浅、颜色、裂片大小、形状和质地软硬等也有差异，以树皮厚薄、裂纹深浅、裂片长短不同可分为以下 5 种类型。

（1）光皮型　7～8 年生大树树干基部浅纵裂，裂片表面常保留幼树时期的表皮，皮孔隐约可见，胸径上部无纵裂纹或稍有细纹裂，树皮光滑，皮孔清晰可见。

（2）薄皮型　树皮裂纹较浅，树皮厚度较小，树皮的裂片上保留表皮和皮孔，裂片大小不均。

（3）细皮型　树皮裂沟较浅，树皮呈条片交叉，条片上隐约有表皮。树皮裂片均匀细微。

（4）粗皮型　树皮裂沟较深，裂皮粗糙，不显表皮，裂片大而厚。

（5）栓皮型　树皮薄，稍有弹性，裂开较深，横裂纹明显，常把裂片割切成方块。

4. 叶片大小　白榆叶片的大小受环境条件的影响较大，也由于着生部位不同而有差异，在相似条件下，叶片大小和形状也存在变异，主要有以下 3 种。

(1) 小叶型　叶片较小，叶片长 1.9～5 cm，平均为 3.2～4.1 cm。

(2) 长叶型　叶片较长，叶片长 3～10 cm，宽 2～3.5 cm，叶片呈披针形。

(3) 大叶型　叶片较大，叶片长 6～10.3 cm，叶片宽 3.1～4.5 cm，长宽比 2∶1。

(三) 基于生化标记的遗传多样性

冯显逵等（1993）对白榆种源区 6 个代表种源进行过氧化物同工酶分析，结果表明：白榆过氧化物同工酶谱带表现稳定，有两条固定的特征谱带；6 个种源在酶谱图式上差异不大，而酶带迁移率和酶的活性程度有所不同，说明各种源生化特性有差异。

（李文英）

四、国槐

国槐（*Sophora japonica* Linn.）又叫槐树，是豆科蝶形花亚科（Fabaceae）槐属（*Sophora* Linn.）的乔木树种，具材用、药用、食用价值，为我国特产。国槐的自然分布主要在长江以北，主要为中原、华北、黄河流域一带，以散生为主，成片林少见。国槐花期长，对二氧化硫、氯气、氯化氢等气体和铅等有较强的吸收和富集作用，被许多大城市普遍采用为主要绿化和观赏树种之一。国槐在漫长的历史长河中，由于多种环境条件的影响，形态特征发生了很多变异。

(一) 自然变异类型

根据国槐形态变异和特征，可将其划分为国槐（原变种）、白槐、青槐和黑槐 4 个类型。其中白槐生长速度快，经济价值高，为优良类型；青槐为较优良类型；黑槐与原变种属劣质类型。

1. 国槐（原变种）　树冠球形，树表皮灰色或深灰色，粗糙纵裂，内皮鲜黄色，有臭味。枝棕色，幼时绿色，具毛，皮孔明显。单数羽状复叶互生，小叶 5～7 枚。

2. 青槐　侧枝多、细、密，向上伸展，枝角 20°～30°。树干圆满通直，树冠窄，出材率高，适宜密植。25 年生树高约 10.8 m，枝下高 4 m 左右，胸径 25.4 cm 左右。此类型适应性强，树型优美，是优良经济观赏类型。

3. 白槐　材质黄白，树冠中宽，呈球形。侧枝较稀，中粗、斜生，枝角一般为 45°～60°。主干通直明显，25 年生树高约 11 m，枝下高 3.2 m 左右，胸径 40.1 cm 左右。高生长缓慢，胸径生长快。

4. 黑槐　树冠宽大，侧枝平展，树干较直，一般小枝较疏，25 年生树平均高 12.5 m，枝下高 3.5 m，胸径 29.6 cm。此类型生长快，树冠大，宜用作防护林树种。

(二) 形态特征多样性

1. 树型

(1) 树冠形状　分球形、卵形、伞状形、圆锥形、椭圆形等。

(2) 侧枝粗度　分为粗、中、细 3 级。

(3) 侧枝角度　平生的枝角大于 70°，立生的枝角 20°～30°，斜生的枝角 40°～60°。

（4）小枝着生状态　直立生长，如青槐；下垂生长，如自然变异类型；斜生生长，如白槐。

（5）侧枝、小枝的疏密度　分为密枝、稀枝 2 类。

（6）冠型　分为球冠、窄冠、宽冠等类型。

2. 树皮变异　树皮变异主要表现在树皮颜色、厚薄、纵裂状况等方面。国槐树皮颜色分为深灰色、浅灰褐色和褐色；树皮开裂方式分为条状裂、纵裂和块状裂。

3. 树叶变异　主要表现在形状、叶色等方面。如国槐为奇数羽状复叶互生，叶上面绿色，下面伏生白色短毛。但变异的为奇数羽状复叶对生，叶下面白色、无毛；叶色有绿色、浓绿色、黄绿色。

4. 荚果变异　主要表现在念珠状果果形大小与念珠数目等。

5. 花色　有红色、紫色、紫红色、五色等。

（三）特殊类型

国槐有很多特殊类型，如龙爪槐、五叶槐、金叶槐、黄金槐、红花国槐、紫花国槐、五色花槐等。

1. 龙爪槐（var. *pendula*）　又名虬龙槐、疙瘩槐、龙须槐，是国槐一变种。枝条柔软下垂，老枝扭曲向上，不规则扭曲成疙瘩状，盘曲如龙，老树奇特苍古。其树形优美，姿态婆娑，冬态观赏效果更好，可孤植、对植、列植、群植于草坪中，是不可多得的观枝佳品。龙爪槐寿命长，适应性强，对土壤要求不严，较耐瘠薄，观赏价值高，故目前园林绿化上应用较多，常作为门庭及道旁树，或作庭荫树，或植于草坪中作观赏树。

2. 五叶槐（var. *oligophylla*）　五叶槐是国槐一变种，又名蝴蝶槐。姿态优美，绿荫如伞，是良好的行道树和庭荫树。其叶形奇特，宛若千万只绿蝶栖止于树上，堪称奇观，是园林中的珍贵树种，但宜独植而不宜多植。

3. 黄金槐（var. *huangjin*）　又名金枝国槐，是国槐一变种。其特点是冬季当年生新枝通体呈现金黄色，在北方银装素裹的寒冷季节显得特别惹眼。春季及秋季叶色呈现金黄色，是一种观枝观叶的优良彩色树。

4. 金叶槐（var. *flavi-rameus*）　金叶国槐是国槐一变种。该品种特点是叶色从春季萌芽直到秋季落叶前始终保持金黄色，娇艳醒目，树冠丰满，枝条下垂，极具观赏效果，且观赏期长，3～9 月，甚至 9 月底，金叶国槐依然亮丽，远远优于其他黄叶树种，是园林绿化中“红、黄、绿”三个主色调中黄叶乔木的代表。金叶槐可广泛用作园林孤植造景和行道树种，特别当它和红叶乔木树种搭配使用时，红黄辉映，绚烂异常。还可通过与龙爪槐同株嫁接，制造出多层次、形状各异、色彩鲜明的园林佳品。

5. 红花国槐　花朵粉红色。定陶县城关有上百年古老大树，为鲁西南景观之一。

6. 紫花国槐（var. *pubescens*）　紫花国槐是国槐一变种，花的翼瓣、龙骨瓣常带紫色。花期甚晚。

7. 五色花槐　五色花槐为宋代古老而历史悠久的国槐变异品种，花朵由里向外呈紫、红、绿、黄、白五色，花繁色艳，五彩缤纷，光彩夺目，花香扑鼻。花期较长，较晚。临清集有上百年大树，为华北奇观。

8. 聊红槐（var. *liaohong*） 聊红槐是从国槐栽培苗中发现的新变异类型。花红色，花的旗瓣为红色或紫红色，翼瓣和龙骨瓣中下部为淡堇紫色，并且花期长（开花始期较国槐原种早 7 d，开花末期比国槐推迟 7 d，花期比国槐长 14 d 左右）。开花盛期，鲜艳的红花繁密，新奇美丽，更能增添城市绿化景观，丰富夏季花色树种。

9. 双季米用国槐 具有当年生枝两次抽穗和两次成米的特性。在山东胶东地区每年 4 月上、中旬萌芽，5 月下旬开始抽穗，7 月上、中旬采米；第二茬 8 月上、中旬开始抽穗，10 月上、中旬采米。叶片长，生长迅速，苗木优良。叶片很大，为普通国槐的 3 倍；一年生胸径为普通国槐的 2 倍，树体直立，无病，成活率高达 95%以上。丰产性能好，槐米产量是普通国槐的 2～3 倍。耐干旱、耐盐碱、耐瘠薄，适应性强，耐管理粗放。在无霜期 180 d 以上地区皆可种植，并可产出双季槐米。既可用于建立大规模丰产园，又适宜在房前屋后零星种植，除可用于绿化外，还可采收槐米致富。

（郑勇奇　孙荣喜）

五、臭椿

臭椿（*Ailanthus altissima* Swingle）因树皮及枝叶有一种苦涩的味道，小叶基部的腺齿挥发出特殊的臭味而得名，又称椿树，属苦木科臭椿属。在我国分布普遍，生长迅速，适应性强，容易繁殖，病虫害少，材质优良，用途广泛，同时耐干旱、瘠薄，是一种优良的用材、绿化、观赏、药用、油料和盐碱地造林的良好树种。

（一）自然变异类型

在长期栽培条件的影响下，臭椿发生变异，形成一些臭椿变种，如大果臭椿、千头椿、小叶臭椿、白材臭椿、红果臭椿、垂叶臭椿、红叶臭椿等（朱秀谦等，2000）。

1. 红叶臭椿 叶片紫红色，颜色亮丽，红叶持续到 7 月份，以后老叶变暗绿色，新发枝叶片始终亮红色，持续到落叶前，是优良的风景园林、生态绿化高大乔木彩叶树种。

2. 千头臭椿 本变种树冠近球形，侧枝多，斜展，枝叶浓密；树干较低，无中央主干。小枝多、直立斜展为显著特征。千头臭椿具有适应性强、耐干旱、耐瘠薄、耐高温、抗污染、生长较快、病虫害少等特性，且树姿优美，是城乡园林化建设和庭院置景的优良观赏品种。千头臭椿在河南民权、禹州、郑州等地有栽培。可采用插根、嫁接等方法繁殖壮苗。

3. 红果臭椿 本变种树冠稀疏；侧枝少，开展或平展；幼叶红色，开花时，子房及幼果鲜红色。翅果鲜红色或红褐色为显著特征。红果臭椿适应性强，耐干旱，耐瘠薄。河南伏牛山区的南召、卢氏和太行山的林州山区有野生，是河南黄土丘陵区、石质山地的造林先锋树种，也是风景林营造和城乡园林化建设的良种。可采用插根和嫁接繁殖。

4. 白材臭椿 本变种树冠宽大；侧枝稀少，开展；树干通直，中央主干明显，树皮灰白色，光滑；小枝少，细长，近轮生状。小叶腺点无臭味，俗称“甜椿”。木材白色，纹理直，材质优良。白材臭椿是臭椿中生长最快（年胸径生长量>2.5 cm）、分布和栽培最广、材质最好的一种，广泛栽培于河南各地及邻近省份，是营造速生用材林、防护林、水土保持林、风景林、造纸专用林，以及城乡园林化建设、农林间作、高抗盐碱地造林的良种。可采用插根、嫁接和播种方法繁殖。

5. 扭垂枝臭椿 本变种树冠伞形；侧枝平展或拱形下垂；树干通直，无中央主干；小枝短，弯曲，呈长枝状扭曲下垂。河南南阳市宛城区北郊有栽培。因树形特异而美观，是城乡园林化建设的良种。采用插根和嫁接繁殖。

6. 塔形臭椿 本变种树冠塔形，侧枝和小枝直立斜展，中央主干不明显。河南郑州市有栽培。塔形臭椿生物学特性、用途和繁殖与白材臭椿相同。

7. 赤叶刺臭椿 本变种幼叶红色为显著特点，河南内乡有栽培。其生物学特性、用途和繁殖技术与臭椿各品种相同。

（二）特征特性多样性

宋丽华等（2007）对宁夏地区12个臭椿种源种子生物学特性比较表明，不同地理种源的臭椿种子的形态、千粒重、发芽能力等具有一定差异。综合分析认为，平罗、大武口、灵武、惠农种源的种子质量较好。

顾万春等（1982）对臭椿种源苗期变异的研究结果表明，臭椿种源在千粒重、生长量、生物量、形态特征以及根系生长等方面均有较大差异，不同种源苗期越冬的受害程度存在显著差异。苗期阶段表现速生的种源有河南偃师、获嘉、新野，山东历城、崂山，陕西富平、洋县，河北遵化、定县，甘肃天水等；慢生的种源有辽宁朝阳，北京房山、顺义，河北邢台，山西阳高，宁夏银川，陕西渭南、泾阳，河南开封、太康、南阳，湖北浠水及甘肃兰州等。最好的种源比最差种源苗高生长大1倍以上，速生种源苗的平均生长量大于供试种源苗均值15%以上。

宋丽华等（2005）对臭椿的8个种源的种子生物学特性变异进行了初步研究，测定指标包括种子形态、千粒重、净度、含水率、发芽率、发芽势、平均发芽速度和活力指数。研究结果表明，不同种源的臭椿种子的各项测定指标差异明显，其中千粒重最大的种源是鲁南，为29.60 g；最小的是安徽合肥，为20.33 g，平均值为23.43 g。供试种子发芽率的平均值为49%，发芽率最高的种源是鲁南，为79%；最小的是安徽合肥，为21%。活力指数平均值为21.98，最大的是鲁南，为33.53；最小的是安徽合肥，为6.17（河南种子未发芽除外）。

（郑勇奇 肖乾坤）

六、苦楝

苦楝（*Melia azedarach* Linn.）基本上仍处于散生或丛生未改良的状态，分布广泛，自南向北横跨热带、亚热带、温带，自然生态条件差异大，受自然选择和地理生态环境的影响，遗传变异幅度大，形成许多不同地理生态类型，有着极其复杂而丰富的可供选择的遗传基础。

（一）化学成分和生物活性多样性

苦楝不同产地具有不同亚种和生态型的分化，化学成分及生物活性差异极大。赵善欢和张兴（1987）在研究苦楝根皮和树皮的杀虫作用时就已经注意到苦楝果实的生物活性及其活性成分因产地而异。张兴等（1988）研究得出中国苦楝因分布区不同，其果实形态及大小都有差异，生物活性差异极大。在测定了中国不同地区苦楝树皮生物活性及川楝素含量后，发现所有苦楝树皮均含有川楝素，但含量不同，认为中国西南地带（云南、贵州、四川至陕西南部）存在"地域生态型差异"。川楝素含量较高的地区，如贵州、四川、陕西等地均为山区或丘陵地带，气候的多样性造就了苦楝生态型的多样性。在某些相邻地区如湖南西部与广东也存在中间类型。

（二）特征特性多样性

苦楝分布大半中国，广域范围内生态梯度明显。连续分布的种群，伴随着生态渐变，适应与保存了梯度变异（顾万春，1995）。从程诗明等（2005）苦楝物候区划的结果来看，苦楝展叶期、叶芽开放期、展叶盛期的早晚有自南向北、自东向西推迟的地域分布规律，地区间差异大，具有不同程度的梯度变异。

程诗明（2007）构建了苦楝核心种质保存的样本策略，提出了苦楝遗传多样性保护策略，并营建了苦楝多点异地保存林。研究表明，苦楝表型多样性极其丰富。方差分析表明，苦楝 6 组 18 个表型性状在群体间和群体内都存在极显著差异（$p=0.01$）；叶片、单果、单果种子数、核果、种子、千粒重 6 组表型性状的变异系数分别为 24.59%、13.24%、16.82%、11.52%、11.50%、26.96%，平均为 15.95%；群体间平均变异系数为 14.01%；12 个表型性状的重复力平均值为 0.50；表型分化系数群体间（54.47%）大于群体内（45.53%）。针对 18 个苦楝表型性状，根据主成分分析和聚类分析，将全分布苦楝表型多样性划分为 5 个大区及 10 个亚区。

（三）基于分子标记的遗传多样性

程诗明（2005）在苦楝全分布区表型区划的基础上分层抽取 8 个苦楝群体，进行 AFLP 分子标记实验，结果如下：苦楝种水平等位基因数（*Na*）为 1.987 8。群体间等位基因数（*Na*）以渭南群体为最高（1.762 9），其次为武都群体（1.758 4），依次为保定群体（1.755 3）、安庆群体（1.753 8）、湘潭群体（1.682 4）、红河群体（1.679 3）、郑州群体（1.667 2）、琼山群体（1.541 0）。

苦楝种水平有效等位基因数（*Ne*）为 1.324 7。群体间有效等位基因数（*Ne*）由高到低进行排序依次为：渭南群体（1.323 1）、安庆群体（1.299 5）、武都群体（1.296 3）、湘潭群体（1.268 8）、保定群体（1.255 3）、红河群体（1.252 3）、郑州群体（1.248 3）、琼山群体（1.172 4）。

在苦楝 8 个群体 240 个个体基因组中，7 对 AFLP 引物共获得 658 条清晰谱带，其中 650 条为多态带。种水平多态位点百分率达 98.87%，苦楝各群体多态位点百分率为 54.10%~76.29%，渭南群体最高（76.29%），武都群体次之（75.84%），依次为保定群体（75.53%）、安庆群体（75.38%）、湘潭群体（68.24%）、红河群体（67.93%）、郑州群体（66.72%）、琼山群体（54.10%），相差 22.19%。高水平的多态位点的百分率揭示苦楝分布广泛，群体内变异丰富，具有良好的遗传基础。

（郑勇奇　肖乾坤）

七、白花泡桐

白花泡桐［*Paulownia fortuneii*（Seem.）Hemsl.］是泡桐属树木中的一个优良种类，具有生长快、干形好、树体高大、抗病性强等特点。白花泡桐是泡桐属内分布区域最广泛的树种。由于悠久的栽培历史和分布区域内多变的生态环境条件，白花泡桐的种内变异十分丰富，如桂北、湘东南、粤北和鄂东等地的白花泡桐出现大量变异，都与其中心分布区数量集中有关。

（一）自然变异类型

根据树冠形状和分枝特点，白花泡桐分为 6 种类型。

1. 细枝塔型　树冠为塔形，冠幅 9～11 m。树势强，生长快，枝叶茂盛，冠形完整。枝条通直，枝节密集，主侧枝细，基部径粗 4～8 cm，上部主侧枝斜立 45°，中部几乎平展，下部弯曲下垂，下部小枝也明显下垂。开花年龄较晚，一般于第 6 年开始开花。

2. 细枝长卵型　树冠为长卵形，冠幅 8～10 m。树势较强，生长较快，枝叶稀疏，冠形完整。枝干通直，枝节较稀，分枝层次明显，主侧枝较细，基部径粗 6～8 cm，上部斜立 45°，中部略平展，下部弯曲下垂。小枝明显下垂。

3. 细枝圆头型　树冠为圆头形，冠幅 10～12 m。树势中等，生长较慢，枝叶细小，冠形圆满。中上部枝节密集，基径 2～6 cm，上部斜立 45°，中、下部主侧枝弯曲平展。叶较小，黄绿色，叶面无光泽，无花或少花。

4. 粗枝圆头型　树冠为圆头形，冠幅 10～12 m。树势较强，生长较快，枝叶稀疏。树干粗大，枝条粗长，主侧枝较大，基部径 10～14 cm，上部枝条斜立 45°，中、下部主侧枝略下垂。着果率高，果较小，果长 4.5～8 cm，果宽 3.1～4 cm。

5. 粗枝广卵型　树冠为广卵形，冠幅 10～15 m。树势强，枝节密集，枝叶茂盛。主侧枝基径 8～12 cm，中、下部主侧枝连续弯曲略下垂。

6. 粗枝疏冠型　树冠为疏冠形，冠幅 8～10 m。树势较弱，生长较慢，枝叶稀疏，冠形不整齐。枝干稀疏，不旺盛。主侧枝较大，基部径粗 10 cm 以上，有明显拐曲或扭曲，枝条成爪状。

（二）特征特性多样性

白花泡桐在种内存在着极为广泛的变异，这些变异既表现在形态特征上，也表现在生物学、生态学特性上。

1. 形态变异　树皮颜色有黄褐色、红褐色、灰褐色、浅灰色；花蕾形状有卵圆形、阔倒卵形、长倒卵形、橄榄形；花冠颜色有白色、黄白色、粉红色、淡紫色、紫色，多数有大紫斑块，少部分仅具小紫斑；果实有大、小之分，果实长 5～12 cm，径 3～5 cm；果实形状有卵形、倒卵形、矩圆形、椭圆形、长圆锥形；成熟叶背密被白色绒毛、黄色绒毛，或叶背无毛、仅有极少毛（蒋建平，1990）。

2. 生物学、生态学特性 白花泡桐种源间在生长量、抗寒能力、物候期等方面均有显著差异。白花泡桐不同种源的开花结实年龄相差3～5年以上，种源之间的抗寒能力差异达到极显著水平。据湖北省黄冈地区林业科学研究所的试验，白花泡桐在抗寒能力上南方种源低于中纬度地区种源，物候期从南到北呈地理种群变异趋势。白花泡桐生长量呈不连续变异，不同种源在各地的生长量不一，如在河南以湖北宜昌、湖南长沙的种源生长最快；在江西抚州则以湖北黄冈、广西乐业的种源表现最好，树高生长分别比本地种源高34%和24%；而湖北黄冈试验结果，以上海、武汉和江西大余的种源表现较好。

（李文英）

八、杜仲

杜仲（*Eucommia ulmoides* Oliv.）是我国古老而独特的经济树种，又是具多种药理功效的珍稀名贵药用植物，被列为国家二类重点保护树种。杜仲栽培历史悠久，分布地域广泛，在长期的发育过程中，由于自然杂交和人工选择的结果，容易出现形态改变和地理生态变异，在叶、芽、花、果等方面表现出不同的特点。依据叶片、枝条变异和果实类型可将杜仲划分为不同的类型。

（一）自然变异类型

1. 干皮开裂变异类型 根据杜仲干皮开裂特征分为4个变异类型，即深纵裂型、浅纵裂型、龟裂型和光皮型。从全国整体分布来看，深纵裂型约占35%，光皮型占20%，浅纵裂型占40%，龟裂型占5%。

（1）深纵裂型 树皮呈灰色，干皮粗糙，具较深纵裂纹；横生皮孔极不明显，韧皮部占整个皮厚的62%～68%。通过液相色谱分析，主干皮中主要降压成分松脂醇二葡萄糖苷含量为0.09%。河南、贵州遵义等地以该类型较多。

（2）浅纵裂型 树皮浅灰色，干皮仅具很浅纵裂纹，可见较明显的横生皮孔，木栓层很薄，韧皮部占整个皮厚的92%～98.6%。主干皮中主要降压成分松脂醇二葡萄糖苷含量为0.3%。

（3）龟裂型 树皮呈暗灰色，干皮较粗糙，呈龟背状开裂，横生皮孔不太明显，韧皮部占整个皮厚的65%～70%。主干皮中主要降压成分松脂醇二葡萄糖苷含量为0.12%。

（4）光皮型 树皮呈灰白色，干皮光滑，横生皮孔明显且多，只在主干基部可见很浅裂纹。韧皮部占整个皮厚的93%～99%。主干皮中主要降压成分松脂醇二葡萄糖苷含量为0.10%。湖南慈利等地以光皮型较多。

2. 叶片形态的变异类型

（1）长叶柄杜仲 叶柄长3.1～5.6 cm。叶片呈椭圆形，叶基楔形或圆形，叶长13～24 cm，宽5.2～9.5 cm，叶色淡绿至绿色，叶纸质，单叶厚0.18 mm。叶片下垂明显，上表面光滑。

（2）小叶杜仲 叶片小，呈椭圆形，叶长6.2～9 cm，宽3～4.5 cm，叶柄长1.5 cm，叶面积仅为普通杜仲的25%左右。叶片厚，呈革质，单叶厚0.29 mm。该类型杜仲树冠紧凑，叶片分布密集，光合强度高。

（3）紫红叶杜仲 该类型杜仲子苗出土后叶片为浅红色，以后每年春季抽生嫩梢为浅红色，展叶后叶表面、侧脉以及枝条在生长季节逐步变成红色。叶卵形，叶基圆形，叶长11～17 cm，宽6.4～10.6 cm，叶柄长1.6～1.9 cm。该类型具有较好的庭院观赏价值。

3. 枝条变异类型

（1）短枝（密叶）杜仲 叶片稠密，短枝性状明显，节间长1.0～1.2 cm，为普通杜仲的1/3～1/2。枝条粗壮呈菱形。冠型紧凑，分枝角度小，仅25°～35°。材质硬，抗风能力强，适宜密植和营造农田防护林。

（2）龙拐杜仲 枝条呈龙拐状，左右摆动角度达23°～38°。叶片为长卵圆形或倒卵形，叶缘向外反卷。叶浅绿色至绿色，单叶厚0.19 mm，叶片下垂明显，上表面光滑。具有良好的观赏价值。

4. 果实变异类型

（1）大果型杜仲 果长4.5～5.8 cm，宽1.3～1.6 cm，果翅宽。种仁长1.30～1.60 cm，宽0.32～0.36 cm，厚0.12～0.15 cm，成熟果实千粒重105～130 g。种仁重占整个果重的35%～40%。该类型果实除用作杜仲实生苗的培育外，还适于用种仁榨油和利用果皮提取杜仲胶。

（2）小果型杜仲 果长2.4～2.8 cm，宽1.0～1.2 cm，果翅窄小。种仁长1.00～1.20 cm，宽0.28～0.30 cm，厚0.10～0.13 cm，成熟果实千粒重42～70 g。种仁重占整个果重的37%～43%。小果型杜仲主要用作杜仲砧木苗的培育。大果型杜仲和小果型杜仲在外观上很明显，杜仲多数为中等果型。

（二）特征特性多样性

1. 胸径生长量 不同产地的杜仲胸径生长量的差异达到了极显著水平。河南商丘杜仲胸径生长量最大，10年生胸径达到13.9 cm，而四川旺苍的胸径生长量最小，10年生胸径仅5.40 cm。胸径生长量由大到小的顺序依次为河南商丘、河南洛阳、北京市、河南灵宝、江苏南京、河北安国、山东青岛、安徽黄山、湖北郧西、湖南慈利、江西九连山、江西井冈山、陕西安康、陕西略阳、贵州遵义、四川旺苍。杜仲胸径生长量具有一定的规律性，即北方产区的杜仲胸径生长量普遍高于南方产区的；在纬度相似的地区，东部产区的高于西部产区的（杜红岩等，2004）。

2. 仲皮厚度 不同产地树皮厚度和木栓层厚均存在极显著差异。河南商丘10年生杜仲的树皮厚最大，达0.27 cm，而陕西安康树皮生长量最小，10年生树皮厚仅0.13 cm。不同产地树皮厚由大到小的顺序依次为河南商丘、山东青岛、河南洛阳、河北安国、河南灵宝、北京、江苏南京、湖北郧西、安徽黄山、江西九连山、江西井冈山、湖南慈利、贵州遵义、陕西略阳、四川旺苍、陕西安康。杜仲树皮厚度生长量也具有一定的规律性，即北方产区的杜仲树皮厚度普遍高于南方产区的。

3. 树皮密度 不同产地树皮密度存在极显著差异。江西九连山杜仲树皮的密度最大，达到 0.22 g/cm³，而山东青岛和河北安国的树皮密度最小，仅 0.14 g/cm³。不同产地树皮密度由大到小的顺序依次为江西九连山、四川旺苍、陕西略阳、江西井冈山、贵州遵义、湖南慈利、安徽黄山、陕西安康、河南灵宝、河南洛阳、江苏南京、湖北郧西、河南商丘、北京、河北安国、山东青岛。树皮密度与树皮厚度呈负相关，树皮厚度越大，树皮的密度相对越小。

4. 树皮含胶率 不同产地树皮含胶率存在极显著差异。杜仲树皮的含胶率大体上随着纬度的增加而呈逐步减小的趋势，南方产区树皮的含胶率一般比北方产区高。树皮含胶率最高的产区是江西井冈山，达到 8.37%，山东青岛的最低，为 5.85%。不同产地树皮含胶率由高到低的顺序依次为江西井冈山、江西九连山、贵州遵义、四川旺苍、陕西略阳、湖北郧西、湖南慈利、江苏南京、陕西安康、安徽黄山、河南灵宝、河南洛阳、河南商丘、北京、河北安国、山东青岛。树皮内杜仲胶密度也基本上随着纬度的增加而逐步减小。

5. 果实含胶率 4 种树皮变异类型的果实形态大小存在极显著差异。不同变异类型在果实形态大小上的不同，致使果实含胶率和果皮含胶率均存在极显著差异。果实含胶率和果皮含胶率以浅纵裂型最高，深纵裂型最低（谢碧霞等，2005）。

6. 叶片的形态特征和含胶率 4 种树皮变异类型叶长存在显著差异，而叶宽、叶形指数、叶面积、单叶重量、叶片含胶率和单叶含胶量的差异亦都达到极显著水平。叶片含胶率和单叶含胶量都是浅纵裂型最高，分别为 2.17%、14.03 mg；深纵裂型最低，分别为 1.92%、10.56 mg（杜兰英等，2005）。

7. 种子颜色 种子形态及大小差异明显，长宽比为 2.3～3.3。种子颜色有浅栗色、深栗色、褐色和深褐色。

（三）基于生化与分子标记的遗传多样性

张檀等（1993）对采自贵州、湖南、四川、陕西等地的 38 个杜仲的无性系进行了酯酶同工酶分析，结果共检出 16 条酯酶同工酶带。依据酶谱的相似性与差异性，划分出两大类型区，黔、湘、川系与秦系，说明秦系与其余三者差异较大；而黔系、湘系、川系三者之间又有所不同。说明不同纬度及气候引起的酯酶同工酶发生地理递变。虽然作者没有对酯酶同工酶地理递变所反映的遗传多样性进行分析，但酯酶同工酶的差异也能够说明在蛋白质水平不同地区的杜仲存在多态性。

王瑗琦等（2006）以原始分布区内的大型杜仲专业林场如贵州遵义林场、湖北巴东三峡林场、湖南慈利江垭林场等为主要采样点，采用随机扩增多态 DNA（RAPD）方法对 16 个杜仲群体、260 个个体进行了遗传多样性分析。结果表明：杜仲种内具有丰富的遗传多样性，Nei's 基因多样性指数（H）为 0.246 1，Shannon's 多态性信息指数（I）为 0.386 8，群体基因分化系数 Gst 为 0.424 4，表明总的遗传变异中有 42.44%存在于群体间，群体内的遗传变异为 57.56%。群体遗传分化分析表明，杜仲群体间已经出现了高度的遗传分化。其中，贵阳安顺林场、陕西金家河林场和郧西黑山林场 3 个群体的遗传多样性较高，拟定为遗传多样性富积区。

（李文英）

九、白桦

白桦（*Betula platyphylla* Suk.）是我国北方的乡土树种，属桦木科（Betulaceae）桦属（*Betula*），其材质致密、洁白，表面光滑，在林业生产和木材工业中具有重要价值。主要分布于东北、华北、西北。由于其分布区域较广，形态变异也较大。

（一）自然变异类型

白桦是桦木科桦属中形态极其复杂的一种，因此在命名及分类上长期存在分歧。我国学者匡可任等（1979）将分布于亚洲东部的白桦及其种下等级均定为种；董世林（1981）通过对东北地区桦木科的研究认为，中国东北地区所产为1个种2个变种：东北白桦和栓皮白桦。

东北白桦变种［var. *mandshurica*（Reyl.）Hara.］　本变种与原变种主要区别为：叶基部宽楔形至窄楔形；果序长而细，长3.6～4 cm，粗0.7 cm以下，而白桦叶基部多平截，果序短而粗，长2.2～3 cm，粗在0.8 cm以上。该变种产东北各省（自治区）山地，以大兴安岭为最多。

栓皮白桦变种（var. *phellodendroides* Tung.）　与本种模式的主要区别为：树皮纵状沟裂，具厚的木栓层，灰色；叶柄、叶背沿脉及叶缘具疏或密的柔毛，叶两面无腺点，叶基部宽楔形。

（二）特征特性多样性

1. 种子形态变异　刘桂丰等（1999）对宁夏、青海、新疆、甘肃、内蒙古、辽宁、吉林、黑龙江16个白桦种源的种子形态和发芽率进行了研究，结果表明各地种子大小、种子质量及发芽率存在极显著差异。

（1）百粒重　百粒重在种源间差异显著，变异幅度为0.013 6～0.030 4 g，最大的百粒重是宁夏种源，最小的百粒重是汪清种源。种源内株间种子质量差异也较显著。

（2）种子大小　种子大小在种源间差异显著，宁夏六盘山种子最大，其长约0.447 cm，带翅宽达0.733 cm；汪清种源的种子最小，种子长0.364 cm，带翅宽达0.572 cm。

（3）种子发芽率　发芽率最高的是宁夏种源（50.8%），其次是黑龙江乌伊岭种源（48.8%），最低的是内蒙古莫尔道嘎种源（7.6%）。

2. 木材纤维形态变异　王秋玉等（2007b）以东北5个地区的白桦天然种群为材料，对其木材纤维形态性状、微纤丝角和基本密度在种群间和种群内的变异及性状表现进行了分析。结果表明，白桦木材纤维长度在种群间差异不显著，而木材纤维宽度、长宽比、微纤丝角和木材基本密度种群间差异非常显著。白桦木材纤维长度和宽度频率基本呈正态分布，木材纤维长度分布绝大部分在800～1 200 mm，纤维宽度分布主要在15.00～21.00 μm；白桦木材纤维长度和宽度从髓心向外呈逐渐增加的趋势，达到最大值后增加缓慢。汪清、帽儿山、金山屯和塔河白桦种群的基本密度径向变异曲线与纤维长度相似，呈先上升后平缓趋势；新宾白桦种群的基本密度随树龄增加的径向变化不大，一直处在低值水平。

3. 木材力学性质变异 胡国民等（1999）研究了内蒙古、黑龙江、辽宁、吉林 5 个白桦种群木材密度、木材硬度等主要力学性质，结果表明：种群间木材力学性质存在显著差异，山西、内蒙古金河的白桦木材密度较大，分别为 0.645 g/cm^3，0.646 g/cm^3；其次是露水河的为 0.628 g/cm^3，最小的为黑龙江帽儿山的 0.462 g/cm^3。种内木材硬度变异较大，其中端面硬度较大者为黑龙江帽儿山的（40.953MPa）、内蒙古金河的（38.425MPa），最小者为辽宁新宾的（34.307 MPa）。在白桦材质改良方面，种群间和种群内个体的选择都是必要的，材质综合评估表明，内蒙古金河、吉林露水河的白桦种群材质最优，可作优良种群进行定向培育。

郭明辉等（1999）对内蒙古、黑龙江、辽宁、吉林 5 个白桦种源木材生长轮密度和生长轮宽度径向变异模式进行了研究，结果表明：白桦木材生长轮密度和生长轮宽度在种源间存在显著差异，在白桦材质改良中，种源的选择是必要的。吉林露水河木材生长轮密度最大（0.646 g/cm^3），其次是内蒙古金河的（0.641 g/cm^3），最小为黑龙江帽儿山的（0.392 g/cm^3）。白桦木材生长轮宽度最大为新宾的（2.37 mm），其次是凉水的（2.35 mm），最小是金河的（1.51 mm）。而且发现，海拔高度对复管孔平均壁厚、胞壁率、壁腔比有显著影响。

（三）基于分子标记的遗传多样性

王秋玉等（2007a）对辽宁新宾林业局、吉林汪清林业局、黑龙江尚志地区帽儿山实验林场、小兴安岭金山屯林业局和大兴安岭塔河林业局 5 个管理区的白桦天然林 5 个白桦种群的 100 个个体进行 ISSR - PCR 检测，11 个引物共检测到 85 个位点，其中多态位点 68 个，占多态位点的 80%，每个位点等位基因数（*Na*）为 1.675 3，平均有效等位基因数（*Ne*）为 1.496 0，Shannon's 多态性信息指数（*I*）为 0.404 5，表明白桦物种内存在较高的遗传多样性。来自较低纬度的新宾和帽儿山种群的遗传多样性更高些，而处于大小兴安岭的塔河和金山屯种群的遗传多样性较低。

姜静等（2001）用随机扩增多态 DNA（RAPD）分子标记方法对东北、华北和西北白桦 17 个种源 152 个个体进行遗传变异的比较分析，通过 14 个随机引物扩增共检测到 233 个位点，各种源多态位点百分率差异明显，范围在 20.17%～32.19%之间，多态位点百分率最高的是帽儿山种源和清源种源，最低的是绰尔种源，遗传变异在种源间占 43.53%，在种源内个体间占 56.47%。根据种源间的遗传距离，构建了白桦 17 个种源的遗传关系聚类图，结果将东北地区的白桦聚为一类，华北、西北地区的白桦聚为另一类。

（李文英）

十、栓皮栎

栓皮栎（*Quercus variabilis* Bl.）为壳斗科（Fagaceae）栎属（*Quercus*）植物，是我国特有树种，广布于我国华北、西北、华中、华南、西南地区，是我国暖温带落叶阔叶林、亚热带常绿落叶林主要组成树种。栓皮栎分布范围较广，由于多种多样的环境条件的影响，在长期的演化过程中，树皮、树叶、种子等产生了广泛的形态变异。

（一）自然变异类型

周建云（2009）通过对栓皮栎树龄、胸径、树高、胸高皮厚、叶柄长、叶宽和叶长等性状聚类分析，将陕西分布的栓皮栎天然类型划分为长柄厚皮型、短柄厚皮型、长柄薄皮型、短柄薄皮型 4 个类型。其中短柄厚皮型在栓皮栎群体中所占比例最大，占整个群体的 34.44%，巴山北坡、黄龙山区主要以短柄厚皮型为主，秦岭北坡以长柄厚皮型为主。

1. 长柄厚皮型　落叶乔木，树皮深块裂，裂纹红褐色，具厚的木栓层，周皮厚度大于韧皮部厚度。叶卵状披针形，叶柄长 17～25 mm，叶宽 42～59 mm，顶端渐尖，基部圆形或宽楔形，叶缘具齿芒状锯齿，叶背密被灰白色星状毛。壳斗杯形，包着坚果 2/3，小苞片钻形，反曲；坚果近球形，果脐微突起。花期 3～4 月，果期翌年 9～10 月。多生长于土层深厚的向阳山坡上。巴山北坡、秦岭北坡、黄龙山区均有分布。

2. 短柄厚皮型　落叶乔木，树皮深块裂，裂纹暗褐色，具厚的木栓层，周皮厚度大于韧皮部厚度。叶长椭圆形，叶柄长 5～12 mm，叶宽 39～55 mm，顶端渐尖，基部圆形或宽楔形，叶缘具齿芒状锯齿，叶背密被灰白色星状毛。壳斗杯形，包着坚果 2/3，小苞片钻形，反曲；坚果近球形，果脐微突起。花期 3～4 月，果期翌年 9～10 月。多生长于向阳山坡上。巴山北坡、秦岭北坡、黄龙山区均有分布。

3. 长柄薄皮型　落叶乔木，树皮浅纵裂，裂纹灰白色，周皮厚度小于韧皮部厚度。叶卵状披针形，叶柄长 17～25 mm，叶宽 41～62 mm，顶端渐尖，基部宽楔形，叶缘具齿芒状锯齿，叶背被灰白色星状毛。壳斗杯形，包着坚果 2/3，小苞片钻形，反曲；坚果近球形，果脐微突起。花期 3～4 月，果期翌年 9～10 月。多生长于半阳坡上。巴山北坡、秦岭北坡、黄龙山区均有分布。

4. 短柄薄皮型　落叶乔木，树皮浅纵裂，裂纹灰白色，周皮厚度小于韧皮部厚度。叶长椭圆形，叶柄长 5～13 mm，叶宽 39～55 mm，顶端渐尖，基部宽楔形，叶缘具齿芒状锯齿，叶背密被灰白色星状毛。壳斗杯形，包着坚果 2/3，小苞片钻形，反曲；坚果近球形，果脐微突起。花期 3～4 月，果期翌年 9～10 月。多生长于半阳坡上。巴山北坡、秦岭北坡、黄龙山区均有分布。

（二）特征特性多样性

1. 树皮的形态变异　张存旭（2003）通过对陕西境内栓皮栎 10 个群体树皮颜色、开裂方式、厚薄等方面的调查，发现栓皮栎树皮颜色有深灰色、褐色和浅灰褐色，树皮开裂方式有条状裂、纵裂和块状裂。生长在同一立地条件下，同样大小的不同单株，树皮厚的可达 26 cm、薄的仅 1.2 cm。

2. 栓皮厚度变异　韩照祥等（2005）对秦岭北坡、秦岭南坡、巴山北坡、黄龙山区栓皮厚度变异进行了研究。黄龙山区种群栓皮最厚，为 2.14～2.87 cm，平均厚度为 2.30 cm。秦岭北坡种群，栓皮厚度为 1.15～ 1.81 cm，平均厚度为 1.44 cm。大多数阳坡、半阳坡的胸高栓皮较薄，阴坡、半阴坡的胸高栓皮较厚，且较厚的栓皮呈现深块裂，裂纹颜色较深，呈现暗褐色或红褐色，较薄的栓皮呈现浅纵裂，裂纹颜色较浅，呈现灰白色。

3. 叶形态变异 韩照祥等（2005）对秦岭北坡、秦岭南坡、巴山北坡、黄龙山区叶形态变异进行了研究。栓皮栎种群的叶柄长、叶长、叶宽和叶长宽比随着生境条件的差异而产生较大的地理变异。

（1）叶柄 秦岭北坡栓皮栎种群的叶柄比其他 3 个地区的长，为 1.90～2.44 cm，平均叶柄长为 2.34 cm，而黄龙山区的叶柄长是最短的，为 1.32～1.89 cm，种群平均叶柄长为 1.55 cm，秦岭南坡和巴山北坡地区介于两者之间，平均叶柄长分别为 1.72 cm 和 1.79 cm。

（2）叶长度 秦岭北坡栓皮栎种群叶的长度是最大的，平均叶长为 12.77 cm，巴山北坡的是最短的，平均叶长为 10.84 cm，其他两个地区介于两者之间。

（3）叶宽度 秦岭北坡栓皮栎种群的叶是最宽的，种群叶宽平均为 4.48 cm；秦岭南坡栓皮栎种群的叶是最窄的，平均叶宽为 3.60 cm。

（4）叶形 秦岭南坡、巴山和黄龙山区的栓皮栎种群叶呈长椭圆形的占多数，秦岭北坡种群叶呈卵状披针形的较多，因而表现出不同生境、不同种群叶基部呈现出圆形和宽楔形的差异，叶长宽比和叶基部的变化也反映了栓皮栎种群的地理变异。

4. 果实变异 韩照祥等（2005）对秦岭北坡、秦岭南坡、巴山北坡、黄龙山区栓皮栎果实变异进行了研究。秦岭北坡的栓皮栎的果实最长，平均为 1.73 cm；黄龙山区的栓皮栎种群的果实长度最小，平均为 1.53 cm。对同一地区不同坡向的栓皮栎来说，多数阳坡、半阳坡的果实呈现柱状球形，果脐微突起，果实较长，宽度较大，阴坡、半阴坡的果实呈现近球形，果脐平圆，果实较短，宽度较小。

5. 种子变异 陈劼等（2009）对栓皮栎主要分布区的湖北、安徽、重庆、云南、江西等省（自治区）内 12 个种源（群体）的种子形态变异进行了研究。结果表明，不同种源种子直长、曲长、直宽、曲宽存在极显著差异，种子的曲率在各种源间表现出显著差异。12 个种源的种子垂直长度为 14.59～23.27 mm，弯曲长度为 16.57～24.40 mm，垂直宽度为 12.50～ 19.10 mm，弯曲宽度为 13.00～19.50 mm。重庆巫溪的种子最长，湖北保康的种子最宽，云南东川的种子最小。曲率为 3.79%～6.17%，单粒重为 0.938～4.535 g，变异系数为 27.709%。湖北保康种子的平均单粒重最重，云南东川种子的平均单粒重最轻。

（三）基于分子标记的遗传多样性

周建云（2003）对秦岭北坡中段、巴山北坡、秦岭东段的栓皮栎 3 个天然群体的过氧化物酶同工酶进行了研究。结果表明，栓皮栎天然群体过氧化物酶同工酶由 POD－A、POD－B、POD－C 3 个多态位点组成。各群体的多态位点百分率为 100%，等位基因平均数为 2.300，平均期望杂合度为 0.651。表明栓皮栎天然群体在过氧化物同工酶酶系统各基因位点上具有较高的遗传变异水平，其遗传变异性大多发生于群体内，群体内变异占总变异的 95.3%，群体间变异占总变异的 4.7%。

徐小林等（2004）利用微卫星（SSR）标记对我国四川、湖北、安徽、江苏 4 省的 5 个栓皮栎天然群体的遗传多样性进行了研究。16 对 SSR 标记揭示了栓皮栎丰富的遗传多样性：等位基因数（*Na*）平均 8.437 5，有效等位基因数（*Ne*）平均为 5.951 2，平均预期杂合度（*He*）0.805 9，Nei's 多样性指数（*H*）为 0.804 1。栓皮栎自然分布区中心地带的群体具有较高的遗传多样性，而人为对森林的破坏将降低林木群体的遗传多样性。栓皮栎群体的变异主要来源于群体内，群体间分化较小，遗传分化系数仅为 0.045 5。此外，栓皮栎群体间的遗传距离与地理距离之间存在显著的正相关。这些遗传信息为栓皮栎遗传多样性的保护和利用提供了一定依据。

（李文英）

十一、杉木

杉木［*Cunninghamia lanceolata*（Lamb.）Hook.］是我国特有的用材树种，也是南方各省份最重要的造林树种之一，分布于北纬 20°41′～34°03′、东经 101°45～121°53′之间的整个亚热带地区，垂直分布 70～2 900 m。由于这一辽阔的地域地形极其复杂，气候多种多样，形成了不同的生态环境。杉木在长期演化过程中，由于地理、生境的隔离，以及在不同温度、湿度等因素影响下，群体的遗传组成及形态、适应性、生长发育、抗性等方面，都产生显著的变异。

（一）自然变异类型

受自然条件下的异花授粉、人工栽培、地理生态环境的隔离和长期影响，杉木发生许多变异，形成许多类型。

1. 黄杉（油杉、铁杉、黄枝杉、红芒杉）　嫩枝和新叶为黄绿色，无白粉，有光泽，叶片较尖而稍硬，先端锐尖，木材色红而较坚实，生长稍慢，蒸腾耗水量小，抗旱性较强，产区各地普遍栽培。根据球果的果形及苞鳞的形状、反翘、紧包和松张的程度，黄杉类又可分为翘鳞黄杉、松鳞黄杉、长鳞紧包黄杉、宽鳞紧包黄杉、黄杉等类型。

2. 灰杉（又称糠杉、芒杉、泡杉、石粉杉）　嫩枝和新叶为蓝绿色，有白粉，无光泽，叶片较长而软，木材色白而较疏松，生长较快，蒸腾耗水量较大（年生长盛期内比黄杉大 30%），抗旱性较差，分布遍及各产区，而以中心产区及立地条件好的地方较好，广泛散生于杉木林分中。根据球果的果形及苞鳞的形状、反翘、紧包和松张的程度，灰杉类又可分为翘鳞灰杉、松鳞灰杉、长鳞紧包灰杉、宽鳞紧包灰杉、黄灰杉、香杉、泡杉等类型。

3. 峦大杉（香杉）(var. *konishii*)　峦大杉系台湾乡土树种，分布于海拔1 600～2 800 m，叶、球果及种子均较杉木为小，其每一簇花序数仅为 14～16，木材比重较大，轮伐期较长。属于杉木分布区东缘高山的生态类型。

4. 软叶杉（钱杉、柔叶杉）　叶片薄而柔软，先端不尖，枝条下垂。材质较优，产于云南、湖南等地杉木林分中。栽培较少。

5. 德昌杉（var. *unica*）　叶色灰绿或黄绿，披针形厚革质，锯齿不明显，先端内曲，两面各有两条白色气孔带，横切面似肾形。本变种与原种的主要区别是叶内树脂道通常一个，球果较小，长 2.5～3.2 cm，直径 2.5～3 cm，分布于四川德昌、米易等县海拔 1 300～3 000 m 的高山地区。属于杉木分布区西缘高山的生态类型。

此外，杉木人工林中还有宽冠、窄冠、疏冠、密冠的个体，据南京林业大学的调查，在7～10年生的杉木林分中，密冠型的平均胸径比疏冠型大50%～70%，树高高30%～40%。

（二）特征特性多样性

杉木分布范围广，个体间存在很多自然变异现象。在同一片杉木林中，不同的杉木个体之间，在叶色、叶形、侧枝粗细、树冠宽窄疏密、树皮厚薄和生长速度等方面都有不同。不同地区的杉木林，在物候期、生长期、生长速度及抗性等方面也存在许多差异。

1. 叶色变异　杉木按叶色及叶面嫩枝有无白粉，分为灰杉、黄杉和青杉3变种（类型），其中青杉是中间类型。根据大量资料调研，灰杉比黄杉生长快，黄杉抗性较灰杉强。

2. 果形变异　果形变异表现在球果及苞鳞的形状、大小和果鳞松紧程度的不同。按球果成熟前果鳞张裂情况，可分为紧包（苞鳞先端向果轴紧包）、松张（苞鳞近于直立，先端略离开果轴）和反卷（苞鳞先端向果轴外方反卷）3种类型。按苞鳞形状，可分为长鳞（长三角形）、宽鳞（等腰三角形）和半圆3种。据调查，灰杉中以紧包和反卷类型生长最好；青杉中的松张和长鳞类型生长速度不如灰杉，但比黄杉类型生长快，适应性较灰杉强，生长期稍短，适宜在立地稍差的山坡生长。

3. 冠型变异　按树冠枝叶疏密程度、节间长短和平均轮盘数等，可分为浓密、稀疏和一般3种类型。浓密型节密，侧枝多，叶量多，冠层浓密，主干不易透视，节间平均长15～25 cm，每年长5～6轮以上。稀疏型枝叶稀疏，冠层明显，节间平均长30～40 cm，每年长1～3轮以上。据调查，浓密型杉木生长快，生长量大，是一种优良类型。此外，还有一种垂枝型，侧枝不规则互生、细长、下垂，树冠较稀疏，树形美观，可作观赏杉木的选育材料。

4. 树皮变异　杉木树皮按颜色分为灰褐色和棕褐色两种；按厚度分为厚和薄两种。薄皮杉，树皮裂缝浅而窄，密而短，树皮率约为15%。厚皮杉，树皮裂缝深而宽，稀而长，粗糙，树皮率为20%～25%。一般认为，树皮棕褐色、薄的是较好的类型。

5. 材性变异　林金国等（1999）通过对福建省12个不同产区杉木人工林木材基本密度和纤维形态的测定和分析，表明杉木人工林产区间木材基本密度和纤维形态差异极显著，木材基本密度最小的是中心产区沙县的，为0.301 g/cm^3，最大的是边缘产区长泰的，为0.316 g/cm^3，杉木人工林木材基本密度表现为边缘产区＞一般产区＞中心产区。产区内木材基本密度和纤维形态差异不显著。纤维长度和长宽比表现为一般产区＞边缘产区＞中心产区，纤维长度最长的是一般产区的屏南，为3.13 mm，最短的是中心产区的沙县，为2.91 mm；纤维宽度表现为中心产区＞一般产区＞边缘产区，纤维宽度最宽的是中心产区的沙县，为44.82 μm，最窄的是边缘产区的平和产区，为39.76 μm。

6. 其他生长性状的变异　何智英、余新妥等（1986）采集我国杉木自然分布区内57个地点（群体）球果、种子、针叶等器官，测量了20个性状。研究结果表明，所有性状各群体间的差异均达极显著的水平，各性状绝大部分群体内变幅小于群体间变幅。

（1）叶片长度　各群体的平均数变化很大，最小的是四川北川的2.17 cm，最大为湖北应山的6.3 cm。各群体叶片长度的总平均数为3.48 cm，各群体间的变幅为24.7%，样本平均数的变异系数为19%，而各群体内个体间的变幅为5.1%～27.3%（分别为湖北宝康和四川灌县的），总平均为14.83%。

（2）叶片宽度　57个群体的总平均数为（3.72±0.39）mm，最小为四川宜宾的3.09 mm，最大为福建浦城的3.96 mm，最大极值为河南罗山的，达5.54 mm。各群体间的变幅为10.5%。各群体内个体间的变幅为4.0%～15.6%（分别为湖南江化和四川北川），总平均为9.1%。

（3）球果长度　57个群体的总平均数为（3.39±0.41）cm，最小为四川宜宾的2.71 cm，最大为安徽霍山的3.96 cm，各群体间的变幅为11.7%。各群体内个体间的变幅为6%～16.8%（分别为江西乐安和河南罗山），总平均为9.7%。

（三）基于分子标记的遗传多样性

尤勇等（1998）利用随机扩增多态性DNA技术选择我国杉木种源区贵州锦屏、福建建瓯、湖南会同、河南商城、广西融水、广西那坡、四川洪雅7个代表性的种源，利用23个不同随机引物进行DNA序列多态性分析。实验结果表明，杉木种源间遗传多态性水平较高，在被检测的114个RAPD位点中，多态位点占到79.8%。

陈由强等（2001）利用随机扩增多态性DNA技术对我国四川雅安、福建沙县、湖北咸宁、安徽休宁、湖南江华等12个有代表性的杉木地理种源遗传多样性进行分析。从80个随机引物中筛选出20个进行扩增，共扩增出149个DNA片段，其中具多态性的片段有115个，占77.18%，表明杉木地理种源间具有丰富的DNA序列多态性，平均每个引物提供7.45个RAPD标记的信息量。12个杉木地理种源间遗传距离变幅为0.193 2～0.466 7。聚类结果表明，广东信宜、广西梧州、湖南会同、湖南江华、贵州锦屏、江西全南聚为一类；福建沙县、浙江开化、湖北咸宁、安徽休宁聚为一类；四川雅安、陕西南郑各为一类。

（李文英）

十二、马尾松

马尾松（*Pinus massoniana* Lamb.）是我国松树中分布最广、数量最多的主要用材树种。马尾松生长快，造林更新容易，成本低，能适应干燥瘠薄的土壤，是荒山造林的重要先锋树种。马尾松寿命长，树势挺拔，苍劲雄伟，也是营造风景林、疗养林的好树种。

（一）自然变异类型

马尾松的变种主要有以下几种（中国树木志编辑委员会，1982）。

1. 雅加松（var. *hainanensis* Cheng et L. K. Fu.）　本变种与马尾松的区别在于树皮红褐色，裂成不规则薄片脱落，枝条平展，小枝斜上伸展。球果卵状圆柱形。产于海南雅加大岭。

2. 岭南马尾松（var. *lingnanensis* Hort.）　本变种与马尾松的区别在于大枝一年生长两轮。产于广东、广西南亚热带地区，分布很广，为一地理变种，比中亚热带、北亚热带的马尾松生长快。桂林岭南马尾松有的一年开花两次。

3. 黄鳞松（var. *huanglinsong* Hort.） 树干上部干皮及大枝皮呈黄色或淡褐黄色。产于广东高州。海南海口庭园有栽培。是我国古老的乡土树种，是松属树种地理分布最广的一种。

（二）特征特性多样性

1. 树脂道数量 在松属树木中，成年植株针叶内树脂道的位置比较恒定，一般可作为鉴别种的一个根据。秦国峰（2002）对多种源、多批次的树脂道检测发现，全国马尾松分布区种源树脂道由少到多按省份排序为：四川（盆地北部）4～5 个＜重庆（含川南）6～7个＜贵州 7 ～7.5 个＜陕西、江苏、浙江 7～8 个＜河南、安徽、江西、湖南、湖北、福建 8～9 个＜广东、广西 9～10 个。大体可以划分为：原始的少树脂道种源分布区→树脂道增多演化的过渡地带→树脂道偏多的种源分布区→多树脂道种源分布区。可以认为这是马尾松从原始类型到繁盛发展的地理演化规律。从目前马尾松生长发育来看，以多树脂道种源区为最好，其次是树脂道偏多种源区的部分种源。由此可见，马尾松树脂道增多不仅是一个进化现象，而且是高产种源的一个标志。

2. 幼苗初生叶的变异类型 马尾松初生叶呈条形（或呈线形），称为条叶；次生叶呈针形，称为针叶。条形的初生叶是较为原始的，各种源苗期的初生叶存在时间与叶腋生长次生叶的时间差别很大。根据生长形态将苗木分为 4 种类型：

Ⅰ. 停顿结顶类型。这一类型生长期结束较早，停顿处针叶生长正常，并形成明显的顶芽。

Ⅱ. 停顿萌发类型。苗木生长到后期生长停顿，停顿处或结成顶芽或没有明显顶芽，过了一段时间顶部又重新萌发，形成条叶顶或长成一段不长的新嫩梢。

Ⅲ. 针叶延续生长类型。成苗时苗株全为针叶，整个苗茎没有明显的生长节次，木质化自下而上逐渐过渡，没有明显的生长停顿痕迹。

Ⅳ. 条叶延续生长类型。成苗时苗株基本为条叶，也没有明显的生长停顿痕迹，苗端结顶或不结顶。

全国各地多数种源 4 种苗木类型的占比：Ⅰ型苗占 50％～70％，Ⅱ型苗占 2％～10％，Ⅲ型苗占 8％～18％，Ⅳ型苗占 14％～28％。四川盆地的种源苗木以Ⅳ型苗为主，即条叶型苗木比例最高。广东、广西种源则以 Ⅲ型苗为主，占 41％～55％；福建种源的苗木类型与广东、广西种源相近。陕西、河南、安徽、江苏、浙江、江西、湖南、湖北、贵州种源均以Ⅰ型苗为主，占 50％～70％。

（三）基于生化标记的遗传多样性

赖焕林等（1997）运用同工酶标记对马尾松无性系种子园亲、子代群体遗传多样性研究得出，种子园亲代群体的平均期望杂合度为 0.520 4，子代群体的为 0.521 4，与天然林相比种子园亲、子代具有较高的遗传多样性，遗传基础比较广泛。

（郑勇奇　肖乾坤）

十三、侧柏

侧柏［*Platycladus orientalis*（L.）Franco］为柏科（Cupressaceae）侧柏属（*Platycladus*）常绿乔木。侧柏是我国华北、西北及华东、华中部分地区的重要造林绿化树种，也是甘肃黄土高原及中部干旱、半干旱地区荒山造林和城市绿化的理想树种。侧柏地理分布广，人工栽植范围和面积不断扩大，在生长性状、适应性等方面有很多变异，并出现一些变异类型。

（一）自然变异类型

1. 千头柏　高 3～5 m，丛生灌木，无主干，枝密生，直展，树冠卵状球形或球形，叶绿色。供观赏及绿篱。

2. 金黄球柏　矮生灌木，树冠球形，叶全年为金黄色。

3. 金塔柏　小乔木，树冠窄塔形，叶金黄色。

4. 窄冠侧柏　窄冠侧柏是在山东泰安和江苏徐州等地选出的侧柏优良类型。树冠窄，圆锥形；分枝细，枝向上伸展或微斜上伸展，分枝角度一般在 45°以下；树干通直圆满，出材率高，适于密植。江苏徐州市郊石灰岩山地碱性土上用之造林，生长旺盛（中国树木志编辑委员会，1982）。

（二）特征特性多样性

1. 树形变异　侧柏种源间形态变异十分明显，西北部分布区的包头、文水等种源，多表现主干不明显，侧枝密生，树冠呈卵状球形或球形，生长慢，适应性强，可主要用于干旱地区的荒山绿化。这些种源树形美观，有较高的观赏价值，也适用于庭院绿化和用作绿篱。分布区东南部的徐州、确山等种源，树冠较窄，生长速度快，可在自然条件较好的地方营造用材林（李书靖等，1995）。

2. 球果长度变异　杨传强（2005）对侧柏自然分布区 25 个种源自由授粉子代球果长度的变异研究表明，球果长度总平均为 13.81 mm，最长的为山东微山种源（17.19 mm），最短的为北京密云种源（11.3 mm）。东部沿海地区，从江苏、山东、河北到北京，球果长度具有由长变短的变化趋势，江苏徐州、山东微山球果较长，分别为 16.1 mm 和 17.19 mm。中部地区，从河南辉县到山西长治也是从长到短的趋势。西部地区，从云南昆明到甘肃徽县也是由长到短的趋势。

3. 种子变异　施行博等（1995）对全国 10 个省份 34 个侧柏种源（为达结实盛期的天然林或人工林）种子差异性研究表明，34 个种源种子千粒重平均为 25.27 g，变幅为 20.21～32.84 g，种源间差异极显著，最重种源（黄陵）是最轻种源（灵寿）的 1.61 倍。不同种源种子重量与纬度呈正相关，而与经度不相关。34 个种源种子的长、宽、厚变异分别为 0.57～0.73 cm、0.29～0.39 cm、0.28～0.33 cm，不同种源种子长、宽差异都达极显著水平。

4. 叶绿素含量变异　叶绿素 a、叶绿素 b 及总叶绿素含量在 25 个侧柏种源中差异达到极显著水平。叶绿素 a 的含量变幅在 0.56～1.09 个单位之间，贵阳、昆明种源叶绿素 a

含量最低，分别为0.57、0.56个单位。长清种源叶绿素含量最高（1.09个单位），依次是泰安、肥城、平度种源排前4名（杨传强，2005）。

总叶绿素的含量随叶绿素a与叶绿素b含量的多少而变化，总叶绿素含量在25个种源间变动幅度很大。长清、泰安、肥城种源含量最高，分别为1.51、1.44、1.42个单位；密云、登封、贵阳、昆明种源含量最低，分别为0.87、0.81、0.79、0.78个单位，含量最高的长清种源是含量最低的昆明种源的1.94倍，为本地平阴种源的1.63倍（杨传强，2005）。

5. 光合特性变异 光合速率在25个种源间差异比较明显，长清、聊城、肥城种源光合速率最大，与其他种源差异极显著。密云种源最小，仅为长清种源的30%。长治、鹿泉、绵阳、中阳、文水种源光合速率也较低，都小于5个单位，可与密云种源划为一类。总的来看光合速率变异程度较高（杨传强，2005）。

（三）生长量与适应性多样性

1. 生长变异 李书靖等（1998）对全国12个省份，71个14年生侧柏种源的研究表明，各试验点种源间生长量差异很大。14年生、生长好的泰安、确山、鹿泉3个种源，平均高、径生长量大于供试种源平均值的16.7%和17.3%；与各点最差的3个种源相比，树高平均大47.7%，胸径大48.3%。杨传强（2005）对21年生25个侧柏地理种源树高、胸径研究表明，种源间树高、胸径均呈极显著差异。在5%显著性标准下，聊城、肥城、长清种源在胸径、树高生长方面均表现较好，最好种源的胸径生长量分别高出种源平均数、最差种源的9.49%、33.96%，树高生长量则分别高出21.5%、63.9%。

根据种源生长性状的综合表现，将侧柏地理种源划分为速生型、中生型和慢生型3类。①速生型种源：泰安、确山、鹿泉、历城、徽县、徐州、遵化、辉县；②中生型种源：登封、长清、长治、易县、射洪、洛南、合水、南平；③慢生型种源：密云、包头、文水、中阳、凌源、石楼、霍县（李书靖等，1998）。

2. 幼林越冬性差异 施行博等（1995）对全国10个省份26～41个侧柏种源8年生幼林生长变异及越冬性进行了评价，认为灵寿、志丹、黄陵、乌拉山、太原等温带种源生长较好，越冬性较强；处于亚热带东部常绿阔叶林地区的秦岭南江苏、河南种源越冬性差，而西北部种源生长稳定性和适应性比东北及南部种源强。

3. 抗旱性差异 不同种源的抗旱能力有一定的差异。西北部种源比东南部种源耐旱性强，但西北部种源苗木根系活力较差，根系裸露时间4 h后基本不易成活，而东南部种源露根时间在6 h以上成活率还比较高（李书靖等，1998）。

戴建良等（1999）对侧柏分布区内的6个代表性种源鳞叶解剖构造及其与抗旱性的关系进行了研究。结果表明：侧柏鳞叶旱化程度较高，种源间在鳞叶下表面气孔密度、表皮厚度和孔下室深度等方面有显著差异，属北方种源的北京密云和陕西府谷的鳞叶旱性结构特点更为突出，鳞叶保水能力较强；河南登封和山东泰安种源居于中间地位；而属于南方种源的江苏徐州和贵州黎平的旱性结构特点不很明显，鳞叶的保水能力较差。

（郑勇奇　李文英）

十四、油松

油松（*Pinus tabuliformis* Carr.）耐低温、干旱和瘠薄，是我国温性针叶林中分布最广的树种，也是我国北方广大地区最主要的造林树种之一。在其辽阔的分布范围内，水热条件差异很大，并且气候环境多样，在长期的适应演化过程中，树冠、树皮、球果、种子等形态有很多变异。

（一）自然变异类型

1. 树皮变异类型

（1）粗皮油松类型　树冠宽，干形有时弯曲，枝条粗，树皮厚（1.8～4.1 cm）而粗糙，呈条状裂开，松脂产量高。

（2）细皮油松类型　树冠窄，干形挺直，枝条细，树皮薄（1.1～1.5 cm），呈龟纹状开裂，松脂产量低。

2. 雌雄性变异类型

（1）偏雌类型　树冠上、中、下部新梢雌球花很多，且分布均匀，极少见雄球花；或只见雌球花，不见雄球花，或树冠雌球花很多，主要分布在中、上部的新梢。树冠宽大，干形通直，侧枝粗壮，树皮灰褐色，纵裂或深纵裂明显，长条状或鳞片状脱落，或剥落不明显。

（2）偏雄类型　树冠上、中、下部新梢有大量雄球花，分布均匀，冠顶新梢有少量雌球花，或雌球花分布不均匀，或只见雄球花，不见雌球花。树冠窄，圆锥形或尖塔形，干形直或通直。生长中庸或较弱，侧枝细弱。树皮一般较薄，黑褐色或灰褐色，浅深纵裂，鳞片状剥落或鳞片反翘。

（3）雌雄均衡类型　在雌、雄花的比例上，难以判断哪一个为主，哪一个为次。树冠新梢雌、雄球花分布不均，结实中庸。树冠较大，塔形。干形直，生长健壮或中庸。树冠下部小枝多，细弱，针叶较密。

3. 树冠变异类型　根据油松树冠类型分为窄冠型和宽冠型两种类型。

（1）窄冠型油松　树冠呈塔形，树冠基部较宽，枝下高距地表较近。树皮块裂，厚，不易脱落。针叶较短，7～9 cm，叶着生角小，并均向上生长。树冠中部的第一级侧枝最初水平伸展，但末端斜向上。

（2）宽冠型油松　树冠卵形，树冠中下部最宽，枝下高较高。树皮片状剥落增多，易脱落。叶长 9～12 cm，着生角大，向四周散生。树冠中部侧枝水平开展或角度略小，二、三级侧枝较发达。

4. 其他变异类型

（1）柴松　树干通直高大，高 15～25 m，直径 50～80 cm，树冠呈圆锥伞形。枝条分布角度大，多下垂平展。树皮光，鳞片纵向排列细薄，裂浅甚至不裂，下部呈暗红色。叶色淡绿，针叶 2 针一束，叶稀而柔，稍弯扭。材质白色松软，含脂少，生长比一般油松较快。

（2）大果刺油松　主干矮，高 5～10 m，树冠虽大，但多低矮，呈平展状。枝条粗而密，叶短，刚硬密生。球果较大，卵形，成熟时呈淡黄色，球果全身带针刺，脱粒种子带白色斑点。

（3）糠松（黄皮松） 材质较白，松脂较少。

（二）特征特性多样性

1. 树皮变异

（1）深纵裂型 树皮主要呈纵裂，裂缝宽而深，横向开裂不明显，树皮极难脱落。

（2）块裂型 既有纵向开裂，也有横向开裂，裂痕较窄、浅，树皮不易脱落。

（3）龟纹型 树皮开裂很浅，呈龟纹状，但片状脱落明显。脱落的鳞片边缘匀滑弯曲。

（4）鳞皮型 树皮开裂不明显，脱落鳞片呈贝壳状。

（5）平滑型 看不出纵向和横向开裂的裂缝或裂纹，树皮极易脱落。

2. 球果变异 油松球果变异很显著，根据鳞盾的突起状况分为突起型、稍突起型、平坦型 3 种类型。油松的球果种脐有刺，鳞刺的着生部位有平坦和下凹两种情况。

3. 球果颜色 油松球果色变异亦很显著，在未开裂之前，球果表面的颜色（即鳞盾表面的颜色）可分为黄绿（包括一部分浅绿）、黄褐、棕色 3 种颜色。球果开裂以后，中鳞基部明显地可分为紫绿、紫红色、橘黄色 3 种颜色。

4. 种子形态变异 油松种子形态特征方面的变异亦很显著。种翅颜色可分为白色、褐色、紫色及带有各色斑点等，种子颜色浅者为黄褐色，深者为黑色。

5. 其他性状 徐化成等（1991）在油松整个分布区范围内，从辽宁、内蒙古、河北、北京、山西、陕西、甘肃、四川和河南等 13 个省（自治区、直辖市）选择 58 个代表性林分，对针叶、球果、种子等 18 个形态特征变异进行了研究。

（1）针叶变异

针叶长度：根据对 4 480 个针叶的测定，油松针叶总平均值为 10.7 cm，各地变动范围为 7.3～13.1 cm。针叶最短出现在宁夏罗山，最长出现在甘肃东南部。

针叶宽度：根据对 1 120 个针叶的测定，针叶宽度的总平均值为 1.34 mm，变化范围为 1.14～1.61 mm。

针叶厚度：针叶厚度的总平均值为 0.78 mm，变化范围为 0.60～1.02 mm。针叶厚度自分布区西南经山西中南部到分布区东北部逐渐加宽，但同经度下的南北变化在西部和东部均不明显，仅在中部地区由山西一带到秦岭—伏牛山地区，差别较大。

（2）球果变异 根据对 2 200 个球果的测定，球果长度（未开裂成熟状态）总平均值为 4.64 cm，各地变化范围为 3.9～5.7 cm。球果在分布区西南，经山西、河北到辽宁，球果长度的数值呈现低—高—低的趋势。

（3）种子变异

种子长度：油松种子长度总平均值为 0.78 cm，各地变化区间为 0.66～0.93 cm。分布区南部地区、西北地区和西南部地区相互差异不大，而其与山西地区差别明显。

种子千粒重：油松种子千粒重总平均值为 39.6 g，各地变化区间为 21.1～56.3 g。从乌拉山到中条山地区的千粒重最高，西北和西南地区的千粒重较低。

（三）基于生化与分子标记的遗传多样性

毕春侠等（1998）用酯酶同工酶对陕西油松 4 个产地、12 个林分天然种群的遗传多样性进行了研究。结果显示：油松种群酯酶同工酶由 EST-A、EST-B、EST-C3 多态位点组成，其多态位点百分率为 100%，等位基因平均数为 3.917，平均期望杂合率为 0.594，表明油松天然种群在酯酶同工酶各基因位点具有较高的遗传变异水平。李毳等（2005）对山西 9 个油松天然种群进行醇溶蛋白电泳分析，发现 135 份实验材料共分离出 23 条带，其中 3 条为共有带，多态性高达 86.95%。全部材料共出现 53 种带型，9 个不同油松种群的带型有差异，同一种群不同个体的带型也有所不同，说明山西油松在遗传上已产生一定程度分化，在醇溶蛋白水平上呈现出遗传多态性。

王意龙（2007）用同工酶标记对山西境内历山、紫团山、灵空山、管涔山和关帝山 5 个群体共 140 个个体进行遗传多样性分析，结果显示：平均多态位点百分数（P）为 95%，每个位点等位基因平均数（Na）为 1.950 和平均期望杂合度（He）为 0.362，表明油松物种内存在较高的遗传多样性，在松属植物中达到中等偏上的遗传变异水平。

李敏俐（2002）运用 RAPD 技术对辽宁兴城油松种子园中的 28 号雌性不育系及部分可育系进行分析，结果表明：59 个随机引物共扩增出 236 条带，其中具有多态性的条带有 42 条，占 17.8%，表明供试油松无性系间遗传变异性较小。周飞梅等（2008）利用 RAPD 技术分析了陕西 5 个地区油松天然种群 100 个个体的遗传多样性和遗传结构，10 条 10bp 的随机引物共扩增出 73 个位点。其中，多态性位点 64 个，多态性位点百分率为 87.67%。采用类平均法对 100 株油松材料进行聚类分析，结果表明其遗传相似系数为 0.08～0.66。在遗传距离为 0.39 的水平上，聚类分析为 3 大类，表明陕西地区天然油松种群间产生一定程度的变异，在分子水平上呈现出遗传多态性，且大部分遗传变异存在于种群内。

（李文英）

十五、长白落叶松

长白落叶松（*Larix olgensis* A. Henry）是中国长白山区特有树种，也是我国东北东部山地的主要针叶用材树种。长白落叶松种内遗传分化较大，变异性状较多，以海拔垂直梯度渐变为主、经纬向为辅的连续型变异是其基本变异模式，在生长、物候、球果、种子、材性等方面存在不同程度的变异，为种质资源利用和育种提供了广阔的空间。

（一）自然变异类型

长白落叶松自然变异主要有以下几个变型（王战，1992）。

1. 中果长白落叶松　本变型主要特征为球果较大，长达 2.3～3.0 cm。

2. 小果长白落叶松　本变型主要特征为球果较小，长度在 1.4 cm 以下。

3. 绿果长白落叶松　本变型主要特征为幼果绿色，球果长在 3 cm 以下，种鳞 30 枚以下。

4. 杂色果长白落叶松 本变型主要特征为幼果紫色或红紫色与绿色掺杂并存，种鳞30枚以下。

（二）特征特性多样性

1. 球果变异 齐立志等（1995）对吉林六道林场长白落叶松母树林116株树的调查表明，长白落叶松球果呈直立长卵圆形，其长度最小的为0.7 cm，最大的为3.2 cm，据《中国树木志》记载有的长度可达4.6 cm。球果成熟前有两种颜色，即淡紫色与绿色。当球果成熟后，两种颜色的球果均变为淡褐色。不同植株间的球果种鳞数相差较大，最少的12枚，最多的50枚，平均种鳞数27枚。

2. 种子变异 齐立志等（1995）对92株长白落叶松的种子大小的研究表明，种子长变异范围为0.21～0.56 cm，宽为0.15～0.40 cm；种子发芽率为2%～82%；种翅长变异范围为0.38～1.12 cm，种翅宽为0.20～0.59 cm。

3. 物候特征的地理变异 长白落叶松顶芽形成（封顶）物候特征变异明显，根据长白落叶松封顶现象的遗传分化，可分为3种类型：①早期封顶型（包括露水河、白河、大石头3个种源）；②晚期封顶型（包括鸡西、白刀山、穆棱、天桥岭4个种源）；③适中封顶型（包括小北湖、大海林2个种源）（杨传平等，2001）。

4. 生长与材性地理变异 张含国等（1996）对黑龙江省6个种源生长和材性性状的研究表明，树高、胸径、冠幅3个生长性状在种源间变异较大，木材基本密度、管胞长度、管胞宽度种源间变异较小，遗传变异主要存在于种源内个体间。种源间各性状的变幅及变异系数为：树高6.20～7.51 m（6.12%）；胸径6.40～8.86 cm（11.16%）；冠幅2.52～3.08 m（11.16%）。木材基本密度0.323 4～0.350 3 g/cm^3（2.41%）；管胞长度2.247 1～2.532 5 mm（4.49%）；管胞宽度0.020 5～0.026 6 mm（3.16%）。长白落叶松基本密度和管胞长度家系间和家系内变异很大，基本密度家系间变异幅度为20%，管胞长度家系间变异幅度为56%。树高、胸径、基本密度、管胞长度以及管胞长宽比5个性状家系间差异显著，生长性状受较强的遗传控制，材质性状受中等强度的遗传控制（张含国等，1995）。

（三）基于生化标记的遗传多样性

杨传平（2001）利用同工酶技术对长白落叶松天然群体遗传结构进行了研究，用3种酶系统MDH、GOT、EST的7个位点对黑龙江、吉林的11个天然群体进行了分析。结果表明，长白落叶松具有较高的变异水平，所有位点的平均多态位点百分率为63.9%，每个位点的等位基因平均数为1.62，平均期望杂合度为0.206，群体的分化程度较低，90.4%的变异来自群体内，9.6%的变异存在于群体间。

（李文英）

十六、火炬松

火炬松（*Pinus taeda* Linn.）分布区气候湿润，夏季长而炎热，冬季温和。在我国的引种范围从雷州半岛到山东半岛，主要集中在北亚热带和中亚热带的低山丘陵区，限制其北延的主要是水、热因子。

（一）自然变异类型

火炬松在系统发育过程中，由于遗传变异及自然选择，形成了几种自然类型。

1. 以冠型和分枝特点划分

（1）窄冠密枝型　冠呈尖塔形，分枝细密而均匀，分枝角度小、略向上倾斜。针叶呈黄绿色，轮枝间距较小。

（2）阔冠粗枝型　冠呈宽椭圆形，分枝发达粗壮、伸展，轮枝间距较大，针叶呈正常的青绿色。

（3）阔冠曲枝型　冠呈伞形，分枝粗、弯曲、开展或下垂，轮枝间距较小，有时甚至分不清。针叶呈浓绿色，且向下披散。

2. 以树皮的厚薄特点划分

（1）薄皮型　树皮薄而滑，鳞状裂纹小而浅，树皮厚度小于 3 cm。

（2）厚皮型　树皮坚厚，鳞状裂纹大而深，树皮厚度大于 5 cm。

（3）自然型　多数属于此类型，树皮厚度为 3～5 cm。

付立弟（2006）根据火炬松冠型和分枝特点及树皮的厚薄将其分为 9 个自然类型，即窄冠薄皮密枝型、窄冠厚皮密枝型、窄冠自然密枝型、阔冠薄皮粗枝型、阔冠厚皮粗枝型、阔冠自然粗枝型、阔冠薄皮曲枝型、阔冠厚皮曲枝型、阔冠自然曲枝型。

（二）特征多样性

火炬松球果、种子、针叶具有地区间变异趋势。种子形状在北部、东部呈圆形，南部、西部长圆形；种皮西部薄，东部较厚，呈渐变型。球果侧生，有时近顶生，长卵圆形，长 7～14 cm，几乎无柄。球果在西南、东南部较小，中部大，东北部居中。东北、东南、西部子叶数比中部少，南部的子叶数也较少。木材比重自西北向西南增加，南部沿海比北部内陆高，这与温暖季节的降水量有关；在同一条件下，相同树龄的树木间变异较大，多数变异受遗传控制；木材比重及管胞长度相关不显著（潘志刚、游应天，1991）。叶 3 针一束，偶见 2 针或 4 针一束，长 15～23 cm，径约 1.6 mm，留于树上 3～4 年。针叶刚硬，略有扭曲，先端锐尖，边缘具细锯齿，角质，灰绿色，腹背两面共有气孔 10～12 行。树脂道 2 个，中生，偶有 4 个。叶鞘长 2.5 cm。

（三）基于分子标记的遗传多样性

税珺等（2005）利用 12 个 10 bp 随机引物对火炬松 19 个原产地种源和国内早期引进的 5 个群体进行 RAPD 扩增。结果表明，火炬松原产地种源和国内引种群体的遗传多样性均十分丰富，RAPD 多态性位点的比率分别为 81.3%和 99.2%。原产地种源中共检出 18 条特异性谱带，分属于 13 个种源，另有 5 个种源存在特异性缺失谱带，共 10 条，这些特异性谱带和特异性缺失谱带可作为种源鉴别的重要依据。

（郑勇奇　冯锦霞）

十七、湿地松

湿地松（*Pinus elliottii* Engelm.）在我国种植范围从海南屯昌，到山东半岛的青岛及烟台，西至云南，横跨热带、亚热带和暖温带的广大地区，但主要集中在亚热带地区，特别是南亚热带。在南亚热带引种范围包括南岭以南、雷州半岛以北的广大低山丘陵、台地及沿海地区，即广西、广东的南部和福建的东南部。目前南亚热带已形成了我国面积最大的湿地松速生丰产林基地。

（一）特征特性多样性

1. 树皮 树皮初期灰褐色，后渐变为橙棕色或红棕色。冬芽红褐色或红棕色，粗壮，先端渐尖，芽鳞带白色尖细纤毛。

2. 针叶 3针和2针一束并存，长18～25 cm，粗约0.16 cm，较粗硬，深绿色，有光泽，腹背两面均有气孔线，边缘具微细锯齿。树脂道多内生，2～9个，偶有多至11个内生，间或有1～2个中生，边角两个较大。

3. 球花 花单性，雌雄同株，雌球花生于春梢顶端，雄球花簇生于基部，圆筒状，长1.3～3.2 cm，具短梗或无柄。

4. 球果 球果2～4个聚生，少有单生，反曲或直立，圆锥状或狭卵圆状，长6～14 cm，径4～7 cm。种鳞具尖端反曲或内曲的鳞脐，鳞脐浮凸，急尖成粗壮的短刺，长1.5～2 mm。

5. 种子 种子卵圆状，略呈三角形，稍具棱脊，长0.5～0.7 cm，径约为长度的一半，灰色、灰褐色至暗黑色，具斑点。种翅完整，长2～3 cm，颜色依母树的不同而有一定的差异，淡灰色、灰色、褐色、黄褐色以至红褐色，易与种子分离（中国树木志编委会，1978；潘志刚等，1994）。

6. 生长发育 其生长发育状况各地颇不一致，如在广州，湿地松雄花于2月上旬开始散粉，到3月中旬结束，雌花于2月中旬开放，到3月中旬结束；在江西吉安，雄花于2月中旬开始散粉，3月下旬结束，雌花于3月中旬开放，4月上旬结束；在湖北武昌，雄花于3月下旬散粉，4月下旬结束，雌花于4月上旬开放，4月下旬结束。同一地点，植株之间的开花期稍有差异。雌花授粉后经过18～19个月球果成熟，在广州地区是在授粉的次年9月上、中旬成熟，在江西吉安球果成熟于下年的9月下旬。在广州一般于8龄时始见开花，引种到江苏江浦及江西吉安的，要迟2～3年。一般能有效地生产种子的结实年龄约为12龄。生长速度有由南向北渐减的趋势，如同样是16年生的湿地松，江苏江浦平均高8.4 m、平均胸径11.3 cm，广西柳州平均高10.9 m、平均胸径16.2 cm，立地条件和管理措施对其生长的影响较大（中国树木志编委会，1978）。

在北亚热带23～25年生出现盛果期，平均每公顷产种子1.56 kg；在中亚热带为20年生，平均每公顷产种子17.9 kg；在南亚热带盛果期出现在10～15年生，平均每公顷产种子21.8 kg；在热带北缘，盛果期出现在11～22年生，平均每公顷产种子24.9 kg。

结实量（指盛果期产量）与所在地纬度及年平均温度相关极显著，即湿地松母树林（或种子园）位置越向南，纬度越低，年均温越高，种子产量也越高（潘志刚，1994）。

（二）基于分子标记的遗传多样性

易能君（2000）利用 RAPD 分子标记技术从 DNA 水平上研究了种子园湿地松的遗传多样性和连锁不平衡状况。结果表明，有效等位基因数在各位点间变化范围为 1.470～1.996，平均为 1.450；基因多样度范围为 0.044 9～0.499 0，平均为 0.278 1；Shannon's 信息指数的范围为 0.109 5～0.692 2，平均为 0.432 7。这 3 个遗传多样性度量的大小顺序基本相同。104 个分离位点共有 5 356 个位点对，其中 355 对在显著性水平为 0.05 下达到显著的连锁不平衡状态。

（郑勇奇　冯锦霞）

十八、加勒比松

加勒比松（*Pinus caribaea* Morelet）原产中美洲加勒比海地区，是热带低海拔地区速生树种，已在世界各热带和亚热带国家普遍引种。我国引种加勒比松的地域较广，分布北纬 18°55′～24°15′之间，气候属于热带和南亚热带地区，除云南南部海拔 1 060 m 外，其他地区均为海拔 100 m 以下的海岸台地或低丘地带。

（一）自然变异类型

加勒比松有古巴加勒比松（var. *caribaea* Morelet）、洪都拉斯加勒比松（var. *hondurensis* Barr. et Golf.）和巴哈马加勒比松（var. *bahamensis* Barr. et Golf.）3 个变种（朱志淞等，1986）。

1. 古巴变种　针叶 3 针一束（罕为 4 针一束），球果长 5～10 cm，种子具有贴生的种翅。

2. 洪都拉斯变种　针叶 3 针一束，有时 4 针或 5 针一束（幼龄树有 6 针一束）。球果长 6～14 cm，种子具有关节的种翅，易脱落，但有极少数是贴生的。

3. 巴哈马变种　针叶 2 针或 3 针一束，球果长 4～12 cm，种子具贴生种翅，极少有具节的（潘志刚等，1994）。

（二）生长发育多样性

古巴变种的苗木和幼树特征与巴哈马变种近似，幼苗亮绿色，次生叶出现早（苗龄 3～4个月），生长较慢。洪都拉斯变种则幼苗细长，苍白绿色，次生叶发育迟，苗龄 9 个月后方出现，生长迅速。

巴哈马变种较为耐寒，洪都拉斯变种的抗寒性最弱。古巴变种在北回归线以南种植，能适应当地气候，生长迅速。但引种到北纬 30°03′的浙江富阳，则严重地遭受寒害；引种到北纬 24°40′的广东韶关，在一次持续时间较长的－2 ℃的寒潮袭击下，12 年生的古巴变种仍安然无恙，但 2 年生的洪都拉斯变种则全部冻死。

巴哈马变种能生长于珊瑚石灰岩、pH 为 8.5 的浅薄土层或珊瑚碎屑上；洪都拉斯变种却广泛生长于花岗岩、页岩、沙岩、凝灰岩等所生成的强酸性（pH 1～5）土壤上，在海岸泥炭土地上生长良好；古巴变种的原产地则多为石英岩、蛇纹岩和沙岩生成的沙黏土，引种至中国的古巴变种在由玄武岩、花岗岩等发育而成的红壤和砖红壤土地上，也能正常生长。

加勒比松 3 个变种中，洪都拉斯变种生长最快，年平均树高生长可达 1.5 m 以上，径可达 2.5 cm，每公顷年平均材积生长量可达 30 m^3 以上。一般在 15～20 年生时生长减慢。巴哈马变种和古巴变种生长稍慢。

古巴变种干形最为优良，巴哈马变种干形次之，洪都拉斯变种最差（常出现干形弯曲的植株）。洪都拉斯变种易受多种病害，引起幼林死亡，但古巴变种则病虫害较少，生长也较稳定。

（三）基于生化标记的遗传多样性

对加勒比松古巴变种的 6 个群体（包括天然林、采伐林、母树林和种子园）进行了同工酶分析，根据 5 个酶系统 8 个位点的同工酶数据，对各群体交配系统以及群体遗传变异和结构进行的分析表明，天然林、种子园和母树林的多位点异交率和绝大多数单位点异交率都和完全异交无显著差异，过度采伐的松树岛群体多位点异交率显著小于完全异交，而只有一半单位点异交率显著小于完全异交，而且该群体单位点平均异交率和多位点异交率均低于其他 3 个群体的估计值。采伐群体中同工酶变异和基因多样性与天然群体相似，但低于其他群体，其近交系数较大，但小于天然林和中国栽培群体的近交系数。中国引种栽培群体无论是同工酶变异还是基因多样性都显著高于古巴群体。结果表明，过度采伐导致群体自交程度增加，营建种子园可有效减少近交，自然分布区以外的引种栽培群体遗传变化最大，无论遗传变异和基因多样性都比参试其他群体大。

（郑勇奇　冯锦霞）

十九、马占相思

马占相思（*Acacia mangium* Willd.）属含羞草亚科（Mimosoideae）金合欢属常绿大乔木。中国于 1979 年开始引进，并从 20 世纪 80 年代中期开始在热带、南亚热带地区的广东、广西和海南等省（自治区）大面积种植和发展，成为当地荒山绿化的主要树种之一，同时也是当地仅次于桉树的短周期速丰林树种，取得了显著的生态和经济效益。

（一）生长量多样性

对两个试验点马占相思 8 个种源的 3 年生幼林生长进行分析的结果表明（杨民权、曾育田，1989），各种源间的差异极显著。树高、胸径生长与材积和抗风力等指标，均以昆士兰的 13242 号种源最好，其树高、胸径，材积分别为最差种源的 154%、158%、387%；其次是巴布亚新几内亚的 13459 号种源，树高、胸径、材积生长分别为最差种源的 144%、160%、370%，而印度尼西亚的 13621 号种源最差。同时，各种源的生长量与降水量、相对湿度和温度成正相关。

对从澳大利亚昆士兰等地引进的马占相思 8 个种源（A1～A8）进行的对比试验的结果表明，生长快、产量高的 13242 号（A5）和 13229 号（A6）种源，其树高、胸径生长量均比其他种源高，且显著或极显著地高于 A3、A1、A8 种源。另外，A5、A6 种源 4～5 年生时，树高、胸径年平均生长量达 1.91 m 和 2.82 cm 以上，且具形质指标优、适应性强等优点（冯水等，1999）。

对 32 个马占相思无性系进行选择试验，结果表明：4 年生的 32 个无性系中单株材积、胸径、分枝性状差异都达到显著或极显著水平。生长最好的无性系为 58 号和 74 号，单株材积分别为 0.078 m^3 和 0.072 m^3，年均材积生长量分别为 32.428 m^3/(hm^2 · 年) 和 30.102 m^3/(hm^2 · 年)，与总平均值 25.430 m^3/（hm^2 · 年）相比，年材积增长分别为 27.52%、18.37%（陈祖旭等，2006）。

（二）基于生化标记的遗传多样性

巫光宏等（2003）对马占相思不同产地不同家系的过氧化物酶（POD）、多酚氧化酶（PPO）活性及其同工酶进行了比较分析。结果表明，同一家系的不同器官，POD、PPO 活性均呈现极显著差异；不同家系同一器官的 POD 和 PPO 活性也有极显著差异。通过对 POD、PPO 同工酶酶谱比较发现，两个家系的根、茎、叶状柄各器官既有着明显的相同特征谱带，又有各自的特殊谱带。

（郑勇奇　杜仲修）

二十、刺槐

刺槐（*Robinia pseudoacacia* Linn.）原产美国东部的阿帕拉契亚山脉和奥萨克山脉一带，在河流两岸或肥沃的冲积平原上生长特别旺盛。我国从 20 世纪初开始引进栽培，种源来自欧洲。

（一）自然变种

刺槐在中国栽培有 2 个变种：

1. 无刺槐（var. *umbroculifera* DC.）　乔木。其主要特征是树冠似帚形，分枝细密而整齐，树冠美丽，能自成卵圆形，枝条托叶脱落，不硬化为刺或刺很短小很软，开花极少，几无果实。多用插根或插条繁殖。

2. 塔形刺槐（var. *pyramidalis* Pepin.）　树冠窄柱状，枝直立，无刺。花冠多为紫红色，也有白色的（山东省林业研究所，1974）。

（二）形态类型多样性

依据经验及其研究人员的观察，刺槐形态类型主要应根据萌芽枝条上的刺、花萼、树皮及其木材性质和用途来划分。

1. 无刺刺槐　短枝上无刺，萌发枝上的刺处于退化状态，最长的 0.5 cm 左右，也很细软。

2. 大刺刺槐　刺特别长，大树粗壮萌生枝上，刺长达 3 cm 以上，有的接近 6 cm，刺尖斜向下生长。花萼紫色，开花多，花期较小刺类型略早。

3. 小刺刺槐　短枝上近于无刺，根蘖苗或萌生枝上最大刺长 2 cm 以下，刺较圆，特别是刺长在 1 cm 以下的，近于圆锥形。花萼绿色，开花较少。花期较大刺类型晚 3～4 d。树皮灰色到淡灰褐色，裂片细，纹理直，裂沟浅。

4. 中刺刺槐 最大刺长 3 cm 左右。又有两种类型：一种刺较细长，花萼绿色，树皮薄，光滑，干形端直，与上述小刺类型相近。另一种刺较宽，花萼绿色，有的花瓣略呈粉红色，树皮较粗糙，干形不如前一种端直，材质接近于大刺类型。

5. 紫萼刺槐 花萼紫色，开花数量多，花比绿萼的甜。苗期茎淡紫色，发枝能力极强，当年生苗木大量萌发二次枝、三次枝。刺长 2 cm 左右，紫色。树冠上小枝细而短密，主干低矮。

6. 绿萼刺槐 花萼绿色，有少量紫色条纹，开花数量少。苗期茎绿色到绿褐色，发枝能力较弱。刺较小，绿褐色。主干通直，侧枝较细，小枝稀疏粗壮，树皮光滑，颜色较淡，一般灰色到灰褐色。

7. 黄槐 从木材的颜色来看，有黄色与白色之分。黄色类型的木材翘曲轻，材质较脆，刨时不宜出木花，做家具不宜走形。这种类型树皮颜色较深，树皮厚，沟裂深，树干上长瘤。

8. 白槐 白色类型的木材易翘裂走形，树皮薄，沟裂浅，边材较宽，淡黄色，心材灰绿色，纤维较长，晚材率高达 70%～80%，因而木材的强度较大。

应用于园林绿化的刺槐品种有金叶刺槐、曲枝刺槐、红花刺槐、香花槐等。金叶刺槐在生长季节叶色金黄、亮丽；曲枝刺槐，树枝呈弯曲蟠龙状，给人以苍老古朴之感，可以在彷古建筑周围种植，更显古朴雄姿。树干可按照需要，可高可矮，也可做成大型盆景材料用于前庭种植（徐秀琴等，2006）。

（三）基于分子标记的遗传多样性

孙芳等（2009）利用 ISSR 标记技术对国内 10 个刺槐居群 100 个子代个体的遗传多样性进行了比较分析，从 65 个随机引物中筛选出 10 个多态性引物进行扩增，共检测到 91 个位点，多态位点数为 85 个，多态位点百分率为 93.41%。刺槐在种级水平的遗传多样性参数略高于居群水平，多态位点百分率分别为 95.60%、69.01%，Shannon's 信息指数分别为 0.614 5、0.373 3，Nei's 基因多样性指数分别为 0.433 7、0.251 4。居群间的遗传分化系数 *Gst*、Nei's 基因多样性指数和 Shannon's 信息指数统计结果，均显示出中国刺槐居群内遗传多样性大于居群间遗传多样性。利用 PopGen32 软件对 10 个居群进行聚类分析得知，10 个刺槐群体可分为 3 大类，亲缘关系和地理分布呈一定的相关性，但没有形成明显的地理变异模式。

杨敏生（2004）对来自欧洲和美国的 18 个刺槐种源子代进行了等位酶分析，可进行遗传分析的 7 个酶系统（Amy、Fe、Lap、Idh、Mdh、6Pgd、Skd）中有 14 个基因位点，其中 12 个位点具有多态性。每个多态位点平均等位基因数（*Na*）变化在 1.56～3.67 之间，平均基因型数变化在 1.61～7.11 之间，平均有效等位基因数（*Ne*）变化在 1.02～2.50 之间，预期杂合度（*He*）变化在 0.02～0.56 之间。不同种源群体之间也存在较大的遗传差异，在 8 个德国种源中，各群体的 *Na*、*Ne* 和 *He* 等相对较小，但不同群体间差异较大。各位点等位基因频率在不同种源群体间变化也较大，表明德国各种源群体内遗传变异相对较小，但群体间差异较大。来自匈牙利和斯洛伐克的8个种源群体则相反，各群体的 *Na*、*Ne* 和 *He* 等相对较大，而不同种源群体间差异则较小，各位点等位基因频率在种源群体间变化相对一致，表明这两个国家的种源群体内变异较大，但不同种源群体间差异较小。欧洲的刺槐种源并未形成明显的地理变异模式，而且欧洲的种源和来自原产地的美国种源相比，没有发现明显的差异。经过 Hardy - Weinberg 平衡检测证明，88.41%位点符合 Hardy - Weinberg 遗传平衡，表明各群体基因频率和基因型频率保持较高的稳定性，且种源内的变异大于种源间变异，94.8%的变异存在于种源内个体间。

（郑勇奇　张川红）

参考文献

北京林学院，1962. 森林植物学［M］. 北京：中国林业出版社.

毕春侠，郭军战，张露藻，1998. 油松天然群体酯酶同工酶的变异分析［J］. 西北林学院学报，13（4）：39 - 43.

曹耀莲，罗风翔，贾翠娥，等，1980. 旱柳类型划分及优良类型选择研究简报［J］. 陕西林业科技（4）：31 - 33.

陈伯望，洪菊生，1995. 杉木种源胸径生长地理变异的趋势面分析［J］. 林业科学，31（2）：110 - 115.

陈翠玲，2001. 侧柏种源试验初步研究［J］. 北京林业大学学报（11）：60 - 62.

陈劼，潘艳，徐立安，2009. 栓皮栎种子及苗期种源变异分析［J］. 林业科技开发，23（3）：62 - 65.

陈龙清，王顺安，陈志远，等，1995. 滇、黔地区泡桐种类及分布考察［J］. 华南农业大学学报，14（4）：392 - 396.

陈由强，叶冰莹，朱锦懋，等，2001. 杉木地理种源遗传变异的 RAPD 分析［J］. 应用与环境生物学报，7（2）：130 - 133.

陈志远，姚崇怀，胡惠蓉，等，2000. 泡桐属的起源、演化与地理分布［J］. 武汉植物学研究，18（4）：325 - 328.

陈祖旭，刘水娥，孟宪法，等，2006. 马占相思无性系选择研究［J］. 广东林业科技，22（3）：59 - 63.

程诗明，顾万春，2005. 苦楝中国分布区的物候区划［J］. 林业科学，19（3）：337 - 341.

董世林，1981. 东北桦木科植物的研究［J］. 植物研究，1（1/2）：135 - 184.

杜红岩，杜兰英，李福海，等，2004. 不同产地杜仲树皮含胶特性的变异规律［J］. 林业科学，40（5）：186 - 190.

杜兰英，杜红岩，杨绍彬，等，2005. 不同变异类型杜仲叶片含胶性状的变异规律［J］. 中南林学院学报，25（3）：18 - 20.

冯水，冯江，冯顺简，等，1999. 马占相思种源比较试验［J］. 广东林业科技，15（4）：27 - 31.

冯显逵，马国骅，宋玉霞，等，1993. 白榆种源过氧化物同工酶的比较研究［M］//马常耕. 白榆种源选择研究. 西安：陕西科学技术出版社.

付立弟，2006. 火炬松自然类型划分初探［J］. 安徽林业（3）：27.

顾万春，1982. 臭椿种源的苗期试验［J］. 林业实用技术（12）：1 - 2.

顾万春，2001. 中国种植业大观：林业卷［M］. 北京：中国农业科技出版社.

郭明辉，鲁英，王万进，等，1999. 不同种源白桦木材密度和生长轮宽度径向变异模式 [J]. 东北林业大学，27（4）：29-32.
郭明辉，潘月洁，陈文胜，等，2000. 不同海拔高度白桦木材解剖特行径向变异 [J]. 东北林业大学，28（4）：25-29.
韩照祥，张文辉，山仑，2005. 栓皮栎种群的性状分化与地理变异性研究 [J]. 西北植物学报，25（9）：1848-1853.
河北林业研究所，遵化县东陵林场，1978. 油松自然类型的初步划分 [J]. 河北林业科技（2）：22-28.
何承忠，2005. 毛白杨遗传多样性与起源研究 [D]. 北京：北京林业大学.
洪菊生，吴士侠，等，1994. 杉木种源变异研究 [J]. 林业科学研究（4）：117-130.
胡国民，郭明辉，王万进，等，1999. 种群对白桦木材力学性质的影响 [J]. 东北林业大学，27（2）：101-103.
姜景民，1988. 毛白杨起源与分类的研究 [D]. 北京：中国林业科学研究院.
姜静，杨传平，2001. 利用 RAPD 标记技术对白桦种源遗传变异的分析及种源区划 [J]. 植物研究，21（1）：27-131.
焦凤洲，谭日升，王凤臣，2005. 槐树新品种——双季米槐特性及栽培技术 [J]. 山东林业科技（6）：46-47.
匡可任，郑斯绪，李沛琼，等，1979. 中国植物志：21 卷 [M]. 北京：科学出版社.
赖焕林，王章荣，1997. 马尾松种子园及其附近人工林的亲子代群体遗传结构分析 [J]. 林业科学研究，10（5）：490-494.
李毳，柴宝峰，王孟本，2005. 山西高原油松种群遗传多样性 [J]. 生态环境，14（5）：719-722.
李景云，于秉君，褚延广，等，2002. 帽儿山地区 21 年生长白落叶松种源试验 [J]. 东北林业大学学报，30（4）：114-117.
李敏俐，郑彩霞，2002. 油松雌性不育系（28 号无性系）的 RAPD 分析 [J]. 北京林业大学学报，24（4）：35-38.
李书靖，宋国贤，周建文，等，1998. 臭椿种源苗期变异的研究 [J]. 甘肃林业科技（4）：14-20.
梁山，2006. 五色槐——永恒的园林绿化珍贵观赏树种 [J]. 农村实用科技信息（3）：20.
林金国，范辉华，张兴正，1999. 福建省杉木人工林材性产区效应的研究 I. 木材基本密度和纤维形态 [J]. 福建林学院学报，19（1）：273-275.
林秀兰，1990. 栲胶新原料——马占相思树皮 [J]. 福建林学院学报，10（3）：283-287.
刘桂丰，杨传平，刘关君，等，1999. 白桦不同种源种子形态特征及发芽率 [J]. 东北林业大学学报，27（4）：1-4.
马常耕，1993. 白榆种源选择研究 [M]. 西安：陕西科学技术出版社.
马浩，李荣幸，李培健，等，1996. 白花泡桐种内多层次变异及其选择效果分析 [J]. 河南农业大学学报，30（1）：1-5.
潘志刚，游应天，等，1994. 中国主要外来树种引种栽培 [M]. 北京：北京科学技术出版社.
潘志刚，游应天，1991. 湿地松 火炬松 加勒比松引种栽培 [M]. 北京：北京科学技术出版社.
裴仙娥，2005. 乡土树种国槐变种的繁殖与应用 [J]. 宁夏农林科技（3）：56-57.
齐立志，刘吉雨，刘桂丰，等，1995. 长白落叶松雌雄花及球果、种子性状的变异 [J]. 东北林业大学学报，23（2）：7-13.
茹广欣，2004. 泡桐遗传变异与改良研究 [D]. 北京：中国林业科学研究院.
山东省林业研究所，1974. 刺槐 [M]. 北京：农业出版社.
陕西省林业研究所，1981. 毛白杨 [M]. 北京：中国林业出版社.
邵化范，唐云龙，张俊朴，1990. 国槐形态变异及类型划分 [J]. 河南林业科技（4）：26.

税珺，黄少伟，2005. 火炬松原生种源和引种群体 RAPD 遗传多样性［J］. 华南农业大学学报 . 26（3）：75－81.
宋丽华，李涛，2007. 宁夏地区几个臭椿种源种子的生物学特性研究［J］. 种子（5）：21－23.
宋露露，熊耀国，赵丹宁，1996. 白花泡桐栽培北界种源选择的苗期试验［J］. 林业科学研究，9（6）：598－601.
孙芳，杨敏生，张军，2009. 谷俊涛刺槐不同居群遗传多样性的 ISSR 分析［J］. 植物遗传资源学报，10（1）：91－96.
田家祥，褚福礼，2002. 珍稀城市绿化树种——黄金槐［J］. 湖北林业科技（2）：12.
王瑷琦，黄璐琦，邵爱娟，等，2006. 孑遗植物杜仲的遗传多样性 RAPD 分析和保护策略研究［J］. 中国中药杂志，31（19）：1583－1586.
王秋玉，曲丽娜，贾洪柏，2007b. 白桦天然种群木材纤维性状、微纤丝角和基本密度的变异［J］. 东北林业大学学报，35（2）：1－6.
王秋玉，张金然，杨传平，2007a. 白桦种群间木材纤维性状的表型变异与分子标记的遗传多态性［J］. 林业科学，43（1）：37－42.
王义，1988. 中国苦楝生态型与杀虫活性的关系［D］. 广州：华南农业大学 .
王意龙，2007. 山西油松遗传多样性初探［D］. 太原：山西大学 .
王战，等，1984. 中国植物志：第 20 卷（第 2 分册）［M］. 北京：科学出版社 .
王战，1992. 中国落叶松林［M］. 北京：中国林业出版社 .
巫光宏，詹福建，黄卓烈，等，2002. 马占相思树两家系过氧化物酶、多酚氧化酶活性及同工酶比较研究［J］. 亚热带植物科学，31（2）：1－5.
吴广彪，孟明，张富治，2001. 白榆种源的试验研究［J］. 山西农业大学学报（3）：285－287.
吴阂平，成乃平，孟凡庭，2004. 臭椿育林技术［J］. 安徽林业（2）：10－12.
吴征镒，1995. 中国植被［M］. 北京：科学出版社 .
吴中伦，1984. 杉木［M］. 北京：中国林业出版社 .
夏昶，1987. 油松变异形态的观察［J］. 陕西林业科技（2）：15－16.
谢碧霞，杜红岩，杜兰英，等，2005. 不同变异类型杜仲果实含胶量变异研究［J］. 林业科学，41（6）：143－146.
邢柱东，2006. 聊城市园林观赏树种国槐的优树选择研究初报［J］. 浙江林业科技，26（1）：56－58.
熊耀国，竺肇华，宋露露，等，1991. 泡桐的良种选育 • 阔叶树遗传改良 . 北京：科学技术文献出版社 .
徐化成，1992. 油松地理变异和种源选择［M］. 北京：中国林业出版社 .
徐化成，1993. 油松［M］. 北京：中国林业出版社 .
徐小林，徐立安，黄敏仁，等，2004. 栓皮栎天然群体 SSR 遗传多样性研究［J］. 遗传，26（5）：683－688.
徐秀琴，杨敏生，2006. 刺槐资源的利用现状［J］. 河北林业科技（9）：54－57.
徐有明，江泽慧，李丽霞，等，2008. 火炬松不同种源纸浆材材性的变异［J］. 林业科学，44（8）：82－89.
续九如，程诗明，等，2001. 科尔沁沙地古榆树资源的收集保存及其繁殖技术的研究［J］. 北京林业大学学报，23（5）：75－78.
杨安详，1986. 洪洞古大槐树移民分布考证［J］. 山西师范大学学报（2）：27－31.
杨传平，刘桂丰，2001. 长白落叶松种群地理变异研究［J］. 应用生态学报，12（6）：801－805.
杨传平，2001. 长白落叶松种群遗传变异与利用［M］. 哈尔滨：东北林业大学出版社 .
杨传强，丰震，韩进，等，2004. 21 年生侧柏种源的变异及种源选择［J］. 林业实用技术（11）：10－11.
杨民权，曾育田，1989. 马占相思种源试验［J］. 林业科学研究，2（2）：113－118.
杨敏生，2004. 欧洲刺槐种源群体遗传结构和多样性［J］. 生态学报，24（12）：2701－2706.

杨自湘，顾万春，李玲，1990. 毛白杨种内过氧化物同工酶变异 [J]. 林业科学研究，3 (4)：335-340.
姚秀林，1986. 甘肃毛白杨资源调查报告 [J]. 甘肃林业科技 (2)：1-7.
姚秀玲，杨得其，王小平，等，1994. 天水毛白杨种源试验的研究 [J]. 甘肃农业大学学报，29 (1)：76-82.
易能君，韩正敏，尹佟明，等，2000. 湿地松抗病种子园的遗传多样性分析 [J]. 林业科学 (36)：51-55.
尤勇，洪菊生，1998. RAPD 标记在杉木种源遗传变异上的应用 [J]. 林业科学，34 (4)：32-38.
余新妥，1997. 杉木栽培学 [M]. 福州：福建科学技术出版社.
远香美，罗凯，陈国维，1993. 贵州白花泡桐种源及优树无性系选择试验 [J]. 贵州林业科技，21 (4)：12-17.
张存旭，张瑞娥，张文辉，等，2003. 不同群体栓皮栎栓皮性状变异分析 [J]. 西北林学院学报，18 (3)：34-36.
张敦论，林新福，王铁章，等，1982. 白榆 [M]. 北京：中国林业出版社.
张含国，张殿富，李希才，等，1995. 长白落叶松自由授粉家系生长和材性遗传变异及性状相关的研究 [J]. 林业科技，20 (6)：1-5.
张含国，周显现，田松岩，等，1996. 长白落叶松生长和材质性状地理变异的研究 [J]. 林业科技，21 (5)：5-8.
张鸿景，顾新庆，周风景，等，2005. 侧柏在北方城市绿化中应有的地位 [J]. 河北林业科技 (8)：162-163.
张民力，1988. 中国不同地区橡属植物中川楝素含量测定 [J]. 华南农业大学学报，9 (3)：31-36.
张中印，2003. 河南省城市主要蜜源植物——槐树 [J]. 蜜蜂杂志 (5)：35-36.
赵连俊，2001. 园林绿化优良树种——国槐 [J]. 内蒙古林业科技 (1)：117.
赵善欢，张兴，1987. 植物性物质川楝素的研究概况 [J]. 华南农业大学学报，8 (2)：57-67.
赵天榜，等，1994. 河南主要树种栽培技术 [M]. 郑州：河南科学技术出版社.
赵燕，2007. 国槐分类学和繁殖特性的研究 [D]. 济南：山东师范大学.
赵勇刚，高克姝，1994. 毛白杨种源试验研究 [J]. 山西林业科技 (4)：19-24.
郑勇奇，2001. 用遗传标记监测不同环境和经营措施下的加勒比松森林群体遗传动态 [J]. 生态学报，21 (3)：344-352.
中国林业科学研究院遗传育种室，1959. 杨树 [M]. 北京：中国林业出版社.
中国森林编辑委员会，1998. 中国森林：第 2 卷/针叶林 [M]. 北京：中国林业出版社.
中国森林编辑委员会，1998. 中国森林：第 3 卷/阔叶林 [M]. 北京：中国林业出版社.
中国树木志编辑委员会，1982. 中国树木志 (1)[M]. 北京：中国林业出版社.
中国树木志编辑委员会，1976. 中国主要树种造林技术 [M]. 北京：农业出版社.
周政贤，2001. 中国马尾松 [M]. 北京：中国林业出版社.
周飞梅，樊军锋，侯万伟，2008. 陕西地区油松天然群体遗传结构的 RAPD 分析 [J]. 东北林业大学学报，36 (12)：1-3.
周建云，曹旭平，张宏勃，等，2009. 陕西栓皮栎天然类型划分研究 [J]. 西北林学院学报，24 (1)：16-19.
周建云，郭军战，杨祖山，等，2003. 栓皮栎天然群体过氧化物酶同工酶遗传变异分析 [J]. 西北林学院学报，18 (2)：33-36.
朱秀谦，张平安，陈建业，等，2000. 河南臭椿属观赏类型的研究 [J]. 河南林业科技，20 (1)：10-15.
朱志淞，丁衍畴，王观明，1986. 加勒比松 [M]. 广州：广东科技出版社.
竺肇华，1982. 关于泡桐属植物的分布中心及区系成分的探讨——兼谈我国南方发展泡桐问题 [M] // 中国林学会泡桐文集编委会. 泡桐文集. 北京：中国林业出版社.
竺肇华，熊耀国，陆新育，等，1985. 白花泡桐优良无性系选育的研究 [J]. 泡桐 (2)：1-7.
竺肇华，熊耀国，陆新育，等，1989. 泡桐的 7 个优良无性系的选育与推广 [J]. 泡桐与农用林业 (2)：1-17.

附录 3　中国作物名录

序号	作物名称	科	属	栽培种（或变种*）	野生近缘种
1	大白菜	十字花科 Cruciferas	芸薹属 *Brassica* L.	大白菜 *B. campestris* L. ssp. *pekinensis* (Lour.) Olsson.	
2	小白菜	十字花科 Cruciferas	芸薹属 *Brassica* L.	小白菜 *B. campestris* L. ssp. *chinensis* (L.) Makino var. *communis* Tsen et Lee	
3	菜心	十字花科 Cruciferas	芸薹属 *Brassica* L.	菜心 *B.* campestris L. ssp. *chinensis* (L.) Makino var. *utilis* Tsen et Lee	
4	紫菜薹	十字花科 Cruciferas	芸薹属 *Brassica* L.	紫菜薹 *B. campestris* L. ssp. *chinensis* (L.) Makino var. *purpurea* Bailey.	
5	薹菜	十字花科 Cruciferas	芸薹属 *Brassica* L.	薹菜 *B. campestris* L. ssp. *chinensis* (L.) Makino var. *tai-tsai* Hort.	
6	芜菁	十字花科 Cruciferas	芸薹属 *Brassica* L.	芜菁 *B. campestris* L. ssp. *rapifera* Matzg	
7	叶用芥菜	十字花科 Cruciferas	芸薹属 *Brassica* L.	芥菜 *B. juncea* (L.) Czern. et Coss.	
8	分蘖芥（雪里蕻）	十字花科 Cruciferas	芸薹属 *Brassica* L.	分蘖芥菜 *B. juncea* (L.) Czern. et Coss. var. *multiceps* Tsen et Lee	
9	茎用芥菜（榨菜）	十字花科 Cruciferas	芸薹属 *Brassica* L.	茎用芥菜 *B. juncea* (L.) Czern. et Coss. var. *tumida* Tsen et Lee	

* 只计算物种数。

（续）

序号	作物名称	科	属	栽培种（或变种）	野生近缘种
10	根用芥菜（大头菜）	十字花科 Cruciferas	芸薹属 *Brassica* L.	根用芥菜 *B. juncea*（L.）Czern. et Coss. var. *megarrhiza* Tsen et Lee	
11	甘蓝	十字花科 Cruciferas	芸薹属 *Brassica* L.	甘蓝 *B. oleracea* L.	
12	结球甘蓝	十字花科 Cruciferas	芸薹属 *Brassica* L.	结球甘蓝 *B. oleracea* L. var. *capitata* L.	
13	球茎甘蓝	十字花科 Cruciferas	芸薹属 *Brassica* L.	球茎甘蓝 *B. oleracea* L. var. *caulorapa* DC.	
14	羽衣甘蓝	十字花科 Cruciferas	芸薹属 *Brassica* L.	羽衣甘蓝 *B. oleracea* L. var. *acephala* DC.	
15	抱子甘蓝	十字花科 Cruciferas	芸薹属 *Brassica* L.	抱子甘蓝 *B. oleracea* L. var. *germmifera* Zenk.	
16	花椰菜	十字花科 Cruciferas	芸薹属 *Brassica* L.	花椰菜 *B. oleracea* L. var. *botrytis* L.	
17	芥蓝	十字花科 Cruciferas	芸薹属 *Brassica* L.	芥蓝 *B. alboglabra* L. H. Bailey	
18	芜菁甘蓝	十字花科 Cruciferas	芸薹属 *Brassica* L.	芜菁甘蓝 *B. napobrassica*（L.）Mill.	
19	油菜	十字花科 Cruciferas	芸薹属 *Brassica* L.	甘蓝型油菜 *B. napus* L. 白菜型油菜 *B. chinensis* var. *oleifera* Makino et Nemoto 芥菜型油菜 *B. juncea* Czern. et Coss. var. *gracilis* Tsen et Lee 埃塞俄比亚芥 *B. carinata* Braun.	黑芥 *B. nigra* Koch. 白芥 *Sinapis alba* L. 野芥（新疆野生油菜）*Sinapis arvensis* L. 拟南芥 *Arabidopsis thaliana*（L.）Heynh. 紫罗兰 *Matthiola incana*（L.）R. Br. 播娘蒿 *Descurainia sophia*（L.）Webb 海甘蓝 *Crambe abyssinica* Hochst.

（续）

序号	作物名称	科	属	栽培种（或变种）	野生近缘种
20	饲用甘蓝	十字花科 Cruciferas	芸薹属 *Brassica* L.	饲用甘蓝 *B. subspontanea* Lizy.	
21	辣根	十字花科 Cruciferas	辣根属 *Armoracia* Gaertn.	辣根 *A. rusticana*（Lam.）Gaertn.	
22	豆瓣菜	十字花科 Cruciferas	豆瓣菜属 *Nasturtium* R. Br.	豆瓣菜 *N. officinale* R. Br.	西藏豆瓣菜 *N. tibeticum* Maxim.
23	荠菜	十字花科 Cruciferas	荠菜属 *Capsella* Medic.	荠菜 *C. bursa-pastoris*（L.）Medic.	
24	蔊菜	十字花科 Cruciferas	蔊菜属 *Rorippa* Scop.	蔊菜 *R. indica*（L.）Hiern.	
25	沙芥	十字花科 Cruciferas	沙芥属 *Pugionium* Gaertn.	沙芥 *P. cornutum*（L.）Gaertn.	
26	山葵	十字花科 Cruciferas	山葵属 *Wasabia* Matsum.	山葵 *E. wasabi*（Siebold.）Maxim.	
27	独行菜	十字花科 Cruciferas	独行菜属 *Lepidium* L.	家独行菜 *L. sativum* L.	独行菜 *L. apetalum* Willd. 翼果独行菜 *L. campestre*（L.）R. Br. 柱毛独行菜 *L. ruderale* L.
28	芝麻菜	十字花科 Cruciferas	芝麻菜属 *Eruca* Mill.	芝麻菜 *E. sativa* Mill.	
29	桂竹香	十字花科 Cruciferas	桂竹香属 *Cheiranthus* L.	桂竹香 *C. cheiri* L.	
30	二月蓝	十字花科 Cruciferas	诸葛菜属 *Orychophragmus* Bunge	二月蓝（诸葛菜）*O. violaceus*（L.）O. E. Schulz	

（续）

序号	作物名称	科	属	栽培种（或变种）	野生近缘种
31	萝卜	十字花科 Cruciferas	萝卜属 *Raphanus* L.	萝卜 *R. sativus* L.	长角萝卜 *R. caudatus* L. 野萝卜 *R. raphanistrum* L.
32	蓝花子	十字花科 Cruciferas	萝卜属 *Raphanus* L.	蓝花子（油萝卜）*R. sativus* L. var. *oleifera* Makino	
33	菘蓝	十字花科 Cruciferas	菘蓝属 *Isatis* L.	菘蓝（大青）*I. indigotica* Fort. 欧洲松蓝 *I. tinctoria* L.	宽翅菘蓝 *I. violascens* Bunge 三肋菘蓝 *I. costata* C. A. Mey. 小果菘蓝 *I. minima* Bunge 长圆果菘蓝 *I. oblongata* DC.
34	冬瓜	葫芦科 Cucurbitaceae	冬瓜属 *Benincasa* Savi	冬瓜 *B. hispida*（Thunb.）Cogn.	
35	南瓜	葫芦科 Cucurbitaceae	南瓜属 *Cucurbita* L.	南瓜 *C. moschata* Duch. ex Poir.	灰籽南瓜 *C. argyrosperma* Huber 马提尼南瓜 *C. martinezii* ssp. *martinezii*（L. H. Bailey）Walters & Decker - Walters 厄瓜多尔南瓜 *C. ecuadorensis* Cutler & Whitaker
36	黑籽南瓜	葫芦科 Cucurbitaceae	南瓜属 *Cucurbita* L.	黑籽南瓜 *C. ficifolia* Bouché	
37	印度南瓜	葫芦科 Cucurbitaceae	南瓜属 *Cucurbita* L.	印度南瓜 *C. maxima* Duch. ex Lam.	
38	西葫芦	葫芦科 Cucurbitaceae	南瓜属 *Cucurbita* L.	西葫芦（美洲南瓜）*C. pepo* L.	
39	饲用南瓜	葫芦科 Cucurbitaceae	南瓜属 *Cucurbita* L.	饲用南瓜 *C. moschata*（Duch. ex Lam.）Proiret	
40	丝瓜	葫芦科 Cucurbitaceae	丝瓜属 *Luffa* L.	普通丝瓜 *L. cylindrica*（L.）M. J. Roem.	

（续）

序号	作物名称	科	属	栽培种（或变种）	野生近缘种
41	有棱丝瓜	葫芦科 Cucurbitaceae	丝瓜属 *Luffa* L.	有棱丝瓜 *L. acutangula*（L.）Roxb.	
42	瓠瓜	葫芦科 Cucurbitaceae	葫芦属 *Lagenaria* Ser.	瓠瓜 *L. siceraria*（Molina）Standl.	
43	苦瓜	葫芦科 Cucurbitaceae	苦瓜属 *Momordica* L.	苦瓜 *M. charantia* L.	凹萼木鳖 *M. subangulata* Bl. 云南木鳖 *M. dioica* Roxb. ex Willd.
44	西瓜	葫芦科 Cucurbitaceae	西瓜属 *Citrullus* Schrad. ex Eckl. et Zeyh.	西瓜 *C. lanatus*（Thunb.）Matsum. et Nakai	药西瓜 *C. colocynthis*（L.）Schrad. 缺须西瓜 *C. ecirrhosus* Cogn. 诺丹西瓜 *C. naudinianus*（Sond.）Hook. f. 热迷西瓜 *C. rehmii* De Winter
45	黄瓜	葫芦科 Cucurbitaceae	黄瓜属 *Cucumis* L.	黄瓜 *C. sativus* L.	野黄瓜 *C. hystrix* Chakr.
46	厚皮甜瓜	葫芦科 Cucurbitaceae	黄瓜属 *Cucumis* L.	厚皮甜瓜 *C. melo* L. ssp. *melo* Pang.	非洲瓜 *C. africanus* L.
47	薄皮甜瓜	葫芦科 Cucurbitaceae	黄瓜属 *Cucumis* L.	薄皮甜瓜 *C. melo* L. ssp. *conomon*（Thunb.）Greb. Die Kulturpf.	西印度瓜 *C. anguria* L.
48	菜瓜	葫芦科 Cucurbitaceae	黄瓜属 *Cucumis* L.	菜瓜 *C. melo* L. ssp. *flexuosus*（L.）Greb. Die Kulturpf.	迪普沙瓜 *C. dipsaceus* Ehrenberg ex Spach.
49	闻瓜	葫芦科 Cucurbitaceae	黄瓜属 *Cucumis* L.	闻瓜 *C. melo* L. ssp. *dudaim*（L.）Greb Die Kulturpf.	角瓜 *C. metuliferus* E. Meyer ex Naudin. 小果瓜 *C. myriocarpus* Naud. 无花果叶瓜 *C. ficifolius* A. Rich 普拉菲瓜 *C. prophetarum* L. 泡状瓜 *C. pustulatus* Hook. f. 箭头瓜 *C. sagittatus* Peyr. 吉赫瓜 *C. eyheri*

（续）

序号	作物名称	科	属	栽培种（或变种）	野生近缘种
50	佛手瓜	葫芦科 Cucurbitaceae	佛手瓜属 *Sechium* P. Brow.	佛手瓜 *S. edule*（Jacq.）Swartz	
51	蛇瓜	葫芦科 Cucurbitaceae	栝楼属 *Trichosanthes* L.	蛇瓜 *T. anguina* L.	
52	瓜蒌	葫芦科 Cucurbitaceae	栝楼属 *Trichosanthes* L.	栝楼 *T. kirilowii* Maxim. 双边栝楼 *T. rosthornii* Harms	王瓜 *T. cucumeroides*（Ser.）Maxim.
53	罗汉果	葫芦科 Cucurbitaceae	罗汉果属 *Siraitia* Merr.	罗汉果 *S. grosvenorii*（Swingle）C. Jeffrey ex Lu et Z. Y. Zhang （*Momordica grosvenori* Swingle）	翅子罗汉果 *S. siamensis*（Craib）C. Jeffrey ex Zhong et D. Fang
54	油瓜 （油渣果）	葫芦科 Cucurbitaceae	油瓜属（油渣果属） *Hodgrsonia* Hook. f. et Thoms	油瓜 *H. macrocarpa*（Blume）Cogn.	*H. heteroclita*（Boxb.）Hook. f. & Thoms *H. kadam*（Mig.）Lewk. *H. capnicarpa* Ridly
55	绞股蓝	葫芦科 Cucurbitaceae	绞股蓝属 *Gynostemma* Bl.	绞股蓝 *G. pentaphyllum*（Thunb.）Makino	缅甸绞股蓝 *G. burmanicum* King ex Chakr. 光叶绞股蓝 *G. laxum*（Wall.）Cogn.
56	矮牵牛	茄科 Solanaceae	碧冬茄属 *Petunia* Juss.	矮牵牛 *P.* ×*hybrida* Vilm.	
57	番茄	茄科 Solanaceae	番茄属 *Lycopersicon* Mill.	番茄 *L. esculentum* Mill.	秘鲁番茄 *L. peruvianum*（L.）Mill. 醋栗番茄 *L. pimpinellifolium*（Jusl.）Mill. 契斯曼尼番茄 *L. cheesmanii* Riley 多毛番茄 *L. hirsutum* Humb. & Bompl 智利番茄 *L. chilense* Dun. 克梅留斯基番茄 *L. chmielewskii* Rick，Kes，Fob. & Holle 潘那利番茄 *L. pennellii*（Corr.）D'Arcy 小花番茄 *L. parviflorum* Rick，Kes，Fob. & Holle

（续）

序号	作物名称	科	属	栽培种（或变种）	野生近缘种
58	马铃薯	茄科 Solanaceae	茄属 *Solanum* L.	马铃薯 *S. tuberosum* L. 窄刀薯 *S. stenotomum* Juz. & Bukasov 富利薯 *S. phureja* Juz. et Bukasov	（无茎薯）*S. acaule* Bitt. （腺毛薯）*S. berthaultii* Hawkes *S. brachistotrichum*（Bitter）Rydb. *S. brachycarpum* Correll （球栗薯）*S. bulbocastanum* Dunal *S. cardiophyllum* Lindl. （恰柯薯）*S. chacoense* Bitt. *S. clarum* Correll （落果薯）*S. demissum* Lindl. *S. etuberosum* Lindl. *S. gourlayi* Hawkes *S. guerreroense* Correll *S. hjertingii* Hawkes *S. hondelmannii* Hawkes & Hjert. *S. hougasii* Correll *S. infundibuliforme* Phil. *S. iopetalum* Hawkes *S. jamesii* Torr. *S. kurtzianum* Bitt. & Wittm. *S. lesteri* Hawkes *S. medians* Bitt. （小拱薯）*S. microdontum* Bitt. *S. mochiquense* Ochoa *S. oxycarpum* Schiede *S. pampasense* Hawkes （羽叶裂薯）*S. pinnatisectum* Dunal *S. polytrichon* Rydb. *S. raphanifolium* Cardenas & Hawkes

（续）

序号	作物名称	科	属	栽培种（或变种）	野生近缘种
58	马铃薯	茄科 Solanaceae	茄属 *Solanum* L.		S. *schenckii* Bitt. （稀毛薯）S. *sparsipilum*（Bitter）Juz. & Bukasov （匍枝薯）S. *stoloniferum* Schltdl. & Bouche S. *sucrense* Hawkes S. *trifidum* Correll （芽叶薯）S. *vernei* Bitter & Wittm. （多疣薯）S. *verrucosum* Schltdl.
59	茄子	茄科 Solanaceae	茄属 *Solanum* L.	茄 S. *melongena* L.	水茄 S. *torvum* Swartz. 野茄 S. *coagulans* Forsk. 刺天茄 S. *indicum* L. 红茄 S. *integrifolium* Poir. 山茄 S. *macaonense* Dunal 野海茄 S. *japonense* Nakai 乳茄 S. *mammosum* L. 膜萼茄 S. *griffithii*（Prain）C. Y. Wu et S. C. Huang 角叶茄 S. *cornutum* Lam. 疏刺茄 S. *nienkui* Merrill et Chun 旋花茄 S. *spirale* Rox. 蒜芥茄 S. *sisymbriifolium* Lam. 大花茄 S. *wrightii* Bentham 刺苞茄 S. *barbisetum* Nees 澳洲茄 S. *aviculare* Frost. 牛茄子 S. *surattense* Burm. f. 雪山茄 S. *nivalo-montanum* C. Y. Wu et S. C. Huang 毛茄 S. *ferox* L. 黄果茄 S. *xanthocarpum* Schrad. et Wendl. 菲岛茄 S. *cumingii* Dunal

（续）

序号	作物名称	科	属	栽培种（或变种）	野生近缘种
59	茄子	茄科 Solanaceae	茄属 *Solanum* L.		喀西茄 *S. khasianum* C. B. Clarke 刚果茄 *S. aethiopicum* Kumba 野生茄 *S. macrocarpon* L.
60	少花龙葵	茄科 Solanaceae	茄属 *Solanum* L.	少花龙葵 *S. photeinocarpum* Nakamura et Odashima	
61	香艳茄	茄科 Solanaceae	茄属 *Solanum* L.	香艳茄 *S. muricatum* Ait.	
62	辣椒	茄科 Solanaceae	辣椒属 *Capsicum* L.	辣椒 *C. annuum* L.	下垂辣椒 *C. baccatum* Willd. var. *baccatum*
63	中国辣椒	茄科 Solanaceae	辣椒属 *Capsicum* L.	中国辣椒 *C. chinense* Gacq.	
64	茸毛辣椒	茄科 Solanaceae	辣椒属 *Capsicum* L.	茸毛辣椒 *C. pubescens* R. et P.	
65	小米辣	茄科 Solanaceae	辣椒属 *Capsicum* L.	灌木状辣椒 *C. frutescens* L.	
66	酸浆	茄科 Solanaceae	酸浆属 *Physalis* L.	酸浆 *P. alkekengi* L.	小酸浆 *P. minima* L. 毛酸浆 *P. pubescens* L.
67	树番茄	茄科 Solanaceae	树番茄属 *Cyphomandra* Sendt.	树番茄 *C. betacea* Sendt.	
68	枸杞	茄科 Solanaceae	枸杞属 *Lycium* L.	枸杞 *L. chinense* Mill. 宁夏枸杞 *L. barbarum* L.	云南枸杞 *L. yunnanense* Kuang et A. M. Lu 新疆枸杞 *L. dasystemum* Pojark. 柱筒枸杞 *L. cylindricum* Kuang et A. M. Lu 黑果枸杞 *L. ruthenicum* Murr. 截萼枸杞 *L. truncatum* Y. C. Wang

（续）

序号	作物名称	科	属	栽培种（或变种）	野生近缘种
69	烟草	茄科 Solanaceae	烟草属 *Nicotiana*	普通烟草（红花烟草）*N. tabacum* L. 黄花烟草 *N. rustica* L.	粉蓝烟草 *N. glauca* Graham 贝纳未特氏烟草 *N. benavidesii* Goodspeed 绒毛状烟草 *N. tomentosiformis* Goodspeed 粘烟草 *N. glutinosa* L. 美花烟草 *N. sylvestris* Spegazzini & Comes 浅波烟草 *N. repanda* Willdenow ex Lehmann 内索菲拉烟草 *N. nesophila* Johnston 裸茎烟草 *N. nudicaulis* Watson 卡瓦卡米氏烟草 *N. kawakamii* Y. Ohashi 长花烟草 *N. longiflora* Cavanilles 哥西氏烟草 *N. gossei* Domin 博内里烟草 *N. bonariensis* Lehmann 渐尖叶烟草 *N. acuminate* Graham Hooker 古德斯皮德氏烟草 *N. goodspeedii* Wheeler 奈特氏烟草 *N. knightiana* Goodspeed 毕基劳氏烟草 *N. bigelovii*（Torrey）Watson 赛特氏烟草 *N. setchellii* Goodspeed 圆锥烟草 *N. paniculata* L. 绒毛烟草 *N. tomentosa* Ruiz & Pavon 耳状烟草 *N. otophora* Grisebach 波叶烟草 *N. undulata* Ruiz & pavon 狭叶烟草 *N. linearis* Thilitti 夜花烟草 *N. noctiflora* Hooker 斯托克通氏烟草 *N. stocktonii* Brandegee 克利夫兰氏烟草 *N. clevelandii* Gray 迪勃纳氏烟草 *N. debneyi* Domin 花烟草 *N. alata* Link & Otto

（续）

序号	作物名称	科	属	栽培种（或变种）	野生近缘种
69	烟草	茄科 Solanaceae	烟草属 *Nicotiana*		蓝茉莉叶烟草 *N. plumbaginifolia* Viviani 香甜烟草 *N. suaveolens* Lehmann 非洲烟草 *N. africana* Merxmuller 颤毛烟草 *N. velutina* Wheeler 稀少烟草 *N. exigua* Wheeler 矮牵牛状烟草 *N. petunioides*（Grisebach）Millan 因古儿巴烟草 *N. ingulba* J. M. Black
70	紫荆	豆科 Leguminosae	紫荆属 *Cercis* L.	紫荆 *C. chinensis* Bunge	加拿大紫荆 *C. canadensis* L. 黄山紫荆 *C. chingii* Chun 岭南紫荆 *C. chuniana* Metc. 巨紫荆 *C. gigantean* Cheng et Keng f. 湖北紫荆 *C. glabra* Pampan. 少女紫荆 *C. pauciflora* Li 垂丝紫荆 *C. racemosa* Oliv. 云南紫荆 *C. yunnanensis* Hu et Cheng
71	羊蹄甲	豆科 Leguminosae	羊蹄甲属 *Bauhinia* L.	红花羊蹄甲 *B. blakeana* S. T. Dunn. 羊蹄甲（紫羊蹄甲）*B. purpurea* L. 洋紫荆（红花紫荆）*B. variegata* L.	白花羊蹄甲 *B. acuminata* L. 蟹钳叶羊蹄甲 *B. carcinophylla* Merr. 中越羊蹄甲 *B. clemensiorum* Merr. 耐看羊蹄甲 *B. lakhonensis* Gagnepain 黄花羊蹄甲 *B. tomentosa* L. 圆叶羊蹄甲 *B. wallichii* Macbride
72	紫藤	豆科 Leguminosae	紫藤属 *Wisteria* Nutt.	紫藤 *W. sinensis* Sweet.	短梗紫藤 *W. brevidentata* Rehd. 多花紫藤 *W. floribunda*（Willd.）DC. 白花紫藤 *W. venusta* Rehd. et E. H. Wils. 藤萝 *W. villosa* Rehd. et Wils.

（续）

序号	作物名称	科	属	栽培种（或变种）	野生近缘种
73	合欢	豆科 Leguminosae	合欢属 *Albizia Durazz.*	合欢 *A. julibrissin* Durazz.	山槐 *A. kallkora* Prain
74	木豆	豆科 Leguminosae	木豆属 *Cajanus* DC.	木豆 *C. cajan*（L.）Millsp.	虫豆 *C. crassus*（Prain ex King）van der Maesen 硬毛虫豆 *C. goensis* Dalz. 大花虫豆 *C. grandiflorus*（Benth. ex Baker）van der Maesen 长叶虫豆 *C. mollis*（Benth.）van der Maesen 白虫豆 *C. niveus*（Benth.）van der Maesen 蔓草虫豆 *C. scarabaeoides*（L.）Thou.
75	鹰嘴豆	豆科 Leguminosae	鹰嘴豆属 *Cicer* L.	鹰嘴豆 *C. arietinum* L.	小叶鹰嘴豆 *C. microphyllum* Benth.
76	普通菜豆	豆科 Leguminosae	菜豆属 *Phaseolus* L.	普通菜豆 *P. vulgaris* L.	下垂菜豆 *P. demissus* Kitagawa
77	多花菜豆	豆科 Leguminosae	菜豆属 *Phaseolus* L	多花菜豆 *P. coccineus* L.	
78	大莱豆	豆科 Leguminosae	菜豆属 *Phaseolus* L	大莱豆 *P. limensis* Macf.	
79	利马豆	豆科 Leguminosae	菜豆属 *Phaseolus* L	小莱豆 *P. lunatus* L.	
80	刀豆	豆科 Leguminosae	刀豆属 *Canavalia* DC.	刀豆（蔓生刀豆）*C. gladiata*（Jacq.）DC. 矮刀豆（直立刀豆）*C. ensiformis*（L.）DC.	小刀豆 *C. cathartica* Thou. 尖萼刀豆 *C. gladiolata* Sauer 狭刀豆 *C. lineata*（Thunb.）DC. 海刀豆 *C. maritima*（Aubl.）Thou.
81	藜豆	豆科 Leguminosae	藜豆属 *Mucuna* Adens.	藜豆 *M. pruriens*（L.）DC. var. *utilis*（Wall. ex Wight）Baker ex Burck	

（续）

序号	作物名称	科	属	栽培种（或变种）	野生近缘种
82	黄毛藜豆	豆科 Leguminosae	藜豆属 *Mucuna* Adens.	黄毛藜豆 *M. hassjoo* Piper et Tracy	
83	四棱豆	豆科 Leguminosae	四棱豆属 *Psophocarpus* Neck.	四棱豆 *P. tetragonolobus*（L.）DC.	
84	扁豆	豆科 Leguminosae	扁豆属 *Lablab* L.	扁豆 *L. purpureus*（L.）Sweet	
85	小扁豆 （兵豆）	豆科 Leguminosae	小扁豆属（兵豆属） *Lens* Mill.	小扁豆 *L. culinaris* Medic.	
86	白扁豆	豆科 Leguminosae	镰扁豆属 *Dolichos* L.	扁豆 *D. lablab* L.	大麻药 *D. tenuicaulis*（Baker）Craib
87	豆薯	豆科 Leguminosae	豆薯属 *Pachyrhizus* Rich.	豆薯 *P. erosus*（Linn.）Urban.	
88	土圞儿	豆科 Leguminosae	土圞儿属 *Apios* Fabr.	土圞儿 *A. americana* Medic.	
89	甘草	豆科 Leguminosae	甘草属 *Glycyrrhiza* L.	甘草 *G. uralensis* Fisch. 光果甘草 *G. glabra* L. 胀果甘草 *G. inflata* Bat.	刺果甘草 *G. pallidiflora* Maxim. 黄甘草 *G. korshiskyi* G. Hrig. 粗毛甘草 *G. aspera* Pall.
90	蒙古黄芪	豆科 Leguminosae	紫云英属（黄芪属） *Astragalus* L.	蒙古黄芪 *A. membranaceus* var. *mongolicus*（Bge.）Hsiao	地八角 *A. bhotanensis* Baker 华黄芪 *A. chinensis* L. f. 无毛黄芪 *A. severzovii* Bunge
91	紫云英	豆科 Leguminosae	紫云英属 *Astragalus* L.	沙打旺（直立黄芪）*A. adsurgens* Pall. 鹰嘴紫云英 *A. cicer* L. 紫云英 *A. sinicus* L.	灰叶黄芪 *A. discolor* Bunge ex Maxim. 单叶黄芪 *A. efoliolatus* Hand. - Mazz. 房县黄芪 *A. fangensis* Simps. 白花黄芪 *A. galactites* Pall. 糙叶黄芪 *A. scaberrimus* Bunge

（续）

序号	作物名称	科	属	栽培种（或变种）	野生近缘种
91	紫云英	豆科 Leguminosae	紫云英属 *Astragalus* L.		蜀西黄芪 *A. souliei* Simps. 四川黄芪 *A. sutchuenensis* Franch. 洞川黄芪 *A. tungensis* Simps. 文县黄芪 *A. wenxianensis* Y. C. Ho 巫山黄芪 *A. wushanicus* Simps. 扬子黄芪 *A. yangtzeanus* Simps.
92	相思子 （鸡骨草）	豆科 Leguminosae	相思子属 *Abrus* Adans.	相思子 *A. cantoniensis* Hance	广东相思子 *A. fruticulosus* Wall. ex Wight et Arn 毛相思子 *A. mollis* Hance
93	苏木	豆科 Leguminosae	云实属 *Caesalpinia* L.	苏木 *C. sappan* L.	云实 *C. decapetala*（Roth）Alston. 金凤花 *C. pulcherrima*（L.）Sw. 春云实 *C. vernalis* Champ.
94	胡卢巴	豆科 Leguminosae	胡卢巴属 *Trigonella* L.	胡卢巴 *T. foeun-graecum* L.	花苜蓿 *T. ruthenica* L.
95	合萌	豆科 Leguminosae	合萌属 *Aeschynomene* L.	美洲合萌 *A. americana* L. 合萌 *A. indica* L.	
96	链荚豆	豆科 Leguminosae	链荚豆属 *Alysicarpus* Neck. ex Desv.	链荚豆 *A. vaginalis*（L.）DC.	柴胡叶链荚豆 *A. bupleurifolius*（L.）DC. 皱叶链荚豆 *A. rugosus*（Willd.）DC. 云南链荚豆 *A. yunnanensis* Yang et Huang
97	毛蔓豆	豆科 Leguminosae	毛蔓豆属 *Calopogonium* Desv.	蓝花毛蔓豆 *C. caeruleum* Benth. 毛蔓豆 *C. mucunoides* Desv.	
98	距瓣豆	豆科 Leguminosae	距瓣豆属 *Centrosema* Benth.	距瓣豆 *C. pubescens* Benth.	
99	小冠花	豆科 Leguminosae	小冠花属 *Coronilla* L.	小冠花 *C. emerus* L. 多变小冠花 *C. varia* L.	

（续）

序号	作物名称	科	属	栽培种（或变种）	野生近缘种
100	猪屎豆	豆科 Leguminosae	猪屎豆属 *Crotalaria* L.	大叶猪屎豆 *C. assamica* Benth. 菽麻 *C. juncea* L.	吊裙草 *C. retusa* L.
101	山蚂蝗	豆科 Leguminosae	山蚂蝗属 *Desmodium* Desv.	圆锥山蚂蝗 *D. elegans* DC. 假地豆 *D. heterocarpum*（L.）DC. 绿叶山蚂蝗 *D. intortum*（Mill.）Fawc. et Rondle	大叶山蚂蝗 *D. gangeticum*（L.）DC. 异叶山蚂蝗 *D. heterophyllum*（Willd.）DC. 三点金 *D. triflorum*（L.）DC.
102	广金钱草	豆科 Leguminosae	山绿豆属 （山蚂蝗属） *Desmodium* Desv.	广金钱草 *D. styracifolium*（Osb.）Merr.	小叶三点金草 *D. microphyllum*（Thunb.）DC. 小槐花 *D. caudatum*（Thunb.）DC.
103	木蓝	豆科 Leguminosae	木蓝属 *Indigofera* L.	多花木蓝 *I. amblyantha* Craib 木蓝 *I. tinctoria* Linn.	马棘 *I. pseudotinctoria* Matsum. 陕甘木蓝 *I. hosiei* Craib 滇木蓝 *I. delavayi* Franch. 茸毛木蓝 *I. stachyodes* Lindl. 黔南木蓝 *I. esquirolii* Levl. 苏木蓝 *I. carlesii* Craib 庭藤 *I. decora* Lindl. 花木蓝 *I. kirilowii* Maxim. 华东木蓝 *I. fortunei* Craib 浙江木蓝 *I. parkesii* Craib 黑叶木蓝 *I. nigrescens* Kurz ex King et Prain 假大青叶 *I. galegoides* DC. 密果木蓝 *I. densifructa* Y. Y. Fang et C. Z. Zheng 尖叶木蓝 *I. zollingeriana* Miq. 深紫木蓝 *I. atropurpurea* Buch. Ham. ex Hornem. 苞叶木蓝 *I. bracteata* Grah. ex Baker 长梗木蓝 *I. henryi* Craib

（续）

序号	作物名称	科	属	栽培种（或变种）	野生近缘种
103	木蓝	豆科 Leguminosae	木蓝属 *Indigofera* L.		西南木蓝 *I. monbeigii* Craib 网叶木蓝 *I. reticulata* Franch. 四川木蓝 *I. szechuensis* Craib 绢毛木蓝 *I. hancockii* Craib 岷谷木蓝 *I. lenticellata* Craib 野青树 *I. suffruticosa* Mill. 河北木蓝 *I. bungeana* 刺序木蓝 *I. sylvestris* Pamp. 硬毛木蓝 *I. hirsuta* L. 腺毛木蓝 *I. scabrida* Dunn. 穗序木蓝 *I. spicapa* Forsk. 三叶木蓝 *I. trifoliata* Linn. 远志木蓝 *I. squalida* Prain 单叶木蓝 *I. linifolia*（Linn. f. ）Retz. 刺荚木蓝 *I. nummularifolia*（Linn. ）Livera ex Alston 九叶木蓝 *I. linnaei* Ali.
104	鸡眼草	豆科 Leguminosae	鸡眼草属 *Kummerowia* Schindl.	鸡眼草 *K. striata*（Thunb. ）Schindl.	长萼鸡眼草 *K. stipulacea*（Maxim. ）Makino
105	山黧豆	豆科 Leguminosae	山黧豆属 *Lathyrus* L.	山黧豆 *L. sativus* L.	三脉山黧豆 *L. komarovii* Ohwi 牧地山黧豆 *L. pratensis* L. 五脉山黧豆 *L. qiunquenervius*（Miq. ）Litv. 玫红山黧豆 *L. tuberosus* L.
106	扁荚山黧豆	豆科 Leguminosae	山黧豆属 *Lathyrus* L.	扁荚山黧豆 *L. cicera* L.	

（续）

序号	作物名称	科	属	栽培种（或变种）	野生近缘种
107	胡枝子	豆科 Leguminosae	胡枝子属 *Lespedeza* Michx.	胡枝子 *L*. *bicolor* Turcz. 截叶胡枝子 *L*. *cuneata*（Dum. - Cours.）G. Don 兴安胡枝子 *L*. *dahurica*（Laxm.）Schindl.	大叶胡枝子 *L*. *davidii* Franch. 春花胡枝子 *L*. *dunnii* Schindl. 光叶胡枝子 *L*. *juncea*（L. f.）Pers. 展枝胡枝子 *L*. *patens* Nakai 牛枝子 *L*. *potaninii* Vass. 路生胡枝子 *L*. *viatorum* Champ. ex Benth. 细梗胡枝子 *L*. *virgata*（Thunb.）DC. 南湖胡枝子 *L*. *wilfordi* Rick.
108	百脉根	豆科 Leguminosae	百脉根属 *Lotus* L.	百脉根 *L*. *corniculatus* L. 细叶百脉根 *L*. *tenuis* Waldst. et Kit. ex Willd. 湿地百脉根 *L*. *uliginosus* Schkuhr	高原百脉根 *L*. *alpinus*（Ser.）Schleich. ex Ramond 光叶百脉根 *L*. *japonicus*（Regel）K. Larsen（*L*. *corniculatus* L. var. *japonicus* Regel） 密叶百脉根 *L*. *krylovii* Schischk. et Serg.
109	羽扇豆	豆科 Leguminosae	羽扇豆属 *Lupinus* L.	黄花羽扇豆 *L*. *luteus* L.	
110	大翼豆	豆科 Leguminosae	大翼豆属 *Macroptilium*（Benth.）Urb.	大翼豆 *M*. *atropurpureum*（DC.）Urb. 紫花豆 *M*. *lathyroides*（L.）Urb.	
111	苜蓿	豆科 Leguminosae	苜蓿属 *Medicago* L.	褐斑苜蓿 *M*. *arabica* Huds. 阿歇逊氏苜蓿 *M*. *aschersoniana* Urb. 黄花苜蓿 *M*. *falcata* L. 天蓝苜蓿 *M*. *lupulina* L. 圆苜蓿 *M*. *orbicularis*（L.）Bart. 金花菜 *M*. *polymorpha* L. 紫花苜蓿 *M*. *sativa* L. 杂种苜蓿 *M*. *varia* Martyn	阿拉善苜蓿 *M*. *alaschanica* Vass.. 小苜蓿 *M*. *minima*（L.）Grufb. 小花苜蓿 *M*. *rivularis* Vass. 扭果苜蓿 *M*. *schishkinii* Sumn. 大花苜蓿 *M*. *trautvetteri* Sumn.

（续）

序号	作物名称	科	属	栽培种（或变种）	野生近缘种
112	南苜蓿	豆科 Leguminosae	苜蓿属 *Medicago*L.	南苜蓿 *M. hispida* Gaertn.	
113	扁蓿豆	豆科 Leguminosae	扁蓿豆属 *Melilotoides* Heist. ex Fabr.	扁蓿豆 *M. ruthenica*（L.）Sojak.	青海扁蓿豆 *M. archiducis-nocolai*（Sirj.）Yakovl. 帕米尔扁蓿豆 *M. pamirica*（Boriss.）Sojak. 阔荚扁蓿豆 *M. platycarpos*（L.）Sojak. 毛荚扁蓿豆 *M. pubescens*（Edgew. ex Baker）Yakovl.
114	草木樨	豆科 Leguminosae	草木樨属 *Melilotus* L.	白花草木樨 *M. alba* Medic. ex Desr. 细齿草木樨 *M. dentata*（Waldst. et Kit.）Pers. 黄花草木樨 *M. officinalis*（L.）Pall.	印度草木樨 *M. indica*（L.）All.
115	驴食草	豆科 Leguminosae	驴食草属 *Onobrychis* Miller	红豆草（驴食草）*O. viciaefolia* Scop.	美丽红豆草 *O. pulchella* Schrenk 顿河红豆草 *O. taneitica* Spreng
116	棘豆	豆科 Leguminosae	棘豆属 *Oxytropis* DC.	紫花棘豆 *O. subfalcata* Hance	蓝花棘豆 *O. coerulea*（Pall.）DC. 线叶棘豆 *O. filiformis* DC.
117	豌豆	豆科 Leguminosae	豌豆属 *Pisum* L.	豌豆 *P. sativum* L.	野豌豆 *P. fulvum* Sibth et Sm. 饲料豌豆 *P. arvense* L.
118	葛（葛藤）	豆科 Leguminosae	葛属（葛藤属）*Pueraria* DC.	葛（野葛）*P. lobata*（Willd.）Ohwi 越南葛藤 *P. montana*（Loar.）Merr. [*P. lobata*（Willd.）Ohwi var. *montana*（Loar.）Van der Maesen] 爪哇葛藤 *P. phaseoloides*（Roxb.）Benth.	密花葛藤 *P. alopecuroides* Craib 黄毛萼葛藤 *P. calyeina* Franch. 粉葛藤 *P. thomsonii* Benth. [*P. lobata*（Willd.）Ohwi var. *thomsonii*（Benth.）Van der Maesen] 苦葛藤 *P. peduncularis*（Grah. ex Benth.）Benth. 小花野葛藤 *P. stricta* Kurz 喜马拉雅葛藤 *P. wallichii* DC. 三裂叶野葛 *P. phaseoloides*（Roxb.）Benth.

（续）

序号	作物名称	科	属	栽培种（或变种）	野生近缘种
119	田菁	豆科 Leguminosae	田菁属 *Sesbania* Scop.	田菁 *S. cannabina*（Retz.）Poir. 大花田菁 *S. grandiflora*（L.）Pers.	刺田菁 *S. bispinosa*（Jacq.）W. F. Wight 沼生田菁 *S. javanica* Miq. 印度田菁 *S. sesban*（L.）Merr. 元江田菁 *S. atropurpurea* Taub.［*S. sesban*（L.）Merr. var. *bicolor*（Wight et Arn.）F. W. Andrew］
120	柱花草	豆科 Leguminosae	笔花豆属 *Stylosanthes* Sw.	头状柱花草 *S. capitata* Vog. 圭亚那柱花草 *S. guianensis*（Aubl.）Sw. 有钩柱花草 *S. hamata*（L.）Taub. 矮柱花草 *S. humilis* H. B. K. 粗糙柱花草 *S. scabra* Vog. 合轴柱花草 *S. sympodialis* Sw.	
121	车轴草 （三叶草）	豆科 Leguminosae	车轴草属 *Trifolium* L.	埃及三叶草 *T. alexandrinum* L. 草莓三叶草 *T. fragiferum* L. 杂种三叶草 *T. hybridum* L. 绛三叶草 *T. incarnatum* L. 红三叶草 *T. pratense* L. 白三叶草 *T. repens* L. 地三叶草 *T. subterraneum* L.	大花三叶草 *T. eximium* Steph. ex DC. 延边三叶草 *T. gordejevi*（Kom.）Z. Wei 野火球 *T. lupinaster* L.
122	野豌豆	豆科 Leguminosae	野豌豆属 *Vicia* L.	山野豌豆 *V. amoena* Fisch. ex DC. 肋脉野豌豆 *V. costata* Ledeb. 广布野豌豆 *V. cracca* L.	窄叶野豌豆 *V. angustifolia* L. 察隅野豌豆 *V. bakeri* Ali 大龙骨野豌豆 *V. megalotropis* Ledeb. 绢毛山野豌豆 *V. pseudocracca* Liou et Fu（*V. amoena* Fisch. ex DC. var. *sericea* Kitag.）
123	箭筈豌豆	豆科 Leguminosae	野豌豆属 *Vicia* L.	箭筈豌豆 *V. sativa* L.	野豌豆 *V. sepium* L.

（续）

序号	作物名称	科	属	栽培种（或变种）	野生近缘种
124	毛苕子	豆科 Leguminosae	野豌豆属 *Vicia* L.	毛苕子 V. *villosa* Roth.	细叶野豌豆 V. *tenuifolia* Roth.
125	蚕豆	豆科 Leguminosae	野豌豆属 *Vicia* L.	蚕豆 V. *faba* L.	野蚕豆 V. *hirsuta*（L.）S. F. Gray 芦豆苗 V. *pseudoorobus* Fisch. et Mey. 歪头菜 V. *unijuga* A. Br.
126	小豆	豆科 Leguminosae	豇豆属 *Vigna* Savi	赤豆 V. *angularis*（Willd.）Ohwi et Ohashi	小赤豆 V. *ambellata*（Thumb.）Ohwi et Ohashi 卷毛赤豆 V. *reflexo*-*pilosa* Hayata
127	绿豆	豆科 Leguminosae	豇豆属 *Vigna* Savi	绿豆 V. *radiata*（L.）Wilczek	狭叶豇豆 V. *acuminata* Hayata 光扁豆 V. *glabra* Savi 细茎豇豆 V. *gracilicaulis*（Ohwi）Ohwi et Ohashi 长叶豇豆 V. *luteola*（Jacq.）Benth. 滨豇豆 V. *marina*（Burm.）Meer. 贼小豆 V. *minina*（Roxb.）Ohwi 毛豇豆 V. *pilosa*（Klein）Baker 琉球豇豆 V. *riukiuensis*（Ohwi）Ohwi et Ohshi 野豇豆 V. *vexillata*（L.）Benth. 黑种豇豆 V. *stipulate* Hayata 卷毛豇豆 V. *reflexo*-*pilosa* Hayata 三裂叶豇豆 V. *trilobata*（Linn.）Verdc.
128	豇豆	豆科 Leguminosae	豇豆属 *Vigna* Savi	豇豆 V. *unguiculata*（L.）Walp.	
129	长豇豆	豆科 Leguminosae	豇豆属 *Vigna* L.	长豇豆 V. *unguiculata*（L.）Walp. ssp. *sesquipedalis*（L.）Verdc.	
130	饭豆	豆科 Leguminosae	豇豆属 *Vigna* Savi	饭豆 V. *umbellate*（Thunb.）Ohwi et Ohashi	

（续）

序号	作物名称	科	属	栽培种（或变种）	野生近缘种
131	黑吉豆	豆科 Leguminosae	豇豆属 *Vigna* Savi	黑吉豆 *V. mungo*（L.）Hepper	
132	乌头 叶菜豆	豆科 Leguminosae	豇豆属 *Vigna* Savi	乌头叶菜豆 *V. aconitifolia*（Jacq.）Marechal	
133	槐树（国槐）	豆科 Leguminosae	槐属 *Sophora* L.	槐树 *S. japonica* L.	尾野槐 *S. benthamii* V. Steen. 白刺花 *S. davidii*（Franch.）Skeels 苦参 *S. flavescens* Ait. 砂生槐 *S. moorcroftiana*（Benth.）Baker 疏节槐 *S. praetorulosa* Chun et T. Chen 锈毛槐 *S. prazeri* Prain 绒毛槐 *S. tomentosa* L. 越南槐 *S. tonkinensis* Gagnep. 短绒槐 *S. velutina* Lindl.
134	苦豆子	豆科 Leguminosae	槐属 *Sophora* L.	苦豆子 *S. alopecuroides* L.	
135	刺槐	豆科 Leguminosae	刺槐属 *Robinia* L.	刺槐 *R. pseudoacacia* L.	
136	花榈木	豆科 Leguminosae	红豆树属 *Ormosia* G. Jacks.	花榈木 *O. henryi* Prain	喙顶红豆 *O. apiculata* L. Chen 长脐红豆 *O. balansae* Drake 厚荚红豆 *O. elliptica* Q. W. Yao et R. H. Chang 凹叶红豆 *O. emarginata*（Hook. et Arn.）Benth. 肥荚红豆 *O. fordiana* Oliv. 台湾红豆 *O. formosana* Kanehira 光叶红豆 *O. glaberrima* Y. C. Wu 红豆树 *O. hosiei* Hemsl. et Wils.

（续）

序号	作物名称	科	属	栽培种（或变种）	野生近缘种
136	花榈木	豆科 Leguminosae	红豆树属 *Ormosia* G. Jacks.		缘毛红豆 *O. howii* Merr. et Chun 韧荚红豆 *O. indurata* L. Chen 胀荚红豆 *O. inflata* Merr. et Chun ex L. Chen 纤柄红豆 *O. longipes* L. Chen 两广红豆 *O. merrilliana* L. Chen 小叶红豆 *O. microphylla* Merr. ex Merr. et L. Chen 南宁红豆 *O. nanningensis* L. Chen 秃叶红豆 *O. nuda*（How）R. H. Chang et Q. W. Yao 茸荚红豆 *O. pachycarpa* Champ. ex Benth. 菱荚红豆 *O. pachyptera* L. Chen 海南红豆 *O. pinnata*（Lour.）Merr. 紫花红豆 *O. purpureiflora* L. Chen 岩生红豆 *O. saxitilis* K. M. Lan 软荚红豆 *O. semicastrata* Hance 亮毛红豆 *O. sericeolucida* L. Chen 单叶红豆 *O. simplicifolia* Merr. et Chun ex L. Chen 槽纹红豆 *O. striata* Dunn 木荚红豆 *O. xylocarpa* Chun ex L. Chen 云南红豆 *O. yunnanensis* Prain
137	降香黄檀	豆科 Leguminosae	黄檀属 *Dalbergia* L. f.	降香黄檀 *D. odorifera* T. Chen 钝叶黄檀 *D. obtusifolia* Prain 托叶黄檀 *D. stipulacea* Roxb. 南岭黄檀 *D. balansae* Prain	西南黄檀 *D. assamica* Benth. 两粤黄檀 *D. benthami* Prain 缅甸黄檀 *D. burmanica* Prain 扭黄檀 *D. candenatensis*（Dennst.）Prain 大金刚藤黄檀 *D. dyeriana* Prain ex Harms 黑黄檀 *D. fusca* Pierre 海南黄檀 *D. hainanensis* Merr. et Chun

（续）

序号	作物名称	科	属	栽培种（或变种）	野生近缘种
137	降香黄檀	豆科 Leguminosae	黄檀属 *Dalbergia* L. f.		藤黄檀 *D. hancei* Benth. 蒙自黄檀 *D. henryana* Prain 黄檀 *D. hupeana* Hance 滇南黄檀 *D. kingiana* Prain 香港黄檀 *D. millettii* Benth. 含羞草叶黄檀 *D. mimosoides* Franch. 白沙黄檀 *D. peishaensis* Chun et Chen 斜叶黄檀 *D. pinnata*（Lour.）Prain 多体蕊黄檀 *D. polyadelpha* Prain 多裂黄檀 *D. rimosa* Roxb. 上海黄檀 *D. sacerdotum* Prain 毛叶黄檀 *D. sericea* G. Gon 狭叶黄檀 *D. stenophylla* Prain 越南黄檀 *D. tonkinensis* Prain 红果黄檀 *D. tsoi* Merr. et Chun 滇黔黄檀 *D. yunnanensis* Franch.
138	紫穗槐	豆科 Leguminosae	紫穗槐属 *Amorpha* L.	紫穗槐 *A. fruticosa* L.	
139	锦鸡儿	豆科 Leguminosae	锦鸡儿属 *Caragana* Fabr.	小叶锦鸡儿 *C. microphylla* Lam. 柠条锦鸡儿 *C. korshinskii* Kom. 中间锦鸡儿 *C. intermedia* Kuang et H. C. Fu	刺叶锦鸡儿 *C. acanthophylla* Kom. 树锦鸡儿 *C. arborescens*（Amm.）Lam. 二色锦鸡儿 *C. bicolor* Kom. 扁刺锦鸡儿 *C. boisi* C. K. Schneid. 矮脚锦鸡儿 *C. brachypoda* Pojark. 短叶锦鸡儿 *C. brevifolia* Kom. 密叶锦鸡儿 *C. densa* Kom. 川西锦鸡儿 *C. erinacea* Kom. 云南锦鸡儿 *C. franchetiana* Kom.

（续）

序号	作物名称	科	属	栽培种（或变种）	野生近缘种
139	锦鸡儿	豆科 Leguminosae	锦鸡儿属 *Caragana* Fabr.		鬼箭锦鸡儿 *C. jubata*（Pall.）Poir. 甘肃锦鸡儿 *C. kansuensis* Pojark. 白皮锦鸡儿 *C. leucophloea* Pojark. 毛掌叶锦鸡儿 *C. leveillei* Kom. 甘蒙锦鸡儿 *C. opulens* Kom. 北京锦鸡儿 *C. pekinensis* Kom. 秦晋锦鸡儿 *C. purdomii* Rehd. 荒漠锦鸡儿 *C. roborovskyi* Kom. 红花锦鸡儿 *C. rosea* Turcz. 锦鸡儿 *C. sinica*（Buc' Hoz）Rehd. 西藏锦鸡儿 *C. spinifera* Kom. 狭叶锦鸡儿 *C. stenophylla* Pojark. 柄荚锦鸡儿 *C. stipitata* Kom. 甘青锦鸡儿 *C. tangutica* Maxim. ex Kom. 毛刺锦鸡儿 *C. tibetica* Kom. 南口锦鸡儿 *C. zahlbruckneri* Schneid. 沙地锦鸡儿 *C. davazamcii* Sancz. 二连锦鸡儿 *C. erenensis* Liou f. 金州锦鸡儿 *C. litwinowii* Kom.
140	花棒	豆科 Leguminosae	岩黄芪属 *Hedysarum* L.	花棒细枝岩黄芪 *H. scoparium* Fisch. et Mey.	
141	岩黄芪	豆科 Leguminosae	岩黄芪属 *Hedysarum* L.	塔落岩黄芪 *H. laeve* Maxim.	山竹岩黄芪 *H. fruticosum* Pall. 木岩黄芪 *H. lignosum* Trautv.［*H. fruticosum* Pall. var. *lignosum*（Trautv.）Kitag.］ 蒙古岩黄芪 *H. mongolicum* Turcz.［*H. fruticosum* Pall. var. *mongolicum*（Turcz.）Turcz.］ 红花岩黄芪 *H. multijugum* Maxim.

（续）

序号	作物名称	科	属	栽培种（或变种）	野生近缘种
142	花生	豆科 Leguminosae	花生属 *Arachis* L.	花生 A. *hypogaea* L.	**花生区组**（Section Arachis） A. *batizocoi* Krapov. & W. C. Gregory A. *benensis* Krapov. W. C. Gregory & C. E. Simpson A. *cardenasii* Krapov. & W. C. Gregory A. *correntina*（Burkart）Krapov. & W. C. Gregory A. *diogoi* Hoehne A. *duranensis* Krapov. & W. C. Gregory A. *glandulifera* Stalker，A. helodes Martius ex Krapov. & Rigoni A. *hoehnei* Krapov. & W. C. Gregory A. *ipaensis* Krapov. & W. C. Gregory A. *kempff -mercadoi* Krapov. W. C. Gregory & C. E. Simpson A. *kuhlmannii* Krapov. & W. C. Gregory A. *monticola* Krapov. & Rigoni A. *stenosperma* Krapov. & W. C. Gregory A. *valida* Krapov. & W. C. Gregory A. *villosa* Benth. **大根区组**（Section Caulorrhizae） A. *pintoi* Krapov. & W. C. Gregory **直立区组**（Section Erectoides） A. *cryptopotamica* Krapov. & W. C. Gregory A. *oteroi* Krapov. & W. C. Gregory A. *paraguariensis* Chodat & Hassl A. *stenophylla* Krapov. & W. C. Gregory **围脉区组**（Section Extranervosae） A. *macedoi* Krapov. & W. C. Gregory

(续)

序号	作物名称	科	属	栽培种（或变种）	野生近缘种
142	花生	豆科 Leguminosae	花生属 *Arachis* L.		**异型花区组**（Section Heteranthae） *A. dardani* Krapov. & W. C. Gregory *A. pusilla* Benth. **匍匐区组**（Section Procumbentes） *A. appressipila* Krapov. & W. C. Gregory *A. chiquitana* Krapov. W. C. Gregory & C. E. Simpson *A. kretschmeri* Krapov. & W. C. Gregory *A. rigonii* Krapov. & W. C. Gregory **根茎区组**（Section Rhizomatosae） *A. glabrata* Benth. **三粒籽区组**（Section Triseminatae） *A. triseminata* Krapov. & W. C. Gregory
143	大豆	豆科 Leguminosae	大豆属 *Glycine* L.	大豆 *G. max*（L.）Merr.	*Soja* 亚属 *G. soja* Sieb. & Zucc. *Glycine* 亚属 *G. albicans* Tind. & Craven *G. aphyonota* B. Pfeil *G. arenaria* Tind. *G. argyrea* Tind. *G. canescens* F. J. Herm. *G. clandestina* Wendl. *G. curvata* Tind. *G. cyrtoloba* Tind. *G. dolichocarpa* Tataishi & Ohashi *G. falcata* Benth. *G. hirticaulis* Tind. & Craven *G. lactovirens* Tind. & Craven

（续）

序号	作物名称	科	属	栽培种（或变种）	野生近缘种
143	大豆	豆科 Leguminosae	大豆属 *Glycine* L.		*G. latifolia*（Benth.）Newell & Hymowitz *G. latrobeana*（Meissn）Benth. *G. microphylla*（Benth.）Tind. *G. peratosa* B. Pfeil & Tind. *G. pindanica* Tind. & Craven *G. pullenii*（B. Pfeil.）Tind. & Craven *G. rubiginosa* Tind. & B. Pfeil *G. stenophita* B. Pfeil & Tind. *G. tabacina*（Labill.）Benth. *G. tomentella* Harata
144	甘露子 （草石蚕）	唇形科 Labiatae	水苏属 *Stachys* L.	甘露子 *S. sieboldii* Miq.	少毛甘露子 *S. adulterina* Hemsl.
145	迷迭香	唇形科 Labiatae	迷迭香属 *Rosmarinus* L.	迷迭香 *R. officinalis* L.	
146	百里香	唇形科 Labiatae	百里香属 *Thymus* L.	百里香 *T. mongolicus* Ronn.	
147	牛至	唇形科 Labiatae	牛至属 *Origanum* L.	牛至 *O. vulgare* L.	
148	香蜂花	唇形科 Labiatae	蜜蜂花属 *Melissa* L.	香蜂花 *M. officinalis* L.	
149	藿香	唇形科 Labiatae	藿香属 *Agastache* Clayt.	藿香 *A. rugosa*（Fisch. et Mey.）O. Ktze.	
150	黄芩	唇形科 Labiatae	黄芩属 *Scutellaria* L.	黄芩 *S. baicalensis* Georgi	异色黄芩 *S. discolor* Wall. ex Benth. 岩藿香 *S. franchetiana* Lévi. 韩信草 *S. indica* L.

（续）

序号	作物名称	科	属	栽培种（或变种）	野生近缘种
150	黄芩	唇形科 Labiatae	黄芩属 *Scutellaria* L.		石蜈蚣 *S. sessilifolia* Hemsl. 假活血草 *S. tuberifera* C. Y. Wu. et C. Chen
151	广藿香	唇形科 Labiatae	刺蕊草属 *Pogostemon* Desf.	广藿香 *P. cablin* (Blanco) Benth.	水珍珠菜 *P. auricularius*（L.）Hassk.
152	碎米桠 （冬凌草）	唇形科 Labiatae	香茶菜属 *Rabdosia*（Schrad. ex Benth.）Spach	碎米桠 *R. rubescens*（Hemsl.）Hara	香茶菜 *R. amethystoides*（Benth.）C. Y. Wu et Hsuan 溪黄草 *R. serra*（Maxim.）Kudo 牛尾草 *R. ternifolius*（D. Don）Kudo 不育红 *R. yunnanensis*（Hand. - Mazz.）Hara 皱叶香茶菜 *R. rugosa*（Wall.）Codd.
153	狭基线纹香茶菜 （溪黄草）	唇形科 Labiatae	香茶菜属 *Rabdosia*（Schrad. ex Benth.）Spach	狭基线纹香茶菜 *R. lophanthoides* (Buch. - Ham. ex D. Don) Hara var. *gerardianus*（Benth.）Hara	
154	裂叶荆芥	唇形科 Labiatae	裂叶荆芥属 *Schizonepeta* Benth.	裂叶荆芥 *S. tenuifolia*（Benth.）Briq.	
155	荆芥	唇形科 Labiatae	荆芥属 *Nepeta* L.	荆芥 *N. cataria* L.	蓝花荆芥 *N. coerulescens* Maxim. 心叶荆芥 *N. fordii* Hemsl. 康藏荆芥 *N. parttii* Lévl.
156	香薷	唇形科 Labiatae	香薷属 *Elsholtzia* Willd.	海州香薷 *E. splendens* Nakai ex F. Maekawa	吉笼草 *E. communis*（Coll. et Hemsl.）Diels. 四方蒿 *E. blanda* Benth. 野苏子 *E. flava*（Benth.）Benth.
157	益母草	唇形科 Labiatae	益母草属 *Leonurus* L.	大花益母草 *L. japonicus* Houtt.	錾菜益母草 *L. pesudomacrathus* Kitag.
158	夏枯草	唇形科 Labiatae	夏枯草属 *Prunella* L.	夏枯草 *P. vulgaris* L.	山菠菜 *P. asiatica* Nakai 硬毛夏枯草 *P. hispida* Benth.

（续）

序号	作物名称	科	属	栽培种（或变种）	野生近缘种
159	留兰香	唇形科 Labiatae	薄荷属 *Mentha* L.	留兰香 *M. spicata*（L.）Hudson 辣薄荷 *M. piperita* L. 唇萼薄荷 *M. pulegium* L.	兴安薄荷 *M. dahurica* Fisch. ex Benth. 假薄荷 *M. asiatica* Boriss. 东北薄荷 *M. sacalinensis*（Briq.）Kudo 圆叶薄荷 *M. rotunfolia*（L.）Huds.
160	薄荷	唇形科 Labiatae	薄荷属 *Mentha* L.	薄荷 *M. haplocalyx* Briq.	
161	欧薄荷	唇形科 Labiatae	薄荷属 *Mentha* L.	欧薄荷 *M. longifolia*（Linn.）Huds.	
162	薰衣草	唇形科 Labiatae	薰衣草属 *Lavandula* L.	薰衣草 *L. angustifolia* Mill. 宽叶薰衣草 *L. latifolia* Vill.	
163	罗勒 （兰香）	唇形科 Labiatae	罗勒属 *Ocimum* L.	罗勒 *O. basilicum* L. 丁香罗勒 *O. gratissimum* L. 疏柔毛罗勒 *O. pilosum* Willd.	台湾罗勒 *O. tashiroi* Hayata 圣罗勒 *O. sanctum* L.
164	紫苏	唇形科 Labiatae	紫苏属 *Perilla* L.	紫苏 *P. frutescens*（L.）Britt.	
165	彩叶草	唇形科 Labiatae	锦紫苏属 *Coleus* Lour.	彩叶草 *C. blumei* Benth.	
166	一串红	唇形科 Labiatae	鼠尾草属 *Salvia* L.	一串红 *S. splendens* Ker－Gawl.	朱唇 *S. coccinea* L. 黄花鼠尾草 *S. flava* Forrest ex Diels. 林地鼠尾草 *S. nemorosa* L.
167	丹参	唇形科 Labiatae	鼠尾草属 *Salvia* L.	丹参 *S. miltiorrhiza* Bge.	南丹参 *S. bowleyana* Dunn 白花丹参 *S. miltiorrhuza* Bunge f. *alba* C. Y. Wu 栗色鼠尾草 *S. castanea* Diels 雪山鼠尾草 *S. evansiana* Hand.－Mszz. 荞麦地鼠尾草 *S. kiaometiensis* Lévl.

（续）

序号	作物名称	科	属	栽培种（或变种）	野生近缘种
167	丹参	唇形科 Labiatae	鼠尾草属 *Salvia* L.		洱源鼠尾草 *S. lankongensis* C. Y. Wu 甘溪鼠尾草 *S. przewalskii* Maxim. 皖鄂丹参 *S. paramiltiorrhiza* H. W. Li et X. L. Huang 浙皖丹参 *S. sinica* Migo
168	鼠尾草	唇形科 Labiatae	鼠尾草属 *Salvia* L.	鼠尾草 *S. officinalis* L.	
169	蚬木	椴树科 Tiliaceae	蚬木属 *Excentrodendron* H. T. Chang et R. H. Miau	蚬木 *E. hsienmu*（Chun et How）H. T. Chang et R. H. Miau	长蒴蚬木 *E. obconicum*（Chun et How）H. T. Chang et R. H. Miau 菱叶蚬木 *E. rhombifolium* H. T. Chang et R. H. Miau 节花蚬木 *E. tonkinense*（A. Chev.）H. T. Chang et R. H. Miau
170	紫椴	椴树科 Tiliaceae	椴树属 *Tilia* L.	紫椴 *T. amurensis* Rupr.	短毛椴 *T. breviradiata*（Rehd.）Hu et Cheng 美齿椴 *T. callidonta* H. T. Chang 华椴 *T. chinesis* Maxim. 毛糯米椴 *T. henryana* Szyszyl. 湖北糯米椴 *T. hupehensis* Cheng ex H. T. Chang 多毛椴 *T. intonsa* Wils. ex Rehd. et Wils. 黔椴 *T. kueichouensis* Hu 亮绿叶椴 *T. laetevirens* Rehd. et Wils. 辽椴 *T. mandshurica* Rupr. et Maxim. 南京椴 *T. miqueliana* Maxim. 蒙椴 *T. mongolica* Maxim. 大叶椴 *T. nobilis* Rehd. et Wils. 矩圆叶椴 *T. oblongifolia* Rehd. 云山椴 *T. obscura* Hand. - Mazz. 粉椴 *T. oliveri* Szyszyl. 峨嵋椴 *T. omeiensis* Fang

（续）

序号	作物名称	科	属	栽培种（或变种）	野生近缘种
170	紫椴	椴树科 Tiliaceae	椴树属 *Tilia* L.		少脉椴 *T. paucicostata* Maxim. 淡灰椴 *T. tristis* Chun ex H. T. Chang 椴树 *T. tuan* Szyszyl. 云南椴 *T. yunanaensis* Hu
171	黄麻	椴树科 Tiliaceae	黄麻属 *Corchorus* L.	长果种 *C. olitorius* L. 圆果种 *C. capsularis* L.	假黄麻 *C. aestuans* L. 桠果黄麻 *C. axillaris* Tsen et lee. 三室种 *C. trilocularis* L. 短茎黄麻 *C. brebicaulis* Hosokama 棱状种 *C. fascicularis* L. 荨麻叶种 *C. urticifolius* Wight & Amold 三齿种 *C. tridens* L. 假长果种 *C. pseudo-olitorius* Islam & Zaid 假圆果种 *C. pseudo-capsularis* Schweinf 短角种 *C. brevicornutus* Vollesen 木荷包种 *C. schimperi* Cufod
172	胡萝卜	伞形科 Umbelliferae	胡萝卜属 *Daucus*	胡萝卜 *D. carota* L. var. *sativa* DC.	野胡萝卜 *D. carota* L.
173	美洲防风	伞形科 Umbelliferae	欧防风属 *Pastinaca* L.	美洲防风 *P. sativa* L.	
174	小茴香	伞形科 Umbelliferae	茴香属 *Foeniculum* Mill.	茴香 *F. vulgare* Mill.	
175	球茎茴香	伞形科 Umbelliferae	茴香属 *Foeniculum* Mill.	球茎茴香 *F. vulgare* var. *dulce* Batt. et Trab.	
176	大茴香	伞形科 Umbelliferae	茴香属 *Foeniculum* Mill.	大茴香 *F. vulgare* Mill. var. *azoricum* (Mill.) Thell.	

（续）

序号	作物名称	科	属	栽培种（或变种）	野生近缘种
177	茴芹	伞形科 Umbelliferae	茴芹属 *Pimpinella* Linn.	茴芹 *P. anisum* Linn.	
178	莳萝	伞形科 Umbelliferae	莳萝属 *Anethum* L.	莳萝 *A. graveolens* L.	
179	香芹	伞形科 Umbelliferae	香芹属 *Libanotis* Hill	香芹 *L. crispum*（Mill.）Nym. ex A. W. Hill.	
180	根香芹	伞形科 Umbelliferae	香芹属 *Libanotis* Hill	根香芹 *L. crispum* Mill. var. *tuberosum*（Bernh.）Crov	
181	芫荽	伞形科 Umbelliferae	芫荽属 *Coriandrum* L.	芫荽 *C. sativum* L.	
182	水芹	伞形科 Umbelliferae	水芹属 *Oenanthe* L.	水芹 *O. javanica*（Bl.）DC. Pro.	西南水芹 *O. dielsii* de Boiss. var. *dielsii* de Boiss. 细叶水芹 *O. dielsii* de Boiss. var. *stenophylla* de Boiss.
183	鸭儿芹	伞形科 Umbelliferae	鸭儿芹属 *Cryptotaenia* DC.	鸭儿芹 *C. japonica* Hassk.	
184	欧当归	伞形科 Umbelliferae	欧当归属 *Levisticum* Hill	欧当归 *L. officinale* Koch.	
185	芹菜	伞形科 Umbelliferae	芹属 *Apium* L.	芹菜 *A. graveolens* L.	细叶旱芹 *A. leptophyllum* L.
186	根芹	伞形科 Umbelliferae	芹属 *Apium* L.	根芹 *A. graveolens* L var. *rapaceum* DC.	
187	川芎	伞形科 Umbelliferae	藁本属 *Ligusticum* L.	川芎 *L. chuanxiong* Hort.	尖叶藁本 *L. acuminatum* Franch. 短叶藁本 *L. brachy* Franch. 美脉藁本 *L. calophlebium* Franch.

（续）

序号	作物名称	科	属	栽培种（或变种）	野生近缘种
187	川芎	伞形科 Umbelliferae	藁本属 *Ligusticum* L.		羽苞藁本 *L. daucoides*（Franch.）Franch. 丽江藁本 *L. delavayi* Franch. 异色藁本 *L. discolor* Franch. 藁本 *L. sinense* Oliv. 辽藁本 *L. jeholense*（Nakai et Kitag.）Nakai et Kitag. 蕨叶藁本 *L. pteridophy* Franch. 细叶藁本 *L. tenuissimum*（Nakai）Kitag.
188	珊瑚菜 （北沙参）	伞形科 Umbelliferae	珊瑚菜属 *Glehnia* Fr. Schmidt	珊瑚菜 *G. littoralis* Fr. Schmidt ex Miq.	
189	白芷	伞形科 Umbelliferae	当归属 *Angelica* L.	兴安白芷 *A. dahurica*（Fisch. ex Hoffm.）Benth. et Hook. f.	福参 *A. morii* Hayata 拐芹 *A. polymorpha* Maxim. 紫茎独活 *A. porphyrocaulis* Nakai et Kitag 紫花前胡 *A. decursiva*（Miq.）Franch. et Sav.
190	当归	伞形科 Umbelliferae	当归属 *Angelica* L.	当归 *A. sinensis*（Oliv.）Diels	
191	重齿毛当归 （独活）	伞形科 Umbelliferae	当归属 *Angelica* L.	重齿毛当归（独活）*A. pubescens* Maxim. f. *biserrata* Shan et Yuan	
192	防风	伞形科 Umbelliferae	防风属 *Saposhnikovia* Schischk.	防风 *S. divaricata*（Turz.）Schischk.	
193	明党参	伞形科 Umbelliferae	明党参属 *Changium* W.	明党参 *C. smyrnioides* Wolff.	
194	前胡	伞形科 Umbelliferae	前胡属 *Peucedanum* L.	白花前胡 *P. praeruptorum* Dunn 紫花前胡 *P. decursivum* Maxim.	长前胡 *P. turgeniifolium* Wolff. 石防风 *P. terebinthaceum*（Fisch.）Fisch. ex Trevir. 刺尖前胡 *P. elegans* Kom.

（续）

序号	作物名称	科	属	栽培种（或变种）	野生近缘种
195	柴胡	伞形科 Umbelliferae	柴胡属 *Bupleurum* L.	柴胡 *B. chinense* DC. 狭叶柴胡（红柴胡）*B. scorzonerifolium* Willd.	柴首 *B. chaishoui* Shan et Sheh 北柴胡 *B. chinense* DC. 密花柴胡 *B. densiflorum* Rupr. 黑柴胡 *B. smithii* Wolff.
196	羌活	伞形科 Umbelliferae	羌活属 *Notopterygium* de Boiss.	羌活 *N. incisum* Ting ex H. T. Chang 宽叶羌活 *N. forbesii* Boiss.	
197	阿魏	伞形科 Umbelliferae	阿魏属 *Ferula* L.	新疆阿魏 *F. sinkiangensis* K. M. Shen 阜康阿魏 *F. fukanensis* K. M. Shen	硬阿魏 *F. bungeana* Kitag.
198	艳山姜	姜科 Zingiberaceae	山姜属 *Alpinia* Roxb.	艳山姜 *A. zerumbet*（Pers.）Burtt et Smith	华山姜 *A. chinensis*（Retz.）Rosc. 山姜 *A. japonica*（Thunb.）Miq. 宽唇山姜 *A. platychilus* K. Schum.
199	益智	姜科 Zingiberaceae	山姜属 *Alpinia* L.	益智 *A. oxyphylla* Miq.	箭杆风 *A. stachyoides* Hance 草豆蔻 *A. katsumadai* Hayata 香姜 *A. coriandriodora* D. Fang 云南草寇 *A. belpharocalyx* K. Schum.
200	高良姜	姜科 Zingiberaceae	山姜属 *Alpinia* Roxb.	高良姜 *A. officinarum* Hance	
201	姜	姜科 Zingiberaceae	姜属 *Zingiber* Boehm.	姜 *Z. officinale* Rosc.	珊瑚姜 *Z. corallinum* Hance
202	蘘荷	姜科 Zingiberaceae	姜属 *Zingiber* Boehm.	蘘荷 *Z. mioga*（Thunb.）Rosc.	红姜球 *Z. zerumbet*（L.）Smith. 梭穗姜 *Z. laoticum* Gagnep. 黄斑姜 *Z. flavo-maculatum* S. Q. Tong 阳荷 *Z. striolatum* Dirls 紫色姜 *Z. purpureum* Roxb.

（续）

序号	作物名称	科	属	栽培种（或变种）	野生近缘种
203	郁金	姜科 Zingiberaceae	姜黄属 *Curcuma* Linn.	广西莪术 *C. kwangsisnsis* S. G. Lee et C. F. Liang 温郁金 *C. wenyujin* Y. H. Chen et C. Ling 姜黄 *C. longa* L. 蓬莪术 *C. phaeocaulis* Val.	莪术 *C. aeruginosa* Roxb. 狭叶姜黄 *C. angustifolia* Roxb.
204	阳春砂	姜科 Zingiberaceae	砂仁属 *Amomum* Roxb.	阳春砂 *A. villosum* Lour.	香豆蔻 *A. subulatum* Roxb. 草果 *A. tsaoko* Crevost et Lemarie 海南砂仁 *A. longiligulare* T. L. Wu
205	山奈	姜科 Zingiberaceae	山奈属 *Kaempferia* L.	山奈 *K. galanga* L.	苦山奈 *K. marginata* Marey 海南三七 *K. rotunda* L.
206	花烛	天南星科 Araceae	花烛属 *Anthurium* Schott	花烛 *A. andraeannm* Linden 火鹤花 *A. scherzerianum* Schott	
207	大漂	天南星科 Araceae	大漂属 *Pistia* L.	水浮莲 *P. stratiotes* L.	
208	芋	天南星科 Araceae	芋属 *Colocasia* Schott	芋 *C. esculenta* Schott	贡山芋 *C. gaoligongensis* H. Li et C. L. Long
209	大野芋	天南星科 Araceae	芋属 *Colocasia* Schott	大野芋 *C. gigantea*（Blume）Hook. f.	李氏香芋 *C. lihengiae* C. L. Long et K. M. Liu
210	假芋	天南星科 Araceae	芋属 *Colocasia* Schott	假芋 *C. fallax* Schott	异色芋 *C. heterochroma* H. Li et Z. X. Wei 龚氏芋 *C. gongii* C. L. Loong et H. Li 花叶芋 *C. bicolor* C. L. Long et L. M. Cao 毛叶芋 *C. menglaensis* J. T. Yin et H. Li 云南芋 *C. yunnanensis* C. L. Long et X. Z. Cai 山芋 *C. konishii* Hayata

（续）

序号	作物名称	科	属	栽培种（或变种）	野生近缘种
211	魔芋	天南星科 Araceae	魔芋属 *Amorphophallus* Bl. ex Decne.	花魔芋 *A. konjac* K. Coch 白魔芋 *A. albus* P. Y. Liu et J. F. Chen 田阳魔芋 *A. corrugatus* N. E. Brown. 西盟魔芋 *A. krausei* Engl. et Pflanzenr. 攸乐魔芋 *A. yuloensis* H. Li 勐海魔芋 *A. kachinensis* Engl. et Genrm.	密毛魔芋 *A. hirtus* N. E. Brown 台湾魔芋 *A. henryi* N. E. Brown 东亚魔芋 *A. kiusianus*（Makino）Mikino 疣柄魔芋 *A. paeoniifolius*（Dennst. ）Nicolson. 滇魔芋 *A. yunnanensis* Engl. 南蛇棒 *A. dunnii* Tutcher. 梗序魔芋 *A. stipitatus* Engl. 蛇枪头 *A. mellii* Engl. 湄公魔芋 *A. mekongensis* Engl. et Gehem. 香港魔芋 *A. oncophyllus* Prain. 东京魔芋 *A. tonkinensis* Engl. et Gehem. 结节魔芋 *A. pingbianensis* H. Li. et C. L. Long 桂平魔芋 *A. coaetaneus* S. Y. Liu et S. J. Wei 矮魔芋 *A. nanus* H. Li et C. L. Long 红河魔芋 *A. hayi* W. Hett. 滇越魔芋 *A. arnautovii* W. Hett. 香魔芋 *A. odoratus* W. Hett. et H. Li 曾君魔芋 *A. zengii* C. L. Long et H. Li
212	独角莲 （白附子）	天南星科 Araceae	犁头尖属 *Typhonium* Schott	独角莲 *T. giganteum* Engl.	犁头尖 *T. divaricatum*（L. ）Decne. 金慈姑 *T. trilobatum*（L. ）Schott
213	半夏	天南星科 Araceae	半夏属 *Pinellia* Tenore	半夏 *P. ternata*（Thunb. ）Breit.	滴水珠 *P. cordata* N. E. Br. 石蜘蛛 *P. integrifolia* N. E. Br 虎掌 *P. pedatisecta* Schoot
214	千年健	天南星科 Araceae	千年健属 *Homalomena* Schott	千年健 *H. occulta*（Lour. ）Schott	大千年健 *H. gigantea* Engl.

（续）

序号	作物名称	科	属	栽培种（或变种）	野生近缘种
215	花叶芋	天南星科 Araceae	花叶芋属 *Caladium* Venten.	花叶芋 *C. bicolor*（Ait.）Vent.	
216	马蹄莲	天南星科 Araceae	马蹄莲属 *Zantedeschia* K. Spreng.	马蹄莲 *Z. aethiopiopica* Spreng.	
217	彩色马蹄莲	天南星科 Araceae	马蹄莲属 *Zantedeschia* K. Spreng.	银星马蹄莲 *Z. albo-maculata*（Hook. f.）Baill. 黄花马蹄莲 *Z. elliottiana* Engl. 红花马蹄莲 *Z. rehmannii* Engl.	
218	山药	薯蓣科 Dioscoreaceae	薯蓣属 *Dioscora* L.	普通山药 *D. batatas* Decne.	野山药 *D. japonica* Thunb.
219	田薯	薯蓣科 Dioscoreaceae	薯蓣属 *Dioscora* L.	田薯 *D. alata* L.	褐苞薯蓣 *D. persimilis* Prain et Burkill
220	薯蓣（山药）	薯蓣科 Dioscoreaceae	薯蓣属 *Dioscora* L.	薯蓣（山药）*D. opposita* Thunb.	山葛薯 *D. chingii* Prain et Burkill
221	黄山药	薯蓣科 Dioscoreaceae	薯蓣属 *Dioscora* L.	黄山药 *D. panthaica* Prain et Burkill	
222	藜谷	藜科 Chenopodiaceae	藜属 *Chenopodium* L.	杖藜 *C. giganteum* D. Don. 藜谷（昆诺阿藜）*C. quinoa* Willd.	尖头叶藜 *C. acuminatum* Willd. 菱叶藜 *C. bryoniaefolium* Bunge 细穗藜 *C. gracilispicum* Kung 平卧藜 *C. prostratum* Bunge 小白藜 *C. iljinii* Golosk. 市藜 *C. urbicum* L. 杂配藜 *C. hybridum* L. 小藜 *C. serotinum* L.

（续）

序号	作物名称	科	属	栽培种（或变种）	野生近缘种
222	藜谷	藜科 Chenopodiaceae	藜属 *Chenopodium* L.		圆头藜 *C. strictum* Roth 藜 *C. album* L.
223	地肤	藜科 Chenopodiaceae	地肤属 *Kochia* Roth	地肤 *K. scoparia*（L.）Schrad. 木地肤 *K. prostrata*（L.）Schrad.	伊朗地肤 *K. iranica* Litv. ex Bornm. 全翅地肤 *K. krylovii* Litv. 毛花地肤 *K. laniflora*（S. G. Gmel.）Borb. 黑翅地肤 *K. melanoptera* Bunge 尖翅地肤 *K. odontoptera* Schrenk
224	榆钱菠菜	藜科 Chenopodiaceae	滨藜属 *Atriplex* L.	榆钱菠菜 *A. hortensis* L.	野榆钱菠菜 *A. aucheri* Moq.
225	菠菜	藜科 Chenopodiaceae	菠菜属 *Spinacia* L.	菠菜 *S. oleracea* L.	
226	甜菜	藜科 Chenopodiaceae	甜菜属 *Beta* L.	普通甜菜 *B. vulgaris* L. 叶用甜菜 *B. vulgaris* L. var. *cicla* L. 根甜菜 *B. vulgaris* L. var. *rapacea* Koch.	大果甜菜 *B. macrocapa* Gussone 岔根甜菜 *B. patula* Aiton. 白花甜菜 *B. corolliflora* Zoss. 花边果甜菜 *B. Lomatogona* Fisch et Me Yer 大根甜菜 *B. macrorhiza* Steven 三蕊甜菜 *B. trigyna* Wald. et Kit. 中间型甜菜 *B. intermedia* Bunge. 矮生甜菜 *B. nana* Boiss. et Heldreich 碗状花甜菜 *B. patellaris* Moquin 平伏甜菜 *B. procumbens* Chr. Smith 维比纳甜菜 *B. webbiana* Moquin
227	驼绒藜	藜科 Chenopodiaceae	驼绒藜属 *Ceratoides*（Tourn.）Gagnebin	华北驼绒藜 *C. arborescens*（Losinsk.）Tsien. et C. G. Ma 驼绒藜 *C. latens*（J. F. Gmel.）Reveal et Holmgren	垫状驼绒藜 *C. compacta*（Losinsk.）Tsien. et C. G. Ma 心叶驼绒藜 *C. ewersmanniana*（Stschegl. ex Losinsk.）Botsch. et Ikonn. 内蒙驼绒藜 *C. intramongolica* H. C. Fu，J. Y. Yang et S. Y. Zhao

（续）

序号	作物名称	科	属	栽培种（或变种）	野生近缘种
228	梭梭	藜科 Chenopodiaceae	梭梭属 *Haloxylon* Bunge	梭梭 *H. ammodendron*（C. A. Mey.）Bunge 白梭梭 *H. persicum* Bunge ex Boiss. et Buhse	
229	蕹菜	旋花科 Convolvulaceae	甘薯属 *Ipomoea* L.	蕹菜 *I. aquatica* Forsk. 五爪金龙 *I. cairica*（L.）Sweet	厚藤 *I. pes-caprae*（L.）Sweet
230	牵牛 （大花牵牛）	旋花科 Convolvulaceae	牵牛属 *Pharbitis* Choisy	牵牛 *P. nil*（L.）Choisy	
231	茑萝	旋花科 Convolvulaceae	茑萝属 *Quamoclit* Moench	茑萝松 *Q. pennata*（Desr.）Bojer.	圆叶茑萝 *Q. coccinea*（L.）Moench
232	甘薯	旋花科 Convolvulaceae	番薯属 *Ipomoea* L.	甘薯 *I. batatas*（L.）Lam.	毛果薯 *I. eriocarpa* R. Br. 羽叶薯 *I. polymorpha* Roem. et Schult. 虎掌藤 *I. pestigridis* L. 帽苞薯藤 *I. pileata* Roxb. 三裂叶薯 *I. triloba* L. 南沙薯藤 *I. gracilis* R. Br. 复合种 *I. trifida* 小心叶薯 *I. obscura*（L.）Ker-Gawl. 毛茎薯 *I. maxima*（L. f.）Sweet 厚藤 *I. pes-caprae*（L.）Sweet 假厚藤 *I. stolonifera*（Cyrillo）J. F. Gmel. 大萼山土瓜 *I. wangii* C. Y. Wu 七爪龙 *I. digitata* L. 海南薯 *I. staphylina* Roem. et Schult. 大花千斤藤 *I. soluta* Kerr 树牵牛 *I. fistulosa* Mart. ex Choisy 管花薯 *I. tuba*（Schlecht）G. Don 夜花薯藤 *I. aculeata* Bl.

（续）

序号	作物名称	科	属	栽培种（或变种）	野生近缘种
232	甘薯	旋花科 Convolvulaceae	番薯属 *Ipomoea* L.		日本引进种： *I. littoralis* *I. leucantha* *I. tiliacea* *I. ramoni* 泰国引进种： *I. sporauge* *I. alsamexiea* 美国引进种： *I. crassicaulis* *I. leptophella* *I. lacunosa* *I. pandurata* *I. dissecta*
233	鸡冠花	苋科 Amaranthaceae	青葙属 *Celosia* L.	鸡冠花 *C. cristata* L.	台湾青葙 *C. taitoensis* Hayata
234	青葙	苋科 Amaranthaceae	青葙属 *Celosia* L.	青葙 *C. argentea* L.	
235	千日红	苋科 Amaranthaceae	千日红属 Gomphrena L.	千日红 *G. globosa* L.	伏千日红 *G. decumbens* Jacq. 细叶千日红 *G. haageana* Klotzsch.
236	粒用苋	苋科 Amaranthaceae	苋属 *Amaranthus* L.	尾穗苋 *A. caudatus* L. 繁穗苋 *A. paniculatus* L. 千穗谷 *A. hypochondriacus* L. 绿穗苋 *A. hybridus* L.	凹头苋 *A. lividus* L. 反枝苋 *A. retroflexus* L. 刺苋 *A. spinosus* L. 白苋 *A. albus* L. 细枝苋 *A. gracilentus* L. 皱果苋 *A. viridis* L.

（续）

序号	作物名称	科	属	栽培种（或变种）	野生近缘种
236	粒用苋	苋科 Amaranthaceae	苋属 *Amaranthus* L.		腋花苋 *A. roxburghianus* Kung 北美苋 *A. blitoides* S. Watson
237	苋菜	苋科 Amaranthaceae	苋属 *Amaranthus* L.	苋菜 *A. mangostanus* L.	
238	川牛膝	苋科 Amaranthaceae	杯苋属 *Cyathula* Bl.	川牛膝 *C. officinalis* Kuan	绒毛杯苋 *C. tomentosa*（Roth）Moq.
239	牛膝	苋科 Amaranthaceae	牛膝属 *Achyranthes* L.	牛膝 *A. bidentata* Bl.	柳叶牛膝 *A. longifolia*（Makino）Makino
240	水花生	苋科 Amaranthaceae	莲子草属 *Alternanthera* Forsk.	水花生 *A. philoxeroides*（Mart.）Griseb.	
241	三色堇	堇菜科 Celosia L.	堇菜属 *Viola* L.	三色堇 *V. tricolor* L. var. *hortensis* DC.	香堇 *V. odorata* L. R. 紫花地丁 *V. philippica* Cav. R. 早开堇菜 *V. prionantha* Bunge
242	秋海棠	秋海棠科 Begoniaceae	秋海棠属 *Begonia* L.	四季秋海棠 *B. semperflorens* Link et Otto 银星秋海棠 *B.* ×*argenteo-guttata* Lemoine 丽格秋海棠 *B.* × *elatior* Hort. 球根秋海棠 *B. tuberhybrida* Voss.	绒叶秋海棠 *B. cathyana* Hemsl. 秋海棠 *B. evansiana* Andr. 蟆叶秋海棠 *B. rex* Putz 中华秋海棠 *B. sinnensis* A. DC.
243	一叶兰	百合科 Liliaceae	蜘蛛抱蛋属 *Aspidistra* Ker-Gawl.	一叶兰（蜘蛛抱蛋）*A. elatior* Blume.	丛生蜘蛛抱蛋 *A. caespitosa* Pei 九龙盘 *A. lurida* Ker-Gawl. 卵叶蜘蛛抱蛋 *A. typica* Baill.
244	铃兰	百合科 Liliaceae	铃兰属 *Convallaria* L.	铃兰 *C. majalis* L.	
245	风信子	百合科 Liliaceae	风信子属 *Hyacinthus* L.	风信子 *H. orientalis* L.	短叶风信子 *H. azureus* Barker 罗马风信子 *H. romanus* L.

（续）

序号	作物名称	科	属	栽培种（或变种）	野生近缘种
246	玉簪	百合科 Liliaceae	玉簪属 *Hosta* Tratt.	玉簪 *H. plantaginea*（Lam.）Aschers. 紫玉簪 *H. sieboldii*（Paxt.）J. Ingram [*H. albomarginata*（Hook.）Ohwi] 紫萼 *H. ventricosa* Stearn	东北玉簪 *H. ensata* F. Maekawa 波叶玉簪 *H. undulata*（Otto et A. Dietr.）L. H. Bailey
247	郁金香	百合科 Liliaceae	郁金香属 *Tulipa* L.	郁金香 *T. gesneriana* L.	阿尔泰郁金香 *T. altaica* Pall. ex Spreng. 皖郁金香 *T. anhuiensis* X. S. Sheng 高柔毛郁金香 *T. buhseana* Boiss. 克鲁西郁金香 *T. clusiana* DC. 毛蕊郁金香 *T. dasytemon* Regel 老鸦瓣 *T. edulis* Baker 二叶郁金香 *T. erythronioides* Baker 异叶郁金香 *T. heterophylla*（Regel）Baker 异瓣郁金香 *T. heterpetala* Ledeb. 伊犁郁金香 *T. iliensis* Regel 迟花郁金香 *T. kolpakovskiana* Regel 垂蕾郁金香 *T. patens* Agardh. ex Schult. 准噶尔郁金香 *T. schrenkii* Regel 新疆郁金香 *T. sinkiangensis* Z. M. Mao 塔城郁金香 *T. tabagataica* D. Y. Tan et X. Wei. 埃尔达郁金香 *T. tarda* Stapf. 天山郁金香 *T. tianshanica* Regel 土耳其斯坦郁金香 *T. turkestanica* Regel
248	大蒜	百合科 Liliaceae	葱属 *Allium* L.	大蒜 *A. sativum* L. 洋大蒜 *A. ampeloprasum* L. 蛇大蒜 *A. ophioscorodon* L.	天蒜 *A. paepalanthoides* Airy－Shaw 小山蒜 *A. pallasii* Murr. 新疆蒜 *A. sinkiangense* Wang et Y. C. Tang 星花蒜 *A. decipiens* Fisch ex Roem. et Schult. 多籽蒜 *A. fetisowii* Regel 朗吉斯蒜 *A. longicuspis* Regel

（续）

序号	作物名称	科	属	栽培种（或变种）	野生近缘种
249	韭菜	百合科 Liliaceae	葱属 *Allium* L.	韭菜 A. *tuberosum* Rottl. ex Spr. 宽叶韭 A. *hookeri* Thwaites 野韭 A. *ramosum* L.	粗根韭 A. *fasciculatum* Rendle 玉簪叶韭 A. *funckiaefolium* Hand. - Mazz. 蒙古韭 A. *mongolicum* Regel 卵叶韭 A. *ovalifolium* Hand. - Mazz. 太白韭 A. *prattii* C. H. Wright et Hemsl. 青甘韭 A. *przewalskianum* Regel 山韭 A. *senescens* L. 多星韭 A. *wallichii* Kunth 滩地韭 A. *oreoprasum* Schrenk 碱韭 A. *polyrhizum* Turcz. ex Regel 镰叶韭 A. *carolinianum* DC. 齿丝山韭 A. *nutans* L. 北疆韭 A. *hymenorrihizum* Ledeb 宽苞韭 A. *platyspathum* Schrenk
250	洋葱	百合科 Liliaceae	葱属 *Allium* L.	洋葱 A. *cepa* L.	
251	分蘖洋葱	百合科 Liliaceae	葱属 *Allium* L.	分蘖洋葱 A. *cepa* L. var. *multiplcans* Bailey	
252	顶球洋葱	百合科 Liliaceae	葱属 *Allium* L.	顶球洋葱 A. *cepa* L. var. *viviparum* Metz.	
253	红葱	百合科 Liliaceae	葱属 *Allium* L.	红葱 A. *cepa* L. var. *proliferum* Regel	
254	大葱	百合科 Liliaceae	葱属 *Allium* L.	大葱 A. *fistulosum* L. var. *giganteum* Makino	野葱 A. *chrysanthum* Regel
255	分葱	百合科 Liliaceae	葱属 *Allium* L.	分葱 A. *fistulosum* L. var. *caespitosum* Makino	长喙葱 A. *globosum* M. Bieb. ex Redoute

（续）

序号	作物名称	科	属	栽培种（或变种）	野生近缘种
256	楼葱	百合科 Liliaceae	葱属 *Allium* L.	楼葱 *A. fistulosum* L. var. *viviparum* Makino	蓝苞葱 *A. atrosanguineum* Schrenk 大花葱 *A. giganteum* Rgl. 深蓝葱 *A. caeruleum* Pall. 阿尔泰葱 *A. altaicum* Pall. 黄花葱 *A. condensatum* Turcz. 实莛葱 *A. galanthum* Kar. et Kir. 灰皮葱 *A. grisellum* J. M. Xu 类北葱 *A. schoenoprasoides* Regel 管花葱 *A. siphonanthum* J. M. Xu 茖葱 *A. victorialis* L. 白花葱 *A. yanchiense* J. M. Xu
257	细香葱	百合科 Liliaceae	葱属 *Allium* L.	细香葱 *A. schoenoprasum* L.	
258	胡葱	百合科 Liliaceae	葱属 *Allium* L.	胡葱 *A. schoenoprasum* L.	
259	韭葱	百合科 Liliaceae	葱属 *Allium* L.	韭葱 *A. porrum* L.	
260	火葱	百合科 Liliaceae	葱属 *Allium* L.	火葱 *A. ascalonicum* L.	
261	藠头	百合科 Liliaceae	葱属 *Allium* L.	薤（藠头）*A. chinense* G. Don.	
262	石刁柏	百合科 Liliaceae	石刁柏属 *Asparagus* L.	石刁柏 *A. officinalis* L.	
263	黄花菜	百合科 Liliaceae	萱草属 *Hemerocallis* L.	黄花菜 *H. citrina* Baron.	折叶萱草 *H. plicata* Stapf.

（续）

序号	作物名称	科	属	栽培种（或变种）	野生近缘种
264	北黄花菜	百合科 Liliaceae	萱草属 *Hemerocallis* L.	北黄花菜 *H. lilio-asphodelus* L.	大苞萱草 *H. middendorfii* Trautv. et Mey.
265	小黄花菜	百合科 Liliaceae	萱草属 *Hemerocallis* L.	小黄花菜 *H. minor* Mill.	
266	萱草	百合科 Liliaceae	萱草属 *Hemerocallis* L.	萱草 *H. fulva* L.	
267	川百合	百合科 Liliaceae	百合属 *Lilium* L.	川百合 *L. davidii* Duchartre	条叶百合 *L. callosum* Sieb. et Zucc.
268	卷丹	百合科 Liliaceae	百合属 *Lilium* L.	卷丹 *L. lancifolium* Thunb. 山丹（细叶百合）*L. pumilum* DC.	湖北百合 *L. henryi* Baker 大理百合 *L. taliense* Franch. 宝兴百合 *L. duchartrei* Franch. 绿花百合 *L. fargesii* Franch. 宜昌百合 *L. leucanthum* (Baker) Baker 乳头百合 *L. papilliferum* Franch.
269	龙牙百合（变种）	百合科 Liliaceae	百合属 *Lilium* L.	百合（龙牙百合）（变种）*L. brownii* var. *viridulum* Baker	野百合 *L. brownii* F. E. Br. ex Miellez. 天香百合 *L. auratum* Lindley. 淡黄花百合 *L. sulphureum* Baker 东北百合 *L. distichum* Nakai 毛百合 *L. dauricum* Ker-Gawl. 渥丹 *L. concolor* Salisb.
270	百合	百合科 Liliaceae	百合属 *Lilium* L.	麝香百合 *L. longiflorum* Thunb. 王百合（岷江百合）*L. regale* Wilson	滇百合 *L. bakerianum* Coll. et Hemsl. 台湾百合 *L. formosanum* Wallace
271	文竹	百合科 Liliaceae	天门冬属 *Asparagus* L.	文竹 *A. plumosus* Bak. 非洲天门冬（天冬草）*A. sprengeri* Regel	

（续）

序号	作物名称	科	属	栽培种（或变种）	野生近缘种
272	天门冬	百合科 Liliaceae	天门冬属 *Asparagus* L.	天门冬 *A. cochinchinensis* (Lour.) Merr.	山文竹 *A. acicularis* Wang et S. C. Chen 折枝天门冬 *A. angulofractus* Iljin 攀援天门冬 *A. brachyphyllus* Turcz. 兴安天门冬 *A. brachyphyllus* Turcz. 羊齿天门冬 *A. filicinus* Buch. - Han. ex D. Don 戈壁天门冬 *A. gobicus* Ivan. ex Grubov 甘肃天门冬 *A. kansuensis* Wang et Tang 短梗天门冬 *A. lycopodineus* Wall. ex Baker 密齿天门冬 *A. meioclados* Levl. 多刺天门冬 *A. myriacanthus* Wang et S. C. Chen 滇南天门冬 *A. subscandens* Wang et S. C. Chen 西藏天门冬 *A. tibeticus* Wang et S. C. Chen 曲枝天门冬 *A. trichophyllus* Bunge
273	麦冬	百合科 Liliaceae	沿阶草属 *Ophiopogon* Ker - Gawl.	麦冬（匍匐型、直立型）*O. japonicus* (Thunb.) Ker - Gawl 沿阶草 *O. boodinieri* Lévl.	连药沿阶草 *O. bockianus* Diels
274	玉竹	百合科 Liliaceae	黄精属 *Polygonatum* Mill.	玉竹 *P. odoratum* (Mill.) Druce 毛筒玉竹 *P. inflatum* Kom. 小玉竹 *P. humile* Fisch. ex Maxim 热河黄精 *P. macropodium* Turcz. 新疆黄精 *P. roseum* (Ledeb.) Kunth 康定玉竹 *P. pratii* Baker	
275	黄精	百合科 Liliaceae	黄精属 *Polygonatum* Mill.	黄精 *P. sibirium* Red. 滇黄精 *P. kingianum* Coll. et Hemsl. 多花黄精 *P. cyrtonema* Hua	五叶黄精 *P. acuminatifolium* Kom 互卷黄精 *P. alternicirrhosum* Hand. - Mazz. 棒丝黄精 *P. cathcartii* Baker 重叶黄精 *P. curvistylum* Hua 格脉黄精 *P. tessellatum* Wang et Tang

（续）

序号	作物名称	科	属	栽培种（或变种）	野生近缘种
275	黄精	百合科 Liliaceae	黄精属 *Polygonatum* Mill.		节根黄精 *P. nodosum* Hua 小黄精 *P. uncinatum* Diels 阿里黄精 *P. arisanense* Hayata 鄂西黄精 *P. cirrhifolium*（Wall.）Royl 长梗黄精 *P. filipes* Merr. 庐山黄精 *P. lasianthum* Maxim. 湖北黄精 *P. zanlanscianense* Pamp
276	芦荟	百合科 Liliaceae	芦荟属 *Aloe* L.	芦荟 *A. vera* var. *chinensis*（Haw.）Berg. 库拉索芦荟 *A. vera L.* 好望角芦荟（开普芦荟）*A. ferox* Mill.	树芦荟 *A. arborescens* Mill. 皂质芦荟（花叶芦荟）*A. saponaria* Haw. 斑叶芦荟（翠花掌）*A. variegate* L.
277	知母	百合科 Liliaceae	知母属 *Anemarrhena* Bunge	知母 *A. asphodeloides* Bge.	
278	重楼	百合科 Liliaceae	重楼属 *Paris* L.	重楼（滇重楼）*P. polyphylla* var. *yunnanensis*（Franch.）Hand. - Mazz	球药隔重楼 *P. fargesii* Franch. 北重楼 *P. verticillata* M. Bieb. 花叶重楼 *P. iolacea* Lévl.
279	川贝母	百合科 Liliaceae	贝母属 *Fritillaria* L.	川贝母 *F. cirrhosa* D. Don 暗紫贝母 *F. unibracteata* Hsiao et K. C. Hsia 甘肃贝母 *F. przewalskii* Maxim. 梭砂贝母 *F. delavayi* Franch.	
280	平贝母	百合科 Liliaceae	贝母属 *Fritillaria* L.	平贝母 *F. ussuriensis* Maxim.	砂贝母 *F. karelinii*（Fisch.）Barker
281	伊贝母	百合科 Liliaceae	贝母属 *Fritillaria* L.	新疆贝母 *F. walujewii* Regel 伊犁贝母 *F. pallidiflora* Schrenk	
282	浙贝母	百合科 Liliaceae	贝母属 *Fritillaria* L.	浙贝母 *F. thunbergii* Miq.	

（续）

序号	作物名称	科	属	栽培种（或变种）	野生近缘种
283	雏菊	菊科 Compositae （Asteraceae）	雏菊属． *Bellis* L	雏菊 *B. perennis* L.	
284	大丽花	菊科 Compositae	大丽花属 *Dahlia* Cav.	大丽花 *D. pinnata* Cav.	红大丽花 *D. coccinea* Cav.
285	紫菀	菊科 Compositae	紫菀属 *Aster* L.	紫菀 *A. tataricus* L. f.	小舌紫菀 *A. albescens*（DC.）Hand. - Mazz. 白舌紫菀 *A. baccharoides*（Benth.）Steetz. 短舌紫菀 *A. sampsonii*（Hance）Hemsl.
286	荷兰菊	菊科 Compositae	紫菀属 *Aster* L.	荷兰菊 *A. novi-belgii* L.	高山紫菀 *A. alpinus* L. 雅美紫菀 *A. amellus* L. 圆苞紫菀 *A. niucckii* Regel. 缘毛紫菀 *A. souliei* Franch. 紫菀 *A. tataricus* L. f. 东俄洛紫菀 *A. tongolensis* Franch.
287	百日草	菊科 Compositae	百日草属 *Zinnia* L.	百日草 *Z. elegans* Jacp. 小百日草 *Z. angustifolia* H. B. K.	
288	瓜叶菊	菊科 Compositae	千里光属 *Senecio* L.	瓜叶菊 *S. cruentus*（Masson ex L'Herit）DC.	
289	万寿菊	菊科 Compositae	万寿菊属 *Tagetes* L.	万寿菊 *T. erecta* L. 香叶万寿菊 *T. lucida* Cav. 孔雀草 *T. patula* L. 细叶万寿菊 *T. tenuifolia* Cav.	
290	金盏菊	菊科 Compositae	金盏菊属 *Calendula* L.	金盏菊 *C. officinalis* L. 小金盏菊 *C. arvensis* L.	
291	生菜	菊科 Compositae	莴苣属 *Lactuca* L.	叶用莴苣 *L. sativa* L.	阿尔泰莴苣 *L. altaica* Fisch. et Mey.

（续）

序号	作物名称	科	属	栽培种（或变种）	野生近缘种
292	莴笋	菊科 Compositae	莴苣属 *Lactuca* L.	茎用莴苣 *L. sativa* L. var. *asparagina* Bailey	裂叶莴苣 *L. dissecta* D. Don 飘带果 L. *undulata* Ledeb. 野莴苣 *L. serriola* Torner
293	山莴苣	菊科 Compositae	莴苣属 *Lactuca* L.	山莴苣 *L. indica* L.	高莴苣 *L. elata* Hemsl. 毛脉山莴苣 *L. raddeana* Maxim. 翼柄山莴苣 *L. triangulata* Maxim.
294	蒌蒿	菊科 Compositae	蒿属 *Artemisia* L.	蒌蒿 *A. selengensis* Turcz.	
295	蒿	菊科 Compositae	蒿属 *Artemisia* L.	黑沙蒿 *A. ordosica* Krasch. 白沙蒿 *A. sphaerocephala* Krasch. 伊犁蒿（伊犁绢蒿）*A. transiliensis* Poljak. [*S. transiliense*（Poljak.）Poljak.]	纤细蒿（纤细绢蒿）*A. gracilescens* Krasch. et Iljin [*S. gracilescens*（Krasch. et Iljin）Poljak.] 盐蒿 *A. halodendron* Turcz. ex Bess. 新疆蒿（新疆绢蒿）*A. kaschgarica* Krasch. [*S. kaschgaricum*（Krasch.）Poljak.] 柔毛蒿 *A. pubescens* Ledeb. 猪毛蒿 *A. scoparia* Waldst. et Kit. 白茎蒿（白茎绢蒿）*A. terrae-albae* Krasch. [*S. terr-albae*（Krasch.）Poljak.]
296	南茼蒿	菊科 Compositae	茼蒿属 *Chrysanthemum* L.	大叶茼蒿 *C. segetum* L.	
297	小叶茼蒿	菊科 Compositae	茼蒿属 *Chrysanthemum* L.	小叶茼蒿 *C. coronarium* L.（*C. coronarium* L. var. *spatiosum* Bailey）	
298	蒿子秆	菊科 Compositae	茼蒿属 *Chrysanthemum* L.	蒿子秆 *C. carinatum* Schousb.	
299	菊花脑	菊科 Compositae	菊属 *Dendranthema* （DC.）Des Moul.	菊花脑 *D. nankingense* H. M.	

（续）

序号	作物名称	科	属	栽培种（或变种）	野生近缘种
300	菊花	菊科 Compositae	菊属 *Dendranthema* （DC.）Des Moul.	菊花 *D. morifolium* Ramat.	甘菊 *D. lavandulaefolium*（Fisch. ex Trautv.）Ling et Shin 小红菊 *D. chanetii*（Levl.）Shih 蒙菊 *D. mongolicum*（Ling）Tzvel.
301	野菊花	菊科 Compositae	菊属 *Dendranthema* （DC.）Des Moul.	野菊花 *D. indicum*（L.）Des Moul.	银背菊 *D. argyrophyllum*（Ling）Ling et Shih 阿里山菊 *D. arisanense*（Hayata）Ling et Shih 异名菊 *D. dichrum* Shih 拟亚菊 *D. glabriusculum*（W. W. Smith）Shih 黄花小山菊 *D. hypargyrum*（Diels）Ling et Shih 细叶菊 *D. meximowiczii*（Komar.）Tzvel. 楔叶菊 *D. naktongense*（Nakai）Tzvel. 小山菊 *D. oreastrum*（Hance）Ling et Shih 委陵菊 *D. potentilloides*（Hand. -Mazz.）Shih 菱叶菊 *D. rhombifolium* Ling et Shih 毛华菊 *D. vestitum*（Hemsl.）Ling ex Shih 紫花野菊 *D. zawadskii*（Herb.）Tzvel.
302	苦苣	菊科 Compositae	苦苣菜属 *Sonchus* L.	苦苣 *S. oleraceus*L.	
303	苣荬菜	菊科 Compositae	苦苣菜属 *Sonchus* L.	苣荬菜 *S. arvensis* L.	
304	菊苣	菊科 Compositae	菊苣属 *Cichorium* L.	菊苣 *C. intybus* L.	
305	苦荬菜	菊科 Compositae	苦荬菜属 *Ixeris* Cass.	苦荬菜 *I. denticulata*（Houtt.）Stebb.	
306	牛蒡	菊科 Compositae	牛蒡属 *Arctium* L.	牛蒡 *A. lappa* L.	
307	波罗门参	菊科 Compositae	波罗门参 *Tragopogon* L.	婆罗门参 *T. pratensis* L.	

（续）

序号	作物名称	科	属	栽培种（或变种）	野生近缘种
308	菊牛蒡	菊科 Compositae	鸦葱属 *Scorzonera* L.	菊牛蒡 *S. hippanica* L.	
309	红凤菜 （紫背天葵）	菊科 Compositae	菊三七属 *Gynura* Cass.	红凤菜 *G. bicolor*（Willd.）DC.	
310	菜蓟 （朝鲜蓟）	菊科 Compositae	菜蓟属 *Cynara* L.	菜蓟 *C. scolymus* L.	
311	马兰	菊科 Compositae	马兰属 *Kalimeris* Cass.	马兰 *K. indica*（L.）Sch. – Bip.	
312	蜂斗菜	菊科 Compositae	蜂斗菜属 *Petasites* Mill.	蜂斗菜 *P. japonica*（Sieb. et Zucc.）F. Shidt.	
313	果香菊	菊科 Compositae	果香菊属 *Chamaemelum*	果香菊 *Ch. nobile*（L.）All.	
314	木香	菊科 Compositae	木香属 *Aucklandia* Falc.	木香 *A. lappa* Decne.	
315	白术	菊科 Compositae	苍术属 *Atractylodes* DC.	白术 *A. macrocephala* Koidz.	
316	苍术	菊科 Compositae	苍术属 *Atractylodes* DC.	茅苍术（苍术）*A. lancea*（Thunb.）DC. 北苍术 *A. chinensis*（DC.）Koidz.	
317	艾纳香	菊科 Compositae	艾纳香属 *Blumea* DC.	艾纳香 *B. blasamifera*（L.）DC. 假东风草 *B. riparia*（Bl.）DC.	七里明 *B. clarkei* Hook. f. 节节红 *B. fistulosa*（Roxb.）Kurz 毛毡草 *B. hieraciifolia*（D. Don）DC. 见霜黄 *B. lacera*（Burm. f.）DC. 六耳铃 *B. laciniata*（Roxb.）DC. 东风草 *B. megacephala*（Rander.）Chang et Y. Q. Tseng 拟毛毡草 *B. sericans*（Kurz）Hook. f.

（续）

序号	作物名称	科	属	栽培种（或变种）	野生近缘种
318	短葶飞蓬（灯盏草）	菊科 Compositae	飞蓬属 *Erigeron* L.	短葶飞蓬（灯盏草）*E. breviscapus*（Vant.）Hand. - Mazz.	飞蓬 *E. acris* L. 长茎飞蓬 *E. elongatus* Ledeb.
319	款冬	菊科 Compositae	款冬属 *Tussilago* L.	款冬 *T. farfara* L.	
320	一点红	菊科 Compositae	一点红属 *Emilia* Cass.	一点红 *E. sonchifolia*（L.）DC.	细红背叶 *E. prenanthoides* DC.
321	新疆雪莲	菊科 Compositae	风毛菊属 *Saussurea* DC.	新疆雪莲（雪莲花）*S. involucrata* Kar. et Kir.	风毛菊 *S. japonica*（Thunb.）DC. 光叶风毛菊 *S. acrophila* Diels 川西风毛菊 *S. dzeurensis* Franch. 绵毛雪莲 *S. aster* Hemsl.
322	泽兰	菊科 Compositae	泽兰属 *Eupatorium* L.	飞机草（泽兰）*E. japonium* Thunb.	
323	松香草	菊科 Compositae	松香草属 *Silphium* L.	松香草 *S. perfoliatum* L.	
324	肿柄菊	菊科 Compositae	肿柄菊属 *Tithonia* Desf. ex Juss.	肿柄菊 *T. diversifolia* A. Gray	
325	向日葵	菊科 Compositae	向日葵属 *Helianthus* L.	向日葵 *H. annuus* L.	银叶向日葵 *H. argophyllus* Torr. et Gray 黑斑向日葵 *H. atrorubentes* L. 小花葵 *H. debilis* Nutt. 簿叶向日葵 *H. decapetalus* Darl. 大向日葵 *H. giganteus* L. 美丽向日葵 *H. laetiflora* Pers. 坚杆向日葵 *H. rigidus*（Carr.）Desf. 柳叶向日葵 *H. salicifolius* A. Dietr. 狭叶向日葵 *H. angusetifolius* L. R.

（续）

序号	作物名称	科	属	栽培种（或变种）	野生近缘种
325	向日葵	菊科 Compositae	向日葵属 *Helianthus* L.		瓜叶葵 *H. cucumerifolius* Torr. et Gray R. 宿根向日葵 *H. decapetalus* L. R.
326	菊芋	菊科 Compositae	向日葵属 *Helianthus* L.	菊芋 *H. tuberosus* L.	
327	红花	菊科 Compositae	红花属 *Carthamus* L.	红花 *C. tinctorius* L. 毛红花 *C. lanatus* L.	
328	小葵子	菊科 Compositae	小葵子属 *Guizotia* L.	小葵子 *G. abyssinica* Cass.	
329	甜叶菊	菊科 Compositae	甜叶菊属 *Stevia* Car.	甜叶菊 *S. rebaudiana* (Bertoni) Hemsl.	
330	银胶菊	菊科 Compositae	银胶菊属 *Parthenium* L.	银胶菊 *P. hysterophorus* L.	灰白银胶菊 *P. argentatum* A. Gray
331	橡胶草	菊科 Compositae	蒲公英属 *Taraxacum* Weber	橡胶草 *T. kok-saghyz* Rodin	
332	蒲公英	菊科 Compositae	蒲公英属 *Taraxacum* Weber	蒲公英 *T. mongolicum* Hand. -Mazz.	
333	翠菊	菊科 Compositae	翠菊属 *Callistephus* Cass.	翠菊 *C. chinensis* Nees.	
334	非洲菊	菊科 Compositae	大丁草属 *Gerbera* L. ex Cass.	非洲菊 *G. jamesonii* H. Bolus ex Hook. f.	
335	睡莲	睡莲科 Nymphaeaceae	睡莲属 *Nymphaea* L.	睡莲 *N. tetragona* Georgi 黄睡莲 *N. mexicana* Zucc.	白睡莲 *N. alba* L. 延药睡莲 *N. stellata* Willd.

（续）

序号	作物名称	科	属	栽培种（或变种）	野生近缘种
336	荷花（莲、莲藕）	睡莲科 Nymphaeaceae	莲属 *Nelumbo* A.	荷花（莲、莲藕）*N. nucifera* Gaertn. 美国黄莲 *N. pentapetala*（Walter）Fernald	
337	芡实	睡莲科 Nymphaeaceae	芡属 *Euryale* Salisb.	芡实 *E. ferox* Salisb.	
338	莼菜	睡莲科 Nymphaeaceae	莼菜属 *Brasenia* Schreb.	莼菜 *B. schreberi* J. F. Gmel.	
339	番杏	番杏科 Aizoaceae	番杏属 *Tetragonia* L.	番杏 *T. tetragonioides*（Pall.）Kuntze.	
340	红落葵	落葵科 Basellaceae	落葵属 *Basella* L.	红落葵 *B. rubra* L.	
341	落葵	落葵科 Basellaceae	落葵属 *Basella* L.	落葵 *B. alba* L.	
342	广落葵	落葵科 Basellaceae	落葵属 *Basella* L.	广落葵 *B. cordifolia* Lam.	
343	藤三七	落葵科 Basellaceae	落葵薯属 *Anredera* L.	藤三七 *A. cordifolia*（Ten.）Steenis.	
344	蜀葵	锦葵科 Malvaceae	蜀葵属 *Althaea* L.	蜀葵 *A. rosea*（L.）Cavan.	裸花蜀葵 *A. nudiflora* Lindl. 药蜀葵 *A. officinalis* L.
345	黄秋葵	锦葵科 Malvaceae	秋葵属 *Abelmoschus* Medic	黄秋葵 *Abelmoschus esculentus*（L.）Moench	
346	红麻	锦葵科 Malvaceae	木槿属 *Hibiscus* L.	红麻 *H. cannabinus* L.	玫瑰茄 *H. sabdariffa* Linn. 辐射刺芙蓉 *H. radiatus* Cav. 红叶木槿 *H. acetosella* Welw. ex Hiern 柠檬黄木槿 *H. calyphullus* Cav. 刺芙蓉 *H. surattensis* L.

（续）

序号	作物名称	科	属	栽培种（或变种）	野生近缘种
346	红麻	锦葵科 Malvaceae	木槿属 *Hibiscus* L.		野西瓜苗 *H. trionum* L. *H. bifurcatus* Cav. *H. costatus* A. Rich *H. furcellatus* Desr. *H. vitifolius* L. *H. lunarifolius* Willd. *H. diversifolius* Jacq.
347	木槿	锦葵科 Malvaceae	木槿属 *Hibiscus* L.	木槿 *H. syriacus* L. 木芙蓉 *H. mutabilis* L. 草芙蓉 *H. moscheutos* subsp. *palustris* L.	大花木槿 *H. sinosyriacus* Bailey 黄槿 *H. tiliaceus* L. 庐山芙蓉 *H. paramutabilis* L. H. Bailey
348	扶桑	锦葵科 Malvaceae	木槿属 *Hibiscus* L.	扶桑 *H. rosa-sinensis* L.	吊灯花 *H. schizopetalus* Hook. f.
349	冬寒菜	锦葵科 Malvaceae	锦葵属 *Malva* L.	冬寒菜 *M. crispa* L.	野葵 *M. verticillata* L.
350	棉花	锦葵科 Malvaceae	棉属 *Gossypium* L.	草棉 *G. herbaceum* L. 亚洲棉 *G. arboreum* L. 陆地棉 *G. hirsutum* L. 海岛棉 *G. barbadense* L.	南岱华棉 *G. nandewarense*（Der.）Fryx. 亚雷西棉 *G. areysianum*（Befl.）Hutch. 斯特提棉 *G. sturtianum* Willis. 灰白棉 *G. incanum*（Schwartz.）Hillc. 鲁滨逊氏棉 *G. robinsonii* Muell. 索马里棉 *G. somalense*（Gurke.）Hutch. 澳洲棉 *G. australe* Muell. 斯托克斯氏棉 *G. stocksii* Mast. & Hook. 纳尔逊式棉 *G. nelsonii* Fryx. 长萼棉 *G. longicalyx* Hutch. & Lee. 比克氏棉 *G. bickii* Prokh. 三叶棉 *G. triphyllum*（Harv. - Sand.）Hochr.

（续）

序号	作物名称	科	属	栽培种（或变种）	野生近缘种
350	棉花	锦葵科 Malvaceae	棉属 *Gossypium* L.		瑟伯氏棉 *G. thurberi* Tod. 毛棉 *G. tomentosum* Nutt. & Seem. 三裂棉 *G. trilobum*（DC.） Skov. 黄褐棉 *G. mustelinum* Watt. 戴维逊氏棉 *G. davidsonii* Kell. 达尔文氏棉 *G. darwinii* Watt. 克劳茨基棉 *G. klotzschianum* Anderss. 辣根棉 *G. armourianum* Kearn. 松散棉 *G. laxum* Phill. 哈克尼西棉 *G. harknessii* Brandg. 雷蒙德氏棉 *G. raimondii* Ulbr. 特纳氏棉 *G. turneri* Fryx. 异常棉 *G. anomalum* Wawr. & Peyr. 拟似棉 *G. gossypioides*（Ulbr.） Standl. 绿顶棉 *G. capitis-viridis* Mauer. 旱地棉 *G. aridum*（Rose. & Stand.） Skov. 裂片棉 *G. lobatum* Gentry.
351	青麻（苘麻）	锦葵科 Malvaceae	苘麻属 *Abutilon* Miller	青麻 *A. theophrasti* Medicus	泡果苘 *A. crispum*（Linn.） Medicus 红花苘麻 *A. roseum* Hand. - Mazz. 华苘麻 *A. sinense* Oliv. 滇西苘麻 *A. gebauerianum* Hand. - Mazz. 金铃花 *A. striatum* Dickson. 圆锥苘麻 *A. paniculatum* Hand. - Mazz. 恶味苘麻 *A. hirtum*（Lamk.） Sweet 磨盘草 *A. indicum*（Linn.） Sweet
352	珙桐 （鸽子树）	珙桐科 Davidiaceae	珙桐属 *Davidia* Baill.	珙桐 *D. involucrate* Baill.	

（续）

序号	作物名称	科	属	栽培种（或变种）	野生近缘种
353	桔梗	桔梗科 Campanulaceae	桔梗属 *Platycodon* A. DC.	桔梗 *P. grandiflorus*（Jacq.）A. DC.	
354	党参	桔梗科 Campanulaceae	党参属 *Codonopsis* Wall.	党参 *C. pilosula*（Franch.）Nannf. 川党参 *C. tangshen* Oliv.	鸡蛋参 *C. convolvulacea* Kurz. 川鄂党参 *C. henryi* Oliv. 抽葶党参 *C. subscaposa* Kom. 管花党参 *C. tubulosa* Kom.
355	风铃草	桔梗科 Campanulaceae	风铃草属 *Campanula* L.	风铃草 *C. medium* L.	丛生风铃草 *C. glomerata* L. 紫斑风铃草 *C. punctata* Lam.
356	马齿苋	马齿苋科 Portulacaceae	马齿苋属 *Portulaca* L.	马齿苋 *P. oleracea* L.	
357	土人参	马齿苋科 Portulacaceae	土人参属 *Talinum* Adans.	土人参 *T. paniculatum*（Jacq.）Gaertn.	
358	仙人掌	仙人掌科 Cactaceae	仙人掌属 *Opuntia* Mill.	仙人掌 *O. dillenii*（Ker－Gawl.）Haw.	
359	霸王花	仙人掌科 Cactaceae	量天尺属 *Hylocereus*（Berg.）Britt. et Rose	霸王花 *H. undatus*（Haw.）Britt. et Rose.	
360	金琥	仙人掌科 Cactaceae	金琥属 *Echinocactus* Link & Otto.	金琥 *E. grusonii* Hildm.	太平球 *E. horizonthalonius* Lem. 大金琥 *E. ingens* Zucc. 绫波 *E. texebsus* Hopffer 鬼头球 *E. visnaga* Hook.
361	昙花	仙人掌科 Cactaceae	昙花属 *Epiphyllum* Haw.	昙花 *E. oxypetalum*（DC.）Haw.	
362	瑞云球	仙人掌科 Cactaceae	裸萼球属 *Gymnocalycium* Pfeiff.	瑞云球 *G. mihanovichii*（Frič et Gurke）Britt. et Rose	翠晃锦 *G. anistsii*（K. Schum.）Britt. et Rose 绯花玉 *G. baldianum*（Speg.）Speg.

（续）

序号	作物名称	科	属	栽培种（或变种）	野生近缘种
362	瑞云球	仙人掌科 Cactaceae	裸萼球属 *Gymnocalycium* Pfeiff.		罗星球 *G. bruchii*（Speg.）Backeb. et F. M. Knuth. 丽蛇球 *G. damsii* Britt. et Rose 蛇龙球 *G. denudatum* Pfeiff. 红蛇球 *G. mostii*（Gürke）Britt. et Rose 多花玉 *G. multiflorum*（Hook.）Britt. et Rose 长刺龙头 *G. quehlianum*（F. A. Haage，Jr.）Vaup. ex Hosseus
363	蟹爪兰	仙人掌科 Opuntiaceae	蟹爪属 *Zygocactus* K. Schum.	蟹爪（蟹爪兰）*Z. truncatus*（Haw.）K. Schum.	
364	长寿花	景天科 Crassulaceae	伽蓝菜属 *Kalanchoe* Adans.	长寿花 *K. blossfeldiana* V. Poelln. 落地生根 *K. pinnata*（Lam.）Pers.	
365	景天	景天科 Sedumaceae	景天属 *Sedum* L.	八宝 *S. spectabile* Boreau. 费莱 *S. aizoon* L. 佛甲草 *S. lineare* Thunb. 垂盆草 *S. sarmentosum* Bunge	
366	紫茉莉	紫茉莉科 Nyctaginaceae	紫茉莉属 *Mirabilis* L.	紫茉莉 *M. jalapa* L.	
367	叶子花	紫茉莉科 Nyctaginaceae	叶子花属 *Bougainvillea* Comm ex Juss.	叶子花 *B. spectabilis* Willd.	光叶子花 *B. glabra* Choisy
368	龙牙楤木	五加科 Araliaceae	楤木属 *Aralia* L.	龙牙楤木 *A. elata*（Miq.）Seem.	
369	人参	五加科 Araliaceae	人参属 *Panax* L.	人参 *P. ginseng* C. A. Meyer	竹节参 *P. japonicus* C. A. Mey.
370	三七	五加科 Araliaceae	人参属 *Panax* L.	三七 *P. notoginseng*（Burk）F. H. Chen	参三七 *P. pesudo-ginseng* Wall.

（续）

序号	作物名称	科	属	栽培种（或变种）	野生近缘种
371	西洋参	五加科 Araliaceae	人参属 *Panax* L.	西洋参 *P. quinquefolium* L.	
372	刺五加	五加科 Araliaceae	五加属 *Acanthopanax* Miq.	刺五加 *A. senticosus*（Rupr. et Maxim.）Harms	五加 *A. gracilistylus* W. W. Smith 刚毛白簕 *A. setosus*（Li）Shang 白簕 *A. trifoliatus*（L.）Merr.
373	白花菜	白花菜科 Capparidaceae	白花菜属 *Cleome*（L.）DC.	白花菜 *C. gynandra* L.	
374	米兰	楝科 Meliaceae	米仔兰属 *Aglaia* Lour.	米兰 *A. odorata* Lour.	大叶米兰 *A. elliptifolia* Merr. 台湾米兰 *A. formosana*（Hayata）Hayata
375	香椿	楝科 Meliaceae	香椿属 *Toona* Roem.	香椿 *T. sinensis*（A. Juss.）Roem. 红楝子 *T. sureni*（Bl.）Merr.	红椿 *T. ciliata* Roem. 小果红椿 *T. microcarpa*（C. DC.）Harms
376	楝树	楝科 Meliaceae	楝属 *Melia* L.	楝树（苦楝）*M. azedarach* L. 川楝 *M. toosendan* Sieb. et Zucc.	
377	麻楝	楝科 Meliaceae	麻楝属 *Chukrasia* A. Juss.	麻楝 *C. tabularis* A. Juss.	
378	桃花心木	楝科 Meliaceae	桃花心木属 *Swietenia* Jacq.	桃花心木 *S. mahogani*（L.）Jacq.	
379	非洲楝	楝科 Meliaceae	非洲楝属 *Khaya* A. Juss.	非洲楝 *K. senegalensis*（Desr.）A. Juss.	
380	蒲草	莎草科 Cyperaceae	石龙刍属（蒲草属） *Lepironia* L. C. Rich.	蒲草 *L. articulata*（Retz.）Domin	光果石龙刍 *L. mucronata* L. C. Rich.
381	荸荠	莎草科 Cyperaceae	荸荠属 *Heleocharis* R. Br.	荸荠 *H. tuberosa* Roem. et Schult.	具刚毛荸荠 *H. valleculosa* Ohwi 卵穗荸荠 *H. soloniensis*（Dubois）Hara 无刚毛荸荠 *H. kamtschatica*（C. A. Mey.）Kom. 沼泽荸荠 *H. eupalustris* Lindb. f.

（续）

序号	作物名称	科	属	栽培种（或变种）	野生近缘种
381	荸荠	莎草科 Cyperaceae	荸荠属 *Heleocharis* R. Br.		单鳞苞荸荠 *H. uniglumis*（Link.）Schult. 螺旋鳞荸荠 *H. spiralis*（Rottb.）R. Br. 野荸荠 *H. plantagineiformis* Tang et Wang 江南荸荠 *H. migoana* Ohwi et T. Koyana 扁基荸荠 *H. fennica* Palla ex Kneuck 空心秆荸荠 *H. fistulosa*（Poir.）Link. 羽毛荸荠 *H. wichura* Bocklr. 渐尖穗荸荠 *H. attenuata* Palla. 乳头基荸荠 *H. mamillata* Lindb. f. 黑籽荸荠 *H. caribaea* Blake. 贝壳叶荸荠 *H. chaetaria* Roem. et Schult. 透明鳞荸荠 *H. pellucida* Presl. 刘氏荸荠 *H. liouana* Tang et Wang 云南荸荠 *H. yunnanensis* Svens. 密花荸荠 *H. congesta* D. Don. 木贼状荸荠 *H. equisetina* J. et C. Presl. 三面秆荸荠 *H. trilateralis* Tang et Wang 银鳞荸荠 *H. argyrolepis* Kjeruff. ex Bunge 少花荸荠 *H. pauciflora* Link 中间型荸荠 *H. intersita* Zinserl.
382	美人蕉	美人蕉科 Cannaceae	美人蕉属 *Canna* L.	大花美人蕉 *C. generalis* Bailey	蕉藕 *C. edulis* Ker－Gawl. 柔瓣美人蕉 *C. flaccida* Salisb. 粉美人蕉 *C. glauca* L. 紫叶美人蕉 *C. warscewiczii* A. Dietr. 软瓣美人蕉 *C. flaccida* Salisb. 兰花美人蕉 *C. orchiodes* Bailey
383	蕉芋	美人蕉科 Cannaceae	美人蕉属 *Canna* L.	蕉芋 *C. edulis* Ker.	

（续）

序号	作物名称	科	属	栽培种（或变种）	野生近缘种
384	菱	菱科 Trapaceae	菱属 *Trapa* L.	红菱 *T. bicornis* Osbeck. 南湖菱 *T. acornis* Nakai 四角菱 *T. quadrispinosa* Roxb.	野菱 *T. incisa* Sieb. et Zucc. 四瘤菱 *T. mammillifera* Miki 菱（二角菱）*T. bispinosa* Roxb. 东北菱 *T. manshurica* Fler. 细果野菱 *T. maximowiczii* Korsh. 耳菱 *T. potaninii* V. Vassil. 冠菱 *T. litwinowii* V. Vassil. 格菱 *T. pseudoincisa* Nakai 菱角 *T. japonica* Fler. 弓角菱 *T. arcuata* S. H. Li et Y. L. Chang
385	香石竹	石竹科 Caryophyllaceae	石竹属 *Dianthus* L.	香石竹 *D. caryophyllus* L.	
386	石竹	石竹科 Caryophyllaceae	石竹属 *Dianthus* L.	石竹 *D. chinensis* L. 须苞石竹 *D. barbatus* L. 常夏石竹 *D. plumarius* L.	瞿麦 *D. superbus* L.
387	太子参	石竹科 Caryophyllaceae	孩儿参属 *Pseudostellaria* Pax	孩儿参 *P. heterophylla*（Miq.）Pax ex Rax et Hoffm.	矮小孩儿参 *P. maximowicziana*（Franch. et Sav.）Pax 蔓假繁缕 *P. davidii*（Franch.）Pax ex Rax et Hoffm. 狭叶孩儿参 *P. sylvatica*（Maxim.）Pax ex Rax et Hoffm.
388	银柴胡	石竹科 Caryophyllaceae	繁缕属 *Stellaria* L.	银柴胡 *S. dichotoma* L. var. *lanceolata* Bge.	雀舌草 *S. alsine* Grimm. 繁缕 *S. media*（L.）Cyr.
389	玄参	玄参科 Scrophulariaceae	玄参属 *Scrophularia* L.	玄参 *S. ningpoensis* Hemsl.	大果玄参 *S. macrocarpa* Tsoong 长梗玄参 *S. fargesii* Franch. 丹东玄参 *S. kakudensis* Franch.
390	地黄	玄参科 Scrophulariaceae	地黄属 *Rehmannia*	地黄 *R. glutinosa* Libosch.	天目地黄 *R. chingii* Li 湖北地黄 *R. henryi* N. E. Brown 裂叶地黄 *R. piasezkii* Maxim.

（续）

序号	作物名称	科	属	栽培种（或变种）	野生近缘种
391	泡桐	玄参科 Scrophulariaceae	泡桐属 *Paulownia* Seib. et Zucc.	兰考泡桐 *P. elongata* S. Y. Hu 楸叶泡桐 *P. catalpifolia* Gong Tong 毛泡桐 *P. tomentosa*（Thunb.）Steud. 白花泡桐 *P. fortunei*（Seem.）Hemsl. 川泡桐 *P. fargesii* Franch.	鄂川泡桐 *P. albiphloea* Z. H. Zhu sp. nov. 南方泡桐 *P. australis* Gong Tong 台湾泡桐 *P. kawakamii* Ito
392	金鱼草	玄参科 Scrophulariaceae	金鱼草属 *Antirrhinum* L.	金鱼草 *A. majus* L.	匍生金鱼草 *A. asarina* L. 毛金鱼草 *A. molle* L.
393	荷包牡丹	罂粟科 Papaveraceae	荷包牡丹属 *Dicentra* Bernh.	荷包牡丹 *D. spectabilis*（L.）Hutchins.	大花荷包牡丹 *D. macrantha* Oliv.
394	延胡索	罂粟科 Papaveraceae	紫堇属 *Corydalis* Vent.	延胡索 *C. yanhusuo* W. T. Wang	地丁草 *C. bungeana* Turcz. 夏天无 *C. decumbens*（Thunb.）Pers. 紫堇 *C. edulis* Maxim. 黄堇 *C. pallida*（Thunb.）Pers. 对叶元胡 *C. ledebouriana* Kar et Kir. 断肠草 *C. pterygopetala* Hand. -Mazz. 石生黄连 *C. saxicola* Bunting. 岩黄连 *C. thalictrifolia* Franch. 岩莲 *C. wumungensis* C. Y. Wu
395	虞美人	罂粟科 Papaveraceae	罂粟属 *Papaver* L.	虞美人 *P. rhoeas* L.	冰岛罂粟 *P. nudicaule* L. 东方罂粟 *P. orientale* L. 黑环罂粟 *P. pavonium* Schrenk 罂粟 *P. somniferum* L.
396	防己	防己科 Menispermaceae	千金藤属 *Stephania* Lour.	粉防己（石蟾蜍）*S. tetrandra* S. Moore	白线薯 *S. brachyandra* Diels 金线吊乌龟 *S. cepharantha* Hayata ex Ya Yamam. 一文钱 *S. delavayi* Diels 血散薯 *S. dielsiana* C. Y. Wu.

（续）

序号	作物名称	科	属	栽培种（或变种）	野生近缘种
396	防己	防己科 Menispermaceae	千金藤属 *Stephania* Lour.		地不容 S. *epigaea* H. S. Lo. 千金藤 S. *japonica*（Thunb.）Miers. 汝兰 S. *sinica* Diel.
397	远志	远志科 Polygalaceae	远志属 *Polygala* L.	远志 *P. tenuifolia* Willd.	和合草 *P. subopposita* S. K. Chen. 小扁豆 *P. tatarinowii* Regel. 瓜子金 *P. japonica* Houtt. 荷包山桂花 *P. arillata* Buch. - Ham.
398	慈姑	泽泻科 Alismataceae	慈姑属 *Sagittaria* L.	慈姑 *S. sagittifolia* L. var. *sinensis*（Sims）Makino.	野慈姑 *S. trifolia* L.
399	泽泻	泽泻科 Alismataceae	泽泻属 *Alisma* L.	泽泻 *A. orientalis*（Sam.）Juzep.	
400	蕺菜 （鱼腥草）	三白草科 Saururaceae	蕺菜属 *Houttuynia* Thunb.	蕺菜 *H. cordata* Thunb.	
401	尖蜜拉	桑科 Moraceae	菠萝蜜属 *Artocarpus* J. R. et G. Forst.	尖蜜拉 *A. champeden*（Lour.）Spreng. [*A. integre*（Thunb.）Merr.]	
402	菠萝蜜 （木菠萝）	桑科 Moraceae	菠萝蜜属 *Artocarpus* J. R. et G. Forst.	菠萝蜜 *A. heterophyllus* Lam. 面包果 *A. altilis* Fosberg（*A. communis* Forst；*A. incisus* L. F.）	野树菠萝 *A. chaplasha* Roxb. 红桂树 *A. hypargyraea* Hance 云南菠萝蜜 *A. lakoocha* Roxb. 滇光叶桂木 *A. nitidus* Trec. 短绢毛桂木 *A. petelotii* Gagnep. 二色桂木 *A. styracifolius* Pierre 鸡脖子 *A. tonkinensis* A. Chev. ex Gagnep.
403	粗叶榕 （五爪龙）	桑科 Moraceae	榕属（无花果属） *Ficus* L.	粗叶榕 *F. simplicissima* Lour.	天仙果 *F. beecheyana* Hook. et Arn. 水同木 *F. harlandi* Benth. 榕树 *F. microcarpa* L. f.

（续）

序号	作物名称	科	属	栽培种（或变种）	野生近缘种
403	粗叶榕 （五爪龙）	桑科 Moraceae	榕属（无花果属） *Ficus* L.		菩提树 *F. religiosa* L. 地瓜 *F. tikoua* Bur. 笔管榕 *F. wightiana* Wall.
404	无花果	桑科 Moraceae	无花果属（榕属） *Ficus* L.	无花果 *F. carica* L.	馒头果 *F. auriculata* Lour. 爱玉子 *F. awkeotsang* Makino 天仙果 *F. erecta* Thunb. 薜荔 *F. pumila* L.
405	构树	桑科 Moraceae	构树属 *Broussonetia* L'Hert. ex Vent.	构树 *B. papyrifera*（L.）L'Hert. ex Vent.	楮 *B. kazinoki* Sieb. 藤构 *B. kaempferi* Sieb. 落叶花桑 *B. kurzii*（Hook. f.）Corner
406	桑	桑科 Moraceae	桑属 *Morus* L.	鲁桑 *M. multicaulis* Perr. 广东桑 *M. atropurpurea* Roxb. 瑞穗桑 *M. mizuho* Hotta. 白桑 *M. alba* Linn.	山桑 *M. bombycis* Koidz. 长穗桑 *M. wittiorum* Hand. - Mazz. 华桑 *M. cathayana* Hensl. 黑桑 *M. nigra* Linn. 长果桑 *M. laevigata* Wall. 细齿桑 *M. serrata* Roxb. 川桑 *M. notabilis* Schneid. 唐鬼桑 *M. nigriformis* Koidz. 滇桑 *M. yunnanensis* Koidz. 鸡桑 *M. australis* Poir. 蒙桑 *M. mongolica* Schneid.
407	石榴	安石榴科 Punicaceae	石榴属 *Punica* L.	石榴 *P. granatum* Linn.	
408	荞麦	蓼科 Polygonaceae	荞麦属 *Fagopyrum* Mill.	甜荞 *F. esculentum* Moench 苦荞 *F. tataricum*（L.）Gaertn.	金荞麦 *F. cymosum*（Trev.）Meism. 硬枝万年荞 *F. urophyllum*（Bur. et Franch）H. Gross. 抽葶野荞麦 *F. statice*（Levl.）H. Gross.

（续）

序号	作物名称	科	属	栽培种（或变种）	野生近缘种
408	荞麦	蓼科 Polygonaceae	荞麦属 *Fagopyrum* Mill.		小野荞麦 *F. leptopodum*（Diels）Hedberg 线叶野荞 *F. lineare*（Samuelss.）Haraldson 细柄野荞麦 *F. gracilipes*（Hemsl.）Dammer ex Diels 岩野荞麦 *F. gilesii*（Hemsl.）Hedberg 疏穗野荞麦 *F. caudatum*（Sam.）A. J. Li
409	金荞麦	蓼科 Polygonaceae	荞麦属 *Fagopyrum* Mill.	金荞麦 *F. dibotrys*（D. Don）Hara	
410	大黄	蓼科 Polygonaceae	大黄属 *Rheum* L.	食用大黄 *R. officinale* Baill. 唐古特大黄 *R. tanguticum* Maxim. ex Balf. 掌叶大黄 *R. palmatum* L.	西藏大黄 *R. tibeticum* Maxim. ex Hook. f. 天山大黄 *R. wittrocki* Lundstr.
411	沙拐枣	蓼科 Polygonaceae	沙拐枣属 *Calligonum* L.	乔木状沙拐枣 *C. arborescens* Litv. 头状沙拐枣 *C. caput-medusae* Schrenk 沙拐枣 *C. mongolicum* Turcz.	阿拉善沙拐枣 *C. alaschanicum* A. Los. 中国沙拐枣 *C. chinense* A. Los. 白皮沙拐枣 *C. leucocladum*（Schrenk）Bunge 昆仑沙拐枣 *C. roborovskii* A. Los. 红皮沙拐枣 *C. rubicundum* Bunge
412	巴天酸模	蓼科 Polygonaceae	酸模属 *Rumex* L.	巴天酸模 *R. patientia* L.	皱叶酸模 *R. crispus* L. 天山酸模 *R. tianshanicus* A. Los.
413	酸模	蓼科 Polygonaceae	酸模属 *Rumex* L.	酸模 *R. acetosa* L.	
414	蓼蓝	蓼科 Polygonaceae	蓼属 *Polygonum* L.	蓼蓝 *P. tinctorium* Ait.	岩蓼 *P. cognatum* Meisn. 帚蓼 *P. argyrocoleum* Steud. ex Kunze 习见蓼 *P. plebeium* R. 圆叶蓼 *P. intramongolicum* A. J. Li 刺蓼 *P. senticosum*（Meisn. ex Miq.）Franch. et Sav. 戟叶蓼 *P. thunbergii* Sieb. et Zucc.

（续）

序号	作物名称	科	属	栽培种（或变种）	野生近缘种
414	蓼蓝	蓼科 Polygonaceae	蓼属 *Polygonum* L.		箭叶蓼 *P. sieboldii* Meisn 卷茎蓼 *P. convolvulus* Linn. 多穗蓼 *P. polystachyum* Wall. ex Meisn. 细茎蓼 *P. filicaule* Wall. ex Meisn. 圆穗蓼 *P. macrophyllum* D. Don 光蓼 *P. glabrum* Willd. 春蓼 *P. persicaria* Linn. 红蓼 *P. orientale* Linn. 水蓼 *P. hydropiper* Linn. 两栖蓼 *P. amphibium* Linn. 毛蓼 *P. barbatum* Linn.
415	何首乌	蓼科 Polygonaceae	蓼属 *Polygonum* L.	何首乌 *P. multiflorum* Thunb.	九牯牛 *P. rude* Meissn. 萹蓄 *P. aviculare* L. 火炭母 *P. chinense* L. 虎杖 *P. cuspidatum* Sieb. et Zucc. 酸模叶蓼 *P. lapathifolium* L. 杠板归 *P. perfoliatum* L. 赤胫散 *P. runcinatum* Buch. - Ham.
416	聚合草	紫草科 Boraginaceae	聚合草属 *Symphytum* L.	聚合草 *S. peregrinum* L.	
417	紫草	紫草科 Boraginaceac	紫草属 *Lithospermum* L.	紫草 *L. erythrorhizon* Sieb. et Zucc. 内蒙紫草 *L. guttata*（Bunge）Johst. （*Arnebia guttata* Bunge）	梓子草 *L. zollingeri* DC. 田紫草 *L. arvense* L. 云南紫草 *L. hancockianum* Oliv. 小花紫草 *L. officinate* L.
418	新疆紫草	紫草科 Boraginaceac	软紫草属 *Arnebia* Forsk.	新疆紫草 *Arnebia euchroma*（Royle）Johnst.	

（续）

序号	作物名称	科	属	栽培种（或变种）	野生近缘种
419	琉璃苣	紫草科 Boraginaceae	琉璃苣属 *Borago* L.	琉璃苣 *B. officinalis* L.	
420	茭白	禾本科 Gramineae	菰属 *Zizania* L.	茭白 *Z. caduciflora*（Turcz.）Hand. - Mazz.（*Z. latifolia* Turcz.）	得科萨斯菰 *Z. texana* Hitchc 水生菰 *Z. aquatica* L. subsp. *aquatica* 矮生菰 *Z. aquatica* subsp. *brevis*（Fass.）S. L. Chen 湖生菰 *Z. palustris* L. ssp. *interior*（Fass.）S. L. Chen 沼生菰 *Z. palustris* ssp. *palustris* L.
421	刚竹	禾本科 Gramineae	刚竹属 *Phyllostachys* Sieb. & Zucc.	刚竹（桂竹）*P. bambusoides* Sieb. et Zucc.	
422	毛竹	禾本科 Gramineae	刚竹属 *Phyllostachys* Sieb. & Zucc.	毛竹 *P. pubescens* Mazel ex H. De Lebaie.	
423	甜笋竹	禾本科 Gramineae	刚竹属 *Phyllostachys* Sieb. & Zucc.	甜笋竹 *P. elegans* McClure	
424	毛金竹	禾本科 Gramineae	刚竹属 *Phyllostachys* Sieb. & Zucc.	毛金竹 *P. nigra* var. *henonis*（Mitf.）Stapf ex Rendle	
425	早竹	禾本科 Gramineae	刚竹属 *Phyllostachys* Sieb. & Zucc.	早竹 *P. praecox* C. D. Chu et C. S. Chao	
426	白哺鸡竹	禾本科 Gramineae	刚竹属 *Phyllostachys* Sieb. & Zucc.	白哺鸡竹 *P. dulcis* McClure	

（续）

序号	作物名称	科	属	栽培种（或变种）	野生近缘种
427	乌哺鸡竹	禾本科 Gramineae	刚竹属 *Phyllostachys* Sieb. & Zucc.	乌哺鸡竹 *P. vivax* McClure	
428	红哺鸡竹	禾本科 Gramineae	刚竹属 *Phyllostachys* Sieb. & Zucc.	红哺鸡竹 *P. iridenscens* C. Y. Yao et S. Y. Chen	
429	花哺鸡竹	禾本科 Gramineae	刚竹属 *Phyllostachys* Sieb. & Zucc.	花哺鸡竹 *P. glabrata* S. Y. Chen et C. Y. Yao	
430	尖头青竹	禾本科 Gramineae	刚竹属 *Phyllostachys* Sieb. & Zucc.	尖头青竹 *P. acuta* C. D. Chu et C. S. Chao	
431	石竹	禾本科 Gramineae	刚竹属 *Phyllostachys* Sieb. & Zucc.	石竹 *P. nuda* McClure	
432	水竹	禾本科 Gramineae	刚竹属 *Phyllostachys* Sieb. & Zucc.	水竹 *P. congesta* Rendle	
433	曲杆竹 （甜竹）	禾本科 Gramineae	刚竹属 *Phyllostachys* Sieb. & Zucc.	曲杆竹（甜竹）*P. flexuosa* A. et C. Rivere	
434	南竹	禾本科 Gramineae	刚竹属 *Phyllostachys* Sieb. et Zucc.	南竹（毛竹）*P. edulis*（Carr.）H. de Lehaie 淡竹 *P. glauca* McClure	黄苦竹 *P. angusta* McClure 乌芽竹 *P. atrovaginata* C. S. Chao et H. Y. Chou 人面竹 *P. aurea* Carr. ex A. et C. Riv. 黄槽竹 *P. aureosulcata* McClure 容城竹 *P. bissetii* McClure

（续）

序号	作物名称	科	属	栽培种（或变种）	野生近缘种
434	南竹	禾本科 Gramineae	刚竹属 *Phyllostachys* Sieb. et Zucc.		毛壳花脯鸡竹 *P. circumpilis* C. Y. Yao et S. Y. Chen 角竹 *P. fimbriligula* Wen 贵州刚竹 *P. guizhouensis* C. S. Chao et J. Q. Zhang 红壳雷竹 *P. incarnata* Wen 假毛竹 *P. kwangsiensis* W. Y. Hsiung et al. 台湾桂竹 *P. makinoi* Hayata 美竹 *P. mannii* Gamble 浙江淡竹 *P. meyeri* McClure 篌竹 *P. nidularia* Munro 安吉金竹 *P. parvifolia* C. D. Chu et H. Y. Chou 灰水竹 *P. platyglossa* Z. P. Wang et Z. H. Yu 高节竹 *P. prominens* W. Y. Xiong 沙竹 *P. propinqua* McClure 芽竹 *P. robustiramea* S. Y. Chen et C. Y. Yao 红后竹 *P. rubicunda* Wen 红边竹 *P. rubromarginata* McClure 金竹 *P. sulphurea*（Carr.）A. et C. Liu 乌竹 *P. varioauriculata* S. C. Li et S. H. Wu 硬头青竹 *P. veitchiana* Rendle 绿粉竹 *P. viridi-glaucescens*（Carr.）A. et C. Riv.
435	吊丝球竹	禾本科 Gramineae	绿竹属 *Sinocalamus* McClure	吊丝球竹 *S. beecheyanus*（Munro）McClure	
436	麻竹	禾本科 Gramineae	绿竹属 *Sinocalamus* McClure	麻竹 *S. latiflorus*（Munro）McClure （*Dendrocalamu latiflorus* Munro）	
437	绿竹	禾本科 Gramineae	绿竹属 *Sinocalamus* McClure	绿竹 *S. oldhami*（Munro）McClure	

（续）

序号	作物名称	科	属	栽培种（或变种）	野生近缘种
438	慈竹	禾本科 Gramineae	绿竹属 *Sinocalamus* McClure	慈竹 *S. affinis* (Rendle) McClure	孖竹 *S. recto-cuneatus* W. T. Lin 疙瘩竹 *S. yunnanensis* Hsueh f.
439	梁山慈竹	禾本科 Gramineae	绿竹属 *Sinocalamus* McClure	梁山慈竹 *S. farinosus* Keng et Keng f.	
440	簕竹	禾本科 Gramineae	簕竹属 *Bambusa* Retz. Corr. Schreber	青皮竹 *B. textilis* McClure 撑篙竹 *B. pervariabilis* McClure 粉单竹 *B. chungii* McClure 簕竹 *B. blumeana* J. A. et J. H. Schult. f.	花竹 *B. albo-lineata* Chia 狭耳坭竹 *B. angustiaurita* W. T. Lin 妈竹 *B. boniopsis* McClure 单竹 *B. cerosissima* McClure 牛角竹 *B. corigera* McClure 吊罗坭竹 *B. diaoluoshanensis* Chia et H. L. Fung 坭簕竹 *B. dissemulator* McClure 料慈竹 *B. distegia* (Keng et Keng f.) Chia et H. L. Fung 长枝竹 *B. dolichoclada* Hayata 蓬莱黄 *B. duriuscula* W. T. Lin 大眼竹 *B. eutuldoides* McClure 小簕竹 *B. flexuosa* Munro 鸡窦坭竹 *B. funghomii* McClure 水黄竹 *B. gibba* McClure 桂单竹 *B. guangxiensis* China et H. L. Fung 乡土竹 *B. indigena* Chia et H. L. Fung 油簕竹 *B. lapidea* McClure 马岭竹 *B. malingensis* McClure 孝顺竹 *B. multiplex* (Lour.) Raeuschel ex Schult. f. 黄竹仔 *B. mutabilis* McClure 石竹仔 *B. piscaporum* McClure 甲竹 *B. remotiflora* Kuntze 木竹 *B. rutila* McClure

（续）

序号	作物名称	科	属	栽培种（或变种）	野生近缘种
440	簕竹	禾本科 Gramineae	簕竹属 *Bambusa* Retz. Corr. Schreber		锦竹 *B. subaequalis* H. L. Fung et C. Y. Sia 马甲竹 *B. tulda* Roxb. 青杆竹 *B. tuldoides* Munro
441	茶秆竹	禾本科 Gramineae	矢竹属 *Pseudosasa* Makino ex Nakai	茶秆竹 *P. amabilis* (McClure) Keng f.	尖箨茶秆竹 *P. acutivagina* Wen et S. C. Chen 空心竹 *P. aeria* Wen 托竹 *P. cantori* (Munro) Keng f. 纤细茶秆竹 *P. gracilis* S. L. Chen et G. H. Sheng 笔秆竹 *P. guanxianensis* Yi 彗竹 *P. hindsii* (Munro) C. D. Chu et C. S. Chao 庐山茶秆竹 *P. hita* S. L. Chen et G. Y. Sheng 矢竹 *P. japonica* (Sieb. et Zucc.) Makino 长鞘茶秆竹 *P. longivaginata* H. R. Zhao et Y. L. Yang 广竹 *P. longligula* Wen 鸡公山茶秆竹 *P. maculifera* J. L. Lu 江永茶秆竹 *P. magilaminaria* B. M. Yang 长舌茶秆竹 *P. nanunica* (McClure) Z. P. Wang et G. H. Ye 斑箨茶秆竹 *P. notata* Z. P. Wang et G. H. Ye 面秆竹 *P. orthotropa* S. L. Chen et Wen 少花茶秆竹 *P. pallidiflora* (McClure) S. L. Chen et G. Y. Sheng 近实心茶秆竹 *P. subsolida* S. L. Chen et G. Y. Sheng 截平茶秆竹 *P. truncatula* S. L. Chen et G. Y. Sheng 矢竹仔 *P. usawai* (Hayata) Makino et Nemoto 笔竹 *P. viridula* S. L. Chen et G. Y. Sheng 武夷山茶秆竹 *P. wuyiensis* S. L. Chen et G. Y. Sheng 岳麓山茶秆竹 *P. yuelushanensis* B. M. Yang

（续）

序号	作物名称	科	属	栽培种（或变种）	野生近缘种
442	香茅	禾本科 Gramineae	香茅属 *Cymbopogon* Spreng.	香茅 *C. citratus*（DC.）Stapf	
443	爪哇香茅	禾本科 Gramineae	香茅属 *Cymbopogon* Spreng.	爪哇香茅 *C. wintorianus* Jowitt 锡兰香茅 *C. nardus* Rondle	
444	薏苡	禾本科 Gramineae	薏苡属 *Coix* L.	薏苡 *C. lacryma－jobi* L.	川谷 *C. mayuen* Roman. ［*C. lacryma－jobi* var. *mayuen*（Roman.）Stapf］
445	冰草	禾本科 Gramineae	冰草属 *Agropyron* Gaertn.	扁穗冰草 *A. cristatum*（L.）Gaertn. 沙生冰草 *A. desertorum*（Fisch.）Schult. 沙芦草 *A. mongolicum* Keng 西伯利亚冰草 *A. sibiricum*（Willd.）Beauv.	光穗冰草 *A. pectiniforme* Roem. et Schult. ［*A. cristatum* var. *pectiniforme*（Roem. et Sctwlt.）H. L. Yang］ 根茎冰草 *A. michnoi* Roshev. 蓖穗冰草 *A. pectinatum*
446	剪股颖	禾本科 Gramineae	剪股颖属 *Agrostis* L.	小糠草 *A. gigantea* Roth.	歧序剪股颖 *A. divaricatissima* Mez 西伯利亚剪股颖 *A. sibirica* V. Petr. 细弱剪股颖 *A. tenuis* Sibth.
447	看麦娘	禾本科 Gramineae	看麦娘属 *Alopecurus* L.	草地看麦娘 *A. pratensis* L. 苇状看麦娘 *A. arundinaceus* Poir.	短穗看麦娘 *A. brachystachyus* Bieb. 喜玛拉雅看麦娘 *A. himalaicus* Hook. f.
448	燕麦	禾本科 Gramineae	燕麦属 *Avena* L.	普通栽培燕麦 *A. sativa* L. 地中海燕麦 *A. byzantina* Koch 砂燕麦 *A. strigosa* Sehreb. 大粒裸燕麦（莜麦）*A. nuda* L. ［*A. sativa* var. *nuda* Mordv.，*A. sativa* ssp. *nudisativa*（Husnot.）Rod. et Sold.］	普通野燕麦 *A. fatua* L. 大燕麦 *A. magna* Mur. et Fed. 野红燕麦 *A. sterilis* L. 异颖燕麦 *A. pilosa* M. B. 小粒裸燕麦 *A. nudibrevis* Roth. 细燕麦 *A. barbata* Pott. 短燕麦 *A. brevis* Roth. 西班牙燕麦 *A. hispanica* Ard. 南燕麦 *A. meridionalis*（Malz.）Roshev.

（续）

序号	作物名称	科	属	栽培种（或变种）	野生近缘种
449	稻	禾本科 Gramineae	稻属 *Oryza* L.	亚洲栽培稻 *O. sativa* L. 非洲栽培稻 *O. glaberrima* Steud	普通野生稻 *O. rufipogon* Griff. 药用野生稻 *O. officinalis* Wall. ex Watt 疣粒野生稻 *O. meyeriana* Baill. 高秆野生稻 *O. alta* Swallen 澳洲野生稻 *O. australiensis* Domin 巴蒂野生稻 *O. barchii* A. Chev. 紧穗野生稻 *O. eichingeri* A. Peter 大护颖野生稻 *O. grandiglumis* Prod. 长粒野生稻 *O. glumaepatula* Steud. 宽叶野生稻 *O. latifolia* Desv. 长护颖野生稻 *O. longiglumis* Jansen 南方野生稻 *O. meridionalis* N. Q. Ng 尼瓦拉野生稻 *O. nivara* Sharma 极短粒野生稻 *O. schleteri* Pilger 马来野生稻 *O. ridleyi* Hook f. 短药野生稻 *O. brachyantha* A. Chev. et Rochr. 颗粒野生稻 *O. granulata* Nees et Arn. ex Hook f. 长药野生稻 *O. longistaminata* A. Chev. et Roehr. 小粒野生稻 *O. minuta* J. S. Presl ex C. B. Presl. 斑点野生稻 *O. punctata* Kotschy ex Steud.
450	小黑麦	禾本科 Gramineae	小黑麦属 *Triticale*（*Triticosecale* Wittmack）	小黑麦 *Triticumx secale*	
451	䅟子	禾本科 Gramineae	䅟属 *Eleusine* Gaertn.	䅟子（龙爪稷、鸡脚稗）*E. coracana*（L.）Gaertn.	牛筋草（蟋蟀草）*E. indica*（L.）Gaertn. 三穗䅟 *E. tristachya* Kunth 虮子草 *E. filiformis* Lam.

（续）

序号	作物名称	科	属	栽培种（或变种）	野生近缘种
452	小麦	禾本科 Gramineae	小麦属 *Triticum* L.	普通小麦 *T. aestivum* L. 密穗小麦 *T. compactum* Host. 印度圆粒小麦 *T. sphaerococcum* Perc. 玛卡小麦 *T. macha* Dek. et Men. 斯卑尔脱小麦 *T. spelta* L. 栽培二粒小麦 *T. dicoccum* Schuebl. 硬粒小麦 *T. durum* Desf. 东方小麦 *T. orientale* Perc. 波斯小麦 *T. persicum* Vav. ex Zhuk. 波兰小麦 *T. polonicum* L. 圆锥小麦 *T. turgidum* L. 栽培一粒小麦 *T. monococcum* L. 瓦维洛夫小麦 *T. vavilovii* Jakubz. 茹科夫斯基小麦 *T. zhulovskyi* Men. et Er. 提莫菲维小麦 *T. timopheevii* Zhuk.	**小麦属**：*Triticum* L. 野生一粒小麦 *T. boeoticum* Boiss. 乌拉尔图小麦 *T. urartu* Thum. et Gandil. 野生二粒小麦 *T. dicoccoides* Schweinf. 阿拉拉特小麦 *T. araraticum* Jakubz. **山羊草属**：*Aegilops* L. 小伞山羊草 *A. umbellulata* Zhuk. 卵穗山羊草 *A. ovata* L. 三芒山羊草 *A. triaristata* Willd. 直山羊草 *A. recta* Zhuk. 小亚山羊草 *A. columnaris* Zhuk. 欧山羊草 *A. biuncialis* Vis. 易变山羊草 *A. variabilis* Eig. 黏果山羊草 *A. kotschyi* Boiss. 钩刺山羊草 *A. triuncialis* L. 尾状山羊草 *A. caudata* L. 柱穗山羊草 *A. cylindrica* Host. 顶芒山羊草 *A. comosa* Sibth. et Sm. 单芒山羊草 *A. uniaristata* Vis. 无芒山羊草 *A. mutica* Boiss. 拟斯卑尔脱山羊草 *A. speltoides* Tausch. 东方山羊草 *A. aucheri* Boiss. 高大山羊草 *A. longissima* Schw. et Musch. 沙融山羊草 *A. sharonensis* Eig. 双角山羊草 *A. bicornis*（Forsk.）Jaub. et Sp. 西尔斯山羊草 *A. searsii* Feldman et Kislev. 粗山羊草 *A. tauschii* Coss.

（续）

序号	作物名称	科	属	栽培种（或变种）	野生近缘种
452	小麦	禾本科 Gramineae	小麦属 *Triticum* L.		肥山羊草 *A. crassa* Boiss. 偏凸山羊草 *A. ventricosa* Tausch. 牡山羊草 *A. juvenalis*（Thell.）Eig. 瓦维洛夫山羊草 *A. vavilovii*（Zhuk.）Chenn. **旱麦草属**：*Eremopyrum*（Ledeb.）Jaub. et Spach. 光穗旱麦草 *E. banaepartis*（Spreng.）Nevski 毛穗旱麦草 *E. distans*（C. Koch.）Nevski 东方旱麦草 *E. orientale*（L.）Jaub. et Spach. 旱麦草 *Er. triticeum*（Gaertn.）Nevski **簇毛麦属**：*Haynaldia* Schur. =*Dasypyrum*（Coss. et Dur.）Borb. 簇毛麦 *H. vilosa* L. **无芒草属**：*Henrardia* C. E. Hubb. 波斯无芒草 *H. Persica*（Bioss.）C. E. Hubb. **异形花属**：*Heteranthelium* Hochst. 异形花草 *H. piliferum*（Banks et Soland.）Hochst. **棱轴草属**：*Taeniatherum* Nevski 棱轴草 *T. crinitum*（Schreb.）Nevski **猬草属**：*Hystrix* Moench（*Asperella* Humb.） 猬草 *H. duthiei* 东北猬草 *H. komarovii* **大麦属**：26 个种见大麦（序号 468） **黑麦属**：4 个种见黑麦（序号 482） **冰草属**：3 个种见冰草（序号 445） **鹅观草属**：57 个种见鹅观草（序号 481） **偃麦草属**：15 个种见偃麦草（序号 464） **披碱草属**：34 个种见披碱草（序号 463） **赖草属**：15 个种见羊草（序号 469） **新麦草属**：5 个种见新麦草（序号 479）

（续）

序号	作物名称	科	属	栽培种（或变种）	野生近缘种
453	地毯草	禾本科 Gramineae	地毯草属 *Axonopus* Beauv.	类地毯草 *A. affinis* A. Chase 地毯草 *A. compressus*（Sw.）Beauv. 壮丽草 *A. scoparius*（Flugge）Hitchc.	
454	白羊草 （孔颖草）	禾本科 Gramineae	孔颖草属 *Bothriochloa* Kuntze	白羊草 *B. ischaemum*（L.）Keng	臭根子草 *B. bladhii*（Retz.）S. T. Blake（*B. intermedia* A. Camus） 孔颖草 *B. pertusa*（L.）Camus
455	臂形草	禾本科 Gramineae	臂形草属 *Brachiaria* Griseb.	珊状臂形草 *B. brizantha* Stapf 俯仰臂形草 *B. decumbens* Stapf 网脉臂形草 *B. dictyoneura* Stapf 巴拉草 *B. mutica*（Forsk.）Stapf 刚果旗草 *B. ruziensis* Germain et Evrard	臂形草 *B. erucaeformis*（J. E. Smith.）Griseb. 多枝臂形草 *B. ramosa*（L.）Stapf 尾稃臂形草 *B. urochloaoides* S. L. Chen 毛臂形草 *B. villosa*（Lam.）A. Camus
456	雀麦	禾本科 Gramineae	雀麦属 *Bromus* L.	草地雀麦 *B. biebersteinii* Roem. et Schult. 扁穗雀麦 *B. catharticus* Vahl. 无芒雀麦 *B. inermis* Leyss. 雀麦 *B. japonica* Thumb. ex Murr. 山地雀麦 *B. marginatus* Nees ex Steud. 耐酸草 *B. pumpellianus* Scribn.	毗邻雀麦 *B. confinis* Nees ex Steud. 密丛雀麦 *B. benekenii*（Lge.）Trim. 沙地雀麦 *B. ircutensis* Kom. 西伯利亚雀麦 *B. sibiricus* Drob.
457	虎尾草	禾本科 Gramineae	虎尾草属 *Chloris* Sw.	盖氏虎尾草 *C. gayana* Kunth 虎尾草 *C. virgata* Sw.	异序虎尾草 *C. anomala* B. S. Sun et Z. H. Hu 孟仁草 *C. barbata* Sw.（*C. inflata* Link） 台湾虎尾草 *C. formosana*（Honda）Keng
458	狗牙根	禾本科 Gramineae	狗牙根属 *Cynodon* Rich	狗牙根 *C. dactylon*（L.）Pers.	弯穗狗牙根 *C. arcuatus* J. S. Presl. ex Presl.
459	鸭茅	禾本科 Gramineae	鸭茅属 *Dactylis* L.	鸭茅 *D. glomerata* L.	
460	马唐	禾本科 Gramineae	马唐属 *Digitaria* Hall.	十字马唐 *D. cruciata*（Nees）A. Camus 俯仰马唐 *D. decumbens* Stent.	升马唐 *D. ciliaris*（Retz.）Koel. 毛马唐 *D. chrysoblephara* Fig. et De Not.

（续）

序号	作物名称	科	属	栽培种（或变种）	野生近缘种
460	马唐	禾本科 Gramineae	马唐属 *Digitaria* Hall.	马唐 *D. sanguinalis*（L.）Scop. 南非马唐 *D. smutsii* Stent.	止血马唐 *D. ischaemum*（Schreb.）Schreb. ex Muhl.
461	稗	禾本科 Gramineae	稗属 *Echinochloa* Beauv.	稗 *E. crusgalli*（L.）Beauv. 湖南稷子 *E. frumentacea*（Roxb.）Link [*E. crusgalli* Beauv. var. *frumentacea*（Roxb.）W. F. Wight] 光头稗 *E. colonum*（L.）Link.	长芒稗 *E. caudata* Roshev. [*E. cusgalli*（L.）Beauv. var. *caudate*（Roshev.）Keng] 孔雀稗 *E. crusparonis*（H. B. K.）Schult. [*E. cusgalli*（L.）Beauv. var. *cruspavonis*（H. B. K.）Hitchc.] 旱稗 *E. hispidula*（Retz.）Nees [*E. cusgalli*（L.）Beauv. var. *hispidula*（Retz.）Honda] 无芒稗 *E. spiralis* Vasing. [*E. crusgalli*（L.）Beauv. var. *mitis*（Pursh）Peterm.] 西来稗 *E. zelayense*（H. B. K.）Schult. [*E. crusgalli*（L.）Beauv. var. *zelayensis*（H. B. K.）Hitchc.] 硬稃稗 *E. glabrescens* Munro ex Hook. f. 小穗稗 *E. microstachys*（Wieg.）Rydb. 海岸稗 *E. walteri*（Pursh）Heller 粗稗 *E. muricata*（P. Beauv.）Fernald 稻田稗 *E. oryzicola*（Ard.）Fritsch 佛罗里达稗 *E. paludigena* Wiegand 刺穗稗 *E. pungens*（Poir.）Rydb.
462	雀稗	禾本科 Gramineae	雀稗属 *Paspalum* L.	毛花雀稗 *P. dilatatum* Poir. 百喜草 *P. notatum* Flügge 圆果雀稗 *P. orbiculare* Forst. 宽叶雀稗 *P. wettsteinii* Hackel	两耳草 *P. conjugatum* Berg. 双穗雀稗 *P. paspaloides*（Michx.）Scribn. 皱稃雀稗 *P. plicatulum* Michx. 雀稗 *P. thunbergii* Kunth ex Steud. 海雀稗 *P. vaginatum* Sw.
463	披碱草	禾本科 Gramineae	披碱草属 *Elymus* L.	披碱草 *E. dahuricus* Turcz. 垂穗披碱草 *E. nutans* Griseb.	黑紫披碱草 *E. atratus*（Nevski）Hand. - Mazz. 短芒披碱草 *E. breviaristatus*（Keng）Keng f.

（续）

序号	作物名称	科	属	栽培种（或变种）	野生近缘种
463	披碱草	禾本科 Gramineae	披碱草属 *Elymus* L.	老芒麦 *E. sibiricus* L.	圆柱披碱草 *E. cylindricus*（Franch.）Honda 无芒披碱草 *E. submuticus*（Keng）Keng f. 阿勒泰披碱草 *E. altavicus* 亚利桑那披碱草 *E. arizonicus* 加拿大披碱草 *E. canadensis* L. 高加索披碱草 *E. caucaicus* 弯披碱草 *E. curvatus* 肥披碱草 *E. excelsus* Turcz. 纤维披碱草 *E. fibrosus* 天蓝披碱草 *E. glaucus* 直穗披碱草 *E. gmelinii* 间隔披碱草 *E. interruptus* 耿氏披碱草 *E. kengii* 披针-淡白披碱草 *E. lanceolatus*-*albicans* 披针-河岸披碱草 *E. lanceolatus*-*riparius* 垂穗披碱草 *E. nutans* Griseb. 帕塔冈披碱草 *E. patagonicus* 糙叶披碱草 *E. scabrifolius* 半肋披碱草 *E. semicostatus* 狭穗披碱草 *E. stenostchyus* 麦蕒草 *E. tangutorum*（Nevski）Hand. - Mazz. 高山披碱草 *E. tschimganicus*（Drob.）Tzvel. 毛披碱草 *E. villifer* C. P. Wang et H. L. Yang 弗吉尼亚披碱草 *E. virginicus* L. 巴氏披碱草 *E. batalinii* 费氏披碱草 *E. fedtschenkoi* 蓝边披碱草 *E. glaucissimus*

（续）

序号	作物名称	科	属	栽培种（或变种）	野生近缘种
463	披碱草	禾本科 Gramineae	披碱草属 *Elymus* L.		昆仑披碱草 *E. kunlunshanisis* 疏花披碱草 *E. laxiflorus* 变异-顶簇生草 *E. mutabilis-praecaespitosus* 紫芒披碱草 *E. purpuraristatus* C. O. Wang et H. L. Yang 糙颖披碱草 *E. scabriglumis*
464	偃麦草	禾本科 Gramineae	偃麦草属 *Elytrigia* Desv.	长穗偃麦草 *E. elongata*（Host）Nevski 中间偃麦草 *E. intermedia*（Host）Nevski 偃麦草 *E. repens*（L.）Nevski 史氏偃麦草 *E. smithii*（Rydb.）Nevski 毛偃麦草 *E. trichophora*（Link）Nevski	曲芒偃麦草 *E. aegilopoides*（Drob.）N. R. Cui 多花偃麦草 *E. elongatiformis*（Drob.）Nevski 费尔干偃麦草 *E. ferganensis*（Drob.）Nevski 拟冰草 *E. agropyroides* 淡白冰草 *E. albicans* 丛生偃麦草 *E. caespitosa* 瓦式偃麦草 *E. vaillantianus* 毛稃偃麦草 *E. alatavica* 百萨拉比偃麦草 *E. bessarabica* 曲叶偃麦草 *E. curvifolia* 意大利偃麦草 *E. italian* 灯芯偃麦草 *E. juncea*（L.）Nevski 有节偃麦草 *E. nodosa* 彭梯卡偃麦草 *E. pontica* 穗状偃麦草 *E. spicata*
465	假俭草	禾本科 Gramineae	蜈蚣草属 *Eremochloa* Büse	假俭草 *E. ophiuroides*（Munro）Hack.	西南马陆草 *E. bimaculata* Hack. 蜈蚣草 *E. ciliaris*（L.）Merr. 马陆草 *E. zeylanica* Hack.
466	苇状羊茅	禾本科 Gramineae	羊茅属 *Festuca* L.	苇状羊茅 *F. arundinacea* Schreb. 草甸羊茅 *F. pratensis* Huds. 紫羊茅 *F. rubra* L. 中华羊茅 *F. sinensis* Keng ex S. L. Lu	寒生羊茅 *F. kryloviana* Reverd. 羊茅 *F. ovina* L. 沟羊茅 *F. rupicola* Heuff.［*F. valesiaca* Schleich ex Gaud. subsp. *sulcata*（Hack.）Schinz. et R. Keller.］

（续）

序号	作物名称	科	属	栽培种（或变种）	野生近缘种
467	牛鞭草	禾本科 Gramineae	牛鞭草属 *Hemarthria* R. Br.	牛鞭草 *H. altissima*（Poir.）Stapf et C. E. Hubb. 扁穗牛鞭草 *H. compressa*（L. f.）R. Br.	长花牛鞭草 *H. longiflora*（Hook. f.）A. Camus 小牛鞭草 *H. protensa* Steud.（*H. humilis* Keng）
468	大麦	禾本科 Gramineae	大麦属 *Hordeum* L.	短芒大麦草 *H. brevisubulatum*（Trin.）Link 大麦 *H. vulgare* L.	布顿大麦草 *H. bogdanii* Wilensky 糙稃大麦草 *H. turkestanicum* Nevski 紫大麦草 *H. violaceum* Boiss. et Huet. 亚利桑那大麦草 *H. arizonicum* Covas & Stebbins 球茎大麦 *H. bulbosum* L. 智利大麦草 *H. chilense* Roemer. & Schultes 下陷大麦草 *H. depressum*（Scrib.）Rydberg 脆大麦草 *H. euclaston* Steudel 中间大麦草 *H. intercedens* Nevski 芒颖大麦草 *H. jubatum* L. 滨海大麦草 *H. marinum* Hudson 无芒大麦草 *H. muticum* Presl. 帕罗德大麦草 *H. parodii* Covas 高大麦草 *H. procerum* Nevski 矮大麦草 *H. pusillum* Nuttall 洛氏大麦草 *H. roshevitzii* Bowden 拟黑麦大麦草 *H. secalinum* Schreber 支药大麦草 *H. brachyantherum* Nevski 加利弗尼亚大麦草 *H. californicum* 南非大麦草 *H. capense* Thunberg 顶芒大麦草 *H. comosum* Presl. 多折大麦草 *H. flexuosum* Nees 李氏大麦草 *H. lechleri* Schenck 内蒙古大麦草 *H. innermongolicum* Kuo et L. B. Cai

（续）

序号	作物名称	科	属	栽培种（或变种）	野生近缘种
468	大麦	禾本科 Gramineae	大麦属 *Hordeum* L.		二棱野生大麦 *H. spontaneum*（C. Koch）Ememd Shao 六棱野生大麦 *H. agriocrithon*（Aberg）Ememd Shao
469	羊草	禾本科 Gramineae	赖草属 *Leymus* Hochst.	羊草 *L. chinensis*（Trin.）Tzvel.	窄颖赖草 *L. angustus*（Trin.）Pilger 宽穗赖草 *L. ovatus*（Trin.）Tzvel. 赖草 *L. secalinus*（Georgi）Tzvel. 天山赖草 *L. tianschanius*（Drob.）Tzvel. 阿克摩林赖草 *L. akmolnensis* 褐穗赖草 *L. bruneostachys* 灰赖草 *L. cinereus* 卡拉林赖草 *L. karalinii* 多枝赖草 *L. multicaulis*（Kar. et kir.）Tzvel. 毛穗赖草 *L. paboanus*（Claus）Pilger 拟大赖草 *L. pseudoracemosus* 大赖草 *L. racemosus*（Lam.）Tzvel. 黑海赖草 *L. sabulosus* 拟麦赖草 *L. triticoides* 卡拉塔维赖草 *L. karataviensis*
470	黑麦草	禾本科 Gramineae	黑麦草属 *Lolium* L.	一年生黑麦草 *L. multiflorum* Lam. 多年生黑麦草 *L. perenne* L.	田野黑麦草 *L. arvense* With. 疏花黑麦草 *L. remotum* Schrank 硬直黑麦草 *L. rigidum* Gaud.
471	糖蜜草	禾本科 Gramineae	糖蜜草属 *Melinis* Beauv.	糖蜜草 *M. minutiflora* Beauv.	
472	大黍	禾本科 Gramineae	黍属 *Panicum* L.	大黍 *P. maximum* Jacq.	短叶黍 *P. brevifolium* L. 发枝稷 *P. trichoides* Sw.
473	黍稷	禾本科 Gramineae	黍属 *Panicum* L.	黍（糜）子 *P. miliaceum* L.	柳枝稷 *P. virgatum* L. 旱黍草 *P. trypheron* Schult.

（续）

序号	作物名称	科	属	栽培种（或变种）	野生近缘种
473	黍稷	禾本科 Gramineae	黍属 *Panicum* L.		南亚稷 *P. walense* Mez. 大罗网草 *P. cambogiense* Balansa 细柄黍 *P. psilopodium* Trin. 水生黍 *P. paludosum* Roxb. 洋野黍 *P. dichotomiflorum* Michx 铺地黍 *P. repens* L. 滇西黍 *P. khasianum* Munro 心叶稷 *P. notatum* Retz. 冠黍 *P. cristatellum* Keng 藤竹草 *P. incomtum* Trin. 糠稷 *P. bisulcatum* Thunb.
474	狼尾草	禾本科 Gramineae	狼尾草属 *Pennisetum* Rich.	美洲狼尾草 *P. americarum*（L.）Leeke 东非狼尾草 *P. cladestinum* Hochst. ex Chiov. 多穗狼尾草 *P. polystachyon*（L.）Schult. 象草 *P. purpureum* Schum.	狼尾草 *P. alopecuroides*（L.）Spreng. 双穗狼尾草 *P. dispeculatum* Chia 白草 *P. centrasiaticum* Tzvel.
475	珍珠粟	禾本科 Gramineae	狼尾草属 *Pennisetum* Rich.	珍珠粟（御谷、蜡烛稗）*P. glaucum*（L.）R. Br.	
476	虉草	禾本科 Gramineae	虉草属 *Phalaris* L.	球茎虉草 *P. aguatica* L. 虉草 *P. arundinacea* L. 金丝虉草 *P. canariensis* L.	
477	猫尾草	禾本科 Gramineae	梯牧草属 *Phleum* L.	猫尾草 *P. pratense* L. 密丛猫尾草 *P. bertolonii* DC. [*P. pratense* L. subsp. *bertolonii*（DC.）Bornm.]	高山猫尾草 *P. alpinum* L. 假猫尾草 *P. phleoides*（L.）Karst.
478	早熟禾	禾本科 Gramineae	早熟禾属 *Poa* L.	加拿大早熟禾 *P. compressa* L. 冷地早熟禾 *P. crymophila* Keng ex C. Ling	扁秆早熟禾 *P. anceps*（Gaud. ex Griseb.）Bor 细叶早熟禾 *P. angustifolia* L.

（续）

序号	作物名称	科	属	栽培种（或变种）	野生近缘种
478	早熟禾	禾本科 Gramineae	早熟禾属 *Poa* L.	草地早熟禾 *P. pratensis* L. 普通早熟禾 *P. trivialis* L.	狭颖早熟禾 *P. angustiglumis* Roshev. 高原早熟禾 *P. alpigena* (Bulytt) Lindm. 湿地早熟禾 *P. irrigata* Lindm. 砾沙早熟禾 *P. sabulosa* (Roshev.) Turcz. ex Roshev.
479	新麦草	禾本科 Gramineae	新麦草属 *Psathyrostachys* Nevski	新麦草 *P. juncea* (Fisch.) Nevski	脆轴新麦草 *P. fragilis* 华山新麦草 *P. huashanica* Keng ex P. C. Kuo 紫药新麦草 *P. hyalantha* (Rupr.) Tzvel. 单花新麦草 *P. kronenburgii* (Hack.) Nevski 毛穗新麦草 *P. lanuginose* (Trin.) Nevski
480	碱茅	禾本科 Gramineae	碱茅属 *Puccinellia* Parl.	朝鲜碱茅 *P. chinampoensis* Ohwi 小花碱茅 *P. tenuiflora* (Griseb.) Scribn. et Merr.	鳞茎碱茅 *P. bulbosa* (Grossh.) Grossh. 德格碱茅 *P. degeensis* L. Liu 吉隆碱茅 *P. gyirongensis* L. Liu 科氏碱茅 *P. koeieana* (Grossh.) Grossh. 沼泞碱茅 *P. limosa* (Schur.) Holmb. 柔枝碱茅 *P. manchuriensis* Ohwi 纤细碱茅 *P. tenuissima* Litv. et Krcez.
481	鹅观草	禾本科 Gramineae	鹅观草属 *Roegneria* C. Koch.	纤毛鹅观草 *R. ciliaris* (Trin.) Nevski 多秆鹅观草 *R. multiculmis* Kitag.	毛叶鹅观草 *R. amurensis* (Drob.) Nevski 毛花鹅观草 *R. hirtiflora* C. P. Wang et H. L. Yang 竖立鹅观草 *R. japonensis* (Honda) Keng 毛秆鹅观草 *R. pubicaulis* Keng 异芒鹅观草 *R. abolinii* (Drob.) Tzvel. 高寒鹅观草 *R. alpina* 狭颖鹅观草 *R. angustiglumis* (Nevski) Nevski 芒颖鹅观草 *R. aristiglumis* Keng et S. L. Chen 短颖鹅观草 *R. breviglumis* Keng 短柄鹅观草 *R. brevipes* Keng 布希鹅观草 *R. buschiana*

（续）

序号	作物名称	科	属	栽培种（或变种）	野生近缘种
481	鹅观草	禾本科 Gramineae	鹅观草属 *Roegneria* C. Koch.		沟鹅观草 *R. canaliculata* 犬草 *R. canina*（L.）Nevski 紊草 *R. confusa*（Roshev.）Nevski 迪安鹅观草 *R. dianinus* 德氏鹅观草 *R. drobovii* 耐久鹅观草 *R. dura*（Keng）Keng 费氏鹅观草 *R. fedtschenkoi* 纤维鹅观草 *R. fibrosa*（Schrenk）Nevski 光穗鹅观草 *R. glaberrima* Keng et S. L. Chen 戈壁鹅观草 *R. gobicola* 大颖草 *R. grandiglumis* Keng 五龙山鹅观草 *R. hondai* Kitag. 糙毛鹅观草 *R. hirsuta* Keng 低株鹅观草 *R. jacquemontii*（Hook. f.）Ovcz. et Sidor. 鹅观草 *R. kamoji* Ohwi 考氏鹅观草 *R. komorovii*（Nevski）Nevski 昆仑鹅观草 *R. kunluniana* 库车鹅观草 *R. kuqaensis* 疏花鹅观草 *R. laxiflora* Keng 长芒鹅观草 *R. longearistata* 黑药鹅观草 *R. melanthera*（Keng）Keng 多花鹅观草 *R. multiflora* 变异鹅观草 *R. mutabilis* 吉林鹅观草 *R. nakaii* Kitag. 垂穗鹅观草 *R. nutans*（Keng）Keng 小颖鹅观草 *R. parvigluma* Keng 缘毛鹅观草 *R. pendulina* Nevski

（续）

序号	作物名称	科	属	栽培种（或变种）	野生近缘种
481	鹅观草	禾本科 Gramineae	鹅观草属 *Roegneria* C. Koch.		紫穗鹅观草 *R. purpurascens* Keng 扭轴鹅观草 *R. schrenkiana*（Fisch. et Mey.）Nevski 中华鹅观草 *R. sinica* Keng 肃草 *R. stricta* Keng 高山鹅观草 *R. tschimganica*（Drob.）Nevski 直穗鹅观草 *R. turczaninovii*（Drob.）Nevski 多变鹅观草 *R. varia* Keng 阿拉善鹅观草 *R. alashanica* Keng 阿尔泰鹅观草 *R. altaica* 假花鳞草 *R. anthosachnoides* Keng 毛盘草 *R. barbicalla* Ohwi 马革草 *R. glaucifolia* Keng 戈迈林鹅观草 *R. gmelinii* 克什戈尔鹅观草 *R. kaschgaria* 宽叶鹅观草 *R. platyphylla* Keng 密丛鹅观草 *R. praecaespitosa* 林地鹅观草 *R. sylvatica* Keng et S. L. Chen 天山鹅观草 *R. tianshanica*（Drob.）Nevski 绿穗鹅观草 *R. viridurla* Keng et S. L. Chen
482	黑麦	禾本科 Gramineae	黑麦属 *Secale* L.	黑麦 *S. cereale* L.	杂草型黑麦 *S. segetale* Roshev. 瓦维洛夫黑麦 *S. vavilovii* Grossh. 高山黑麦 *S. montanum* Guss. 林地黑麦 *S. sylvestre* Host
483	狗尾草	禾本科 Gramineae	狗尾草属 *Setaria* Beauv.	非州狗尾草 *S. anceps* Stapf ex Massey	莠狗尾草 *S. geniculata*（Lam.）Beauv. 金色狗尾草 *S. glauca*（L.）Beauv. 棕叶狗尾草 *S. palmifolia*（Koen.）Stapf 皱叶狗尾草 *S. plicata*（Lam.）T. Cooke

（续）

序号	作物名称	科	属	栽培种（或变种）	野生近缘种
484	谷子（粟）	禾本科 Gramineae	狗尾草属 *Setaria* L.	谷子（粟）S. *italica*（L.）Beauv.	福勃狗尾草 S. *forbesiana*（Nees）Hook. f. 莩草 S. *chondrechne*（Steud.）Honda 法氏狗尾草 S. *faberii* Herrm. 青狗尾草 S. *viridis*（L.）Beauv. 断穗狗尾草 S. *arenria* Kitag. 间序狗尾草 S. *intermedia* Roem. et Schult. 褐毛狗尾草 S. *pallidi-fusca*（Schumach.）Stapf et Hubb. 贵州狗尾草 S. *guizhouensis* S. L. Chen et G. Y. Sheng 云南狗尾草 S. *yunnanensis* Keng et K. D. Yu ex Keng f. et Y. K. Ma 倒刺狗尾草 S. *verlicillata*（L.）Beauv. 轮生狗尾草 S. *verticillata*（L.）Beauv.
485	高粱	禾本科 Gramineae	高粱属 *Sorghum* Moench	高粱 S. *bicolor*（L.）Moench 蒋森草（约翰逊草）S. *halepense*（L.）Pers. 拟高粱 S. *propinquum*（Kunth）Hitchc. 苏丹草 S. *sudanense*（Piper）Stapf 甜高粱 S. *saccharatum*（L.）Moench	光高粱 S. *nitidum*（Vahl）Pers. 埃塞俄比亚高粱 S. *aethiopicum* Rupr 哥伦布草（丰裕高粱）S. *almum* Parodi 类芦苇高粱 S. *arundinaceum* Stapf 澳大利亚高粱 S. *australiense* 短硬壳高粱 S. *brevicallosum* 多克那高粱 S. *dochna*（Forsk.）Snowden 都拉高粱 S. *durra* Stapf 加列欧高粱 S. *galeoense* 粟高粱 S. *miliaceum* 尼罗河高粱 S. *niloticum* 羽状高粱 S. *plumosum* 工艺高粱 S. *technicum* 轮生花序高粱 S. *verticilliflorum* 帚枝高粱（突尼斯草）S. *virgatum*（Hack）Stapf

（续）

序号	作物名称	科	属	栽培种（或变种）	野生近缘种
486	大米草	禾本科 Gramineae	米草属 *Spartina* Schreb. ex J. F. Gmel.	大米草 *S. anglica* Hubb.	
487	玉米	禾本科 Gramineae	玉蜀黍属 *Zea* L.	玉米 *Z. mays* L.	繁茂大刍草 *Z. luxuriantes* Iltis et Doebley 多年生大刍草 *Z. perennis* Iltis et Doebley 二倍体多年生大刍草 *Z. diploperennis* Iltis et Doebley
488	结缕草	禾本科 Gramineae	结缕草属 *Zoysia* Willd.	结缕草 *Z. japonica* Steud. 沟叶结缕草 *Z. matrell*（L.）Merr. 中华结缕草 *Z. sinica* Hance 细叶结缕草 *Z. tenuifolia* Willd. et Trin.	大穗结缕草 *Z. macrostachya* Franch. et Sav.
489	芦苇	禾本科 Gramineae	芦苇属 *Phragmites* Adans.	普通芦苇 *P. communis* Trin. 卡开芦 *P. karka*（Retz.）Trin. ex Stend.	
490	荻	禾本科 Gramineae	芒属 *Miscanthus* L.	荻 *M. sacchariflеus*（Maxim.）Benth. et Hook. f.	五节芒 *M. floridulus* Warb. 芒 *M. sinensis* Anderss 紫芒 *M. purpurascens* Anderss 川芒 *M. saechuanensis* Keng 黄金芒 *M. flaviduss* Honda
491	甘蔗	禾本科 Gramineae	甘蔗属 *Saccharum* L.	热带种 *S. officinarum* L. 中国种 *S. sinense* Roxb. 印度种 *S. barberi* Jeswi. 食穗种 *S. edule* Hassk.	**甘蔗属** *Saccharum* L. 细茎野生种（割手密）*S. spontaneum* L. 大茎野生种 *S. robustum* Brandes et Jeswiet **蔗茅属** *Erianthus* Michx. 沙生蔗茅 *E. ravennae* L. 毛叶蔗茅 *E. trichophyllus* H. 滇蔗茅 *E. rockii* K. 蔗茅 *E. rufipilus* G. 台蔗茅 *E. formosanus* Stapf

（续）

序号	作物名称	科	属	栽培种（或变种）	野生近缘种
491	甘蔗	禾本科 Gramineae	甘蔗属 *Saccharum* L.		斑茅 *E. arundinaceum* Retz. **河八王属** *Narenga* Bor. 河八王 *N. porphyrocoma*（Hance）Bor. 金猫尾 *N. fallax*（Balansa）Bor.
492	贝母兰	兰科 Orchidaceae	贝母兰属 *Coelogyne* Lindl.	（毛唇）贝母兰 *C. cristata* Lindl.	流苏贝母兰 *C. fimbriata* Lindl. 栗鳞贝母兰 *C. flaccida* Lindl. 长鳞贝母兰 *C. ovalis* Lindl.
493	卡特兰	兰科 Orchidaceae	卡特兰属 *Cattleya* Lindl.	卡特兰 *C. labiata* Lindl.	
494	杓兰	兰科 Orchidaceae	杓兰属 *Cypripedium* L.	杓兰 *C. caleolus* L.	白唇杓兰 *C. cordigerum* D. Don. 对叶杓兰 *C. debile* Rchb. f. 雅致杓兰 *C. elegans* Rchb. f. 毛瓣杓兰 *C. fargesii* Franch. 华西杓兰 *C. farreri* W. W. Smith 大叶杓兰 *C. fasciolatum* Franch. 黄花杓兰 *C. flavum* P. F. Hunt et Summerh. 玉龙杓兰 *C. forrestii* Cribb 毛杓兰 *C. franchetii* Wilson 紫点杓兰 *C. guttatum* Sw. 绿花杓兰 *C. henryi* Rolfe 高山杓兰 *C. himalaican* Rolfe 扇脉杓兰 *C. japonicum* Thunb. 丽江杓兰 *C. lichiangene* S. C. Chen 波密杓兰 *C. ludlowii* Cribb 大花杓兰 *C. macranthum* Sw. 斑叶杓兰 *C. margaritaceum* Franch. 小花杓兰 *C. micranthum* Franch.

（续）

序号	作物名称	科	属	栽培种（或变种）	野生近缘种
494	杓兰	兰科 Orchidaceae	杓兰属 *Cypripedium* L.		巴郎山杓兰 *C. palangshanense* T. Tang et F. T. Wang 离萼杓兰 *C. plectrochilon* Franch. 宝岛杓兰 *C. seganwai* Masamune 山西杓兰 *C. shanxiense* S. C. Chen 褐花杓兰 *C. smithii* Schltr. 暖地杓兰 *C. subtropicum* S. C. Chen et K. Y. Lang 西藏杓兰 *C. tibeticum* King ex Rolfe 宽口杓兰 *C. wardii* Rolfe 乌蒙杓兰 *C. wumengense* S. C. Chen 云南杓兰 *C. yunnanense* Franch.
495	石斛兰	兰科 Orchidaceae	石斛属 *Dendrobium* Swartz.	石斛兰 *D. nobile* Lindl.	钩状石斛 *D. aduncum* Wall ex Lindl. 兜唇石斛 *D. aphyllum*（Roxb.）C. E. Fischer 长苏石斛 *D. brymerianum* Rchb. f. 翅萼石斛 *D. cariniferum* Rchb. f. 迭鞘石斛 *D. chryseum* Rolfe 鼓槌石斛 *D. chrysotoxum* Lindl. 玖瑰石斛 *D. chrepidatum* Lindl. ex Paxt. 晶帽石斛 *D. chrystallinum* Rchb. f. 密花石斛 *D. densiflorum* Lindl. 齿瓣石斛 *D. devonianum* Paxt. 串珠石斛 *D. falconeri* Hook. 棒节石斛 *D. findlayanum* Par. et Rchb. f. 曲轴石斛 *D. gibsonii* Lindl. 杯鞘石斛 *D. gratiosissimum* Rchb. f. 海南石斛 *D. hainanense* Rolfe 细叶石斛 *D. hancockii* Rolfe 苏瓣石斛 *D. harveyanum* Rchb. f.

（续）

序号	作物名称	科	属	栽培种（或变种）	野生近缘种
495	石斛兰	兰科 Orchidaceae	石斛属 *Dendrobium* Swartz.		疏花石斛 *D. henryi* Schltr. 重唇石斛 *D. hercoglossum* Rchb. f. 尖刀唇石斛 *D. heterocarpum* Wall. ex Lindl. 金耳石斛 *D. hookerianum* Lindl. 高山石斛 *D. infundiulum* Lindl. 聚石斛 *D. lindleyi* Stended 喇叭唇石斛 *D. lituiflorum* Lindl. 长距石斛 *D. longicornu* Lindl. 细茎石斛 *D. moniliforme*（L.）Sw. 杓唇石斛 *D. moschatum*（Ham. - Buch.）Sw. 紫瓣石斛 *D. parishii* Rchb. f. 肿节石斛 *D. pendulum* Roxb. 报春石斛 *D. primulinum* Lindl. 具槽石斛 *D. sulcatum* Lindl. 球花石斛 *D. thyrsiflorum* Rchb. f. 翅梗石斛 *D. trigonopus* Rchb. f. 大苞鞘石斛 *D. wardianum* Warner 广东石斛 *D. wilsonii* Rolfe
496	石斛	兰科 Orchidaceae	石斛属 *Dendrobium* Sw.	环草（美花）石斛 *D. loddigesii* Rolfe 铁皮（白花）石斛 *D. candidum* Wall. ex Lindl. 马鞭（流苏）石斛 *D. fimbriatum* Hook. var. *oculatum* Hook. 黄草石斛 *D. chrysanthum* Wall.	矮石斛 *D. bellatulum* Rolfe
497	兜兰	兰科 Orchidaceae	兜兰属 *Paphiopedilum* Pfitz.	杏黄兜兰 *P. armeniacum* S. C. Chen et F. Y. Liu	卷萼兜兰 *P. appletonianum*（Gower）Rolfe 小叶兜兰 *P. barbigerurn* T. Tang et F. T. Wang 巨瓣兜兰 *P. bellatulum*（Rchb. f.）Stein

（续）

序号	作物名称	科	属	栽培种（或变种）	野生近缘种
497	兜兰	兰科 Orchidaceae	兜兰属 *Paphiopedilum* Pfitz.		同色兜兰 *P. concolor*（Batem.）Pfitzer 长瓣兜兰 *P. dianthum* T. Tang et F. T. Wang 白花兜兰 *P. emersonic* Koopowitz et Cribb 亨利兜兰 *P. henryanum* Braem. 带叶兜兰 *P. hirsutissimum*（Lindl. ex Hook.）Stein 波瓣兜兰 *P. insigne*（Wall. ex Lindl.）Pfitz. 麻栗坡兜兰 *P. malipoense* S. C. Chen 虎斑兜兰 *P. markianum* Fowlie. 硬叶兜兰 *P. micranthum* T. Tang et F. T. Wang 飘带兜兰 *P. parishii*（Rchb. f.）Stein 紫纹兜兰 *P. purpuratum*（Lindl.）Stein 秀丽兜兰 *P. venustum*（Wall. ex Sims）Pfitz. 紫毛兜兰 *P. villosum*（Lindl.）Pfitz. 彩云兜兰 *P. wardii* Summerh.
498	蝴蝶兰	兰科 Orchidaceae	蝴蝶兰属 *Phalaenopsis* Blume.	蝴蝶兰 *P. aphrodite* Rchb. f.	小兰屿蝴蝶兰（桃红蝴蝶兰）*P. equestris*（Schltr.）Rchb. f. 海南蝴蝶兰 *P. hainanensis* T. Tang et F. T. Wang 版纳蝴蝶兰 *P. mannii* Rchb. f. 滇西蝴蝶兰 *P. stobartiana* Rchb. f. 华西蝴蝶兰 *P. wilsonii* Rolfe
499	兰花	兰科 Orchidaceae	兰属 *Cymbidium* Sw.	春兰 *C. goeringii*（Rchb. f.）Rchb. f. 蕙兰 *C. faberi* Rolfe 建兰 *C. ensifolium*（L.）Sw. 墨兰 *C. sinense*（Jackson ex Andr.）Willd. 寒兰 *C. kanran* Makino 大花蕙兰 *C. hybrids* Hort.	纹瓣兰 *C. aloifolium*（L.）Sw. 硬叶兰 *C. bicolor* Lindl. 垂花兰 *C. cochleare* Lindl. 莎叶兰 *C. cyperifolium* Wall. ex Lindl. 冬凤兰 *C. dayanum* Rchb. f. 落叶兰 *C. defoliatum* Y. S. Wu S. C. Chen 地旺兰 *C. devonianum* Paxt. 独占春 *C. eburneum* Lindl.

（续）

序号	作物名称	科	属	栽培种（或变种）	野生近缘种
499	兰花	兰科 Orchidaceae	兰属 *Cymbidium* Sw.		莎草兰 *C. elegans* Lindl. 长叶兰 *C. erythraeum* Lindl. 飞霞兰 *C. fiexiaense* F. C. Li 多花兰 *C. floribundum* Lindl. 虎头兰 *C. hookerianum* Rchb. f. 美花兰 *C. insigne* Rolfe 黄蝉兰 *C. iridioides* D. Don 兔耳兰 *C. lancifolium* Hook. 碧玉兰 *C. lowianum*（Rchb. f.）Rchb. f. 大根兰 *C. macrorhizon* Lindl. 大雪兰 *C. mastersii* Griff. 珍珠矮 *C. nanulum* Y. S. Wu et S. C. Chen 黑脉寒兰 *C. nigrovenium* Z. J. Liu et J. N. Zhang 峨眉春蕙 *C. omeiense* Y. S. Wu et S. C. Chen 显脉四季兰 *C. prompovenium* Z. J. Liu et J. N. Zhang 邱北冬蕙兰 *C. qiubeiense* K. M. Feng et H. Li 福兰 *C. rigidum* Z. J. Liu et S. C. Chen 单氏虎头兰 *C. sanderae* Sander ex Rolfe 果香兰 *C. suavissimum* Sander ex C. Curtis 斑舌兰 *C. tigrinum* Parish ex Hook. 莔草兰 *C. tortisepalum* Fukuyama 西藏虎头兰 *C. tracyanum* L. Castle 文山红柱兰 *C. wenshanense* Y. S. Wu et F. Y. Liu 短叶虎头兰 *C. wilsonii*（Rolfe ex Cook）Rolfe 线叶建兰 *C. yongfuense* Z. J. Liu et J. N. Zhang 马关兰 *C. msgusnense* F. Y. Liu 少叶硬叶兰 *C. paucifolium* Z. J. Liu et S. C. Chen 二叶兰 *C. rhizomatosum* Z. J. Liu et S. C. Chen

（续）

序号	作物名称	科	属	栽培种（或变种）	野生近缘种
499	兰花	兰科 Orchidaceae	兰属 *Cymbidium* Sw.		金蝉兰 *C. gaoligense* Z. J. Liu et S. C. Chen 多根兰 *C. multiradicatum* Z. J. Liu et S. C. Chen 夏凤兰 *C. aestivum* Z. J. Liu et S. C. Chen 细花兰 *C. micranthum* Z. J. Liu et S. C. Chen 昌宁兰 *C. changningense* Z. J. Liu et S. C. Chen 五裂红柱兰 *C. quinquelobum* Z. J. Liu et S. C. Chen
500	白及	兰科 Orchidaceae	白及属 *Bletilla* Rchb. f.	白及 *B. striata*（Thunb.）Reichb. f.	小白及 *B. formosana*（Hayata）Schlecht. 黄花白及 *B. ochracea* Schlecht. 中华白及 *B. sinensis*（Rolfe）Schlecht.
501	天麻	兰科 Orchidaceae	天麻属 *Gastrodia* R. Br.	天麻 *G. elata* Bl.	
502	台湾开唇兰 （金线莲）	兰科 Orchidaceae	开唇兰属 *Anoectochilus* Bl.	台湾开唇兰（金线莲）*A. formosanus* Hayata	峨眉开唇兰 *A. emeiensis* K. Y. Lang 艳丽开唇兰 *A. moulneinensis*（Parish et Reichb. f.）Seidenf. 花叶开唇兰 *A. roxburghii*（Wall.）Lindl.
503	草珊瑚 （肿节风）	金粟兰科 Chloranthaceae	草珊瑚属 *Sarcandra* Gardn.	草珊瑚 *S. glabra*（Thunb.）Nakai	海南草珊瑚 *S. hainanensis*（Pei）Swamy Bailey
504	玉兰	木兰科 Magnoliaceas	木兰属 *Magnolia* L.	紫玉兰 *M. liliflora* Desr. 二乔玉兰 *M.* × *soulangeanai* Soul. - Bod. 荷花玉兰 *M. grandiflora* L.	**玉兰亚属** Subgen. *Yulania*（Spach）Reichenbach. 天目木兰 *M. amoena* Cheng 滇藏木兰 *M. campbelii* Hook. f. et Thoms. 黄山木兰 *M. cylindrica* Wils. 光叶木兰 *M. dawsoniana* Rehd. et Wils. 凹叶木兰 *M. sargentiana* Rehd. et Wils. 宝华玉兰 *M. zenii* Cheng **木兰亚属** Subgen. *Magnolia* Dandy 绢毛木兰 *M. albosericea* Chun et C. Tsoong 香港木兰 *M. championii* Benth.

（续）

序号	作物名称	科	属	栽培种（或变种）	野生近缘种
504	玉兰	木兰科 Magnoliaceas	木兰属 *Magnolia* L.		毛叶玉兰 *M. globosa* Hook. f. et Thoms. 大叶玉兰 *M. henryi* Dunn 长叶木兰 *M. paenetalauma* Dandy 长喙厚朴 *M. rostrata* W. W. Smith 圆叶玉兰 *M. sinensis*（Rehd. et Wils.）Stapf 西康玉兰 *M. wilsonii*（Finet et Gagnep.）Rehd.
505	望春玉兰 （辛夷）	木兰科 Magnoliaceas	木兰属 *Magnolia* L.	望春玉兰 *M. biondii* Pamp. 玉兰 *M. denudata* Desr. 武当木兰 *M. sprengeri* Pamp.	
506	厚朴	木兰科 Magnoliaceas	木兰属 *Magnolia* L.	厚朴 *M. officinalis* Rehd. et Wils. 夜香木兰 *M. coco*（Lour.）DC. 山玉兰 *M. delavayi* Franch. 天女花 *M. sieboldii* K. Koch 星花木兰 *M. stellata* Maxim.	椭圆叶玉兰 *M. elliptilimba* Law et Gao 长叶木兰 *M. fistulosa*（Finet et Gagnep.） 日本厚朴 *M. hypoleuca* Sieb. et Zucc. 台湾木兰 *M. kachirachirai*（Kanehira et Yamamoto）Dandy 乐东木兰 *M. lotungensis* Chun et C. H. Tsoong 光叶玉兰 *M. nitida* W. W. Smith 福贡木兰 *M. shangpaensis* Hu
507	五味子	木兰科 Magnoliaceas	五味子属 *Schisandra* Michx.	五味子 *S. chinensis*（Turcz.）Baill.	铁箍 *S. propinqua*（Wall.）Baill. var. *sinensis* Oliv. 满山香 *S. sphaerandra* Stapf
508	海南木莲	木兰科 Magnoliaceas	木莲属 *Manglietia* Bl.	海南木莲 *M. hainanensis* Dandy	香木莲 *M. aromatica* Dandy 桂南木莲 *M. chingii* Dandy 木莲 *M. fordiana*（Hemsl.）Oliv. 滇桂木莲 *M. foreestii* W. W. Smith ex Dandy 红花木莲 *M. insingnis*（Wall.）Bl. 大叶木莲 *M. megaphylla* Hu et Cheng 巴东木莲 *M. patungensis* Hu 乳源木莲 *M. yuyuanensis* Law

（续）

序号	作物名称	科	属	栽培种（或变种）	野生近缘种
509	醉香含笑	木兰科 Magnoliaceas	含笑属 *Michelia* L.	醉香含笑 *M. macclurei* Dandy	苦梓含笑 *M. balansae*（DC.）Dandy 乐昌含笑 *M. chapaensis* Dandy 紫花含笑 *M. crassipes* Law 含笑 *M. figo*（Lour.）Spreng. 多花含笑 *M. floribunda* Finet et Gagnep. 金叶含笑 *M. foveolata* Merr. ex Dandy 福建含笑 *M. fujianensis* Q. F. Zheng 香子含笑 *M. hedyosperma* Law 深山含笑 *M. maudiae* Dunn 白花含笑 *M. mediocris* Dandy 阔瓣含笑 *M. platypetala* Hand. - Mazz. 石碌含笑 *M. shiluensis* Chun et Y. F. Wu 野含笑 *M. skinneriana* Dunn 川含笑 *M. szechuanica* Dandy 峨嵋含笑 *M. wilsonii* Finet et Gagnep. 云南含笑 *M. yunnanensis* Franch. ex Finet et Gagnep.
510	鹅掌楸	木兰科 Magnoliaceas	鹅掌楸属 *Liriodendron* L.	鹅掌楸 *L. chinense*（Hemsl.）Sarg.	
511	车前子	车前科 Plantaginaceae	车前属 *Plantago* L.	车前 *P. asiatica* L. 平车前 *P. depressa* Willd.	
512	吴茱萸	芸香科 Rutaceae	吴茱萸属 *Evodia* J. R. et G. Forst.	吴茱萸 *E. rutaecarpa*（Juss.）Benth.	三椏苦 *E. lepta*（Spreng.）Merr.
513	佛手	芸香科 Rutaceae	柑橘属 *Citrus* L.	佛手 *C. medica* L. var. *sarcodactylis*（Noot.）Swingle	

（续）

序号	作物名称	科	属	栽培种（或变种）	野生近缘种
514	橙	芸香科 Rutaceae	柑橘属 *Citrus* L.	甜橙 *C. sinensis* Osbeck 酸橙 *C. aurantium* L.	香圆 *C. wilsonii* Tanaka
515	柚	芸香科 Rutaceae	柑橘属 *Citrus* L.	柚 *C. grandis*（L.）Osbeck 葡萄柚 *C. paradisii* Macf.	香橙 *C. junos* Tanaka 柠檬 *C. limonia*（L.）Burm. f.
516	宽皮柑橘	芸香科 Rutaceae	柑橘属 *Citrus* L.	宽皮柑橘 *C. reticulate* Blanco	枸橼 *C. medica* Linn. 黎檬 *C. limonia* Osbeck 来檬 *C. aurantifolia* Swingle 宜昌橙 *C. ichangensis* Swingle 红河大翼橙 *C. hongheensis* Y. L. D. L 蚂蜂橙 *C. hystrix* DC. 道县野橘 *C. daoxianensis* 莽山野橘 *C. mansanensis*
517	枳	芸香科 Rutaceae	枳属 *Poncirus* Raf.	枳（枸橘）*P. trifoliate* Raf.	
518	金弹	芸香科 Rutaceae	金柑属 *Fortunella* Swingle	金弹 *F. classifolia* Swingle	金山柑 *F. hindisii* Swingle 罗浮 *F. margarita* Swingle 圆金柑 *F. japonica* Swingle 长寿金柑 *F. obovata* Tanaka 长叶金柑 *F. polyandra* Tanaka
519	黄檗 （黄柏）	芸香科 Rutaceae	黄檗属 *Phellodendron* Pupr.	黄檗 *P. amurense* Rupr. 黄皮树 *P. chinense* Schneid	
520	黄皮	芸香科 Rutaceae	黄皮属 *Clausena* L.	黄皮 *C. lansium*（Lour.）Skeels （*C. wampi* Blanco）	光滑黄皮 *C. lenis* Darke 广西黄皮 *C. kwangsiensis* Huang 云南黄皮 *C. yunnanensis* Huang 细叶黄皮 *C. indica*（Dalz.）Oliv. 假黄皮 *C. excavata* Burm. f.

（续）

序号	作物名称	科	属	栽培种（或变种）	野生近缘种
520	黄皮	芸香科 Rutaceae	黄皮属 *Clausena* L.		锈毛黄皮 *C. ferruginea* Huang 小黄皮 *C. emarginata* Huang 齿叶黄皮 *C. dentata*（Willd.）Roem. 川萼黄皮 *C. henryi*（Swingle）Huang 香花黄皮 *C. odorata* Huang
521	花椒	芸香科 Rutaceae	花椒属 *Zanthoxylum* L.	花椒 *Z. bungeanum* Maxim.（*Z. bungei* Planch. et Linden） 香椒子 *Z. schinifolium* Sieb. et Zucc. 两面针 *Z. nitidum*（Roxb.）DC. 青花椒 *Z. schinifolium* Sieb. et Zucc.	大花花椒 *Z. macranthum* Hand. - Mazz. 拟蚬壳花椒 *Z. laetum* Drake 花椒簕 *Z. scandens* Bl. 广西花椒 *Z. kwangsiense*（Hand - Mazz.）Chun ex Huang 石灰山花椒 *Z. calcicola* Hunag 砚壳花椒（山梏杷）*Z. dissitum* Hemsl. 糙叶花椒 *Z. collinsae* Craib 刺壳花椒 *Z. echinocarpum* Hemsl. 狭叶花椒 *Z. stenophyllum* Hemsl. 尖叶花椒 *Z. oxyphylum* Edgew. 贵州花椒（岩椒）*Z. esquirolii* Levl. 云南花椒 *Z. yunnanense* Huang 西藏花椒 *Z. tibetanum* Huang 簕欓花椒（簕欓）*Z. avicennae*（Lam.）DC. 小花花椒 *Z. micranthum* Hemsl. 椿叶花椒 *Z. ailanthoides* Sieb. et Zucc. 大叶臭花椒 *Z. myriacanthum* Wall. ex Hook. f. 朵花椒 *Z. molle* Rehd. 异叶花椒 *Z. ovalifolium* Wight 竹叶花椒 *Z. armatum* DC. 浪叶花椒 *Z. undulatifolium* Hemsl. 岭南花椒 *Z. austrosinense* Huang 川陕花椒 *Z. piasezkii* Maxim.

（续）

序号	作物名称	科	属	栽培种（或变种）	野生近缘种
521	花椒	芸香科 Rutaceae	花椒属 *Zanthoxylum* L.		微毛花椒 *Z. pilosulum* Rehd. et Wils. 野花椒 *Z. simulans* Hance 梗花椒 *Z. stipitatum* Huang 刺花椒 *Z. acanthopodium* DC. 墨脱花椒 *Z. motuoense* Huang 柄果花椒 *Z. podocarpum* Hemsl.
522	龙胆	龙胆科 Gentianaceae	龙胆属 *Gentiana* L.	龙胆（粗糙龙胆）*G. scabra* Bunge	东北龙胆 *G. manshurica* Kitag. 三花龙胆 *G. triflora* Pall. 坚（川）龙胆 *G. rigescens* Franch.
523	秦艽	龙胆科 Gentianaceae	龙胆属 *Gentiana* L.	秦艽（大叶秦艽）*G. macrophylla* Pall. 麻花秦艽 *G. straminea* Maxim. 小秦艽（兴安秦艽）*G. dahurica* Fisch. 粗茎秦艽 *G. crassicaulis* Duthie ex Burk.	高山龙胆 *G. algida* Pall. 矮龙胆 *G. wardii* W. W. Smith 刺芒龙胆 *G. aristata* Maxim. 贵州龙胆 *G. esquirolii* Levl. 菊花参 *G. sarcorrhiza* Ling et Ma ex T. N. Ho
524	大花龙胆	龙胆科 Gentianaceae	龙胆属 *Gentiana* L.	大花龙胆 *G. szechenyii* Kanitz.	华南龙胆 *G. loureiri*（G. Don）Griscb. 五岭龙胆 *G. davidii* Franch. 华丽龙胆 *G. sino-ornata* Balf. f.
525	宽叶缬草	败酱科 Valerianaceae	缬草属 *Valeriana* L.	宽叶缬草 *V. officinalis* Linn. var. *latifolia* Miq.	蜘蛛香 *V. jatamansi* Jones 新疆缬草 *V. fedtschenkoi* Coincy
526	雷公藤	卫矛科 Celastraceae	雷公藤属 *Tripterygium* Hook. f.	雷公藤 *T. wilfordii* Hook. f.	火把花 *T. hypoglaucum* Lévi. Hutch.
527	巴戟天	茜草科 Rubiaceae	巴戟天属 *Morinda* L.	巴戟天 *M. officinalis* How.	百眼藤 *M. parvifolia* Benth. ex DC. 羊角藤 *M. umbellata* L.
528	白花蛇舌草	茜草科 Rubiaceae	耳草属 *Hedyotis* L.	白花蛇舌草 *H. diffusa* Willd.	耳草 *H. auricularia* L. 凉喉茶 *H. scandens* Rixb. 金草 *H. acutangula* Champ.

（续）

序号	作物名称	科	属	栽培种（或变种）	野生近缘种
528	白花蛇舌草	茜草科 Rubiaceae	耳草属 *Hedyotis* L.		牛白藤 *H. hedyotidea*（DC.）Merr. 双花耳草 *H. biflora*（L.）Lam.
529	栀子	茜草科 Rubiaceae	栀子属 *Gardenia* Ellis	栀子 *G. jasminoides* Eills	海南栀子 *G. hainanensis* Merr. 大黄栀子 *G. sootepensis* Hutch.
530	咖啡	茜草科 Rubiaceae	咖啡属 *Coffea* L.	利比里亚种咖啡（大粒种）*C. liberica* Bull. ex Hiern 阿拉伯种咖啡（小粒种）*C. arabica* Linn. 甘弗拉种咖啡（中粒种）*C. canephora* Pierre ex Froehn. 刚果咖啡 *C. congensis* Froehn. 狭叶咖啡 *C. stenophylla* G. Don	
531	茜草	茜草科 Rubiaceae	茜草属 *Rubia* Linn.	茜草 *R. cordifolia* Linn.	长叶茜草 *R. dolichophylla* Schrenk 对叶茜草 *R. siamensis* Craib 中国茜草 *R. chinensis* Regel et Maack 大叶茜草 *R. schumanniana* Pritz. 紫参 *R. yunnanensis* Diels 黑花茜草 *R. mandersii* Coll. et Hemsl. 川滇茜草 *R. edgeworthii* Hook. 钩毛茜草 *R. oncotricha* Hand. - Mazz. 东南茜草 *R. argyi*（Levl. et Van.）Hara ex L. 厚柄茜草 *R. crassipes* Coll. et Hemsl. 卵叶茜草 *R. ovatifolia* Z. Y. Zhang 柄花茜草 *R. podantha* Siels 金剑草 *R. alata* Roxb. 梵茜草 *R. manjith* Roxb. et Flem. 金线草 *R. membranacea* Diels 多花茜草 *R. wallichiana* Decne.

（续）

序号	作物名称	科	属	栽培种（或变种）	野生近缘种
532	团花	茜草科 Rubiaceae	团花属 *Anthocephalus* A. Rich.	团花 *A. chinensis* A. Rich. ex Walp.	
533	细辛	马兜铃科 Aristolochiaceae	细辛属 *Asarum* L.	北细辛 *A. heterotropoides* Fr. var. *mandshuricunm*（Maxim.）Kitag.	川北细辛 *A. chinense* Franch. 细辛 *A. sieboldii* Miq. 大叶马蹄香 *A. maximum* Hensl. 山慈姑 *A. sagittarioides* C. F. Liang
534	麻黄	麻黄科 Ephedraceae	麻黄属 *Ephedra* Tourn ex L.	草麻黄 *E. sinica* Stapf 中麻黄 *E. intermedia* Schrenk ex C. A. Mey. 木贼麻黄 *E. equisetina* Bunge	细子麻黄 *E. regeliam* Florin 单子麻黄 *E. monosperma* Gmel. ex Mey. 矮麻黄 *E. minuta* Florin
535	南天竹	小檗科 Berberidaceae	南天竹属 *Nandina* Thunb.	南天竹 *N. domestica* Thunb.	
536	淫羊藿	小檗科 Berberidaceae	淫羊藿属 *Epimedium* L.	淫羊藿 *E. brevicornum* Maxim. 箭叶淫羊藿 *E. sagittatum*（Sieb. et Zucc.）Maxim. 柔毛淫羊藿 *E. pubescens* Maxim. 巫山淫羊藿 *E. wushanense* T. S. Ying 朝鲜淫羊藿 *E. koreanum* Nakai 粗毛淫羊藿 *E. acumianatum* Franch.	单叶淫羊藿 *E. sinplicifolium* T. S. Ying 四川淫羊藿 *E. sutchuenense* Franch.
537	山茱萸	山茱萸科 Cornaceae	山茱萸属 *Macrocarpium* Nakai	山茱萸 *M. officinalis* Sieb. et Zucc.	川鄂山茱萸 *M. chinensis*（Wanger.）Hutch.
538	毛梾	山茱萸科 Cornaceae	梾木属 *Cornus* L.	毛梾 *C. walteri* Wanger.	
539	金莲花	毛茛科 Ranunculaceae	金莲花属 *Trollius* L.	中华金莲花 *T. chinensis* Bge.	阿尔泰金莲花 *T. altaicus* C. A. Mey. 宽瓣金莲花 *T. asiaticus* L. 川陕金莲花 *T. buddae* Schipcz. 毛茛金莲花 *T. ranunculoides* Hemsl.

（续）

序号	作物名称	科	属	栽培种（或变种）	野生近缘种
539	金莲花	毛茛科 Ranunculaceae	金莲花属 *Trollius* L.		长白金莲花 *T. japonicus* Mig. 准噶尔金莲花 *T. dschungaricus* Regel.
540	乌头 （附子）	毛茛科 Ranunculaceae	乌头属 *Aconitum* L.	乌头 *A. carmichaeli* Debx.	细叶黄乌头 *A. barbatum* Pers. 敦化乌头 *A. dunhuaense* S. H. Li 伏毛铁棒锤 *A. flavum* Hand. - Mazz. 黄草乌 *A. vilmorinianum* Kom.
541	黄连	毛茛科 Ranunculaceae	黄连属 *Coptis* Salisb.	黄连 *C. chinensis* Franch. 三角叶黄连 *C. deltoidea* C. Y. Cheng et Hsiao 云南黄连 *C. teeta* Wall.	峨眉野连 *C. omeiensis* (Chen) C. Y. Cheng et Hsiao 五裂黄连 *C. quinquesecta* W. T. Wang
542	耧斗菜	毛茛科 Ranunculaceae	耧斗菜属 *Aquilegia* L.	耧斗菜 *A. vulgaris* L. 华北耧斗菜 *A. yabeana* Kitag.	暗紫耧斗菜 *A. atrovinosa* M. Pop. ex Gamajun 无距耧斗菜 *A. ecalcarata*（Maxim.）Sprague et Hutch. 红花耧斗菜 *A. formosa* Fisch. 秦岭耧斗菜 *A. incurvata* P. K. Hsiao 白山耧斗菜 *A. japonica* Nakai et Hara 白花耧斗菜 *A. lactiflora* Kar. et Ki 腺毛耧斗菜 *A. moorcroftian* Wall. 尖萼耧斗菜 *A. oxysepala* Trautv. et Mey. 小花耧斗菜 *A. parviflora* Ledeb. 绿花耧斗菜 *A. viridiflora* Pall.
543	大花飞燕草	毛茛科 Ranunculaceae	翠雀属 *Delphinium* L.	大花飞燕草 *D. grandiflorum* L.	唇花翠雀 *D. cheilanthum* Fisch. ex DC. 康定翠雀 *D. tatsienense* Franch. 丽江翠雀 *D. likiangense* Franch.
544	铁线莲	毛茛科 Ranunculaceae	铁线莲属 *Clematis* L.	铁线莲 *C. florida* Thunb.	大叶铁线莲 *C. heracleifolia* DC. 全缘叶铁线莲 *C. integrifolia* L. 毛叶铁线莲 *C. lanuginosa* Lindl. 长瓣铁线莲 *C. macroptala* Ledeb.

（续）

序号	作物名称	科	属	栽培种（或变种）	野生近缘种
544	铁线莲	毛茛科 Ranunculaceae	铁线莲属 *Clematis* L.		山铁线莲 *C. montana* Buch. - Ham. ex DC. 转子莲 *C. patens* Morr. et Decne. 甘青铁线莲 *C. tangutica*（Maxim.）Korsh 圆锥铁线莲 *C. terniflora* DC.
545	银莲花	毛茛科 Ranunculaceae	银莲花属 *Anemone* L.	欧洲银莲花 *A. coronaria* L.	银莲花 *A. cathayensis* Kitag 展毛银莲花 *A. demissa* Hook. f. et Thoms. 菟丝状银莲花 *A. eranthoides* Rgl. 鹅掌草 *A. flaccida* Friedrich Schmidt 打破碗花花 *A. hupehensis* Lemoine 水仙银莲花 *A. narcissiflora* L. 草玉梅 *A. rivularis* Buch. - Ham. ex DC. 雪花银莲花 *A. silverstris* L. 大火草 *A. tomentosa*（Maxim.）Pei 匙叶银莲花 *A. trullifolia* Hook. f. et Thoms.
546	花毛茛	毛茛科 Ranunculaceae	毛茛属 *Ranunculus* L.	花毛茛 *R. asiaticus* L.	长叶毛茛 *R. lingua* L. 匍枝毛茛 *R. repens* L. 红萼毛茛 *R. rubrocalyx* Regel ex Kom.
547	牡丹	芍药科 Paeoniaceae	芍药属 *Paeonia* L.	牡丹 *P. suffruticosa* Andr.	四川牡丹 *P. decomposita* Hand. - Mazz. 紫牡丹 *P. delavayi* Franch. 矮牡丹 *P. jishanensis* T. Hong et W. Z. Zhao 大花黄牡丹 *P. ludlowii*（Stern et Taylor）D. Y. Hong 杨山牡丹 *P. ostii* T. Hong et J. X. Zhang 卵叶牡丹 *P. qiui* Y. L. Pei et D. Y. Hong 紫斑牡丹 *P. rockii* T. Hong et J. J. Li 川牡丹 *P. szechuanica* Fang

（续）

序号	作物名称	科	属	栽培种（或变种）	野生近缘种
548	芍药	芍药科 Paeoniaceae	芍药属 *Paeonia* L.	芍药 *P. lactiflora* Pall.	新疆芍药 *P. anomala* L. 多花芍药 *P. emodi* Wallich ex Royle 块根芍药 *P. intermedia* C. A. Meyer 美丽芍药 *P. mairei* Lévl. 草芍药 *P. obovata* Maxim. 白花芍药 *P. sterniana* H. R. Fletcher
549	倒挂金钟	柳叶菜科 Onagraceae	倒挂金钟属 *Fuchsia* L.	倒挂金钟 *F. hybrida* Hort. ex Sieb. et Voss.	
550	油梨	樟科 Lauraceae	鳄梨属 *Persea* Mill.	油梨 *P. amencana* Mill.	
551	肉桂	樟科 Lauraceae	樟属 *Cinnamonum* Trew	肉桂 *C. cassia* Presl. 锡兰肉桂 *C. verum* Presl.	网脉桂 *C. reticulatum* Hayata 野黄桂 *C. jensenianum* Hand. - Mazz. 少花桂 *C. pauciflorum* Ness 天竺桂 *C. japonicum* Sieb. 软皮桂 *C. liangii* Allen 假桂皮树 *C. tonkinense*（Lecomte）A. Chev. 阴香 *C. burmannii*（C. G. et Th. Nees）Bl. 钝叶桂 *C. bejolghota*（Buch. - Ham.）Sweet 柴桂 *C. tamala*（Buch. - Ham.）Th. G. Fr. Nees 刀把木 *C. pittosporoides* Hand. - Mazz. 川桂 *C. wilsonii* Gamble 大叶桂 *C. iners* Reinw. ex Bl. 华南桂 *C. austrosinense* H. T. Chang 辣汁树 *C. tsangii* Merr. 银叶桂 *C. mairei* Levl. 毛桂 *C. appelianum* Schewe 香桂 *C. subavenium* Miq.

（续）

序号	作物名称	科	属	栽培种（或变种）	野生近缘种
551	肉桂	樟科 Lauraceae	樟属 *Cinnamonum* Trew		滇南桂 *C. austro-yunnanense* H. W. Li 尾叶桂 *C. caudiferum* Kosterm. 聚花桂 *C. contractum* H. W. Li. 爪哇肉桂 *C. javanicum* Bl. 兰屿肉桂 *C. kotoense* Kanehira et Sasaki 屏边桂 *C. pingbienense* H. W. Li 卵叶桂 *C. rigidissimum* H. T. Chang 银木 *C. septentrionale* Hang. - Mazz. 平托桂 *C. tsoi* Allen 粗脉桂 *C. validinerve* Hance
552	樟	樟科 Lauraceae	樟属 *Cinnamonum* Trew	樟 *C. camphora*（Linn.）Presl.	尾叶樟 *C. caudiferum* Kosterm 细毛樟 *C. tenuipilis* Kosterm 猴樟 *C. bodinieri* Levl. 岩樟 *C. saxatile* H. W. Li 米槁 *C. migao* H. W. Li 沉水樟 *C. micranthum*（Hayata）Hayata 油樟 *C. Longepaniculatum*（Gamble）N. Chao ex H. W. Li 黄樟 *C. parthenoxylon*（Jack）Meissn. 云南樟（臭樟）*C. glanduliferum*（Wall.）Meissn. 八角樟 *C. ilicioides* A. Chev. 长柄樟 *C. longipetiolatum* H. W. Li 毛叶樟 *C. mollifolium* H. W. Li 阔叶樟 *C. platyphyllum*（Diels）Allen 黄樟 *C. porrectum*（Roxb.）Kosterm. 细毛樟 *C. tenuipilum* Kosterm.

（续）

序号	作物名称	科	属	栽培种（或变种）	野生近缘种
553	闽楠	樟科 Lauraceae	楠属 *Phoebe* Nees	闽楠 *P. bournei*（Hemsl.）Yang	沼楠 *P. angustifolia* Meissn. 浙江楠 *P. hekiangensis* C. B. Chang 山楠 *P. chinensis* Chun 竹叶楠 *P. faberi*（Hemsl.）Chun 长毛楠 *P. forrestii* W. W. Smith 粉叶楠 *P. glaucophylla* H. W. Li 细叶楠 *P. hui* Cheng ex Yang 湘楠 *P. hunanensis* Hand. - Mazz. 红毛山楠 *P. hungmaoensis* S. Lee 披针叶楠 *P. lanceolata*（Wall. ex Nees）Nees 雅砻山楠 *P. legendrei* Lec. 大果楠 *P. macrocarpa* C. Y. Wu 大萼楠 *P. megacalyx* H. W. Li 小叶楠 *P. microphylla* H. W. Li 小花楠 *P. minutiflora* H. W. Li
554	檫木	樟科 Lauraceae	檫木属 *Sassafras* Trew	檫木 *S. tsumu*（Hemsl.）Hemsl.	台湾檫木 *S. randaiense*（Hayata）Rehd.
555	浩浩芭	西蒙得木科 Simmondsiaceae	西蒙得木属 *Simmondsia* Jacq.	浩浩芭 *S. chinensis*（Link.）Schneider	
556	第伦桃	五桠果科 Dilleniaceae	五桠果属 *Dillenia* L.	第伦桃 *D. indica* L.	菲律宾第伦桃 *D. philippinensis* Polfe 加达门第伦桃 *D. reifferscheielia* Naves 大花第伦桃 *D. turbinata* Finet et Gagnep. 海南五桠果 *D. hainanensis* Merr.
557	罗望子	苏木科 Caesalqiniaceae	罗望子属 *Tamarindus* L.	罗望子 *T. indica* L.	

（续）

序号	作物名称	科	属	栽培种（或变种）	野生近缘种
558	肥皂荚	苏木科 Caesalpiniaceae	肥皂荚属 *Gymnocladus* Lam.	肥皂荚 *G. chinensis* Baill.	
559	皂荚	苏木科 Caesalpiniaceae	皂荚属 *Gleditsia* L.	皂荚 *G. sinensis* Lam.	小果皂荚 *G. australis* Hemsl. 华南皂荚 *G. fera*（Lour.）Merr. 水皂荚 *G. aquatica* Marsh. 云南皂荚 *G. delavayi* Franch. 台湾皂荚 *G. formosana* Hay 野皂荚 *G. heterophylla* Bunge
559	皂荚	苏木科 Caesalpiniaceae	皂荚属 *Gleditsia* L.		日本皂荚（山皂荚）*G. japonica* Miq. 大刺皂荚 *G. macrantha* Desf. 三刺皂荚（美国皂荚）*G. triacanthos* L.
560	格木	苏木科 Caesalpiniaceae	格木属 *Erythrophleum* Afzel. ex G. Don	格木 *E. fordii* Oliv.	
561	铁刀木	苏木科 Caesalpiniaceae	决明属 *Cassia* L.	铁刀木 *C. siamea* Lam.	神黄豆 *C. agnes*（de Wit）Brenan 耳叶决明 *C. auriculata* L. 双荚决明 *C. bicapsularis* L. 长穗决明 *C. didymobotrya* Fresen. 光叶决明 *C. floribunda* Cav. 毛荚决明 *C. hirsuta* L. 望江南 *C. occidentalis* L. 槐叶决明 *C. sophera* L.
562	榴梿	木棉科 Bombacaceae	榴梿属 *Durio* Adans.	榴梿 *D. zibethinus* Murr.	
563	木棉	木棉科 Bombacaceae	木棉属 *Bombax* L.	木棉 *B. malabaricum* DC. Merr.	长果木棉 *B. insigne* Wall.

（续）

序号	作物名称	科	属	栽培种（或变种）	野生近缘种
564	轻木	木棉科 Bombacaceae	轻木属 *Ochroma* Swartz	轻木 *O. lagopus* Swartz	
565	杨桃	杨桃科 Averrhoaceae	杨桃属 *Averrhoa* L.	普通杨桃 *A. carambola* L.	多叶酸杨桃 *A. bilimbi* L.
566	香榧 （榧树）	红豆杉科 Taxaceae	榧属 *Torreya* Arn.	香榧 *T. grandis* Fort.	蓖子榧 *T. fargesii* Franch. 长叶榧 *T. jackii* Chun 油榧 *T. uncifera* Sieb. et Zucc. 云南榧 *T. yunnanensis* Cheng et L. K. Fu 巴山榧树 *T. fargesii* Franch.
567	红豆杉	红豆杉科 Taxaceae	红豆杉属 *Taxus* L.	红豆杉 *T. chinensis* Rehd.	云南红豆杉 *T. yunnanensis* Cheng et L. K. Fu 东北红豆杉 *T. cuspidata* Sieb. et Zucc.
568	苹婆	梧桐科 Sterculiaceae	苹婆属 *Sterculia* L.	苹婆 *S. nobilis* Smith	红头苹婆 *S. ceramica* R. Br.
569	胖大海	梧桐科 Sterculiaceae	苹婆属 *Sterculia* L.	胖大海 *S. lychnophora* Hance	粉苹婆 *S. euosma* W. W. Smith
570	可可	梧桐科 Sterculiaceae	可可属 *Theobroma* L.	可可 *T. cacao* L.	
571	可拉	梧桐科 Sterculiaceae	可拉属 *Cola* L.	可拉 *C. nitida*（Ventenat）Schott et Endl.	
572	火绳树	梧桐科 Sterculiaceae	火绳树属 *Eriolaena* DC.	火绳树 *E. spectabilis*（DC.）Planch. ex Mast.	南火绳 *E. candollei* Wall. 光叶火绳 *E. glabrescens* A. DC. 桂火绳 *E. kwangsiensis* Hand. - Mazz. 五室火绳 *E. quinquelocularis*（Wight et Arn.）Wight
573	番木瓜	番木瓜科 Caricaceae	番木瓜属 *Carica* L.	番木瓜 *C. papaya* L.	

（续）

序号	作物名称	科	属	栽培种（或变种）	野生近缘种
574	松	松科 Pinaceae	松属 *Pinus* L.	红松 *P. koraiensis* Sieb. et Zucc. 华山松 *P. armandii* Franch. 海南五针松 *P. fenzeliana* Hand. - Mzt. 白皮松 *P. bungeana* Zucc. ex Endl. 马尾松 *P. massoniana* Lamb. 油松 *P. tabulaeformis* Carr. 云南松 *P. yunnanensis* Franch. 黄山松 *P. taiwanensis* Hayata 南亚松 *P. latteri* Mason 湿地松 *P. elliottii* Engelm. 火炬松 *P. taeda* L.	高山松 *P. densata* Mast. 赤松 *P. densiflora* Sieb. et Zucc. 萌芽松 *P. echinata* Mill. 喜马拉雅白皮松 *P. gerardiana* Wall. 乔松 *P. griffithii* McClelland 巴山松 *P. henryi* Mast. 卡西亚松 *P. kesiya* Royle ex Gord. 华南五针松 *P. kwangtungensis* Chun ex Tsiang 台湾五针松 *P. morrisonicola* Hayata 偃松 *P. pumila*（Pall.）Regel 喜马拉雅长叶松 *P. roxburghii* Sarg.
575	果松	松科 Pinaceae	松属 *Pinus* L.	食松 *P. edulis* Engelm.	
576	落叶松	松科 Pinaceae	落叶松属 *Larix* Mill.	黄花落叶松 *L. olgensis* Henry 落叶松 *L. gmelinii*（Rupr.）Rupr. 华北落叶松 *L. principis-rupprechtii* Mayr. 新疆落叶松 *L. sibirica* Ledeb. 红杉 *L. potaninii* Batalin 日本落叶松 L. *kaempferi*（Lamb.）Carr.	
577	金钱松	松科 Pinaceae	金钱松属 *Pseudolarix* Gord.	金钱松 *P. amabilis*（Nelson）Rehd.	
578	雪松	松科 Pinaceae	雪松属 *Cedrus* Trew	雪松 *C. deodara*（Roxb.）Loud	
579	云杉	松科 Pinaceae	云杉属 *Picea* Dietr.	云杉 *P. asperata* Mast. 青海云杉 *P. crassifolia* Kom. 红皮云杉 *P. koraiensis* Nakai	川西云杉 *P. balfouriana* Rehd. et Wils. 日本鱼鳞云杉 *P. jezoensis* Carr. 丽江云杉 *P. likiangensis*（Franch.）Pritz.

（续）

序号	作物名称	科	属	栽培种（或变种）	野生近缘种
579	云杉	松科 Pinaceae	云杉属 *Picea* Dietr.		白杄 *P. meyeri* Rehd. et Wils. 康定云杉 *P. montigena* Mast. 台湾云杉 *P. morrisonicola* Hayata 大果青杄 *P. neoveitchii* Mast. 西伯利亚云杉 *P. obovata* Ledeb. 紫果云杉 *P. purpurea* Mast. 鳞皮云杉 *P. retroflexa* Mast. 雪岭云杉 *P. schrenkiana* Fisch. et Mey. 长叶云杉 *P. smithiana*（Wall.）Boiss. 喜马拉雅云杉 *P. spinulosa*（Griff.）Henry 青杄 *P. wilsonii* Mast.
580	冷杉	松科 Pinaceae	冷杉属 *Abies* Mill.	冷杉 *A. fabri*（Mast.）Craib. 杉松 *A. holophylla* Maxim.	百山祖冷杉 *A. beshanzuensis* M. H. Wu 察隅冷杉 *A. chayuensis* Cheng et L. K. Gu 秦岭冷杉 *A. chensiensis* Van Tiegh. 苍山冷杉 *A. delavayi* Franch. 锡金冷杉 *A. densa* Griff. ex Parker 黄果冷杉 *A. ernestii* Rehd. 梵净山冷杉 *A. fanjingshanensis* W. L. Huang Y. L. Tu et S. Z. Fang 巴山冷杉 *A. fargesii* Franch. 中甸冷杉 *A. ferreana* Bordéres – Rey et Gaussen 川滇冷杉 *A. forrestii* C. C. Rogers 长苞冷杉 *A. georgei* Orr 台湾冷杉 *A. kawakamii*（Hayata）T. Ito 臭冷杉 *A. nephrolepis*（Trautv.）Maxim. 怒江冷杉 *A. nukiangensis* Cheng et L. K. Fu 紫果冷杉 *A. recurvata* Mast.

（续）

序号	作物名称	科	属	栽培种（或变种）	野生近缘种
580	冷杉	松科 Pinaceae	冷杉属 *Abies* Mill.		西伯利亚冷杉 *A. sibirica* Ledeb. 喜马拉雅冷杉 *A. spectabilis*（D. Don）Spach 鳞皮冷杉 *A. squamata* Mast. 元宝山冷杉 *A. yuanbaoshanensis* Y. J. Lu et L. K. Fu
581	杨梅	杨梅科 Myricaceae	杨梅属 *Myrica* L.	杨梅 *M. rubra* Sieb. et Zucc.	青杨梅 *M. adenophora* Hance 蜡杨梅 *M. cerifera* L. 毛杨梅 *M. esculenta* Buch. - Ham. 甜杨梅 *M. gale* L. 异叶杨梅 *M. heterophylla* Raf.
582	西番莲	西番莲科 Passifloraceae	西番莲属 *Passiflora* Linn.	西番莲 *P. coerulea* L.	黄果西番莲 *P. edulis* f. *flavicarpa* Deg. 紫果西番莲 *P. dulis* Sims
583	肉豆蔻	肉豆蔻科 Myristicaceae	肉豆蔻属 *Myristica* Gronov.	肉豆蔻 *M. fragrans* Houtt.	
584	桂花	木樨科 Oleaceae	木樨属 *Osmanthus* L.	桂花 *O. fragrans* Lour.	红柄木樨 *O. armatus* Diels 狭叶木樨 *O. attenuatus* P. S. Green 宁波木樨 *O. cooperi* Hemsl. 山桂花 *O. delavayi* Franch. 离瓣木樨 *O. didymopetalus* P. S. Green 无脉木樨 *O. enervius* Masmune et Mori 石山桂花 *O. fordii* Hemsl. 海南桂 *O. Hainanensis* P. S. Green 柊树 *O. heterophyllus* P. S. Green 厚边木樨 *O. marginatus* Hemsl. 牛矢果 *O. matsumuranus* Hayata 网脉木樨 *O. reticulatus* P. S. Green 细齿桂 *O. serrulatus* Rehd. 平叶桂 *O. venosus* Pampan.

（续）

序号	作物名称	科	属	栽培种（或变种）	野生近缘种
584	桂花	木樨科 Oleaceae	木樨属 *Osmanthus* L.		野桂花 *O. yunnanensis* P. S. Green 齿叶木樨 *O.* × *fortunei* Carri.
585	丁香	木樨科 Oleaceae	丁香属 *Syringa* L.	华北紫丁香 *S. oblata* Lindl. 什锦丁香 *S. chinensis* Willd. 蓝丁香 *S. meyeri* Schneid. 小叶丁香 *S. microphylla* Diels. 花叶丁香 *S. persica* L. 北京丁香 *S. pekinensis* Rupr. 巧玲花 *S. pubecens* Turcz. 暴马丁香 *S. reticulata* (Blume) Hara var. *amurensis* (Rupr.) Pringle	朝鲜丁香 *S. dilatata* Nakai 秦岭丁香 *S. giraldiana* Schneid. 匈牙利丁香 *S. josikaea* Jacq. f. ex Kchb. 光萼丁香 *S. julianae* C. K. Schneid. 西蜀丁香 *S. komarowii* C. K. Schneid. 皱叶丁香 *S. mairei* (Lévl.) Rehd. 羽叶丁香 *S. pinnatifolia* Hemsl. 松林丁香 *S. pinetorum* W. W. Smith 山丁香 *S. potanini* Schneid. 华丁香 *S. protolanciniata* P. S. Green et M. C. Chang 垂丝丁香 *S. reflexa* C. K. Schneid. 日本丁香 *S. reticlata* (Bl.) Hara 四川丁香 *S. sweginzowii* Koehne et Lingelsh 藏南丁香 *S. tibetica* P. Y. Bai 毛丁香 *S. tomentella* Bur. et Franch. 关东丁香 *S. velutina* Kom. 红丁香 *S. villosa* Vahl. 欧洲丁香 *S. vulgaris* L. 辽东丁香 *S. wolfii* Schneid. 云南丁香 *S. yunnanensis* Franch.
586	油橄榄	木樨科 Oleaceae	齐敦果属 *Olea* L.	油橄榄 *O. europaea* L.	非洲野油橄榄 *O. africana* Mill. 野油橄榄 *O. capensis* Lam. 尖叶木樨榄 *O. cuspidata* Wall. 马岛木樨榄 *O. emarginata* Poir. 异株木樨榄 *O. dioica* Roxb.

（续）

序号	作物名称	科	属	栽培种（或变种）	野生近缘种
586	油橄榄	木樨科 Oleaceae	齐敦果属 *Olea* L.		加姆里橄榄 *O. gamblei* Clarke 海南野油橄榄 *O. hainanensis* L. 云南木樨榄 *O. yunnanensis* Hand. - Mazz. 滨木樨榄 *O. brachiata*（Lour.）Merr. ex G. W Groff. 尾叶木樨榄 *O. caudatilimba* Chia 广西木樨榄 *O. guangxiensis* Miao 海南木樨榄 *O. hainanensis* Li 疏花木樨榄 *O. laxiflora* Li 狭叶木樨榄 *O. neriifolia* Li 小叶木樨榄 *O. parvilimba*（Merr. et Chun）Miao 红花木樨榄 *O. rosea* Craib 方枝木樨榄 *O. tetragonoclada* Chia
587	水曲柳	木樨科 Oleaceae	梣属 *Fraxinus* L.	水曲柳 *F. mandshurica* Rupr. 美国白蜡树 *F. americana* L. 天山梣 *F. sogdiana* Bunge 绒毛梣 *F. velutina* Torr. 白蜡树 *F. chinensis* Roxb.	狭叶梣 *F. baroniana* Diels 小叶梣 *F. bungeana* DC. 锈毛梣 *F. ferruginea* Lingelsh. 多花梣 *F. floribunda* Wall. ex Roxb. 光蜡树 *F. griffithii* C. B. Clarke 湖北梣 *F. huphensis* Chu，Shang et Su 苦枥木 *F. insularis* Hemsl. 白枪杆 *F. malacophylla* Hemsl. 秦岭梣 *F. paxiana* Lingelsh. 象蜡树 *F. platypoda* Oliv. 楷叶梣 *F. retusifoliolata* Feng ex P. Y. Bai 花曲柳 *F. rhynchophylla* Hance 宿柱梣 *F. stylosa* Lingelsh. 三叶梣 *F. trifoliolata* W. W. Smith 椒叶梣 *F. xanthoxyloides*（G. Don）DC.

（续）

序号	作物名称	科	属	栽培种（或变种）	野生近缘种
588	连翘	木樨科 Oleaceae	连翘属 *Forsythia* Vahl.	连翘 *F. suspense*（Thunb.）Vahl. 金钟花 *F. viridissima* Lindl.	秦岭连翘 *F. giraldiana* Lingelsh. 东北连翘 *F. mandshurica* Uyeki 卵叶连翘 *F. ovata* Nakai 丽江连翘 *F. likiangensis* Lingelsh
589	茉莉	木樨科 Oleaceae	素馨属 *Jasminum* L.	茉莉 *J. sambac*（L.）Aiton	红素馨 *J. beesianum* Forrest et Diels 黄素馨 *J. giraldii* Diels 素馨花 *J. grandiflorum* L. 小黄素馨 *J. humile* L. 云南素馨 *J. mesnyi* Hance 毛茉莉 *J. multiflorum*（Burm. f.）Andr. 多花素馨 *J. polyanthum* Franch.
590	迎春	木樨科 Oleaceae	素馨属 *Jasminum* L.	迎春花 *J. nudiflorum* Lindl.	探春 *J. floridum* Bunge 浓香探春 *J. odoratissimum* L. 素方花 *J. officinale* L.
591	流苏树	木樨科 Oleaceae	流苏树属 *Chionanthus* L.	流苏树 *C. retusus* Lindl. et Paxt.	
592	蔓荆	马鞭草科 Verbenaceae	牡荆属 *Vitex* L.	三叶蔓荆（蔓荆）*V. trifolia* L.	黄荆 *V. negundo* L.
593	苦梓	马鞭草科 Verbenaceae	石梓属 *Gmelina* L.	苦梓 *G. hainanensis* Oliv.	云南石梓 *G. arborea* Roxb. 亚洲石梓 *G. asiatica* L. 石梓 *G. chinensis* Benth. 小叶石梓 *G. delavayana* P. Dop 越南石梓 *G. lecomtei* P. Dop 四川石梓 *G. szechuanensis* K. Yao
594	柚木	马鞭草科 Verbenaceae	柚木属 *Tectona* L. f.	柚木 *T. grandis* L. f.	

（续）

序号	作物名称	科	属	栽培种（或变种）	野生近缘种
595	海枣	棕榈科 Palmae	海枣属 *Phoenix* L.	海枣 *P. dactylifera* Linn.	糠椰 *P. banceana* Naud. 长叶刺葵 *P. canariensis* Chaband
596	槟榔	棕榈科 Palmae	槟榔属 *Areca* L.	槟榔 *A. catechu* L.	
597	糖棕	棕榈科 Palmae	桄榔属 *Arenga* Labill.	桄榔（糖棕）*A. pinnata*（Wurmb.）Merr.	
598	油棕	棕榈科 Palmae	油棕属 *Elaeis* Jacq.	油棕 *E. guineensis* Jacq.	
599	棕榈	棕榈科 Palmae	棕榈属 *Trachycarpus* H. Wendland	棕榈 *T. fortunei*（Hook.）Wendland	丛簇棕榈 *T. caespitosus* Roster 山棕榈 *T. martianus*（Wallich）Wendland 龙棕 *T. nanus* Beccari 塔基棕榈 *T. takil* Beccari 瓦氏棕榈 *T. wagnerianus* Roster
600	蒲葵	棕榈科 Palmae	蒲葵属 *Livistona* R. Brown	蒲葵（扇叶葵）*L. chinensis*（Jacq.）R. Br.	澳洲蒲葵 *L. australis*（R. Brown）Martius 迷惑蒲葵 *L. decipiens* Beccari 圆叶蒲葵 *L. rotundifolia*（Lamarck）Martius 庆氏蒲葵 *L. kingiana* Becc. 美丽蒲葵 *L. speciosa* Kurz 塔汗蒲葵 *L. tahanensis* Ridley 大叶蒲葵 *L. saribus*（Lour.）Merr. ex A. Chev.
601	椰子	棕榈科 Palmae	椰子属 *Cocos* L.	椰子 *C. nucifera* L.	
602	酸枣	鼠李科 Rhamnaceae	枣属 *Ziziphus* Mill.	酸枣 *Z. jujuba* Mill. var. *spinosa*（Bunge）Hu ex H. F. Chou	

（续）

序号	作物名称	科	属	栽培种（或变种）	野生近缘种
603	枣	鼠李科 Rhamnaceae	枣属 *Ziziphus* Mill.	枣 *Z. jujuba* Mill.	蜀枣 *Z. xiangchengensis* Y. L. Chen et P. K. Chou 大果枣 *Z. mairei* Dode 山枣 *Z. montana* W. W. Smith 小果枣 *Z. oenoplia* Mill. 球枣 *Z. laui* Merr. 滇枣 *Z. incurve* Roxb. 褐果枣 *Z. fungii* Merr. 毛果枣 *Z. attopensis* Pierre 皱枣 *Z. rugosa* Lam. 毛脉枣（毛脉野枣）*Z. pubinervis* Rehd.
604	枳椇	鼠李科 Rhamnaceae	拐枣属 *Hovenia* Thunb.	枳椇（拐枣）*H. acerba* Lindl.	北枳椇 *H. dulcis* Thunb. 黄果枳椇 *H. trichocarpa* Chun et Tsiang
605	唐菖蒲	鸢尾科 Iridaceae	唐菖蒲属 *Gladiolus* L.	唐菖蒲 *G. hybridus* Hort.	
606	西红花	鸢尾科 Iridaceae	番红花属 *Crocus* L.	番红花 *C. sativus* L.	西番红花 *C. alatavicus* Regel et Sem.
607	射干	鸢尾科 Iridaceae	射干属 *Belamcanda* Adans.	射干 *B. chinensis*（L.）DC.	
608	鸢尾	鸢尾科 Iridaceae	鸢尾属 *Iris* L.	鸢尾 *I. tectorum* Maxim. 德国鸢尾 *I.* ×*germanica* L. 燕子花 *I. laevigata* Fisch. 黄菖蒲 *I. pseudacorus* L. 马蔺 *I. lactea* var. *chinensis*（Fisch.）Koidz.（*I. longispatha* Fisch.）	中亚鸢尾 *I. bloudowii* Ledeb. 西南鸢尾 *I. bulleyana* Dykes 大苞鸢尾 *I. bungei* Maxim. 金脉鸢尾 *I. chrysographes* Dykes 西藏鸢尾 *I. clarkei* Baker ex Hook. 高原鸢尾 *I. collettii* Hook. f. 扁竹兰 *I. confusa* Sealy 弯叶鸢尾 *I. curvifolia* Y. T. Zhao

（续）

序号	作物名称	科	属	栽培种（或变种）	野生近缘种
608	鸢尾	鸢尾科 Iridaceae	鸢尾属 *Iris* L.		尼泊尔鸢尾 *I. decora* Wall. 长葶鸢尾 *I. delavayi* Mich. 野鸢尾 *I. dichotoma* Pall. 玉蝉花 *I. ensata* Thunb. 黄金鸢尾 *I. flavissima* Pall. 台湾鸢尾 *I. formosana* Ohwi 云南鸢尾 *I. forrestii* Dykes 锐果鸢尾 *I. goniocarpa* Baker 喜盐鸢尾 *I. halophila* Pall. 蝴蝶花 *I. japonica* Thunb. 白蝴蝶花 *I. japonica* f. *pallescens* P. L. Chiu et Y. T. Zhao 库门鸢尾 *I. kemaonensis* D. Don ex Royle 薄叶鸢尾 *I. leptohpylla* Maxim. 长白鸢尾 *I. mandshurica* Maxim. 红花鸢尾 *I. milesii* Baker ex M. Foster 小黄花鸢尾 *I. minutoaurea* Makino 水仙花鸢尾 *I. narcissiflora* Diels 香根鸢尾 *I. pallida* Lamarck 甘肃鸢尾 *I. pandurata* Maxim. 多斑鸢尾 *I. polysticta* Diels 卷鞘鸢尾 *I. potaninii* Maxim. 小鸢尾 *I. proantha* Diels 长尾鸢尾 *I. rossii* Baker 紫苞鸢尾 *I. ruthenica* Ker - Gawl. 溪荪 *I. sanguinea* Donn ex Horn. 膜苞鸢尾 *I. scariosa* Willd. ex Link. 山鸢尾 *I. setosa* Pall. ex Link. 四川鸢尾 *I. sichuanensis* Y. T. Zhao

（续）

序号	作物名称	科	属	栽培种（或变种）	野生近缘种
608	鸢尾	鸢尾科 Iridaceae	鸢尾属 *Iris* L.		小花鸢尾 *I. speculatrix* Hance 细叶鸢尾 *I. tenuifolia* Pall. 粗根鸢尾 *I. tigridia* Bunge 扇形鸢尾 *I. wattii Baker* ex Hook. f. 黄花鸢尾 *I. wilsonii* C. H. Wright
609	丁子香 （丁香）	桃金娘科 Myrtaceae	蒲桃属 *Syzygium* Gaertn.	丁子香（丁香）*S. aromaticum*（L.）Merr.	
610	洋蒲桃 （莲雾）	桃金娘科 Myrtaceae	蒲桃属 *Syzygium* Gaertn.	洋蒲桃 *S. samarangense*（Bl.）Merr. et Perry	
611	乌墨	桃金娘科 Myrtaceae	蒲桃属 *Syzygium* Gaertn.	乌墨 *S. cumini*（L.）Skeels 蒲桃 *S. jambos*（L.）Alston	台湾蒲桃 *S. formosanum*（Hayata）Mori 皱萼蒲桃 *S. rysopodum* Merr. et Perry 假多瓣蒲桃 *S. polypetaloideum* Merr. et Perry
612	桉树	桃金娘科 Myrtaceae	桉属 *Eucalyptus* L'Herit.	窿缘桉 *E. exserta* F. Muell. 柠檬桉 *E. citriodora* Hook. f. 蓝桉 *E. globulus* Labill. 大叶桉 *E. robusta* Smith 葡萄桉 *E. botryoides* Smith 赤桉 *E. camaldulensis* Dehnh. 多枝桉 *E. viminalis* Labill.	
613	番樱桃 （丁香）	桃金娘科 Myrtaceae	番樱桃属 *Eugenia* L.	丁香 *E. caryophyllata* Thunb.	
614	番石榴	桃金娘科 Myrtaceae	番石榴属 *Psidium* L.	番石榴 *P. guajava* L.	
615	杜仲	杜仲科 Eucommiaceae	杜仲属 *Eucommia* Oliver	杜仲 *E. ulmoides* Oliver	

（续）

序号	作物名称	科	属	栽培种（或变种）	野生近缘种
616	白木香 （沉香）	瑞香科 Thymelaeacaeae	沉香属 *Aquilaria* Lam.	白木香 *A. sinensis*（Lour.）Gilg	
617	瑞香	瑞香科 Thymelaeaceae	瑞香属 *Daphne* L.	瑞香 *D. odora* Thunb.	尖瓣瑞香 *D. acutiloba* Rehd. 橙黄瑞香 *D. aurantiaca* Diels 短瓣瑞香 *D. feddei* Levl. 芫花（紫花瑞香）*D. genkwa* Sieb. et Zucc. 黄瑞香 *D. giraldii* Nitsche 白瑞香 *D. papyracea* Wall 凹叶瑞香 *D. retusa* Hemsl.
618	银杏	银杏科 Ginkgoaceae	银杏属 *Ginkgo* L.	银杏 *G. biloba* L.	
619	葡萄	葡萄科 Vitaceae	葡萄属 *Vitis* L.	欧亚种葡萄 *V. vinifera* L. 山葡萄 *V. amurensis* Rupr. 葛藟葡萄 *V. flexuosa* Thunb. 网脉葡萄 *V. wilsonae* Veitch（*V. reticulata* Pamp.） 桦叶葡萄 *V. betulifolia* Diels & Gilg 秋葡萄 *V. romaneti* Roman. 刺葡萄 *V. davidii*（Roman. du Caill.）Foëx.（*V. armata* Diels & Gilg） 变叶葡萄 *V. piasezkii* Maxim. 蘡薁 *V. bryoniaefolia* Bge. [*V. adstricta* Hance；*V. bryoniaefolia* Bge. var. *mairei*（Lévl.）W. T. Wang] 美洲种葡萄 *V. labrusca* L.	毛葡萄 *V. heyneana* Roem. & Schult.（*V. quinquangularis* Rehd.；*V. lanata* Roxh.；*V. pentagona* Diels & Gilg） 华东葡萄 *V. pseudoreticulata* W. T. Wang 浙江蘡薁 *V. zhejiang - adstricta* P. L. Qiu 湖北葡萄 *V. silvestrii* Pamp. 武汉葡萄 *V. wuhanensi* C. L. Li 温州葡萄 *V. wenchouensis* C. Ling ex W. T. Wang 井冈葡萄 *V. jinggangensis* W. T. Wang 红叶葡萄 *V. erythrophylla* W. T. Wang 乳源葡萄 *V. ruyuanensis* C. L. Li 蒙自葡萄 *V. mengziensis* C. L. Li 凤庆葡萄 *V. fengqingensis* C. L. Li 河口葡萄 *V. hekouensis* C. L. Li 狭叶葡萄 *V. tsoii* Merr. 绵毛葡萄 *V. retordii* Roman. 龙泉葡萄 *V. longquanensis* P. L. Qiu 麦黄葡萄 *V. bashanica* P. C. He

（续）

序号	作物名称	科	属	栽培种（或变种）	野生近缘种
619	葡萄	葡萄科 Vitaceae	葡萄属 *Vitis* L.		庐山葡萄 *V. hui* Cheng 陕西葡萄 *V. shenxiensis* C. L. Li 云南葡萄 *V. yunnanensis* C. L. Li 东南葡萄 *V. chunganensis* Hu 罗城葡萄 *V. luochengensis* W. T. Wang 闽赣葡萄 *V. chungii* Metcalf.
620	穗醋栗	茶藨子科 Grossulariaceae	茶藨子属 *Ribes* L.	黑果茶藨 *R. nigrum* Linn. 红果茶藨 *R. rubrum* L.	东北茶藨 *R. manschricum* Kom. 水葡萄茶藨 *R. procumbens* Pall. 普通欧洲穗醋栗 *R. vulgare* Lam. 石穗醋栗 *R. petraeum* Wulf. 黄花穗状醋栗 *R. aureum* Pursh 少花茶藨 *R. paaciflorum* Turcz. 阿尔丹茶藨 *R. dikuscha* Fisch. 红花茶藨 *R. longeracemosum* Fr.
621	醋栗	茶藨子科 Grossulariaceae	醋栗属 *Grossuloria* Mill.	欧洲醋栗 *G. reclinata* Mill. 美洲醋栗 *G. hirtellum*（Mich）Spach. 阿尔泰醋栗 *G. cuicularis*（Smith）Spach.	醋栗 *G. burejensis* Berger
622	沙枣	胡颓子科 Elaeagnaceae	胡颓子属 *Elaeagnus* L.	沙枣 *E. angustifolia* L.	
623	翅果油树	胡颓子科 Elaeagnaceae	胡颓子属 *Elaeagnus* L.	翅果油树 *E. mollis* Diels	窄叶木半夏 *E. angustata*（Rehd.）C. Y. Chang 佘山羊奶子 *E. argyi* Levl. 多毛羊奶子 *E. grijsii* Hance 贵州羊奶子 *E. guizhouensis* C. Y. Chang 景东羊奶子 *E. jingdongensis* C. Y. Chang 江西羊奶子 *E. jiangxiensis* C. Y. Chang 银果牛奶子 *E. magna* Rehd.

（续）

序号	作物名称	科	属	栽培种（或变种）	野生近缘种
623	翅果油树	胡颓子科 Elaeagnaceae	胡颓子属 *Elaeagnus* L.		小花牛奶子 *E. micrantha* C. Y. Chang 木半夏 *E. multiflora* Thunb. 南川胡颓子 *E. nanchuanensis* C. Y. Chang 尖果沙枣 *E. oxycarpa* Schlecht. 星毛羊奶子 *E. stellipila* Rehd. 牛奶子 *E. umbellata* Thunb. 巫山胡颓子 *E. wushanensis* C. Y. Chang
624	沙棘	胡颓子科 Elaeagnaceae	沙棘属 *Hippohae* L.	沙棘 *H. rhamnoides* L.	柳叶沙棘 *H. salicifolia* D. Don 西藏沙棘 *H. thibetana* Schlecht. 棱果沙棘 *H. goniocarpa* Lian. X. L. Chen et K. Sun 肋果沙棘 *H. neurocarpa* S. W. Liu et T. N. He.
625	越橘	石楠科 Ericaceae	越橘属 *Vaccinium* L.	越橘 *V. vitis-idaea* L.	蔓越橘 *V. oxycoccos* L. 北高越橘 *V. corymbosum* L. 矮灌越橘 *V. pennsylvanicum* L. 兔眼越橘 *V. ashei* Reade 大果蔓越橘 *V. macrocarpon* Ait. 笃斯越橘 *V. uliginosum* L.
626	依兰香	番荔枝科 Annonaceae	依兰属 *Cananga*（DC.） Hook. f. et Thoms.	依兰香 *C. odorata*（Lamk.）Hook. f. et Thoms.	
627	番荔枝	番荔枝科 Annonaceae	番荔枝属 *Annona* L.	番荔枝 *A. squamosa* L.	
628	红毛榴莲	番荔枝科 Annonaceae	番荔枝属 *Annona* L.	红毛榴莲（刺果番荔枝）*A. muricata* L.	
629	文丁果	杜英科 Elaeocarpaceae	文丁果属 *Muntingia* L.	文丁果 *M. colabura* L.	

（续）

序号	作物名称	科	属	栽培种（或变种）	野生近缘种
630	金星果	山榄科 Sapotaceae	金叶树属 *Chrysophyllum* L.	金星果 *C. cainito* L.	
631	神秘果	山榄科 Sapotaceae	神秘果属 *Synsepalum* （A. DC.） Daniell	神秘果 *S. dulcificum*（Sch.） Daniell	
632	人心果	山榄科 Sapotaceae	人心果属 *Achras* L.	人心果 *A. zapota* L.	
633	蛋黄果	山榄科 Sapotaceae	蛋黄果属 *Lucuma* Molina	蛋黄果 *L. nervosa* A. DC.	
634	骆驼蓬	蒺藜科 Zygophyllaceae	骆驼蓬属 *Peganum* L.	骆驼蓬 *P. harmala* L.	匍根骆驼蓬 *P. nigellastrum* Bunge
635	凤眼莲	雨久花科 Pontederiaceae	凤眼莲属 *Eichhornia* Kunth	水葫芦 *E. crassipes*（Mart.） Solms.	
636	满江红	满江红科 Azollaceae	满江红属 *Azolla* Lam.	满江红 *A. imbricata*（Roxb.） Nakai	
637	肉苁蓉	列当科 Orobanchaceae	肉苁蓉属 *Cistanche* Hoffmg. et Link	肉苁蓉 *C. deserticola* Y. C. Ma	迷肉苁蓉 *C. ambigua*（Bunge） G. Beck 沙苁蓉 *C. sinensis* G. Beck
638	锁阳	锁阳科 Cynomoriaceae	锁阳属 *Cynomorium* L.	锁阳 *C. songaricum* Rupr.	
639	一品红	大戟科 Euphorbiaceae	大戟属 *Euphorbia* L.	一品红 *E. pulcherrima* Willd. ex Klotzsch	
640	虎刺梅	大戟科 Euphorbiaceae	大戟属 Euphorbia L.	铁海棠（虎刺梅） *E. milii* Ch. des Moulins	
641	木薯	大戟科 Euphorbiaceae	木薯属 *Manihot* Milld.	木薯 *M. esculenta* Crantz	

（续）

序号	作物名称	科	属	栽培种（或变种）	野生近缘种
642	余甘子	大戟科 Euphorbiaceae	叶下珠属 *Phyllanthus* L.	余甘子 *P. emblica* L.	
643	巴豆	大戟科 Euphorbiaceae	巴豆属 *Croton* L.	巴豆 *C. tiglium* L.	鸡骨香 *C. crassifolius* Geisel. 光叶巴豆 *C. laevigatus* Vahl 荨麻叶巴豆 *C. urticifolius* Y. T. Chang et Q. T. Chen
644	蓖麻	大戟科 Euphorbiaceae	蓖麻属 *Ricinus* L.	蓖麻 *R. communis* L.	
645	油桐	大戟科 Euphorbiaceae	油桐属 *Vernicia* Lour.	油桐 *V. fordii* Airyshaw 木油桐 *V. montana* Hemsl. [*Aleurites montana* (Lour.) E. H. Wilson]	
646	橡胶	大戟科 Euphorbiaceae	橡胶树属 *Hevea* Aubl.	巴西橡胶树 *H. brasiliensis* Muell. - Arg.	边沁橡胶树 *H. benthamiana* Muell. - Arg. 光亮橡胶树 *H. nitida* Muell. - Arg. 少花橡胶树 *H. pauciflora* (Spruce ex Benth.) Muell. - Arg. 色宝橡胶树 *H. spruceana* (Benth) Muell. - Arg.
647	乌桕	大戟科 Euphorbiaceae	乌桕属 *Sapium* P. Br.	乌桕 *S. sebiferum* (L.) Roxb.	浆果乌桕 *S. baccatum* Roxb. 济新乌桕 *S. chihsinianum* S. Lee 山乌桕 *S. aiscolor* (Cnamp. ex Lsentn.) Muell. - Arg. 白木乌桕 *S. japonicum* (Sieb. et Zucc.) Pax et Hoffm.
648	蝴蝶果	大戟科 Euphorbiaceae	蝴蝶果属 *Cleidiocarpon* Airy - Shaw	蝴蝶果 *C. cavaleriei* (Levl.) Airy - Shaw	
649	贯叶连翘	金丝桃科 Hypericaceae	金丝桃属 *Hypericum* L.	贯叶金丝桃（贯叶连翘）*H. perforatum* L.	黄花香 *H. beanii* N. Robson 湖南连翘 *H. ascyron* L. 赶山鞭 *H. attenuatum* Choisy

（续）

序号	作物名称	科	属	栽培种（或变种）	野生近缘种
649	贯叶连翘	金丝桃科 Hypericaceae	金丝桃属 *Hypericum* L.		地耳草 *H. japonicum* Thunb. 金丝梅 *H. patulum* Thunb. 元宝草 *H. sampsonii* Hance 遍地金 *H. wightianum* Wall. ex Wight et Arn.
650	鳄梨 （牛油果）	樟科 Lauraceae	鳄梨属 *Persea* Mill.	鳄梨 *P. americana* Mill.	
651	莽吉柿	藤黄科 Guttiferae	山竹子属 *Garcinia* L.	莽吉柿 *G. mangostana* Linn.	多花山竹子 *G. multiflora* Champ. 岭南山竹子 *G. oblongifolia* Champ. 人面果 *G. tinctoria*（DC.）W. F. Wight 单花山竹子 *G. oligantha* Merr.
652	海棠果	山竹子科 Clusiaceae	胡桐属 *Calophyllum* L.	海棠果 *C. inophyllum* L.	薄叶红厚壳 *C. membranaceum* Gardn. et Champ. 滇南红厚壳 *C. polyanthum* Wall. ex Choisy
653	鸦胆子	苦木科 Simaroubaceae	鸦胆子属 *Brucea* J. F. Mill.	鸦胆子 *B. javanica*（L.）Merr.	柔毛鸦胆子 *B. mollis* Wall.
654	臭椿	苦木科 Simaroubaceae	臭椿属 *Ailanthus* Desf.	臭椿 *A. altissima*（Mill.）Swing. et T. B. Chao	常绿臭椿 *A. fordii* Nooteboom 毛臭椿 *A. giraldii* Dode 广西臭椿 *A. guangxiensis* S. L. Mo 毛叶南臭椿 *A. triphysa*（Dennst.）Alston 刺臭椿 *A. vilmoriniana* Dode
655	毛柿 （台湾柿）	柿树科 Ebenaceae	柿属 *Diospyros* L.	毛柿（台湾柿）*D. discolor* Willd.（*D. mobola* Roxb.）	
656	柿	柿树科 Ebenaceae	柿属 *Diospyros* L.	柿 *D. kaki* L. f.（*D. chinensis* Bl.；*D. schitze* Bge；*D. roxburghii* Carr.） 油柿 *D. oleifera* Cheng（*D. kaki* L. f. var. *sylvestris* Makino）	粉叶柿 *D. glaucifolia* Metcalf 瓶兰花 *D. armata* Hemsl. 山柿 *D. montana* Roxb. 光叶柿 *D. diversilimba* Merr. et Chun

（续）

序号	作物名称	科	属	栽培种（或变种）	野生近缘种
656	柿	柿树科 Ebenaceae	柿属 *Diospyros* L.	君迁子 *D. lotus* L. 罗浮柿 *D. morrisiana* Hance 毛柿 *D. strigosa* Hemsl. 老鸦柿 *D. rhombifolia* Hemsl. 乌柿 *D. cathayensis* A. N. Steward.	囊萼柿 *D. inflata* Merr. et Chun 圆萼柿 *D. metcalfii* Chun et L. Chen 琼南柿 *D. howii* Merr. et Chun 小果柿 *D. vaccinioides* Lindl. 岩柿 *D. dumetorum* W. W. Smith 贵阳柿 *D. esquirolii* Levl. 云南柿 *D. yunnanensis* Rehd. et Wils. 大理柿 *D. balfouriana* Diels. 景东君迁子 *D. kintungensis* C. Y. Wu 红柿 *D. oldhami* Maxim. 山橄榄柿 *D. aiderophylla* Li 五蒂柿 *D. coralline* Chun et L. Chen 黑皮柿 *D. nigrocortex* C. Y. Wu 腾冲柿 *D. forrestii* Anth. 琼岛柿 *D. maclurei* Merr. 老君柿 *D. fengii* C. Y. Wu 瓣果柿 *D. lobata* L. 过布柿 *D. susarticulata* Lec. 长苞柿 *D. longibracteata* Lec. 西畴君迁子 *D. sichourensis* C. Y. Wu 黑柿 *D. nitida* Merr. 兰屿柿 *D. kotaensis* T. Yamazaki 青茶柿 *D. rubra* Lec. 美脉柿 *D. caloneura* C. Y. Wu 延平柿 *D. tsangii* Merr. 岭南柿 *D. tutcheri* Dunn 保亭柿 *D. potingensis* Merr. et Chun

（续）

序号	作物名称	科	属	栽培种（或变种）	野生近缘种
656	柿	柿树科 Ebenaceae	柿属 *Diospyros* L.		梵净山柿 *D. fanjingshanica* S. Lee 贞丰柿 *D. zhenfengensis* S. Lee 龙胜柿 *D. longshengensis* S. Lee 黑毛柿 *D. atrotricha* H. W. Li 点叶柿 *D. puntilimba* C. Y. Wu 单子柿 *D. unisemina* C. Y. Wu 乌材 *D. eriantha* Champ. ex Benth 湘桂柿 *D. xiangguiensis* S. Lee 崖柿 *D. chunii* Metc. et L. Chen 海南柿 *D. hainanensis* Merr. 苏门答腊柿 *D. tparaioles* King et Gannble 红枝柿 *D. ehretioides* Wall. ex A. DC. 六花柿 *D. hexamera* C. Y. Wu 异萼柿 *D. anisocalyx* C. Y. Wu 信宜柿 *D. sunyiensis* Chun et L. Cheng 川柿 *D. sutchuensis* Yang 苗山柿 *D. miaoshanica* S. Lee 网脉柿 *D.* reticulinervis C. Y. Wu 海边柿 *D. maritime* Bl. 象牙树 *D. ferrea*（Willd.）Bakh. 傣柿 *D. kerrii* Craib.
657	板栗	山毛榉科 （壳斗科） Fagaceae	栗属 *Castanea* Mill.	中国栗（板栗）*C. mollissima* Bl. 锥栗 *C. henryi*（Skan）Rehd. et Wils. 丹东栗 *C. dandonensis* Lieolishe.	茅栗 *C. sequinii* Dode
658	栎	山毛榉科 （壳斗科） Fagaceae	栎属 *Quercus* L.	麻栎 *Q. acutissima* Carruth. 栓皮栎 *Q. variabilis* Bl.	小叶栎 *Q. chenii* Nakai

（续）

序号	作物名称	科	属	栽培种（或变种）	野生近缘种
659	栲	山毛榉科 （壳斗科） Fagaceae	栲属 *Castanopsis* （D. Don）Spach	青钩栲 *C. kawakamii* Hayata 刺栲 *C. hystrix* A. DC.	华南栲 *C. concinna*（Champ. ex Benth）A. DC. 南岭栲 *C. fordii* Hance 澜沧栲 *C. mekongensis* A. Camus 桂林栲 *C. chinensis* Hance 密刺栲 *C. densispinosa* Y. C. Hsu et H. W. Jen 甜槠 *C. eyrei*（Champ.）Tutch. 东南栲 *C. jucunda* Hance
660	榛子	榛科 Corylaceae	榛属 *Corylus* L.	平榛 *C. heterophylla* Fisch.	毛榛 *C. mandshurica* Maxim. 川榛 *C. kweichowensis* Hu 华榛 *C. chinensis* Franch. 绒苞榛 *C. fargesii* Schneid. 滇榛 *C. yunnanensis* A. Camus 刺榛 *C. ferox* Wall. 维西榛 *C. wangii* Hu 欧洲榛 *C. avellana* L. 大果榛 *C. maxima* Mill. 尖榛 *C. cornuta* Marshall
661	山核桃	胡桃科 Juglandaceae	山核桃属 *Carya* Nutt.	山核桃 *C. cathayensis* Sarg.	湖南山核桃 *C. hunanensis* Cheng et R. H. Chang 越南山核桃 *C. tonkiensis* Lecomte 薄壳山核桃 *C. illinoinensis* Koch（*C. pecan* Engl. & Graebn.）
662	长山核桃 （美国山核桃）	胡桃科 Juglandaceae	山核桃属 *Carya* Nutt.	长山核桃 *C. illinoensis* K. Koch	大别山山核桃 *C. dabieshanensis* M. C. Liu et Z. J. Li 贵州山核桃 *C. kweichowensis* Kuang et A. M. Lu
663	核桃	胡桃科 Juglandaceae	核桃属 *Juglans* L.	核桃 *J. regia* L.	野核桃 *J. cathayensis* Dode 河北核桃（麻核桃）*J. hopeiensis* Hu 吉宝核桃 *J. sieboldiana* Max.

（续）

序号	作物名称	科	属	栽培种（或变种）	野生近缘种
663	核桃	胡桃科 Juglandaceae	核桃属 *Juglans* L.		心形核桃 *J. cordiformis* Max. 黑核桃 *J. nigra* L.
664	核桃楸	胡桃科 Juglandaceae	核桃属 *Juglans* L.	核桃楸 *J. mandshurica* Maxim. 泡核桃（铁核桃）*J. sigillata* Dode	
665	枫杨	胡桃科 Juglandaceae	枫杨属 *Pterocarya* Kunth	枫杨 *P. stenoptera* C. DC.	云南枫杨 *P. delavayi* Franch. 湖北枫杨 *P. hupehensis* Skan. 华西枫杨 *P. insignis* Rehd. et Wils. 甘肃枫杨 *P. macroptera* Batal. 南江枫杨 *P. nanjiangensis* Yi 水核桃 *P. rhoifolia* Sieb. et Zucc. 越南枫杨 *P. tonkinensis*（Franch.）Dode
666	文冠果	无患子科 Sapindaceae	文冠果属 *Xanthoceras* Bunge	文冠果 *X. sorbifolia* Bunge	
667	荔枝	无患子科 Sapindaceae	荔枝属 *Litchi* Sonn.	荔枝 *L. chinensis* Sonn.	菲律宾荔枝 *L. philippinensis* Radik.
668	龙眼	无患子科 Sapindaceae	龙眼属 *Dimocarpus* Lour.	龙眼 *D. longana* Lour.	灰岩肖韶子 *D. fumatus*（Bl.）Leenh 滇龙眼 *D. yunnaenensis*（W. T. Wang）C. Y. Wu et T. L. Ming
669	红毛丹	无患子科 Sapindaceae	韶子属 *Nephelium* L.	红毛丹 *N. lappaceum* Lim.	
670	腰果	漆树科 Anacardinceae	腰果属 *Anacardium* L.	腰果 *A. occidentale* L.	
671	阿月浑子	漆树科 Anacaraiaceae	黄连木属 *Pistacia* L.	阿月浑子 *P. vera* L.	清香木 *P. weinmannifolia* Poiss. ex Franch.

（续）

序号	作物名称	科	属	栽培种（或变种）	野生近缘种
672	黄连木	漆树科 Anacardiaceae	黄连木属 *Pistacia* L.	黄连木木蓼 *P. chinensis* Bunge	
673	盐肤木 （五倍子）	漆树科 Anacardiaceae	盐肤木属 *Rhus*（Tourn.）L.	盐肤木（五倍子）*R. chinensis* Mill.	
674	芒果	漆树科 Anacardiaceae	芒果属 *Mangifera* L.	芒果 *M. indica* L.	泰国芒果 *M. simensis* Warbg. ex Craib 桃叶芒果 *M. persiciforma* C. Y. Wu et T. L. Ming 长梗芒果 *M. longipes* Griff. 林生芒果 *M. syvatica* Roxb. 冬芒 *M. hiemalis* J. K. Ling
675	扁桃芒果	漆树科 Anacardiaceae	芒果属 *Mangifera* L.	扁桃芒果 *M. persiciformis* C. Y. Wu et T. L. Ming	
676	漆树	漆树科 Anacardiaceae	漆属 *Toxicodendron* （Tourn.）Mill.	漆树 *T. vreniciflunm*（Stokes）F. A. Barkl.	绒毛漆 *T. wallichii*（Hook. f.）Kuntze 黄毛漆 *T. fulvum*（graib）C. Y. Wu et T. L. Ming 裂果漆 *T. griffithii*（Hook. f.）Kuntze 木蜡树 *T. sylvestre*（Sieb. et Zucc.）Kuntze 毛漆树 *T. trichocarpum*（Miq.）Kuntze 尖叶漆 *T. aciminatum*（DC.）C. Y. Wu et T. L. Ming 野漆树 *T. succedaneum*（Linn.）Kuntze 大花漆 *T. grandiflorum* C. Y. Wu et T. L. Ming 小漆树 *T. delavayi*（Franch.）F. A. Barkl.
677	菠萝	凤梨科 Bromeliaceae	凤梨属 *Ananas* Merr.	菠萝 *A. comosus*（L.）Merr.	苞凤梨 *A. bracteatus*（Lindl.）Schluters 苏德凤梨 *A. ananassoides*（Bak.）L. B. Smith 巴拉圭菠萝 *A. parguazensis* Camargo & L. B. Smith 小凤梨 *A. lucidus* Miller 立叶凤梨 *A. erectifolius* *A. fritzmuelleri* Camargo

（续）

序号	作物名称	科	属	栽培种（或变种）	野生近缘种
678	橄榄	橄榄科 Burseraceae	橄榄属 *Canarium* L.	橄榄 *C. album*（Lour.）Raeusch	爪哇橄榄 *C. amboinensis* Hook. 方榄 *C. bengalense* Roxb. 爪哇榄 *C. commune* L. 细齿榄 *C. denticulatum* Blume 非洲橄榄 *C. edule* Hook f. 大花橄榄 *C. grandiflorum* Benn 吕禾榄 *C. luzonicum* Blume 马六甲橄榄 *C. moluccanum* Blume 小榄 *C. nitidum* Bon. 菲律宾榄 *C. cvatum* Engl. 多叶榄 *C. polyphyllum* Ksch. 紫色橄榄 *C. purpuroscens* Benn 红榄 *C. secunclum* Benn 滇榄 *C. strictum* Roxb. 毛叶榄 *C. subulatum* Guill.
679	乌榄	橄榄科 Burseraceae	橄榄属 *Canarium* L.	乌榄 *C. pimela* Koenig	小叶榄 *C. parvum* Leenh. 越榄 *C. tonkinense* Engl.
680	绣线菊	蔷薇科 Rosaceae	绣线菊属 *Spiraea* L.	麻叶绣线菊 *S. cantoniensis* Lour. 粉红绣线菊 *S. japonica* L. f. 笑靥花 *S. prunifolia* Sieb. et Zucc. 绣线菊 *S. salicifolia* L.	耧斗菜叶绣线菊 *S. aquilegifolia* Pall. 藏南绣线菊 *S. bella* Sims 绣球绣线菊 *S. blumei* G. Don 草石蚕叶绣线菊 *S. chamaedryfolia* L. 中华绣线菊 *S. chinensis* Maxim. 粉叶绣线菊 *S. compsophylla* Hand. - Mazz. 毛花绣线菊 *S. dasyantha* Bge. 华北绣线菊 *S. fritschiana* Schneid. 翠蓝绣线菊 *S. henryi* Hemsl. 疏毛绣线菊 *S. hirsutea*（Hemsl.）Schneid.

（续）

序号	作物名称	科	属	栽培种（或变种）	野生近缘种
680	绣线菊	蔷薇科 Rosaceae	绣线菊属 *Spiraea* L.		金丝桃叶绣线菊 S. *hypericifolia* L. 欧亚绣线菊 S. *media* Schmidt 蒙古绣线菊 S. *mongolica* Maxim. 新高山绣线菊 S. *morrisonicola* Hayata 平卧绣线菊 S. *prostrata* Maxim. 柔毛绣线菊 S. *pubescens* Turcz. 紫花绣线菊 S. *purpurea* Hand. - Mazz. 绢毛绣线菊 S. *sericea* Turcz. 珍珠绣线菊 S. *thunbergii* Sieb. ex Blume 毛果绣线菊 S. *trichocarpa* Nakai 三桠绣线菊 S. *trilobata* L. 鄂西绣线菊 S. *veitchii* Hemsl.
681	月季	蔷薇科 Rosaceae	蔷薇属 *Rosa* L.	月季 *R. hybrids* Hort. （指该属人工培育的杂交种）	小檗叶蔷薇 *R. berberifolia* Pall. 硕苞蔷薇 *R. bracteata* Wendl. 复伞房蔷薇 *R. brunonii* Lindl. 洋蔷薇 *R. centifolia* L. 伞房蔷薇 *R. corymbulosa* Rolfe 刺玫蔷薇 *R. davurica* Pall. 绣球蔷薇 *R. glomerata* Rehd. et Wils. 软条七蔷薇 *R. henryi* Bouleng. 黄蔷薇 *R. hugonis* Hemsl. 金樱子 *R. laevigata* Michx. 疏花蔷薇 *R. laxa* Retz. 华西蔷薇 *R. moyesii* Hemsl. et Wils. 野蔷薇 *R. muliflora* Thunb. 香水月季 *R. odorata* Sweet. 峨眉蔷薇 *R. omeiensis* Rolfe

（续）

序号	作物名称	科	属	栽培种（或变种）	野生近缘种
681	月季	蔷薇科 Rosaceae	蔷薇属 *Rosa* L.		报春刺玫 *R. primula* Boulenger 荼蘼花 *R. rubus* Levl. et Vant. 刚毛蔷薇 *R. setigera* Michx 密刺蔷薇 *R. spinosissima* L. 光叶蔷薇 *R. wichuraiana* Crép. 山刺玫 *R. davurica* Pall. 异味蔷薇 *R. foetida* Herrm. 巨花蔷薇 *R. gigantia* Collett ex Crép.
682	玫瑰	蔷薇科 Rosaceae	蔷薇属 *Rosa* L.	玫瑰 *R. rugosa* Thunb.	
683	黄刺玫	蔷薇科 Rosaceae	蔷薇属 *Rosa* L.	黄刺玫 *R. xanthina* Lindl.	
684	木香	蔷薇科 Rosaceae	蔷薇属 *Rosa* L.	木香 *R. banksiae* Aiton	
685	蔷薇果	蔷薇科 Rosaceae	蔷薇属 *Rosa* L.	蔷薇果 *R. bella* Rehd. et Wils.	
686	刺梨	蔷薇科 Rosaceae	蔷薇属 *Rosa* L.	刺梨 *R. roxburghii* Tratt.	
687	梅花	蔷薇科 Rosaceae	李属 *Prunus* L.	梅花 *P. mume*（Sieb.）Sieb. et Zucc.	
688	樱花	蔷薇科 Rosaceae	李属 *Prunus* L.	樱花 *P. serrulata* Lindl. 东京樱花 *P. yedoensis* Matsum. 日本晚樱 *P. lannesiana* Wils.	尾叶樱 *P. dielsiana* Schneid. 冬樱花 *P. majestica* Koehne 黑腺樱 *P. maximowiczii*（Rupr.）Kom. 大山樱 *P. sargentii* Rend. 崖樱 *P. scopulorum* Koehne

（续）

序号	作物名称	科	属	栽培种（或变种）	野生近缘种
689	榆叶梅	蔷薇科 Rosaceae	李属 *Prunus* L.	榆叶梅 *P. triloba* Lindl.	
690	李	蔷薇科 Rosaceae	李属 *Prunus* L.	中国李 *P. salicina* Lindl. 欧洲李 *P. domestica* L. 美洲李 *P. americana* Marsh 杏李 *P. simonii* Carr.	乌苏里李 *P. ussuriensis* Kov. et Kost. 樱桃李 *P. cerasifera* Enrhart 加拿大李 *P. nigra* Ait. 黑刺李 *P. spinosa* L.
691	桃 （桃花）	蔷薇科 Rosaceae	桃属 *Amygdalus* Linn.	普通桃 *A. persica*（L.）Batsch.	山桃 *A. davidiana* Carr. Franch 新疆桃 *A. ferganensis* Kost. et Riab. 甘肃桃 *A. kansuensis* Rehd. 光核桃 *A. mira* Koehne
692	蒙古扁桃	蔷薇科 Rosaceae	桃属 *Amygdalus* L.	蒙古扁桃 *A. mongolica*（Maxim.）Ricker	柄扁桃 *A. pedunculata*（Pall.）Maxim.
693	杏	蔷薇科 Rosaceae	杏属 *Armeniaca* Mill. 或李属 *Prunus* L.	普通杏 *A. vulgaris* Lam. 紫杏 *A. dasycarpa*（Ehrh.）Borkh. 李梅杏 *A. limeisis* Zang J. Y. et Wang Z. M.	西伯利亚杏 *A. sibirica*（L.）Lam 辽杏 *A. mandshurica*（Maxim.）Skv. 藏杏 *A. holosericea*（Betal.）Kost. 志丹杏 *A. zhidanensis* C. Z. Qiao 政和杏 *A. zhengheensis* Zhang J. Y. et Lu M. N.
694	樱桃	蔷薇科 Rosaceae	樱属 *Cerasus* Mill. 或李属 *Prunus* L.	中国樱桃 *C. pseudocerasus*（Lindl.）G. Don 欧洲甜樱桃 *C. avium*（L.）Moench. 毛樱桃 *C. tomentosa*（Thunb.）Wall.	日本早樱 *C. subhirtella*（Miq.）Sok. 多毛樱桃 *C. polytricha*（Koehne）Yü et Li 草原樱桃 *C. fruticosa* Pall. 欧洲酸樱桃 *C. vulgaris* Mill. 光叶樱桃 *C. glabra*（Pamp.）Yü et Li 刺毛樱桃 *C. setulosa*（Batal.）Yü et Li 尖尾樱桃 *C. caudata*（Franch.）Yü et Li 托叶樱桃 *C. stipulacea*（Maxim.）Yü et Li 川西樱桃 *C. trichostoma*（Koehne）Yü et Li

（续）

序号	作物名称	科	属	栽培种（或变种）	野生近缘种
694	樱桃	蔷薇科 Rosaceae	樱属 *Cerasus* Mill. 或李属 *Prunus* L.		山楂樱桃 *C. crataegifolius*（Hand. - Mazz.）Yü et Li 偃樱桃 *C. mugus*（Hand. - Mazz.）Yü et Li 山樱花 *C. sarrulata*（Lindl.）G. Don ex London 华中樱桃 *C. conradinae*（Koehne）Yü et Li 钟花樱桃 *C. campanulata*（Maxim.）Yü et Li 高盆樱桃 *C. arasoides*（D. Don）Sok. 红毛樱桃 *C. rufa* Wall. 毛柱郁李 *C. pogonostyla*（Maxim.）Yü et Li 毛叶欧李 *C. dictyoneura*（Diels）Yü et Li 欧李 *C. humilis*（Bge.）Sok. 麦李 *C. glandulosa*（Thunb.）Lois. 郁李 *C. japonica*（Thunb.）Lois.
695	扁桃	蔷薇科 Rosaceae	桃属 *Amygdalus* L.	扁桃 *A. communis* L.	矮扁桃 *A. nana* L. 西康扁桃 *A. tangutica*（Batal.）Korsh.
696	华东覆盆子 （掌叶覆盆子）	蔷薇科 Rosaceae	悬钩子属 *Rubus* L.	华东覆盆子 *R. chingii* Hu	腺毛莓 *R. adenophrus* Rolfe 蛇泡藤 *R. cochinchinensis* Tratt. 白藨 *R. doyonensis* Hand. - Mazz. 桉叶悬钩子 *R. eustephanus* Focke
697	树莓 （山莓）	蔷薇科 Rosaceae	悬钩子属 *Rubus* L.	树莓 *R. corchorifolius* L. 欧洲红树莓 *R. idaeus* L. 美洲红树莓 *R. strigosus* Michx. 糙树莓（黑树莓）*R. occidentalis* L. 俯花莓 *R. mutans* Wall. 三色莓 *R. tricolor* Focke 鸡爪茶 *R. henryi* Hemsl. et Ktze.	酒树莓 *R. phoenicolasis* Axim. 刺萼悬钩子 *R. alexeterius* Focke 周毛悬钩子 *R. amphidasys* Focke 北悬钩子 *R. arcticus* L. 西南悬钩子 *R. assamensus* Focke 橘红悬钩子 *R. aurantiacus* Focke 竹叶悬钩子 *R. bambusarus* Focke

（续）

序号	作物名称	科	属	栽培种（或变种）	野生近缘种
697	树莓 （山莓）	蔷薇科 Rosaceae	悬钩子属 *Rubus* L.	高粱泡 *R. lambertianus* Ser. 乌泡子 *R. parkeri* Hance 香花悬钩子 *R. odoratus* L. 悬钩子 *R. palmatus* Thunb. 牛迭肚 *R. crataegifolius* Bge. 插田泡 *R. coreanus* Miq. 茅莓 *R. parvifolius* L. 美洲黑莓 *R. allegheniensis* Porter. 欧洲木莓 *R. caesius* L.	寒莓 *R. buergeri* Miq. 兴安悬钩子 *R. chamaemorus* L. 长序莓 *R. chiliadenus* Focke 华西悬钩子 *R. chinensis* Franch. 毛萼莓 *R. chroosepalus* Focke 网纹悬钩子 *R. cindidodictyus* Card. 矮生悬钩子 *R. clivicola* Walker 蛇泡筋 *R. sochinchinensis* Tratt 华中悬钩子 *R. cockburnianus* Hemsl. 小柱悬钩子 *R. columellaris* Tutcher 椭圆悬钩子 *R. ellipticus* Smith 桉叶悬钩子 *R. eucalyptus* Focke 峨眉悬钩子 *R. fabesi* Focke 黔贵悬钩子 *R. feddei* Levl. et Vanit. 攀枝莓 *R. flagelliflorus* Focke 弓茎悬钩子 *R. flosaulosus* Focke 凉山悬钩子 *R. forkeanus* Kurcz 台湾悬钩子 *R. focmosensis* Ktze. 莓叶悬钩子 *R. fragarioides* Bertol. 光果悬钩子 *R. glabricarpus* Cheng 大序悬钩子 *R. grandipaniculatus* Yu et Lu 中南悬钩子 *R. grayanus* Metcalf 江西悬钩子 *R. gressittii* Metcalf 华南悬钩子 *R. hanceanus* Ktze. 戟叶悬钩子 *R. hastifolius* Levl. et Vanit 蓬蘽 *R. hirsutus* Thunb. 湖南悬钩子 *R. hunnanensis* Hand. - Mazz. 黄泡子 *R. ichangensis* Hemsl. et Ktze.

（续）

序号	作物名称	科	属	栽培种（或变种）	野生近缘种
697	树莓 （山莓）	蔷薇科 Rosaceae	悬钩子属 *Rubus* L.		陷脉悬钩子 *R. impressonervus* Metcalf 白叶莓 *R. innominatus* S. Moore 红花悬钩子 *R. inopertus*（Diels）Focke 紫色悬钩子 *R. irritans* Focke 蒲桃叶悬钩子 *R. jambosoides* Hance 金佛山悬钩子 *R. jinfushanensis* Yu et Lu 绿叶悬钩 *R. komarowii* Nakai 牯岭悬钩子 *R. kulinganus* Bailey 绵果悬钩子 *R. lasiostylus* Focke 多毛悬钩子 *R. lasiotrichos* Focke 白花悬钩子 *R. leucanthus* Hance 绢毛悬钩子 *R. lineatus* Reinw. 五裂悬钩子 *R. lobatus* Yu et Lu 角裂悬钩子 *R. lobophyllus* Shih ex Metcalf 光亮悬钩子 *R. lucens* Focke 黄色悬钩子 *R. lutescens* Franch. 细瘦悬钩子 *R. macilentus* Camb. 棠叶悬钩子 *R. malifolius* Focke 喜阴悬钩子 *R. mesogaeus* Focke 大乌泡悬钩子 *R. multibracteatus* Levl. 红泡刺藤 *R. nivus* Thunb. 太平莓 *R. pacificus* Hance 圆锥悬钩子 *R. paniculatus* Smith 匍匐悬钩子 *R. pectinarioides* Hara 梳齿悬钩子 *R. pectinaris* Focke 黄泡子 *R. pectinellus* Maxim. 盾叶梅 *R. peltatas* Maxim. 梨叶悬钩子 *R. pirifolius* Smith

（续）

序号	作物名称	科	属	栽培种（或变种）	野生近缘种
697	树莓 （山莓）	蔷薇科 Rosaceae	悬钩子属 *Rubus* L.		掌叶悬钩子 *R. pentagonus* Wall. ex Focke 羽萼悬钩子 *R. pinnatisepalus* Hemsl. 五叶鸡爪茶 *R. playtairianus* Hemsl. 陕西悬钩子 *R. piluliferus* Focke 菰帽悬钩子 *R. pileatus* Focke 早花悬钩子 *R. preptantus* Focke 针刺悬钩子 *R. pungens* Camb. 锈毛莓 *R. reflexus* Ker. 空心泡 *R. rosaefolius* Smith 红刺悬钩子 *R. rubrisetulosus* Card. 库页悬钩子 *R. sachalinensis* Levl. 石生悬钩子 *R. saxatilis* L. 川莓 *R. setchuenensis* Bureau et Franch. 贵滇悬钩子 *R. shihae* Metc. 单茎悬钩子 *R. simplex* Focke 直立悬钩子 *R. stans* Focke 紫红悬钩子 *R. subinopertus* Yu et Lu 美饰悬钩子 *R. subornatus* Focke 密刺悬钩子 *R. subtibetanus* Hand. - Mazz. 红腺悬钩子 *R. sumatranus* Miq. 木莓 *R. swinhoei* Hance 灰白悬钩子 *R. tephrodes* Hance 西藏悬钩子 *R. thibetanus* Franch. 三花悬钩子 *R. trianthus* Focke 三对叶悬钩子 *R. trijugus* Focke 光滑悬钩子 *R. tsangii* Merr. 大苞悬钩子 *R. wangii* Metc.

（续）

序号	作物名称	科	属	栽培种（或变种）	野生近缘种
697	树莓 （山莓）	蔷薇科 Rosaceae	悬钩子属 *Rubus* L.		大花悬钩子 *R. wardii* Merr. 黄果悬钩子 *R. xanthocarpus* Franch. 黄脉悬钩子 *R. xanthoneurus* Focke
698	海棠花	蔷薇科 Rosaceae	苹果属 *Malus* Mill.	海棠花 *M. spectabilis*（Ait.）Borkh. 西府海棠 *M. micromalus* Makino 垂丝海棠 *M. halliana* Koehne	
699	苹果	蔷薇科 Rosaceae	苹果属 *Malus* Mill.	苹果 *M. pumila* Mill. 花红 *M. asiatetica* Nakai 楸子 *M. prunifolia*（Willd.）Borkh.	**中国原产的野生种** 山荆子 *M. baccata*（L.）Borkh. 毛山荆子 *M. manshurica* Komarov 丽江山荆子 *M. rockii* Rehder 锡金海棠 *M. sikkimensis*（Hook. f.）Koehne 湖北海棠 *M. hupehensis*（Pamp.）Rehd. 新疆野苹果 *M. sieversii*（Led.）Roem 三叶海棠 *M. sieboldii*（Reg.）Rehder 陇东海棠 *M. kansuensis*（Batal.）Schneid. 山楂海棠 *M. komarovii*（Sarg.）Rehd. 变叶海棠 *M. toringoides*（Rehd.）Hughes 花叶海棠 *M. transitoria*（Batal.）Schneid. 川滇海棠 *M. prattii*（Hemsl.）Schneid. 沧江海棠 *M. ombrophla* Hand. - Mazz. 河南海棠 *M. honanensis* Rehd. 滇池海棠 *M. yunnanensis*（Fr.）Schneid. 台湾海棠 *M. formosana* Kawak. et Koidz. ［*M. doumeri*（Boig.）Chev.］ 尖嘴林檎 *M. melliana*（Hand. - Mazz.）Rehd. **国外引进的野生种** 森林苹果 *M. sylvestris*（L.）Mill.

（续）

序号	作物名称	科	属	栽培种（或变种）	野生近缘种
699	苹果	蔷薇科 Rosaceae	苹果属 *Malus* Mill.		东方苹果 *M. orientalis* Uglitz. 褐海棠 *M. fusca*（Raf.）Schneid. 草原海棠 *M. ioensis*（Wood.）Brit. 窄叶海棠 *M. angustifolia*（Ait.）Michx. 三裂叶海棠 *M. trilobata*（Labill.）Schneid. 乔劳斯基海棠 *M. tschomoskii*（Maxim.）Schneid. 佛罗伦萨海棠 *M. florentina*（Zuccagni）Schneid. 朱眉海棠 *M. zumi*（Matsum）Reh. 多花海棠 *M. floribunda* Siebold. 野香海棠 *M. coronaria*（L.）Mill. 大鲜果 *M. soulardii*（Bailey）Brit. **国内发表的苹果属新种** 小金海棠 *M. xiaojinensis* Chen et Jiang 金县山荆子 *M. jinxianensis* Hong et Deng 稻城海棠 *M. daochengensis* C. L. Li 昭觉山荆子 *M. zhaojaoensis* Jiang 保山海棠 *M. baoshanensis* G. T. Deng 马尔康海棠 *M. maerkangensis* Cheng. Zeng et Jin
700	梨	蔷薇科 Rosaceae	梨属 *Pyrus* L.	秋子梨 *P. ussuriensis* Maxim. 白梨 *P. bretschneideri* Rehd. 砂梨 *P. pyrifolia*（Burm.）Nakai 西洋梨 *P. communis* Lim.	**中国原产的野生种** 豆梨 *P. calleryana* Decne. 杜梨 *P. betulaefolia* Bge. 褐梨 *P. phaeocarpa* Rehd. 新疆梨 *P. sinkiangensis* Yü 麻梨 *P. serrulata* Rehd. 川梨 *P. pashia* Buch. - Ham. 滇梨 *P. seudopashia* Yü 木梨 *P. xerophila* Yü

（续）

序号	作物名称	科	属	栽培种（或变种）	野生近缘种
700	梨	蔷薇科 Rosaceae	梨属 *Pyrus* L.		杏叶梨 *P. armeniacaefolia* Yü 河北梨 *P. hopeiensis* Yü **国外原产的野生种** 雪梨 *P. nivalis* Jacg 扁桃叶形梨 *P. amygdaliformis* Vill 俄罗斯梨 *P. rossica* Danilov 高加索梨 *P. caucasica* Fed 胡颓子梨 *P. elaeagriflia* Pall. 柳叶梨 *P. salicifolia* Pall. 中亚细亚梨 *P. asiaemediae* M. Pop. 考尔欣斯基梨 *P. korshynkyi* Litv. 布哈尔梨 *P. bucharica* Litv. 异叶形梨 *P. regelii* Rehd. 土库曼梨 *P. turkomanica* Maleev. 鲍西梨 *P. boissieriana* Buhse
701	山楂	蔷薇科 Rosaceae	山楂属 *Crataegus* L.	山楂 *C. pinnatifida* Bunge. 云南山楂 *C. scabrifolia*（Franch.）Rehd.	伏山楂 *C. brettschneideri* Schneid. 湖北山楂 *C. hupehensis* Sarg. 陕西山楂 *C. shensiensis* Pojark. 野山楂 *C. cuneata* Sieb. et Zucc. 山东山楂 *C. shandongensis* F. Z. Li et W. D. Peng 华中山楂 *C. wilsonii* Sarg. 滇西山楂 *C. oresbia* W. W. Smith 橘红山楂 *C. aurantia* Pojark. 毛山楂 *C. maximowiczii* Schneid. 北票山楂 *C. beipiaogensis* Tung et X. J. Tian 虾夷山楂 *C. jozana* Schneid. 辽宁山楂 *C. sanguiea* Pall.

（续）

序号	作物名称	科	属	栽培种（或变种）	野生近缘种
701	山楂	蔷薇科 Rosaceae	山楂属 *Crataegus* L.		福建山楂 *C. tang-chungchangii* Matcalf. 黄果山楂 *C. wattiana* Hemsl. et Lace. 光叶山楂 *C. dahurica* Koehne ex Schneid. 中甸山楂 *C. chungtienensis* W. W. Smith 甘肃山楂 *C. kansuensis* Wils. 阿尔泰山楂 *C. altaica*（Loud.）Lange. 裂叶山楂 *C. remotilobata* Popov 准噶尔山楂 *C. songorica* K. Koch 绿肉山楂 *C. chlorosarca* Maxim.
702	草莓	蔷薇科 Rosaceae	草莓属 *Fragaria* L.	凤梨草莓 *F. ananassa* Duch.	野草莓 *F. vesca* L. 东方草莓 *F. orientalis* Lozinsk. 西南草莓 *F. moupinensis*（Franch.）Card. 黄毛草莓 *F. nilgerrensis* Sclecht 五叶草莓 *F. pentaphylla* Lozinsk. 裂萼草莓 *F. daltoniana* Gay 纤细草莓 *F. gracilis* Lozinsk. 西藏草莓 *F. nubicola*（Hook. f.）Lindi. ex Lacaita
703	榅桲	蔷薇科 Rosaceae	榅桲属 *Cydonia* Mill.	榅桲 *C. oblonga* Mill.	
704	木瓜	蔷薇科 Rosaceae	木瓜属 *Chaenomeles* Lindl.	木瓜 *C. sinensis*（Thouin）Koehe	毛叶木瓜 *C. cathayensis*（Hemsl.）Schneid. 西藏木瓜 *C. thibetica* Yü
705	贴梗海棠 （木瓜）	蔷薇科 Rosaceae	木瓜属 *Chaenomeles* Lindl.	贴梗海棠 *C. speciosa*（Sweet）Nakai	日本贴梗海棠（倭海棠）*C. japonica*（Thunb.）Lindl. et Spach
706	栒子	蔷薇科 Rosaceae	栒子属 *Cotoneaster* Medik.	水栒子 *C. multiflorus* Bge.	毛叶水栒子 *C. submultiflorus* Popov 黑果栒子 *C. melanocarpus* Lodd. 灰栒子 *C. acutifolius* Turcz.

（续）

序号	作物名称	科	属	栽培种（或变种）	野生近缘种
706	枸子	蔷薇科 Rosaceae	枸子属 *Cotoneaster* Medik.		西南枸子 *C. franchetii* Bois. 黄杨叶枸子 *C. buxifolius* Lindl. 平枝枸子 *C. horizontalis* Dcne. 柳叶枸子 *C. salicifolius* Franch. 麻核枸子 *C. foveolatus* Rehd. et Wils. 川康枸子 *C. ambiguous* Rehd. et Wils. 毡毛枸子 *C. pannosus* Franch. 尖叶枸子 *C. acuminatus* Lindl.
707	枇杷	蔷薇科 Rosaceae	枇杷属 *Eriobotrya* Lindl.	枇杷 *E. japonica*（Thunb.）Lindl.	栎叶枇杷 *E. prinoides* Rehd. ex Wils. 麻栗坡枇杷 *E. malipoensis* Kuan 腾越枇杷 *E. tengyuehensis* W. W. Smith 怒江枇杷 *E. salwinensis* Hand. - Mazz. 香花枇杷 *E. fragrans* Champ. 大花枇杷 *E. cavaleriei*（Lévl.）Rehd.（*E. grandiflora* Rehd. ex Wils；*E. rackloi* Hand. - Mazz.） 小叶枇杷 *E. seguinii*（Lévl.）Card. ex Guillaumin 倒卵叶枇杷 *E. obovata* W. W. Smith 南亚枇杷 *E. bengalensis*（Roxb.）Hook. f. 齿叶枇杷 *E. serrata* Vidal 台湾枇杷 *E. deflexa*（Hemsl）Nakai 椭圆枇杷 *E. elliptica* Lindl. 窄叶枇杷 *E. henryi* Nakai
708	花楸	蔷薇科 Rosaceae	花楸属 *Sorbus* L.	花楸 *S. pohuashanensis*（Hance.）Hedl. 欧洲花楸 *S. aucuparia* L.	北京花楸 *S. discolor*（Maxim.）Maxim. 水榆花楸 *S. alnifolia*（Sieb. et Zucc.）K. Koch 天山花楸 *S. tianschanica* Rupr.
709	火把果	蔷薇科 Rosaceae	火棘属 *Pyracantha* Roem.	火把果 *P. angustifolia*（Franch.）Schneid.	细圆齿火棘 *P. cremulata* Roem. 全缘火棘 *P. fortuneana*（Maxim.）Li

（续）

序号	作物名称	科	属	栽培种（或变种）	野生近缘种
710	猕猴桃	猕猴桃科 Actinidiaceae	猕猴桃属 *Actinidia* Lindl.	中华猕猴桃 A. *chinensis* Planch. 软枣猕猴桃 A. *arguta*（Sieb. & Zucc.）Planch. ex Miq. 狗枣猕猴桃 A. *kolomikta* Maxim. 葛枣猕猴桃 A. *polygana*（Sieb. et Zucc.）Maxim. 美味猕猴桃 A. *deliciosa*（A. Chev.）C. F. Liang et A. R. Ferguson	毛花猕猴桃 A. *erantha* Benth. 阔叶猕猴桃 A. *latifolia*（Gardn. et Champ）Merr. 灰毛猕猴桃 A. *cinerascins* C. F. Liang 革叶猕猴桃 A. *coriacea* Dunn 粉毛猕猴桃 A. *farinose* C. F. Liang 光叶猕猴桃 A. *glabra* L. 圆果猕猴桃 A. *golbosa* C. F. Liang 广西猕猴桃 A. *kwangsiensis*（Li）C. F. Liang 小叶猕猴桃 A. *lanceolata* Dunn 两广猕猴桃 A. *liangguangensis* C. F. Liang 尾叶猕猴桃 A. *longicauda* F. Chun 大籽猕猴桃 A. *macrosperma* C. F. Liang 海棠猕猴桃 A. *maloides* Li 黑蕊猕猴桃 A. *melanandra* Franch. 梅叶猕猴桃 A. *mumoides* C. F. Liang 沙巴猕猴桃 A. *petelotti* Diels 疏毛猕猴桃 A. *pilosula*（Fin. et Gagn.）Stapf ex Hand. - Mxzz. 对萼猕猴桃 A. *valvata* Dunn 紫果猕猴桃 A. *purpurea*（Rehd.）C. F. Liang 红毛猕猴桃 A. *rufotricha* C. Y. Wu 刺毛猕猴桃 A. *setosa*（Li）C. F. Liang et A. R. Ferguson 安息香猕猴桃 A. *styracifolia* C. F. Liang 栓叶猕猴桃 A. *suberfolia* C. Y. Wu 四萼猕猴桃 A. *tetramera* Maxim. 河南猕猴桃 A. *henanensis* C. F. Liang 黄毛猕猴桃 A. *fulvicoma* Hance 繁花猕猴桃 A. *persicina* R. H. Huang et S. M. Wang

（续）

序号	作物名称	科	属	栽培种（或变种）	野生近缘种
710	猕猴桃	猕猴桃科 Actinidiaceae	猕猴桃属 *Actinidia* Lindl.		**国外引进的野生种** 白背叶猕猴桃 *A. hypoleuca* Nakai 山梨猕猴桃 *A. rufa*（Sieb. et Zucc.）Planch. ex Miq.
711	胡椒	胡椒科 Piperaceae	胡椒属 *Piper* L.	胡椒 *P. nigrum* L.	短蒟 *P. mullesua* Buch. - Ham. ex D. Don 卵叶胡椒 *P. attnuatum* Buch. - Ham. ex Miq. 海南蒟 *P. hainaense* Hemsl. 变叶胡椒 *P. mutale* C. DC. 大叶蒟 *P. laetispicum* C. DC. 陵水胡椒 *P. lingshuiense* Y. C. Tseng 短柄胡椒 *P. stipitisorme* Chang ex Y. C. Tseng 多脉胡椒 *P. submultinerre* C. DC. 华山蒌 *P. cathayanum* M. G. 缘毛胡椒 *P. semiimmersum* C. DC. 樟叶胡椒 *P. polysyphonum* C. DC. 荜拔 *P. longum* L. 假蒟 *P. sarmentosum* Roxb. 蒌叶 *P. betle* L. 蒟子 *P. yunnanense* Y. C. Tseng 球穗胡椒 *P. thomsonii*（C. DC.）Hook. f. 复毛胡椒 *P. bonii* C. DC. 毛蒟 *P. hongkongense* C. DC. 小叶爬崖香 *P. sintenense* Hatusima 台湾胡椒 *P. taiwanense* Lin et Lu 粗梗胡椒（思茅胡椒）*P. macropodum* C. DC. 苎叶蒟（顶花胡椒）*P. boehmerifolium*（Miq.）C. DC. 长穗胡椒（滇南胡椒）*P. dolichostachyum* M. G. 角果胡椒 *P. pedicellatum* C. DC.

（续）

序号	作物名称	科	属	栽培种（或变种）	野生近缘种
711	胡椒	胡椒科 Piperaceae	胡椒属 *Piper* L.		粗穗胡椒 *P. tsangyuanense* P. S. Chen et P. C. Zhu 华南胡椒 *P. austrosinense* Y. C. Tseng 毛山蒟 *P. wallichii*（Miq. ）Hand. - Mazz. 毛叶胡椒 *P. puberulimbum* C. DC. 山蒟 *P. hancei* Maxim. 红果胡椒 *P. rubrum* C. DC. 竹叶胡椒 *P. bambusifolium* Y. C. Tseng 线梗胡椒 *P. pleiocarpum* Chang ex Y. C. Tseng 大胡椒 *P. umbellatum* Linn.
712	芝麻	胡麻科 Pedaliaceae	芝麻属 *Sesamum* L.	芝麻 *S. indicum* L.	刚果野芝麻 *S. schinzianum* Asch. 辐射野芝麻 *S. radiatum* Schumach & Thonn. 葡匐野芝麻 *S. prostratum* Retz. 马拉巴尔芝麻 *S. malabaricum* Burm.
713	苎麻	荨麻科 Urticaceae	苎麻属 *Boehmeria* Jacq.	苎麻 *B. nivea*（L. ）Gaudich.	腋球苎麻 *B. malabarica* Wedd. 光叶苎麻 *B. leiophylla* W. T. Wang 长圆苎麻 *B. oblongifolia* W. T. Wang 帚序苎麻 *B. zollingeriana* Wedd. 黔桂苎麻 *B. blinii* Levl. 白面苎麻 *B. clidemioides* Miq. 阴地苎麻 *B. umbrosa*（Hand. - Mazz. ）W. T. Wang 滇黔苎麻 *B. pseudotricuspis* W. T. Wang 双尖苎麻 *B. bicuspis* C. T. Chen 水苎麻 *B. macrophylla* Hornem. 疏毛水苎麻 *B. pilosiuscula*（Bl. ）Hassk. 越南苎麻 *B. tonkinensis* Gagnep. 琼海苎麻 *B. lohuiensis* Chien 海岛苎麻 *B. formosana* Hayata

（续）

序号	作物名称	科	属	栽培种（或变种）	野生近缘种
713	苎麻	荨麻科 Urticaceae	苎麻属 *Boehmeria* Jacq.		细序苎麻 *B. hamiltoniana* Wedd. 密毛苎麻 *B. tomentosa* Wedd. 伏毛苎麻 *B. strigosifolia* W. T. Wang 长序苎麻 *B. dolichostachya* W. T. Wang 大叶苎麻 *B. longispica* Steud. 悬铃叶苎麻 *B. tricuspis*（Hance）Makino 密球苎麻 *B. densiglomerata* W. T. Wang 细野麻 *B. gracilis* C. H. Wright 赤麻 *B. silvestrii*（Pamp.）W. T. Wang 小赤麻 *B. spicata*（Thunb.）Thunb. 异叶苎麻 *B. allophylla* W. T. Wang 歧序苎麻 *B. polystachya* Wedd. 西藏苎麻 *B. tibetica* C. J. Chen 束序苎麻 *B. siamensis* Craib 盈江苎麻 *B. ingjiangensis* W. T. Wang 长叶苎麻 *B. penduliflorae* Wedd. ex Long
714	亚麻	亚麻科 Linaceae	亚麻属 *Linum* L.	栽培亚麻 *L. usitatissimum* L.	长萼亚麻 *L. corymbulosum* Reichb. 野亚麻 *L. stelleroides* Planch. 异萼亚麻 *L. heterosepalum* Regel. 宿根亚麻 *L. perenne* L. 黑水亚麻 *L. amurense* Alef. 垂果亚麻 *L. nutans* Maxim. 短柱亚麻 *L. pallescens* Bunge. 阿尔泰亚麻 *L. altaicum* Ledep. 窄叶亚麻 *L. angustifolium* Huds. 大花亚麻（红花亚麻）*L. grandiflorum* Desf. 冬亚麻 *L. bienne* Mill.

（续）

序号	作物名称	科	属	栽培种（或变种）	野生近缘种
714	亚麻	亚麻科 Linaceae	亚麻属 *Linum* L.		奥地利亚麻 *L. austriacum* L. 金黄亚麻 *L. flavum* L.
715	大麻	大麻科 Cannabinaceae	大麻属 *Cannabis* L.	大麻 *C. sativa* L.	
716	啤酒花	大麻科 Cannabinaceae	葎草属 *Humulus* L.	啤酒花 *H. lupulus* L.	葎草（拉拉藤）*H. scandens*（Lour.）Merr. 滇葎草 *H. yunnanensis* Hu
717	罗布麻	夹竹桃科 Apocynaceae	罗布麻属 *Apocynum* L.	罗布麻 *A. venetum* L.	白麻 *A. pictum* Schrenk
718	剑麻	龙舌兰科 Agaraceae	龙舌兰属 *Agave* L.	剑麻 *A. sisalana* Perr. ex Engelm 短叶龙舌兰 *A. angustifolia* Haw. 宽叶龙舌兰 *A. americana* L. 马盖麻 *A. cantula* Roxb. 灰叶剑麻 *A. fourcroides* Lem.	
719	蕉麻	芭蕉科 Musaceae	芭蕉属 *Musa* L.	蕉麻 *M. textilis* Nee	
720	香蕉	芭蕉科 Musaceae	芭蕉属 *Musa* L.	香蕉 *M. nana* Lour. 大蕉 *M. sapientum* L.	野蕉 *M. balbisiana* Colla 小果野蕉 *M. acuminate* Colla 阿宽蕉 *M. itinerans* Cheesm 芭蕉 *M. bajioo* Sieb. & Zucc. 树头芭蕉 *M. wilsonii* Tutch. 阿希蕉 *M. rubra* Wall. ex Kurz 红蕉 *M. coccinea* Andr.
721	八角 （八角茴香）	八角科 Illiclaceae	八角属 *Illicium* L.	八角 *I. verum* Hook. f.	假地枫皮（百山祖八角）*I. angustisepalum* A. C. Smith 华中八角 *I. fargesii* Finet et Gagnep. 中缅八角 *I. burmanicum* Wils.

（续）

序号	作物名称	科	属	栽培种（或变种）	野生近缘种
721	八角 （八角茴香）	八角科 Illiclaceae	八角属 *Illicium* L.		野八角 *I. simonsii* Maxim. 大八角 *I. majus* Hook. f. et Thoms. 披针叶八角 *I. laceolatum* A. C. Smith 匙叶八角 *I. spathulatum* Wu 地枫皮 *I. difengpi* K. I. B. et K. I. M. 红茴香 *I. henryi* Diels 小花八角 *I. micranthum* Dunn 厚叶八角 *I. pachyphyllum* A. C. Smith 红花八角 *I. dunnianum* Tutch. 台湾八角 *I. arborescens* Hayata 短柱八角 *I. brevistylum* A. C. Smith 少药八角 *I. oligandrum* Merr. et Chun 厚皮香八角 *I. ternstroemioides* A. C. Smith
722	香蒲	香蒲科 Typhaceae	香蒲属 *Typha* L.	香蒲 *T. orientalis* Presl. 宽叶香蒲 *T. latifolia* L. 窄叶香蒲 *T. angustifolia* L.	晋香蒲 *T. przewalskii* Skv. 无苞香蒲 *T. laxmannii* Lepech. 长苞香蒲 *T. angustata* Bory et Chaubard 达香蒲 *T. davidiana*（Kronf.）Hand. - Mazz. 小香蒲 *T. minima* Funk. 短序香蒲 *T. gracilis* Jord. 球序香蒲 *T. pallida* Pob.
723	灯芯草	灯芯草科 Juncaceae	灯芯草属 *Juncus* L.	灯芯草 *J. effusus* L.	高山灯芯草 *J. alpinus* Will. 走茎灯芯草 *J. amplifolius* A. Camus 喜马灯芯草 *J. himalensis* Klotzsch 内地灯芯草 *J. interior* Wieg. 小花灯芯草 *J. lainpocarpus* Ehrh. 江南灯芯草 *J. leschenaultii* Gay 太平洋灯芯草 *J. lescuri* W. S. Cooper

（续）

序号	作物名称	科	属	栽培种（或变种）	野生近缘种
723	灯芯草	灯芯草科 Juncaceae	灯芯草属 *Juncus* L.		甘川灯芯草 *J. leucanthus* Royle 长白灯芯草 *J. maximowiczii* Buchen. 矮灯芯草 *J. minimus* Buchen. 分枝灯芯草 *J. modestus* Buchen. 多花灯芯草 *J. modicus* N. E. Brown 有节灯芯草 *J. nodosus* L. 锡金灯芯草 *J. sikkimensis* Hook. f. 野灯芯草 *J. setchuensis* Buchen. 单枝灯芯草 *J. potaninii* Buchen. 长柱灯芯草 *J. przewalskii* Buchen. 匍匐灯芯草 *J. repens* Michx. 刚毛灯芯草 *J. setaceus* Rostk.
724	马蓝	爵床科 Acanthaceae	马蓝属 *Strobilanthes* Bl.	马蓝（靛蓝）*S. cusia* O. Kuntze	云南马蓝 *S. yunnanensis* Diels 少花马蓝 *S. oliganthus* Miq. 球花马蓝 *S. pentstemonoides*（Nees）T. Anders. 三花马蓝 *S. triflorus* Y. C. Tang 四子马蓝 *S. tetraspermus*（Champ. ex Benth.）Druce 日本马蓝 *S. japonicus*（Thunb.）Miq. 曲序马蓝 *S. helictus* T. Anders. 腺毛马蓝 *S. forrestii* Diels 软叶马蓝 *S. flaccidifolius* Nees 红背马蓝 *S. dyerianus* Mast. 疏花马蓝 *S. divaricatus*（Nees）T. Auders. 环状马蓝 *S. cyclus* C. B. Clarke ex W. W. Sm. 棒果马蓝 *S. claviculatus* C. B. Clarke ex W. W. Sm. 耳叶马蓝 *S. auriculatus*（Wall.）Nees 顶头马蓝 *S. affinis*（Griff.）Y. C. Tang

（续）

序号	作物名称	科	属	栽培种（或变种）	野生近缘种
725	穿心莲	爵床科 Acanthaceae	穿心莲属 *Andrographis* Wall.	穿心莲 *A. paniculata*（Burm. f.）Nees	疏花穿心莲 *A. laxiflora*（Bl.）Lindau
726	杉木	杉科 Taxodiaceae	杉木属 *Cunninghamia* R. Br.	杉木 *C. lanceolata*（Lamb.）Hook.	
727	柳杉	杉科 Taxodiaceae	柳杉属 *Cryptomeria* D. Don	柳杉 *C. fortunei* Hooibrenk ex Otto et Dietr.	
728	水杉	杉科 Taxodiaceae	水杉属 *Metasequoia* Miki ex Hu et Cheng	水杉 *M. glyptostroboides* Hu et Cheng	
729	落羽杉	杉科 Taxodiaceae	落羽杉属 *Taxodium* Rich.	池杉 *T. ascendens* Brongn. 落羽杉 *T. distichum*（L.）Rich. 墨西哥落羽杉 *T. mucronatum* Tenore	
730	竹柏	罗汉松科 Podocarpaceae	罗汉松属 *Podocarpus* L. Her. ex Pers.	竹柏 *P. nagi*（Thunb.）Zoll. et Mor. ex Zoll.	海南罗汉松 *P. annamiensis* N. E. Gray 小叶罗汉松 *P. brevifolius*（Stapf）Foxw. 兰屿罗汉松 *P. costalis* Presl 长叶竹柏 *P. fleuryi* Hickel 窄叶竹柏 *P. formosensis* Dummer 大理罗汉松 *P. forrestii* Craib et W. W. Smith 鸡毛松 *P. imbricatus* Bl. 罗汉松 *P. macrophyllus*（Thunb.）D. Don 台湾罗汉松 *P. nakaii* Hayata 百日青 *P. neriifolius* D. Don 肉托竹柏 *P. wallichiana* Presl
731	陆均松	罗汉松科 Podocarpaceae	陆均松属 *Dacrydium* Soland. ex Forst.	陆均松 *D. pierrei* Hickel	

（续）

序号	作物名称	科	属	栽培种（或变种）	野生近缘种
732	侧柏	柏科 Cupressaceae	侧柏属 *Platycladus* Spach	侧柏 *P. orientalis*（L.）Franco	
733	柏木	柏科 Cupressaceae	柏木属 *Cupressus* L.	柏木 *C. funebris* Endl. 干香柏 *C. duclouxiana* Hickel	绿干柏 *C. arizonica* Greene 岷江柏木 *C. chengiana* S. Y. Hu 巨柏 *C. gigantea* Cheng et L. K. Fu 西藏柏木 *C. torulosa* D. Don
734	福建柏	柏科 Cupressaceae	柏木属 *Cupressus* L.	福建柏 *C. hodginsii*（Dunn）Henry et Thomas	
735	杨树	杨柳科 Salicaceae	杨属 *Populus* L.	毛白杨 *P. tomentosa* Carr. 银白杨 *P. alba* L. 新疆杨 *P. bolleana* Lauche 青杨 *P. cathayana* Rehd. 小青杨 *P. pseudo-simonii* Kitag. 小叶杨 *P. simonii* Carr. 香杨 *P. koreana* Rehd. 大青杨 *P. ussuriensis* Kom. 滇杨 *P. yunnanensis* Dode 二白杨 *P. gansuensis* C. Wang et H. L. Yang 加杨 *P.* × *canadensis* Moench 中东杨 *P.* × *berolinensis* Dipp. 小黑杨 *P.* × *xiaohei* T. S. Wang et Liang 小钻杨 *P.* × *xiaozhuanica* W. Y. Hsu et Liang 胡杨 *P. euphratica* Oliv.	响叶杨 *P. adenopoda* Maxim. 阿富汗杨 *P. afghanica*（Ait. et Hemsl.）Schneid. 阿拉善杨 *P. alachanica* Kom. 黑龙江杨 *P. amurensis* Kom. 银灰杨 *P. canescens*（Ait.）Smith 哈青杨 *P. charbinensis* C. Wang et Skv. 缘毛杨 *P. ciliata* Wall. 山杨 *P. davidiana* Dode 东北杨 *P. girinensis* Skv. 灰叶杨 *P. glauca* Haines 德钦杨 *P. haoana* Cheng et Ch. Wang 河北杨 *P. hopeiensis* Hu et Chow 兴安杨 *P. hsinganica* C. Wang et Skv. 伊犁杨 *P. iliensis* Drob. 额河杨 *P.* × *jrtyschensis* C. Y. Yang 康定杨 *P. kangdingensis* C. Wang et Tung 瘦叶杨 *P. lancifolia* N. Chao 大叶杨 *P. lasiocarpa* Oliv. 苦杨 *P. laurifolia* Ledeb.

（续）

序号	作物名称	科	属	栽培种（或变种）	野生近缘种
735	杨树	杨柳科 Salicaceae	杨属 *Populus* L.		米林杨 *P. mainlingensis* C. Wang et Tung 热河杨 *P. mandshurica* Nakai 辽杨 *P. maximowiczii* Henry 玉泉杨 *P. nakaii* Skv. 汉白杨 *P. ningshanica* C. Wang et Tung 帕米尔杨 *P. pamirica* Kom. 柔毛杨 *P. pilosa* Rehd. 灰胡杨 *P. pruinosa* Schrenk 青甘杨 *P. przewalskii* Maxim. 长序杨 *P. pseudoglauca* C. Wang et P. Y. Fu 梧桐杨 *P. pseudomaximowiczii* C. Wang et Tung 响毛杨 *P. pseudo-tomentosa* C. Wang et Tung 冬瓜杨 *P. purdomii* Rehd. 昌都杨 *P. qamdoensis* C. Wang et Tung 圆叶杨 *P. rotundifolia* Griff. 青毛杨 *P. shanxiensis* C. Wang et Tung 甜杨 *P. suaveolens* Fisch. 川杨 *P. szechwanica* Schneid. 密叶杨 *P. talassica* Kom. 三脉青杨 *P. trinervis* C. Wang et Tung 堇柄杨 *P. violascens* Dode 椅杨 *P. wilsonii* Schneid. 长叶杨 *P. wuana* C. Wang et Tung 乡城杨 *P. xiangchengensis* C. Wang et Tung 亚东杨 *P. yatungensis*（C. Wang et P. Y. Fu）C. Wang et Tung 五瓣杨 *P. yuana* C. Wang et Tung

（续）

序号	作物名称	科	属	栽培种（或变种）	野生近缘种
736	柳	杨柳科 Salicaceae	柳属 *Salix* L.	旱柳 *S. matsudana* Koidz. 垂柳 *S. babylonica* L. 圆头柳 *S. capitata* Y. L. Chou et Skv. 白柳 *S. alba* L. 红柳 *S. sino-purpurea* C. Wang et Ch. Y. Yang 细枝柳 *S. gracilior* Nakai	班公柳 *S. bangongensis* C. Wang et C. F. Fang 碧口柳 *S. bikouensis* Y. L. Chou 银叶柳 *S. chienii* Cheng 长柱柳 *S. eriocarpa* Franch. et Sav. 异蕊柳 *S. heteromera* Hand. - Mazz. 朝鲜柳 *S. koreensis* Anderss. 筐柳 *S. linearistipularis* (Franch.) Hao 长蕊柳 *S. longistamina* C. Wang 白皮柳 *S. pierotii* Miq. 北沙柳 *S. psammophila* C. Wang et C. Y. Yang 青海柳 *S. qinghaiensis* Y. L. Chou 绢果柳 *S. sericocarpa* Anderss. 光果巴郎柳 *S. spheronymphoides* Y. L. Chou 簸箕柳 *S. suchowensis* Cheng 松江柳 *S. sungkianica* Y. L. Chou et Skv. 细穗柳 *S. tenuijulis* Ledeb.
737	榆	榆科 Ulmaceae	榆属 *Ulmus* L.	榆 *U. pumila* L. 大叶榆 *U. laevis* Pall.	兴山榆 *U. bergmanniana* Schneid. 杭州榆 *U. changii* Cheng 醉翁榆 *U. gaussenii* Cheng 裂叶榆 *U. laciniata* (Trautv.) Mayr 大果榆 *U. macrocarpa* Hance 假春榆 *U. pseudopropinqua* Wang et Li 阿里山榆 *U. uyematsui* Hayata
738	榉树	榆科 Ulmaceae	榉属 *Zelkova* Spach	榉树 *Z. schneideriana* Hand. - Mazz.	光叶榉 *Z. serrata* (Thunb.) Makino 大果榉 *Z. sinica* Schneid.
739	楸树	紫葳科 Bignoniaceae	梓树属 *Catalpa* L.	楸树 *C. bungei* C. A. Mey.	灰楸 *C. fargesii* Bur. 梓 *C. ovata* G. Don

（续）

序号	作物名称	科	属	栽培种（或变种）	野生近缘种
739	楸树	紫葳科 Bignoniaceae	梓树属 *Catalpa* L.		藏楸 *C. tibetica* Forrest
740	台湾相思	含羞草科 Mimosaceae	金合欢属 *Acacia* Mill.	台湾相思 *A. confusa* Merr. 黑荆树 *A. mearnsii* De Wild.	尖叶相思 *A. caesia*（L.）Willd. 灰金合欢 *A. glauca*（L.）Moench 钝叶金合欢 *A. megaladena* Desv. 羽叶金合欢 *A. pennata*（L.）Willd. 粉背金合欢 *A. pruinescens* Kurz 无刺金合欢 *A. teniana* Harms. 云南相思树 *A. yunnanensis* Franch.
741	儿茶	含羞草科 Mimosaceae	金合欢属 *Acacia* Mill.	儿茶 *A. catechu*（L. f.）Willd.	阔叶金合欢 *A. delavayi* Franch. 藤金合欢 *A. sinuata*（Lour.）Merr.
742	南洋楹	含羞草科 Mimosaceae	合欢属 *Albizia* Durazz.	南洋楹 *A. falcate* Back. 合欢 *A. julibrissin* Durazz.	海南合欢 *A. attopeuensis*（Pierre）Nielsen 蒙自合欢 *A. bracteata* Dunn 光腺合欢 *A. calcarea* Y. H. Huang 楹树 *A. chinensis*（Osbeck）Merr. 天香藤 *A. corniculata*（Lour.）Druce 白花合欢 *A. crassiramea* Lace 巧家合欢 *A. duclouxii* Gagnep. 山槐 *A. kalkora*（Roxb.）Prain 光叶合欢 *A. lucidior*（Steud.）Nielsen 毛叶合欢 *A. mollis*（Wall.）Boiv. 香合欢 *A. odoratissima*（L. f.）Benth. 藏合欢 *A. sherriffii* Baker 滇合欢 *A. simeonis* Harms
743	青皮象耳豆	含羞草科 Mimosaceae	象耳豆属 *Enterolobium* Mart.	青皮象耳豆 *E. contortisiliquum*（Vell.）Mo-rong	

（续）

序号	作物名称	科	属	栽培种（或变种）	野生近缘种
744	喜树	蓝果树科 Nyssaceae	喜树属 *Camptotheca* Decne.	喜树 *C. acuminata* Decne.	
745	壳菜果	金缕梅科 Hamamelideceae	壳菜果属 *Mytilaria* Lecomte	壳菜果 *M. laosensis* Lecomte	
746	悬铃木	悬铃木科 Platanaceae	悬铃木属 *Platanus* L.	悬铃木 *P. acerifolia* Willd.	
747	垂枝桦	桦木科 Betulaceae	桦木属 *Betula* L.	垂枝桦 *B. pendula* Roth. 白桦 *B. platyphylla* Suk.	红桦 *B. albo-sinensis* Burk. 华南桦 *B. austro-sinensis* Chun ex P. C. Li 岩桦 *B. calcicola*（W. W. Smith）P. C. Li 坚桦 *B. chinensis* Maxim. 硕桦 *B. costata* Trautv. 黑桦 *B. dahurica* Pall. 高山桦 *B. delavayi* Franch. 岳桦 *B. ermanii* Cham. 柴桦 *B. fruticosa* Pall. 贡山桦 *B. gynoterminalis* Hsu et C. J. Wang 甸生桦 *B. humulis* Schrank 香桦 *B. insignis* Franch. 金平桦 *B. jinpingensis* P. C. Li 小叶桦 *B. microphylla* Bunge 扇叶桦 *B. middendorffii* Trautv. et Mey. 油桦 *B. ovalifolia* Rupr. 矮桦 *B. potaninii* Batal 圆叶桦 *B. rotundifolia* Spach 赛里桦 *B. schmidtii* Regel 天山桦 *B. tianschanica* Rupr. 峨嵋矮桦 *B. trichogemma*（Hu）T. Hong

（续）

序号	作物名称	科	属	栽培种（或变种）	野生近缘种
747	垂枝桦	桦木科 Betulaceae	桦木属 *Betula* L.		糙皮桦 *B. utilis* D. Don
748	桤木	桦木科 Betulaceae	桤木属 *Alnus* B. Ehrh.	桤木 *A. cremastogyne* Burk. 尼泊尔桤木 *A. nepalensis* D. Don	川滇桤木 *A. ferdinandi-coburgii* Schneid. 台湾桤木 *A. formosana* Makino 矮桤木 *A. fruticosa* Rupr. 台北桤木 *A. henryi* Schneid. 日本桤木 *A. japonica*（Thunb.）Steud. 毛桤木 *A. lanata* Duthie ex Bean 辽东桤木 *A. sibirica* Fisch. ex Turcz. 旅顺桤木 *A. sieboldiana* Matsum. 江南桤木 *A. trabeculosa* Hand. - Mazz.
749	木麻黄	木麻黄科 Casuarinaceae	木麻黄属 *Casuarina* L.	木麻黄 *C. equisetifolia* L. 细枝木麻黄 *C. cunninghamiana* Miq. 粗枝木麻黄 *C. glauca* Sieb. ex Spreng.	秩氏木麻黄 *C. deplancheana* Miq. 佛勒塞木麻黄 *C. fraseriana* Miq. 虎氏木麻黄 *C. huegeliana* Miq. 山木麻黄 *C. montana* Miq. 方苞木麻黄 *C. quadrivalvis* Labill. 细直枝木麻黄 *C. stricta* Ait.
750	元宝槭	槭树科 Aceraceae	槭属 *Acer* L.	元宝槭 *A. truncatum* Bunge	锐角槭 *A. acutum* Fang 阔叶槭 *A. amplum* Rehd. 青皮槭 *A. cappadocicum* Gled. 梓叶槭 *A. catalpifolium* Rehd. 黔桂槭 *A. chingii* Hu 梧桐槭 *A. firmianioides* Cheng 黄毛槭 *A. fulvescens* Rehd. 细叶槭 *A. leptophyllum* Fang 长柄槭 *A. longipes* Franch. ex Rehd. 庙台槭 *A. miaotaiense* P. C. Tsoong

（续）

序号	作物名称	科	属	栽培种（或变种）	野生近缘种
750	元宝槭	槭树科 Aceraceae	槭属 *Acer* L.		色木槭 *A. mono* Maxim. 纳雍槭 *A. nayongense* Fang 巴山槭 *A. pashanicum* Fang et Soong 薄叶槭 *A. tenellum* Pax 察隅槭 *A. tibetense* Fang 羊角槭 *A. yangjuechi* Fang et P. L. Chiu
751	红花天料木	天料木科 Samydaceae	天料木属 *Homalium* Jacq.	红花天料木 *H. hainanense* Gagnep.	短穗天料木 *H. breviracemosum* How et Ko 斯里兰卡天料木 *H. ceylanicum*（Gardn.）Benth. 天料木 *H. cochinchinense*（Lour.）Druce 阔瓣天料木 *H. kainantense* Masam. 广西天料木 *H. kwangsiense* How et Ko 毛天料木 *H. mollissimum* Merr. 广南天料木 *H. paniculiflorum* How et Ko 显脉天料木 *H. phanerophlebium* How et Ko 柳叶天料木 *H. saliaefilium* How et Ko 海南天料木 *H. stenophyllum* Merr. et Chun
752	银桦	山龙眼科 Proteaceae	银桦属 *Grevillea* R. Br.	银桦 *G. robusta* A. Cunn. ex. R. Br.	红花银桦 *G. banksii* R. Br. 黄银桦 *G. obtusifolia* Meissn.
753	青梅	龙脑香科 Dipterocarpaceae	青梅属 *Vatica* L.	青梅 *V. mangachagpoi* Blanco	广西青梅 *V. guangxiensis* X. L. Mo 版纳青梅 *V. xishuangbannaensis* G. D. Tao et J. H. Zhang
754	坡垒	龙脑香科 Dipterocarpaceae	坡垒属 *Hopea* Roxb.	坡垒 *H. hainanensis* Merr. et Chun	狭叶坡垒 *H. chinensis* Hand. - Mazz. 铁凌 *H. exalata* W. T. Lin，Yang et Hsue
755	海南榄仁	使君子科 Combretaceae	诃子属 *Terminalia* L.	海南榄仁 *T. hainanensis* Exell	银叶诃子 *T. argyrophylla* Pott. et Prain 诃子 *T. chebula* Retz. 滇榄仁 *T. franchetii* Gagnep. 错枝榄仁 *T. intricata* Hand. - Mazz.

（续）

序号	作物名称	科	属	栽培种（或变种）	野生近缘种
755	海南榄仁	使君子科 Combretaceae	诃子属 *Terminalia* L.		千果榄仁 *T. myriocarpa* Van Huerck et Muell. - Arg.
756	柽柳	柽柳科 Tamaricaceae	柽柳属 *Tamarix* L.	柽柳 *T. chinensis* Lour. 多枝柽柳 *T. ramosissima* Ledeb.	白花柽柳 *T. androssowii* Litv. 密花柽柳 *T. arceuthoides* Bunge 甘蒙柽柳 *T. austromongolica* Nakai 长穗柽柳 *T. elongata* Ledeb. 翠枝柽柳 *T. gracilis* Willd. 刚毛柽柳 *T. hispida* Willd. 盐地柽柳 *T. karelinii* Bunge 多花柽柳 *T. hohenackeri* Bunge 短穗柽柳 *T. laxa* Willd. 细穗柽柳 *T. leptostachys* Bunge 沙生柽柳 *T. taklamakaensis* M. T. Liou
757	杜鹃花	杜鹃花科 Ericaceas	杜鹃花属 *Rhododendron* L.	马缨花 *R. delavayi* Franch. 大喇叭杜鹃 *R. excellens* Hemsl. et Wils. 羊踯躅 *R. molle*（Blum）G. Don 迎红杜鹃 *R. mucronulatum* Turcz. 叶状苞杜鹃 *R. redowkianum* Maxim. Prim. et Hutch. 映山红 *R. simisii* Pl. 炮仗杜鹃 *R. spinuliferum* Franch. 糙毛杜鹃 *R. trichocladum* Franch. 红马银花 *R. vialii* Delavay et Franch.	毛肋杜鹃 *R. augustinii* Hemsl. 云锦杜鹃 *R. fortunei* Lindl. 皋月杜鹃 *R. indicum*（Linn.）Sweet 满山红 *R. mariesii* Hemsl. et Wils. 照山白 *R. micranthum* Turcz. 白花杜鹃 *R. mucronatum*（Blume）G. Don 锦绣杜鹃 *R. pulchrum* Sweet. 钝叶杜鹃 *R. obtusum*（Lindl.）Planch. 马银花 *R. ovatum*（Lindl.）Planch. ex Maxim.
758	茶花	山茶科 Theaceae	山茶属 *Camellia* L.	山茶（金花茶）*C. japonica* L. 滇山茶 *C. reticulata* Lindl. 茶梅 *C. sasanqua* Thunb.	尖连蕊茶 *C. uspidata*（Kochs）Wright 尖萼红山茶 *C. edithae* Hance 毛柄连蕊茶 *C. fraterna* Hance 长瓣短柱茶 *C. grijsii* Hance

（续）

序号	作物名称	科	属	栽培种（或变种）	野生近缘种
758	茶花	山茶科 Theaceae	山茶属 *Camellia* L.		岳麓连蕊茶 C. *handelii* Sealy 玫瑰连蕊茶 C. *rosaeflora* Hook. 西南红山茶 C. *pitardii* Cohen－Stuart. 怒江红山茶 C. *saluenensis* Stapf ex Been. 陕西短柱茶 C. *shensiensis* Chang 云南连蕊茶 C. *tsaii* Hu 单体红山茶 C. *uraku*（Mak.）Kitamura
759	油茶	山茶科 Theaceae	山茶属 *Camellia* L.	油茶 C. *oleifera* Abel. 浙江红山茶（红花油茶）C. *chekiang oleosa* Hu	大苞山茶 C. *granlhamiana* Sealy 五柱滇山茶 C. *yunnanensis* Cuhen－Sruart 越南油茶 C. *vietnamensis* Hang ex Hu. 多齿红山茶（宛田红花油茶）C. *polydonta* How et Hu. 南山茶（广宁油茶）C. *semiserrata* Chi. 香港红山茶 C. *honkongensis* Seem. 山油茶 C. *gandichaudii*（Gagnep）Sealy 落瓣油茶 C. *kissi* Wall. 大油茶（梨茶）C. *latilimba* Hu.
760	茶	山茶科 Theaceae	山茶属 *Camellia* L.	多脉茶 C. *polyneura* Chang et Tang 防城茶 C. *fangchengensis* Liang et Zhong 阿萨姆（普洱茶）C. *assamica*（Mast）Chang 茶 C. *sinensis*（L.）O. Ktze	广西茶 C. *kwangsiensis* Chang 大袍茶 C. *grandibracteata* Chang et Yu 广南茶 C. *kwangnanica* Chang et Chen 五室茶 C. *quinguetocularis* Chang et Liang 大厂茶 C. *tachangensis* Zhang 四球茶 C. *tetracocca* Chang 厚轴茶 C. *crassicolumna* Chang 五柱茶 C. *pentastyla* Chang 老黑茶 C. *atrothea* Chang et Wang 大理茶 C. *taliensis* Melchior 滇缅茶 C. *irrawadiensis* Barua

（续）

序号	作物名称	科	属	栽培种（或变种）	野生近缘种
760	茶	山茶科 Theaceae	山茶属 *Camellia* L.		圆基茶 *C. rotundata* Chang et Tang 皱叶茶 *C. crispula* Chang 马关茶 *C. makuanica* Chang et Tang 哈尼茶 *C. haaniensis* Chang et Wang 多瓣茶 *C. multiplex* Chang et Tang 膜叶茶 *C. leptohylla* Liang 德宏茶 *C. dehungensis* Chang et Chen 秃房茶 *C. gymnogyna* Chang 突肋茶 *C. costata* Hu et Liang 拟细萼茶 *C. parvisepaloides* Chang et Wang 榕江茶 *C. yungkiangensis* Chang 狭叶茶 *C. angustifolia* Chang 紫果茶 *C. purpurea* Chang et Chen 毛叶茶 *C. ptilophylla* Chang 多萼茶 *C. multisepala* Chang et Tang 细萼茶 *C. parvisepala* Chang 毛肋茶 *C. pubicosta* Merr.
761	蜡梅	蜡梅科 Calycanthaceae	蜡梅属 *Chimonanthus* Lindl.	蜡梅 *C. praecox*（L.）Link	亮叶蜡梅 *C. nitens* Oliv. 柳叶蜡梅 *C. salicifolius* S. Y. Hu 西南蜡梅 *C. campanulatus* R. H. Chang et C. S. Ding
762	夏蜡梅	蜡梅科 Calycanthaceae	夏蜡梅属 *Calycanthus* L.	夏蜡梅 *C. chinensis* Cheng et S. Y. Chang	
763	紫薇	千屈菜科 Lythraceae	紫薇属 *Lagerstroemia* L.	紫薇 *L. indica* L. 大花紫薇 *L. speciosa*（L.）Pers.	南紫薇 *L. subcostata* Koehne 光紫薇 *L. glabra*（Koehne）Koehne 尾叶紫薇 *L. caudata* Chun et How ex S. Lee et L. Lau 网脉紫薇 *L. suprareticulata* S. Lee et L. Lau 狭瓣紫薇 *L. stenopetala* Chun

（续）

序号	作物名称	科	属	栽培种（或变种）	野生近缘种
763	紫薇	千屈菜科 Lythraceae	紫薇属 *Lagerstroemia* L.		川黔紫薇 *L. excelsa* (Dode) Chun ex S. Lee et L. Lau 福建紫薇 *L. limii* Merr. 云南紫薇 *L. intermedia* Koehee 广东紫薇 *L. fordii* Oliv. et Koehne 绒毛紫薇 *L. tomentosa* Presl 西双紫薇 *L. venusta* Wall. ex Clarke 毛紫薇 *L. villosa* Wall. ex Kurz 桂林紫薇 *L. guilinensis* S. Lee et L. Lau 小花紫薇 *L. micrantha* Merr.
764	仙来客	报春花科 Primulaceae	仙客来属 *Cyclamen* L.	仙客来 *C. persicum* Mill.	
765	报春花	报春花科 Primulaceae	报春花属 *Primula* L.	报春花 *P. malacoides* Franch. 鄂报春 *P. obconica* Hance 藏报春 *P. sinensis* Sabine ex Lindl.	杂色钟报春 *P. alpicola* (W. W. Smith) Stapf 小报春 *P. forbesii* Franch. 粉被灯台报春 *P. pulverulenta* Duthie 霞红灯台报春 *P. beeesiana* Forr. 橘红灯台报春 *P. bulleyana* Forr. 球花报春 *P. denticulata* Smith 钟花报春 *P. sikkimensis* Hook. 凉山灯台报春 *P. stenodonta* Balf. f. ex W. W. Smith et Fletcher 翠南报春 *P. sieboldii* E. Morren
766	石蒜	石蒜科 Amaryllidaceae	石蒜属 *Lycoris* Herb.	石蒜 *L. radiata* (L'Her.) Herb. 忽地笑 *L. aurea* (L'Her.) Herb. 中国石蒜 *L. chinensis* Traub	乳白石蒜 *L. albiflora* G. Koidz. 安徽石蒜 *L. anhuiensis* Y. Hsu et Q. J. Fan 短蕊石蒜 *L. caldwellii* Traub 广西石蒜 *L. guangxiensis* Y. Hsu et Q. J. Fan 江苏石蒜 *L. houdyshelii* Traub 香石蒜 *L. incarnate* Comes ex C. Sprenger

（续）

序号	作物名称	科	属	栽培种（或变种）	野生近缘种
766	石蒜	石蒜科 Amaryllidaceae	石蒜属 *Lycoris* Herb.		长筒石蒜 *L. longituba* Y. Hsu et Q. J. Fan 玫瑰石蒜 *L. rosea* Traub et Moldenke 陕西石蒜 *L. shaanxiensis* Y. Hsu et Z. B. Hu 换锦花 *L. sprengeri* Comes ex Baker 鹿葱 *L. squamigera* Maxim. 麦秆石蒜 *L. straminea* Lindl.
767	君子兰	石蒜科 Amaryllidaceae	君子兰属 *Clivia* Lindl.	君子兰 *C. miniata* Regel 垂笑君子兰 *C. nobilis* Lindl.	
768	朱顶红	石蒜科 Amaryllidaceae	朱顶红属 *Hippeastrum* Herb. (*Amaryllis* L.)	朱顶红 *H. vittatum*（L'Her.）Herb.（*A. vittata* L'Her.）	短筒朱顶红 *H. reginae*（L.）Herb.（*A. reginae* L.） 网纹朱顶红 *H. reticulatum*（L'Her.）Herb.（*A. reticulata* L'Her.）
769	水仙	石蒜科 Amaryllidaceae	水仙属 *Narcissus* L.	中国水仙 *N. tazetta* var. *chinensis* Roem.	
770	晚香玉	石蒜科 Amaryllidaceae	晚香玉属 *Polianthes* L.	晚香玉 *P. tuberosa* L.	
771	凤仙花	凤仙花科 Balsminaceae	凤仙花属 *Impatiens* L.	凤仙花 *I. balsamina* L. 新几内亚凤仙 *I. hawkeri* Bull. 非洲凤仙 *I. wallerana* Hook. f.	大叶凤仙 *I. apalophylla* Hook. f. 包氏凤仙 *I. balfourii* Hook. f. 紫凤仙 *I. glandulifera* Royle 水金凤 *I. noli-tangere* L. 窄萼凤仙花 *I. stenosepala* Pritz. ex Diels
772	补血草	蓝雪科 Plumbaginaceae	补血草属 *Limonium* Mill.	深波叶补血草 *L. sinuatum*（L.）Mill. R. 二色补血草 *L. bicolor* O. Kuntze	黄花补血草 *L. aureum*（L.）Hill. 珊瑚补血草 *L. coralloides*（Tausch）Lincz. 曲枝补血草 *L. flexuosum*（L.）O. Kuntze 大叶补血草 *L. gmelinii*（Willd.）O. Kuntze 中华补血草 *L. sinense*（Girard）Kuntze

（续）

序号	作物名称	科	属	栽培种（或变种）	野生近缘种
773	天竺葵	牻牛儿苗科 Geraniaceae	天竺葵属 *Pelargonium* L'Her. ex Ait.	天竺葵 *P. hortorum* Bailey 大花天竺葵 *P. domesticum* Bailey 香叶天竺葵 *P. graveolens* L'Herit.	菊叶天竺葵 *P. radula*（Cav.）L'Herit. 马蹄纹天竺葵 *P. zonale* Ait.
774	福禄考	花荵科 Polemoniaceae	福禄考属 *Phlox* Linn.	宿根福禄考 *P. paniculata* L. 福禄考 *P. drummondii* Hook. 丛生福禄考 *P. subulata* Linn.	
775	鹤望兰	旅人蕉科 Strelitziaceae	鹤望兰属 *Strelitzia* Banks.	鹤望兰 *S. reginae* Aiton	
776	金银花	忍冬科 Caprifoliaceae	忍冬属 *Lonicera* L.	忍冬（金银花）*L. japonica* Thunb. 红腺忍冬 *L. hypoglauca* Miq. 山银花 *L. confusa* DC. 毛花柱忍冬（水忍冬）*L. dasystyla* Rehd.	巴东忍冬 *L. acuminata* Wall. 贯月忍冬 *L. sempervirens* L. 盘叶忍冬 *L. tragophylla* Hemsl. 苦糖果 *L. fragrantissima* Lindl. et Paxct. subsp. *standishii*（Carr.）Hsu et H. J. Wang 西南忍冬 *L. bournei* Hemsl. 柳叶忍冬 *L. lanceolate* Wall.
777	荚蒾	忍冬科 Caprifoliaceae	荚蒾属 *Viburnum* L.	荚蒾 *V. dilatatum* Thunb. 木本绣球 *V. macrocephalum* Fort. 天目琼花 *V. sargentii* var. *calvescens* Rehd.	珊瑚树 *V. awabuki* K. Koch 桦叶荚蒾 *V. betulifolium* Batal. 暖木条荚蒾 *V. burejaeticum* Regel et Herder 水红木 *V. cylindricum* Buch. - Ham. 香荚蒾 *V. farreri* Stearn（*V. fragrans* Bge.） 臭荚蒾 *V. foetidum* Wall. 蒙古荚蒾 *V. mongolicum*（Pall.）Rehd. 欧洲荚蒾 *V. opulus* L. 雪球荚蒾 *V. plicatum* Thunb. 皱叶荚蒾 *V. rhytidophyllum* Hemsl. 陕西荚蒾 *V. schensianum* Maxim. 常绿荚莲 *V. sempervirens* K. Koch

（续）

序号	作物名称	科	属	栽培种（或变种）	野生近缘种
778	猬实	忍冬科 Caprifoliaceae	猬实属 *Kolkwitzia* Graebn.	猬实 *K. amabilis* Graebn.	
779	大岩桐	苦苣苔科 Gesneriaceae	大岩桐属 *Sinningia* Nees	大岩桐 *S. speciosa*（Lodd.）Hiern.	
780	八仙花	虎耳草科 Saxifragaceae	八仙花属 *Hydrangea* L.	八仙花 *H. macrophylla*（Thunb.）Seringe	伞形八仙花 *H. angustipetala* Hayata 蔓性八仙花 *H. anomala* D. Don 马桑八仙花 *H. aspera* D. Don 东陵八仙花 *H. bretschneideri* Dippel 圆锥八仙花 *H. paniculata* Sieb. 腊莲八仙花 *H. strigosa* Rehd.
781	卷柏	卷柏科 Selaginellaceae	卷柏属 *Selaginella* Beauv.	卷柏 *S. tamariscina*（Beauv.）Spring 翠云草 *S. uncinata*（Desv.）Spring	薄叶卷柏 *S. delicatula*（Desv.）Alston 深绿卷柏 *S. doederleinii* Hieron 兖州卷柏 *S. involvens*（Sw.）Spring 细叶卷柏 *S. labordei* Hieron 江南卷柏 *S. moellendorfii* Hieron 黑顶卷柏 *S. picta* A. Br. 垫状卷柏 *S. pulvinata*（Hook. et Grev.）Maxim. 粗茎卷柏 *S. superba* Alston
782	铁线蕨	铁线蕨科 Adiantaceae	铁线蕨属 *Adiantum* L.	铁线蕨 *A. capillus-veneris* L.	鞭叶铁线蕨 *A. caudatum* L. 白背铁线蕨 *A davidii* Franch. 扇叶铁线蕨 *A. flabellulatum* L. 掌叶铁线蕨 *A. pedatum* L. 秀丽铁线蕨 *A. raddianum* K. Presl.
783	铁角蕨	铁角蕨科 Aspleniaceae	铁角蕨属 *Asplenium* L.	铁角蕨 *A. trichomanes* L.	华南铁角蕨 *A. austrochinense* Ching 剑叶铁角蕨 *A. ensioforme* Wall. 胎生铁角蕨 *A. indicum* Sledge

（续）

序号	作物名称	科	属	栽培种（或变种）	野生近缘种
783	铁角蕨	铁角蕨科 Aspleniaceae	铁角蕨属 *Asplenium* L.		倒挂铁角蕨 *A. normale* Don 北京铁角蕨 *A. pekinense* Hance 长叶铁角蕨 *A. prolongatum* Hook. 华中铁角蕨 *A. sarelii* Hook. 对开铁角蕨 *A. scolopendrium* L. 三翅铁角蕨 *A. tripteropus* Nakai 半边铁角蕨 *A. unilaterale* Lam. 狭翅铁角蕨 *A. wrightii* Eaton ex Hook.
784	巢蕨	铁角蕨科 Aspleniaceae	巢蕨属 *Neottopteris* J. Sm.	巢蕨 *N. nidus*（L.）J. Sm.	狭基巢蕨 *N. antrophyoides*（Christ）Ching 大鳞巢蕨 *N. antiqua* Makino
785	肾蕨	肾蕨科 Nephrolepidaceae（骨碎补科 Davalliaceae）	肾蕨属 *Nephrolepis* Schott.	肾蕨 *N. auriculata*（L.）Presl. 高大肾蕨 *N. exaltata*（L.）Schott.	长叶肾蕨 *N. biserrata*（Sw.）Schott. 蜈蚣草 *N. cordifolia*（L.）Presl.
786	鹿角蕨	鹿角蕨科 Platyceriaceae	鹿角蕨属 *Platycerium* Desv.	鹿角蕨（二叉鹿角蕨）*P. bifurcatum*（Cav.）C. Chr.	安哥拉鹿角蕨 *P. angolense* Welw. ex Bak. 大鹿角蕨 *P. grande* John Sm. ex K. Presl. 长叶鹿角蕨 *P. wallichii* Hook.
787	凤尾草	凤尾蕨科 Pteridaceae	凤尾蕨属 *Pteris* L.	凤尾草（井栏边草）*P. multifida* Poir.	狭眼凤尾蕨 *P. biaurita* L. 岩凤尾蕨 *P. deltodon* Bak. 剑叶凤尾蕨 *P. ensiformis* Burm. 溪边凤尾蕨 *P. excelsa* Gaud. 金钗凤尾蕨 *P. fauriei* Hieron. 半边旗 *P. semipinnata* L. 舒筋草（蜈蚣草）*P. vittata* L. 大叶井边草 *P. teriscretica* L. 狭叶凤尾蕨 *P. henryi* Christ 凤尾蕨 *P. nervosa* Thunb.

（续）

序号	作物名称	科	属	栽培种（或变种）	野生近缘种
788	蕨菜	凤尾蕨科 Pteridiaceae	蕨属 *Pteridium* Scop.	蕨 *P. aquilinum*（L.）Kuhn. var. *latiusculum*（Desv.）Underw.	
789	过沟菜蕨	鳞毛蕨科 Dryopteridaceae	双盖蕨属 *Diplazium* Sw.	过沟菜蕨 *D. esculentum*（Retz.）Sw.	
790	灰平菇	侧耳科 Pleurotaceae	侧耳属 *Pleurotus*（Fr.）Quel.	糙皮侧耳 *P. sostreatus*（Jacq. ex Fr.）Quel.	
791	凤尾菇	侧耳科 Pleurotaceae	侧耳属 *Pleurotus*（Fr.）Quel.	肺形侧耳 *P. pulmonarius*（Fr.）Quel.	
792	紫孢侧耳	侧耳科 Pleurotaceae	侧耳属 *Pleurotus*（Fr.）Quel.	紫孢侧耳 *P. sapidus* Sacc.	
793	白平菇	侧耳科 Pleurotaceae	侧耳属 *Pleurotus*（Fr.）Quel.	佛州侧耳 *P. ostreatus* var. *florida* Eger	
794	姬菇	侧耳科 Pleurotaceae	侧耳属 *Pleurotus*（Fr.）Quel.	白黄侧耳 *P. cornucopiae* Roll.	
795	鲍鱼菇	侧耳科 Pleurotaceae	侧耳属 *Pleurotus*（Fr.）Quel.	鲍鱼菇 *P. abolanus* Han. K. M. Chen et S. Cheng	
796	盖囊菇	侧耳科 Pleurotaceae	侧耳属 *Pleurotus*（Fr.）Quel.	盖囊菇 *P. cystidiosus* O. K. Mill.	
797	阿魏菇	侧耳科 Pleurotaceae	侧耳属 *Pleurotus*（Fr.）Quel.	阿魏侧耳 *P. eryngii* var. *ferulae*（Lanzi）Sacc.	
798	白灵菇	侧耳科 Pleurotaceae	侧耳属 *Pleurotus*（Fr.）Quel.	白阿魏侧耳 *P. nebrodensis*（Inzengae）Quel.	
799	杏鲍菇	侧耳科 Pleurotaceae	侧耳属 *Pleurotus*（Fr.）Quel.	刺芹侧耳 *P. eryngii*（DC.：Fr.）Quel.	

（续）

序号	作物名称	科	属	栽培种（或变种）	野生近缘种
800	榆黄蘑	侧耳科 Pleurotaceae	侧耳属 *Pleurotus*（Fr.）Quel.	金顶侧耳 *P. citrinopileatus* Sing.	
801	元蘑	侧耳科 Pleurotaceae	亚侧耳属 *Hohenbuehelia* Schulz.	亚侧耳 *H. serotina*（Pers. ：Fr.）Sing.	
802	香菇	侧耳科 Pleurotaceae	香菇属 *Lentinus* Earle	香菇 *L. edodes*（Berk.）Pegler	大杯香菇 *L. giganteus* Berk. 爪哇香菇 *L. javanicus* Lev. 豹皮香菇 *L. lepideus*（Fr. ：Fr.）Fr. 虎皮香菇 *L. tigrinus*（Bull.）Fr.
803	黑木耳	木耳科 Auriculariaceae	木耳属 *Auricularia* Bull. ex Marat.	黑木耳 *A. auricula*（L. ex Hook）Underw.	角质木耳 *A. cornea* Ehrenb.
804	毛木耳	木耳科 Auriculariaceae	木耳属 *Auricularia* Bull. ex Marat.	毛木耳 *A. polytricha* Sacc.	皱木耳 *A. delicata*（Fr.）Henn 褐黄木耳 *A. fuscosuccinea*（Mont.）Farl. 盾形木耳 *A. peltata* Lloyd
805	双孢蘑菇	蘑菇科 Agaricaceae	蘑菇属 *Agaricus* L. ex Fr.	双孢蘑菇 *A. bisporus*（Lange）Sing.	美味蘑菇 *A. edulis* Vitt.
806	大肥菇	蘑菇科 Agaricaceae	蘑菇属 *Agaricus* L. ex Fr.	大肥菇 *A. bitorquis*（Quel.）Sacc.	野蘑菇 *A. arvensis* Schaeff. ex Fr.
807	巴西蘑菇	蘑菇科 Agaricaceae	蘑菇属 *Agaricus* L. ex Fr.	巴西蘑菇 *A. blazei* Murr.	蘑菇 *A. campestris* L. ex Fr.
808	金针菇	白蘑科 Tricholomataceae	金针菇属 *Flammulina* Karst.	金针菇 *F. velutipes*（Fr.）Sing.	
809	长根菇	白蘑科 Tricholomataceae	奥德蘑属 *Oudemansiella*	长根菇 *O. radicata*（Relh. ：Fr.）Sing.	

（续）

序号	作物名称	科	属	栽培种（或变种）	野生近缘种
810	褐灰口蘑	白蘑科 Tricholomataceae	口蘑属 *Tricholoma* Fr. Staude	褐灰口蘑 *T. gambosum*（Fr.）Gill.	
811	榆干离褶伞	白蘑科 Tricholomataceae	离褶伞属 *Lyophyllum* Karst.	榆干离褶伞 *L. ulmarium*（Bull ex Fr.）Kuhner	
812	真姬菇	白蘑科 Tricholomataceae	离褶伞属 *Lyophyllum* Karst.	真姬离褶伞 *L. shimeji*（Kawam.）Hongo	
813	蟹味菇	白蘑科 Tricholomataceae	玉蕈属 *Hypsizigus* Sing.	斑玉蕈 *H. marmoreus*（Peck）Bigilow	
814	蜜环菌	白蘑科 Tricholomataceae	蜜环菌属 *Armillaria*（Fr.：Fr.）Staude	蜜环菌 *A. mellea*（Vahl. ex Fr.）Karst.	
815	鸡㙡菌	白蘑科 Tricholomataceae	鸡㙡属 *Termitomyces* Heim	鸡㙡菌 *T. albuminosus*（Berk.）Heim	
816	银耳	银耳科 Tremellales	银耳属 *Tremella* Dill. ex Fr.	银耳 *T. fuciformis* Berk.	
817	金耳	银耳科 Tremellales	银耳属 *Tremella* Dill. ex Fr.	金耳 *T. aurantialba* Bandoni et Zhang	金色银耳 *T. aurantia* Schw. 橙耳 *T. cinnabarina*（Mont.）Pat. 茶耳 *T. foliacea* Pers. ex. Fr. 血耳 *T. sanguinea* Peng
818	滑菇	球盖菇科 Strophariaceae	环锈伞属 *Pholiota* Kummer	滑菇 *P. nameko* S. Ito et Imai.	库恩菇 *P. mutabilis* Kum.
819	黄伞	球盖菇科 Strophariaceae	环锈伞属 *Pholiota* Kummer	黄伞（多脂鳞伞）*P. adiposa*（Fr.）Quel.	
820	大球盖菇	球盖菇科 Strophariaceae	球盖菇属 *Stropharia*（Fr.）Quel.	大球盖菇 *S. rugosoannulata* Far. ex Murr.	

（续）

序号	作物名称	科	属	栽培种（或变种）	野生近缘种
821	猴头	猴头菌科 Hericiaceae	猴头菌属 *Hericium* Pers. ex S. F. Gray	猴头 *H. erinaceus*（Bull. ex Fr.）Pers.	假猴头菌 *H. laciniatum*（Leers）Banker 分枝猴头菌 *H. ramosum*（Merat.）Lete.
822	鸡腿菇	鬼伞科 Coprinaceae	鬼伞属 *Coprinus* Pers. ex Gray	毛头鬼伞 *C. comatus* S. F. Gray	小孢毛鬼伞 *C. ovatus*（Schaeff.）Fr.
823	茶薪菇	粪锈伞科 Bolbitiaceae	田头菇属 *Agrocybe* Fayod	柱状田头菇 *A. cylindracea* R. Maire	
824	竹荪	鬼笔科 Phallaceae	竹荪属 *Dictyophora* Desv.	长裙竹荪 *D. aindusiata* Fisch.	
825	短裙竹荪	鬼笔科 Phallaceae	竹荪属 *Dictyophora* Desv.	短裙竹荪 *D. duplicata* Fisch.	
826	棘托竹荪	鬼笔科 Phallaceae	竹荪属 *Dictyophora* Desv.	棘托竹荪 *D. echino-volvata* Zane，Zheng et Hu	
827	牛舌菌	牛舌菌科 Fistulinaceae	牛舌菌属 *Fistulina* Bull. ex Fr.	牛舌菌 *F. hepatica*（Schaeff.）Fr.	
828	灵芝	灵芝科 Ganodermataceae	灵芝属 *Ganoderma* Karst.	灵芝 *G. lucidum*（Leyss. ex Fr.）Karst.	
829	松杉灵芝	灵芝科 Ganodermataceae	灵芝属 *Ganoderma* Karst.	松杉灵芝 *G. tsugae* Murr.	
830	薄盖灵芝	灵芝科 Ganodermataceae	灵芝属 *Ganoderma* Karst.	薄盖灵芝 *G. tenus* Zhao，Hu et Zhang	
831	中华灵芝	灵芝科 Ganodermataceae	灵芝属 *Ganoderma* Karst.	紫芝（中华灵芝）*G. sinense* Zhao，Xu et Zhang	
832	灰光柄菇	光柄菇科 Pluteaceae	光柄菇属 *Pluteus* Fr.	灰光柄菇 *P. cervinus*（Schaeff. ex Fr.）Kum.	

（续）

序号	作物名称	科	属	栽培种（或变种）	野生近缘种
833	草菇	光柄菇科 Pluteaceae	草菇属 *Volvariella* Speg.	草菇 *V. volvacea*（Bull. ex Fr.）Sing.	
834	银丝草菇	光柄菇科 Pluteaceae	草菇属 *Volvariella* Speg.	银丝草菇 *V. bombycina* Sing.	
835	冬虫夏草菌	麦角菌科 Clavicipitaceae	虫草属 *Cordyceps*（Fr.）Link	冬虫夏草菌 *C. sinensis*（Berk.）Sacc.	大蝉花 *C. cicadae* Sching 凉山虫草 *C. liangshanensis* Zang，Hu et Liu 蛹虫草 *C. militaris*（L.）Link
836	茯苓	多孔菌科 Polyporaceae	卧孔菌属 *Poria* Pers. ex Gray	茯苓 *P. cocos*（Schw.）Wolf	树皮生卧孔菌 *P. corticola*（Fr.）Caoke 黄白卧孔菌 *P. subacida*（Fr.）Sacc.
837	猪苓	多孔菌科 Polyporaceae	多孔菌属 *Polyporus*（Mich.）Fr. et Fr.	猪苓 *P. umbellatus*（Pers.）Fr.	雷丸 *P. mylittae* Cook. et Mass. 雅致多孔菌 *P. elegansi*（Bull.）Fr.
838	灰树花	多孔菌科 Polyporaceae	树花属 *Grifola* Gray	灰树花 *G. frondosa* S. F. Gray	
839	云芝	多孔菌科 Polyporaceae	栓菌属 *Trametes* Fr.	云芝 *T. vesicolor*	
840	苏铁	苏铁科 Cycadaceae	苏铁属 *Cycas* L.	苏铁 *C. revolute* Thunb.	海南苏铁 *C. hainanensis* C. J. Chen 攀枝花苏铁 *C. panzhihuaensis* L. Zhou et S. Y. Yang 蓖齿苏铁 *C. pectinata* Griff. 云南苏铁 *C. rumphii* Miq. 四川苏铁 *C. szechuanensis* Cheng et L. K. Fu 台湾苏铁 *C. taiwaniana* Carruth.

*只计算物种数。

（郑殿升、杨庆文根据本卷第十八至二十五章整理）

附录 4　中国作物名录索引（按汉语拼音排序）

（续）

（续）

（续）

（续）

作物名称	序号
黑吉豆	131
黑麦	482
黑麦草	470
黑木耳	803
黑籽南瓜	36
红哺鸡竹	428
红葱	253
红豆杉	567
红凤菜	309
红花	327
红花天料木	751
红落葵	340
红麻	346
红毛丹	669
红毛榴莲	628
猴头	821
厚皮甜瓜	46
厚朴	506
胡葱	258
胡椒	711
胡萝卜	172
胡枝子	107
葫芦巴	94
蝴蝶果	648
蝴蝶兰	498
虎刺梅	640
虎尾草	457
瓠瓜	42
花棒	140
花哺鸡竹	429
花椒	521
花榈木	136
花毛茛	546
花楸	708
花生	142
花椰菜	16
花叶芋	215
花烛	206
华东覆盆子	696
滑菇	818
槐树	133
黄柏	519
黄檗	519
黄刺玫	683
黄瓜	45
黄花菜	263
黄精	275
黄连	541
黄连木	672
黄麻	171
黄毛藜豆	82
黄皮	520
黄芩	150
黄秋葵	345
黄伞	819
黄山药	221
灰光柄菇	832
灰平菇	790
灰树花	838
茴芹	177
火把果	709
火葱	260
火绳树	572
藿香	149
J	
鸡骨草	92
鸡冠花	233
鸡腿菇	822
鸡眼草	104
鸡纵菌	815

（续）

（续）

（续）

作物名称	序号
马蹄莲	216
麦冬	273
满江红	636
蔓荆	592
芒果	674
莽吉柿	651
猫尾草	477
毛金竹	424
毛梾	538
毛蔓豆	97
毛木耳	804
毛苕子	124
毛柿	655
毛竹	422
玫瑰	682
梅花	687
美国山核桃	662
美人蕉	382
美洲防风	173
蒙古扁桃	692
蒙古黄芪	90
迷迭香	145
猕猴桃	710
米兰	374
蜜环菌	814
棉花	350
闽楠	553
明党参	193
魔芋	211
茉莉	589
牡丹	547
木菠萝	402
木豆	74
木瓜	704，705
木槿	347

作物名称	序号
木蓝	103
木麻黄	749
木棉	563
木薯	641
木香	314，684
苜蓿	111
N	
南瓜	35
南苜蓿	112
南天竹	535
南茼蒿	296
南洋楹	742
南竹	434
茑萝	231
牛蒡	306
牛鞭草	467
牛舌菌	827
牛膝	239
牛油果	650
牛至	147
O	
欧薄荷	161
欧当归	184
P	
胖大海	569
泡桐	391
披碱草	463
枇杷	707
啤酒花	716
平贝母	280
苹果	699
苹婆	568
坡垒	754
葡萄	619
蒲草	380

（续）

（续）

（续）

（续）

（续）

（续）

图书在版编目（CIP）数据

中国作物及其野生近缘植物．总论卷／董玉琛，刘旭总主编；刘旭，董玉琛，郑殿升主编．—北京：中国农业出版社，2020.11
（现代农业科技专著大系）
ISBN 978－7－109－27191－3

Ⅰ.①中…　Ⅱ.①董…　②刘…　③郑…　Ⅲ.①作物－种质资源－介绍－中国　Ⅳ.①S329.2

中国版本图书馆 CIP 数据核字（2020）第 148406 号

中国农业出版社出版
地址：北京市朝阳区麦子店街 18 号楼
邮编：100125
责任编辑：孟令洋　谢志新　章　颖
文字编辑：许艳玲　杨　春　杜　然
版式设计：王　晨　　责任校对：周丽芳　吴丽婷
印刷：北京通州皇家印刷厂
版次：2020 年 11 月第 1 版
印次：2020 年 11 月北京第 1 次印刷
发行：新华书店北京发行所
开本：787mm×1092mm　1/16
印张：77　　插页：2
字数：2200 千字
定价：360.00 元